深厚冲积层冻结法凿井理论与技术

Theory and Technology of Mine Freezing Shaft Sinking in Deep and Thick Alluvium

李功洲　著

科学出版社
北　京

内 容 简 介

本书总结分析了冻结法凿井在国外、国内应用与发展各阶段主要特点、技术成果、存在的技术问题；系统阐述了我国在冻结壁温度场、井筒地压、冻土物理力学性能试验、冻结器单位热流量、冻结壁径向位移实测与掘砌段高调控、井壁及壁后冻土温度变化特性实测、高强高性能混凝土试验应用等冻结法凿井基础理论及关键技术的研究成果；详细论述了深厚冲积层冻结段井壁结构设计、冻结设计、冻结孔施工、制冷冻结、冻结段掘砌等应用技术；分析和总结了我国深厚冲积层冻结法凿井的技术水平和重大成就。

本书可供从事矿山建设冻结法凿井的科研、设计、教学和施工等单位的技术和管理人员参考。

图书在版编目(CIP)数据

深厚冲积层冻结法凿井理论与技术＝Theory and Technology of Mine Freezing Shaft Sinking in Deep and Thick Alluvium/李功洲著. —北京：科学出版社，2016

ISBN 978-7-03-047109-3

Ⅰ.①深… Ⅱ.①李… Ⅲ.①冲积层-冻结法(凿井)-研究 Ⅳ.①TD265.3

中国版本图书馆CIP数据核字(2016)第002967号

责任编辑：吴凡洁 / 责任校对：郭瑞芝

责任印制：张 倩 / 封面设计：黄华斌

科学出版社 出版

北京东黄城根北街16号

邮政编码：100717

http://www.sciencep.com

北京通州皇家印刷厂 印刷

科学出版社发行 各地新华书店经销

*

2016年6月第 一 版 开本：787×1092 1/16

2016年6月第一次印刷 印张：35 3/4 插页：3

字数：836 000

定价：258.00元

(如有印装质量问题，我社负责调换)

序　一

我国有大量的煤炭资源被深厚不稳定冲积层、松软含水基岩等复杂地层所覆盖，井筒要通过这些复杂地层必须要采取特殊凿井方法，冻结法凿井是最主要的特殊凿井方法，占特凿井筒总量的90%以上。我国自1955年在林西风井成功应用冻结法凿井技术以来，经过科研、院校、建设、施工等有关单位和工程技术人员的努力，在冻结法凿井的理论、技术和应用等方面取得了辉煌的成绩和卓越的创见，形成了具有中国特色的冻结法凿井理论和技术体系。

李功洲研究员长期深入科研、生产一线，从事深井冻结凿井的基础理论、工艺、材料到信息化施工和预测预报等方面的研究。他于1984年在煤炭科学研究总院北京建井研究所工作后，就参加淮南潘谢矿区谢桥矿副井井筒冻结透水淹井事故处理和谢桥主井井筒加强冻结防止冻结管断裂技术研究工作。之后，在研究潘谢矿区冻结凿井经验教训的基础上，参加国家“七五”科技攻关课题“防止冻结管断裂技术”子课题研究，和我国老一辈工程技术人员一起研究建立冻结壁厚度、掘砌段高、冻结壁平均温度和计算参数优选“四位一体”的冻结壁设计计算体系，并在当时冻结最深的陈四楼副井冻结工程中成功应用，创下374.5m冲积层和435m冻结段无冻结管断裂、无外层井壁压坏和井壁无漏水的全国纪录，较好地解决了近400m冲积层冻结设计和防止冻结管断裂的技术难题，使我国深厚冲积层的冻结法凿井技术水平进入国际先进行列。21世纪以来，他主持开展的多圈孔冻结“四位一体”冻结壁设计计算体系研究，创新和发展了深厚冲积层冻结壁设计理论体系，有效解决了大于600m深厚冲积层冻结壁设计难题，研究成果已在程村主副井、泉店主副风井、城郊西进风井和回风井、顺和主副风井等14个400～500m以及赵固一矿主副风井和西风井、赵固二矿主副风井等7个大于500m冲积层的21个冻结立井中应用，使我国深厚冲积层冻结设计居国际领先水平。他主持研究提出多圈冻结孔布孔原则和以外圈为主冻结孔圈与冻结工艺的优化组合技术，在试验应用C60～C100高强高性能混凝土筑壁材料、冻结法凿井信息化施工监测和工程预报、防止冻结管断裂、井筒外层井壁压坏、内层井壁开裂和安全经济快速施工等方面的研究取得多项科研成果和技术突破。研究成果能紧密结合生产实践，在大量的工程实践中应用，取得重大的经济效益和社会效益，先后获得国家科学技术进步奖二等奖3项，省部级和行业科学技术进步奖特等奖1项、一等奖8项等多个奖项。

系统分析、总结和研究我国冻结法凿井理论、技术成果及其应用经验和教训对该领域的发展和推广具有重要的现实意义。在卷帙浩繁的冻结法凿井资料中研究斟酌，提出工程中安全、经济、实用的理论体系和技术是一件很困难的工作，李功洲研究员结合自身开展深井冻结法凿井理论与技术研究和应用的经验和体会，研究和总结性地撰写《深厚冲积层冻结法凿井理论与技术》。书中介绍了大量工程应用实例、实测数据，许多工程实践作者亲身经历，研究其中，体会深刻，书中理论和关键技术阐述清晰，紧密结合实际，实用性强，是我国论述冻结法凿井，特别是深厚冲积层凿井理论和技术及其应用的难得专著。该书的出版对冻结法凿井理论和技术的发展具有重要的、积极的推动作用，我相信该书系统而丰富的内容和翔实的资料对从事冻结法凿井的科研、设计、教学和施工人员大有裨益。特为之序。

中国工程院院士

2015 年 12 月

序　二

李功洲研究员的新著《深厚冲积层冻结法凿井理论与技术》即将付梓，作者索序于我。我熟悉他30余年致力于特殊凿井技术的研究经历，对他长年深入现场进行科技攻关和新技术推广有深刻印象，他的成长过程也折射出八十年代一大批青年科技人员顽强奋斗、为煤炭科技发展执著奉献的足迹，因此欣然为此书提笔作序。

李功洲研究员1984年7月毕业于中国矿业学院，后分配到煤炭科学研究总院北京建井研究所工作。该所是我国研发推广冻结法、钻井法、注浆法等特殊凿井理论与技术的主要研究单位。他在此工作期间，一直致力于冻结法等特殊凿井理论和技术的研究，近年入职国家开发投资公司后仍潜心该领域的研究和推广应用工作，迄今已30余年。

冻结法是井筒通过深厚冲积层、松软富水岩层最主要的凿井方法，涉及传热学、冻土力学、弹塑性力学、结构力学、工程材料等众多学科，是多项理论和技术的综合运用。冻结法凿井理论与技术是矿井建设的研究难题。功洲同志传承了煤炭科学研究总院建井人艰苦奋斗、扎根现场的工作作风，不断积累实践经验、研究创新，在深立井、深长斜井冻结法凿井，特别是深厚冲积层冻结法理论和技术方面取得了多项创新性成果，达到了国际领先水平。他先后参加我国煤矿的多个经典工程，如谢桥矿、陈四楼矿、程村矿、龙固矿、泉店矿、赵固一矿、赵固二矿、新庄矿、马泰壕矿、常家梁矿、杨村矿等数十个矿井井筒的冻结法等特殊凿井技术的攻关；参加和主持完成科研课题50余项。

他提出的深厚冲积层多圈孔冻结壁设计计算体系，不仅解决了深厚冲积层冻结壁设计计算理论难题，还解决了长期存在于行业内的冻结壁厚度经典计算公式不能用于深厚冲积层设计计算的疑惑。他在大量现场实测研究分析的基础上，深入开展单圈孔、双圈孔、多圈孔冻结壁温度场理论研究和应用技术开发，开发出以外圈为主冻结孔圈，且与冻结工艺相组合的深厚冲积层多圈孔冻结技术。他提出的冻结壁形成过程中的参数的动态分析方法，实现了冻结过程的精准预测预报，为冻结过程和冻结状态科学合理调控提供依据，为冻结法凿井的安全快速经济施工提供了技术保障。他主持开发的深厚冲积层冻结井筒外层井壁用低温早强低水化热C60～C100高强高性能混凝土、内层井壁用低水化热抗裂密实C60～C100高强高性能混凝土应用技术，有效地减薄了穿过深厚冲积层井筒井壁设计厚度，显著提高了矿井井筒混凝土耐久性，为更深厚冲积层科学合理应用冻结法凿井技术提供了可行方法。他和他团队的许多研究成果已在工程实践中广泛应用，并被国家、行业标准和规程规范所采纳，10余次获得国家级省部级和行业的科学技术进步奖，取得了重大经济效益和社会效益。

该书系统总结分析了国内外冻结法凿井理论和技术状况，系统阐述了我国深厚冲积层冻结法凿井基础理论及关键技术的研究成果，并分别论述了这些基础理论和关键技术在冻结法凿井的冻结段井壁结构设计、冻结设计、冻结孔施工、制冷冻结、冻结段掘砌等关键环节的应用方法。作者还根据多年从事冻结法凿井研究的经验体会，总结和分析了我国深厚冲积层冻结法凿井理论和技术的重要研究成就和国内外技术分析对比。该书不仅较为全面反映了我国冻结法凿井理论和技术发展现状，还凝聚了李功洲研究员在冻结法方面 30 多年的研究成就，具有较高的学术水平和很强的实践应用价值。该书结构完整、资料丰富、内容翔实，书中研究分析了大量冻结工程实例的经验和教训，对今后工程建设具有很好的借鉴作用。该书的出版，将对深厚冲积层冻结法凿井理论与技术的研究和发展产生积极的作用。

作为曾经煤炭科学研究总院的同事，我在此对作者取得的成就表示祝贺。

張玉卓

中国工程院院士

2015 年 12 月

前言

冻结法凿井技术自1955年在林西风井成功应用以来，相继在河北、山西、辽宁、安徽、山东、江苏、河南、黑龙江、内蒙古、江西、宁夏、陕西、甘肃、新疆、吉林15个省区推广应用，逐步发展成为我国立井通过深厚冲积层、双深厚地层、含水松软基岩凿井的首选施工方案。截至2014年，计冻结立井数超过1108个，冻结总深度超过29.6×10^4m。解决以深厚冲积层施工困难为主的立井冻结最大深度达800m(李粮店副井、杨村副井)，解决以含水基岩施工困难的立井冻结最大深度达950m(核桃峪副井)，穿过冲积层最大厚度为675.6m(龙固北风井)。

纵观我国1955～2014年冻结法凿井的发展过程，我国工程技术人员不懈努力，经历了引进消化、探索改进、提高完善、创新攀高四段历程，形成了具有中国特色的冻结法凿井理论与技术体系。特别是在创新攀高阶段，对深厚冲积层冻结法凿井理论与技术的研究、应用达到国际领先水平。在井壁结构设计与应用，冻结壁设计与应用，冻结钻孔施工，制冷冻结，冻结壁形成特性工程预报与调控，高强高性能混凝土筑壁材料研究与应用，冻结施工过程温度、位移、压力实测，冻结段安全快速施工等诸多方面取得了举世瞩目的创新成果。创造了冻结法凿井的一个又一个奇迹，刷新了一次又一次记录。系统分析和总结这些为实践证明的成熟理论与技术成果，对科学推广应用业已取得的成果具有重要意义。

作者长期从事深井冻结法凿井的理论和技术研究工作，在深井冻结壁设计理论及其多圈孔冻结工艺、高性能混凝土井壁筑壁材料及施工工艺、冻结信息化施工监测和工程预报、防止冻结管断裂、外层井壁压坏、内层井壁开裂和安全快速施工等方面的研究取得多项重大科研成果和技术突破，参与和主持我国不同时期深井冻结凿井多个经典工程的技术攻关工作，如谢桥矿、陈四楼矿、东荣二矿、东荣三矿、车集矿、程村矿、泉店矿、赵固一矿、赵固二矿、新庄矿、马泰壕矿、常家梁矿等多个矿井的冻结法凿井技术攻关。研究总结深厚冲积层冻结法凿井技术及其应用成果，不仅是总结作者多年来的研究成果和应用情况，也是为了和从事该项技术的同行进行交流，为深井冻结法凿井理论和技术发展做些贡献。

本书第1章着力总结分析冻结法凿井在国外、国内应用与发展不同阶段的主要特点、技术成果、存在的技术问题，在对存在问题的分析中不仅为各阶段后续相关理论和技术研究提出方向，还阐述了不同阶段的理论、技术研究和应用中的经验教训。在第1章系统总结和分析的基础上，第2章论述我国在冻结壁温度场、井筒地压、冻土物理力学性能试验、冻结器单位热流量、冻结壁径向位移实测与掘砌段高调控、井壁及壁后冻土温度变化特性实测、高强高性能混凝土试验应用、液压滑模筑壁等深厚冲积层冻结法凿井基础理论及关键技术的研究成果。第3～7章进一步系统论述深厚冲积层冻结段井壁结构设计、冻结设计、冻结钻孔施工技术、制冷冻结技术、冻结段掘砌技术及其应用等方面的系统成就。第8章结合作者研究的经验体会，阐述我国深厚冲积层冻结凿井技术水平和在冻结壁设计计算体系、冻结段井壁结构选型、高强高性能混凝土技术、多圈孔冻结技术、冻结壁形成特性的预测预报技术、冻结壁径向位移实测与掘砌段高调控技术、冻结段安全快速施工技术及其应用诸方面取得的重大成就。

书中引用和介绍了大量工程应用实例、实测数据,有些数据是许多单位的前辈或同行的工作成果,对这些内容作者力求在书中交代说明;许多是作者亲身经历的科学研究和工程实践的成果,首次以本书内容的形式向大家介绍。在此作者衷心感谢共同参与历次科技攻关和工程实施的科研院校,建设、施工、监理单位的同志;感谢我曾经工作过的煤炭科学研究总院北京建井研究所、北京中煤矿山工程公司、国投煤炭有限公司的各级领导和同事对我的关怀、帮助和支持;感谢介绍冻结法凿井技术入门、长期一起参与科技攻关,并对我专业业务成长起到重要作用的陈文豹、汤志斌教授级高级工程师;感谢一同共事过的邓文芳、刘云涛、张世芳、盛天宝、王景余、陈灿亭、陈章庆、张云利、田培、王玲、高春勇、翟延忠、李明、吴里杨、高木福、刘民东、陈新民、庞荣庆、齐吉龙、段帮奎、刘文民、张步俊、郭永富、卢相忠、李振民、高伟等领导和专家;也感谢同行内多位前辈、朋友的鼓励和支持。

本书在撰写过程中,得到陈文豹教授级高级工程师、汤志斌教授级高级工程师的支持和帮助,得到中国工程院洪伯潜院士、袁亮院士、张玉卓院士的鼓励和指导,还得到北京煤科联应用技术研究所同志的帮助,作者对此表示衷心感谢。全面总结阐述我国 60 年冻结法凿井方方面面的成果是一项浩大的工作,由于作者水平有限,书中难免存在不妥之处,敬请读者指出。

李功洲

2015 年于北京

目　录

序一
序二
前言
第 1 章　概论……1
1.1　冻结法凿井的实质……1
1.2　冻结法凿井在国外的应用与发展简况……1
1.2.1　冻结法凿井在国外的应用与发展……1
1.2.2　冻结法凿井鼎盛时期的技术状况……4
1.3　冻结法凿井在中国的应用与发展简况……18
1.3.1　冻结法凿井的四大阶段……18
1.3.2　冻结法凿井不同阶段的技术简况……21
第 2 章　冻结法凿井基础理论与关键技术……55
2.1　冻结壁温度场……55
2.1.1　冻结壁温度场的特点及研究方法……55
2.1.2　中国对深厚冲积层冻结壁温度场的研究……56
2.2　冻结井筒地压……144
2.2.1　水平地压……144
2.2.2　水压……149
2.2.3　冻结压力……150
2.2.4　竖向附加力……160
2.3　冻土物理力学性能……161
2.3.1　研究简况……161
2.3.2　冻土和未冻土的基本物理性质……162
2.3.3　冻土和未冻土的热物理参数……163
2.3.4　冻土的力学性质……165
2.3.5　部分矿井冻土物理力学性能试验结果及应用建议……174
2.4　冻结器单位热流量……175
2.4.1　影响冻结器单位热流量的主要因素……175
2.4.2　国外对冻结器单位热流量的研究简况……177
2.4.3　中国对冻结器单位热流量的试验实测研究……177
2.4.4　主要成果……185
2.5　冻结壁径向位移与外层井壁位移特性……188

2.5.1 冻结壁径向位移实测研究 …… 188
2.5.2 外层井壁位移实测研究 …… 217
2.6 井壁及壁后冻土温度变化特性 …… 228
2.6.1 实测简况 …… 228
2.6.2 井壁及壁后温度变化特性实测成果分析与应用 …… 262
2.7 高强高性能混凝土试验应用 …… 263
2.7.1 混凝土技术的发展简况 …… 263
2.7.2 高强高性能混凝土的原材料组成及基本性能 …… 264
2.7.3 C60～C80 高性能混凝土在冻结段井壁工程中的试验应用 …… 264
2.7.4 C80～C100 高性能混凝土在冻结段井壁工程中的试验应用 …… 295
2.7.5 应用 C100 高性能混凝土技术经济分析 …… 326
2.7.6 高强高性能混凝土施工注意事项 …… 330
2.8 立井液压滑模筑壁技术 …… 335
2.8.1 研究应用简况 …… 335
2.8.2 液压滑升模板筑壁的特点 …… 336
2.8.3 立井液压滑升模板构件及液压动力系统 …… 338
2.8.4 滑模套壁工艺 …… 348
2.8.5 液压滑模筑壁的优点及发展方向 …… 355
第 3 章 深厚冲积层冻结段井壁结构设计 …… 357
3.1 冻结段井壁结构、荷载计算、筑壁材料的演变简况 …… 357
3.1.1 井壁结构的变化简况 …… 357
3.1.2 不同结构的井壁荷载计算原则 …… 360
3.1.3 不同冻结阶段的筑壁混凝土类型及最高标号 …… 360
3.2 不同井壁结构的试验应用 …… 361
3.2.1 钢筋混凝土单层井壁的应用与改进 …… 361
3.2.2 钢筋混凝土双层井壁的试验应用 …… 361
3.2.3 不同结构的外层井壁整体受力性能试验 …… 365
3.2.4 钢筋混凝土塑料夹层井壁的试验应用 …… 381
3.2.5 滑动井壁等的试验应用简况 …… 383
3.3 钢筋混凝土塑料夹层井壁对含水基岩冻结段的适用性 …… 385
3.3.1 内外层井壁受力计算 …… 385
3.3.2 含水基岩冻结段井壁结构的探讨 …… 386
第 4 章 深厚冲积层冻结设计 …… 388
4.1 冻结法凿井不同阶段的冻结设计简况 …… 388
4.1.1 引进消化阶段的冻结设计 …… 388
4.1.2 探索改进阶段的冻结设计 …… 389
4.1.3 提高完善阶段的冻结设计 …… 393

4.1.4　创新攀高阶段的冻结设计 …… 399
4.2　深厚冲积层冻结方案设计 …… 402
4.2.1　设计要点 …… 402
4.2.2　冻结深度 …… 403
4.2.3　冻结壁设计计算体系 …… 403
4.2.4　冻结制冷设计 …… 412
4.2.5　冻结需冷量、冷却水需用量、盐水循环量的计算与调控 …… 431
4.2.6　冻结法凿井工期分析 …… 434
第 5 章　深厚冲积层冻结钻孔施工技术 …… 437
5.1　不同发展阶段的冻结钻孔施工简况 …… 437
5.1.1　引进消化阶段钻孔施工 …… 438
5.1.2　探索改进阶段钻孔施工 …… 439
5.1.3　提高完善阶段钻孔施工 …… 441
5.1.4　创新攀高阶段钻孔施工 …… 442
5.2　提高钻孔垂直度和缩短打钻工期的主要措施 …… 448
5.3　特殊地层的冻结钻孔施工技术 …… 452
第 6 章　深厚冲积层制冷冻结技术 …… 470
6.1　不同发展阶段的制冷冻结技术简况 …… 470
6.1.1　引进消化阶段制冷冻结技术 …… 470
6.1.2　探索改进阶段制冷冻结技术 …… 471
6.1.3　提高完善阶段制冷冻结技术 …… 473
6.1.4　创新攀高阶段制冷冻结技术 …… 473
6.2　创新攀高阶段制冷冻结技术特点 …… 477
6.3　提高制冷冻结技术水平的主要措施 …… 481
6.4　冻结壁交圈时间异常工程案例 …… 483
第 7 章　深厚冲积层冻结段掘砌技术 …… 493
7.1　不同发展阶段掘砌技术简况 …… 493
7.2　不同发展阶段的施工速度分析 …… 495
7.3　创新攀高阶段的技术创新 …… 503
7.3.1　安全快速施工的主要技术创新 …… 503
7.3.2　技术创新效果 …… 526
第 8 章　我国深厚冲积层冻结法凿井理论和技术的重要成就 …… 532
8.1　重要成就 …… 532
8.1.1　冲积层冻结段井壁结构类型的确立与应用 …… 532
8.1.2　C60～C100 高强高性能混凝土技术 …… 534
8.1.3　深厚冲积层冻结壁“四位一体”设计计算体系的建立与应用 …… 539
8.1.4　多圈孔的冻结技术及其应用 …… 542

8.1.5 冻结壁形成特性的预测预报技术与供冷量调控的机制 …… 543
8.1.6 冻结壁径向位移实测与掘砌段高调控技术 …… 546
8.1.7 冻结段安全快速施工技术 …… 547
8.2 国内外技术水平对比分析 …… 551
8.2.1 国外冻结法凿井技术水平 …… 551
8.2.2 中国冻结法凿井技术水平 …… 552
参考文献 …… 556
附表 部分矿井井筒穿过的土层取样常规土工试验和冻土力学性能试验结果汇总表

第1章 概　　论

1.1　冻结法凿井的实质

冻结法凿井是井巷工程应用人工制冷技术暂时冻结地下水以加固不稳定冲积层、松软含水岩层的特殊施工方法。首先在拟开凿的或正在开凿的井筒周围施工一定数量的钻孔，孔内安装带有底锥的冻结器，用以循环低温冷冻液（盐水）进行热交换，吸收管子周围地层的热量，使之降温与冻结，形成以各个冻结器为中心的冻结圆柱。随着冻结时间的延续，冻结圆柱不断扩大而连接成不透水且能抵抗地压的冻土帷幕（简称冻结壁），并在冻结壁的保护下进行井筒掘砌工作，直至安全通过冻结段（图 1-1）。

1.2　冻结法凿井在国外的应用与发展简况

1.2.1　冻结法凿井在国外的应用与发展

德国泼埃希（Poetsch）于 1883 年应用人工制冷技术解决了德国阿西巴德（Archibald）煤矿 9 号井埋深大于 34m 的含水砂层施工难题，同年 12 月 12 日获得了冻结法凿井的专利权，并开始在欧洲经济较发达国家推广应用，迄今已有 130 多年的历史。但 1914 年下半年至 1945 年受第一次世界大战和第二次世界大战的影响，各国经济遭受严重破坏，新建矿井很少，冻结法凿井处于半停滞状况；1946～1988 年冻结法凿井得到广泛的应用，技术水平得到大幅度提高和完善；1989 年以来，随着石油、天然气能源比重的快速增长，新建矿井大幅缩减，冻结法凿井又处于半停滞状态。因此，冻结法凿井在国外的应用与发展可概括为以下两大阶段。

1. 1883～1914 年冻结法凿井的创立应用阶段

冻结法凿井于 1883 年创立后，法国、比利时于 1884 年、1885 年率先推广应用。至 1893 年，泼埃希公司共计施工 10 个冻结立井，并取得不同程度的成功，但也由于冻结孔间距大、冻结管材质量差、工程管理不善等原因造成 3 个井筒发生透水淹井事故，并导致泼埃希公司的破产；在冻结法凿井遇到困难的情况下，由吉比浩特·库尼科（Gebhardt & Koenig）有限公司继承了冻结法凿井的发展任务，至 1898 年又施工了 26 个冻结立井，最大冻结深度达到 190m，并在钾盐矿应用冻结法凿井取得了成功，获得较好的声誉，使很多公司开始推广应用冻结法凿井；至 1906 年，吉比浩特·库尼科有限公司就施工了 130 个冻结立井，有 12 个井筒冻结深度大于 300m，其中德国最大冻结深度达 415m[1]。

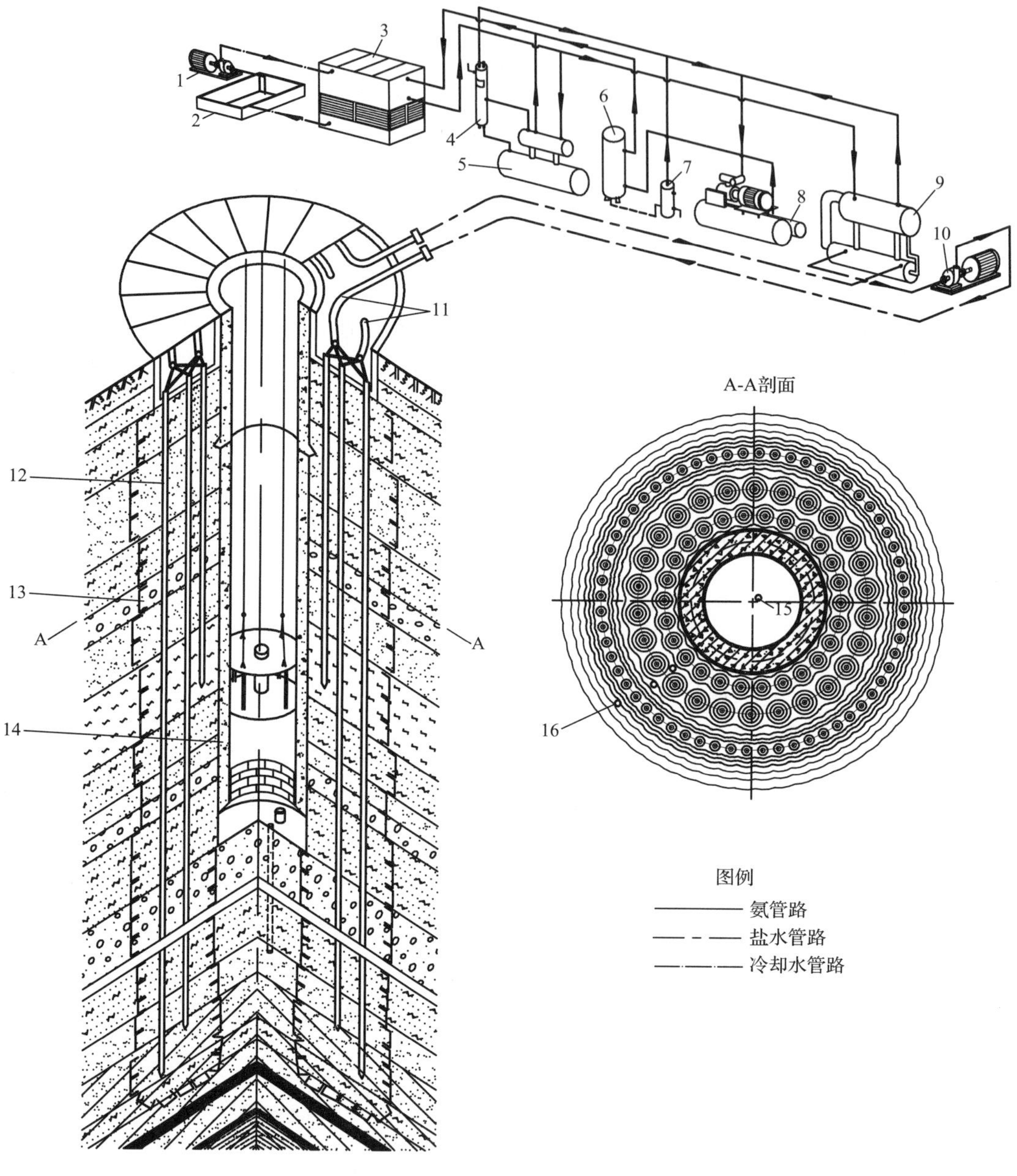

图 1-1　冻结法凿井示意图

1-清水泵；2-水池；3-蒸发式冷凝器；4-空气分离器；5-热虹吸氨贮液器；6-氨油分离器；7-集油器；8-螺杆氨压缩机；9-氨虹吸蒸发器；10-盐水泵；11-集、配液圈；12-冻结管；13-冻结壁；14-井壁；15-水位观测孔；16-测温孔

1907～1914 年冻结法凿井的特点之一是向纵深发展，特点之二是解决钾盐矿上部覆盖层的低温冻结难题。至 1914 年，冻结凿井技术有了新的发展；一般煤矿、铁矿、铜矿立井冻结的盐水温度为－20～－30℃，采用氯化镁溶液作冷媒剂；钾盐矿的冻结盐水温度为－40～－50℃，在－40℃以内时采用氯化钙溶液作冷媒剂，在－40～－50℃时，在氯化钙溶液中掺入变性酒精作冷媒剂。

2. 1946～1988 年冻结法凿井的提高完善阶段

第二次世界大战结束后，各国经济得到全面的恢复和发展，采矿工业发展迅猛，新开矿井数量增多，冻结法凿井在煤矿、铁矿、铜矿、钾盐矿立井中得到广泛的应用[2-5]，冻结深度不断刷新(表 1-1)，对井壁结构、冻结设计、钻孔施工、制冷冻结、冻结段安全快速施工以及检测技术提出了更高的要求，并得到不断提高和完善，使冻结法凿井成为立井通过不稳定冲积层和含水松软岩层的有效施工方法。

表 1-1　国外最深冻结井简况

项目		德国	英国	加拿大	波兰	比利时	苏联
		克利夫兰钾盐矿 Boulby 矿井	博尔比钾盐矿 1 号井	萨斯喀彻温钾盐矿Ⅰ号井	卢布林煤矿 K_2井	侯泰灵 2 号井	雅可夫列夫铁矿Ⅱ号罐笼井
冻结地层/m	冲积层		＜100		34	377	571.2
	含水基岩	上部冰碛层及下部含盐地层	以本特砂岩为主	以白雷摩尔岩层为主	以白垩系、侏罗系岩层为主	261	砂岩 48.8
冻结深度/m		960	930	915	760	638	620
开钻年份		1970	1963	1954	1982	1927	1974
备注		(1)顿长建井公司施工;(2)局部冻结深度为 596～960m	局部冻结深度为 552～930m	局部冻结，成井后井壁漏水量达 $270m^3/h$	苏瓦乌克铁矿的冻结深度为 860m，但未获得具体数据	掘深 359m 时，冻结管断裂导致透水淹井	冻结管断裂 15 根

(1) 德国：于 1883 年创立冻结法凿井，至 1988 年共计施工 300 多个冻结立井，其中 1906 年之前施工的立井冻结深度小于 190m，1966 年施工的钾盐矿瓦伦打井冻结深度为 591m，1970 年由顿长建井公司施工的克利夫兰钾盐矿 Boulby 矿井，上部为冰碛层，下部为含盐地层，局部冻结深度为 596～960m[1]。

(2) 波兰：1885 年开始应用冻结法凿井，1960 年的冻结深度小于 300m；至 1969 年，随着留宾铜矿、莱格尼查-格沃古夫铜矿、布雷尼克煤矿的开发，40%的立井采用冻结法施工，冻结最大深度达到 470m；至 1975 年、1980 年立井采用冻结法施工的比例分别达到 50%和 80%，1982 年施工的卢布林煤矿冻结深度达到 720(K_1 井)～760m(K_2 井)；根据查询苏瓦乌克铁矿的冻结深度达到 860m。

(3) 苏联：1927 年开始应用冻结法凿井，至 1983 年共计施工 400 多个冻结立井，1950 年之前冻结深度小于 150m，1960 年在扎波罗兹铁矿的井筒冻结深度达到 425m，1976 年施工的雅可夫列夫铁矿Ⅱ号罐笼井的冻结深度为 620m，穿过冲积层厚度为 571.2m，采用双圈孔分期冻结工艺。

(4) 英国：1947 年开始应用冻结法施工，至 1960 年在凯瑟琳煤矿施工的 11 个冻结井，冻结深度为 108～250m；1963～1969 年施工的博尔比钾盐矿主要冻结埋深 552～930m 的本特砂岩，采用局部冻结工艺，0～552m 段不进行冻结。

(5) 加拿大：1946 年开始应用冻结法施工，至 1988 年在钾盐矿施工了十几个冻结立井，1954 年开工的萨斯喀彻温 Ⅰ 号井的冻结深度为 915m，冻结地层埋深为 610～915m 的白雷摩尔岩层，采用局部冻结工艺，小于 610m 段不进行冻结。

1989 年以来，随着石油、天然气能源比重的快速增长，欧美经济发达国家对煤炭的需求量大幅缩减，基本不建新井，冻结法凿井处于半停滞状态。但应指出，对冻结段井壁结构的封水性能方面还做了一些探索和改进工作。

1.2.2　冻结法凿井鼎盛时期的技术状况

1946～1988 年是国外冻结法凿井的鼎盛时期，井壁结构、冻结壁设计、钻孔施工、制冷冻结、冻结段掘砌以及检测技术均达到较高水平。

1. 冻结段井壁结构

国外冻结法凿井的主要国家，基本于 20 世纪 60 年代初就提出适合本国国情的井壁结构基本类型（表 1-2），并在实践中根据冻结井筒的地层埋藏条件和受力、防水要求进行适当的修改。

表 1-2　深冻结井井壁结构基本形式及其特点

序号	国家	井壁结构		特点
		类型	示意图	
1	德国、加拿大	AV 型滑动井壁	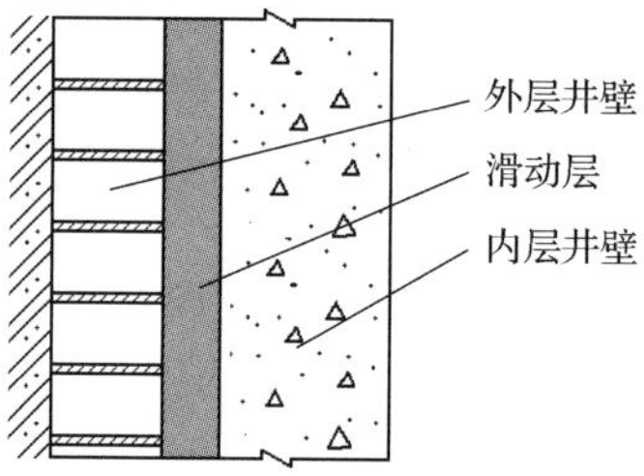	(1) 外层井壁：小型混凝土预制块夹可缩板，混凝土标号为 C40～C50，可缩板厚 10～20mm (2) 沥青滑动层：厚 150～250mm (3) 内层井壁：钢筋混凝土或钢筋混凝土夹钢板，混凝土标号为 C35～C50，钢板厚 5～15mm
2	英国	钢筋混凝土钢板夹层井壁	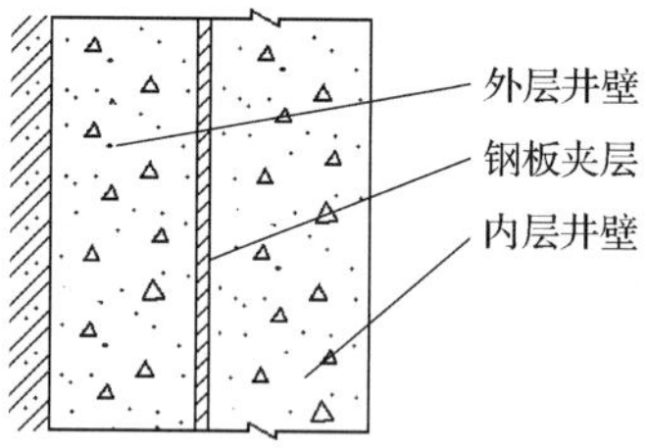	(1) 外层井壁：钢筋混凝土，混凝土标号为 C40～C50 (2) 钢板夹层：外层井壁内侧加钢板或内层井壁的内、外侧均为钢板，钢板厚 10mm 左右 (3) 内层井壁：钢筋混凝土，混凝土标号为 C40～C50
3	苏联	铸铁丘宾筒与钢筋混凝土复合井壁	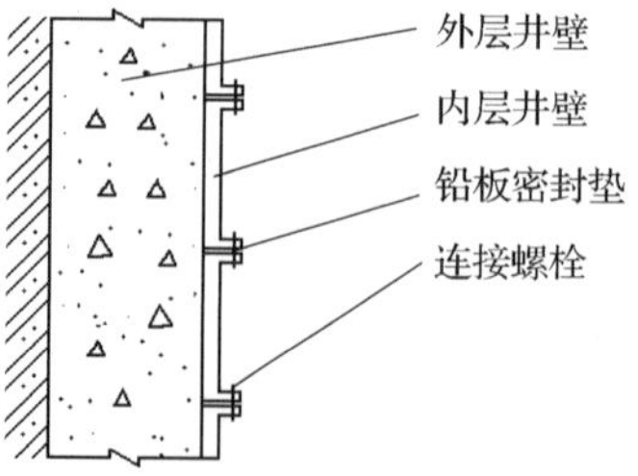	(1) 外层井壁：钢筋混凝土，混凝土标号为 C30～C40 (2) 内层井壁：铸铁丘宾筒 (3) 丘宾块之间加 3mm 铅板进行密封

续表

序号	国家	井壁结构		特点
		类型	示意图	
4	波兰	小型混凝土块与钢筋混凝土复合井壁或钢筋混凝土塑料夹层井壁	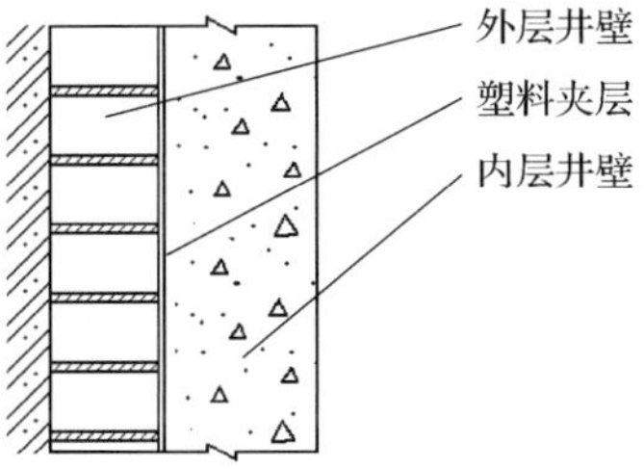	(1) 外层井壁：大、小型混凝土砌块或钢筋混凝土，混凝土砌块标号为C40～C60，钢筋混凝土的混凝土标号为C30～C40 (2) 塑料夹层：内、外层井壁之间夹一层聚乙烯软板，厚1.5～2mm (3) 内层井壁：钢筋混凝土，混凝土标号为C30～C40

德国、加拿大主要采用AV型滑动井壁，外层井壁为小型混凝土块夹可缩板；内层井壁为钢筋混凝土，1989年之前混凝土标号为C35～C50；滑动层为沥青，一般厚150～250mm。

英国主要采用钢筋混凝土钢板夹层井壁，内、外层井壁均为钢筋混凝土，1989年之前混凝土标号为C40～C50；夹层为厚10mm的钢板。

苏联主要采用丘宾筒与钢筋混凝土复合井壁，外层井壁为混凝土或钢筋混凝土，1989年之前混凝土标号为C30～C40；内层井壁为球墨铸铁丘宾筒。

波兰主要采用大型或小型混凝土块外层井壁，1989年之前预制块标号为C40～C60；内层井壁为钢筋混凝土，1989年之前混凝土标号为C30～C40；夹层为聚乙烯软板，厚1.5～2mm。

2000年以来，各国主要对冻结段井壁结构的封水性能方面做了一些探索和改进工作。

2. 冻结壁设计

1963年之前基本上只按强度条件计算冻结壁厚度。1963年之后，随着冲积层厚度的增大和冻结管断裂现象的增多，逐渐提出冻结壁应能同时满足强度条件和变形条件的要求。

1）冻结壁厚度计算

冻结壁厚度计算，按冻结壁应力状态主要分为弹性、弹塑性、塑性和黏性，分析方式主要分为无限长厚壁筒和有限长(段高)模型。国外根据第三强度理论和第四强度理论推导得出的冻结壁厚度计算公式主要有5个。其中拉麦公式适用于不大于150m冲积层，古别拉公式适用于150～200m冲积层，多姆克公式用于200～600m冲积层，里别尔曼公式计算大于200m冲积层的冻结壁厚度比多姆克公式计算的厚度薄20%左右，维亚洛夫-扎列茨基公式中的冻结段上、下两端固定程度系数取决于冻结与掘砌状况，用于黏性土层冻结壁厚度计算较为合适。

2）掘砌段高计算

国外按有限长塑性厚壁筒分析冻结壁黏性土层掘砌段高常见的公式有3个。

波兰主要采用里别尔曼于1960年提出的极限状态有限长塑性厚壁筒公式。

苏联一般采用维亚洛夫-扎列茨基于1962年根据第四强度理论提出的有限长塑性厚壁筒强度极限状态公式，此方法计算与掘砌段高的两端固定程度有关，往往被用于计算黏性土层的掘砌段高。

维亚洛夫-扎列茨基还通过模拟试验探讨冻结管挠度与冻结壁蠕变变形的关系，提出按冻结管相对挠度 f 不超过允许值的原则确定掘砌段高公式。

3）冻结壁平均温度计算

1960年之前，以特鲁巴克为代表，根据单个冻结器的传热条件对冻结壁温度场进行分析，提出了单个冻结器形成的冻结圆柱温度分析和冻结壁平均温度计算公式。20世纪70年代，波兰和苏联采用模拟试验进行冻结壁温度场研究，提出单圈孔冻结壁平均温度计算公式。

波兰斯捷潘诺娃根据有限差分析法，提出按冻结壁内、外侧零度边界计算单圈孔冻结壁平均温度公式。

苏联纳斯诺夫-苏普利克利用水力积分仪进行模拟试验，提出按冻结壁内、外侧零度边界计算单圈孔冻结壁平均温度公式。

4）水平地压计算

立井冲积层地压理论大都基于松散体极限平衡理论，包括平面挡土墙理论（如普罗托吉亚科诺夫公式、秦巴列维奇公式、悬浮体公式、哈·林克公式、重液公式）、圆筒形挡土墙压力理论（公式）、夹心墙地压理论（公式）。立井水平地压除与土层性质、埋藏深度有关外，还与施工方法、施工状况等因素有关。在立井冻结法冲积层段井壁、冻结壁设计中，波兰、苏联在1960年之前一般均采用秦氏地压公式；1960年之后，德国、英国、波兰、苏联基本采用重液公式计算水平地压，但对水土混合液的容重（γ_c）取值不同：法国取2.0；德国取1.3～1.8；美国取1.4；苏联取1.2～1.6；波兰、荷兰取1.3；日本取1.1～1.2。

5）冻结盐水温度与冷冻液种类

国外冻结盐水温度一般分为三类：第一类冲积层厚度较薄（一般不大于300m）和冻结壁设计厚度较小（一般不大于4.0m）时的冻结盐水温度为－25℃，采用氯化镁溶液作冷冻液；第二类冲积层厚度较大（一般大于300m）和冻结壁设计厚度大于4.0m时的冻结盐水温度为－30～－40℃，采用氯化钙溶液作冷冻液；第三类钾盐矿的冻结盐水温度为－40～－50℃，采用氯化钙加改性酒精的混合溶液作冷冻液。根据调查资料分析，德国、加拿大、英国、波兰、苏联等的具体冻结盐水温度和冷冻液分类略有差别（表1-3）。

表1-3　国外深冻结井常用的盐水温度、制冷剂和冷冻液

国别	盐水温度/℃	制冷剂	冷冻液
英国 加拿大 德国	－25	氨（NH_3）	氯化镁溶液
	－30	氨（NH_3）	氯化钙溶液
	－35～－40	三氟溴甲烷（CB_rF_3）	85%氯化钙＋5%甲醇＋10%氯化镁混合溶液
	－40～－50	三氟溴甲烷（CB_rF_3）	氯化钙溶液＋改性酒精
苏联 波兰	－35	氨（NH_3）	氯化钙溶液
	低于－35	二氯甲烷（CH_2Cl_2）	氯化钠、氯化镁、氯化钙的混合溶液

6）冻土计算强度

苏联学者崔托维奇、特鲁巴克、维亚洛夫在冻土物理力学性质试验研究方面取得丰硕的成果[6,7]，其中崔托维奇《冻土力学》的出版，成为冻结法凿井冻土物理力学方面的重要参考书，特鲁巴克的《冻结法凿井》中提供的冻土瞬时抗压强度与温度的关系试验数据（图 1-2）成为我国 1955～1977 年期间选取冻土计算强度的主要参考数据。

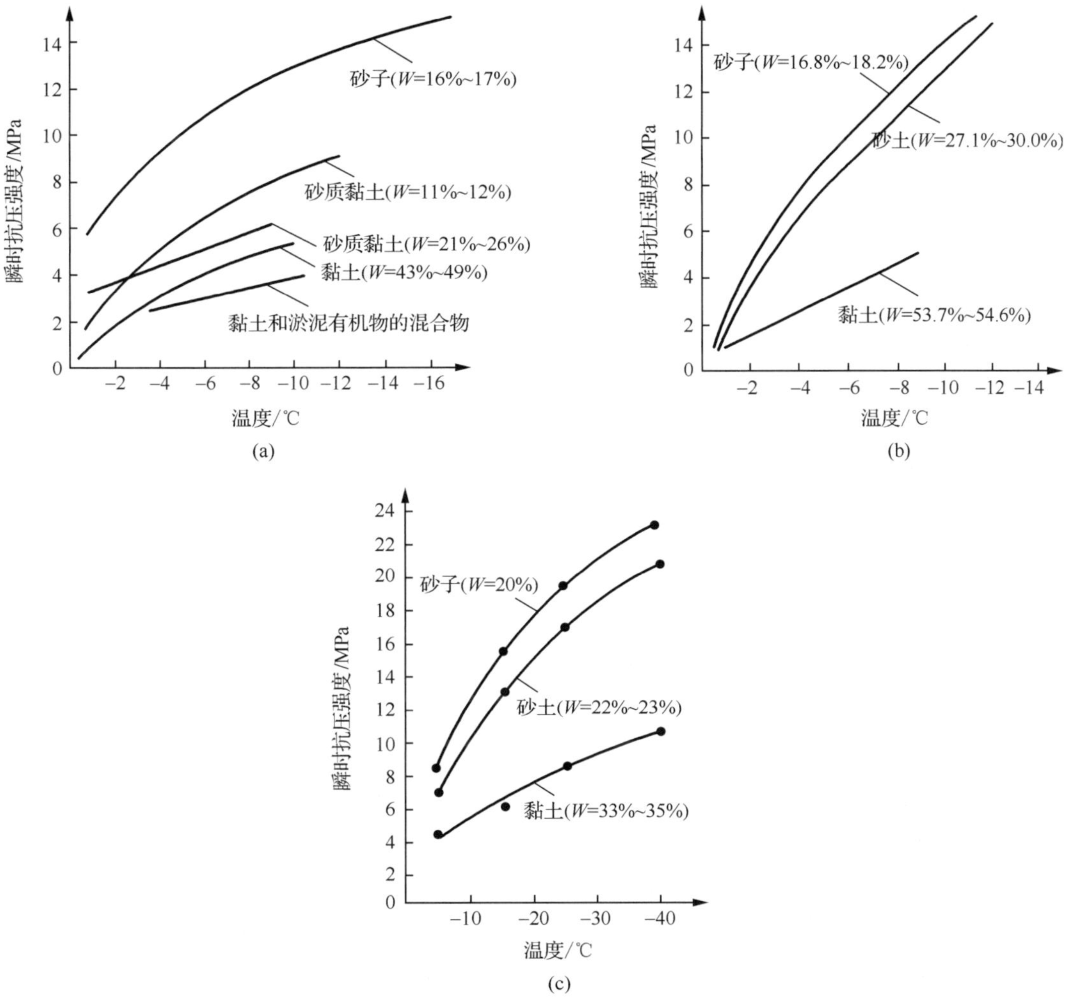

图 1-2　特鲁巴克 1954 年介绍的苏联不同土层、不同含水量(W)的冻土瞬时抗压强度与温度的关系试验数据

7）冻结孔布置方式

基本上采用单圈孔冻结，少数冻结井筒（如苏联雅可夫列夫铁矿罐笼井）采用双圈孔冻结。

8）冻结工艺

德国、英国、加拿大、波兰、苏联一般采用一次冻全深工艺，德国、英国、加拿大在钾盐矿深井冻结中多数采用局部冻结工艺，波兰和苏联在深厚冲积层中试验应用单圈孔、双圈孔分期(段)冻结工艺。

9) 冻结管材

国外冻结法凿井常用的冻结管、供液管材质和规格见表 1-4:德国常用 Φ127mm×7.72mm 锥形螺纹接箍冻结管和 Φ75mm×5mm 聚乙烯供液管;波兰常用 Φ139mm×(6～10)mm、Φ141mm×8.5mm 锥形螺纹接箍冻结管和 Φ75mm×5mm 聚乙烯供液管;苏联常用 Φ146mm×(6～11)mm 锥形螺纹接箍冻结管和 Φ75mm×5mm 聚乙烯供液管。

表 1-4　国外深井冻结的冻结管、供液管的材质和规格

国别	冻结管			供液管	
	材质	规格	连接方式	材质	规格
德国	St52-5A 钢制成的无缝钢管(前西德工业标准 4930DIN)	Φ127mm×(6.5～7.72)mm	丝扣连接	聚乙烯软管	Φ75mm×5mm
苏联	35 号钢制成的无缝钢管(ГОСТ-632-64)	Φ146mm×(6～11)mm	无管箍丝扣连接	聚乙烯软管	Φ75mm×5mm
波兰	标准无缝钢管	Φ139.7mm×7.72mm Φ141mm×(6～8.5)mm	丝扣连接	聚乙烯软管	Φ75mm×5mm

10) 深井冻结设计主要技术指标

国外 1946～1989 年施工的深井冻结设计主要技术指标见表 1-5。

3. 冻结钻孔施工技术

20 世纪 70～80 年代,德国、加拿大、英国、波兰、苏联等应用冻结法凿井主要国家的冲积层最大厚度达到 571.2m,冻结最大深度达到 960m,对钻机扭矩、台月效率、钻孔工艺、测斜纠偏技术提出更高的要求,采取以下措施取得良好效果:研制不同深度冻结孔钻机和不同岩层的钻具;增设加重管,使钻杆的重心下移,减少偏斜;确保导向管的垂直度;采用混凝土钻场基础,确保打钻平台的稳定性和水平度;根据岩层性质调配泥浆质量;采用小直径测斜仪实现不提钻测斜,及时纠偏减少钻孔偏值;采用涡轮钻具或迪纳钻具,实现靶域钻进和定向钻进,使深冻结孔的偏值得到有效控制。

(1) 钻机:全部采用旋转钻机施工冻结孔。当钻孔深度超过 300m 后,要求钻机的转盘扭矩大于 10kN·m,台月效率大于 2000m,配置压力、流量较大的泥浆泵(表 1-6)或选用不同钻孔深度的专用钻机(表 1-7)。

(2) 测斜仪:冻结钻孔普遍采用陀螺仪测斜(表 1-8),美国采用 RG-1 型单点磁罗盘测斜仪,德国采用 KL_3 型陀螺照相测斜仪,英国采用航海型陀螺测斜仪和 S-3 型单点陀螺测斜仪,苏联和波兰采用 И-477-Д 型陀螺测斜仪,并实现不提钻测斜。配上直径为 7in 的钻铤和 6～6.5in 涡轮钻具或迪纳钻具后,可实现靶域钻进和定向钻进,使深冻结孔偏斜方位和偏值得到有效的控制。

(3) 定向钻进:20 世纪 70～80 年代德国、英国等已在深冻结孔钻进过程中实现定向钻进。例如,德国 1966 年在瓦伦打钾盐矿施工的冻结孔采用直孔段与斜孔段相结合定向钻孔技术(图 1-3);1970 年在克利夫兰钾盐矿 Boulby 矿井采用的冻结孔斜孔段与直孔段相结合定向钻孔技术(图 1-4)[1],实现了局部冻结,取得良好的效果。

表 1-5 国外 1946～1989 年施工的深井冻结设计主要技术指标

国名	矿井名称	井筒净直径/m	冻结深度/m	冻结地层		井壁		盐水温度/℃	冻结壁厚度/m	冻结孔布置圈径/m	冻结孔数量/个	冻结管规格	施工年限	备注
				四系冲积层/m	含水岩层	结构	厚度/m							
德国	维尔德煤矿风井	6.0	582	14.7	542.3m 白垩纪地层	AV 型	1.85	−25	5.83	18.5	38	Φ127mm×7.72mm	1983～1986	冻结管断裂 6 次
德国	索菲亚煤矿雅科巴井	4.5	560	15.0	345m 白垩纪地层	AV 型	1.42	−35	<6.0	15.0	38	Φ127mm×7.72mm	1985	波兰施工
德国	莱茵贝克煤矿 9 号井	7.5	528	198.4	80m 白垩纪地层	AV 型	1.8	−36	7.42	22.0	44	Φ127mm×7.72mm	1986～1991	(1)冻结 9 个月后开挖 (2)施工至设计控制深度时，冻结壁内外侧的扩展范围之和达 13m
德国	克利夫兰钾盐矿 Boulby 矿井		960		上部冰碛层，深部含盐地层								1970	局部冻结深度 596～960m
德国	瓦伦打钾盐矿	4.88	591	83.0	78m 白垩系地层		0.81			地面 10.7 491m 深 12.7			1966～1967	局部冻结深度为 0～83m 及 491～569m
英国	博尔比钾盐矿Ⅰ号井	5.5	930		本特砂岩		1.2	−40	3.65	12.5	27		1963～1969	单圈孔局部冻结深 552～930m，不打补孔
加拿大	萨斯喀彻温钾盐矿Ⅰ号井	4.88	915		457.0m 白雷摩尔岩层			−40			16/11		1954～1958	单圈孔局部冻结深 610～915m，钻机平均台月效率 770m，610m 水平最大偏值 1.57m，915m 最大偏值 2.32m，补孔 3 个

续表

国名	矿井名称	井筒净直径/m	冻结深度/m	冻结地层		井壁		盐水温度/℃	冻结壁厚度/m	冻结孔布置圈径/m	冻结孔数量/个	冻结管规格	施工年限	备注
				四系冲积层/m	含水岩层	结构	厚度/m							
加拿大	雅伯钾盐矿一号井	5.5	441	84.4	70m 白雷摩尔岩层					外圈 11.1 内圈 10.1	外圈 33 内圈 25	Φ127mm×7.72mm	1957	外圈孔采用局部、分期(分段)冻结：一段 0～100m，二段为 366～441m
波兰	留宾铜矿 L-2 井	6.0	365	>250				−25		13.0	37	Φ140mm×7.5mm		单圈孔分段冻结 0～132m，132～365m
波兰	卢布林煤矿 K_2井	7.5	760	34	552m 白垩纪，136.1m 侏罗纪裂隙岩层		1.285	−25	6.50	17.0	46	Φ139.7mm×8mm	1982～1985	井壁：深度小于 560m 段为钢筋混凝土塑料夹层井壁，大于 560m 段铸铁丘宾筒井壁
苏联	扎波罗热铁矿 1 号主井	7.0	425	265.4				−25		14.0	36	Φ146mm×10mm	1966	单圈孔分期(段)冻结 0～140m，140～425m
苏联	雅可夫列夫铁矿Ⅱ号罐笼井	7.5	620	571.2		铸铁丘宾筒混凝土复合井壁	1.05	−40(实际 −35)	6.20	外圈 19.0 内圈 14.5	外圈 33 内圈 33	Φ146mm×10mm	1974～1979	(1)双圈孔分期(段)冻结：一期冻内圈 0～390m，二期冻内圈 0～390m 和外圈 270～390m，三期冻内圈 390～620m 和外圈 270～620m (2)断管 15 根

表 1-6 20 世纪 70 年代国外深冻结孔钻进机具及应用效果

<table>
<tr><th rowspan="2">国别</th><th colspan="3">钻机</th><th colspan="3">泥浆泵</th><th rowspan="2">设计适用深度/m</th><th rowspan="2">应用效果</th></tr>
<tr><th>型号</th><th>当转速为 80r/min 时的转盘扭矩/(kN·m)</th><th>绞车快绳(单绳)提升能力/t</th><th>型号</th><th>压力/MPa</th><th>流量/(m³/h)</th></tr>
<tr><td rowspan="2">英国</td><td rowspan="2">SS-35</td><td rowspan="2">>10</td><td rowspan="2">>8</td><td rowspan="3">双缸双作用柱塞泵</td><td>17.8</td><td>1.86</td><td rowspan="2">300～500</td><td rowspan="3">钻机台月效率达 3000～4000m，配上直径为 7in(1in=2.54cm)的钻铤和直径为 6～6.5in 的涡轮钻具后，实行靶域钻进而使偏斜方向和偏值得到有效的控制</td></tr>
<tr><td>40.0</td><td>0.87</td></tr>
<tr><td>加拿大</td><td>IDECO-40</td><td>>10</td><td></td><td>31.5</td><td>2.10</td><td>≥500</td></tr>
<tr><td rowspan="4">德国</td><td rowspan="2">B_3A</td><td rowspan="2">7.5</td><td rowspan="2">7</td><td rowspan="4">双缸双作用柱塞泵</td><td>20.0</td><td>1.575</td><td rowspan="2">200～300</td><td rowspan="4">钻机台月效率达 2000～3000m，钻孔偏斜率达 1‰，最大钻深 300m 时钻机台月效率为 2500～3000m，偏值控制在 0.5m 以内</td></tr>
<tr><td>39.0</td><td>0.80</td></tr>
<tr><td rowspan="2">B_4</td><td rowspan="2">8.55</td><td rowspan="2">10</td><td>20.4</td><td>2.37</td><td rowspan="2">300～500</td></tr>
<tr><td>95.8</td><td>0.507</td></tr>
<tr><td rowspan="5">苏联</td><td>УТ3-2</td><td rowspan="2">10</td><td>6</td><td rowspan="2">9МГР-61 双缸双作用柱塞泵</td><td rowspan="3">41.0</td><td rowspan="3">1.0</td><td>≤250</td><td>钻深为 250m 时的台月效率为 2500m</td></tr>
<tr><td>УТ3-3</td><td>>6</td><td>250～300</td><td>钻深为 300m 时的台月效率为 2500m</td></tr>
<tr><td>2БА15Н</td><td>10</td><td>>6</td><td>9МГР-62 双缸双作用柱塞泵</td><td>300～500</td><td>钻深为 300m 时的台月效率为 3000m</td></tr>
<tr><td>УБЗЩ-2</td><td rowspan="2">>10</td><td rowspan="2"></td><td rowspan="2"></td><td rowspan="2"></td><td rowspan="2"></td><td>≥500</td><td>钻深为 620m 时的台月效率为 1500～2000m</td></tr>
<tr><td>БУ-75</td><td>≥500</td><td>钻深为 760m 时的台月效率为 1600m</td></tr>
<tr><td rowspan="2">波兰</td><td>OP-1200</td><td>>10</td><td></td><td></td><td></td><td></td><td>300～500</td><td>钻深为 400m 时的台月效率为 2500～3000m</td></tr>
<tr><td>IL-7a 重型转盘钻机</td><td></td><td></td><td></td><td></td><td></td><td>500～1000</td><td>(1)带三牙轮水力冲击钻头
(2)在留宾铜矿 L-5 冻结井钻深 450m 时平均台月效率达 3500～4000m
(3)在钻深 725m 时平均台月效率达 2400m</td></tr>
</table>

表 1-7 苏联不同深度的冻结孔专用钻机的技术特征

指标		БУЩ-4	БУЩ-3	УБЩ3-20	УБЗЩ-2	УБЗЩ-2-30	УБЗЩ-3
极限钻进深度/m		100	200	300	500	600	700
提升能力/t	最大	10	10	16	20	30	30
	瞬时	15	13	20	30	40	50
钻孔直径/mm	开始	346	346	346	346	346	490
	最终	190	214	214	214	214	214
钻进绞车	牵引力/tf	3.8	3.8	3.8	6.0	10.0	8.5
	最小提升速度/(m/s)	0.23	0.36	0.24	0.227	0.25	0.25
	最大提升速度/(m/s)	0.98	0.88	0.77	1.03	1.39	0.84
	变速量	3	3	3	4	4	4
滑轮索具		2×3	2×3	3×4	3×4	3×4	3×4
滚筒	型号	р-410	р-410	р-410	р-360 Щ-14	р-360 Щ-14	р-360 Щ-14
	直径/mm	410	410	410	360	360	360
	最大转速/(m/s)	165	290	330	406	294	276
	最小转速/(m/s)	50	100	100	90	84.7	82
	变速量	3	3	3	—	3	3
滑轮绳索直径 /mm		15.5	15.5	19.5	19.5	25	25
钩环	型号	вр-2-20	вр-2-20	Щв-18-50	Щв-18-50	Щв-18-50	Щв-18-50
	通过直径/mm	32	32	32	55	55	55
	提升能力/t	20	20	20	50	50	50
驱动功率/kW		40	40	80	100	160	260
基本尺寸/mm	长度(运输状态)	6500	6000	6700	6700	6700	7500
	宽度	4500	4500	6800	6800	6800	7400
	高度	18200	20000	23700	22300	23700	23000
重量/t		19.4	16.6	32.0	36.5	39.0	66.0

注：1tf=9.80665×10^3N。

表 1-8 国外冻结钻孔测斜仪

国别	冻结钻孔测斜仪			备注
	型号	顶角误差	井下仪器直径/mm	
美国	RG-1 型单点磁罗盘测斜仪	±2′	32	井下仪器直接在防磁钻杆或钢管中实现不提钻测斜
德国	KL_3陀螺照相测斜仪	±10′	78	成孔测斜
英国	航海型陀螺测斜仪	±15′	31.8	不提钻测斜
			76.2	成孔测斜
	S-3 型单点陀螺测斜仪		31.8	不提钻测斜
苏联、波兰	И-477-Д 型陀螺测斜仪	±2′		不提钻测斜

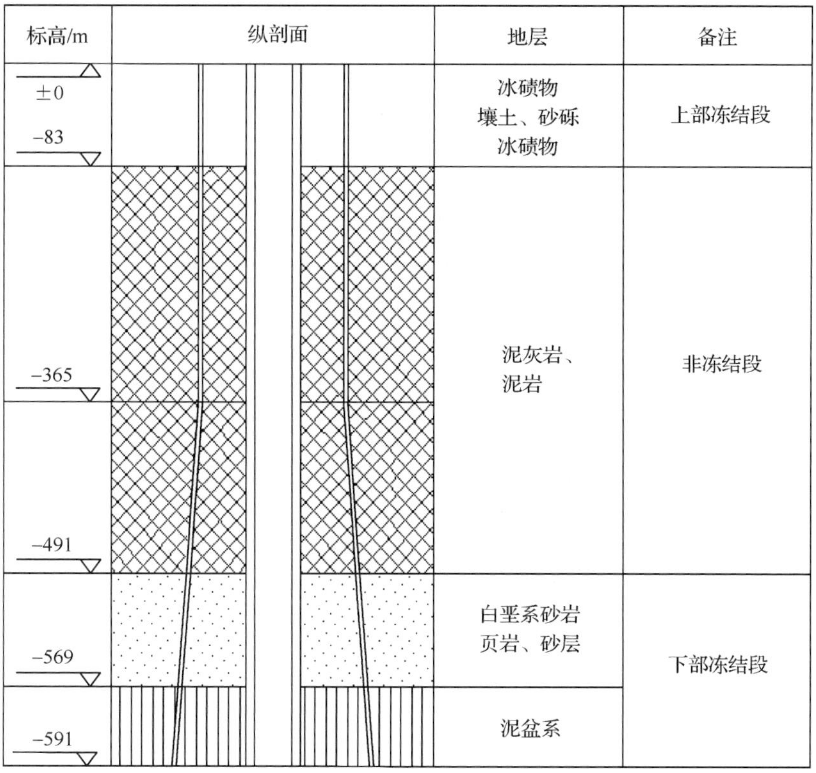

图 1-3 瓦伦打钾盐矿冻结孔定向钻进示意图

4. 冻结制冷技术

1) 冷冻机

基本上采用螺杆式冷冻机组，双级压缩制冷，单机制冷能力趋向中、大型化并朝自动化方向发展。制冷效率高，单机标准制冷能力为 $80\times10^4\sim150\times10^4$kcal/h（1cal＝4.184J），运转维护人员少，占地面积小。

2) 盐水流量检测

各国均采用电磁流量计检测盐水干管的总流量。德国和波兰还十分重视每个冻结器盐水流量的检测：方法一是在每个冻结器的回液管上安装一个特制的流量计；方法二是把每个冻结器的回液管采用胶管或耐低温塑料软管单独流回至盐水流量中间监测站（热盐水箱）中进行直接观测（图 1-5），确保每个冻结器按设计要求流量进行运转。

3) 冻结壁形成状况检测

20 世纪 70～80 年代，苏联和波兰除采用铜-康铜热电偶检测冻结壁形成状况外，还采用 YKO-Z 型超声波测厚仪检测冻结壁交圈状况，取得了良好效果。例如，在雅可夫列夫罐笼井冻结 120d 后用超声波检测深 100m 水平的冻结壁平均厚度为 1.5m，而发现第 25 号、26 号、29 号、30 号冻结管在深 85～153m 存在尚未交圈的“窗口”，检测结果与施工实际情况吻合，对保证冻结段安全施工有指导意义。

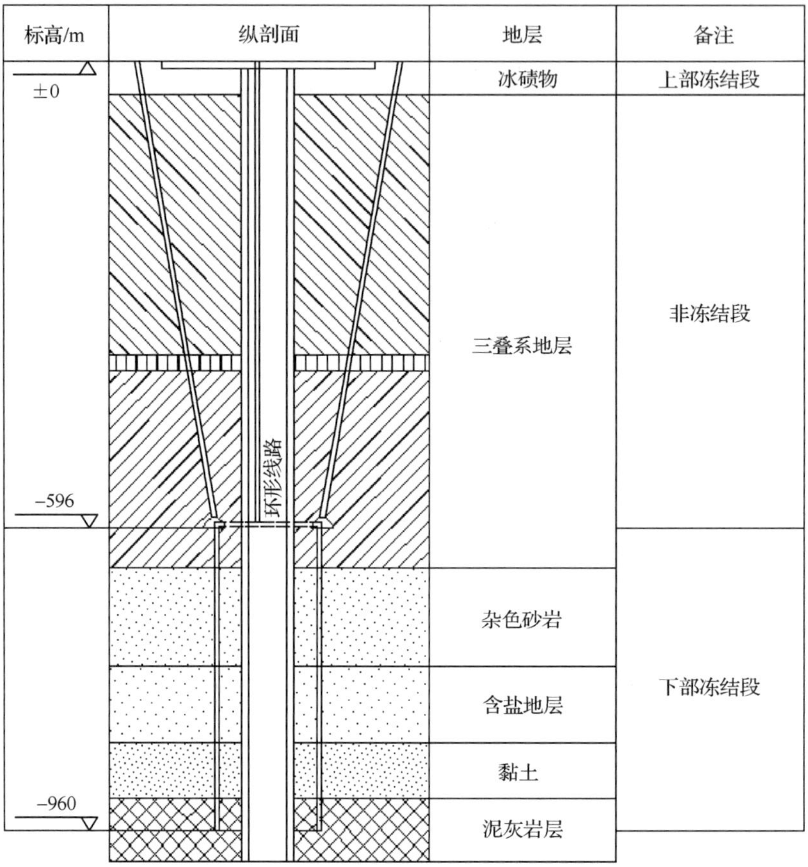

图 1-4 克里夫兰钾盐矿 Boulby 矿井冻结孔定向钻进示意图

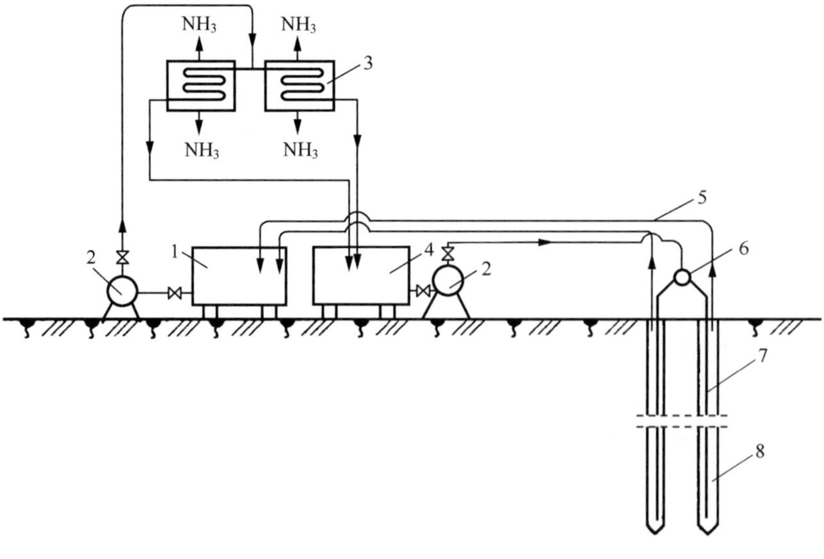

图 1-5 德国、波兰每个冻结器单独回液的盐水循环系统示意图

1-“热”盐水箱；2-盐水泵；3-蒸发器；4-“冷”盐水箱；5-回液管；6-配液圈；7-供液管；8-冻结管

5. 冻结段掘砌技术

1）掘进机械化水平

(1) 每井均装备一台抓岩机及2个3～5m^3 吊桶。

(2) 未冻砂性土基本采用抓岩机直接装岩，未冻固结、半固结黏性土采用履带式挖掘机进行挖掘。

(3) 已冻结冲积层采用重型风镐破土，冻结基岩采用钻爆法破岩，抓岩机装岩（表1-9）。

表1-9 国外深冻结立井掘装机械化

国别	冲积层冻结段			基岩冻结段	
	未冻结砂性土层	未冻结半固结黏性土层	冻土	破岩	装岩
德国	抓岩机	履带式挖掘机	悬吊式重型(39.5kg)风镐	钻爆法	抓岩机
波兰	抓岩机			钻爆法	抓岩机
苏联	抓岩机	履带式寒冷型双风镐冻土挖掘机	COM型悬吊式重型风镐	钻爆法	抓岩机

2）冻结壁位移检测

从20世纪70年代开始，推广应用数显式收敛计检测冻结壁径向位移，为合理调控掘砌段高提供重要依据，对防止深厚冲积层冻结管断裂的效果显著。

3）冻结段施工速度

国外冻结法凿井主要国家——德国、英国、波兰、苏联在20世纪90年代之前施工的深冻结井，凿井机械化装备就已达到较高的水平。但由于采用单圈孔冻结，一般当冻土扩至井帮附近时才进行开挖，开挖前冻结时间较长，掘砌速度较慢，浅部掘砌速度为50m/月左右，随着挖掘深度和冻土挖掘量的增大，掘砌速度逐渐降至35m/月左右，外层井壁的平均掘砌速度为40m/月；内层井壁结构比较复杂，施工速度慢，冻结段成井速度基本上维持在25～30m/月。德国冻结段掘砌平均速度为30～35m/月，成井速度为25m/月左右；波兰冻结段掘砌平均速度为40～45m/月，成井速度为35m/月左右；苏联冻结段掘砌平均速度为30～35m/月，成井速度为25m/月左右；加拿大柯明克钾盐矿冻结段掘砌速度最高为111m/月，成井速度为33.7m/月。

4）存在的主要问题

根据调查资料分析，德国、苏联、波兰、加拿大、比利时于20世纪50～80年代中期施工的深厚冲积层（大于200m）和松软破碎岩层段均存在不同程度的冻结管断裂（表1-10）、小型混凝土砌块夹可缩木外层井壁出现局部压坏及铸铁丘宾筒与（钢筋）混凝土复合井壁压坏现象。

表 1-10　20 世纪 50～80 年代国外深冻结井冻结管断裂简况

国别	井筒名称		井筒净直径/m	四系冲积层厚度/m	冻结深度/m	冻结孔布置				冻结工艺		开钻年限	冻结管			备注
						圈数/个	布置圈直径/m	数量/个	开孔间距/m				规格	断裂		
														数量/根	层位	
苏联	扎波罗热铁矿Ⅰ矿	主井	7.0	265.4	425	1	14.0	36	1.222	分段冻结	0～140m，140～425m	1966	Φ146mm×10mm	11	黏土	扎波罗热矿区 6 个井筒冻深 300～425m，累计断管 61 根，断管率达 20%
		副井	8.1	265.1	425	1	16.0	40	1.257		0～140m，140～425m		Φ146mm×10mm	7	黏土	
		南风井	6.0	269.2	425	1	13.0	30	1.361		0～140m，140～425m		Φ146mm×7.5mm	>20	黏土	
	别列兹尼科夫钾盐矿苏格拉I矿	副井	7.0	270	373	1	14.5	40	1.14	一次冻全深			Φ146mm×10mm	10	黏土	
		风井	6.0			1		40		一次冻全深			Φ146mm×10mm	9	黏土	
	雅可夫列夫铁矿Ⅱ号罐笼井	副井	7.5	571.2	620	2	14.5/19.0	33/33	1.38/1.81	分段冻结	0～390m，390～620m	1974	Φ146mm×10mm	15	黏土	外圈孔在大于 390m 冲积层中断管 15 根
		排水井	6.0	571.2	620	2					0～390m，390～620m	1974	Φ146mm×10mm	7	黏土	
波兰	留宾铜矿	L-1 井	6.0	>250	365	1	13.0	37	1.104	分段冻结	0～132m，132～365m	1960	Φ141mm×7.5mm	35	黏土及松软岩层	20 世纪 60 年代冻结法施工 11 个立井，有 3 个井筒因冻结管断裂导致冻结壁透水淹井
		L-2 井	6.0	>250	365	1	13.0	37	1.104		0～132m，132～365m		Φ141mm×7.5mm	23	黏土及松软岩层	
		П-2 井	6.0	>250	365	1	13.0	37	1.104		0～132m，132～365m		Φ141mm×7.5mm	8	黏土及松软岩层	

续表

国别	井筒名称	井筒净直径/m	四系冲积层厚度/m	冻结深度/m	冻结孔布置				冻结工艺		开钻年限	冻结管			备注
					圈数/个	布置圈直径/m	数量/个	开孔间距/m				规格	断裂		
													数量/根	层位	
德国	劳贝克3号风井	6.5	84.4	450	1	14.0	40	1.10	局部冻结	0～210m，383～450m	1963	Φ127mm×7.72mm	断管	非局部冻结部位	铸铁丘宾筒与混凝土复合井壁的厚度为950mm
德国	维尔德风井	6.0	14.7	585	1	18.5	38	1.529	一次冻全深		1986	Φ127mm×7.72mm	6(次)	破碎砂岩	白垩系地层成岩差
德国	辉克瑟井			327	1	16.6	38	1.37	一次冻全深			Φ127mm×7.72mm	14	黏土泥质灰岩	掘砌段高(7m)过大，冻结壁塑性变形大
加拿大	雅伯钾盐矿一号井	5.5		441	2	10.1/11.1	26/36	1.22/0.97	双圈孔分段冻结	0～100m，366～441m	1957	Φ127mm×7.72mm	32	白雷摩尔岩层	断管后下Φ108mm套管恢复冻结

1.3 冻结法凿井在中国的应用与发展简况

1.3.1 冻结法凿井的四大阶段

我国应用冻结法凿井起步较晚，但发展很快。1955 年首次在开滦煤矿林西风井从波兰引进冻结法凿井技术，成功地解决了 65.0m 不稳定冲积层的施工难题。之后在河北、山西、辽宁、安徽、山东、江苏、河南、黑龙江等省推广应用，取得了良好效果。1989 年陈四楼副井采用冻结法成功解决了 374.5m 冲积层和 435m 冻结深度的施工难题，使我国冻结法凿井技术达到国际先进水平[8-10]。进入 21 世纪以来，煤炭基本建设迎来了前所未有的新高潮，冻结法凿井穿过的冲积层厚度相继突破 400m、500m、600m，冻结深度相继超过 450m、500m、600m、700m(图 1-6)。从发展过程分析，我国冻结法凿井经历了 1955～1959 年的引进消化、1960～1988 年的探索改进、1989～1999 年的提高完善以及 2000～2014 年的创新攀高四大阶段。

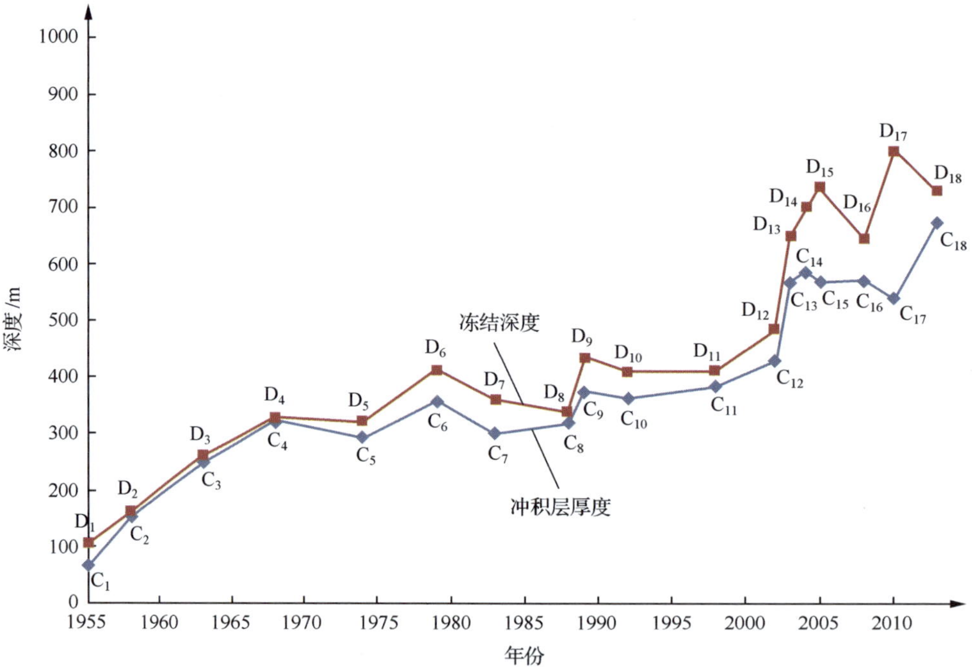

图 1-6 我国深厚冲积层立井冻结最大深度(H_d)及冲积层最大厚度(H_c)的发展态势

1. 不同阶段的工程特点

我国 1955～2014 年共建成冻结立井超过 1108 个，冻结总深度大于 295560m。不同阶段的冻结工程特点见表 1-11。

表 1-11　我国 1955～2014 年冻结法凿井不同发展阶段的冻结工程特点

序号	冻结法凿井的不同阶段	起止年限	冻结工程特点				年均冻结		井均冻结深度/m
			立井数/个	总深度/m	最大冻结深度/m	冲积层最大厚度/m	立井数/个	深度/m	
1	引进消化	1955～1959	18	1628	162	154.8	3.6	325.6	90.4
2	探索改进	1960～1988	283	45938	415	358.5	9.8	1584.1	162.3
3	提高完善	1989～1999	177	>39990	435	383.1	16.1	>3635.5	225.9
4	创新攀高	2000～2014	>630	>208000	800/950	675.6	>42	>13866.7	>330.2
5	合计	1955～2014	>1108	>295556	800/950	675.6	>18.5	>4925.9	266.8
备注	(1) 冻结最大深度：以冻结冲积层为主的冻结井为 800m(李粮店副井、杨村风井)；以冻结含水基岩为主的冻结井为 950m(核桃峪副井) (2) 不同阶段不同冲积层的冻结立井数 ①1955～1959 年的冻结立井数：<100m 冲积层的为 14 个，>100m 冲积层的为 4 个 ②1960～1988 年的冻结立井数：<200m 冲积层的为 237 个，200～300m 冲积层的为 43 个，>300m 冲积层的为 3 个 ③1989～1999 年的冻结立井数：<200m 冲积层的为 131 个，200～300m 冲积层的为 32 个，>300m 冲积层的为 14 个 ④2000～2014 年的冻结立井数：<200m 冲积层的>397 个，200～300m 冲积层的为 105 个，300～400m 冲积层的为 51 个，400～500m 冲积层的为 48 个，>500m 冲积层的为 29 个 ⑤1955～2014 年合计冻结立井数：<200m 冲积层的>783 个，200～300m 冲积层的为 180 个，300～400m 冲积层的为 68 个，400～500m 冲积层的为 48 个，>500m 冲积层的为 29 个								

2. 不同阶段的冲积层最大厚度与冻结最大深度

我国 1955～1959 年引进消化阶段、1960～1988 年探索改进阶段、1989～1999 年提高完善阶段、2000～2014 年创新攀高阶段立井冻结井筒穿过的冲积层最大厚度 H_c 分别为 154.8m、358.5m、383.1m、675.6m，冻结最大深度分别为 162m、415m、435m、800m(以冲积层为主)和 950m(以基岩为主)(图 1-7)，发展态势见表 1-12。

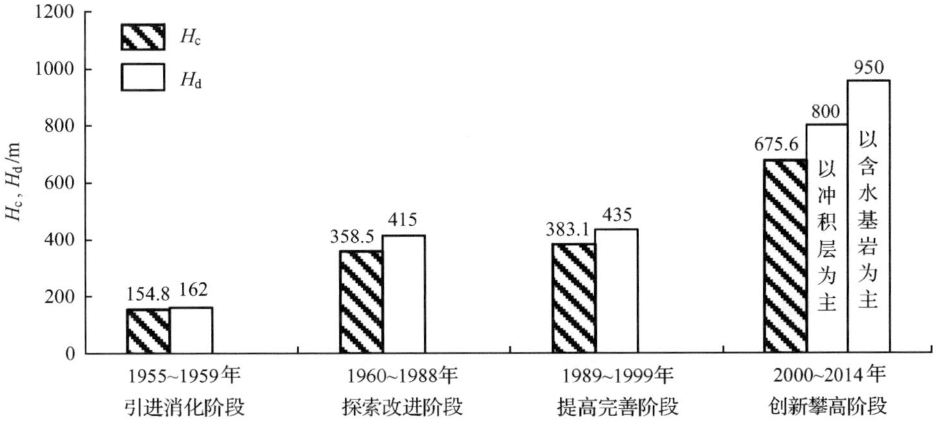

图 1-7　不同阶段的立井冲积层最大厚度(H_c)、冻结最大深度(H_d)

表 1-12 我国深厚冲积层立井冻结最大深度与冲积层最大厚度的发展态势

序号	井筒名称	开钻年限	冲积层最大厚度/m	冻结最大深度/m	序号	井筒名称	开钻年限	冲积层最大厚度/m	冻结最大深度/m
1	林西风井	1955	65.0	105	10	元氏副井	1992	360.7	410
2	荆各庄主井	1958	154.8	162	11	金桥副井	1998	383.1	412
3	邢台主井	1963	248.3	260	12	程村主井	2002	429.9	485
4	平八东风井	1968	324.4	330	13	龙固副井	2003	567.7	650
5	潘一东风井	1974	292.5	321	14	郭屯主井	2004	587.4	702
6	潘三东风井	1979	358.5	415	15	口孜东主井	2005	568.4	737
7	谢桥副井	1983	298.7	360	16	陈蛮庄风井	2008	572.5	644
8	邱集主井	1989	318.7	338	17	杨村风井	2011	538.9	800
9	陈四楼副井	1989	374.5	435	18	龙固北风井	2012	675.6	730

3. 不同阶段的年均冻结立井数

我国 1955～1959 年引进消化阶段、1960～1988 年探索改进阶段、1989～1999 年提高完善阶段、2000～2014 年创新攀高阶段年均冻结立井数分别为 3.6 个、9.8 个、16.1 个、42 个(图 1-8)。

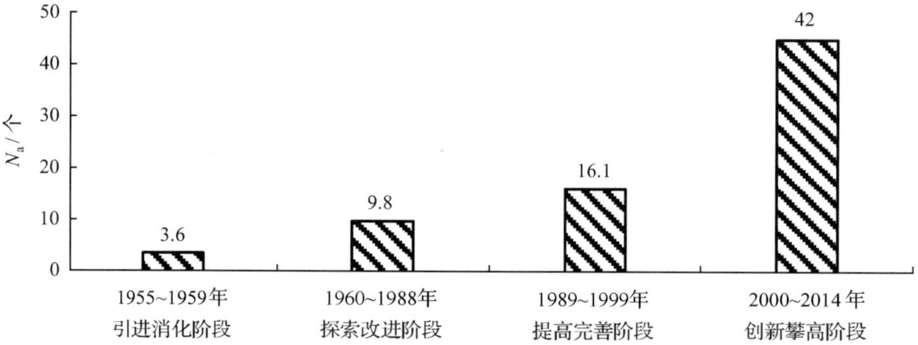

图 1-8 不同阶段的年均冻结立井数(N_a)

4. 不同阶段的年均冻结深度

我国 1955～1959 年引进消化阶段、1960～1988 年探索改进阶段、1989～1999 年提高完善阶段、2000～2014 年创新攀高阶段年均冻结深度(长度)分别为 325.6m、1584.1m、3635.5m、13866.7m,见图 1-9。

5. 不同阶段的井均冻结深度

我国 1955～1959 年引进消化阶段、1960～1988 年探索改进阶段、1989～1999 年提高完善阶段、2000～2014 年创新攀高阶段井均冻结深度 H_J 分别为 90.4m、162.3m、225.9m、330.2m,见图 1-10。

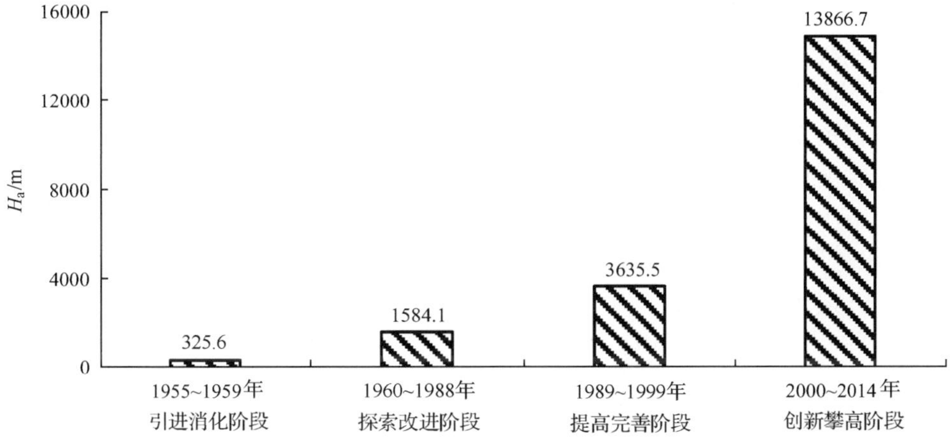

图 1-9　不同阶段的年均冻结深度(H_a)

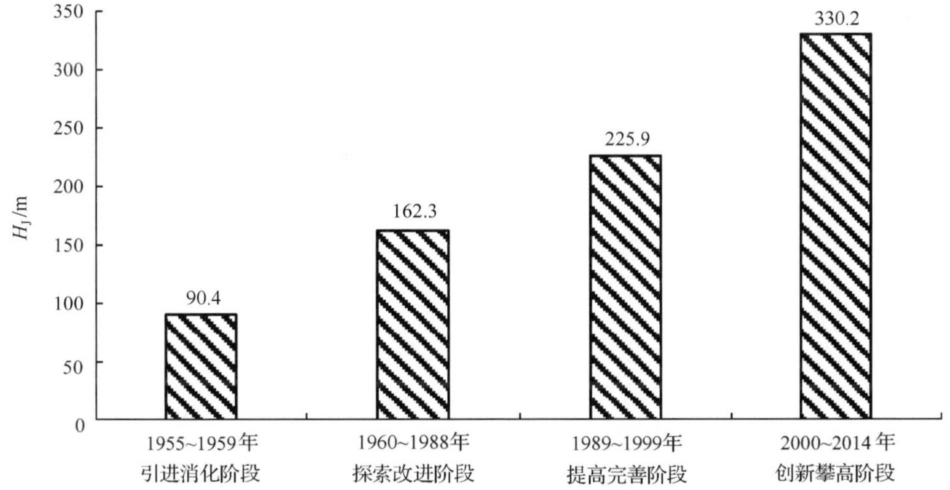

图 1-10　不同阶段的井均冻结深度(H_J)

1.3.2　冻结法凿井不同阶段的技术简况

1. 引进消化阶段的技术简况

1）工程特点

1955～1959年我国共计施工18个冻结井，冲积层厚14.3～154.8m，冻结深度为20.9～162m，井均冻结深度90.4m。其中小于100m冲积层的冻结立井14个，大于100m冲积层的冻结立井4个。第一个冻结立井为1955年开工的林西风井，引进波兰的冻结法凿井技术，“两壁”设计和打钻、冻结、掘砌工程均由波兰承包；第二个冻结井为1956年开工的唐家庄风井，由苏联专家纳索诺夫指导设计，我国负责打钻、冻结、掘砌工程施工；其他16个冻结井均由我国自行设计和施工。

2）技术简况

（1）林西风井。

①“两壁”设计。

井筒净直径5m，冲积层厚65m，冻结深度105m。“两壁”设计执行波兰浅冲积层冻结法施工规程有关规定：地压按秦巴列维奇公式计算，井壁和冻结壁按拉麦公式计算；林西风井的井壁采用砂浆衬砌缸砖井壁，厚600mm，壁后充填C15混凝土250mm作为牺牲层；冻结盐水选用氯化钙溶液，温度取－20～－25℃；冻结壁平均温度（t_c）和冻土计算强度（K）按冲积层厚度选取，小于100m冲积层的t_c和K分别取－7℃和3MPa，大于100m冲积层的t_c和K分别取－10℃和4MPa；单圈冻结孔开孔间距1.09m，冻结管外径为140mm。

② 打钻、冻结、掘砌技术。

打钻采用波兰的SmSu冲击式钻机，钻孔偏斜率小于0.5%；浅部采用经纬仪灯光测斜，灯光测不到的深部采用电测仪测斜。

冻结采用2台L14型往复式氨压缩机，单级压缩制冷；采用酒精或水银玻璃温度计检测冻结干管、冻结器的盐水温度和测温孔的温度；采用螺翼式流量计检测盐水干管的流量。

掘砌采用人工挖掘、装矸与砌壁，速度慢，掘砌平均速度为16.3m/月。

（2）唐家庄风井。

①“两壁”设计。

井筒净直径5m，冲积层厚56.3m，冻结深度60m。“两壁”设计按苏联浅表土冻结法施工规程执行，地压按秦巴列维奇公式计算；井壁厚度和冻结壁厚度按拉麦公式计算；井壁采用钢筋混凝土单层井壁，混凝土标号为C15，厚500 mm，壁后增设油毛毡或稻草帘作为隔热层；盐水温度－25℃，冻结孔布置圈径8.4m，26个冻结孔，开孔间距1.105m，冻结管外径146mm，冻结需冷量（标准）40×10^4kcal/h。

② 打钻、冻结、掘砌技术。

打钻采用红旗650型旋转式立轴钻机，经纬仪灯光测斜。

冻结采用3台4AY-15型往复活塞式氨压缩机，单级压缩制冷。干管盐水流量采用螺翼式流量计检测，冻结器盐水温度和测温孔温度采用玻璃棒式温度计检测。

掘砌采用人工挖掘、装矸。掘砌段高一般为5～10m；筑壁采用绳捆模板，人工浇筑与振捣；冬季施工时砂、石在室内预热至30～40℃，热水（温度为60℃左右）搅拌；进行低温冷拌混凝土试验应用后取消壁后隔热层；掘砌平均速度为17.2m/月。

（3）国内自行设计和施工的16个冻结井。

①“两壁”设计。

“两壁”设计基本上是参照波兰和苏联的浅表土冻结法施工规程的有关规定执行，地压按秦巴列维奇公式计算，井壁厚度和冻结壁厚度按拉麦公式或古别拉公式计算，冻结孔布置圈径按国外普遍采用的公式计算，冻结孔间距取1.1～1.2m，冻结管外径取140～146mm。

② 打钻、冻结、掘砌技术。

打钻、冻结、掘砌的施工设备、工艺与唐家庄风井基本相同，但掘砌段高往往偏大，缺少理论依据。

3）实施效果

（1）我国从波兰承包的林西风井冻结工程中和从苏联专家指导的唐家庄风井冻结设计中，初步掌握了不大于100m冲积层的"两壁"设计和打钻、冻结、掘砌等施工技术，为冻结法凿井在我国进一步推广应用打下了基础。

（2）从我国自行设计施工的16个冻结立井的实施效果分析，说明我国已基本掌握不大于150m冲积层冻结法凿井的"两壁"设计和施工技术，但冻结段掘砌段高往往偏大（≥10m），掘砌平均速度偏低（24 m/月），有待探讨和提高。

（3）1955～1959年我国施工18个冻结立井的冲积层最大厚度为154.8m，说明我国对大于200m冲积层冻结法凿井尚无实践经验，在推广应用过程中还会遇到大于200m深厚冲积层的"两壁"设计和施工难题。

4）存在的问题

（1）3/4的冻结井单层井壁接茬缝漏水量达12～117m^3/h（表1-13），经壁后注浆漏水量明显减少，但过一段时间漏水量又逐渐增大，半年后仍有6个井筒的漏水量超过10m^3/h，有3个井筒（范各庄风井、荆各庄风井、吕家坨风井）被迫进行套壁处理，使井筒净直径缩小0.4～0.5m，说明钢筋混凝土单层井壁接茬缝易漏水，若不采取补救措施，较难满足防水要求。

（2）吕家坨副井施工过程中因刚过冲积层就停止冻结，冲积层与基岩交界段（岩层风化带）未及时进行砌筑井壁，偏入井壁内的一根冻结管未进行处理，并采用大段高向下掘进，导致偏入井内的冻结管周围冻土融化，造成透水涌砂淹井（图1-11）[11]。

（3）荆各庄主副井施工至冻结段底部时，因基岩段涌水量大造成淹井，说明当冻结段底部基岩含水量较大时，应适当延长冻结深度。

2. 探索改进阶段的技术简况

1）工程特点及对"两壁"设计、施工的影响

（1）工程特点。

1960～1988年的探索改进阶段，历时29年，占我国冻结法凿井四大阶段历程（1955～2014年）的48.33%。该阶段共计施工283个冻结立井，其中小于200m、200～300m、大于300m冲积层的冻结立井数分别为237个、43个、3个。1963年、1968年、1979年的冲积层最大厚度分别达到248.3m（邢台主井）、324.4m（平八东风井）、358.5m（潘三东风井），比引进消化阶段的冲积层最大厚度（154.8m）分别增大93.5m、169.4m、203.7m。

（2）冲积层厚度大幅增加对"两壁"设计和施工安全产生不利的影响。

根据现有地压理论分析，冲积层地压与其厚度或埋深成正比，冲积层厚度的大幅增加势必增加"两壁"设计和施工难度。根据该阶段冻结施工遇到的问题分析：一般当冲积层厚度超过200m后，冻结管断裂、外层井壁压坏、井壁漏水、"两壁"透水淹井事故明显增多。

表 1-13 冻结法凿井 1955～1959 年引进消化阶段冻结段单层井壁漏水简况

井筒名称		冲积层厚度/m	冻结深度/m	井壁			开钻年限	井壁漏水量/(m^3/h)		井壁漏水		备注
				结构	厚度/m	混凝土标号		注浆前	注浆后	主要部位	地层	
林西风井		65.0	105	缸砖(壁后充填混凝土)	870		1955	100.0	15.0	砖砌缝	砂砾层	国内第一个冻结井
唐家庄风井		56.3	60	钢筋混凝土	500	C14	1956	12.0	<6.0	接茬缝、梁窝	砂砾层	
唐山风井		148.0	153	钢筋混凝土	500～600	C14～C17	1957	75.0	21.6	接茬缝、梁窝	砂砾层	
范各庄	主井	82.7	85	混凝土	500	C17	1958	67.0	20.0	接茬缝	砂砾层	套壁后井筒净直径缩小0.5m
	副井	83.5	85	混凝土	600	C17	1958	71.0	11.0	接茬缝	砂砾层	施工至深 43.5m 时冻结壁出水，重冻 3 个月后恢复掘砌
	风井	87.9	154/93	混凝土	550～600	C17	1959	45.0	12.4	接茬缝	砂砾层	
徐家楼	主井	116.4	125	钢筋混凝土	600	C14	1958	18.4	6.2	接茬缝、梁窝	砂砾层	
	副井	116.4	125.5	钢筋混凝土	700	C14	1959	114.0	3.1	接茬缝、梁窝	砂砾层	
荆各庄	主井	154.8	162	钢筋混凝土	500～600	C14	1958	20.0		接茬处	砂砾层	(1)主副井冻结段底部基岩水大，井筒被淹，1971 年进行恢复；
	副井	152.3	162	钢筋混凝土	600	C14	1958	25.0	4.7	接茬处	砂砾层	(2)副井套壁后井筒净直径缩小 0.4m
吕家坨	主井	61.7	75	混凝土	650	C15	1959	85～117	15.0	接茬处	砂砾层	
	副井	58.8	77	混凝土	650	C15	1959	36.0		接茬处	砂砾层	冻结段施工过程，因风化带与基岩交界段未及时砌壁造成淹井(图 1-11)
	风井	48.7	90/70	混凝土	650	C15	1959	59.0	6.0	接茬处	砂砾层	

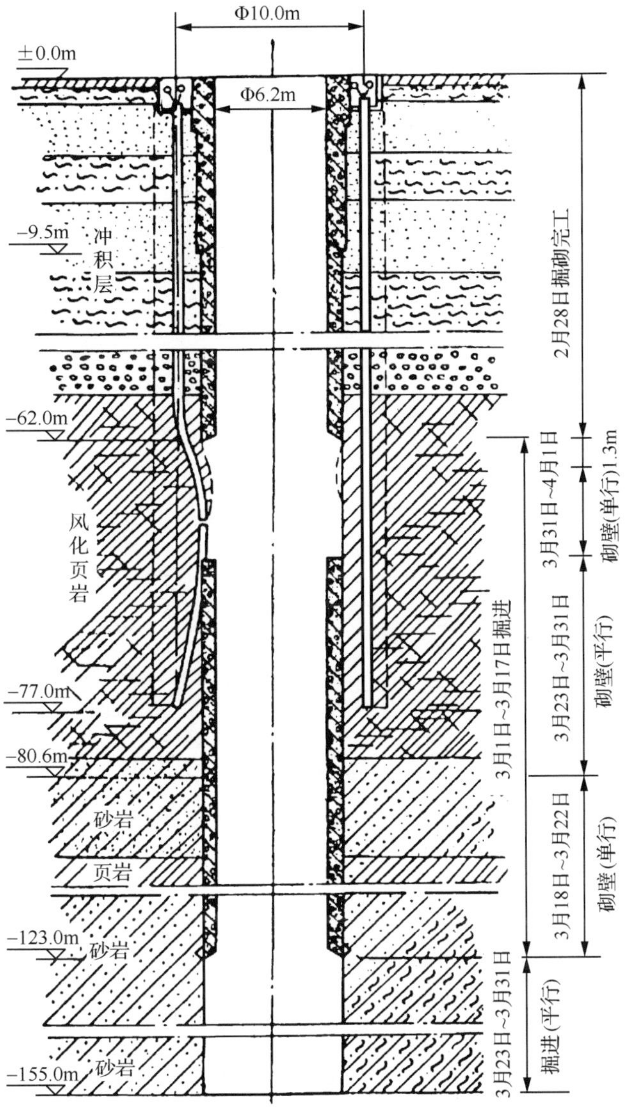

图 1-11　吕家坨副井掘砌与透水涌砂部位示意图

2）技术简况

由于引进消化阶段的时间较短（5 年），冲积层厚度较薄，国内的科学技术基础较差，冻结法凿井基础理论的研究还是空白，已施工的 18 个冻结立井平均冻结深度只有 90.4m，冻结法施工尚处于初级阶段，对大于 200m 冲积层冻结施工尚无实践经验，深厚冲积层的冻结施工难题尚未暴露。进入 20 世纪 60 年代后，邢台主井（1963 年）和平八东风井（1968 年）的冲积层厚度便达到 248.3m 和 324.4m，冻结管断裂、外层井壁压坏现象便相继发生，给冻结法凿井的安全问题敲响了警钟。煤炭科学研究总院（简称煤科总院）北京建井研究所从事冻结法凿井的科技人员响应国家号召，深入生产第一线，与设计、院校、

表 1-14　我国探索改进阶段冻结壁形成特性试验实测结果及改进建议

<table>
<tr><th colspan="2">冻结孔布置</th><th>冻结壁形成特性试验实测结果</th><th>对冻结时间和施工的建议</th><th>适用条件</th></tr>
<tr><td rowspan="2">单圈孔冻结</td><td>不变管径</td><td rowspan="2">(1) 不同孔距的冻结壁交圈时间和不同土层的冻结壁交圈时间
(2) 内外侧冻结壁的平均扩展速度和厚度增长值
(3) 外侧冻结壁厚度增长值
(4) 冻结壁内外侧厚度比值
(5) 冻土扩至井帮的时间和井帮的温度变化特性
(6) 冻结壁平均温度与厚度、孔间距的关系</td><td rowspan="2">(1) 1980 年提出冻结孔布置圈径的计算方法。包括<250m 冲积层的冻结孔布置圈径公式；≥250m 冲积层的冻结孔布置圈径公式
(2) 1982 年提出冻结壁平均温度的计算公式
(3) 提出按冲积层厚度选取冻结孔偏斜率、开孔间距和终孔间距的方法</td><td>(1) 冲积层厚度≤200m
(2) 冻结壁设计厚度≤3.0m
(3) 冻结孔圈距井帮≤2.2m</td></tr>
<tr><td>异径冻结管</td><td>(1) 冲积层厚 200～250m
(2) 冻结壁设计厚度 3.5～4.5m
(3) 冻结孔圈距井帮 2.2～3.0m</td></tr>
<tr><td colspan="2">外孔圈内侧增设防片孔圈冻结</td><td>(1) 冻结壁交圈时间比单圈孔冻结缩短 3～5d
(2) 井筒试挖和正式开挖时间分别控制在 65～75d 和 80～90d 范围内
(3) 冻土扩至井帮的时间比单圈孔冻结缩短 84～115d
(4) 能有效防止浅部片帮和深部少挖冻土</td><td>(1) 防片孔深度为冲积层厚度的 1/3～1/2
(2) 防片冻结孔数为主冻结孔数的 1/4～1/3
(3) 防片冻结管直径以 127～140mm 为宜
(4) 冻结器内盐水呈层流向紊流过渡状态
(5) 防片孔距井帮 0.8～1.2m 为宜
(6) 提出防片孔圈直径计算公式</td><td>(1) 冲积层厚度为 250～350m
(2) 冻结壁设计厚度为 4.0～6.0m
(3) 主孔与防片孔的数量比为 3∶1～4∶1
(4) 外孔圈距井帮 3.0～3.5m</td></tr>
<tr><td colspan="2">外孔圈内侧增设辅助孔圈冻结或双圈孔冻结</td><td>(1) 冻结壁交圈时间比单圈孔冻结缩短 30%～40%
(2) 冻结壁平均温度低 3～5℃
(3) 冻结壁有效厚度增加量为两孔圈之间的距离</td><td>(1) 内、外孔圈之间的冻土交汇时间可控制在 92d(砂砾层)和 114d(黏土层)左右
(2) 1987 年提出双圈孔冻结壁平均温度简易计算公式
(3) 提出外孔圈和辅助孔圈直径计算公式</td><td>(1) 冲积层厚 350～450m
(2) 冻结壁设计厚度 5.5～7.0m
(3) 主孔与辅助孔的数量比为 2.0∶1～2.5∶1
(4) 外孔圈距井帮 3.5～4.5m</td></tr>
</table>

施工、建设等单位合作，针对开滦、两淮、兖州、徐沛等矿区冻结法凿井存在的设计和施工难题，开展现场试验实测研究，取得一批有实用价值的成果。

(1) 冻结壁形成特性的试验实测研究。

探索改进阶段对10个单圈孔冻结立井、2个主孔圈内侧增设防片孔圈冻结立井、1个主孔圈内侧增设辅助孔圈冻结立井，开展冻结壁形成特性的试验实测研究，较为系统地掌握了单圈孔冻结壁形成特性和初步掌握主孔圈内侧增设防片孔圈、辅助孔圈的冻结壁形成特性，为改进冻结壁设计和制定施工措施提供了重要依据(表1-14)。

(2) 冻结压力的实测研究。

冻结压力是指冻结段掘砌工程中，由冻结壁施加于井壁上的施工荷载或临时荷载，是影响冻结壁稳定性和施工安全的重要因素。探索改进阶段对10个冻结井进行冻结压力实测研究[12,13]，有效地掌握了兖州矿区、两淮矿区不同土层冻结压力与深度的关系，为冻结段外层井壁设计提供了重要依据，综合分析提出如下建议。

① 冻结压力的四个经验公式。

② 兖州、两淮、徐沛等矿区不同土层、冻结压力与深度的关系(表1-15)。

表1-15 不同矿区土层的冻结压力参考值

深度/m	黏土层冻结压力/MPa			砂质黏土层冻结压力/MPa	砂层冻结压力/MPa
	两淮矿区	兖州矿区	徐沛矿区		
50	1.20	1.05	1.10	0.90	0.6
100	1.60	1.33	1.50	1.30	0.9
150	2.00	1.60	1.87	1.70	1.20
200	2.40	1.90	2.25	2.10	1.55
250	2.80	2.20	2.62	2.50	1.85
300	3.20	2.60	3.00	2.90	2.20
350	3.60			3.20	2.50

③ 冻结段外层井壁设计时应注意的问题如下：

(a) 同一水平冻结压力普遍存在不均匀现象，在外层井壁结构设计时必须进行不均匀受力计算。

(b) 冻结压力随着埋深的增加而增加，但并不是按线性增加。

(c) 黏性土层冻结压力明显大于砂性土层冻结压力。

(d) 井壁砌筑后冻结压力初期增长速度较快，要求井壁支护强度增长率必须大于冻结压力的增长率。

(3) 井壁结构类型及荷载计算方法。

冻结段井壁基本结构由钢筋混凝土单层井壁向钢筋混凝土双层井壁、钢筋混凝土塑料夹层井壁的演变过程：1964年之前，全部为钢筋混凝土单层井壁，1964年开始推广应用钢筋混凝土双层井壁，1978年之后推广应用钢筋混凝土塑料夹层井壁。基本结构形式及荷载计算方法见表1-16。

表 1-16　1960～1988 年我国冻结段井壁的基本结构、荷载计算方法、优缺点、适用条件

序号	冻结段井壁		试验应用年限	荷载计算方法及工艺要求	优点	缺点	适用冲积层厚度/m
	结构形式	基本结构示意图					
1	钢筋混凝土单层井壁	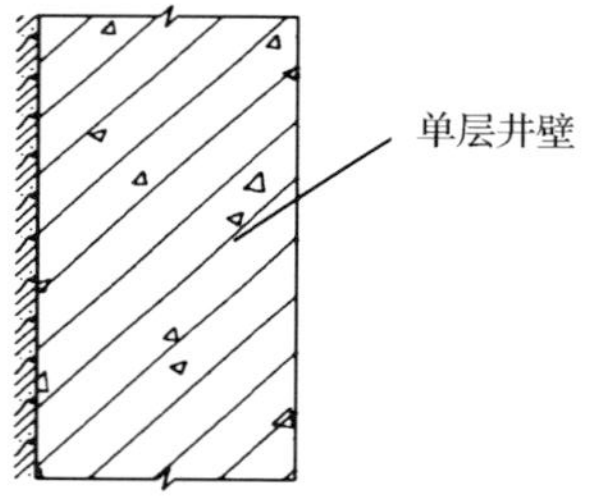	1964 年之前为国内冻结段井壁基本结构形式	井壁荷载按重液公式计算 $P=0.013H$ 式中，P 为计算荷载(地压)，MPa；H 为计算水平深度，m	井壁厚度薄，施工方便，费用低	单层井壁接茬缝漏水大，注浆效果较差(为了提高井壁的封水性，1966 年和 1971 年在唐山新风井的井壁分段接茬处增设塑料止水带，取得良好效果)	≤150(深100～150m 井壁接茬应加止水带)
2	钢筋混凝土双层井壁	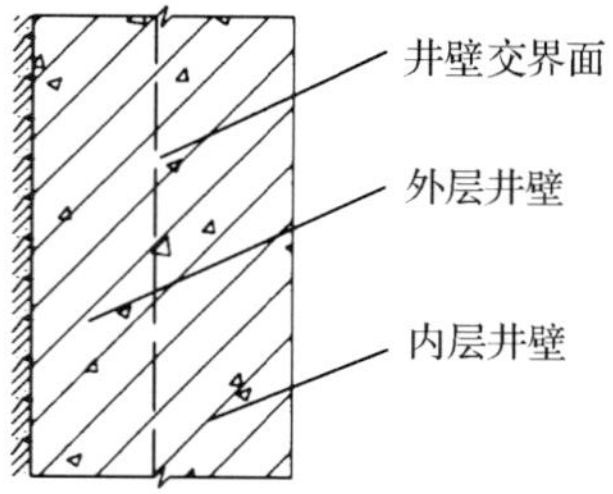	1964 年在邢台主井冻结段试验应用成功后逐步得到推广	(1) 内、外层井壁共同承受水压和土压 (2) 内、外层井壁荷载比例系数约为 0.55∶0.45 (3) 为了达到内、外层井壁共同受力的目的，要求套壁前将外层井壁表面凿毛	(1) 井壁整体性和封水性比单层井壁好，漏水量较小 (2) 井壁厚度比单层井壁厚，比塑料夹层井壁薄	(1) 内层井壁连续套壁，属于大体积混凝土工程，容易产生收缩裂缝 (2) 井壁漏水后注浆必须编制专项施工组织设计和安全措施，否则容易导致透水淹井事故	≤250
3	钢筋混凝土塑料夹层井壁	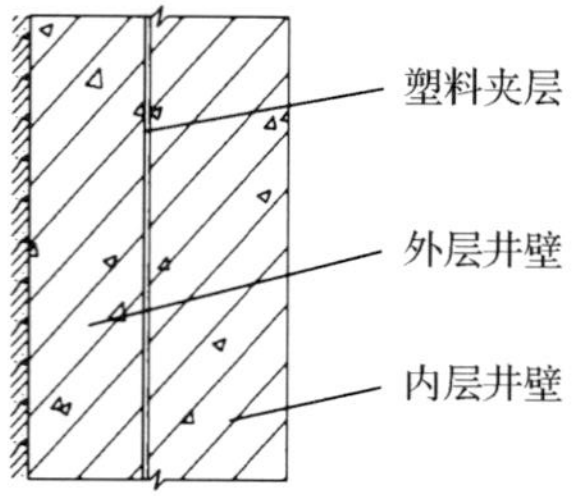	1966 年在朔里风井进行初步试验，至 1978 年又在潘三主、副井，潘三东风井，海孜主、副井进一步应用取得较好效果后，才得到推广	(1) 外层井壁承受冻结压力 (2) 内层井壁承受全部水压 (3) 冻结壁解冻透水前，要求对塑料夹层部位进行注浆充填，防止井壁夹层上下串水	(1) 内层井壁的收缩裂缝少，整体性比双层井壁好 (2) 井壁夹层易于注浆封水，有利于提高井壁的封水性	(1) 井壁总厚度大 (2) 井壁工程费用较高 (3) 井壁漏水后的注浆要点和双层井壁结构基本相同，要求在套壁后就进行夹层注浆	＞250

① 1968年在唐山新风井单层井壁接茬处增设塑料止水带，有效解决单层井壁接茬缝的漏水问题，之后又在三河矿副井、蓟玉副井推广应用，取得良好效果。

② 外层井壁类型：于20世纪70年代初期至80年代中期在两淮、兖州、徐沛等矿区多个深冻结井，试验应用小型混凝土块（含料石块）、混凝土块夹可缩木板、现浇混凝土及混凝土与冻结壁之间增设泡沫塑料板四种结构，遇到不同程度的压坏现象。由于每个井筒的冲积层埋藏条件、冻结状况、掘砌工艺、工程质量等不同，1989年之前对四种结构的评价未取得统一结论，影响推广应用。

③ 混凝土标号及井壁最大厚度：混凝土设计标号及井壁厚度随着冲积层厚度和井筒净直径的加大而增加，该阶段混凝土标号为C20～C45，井壁最大厚度达2m。

（4）冻结壁设计。

① 1989年之前，只按强度条件计算冻结壁厚度，不计算冻结壁的安全掘砌段高。

② 各国采用不同公式计算冲积层不同深度的冻结壁厚度，我国基本上按下列方式进行计算。

（a）当冲积层厚度小于200m时，把冻结壁视为无限长弹性厚壁圆筒，按轴对称平面受力模型和强度极限状态来处理，采用拉麦公式、古别拉公式计算冻结壁厚度。

（b）当冲积层厚度大于200m时，采取下列几种处理方式。

一是，把冻结壁视为无限长弹塑性厚壁筒，允许冻结壁内侧进入塑性状态，而外侧仍处于弹性状态，不失去承载能力，采用多姆克公式计算冻结壁厚度。

二是，把冻结壁视为有限长塑性厚壁圆筒，允许内边局部应力达到流动极限，而外缘仍处于弹性状态，冻结壁尚未失去承载能力，采用里别尔曼公式计算冻结壁厚度。

三是，20世纪70年代中期我国某学者把冻结壁视为无限长弹塑性厚壁筒，按第四强度理论推导得出如下公式计算冻结壁厚度：

$$E = R_a\left[0.56\left(\frac{P}{\sigma_s}\right)+1.33\left(\frac{P}{\sigma_s}\right)^2\right]$$

根据冻结壁形成特性实测数据和实施效果分析，当冲积层厚度为200～350m时，采用多姆克公式计算的冻结壁厚度较为适中，采用里别尔曼公式计算的厚度稍薄；1979～1983年潘三东风井和谢桥矸石井、副井、主井采用我国某学者提出的上述公式计算冻结壁厚度，当井筒施工至－220m时，实测的冻结壁厚度均已超过设计值，但潘三东风井、谢桥矸石井、副井均发生较严重的冻结管断裂，而谢桥主井施工至－240m后，停止掘进，加强冻结87d，安全通过冲积层段，未发生冻结管断裂，说明采用我国某学者的上述公式设计冻结壁厚度偏薄，安全性差。

③ 冻结壁平均温度计算：1983年之前基本是凭经验选取冻结壁的平均温度，当冲积层厚度大于200m时，冻结壁设计厚度4m以上的平均温度一般取－10℃，冻结壁设计厚度4m以下的平均温度取－7℃。1982年提出计算单圈孔冻结壁平均温度的成冰公式[14]，1987年提出计算双圈孔冻结壁平均温度的成冰公式[15-17]。根据冻结壁形成特性实测资料和工程实施效果分析，当冲积层厚度大于200m且冻结壁厚度大于4m时，采用成冰公式计算的冻结壁平均温度与实际状况较为吻合。

(5) 打钻、测斜、纠偏机具的研制。

1960～1988 年开展打钻、测斜、纠偏等研究工作，取得了重要成果(表 1-17)。

① 1983 年之前采用 XB-1000A 型立轴旋转钻机，钻深 250m 时台月效率达 1000m，钻孔偏斜率控制在 0.5%。1983 年研制成功 DZJ-500/1000 型冻结/注浆转盘钻机，钻机偏斜率控制在 0.3%以内，钻深不大于 500m 时钻进效率达到 1500(基岩)～2000(冲积层)m/(台·月)。

表 1-17　1960～1988 年打钻、测斜、纠偏新机具的研制

序号	设备、机具名称		研制简况	主要技术指标	应用效果
1	打钻设备	DZJ500/1000 冻结/注浆钻机	煤科总院北京建井研究所与石家庄煤矿机械厂、两淮特凿公司(中煤特殊工程公司)合作，于 1980～1983 年研制成功	(1)钻孔深度：冻结孔 500m(Φ144mm 钻杆)、注浆孔 1000m(Φ89mm 钻杆) (2)转盘通径 250mm，扭矩 12kN·m (3)主电机功率 100kW (4)泥浆泵为 TBW350/50，双缸 (5)使用多种钻具组合 (6)实现恒速恒压钻进，机械拧管 (7)具有使用迪纳钻具进行定向纠偏功能	(1)钻孔偏斜率可控制在 0.3%以内 (2)钻深不大于 500m 时的台月钻进效率为 1500(岩层)～2000m(冲积层)
2	钻孔测斜仪器	JDT-Ⅱ 陀螺测斜仪	煤科总院北京建井研究所与两淮特凿公司(中煤特殊工程公司)、轻工部自动化仪器研究所合作，于 1977～1985 年研制成功	(1)仪器精度：±5′ (2)投点误差：150mm/100m～450mm/300m (3)测量范围：0°～10° (4)测量深度：700m (5)适用冻结管内径：106～200mm (6)井内仪器密封性经受 100atm* 密封试验	(1)实现不提钻测斜 (2)仪器性能达到设计要求
3		JDT-Ⅲ 陀螺测斜仪		(1)仪器精度：±3′～±5′ (2)投点误差：0.3% (3)测量范围：0°～6° (4)测量深度：700m (5)适用冻结管内径：65～160mm (6)井内仪器密封性经受 100atm 密封试验	(1)实现不提钻测斜 (2)仪器性能达到设计要求
4	纠偏机具	Dyna Drill 迪纳钻具	美国 Smith	1962 年开始生产，20 世纪 80 年代中期已开发两个系列 10 种规格	利用进口设备进行定向纠偏工业性试验，取得了成功
5		Navi Drill 纳维钻具	美国 Chrisenten	1962 年开始生产，20 世纪 80 年代中期已开发两个系列 14 种规格	

* 1atm=101.325kPa。

② 1985 年研制成功 JDT-Ⅱ型、Ⅲ型陀螺测斜仪，减少投点误差，并实现不提钻测斜。

③ 利用进口的螺杆钻具（迪纳钻具、纳维钻具）进行定向纠偏工业性试验，取得了成功。

（6）制冷冻结新工艺的试验应用。

1960～1988 年进行制冷工艺及多种冻结工艺的试验研究，取得不少成果（表 1-18）。

表 1-18　1960～1988 年制冷冻结新工艺的试验应用

序号	制冷冻结新工艺		井筒名称	试验应用简况	效果分析
1	串联双级压缩制冷		杨庄西风井	(1) 1963 年施工，井筒净直径 3.5m，冲积层厚 68.3m，冻结深度 75m，试验应用串联双级压缩制冷 (2) 试验结果表明，制冷剂的蒸发温度容易降至－30℃以下或盐水温度容易降至－25℃以下；冷却水温度不低于 25℃或冷凝温度不低于 33℃时仍可正常制冷	(1) 制冷剂的蒸发温度低于－25℃或盐水温度低于－20℃时；比单级压缩制冷的压缩比小和排气温度低，制冷效率高 (2) 适用于深厚冲积层或低温冻结
2	差异冻结	风化带、基岩中	南屯主、副、风井	1966 年施工，冲积层厚 63.7～86.5m，单圈孔差异冻结深度为 235m/100m	效果良好
3			马坡副井	1976 年施工，冲积层厚 105m，单圈孔差异冻结深度为 220m/100m	效果良好
4			东滩西风井	1981 年施工，冲积层厚 133.3m，单圈孔差异冻结深度为 270m/160m	效果良好
5			龙东副井	1981 年施工，冲积层厚 214.6m，单圈孔差异冻结深度为 320m/270m	效果良好
6		冲积层中	平八东风井	1968 年施工，冲积层厚 324.4m，深 200m 以下含多层厚黏土层，单圈孔差异冻结深度为 330m/210m	(1) 深 220m 往下外层井壁刃角部位压坏严重 (2) 深 220m 往下土层含水量很小，冻结壁开裂片帮严重，冻结管断裂 18 根，有待进一步探讨
7			邢台西风井	1976 年施工，冲积层厚 202.0m，深部含卵（砾）石层，单圈孔差异冻结深度为 227m/150m	深度 150m 往下卵（砾）石层冻土扩展速度快，采用钻爆法施工
8			龙东主井	1980 年施工，冲积层厚 212.0m，单圈孔差异冻结深度为 220m/120m	掘深大于 120m 的厚黏土层中，冻结壁径向位移大，井壁加大厚度后仍出现局部压坏现象

续表

序号	制冷冻结新工艺	井筒名称	试验应用简况	效果分析
9	局部冻结	孔集西风井	1960年施工，冲积层厚25.5m，深0～12m为黏土层，局部冻结深度为10.5～28.0m	冲积层厚度较小，局部冻结效果不明显
10		张大庄副井	1960年施工，冲积层厚31.6m，原采用沉井法施工至30.0m，改为局部冻结深度为16.0～43.0m	施工较为顺利
11		张集(徐州) 主井	冲积层厚104m，原冻结深度为106m，1971年施工至103.3m处出水淹井。1972年采用局部冻结进行恢复，局部冻结深度为85～128m	(1) 钻孔施工至透水涌砂地段时漏浆严重，无法钻进，待涌砂地段灌入砂土浆液充填密实后转入正常钻进，钻进顺利 (2) 采用局部冻结工艺进行恢复，施工较为顺利
12		副井	冲积层厚104m，原冻结深度为106m，1971年施工至105m水平发生透水淹井。1972年采用局部冻结进行恢复，局部冻结深度为85～128m	
13		潘一东风井	冲积层厚292.5m，1974年采用冻结法施工，冻深321m，顺利通过冻结段及全井深施工。1978年冻结壁已基本解冻出水，在打注浆眼准备注浆过程中，深236.8～237.3m段井壁发生透水涌砂淹井事故，1979年采用局部冻结进行恢复，局部冻结深度为190～320m	(1) 透水涌砂地段打钻困难，采用灌注砂土浆液充填空洞后转入正常钻进，施工顺利 (2) 采用局部冻结工艺进行恢复，施工较为顺利
14	分期(段)冻结	芦岭西风井	1965～1966年施工，冲积层厚235.2m，采用分期(段)冻结：第一段深度为0～170m，第二段深度为170～240m	(1) 深度180m往下，冻结壁径向位移大，外层井壁压坏较为严重 (2) 冻结管断裂15根 (3) 在深厚冲积层中，分期(段)冻结工艺有待进一步探讨
15	加大冻结器盐水循环量	潘二南风井	冲积层厚275.4m，冻深320m，局部采取双供液管供冷试验实测研究：深0～110m段的冻结器盐水循环量为16.4m^3/h，环形空间内的盐水呈层流向紊流运动的过渡状态；深110～320m段的冻结器盐水循环量为7.5m^3/h，环形空间内的盐水呈层流运动状态	(1) 双供液管段(深0～110m)冻结器最大单位热流量(262kcal/(m^2 · h))为单供液管段(深110～320m)的1.30倍 (2) 在深度大于153.7m的厚黏土层中冻结管断裂14根，经分析与掘砌段高偏大(5～7m)有关

续表

<table>
<tr><th>序号</th><th>制冷冻结新工艺</th><th>井筒名称</th><th>试验应用简况</th><th>效果分析</th></tr>
<tr><td>16</td><td rowspan="6">主冻结孔内侧增设防片冻结孔</td><td>钱家营主井
(Φ_0=6.5m)</td><td>1978年施工，冲积层厚212.7m(实际226.9m)，主冻结孔和防片冻结孔的圈径、深度、孔数分别为15.0m、242m、36个和10.4m、105m、18个</td><td rowspan="4">(1)在主冻结孔内侧增设防片冻结孔，有利于井筒提前开挖和防止浅部片帮
(2)防片冻结孔的深度为冲积层深度的40%～65%，较为适中，有利于减少深部冻土挖掘量和为安全快速施工创造有利条件
(3)防片冻结孔的数量为冻结孔的25%～35%，较为适宜</td></tr>
<tr><td>17</td><td>钱家营副井
(Φ_0=8m)</td><td>1979年施工，冲积层厚212.7m(实际226.9m)，主冻结孔和防片冻结孔的圈径、深度、孔数分别为17.0m、245m、46个和13.0m、137m、23个</td></tr>
<tr><td>18</td><td>毕各庄回风井
(Φ_0=6.5m)</td><td>1978年施工，冲积层厚256.1m，主冻结孔和防片冻结孔的圈径、深度、孔数分别为17.0m、270m、44个和12.0m、120m、20个</td></tr>
<tr><td>19</td><td>毕各庄进风井
(Φ_0=6.5m)</td><td>1980年施工，冲积层厚253.0m，主冻结孔和防片冻结孔的圈径、深度、孔数分别为16.5m、270m、42个和12.5m、120m、21个</td></tr>
<tr><td>20</td><td>潘三东风井
(Φ_0=6.5m)</td><td>1979年施工，冲积层厚358.5m，主冻结孔和防片冻结孔的圈径、深度、孔数分别为17.0m、415m、42个和12.0m、118m、10个</td><td>(1)内侧增设防片冻结孔有利于提前开挖和防止浅部片帮
(2)防片冻结孔的深度为冲积层厚度的32.9%，有些偏小，深度加大至冲积层厚度的50%左右时优点更为明显
(3)防片冻结孔数为主冻结孔的23.8%，有些偏少，孔数增加2～3个的效果会更好些</td></tr>
<tr><td>21</td><td>谢桥主井
(Φ_0=7.2m)</td><td>1983年施工，冲积层厚291.4m，主冻结孔和防片冻结孔的圈径、深度、孔数分别为17.0m、363m、42个和13.0m、130m、12个</td><td>(1)内侧增设防片冻结孔，有利于提前开挖和防止浅部片帮
(2)防片冻结孔的深度为冲积层厚度的44.6%，略为偏小
(3)防片冻结孔数量为主冻结孔的28.6%，略为偏少</td></tr>
<tr><td>22</td><td>主冻结孔内侧增设辅助冻结孔(双圈孔冻结)</td><td>谢桥副井
(Φ_0=8m)</td><td>1983年施工，冲积层厚298.7m，主冻结孔和辅助冻结孔的圈径、深度、孔数分别为17.0m、360m、32个和20.0m、360/346m、20个</td><td>内圈孔作为主冻结孔距井帮较近，容易导致冻结管断裂</td></tr>
</table>

① 1963 年在杨庄西风井进行串联双级压缩制冷试验，取得良好效果，有效提高了制冷效率，较容易实现冻结盐水温度降至－25～－30℃。

② 在多个冻结井试验应用差异冻结工艺，在风化带及基岩中应用取得良好效果；在深厚冲积层中应用差异冻结工艺，容易引起冻结管断裂或外层井壁压坏，有待进一步探讨。

③ 在多个冻结井中进行局部冻结试验，取得了成功，特别是采用局部冻结工艺进行工程事故处理，效果尤为显著。

④ 在芦岭西风井进行分期(段)冻结工业性试验，发生 15 根冻结管断裂，说明该冻结工艺在深厚冲积层中应用有待进一步探讨。

⑤ 在潘二南风井进行加大冻结器盐水循环量试验，使冻结器环形空间内盐水由层流状态变为层流向紊流过渡状态，有效加大冻结器的热交换能力，取得良好的效果。

⑥ 在多个冻结井的主冻结孔内侧增设防片冻结孔或辅助冻结孔。试验应用结果表明，在冲积层厚度大于 200m 及冻结壁设计厚度大于 4.5m 的条件下，在主冻结孔内侧增设防片冻结孔后，有利于井筒提早开挖并防止浅部片帮，也有利于深部少挖冻土，为深部安全快速施工创造有利条件；在主冻结孔内侧增设辅助冻结孔后，可能出现辅助冻结孔深部距井帮太近的现象，特别是内圈为主冻结孔时，容易引起内圈冻结管断裂，如何应用有待进一步探讨。

(7) 筑壁新材料、新设备的研究。

1960～1988 年主要对提高混凝土标号和早强措施、筑壁模板、底卸式混凝土吊桶等进行试验研究，取得了不少成果，见表 1-19 和表 1-20。

① C40～C45 低温早强混凝土的试验应用。1963 年、1968 年、1979 年开工的邢台主井、平八东风井、潘三东风井的冲积层厚度分别达到 248.3m、324.4m、358.5m，比冻结法引进消化阶段的冲积层最大厚度(154.8m)分别增大 93.5m、169.6m、203.7m，既要求提高混凝土标号使井壁厚度控制在合理的范围内，又要求混凝土的强度增长率超过冻结压力的最大增长率以防止外层井壁压坏。为此，开展 C40～C45 低温早强混凝土的试验应用研究，取得良好效果。

(a) 利用研制的 MF、JP 萘系高效减水剂和 J851 早强减水剂成功地配制出 C40～C50 混凝土，满足冻结段井壁混凝土设计标号 C30～C45 的需要。

(b) 调控 MF、JP、J851 减水剂的掺量和混凝土坍落度，提高 1～7d 混凝土强度的增长幅度，有效缓解冻结段外层井壁的压坏问题。

② 液压滑升模板筑壁：1974～1976 年在潘集冻结试验井和潘一主副井冻结段内层井壁试验应用液压滑升模板筑壁，取得成功后，在全国推广应用，取得良好效果。

③ 整体下行式钢模板：适用于普通法凿井的单层井壁和冻结井外层井壁筑壁的 MJY 型整体下行式钢模板，1988 年在平顶山六矿北风井工业性试验成功后，在冻结段外层井壁推广应用，取得良好效果。

④ 底卸式吊桶：1983 年由中煤第三建设工程公司机械修配厂生产的 DX-2.0～3.0 型底卸式吊桶，在冻结井筒用于输送混凝土，取得良好的效果。

表 1-19　1960～1988 年低温早强混凝土及减水剂的试验研究简况

序号	混凝土及外加剂名称		试验研制简况	基本性能	应用效果
1	低温早强混凝土		煤科总院北京建井研究所和中国建筑材料科学研究总院合作，开展利用MF、NF等高效减水剂与J851早强减水剂配制C30～C45低温早强混凝土试验应用研究，取得良好的效果	(1) 在混凝土中掺入适量的MF、NF、J851等减水剂，配制出便于井下施工的C30～C45、坍落度为8～12cm的混凝土 (2) 低温早强混凝土的1d、3d、7d、28d强度比空白混凝土分别提高60%～150%、40%～80%、30%～50%、15%～30% (3) 成功配制C35～C45混凝土	(1) 混凝土早期强度的可控性好，根据工程需要调整减水剂的种类和掺量 (2) 不同龄期的混凝土强度均有较大的增长 (3) 有利于防止外层井壁压坏
2	高效减水剂	MF	中国建材研究总院研制与生产	(1) 掺量为0.75%～1.0%时减水率达15%～20% (2) 混凝土中掺入适量MF后，1d、3d、7d、28d的强度比空白混凝土分别提高60%～120%、30%～50%、20%～40%、15%～30% (3) 成功配制C35～C45混凝土	(1) 混凝土强度和坍落度可控性好 (2) 性能稳定，井壁质量好
3	高效减水剂	JP	由中国建筑材料科学研究总院与煤科总院北京建井研究所共同研制，由沛县混凝土外加剂厂生产	(1) 掺量为0.75%～1.0%时减水率达15%～20% (2) 混凝土中掺入适量JP后，1d、3d、7d、28d的强度比空白混凝土分别提高60%～120%、30%～50%、20%～40%、15%～30%	(1) 混凝土强度和坍落度可控性好 (2) 性能稳定，井壁质量好
4	早强减水剂	J851	由中国建筑材料科学研究总院与煤科总院北京建井研究所共同研制，由石家庄花园混凝土外加剂厂生产	(1) J851掺量为3%～4%时的减水率达15%～20%，混凝土的强度和早强的可控性好 (2) 混凝土中掺入适量J851后，1d、3d、7d、28d强度比空白混凝土分别提高60%～150%、40%～80%、30%～50%、15%～30% (3) J851A、J851B于1988年之前在冻结段井壁中成功配制出C30～C45、C45～C55混凝土	(1) 调整J851的型号和掺量较易配制出工程设计的混凝土强度和早强要求 (2) 可使不同龄期的强度增长率超过冻结压力的最大增长率 (3) 有利于防止外层井壁压坏

(8) 涌砂空洞地段和冻土中冻结钻孔施工技术。

探索改进阶段施工的红阳一矿副井、张集(徐州)主副井、潘一东风井、谢桥副井曾因冻结壁、井壁透水造成涌砂淹井，经讨论采用原井位打钻、冻结进行恢复；红阳一矿副井因泥浆漏失不循环、塌孔埋钻等问题没有解决，两台钻机施工半年，未钻成一个冻结孔，被迫另选井位施工；其余四个井筒吸取红阳一矿副井的教训，采取先向涌砂、扰动空洞地段注入易于沉淀的普通砂土泥浆，待泥浆泵压力由 0 上升至 0.4MPa 后，转入正常钻进，取得良好效果，为涌砂扰动空洞地段施工冻结孔闯出一条新路；谢桥副井还采取控制钻孔护壁泥浆的入孔和出孔温度，有效解决钻孔冻土融化塌孔埋钻难题。

(9) 总结出版与冻结法凿井关系密切的施工手册等专著 8 本(表 1-21)[18-25]，为进一步提高我国冻结法凿井技术水平发挥重要的作用。

表 1-20　1960～1988 年筑壁模板及底卸式吊桶的研制

序号	设备名称	研制简况	基本性能	应用效果
1	内层井壁用液压滑升模板	煤科总院北京建井研究所与淮南矿区建设指挥部合作，于 1974～1976 年开展立井液压滑模套壁的研究，在潘集冻结试验井及潘一主、副井冻结段内层井壁试验应用成功后，在全国推广	(1)液压滑模装置由高 1.4m 装配式钢模板、"7"型提升架、滑模盘(含工作盘和辅助盘)、液压千斤顶、液压控制箱及高压胶管组成 (2)滑模装置的提升与调平全靠液压调控 (3)分层浇筑，分层振捣，分层滑升，混凝土质量可控性好，无接茬缝，井壁整体性和封水性好	(1)混凝土浇筑振捣方便，套壁速度和井壁质量可控性好 (2)机械化程度高，减少反复立模、拆模的劳动强度 (3)已在几百个冻结井筒中推广应用
2	外层井壁 MJY-3.5 型整体下行式钢模板	煤科总院北京建井研究所与平顶山矿务局的建井三处、基建修配厂合作，于 1983～1988 年开展立井单层井壁或冻结井外层井壁整体下行式钢模板的研制工作，在平顶山六矿北风井进行工业性试验，取得良好效果	(1)模板砌壁直径：6860mm (2)模板收缩直径：6766mm (3)模板结构高度：3880mm (4)模板有效高度：3500mm (5)悬吊方式：地面稳车三点式悬吊 (6)伸缩方式：油压油缸装置 (7)微调方式：油压油缸装置 (8)压风工作压力：0.4～0.7MPa (9)模板总重：17186kg	(1)模板结构合理 (2)技术可靠，使用方便 (3)井壁质量好 (4)有利于快速施工
3	输送混凝土底卸式吊桶	由中煤第三建设工程公司设计生产	(1)结构简单 (2)满足 1988 年之前 C30～C45 混凝土的运送要求	(1)使用方便，质量可靠 (2)在冻结井筒中普遍推广应用

表 1-21　1960～1988 年出版与冻结法凿井有关的经验总结、施工手册等专著

序号	书名	主要作者	出版社	出版年份
1	《煤矿冻结法凿井》	煤炭科学研究院北京研究所建井室	煤炭工业出版社	1975
2	《煤矿冻结法凿井经验》	煤炭科学研究院北京研究所建井室，等	煤炭工业出版社	1976
3	《立井滑升模板筑壁》	任荣昌，徐光济，陈文豹，汤志斌，黄磊，等	煤炭工业出版社	1978
4	《井巷工程施工手册》(第十六篇"冻结法施工")	徐光济，陈文豹，汤志斌，等	煤炭工业出版社	1980

续表

序号	书名	主要作者	出版社	出版年份
5	《特殊凿井》第一章“冻结法”	张维廉，马英明	煤炭工业出版社	1981
6	《立井冻结壁形成规律》	纳斯诺夫，苏普利克著/陈文豹，伍期建，梁惠生，译	煤炭工业出版社	1976/1981
7	《建井工程手册》（第十六篇“冻结法施工”）	陈文豹，徐光济	煤炭工业出版社	1986
8	《冻结凿井冻土壁的工程性质》	吴紫汪，丁德文，张长庆，张家懿，等	兰州大学出版社	1988

3）实施效果

1960～1988年，我国冻结法凿井探索改进阶段主要依靠国内的技术力量，边探索边改进，施工了283个冻结立井，冲积层最大厚度达到358.5m；围绕“两壁”设计，打钻、制冷冻结、掘砌工程关系最为密切的地压、水压、冻结压力、冻结壁形成特性等基础理论问题，井壁温度与壁后冻土融化回冻特性等实测，以及打钻测斜纠偏机具、制冷冻结工艺、掘砌机具、筑壁材料等关键技术进行了大量的试验及实测研究工作，取得很大成绩，初步解决了小于300m以砂性土层为主的冲积层冻结“两壁”设计和施工难题；外层井壁掘砌平均速度和成井速度分别达到33m/月和25m/月。

4）存在的问题

（1）冻结管断裂。在大于200m冲积层的46个冻结井中，有13个井筒（占28.3%）发生174根冻结管断裂（表1-22），井均断管13.4根，断管现象随着冲积层厚度的增大呈发展趋势，有1个井筒因冻结管断裂导致冻结壁透水淹井，若不尽快解决将成为冻结法凿井向更深厚冲积层发展的“拦路虎”。

（2）外层井壁压坏。在大于200m冲积层的46个冻结井中，有11个以上的井筒（>23.9%）采用小型混凝土块砂浆衬砌、小型混凝土块夹可压缩板、现浇混凝土及现浇混凝土壁后增设聚苯乙烯泡沫板等四种外层井壁结构均发生不同程度的压坏现象（表1-23），井壁局部变形严重，实际上为削弱内层井壁的强度、封水性埋下隐患。

（3）在大于200m冲积层的46个冻结井中，有7个以上的井筒（>15.2%）内层井壁收缩开裂较为严重和漏水量超标（表1-24），1个井筒在井壁漏水严重地段打眼准备注浆中发生透水涌砂事故，2个井筒采用二次套壁造成井筒净直径缩小500mm。

（4）有6个井筒发生冻结壁透水淹井事故和2个井筒发生井壁压坏透水淹井事故（表1-25）：其中有2个井筒属于未证实冻结壁已交圈就进行开挖，掘砌过程因工作面水大被迫灌水填砂淹井，待冻结壁交圈后恢复掘进，影响工期1.5～3个月；有2个井筒因地质资料不准确造成冻结孔未穿过冲积层造成透水淹井，1个井筒因冻结不正常和施工措施不当导致冻结壁透水淹井，1个井筒因冲积层底部井壁压坏造成透水淹井；有6个井筒采用重新打钻冻结进行恢复。

表 1-22 1960～1988 年大于 200m 冲积层中冻结管断裂简况

序号	井筒名称	井筒净直径/m	冲积层厚度/m	冻结设计						外层井壁结构	掘砌段高/m	冻结管断裂			开钻年限
				冻结深度/m	冻结壁厚度/m	冻结孔布置圈径/m	冻结管 规格	冻结管 连接方式	盐水温度/℃			数量/根	井深/m	地层	
1	邢台主井	5.0	248.3	260	3.07	13.0	Φ146mm×7mm		−20	钢筋混凝土		5	＞150	黏土层	1963
2	芦岭西风井	5.0	235.2	240	2.38	11.0	Φ168mm×7mm	焊接	−25	钢筋混凝土	2.5～3.9	14	185.4～224.1	厚黏土层	1965
3	平八东风井	5.0	324.4	330	4.05	13.4	Φ133mm×5mm～Φ159mm×6mm	焊接	−28	钢筋混凝土	3.4～10.2	18	＞200	厚黏土层	1968
4	潘二 主井	7.5	252.0	325/290	5.10	17.0	Φ127mm×7mm～Φ159mm×7mm	丝扣、焊接	−30	钢筋混凝土	7.3	5	162～221	厚黏土层	1975
5	潘二 副井	8.0	247.0	325/280	5.10	17.5	Φ159mm×7mm	焊接	−30	料石+钢筋混凝土	6.3	5	184.6～285	厚黏土层及其与基岩风化带交界面	1976
6	潘二 西风井	6.5	284.0	327/310	4.84	16.0	Φ159mm×7mm	焊接	−30	料石+钢筋混凝土	6.3	8	288	厚黏土层及其与基岩风化带交界面	1976
7	潘二 南风井	6.5(7.0)	275.4	320	5.14	16.0	Φ159mm×7mm	焊接	−30	料石+钢筋混凝土	6.3	14	153.7～162	固结黏土	1977
8	潘三 主井	7.5	210.4	280/260	2.17	14.3	Φ159mm×7mm	焊接	−30	料石+钢筋混凝土	10.6	5	206～265	厚黏土层及其与基岩风化带交界面	1978
9	潘三 副井	8.0	210.4	280/260	2.83	15.0	Φ159mm×7mm	焊接	−30	料石+钢筋混凝土	9.3	5	170～199	厚黏土层	1978
10	潘三 中央风井	6.5(6.6)	210.4	300	2.35	13.0	Φ159mm×7mm	焊接	−30	小型混凝土块+钢筋混凝土	7.3	7	158.9～199.9	厚黏土层	1979
11	潘三 东风井	6.5	358.5	415	5.50	外 17/内 12	Φ139.7mm×7mm	丝扣、焊接	−30	小型混凝土块+钢筋混凝土	8.3	22	250～320	厚黏土层及其与基岩风化带交界面	1979

续表

序号	井筒名称		井筒净直径/m	冲积层厚度/m	冻结设计						外层井壁结构	掘砌段高/m	冻结管断裂			开钻年限
					冻结深度/m	冻结壁厚度/m	冻结孔布置圈径/m	冻结管		盐水温度/℃			数量/根	井深/m	地层	
								规格	连接方式							
12	谢桥	矸石井	6.6	244.5	330/305	3.45	14.0	Φ139.7mm×7mm	丝扣、焊接	−30	小型混凝土块+钢筋混凝土	7.3	34	224.9	厚黏土层	1982
13		副井	8.0	298.7	360	5.31	外20/内17	Φ139mm×7mm	丝扣、焊接	−30	小型混凝土块+钢筋混凝土	4.5	32	230～239	厚黏土层	1983

表 1-23 1960～1980 年冲积层中冻结段外层井壁压坏简况

序号	井筒名称	冲积层厚度/m	冻结深度/m	净直径/m	最大掘进直径/m	外层井壁				井壁压坏简况	施工年限
						结构	厚度/mm	设计强度/MPa	层位	破坏程度	
1	邢台主井	248.3	260	5.0	6.8	钢筋混凝土	300	25	黏土	井壁刃角处混凝土出现斜面裂缝	1964
2	芦岭西风井	235.2	240	5.0	6.5～6.6	钢筋混凝土	350	30	黏土	拆模时发现井壁正常部位及刃角处斜面裂缝，并逐渐发展为大面积挤裂变形和钢筋鼓出	1966
3	潘二西风井	284	327/310	6.5	9.9	料石加套混凝土	300～400+450～650	30～35	黏土	约1/2段砌筑2～4d后料石出现挤裂掉角，7～9d后压坏严重	1978～1979
4	平八东风井	324.4	330/210	5.0	6.7	钢筋混凝土	350～450	30～35	黏土	深268.0～313.2m井壁刃角处压坏严重	1968
5	海孜主井	245.4	285/275	6.5	9.2	料石	450	40～45	黏土	一般在每段井壁下部1～3行料石压坏严重	1978

续表

序号	井筒名称	冲积层厚度/m	冻结深度/m	净直径/m	最大掘进直径/m	外层井壁				井壁压坏简况	施工年限
						结构	厚度/mm	设计强度/MPa	层位	破坏程度	
6	潘三主井	210.4	280/260	7.5	10.3	料石/小型混凝土块 加套混凝土	450 ＋ 250	30～40	黏土	约 3/4 段的料石挤裂掉角，深 172～180m 小型混凝土块压坏严重	1980
7	潘三副井	210.4	280/260	8.0	10.9	料石/小型混凝土块 加套混凝土	450 ＋ 250	30～40	黏土	料石及小型混凝土压坏均较严重，最大位移达 330mm	1980
8	潘三中央风井	210.4	300	6.6	9.5	料石/小型混凝土块 加套混凝土	450 ＋ 350	30～40	黏土	料石及小型混凝土压坏均较严重，最大位移达 320mm	1980
9	海孜主井	241.3	285	6.5	9.1	料石加套混凝土	450 ＋ 600	30～40	黏土	料石井壁挤裂掉块	1979
10	龙东主井	212	310	5.0	8.2	料石/混凝土	500	30～35	黏土	混凝土呈间断性环状剥落	1980
11	潘三东风井	358.5	415	6.5	10.1	混凝土预制块 加套混凝土	500＋500	40～45	黏土	一般预制块砌筑 1～3d 后被压坏、掉片及径向位移，最大缩径达 550mm	1980

表 1-24 冻结井筒钢筋混凝土双层井壁的内层井壁漏水情况调查表

序号	井筒名称		冲积层厚度/m	冻结深度/m	冻结段井壁				开钻年限	内层井壁开裂情况	涌水量/(m^3/h)	备注
					结构类型	混凝土标号	厚度/mm					
							外层	内层				
1	潘一东风井		292.5	320/310	钢筋混凝土双层井壁	C35	500	700	1974	横向裂缝 30 多条	138.6	1978 年井壁透水淹井后，原井位重新打钻、冻结、掘砌
2	潘二主井		265.0	325/290	钢筋混凝土双层井壁	C30	500	700	1975	横向裂缝 33 条，9 条为闭合裂缝，最大缝宽 10mm	>16.7	二次套壁 250mm，井筒净直径缩小 500mm
3	朱仙庄	主井	257.0	284	钢筋混凝土双层井壁	C30	500	700	1975	横向裂缝 31 条，其中 13 条为闭合裂缝，最大缝宽 5mm	43.0	
4		副井	256.0	284	钢筋混凝土双层井壁	C30	500	700	1975	横向裂缝 14 条，最大缝宽 10～15mm	53.0	
5		中央风井	254.0	297/265	钢筋混凝土双层井壁	C30	450	650	1975	横向裂缝多于 56 条	65.0	
6	临涣主井		238.0	275	钢筋混凝土双层井壁	C35	450	650	1976	横向裂缝 30 条	>22.0	二次套壁 250mm，井筒净直径缩小 500mm
7	钱家营东风井		261.2	324/275	钢筋混凝土双层井壁	C40	450	550	1978		35.0	

表 1-25　1960～1988 年冻结段井壁、冻结壁透水淹井事故的工程实例

序号	出水部位		井筒名称	净直径/m	冲积层厚度/m	冻结深度/m	井壁最大厚度/m	冻结壁厚度/m	冻结孔布置圈直径/m	冻结孔深度/m	开钻年限	井筒透水淹井		
												简况	原因	防治措施
1	冻结壁	掘进工作面	张集(徐州)主井、副井	5.0	96.2	106	0.70		9.0	106	1971	掘进至井深 103m 时,工作面出水,井筒被淹	(1)冲积层实际深度为 104m (2)个别冻结孔深度不大于 103m	原井位二次打钻冻结进行恢复
2		局部未交圈	临焕主井	7.2	238.2	275	1.10	3.6	16.0	275	1976		冻结壁未全部交圈就进行开挖	(1)填砂灌水 (2)停掘冻结,待“豁口”闭合后再向下掘进
3			钱家营主井	6.5	212.7	242	1.00		外 15.0/内 10.4	外 242/内 105	1978	(1)冲积层实际厚度为 229m (2)因为 20 号冻结孔深只有 216.7m,造成 242m 水平的最大孔间距达 4.6m,当掘至该水平(冻结 108d)时,冻结壁未闭合,窗口透水(600m³/h)淹井		继续冻结,待井筒水位上涨证实冻结壁出水窗口已闭合,再恢复施工
4		局部破裂、融化	芦岭副井	6.5	130.5	135	0.60		12.0	135	1960	施工至井深 126.1m 中细砂层中发生透水涌砂	(1)冻结了多日盐水才降至 −13℃ (2)段高大于 6.8m,冻结壁径向位移大,引起断管漏盐水	原井位二次打钻冻结进行恢复
5			谢桥副井	8.0	298.7	360	1.80	5.31	外 20.0/内 17.0	外 360/346/内 360	1983	掘深 239.6m 时,先发现盐水流出,后出现透水淹井	(1)出水前检查断管 5 根 (2)出水后检查断管 32 根	原井位二次打钻冻结进行恢复
6	井壁	局部破坏	红阳一井副井	7.0	93.2	114	0.90	2.60	13.5	114	1970	掘深 194m 时发现深 90.8～95.3m 井壁有一条宽 30mm 斜向裂缝附近混凝土挤裂剥皮掉块,10 天后该处井壁鼓出透水涌沙淹井		原井筒重新打冻结孔失败后,在附近建新井筒
7		打眼注浆过程	潘一东风井	6.5	292.5	321	1.20	5.36	17.0	321/310	1974	套壁 14 个月后在打注浆眼过程中发生透水淹井	外层井壁采用混凝土薄壳模板,影响井壁质量	原井位二次打钻冻结进行恢复

3. 提高完善阶段的技术简况

1）工程特点、难度与机遇

（1）工程特点。

1989～1999年提高完善阶段共计施工冻结立井177个，其中小于200m、200～300m、大于300m冲积层的立井数分别为131个、32个、14个，1989年开工的陈四楼主副井是当时最深的冻结井，主井、副井的冲积层厚度和冻结深度分别为369m、374.5m和423m、435m。

（2）难题与机遇。

1960～1988年发生的冻结管断裂、外层井壁压坏、内层井壁收缩开裂、冻结壁和井壁透水淹井事故便是1989～1999年提高完善阶段面临的主要难题，其严重性和紧迫性引起煤炭主管部门的高度重视，决定把1989年开工的陈四楼主、副井作为国家“七·五”科技攻关计划“防止冻结管断裂技术(75-12-4-4)”项目的实施井筒，为攻克冻结法凿井面临的上述难题提供良好的机遇。经过攻关，取得多项关键技术突破。

2）技术简况

（1）建立“四位一体”的冻结壁设计计算体系[26,27]。

① 既按强度条件计算冻结壁厚度，又按变形条件计算冻结壁掘砌段高。

② 根据冲积层埋藏条件，优选砂性土层和黏性土层的设计控制层位。

③ 引入冻结壁有效厚度和有效厚度的平均温度新概念，使设计条件与工程实际有机地结合起来。

④ 按多姆克公式计算砂性土层的冻结壁厚度、按维亚洛夫-扎列茨基公式计算黏性土层的掘砌段高、按成冰公式计算冻结壁平均温度，并根据国内打钻、冻结、掘砌技术水平分别优选冻结孔允许偏斜率与终孔间距、盐水温度与冻结器的单位热流量、掘砌速度及设计控制层位的井帮温度等技术参数。

⑤ 冻土计算强度的优选。

1989年之前，国内是从井筒掘进工作面采集试件(50mm×50mm×50mm)，按轴向快速加载(30s±5s)获取冻土无侧限抗压强度。其优点是试件的含水率与工程实际基本一致，试验强度值可信度高，可为井筒施工问题分析提供依据；缺点是试验结果未能直接提供冻结设计应用。

1989年之后，改为从井筒检查孔采取圆柱体试件(Φ61.8mm×150mm)，按恒应变速率(1%/min)轴向加载，以获得无侧限抗压强度。其优缺点如下。

(a) 黏性土层的试件采集和运输均较方便，试件含水率与工程实际较为接近，实验结果的可信度高，且可直接供本井冻结设计应用。

(b) 砂性土层的试件从井检孔采集过程中容易引起含水量漏失，冻土强度试验结果的可信度差，不能供井筒冻结设计选用。为此，北京建井研究所从陈四楼主副井开始改为从已成功建成冻结井实际采用的砂性土层冻土计算强度与冻结壁平均温度的拟合曲线的对应点选取设计所需要的冻土计算强度，取得良好效果。

(2) 完善钢筋混凝土塑料夹层井壁结构，提高井壁的整体强度和封水性。

① 开展井壁整体受力性能试验，优选外层井壁结构。

北京建井研究所针对我国20世纪70年代中期至80年代后期采用多种外层井壁结构出现不同程度的压坏现象和因缺乏整体受力性能试验数据而影响井壁结构形式定论和推广应用的现实情况，于1988年开始对砂浆衬砌小型混凝土块、砂浆衬砌与竖缝夹可压缩板交替的小型混凝土块、现浇混凝土、现浇混凝土与冻结壁之间加泡沫塑料板的四种井壁模型进行整体受力性能试验[27,28]。试验研究并结合工程实测得出，小型混凝土块的井壁模型易变形，破坏荷载为同标号混凝土井壁模型的43%；现浇混凝土井壁模型外侧加泡沫塑料板后，能使冻结压力作用于井壁上的时间延后1.5～2d；结合冻结段外层井壁破坏情况分析得出，小型混凝土块井壁出现压坏的时间早(1～3d)，砌块挤裂掉块现象普遍，径向位移大且不易控制；现浇混凝土及其壁后加泡沫板的井壁结构，基本是在刃角处出现斜向裂缝，严重者拆模后5～7d出现井壁挤裂或局部钢筋鼓出，但井壁径向位移不大，整体性较好。

② 提高混凝土标号，把井壁最大厚度控制在2m以内。

(a) 1989年开工的陈四楼主副井是我国1989～1999年阶段最深的冻结井：主井和副井的净直径、冲积层厚度、冻结深度分别为5m和6.5m、369m和374.5m、423m和435m。

(b) 根据20世纪80年代国内混凝土技术水平分析，认为采用萘系高效减水剂配制的混凝土，在地面建筑工程采用C50～C60混凝土较有把握，在井下工程采用C45～C50混凝土较有把握，采用C55混凝土还有一定难度。

(c) 按现有井壁厚度计算方法分析，陈四楼主井和副井采用C45、C50、C55混凝土计算的井壁最大厚度分别为1.8m和2m、1.6m和1.8m、1.45m和1.65m。

(d) 从各煤炭建井工程处反馈：施工C45混凝土较有把握，施工C50～C55混凝土有一定难度；外层井壁超过1m容易引起井壁下沉拉裂，内层井壁厚度超过1m，容易产生混凝土收缩开裂。

根据上述调查情况，科研单位与陈四楼主副井设计单位分析后提出：陈四楼主副井井壁的井身部分混凝土设计最高标号为C50；筒形壁座混凝土设计标号为C55，作为技术储备。

③ 要求井壁夹层部位必须进行注浆充填密实，提高井壁的整体强度和封水性。

(3) 制定冻结管材的基本性能指标，研发国产冻结管材。

① 冻结管材的基本性能指标。

1988年煤科总院北京建井研究所与中国钢铁研究总院钢材品种室、成都无缝钢管厂合作，针对冻结法凿井中冻结管内的盐水温度、工作条件和国内无缝钢管的生产情况综合分析研究，提出冻结管材的基本性能指标[27]：脆性转化温度低于－40℃；冲击韧性α_k值不小于80J/cm^2(－40℃)、90J/cm^2(常温)；拉伸率δ_5不小于18%(－40℃～常温)；P.S含量不大于0.035%。该指标被成都无缝钢管厂定为冻结管材的基本指标，有利于防止冻结管断裂。

② 国产冻结管材的研制。

根据深厚冲积层冻结的需要，我国于20世纪80年代后期进行冻结管材研制，先后研发和应用三种管材(表1-26)。其中，CS-80L型冻结管由成都无缝钢管厂生产，1989～

1991年在陈四楼副井进行工业性试验应用，未发生冻结管断裂；CS-55L型冻结管由成都无缝钢管厂生产，于1992年在车集主副井进行工业性试验应用，未发生冻结管断裂；20号低碳钢内接箍焊接冻结管由冻结单位自行加工接箍，较上述螺纹连接的冻结管价格低，得到优先推广应用。

表1-26　1989～1999年研制应用的国产冻结管材性能特性

序号	管材型号	研制年份	基本性能	连接方式	适用于冲积层厚度/m
1	CS-80L	1989	脆性温度转化点≤−60℃；冲击韧性 α_k≥155J/cm²(≤−40℃)、175J/cm²(常温)；拉伸率 δ_5≥20%(−40℃～常温)；σ_s≥600MPa，σ_b≥800MPa	偏梯形螺纹	>400
2	CS-55L	1992	脆性温度转化点≤−50℃；冲击韧性 α_k≥120J/cm²(≤−40℃)、140J/cm²(常温)；拉伸率 δ_5≥18%(−40℃～常温)；σ_s≥400MPa，σ_b≥600MPa	锥形螺纹	≤400
3	20号低碳钢		σ_s≥245MPa；σ_b=410～550MPa；δ_5≥20%；ψ≥5%，HB硬度≤156	内接箍焊接	≤400

(4) 提高打钻、冻结、掘砌施工技术。

① 打钻技术。

(a) 1995年开始采用在“三七灰土盘”之上浇筑0.3～0.5m混凝土钻场基础，取代在“三七灰土盘”上铺设方木和环形轨道的钻场基础，其优点是结构简单，基础牢固，钻孔设备底盘移动方便，有利于防止钻孔坍塌。

(b) 采用比DZJ-500/1000型冻结/注浆转盘钻机扭矩更大的TSJ-1000型、1500型水文转盘钻机，钻机台月效率提高20%，工期缩短1/5～1/4。

(c) 采用TDJ-5型小直径陀螺测斜仪和螺杆定向钻具，实现不提钻连续测斜自动记录和定向钻进纠偏。

② 冻结技术。

(a) 1989年在陈四楼主副井设计出试验应用一台流量计检测每个冻结器盐水循环量的检测系统，为检测冻结器盐水流量提供新的方法，取得良好效果。

(b) 1992年在车集主副井试验应用异径管冻结工艺，深0～110m段采用 Φ159mm×6mm冻结管，大于110m段采用 Φ127mm×7.72mm冻结管，达到合理布置冻结孔、提早开挖，实现浅部少片帮、深部少挖冻土，实现安全快速施工的目的，填补了我国单圈冻结孔异径冻结管冻结工艺的空白。

(c) 制冷设备：由往复式冷冻机向螺杆式冷冻机过渡，冷冻机的单机标准制冷量由 20×10^4～50×10^4kcal/h向 50×10^4～100×10^4kcal/h过渡，有效提高冷冻站的制冷效率，减少冷冻站建筑面积和运转维护人员。

(d) 1992年在元氏主副井试验应用高效蒸发式冷凝器，取得良好效果，使冷却水补给量降至总需用量的2.5%。

(e) 建立冻结壁形成特性实测、工程预报与冻结盐水温度、流量调控的机制：首先由冻结单位根据冻结壁的实测资料进行分析，提出冻结壁形成特性和盐水温度流量调控意见，向掘砌、监理、建设单位进行工程预报和征求意见，结合反馈意见进行冻结调控；掘砌单位可根据冻结工程预报内容修改掘砌措施，对盐水温度流量调控方法提出反馈意见，二者有机结合，加强配合，确保冻结段的安全快速施工。

③ 冻结段掘砌技术。

(a) 本着外层井壁短段掘砌和内层井壁一次套壁的原则，在陈四楼主井和副井顺利实现了 423m 和 435m 冻结段一次套壁任务，井壁质量优良。

(b) 在陈四楼主副井开展 C45～C55 低温早强混凝土强度增长特性试验，北京建井研究所与中国建筑材料科学研究总院房建材料研究所合作，为现场施工提供了应用方便和经济的 C45～C55 混凝土配合比(表 1-27)，1d、3d、7d 的混凝土强度分别达到混凝土设计强度的 20％、50％、75％以上，均超过不同龄期冻结压力的最大增长率，有效防止了外层井壁压坏。

表 1-27　陈四楼主、副井冻结段 40～55MPa 高强混凝土试验数据

设计标号	试件编号	外加剂掺量/％								水灰比	坍落度/cm	抗压强度				水泥品种
		J851	JK-2	JP-1	NF	UNF-2	UNF-5	FE	硅粉			1d	3d	7d	28d	
C45	01									0.43	5.3	4.6	18.2	27.4	39.1	巢湖 525 普通
	02	2.5								0.35	9.4	28.7	42.1	46.2	52.2	巢湖 525 普通
	03	2.5								0.36	10.5	9.3	31.9	42.8	52.4	巢湖 525 普通
	04	2.5								0.37	12.7	12.1	34.1	39.7	50.5	巢湖 525 普通
	05	2.5								0.36	8.0	33.0	36.6	42.7	48.7	淮海 525R 普通
	06*	2.5								0.38	6.5		37.6		50.3	永登 525 普通
	07*	2.5								0.39	7.0		37.6	40.2	46.0	永登 525 普通
C50	08	2.5								0.38	8.5	14.3	37.5	44.7	52.1	永登 525 普通
	09		1.0							0.385	10.0	15.6	37.1	44.6	52.5	永登 525 普通
C40	10	2.5								0.39	8.1	12.4	36.9	41.1	47.1	淮海 525R 普通
C55	11									0.43	6.0	4.5	14.9	29.6	47.8	淮海 525 普通
	12		1.0							0.374	8.0	5.0	29.6	43.9	57.3	淮海 525 普通
	13		1.0							0.37	6.8	17.7	40.0	46.5	56.6	永登 525 普通
	14			0.75						0.36	5.8	33.1	46.5	49.4	58.0	淮海 525R 普通
	15				0.75					0.30	6.7	45.7	52.6	55.2	61.4	淮海 525R 普通
	16					0.75				0.32	9.0	40.0	47.6	50.7	57.6	淮海 525R 普通
	17						0.75			0.30	11.5	39.5	50.0	51.5	59.5	淮海 525R 普通
	18							0.75		0.335	5.0	38.4	43.2		59.0	淮海 525R 普通
	19							1.0		0.32	8.0	37.1	50.8	51.5	64.3	淮海 525R 普通
	20					1.0			6	0.33	9.5	25.0	42.6	55.9	66.9	永登 525 普通
备注	(1)集料：中粒河砂，粒径为 1～3cm 及 2～4cm 的石灰岩碎石；(2) * 号表示人工搅拌，其余为机械搅拌；(3)1d 内为 18～28℃温室养护，1d 后为标准养护(20℃±3℃)															

(c) 1989 年在邱集主副井试验应用外层井壁短段掘砌、内层井壁中段(10～15m)套壁的工艺,取得初步效果。但存在外层井壁局部压坏、内层井壁分段套壁接茬缝多、井壁整体性差、掘砌速度较慢等缺点,如何推广应用有待探讨。

(d) 1994 年在冷泉矿主井内层井壁混凝土中掺入适量的 JQ 型防裂密实剂[34],有效克服了内层井壁混凝土的收缩开裂,并为提高井壁防水性提供了依据。

(e) 建立大于 200m 黏性土层冻结壁径向位移实测与掘砌段高、井帮裸露时间调控的机制,有效防止了冻结壁径向位移偏大而导致冻结管断裂。

(5)总结出版与冻结法凿井关系密切的施工规范等专著 9 本(表 1-28)[29-35],为我国冻结法凿井向纵深发展发挥了重要作用。

表 1-28 1989～1999 年出版与冻结法凿井有关的经验总结、施工验收规范等专著

序号	书名	主要编著者	出版社	出版年限
1	《矿山井巷工程施工及验收规范》	崔增祁,陈明华,张文琰,等	煤炭工业出版社	1991
2	《煤矿建设安全手册》(冻结篇)	陈文豹,戴仪燮	煤炭工业出版社	1992
3	《兖州矿区建井施工技术》	彭井凉,胡德铨	煤炭工业出版社	1992
4	《冻结法施工》(经验选编)	陈文豹,汤志斌	煤炭工业出版社	1993
5	《煤炭井巷工程质量检验评定标准》	崔增祁,张文琰,陈文豹,等	煤炭工业出版社	1994
6	《中国煤矿建井技术》(冻结法)	翁家傑,张文,熊声誉,等	煤炭工业出版社	1995
7	《地层冻结工程技术与应用》	王长生,苏立凡,张文	煤炭工业出版社	1995
8	《混凝土外加剂及其在工程中的应用》	陈文豹,田培,李功洲	煤炭工业出版社	1998
9	《深厚表土层中的冻结壁和井壁》	崔广心,杨维好,吕恒林	中国矿业大学出版社	1998

3) 实施效果与存在的问题

(1) 实施效果。

① 建立冻结壁厚度、掘砌段高、冻结壁平均温度计算与设计参数优选“四位一体”的冻结壁设计计算体系,较好地解决了近 400m 冲积层的冻结壁设计难题。

② 1991 年完工的陈四楼主井和副井在 369m 和 374.5m 冲积层、423m 和 435m 冻结段创下冻结管无断裂、外层井壁无压坏、内层井壁无漏水的全国纪录,有效解决了近 400m 冲积层冻结施工难题,冻结段掘砌平均速度和成井平均速度分别达到 43.7m/月和 35.3m/月,表明我国冻结法凿井技术已达到国际先进水平。

(2) 存在的问题。

① 祁南副井外层井壁压坏严重。

(a) 冻结段井壁结构。

祁南副井井深 602.9m,冲积层厚 332.1m,冻结深度为 372m,井筒净直径为 7.5m(深 250～602.9m 段)和 8.0m(深 0～250m 段),冻结段井壁结构为钢筋混凝土夹 PVC 可压缩层井壁(表 1-29 和表 1-30),筒形壁座底板深度为 365m,井壁体内每隔一定高度铺设厚 70～170mmPVC 软板夹层,外层井壁与冻结壁之间增设 50～75mm 矿用 EPS-1 型聚苯乙烯泡沫板,内、外层井壁钢筋均布置在内缘。

表 1-29 祁南副井冻结段井壁结构简况

井壁厚度			井壁内夹层			外层井壁与冻结壁之间的可压缩层		
深度/m	内层/mm	外层/mm	深度/m	材料	厚度/mm	深度/m	材料	厚度/mm
0～250	600	500	0～230	PVC	70	0～230	聚苯乙烯	50
250～280	850	500	230～257	PVC	170	230～257	聚苯乙烯	75
280～343	850	550	257～343	PVC	70	257～343	聚苯乙烯	50
343～365	1470		在－343m 外层井壁底板增设150mmPVC 软板					
365～374	800							

表 1-30 祁南副井冻结段外层井壁厚度与混凝土标号

序号	深度/m	井壁厚度/mm	混凝土标号	备注
1	7～120	500	C30	(1) 深 148.8～286.3m 段有 108.7m 井壁发生较为严重剥皮、压坏、缩径现象 (2) 在施工过程中把深 286.3m 至筒形壁座顶部的井壁厚度改为 600mm
2	120～170	500	C40	
3	170～240	500	C50	
4	240～280	500	C50	
5	280～343	550	C60	

(b) 冻结施工简况。

祁南副井采用主冻结孔内侧增设防片冻结孔的布孔方式。主冻结孔布置圈径 19.4m，孔深 372m/339m，冻结孔数为 24/23 个，布置圈距井帮 4.18m(深 0～250m 段)、4.43m(深 250～365m 段)；防片冻结孔布置圈径 14.0m，冻结孔深度为 130m，冻结孔数为 13 个。1992 年 12 月 8 日开机冻结，1993 年 6 月 1 日(冻结 175 天)进行试挖(27.2m)和 8 月 18 日进行正式开挖，掘砌过程中在深 148.8～286.3m 段外层井壁出现局部压坏，其中深 169～207.7m 段压坏较为严重(图 1-12)，经分析认为，井壁压坏与外层井壁设计井壁厚度偏薄和混凝土早期强度偏低有关。1995 年 2 月 24 日掘砌至 365m 深，平均掘砌速度为 19.64m/月，于 1995 年 5 月中旬完成套壁任务，成井速度为 17.3m/月。

② 金桥副井井壁透水淹井。

金桥副井净直径 5.0m，深 494.2m，冲积层厚 383m，冻结深度 416m。采用主冻结孔内侧增设防片冻结孔的布孔方式，主冻结孔和防片冻结孔深度、布置圈直径分别为 416m/386m 和 255m、15.5m 和 11.5m。冻结段采用钢筋混凝土双层井壁结构，井壁厚度为 0.9～1.6m，外层井壁混凝土最高标号为 C55，外层井壁采用掺硅灰早强混凝土，短段掘砌；内层井壁采用 2 次套壁工艺，第 1 次套壁深度为 50～245m，第 2 次套壁深度为 245～405m。

冻结壁解冻后，发现冻结段井壁漏水量较大，在内层井壁分段套壁分界面(－245m)附近施工注浆孔过程中，引发透水涌砂淹井，影响工期 2 年，损失近亿元，教训深刻。

4. 创新攀高阶段的技术简况

1) 工程特点

(1) 任务重：2000～2014 年共计施工完成 630 多个冻结立井，其中小于 200m、200～

300m、300～400m、400～500m、大于 500m 冲积层的冻结立井数分别超过 397 个、105 个、51 个、48 个、29 个，年均冻结 42 个立井。

段号	段高/m	井深/m	施工日期	施工时井帮温度/℃	柱状	岩性及厚度	发现破坏日期	破坏段井壁展开示意图（东 南 西 北）	修复位置与时间 一次	二次	三次	备注
57号	2.9	147.1	1993.12.12	-1～-2		细砂 8.85m						图中实线表示破坏范围，虚线表示复修范围
58号	2.7	149.8	12.13	-1～-2		中砂 0.8m			1994.5.19~6.8 局部修复6.9m			
59号	2.7	152.5	12.13	+2～0		钙质黏土 5.15m	1994.1.15					
60号	3.2	155.7	12.16	-1～0								
61号	2.7	158.4	12.18	-3～-4		砂质黏土 3.8m						
62号	2.7	161.1	12.20	-3～-4		中砂 10.1m						
63号	2.7	163.8	12.28	-3～-5								
64号	2.7	166.5	12.26	-3～-5								
65号	2.7	169.2	12.27	0～+1.5								
66号	2.7	171.9	12.28	0～+1.5		黏土 26.7m	1994.1.9		1994.5.19~6.8局部修复36.5m	1994.10.7~10.26局部修复32.6m	1994.5进行整体修复10m	
67号	2.7	174.6	12.28	0～+2			1.9					
68号	2.7	177.9	12.31	+0.6～+0.8			1.10					
69号	2.7	180.6	1994.1.2	-1.5～+0.6			1.10					
70号	2.7	183.3	1.5	-0.8～+0.4			1.15					
71号	2.7	185.8	1.6	-0.4～-0.7								
72号	2.7	188.5	1.8	-1～1.2			1994.10.7					
73号	2.7	191.2	1.10	-1～0.8			10.7					
74号	2.7	193.9	1.12	-0.9～-1			10.7					
75号	2.7	196.6	1.14	-0.1～+0.5			10.7					
76号	2.7	199.3	1.17	-0.5～-0.9		黏土质砂 8.8m	10.7					
77号	2.7	202.0	1.20	-0.1～0.5			10.7					
78号	3.0	205.0	1.22	-0.1～-0.5			10.15					
79号	2.7	207.7	1.24	-0.1～-0.5		砂质黏土						

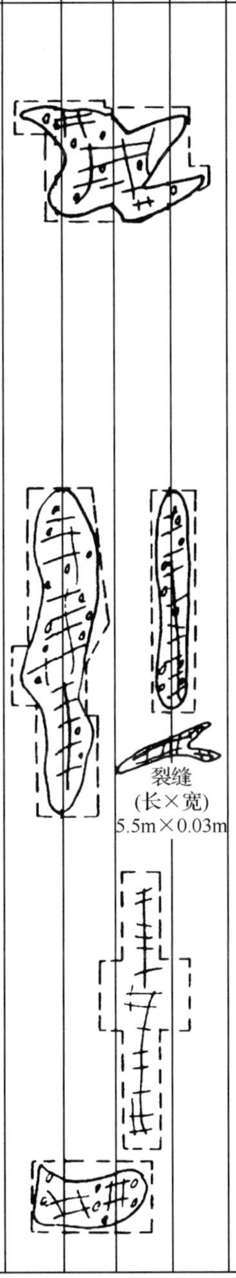

图 1-12 祁南副井冻结段外层井壁变形破坏部位及施工修复情况

(2) 技术难度大：大于500m冲积层的29个(含3个钻井法施工事故井)深冻结立井中，冲积层最大厚度和平均厚度分别为675.6m和554.1m，最大冻结深度和平均冻结深度分别为800m和644.3m。应当指出，大于500m冲积层的冻结井，只有苏联在20世纪70年代中期施工的雅可夫列夫铁矿Ⅱ号罐笼井和排水井，冲积层厚571.2m，冻结深度620m，采用双圈孔分期(段)冻结工艺，冻结管断裂15根和7根。

2) 技术简况

2000～2014年要在没有成熟的实践经验可供借鉴的情况下，顺利完成大于500m冲积层29个冻结井的施工任务，必须在“两壁”设计和打钻、冻结、掘砌等方面组织攻关，大胆创新。实践表明，我国已在大于500m冲积层冻结法凿井方面取得若干重大技术突破，出色地完成计划任务。

(1) 高强高性能混凝土在冻结段井壁工程中的应用。

① 混凝土标号提高至C60～C100，小于400m、400～500m、大于500m冲积层冻结段井壁最大厚度分别控制在1.6～1.8m、1.8～2.0m、2.0～2.2m范围内。

② 外层井壁：采用低温早强高性能混凝土，1d、3d、7d的混凝土强度达到设计标号的20%、50%、75%以上，超过不同龄期的冻结压力最大增长率，有效防止混凝土早期强度偏低而遭受破坏。

③ 内层井壁：采用抗裂密实高性能混凝土，基本克服内层井壁连续套壁浇筑大体积混凝土的收缩开裂问题。

(2) 完善“四位一体”的冻结壁设计计算体系和试验应用多圈孔冻结工艺，较好地解决400～600m冲积层冻结壁设计难题。

① 提出计算多圈孔冻结壁平均温度的成冰公式[10,36]，完善按多姆克公式计算砂性土层冻结壁厚度、按维亚洛夫-扎列茨基公式计算黏性土层冻结壁厚度和掘砌段高、按成冰公式计算多圈孔冻结壁平均温度、根据国内打钻冻结掘砌技术优选冻结设计参数的“四位一体”的冻结壁设计计算体系，使其能较好适应400～500m、大于500m冲积层冻结壁设计计算的需要，取得良好效果。

② 在总结单圈孔、主孔圈内侧增设防片孔圈、辅助孔圈(或双圈孔)冻结等冻结壁形成特性及适用条件的基础上，开展多圈孔冻结壁形成特性实测研究和分析计算，基本掌握多圈孔冻结壁形成规律，基本掌握冻结壁温度场数值计算方法和冻结壁形成特性综合分析方法，并应用于冻结设计预测和冻结方案优化，取得良好效果。

③ 合理地选取冻结设计控制层位及其相关的技术参数，对冻结方案设计的科学性、经济性影响较大，除了考虑砂性土层、黏性土层的厚度、深度，主要含水层位置及水流速度和方向等因素外，还应考虑一定掘砌施工速度下，各控制层位的井帮温度变化范围，使其处在合理的范围内，可以缓解深厚冲积层冻结法凿井的冻掘矛盾。深厚冲积层冻结井的实践表明，把冻结壁交圈时间、冻土扩至井帮的时间、井筒试挖时间和正式开挖时间分别控制在55d、100d、70d和90d左右，并控制井帮温度在合理范围内，可基本实现浅部不片帮和深部少挖冻土，为冻结段安全快速施工创造有利条件。

④ 根据多圈孔的主孔圈不同位置与多种冻结工艺的优化组合结果分析得出，以外孔圈为主孔圈比以中、内孔圈为主孔圈更能发挥各孔圈的作用互补，更有效地利用冷源，更

便于进行盐水温度、流量调控,有效减少冻结孔总数、冻结钻孔总工程量、冻结总需冷量。从冻结段施工效果分析,以外圈为主孔圈的深冻结井均安全地通过冻结段,比以中内圈为主孔圈的冻结段施工速度快。

(3) 提高钻孔垂直度,缩短打钻工期。

① 选用转盘扭矩较大的 TSJ-2000 型、2600 型水文转盘钻机,把大于 500m 和大于 600m 冲积层(含基岩)的钻机台月效率控制在 2200m 和 2000m 以上。

② 推广靶域半径钻进技术,把冲积层和基岩段的靶域半径分别控制在 0.6～0.8m 和 0.8～1.0m 范围内,把冲积层和基岩段主冻结孔的终孔(或成孔)间距分别控制在 2.8m 和 4.5m 范围内。

③ 适当增加钻机台数,把冻深 500m、600m 的打钻工期分别控制在 4.5 月、5.5 月范围内。

(4) 推广制冷新设备、新工艺,完善检测监控技术,为冻结段安全施工提供技术支撑。

① 推广螺杆式压缩机组和标准制冷量为 50×10^4～200×10^4kcal/h 的双机双级压缩制冷机组。

② 推广蒸发式高效冷凝器,把冷却水补给量降至冷却水总需用量的 2.5%以内。

③ 推广虹吸式蒸发器,提高制冷效率和减少盐水箱。

④ 推广用一台流量计检测每个冻结器盐水流量的专用系统。

⑤ 优选水位孔的报导层位,尽量采用单层单孔报导水位管结构,防止不同含水层串水影响冻结壁的正常交圈。

⑥ 提高冻结壁温度场检测技术水平,完善冻结壁形成特性的实测、工程预报与盐水温度、流量调控的机制,为冻结段安全施工提供技术支撑。

(5) 提高掘砌机械化水平,正确制定开挖时间,组织好安全快速施工。

① 2000～2014 年施工大于 300m 冲积层掘砌机械化的基本装备水平为 3～5m^3 吊桶、YC-60C 型或 CX55B 型挖掘机、HZ-6 型中心回转式抓岩机、重型风镐、TJD-6G 型伞钻、JS-1000 型或 JW-1000 型强力式混凝土搅拌机、MJY 型外层井壁整体下移式金属模板、内层井壁液压滑升模板筑壁或组装式金属模板(13～15 套)、2～3m^3 底卸式混凝土吊桶等。根据 42 个深厚冲积层冻结井筒掘砌速度分析,得出 26 个井筒冻结段掘砌平均速度为 103～146.1m/月,11 个井筒达到 150.8～193.0m/月,5 个井筒达到 205.5～244m/月。

② 根据大于 300m 冲积层冻结壁形成特性分析结果,提出冻结 60d 之前做好井筒开挖准备工作,冻结 90d 前后冻土扩至井帮附近为挖掘的大好时机,组织好快速施工,有 22 个井筒实现外层井壁月掘砌 140m 以上,为冻结段安全快速施工奠定了基础。

③ 完善深部(>200m)黏土层冻结壁径向位移实测与掘砌段高、井帮裸露时间调控的机制,有效防止了因冻结壁径向位移偏大而导致冻结管断裂。

④ 坚持外层井壁短段掘砌和冻结管不断裂,外层井壁不压坏的原则,实现内层井壁一次套壁。例如,河南赵固矿区施工的 7 个大于 500m 冲积层冻结井,全部采用一次套壁工艺,均安全顺利地完成套壁任务。

⑤ 2000～2014 年施工 300～675.6m 冲积层冻结井 128 个,按已收集的 70 个井筒施

工速度资料分析得出，300～400m 冲积层的 24 个井筒冻结段掘砌平均速度和成井平均速度分别为 87m/月和 65m/月；400～500m 冲积层的 25 个井筒冻结段掘砌平均速度和成井平均速度分别为 91.7m/月和 71.3m/月；500～675.6m 冲积层的 21 个井筒冻结段掘砌平均速度和成井平均速度分别为 78m/月和 60m/月；按 70 个井筒的施工速度综合分析结果得出：冻结段掘砌速度为 85m/d，成井平均速度为 65.75m/月（取 65m/月）。

(6) 总结出版与冻结法凿井关系较密切的煤矿井巷工程施工规范等著作 11 本[27,37-46]（表 1-31）以上，对提高我国冻结法凿井技术水平发挥重要的作用。

表 1-31　2000～2014 年出版与冻结法凿井有关的经验总结、施工规范及质量验收标准等专著

序号	书名	主要作者	出版社	出版年限
1	《梁北矿立井快速施工与管理》	范铁锤，陈文豹，王景余，李功洲，等	煤炭工业出版社	2001
2	《采矿工程设计手册》（中册）（第四篇之第四章“冻结法凿井井壁设计”）	张荣立，何国纬，李铎	煤炭工业出版社	2003
3	《永夏矿区深厚冲积层特殊凿井技术》	张世芳，李功洲，陈文豹，张永成，等	煤炭工业出版社	2003
4	《简明建井工程手册》（下册）（第四篇之第一章“冻结法凿井技术”）	崔云龙	煤炭工业出版社	2004
5	《矿井建设现代技术理论与实践》	周兴旺，李功洲，陈朝晖，等	煤炭工业出版社	2005
6	《程村主副井深厚冲积层冻结法凿井技术》	陈文豹，吴里扬，李功洲	煤炭工业出版社	2008
7	《冻结法凿井施工技术应用与管理》	黄德发，赵社邦，刘兴彦，等	煤炭工业出版社	2010
8	《煤矿井巷工程质量验收规范》（第 8 章“混凝土与钢筋混凝土工程”、第 12 章“冻结施工工程”）	陈文豹，李功洲，等	煤炭工业出版社	2010
9	《煤矿井巷工程施工规范》（5.2 节“冻结法施工”）	陈文豹，李功洲，等	煤炭工业出版社	2011
10	《赵固矿区 500m 以上冲积层冻结法凿井技术》	盛天宝，陈文豹，贾明魁，等	煤炭工业出版社	2011
11	《淮南煤矿科学技术研究成果史料汇编》（第一卷“淮南煤矿深厚表土层建井技术研究成果”）	淮南矿业（集团）有限责任公司	煤炭工业出版社	2013

3) 实施效果及待探讨的问题

(1) 实施效果。

① 2000～2014 年顺利建成 630 多个冻结井，其中含 400～675m 冲积层的冻结井 77 个，冻结工程量和技术难度居各国冻结法凿井的首位。

② 冻结段井壁采用高性能混凝土技术，大于 500m 冲积层冻结段井壁混凝土标号一般达到 C60～C80，最高达 C90～C100，属中国首创。

③ 大于 500m 冲积层采用多圈孔冻结工艺，属中国首创，除有效缩短冻结壁交圈时间外，并大幅度缩短冻土扩至井帮的时间，实现早日开挖（75d 前后），有效解决浅部不片帮和深部少挖冻土，实现安全快速施工。

④ 在冻结过程中，建立冻结壁形成特性预测、实测、工程预报与冻结盐水温度、流量调控的机制，为井筒安全施工提供技术支撑，属中国首创。

⑤ 在冻结段掘砌过程中，建立深部（>200m）黏土层冻结壁径向位移实测与掘砌段高、井帮裸露时间调控的机制，有效防止了因冻结壁径向位移偏大而导致冻结管断裂，属中国首创。

⑥ 2000～2014 年共计施工 300～675.6m 冲积层冻结立井 128 个，综合冻结段掘砌平均速度和成井平均速度分别为 85m/月和 65m/月，居国际领先水平。

（2）待探讨的几个问题。

① 冻结管断裂问题。

2000～2014 年施工 300～675.6m 冲积层的 128 个冻结立井中，均在一定程度上加大和提高了井壁、冻结壁的厚度和强度，并要求深厚黏土层的掘砌段高不大于 3m 和井帮裸露时间不大于 24h，基本上做到外层井壁不压坏，相应地改善了冻结壁的受力和变形条件，加上冻结管材质比 1989 年之前有一定改善，有利于防止冻结管断裂。但根据调查统计数据分析，仍有 22 个深冻结井（占该类井筒总数的 17.2%）发生 5 根以上冻结管断裂（表 1-32），计断管 352 根，井均断管 16 根，虽未危及安全施工，但应引起警惕，是否与冻结管焊接质量和布孔方式有关，有待进一步探讨。

② 深厚冲积层冻结压力的检测与研究。

冻结压力应与地层特性、冻结壁形成状态等相关联，现有的冻结压力变化规律的检测分析成果尚缺少与冻结壁形成状态的有效结合，还主要局限于对较浅冲积层冻结压力检测分析。需要指出，将不系统的浅部冲积层冻结压力检测数据或规律用于深厚冲积层冻结法凿井的“两壁”设计中，显然存在诸多缺陷，尚需加强深厚冲积层冻结压力变化规律的系统检测和研究。

③ 塑料“夹层”部位的井壁注浆时间问题。

《煤矿井巷工程施工规范》（GB 50511—2011）明确规定：冻结段钢筋混凝土塑料软板夹层井壁结构的“夹层”部位必须进行注浆充填，指出“夹层”部位的温度不低于 4℃时进行注浆较为适宜，并要求注浆孔要穿过内层井壁进入外层井壁 100mm 以内。

对于塑料“夹层”的注浆时间，基本上有下述两种意见，应该进一步探讨、统一认识。

（a）冻结段内层井壁套壁结束后就进行“夹层”注浆。其优点之一是套壁工程井内通风排水管路已拆除，凿井吊盘提升、下降均较方便；优点之二是套壁刚结束时塑料“夹层”的温度基本适合注浆；优点之三是冻结壁未解冻，注浆压力小，非顶水注浆，安全性好；优点之四是在冻结壁包围之下，壁间和外层井壁接茬缝易窜浆，注浆效率高、质量好。

（b）冻结段内层井壁套壁结束后立即转入下部非冻结段施工，塑料“夹层”部位注浆留在井内安装期间或冻结壁解冻过程发现井壁漏水后进行注浆。其理由是已有内层井壁质量没有问题，什么时间进行注浆均无安全问题；若套壁后就进行注浆，冻结壁解冻后发现井壁漏水还要进行注浆。

应该指出，发现井壁漏水后进行“夹层”注浆属于“顶水”注浆，存在“顶水”注浆风险，注浆条件差，时间长，注浆质量没有保证，若措施不当，还可能导致透水涌砂淹井事故。

表 1-32　2000～2014 年施工的深厚冲积层冻结井冻结管断裂超过 5 根的工程简况

序号	井筒名称		开钻年限	井筒净直径/m	冲积层厚度/m	冻结深度/m	井壁最大厚度/m	冻结壁厚度/m	冻结孔圈数/圈	冻结孔个数/个	断管数/根	备注
1	梁宝寺风井		2001	5.0	371.0	461	1.45	5.7	2	48	>5	(1) 22 个冻结井筒共发生 352 根冻结管断裂，井均断裂管数 16 根，应引起足够重视 (2) 断管数小于 5 根的井筒未统计在内 (3) 断管与土层蠕变性质、布孔方式、冻结管焊接质量有关，有待进一步探讨
2	张北副井		2002	7.0	320.0	363	1.50	6.9	2	62	>5	
3	涡北主井		2003	5.0	413.9	477		6.8	2	54	>5	
4	涡北风井		2003	5.0	415.5	477	1.60	7.0	2	54	>5	
5	顾北副井		2004	8.1	432.7	500	2.10	10.0	4	130	>5	
6	新桥	主井	2004	5.0	392.0	602	1.55	6.5	2	78	>5	
7		副井	2004	6.5	390.0	553	1.70	7.5	3	86	>5	
8	界沟风井		2004								>5	
9	郭屯风井		2004	5.5	577.1	702	2.30	10.5	4	133	5	
10	花园	主井	2005	4.5	479.5	512	1.55	8.3	3	86	>5	
11		副井	2005	5.0	479.5	512	1.75	8.7	3	92	>5	
12	口孜东	主井	2005	7.5	568.4	737	2.00	11.5	4	156	>5	
13		副井	2005	8.0	571.9	617	2.40	12.4	4	168	>5	
14		风井	2005	7.0	573.2	626	2.30	11.5	4	158	>5	
15	李堂	主井	2006	5.0	427.4	467	1.50	6.6			>5	
16		副井	2006	5.0	427.4	467	1.50	6.6			>5	
17	郓城主井		2006	7.0	534.2	590	2.15	10.5	4	128	>5	
18	朱集	副井	2008	8.0	328.1	375					5	
19		风井	2008	7.5	330.9	375	1.75	6.33	3	82	>5	
20	杨村副井		2008	7.5	536.7	725	2.30	10.6	4	153	>5	
21	陈蛮庄副井		2008	6.5	556.9	640	2.45	11.0	4	146	>5	
22	朱集西副井		2008	8.0	468.7	540	2.50	10.0	4	140	>5	

④ 含水基岩冻结段井壁结构形式。

实践表明，钢筋混凝土塑料夹层井壁对于深厚冲积层及风化基岩冻结段井壁较为安全可靠，也具有实用性、经济性，为我国深厚冲积层冻结法凿井发挥了巨大作用；但在深部含水破碎岩层冻结段井壁计算中，沿用冲积层冻结段钢筋混凝土塑料夹层井壁结构或内、外层分层受力的设计假设，使其井壁厚度远远超过了其他凿井方式的井壁厚度，有些甚至达到令人不解的程度。因此含水基岩冻结段井壁结构形式急待探讨，本书在后续章节中提出了一些见解，供大家商榷。

第 2 章　冻结法凿井基础理论与关键技术

2.1　冻结壁温度场

2.1.1　冻结壁温度场的特点及研究方法

1. 冻结壁温度场的特点

冻结壁温度场是指沿井筒外侧布置的冻结管周围地层温度变化状况。冻结法凿井是在拟开凿或正在开凿的井筒周围施工若干钻孔，孔内安装底部封闭的冻结器，用以循环低温冷冻液，吸收冻结器周围地层的热量，首先形成以各冻结器为中心的冻结圆柱，随着冻结时间和热交换的延续，冻结圆柱不断扩大而连接成不透水且能抵抗地压的冻结帷幕(简称冻结壁)及降温区，温度分布状况受冻结孔的布置方式、冻结工艺、冻结器直径、冷冻液温度等诸多因素的影响，在冻结段施工过程中又受掘进和筑壁的影响而引起冻结壁及降温区的温度重新分布，属于复杂的相变不稳定温度场，其特点是场内的温度分布不均匀，各点的温度不仅随空间发生变化，还随冻结时间而发生变化，在冻结段施工过程中要根据工程需要对冻结器的盐水温度和流量进行必要的调控，为安全快速施工创造有利的条件。

2. 冻结壁温度场的研究方法

1) 国外对冻结壁温度场的研究方法

国外于 1883 年开始应用冻结法凿井，至 20 世纪 50 年代初就进行冻结壁温度场的研究。研究方法可概括为解析法、模拟试验法、数值分析法和工程实测法。

20 世纪 50 年代，以特鲁巴克[7]为代表，根据单个冻结器的传热条件对冻结壁温度场进行分析，提出了单个冻结器形成的冻结圆柱温度分析和冻结壁平均温度计算公式，由于未考虑相邻冻结器传热的相互影响和井筒冻结工况，计算结果与实际情况相差较大。

20 世纪 60 年代初期，苏联、波兰等国采用水力相似模拟试验进行冻结壁温度场研究，但由于模拟条件与工程实际差异较大，未能获得令人信服的结论。

20 世纪 70 年代初期，以苏联纳斯诺夫和苏普利克[23]为代表，采用模拟试验进行冻结壁温度场的研究，提出了冻结壁的温度分布和平均温度计算公式，但由于模型的缩比较大、模拟的范围偏小、试验用盐水温度保持不变、未考虑井筒冻结和掘进实际状况等缺点，提出的冻结壁平均温度计算公式在冻结壁厚度不大于 3m 条件下较为接近实际，冻结壁厚度大于 3m 条件下误差较大。

20 世纪 70 年代中后期，出现工程实测和有限元分析研究冻结壁形成特性的趋势，工程实测方法的真实性和可信度高，但一次性研究费用较高，研究周期较长；有限元分析方法可以充分利用计算机运算，研究周期较短，一次性研究费用较低，在定性分析方面效果显著，用于冻结壁温度场研究具有不少优点。

2）中国对冻结壁温度场的研究方法

中国在20世纪60年代中期开始进行冻结壁温度场的研究，主要采用工程实测、模拟试验、数值分析相结合的研究方法。在冻结工程实践中，有针对性地开展深井冻结壁温度场实测研究，往往可以取得事半功倍的效果。

（1）工程实测研究。

从20世纪60年代初开始，由煤科总院北京建井研究所牵头，根据冻结工程需要，先后在30多个冻结立井开展冻结壁形成特性的工程实测研究，为深厚冲积层冻结的"两壁"设计和施工提供大量的第一手资料。

（2）模拟试验研究。

为了适应两淮矿区深厚冲积层冻结设计和施工需要，煤科总院北京建井研究所在淮南潘集一矿现场建立了一个综合性的潘集冻结试验井，开展单圈冻结孔不同孔距、不同管径的冻结壁形成特性、自然解冻规律、外层井壁喷射混凝土、内层井壁液压滑模套壁等试验研究，取得多项研究成果。

（3）数值分析研究。

1974年淮南矿业学院（现安徽理工大学）郭兰波老师根据潘集冻结试验井试验实测资料[47]，反推应用有限元分析冻结壁温度场需要的冻土热物理参数，使分析结果与试验结果相接近，为我国开展冻结壁温度场有限元分析迈出了重要的一步；之后煤科总院北京建井研究所张燕高级工程师[48]和中国科学院兰州冰川冻土研究所根据潘一东风井、潘二南风井等冻结壁温度场试验实测资料，反推应用有限元分析冻结壁温度场的冻土热物理参数，使分析结果与试验实测结果相接近；20世纪90年代后期，中国矿业大学和安徽理工大学等单位引进ANSYS大型软件进行冻结壁温度场研究，为完善提高冻结法凿井技术水平提供新的手段；但在有限元法应用过程中需注意提高计算参数的科学性和精确度，以缩小分析结果与工程实际的差异。

2.1.2 中国对深厚冲积层冻结壁温度场的研究

1. 研究简况

中国从1955年引进波兰冻结法凿井技术，经历了1955～1959年引进消化、1960～1988年探索改进、1989～1999年提高完善、2000～2014年创新攀高的四大阶段。至20世纪70年代中后期，不少冻结井的冲积层相继超过250m和350m；进入21世纪以来，冲积层厚度400～500m和大于500m的冻结井分别超过48个和29个，冲积层最大厚度和冻结最大深度分别达到675.6m和800m（以冻结冲积层为主），冻结壁设计厚度和冻结孔圈至井帮的最大距离分别达到12.5m和8m以上。为了解决冲积层厚度增加引起的冻掘矛盾和施工难题，煤科总院北京建井研究所于1964～2014年与有关单位合作，对单圈孔、主孔圈内侧增设防片孔圈、双圈孔、多圈孔等32个冻结立井冻结壁形成特性进行模拟试验和工程实测研究（表2-1）[49-51]，对冻结壁自然解冻、人工解冻特性、井壁及壁后冻土温度场变化特性进行工程实测研究，取得多项技术突破，为完善深厚冲积层冻结设计、缓解冻掘矛盾和冻结段安全快速施工提供重要依据。主要研究内容如下。

表 2-1　1964～2014 年深厚冲积层冻结壁形成特性和自然解冻规律研究简况

序号	井筒名称		冻结孔布置	研究时间	主要研究内容	牵头单位
1	邢台主井		单圈孔冻结	1964.6～1965.8	(1) 冻结壁交圈时间 (2) 冻结壁的净扩展速度与平均扩展速度 (3) 冻结壁的厚度增长特性 (4) 内侧冻土扩至井帮的时间 (5) 井帮温度变化特点 (6) 外侧冻结壁厚度及占总厚度、设计厚度的比例 (7) 冻结壁外侧降温区范围 (8) 冻结壁平均温度 (9) 冻结器单位热流量	煤科总院北京建井研究所
2	夹河	主井		1968.3～1968.10		
3		副井				
4	唐山新风井			1964.12～1965.8		
5	张集（徐州）	主井		1972.6～1973.10		
6		副井		1974.5～1975.12		
7	潘集冻结试验井			1975.11～1978.4		
8	潘一东风井			1978.9～1980.10		
9	潘二南风井			1979.9～1981.9		
10	三河尖副井			1990.12～1991.10		
11	东荣二矿副井			2000.1～2000.6		
12	梁北东风井			1981.5～1983.8		
13	潘三东风井		主孔圈内侧增设防片孔冻结	1984.2～1986.9	(1) 冻结壁交圈时间 (2) 主孔圈、防片孔圈之间冻土交汇的时间 (3) 内侧冻土扩至井帮的时间 (4) 井帮温度变化特性 (5) 外侧冻结壁的扩展范围 (6) 主孔圈、辅助孔圈设计参数优化 (7) 冻结壁平均温度 (8) 冻结壁形成特性工程预报	
14	谢桥主井			1989.7～1992.12		
15	陈四楼	主井		2006.1～2007.6		
16		副井				
17	方庄新主井			1983.7～1984.12		
18	谢桥副井		双圈孔冻结		(1) 冻结壁交圈时间 (2) 主孔圈、辅助孔圈之间冻土的交汇时间 (3) 内侧冻土扩至井帮的时间 (4) 井帮温度变化特性 (5) 外侧冻结壁扩展范围 (6) 冻结壁平均温度 (7) 冻结壁形成特性工程预报	
19	程村	主井		2002.1～2003.12		
20		副井				
21	泉店	主井	多圈孔冻结	2005.4～2006.7	(1) 冻结壁交圈时间 (2) 各孔圈之间冻土的交汇时间 (3) 内侧冻土扩至井帮的时间 (4) 井帮温度及变化特性 (5) 外侧冻结壁扩展范围 (6) 冻结孔布置方式与冻结工艺的优化组合 (7) 冻结壁平均温度 (8) 冻结壁形成特性的工程预报与调控 (9) 井壁及壁后冻土、壁间温度场变化特性	煤科总院北京建井研究所、北京煤科联应用技术研究所
22		副井				
23		风井				
24	赵固一矿	主井		2004.6～2006.11		
25		副井				
26		风井				
27	赵固二矿	主井		2006.3～2007.12		
28		副井				
29		风井				
30	李粮店	主井		2009.5～2010.12		
31		副井				
32	赵固一矿	西风井		2013.10～2014.12		

（1）探索不同冻结孔布置和冻结工艺条件下的冻结壁形成特性。着重研究井筒周围布置单圈冻结孔、双圈冻结孔、多圈冻结孔条件下，温度场随冻结时间的变化规律，掌握冻结壁形成特性，确定冻结壁交圈时间、扩展速度、厚度、平均温度，为合理设计冻结壁，制定冷冻站运转制度、井筒掘砌措施等提供依据。

（2）探索冻结壁的自然解冻和人工解冻规律等。

① 着重弄清井筒在通风或灌水条件下的冻结壁温度变化规律与解冻特性，确定不同厚度、不同土层的冻结壁（平面或横向）开始解冻前的温度急剧上升期、净解冻速度以及冻结壁纵向解冻特性，为合理制定停止冻结的时间、拔冻结管的时间、井壁夹层注浆的时间以及处理井壁缺陷的时间等提供依据。

② 着重弄清人工解冻条件下冻结管周围冻土解冻规律和井筒与冻结壁之间增设隔热管，为冻结管射孔注浆和防止井筒原有井壁冻坏等提供依据。

③ 研究内层井壁套壁过程的井壁及壁后、壁间温度场变化特性，为确定塑料夹层井壁壁间注浆时间和施工措施提供技术支撑。

2. 单圈孔冻结壁形成特性

根据河北、河南、安徽、江苏、黑龙江五省 11 个立井单圈孔不同孔距、不同管径的冻结壁形成特性模拟试验结果和不同厚度冲积层、不同冻结条件下的立井冻结壁形成特性工程实测资料分析得出以下结论。

1）冻结壁的交圈时间

冻结开始前，不同深度的土层具有一定的原始温度。冻结开始后，通过冻结管把冷量传给周围岩层产生降温区，形成环绕冻结管的冻结圆柱（图 2-1），并逐渐扩大至相邻的冻

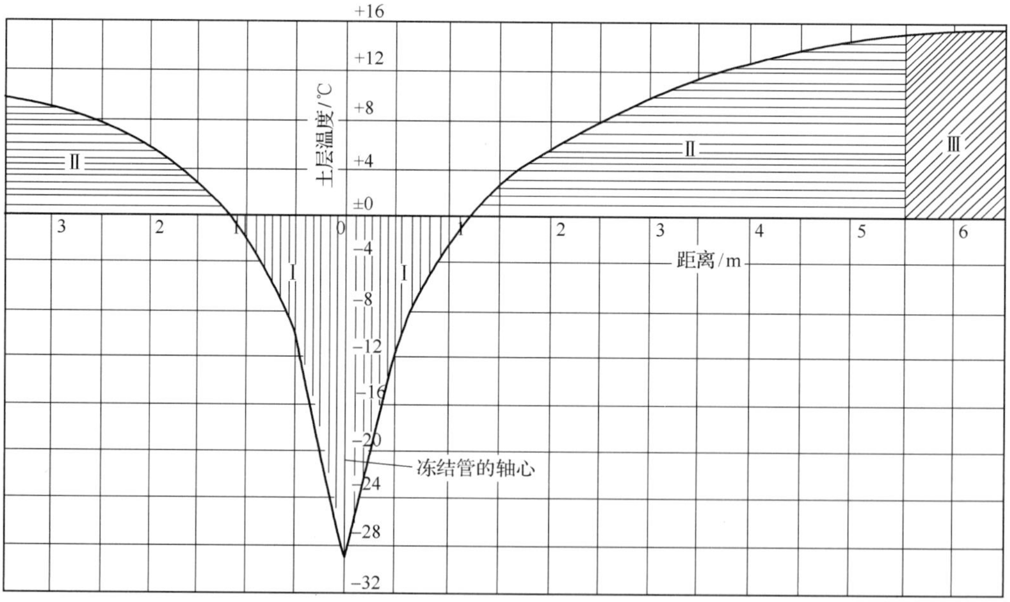

图 2-1　冻结管周围的温度分布

Ⅰ-结冰区；Ⅱ-冷却区；Ⅲ-正常温度区

结圆柱连接成封闭的冻结帷幕，而在界面上形成从轴面向内、外侧扩展的冻结壁(图 2-1 和图 2-2)。根据试验实测资料得出，冻结壁的交圈时间主要与冻结孔间距、冻结盐水温度、冻结管直径、冻结器环形空间内盐水流动状态、土层性质及其原始地温等因素有关。

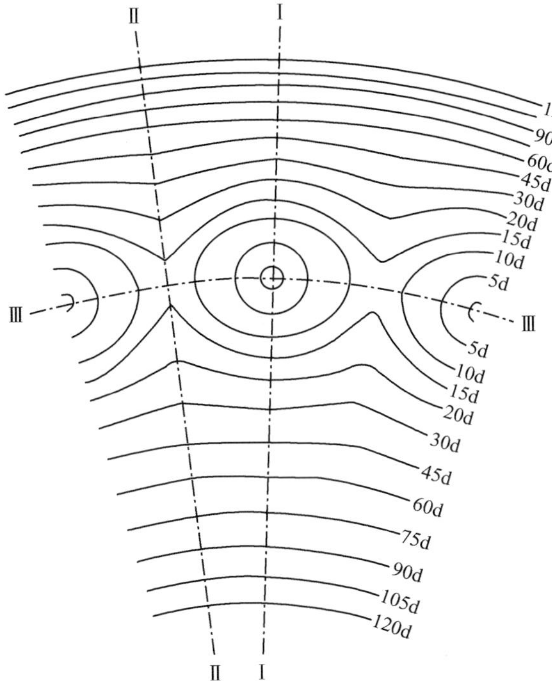

图 2-2　潘集冻结试验井孔距 1.5m、不同冻结期的冻结壁扩展范围

Ⅰ-Ⅰ主面；Ⅱ-Ⅱ界面；Ⅲ-Ⅲ轴面

(1) 冻结壁交圈时间与冻结孔间距成正比(图 2-3)。

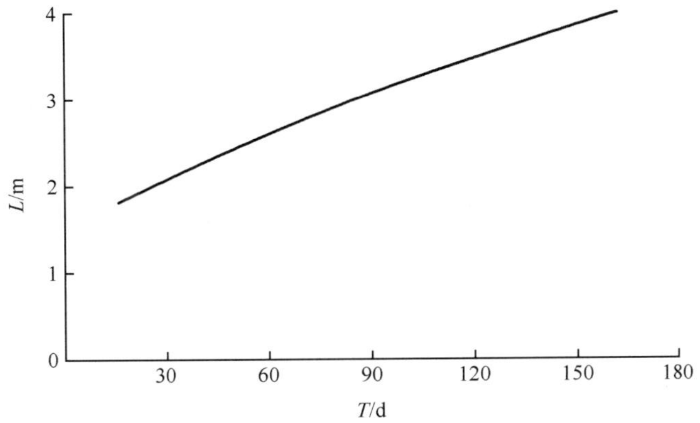

图 2-3　潘集冻结试验井粉砂层冻结壁交圈时间(T)与冻结孔间距(L)的关系

(2) 冻结壁交圈时间与土层矿物颗粒直径成反比(图 2-4 和图 2-5)，砂砾层的交圈时间最短，粗砂、中细砂、粉砂、砂质黏土、黏土的冻结壁交圈时间依次延长。

(3) 冻结壁交圈时间与盐水温度的负温值成反比，交圈前的盐水平均温度较－20℃

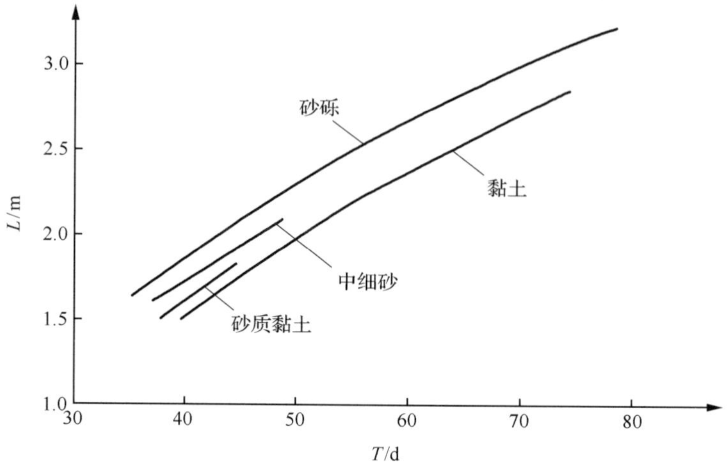

图 2-4　潘二南风井冻结壁交圈时间(T)与冻结孔间距(L)的关系

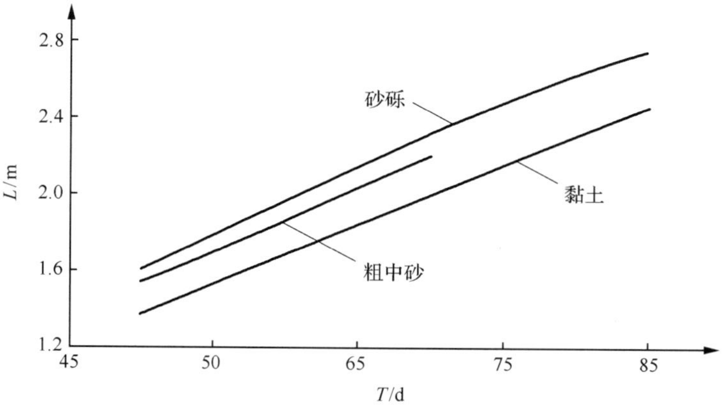

图 2-5　潘三东风井不同土层冻结壁交圈时间(T)与冻结孔间距(L)的关系

每升降 1℃时，将使交圈时间延长或缩短 1.5～2d。

(4) 冻结壁交圈时间与土层原始温度成正比，原始温度较 20℃每升降 1℃时，将使交圈时间延长或缩短 1.5～2d。

(5) 冻结初期冻结器环形空间内的盐水呈层流向紊流过渡状态的冻结壁交圈时间比盐水呈层流状态时缩短 20%左右。

2) 冻结壁内、外侧冻土的扩展速度

(1) 主、界面冻结壁的平均扩展速度。

① 主面冻结壁的平均扩展速度。

冻结壁交圈前，内、外侧厚度平均扩展速度等于相邻冻结孔间距的一半除以交圈时间；交圈后，冻结壁的内侧厚度平均扩展速度基本维持不变或略有增长，外侧的平均扩展速度随着冻结时间的延长呈下降趋势，冻结壁总厚度的平均扩展速度基本呈下降趋势。

② 界面冻结壁的平均扩展速度。

冻结壁交圈初期呈快速增长趋势，交圈后 1(孔距为 1.5～2m 时)～2 个月(孔距为

3m 时)的平均扩展速度达最大值;之后,内侧厚度的平均扩展速度维持不变或略有增大,外侧的平均扩展速度随冻结时间的延长进一步变小(图 2-6),冻结壁总厚度的平均扩展速度随着冻结时间的延长而减慢。

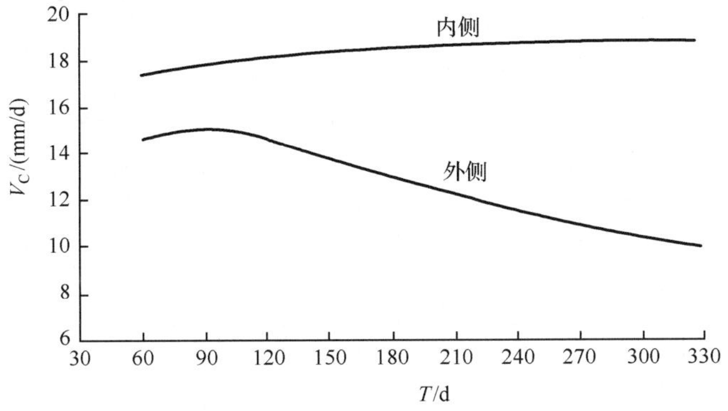

图 2-6　潘一东风井界面冻结壁内、外侧平均扩展速度(V_C)与冻结时间(T)的关系

冻结管直径为 127mm，中粗砂，孔距 1.4m

(2) 冻结壁厚度平均扩展速度与冻结孔间距成反比(图 2-7～图 2-9)。

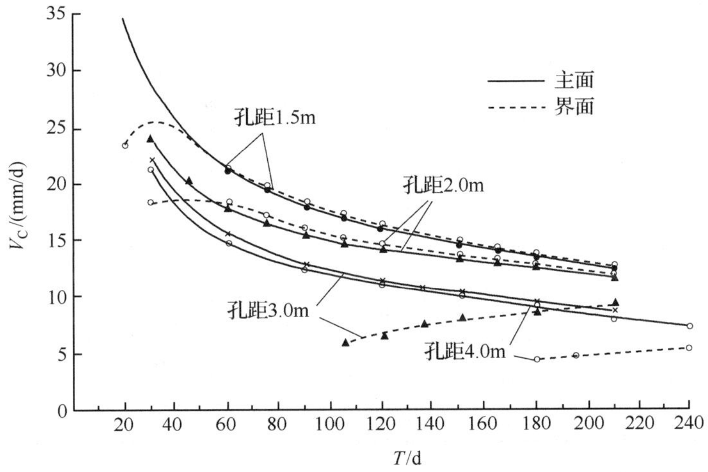

图 2-7　潘集冻结试验井冻结壁总厚度平均扩展速度(V_C)与冻结时间(T)的关系

(3) 冻结壁平均扩展速度与盐水负温值成正比。

陈四楼矿冻结初期(0～140d)主井比副井的盐水温度低 4℃(图 2-10),主井冻结壁的平均扩展速度比副井快 1.5mm/d;冻结 141～360d 期间,主井的盐水平均温度比前期上升 2.0℃左右,而副井的盐水平均温度比前期下降 2.0℃,主、副井后期的盐水平均温度和冻结壁平均扩展速度基本相同(图 2-11 和图 2-12)。从冻结 0～360d 的总体情况分析,主井的盐水平均温度低 1.5℃左右,冻结壁的平均扩展速度比副井快 1.5mm/d,说明盐水温度差 1℃时的冻结壁平均扩展速度差 1mm/d。

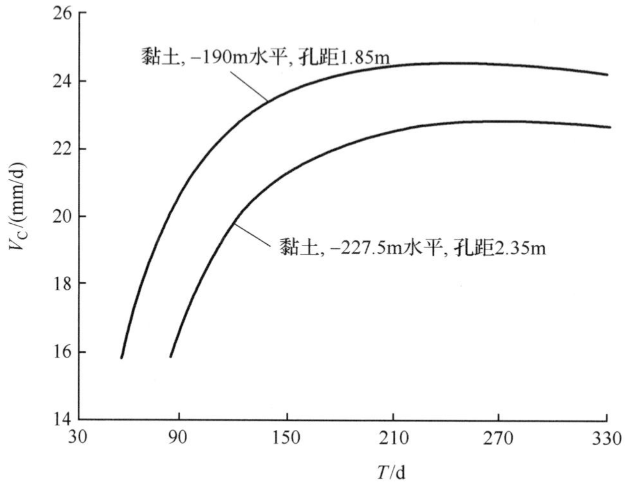

图 2-8　潘二南风井黏性土层界面冻结壁总厚度平均扩展速度(V_C)与冻结时间(T)的关系

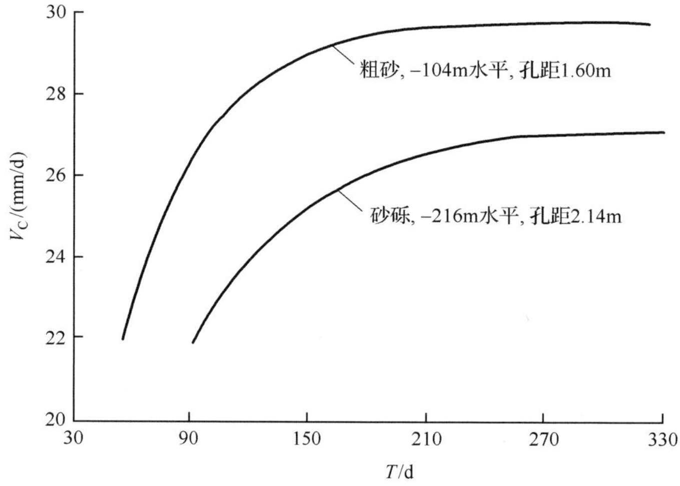

图 2-9　潘二南风井砂性土层界面冻结总厚度平均扩展速度(V_C)与冻结时间(T)的关系

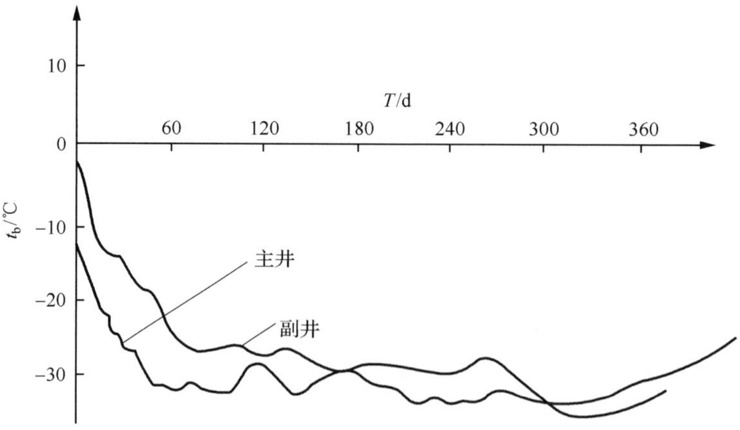

图 2-10　陈四楼主、副井不同冻结期(T)的盐水温度(t_b)曲线

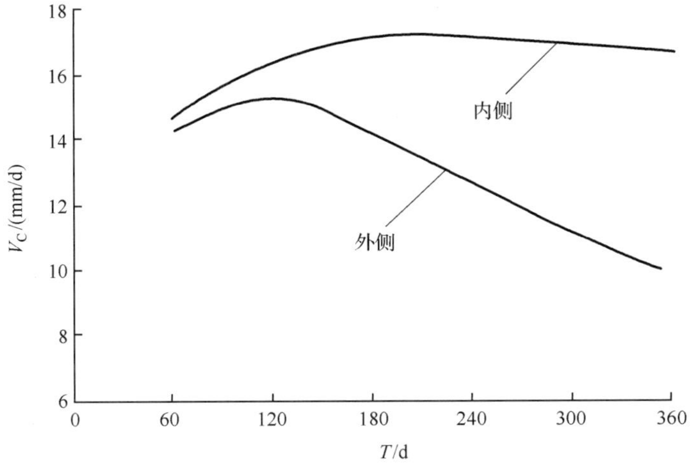

图 2-11　陈四楼主井不同冻结期(T)的冻结壁内、外侧平均扩展速度(V_C)
粉细砂，孔间距 2m

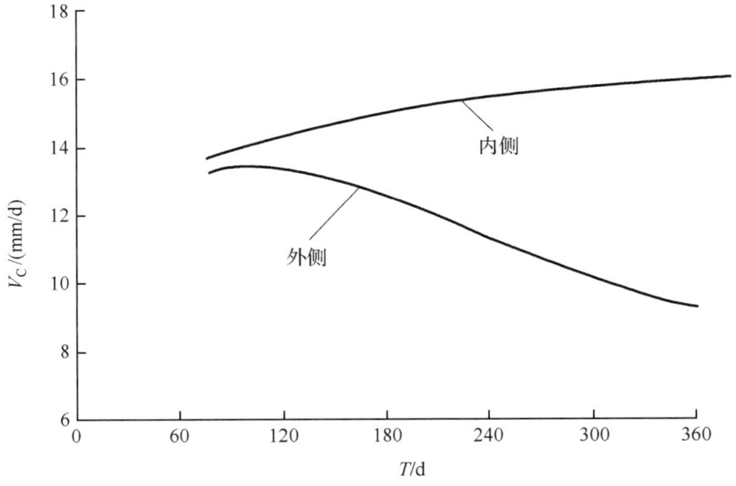

图 2-12　陈四楼副井不同冻结期(T)的冻结壁内、外侧平均扩展速度(V_C)
细砂，孔间距 2.1m

(4) 冻结壁平均扩展速度与地层原始温度成反比。

以双鸭山东荣二矿副井为例，冲积层的常温带深度为 22m，常温带原始地温为 8.6℃，冻结设计控制层位为−168m(细砂层)，原始地温为 9.2℃，即 168m 内的平均地温为 8.9℃，根据−168m 水平细砂层冻结壁形成特性实测资料分析，冻结 60d 和 180d 的界面内、外侧冻结壁厚度之和的平均扩展速度分别为 39.5mm/d 和 31.5mm/d(图 2-13)；河北、河南、安徽、山东、江苏五省进行单圈孔冻结壁工程实测的邢台主井、唐山新风井、徐州夹河主副井、徐州张集主副井、潘集冻结试验井、潘一东风井、潘三东风井、三河尖副井、梁北东风井的近似水平、相似地层原始温度平均值为 21.2℃，而其单圈孔冻结的冻结壁平均扩展速度为 24.5mm/d(冻结 60d)和 24.8mm/d(冻结 180d)；东荣二矿副井地层原始温度比上述矿井的平均值低 12.2℃，60d 和 180d 的冻结壁平均扩展速度分别提高 61% 和 27%，折合原始地温每降低 1℃时冻结 60d 和冻结 180d 的冻结壁平均扩展速度分别增大 5%(冻结 60d 时为 1.225mm/d)和 2.2%(冻结 180d 时为 0.545mm/d)，此实测分析结果对完善冻结设计和施工水平具有重要意义。

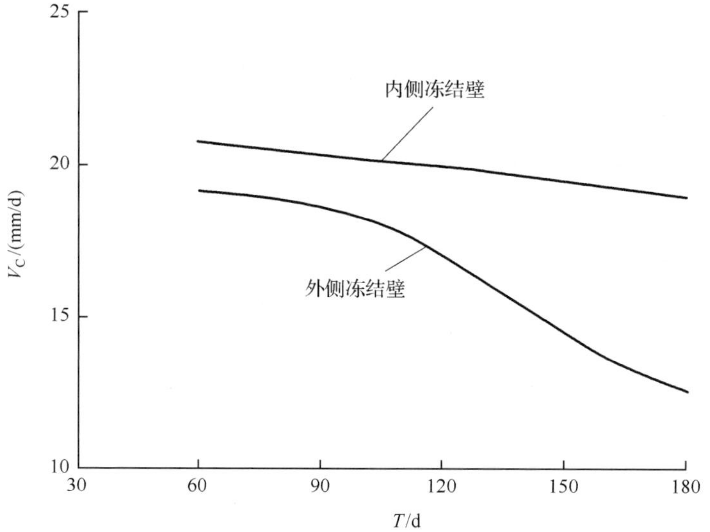

图 2-13　东荣二矿副井－168m 细砂层界面冻结壁内、外侧平均扩展速度(V_C)与冻结时间(T)的关系

冻结管外径为 127mm

(5) 冻结器环形空间内盐水呈层流向紊流过渡状态时的冻结壁平均扩展速度为盐水呈层流状态时的 1.30(冻结前期)～1.1 倍(冻结后期)。

冻结器内盐水层流向紊流过渡状态主要针对冻结前期而言。冻结器内盐水的雷诺数主要受环形空间大小、材质和盐水密度、温度、流速等的影响，盐水温度的变化使得盐水动力黏度发生变化，因此随着盐水温度的下降，冻结器环形空间内盐水雷诺数由大变小，盐水流动由紊流状态变为紊流向层流过渡状态，随着冻结盐水温度的进一步降低，盐水动力黏度增大，盐水变为层流状态。

冻结初期盐水温度较高时，冻结器环形空间内可能短期呈紊流状态，但由于盐水与土层的温差小，盐水对土层的降温作用有限；当盐水温度下降到－20～－25℃时，盐水仍可能呈现紊流向层流过渡状态，加之盐水与土层温差增大，冻结壁平均扩展速度加大；随着盐水温度下降继续使动力黏度增大，盐水呈层流状态，但盐水与土层的温差大仍然会使冻结壁平均扩展速度维持一个过渡期，随着冻结盐水降温和冻结壁扩展的继续，冻结壁平均扩展速度将下降。

3) 冻结壁的厚度增长特性

(1) 主、界面冻结壁的厚度增长特性。

冻结刚交圈时，主面冻结壁的厚度等于相邻冻结孔间距，而界面冻结壁的厚度近似为零；随着冻结的延续，界面受相邻冻结管传递冷量的影响，其厚度增长速度比主面快，当界面冻结壁厚度超过冻结孔间距后，界面冻结壁厚度逐渐接近或略微超过主面冻结壁厚度（图 2-14）。

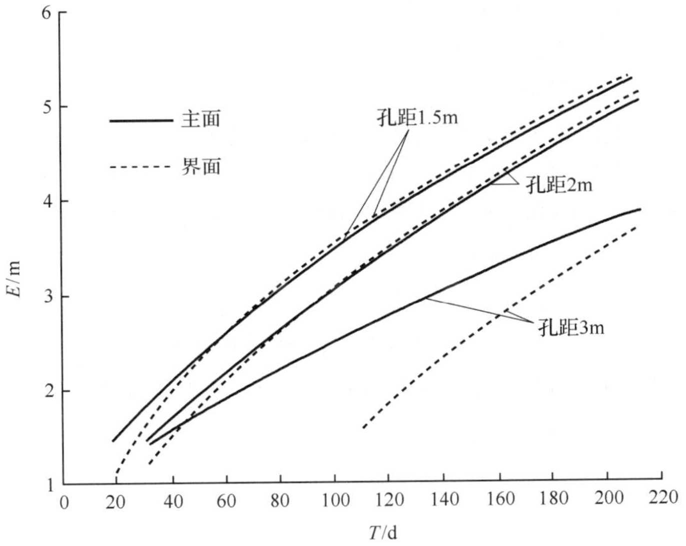

图 2-14　潘集冻结试验井主、界面冻结壁厚度（E）与冻结时间（T）的关系

（2）冻结壁厚度增长值与冻结时间成正比（图 2-15），矿物粒径越大的冻结壁厚度增长值越大。

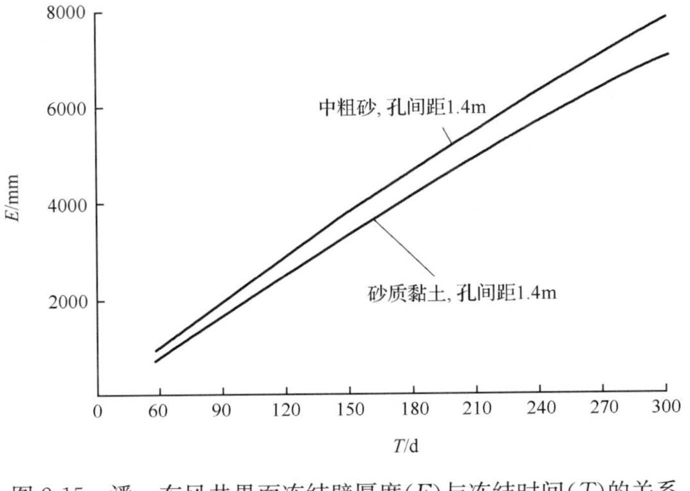

图 2-15　潘一东风井界面冻结壁厚度（E）与冻结时间（T）的关系

冻结管外径为 127mm

（3）冻结壁厚度增长值与冻结孔成孔间距成反比（图 2-16 和图 2-17）。

（4）冻结壁外侧厚度占总厚度、设计厚度的比例。

① 冻结壁外侧厚度随着冻结时间的延长和土层矿物粒径的增大而增大，而与冻结孔成孔间距成反比（图 2-18 和图 2-19）。

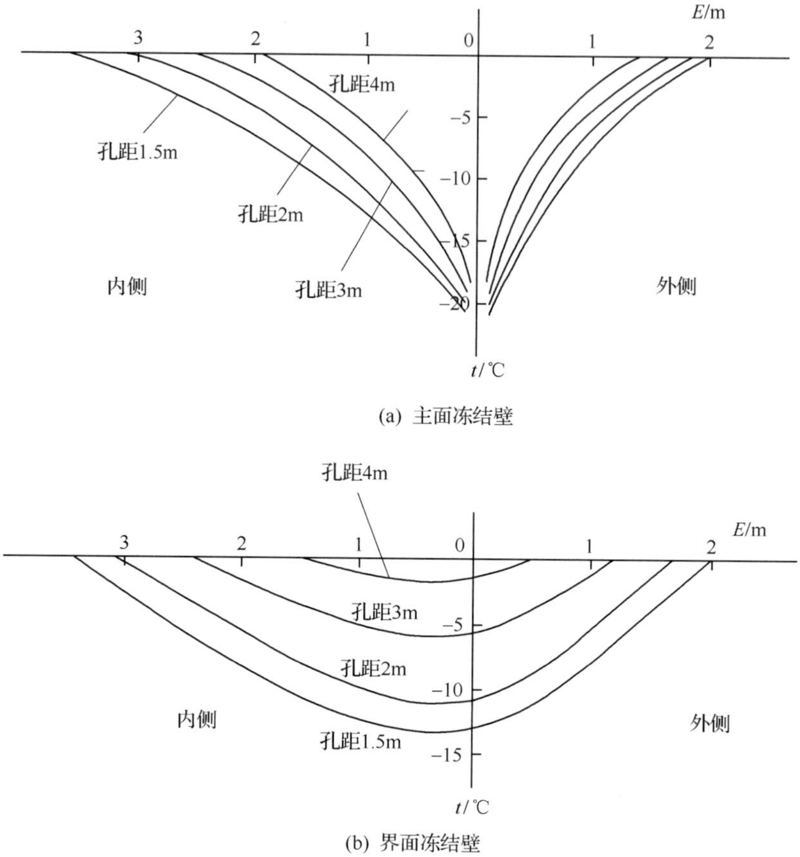

图 2-16　潘集冻结试验井冻结 21d 不同孔距(L)与冻结壁厚度(E)的关系

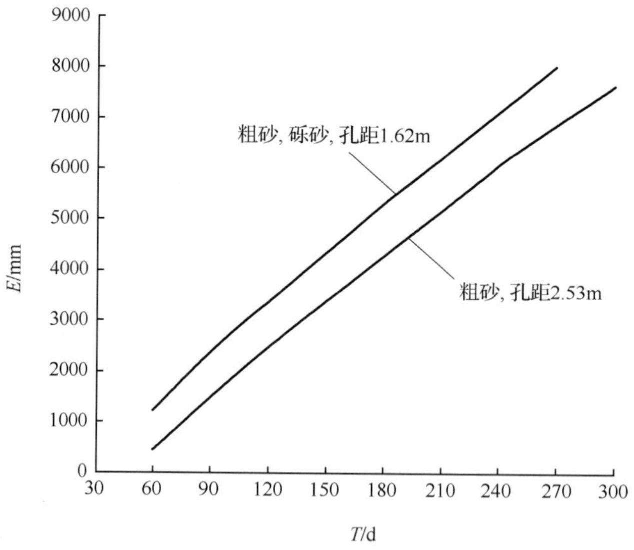

图 2-17　潘一东风井不同孔距冻结壁厚度(E)与冻结时间(T)的关系

冻结管直径为 127mm

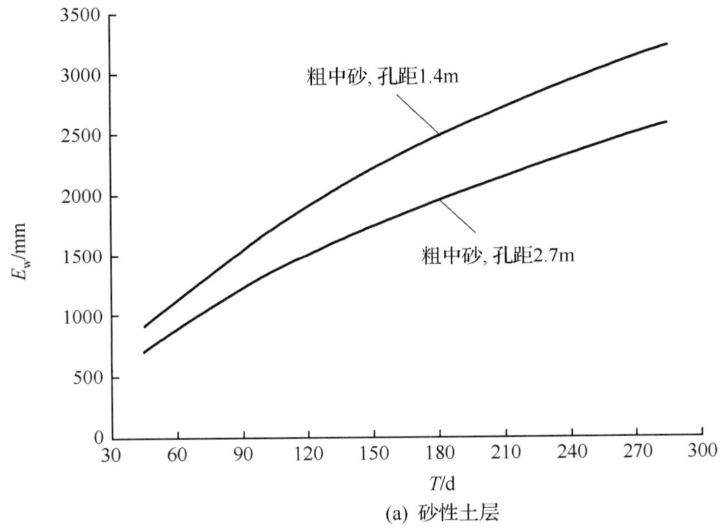

图 2-18　潘一东风井不同土层、不同孔距冻结壁外侧厚度(E_w)与冻结时间(T)的关系

冻结管直径为 127mm

② 冻结壁外侧厚度占冻结壁总厚度的比例随着冻结时间的延长而减小，冻结壁外侧厚度占冻结壁有效厚度的比例随着冻结时间的延长而增大(图 2-20)。

4) 冻结壁内侧冻土扩至井帮的时间及井帮温度变化特点

(1) 内侧冻土扩至井帮的时间。

冻结壁厚度和冻结孔圈至井帮的距离随着冲积层厚度和井型的增大而增大，而内侧冻土的扩展速度随冻结时间的延长基本维持不变或略有增减。根据潘一东风井、潘集冻结试验井、潘二南风井、三河尖副井、谢桥主井等单圈孔冻结壁形成特性工程实测资料分析得出，冻土扩至井帮的时间主要取决于冻结孔布置圈至井帮的距离、冻结孔间距、冻结管外径、土层性质、地层原始温度、盐水温度、冻结器内盐水流动状态等。

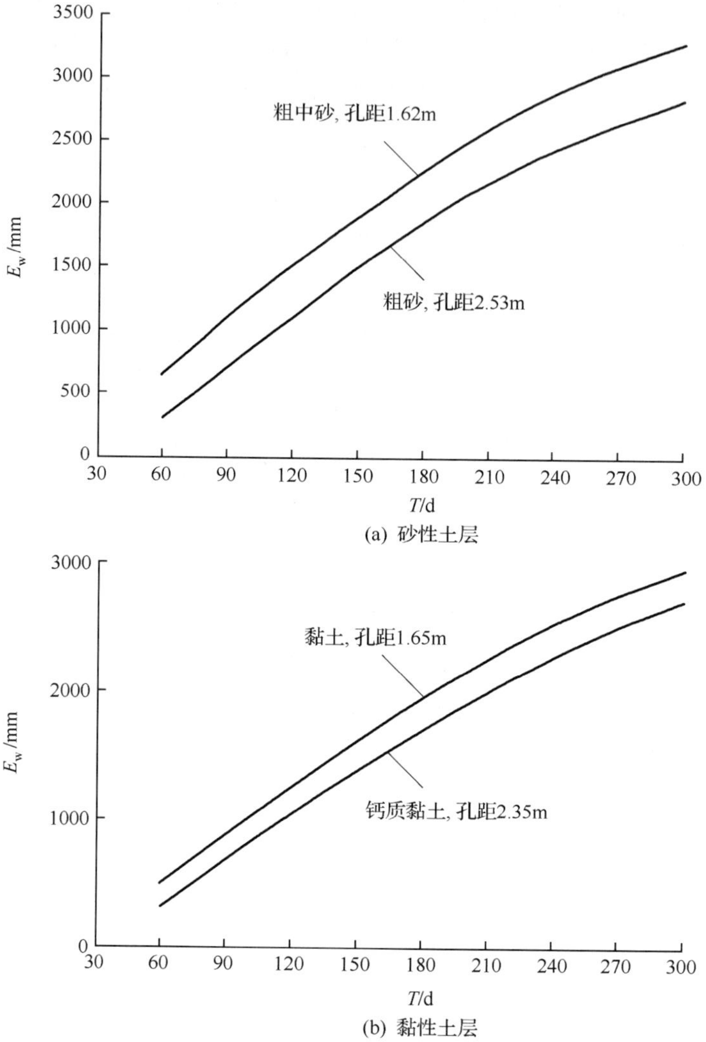

图 2-19　潘二南风井不同孔距、不同土层冻结壁外侧厚度(E_w)与冻结时间(T)的关系

冻结管直径为 159mm

以潘一东风井为例,冻结孔布置圈至井帮的距离为 4.05m,冻结管外径为 127mm,冻结器盐水呈层流状态,该井于 1975 年 9 月 15 日开始冻结,1976 年 1 月 1 日(冻结 106d)进行试挖,当掘深 20m 时(冻结 160d),冻土仍距井帮 1.6～1.8m,片帮严重。经实测分析,不同土层的冻结壁内侧冻土平均扩展速度为 14.0～19.7mm/d(表 2-2),即黏土层冻土扩至井帮的时间为 247(砂质黏土)～289d(钙质黏土),以砂砾层冻土扩至井帮的时间为 206d 为例,即使砂砾层 46d 后冻土扩至井帮,钙质黏土层、黏土层、砂质黏土层、粉砂层、中细砂层、粗中砂层冻土扩至井帮的时间还需再延长 83d、64d、41d、41d、30d、14d,可能引起严重片帮,因此需加强冻结。

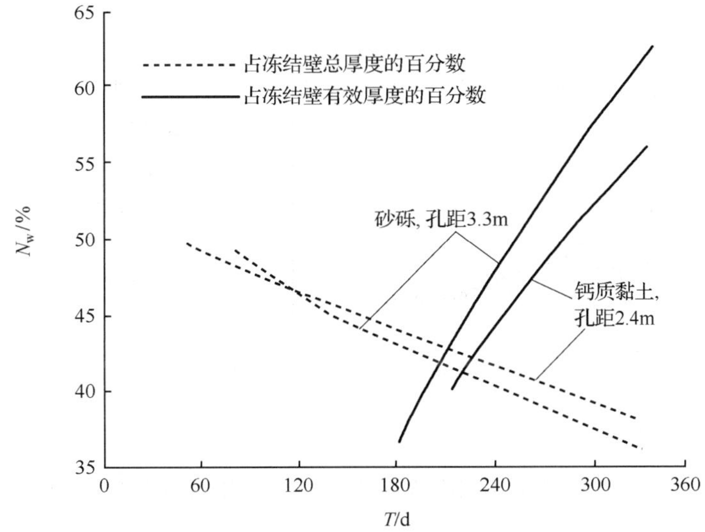

图 2-20　潘二南风井不同冻结期(T)冻结壁外侧厚度占总厚度、有效厚度的百分数比例(N_w)变化规律

表 2-2　潘一东风井单圈孔冻结的内侧冻土扩展速度

项目	钙质黏土	黏土	砂质黏土	粉砂	中细砂	粗中砂	砂砾
内侧冻土平均扩展速度/(mm/d)	14.0	15.0	16.4	16.4	17.2	18.4	19.7
内侧冻土扩至井帮的时间/d	289	270	247	247	236	220	206
备注	(1)冻结管外径为 127mm；(2)盐水设计温度为−30℃；(3)冻结器内盐水呈层流状态						

(2) 单圈孔冻结井帮见冻土的深度及温度变化特点。

① 邢台主井。

井筒净直径为 5m，冲积层厚 248.3m，冻结深度为 260m，钢筋混凝土双层井壁厚 0.75～0.9m，单圈孔冻结，冻结孔布置圈直径为 13.0m，35 个冻结孔，开孔间距 1.16m，冻结管外径为 146mm，冻结盐水温度为−20℃，冻结孔布置圈距井帮 3.1～3.25m，黏性土层掘深 70m 左右井帮见冻土，不同深度的井帮温度见图 2-21。

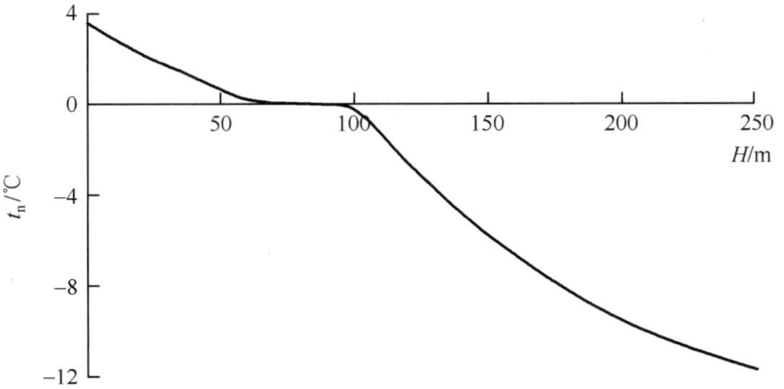

图 2-21　邢台主井黏性土层不同深度(H)的井帮温度(t_n)

② 潘一东风井。

井筒净直径为 6.5m，冲积层厚 292.5m，冻结深度为 321m，钢筋混凝土双层井壁，冻结壁设计厚度为 5.36m，单圈孔冻结，布置圈径为 17.0m，冻结管外径为 127mm，冻结盐水温度为−30℃，冻结孔圈至井帮最大距离为 4050mm。1975 年 9 月 13 日正式开冻，12 月 24 日井筒试挖(冻结 102d)时井帮温度为 6～8℃，浅部砂性土层片帮严重，延至 1976 年 2 月 21 日正式开挖(冻结 160d)；1976 年 7 月 2 日(冻结 270d)掘至 158m 附近，黏性土层内侧冻土接近井帮；1976 年 10 月 24 日(冻结 384d)掘深 280m，黏性土层井帮温度降至−11.5℃(图 2-22)，冻结段平均掘砌速度为 25.7m/月。

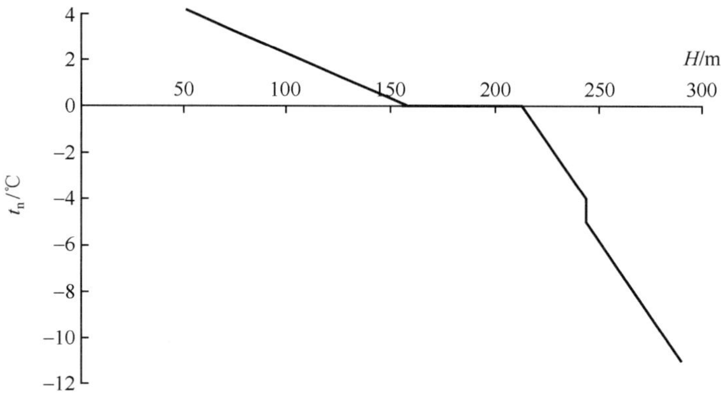

图 2-22　潘一东风井黏性土层不同深度(H)的井帮温度(t_n)

③ 潘二南风井。

井筒设计净直径为 6.5m(实际 7.0m)，冲积层厚 275.4m，冻结深度为 320m，井壁设计厚度为 1200mm(实际 1700mm)，冻结盐水温度为−30℃，冻结壁设计厚度为 5.14m，单圈孔冻结，布置圈径为 16.0m，38 个冻结孔，孔圈至井帮的距离为 2800mm，冻结管外径为 159mm，于 1978 年 9 月 25 日开机冻结，1979 年 3 月 9 日(冻结 169d)进行试挖，掘深 30m 左右(冻结 190d)黏性土层井帮见冻土，黏性土层内侧冻土平均扩展速度为 14.74mm/d，掘至冲积层底部时黏性土层井帮温度为−18℃(图 2-23)。

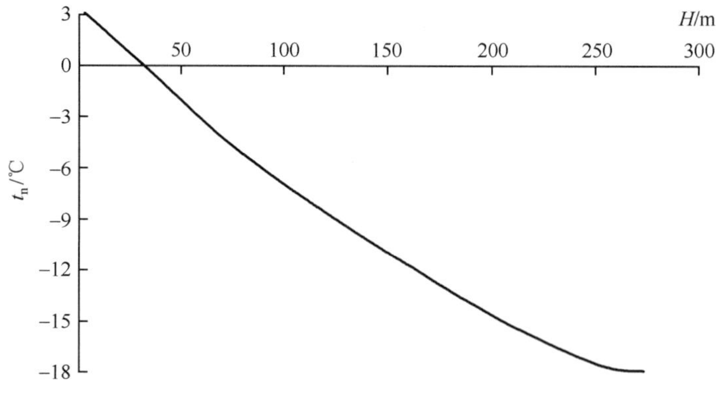

图 2-23　潘二南风井黏性土层不同深度(H)的井帮温度(t_n)

④ 谢桥主井。

井筒净直径为 7.2m，冲积层厚 291.4m，冻结深度为 363m，冻结段井壁最大厚度为 1.8m，冻结盐水温度为－33℃，冻结壁设计厚度为 4.76m，单圈孔冻结，布置圈径为 17.0m，冻结孔数为 42 个，冻结孔圈距井帮 3.1m。1984 年 9 月 1 日开冻，12 月 5 日进行井筒试挖（冻结 95d），掘深 130m 左右黏性土层井帮见冻土，1985 年 7 月 23 日（冻结 325d）掘砌深度 202.5m，黏土层井帮温度为－4℃，此时谢桥副井因冻结管断裂导致冻结壁透水淹井。为了确保谢桥主井深部冲积层段安全施工，经研究决定停止掘进加强冻结，于 1985 年 10 月 18 日（加强冻结 87d，合计冻结 412d）恢复掘砌工作，黏性土层井帮温度降至－10.5℃，掘砌至冲积层底部井帮温度为－15℃（图 2-24）。

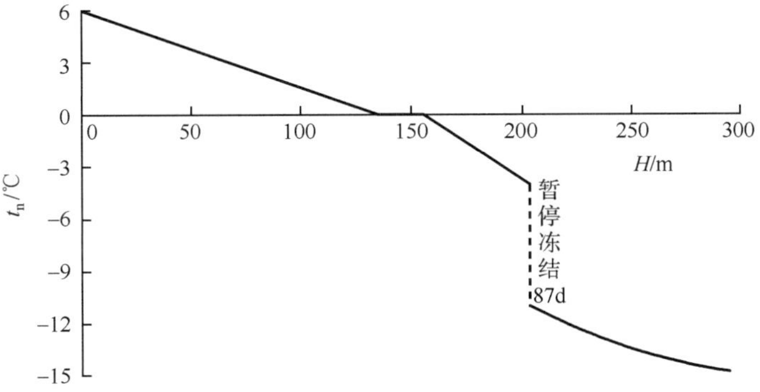

图 2-24　谢桥主井黏性土层不同深度（H）的井帮温度（t_n）

5）冻结壁外侧降温区的宽度

根据潘二南风井、谢桥副井冻结壁温度场实测资料分析，冻结壁外侧降温区的宽度与地层原始温度、冻结孔间距成反比，与冻结盐水负温值、冻结管直径、冻结时间或冻结壁外侧厚度成正比（图 2-25 和图 2-26）。在一般情况下，冻结壁外侧降温区的宽度可近似地取冻结壁外侧厚度的 5 倍。

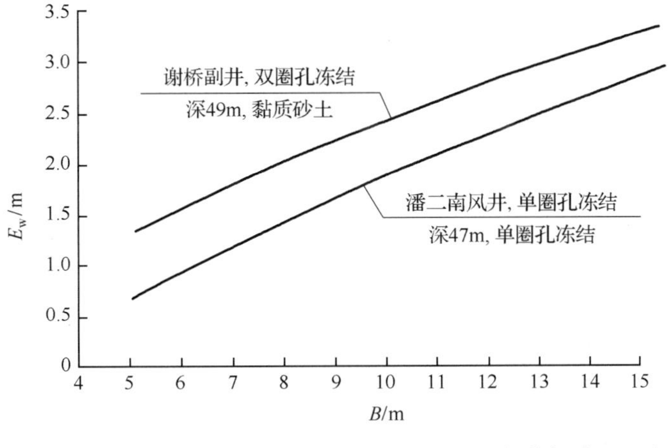

图 2-25　潘二南风井、谢桥副井冻结壁外侧冻结壁厚度（E_w）与外侧降温区宽度（B）的关系

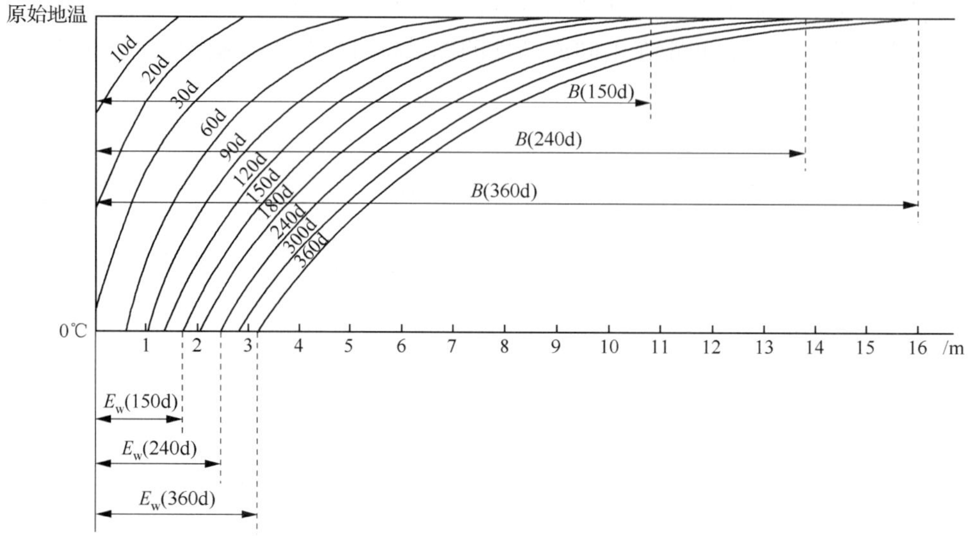

图 2-26　潘二南风井−47m 水平砂质黏土层不同冻结期(T)外侧冻结壁的厚度(E_w)与外侧冻结壁降温区宽度(B)的关系

6）冻结壁的平均温度

(1) 主、界面冻结壁平均温度的特点。

冻结壁的平均温度随着厚度的增大而降低，界面初期的冻结壁平均温度比主面高(图 2-27)，冻结壁厚度较小时，平均温度随着厚度增大呈下降的梯度大，主、界面平均温度的差值大；当界面的冻结壁厚度超过冻结孔间距后，主、界面的平均温度随厚度增大而降低的梯度变小，并逐渐趋于定值，主、界面冻结壁平均温度的差值也随着厚度的增大而变小；当界面厚度为 4(孔间距为 1.5～2m 时)～5m(孔间距 2.5～3m 时)后，界面比主面的平均温度高 0.5～1.0℃；随着冻结壁厚度的进一步增大，主、界面冻结壁平均温度差值将小于 0.5℃。从工程应用分析，采用界面冻结壁平均温度作为考核冻结壁强度和稳定性指标是安全的。

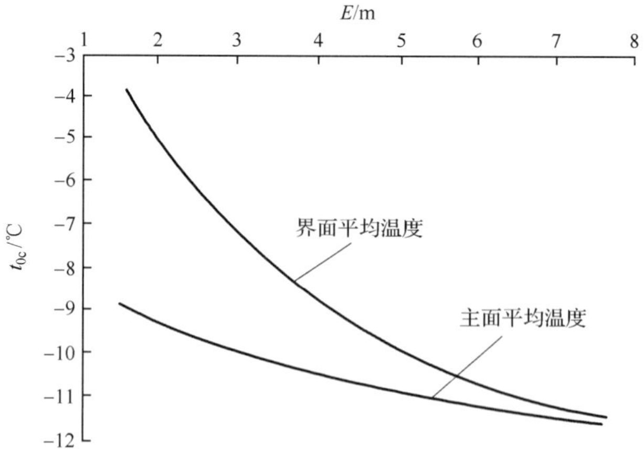

图 2-27　单圈冻结孔平均温度(t_{0c})与冻结壁厚度(E)的关系

(2) 冻结壁平均温度随着冻结孔间距的增大而升高(图 2-28 和图 2-29)。

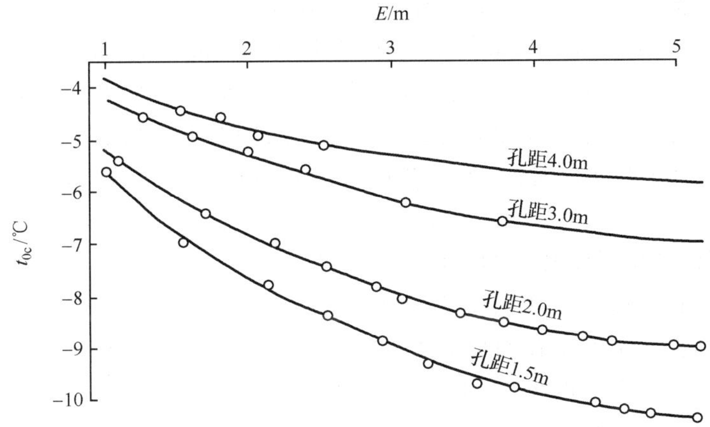

图 2-28　试验井不同孔距冻结壁平均温度(t_{0c})与厚度(E)的关系

按盐水温度−30℃的条件换算

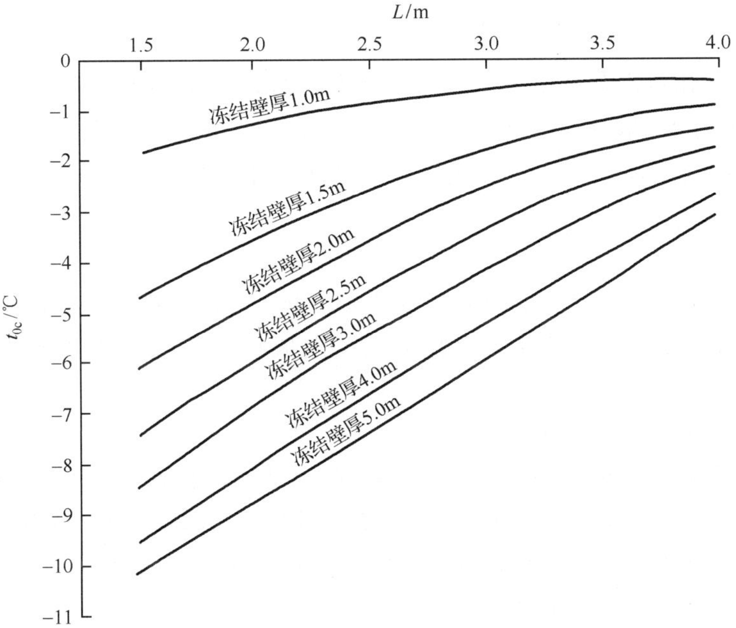

图 2-29　潘二南风井按冻结壁零度边界线计算的界面平均温度(t_{0c})与孔间距(L)的关系

(3) 冻结壁平均温度随着盐水温度的降低而降低,其影响程度随着冻结孔间距的增大而减弱,但随着冻结壁厚度的增大而略有增强。

根据潘集冻结试验井的实际资料分析,当冻结壁厚度为 3～5m 时,盐水温度对冻结壁平均温度的影响系数与孔间距的关系见图 2-30。

(4) 冻结壁平均温度随着冻结管直径的增大而降低。

根据潘集冻结试验井资料(图 2-31)分析,当冻结孔间距为 1.5～2m 时,管径 159mm

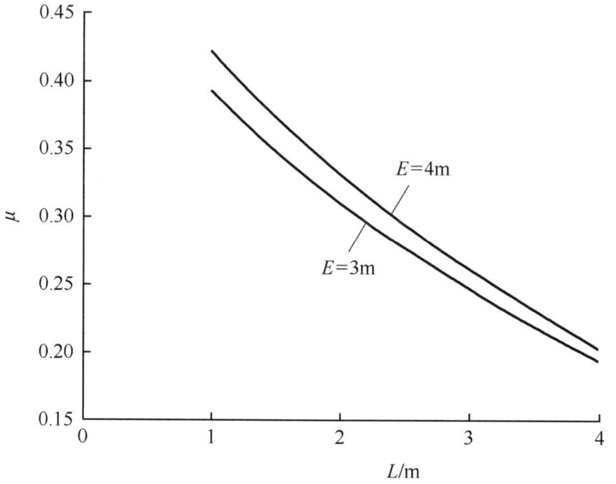

图 2-30 盐水温度升降对冻结壁平均温度的影响系数(μ)与孔距(L)的关系

比管径 127mm 形成的冻结壁平均温度低 0.4℃，即冻结管直径每增大 8mm 时冻结壁平均温度降低 0.1℃，这与苏联学者纳斯诺夫-苏普利克进行的冻结壁温度场模拟与试验结果相接近。

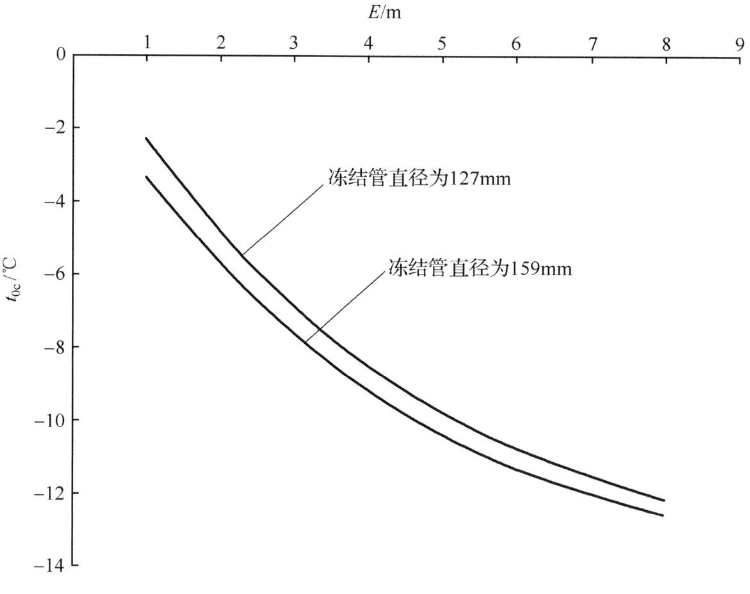

图 2-31 潘集冻结试验井不同管径的冻结壁平均温度(t_{0c})与冻结壁厚度(E)的关系

(5) 冻结壁有效厚度的平均温度随着井帮温度的降低而降低。

根据潘谢矿区、徐沛矿区等冻结壁温度场试验实测资料(图 2-32 和图 2-33)综合分析得出，井帮温度每降低 1℃时，冻结壁有效厚度的平均温度降低 0.25～0.3℃，经过多年的实践验证，深厚冲积层井帮温度对冻结壁有效厚度平均温度的影响系数 Δ 取 0.3 更为接近实际。

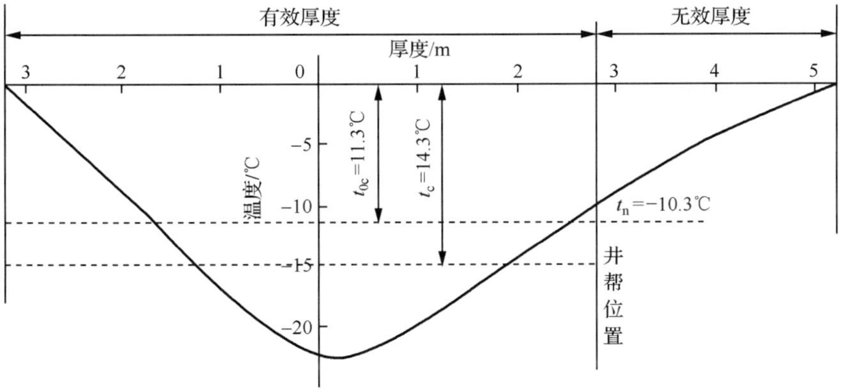

图 2-32　潘二南风井 104m 水平(孔距 1.62m)粗中砂层冻结 300d 界面冻结壁有效厚度(E)的平均温度

t_n-井帮温度;t_{0c}-按冻结壁 0℃边界线计算的平均温度;t_c-按冻结壁有效厚度计算的有效平均温度

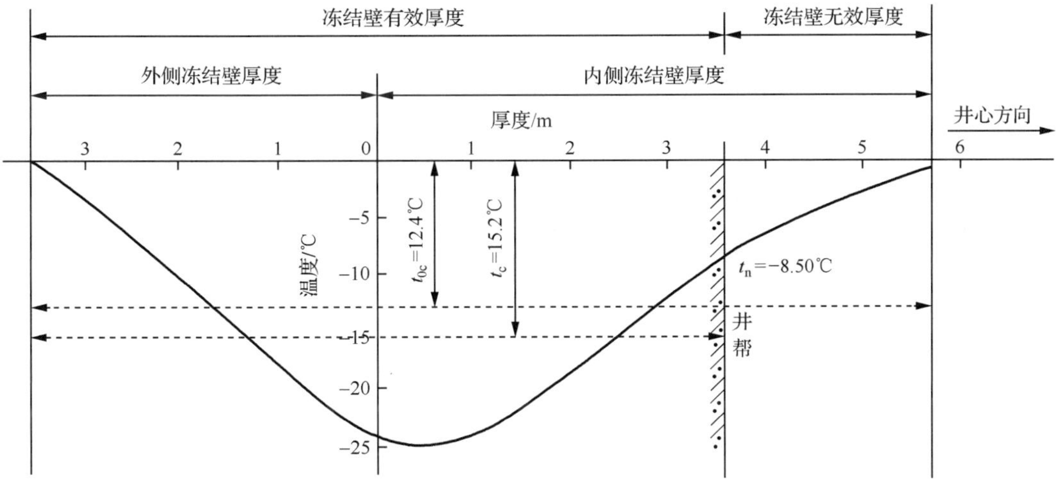

图 2-33　陈四楼主井 305m 水平(孔距 2.6m)黏土层冻结 360d 界面冻结壁有效厚度(E)的平均温度(t_c)

t_n-井帮温度;t_{0c}-按冻结壁 0℃边界线计算的平均温度;t_c-按冻结壁有效厚度计算的有效平均温度

(6) 单圈孔冻结壁平均温度的计算公式。

根据潘集冻结试验井和夹河主副井、潘一东风井、潘二南风井、三河尖副井、梁北东风井等单圈孔冻结壁形成特性工程实测资料综合分析得出,不大于 200m 冲积层的冻结壁厚度较小,冻结段掘砌工期较短,井帮温度较高,一般冻结壁内、外侧均按 0℃边界线计算平均温度是可行的;大于 200m 冲积层的冻结壁厚度较大,冲积层段的掘砌时间较长,井帮温度较低,一般冻结壁外侧按 0℃边界线、内侧按井帮位置及井帮温度对冻结壁温度的影响计算冻结壁有效厚度平均温度较为符合工程实际。

根据冻结壁形成特性工程实测资料回归结果,成冰于 1982 年提出单圈孔冻结壁平均温度的计算公式。

7) 单圈孔冻结壁形成特性研究成果的应用

(1) 根据潘集冻结试验井冻结壁形成特性测试、研究,冻结壁交圈时间与冻结孔间距、地层原始温度成正比，与冻结盐水温度、冻结管直径成反比等研究成果的基础上，在1974年全国第一次冻结法凿井经验交流会上提出如下几点。

① 按冲积层厚度选取冻结孔的开孔间距，冻结孔允许终孔间距控制在2.0～3.0m范围内(表2-3)。

② 冻结孔的开孔间距取1.0～1.2m偏小，按0.5%偏斜率计算的终孔间距值偏大，不能适应大于200m冲积层冻结施工的需要，应当予以纠正。

表2-3 按冲积层厚度确定冻结孔的偏斜率、开孔间距和终孔间距的建议

冻结孔		冲积层厚度/m			
		<100	100～200	200～300	>300
允许偏斜率/%	波兰、苏联的规定	0.5			
	建议	0.2	0.2～0.25	0.25～0.3	0.3
开孔间距/m	波兰、苏联的规定	1.0～1.2(一般取1.1)			
	建议	1.5	1.5	1.3	1.3
终孔间距/m	波兰、苏联的规定	≤2.2	2.2～3.2	3.2～4.2	>4.2
	建议	1.8～2.0	2.0～2.4	2.4～2.8	≤3.0

(2) 根据潘集冻结试验井、潘一东风井、潘二南风井、三河尖副井、潘三东风井等立井冻结壁温度场的试验实测资料综合分析结果，于1982年系统提出如下几点。

① 单圈孔冻结壁应按有效厚度、有效平均温度、有效强度等概念进行分析和计算。小于200m冲积层冻结壁设计，冻结壁厚度较小，冻结段掘砌工期较短，井帮温度较高，冻结壁内、外均按0℃边界线计算平均温度是可行的；大于200m冲积层冻结壁设计，冻结壁厚度较大，冲积层段的掘砌时间较长，井帮温度较低，冻结壁外侧按0℃边界线、内侧按设计要求(或预计)的井帮温度计算冻结壁有效厚度平均温度较为符合工程实际。

② 单圈孔冻结的布置圈计算方法。单圈孔冻结壁交圈后，内侧冻结壁厚度的增长速度基本保持不变或略有增长，外侧冻结壁厚度的增长速度较慢；但当内侧冻土扩至井帮后，内侧冻结壁的有效厚度保持不变，而外侧冻结壁有效厚度及其占冻结壁有效厚度、设计厚度的比例随着冻结时间的延续而增大(图2-20)。建议把单圈孔冻结以往国外的圈径计算公式(Φ_o为以往的冻结孔布置圈直径，m)

$$\Phi_o = D_n + 2(0.6E + \theta H) \tag{2-1}$$

改为按冲积层厚度250m作为分界进行冻结孔布置圈直径计算公式(2-2)和公式(2-3)。

当冲积层厚度小于250m时

$$\Phi_{<250} = D_n + 2(0.55E + \theta H) \tag{2-2}$$

当冲积层厚度不小于250m时

$$\Phi_{\geqslant 250} = D_n + 2(E - E_w + \theta H) \tag{2-3}$$

式中，$\Phi_{<250}$、$\Phi_{\geqslant 250}$表示冲积层厚度<250m、≥250m的冻结孔布置圈直径，m；D_n为井筒掘进最大直径，m；E为冻结壁设计厚度，m；H为冲积层厚度，m；θ为冻结孔内侧允许偏

斜率，%；E_w 为当掘进至设计控制层位前的外侧冻结壁厚度，m。

③ 按冲积层厚度选取冻结管直径。当冲积层厚度小于 250 时，宜选用 Φ127mm～Φ140mm 冻结管；当冲积层厚度不小于 250 时，宜选用 Φ140mm～Φ159mm 冻结管。并指出随意采用大直径冻结管会给冻结凿井工程造成很大浪费。

上述各项建议，均在冻结设计和施工中得到广泛应用，并被编入 1980 年版《井巷工程施工手册》、1986 年版《建井工程手册》的第四卷第十六篇中，部分内容被编入 1991 年版《矿山井巷工程施工及验收规范》与 1994 年版《煤矿井巷工程质量检验评定标准》中加以推广应用，取得良好的技术效果和经济效益，提出的冻结壁内、外侧厚度比值，冻结壁有效厚度的概念，以及冻结孔布置圈直径与冻结壁平均温度的计算公式均具有深刻的科学内涵和创新，单圈孔冻结壁温度场的研究成果于 1986 年获得煤炭部科技进步二等奖。

3. 主孔圈内侧增设防片孔冻结壁形成特性

为了尽快解决单圈孔冻结因冲积层厚度不断增大带来的问题，煤科总院北京建井研究所从 20 世纪 70 年代开始在潘三东风井、谢桥主井、陈四楼主副井，进行主孔圈内侧增设防片孔（表 2-4）冻结壁形成特性的工程实测研究，取得良好效果，为有效缓解深厚冲积层“冻掘矛盾”提供了依据。

表 2-4　主冻结孔内侧增设防片冻结孔的冻结设计主要技术指标

井筒		冲积层厚度/m	冻结深度/m		防片孔深度段的井壁厚度/m	冻结壁设计厚度/m	主冻结孔			防片冻结孔			至井帮的距离/m	
名称	净直径/m		主孔	防片孔			圈径/m	孔数/个	管径/mm	圈径/m	孔数/个	管径/mm	主孔	防片孔
潘三东风井	6.5	358.5	415	118		5.0	17.0	42	139.7	12.0	10	139.7	3.70	1.20
谢桥主井	7.2	291.4	363	130	1.20	4.8	17.0	42	139.7	12.0	12	139.7	3.70	1.20
陈四楼主井	5.0	369.0	423	120	1.10	5.3	15.3	37	139.7	9.6	10	139.7	4.05	1.20
陈四楼副井	6.5	374.5	435	130	0.90	6.3	18.2	44	139.7	11.6	12	139.7	4.95	1.60

1）冻结壁的交圈时间

单圈孔冻结时，冻结壁的交圈时间基本上等于设计控制层位孔圈成孔最大间距除以交圈前的冻土平均扩展速度。内侧增设防片孔圈后，由于内侧受防片孔冻结的影响，温度较低，有利于冻结壁提前交圈。根据实测资料分析，提前交圈的时间约等于单圈孔冻结时正常交圈时间的 7%，一般提前 3～5d。

2）冻结壁内、外侧冻土平均扩展速度

从图 2-34 可以看出，冻结壁刚交圈时，内侧与外侧的冻土扩展速度比例为 51∶49；随着冻结时间的延续，内侧冻土扩展速度呈缓慢增长趋势，而外侧冻土扩展速度呈较快下降趋势；当冻结时间为 120d、240d、360d 时，内侧与外侧冻土扩展速度比例分别为 53.6∶46.4、59.3∶40.7、63.0∶37.0。

3）冻结壁的厚度增长特性

由于内侧受防片孔冻结的影响，冻结壁内侧的冻土扩展速度和厚度增长值要比单圈孔冻结的大；而冻结壁外侧的冻土扩展速度和范围与单圈孔冻结条件基本相同，内、外侧

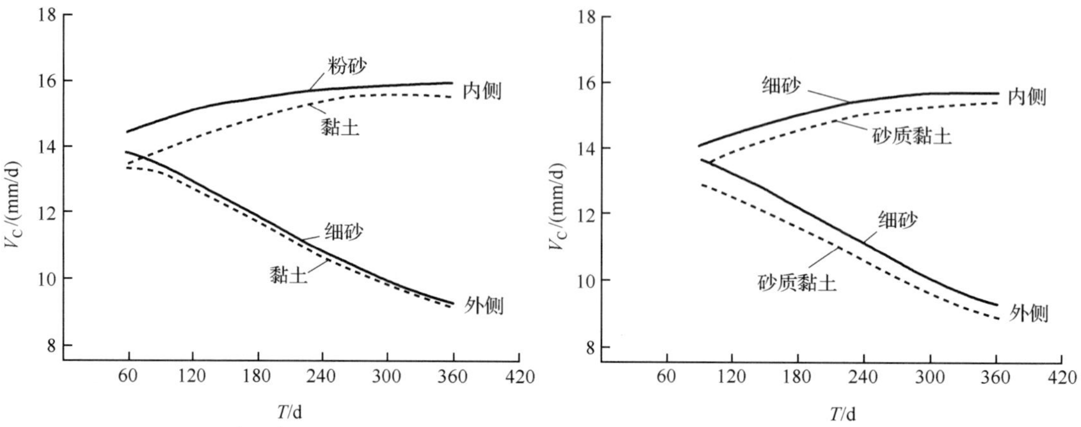

(a) 孔距为1.45~1.57m　　(b) 孔距为2.0~2.2m

图 2-34　陈四楼主副井不同冻结期(T)的冻结壁内、外侧平均扩展速度(V_C)

冻土扩展速度和厚度的差值较大。

(1) 不同土层冻结壁厚度在不同冻结期的变化特点(图 2-35)。

(2) 不同土层及孔距的冻结壁厚度在不同冻结期的变化特点(图 2-36 和图 2-37)。

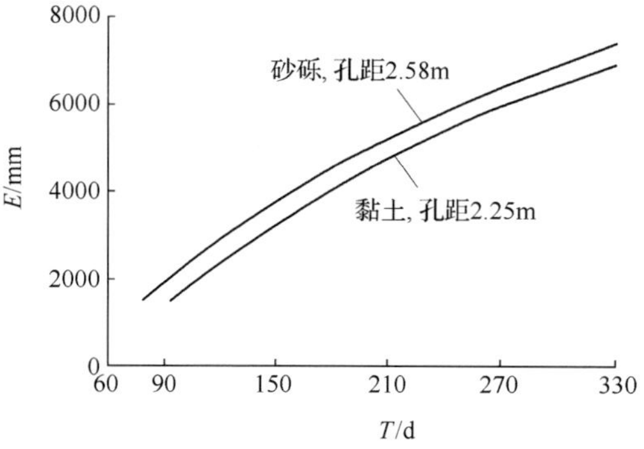

图 2-35　潘三东风井不同土层在不同冻结期(T)的冻结壁厚度(E)变化

冻结管直径为 139.7mm

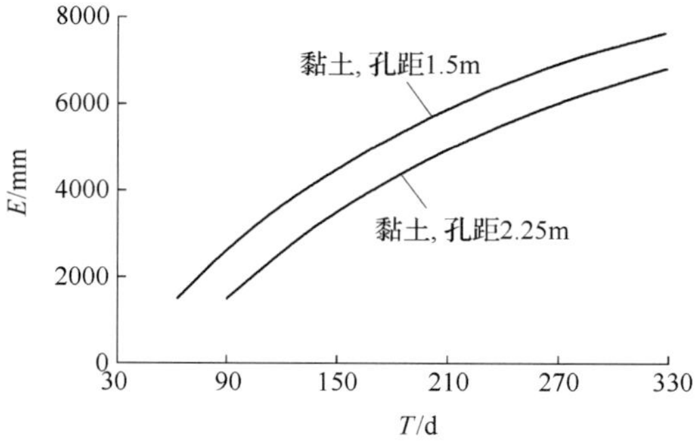

图 2-36　潘三东风井黏性土层不同孔距在不同冻结期(T)的冻结壁厚度(E)变化

冻结管直径为 139.7mm

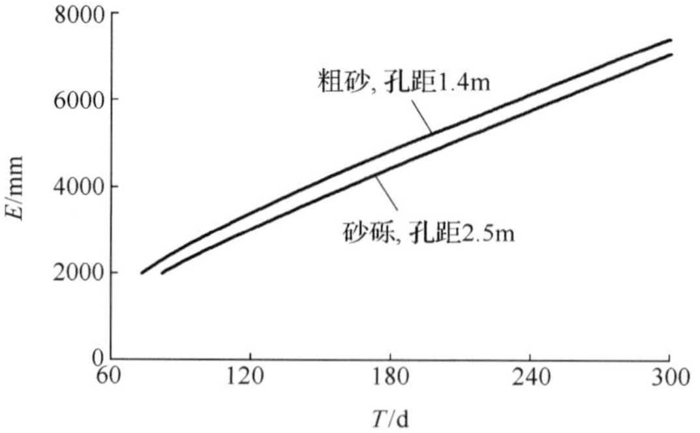

图 2-37　潘三东风井砂性土层不同孔距在不同冻结期(T)的冻结壁厚度(E)变化

（3）不同土层冻结壁外侧扩展范围及其占总厚度的百分数。

① 不同土层、不同孔间距在不同冻结期的冻结壁外侧扩展范围图 2-38 和图 2-39。

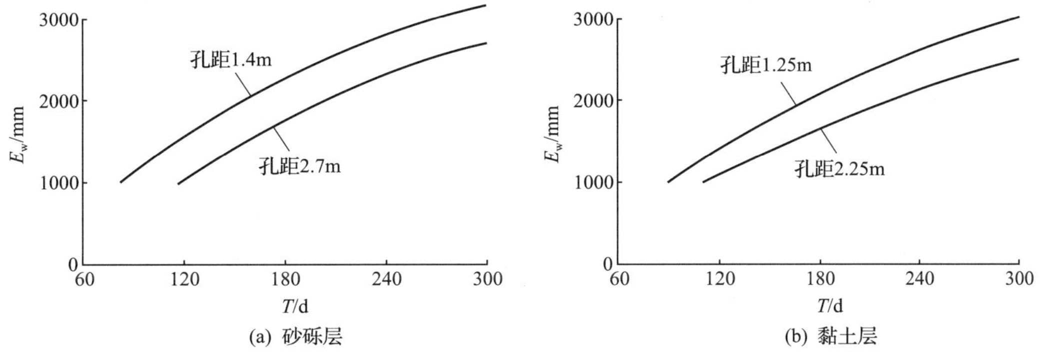

(a) 砂砾层　　(b) 黏土层

图 2-38　潘三东风井不同土层、不同孔间距在不同冻结期（T）的冻结壁外侧扩展范围（E_w）

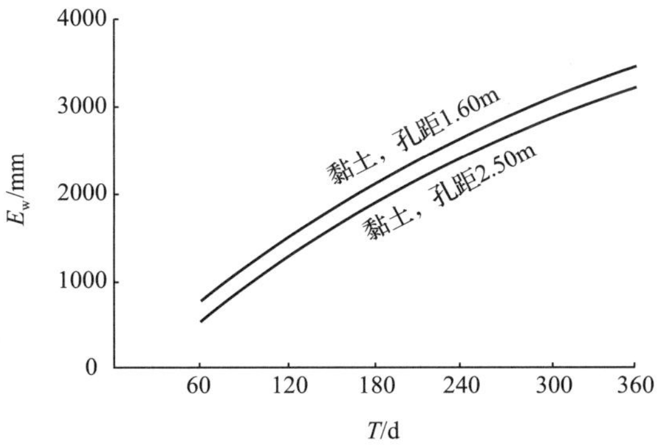

图 2-39　陈四楼副井黏性土层不同孔距在不同冻结期（T）的冻结壁外侧厚度（E_w）

② 不同冻结期外侧冻结壁厚度占设计厚度、有效厚度、实际厚度的百分数见图 2-40。

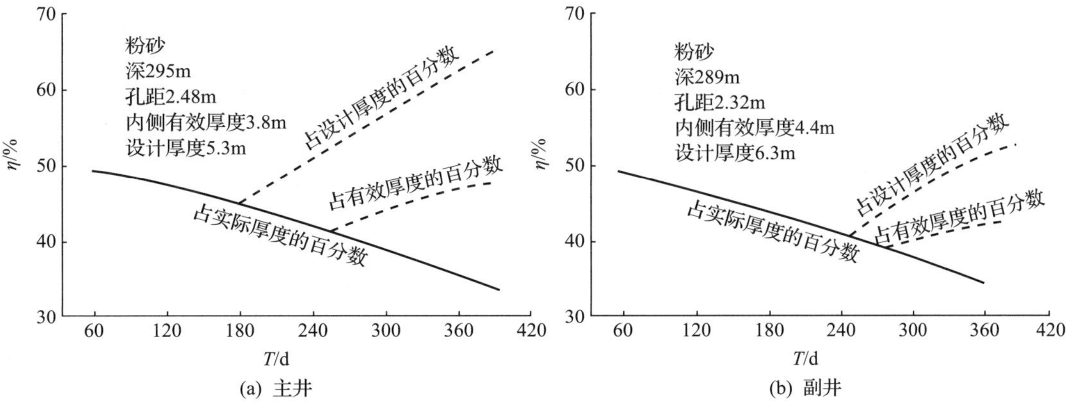

(a) 主井　　(b) 副井

图 2-40　陈四楼主副井不同冻结期（T）的冻结壁外侧厚度占设计、有效、实际厚度的百分数（η）

4）内侧冻土扩至井帮的时间及井帮温度变化特点

（1）内侧冻土扩至井帮的时间。

单圈孔冻结时，内侧冻土扩至井帮的时间基本上等于冻结孔圈至井帮的距离除以内侧冻土平均扩展速度。内侧增设防片孔后，冻土扩至井帮的时间主要取决于防片孔圈至井帮的距离和防片孔的数量、管径、冻结器内盐水流动状态，以及主孔圈与防片孔圈之间冻土交汇的时间。根据潘三东风井、谢桥主井、陈四楼主副井冻结壁形成特性的工程实测资料综合分析对比得出，当主孔圈与防片孔圈的冻结孔开孔间距比例为 1∶3 和冻结管外径、冻结器内盐水流动状态基本相同时，增设防片孔后，内侧冻土扩至井帮的时间将比单圈孔冻结时缩短 84～115d（表 2-5），该时间相当于单圈孔冻结时内侧冻土扩至井帮时间的 30%～40%。

表 2-5　单圈孔与主孔内侧增设防片孔的黏性土层冻土扩至井帮时间之差

井筒名称	单圈孔冻结		主孔内侧增设防片孔冻结					两种布孔方式的冻土扩至井帮时间之差/d
	冻结孔距井帮/m	预测冻土扩至井帮的时间/d	防片孔距井帮/m	防片孔数量/个	防片孔管径/mm	冻土扩至井帮的时间/d		
						预测	实际	
潘三东风井	3.70	224	1.20	10	Φ140	150	140	84
谢桥主井	3.70	224	1.20	12	Φ140	133	130	94
陈四楼主井	4.00	242	1.20	10	Φ140	150	155	87
陈四楼副井	4.95	300	1.60	12	Φ140	178	185	115

（2）井帮温度变化特点。

陈四楼副井主孔圈内侧增设防片孔后，浅部内侧冻土扩至井帮的时间比单圈孔冻结约缩短 3 个月，井筒试挖和正式开挖的时间分别控制在 65～75d 和 80～90d，黏性土层在井深 120～150m 井帮再次见冻土，370m 冲积层底部的井帮温度控制 −9℃ 以内（图 2-41），冲积层平均井帮温度为 −3.2℃，只挖少量冻土，为冻结段安全快速施工创造有利条件。

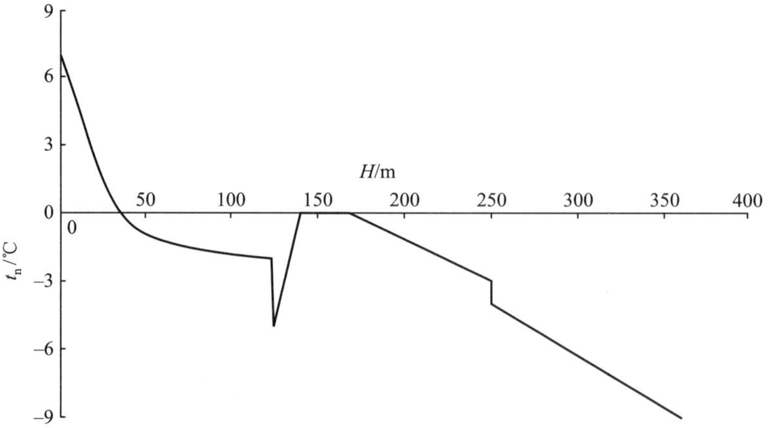

图 2-41　陈四楼副井黏性土层不同深度（H）的井帮温度（t_n）

5）主孔圈外侧冻土扩展范围

陈四楼主、副井不同冻结期的外侧冻土扩展范围见图 2-42，当冻结 360d 时，粉细砂的外侧冻土扩展范围为 3300（副井）～3650mm（主井）；黏土层的外侧冻土扩展范围为 3100（副井）～3300mm（主井）。

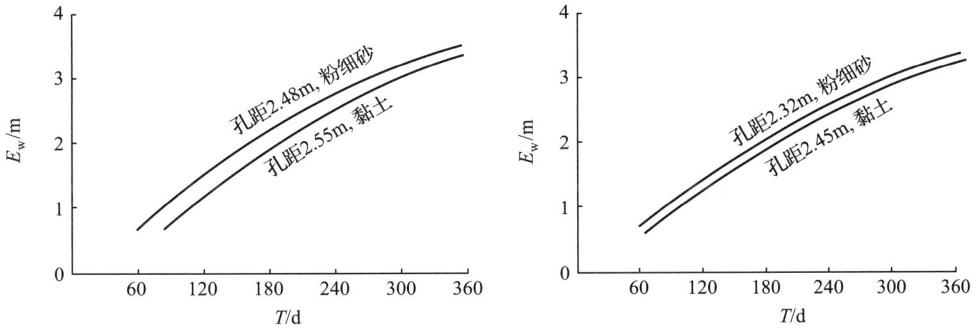

(a) 主井　(b) 副井

图 2-42　陈四楼主副井不同孔间距的冻结壁界面外侧厚度（E_w）增长特性

6）主冻结孔圈内侧增设防片孔冻结壁形成特性研究成果的应用

在较为系统掌握潘三东风井、谢桥主井、陈四楼主副井 291.4～374.5m 冲积层主孔圈内侧增设防片孔冻结壁形成特性的基础上，提出如下工程应用。

（1）冻结井筒开挖时间。

当防片孔圈距井帮 0.8～1.2m、孔深为冲积层厚度的 1/3～1/2、冻结孔数为主冻结孔的 1/3～1/4、冻结管直径与主冻结管相同条件下，井筒开挖时间可控制在70～90d，为深厚冲积层冻结井早日开挖和防止浅部片帮、深部少挖冻土闯出了一条新路。

（2）冻结壁设计应满足强度条件和变形条件的要求。

陈四楼主、副井冲积层厚 369m、374.5m，地质水文地质条件复杂，1989 年开工，被列为国家七・五科技攻关项目“防止冻结管断裂技术”的实施井筒，由永夏矿区建设管理委员会委托煤科总院北京建井研究所承担冻结方案设计优化。该井的冻结方案设计的特点如下：

① 首次建立冻结壁厚度、掘砌段高、平均温度计算与冻结孔开孔间距、盐水温度、井帮温度、冻土计算强度等参数优选的“四位一体”的冻结壁设计计算体系。

② 首次引入砂性土层冻结壁厚度设计控制层位和黏性土层掘砌段高设计控制层位等概念。

③ 首次规定冻结壁应能满足强度条件和变形条件的要求。

④ 首次明确采用多姆克 1915 年按无限长弹塑性厚壁筒推导的公式计算砂性土层的冻结壁厚度、采用维亚洛夫-扎列茨基 1964 年按有限长厚壁筒推导的公式计算黏性土层的掘砌段高、采用成冰 1982 年根据冻结试验和工程实测总结的公式计算单圈孔冻结壁平均温度。

⑤ 根据国内打钻、冻结、凿井水平，优选冻结孔的开孔和终孔间距、盐水温度、冻结管直径、井帮温度、冻土强度、冻结工艺等技术参数。

⑥ 在冻结段掘砌中认真开展冻结壁形成特性工程预报和盐水温度流量调控，以及冻结壁径向位移实测和调控有机结合，科学地指导施工。

实践表明，陈四楼主、副井的冻结设计和技术攻关是成功的，安全提前完成了冻结施工任务，首次创下 369～374.5m 冲积层和 423～435m 冻结段冻结管无断裂、外层井壁无压坏、内层井壁无漏水的全国纪录，标志着我国深厚冲积层冻结法凿井技术从 20 世纪 90 年代初开始进入国际先进行列，1996 年获煤炭工业科技进步一等奖，1998 年获国家科技进步二等奖。

(3) 主孔圈内侧增设防片孔的设计计算方法。

① 防片冻结孔的深度取冲积层厚度的 1/3～1/2。

② 防片冻结孔与主冻结孔的数量比例取 1/3～1/4。

③ 防片冻结管的直径取 127～140mm。

④ 防片冻结管内盐水呈层流向紊流过渡为宜。

⑤ 防片孔圈至井帮的距离取 0.8～1.2m。

⑥ 防片孔圈径按式(2-4)计算：

$$\Phi_P = D_n + 2(X \cdot L_z + \theta_P \cdot H_P) \tag{2-4}$$

式中，Φ_P 为防片孔布置圈直径，m；D_n 为井筒掘进直径，m；L_z 为主冻结孔圈至井帮的距离，m；X 为比例系数，取 0.25(冲积层厚度≥250m)～0.3(冲积层厚度<250m)；θ_P 为防片冻结孔允许偏斜率，取 0.2%；H_P 为防片冻结孔设计深度，m。

4. 双圈孔冻结壁形成特性

为了探索解决冲积层厚度不断增大而导致冻掘矛盾激化的问题，煤科总院北京建井研究所对谢桥副井、程村主副井双圈孔冻结壁形成特性进行工程实测研究，取得如下成果。

1) 双圈孔冻结壁温度场的基本特征

从谢桥副井和程村主、副井深厚冲积层冻结壁(表 2-6 和表 2-7)工程实测获得的共主面、共界面、界主面冻结壁温度分布的基本特性(图 2-43～图 2-45)分析得出，对冻结工程最有利的剖面为共主面，最不利的剖面为共界面(图 2-46～图 2-49)，取共界面的温度分布状况进行冻结设计最为安全可靠。

表 2-6　谢桥副井深厚冲积层双圈孔冻结设计主要技术指标

井筒净直径/m	冲积层厚度/m	冻结深度/m		冻结段井壁厚度	冻结壁设计厚度/m	冻结孔布置及冻结管						内外圈的距离/m	孔圈至井帮的距离/mm	
						外圈			内圈					
		外圈	内圈			圈径/m	孔数/个	管径/mm	圈径/m	孔数/个	管径/mm		外圈	内圈
8.0	298.7	360	360	深 0～120m 为 1.1m，深大于 120m 为 1.8m	5.31	20.0	20	139.7	17.0	32	139.7	1.5	4200	2700

表 2-7　程村主副井深厚冲积层双圈孔冻结设计主要技术指标

井筒		冲积层厚度/m	冻结深度/m		冻结段井壁厚度	冻结壁设计厚度/m	冻结孔布置及冻结管						内外圈的距离/m	孔圈至井帮的最小距离/mm	
							外圈			内圈					
名称	净直径/m		外圈	内圈			圈径/m	孔数/个	管径/mm	圈径/m	孔数/个	管径/mm		外圈	内圈
主井	4.5	429.9	485	430	深 0～220m 为 1.1m，深大于 220m 为 1.5m	6.0	17.3	42	140	11.3	12	127	3.0	4900	1900
副井	5.0	429.9	485	430	深 0～195m 为 1.2m，深大于 195m 为 1.8m	6.9	18.4	44	140	12.4	13	127	3.0	4900	1900

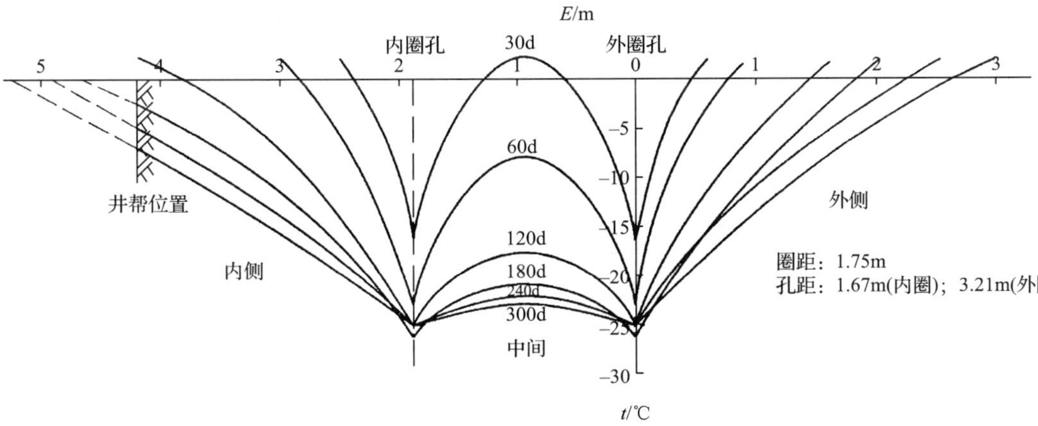

图 2-43　谢桥副井双圈孔冻结－35m 水平黏土层共主面冻结壁温度分布的基本特征

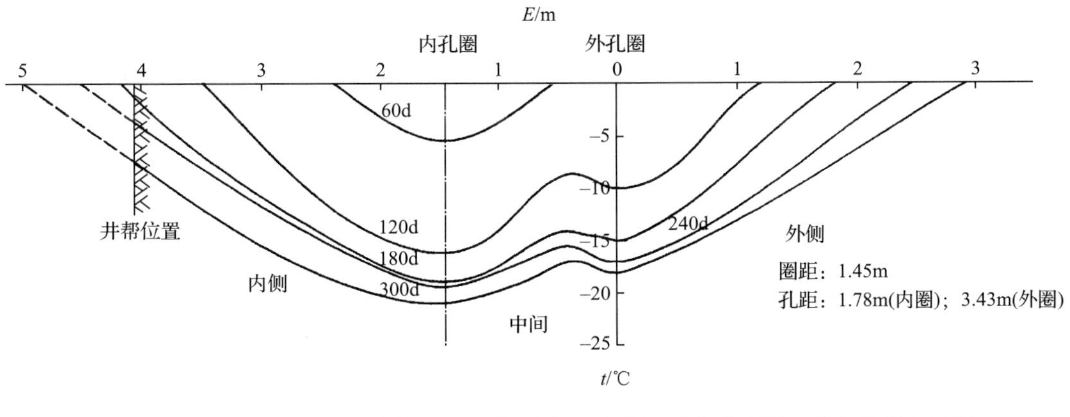

图 2-44　谢桥副井双圈孔冻结－35m 水平黏土层共界面冻结壁温度分布的基本特征

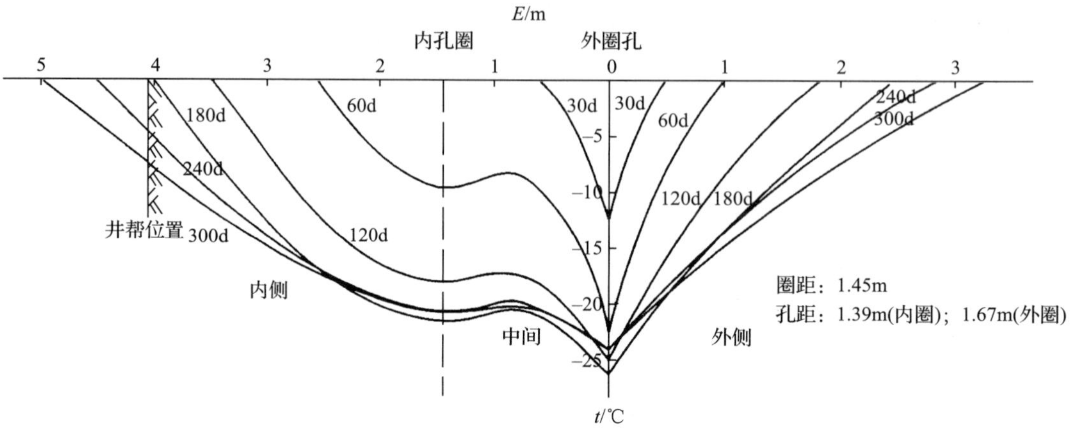

图 2-45　谢桥副井双圈孔冻结－35m 水平黏土层界主面冻结壁温度分布的基本特征

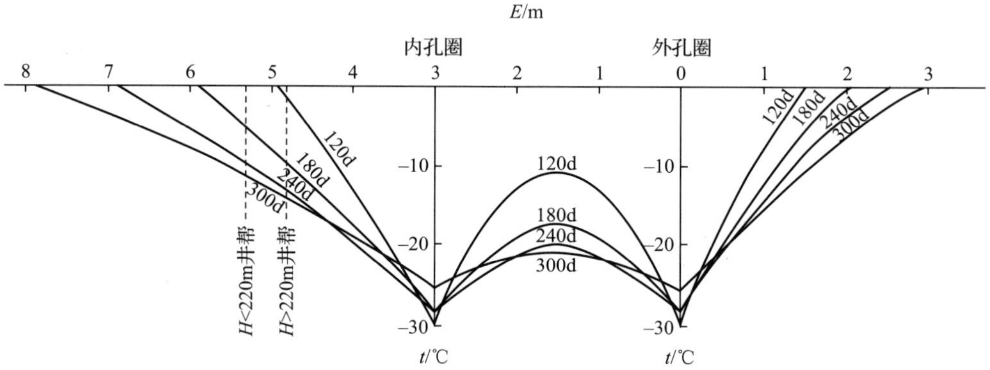

图 2-46　程村主井双圈孔冻结－348m 水平黏土层共主面冻结壁温度分布特征

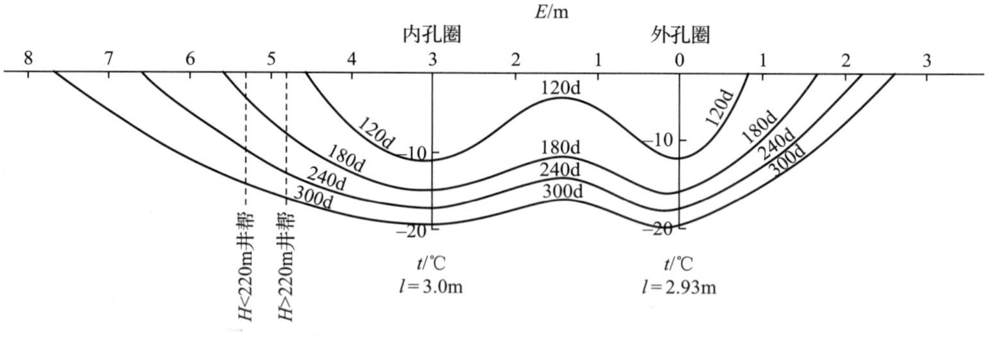

图 2-47　程村主井双圈孔冻结－348m 水平黏土层共界面冻结壁温度分布特征

2）冻结壁的交圈时间

双圈孔冻结的上部冻结壁交圈时间与主孔圈内侧增设防片孔圈基本相似，主要取决于主孔圈的成孔最大间距和冻结管直径及其周边辅助冻结孔偏斜状况、含水层特点、盐水温度和冻结器内盐水的流动状态、供冷方式等。

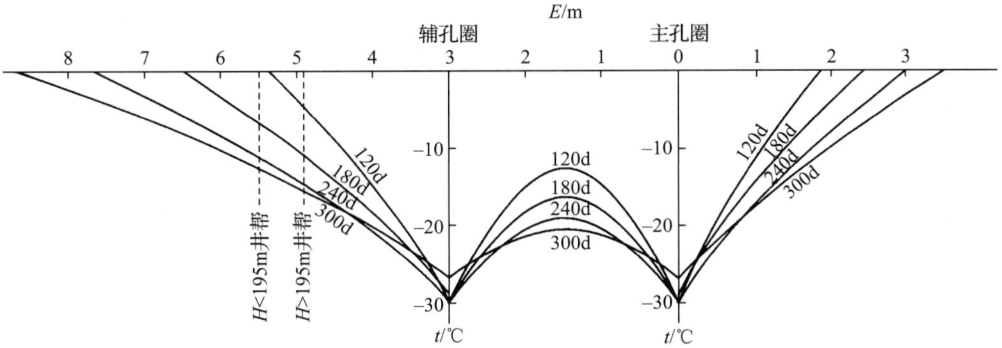

图 2-48　程村副井双圈孔冻结－415m 水平砾石层共主面冻结壁温度分布特征

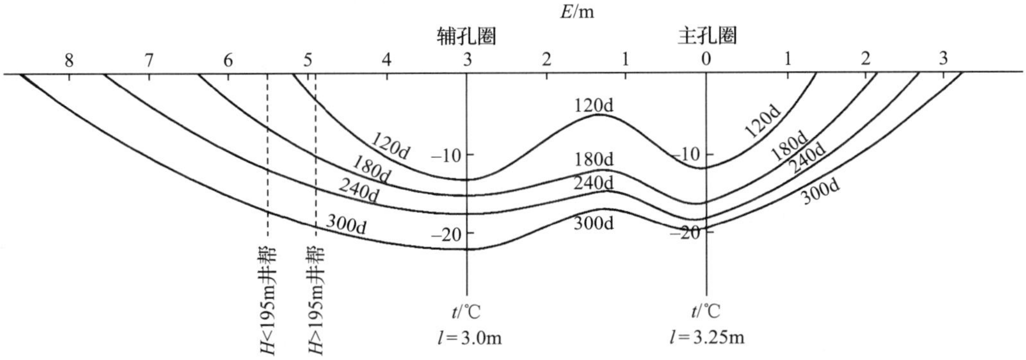

图 2-49　程村副井双圈孔冻结－415m 水平砾石层共界面冻结壁温度分布特征

由表 2-6 可知，谢桥副井内孔圈和外孔圈的开孔间距分别为 1.67m 和 3.14m，两孔圈圈距为 1.5m，冻结管直径均为 139.7mm，由于受外孔圈冻结的影响，内孔圈冻结壁的交圈时间比单孔圈冻结缩短 30%～40%。

如表 2-8 所示，程村副井冻结 2 个月盐水降至－28℃，盐水为正循环，含水层为砂砾(卵)石层，外圈(为主孔圈)的深部(325～415m)和中部(125～208m)的成孔间距分别为

表 2-8　程村副井水位观测孔的水位变化特点

序号	水位观测孔	水位报导深度/m	过滤网设置深度/m	含水层	主冻结孔最大间距/m	水位稳定上升的时间/d	水位溢出管口的时间/d
1	中部	125～208	125～130	卵石层	2.70	52	69
2			150～155		2.45		
3			160～163		2.40		
4			205～208		2.80		
5	深部	325～415	325～330		3.20	48	54
6			365～368		3.10		
7			388～391		3.10		
8			413～415		3.25		

3.1～3.25m 和 2.4～2.8m，采用分段混合报导水位，深部和中部的水位溢出管口的时间分别为 54d 和 69d(图 2-50)，经分析深部和中部的冻结壁交圈时间分别为 48d 和 52d，冻结壁交圈前的冻土平均扩展速度分别为 33.9mm/d 和 26.9mm/d。

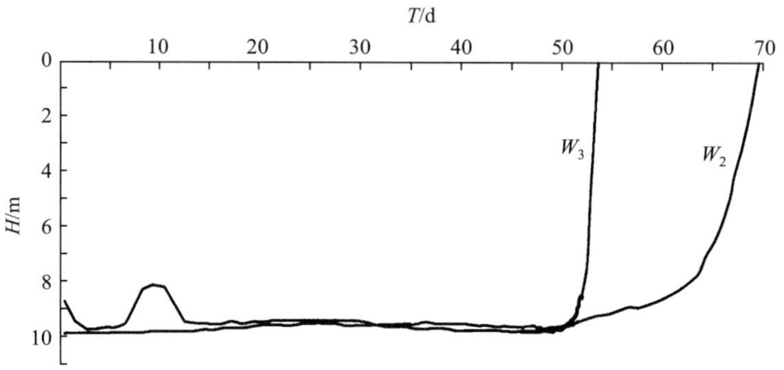

图 2-50　程村副井水位孔水位(H)与冻结时间(T)的关系

W_2-报导水位 125～208m；W_3-报导水位 325～415m

3) 内、外孔圈之间冻土交汇的时间

主、辅冻结孔圈之间冻土交汇的时间取决于内外孔圈之间的距离及其冻土扩展速度。根据程村主副井冻结壁测温资料分析，主、辅冻结孔圈之间的不同部位以共界面的冻土交汇时间最长(表 2-9)，其中砾石层的冻土交汇时间最长为 90(主井)～94d(副井)，而黏土层的冻土交汇时间最长为 113(主井)～115d(副井)。也就是说，当掘进至井深 100m 之前，主、辅冻结孔圈之间冻土已全部交汇，之后冻结壁的有效厚度达 7m 以上，大大提高了冻结壁的有效强度和稳定性，确保了井筒安全施工。

表 2-9　程村主井、副井的主、辅冻结孔圈之间冻土交汇时间

序号	冻结孔	代表性土层	深度/m	主井				副井			
				冻结孔圈间距/m		冻土交汇时间/d		冻结孔圈间距/m		冻土交汇时间/d	
				平均	最大	平均	最大	平均	最大	平均	最大
1	主孔圈与辅助孔圈	砾石	120	3.00	3.8	67	90(共界面)	3.0	3.8	70	93(共界面)
2		黏土	215	3.00	3.8	84	111(共界面)	3.0	3.8	85	113(共界面)
3		黏土	366(主井) 320(副井)	3.00	3.8	85	113(共界面)	3.0	3.8	86	115(共界面)
4		砾石	410(主井) 415(副井)	3.00	3.8	66	89(共界面)	3.0	3.8	70	94(共界面)

4) 内孔圈内侧的冻土扩展速度

内孔圈内侧的冻土扩展速度主要与冻结孔布置方式、圈径、孔距、管径、土层性质以及冻结盐水温度和冻结器内盐水运动状态、冻结时间等因素有关。程村主、副井深部黏土层、砾石层的内侧冻土平均扩展速度见图 2-51。

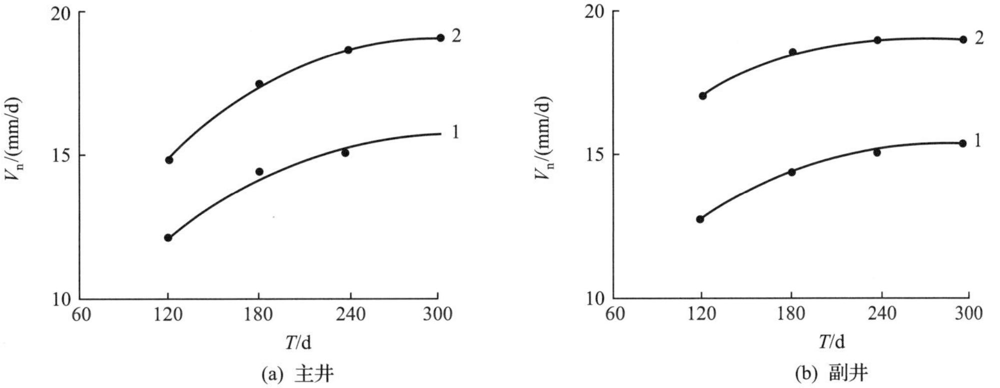

图 2-51　程村主、副井深部共界面辅助冻结孔内侧冻土平均扩展速度(V_n)与冻结时间(T)的关系

1. −320m 水平(副井)、−348m 水平(主井)黏土层；2. −410m 水平(主井)、−415m 水平(副井)砾石层

从程村主副井工程实测结果分析得出，共界面内孔圈内侧冻土平均扩展速度呈增长趋势，砾石层比黏土层的冻土扩展快 21.5%以上。

5）外孔圈外侧冻结壁的扩展范围

外孔圈外侧冻结壁的冻土扩展范围主要取决于主冻结孔的间距和冻结管直径、冻结盐水温度及其在冻结器环形空间内盐水运动状态、土层性质、冻结时间等因素。程村主、副井深部黏土层、砾石层的外侧冻土扩展情况见图 2-52 及表 2-10。

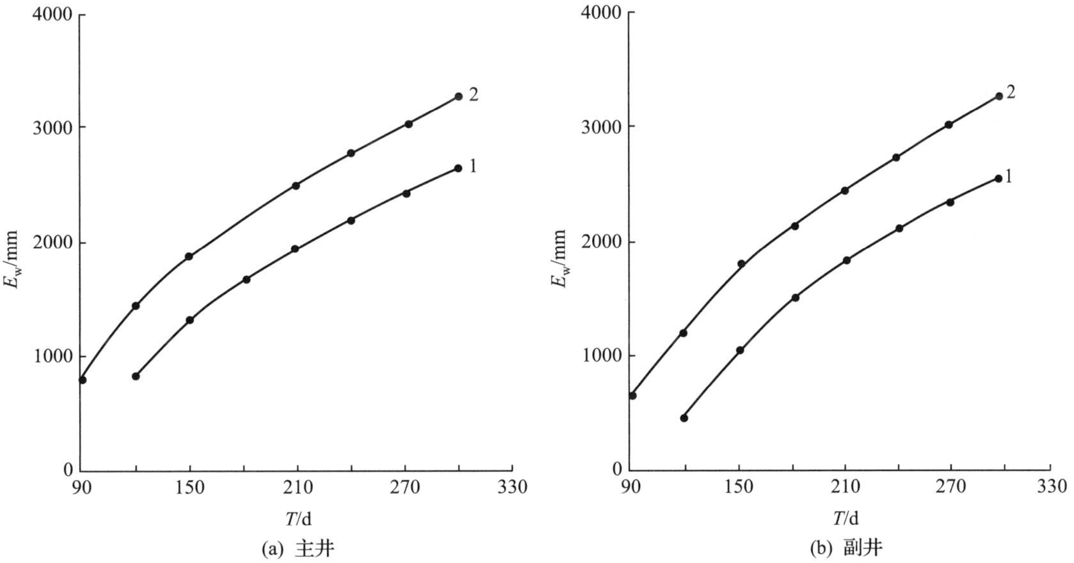

图 2-52　程村主、副井深部共界面外圈冻结孔(管径 140mm)外侧冻土扩展范围(E_w)与冻结时间(T)的关系

1. −320m 水平(副井)、−348m 水平(主井)黏土层；2. −410m 水平(主井)、−415m 水平(副井)砾石层

表 2-10　程村主、副井外孔圈外侧冻土扩展范围

井筒	代表性土层	深度/m	最大成孔间距/m	不同冻结时间的冻土扩展范围/mm								外圈冻结管直径/mm
				90d	120d	150d	180d	210d	240d	270d	300d	
程村主井	砂砾	120	2.79	1303	1560	1940	2240	2540	2760	3040	3320	140
	黏土	215	2.72		750	1300	1620	1910	2180	2400	2630	
	黏土	348	2.93		820	1310	1660	1960	2200	2430	2650	
	砂砾	410	2.98		1460	1860	2180	2490	2750	3040	3300	
程村副井	砂砾	120	2.67	1020	1500	1900	2220	2370	2770	3010	3250	
	黏土	215	3.00		640	1200	1580	1890	2150	2380	2580	
	黏土	320	3.19		500	1000	1560	1840	2080	2320	2530	
	砂砾	415	3.25	640	1394	1800	2150	2450	2720	3000	3250	

6）内侧冻土扩至井帮的时间及井帮温度变化特点

（1）内侧冻土扩至井帮的时间。

双圈孔冻结的内侧冻土扩至井帮的时间主要取决于内孔圈至井帮的距离、土层性质、盐水的温度及其在冻结器内的流动状态、内孔圈的孔数及孔圈之间冻土交汇时间等。根据谢桥副井、程村主副井双圈孔冻结壁形成特性工程实测分析结果得，谢桥副井和程村主副井内孔圈内侧冻土扩至井帮的时间分别为 180d 和 130d、145d，比单圈孔冻结时预测的内侧冻土扩至井帮的时间分别缩短 120d 和 156d、147d(表 2-11)。

表 2-11　双圈孔与单圈孔冻结黏性土层内侧冻土扩至井帮的时间差别

井筒名称		单圈孔冻结		双圈孔冻结				双圈孔比单圈孔冻结冻土扩至井帮缩短的时间/d
		冻结孔距井帮/m	预测冻土扩至井帮的时间/d	内孔圈			冻土扩至井帮的时间/d	
				至井帮的距离/m	孔数/个	冻结管直径/mm		
谢桥副井		4.2	300	2.70	32	139.7	180	120
程村	主井	4.9	286	1.90	12	140	130	156
	副井	4.9	292	1.90	13	140	145	147

（2）井帮温度的变化特点。

由于主冻结孔内侧增设辅助孔后，浅部内侧冻土扩至井帮的时间比单圈孔冻结缩短 120～150d，即井筒试挖和正式开挖的时间可分别控制在 65～75d 和 80～90d，黏性土层在井深 100～150m 见冻土，冲积层深部井帮温度可控制在－10℃以内。应该指出，双圈孔冻结与主冻结孔内侧增设防片孔是有差异的，特别是对冲积层底部的井帮温度影响较大；例如，程村主、副井冲积层中卵(砾)石层厚度占 39.3%～40%，掘砌速度慢，冲积层底部井帮最低温度降至－15℃(图 2-53)，因此在卵(砾)石层厚度占 30%以上的深厚冲积层中采用主冻结孔内侧增设防片孔的布孔方式及防片孔深度加大至冲积层深度的 2/3 较为适宜。

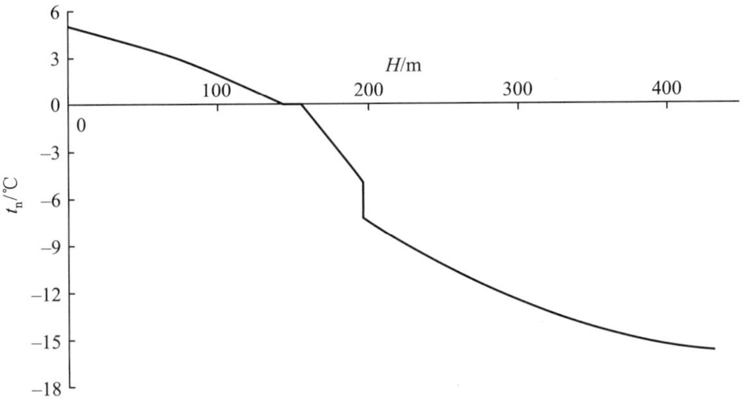

图 2-53　程村副井不同深度(H)黏性土层的井帮温度(t_n)

7）双圈孔冻结壁的平均温度

根据谢桥矿冻结壁形成特性工程实测的温度分布状况(图 2-44)分析得出，双圈孔冻结壁的有效厚度由内侧、中间、外侧三部分组成，其内侧和外侧部分的冻结壁温度分布状况与单圈冻结壁基本相同，中间部分为双圈孔冻结相对于单圈孔冻结的增加部分，于 1987 年提出双圈孔冻结壁平均温度简易计算公式[50]。

8）双圈冻结孔布置的设计优化

（1）外孔圈和内孔圈的布置圈径建议按如下公式计算：

$$\Phi_z = D_n + 2[(E - E_w) + \theta H] \tag{2-5a}$$

$$\Phi_f = \Phi_z - 2S_f \tag{2-5b}$$

式中，Φ_z 为外圈主冻结孔的布置圈径，m；Φ_f 为内圈辅助冻结孔的布置圈径，m；D_n 为井筒掘进直径，m；H 为冲积层厚度，m；θ 为冲积层段冻结孔允许偏斜率，一般取 0.25%；E 为冻结壁设计厚度，m；E_w 为掘砌深度达到控制层位时的外侧冻结壁有效厚度，m；S_f 为内外孔圈之间的距离，m。

（2）双圈孔冻结以外圈为主冻结孔圈较为合理，且便于盐水流量和温度的调控。

（3）内、外孔圈的孔深均需穿过冲积层进入风化基岩 5m 以上，至少要有一个孔圈的深度要进入不透水基岩 10m 以上。

（4）外孔圈的冻结管外径采用 140(浅部)～159(深部)mm，内孔圈的冻结管外径采用 127～140mm 较为适宜。

9）双圈孔冻结壁形成特性研究成果的应用

通过谢桥副井和程村主副井冻结壁形成特性的实测研究，较为系统地掌握了以黏性土层为主的谢桥副井和以卵(砾)石层为主的程村主副井深厚冲积层双圈孔冻结壁形成特性。

（1）谢桥副井。

① 基本情况。

井筒净直径为 8m，冲积层厚 298.7m，双圈孔冻结。外孔圈和内孔圈的冻结深度为

360m 和 360m，圈径为 20m 和 17m，孔数为 20 个和 32 个，开孔间距为 3.146m 和 1.67m，冻结管直径都为 139.7m，孔圈至井帮的距离为 4.2m 和 2.7m。

② 冻结壁形成特性实测及分析成果。

(a) 冻结壁交圈特点分析(图 2-43～图 2-45)：内孔圈界面和外孔圈主面的界主面细砂层的冻结壁交圈时间(31～33d)比共界面冻结壁交圈时间(41～42d)提前 10d；共界面细砂层内孔圈冻结壁交圈时间(41～42d)比外孔圈界面交圈时间(60～62d)缩短 20d 或 1/3。

(b) 因外孔圈冻结孔的开孔间距偏大，冻结 240d 共界面黏土层外侧冻结壁扩展范围(2400mm)比单孔圈外侧冻结壁扩展范围(2520mm)还减小了 120mm。

(c) 双圈孔冻结壁的有效厚度由内侧、外侧、中间三大部分组成，即比单孔圈冻结壁增加中间部分，而单、双孔圈的冻结壁内、外侧有效厚度基本相同。

(d) 双圈孔冻结的两孔圈之间冻土交汇后，内侧冻土的扩展速度大幅增加，缩短了冻土扩至井帮的时间，并加快井帮温度的下降速度，冻结 300d 时深部井帮温度将降至 －12℃以下，应对内孔圈盐水温度流量进行必要的调控，否则会增大深部掘进难度。

(e) 双圈孔冻结壁外侧的降温区宽度与单圈孔冻结基本一致。

(f) 双圈孔冻结壁的有效厚度的平均温度比单圈孔冻结低，其差值等于两孔圈的圈距与该部位温度对冻结壁有效厚度平均温度影响系数(－1.5～－1.2℃/m)的乘积。

(2) 程村副井。

① 基本情况。

井筒净直径为 5.0m，冲积层厚 429.9m，卵(砾)石层及黏土夹卵(砾)石层的厚度占冲积层总厚度的 54.3%，双圈孔冻结。外圈孔和内圈孔的冻结深度为 485m/443m 和 430m，圈径为 18.4m 和 12.4m，孔数为 44 个和 13 个，开孔间距为 1.313m 和 2.968m，冻结管直径为 140mm 和 127mm，孔圈至井帮的距离为 4.9m 和 1.9m。

② 冻结壁形成特性实测及分析成果。

(a) 冻结壁交圈特点分析：外孔圈比内孔圈先交圈，深部比浅部早交圈。为了便于分析，取水位管内水位稳定上升时间和水位溢出管口时间的平均值作为冻结壁的交圈时间，即深部和中部卵(砾)石层的冻结壁交圈时间分别为 51d 和 61d，为井筒早日开挖创造有利条件。

(b) 内、外孔圈之间冻土交汇的时间：两孔圈之间的距离为 3m，卵(砾)石层和黏土层的冻土交汇时间分别为 68d 和 86d。

(c) 内侧冻土扩至井帮的时间及井帮冻土温度变化：两孔圈之间冻土交汇后内侧冻土扩展速度加快幅度大，卵(砾)石层和黏土层内侧冻土扩至井帮的时间分别为 94d 和 117d，井帮冻土温度下降速度快，如果不进行冻结调控，预计冻结 300d 时底部卵(砾)石层和黏土层的井帮温度将分别降至－18℃和－15℃。

(d) 外侧冻结壁的扩展范围：根据程村副井外圈孔的开孔间距(1.313m)、冻结管直径(139.7mm)、冻结盐水温度(－30℃左右)等情况和冻结壁形成特性实测资料分析，如果不进行冻结调控，预计冻结 300d 时冲积层底部卵(砾)石层和黏土层的外侧冻结壁扩展范围将分别达到 3400mm 和 2600mm。

(e) 冻结壁的平均温度：根据冻结壁形成特性实测资料分析，程村副井冻结 240d 时冻结壁内外侧厚度之和部分、两孔圈之间部分、整体冻结壁有效部分的厚度和平均温度将分别达到 4m 和 −13.9℃、3m 和 −18.4℃、7m 和 −15.8℃，冻结 300d 时将分别达到 4.55m 和 −14.9℃、3m 和 −20℃、7.55m 和 −17.3℃，说明冻结 240d 时冻结壁的有效厚度和平均温度已达到或超过设计值，因此要求积极采取调控措施，加快掘砌速度，争取在冻结 240d 之前掘砌至冲积层底部，否则将过多地挖掘冻土和加大“冻掘矛盾”，造成欲速而不达的被动局面。

③ 双圈孔冻结应注意的问题。

双圈孔冻结的突出优点是加大冻结壁有效厚度，降低冻结壁平均温度，提高冻结壁的整体强度和稳定性，为冻结段早日开挖和防止浅部片帮创造有利条件。但应指出，由于采用双圈孔冻结的井筒较少，体会还不够全面，容易由于冻结与掘砌配合不够而错过加快掘砌速度的有利时机，反而激化冻结与掘砌的矛盾，造成欲速而不达的局面，为此提出双圈孔冻结应注意的几个问题。

(a) 双圈孔冻结的适用条件：冻结壁设计厚度为 5.5～6.5m、深部（>200m）黏性土层厚度比例不小于 70%的 350～400m 冲积层；设计厚度不大于 5.5m 时宜用主孔圈内侧增设防片孔的方式替代；设计厚度大于 6.5m 时宜用主孔圈内侧增设辅助孔、防片孔的方式替代。

(b) 采用外圈为主冻结孔圈和内圈为辅助孔圈的布孔方式，主孔深度应穿过冲积层进入不透水基岩 10m 以上，辅助孔应穿过冲积层进入强风化带 5m 以上。

(c) 两孔圈的间距取 2.5～3.5m 为宜，主孔与辅助孔的数量比例取 2.5∶1～3.5∶1 为宜。

(d) 主孔采用 Φ140mm（上部）～Φ159mm（下部）冻结管为宜，辅助孔采用 Φ133～140mm（上部）～Φ127～133mm（下部）冻结管为宜。

5. 多圈孔冻结壁形成特性

为了探索解决 450～600m 冲积层冻结设计和冻结段安全快速施工的科学途径，煤科总院北京建井研究所和北京煤科联应用技术研究所对河南省泉店矿、赵固一矿、赵固二矿、李粮店矿等深厚冲积层多圈孔冻结壁形成特性进行了工程实测研究，取得多项创新成果，为深厚冲积层冻结设计和冻结段安全快速施工作出了重要贡献。

1) 多圈孔冻结壁温度场的基本特征

从多圈孔冻结壁工程实测获得的冻结壁温度场基本特性（图 2-54～图 2-57）分析得出，对冻结壁形成的实际状况而言，共主面冻结壁的有效厚度最大、平均温度最低、强度最大，共界面的冻结壁有效厚度最小、平均温度最高、强度最小；对冻结段施工而言，以共界面冻结壁的有效厚度、平均温度、强度进行冻结设计和组织施工较为安全可靠。

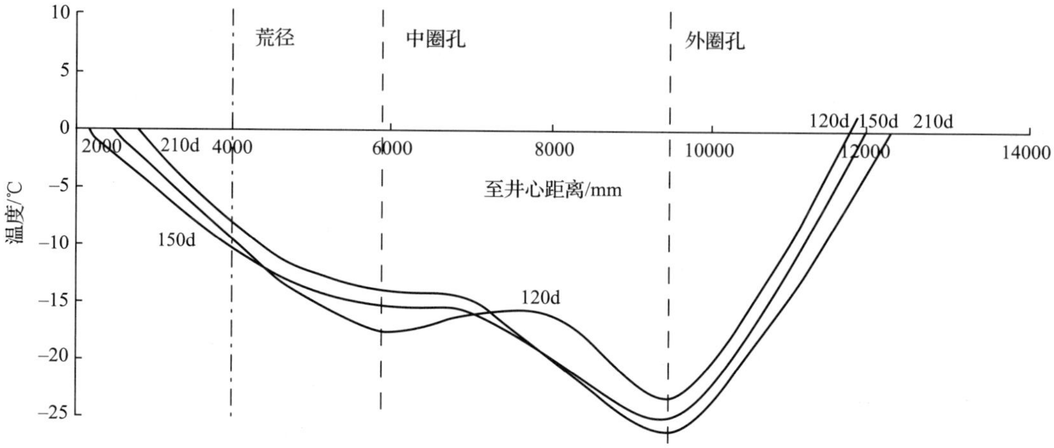

图 2-54　泉店风井—398m 水平黏土层共界面冻结壁温度分布的基本特征

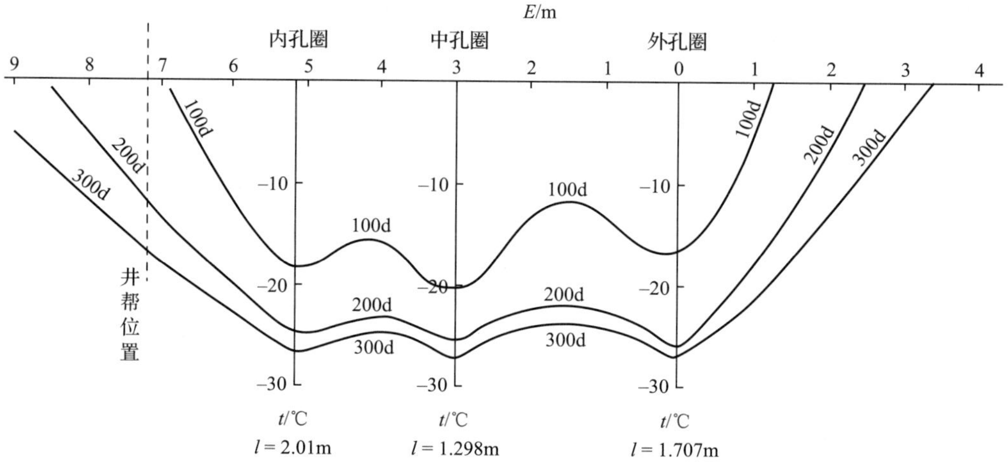

图 2-55　赵固一矿副井—500m 水平中砂层共界面冻结壁形成状况

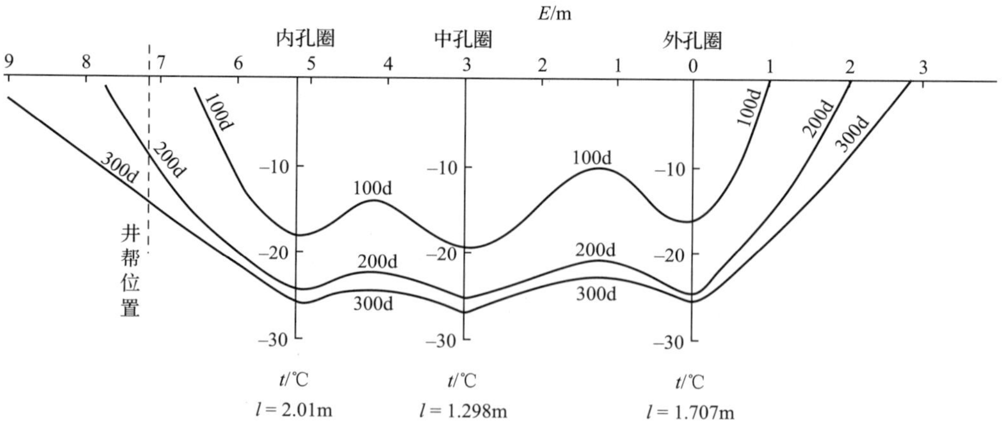

图 2-56　赵固一矿副井—525m 水平砂质黏土层共界面冻结壁形成状况

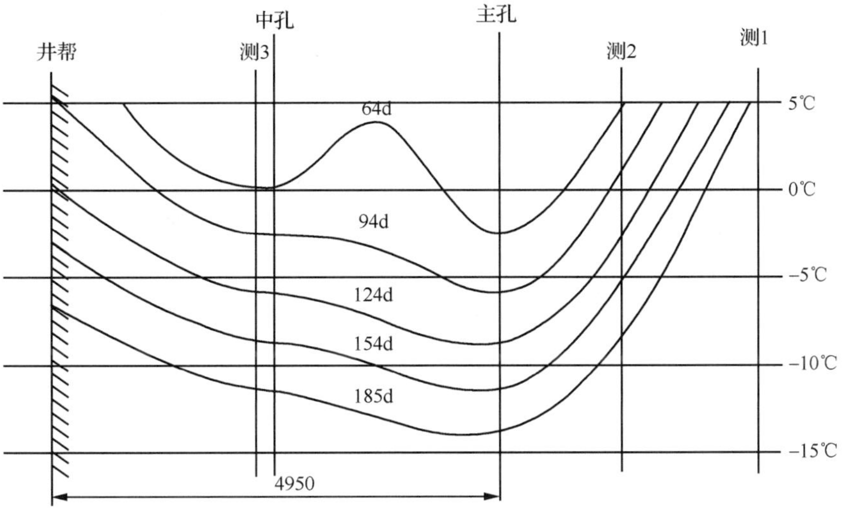

图 2-57　李粮店主井－470m 水平砂质黏土层共界面冻结壁形成状况

2）冻结壁的交圈时间

检测水位孔的水位变化状况是判断冻结壁交圈时间最直接和最有效的方法。根据泉店矿、赵固一矿、李粮店矿水位孔水位实测结果(表 2-12)分析得出如下结论。

① 在盐水正循环条件下，低温盐水从冻结器底部沿环形空间向上进行交换，因深部盐水温度比浅部低，深部冻结壁的交圈时间比浅部早。

② 采取综合报导水位时，容易引起不同含水层串水现象，从而延长冻结壁的交圈时间。

③ 在原始水位高于地表时，应把水位管的出口高度提至原始水位以上，否则会影响水位的正常报导。

④ 在井筒附近有水井抽水时，要及时了解抽水井的抽水量、抽水深度及水温变化，发现问题要采取防范措施。

⑤ 多圈孔冻结壁全部交圈时间一般为 60～70d。

3）各孔圈之间冻土交汇的时间

各孔圈之间冻土交汇的时间主要取决于各孔圈的间距、冻结孔开孔间距、冻结管直径、冻结盐水温度、冻结器内盐水的流动状态、土层性质等。根据泉店矿、赵固一矿主副风井、赵固二矿主副风井、李粮店矿主副井多圈孔冻结壁形成特性实测资料和实施效果综合分析提出，把冻结壁的交圈时间、试挖时间、正式开挖时间分别控制在 60～67d、67～74d、85～95d，为浅部防止片帮和深部少挖冻土创造有利条件；把浅部细砂层的中内孔圈之间和中外孔圈之间的冻土交汇时间分别控制在 90～105d、115～130d，深部黏土层的中内孔圈之间和中外孔圈之间的冻土交汇时间分别控制在 120～135d、130～160d，并与冻结盐水、流量调控有机地结合起来，有利于深厚冲积层冻结段安全快速施工。

(1) 泉店副井。

① 经实测分析，浅部(＜203.5m)粉细砂层和深部(＞203.5m)黏土层的中内孔圈之

表 2-12　多圈孔冻结壁的交圈时间简况

井筒名称	主冻结圈冻结管外径/mm	冻结器盐水循环方式	水位观测孔							冻结壁		备注
			孔号	报导深度/m	报导方式	报导地层	冻结孔最大间距/m	水位稳定上升的起始时间/d	水位溢出管口的时间/d	交圈时间/d	交圈前冻土平均扩展速度/(mm/d)	
泉店风井	159	正循环	1	0～94	综合报导	粉砂	1.90	42	64	67	14.2	
			2	94～244		粉砂	2.45	57		62	19.8	原始水位高于地表
			3	244～414		粉砂	2.55	44		57	22.4	
赵固一矿副井	140	正循环	1	38～42	分层报导	粉砂	1.56			62	12.6	
			2	87～98		砾石	1.62			57	14.2	
			3	210～218		砾石	1.66			50	16.6	
	159		4	460～475		细砂	2.05			39	26.3	
赵固二矿副井	127	正循环	1	0～93	综合报导	中、细砂	1.73		52	<52	>16.6	受附近水井抽水影响
			2	93～317		中、细砂及砾石	1.92			63	15.2	原始水位高于地表
	159		3	317～517		中、细砂	2.37			38	31.2	
李粮店主井	133	正循环	1	124～138	分层报导	细砂	1.64	43	47	46	17.83	
			2	235～258		细砂	1.96	52	57			
				262～268		细砂	1.98			56	17.68	
	159		3	366～393		细砂	2.20			64	17.19	
李粮店副井	133	正循环	1	125～136	分层报导	细砂	1.60		50	50	16.00	
			2	236～256		细砂	2.03	56	60	60	16.92	
	159		3	370～374		细砂	2.15	55	65			
				383～391		细砂	2.17			58	18.71	

间冻土交汇时间分别为 59d 和 64～67d(表 2-13)，浅部中内圈之间冻土交汇时间比理想的目标早 31d，深部中内圈之间冻土交汇时间比理想的目标更早，说明中、内孔圈的需冷量大，对提前开挖和防止浅部片帮有利，但会加大深部的“冻掘矛盾”，增加冻土挖掘量，将会出现掘砌速度过早下降。

表 2-13　泉店副井中孔圈与外孔圈之间的冻土交汇时间分析

<table>
<tr><th rowspan="2">序号</th><th rowspan="2">深度/m</th><th rowspan="2">中圈与外圈冻结孔圈之间的距离/m</th><th rowspan="2">中圈与内圈冻结孔圈之间的距离/m</th><th colspan="3">冻结管外直径</th><th rowspan="2">代表性土层</th><th rowspan="2">中外/中内孔圈之间冻土交汇时间/d</th></tr>
<tr><th>外圈</th><th>中圈</th><th>内圈</th></tr>
<tr><td rowspan="2">1</td><td rowspan="2">0～202.5</td><td rowspan="6">2.65</td><td rowspan="6">1.80</td><td rowspan="6">0～300m 段为 127mm，>300m 段为 159mm</td><td rowspan="6">159mm</td><td rowspan="6">0～205m 段为 159mm，>205m 段为 127mm</td><td>粉细砂</td><td>78/59</td></tr>
<tr><td>黏土</td><td>92/69</td></tr>
<tr><td rowspan="2">2</td><td rowspan="2">202.5～372.5</td><td>粉细砂</td><td>73/57</td></tr>
<tr><td>黏土</td><td>85/67</td></tr>
<tr><td rowspan="2">3</td><td rowspan="2">372.5～455.3</td><td>粉细砂</td><td>69/55</td></tr>
<tr><td>黏土</td><td>81/64</td></tr>
</table>

② 经实测分析，浅部和深部粉细砂层的中外孔圈之间冻土交汇时间分别为 78d 和 69～73d，浅部中外圈之间冻土交汇时间比理想的目标早 37d，深部中外圈之间冻土交汇时间比理想的目标更早，将使内侧冻土过早地扩至井帮，预计井筒正式开挖的第 2 个月后期便会出现掘砌速度下降的趋势，为此施工中应提前做好中、内圈盐水温度、流量的调控工作，缓解冻结与掘砌的矛盾，改善施工条件。

(2) 泉店风井。

① 经实测分析，外孔圈与中、内孔圈之间上部(0～351.8m)粉细砂冻土交汇的时间为 84d(表 2-14)，外孔圈与中、内孔圈之间冻土交汇时间比理想的目标早 31d，有利于早日开挖和防止浅部片帮。

② 经实测分析，外孔圈与中、内孔圈之间的下部(>351.8m)粉细砂层冻土交汇时间为 102d，外孔圈与中、内孔圈之间冻土交汇时间比理想的目标提早约一个月，有利于正式开挖，第 1～3 个月内实现安全快速施工。

表 2-14　泉店风井外孔圈与中、内孔圈之间的冻土交汇时间分析

<table>
<tr><th rowspan="2">序号</th><th rowspan="2">深度/m</th><th rowspan="2">外圈与中、内圈冻结孔圈之间的距离/m</th><th colspan="3">冻结管外直径/mm</th><th rowspan="2">代表性土层</th><th rowspan="2">外圈与中、内圈之间冻土交汇的时间/d</th></tr>
<tr><th>外圈</th><th>中圈</th><th>内圈</th></tr>
<tr><td rowspan="2">1</td><td rowspan="2">0～351.8</td><td rowspan="2">3750</td><td rowspan="2">159</td><td rowspan="2">159</td><td rowspan="2">127</td><td>粉细砂</td><td>84</td></tr>
<tr><td>黏土</td><td>99</td></tr>
<tr><td rowspan="2">2</td><td rowspan="2">351.8～455.3</td><td rowspan="2">3600</td><td rowspan="2">159</td><td rowspan="2">159</td><td rowspan="2"></td><td>粉细砂</td><td>102</td></tr>
<tr><td>黏土</td><td>120</td></tr>
</table>

注：中、内孔圈之间的圈距差只有 0.3m，故取其平均值计算。

(3) 赵固一矿主井。

① 经实测分析，中内孔圈之间上部(0～300m)细砂层和下部(300～518m)黏土层的冻土交汇的时间分别为38d和42d(表2-15)，浅部中内圈之间冻土交汇时间比理想的目标早52d，深部中内圈之间冻土交汇时间比理想的目标早78d，说明中、内孔圈之间上、下部的供冷量偏多，井筒开挖将很快面临掘进速度慢的问题。

② 经实测分析，中外孔圈之间上部细砂层和深部黏土的冻土交汇时间为64d和67d，浅部中外圈之间冻土交汇时间比理想的目标早51d，深部中外圈之间冻土交汇时间比理想的目标早63d，说明中、外孔圈之间上、下部的供冷量均过大，加上以中圈为主冻结孔，对盐水温度流量的调控不便，“冻掘矛盾”不易缓解，阻碍掘砌速度的提高。

表2-15　赵固一矿主井各孔圈之间冻土交汇的时间分析

<table>
<tr><th rowspan="2">序号</th><th rowspan="2">井深/m</th><th rowspan="2">代表性土层</th><th colspan="3">布置圈径/m</th><th colspan="3">开孔间距/m</th><th colspan="3">冻结管外径/mm</th><th colspan="2">中外孔圈</th><th colspan="2">中内孔圈</th></tr>
<tr><th>外圈</th><th>中圈</th><th>内圈</th><th>外圈</th><th>中圈</th><th>内圈</th><th>外圈</th><th>中圈</th><th>内圈</th><th>圈距/m</th><th>冻土交汇的时间/d</th><th>圈距/m</th><th>冻土交汇的时间/d</th></tr>
<tr><td>1</td><td rowspan="2">0～300</td><td>黏土</td><td rowspan="4">19.0</td><td rowspan="4">14.4</td><td rowspan="4">12.4</td><td rowspan="4">1.243</td><td rowspan="4">2.512</td><td rowspan="4">2.163</td><td rowspan="2">140</td><td rowspan="2">159</td><td rowspan="2">159</td><td rowspan="4">2.3</td><td>71</td><td rowspan="4">1.0</td><td>42</td></tr>
<tr><td>2</td><td>细砂</td><td>64</td><td>38</td></tr>
<tr><td>3</td><td rowspan="2">300～518</td><td>黏土</td><td rowspan="2">159</td><td rowspan="2">159</td><td rowspan="2">159</td><td>67</td><td>42</td></tr>
<tr><td>4</td><td>细砂</td><td>60</td><td>38</td></tr>
</table>

(4) 赵固一矿副井。

① 经实测分析，中内孔圈之间浅部(0～200m)细砂层和深部(400～519.7m)黏土层的冻土交汇时间分别为68d和72d(表2-16)，浅部中内圈之间冻土交汇时间比理想的目标早22d，深部中内圈之间冻土交汇时间比理想的目标早48d，说明中、内孔圈浅部和深部的供冷量都偏大，对早日开挖和防止浅部片帮有利，但会加剧“冻掘矛盾”，增加深部冻土挖掘量，对加快施工速度不利。

表2-16　赵固一矿副井各孔圈之间冻土交汇的时间分析

<table>
<tr><th rowspan="2">序号</th><th rowspan="2">井深/m</th><th rowspan="2">代表性土层</th><th colspan="3">布置圈径/m</th><th colspan="3">开孔间距/m</th><th colspan="3">冻结管直径/mm</th><th colspan="2">中外孔圈</th><th colspan="2">中内孔圈</th></tr>
<tr><th>外圈</th><th>中圈</th><th>内圈</th><th>外圈</th><th>中圈</th><th>内圈</th><th>外圈</th><th>中圈</th><th>内圈</th><th>圈距/m</th><th>冻土交汇时间/d</th><th>圈距/m</th><th>冻土交汇时间/d</th></tr>
<tr><td>1</td><td rowspan="2">中、外圈0～350
中、内圈为0～200</td><td>黏土</td><td rowspan="6">25.0</td><td rowspan="6">19.0</td><td rowspan="6">14.7</td><td rowspan="6">1.70</td><td rowspan="6">1.30</td><td rowspan="6">2.00</td><td rowspan="2">133</td><td rowspan="2">133</td><td rowspan="2">159</td><td rowspan="6">3.0</td><td>108</td><td rowspan="6">2.15</td><td>75</td></tr>
<tr><td>2</td><td>细砂</td><td>97</td><td>68</td></tr>
<tr><td>3</td><td rowspan="2">中、外圈350～400
中、内圈为200～400</td><td>黏土</td><td rowspan="2">159</td><td rowspan="2">133</td><td rowspan="2">133</td><td>110</td><td>81</td></tr>
<tr><td>4</td><td>细砂</td><td>99</td><td>73</td></tr>
<tr><td>5</td><td rowspan="2">400～519.7</td><td>黏土</td><td rowspan="2">159</td><td rowspan="2">159</td><td rowspan="2">133</td><td>99</td><td>72</td></tr>
<tr><td>6</td><td>细砂</td><td>89</td><td>65</td></tr>
</table>

② 经实测分析，中外孔圈之间浅部细砂层和深部黏土层的冻土交汇时间分别为97d和99～110d，浅部中外圈之间冻土交汇时间比理想的目标早18d，深部中外圈之间冻土交汇时间比理想的目标早20～30d，说明浅部和深部中、外孔圈之间的供冷量偏大，加上以

中圈为主冻结孔对冻结壁盐水温度流量调控不便，提高掘砌速度的困难加大。

(5) 赵固二矿副井。

① 经实测分析，中内孔圈之间浅部细砂层和深部黏土层的冻土交汇时间分别为 113d 和 172d(表 2-17)，浅部中内圈之间冻土交汇时间比理想的目标晚 8d，深部比理想的目标晚 37d，需要坚持采用短段掘砌防止浅部片帮、降低盐水温度、加大冻结盐水循环量等措施，以利于安全快速施工。

表 2-17　赵固二矿副井孔圈之间冻土交汇时间分析

序号	井深/m	代表性土层	冻结深度/m			布置圈径/m			开孔间距/m			冻结管直径/mm			中外孔圈		中内孔圈	
			外圈	中圈	内圈	外圈	中圈	内圈	外圈	中圈	内圈	外圈	中圈	内圈	圈距/m	冻土交汇时间/d	圈距/m	冻土交汇时间/d
1	0～290	黏土	550	628	290/469	24.6	17.8	13.4	1.332	2.796	2.105	127	133	127	3.4	163	2.2	126
2		细砂														147		113
3	290～320	黏土														176		172
4		细砂														159		155
5	320～469	黏土										159	159			144		
6		细砂														130		

② 经实测分析，中外孔圈之间浅部细砂层和深部黏土层的冻土交汇时间分别为 147d 和 176d，浅部中外圈之间冻土交汇时间比理想的目标晚 17d，深部中外圈之间冻土交汇时间比理想的目标晚 16d，说明冻结壁厚度、平均温度可基本满足设计和施工要求，掘砌过程中应坚持短段掘砌，加强冻结与调控工作，防止深部冻结管断裂，以确保冻结安全快速施工。

4) 内侧冻土扩至井帮的时间及井帮温度变化特性

多圈孔的内侧冻土扩至井帮的时间主要取决于内孔圈至井帮的距离、冻结孔数、冻结管直径、冻结盐水温度、冻结器内盐水流动状态、土层性质以及各孔圈之间冻土交汇时间等，而井帮温度变化主要与冻土扩入井帮的时间及扩入后的扩展速度、盐水温度、掘砌速度有关。通过十几个深冻结井多圈孔冻结壁形成特性实测研究，已基本掌握了多圈孔冻结壁内侧冻土扩至井帮的时间和井帮温度变化规律。

(1) 泉店矿主、副、风井冻土扩至井帮的时间及井帮温度变化特性。

① 经实测分析，主、副、风井浅部和深部粉细砂层冻土扩至井帮的时间(表 2-18)分别为 85d、85d、88d 及 71d、81d、75d，浅部与预计的井筒正式开挖时间(85d)基本相同，深部比预计的井筒正式开挖时间提前 4～14d，有利于井筒早日开挖，为防止片帮和第 1、2 个月快速施工创造有利条件。

② 主、副、风井井筒深部冻土扩至井帮的时间均偏早，说明深部冻结供冷量充足，深部井帮温度下降较快(图 2-58)，也说明从井筒正式开挖第 3 个月开始出现冻土挖掘量偏大而导致掘砌速度明显下降，应在组织第 1、2 个月快速施工期间，加强中内圈冻结盐水温度流量调控，以缓解“冻掘矛盾”和减少冻土挖掘量，争取第 3 个月保持较高的掘砌速度。

三个井的井帮温度变化(图 2-58)还说明冻结调控技术应用的力度不同会直接影响掘砌速度和井帮温度变化。

表 2-18 泉店矿不同深度不同土层内侧冻土扩至井帮的时间分析

井筒	井深/m	井壁厚度/mm	井筒掘进直径/m	内圈冻结孔 开孔间距/m	内圈冻结孔 冻结管外径/mm	内圈冻结孔 至井帮的距离/m	代表性土层	冻土扩至井帮的时间/d
主井	0～351.76	1200	7.50	2.513	127	1.85	粉细砂	85
							黏土	100
	>351.76	1500	8.15			1.90	粉细砂	71
							黏土	83
副井	0～202.5	1400	9.40	2.374	159	2.10	粉细砂	85
							黏土	99
	202.5～300.0	1800	10.25		127	1.68	粉细砂	81
							黏土	96
	>300.0	1800	10.25				粉细砂	80
							黏土	95
风井	0～351.76	1200	7.50	2.513	127	1.85	粉细砂	88
							黏土	105
	>351.76	1300	7.75			1.90	粉细砂	75
							黏土	90

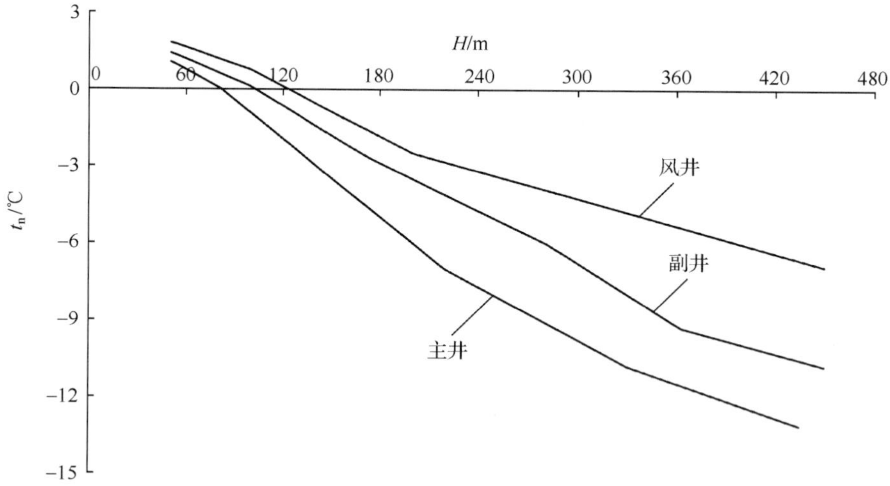

图 2-58 泉店主副风井黏土层不同深度(H)的井帮温度(t_n)

(2) 赵固一矿主、副井冻土扩至井帮的时间及井帮温度变化特性。

① 主井:经实测分析,浅部(0～202m)和深部(>202m)细砂层内侧冻土扩至井帮的时间分别为 81d 和 69～74d(表 2-19),比预计的井筒正式开挖时间(85d)分别早 4d 和

11～16d。说明下部的冻结供冷量偏大，考虑到中内圈之间冻土交汇时间较早，井筒正式开挖后便会遇到挖掘冻土的问题，加上以中圈为主冻结孔，对盐水温度和流量调控的难度，“冻掘矛盾”突出，掘砌速度较难提高。

表 2-19　赵固一矿不同深度、不同土层内侧冻土扩至井帮的时间分析

井筒	井深/m	井壁厚度/mm	井筒掘进直径/m	内圈冻结孔			代表性土层	冻土扩至井帮的时间/d
				开孔间距/m	冻结管外径/mm	至井帮的距离/m		
主井	0～201.6	1200	7.50	2.163	159	2.45	黏土	90
							细砂	81
	201.6～381.6	1500	8.15	2.163	159	2.13	黏土	82
							细砂	74
	381.6～518.0	1800	8.75	2.163	159	1.80	黏土	76
							细砂	69
副井	0～201.5	1250	9.10	2.800	159	2.08	黏土	121
							细砂	109
	201.5～371.5	1650	9.95	2.375	159	2.08	黏土	123
							细砂	111
	371.5～400.0	2050	10.75	1.975	159	2.08	黏土	115
							细砂	103
	400.0～526.5	2050	10.75	1.975	159	2.08	黏土	106
							细砂	95

② 副井：经实测分析，浅部(0～202m)和深部(＞202m)细砂层内侧冻土扩至井帮的时间分别为 109d 和 95～111d(表 2-19)，比预计的井筒正式开挖时间(85d)分别晚 24d 和 10～26d。说明浅部冻结供冷量较为适中，有利于早日开挖和防止片帮；同时也说明深部冻结供冷量偏大，冻土过早扩展至井帮，井帮温度下降过快(图 2-59)，冻土挖掘量偏多(表 2-20)，预计井筒开挖的第 2 个月中旬便会遇到“冻掘矛盾”问题，加上中圈为主冻结孔，进行盐水温度、流量调控的难度大，掘砌速度很难提高。

(3) 赵固二矿主、副井冻土扩至井帮的时间及井帮温度变化特性。

① 主井：经实测分析，浅部(0～160m)、中部(160～320m)、深部(＞320m)细砂层冻土扩至井帮的时间分别为 64d、111～153d、91～104d(表 2-21)，比预计的井筒正式开挖时间(85d)分别早 21d、晚 26～52d、晚 6d～19d。说明浅部冻土扩至井帮的时间偏早 30d 左右，有利于井筒早日开挖和防止片帮，但防片孔需要进行调控，否则会影响掘进速度；中部冻土扩至井帮的时间基本适中，冻结壁厚度和强度易满足安全快速施工要求；深部冻土扩至井帮偏早 1 个月左右，应及时做好中、内圈盐水温度和流量的调控工作，否则将导致深部冻土扩入井帮的范围偏大、降低掘砌速度(图 2-60，表 2-22)。

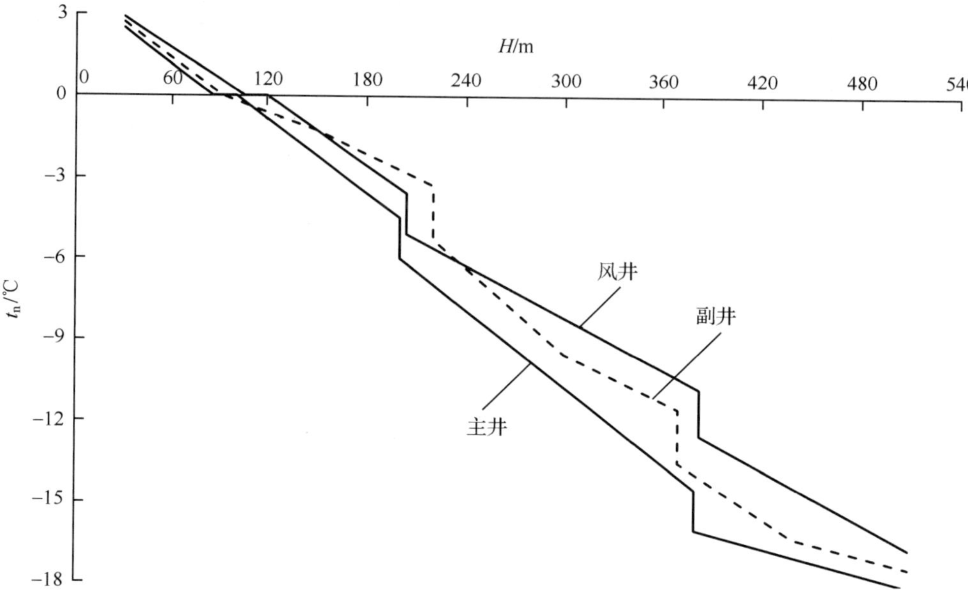

图 2-59　赵固一矿黏性土层不同深度(H)的井帮温度(t_n)

表 2-20　赵固一矿不同深度、不同土层冻土扩入井帮的范围分析

主井			副井		
井深/m	冻土扩入井帮的范围/mm		井深/m	冻土扩入井帮的范围/mm	
	黏土	细砂		黏土	细砂
50		0	50	0	0
100	0	200	100	0	200
150	300	700	1500	100	500
200	700	1150	200	320	800
204	1000	1500	204	750	1250
250	1500	1900	250	1350	1850
290	1800	2300	300	1800	2300
340	2300	2750	371	2100	2650
380	2600	3100	400	2750	3250
430	3300	3700	440	3000	3400
480	3500	3900	480	3200	3800
500	3700	—	500	3300	4000

表 2-21　赵固二矿主井不同深度、不同土层内侧冻土扩至井帮的时间分析

序号	井深/m	井壁厚度/mm	井筒掘进直径/m	中、内圈冻结孔			代表性土层	冻土扩至井帮的时间/d
				开孔间距/mm	冻结管外径/mm	至井帮的距离/m		
1	0～160	1200	7.50	2.163	159	1.50	细砂	64
							黏土	72
2	160～190					1.85	细砂	137
							黏土	153
3	190～201.6	1200	7.50				细砂	122
							黏土	136
4	201.6～320	1500	8.15			2.13	细砂	111
							黏土	123
5	320～381.6				159		细砂	104
							黏土	115
6	381.6～530.5	1800	8.75			1.83	细砂	91
							黏土	102

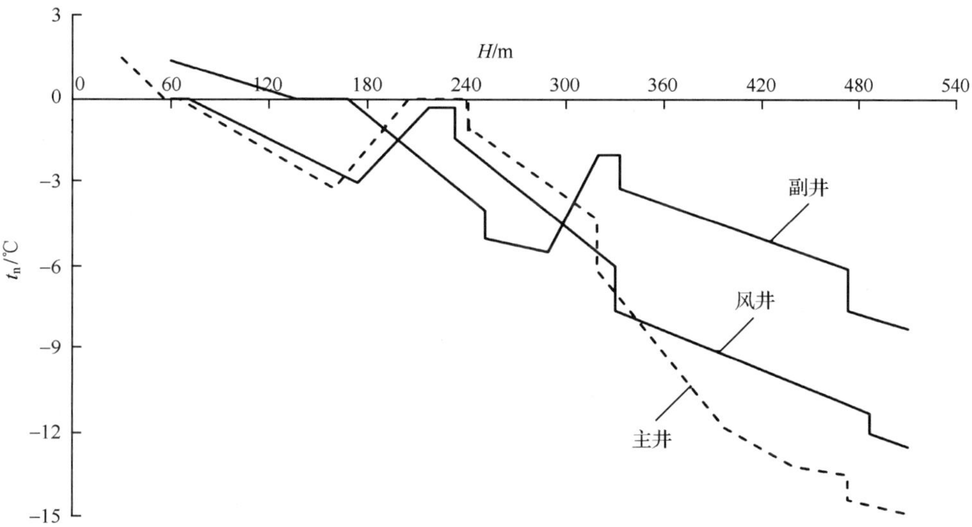

图 2-60　赵固二矿主、副、风井黏性土层不同深度(H)的井帮温度(t_n)

② 副井：经实测分析，浅部(0～253m)、中部(253～332m)、深部(>332m)冻土扩至井帮的时间分别为 138d、129～186d、167～215d，比预计的井筒正式开挖时间分别晚 53d、晚 44～111d、晚 82～130d。说明浅部冻土扩至井帮的时间偏晚 20d 左右，冻结供冷量偏小一些，但冻结壁厚度可以满足按时开挖需要，施工中需坚持短段掘砌，以防止片帮和实现快速施工；中、深部冻结供冷量和冻土扩至的时间较为适中，冻结壁的厚度和强度可以满足安全快速施工的要求，在深部施工过程中仍应注意做好冻结壁形成特性工程预报与

调控和黏性土层冻结壁径向位移实测与掘砌段高调控工作。

表 2-22　赵固二矿主副井不同深度、不同土层冻土扩入井帮的范围分析

主井			副井		
井深/m	冻土扩入井帮的范围/mm		井深/m	冻土扩入井帮的范围/mm	
	黏土	细砂		黏土	细砂
50	0	0	50	0	0
100	100	400	100	0	0
150	350	700	150	0	50
200	0	0	180	0	200
242	0	200	200	330	800
246	0	350	240	720	1200
320	1050	1500	280	1100	1700
324	1150	1650	330	400	1000
400	2150	2700	360	780	1400
440	2500	3050	420	1100	1700
500	2900		480	1500	2100

5）外圈孔外侧冻土的扩展范围与冻结孔布置方式的关系

外侧冻结壁扩展范围是计算冻结壁有效厚度和平均温度的基本参数，2000 年以来，煤科总院北京建井研究所和北京煤科联应用技术研究所对十几个 430～530m 冲积层冻结井的共界面冻结壁形成特性进行了系统的工程实测研究，取得大量的实测数据和技术突破，系统地掌握了多圈孔外侧扩展规律和扩展范围。

（1）较为系统地掌握了 400～530m 冲积层多圈孔不同管径、不同土层、不同冻结期的外侧冻结壁扩展范围（表 2-23）。

（2）多圈孔冻结的外侧冻结壁扩展范围主要取决于外孔圈的圈径、冻结孔数、成孔间距、冻结管直径、盐水温度、土层性质、冻结时间等因素，但其基本情况与单圈孔冻结相同，在冻结孔成孔间距不大于 3m、冻结盐水温度为－30℃左右的条件下，黏性土层外侧冻结壁扩展范围基本上可按图 2-61 进行选取。

6）冻结壁有效厚度的平均温度

（1）多圈孔冻结壁温度分布特点。

① 根据多圈孔冻结壁温度场的工程实测结果分析得出，多圈孔冻结壁温度场的基本特征与双圈孔冻结壁温度场类同，以共主面冻结壁的厚度最大和平均温度最低（图 2-62），以共界面冻结壁的有效厚度最小和平均温度最高（图 2-63 和图 2-64），按共界面冻结壁的有效厚度和平均温度进行冻结壁设计和组织施工较为安全可靠。

② 共界面温度分布特征与双圈孔冻结壁基本类同，由外侧（E_w）、内侧（E_n）和内外孔圈之间（S）（含中孔圈）三大部分的冻结壁有效厚度平均温度组成。

表 2-23　多圈孔冻结的外圈孔外侧冻土扩展范围

井筒	代表性土层	深度/m	最大孔间距/m	外圈冻结管直径	不同冻结时间的冻土扩展范围/mm									
					90d	120d	150d	180d	210d	240d	270d	300d	330d	360d
赵固一矿主井	砂质黏土	100	1.60	≤300m 为 140mm，>300m 为 159mm	1140	1410	1680	1920	2160	2390	2610	2810	3000	3200
	砂砾	200	1.77		1360	1720	2050	2380	2680	2950	3190	3360	3580	3790
	黏土	300	1.94		1060	1320	1510	1780	2000	2200	2390	2580	2750	2930
	黏土	400	2.48		1030	1300	1480	1680	1880	2070	2250	2410	2580	2730
	黏土	500	2.07		1050	1360	1510	1710	1940	2140	2320	2500	2680	2840
赵固一矿副井	砂质黏土	100	2.29	≤350m 为 133mm，>350m 为 159mm	1040	1310	1550	1770	2000	2200	2400	2580	2770	2950
	粗砂	200	2.52		1170	1470	1760	2030	2290	2530	2760	2980	3210	3410
	细砂	300	3.00		1030	1310	1580	1840	2080	2300	2520	2750	2940	3130
	黏土	400	2.98		960	1210	1390	1580	1740	1910	2060	2200	2350	2510
	黏土	500	2.61		990	1240	1480	1690	1870	2060	2250	2410	2570	2720
赵固二矿主井	黏土	220	1.87	≤320m 为 133mm，>320m 为 159mm	1050	1340	1600	1900	2110	2300	2480			
	黏土	365	2.10		1260	1620	1820	2250	2540	2750	2960			
	砂质黏土	450	2.19		1290	1640	1860	2300	2600	2800	3020			
赵固二矿副井	黏土	230	1.85	≤320m 为 127mm，>320m 为 159mm	950	1270	1380	1680	1900	2170	2390			
	黏土	415	2.40		1130	1510	1650	2010	2260	2590	2850			
	砂质黏土	485	2.37		1150	1540	1680	2050	2330	2640	2910			

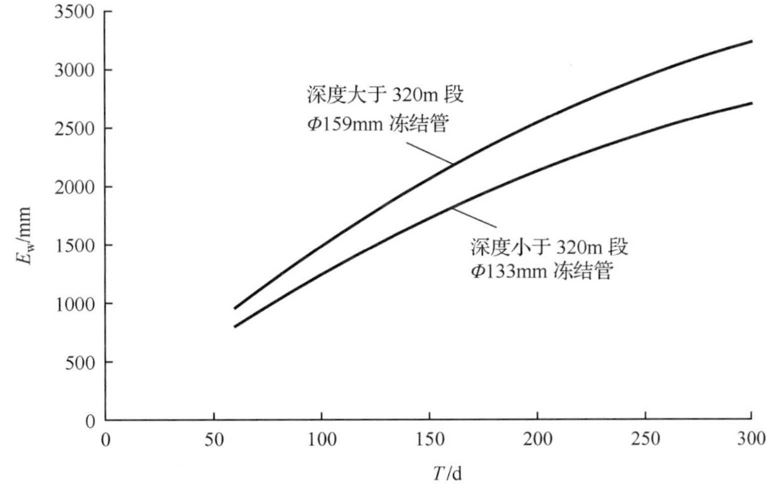

图 2-61　赵固二矿主井黏土层不同冻结期(T)的冻结壁外侧扩展范围(E_w)

外圈孔布置圈直径 17.5m；冻结孔开孔间距 1.374m

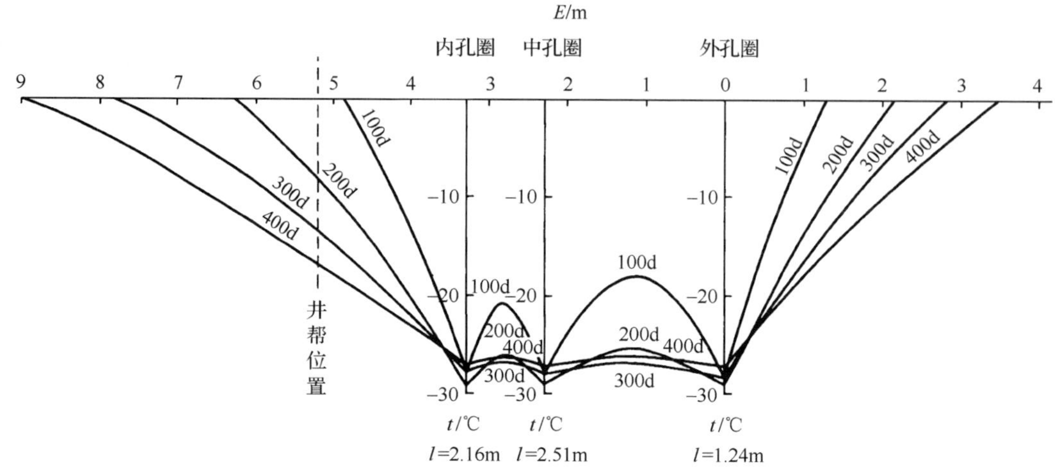

图 2-62　赵固一矿主井－490m 水平黏土层共主面冻结壁形成状况

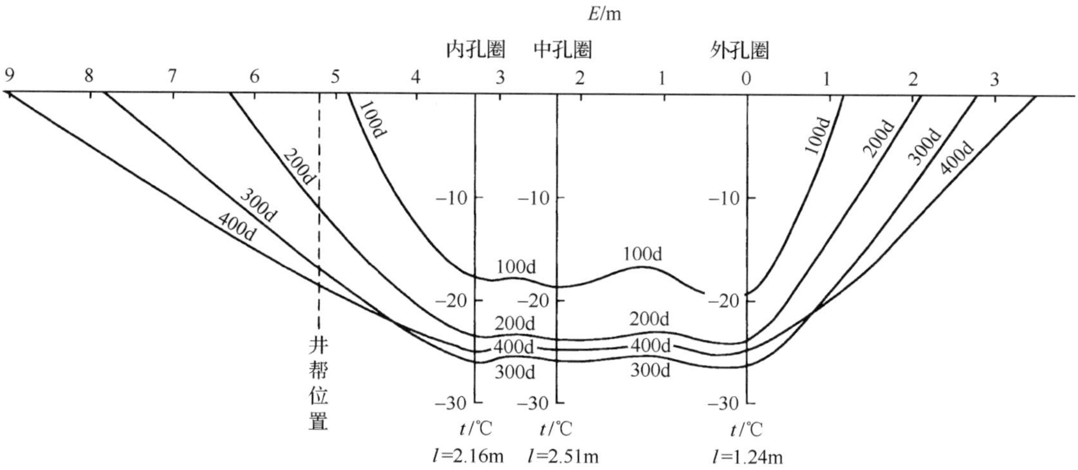

图 2-63　赵固一矿主井－490m 水平黏土层共界面冻结壁形成状况

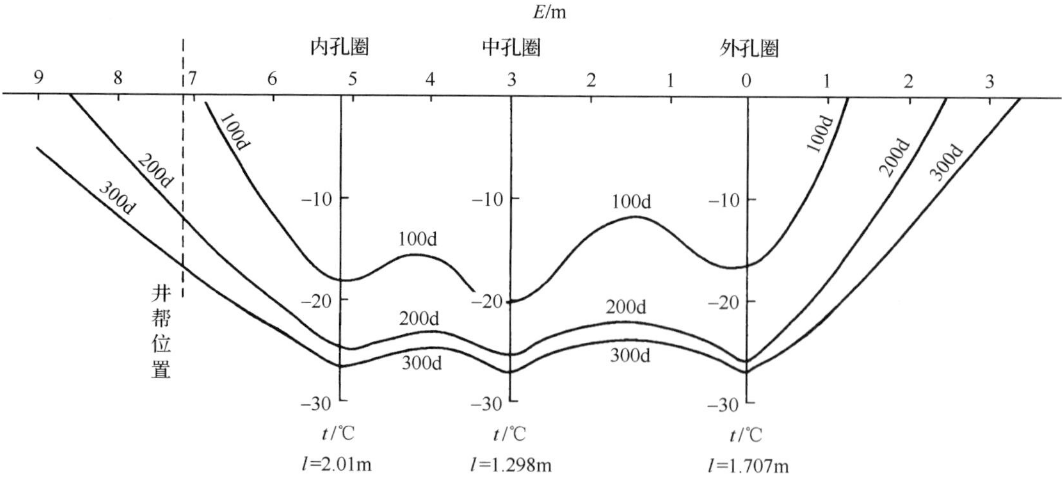

图 2-64　赵固一矿副井－500m 水平中砂层共界面冻结壁形成状况

(2) 多圈孔冻结壁有效厚度的平均温度计算方法。

为了适应多圈孔冻结壁设计的需要，煤科总院北京建井研究所和北京煤科联应用技术研究所科研人员在单、双圈孔冻结壁平均温度计算公式的基础上，于2003年提出成冰多圈孔冻结壁有效厚度平均温度计算公式。[10]

7) 多圈冻结孔布置与多种冻结工艺的优化组合

冻结孔布置与冻结工艺的优化组合是实现冻结壁厚度、平均温度等设计指标的重要措施，不同的组合方式将直接影响冻结壁的形成特性和实施效果。为了探索深厚冲积层多圈冻结孔布置与不同冻结工艺组合的效果，煤科总院北京建井研究所和北京煤科联应用技术研究所合作，从2004年开始对泉店矿、赵固一矿和二矿的主、副、风井及李粮店主、副井等二十多个冻结立井进行多圈冻结孔布置与多种冻结工艺优化组合和冻结壁形成特性进行工程实测研究，为深厚冲积层多圈孔冻结设计和安全快速施工提供了科学依据。现着重对井筒净直径、冲积层厚度、井壁结构和厚度、施工工艺基本相同的赵固一矿、二矿副井采取不同冻结孔布置方式与冻结工艺的组合效果(表2-24)对比分析。

(1) 赵固二矿副井的冻结孔总数为98个，比一矿副井减少17个(14.8%)。

(2) 赵固二矿副井的冻结孔总工程量为52340m，比一矿副井减少9415m(15.3%)。

表2-24　赵固一矿副井(中圈为主冻结孔)与赵固二矿副井(外圈为主冻结孔)对比

序号	项目名称		主要技术指标	
			赵固一矿副井	赵固二矿副井
1	井筒净直径/m		6.8	6.9
2	冲积层厚度/m		519.7	527.5
3	冻结深度/m		575	628
4	井筒掘进最大直径/m		11.05	11.05
5	冻结壁设计厚度/m		9.5	9.4
6	冻结孔布置特点		中圈为主冻结孔，外、内圈均为辅助冻结孔	外圈为主冻结孔，中/内圈分别为辅助/防片冻结孔
7	外/中/内孔圈布置圈径/m		25.0/19.0/14.7	24.6/17.8/13.4
8	外/中/内孔圈冻结深度/m		520/(575/550)/520	555/628/(469/290)
9	外/中/内孔圈冻结孔数/个		46/(23/23)/23	58/20/(10/10)
10	外/中/内孔圈冻结孔开孔间距/m		1.707/1.298/2.008	1.332/2.796/2.105
11	冻结孔工程量/m		61755	52340
12	冻结需冷量/(10^4kcal/h)		788.6	661.1
13	黏性土层	井帮见冻土的深度/m	110	155
14		邻近冲积层底部的井帮温度/℃	−18.0	−7.5
15	冻结段平均掘砌速度/(m/月)		46.3	108.8
16	冻结段成井速度/(m/月)		38.7	81.4

(3) 赵固二矿副井的冻结需冷量为661.1×10^4kcal/h，比一矿副井减少127.5×10^4kcal/h(16.2%)。

（4）赵固一矿副井采用以中圈为主孔圈布置方式，赵固二矿副井采用以外圈为主孔圈布置方式；采用外圈为主冻结孔和中内圈分别为辅助、防片冻结孔，便于对中、内孔圈的冻结盐水温度、流量进行科学调控，有利于缓解冻结与掘砌的矛盾和提高掘砌速度。

（5）赵固二矿副井临近冲积层底部黏性土层的井帮温度为－7.5℃，比一矿副井冲积层底部黏性土层井帮温度提高10.5℃，大幅度减少冻土挖掘量，冻结段掘砌速度大幅度提升，技术经济效益十分显著。

（6）赵固二矿副井冻结段平均掘砌速度为108.8m/月，比一矿副井冻结段平均掘砌速度提高62.5m/月（135.0%）。

（7）赵固二矿副井冻结段成井速度为81.4m/月，比一矿副井冻结段成井速度提高42.7m/月（110.3%）。

（8）赵固二矿副井的井筒净直径、冲积层厚度、冻结深度为6.9m、527.5m、628m，比一矿副井的相关指标6.8m、519.7m、575m大，但由于二矿副井冻结方案的冻结孔布置与冻结工艺较为合理，其冻结工程、掘砌工程的实际中标合同价均比一矿副井低，工程效率较高。

8）多圈孔冻结壁形成特性研究成果的应用

（1）根据多圈孔冻结壁形成特性的研究成果提出，按冻结壁有效厚度最小、平均温度最高、强度最低的共界面冻结壁进行设计，为确定深厚冲积层冻结段施工奠定了安全基础。

（2）根据泉店矿、赵固一矿和二矿主副风井、李粮店主副井等多圈孔冻结壁形成特性的实测结果提出，大于500m冲积层和主冻结孔成孔间距不大于3m条件下的冻结壁交圈时间、井筒试挖时间、正式开挖时间一般为60～66d、67～75d、80～90d，要求冻结60d之前做好开挖前的一切准备工作，为井筒早日开挖创造有利条件。

（3）根据多圈孔各孔圈之间冻土交汇时间及冻土扩至井帮时间的综合分析提出，浅部细砂层和深部黏土层设计控制层位的中内孔圈之间冻土交汇时间宜控制在90～105d和120～135d，而中外孔圈之间浅部细砂层和深部黏土层设计控制层位的冻土交汇时间宜控制在115～130d和130～160d。当冻土交汇时间提前时，应进行盐水温度和流量的调控；当冻土交汇时间滞后时，应加大冻结力度。

（4）冻土扩至井帮的时间是影响浅部基本不片帮、深部少挖冻土和冲积层段安全开始施工的重要指标。根据泉店矿、赵固一矿和二矿的主副风井、李粮店主副井等多圈孔冻结壁形成特性和施工速度综合分析提出如下几点：①深厚冲积层冻结井，冻土距井帮200（粉细砂层）～400mm（黏土层）时进行井筒正式挖掘较为适宜。②深厚冲积层冻结井，第1个月内按掘砌速度4～5m/d计算，掘深100（细砂层）～120m（黏土层）时井帮见冻土较为适宜，对防止浅部片帮和深部少挖冻土较为有利。

6. 冻结壁解冻特性

1）研究简况

冻结壁解冻过程是对冻结法凿井工程的重要考验阶段。只有冻结壁解冻之后，才能肯定该井冻结法凿井是否成功、井壁结构封水性是否满足要求、井壁质量是否合格。冻结壁解冻可概括为自然解冻和人工解冻两种方法。

为了探索冻结壁不同解冻方式的特点，以适应冻结法凿井工程的需要，煤科总院北京建井研究所于 20 世纪 70～80 年代对潘集冻结试验井、潘一东风井、潘三东风井冻结壁自然解冻特性进行实测研究；进入 21 世纪后，煤科总院北京建井研究所与北京煤科联应用技术研究所合作，对新河矿副井和风井、马泰壕主斜井、葫芦素副井、新庄副井等进行人工解冻的研究（表 2-25），均取得良好效果。

表 2-25　冻结壁解冻特性的研究

序号	解冻方式	井筒名称	解冻基本条件	研究目的	年限
1	自然解冻	潘集冻结试验井	停冻后井内灌满水	探索不同条件下冻结壁自然解冻的特点，以适应冻结法凿井工程的需要	1973～1974
2		潘一东风井	停冻后井筒正常通风		1976～1977
3		潘三东风井	停冻后井筒正常通风		1982～1984
4	人工解冻	新河副井、风井	冻结器内循环热（盐）水	自然解冻与人工解冻条件下，冻结管周围冻土融化对拔冻结管的影响	2008～2009
		马泰壕主斜井			2010～2011
5		新河副井、葫芦素副井	冻结器内循环热盐水环绕冻结器向外解冻冻结壁	探索冻结器内热盐水循环量、循环时间、解冻范围的关系，为拔冻结管（新河副井）和冻结管射孔注浆（葫芦素副井）创造条件	2011～2012
6		新庄副井（甘肃）	在冻结孔圈与井筒之间增设加热管，在要求的时间内循环热水	探索加热管的数量、深度、管径、加热时间、供热量等项指标，以防止原有井壁冻坏	2012～2013

2）冻结壁自然解冻研究的主要成果

（1）井内灌水条件下的冻结壁自然解冻。

潘集冻结试验井于 1973 年 11 月 7 日进行冻结，至 1974 年 7 月 12 日停止冻结，历时 246d，形成冻结壁厚度为 4.8m，停止冻结后，井内灌满水让其自然解冻，经实测得出该井冻结壁自然解冻具有以下特点（图 2-65）。

① 停止冻结 2.5 个月冻结壁平均温度上升至－2.5℃时，冻结壁边界开始缓慢融化，黏土层的融化速度为 2.5（外侧）～3.5mm/d（内侧）。

② 停止冻结 150d 冻结壁平均温度上升至－1℃后，冻结壁融化速度加快，黏土层的融化速度达到 5（外侧）～7mm/d（内侧）。

（2）井内正常通风条件下的冻结壁自然解冻。

① 潘一东风井冻结壁自然解冻的特点。

潘一东风井井筒净直径为 6.5m，冲积层厚 292.5m，冻结深度为 320m，于 1975 年 9 月 15 日开机冻结，至 1976 年 12 月 17 日停止冻结，历时 425d，内、外侧冻结壁有效厚度之和为 7.5m。冻结段施工结束后，转入非冻结段和巷道施工过程，井筒正常通风。实测得

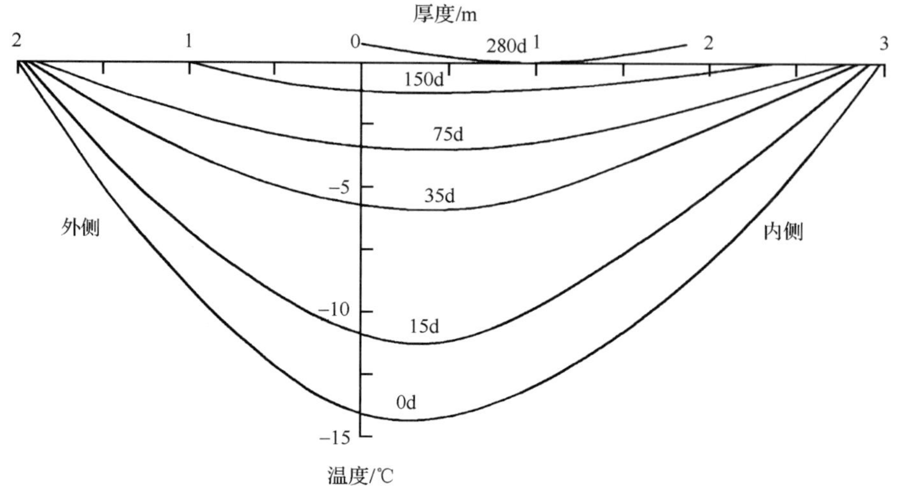

图 2-65　潘集冻结试验井井内灌水条件下－10m 水平砂质黏土层界面冻结壁自然解冻特点

出冻结壁自然解冻具有以下特点(图 2-66)。

(a) 停止冻结 90d 时冻结壁水平方向的平均温度上升至－3.5℃,冻结壁有效厚度基本不变或略有增长;之后,冻结壁边界出现缓慢融化,黏土层的融化速度为 2.5(外侧)～3.5mm/d(内侧)。

(b) 停止冻结 180d 冻结壁平均温度升至－1.5℃后,冻结壁边界融化速度加快,黏性土层的融化速度为 5(外侧)～7mm/d(内侧)。

(c) 中粗砂层的融化速度为黏土层的 1.2～1.3 倍。

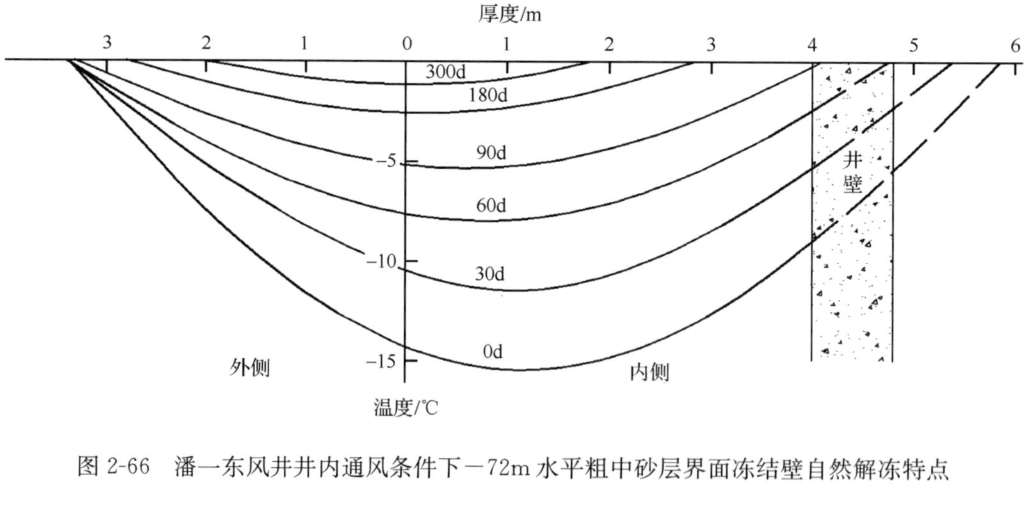

图 2-66　潘一东风井井内通风条件下－72m 水平粗中砂层界面冻结壁自然解冻特点

② 潘三东风井的冻结壁自然解冻特点。

潘三东风井净直径为 6.5m,冲积层厚 358.5m,冻结深度为 415m,于 1981 年 5 月 26 日开机冻结,至 1983 年 2 月 20 日停止冻结,历时 634d,冻结壁有效厚度为 7.8m,转入井筒非冻结段和巷道施工过程,井筒正常通风,实测得出该井冻结壁的自然解冻具有以下特点(图 2-67～图 2-72)。

(a) 停止冻结 4～4.5 个月冻结壁平均温度上升至－4～－5℃时，但边界基本上不融化或略有增长；之后冻结壁边界开始出现缓慢融化，黏性土层的融化速度为 2.0(外侧)～3.0mm/d(内侧)。

(b) 停止冻结 210d 冻结壁平均温度上升至－2～－2.5℃时，冻结壁边界融化速度加快，黏土层的融化速度为 5(外侧)～7mm/d(内侧)。

(c) 套壁过程的内侧冻结壁温升幅度约为外侧的 1 倍，套壁过程井壁混凝土水化热传给冻结壁的热量相当于冻结壁自然解冻 2 个月的吸热量。

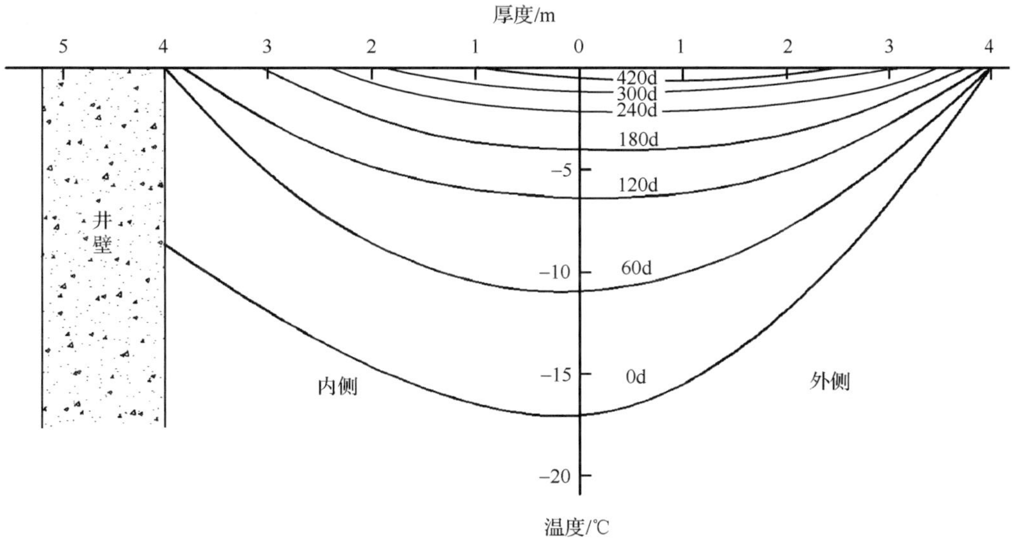

图 2-67　潘三东风井－42m 水平粗中砂冻结壁自然解冻特征

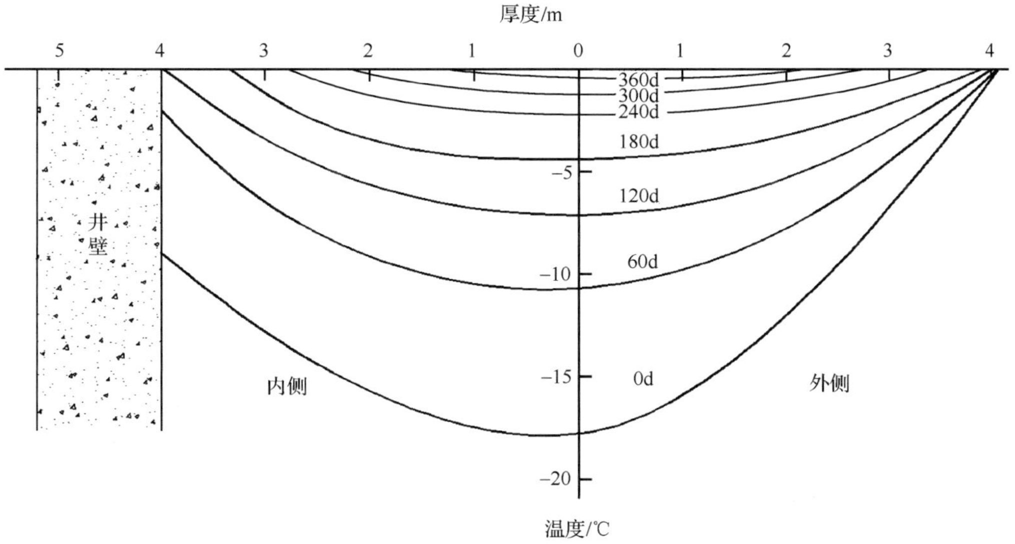

图 2-68　潘三东风井－111m 水平砂砾冻结壁自然解冻特征

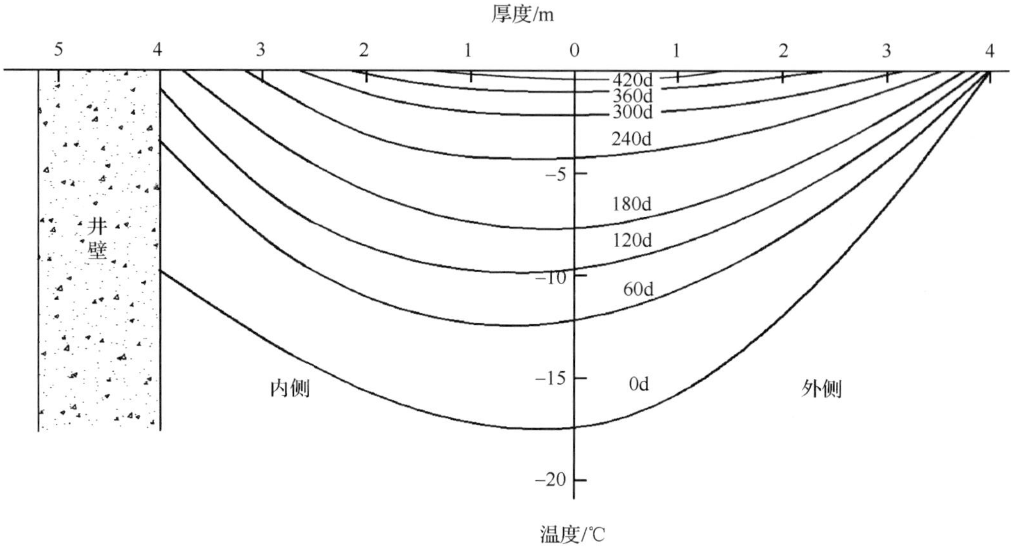

图 2-69　潘三东风井－171.5m 水平固结黏土冻结壁自然解冻特征

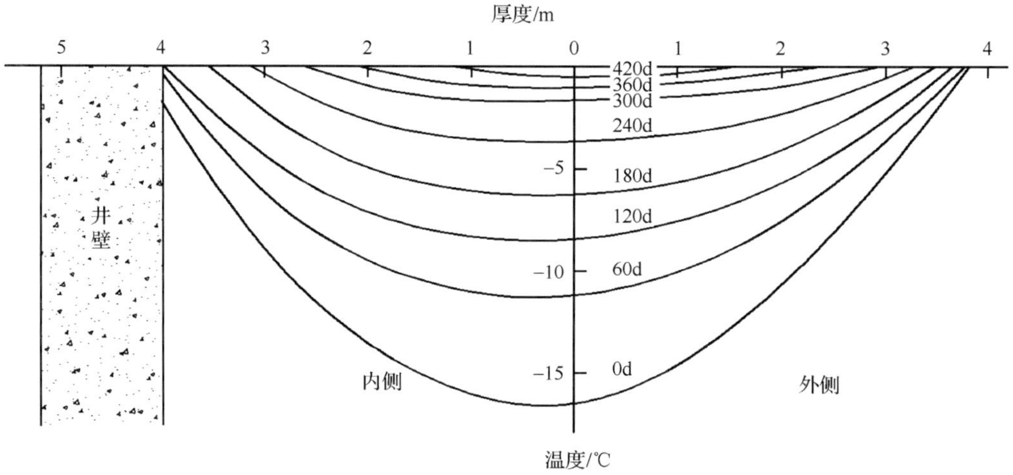

图 2-70　潘三东风井－206m 水平固结砂质黏土冻结壁自然解冻特征

(d) 砂性土层的解冻速度比黏性土层快，不同土层的自然解冻速度见表 2-26。

(3) 冻结壁竖向融化状态为两头快中间慢。

底部冻结壁受较高地温的影响而提前融化，一般是停冻 2 个月前后冻结壁便出现融化，并以 0.7(冲积层)～1.4m/d(基岩)的融化速度向上发展。

邻近地表部分的冻结壁受大气温度和雨水等因素的影响而提前融化，但由于空气传热慢和气温呈周期性变化，一般是停冻 6 个月左右出现解冻，提前解冻的范围(深度)往往局限于地表以下几米。

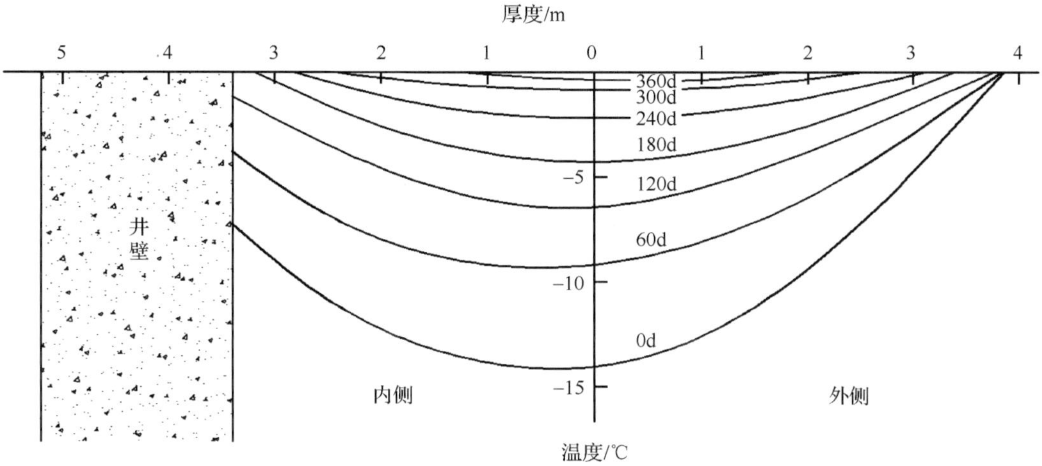

图 2-71　潘三东风井－355m 水平砂砾冻结壁自然解冻特征

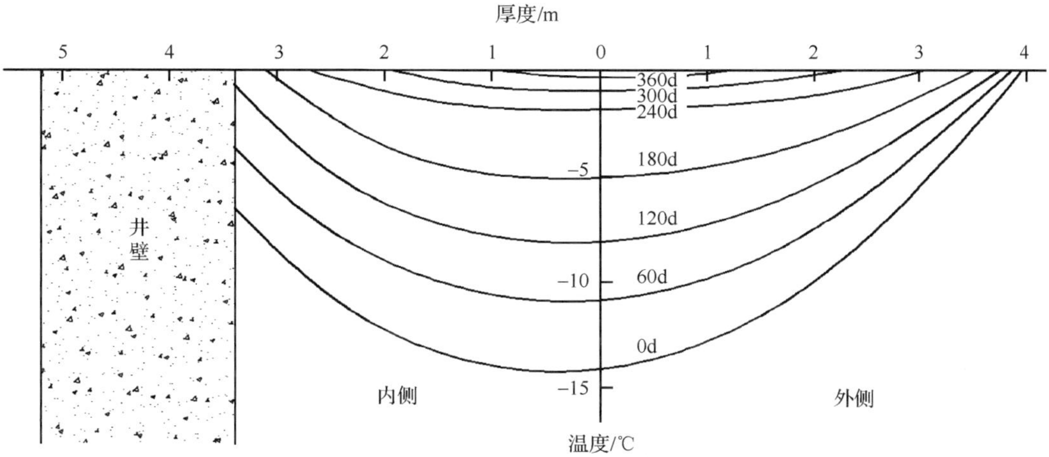

图 2-72　潘三东风井－365m 水平风化砂质泥岩冻结壁自然解冻特征

(4) 冻结壁自然解冻时间的计算。

$$T = T_0 + T_i = T_0 + \frac{E}{V_c} \tag{2-6}$$

式中，T 为冻结壁的自然解冻时间，d；T_0 为停止冻结至冻结壁边界开始融化的时间，d；T_i 为冻结壁厚度开始减薄至融透出水的时间，d；E 为停止冻结时冻结壁的有效厚度，m；V_c 为冻结壁边界开始减薄至冻结壁融透出水期间的平均融化速度，mm/d，见表 2-26。

3) 冻结壁人工解冻特性的研究

(1) 新河矿副井和风井冻结壁采用自然解冻和人工解冻相结合的方式及拔冻结管最佳时机研究成果。

① 基本情况。

新河矿副井和风井的净直径分别为 6m 和 4.5m，冲积层厚 215.4m 和 199.6m，冻结

表 2-26　井筒正常通风条件下的冻结壁自然解冻速度

序号	冻结地层	冻结壁自然解冻平均速度/(mm/d)
1	黏土	11.0
2	砂质黏土	11.6
3	细砂	13.7
4	中砂	14.2
5	粗中砂	17.4
6	砂岩	20.0

深度为 292m 和 288m，分别采用主冻结孔内侧增设防片冻结孔和单圈冻结孔的布孔方式，冻结壁的设计厚度为 3.57m 和 2.7m，于 2008 年 1 月 25 日和 2008 年 1 月 18 日开机冻结，并于 2008 年 7 月 22 日和 2008 年 7 月 4 日停止冻结，即副井和风井的冻结时间分别为 178d 和 167d。

② 冻结壁自然解冻和人工解冻相结合方式及拔冻结管最佳时机的研究成果。

(a) 以冻结冲积层为主的拔冻结管时间应选在冻结壁整体解冻透水之前，利用冻结管进行人工解冻，探索人工解冻能耗最小、围岩对冻结管的围抱力最小或起拔力最小、有利于保证钻孔充填质量的最佳拔管时机。

(b) 新河矿副井采用主冻结孔内侧增设防片冻结孔的布孔方式，风井采用单圈孔冻结的布孔方式，实践表明，当自然解冻时间为冻结时间的 0.5～1.0 倍时进行人工解冻，融化冲积层中单圈冻结管或外圈冻结管周边的冻土进行拔管最为有利。

(c) 当自然解冻时间等于冻结时间的 2～3 倍时进行人工解冻，融化冲积层的中内圈冻结管周边的冻土后进行拔管最为有利。

(d) 选在夏季或者春秋季气温较高时进行拔管较为有利，多圈孔冻结的外圈孔自然解冻时间较短，先拔外圈管后拔内圈管较为有利。

(2) 马泰壕主斜井冻结壁采用自然解冻和人工解冻相结合的方式及拔冻结管最佳时机的研究成果。

① 基本情况。

马泰壕主斜井总斜长 1513m，倾角为 16°，井筒净宽 5.4m，净高 4.1m，井筒支护厚度为 0.4～0.5m。井筒穿过 5.2m 第四系冲积层和 110.8m 白垩系下统志丹组地层、126.11m 中统安定组地层。斜长 59.46～500.94m 采用冻结法施工，冻结垂深达 145m，以冻结含水基岩为主，从地面施工垂直冻结孔：沿井筒轴线分五段冻结，斜长分别为 59.46～172.21m、172.21～286.90m、286.90～373.56m、373.56～445.65m、445.65～500.49m，采取分段打钻、分段冻结工艺，每段两头增设封头孔，而内、外侧两排冻结孔位于井筒横断面外的两侧冻结孔排距均为 2.5m；顶部、底部、两侧的冻结壁设计厚度分别为 4m、4m、2m；中部三排孔的开孔间距和成孔最大间距为 2.4～2.7m 和 3.2m，外侧两排孔的开孔间距和成孔最大间距为 1.6～1.8m 和 2.4m。

② 冻结壁自然解冻和人工解冻相结合方式及拔冻结管最佳时机的研究成果。

由于含水基岩解冻后对冻结管的围抱力较小，冻结壁完全解冻对拔管工作影响较小，在冻结壁基本解冻时配合人工解冻进行拔管工作的费用较低。马泰壕主斜井采用 5 排冻结孔的布孔方式，停冻时间等于冻结时间的 0.5～2 倍时进行外排孔人工解冻，停冻时间等于冻结时间的 3～5 倍时进行内排孔人工解冻，在气温较高季节利用 20℃左右的水进行人工解冻，对拔管工作较为有利。

(3) 葫芦素风井冻结壁人工解冻与冻结管射孔注浆、井壁壁后注浆的研究成果。

① 基本情况。

葫芦素风井深 681.29m，净直径为 8.0m；井筒穿过四系冲积层 41.05m，白垩系志丹群 335.29m，侏罗系中统的安定组 69.0m、直罗组 164.87m、延安组 71.08m；预计井筒最大涌水量为 1171m^3/h，其中四系冲积层和白垩系志丹群的涌水量分别为 615m^3/h 和 419m^3/h；选用全井深单圈孔差异冻结工艺，冻结深度为 672m/372m；该井于 2009 年 11 月 5 日开机冻结，2010 年 12 月 26 日停止冻结，计冻结 416d。考虑到该井的全井深冻结，为防止上部地层沿冻结管与钻孔之间的环形空间向下导水和早日进行壁后(井壁)注浆，于 2011 年 1 月 6 日决定利用 21 个深冻结管(672m)和 2 个深测温管(672m)进行人工解冻，在－643～－645m、－388～－390m 的砂质泥岩部位进行冻结管穿孔注浆；随后利用 21 个浅冻结管(392m)进行人工解冻与壁后(井壁)注浆。

② 冻结壁人工解冻与冻结管射孔注浆的研究成果。

深厚含水基岩冻结壁人工解冻与冻结管射孔注浆在国内尚处在探索阶段，北京煤科联应用技术研究所与中煤建设五公司三处合作，根据潘集冻结试验井、潘一东风井、潘三东风井等冻结壁自然解冻特点和葫芦素风井含水基岩冻结、气候等特点分析，结合冻结管热交换系数取值、循环水温度和流量、供热方法和效率估算、人工解冻速度和解冻时间预测等研究，进行了冻结管人工解冻需热量的计算方法的研究，取得以下效果。

(a) 人工解冻的需热量计算方法和冻结管热交换系数取值较为符合工程实际。

(b) 采用盐水箱底部烧煤供热效率为 25％～27％，锅炉烧煤加热盐水的供热效率为 40％～43％。

(c) 分组供热解冻，每组 4～5 根冻结管，循环时间为 5～7d：开始 2～3d 循环 30℃盐水，而后 3～4d 循环 40℃左右的清水基本可行。

(d) 根据实测冻结壁人工解冻速度：下部比上部解冻快；人工解冻半径为 200～250mm 时，按人工解冻平均速度为 28mm/d 计算，需要 7～8d；冲积层的人工解冻速度为冻结壁交圈前平均扩展速度的 1.4 倍。

(e) 人工解冻存在的问题：21 根浅冻结管(392m)采用人工解冻均较顺利，成功率达 100％；21 根深冻结管(672m)和工程测温管采用人工解冻的成功率为 87％，失败的原因主要是冻结管焊缝开裂和塑料供液管断裂。

(4) 新庄副井在冻结孔圈与井筒之间增设隔热孔圈防止原有井壁冻胀破坏的研究成果。

① 基本情况。

井筒净直径为 9m，井深(至马头门顶部)990.3m，冲积层厚 209.7m，采用普通法施工 130m 后改用冻结法施工，冻结深度为 908m。该井冻结法施工遇到的主要难题是冻结深度大，地质水文条件复杂，井筒预计涌水量大(2191m^3/h)，抽水影响半径大(3660m)，地下水流速大(1.7m/h 或 40.8m/d),且井深 0～130m 为普通法施工,井壁质量差,改用冻结法施工后可能引起原有 130m 井壁冻胀破坏。

② 普通法施工段井壁防止冻胀力破坏方案。

防止普通法施工段井壁冻胀破坏是近几年遇到的新问题,国内尚无成熟的实践经验可供借鉴。根据塔然高勒副井和风井的普通法施工段井壁冻胀破坏的原因分析认为,一是普通法施工时的注浆措施和冻结钻孔的充填措施封堵了部分导水通道,在冻结恢复施工的过程中,水被冻结时产生的冻胀现象较大;二是该施工段地层受到不同程度的破坏,密实度和含水率变化大,冻胀力不均匀,容易导致原有井壁的破坏。克服冻胀力破坏的关键是限制内侧冻土的扩展范围,减小冻胀力,防止冻胀力直接作用在井壁上。经研究分析提出,在冻结孔圈与井壁之间增设隔热孔圈(表 2-27)循环热水和冻结过程监测、调控的综合保护法,把冻土限制在距井壁 2.5m 附近。

表 2-27　新庄副井冻结孔圈与井壁之间增设隔热孔圈的技术参数

隔热孔圈	深度/m	布置直径/m	孔数/个	开孔间距/m	管径/mm	至井壁外表面的距离/m	至冻结孔圈距离/m
参数值	135	13.0	18	2.269	133	1.05～1.30	3.20

③ 普通法施工段井壁采用隔热孔圈、循环热水和冻结过程监测调控综合防护法的应用效果。

新庄矿副井通过在冻结过程中的实时监测与分析,冻结 90d 时冻结壁已扩展至距井壁 2.5m 左右,确定从冻结第 99d 开始运转隔热孔,去路水温度在 20℃以上,同时减小盐水流量(由初期最高的 13.8～14.2m^3/h 调整至 13.1m^3/h),使冻结第 120～150d 冻结壁内侧扩展速度基本为 0;冻结第 150～237d,随着入冬环境温度的逐渐降低,隔热孔循环水温逐渐降至 17℃左右,通过两次冻结盐水温度(提高至－16～－17℃)及流量(减至 8.7m^3/h)的调整,将冻结壁内侧扩展速度控制在 1.0mm/d 左右;由于冬季施工环境温度及隔热孔循环水温的进一步降低,经分析冻结壁内侧扩展速度有逐渐增大趋势,从冻结第 237d 开始引入温度较高的冷却站冷凝器回路冷却水后,隔热孔循环水温升至 22℃以上,冻结壁停止向内侧扩展,并缓慢收缩,收缩速度约为 2.8mm/d。

新庄矿副井采用增设隔热孔循环热水的方法,并结合调控措施,成功控制了冻结壁向内侧扩展,冻结壁向内侧扩展位置距井帮始终保持 2.3m 以上,有效地预防了因冻胀力过大引起的原有井壁破坏。

4) 冻结壁解冻特性研究成果的应用

(1) 冻结壁自然解冻研究成果的应用。

冻结壁自然解冻的实质是冻土中冰融化成水的过程,解冻期为停止冻结至冻结壁解冻透水的时间。根据潘集冻结试验井、潘一东风井、潘三东风井等冻结壁自然解冻特性实测成果分析提出如下几点:

① 冻结段底部同时受水平和垂直方向地热的影响,引起的解冻速度比只受水平方向地热影响的解冻速度快 50%左右;邻近地表部分的冻结壁同时受水平方向地热和地面气温、雨水的影响,引起的解冻速度比水平方向冻结壁的解冻速度快 10%以上。

② 冻结壁底部停冻 1.5(冻结深度不大于 300m)～2.0 个月(冻结深度大于 300m)

后，筒形壁座以上可能出现解冻出水，并以 1.05m/d(基岩)和 0.7m/d(冲积层)的速度向上融化，有可能沿井壁夹层向上窜水，严重时可能导致井筒被淹(如古汉山主井)。为了确保施工安全，套壁结束后立即进行井壁夹层注浆，工作方便，注浆质量较有保证，也可避免冻结壁解冻透水后进行注浆可能遇到的各种不安全因素。

③ 从潘集冻结试验井、潘一东风井、潘三东风井的冻结壁自然解冻特点分析，提出在停止冻结 4～6 个月进行井壁夹层注浆较为适宜(见 1986 年版《建井工程手册》第四卷中表 16-2-115)的提法往往实现不了，因为内层井壁套壁结束后，井内原有悬吊设施均需恢复，利用凿井吊盘进行井壁夹层注浆的可能性不大，预计停冻 4～6 个月进行井壁注浆往往与其他工程施工有矛盾。

④ 根据赵固一矿副井套壁对滑模辅助盘以下的井内纵向井帮气温分布状况和井壁及壁后温度变化实测数据分析提出，由于井壁厚度、混凝土标号与井筒深度成正比，不同深度内外层井壁的夹层降至 0℃的时间与该井壁开始套壁至套壁结束的时间差值是基本一致的，所以在正常的套壁速度下，不同深度内、外层井壁交界面(夹层)温度降至 5℃和 0℃的时间分别为井筒套壁结束后的 35d 和 60d 以上。说明利用井筒套壁结束后内、外层井壁交界面温度不低于 5℃条件下进行井壁夹层注浆填堵的 20d 时间是绰绰有余的，该阶段井内除凿井吊盘外，没有其他悬吊管路和设施，也是井壁夹层注浆的最方便时机。

⑤ 根据冻结壁温度场、井壁及壁后温度变化监测资料分析，近年来冻结方案设计趋于科学、理性，冻结调控逐渐受到重视，工程中冻结冷量供应更加合理，冻结后期多余的冻结壁冷量储备逐渐减小，因此冻结井筒套壁后壁间夹层可能出现不回冻或晚回冻现象，且停冻后的冻结壁解冻时间有了明显的缩短，可能引起井壁较早出现渗漏水。故要求提早落实应对井壁渗漏水和壁间注浆的准备工作，待冻结井筒套壁后，随即实施壁间夹层注浆。

(2) 冻结壁人工解冻特性研究成果的应用。

① 根据新河矿副井和风井冻结壁采用自然解冻与人工解冻相结合的解冻特性实测结果分析提出如下几点：

(a) 当自然解冻时间为冻结时间的 0.5～1.0 倍时进行人工解冻，融化冲积层中单圈冻结管或外圈冻结管周边的冻土进行拔管最为有利。

(b) 当自然解冻时间等于冻结时间的 2～3 倍时进行人工解冻，融化冲积层中的内圈冻结管周边的冻土进行拔管最为有利。

② 根据马泰壕主斜井含水基岩冻结沿井筒横断面布置 5 排冻结孔条件下的冻结壁解冻特性实测结果分析，提出停冻时间等于冻结时间的 0.5～2 倍时进行外排孔人工解冻，停冻时间等于冻结时间的 3～5 倍时进行内排孔人工解冻，在气温较高季节利用 20℃左右的水进行人工解冻，对拔管工作较为有利。

③ 根据冻结壁自然解冻特性实测资料和葫芦素风井含水基岩单圈孔差异冻结特点分析得出如下结论：

(a) 冻结壁停冻后尽快进行人工解冻融化冻结管周边冻土与冻结管射孔注浆工作是可行的，但人工解冻所需热量较大。

(b) 采用分组(含 4～5 根冻结管)进行人工解冻的工艺可行，先循环 30℃左右盐水 2～3d 后循环 40℃清水 3～4d 的人工解冻和射孔注浆方式较符合工程实际。

(c) 深(672m)冻结管停冻后尽快利用冻结管进行人工解冻与射孔注浆的成功率达87%;浅(392m)冻结管停冻后尽快利用冻结管进行人工解冻与射孔注浆的成功率达100%。

7. 冻结壁形成特性的有限元分析

1) 有限单元法的基本思想

有限单元法的基本思想最早出现于20世纪40年代初期,美、英等国的飞机制造业有了大幅度的发展,随着飞机结构的逐渐变化,准确地了解飞机的静态特性和动态特性越来越显得迫切,但是传统的设计分析方法已经不能满足设计的需要,因此工程设计人员便开始寻找一种更加适合的分析方法,于是出现了有限单元法的思想。但是直到1960年,美国的克拉夫(Clough)在一篇论文中首次使用"有限元法"这个名词。在60年代末70年代初,有限单元法在理论上已基本成熟,并开始陆续出现商业化的有限元分析软件。

有限单元法的基本思想是将连续的结构离散成有限个单元,并在每一个单元中设定有限个节点,将连续体看成是只在节点处相连接的一组单元的集合体。同时选定场函数的节点值作为基本未知量,并在每一个单元中假设一近似插值函数以表示单元中场函数的分布规律。进而利用力学中的某些变分原理在单元中建立用以求解节点未知量的有限元法方程,从而将一个连续域中的无限自由度问题化为离散域中的有限自由度问题,最后再整合成为连续域的线性方程组求解。一经求解就可以利用解得的节点值和设定的插值函数确定单元上以至整个集合体上的函数。

冻结壁温度场的有限元分析就是将冻结壁及其降温区域划分成众多个小单元,将冻结管附近温度变化剧烈的地方把单元划分得更小,在不增加单元和节点数量的条件下提高计算精度。

2) 传热学基本原理

(1) 热传导偏微分方程。

冻结壁温度场属于不稳定温度场,不仅在空间上变化,还随时间变化,即

$$T = f(x, y, t) \tag{2-7}$$

冻结壁是具有内热源的瞬态温度场,二维热传导过程的偏微分方程为

$$\frac{\partial T}{\partial t} = a\left(\frac{\partial^2 T}{\partial^2 x} + \frac{\partial^2 T}{\partial^2 y} + \frac{Q}{\lambda}\right) \tag{2-8}$$

式中,T为温度,℃;t为时间,s;λ为导热系数,W/(m·℃);a为热扩散率或热扩散系数,m^2/s,$a = \frac{\lambda}{c\rho}$,$\rho$为密度,$kg/m^3$,$c$为比热容,J/(kg·℃);$Q$为内热源强度,$W/m^3$。

在有限元法分析冻结壁温度场时,我们对冻结管的供冷一般处理为温度的时间函数,转化为有限元边界条件,将具有内热源的瞬态温度场问题转化为无内热源的瞬态温度场。二维无内热源热传导过程的偏微分方程为

$$\frac{\partial T}{\partial t} = a\left(\frac{\partial^2 T}{\partial x^2} + \frac{\partial^2 T}{\partial y^2}\right) \tag{2-9}$$

(2) 温度场有限元分析的边界条件。

对具体温度场用上述微分方程进行求解时，需要根据具体的问题给出初始条件和边界条件。初始条件是指物体开始导热时($t=0$)的瞬时温度分布情况。边界条件是指导热体表面与周围介质间的热交换情况，常见的边界条件有四类。

第一类边界条件：物体表面的温度是时间的已知函数，即

$$T(\tau)=f(\tau) \tag{2-10}$$

式中，τ 为时间，s；f 为温度函数。

第二类边界条件：物体表面的热流量是时间的已知函数，即

$$-\lambda\frac{\partial T}{\partial n}=f(\tau) \tag{2-11}$$

式中，n 为物体表面法线方向。

第三类边界条件：物体与空气接触，假定物体表面的热流量与物体表面温度 T 和空气温度 T_a 之差成正比，即

$$-\lambda\frac{\partial T}{\partial n}=\beta(T-T_a) \tag{2-12}$$

式中，β 为表面放热系数，W/(m^2 · ℃)。

第四类边界条件：两种不同固体相互接触，接触面上温度和热流量都是连续的，即

$$\begin{cases}T_1=T_2\\ \lambda_1\dfrac{\partial T_1}{\partial n}=\lambda_2\dfrac{\partial T_2}{\partial n}\end{cases} \tag{2-13}$$

冻结壁温度场计算域的边界主要为最大降温区外边界、冻结管接触面，有时分析区域还会涉及井帮或井壁。在未开挖的冻结壁温度场有限元分析时，主要为第一类边界条件。

3) 有限元常用术语和程序分析步骤

(1) 常用术语。

① 单元。

结构单元的网格划分中的每一个小的块体称为一个单元。常见的单元类型有线单元、三角形单元、四边形单元、四面体单元和六面体单元几种。由于单元是组成有限元模型的基础，所以单元的类型对有限元分析是至关重要的。一个有限元程序所提供的单元种类越多，这个程序的功能就越强大。

因为单元可以设计成不同的几何形状，所以可灵活地模拟和逼近复杂的求解域。显然，如果插值函数满足一定的要求，随着单元数目的增加，解的精度会不断提高而最终收敛于问题的精确解。虽然从理论上说，无限制地增加单元的数目可以使数值分析最终收敛于问题的精确解，但是这却增加了计算机计算所耗费的时间。实际工程应用中，只要所得的数据能够满足工程的需要就足够了，因此，有限元分析方法的基本策略就是在分析精度和分析时间上找到一个最佳平衡点。

② 节点。

确定单元形状的点就叫做节点。例如，线单元只有两个节点，三角形单元有三个或者

六个节点，四边形至少有四个节点。

有限元位移模式(冻结壁的温度)是通过单元节点体现其温度连续性的。

③ 荷载。

工程结构所受到的外在的力称为荷载，包括集中力和分布力等。在不同的学科中荷载的含义也不尽相同，在温度场分析中，所受的荷载则是指温度本身。

④ 边界条件。

边界条件就是指结构边界上所受到的外加约束。在有限元分析中，边界条件的确定是非常重要的因素。错误的边界条件的选择往往使有限元中的刚度矩阵发生奇异，从而使程序无法正常运行。施加正确的边界条件是获得正确分析结果和较高分析精度的重要条件。

未开挖的冻结壁温度场有限元分析主要为第一类边界条件，已开挖和已砌井壁的冻结壁温度场的有限元边界条件较为复杂。

(2) 有限元程序分析步骤。

① 创建有限元模型(前处理模块)。

有限元分析首先需要建立一个完整的有限元模型，创建模型的主要功能为参数定义、实体建模和网络划分。

② 施加荷载进行求解(求解模块)。

有限元用户可以定义分析类型、分析选项、荷载数据和荷载步幅，从而建立相应问题的平衡方程，选择一定的求解方程组的计算方法和相关的设置，求解并得出位移和其他量的节点值以及单元体内非节点的值，一般情况下此步骤是不能看到的，程序通常是根据所求解问题的类型来分配相应的、最好的能量原理。例如，对于选择位移为基本未知量的大型结构，程序分配最小势能原理。热传导问题是根据其不同类型的微分方程、边界条件、相变问题和时间步幅等，由第一步骤的模型在程序中自动形成平衡方程并求解。

③ 查看分析结果(后处理模块)。

可利用通用后处理模块或时间后处理模块，通过程序菜单获得分析结果。

4) ANSYS 数值模拟软件简介

ANSYS 软件是融结构、流体、电场、磁场、声场分析于一体的大型通用有限元分析软件。由世界上最大的有限元分析软件公司之一的美国 ANSYS 开发，它能与多数 CAD 软件接口，实现数据的共享和交换，如 Pro/Engineer、NASTRAN、Alogor，I-DEAS、AutoCAD 等，是现代产品设计中的高级 CAD 工具之一。

ANSYS 的前处理模块提供了一个强大的实体建模及网格划分工具，用户可以方便地构造有限元模型；分析计算模块包括结构分析(可进行线性分析、非线性分析和高度非线性分析)、流体动力学分析、电磁场分析、声场分析、温度场分析、压电分析以及多物理场的耦合分析，可模拟多种物理介质的相互作用，具有灵敏度分析及优化分析能力；后处理模块可将计算结果以彩色等值线显示、梯度显示、矢量显示、粒子流迹显示、立体切片显示、透明及半透明显示(可看到结构内部)等图形方式显示出来，也可将计算结果以图表、曲线形式显示或输出。软件提供了 100 种以上的单元类型，用来模拟工程中的各种结构和材料。

(1) 模型建立。

① 单元选择及特点。

对于冻结壁温度场,仅需建立平面模型就能满足计算要求,目前进行二维 ANSYS 数值模拟多选用 PLANE55 单元。单元 PLANE55 可用于二维传导的平面或轴对称环平面模拟,该单元具有 4 个节点,每个节点只有一个温度自由度。

单元 PLANE55 可用于二维稳态或瞬态热分析,该单元可以考虑由常速流动的质量所输送的热流。如果该单元的模型还要用于结构分析,可以用等价的单元 PLANE42 进行替换,具有中间节点的类似单元为 PLANE77,能够承受非轴对称荷载的轴对称单元是 PLANE75,该单元还可以用多孔渗流介质来模拟非线性稳态流动。PLANE55 四节点热单元见图 2-73。

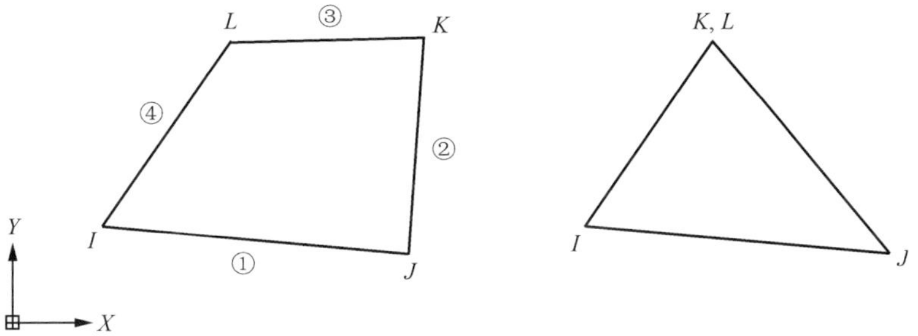

图 2-73　PLANE55 四节点热单元

PLANE55 单元输入数据包括 4 个节点及正交异性材料特性,材料的方向与单元坐标系相同,对于稳态热分析,忽略比热容和密度。单元荷载对流换热与热流密度不能同时加载,对流换热或热流密度以及热辐射可以作为单元边界上的面荷载输入,如图 2-73 中①、②、③、④所示。该单元可以把生热率作为体荷载加载到单元节点上,如果输入了节点 I 处的生热率 HG(I),但未给出其他节点的生热率,则默认等于 HG(I)。该单元可以设置质量输送,使用该选项时实常数中必须输入速度 V_X 和 V_Y,必须给出入口边界的温度以确保解的稳定性,有质量输送时,材料常数必须用比热容(c)和密度(DENS)来代替焓(ENTH)。

② 材料参数选取。

ANSYS 参数化设计语言(ANSYS parametric design language,APDL)可用来完成一些通用性强的任务,也可以用于建立和修改模型,不仅是优化设计和自适应网格划分等 ANSYS 经典特性的实现基础,也为日常分析提供了便利。若采用手工界面建模,如果操作步骤或计算结果与实际不符,则需从头开始再次建模,而 APDL 可以以命令流的形式记录和执行所发出的命令,重新建模和参数调整十分方便。

对于冻结壁温度场的材料参数,仅需考虑导热系数(KXX)、比热容(c)、密度(DENS)、焓(ENTH)。当有限元计算结果与实际情况有偏差时,一般需要先检查定义的初始条件和边界条件是否与实际不符,其次需调整定义的材料参数(表 2-28)。例如,实际冻土的结冰点和计算假定的结冰点是否一致,结冰点温度直接关系到焓的计算和设定,影响计算结果;一般由试验得到的密度和比热容不需要调整,可先考虑适当调整导热系数,因为所做试验样品为重塑土,会与地层原状土有一定的区别。

表 2-28 常见典型地层的材料参数选取范围

土性	导热系数 KXX /(W/(m·℃))	比热容 c /(kJ/(kg·℃))	密度 DENS /(kg/m³)
黏土	1.18～1.952	0.721～1.627	1400～2300
砂	0.87～2.082	0.911～1.56	1600～2600
砂岩	2.403～3.151	1.09～1.46	2300～2700
泥岩	2.171～2.862	1.16～1.47	2000～2500

ANSYS 热分析最强大的功能之一就是可以分析相变问题，在进行数值模拟过程中，可以用焓值的变化来模拟冻土的相变。相变分析控制方程为

$$[c]\{\dot{T}_t\}+[K]\{T_t\}=\{Q_{\mathrm{f}}\} \tag{2-14}$$

式中

$$[c]=\int\rho c[N]^{\mathrm{T}}[N]\mathrm{d}V \tag{2-15}$$

$[c]$ 为比热矩阵；$[K]$ 为传导矩阵；$\{T_t\}$ 为节点温度向量；$\{\dot{T}_t\}$ 为温度对时间的导数向量；$\{Q_{\mathrm{f}}\}$ 为节点热流率向量。

焓曲线根据温度可分 3 个区：在冻土开始融化温度 T_{s} 以下；在冻土开始融化温度 T_{s} 和冻土完全融化温度 T_{f} 之间；在冻土完全融化温度 T_{f} 以上。根据比热容及潜热可计算各处的焓值，见图 2-74。

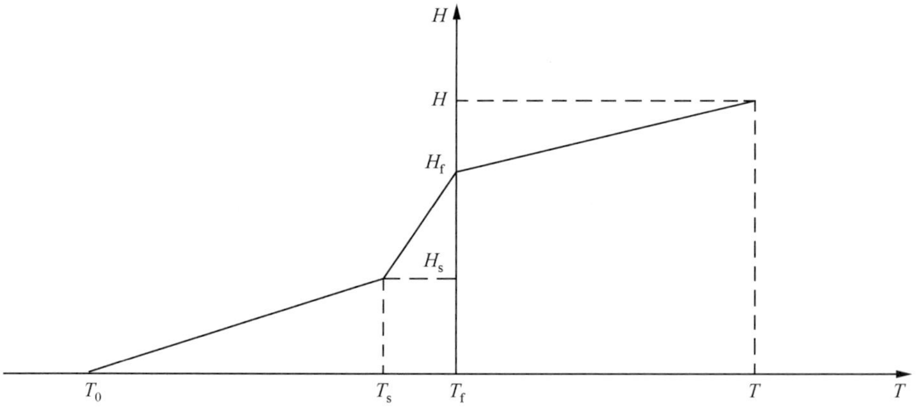

图 2-74 焓-温度关系图

冻土融化前温度下：

$$H=\rho c_{\mathrm{s}}(T-T_0),\qquad T\leqslant T_{\mathrm{s}} \tag{2-16}$$

相变区域：

$$H=H_{\mathrm{s}}+\rho c^{*}(T-T_{\mathrm{s}}),\qquad T_{\mathrm{s}}\leqslant T\leqslant T_{\mathrm{f}} \tag{2-17}$$

$$H_{\mathrm{s}}=\rho c_{\mathrm{s}}(T_{\mathrm{s}}-T_0) \tag{2-18}$$

$$c^* = \frac{c_s + c_f}{2} + \frac{L}{T_f - T_s} \tag{2-19}$$

$$L = \frac{W - W_u}{1 + W} L_H \tag{2-20}$$

冻土融化后温度下：

$$H = H_f + \rho c_f (T - T_f), \qquad T_f \leqslant T \tag{2-21}$$

式中，H 为焓值，kJ/kg；c_s 为冻土比热容，kJ/(kg · ℃)；c_f 为未冻土比热容，kJ/(kg · ℃)；c^* 为相变区等效比热容，kJ/(kg · ℃)；L 为相变潜热，kJ/kg；W 为天然含水量，%；W_u 为未冻含水量，%；L_H 为水结冰潜热，一般取 335kJ/kg。

以下为某工程冻结壁温度场计算中单元选取与参数定义命令流案例。

```
/PREP7
ET,1,PLANE55                                              ! 定义单元 PLANE55
*SET,DH,24                                                ! 定义 DH=24h
MPTEMP,1,-30,-1,1,30                                      ! 设定不同温度
MPDATA,DENS,1,1,2270,2270,2270,2270                       ! 定义不同温度下的密度
MPDATA,C,1,1,0.97,0.97,1.1,1.1                            ! 定义不同温度下的比热容
MPDATA,ENTH,1,1,0,63195,158049,232959                     ! 定义不同温度下的焓
MPTEMP,1,-30,-10,-1,1,30                                  ! 设定不同温度
MPDATA,KXX,1,1,1.943*DH,1.831*DH,1.790*DH,
1.530*DH,1.420*DH                                         ! 定义不同温度下的导热系数
```

③ 建立几何模型。

模型的建立命令流有多种方法，下面介绍两种方法。一种方法是先计算好冻结管在平面坐标系中的坐标和冻结管的半径，进行模型外边界和每个冻结孔位置的模型建立，该方法稍显笨拙，手工计算及录入工作量较大，优点是考虑了冻结孔的偏斜，与实际情况较符。另一种方法是利用内部循环计算，首先定义外边界半径、各圈孔半径、冻结管半径、各圈冻结孔个数和井筒净径，其次利用循环命令进行建立各冻结孔位置，该方法没有考虑偏斜，可做施工前期温度场初始分析。对于模型外边界的选取，根据以往试验测试降温区范围距离主圈冻结孔约 15m，一般根据井筒净径及冻结孔设计外边界半径宜选择 20～30m。如果选取半径较小，划分单元格数量较少，计算较快，但可能造成最终的计算结果与实际偏差较大。如果选取太大，划分的单元格较多，则计算较慢。若在服务器上计算，可适当选大，以便与实际情况相吻合。下面为赵固一矿主井考虑偏斜情况下模型建立的命令流以及红庆梁煤矿风井不考虑偏斜情况下模型建立的命令流[52]。

赵固一矿位于焦作矿田东部太行山南麓的赵固矿区内，工业广场设 3 个立井，分别为主井、副井和风井。主、副井和风井穿过冲积层厚度分别为 518m、520m 和 526.4m，采用冻结法施工，冻结深度均为 575m。主井净直径为 5m，主、风井两个井筒共用一个冻结站，采用主冻结孔内侧增设辅助和防片帮孔三圈孔冻结方式(表 2-29 和图 2-75)，主井于 2005 年 3 月 26 日开机冻结，至 2006 年 6 月 11 日停止冻结，累计冻结时间 443d。

表 2-29　赵固一矿主井冻结技术参数

序号	项目名称		数值
1	井筒净直径/m		5.0
2	井壁最大厚度/井筒最大掘进直径		1.7m/8.4m
3	冲积层/风化带深度		518m/544m
4	冻结盐水最低温度/℃		−34
5	冻结壁计算	控制地层	中细砂(埋深 497m)
6		有效平均温度/℃	−15
7		冲积层冻结孔成孔间距/m	2.9
8		厚度/m	8.0
9	冻结孔布置	外圈孔/中圈孔/内圈孔的深度	550m/575m/520m
10		外圈孔/中圈孔/内圈孔的圈径	19.0m/14.4m/12.4m
11		外圈孔/中圈孔/内圈孔的孔数	48 个/18 个/18 个
12		外圈孔/中圈孔/内圈孔的开孔间距	1.243m/2.512m/2.163m
13		外圈孔/中圈孔/内圈孔至井帮的最小距离	5.80m/2.80m/1.80m
14	冻结管规格	外圈管	0～300m 为 Φ140mm×6mm，>300m 为 Φ159mm×7mm
15		中圈管	0～300m 为 Φ159mm×6mm，>300m 为 Φ159mm×7mm
16		内圈管	0～300m 为 Φ159mm×6mm，>300m 为 Φ159mm×7mm

所建立的命令流只是针对冻结管而言，实际上是热量输入点的位置及热传导相关数据，内圈孔设计 18 个，中圈孔设计 18 个，外圈主孔设计 48 个。此处建立模型所选用的坐标为直角坐标系，也可以切换至极坐标下进行建模。直角坐标系下参数：X、Y、Φ，极坐标系下参数：R、θ、Φ，其中 Φ 为冻结管的半径。在建模过程也可以通过调取参数表的形式进行建模，将下面参数导入 TXT 记事本文件，但需将记事本文件放入计算目录下才能调取。

赵固一矿主井(坐标考虑偏斜，手动输入坐标)500m 模型建立命令流及含义：

```
cyl4,0,0,30                            ! 模型外边界半径 30m
cyl4,-0.2780,6.8880 ,0.0795            ! 内圈孔 1 号坐标位置及冻结管半径
cyl4,2.2288,6.1560 ,0.0795             ! 内圈孔 2 号坐标位置及冻结管半径
cyl4,3.6279,4.8725 ,0.0795             ! 内圈孔 3 号坐标位置及冻结管半径
cyl4,5.0134,3.0240 ,0.0795             ! 内圈孔 4 号坐标位置及冻结管半径
cyl4,6.6097 ,1.4564 ,0.0795            ! 内圈孔 5 号坐标位置及冻结管半径
cyl4,6.9238 ,-1.0766 ,0.0795           ! 内圈孔 6 号坐标位置及冻结管半径
cyl4,5.5669 ,-3.4421 ,0.0795           ! 内圈孔 7 号坐标位置及冻结管半径
cyl4,3.3590 ,-4.8712 ,0.0795           ! 内圈孔 8 号坐标位置及冻结管半径
cyl4,1.8432 ,-6.0950 ,0.0795           ! 内圈孔 9 号坐标位置及冻结管半径
```

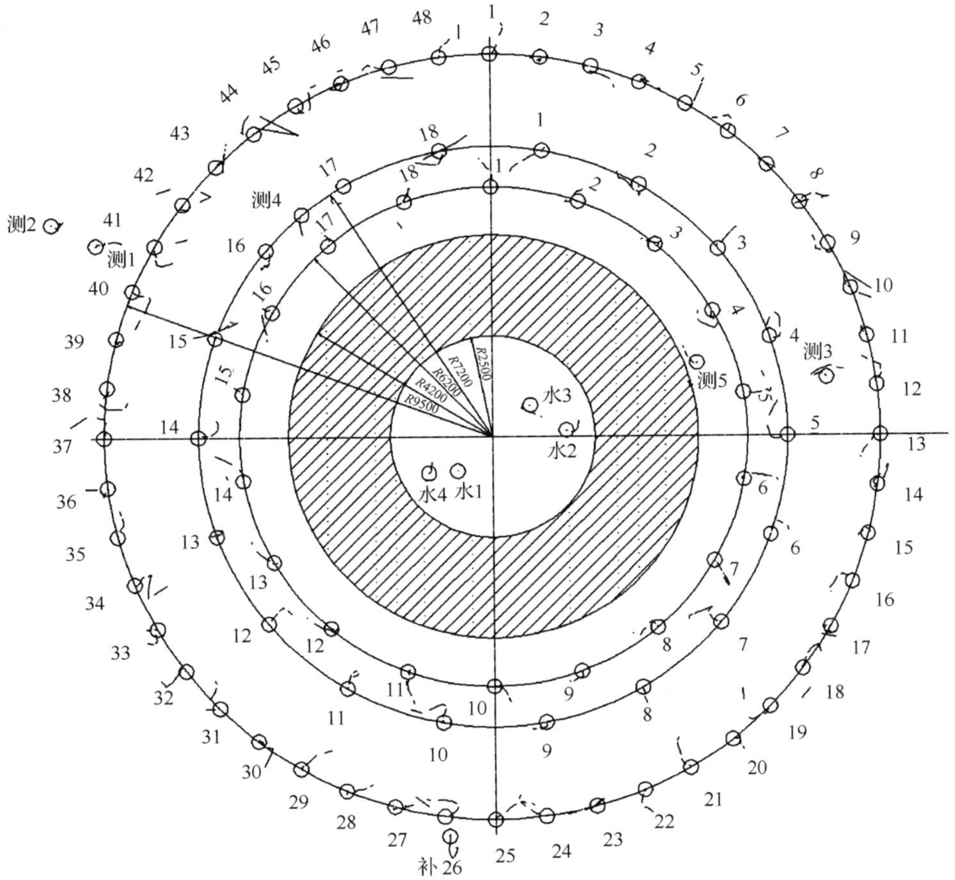

图 2-75　赵固一矿主井冻结孔布置图

```
cyl4,0.3501 ,-6.4938 ,0.0795          ! 内圈孔 10 号坐标位置及冻结管半径
cyl4,-1.9826 ,-6.5358 ,0.0795         ! 内圈孔 11 号坐标位置及冻结管半径
cyl4,-4.5753 ,-4.4744 ,0.0795         ! 内圈孔 12 号坐标位置及冻结管半径
cyl4,-5.8959 ,-2.6250 ,0.0795         ! 内圈孔 13 号坐标位置及冻结管半径
cyl4,-6.5188 ,-0.9501 ,0.0795         ! 内圈孔 14 号坐标位置及冻结管半径
cyl4,-6.6200 ,1.4373 ,0.0795          ! 内圈孔 15 号坐标位置及冻结管半径
cyl4,-5.4982 ,2.4314 ,0.0795          ! 内圈孔 16 号坐标位置及冻结管半径
cyl4,-3.9853 ,5.2235 ,0.0795          ! 内圈孔 17 号坐标位置及冻结管半径
cyl4,-2.2769 ,5.3145 ,0.0795          ! 内圈孔 18 号坐标位置及冻结管半径

cyl4,0.6607 ,6.7638 ,0.0795           ! 中圈孔 1 号坐标位置及冻结管半径
cyl4,3.1312 ,6.3880 ,0.0795           ! 中圈孔 2 号坐标位置及冻结管半径
cyl4,5.8519 ,5.0745 ,0.0795           ! 中圈孔 3 号坐标位置及冻结管半径
cyl4,6.7768 ,2.9074 ,0.0795           ! 中圈孔 4 号坐标位置及冻结管半径
cyl4,6.7447 ,0.4725 ,0.0795           ! 中圈孔 5 号坐标位置及冻结管半径
cyl4,7.1705 ,-2.2824 ,0.0795          ! 中圈孔 6 号坐标位置及冻结管半径
```

```
cyl4,4.8134 ,-4.4397 ,0.0795          ! 中圈孔 7 号坐标位置及冻结管半径
cyl4,3.7139 ,-6.6924 ,0.0795          ! 中圈孔 8 号坐标位置及冻结管半径
cyl4,1.0003 ,-7.2476 ,0.0795          ! 中圈孔 9 号坐标位置及冻结管半径
cyl4,-1.7891 ,-6.8503 ,0.0795         ! 中圈孔 10 号坐标位置及冻结管半径
cyl4,-3.3297 ,-5.8649 ,0.0795         ! 中圈孔 11 号坐标位置及冻结管半径
cyl4,-5.0415 ,-4.2836 ,0.0795         ! 中圈孔 12 号坐标位置及冻结管半径
cyl4,-6.6448 ,-2.3020 ,0.0795         ! 中圈孔 13 号坐标位置及冻结管半径
cyl4,-6.7215 ,0.2231 ,0.0795          ! 中圈孔 14 号坐标位置及冻结管半径
cyl4,-6.7021 ,2.6309 ,0.0795          ! 中圈孔 15 号坐标位置及冻结管半径
cyl4,-5.5155 ,4.2501 ,0.0795          ! 中圈孔 16 号坐标位置及冻结管半径
cyl4,-3.7594 ,5.7975 ,0.0795          ! 中圈孔 17 号坐标位置及冻结管半径
cyl4,-1.6405 ,6.8831 ,0.0795          ! 中圈孔 18 号坐标位置及冻结管半径

cyl4,0.3138 ,10.2024 ,0.0795          ! 外圈孔 1 号坐标位置及冻结管半径
cyl4,1.0581 ,9.3913 ,0.0795           ! 外圈孔 2 号坐标位置及冻结管半径
cyl4,3.0106 ,8.7140 ,0.0795           ! 外圈孔 3 号坐标位置及冻结管半径
cyl4,4.0795 ,8.6196 ,0.0795           ! 外圈孔 4 号坐标位置及冻结管半径
cyl4,5.1620 ,8.7944 ,0.0795           ! 外圈孔 5 号坐标位置及冻结管半径
cyl4,5.5434 ,7.8731 ,0.0795           ! 外圈孔 6 号坐标位置及冻结管半径
cyl4,6.5246 ,6.8483 ,0.0795           ! 外圈孔 7 号坐标位置及冻结管半径
cyl4,7.7513 ,5.8227 ,0.0795           ! 外圈孔 8 号坐标位置及冻结管半径
cyl4,7.9164 ,4.8218 ,0.0795           ! 外圈孔 9 号坐标位置及冻结管半径
cyl4,9.3563 ,3.3591 ,0.0795           ! 外圈孔 10 号坐标位置及冻结管半径
cyl4,9.0808 ,2.6311 ,0.0795           ! 外圈孔 11 号坐标位置及冻结管半径
cyl4,9.1795 ,1.8797 ,0.0795           ! 外圈孔 12 号坐标位置及冻结管半径
cyl4,8.9930 ,-0.5449 ,0.0795          ! 外圈孔 13 号坐标位置及冻结管半径
cyl4,9.4244 ,-1.2654 ,0.0795          ! 外圈孔 14 号坐标位置及冻结管半径
cyl4,8.8609 ,-2.5804 ,0.0795          ! 外圈孔 15 号坐标位置及冻结管半径
cyl4,8.2344 ,-3.8942 ,0.0795          ! 外圈孔 16 号坐标位置及冻结管半径
cyl4,8.3645 ,-4.9959 ,0.0795          ! 外圈孔 17 号坐标位置及冻结管半径
cyl4,7.7152 ,-6.2839 ,0.0795          ! 外圈孔 18 号坐标位置及冻结管半径
cyl4,6.0471 ,-6.5502 ,0.0795          ! 外圈孔 19 号坐标位置及冻结管半径
cyl4,6.0339 ,-7.7355 ,0.0795          ! 外圈孔 20 号坐标位置及冻结管半径
cyl4,4.4398 ,-7.5620 ,0.0795          ! 外圈孔 21 号坐标位置及冻结管半径
cyl4,3.9290 ,-9.4518 ,0.0795          ! 外圈孔 22 号坐标位置及冻结管半径
cyl4,1.9309 ,-9.3377 ,0.0795          ! 外圈孔 23 号坐标位置及冻结管半径
cyl4,0.9367 ,-9.1504 ,0.0795          ! 外圈孔 24 号坐标位置及冻结管半径
cyl4,0.5646 ,-8.9735 ,0.0795          ! 外圈孔 25 号坐标位置及冻结管半径
cyl4,-0.9340 ,-10.2016 ,0.0795        ! 外圈孔补 26 号坐标位置及冻结管半径
cyl4,-1.6439 ,-9.1621,0.0795          ! 外圈孔 27 号坐标位置及冻结管半径
cyl4,-3.0583 ,-8.6699 ,0.0795         ! 外圈孔 28 号坐标位置及冻结管半径
cyl4,-4.1667 ,-7.8034 ,0.0795         ! 外圈孔 29 号坐标位置及冻结管半径
```

```
cyl4,-5.7135 ,-8.2615 ,0.0795          ! 外圈孔 30 号坐标位置及冻结管半径
cyl4,-6.7946 ,-6.0892 ,0.0795          ! 外圈孔 31 号坐标位置及冻结管半径
cyl4,-8.0422 ,-6.1177 ,0.0795          ! 外圈孔 32 号坐标位置及冻结管半径
cyl4,-8.3388 ,-5.0933 ,0.0795          ! 外圈孔 33 号坐标位置及冻结管半径
cyl4,-8.3043 ,-3.8711 ,0.0795          ! 外圈孔 34 号坐标位置及冻结管半径
cyl4,-9.0899 ,-1.9136 ,0.0795          ! 外圈孔 35 号坐标位置及冻结管半径
cyl4,-9.6739 ,-1.2601 ,0.0795          ! 外圈孔 36 号坐标位置及冻结管半径
cyl4,-9.9273 ,0.5277 ,0.0795           ! 外圈孔 37 号坐标位置及冻结管半径
cyl4,-8.9540 ,0.7830 ,0.0795           ! 外圈孔 38 号坐标位置及冻结管半径
cyl4,-9.0428 ,2.3618 ,0.0795           ! 外圈孔 39 号坐标位置及冻结管半径
cyl4,-8.5842 ,2.9407 ,0.0795           ! 外圈孔 40 号坐标位置及冻结管半径
cyl4,-7.7078 ,4.8604 ,0.0795           ! 外圈孔 41 号坐标位置及冻结管半径
cyl4,-7.8362 ,6.1891 ,0.0795           ! 外圈孔 42 号坐标位置及冻结管半径
cyl4,-6.5225 ,7.0296,0.0795            ! 外圈孔 43 号坐标位置及冻结管半径
cyl4,-6.0400 ,7.5481 ,0.0795           ! 外圈孔 44 号坐标位置及冻结管半径
cyl4,-4.3837 ,8.6795 ,0.0795           ! 外圈孔 45 号坐标位置及冻结管半径
cyl4,-3.6012 ,9.1222 ,0.0795           ! 外圈孔 46 号坐标位置及冻结管半径
cyl4,-2.6487 ,8.9133 ,0.0795           ! 外圈孔 47 号坐标位置及冻结管半径
cyl4,-0.7540,9.8799 ,0.0795            ! 外圈孔 48 号坐标位置及冻结管半径
```

红庆梁井田位于内蒙古自治区鄂尔多斯市达拉特旗境内，行政区划隶属昭君镇管辖。井田在达拉特旗政府所在地的西南方向，相距约 65km，矿井设计生产能力为 6.0Mt/a。工业场地内布置主斜井、副立井、回风立井三个井筒。副立井、回风立井采用冻结法施工。风井采用单圈孔冻结，冻结深度为 472m，主要技术参数见表 2-30。

表 2-30　红庆梁风井冻结技术参数

序号	项目名称		数值
1	表土厚度/m		0.9
2	冻结深度/m		472
3	井筒净直径/m		7.2
4	最大开挖直径/m		9.7
5	冻结壁设计厚度/m		3.6
6	盐水温度(积极/套壁)/℃		－30～－32/－22～－25
7	冻结壁设计平均温度/℃		－8
8	冻结钻孔	冻结孔圈径/m	13.8
		孔数/个	34
		冻结孔开孔间距/m	1.273
		冻结管规格	300m 以上 Φ140mm×5mm 300m 以下 Φ140mm×6mm
		供液管规格	Φ75mm×6mm
		水文孔数/深度/管径	1 个/125m，1 个/300m，Φ108mm×5mm
		测温孔个数/深度/管径	2 个/477m，1 个/150m，Φ108mm×5mm

红庆梁煤矿风井(不考虑偏斜,自动形成轴坐标)模型建立命令流:

```
DJ = 0.140/2                          ! 定义 140mm 冻结管
JJ = 7.2                              ! 定义井筒净径 7.2m
WQ = 13.8/2                           ! 定义外圈孔直径 13.8m
WQGS = 34                             ! 定义外圈孔个数为 34 个
DH1 = 3                               ! 定义 DH1 参数为 3m

CYL4,0,0,JJ                           ! 建立外边界为 JJ 的圆模型
CYL4,0,0,JJ, ,WQ + DH1                ! 建立 JJ 至 WQ + DH1 的圆环模型
CYL4,0,0,WQ + DH1, ,WQ + DH1 + 10     ! 建立 WQ + DH1 至 WQ + DH1 + 10 的圆环模型

*DO,I,1,WQGS                          ! 循环命令开始,循环 WQGS 次
CYL4,0,WQ,DJ                          ! 定义坐标半径 WQ 及冻结孔半径 DJ
WPRO,360/WQGS,,                       ! 旋转角度 360/WQGS
*ENDDO                                ! 循环命令结束
```

红庆梁煤矿考虑实际偏斜利用 TXT 文件建模:

在工程实施阶段,为更好地进行冻结壁发展的预测预报和根据测温孔实测数据回归试验参数的合理性等,数值模型的建立必须根据实际布孔位置出发,红庆梁煤矿冻结孔的坐标数据首先转换为以井心为原点的坐标。

```
*DEL,WQZB                             ! 删除 WQZB 的参数定义
*DIM,WQZB,TABLE,WQGS,2                ! 定义数据表格 WQZB,WQGS 行 3 列
*TREAD,WQZB,‘WQ’,‘txt’,‘ ’, ,         ! 从 TXT 格式文件 WQ 读入数据表格 WQZB 中
I = 1                                 ! 定义 I 为 1
*DO,I,1,WQGS                          ! 循环从 1 到外圈个数
CYL4,WQZB(I,1),WQZB(I,2),DJ           ! 以坐标(WQZB(I,1),WQZB(I,2))为圆心,画半径为 DJ
                                        的圆(下同)
*ENDDO                                ! 结束循环
*DEL,CWZB                             ! 删除 CWZB 的参数定义
*DIM,CWZB,TABLE,CWGS,2                ! 定义数据表格 CWZB,CWGS 行 3 列
*TREAD,CWZB,‘CW’,‘txt’,‘ ’,           ! 从 TXT 格式文件 CW 读入数据表格 CWZB 中
I = 1                                 ! 定义 I 为 1
*DO,I,1,CWGS                          ! 循环从 1 至 CWGS
CYL4,CWZB(I,1),CWZB(I,2),DJ           ! 以坐标(CWZB(I,1),CWZB(I,2))为圆心,画半径为 DJ
                                        的圆
*ENDDO                                ! 循环结束
```

WQ. TXT 文件内数据如下:

0	1	2
1	—0.0846	7.036954219
2	1.580601238	6.958813053
3	2.276236698	6.219056091
4	3.6775	5.589140673

5	4.660693285	5.395911124
6	5.038007466	3.813648251
7	6.672954499	2.883088223
8	7.215030581	1.959545385
9	6.740223139	0.050771329
10	6.467073836	−0.948571898
11	6.60255292	−2.286823254
12	5.980199668	−3.663656231
13	5.497042458	−4.660093275
14	4.617093869	−5.269659795
15	3.490725061	−6.130570827
16	2.669403227	−6.967838417
17	1.390465934	−7.086863935
18	−0.282769346	−6.872953803
19	−0.846256291	−6.876665699
20	−2.616246667	−6.923679117
21	−3.6896	−5.692688593
22	−5.169927505	−4.852094138
23	−5.759098598	−4.60385534
24	−6.131691499	−2.941781999
25	−6.869186659	−2.341556025
26	−7.03014746	−0.945194545
27	−7.101757729	0.862216083
28	−7.049429429	2.037574109
29	−6.218164842	3.389861394
30	−5.371049682	4.628097332
31	−4.583250351	4.801222792
32	−3.389225963	6.469581298
33	−2.208475944	6.17420075
34	−1.305814918	6.920501018

CW.TXT 文件内数据如下：

0	1	2
1	1.937627182	−9.221778619
2	8.198001696	−2.289349838
3	0.72267126	6.292448129

④ 初始及边界条件。

对于数值模拟结果是否和实际相符，初始条件及边界条件的赋予较为关键。冻结器是热交换的主要器件，定义盐水温度即可以理解为定义冻结器周围土体温度。根据工程特点，把冻结器的出水温度随冻结时间的变化制作成一个数据表，用以求解温度对应的时间，把冻结过程中的内热源简化为荷载时间问题。对于盐水温度赋予的数值宜根据实际施工工况进行调整，所模拟得到的结果与实际情况也较为吻合。

```
*DIM, YANSHUIWENDU,TABLE,8,1,1,TIME,TEMP,      ! 建立一个 8 行表格
*SET,YANSHUIWENDU(1,0,1) , 1                   ! 定义盐水温度第 1d
*SET,YANSHUIWENDU(1,1,1) , 6                   ! 定义盐水温度为 6℃
*SET,YANSHUIWENDU(2,0,1) , 20                  ! 定义盐水温度第 20d
*SET,YANSHUIWENDU(2,1,1) , -18                 ! 定义盐水温度为 -18℃
*SET,YANSHUIWENDU(3,0,1) , 40                  ! 定义盐水温度第 40d
*SET,YANSHUIWENDU(3,1,1) , -27                 ! 定义盐水温度为 -27℃
*SET,YANSHUIWENDU(4,0,1) , 70                  ! 定义盐水温度第 70d
*SET,YANSHUIWENDU(4,1,1) , -28                 ! 定义盐水温度为 -28℃
*SET,YANSHUIWENDU(5,0,1) , 100                 ! 定义盐水温度第 100d
*SET,YANSHUIWENDU(5,1,1) , -28                 ! 定义盐水温度为 -28℃
*SET,YANSHUIWENDU(6,0,1) , 200                 ! 定义盐水温度第 200d
*SET,YANSHUIWENDU(6,1,1) , -28                 ! 定义盐水温度为 -28℃
*SET,YANSHUIWENDU(7,0,1) , 300                 ! 定义盐水温度第 300d
*SET,YANSHUIWENDU(7,1,1) , -28                 ! 定义盐水温度为 -28℃
*SET,YANSHUIWENDU(8,0,1) , 400                 ! 定义盐水温度第 400d
*SET,YANSHUIWENDU(8,1,1) , -27                 ! 定义盐水温度为 -27℃
```

⑤ 网格划分。

对所生成的模型进行网格划分前，对不同的面进行交叠处理，采用 AOVLAP 命令。在进行温度场网格划分一般采用如下方法：(a)自由网格划分；(b)映射网格划分；(c)拖拉、扫略网格划分；(d)混合网格划分。

单元网格大小、稀疏不仅影响求解过程的收敛，还直接影响求解的精度。在单元网格划分时宜充分考虑研究对象和研究内容。在被研究区域网格越小越好，距离被研究区域越远，网格越大。因此，在建立冻结温度场模型时，为了较好地划分网格单元，可分区域建立模型，如

```
CYL4,0,0,JJ                          ! 建立外边界为 JJ 的圆模型
CYL4,0,0,JJ, ,WQ+DH1                 ! 建立 JJ 至 WQ+DH1 的圆环模型
CYL4,0,0,WQ+DH1, ,WQ+DH1+10          ! 建立 WQ+DH1 至 WQ+DH1+10 的圆环模型
*DO,I,1,qjGS                         ! 循环命令 1 到 qjGS 次循环
CYL4,0,qj,DJ                         ! 以(0,qj)位置为圆心，画半径为 DJ 的圆 wpro,360/qjGS,,
                                     ! 顺时针旋转 360/qjGS 度坐标
*ENDDO                               ! 循环命令结束
ALLSEL
CSYS,1                               ! 轴坐标转换
ASEL,S,LOC,X,QJ                      ! 选择所用建立的冻结管(面)
LSLA                                 ! 选择面上的所有线
```

```
LESIZE,ALL, , ,3, , , , ,1          ! 选择的线平均划分为 3 段
LSEL,S,LOC,X,JJ
LSEL,A,LOC,X,WQ + DH1               ! 选择半径为 JJ 和 WQ + DH1 的所有线
LESIZE,ALL,0.2, , , , , , ,1        ! 选择的线划分成长度为 0.2m 的段
LSEL,S,LOC,X,WQ + DH1 + 10          ! 选择半径为 WQ + DH1 + 10 的所有线
LESIZE,ALL,1, , , , , , ,1          ! 选择的线划分成长度为 1.0m 的段
ALLSEL                              ! 选择所有结构组成
AMESH                               ! 划分网格
```

(2) 求解及后处理。

一般在划分完网格后,由/SOLU 命令进入求解器进行求解。施加荷载是进行有限元分析的关键一步,可以直接对实体模型施加荷载,也可以对网格划分之后的模型施加荷载。当施加荷载完毕并对模型进行网格划分之后,就可以选择适当的求解器对问题进行求解。

① 求解过程。

(a) 单荷载步求解过程。

如果一个完整的求解过程只需要一个荷载步求解就可以完成,称为单荷载步求解。基本步骤:选择分析类型;设置分析类型选项;施加边界条件与荷载;设置荷载步选项;执行求解。

(b) 多荷载步求解。

在 ANSYS 中有两种多荷载步求解的基本方法:多重求解法,是最常用的方法,它的步骤是在每个荷载步定义好后就执行 SOLVE 命令进行求解;荷载步文件法,是将每一荷载步写入荷载步文件中,然后通过一条命令就可以读入每个荷载步文件并获得解答。

② 分析类型。

进入求解器(/SOLU 命令)后,应先定义分析类型,对于温度场热分析,可以有瞬态分析与稳态分析。在定义了分析类型后,就需要设置求解器控制选项,这些控制选项对获得满意结果有极大的作用,不同的分析类型其求解控制选项也不同。

例如:

第一次进行分析,或重新进行分析选择如下操作命令:

GUI：Main Menu>Solution>Analysis Type>New Analysis>Transient

Command：ANTYPE,TRANSIENT,NEW

如果接着上次的分析继续进行(增加其他荷载),选择如下操作命令:

GUI：Main Menu>Solution>Analysis Type>Restart

Command：ANTYPE,TRANSIENT,REST

③ 初始条件。

(a) 均匀温度场。

如果已知模型的起始温度是均匀的,可设定所有节点初始温度为已知温度。操作命令如下:

Command：TUNIF

GUI：Main Menu> Solution>-Loads->Settings>Uniform Temp

如果不在对话框中输入数据，则默认为参考温度，参考温度的值默认为零，但可通过如下方法设定参考温度：

Command：TREF

GUI：Main Menu> Solution>-Loads->Settings>Reference Temp

这里需注意，设定均匀的初始温度，与如下设定节点的温度（自由度）不同：

Command：D

GUI：Main Menu>Solution>-Loads->Apply>-Thermal->Temperature>On Nodes

初始均匀温度仅对分析的第一个子步有效，而设定节点温度将保持贯穿整个瞬态分析过程，除非通过下列方法删除此约束：

Command：DDELE

GUI：Main Menu> Solution>-Loads->Delete>-Thermal-Temperature>On Nodes

（b）非均匀的初始温度。

在瞬态热分析中，节点温度可以设定为不同的值：

Command：IC

GUI：Main Menu> Solution>Loads>Apply>-Initial Conditn>Define

如果初始温度场是不均匀的且又是未知的，就必须首先作稳态热分析确定初始条件。

ⓐ 设定荷载（如已知的温度、热对流等）。将时间积分设置为 OFF：

Command：TIMINT，OFF

GUI：Main Menu> Preprocessor>Loads>-Load Step Opts-Time/Frequenc>Time Integration

ⓑ 设定一个只有一个子步的，时间很小的荷载步（如 0.001）：

Command：TIME

GUI：Main Menu> Preprocessor>Loads>-Load Step Opts-Time/Frequenc>Time and Substps

ⓒ 写入荷载步文件：

Command：LSWRITE

GUI：Main Menu> Preprocessor>Loads>Write LS File

ⓓ 求解：

Command：SOLVE

GUI：Main Menu> Solution>Solve>Current LS

其中在第二荷载步中，要删去所有设定的温度，除非这些节点的温度在瞬态分析与稳态分析相同。

④ 设定荷载步选项。

（a）冻结结束时间。

本选项设定每一荷载步结束时的时间：

Command：TIME

GUI：Main Menu> Solution>-Load Step Opts-Time/Frequenc>Time and Substps

（b）时间增量。

对于非线性分析，每个荷载步需要多个荷载子步。时间步长的大小关系到计算的精度。步长越小，计算精度越高，同时计算的时间越长。

Command：NSUBST or DELTIM

GUI：Main Menu> Solution>-Load Step Opts->Time/Frequenc>Time and Substps

⑤ 内热源的施加。

在有限元法分析冻结壁温度场时，我们对冻结管的供冷一般处理为温度的时间函数，转化为有限元边界条件，将具有内热源的瞬态温度场问题转化为无内热源的瞬态温度场。应用时，主要用参数表形式实现盐水温度随时间的变化过程，所设定的参数表以 TXT 文件放入计算目录下。在施加荷载时应用以下命令或操作。

Command：DA

GUI：Main Menu> Solution> Define Loads> Apply> boundary condition type> On Areas

例子：

```
/SOLU                          ! 进入求解器
ANTYPE,TRANS                   ! 定义瞬态求解
TIME,150                       ! 定义计算冻结结束时间
DELTIM,2                       ! 求解步长
OUTRES,ALL,5                   ! 每隔 5 个求解步输出一次结果
CSYS,1                         ! 进入极坐标
LSEL,S,LOC,X,WQ + DH1 + 10     ! 选择半径为 WQ + DH1 + 10 的所有线
DL,ALL, ,TEMP,25,0             ! 定义外边界温度值 25℃
CMSEL,S,DJG,AREA               ! 选择已定义名为“DJG”的面集
DA,ALL,TEMP, %YANSHUI%         ! 定义冻结器温度荷载，引用参数表 YANSHUI 数据
L,ALL                          ! 选择所有
IC,ALL,TEMP,25,                ! 定义计算初始温度值 25℃
SOLVE                          ! 求解
```

⑥ 后处理器。

有限元数据处理软件 ANSYS 有两个后处理器，分别为通用后处理器(POST1)和时间历程后处理器(POST26)。

(a) 通用后处理器(POST1)。

使用通用后处理器可观查整个模型或模型的一部分在某一时间点上针对指定荷载组合时的结果。通用后处理器有许多功能，在冻结凿井施工模拟温度场中应用通用后处理器主要可得到冻结壁的平均温度及井帮温度。

Command：POST1

GUI：Main Menu>General Postproc

读入数据结果，输入 SET 命令，可在一特定的荷载条件下将整个模型的结果数据从结果文件中读入数据库，覆盖掉数据库中以前存在的数据。例如：SET，2，5 读入结果，表示荷载步为 2，子步为 5。同理，SET，，，，，3 表示时间为 3 时的结果。若指定了尚无结果的时刻，程序将使用线性插值计算出该时刻的结果。

Command：SET

GUI：Main Menu>General Postproc>Read Results>By Time/Freq

ⓐ 冻结壁平均温度。

在冻结凿井施工求解温度场时，主要得到某一时间点时在一指定路径上的温度，利用数据处理可以得到在此路径上冻结壁的平均温度。

路径图是显示某一变量沿过模型的某一预定路径的变化图。要产生路径图，执行下

述步骤：

用命令 PATH 定义路径属性；

用命令 PPATH 定义路径点；

用命令 PDEF 将所需的量映射到路径上；

用命令 PLPATH 和 PLPAGM 显示结果。

提取路径上温度后，可转化到 EXCEL 表格或其他数据处理软件中，采用面积法求解冻结壁平均温度。

ⓑ 井帮温度。

井帮温度是冻结凿井施工过程中主要关心的参数之一，利用通用后处理器可得到某一时间点的井帮温度。

在通用后处理器中先用命令 NSEL，可根据节点坐标或节点号等选择所要提取温度值的节点(井帮处)，然后利用 PRNSOL、TEMP 命令显示提取点(井帮)的温度数据。

(b) 时间历程后处理器(POST26)。

时间历程后处理器可用于查看模型中指定点的分析结果与时间的函数关系。可利用测温孔实测数据检验模型物理参数取值是否合理，亦能预计在持续冻结中井帮温度的发展趋势：

Command：POST26

GUI：Main Menu>TimeHist Postproc

在历程后处理器中首先要定义变量：

Command：NSOL or ESOL or RFORCE

GUI：Main Menu>TimeHist Postproc>Define Variables

然后就可以绘制这些变量随时间变化的曲线：

Command：PLVAR

GUI：Main Menu>TimeHist Postproc>Graph Variables

或列表输出：

Command：PRVAR

GUI：Main Menu>TimeHist Postproc>List Variables

5) 工程实例

根据上述有限元分析方法，对赵固一矿主井－500m 层位进行了数值模拟。

(1) 材料参数的选取。

赵固一矿主检孔黏土层的含水量、未冻土与冻土的导热系数，正温与负温状态下土的比热容见表 2-31。

表 2-31　赵固一矿黏土的热物理参数试验值

土性	含水率/%	天然容重/(kg/m³)	土的导热系数/(W/(m·℃))		土的比热容/(kJ/(kg·℃))	
			－10℃	15℃	－10℃	15℃
黏土	14.82	2270	1.831	1.299	0.970	1.100

黏土开始冻结温度取 0℃，冻结温度取－1.3℃，未冻水含量为取 1%，黏土的导热系

数与比热容见表 2-32。

表 2-32　赵固一矿主井黏土的导热系数与比热容

导热系数/(W/(m·℃))					比热容/(kJ/(kg·℃))	
−30℃	−10℃	−1.3℃	0℃	30℃	冻土	未冻土
1.943	1.831	1.790	1.530	1.420	0.970	1.100

冻土相变区根据显热容法得到等效比热容 c^* =32.143kJ/(kg·℃)。土层初始地温为 19.2℃,冻结最低温度取−30℃。设最低温度时焓值为 0,则由式(2-16)~式(2-21)得到黏土焓值,焓值见表 2-33。

表 2-33　赵固一矿黏土焓值

温度/℃	−30	−1.3	0	30
焓值/(kJ/m³)	0	63195	158049	232959
备注	焓值单位一般为 kJ/kg,由于 ANSYS 的有限元单位按体积找分,因此温度场计算中的焓值应转化为单位 kJ/m³ 后的数值输入			

(2) 冻结壁温度场模拟。

建立几何模型时按照实际布孔,参照实际偏斜位置建立冻结管在各个水平的二维模型,采用四节点单元(PLANE55)划分网格,在冻结管附近对网格进行细化处理,模型外边界半径取 30m,见图 2-76 所示。

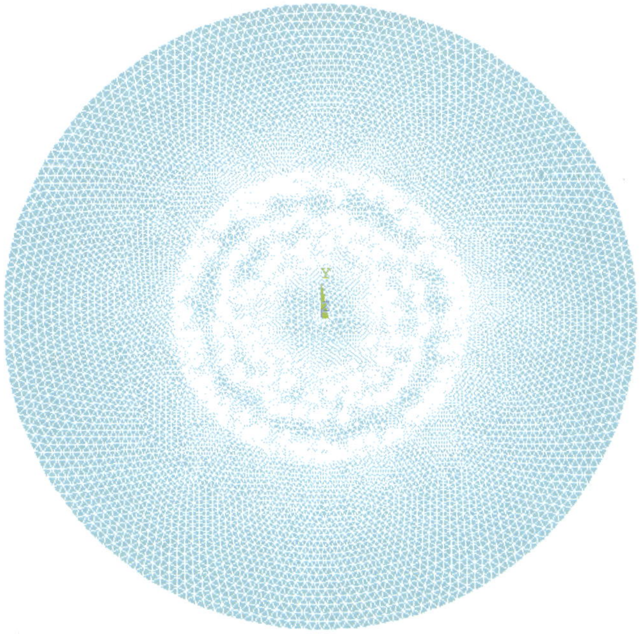

图 2-76　赵固一矿主井 500m 黏土层水平模型网格划分

经过数值模拟计算，得到副井 500m 砂质黏土层冻结壁在 300d 内的温度场分布云图，见图 2-77。

根据温度场云图分析，得出界主面或界面上的温度曲线特性，见图 2-78 和图 2-79。

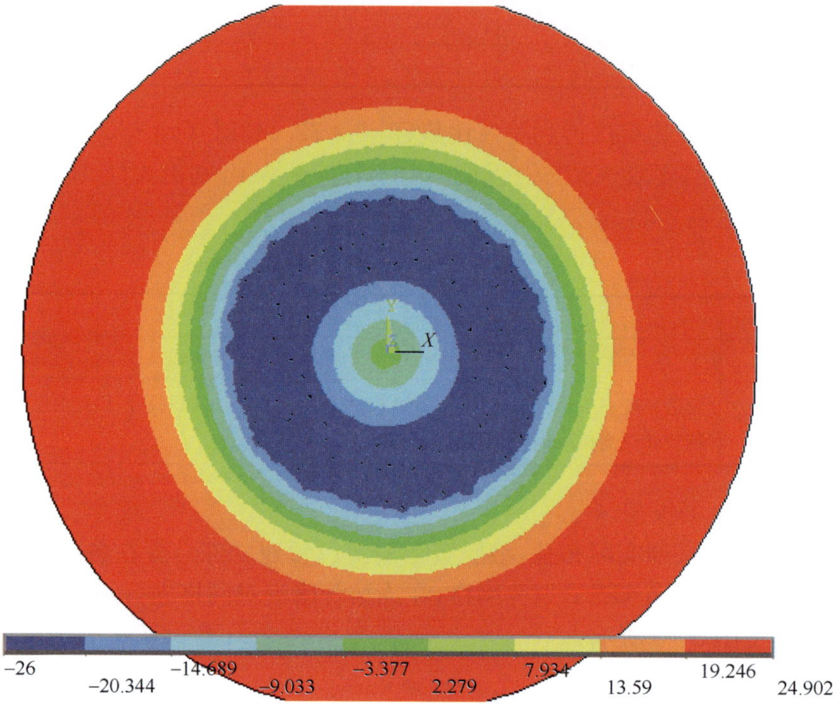

图 2-77　500m 黏土层 300d 冻结壁温度场分布云图(单位：℃)

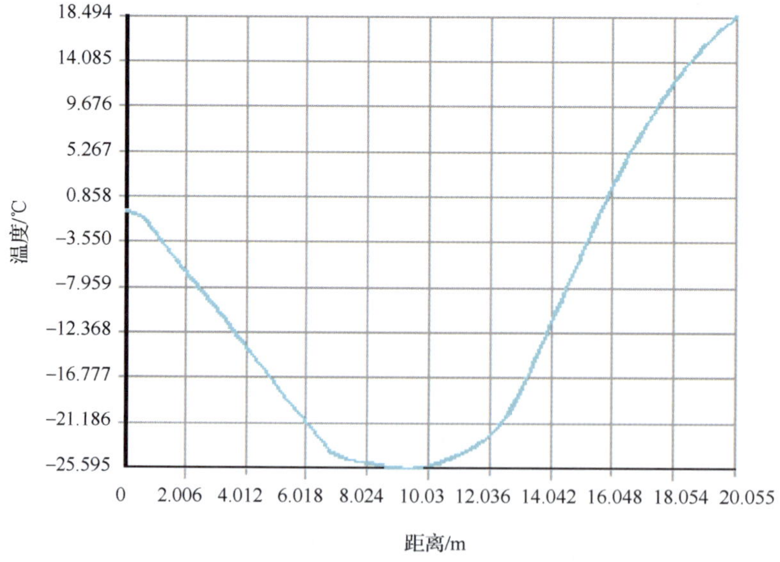

图 2-78　500m 黏土层 300d 时界面温度曲线

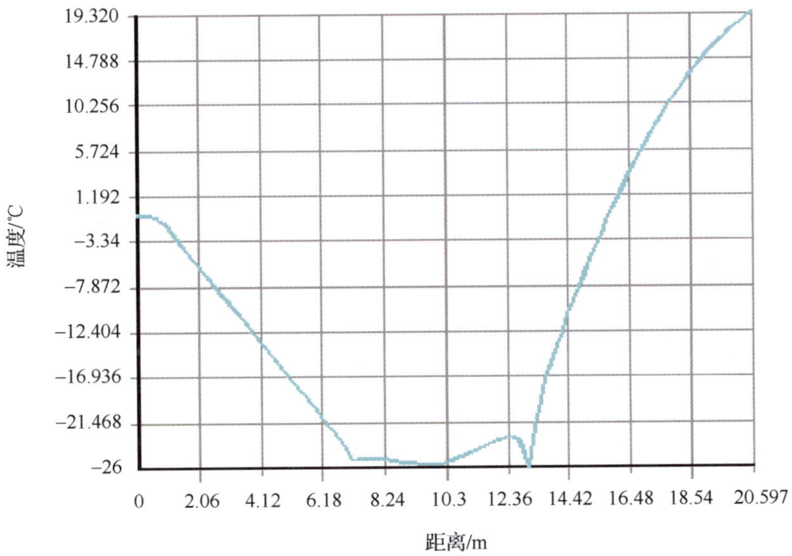

图 2-79　500m 黏土层 300d 时主面温度曲线

经模拟及实测发现，在冻结初期主面与界面温度相差较大，但随冻结深度的增加、冻结时间顺应延长，在深部黏土层中主面与界面温度相差不大，此时内圈冻结孔圈径上的温度趋于一致，且内圈孔圈径至井帮近似线性分布。当冻结到 200d 时，井帮温度下降到－10℃；当冻结到 280d 时，井帮温度下降至－15℃；当冻结 400d 时，井帮温度为－19℃。实测 502m 钙质黏土层，冻结 393d，井帮温度－18.6℃，模拟得到的数据与实测结果较为吻合。

6）小结

随着科技的进步，大型计算机为有限单元法的应用提供了基础支持，使得数值模拟得到广泛推广和应用。有限单元法数值模拟软件较多，但对冻结壁温度场有限单元法数值模拟较为适用的软件为 ANSYS，该软件作为温度场分析已得到高校和各科研院所的认可，利用 ANSYS 数值模拟与实际相结合，可更好地为工程预测预报提供依据。

但是，任何模拟软件都有其弊端，例如，冻结壁的扩展速度主要取决于土层性质、冻结管直径、冻结孔间距、冻结时间、盐水温度及其在冻结管环行空间的运动状态，也就是说冻结效果如何还与盐水流速有关，在其他条件相同的情况下，盐水由层流向紊流过渡时的散热能力远远大于层流，为层流的 1.15～1.3 倍。在使用 ANSYS 有限元软件模拟冻结温度场过程中，较难实现盐水流速对温度场的影响。但在温度场模拟中，可根据利用冻结器管壁温度近似替代盐水温度实现冻结温度场模拟（管壁外表面温度与盐水温度存在 1～4℃的温度差），忽略盐水温度对温度场的影响，利用介质温度影响替代盐水流速影响。此外，实验室获得的土层导热系数是在原岩挠动后无地下水影响下的结果，而实际情况是，原岩的挠动及地下水的渗流场对土层导热存在较大影响。在数值模拟中，可利用现有的测温孔实测数据及水文地质的情况进行参数反演的方法确定计算参数，以便提高后续计算分析的准确性。

综上，在利用有限元数值模拟软件 ANSYS 模拟分析温度场时，宜根据研究对象及研究目的合理简化相应条件及参数，以达到解决研究问题的目的。

8. 冻结壁形成特性综合分析方法

1）冻结壁形成特性的研究简况

国内对冻结壁形成特性的研究自 20 世纪 60 年代中期开始，70 年代在潘谢矿区试验井和深冻结井中进行了大量的试验与工程实测研究，提出了冻结壁有效厚度概念、冻结壁平均温度的成冰公式、冻结壁扩展速度和厚度变化基本特性等研究成果，对单圈孔冻结壁形成的基本特性进行了总结；80 年代末在陈四楼主、副井开展深厚冲积层冻结凿井技术攻关取得了显著成效；进入 21 世纪后，随着冲积层厚度相继突破 400m、500m 和多圈孔冻结的出现，煤科总院北京建井研究所的研究人员又将成冰公式应用到多圈孔冻结壁平均温度计算，提出各冻结孔圈之间冻土交汇时间的计算方法及交汇后冻结壁向内扩展速度迅速加大的分析结果，在赵固二矿冻结方案设计中对各冻结孔圈冻土交汇时间和冻土扩至井帮的时间进行了预测，取得较好的效果，为冻结方案设计优化提供了重要帮助，并根据工程实测数据进行图解分析，得出不同条件下冻结壁形成规律，逐步明确了冻结信息化施工的研究重点，把开展冻结信息化施工作为深厚冲积层冻结法凿井的重要措施，为动态分析冻结壁形成特性提供信息资源；在李粮店矿双深厚地层冻结凿井技术的研究中，北京煤科联应用技术研究所等单位的研究人员进一步归纳总结了冻结壁形成特性的基本规律和影响因子，提出了单孔冻土扩展速度、单圈孔冻结壁扩展规律、各孔圈之间冻土交汇成整体冻结壁的内侧及外侧扩展规律的基本关系式和冻结壁形成特性分析软件、冻结壁形成特性综合分析方法，为冻结方案设计的预测和冻结壁形成特性工程预报进行定量计算，为工程实践中动态掌握冻结壁形成特性和进行科学调控提供技术支撑，较好地反映了冻结壁形成的客观规律，分析结果较为接近工程实际。

2）冻结壁形成特性的基本规律

（1）单孔冻土平均扩展速度

$$V_{\mathrm{d}} = 0.007\alpha\beta\kappa\Phi V_{0} \tag{2-22}$$

式中，V_{d} 为单孔冻土平均扩展速度，mm/d；V_0 为层流状态下冻结管 Φ140mm、冻结孔间距 1.8～2.3m 黏土层冻土平均扩展速度，工程实践取 16.5～12.6mm/d；α 为土层性质因子，一般取值范围见表 2-34；β 为土层含水率因子，一般取 0.9～1.2；Φ 为冻结管外径，mm；κ 为冻结管盐水运动状态因子，层流状态时取 0.9～1.0，雷诺数 Re＝2000～4000 时，冻结管盐水运动状态呈层流向紊流状态过渡，取 1.1～1.3；工程应用中层流向紊流状态过渡的流量可参考表 2-35。

表 2-34　土层性质因子一般取值范围

土层性质因子	黏土	砂质黏土	粉、细砂	中细砂	粗中砂	粗砂	砂砾
α	0.90～1.02	1.00～1.10	1.05～1.15	1.10～1.25	1.15～1.30	1.25～1.35	1.30～1.40

表 2-35　-20℃盐水温度时冻结器内盐水由层流向紊流状态过渡的基本条件

冻结管直径/mm	127	133	140	159
盐水流量/(m^3/h)	>10.0	>10.7	>11.2	≥13

（2）单圈孔冻结壁平均扩展速度

$$V_b = a_T b_L c_h f_\Phi V_d \tag{2-23}$$

式中，V_b 为单圈孔冻结壁平均扩展速度，mm/d；V_d 为单孔冻土扩展速度，mm/d；a_T 为冻结时间因子，一般取 0.9～1.05；b_L 为冻结孔间距因子，一般取值 1.1～2.0，参考取值见表 2-36；c_h 为邻层冻土因子，一般取 0.9～1.2；f_Φ 为冻结孔圈径因子，一般取 0.4～0.6，参考取值见表 2-37。

表 2-36　冻结孔间距因子取值表

冻结孔间距/m	1.3	1.5	1.7	1.9	2.0	2.2	2.4
b_L	2.00	1.73	1.53	1.37	1.30	1.18	1.08

表 2-37　冻结孔圈径因子取值表

冻结孔圈径/m	9	10	12	14	16	18	20	22
f_Φ	0.60	0.58	0.55	0.52	0.49	0.46	0.43	0.40

由于冻结孔圈内、外侧等厚度的面积不相同且冻结壁外侧受外来热源的影响，从能量原理分析，内、外侧冷量扩展不等速，冻结壁内侧、外侧的冻土扩展速度不相等，可用下列公式表示：

$$V_{bn} = m_n V_b \tag{2-24}$$

$$V_{bw} = m_w V_b \tag{2-25}$$

式中，V_{bn}为冻结壁内侧扩展速度，mm/d；V_{bw}为冻结壁外侧扩展速度，mm/d；V_b 为单圈孔冻结壁平均扩展速度，mm/d；m_n 为内侧扩展因子，随冻结时间而增大，随圈径增大而减小，一般取 1.10～1.18；m_w 为外侧扩展因子，随冻结时间、圈径增大而减小，一般取 0.84～0.90。

（3）相邻冻结孔圈之间冻土交汇成整体冻结壁的内侧、外侧扩展速度。

$$V'_{bn} = V_{1bn} + n_{11} V_{1bw} + n_{21} V_{2bn} \tag{2-26}$$

$$V'_{bw} = V_{2bw} + n_{12} V_{1bw} + n_{22} V_{2bn} \tag{2-27}$$

式中，V'_{bn}为交汇后冻结壁内侧扩展速度，mm/d；V'_{bw}为交汇后冻结壁外侧扩展速度，mm/d；V_{1bn}为原内圈冻结壁内侧扩展速度，mm/d；V_{1bw}为原内圈冻结壁外侧扩展速度，mm/d；V_{2bn}为原外圈冻结壁内侧扩展速度，mm/d；V_{2bw}为原外圈冻结壁外侧扩展速度，mm/d；n_{11}为原内圈向内侧扩展因子，范围为 0～0.8，从交汇后计算一般取 0.65～0.8；n_{21}为原外圈向内侧扩展因子，范围为 0～0.5，从交汇后计算一般取 0.35～0.5；n_{12}为原内圈向外侧扩展因子，范围为 0～0.4，从交汇后计算一般取 0.25～0.4；n_{22}为原外圈向外侧扩展因子，范围为 0～0.7，从交汇后计算一般取 0.55～0.7。n_{11}、n_{21}、n_{12}、n_{22}均为交汇时间因子，交汇时为 0，随交汇时间延长而增长。

(4) 冻结壁的交圈时间。

冻结壁的交圈时间主要与冻结孔间距、盐水温度、土层性质、冻结管直径、冻结孔布置方式、地下水流速、地层原始温度和冻结工艺、冻结器环形空间内盐水运动状态等因素有关；可根据冻结孔最大成孔间距和公式(2-22)分析得出预测值。

(5) 冻结壁有效厚度平均温度。

单圈孔冻结壁有效厚度的平均温度等于按冻结壁 0℃边界计算的平均温度值与井帮温度对平均温度的影响值之和。

多圈孔的冻结壁有效厚度的平均温度按成冰多圈孔冻结壁平均温度公式计算。

(6) 冻结壁外侧扩展特性。

冻土扩展速度与土层性质、孔间距、冻结管径和盐水温度、盐水运动状态、冻结时间等因素有关。根据实测分析，冻结孔成孔间距 3m 的外圈孔黏土冻结壁向外扩展的范围与冻结时间的关系见图 2-80。工程应用图示冻结壁外侧扩展范围时需结合实际冻结条件进行调整。

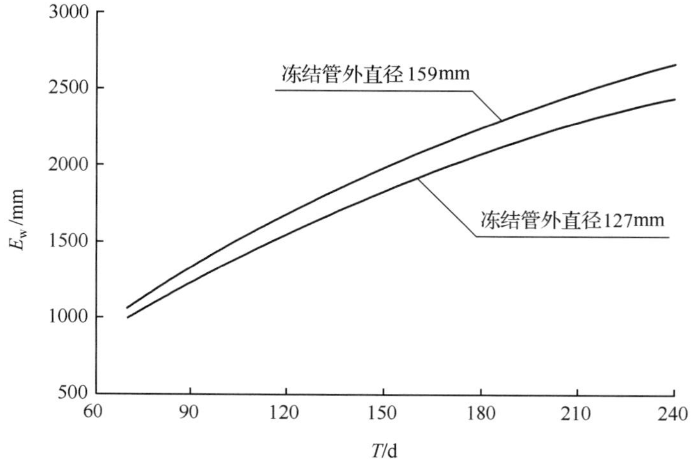

图 2-80 外圈冻结孔外侧黏土层冻结壁扩展范围(E_w)与冻结时间(T)的关系

3) 冻结壁形成特性分析软件

应用冻结壁形成特性基本关系式(2-22)～式(2-27)和冻结壁有效厚度平均温度的成冰公式、冻结壁外侧扩展范围经验曲线(回归公式)、冻土计算强度(K)与冻结壁有效厚度平均温度(t_c)的综合曲线、多姆克公式、维亚洛夫-扎列茨基公式，根据工程实测资料，分析调整影响因子，对单圈冻结孔冻土扩展、冻结壁交圈、相邻孔圈之间冻土交汇等过程逐步分析计算冻结壁形成特性，可分析和计算各孔圈之间冻土的交汇时间、冻土扩至井帮的时间、内外侧冻土扩展速度和范围、冻结壁有效厚度、冻结壁平均温度、冻结壁强度和掘砌段高等冻结壁形成特性参数。为此技术人员研发了冻结工程专用的“冻结壁形成特性分析软件”，将冻结工程实测资料、冻结壁形成基本规律与计算机定量分析有机结合，为冻结方案设计预测冻结壁形成特性参数，为冻结掘砌工程系统分析冻结壁形成过程和定量计算冻结壁特性参数提供有力的工具。

冻结壁形成特性分析软件主要功能及分析计算程序框架见图 2-81。

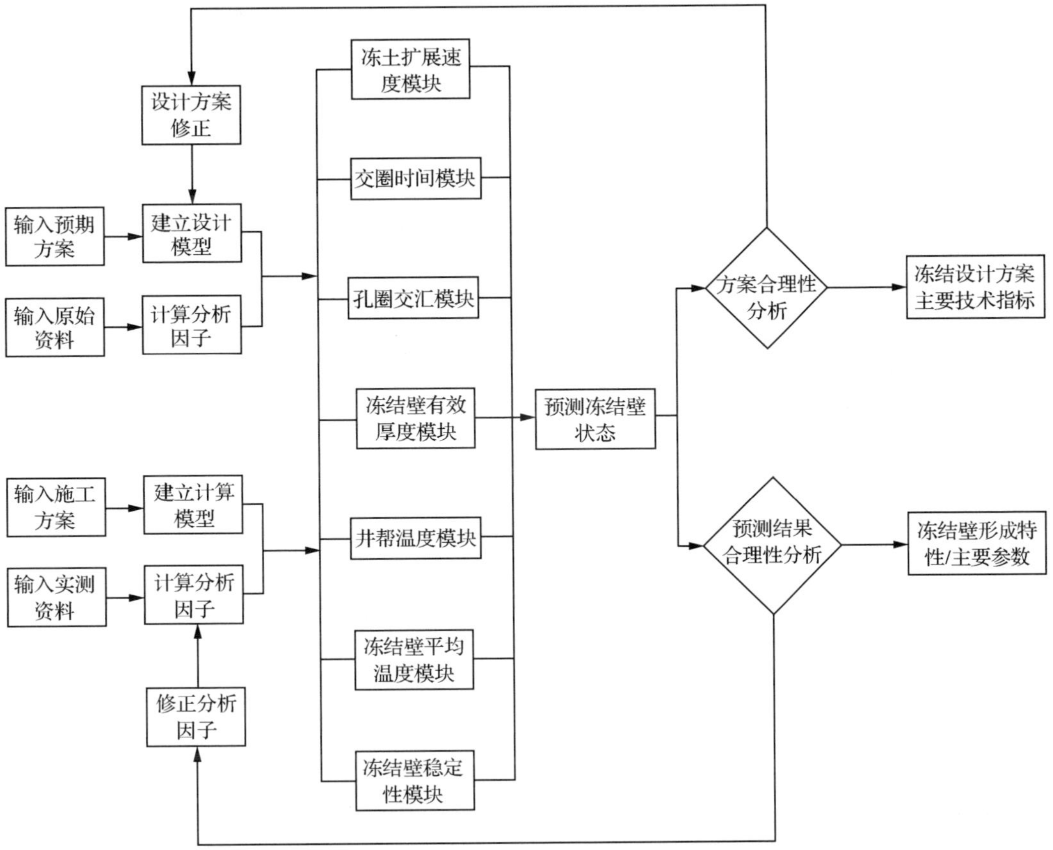

图 2-81　冻结壁形成特性分析软件主要功能及分析计算程序框架图

4）冻结壁形成特性的综合分析方法

由冻结壁形成特性分析软件和图解法组成冻结壁形成特性计算体系，对工程实测资料加以综合分析计算，对冻结工程定期进行预报，并验证工程预报的冻结壁形成特性参数和调整影响因子，形成了综合计算、工程预报与调整的冻结壁形成特性综合分析方法。冻结壁形成特性综合分析方法框架见图 2-82。

5）冻结壁形成特性综合分析方法应用案例

上述冻结壁形成特性综合分析方法应用于李粮店 800m 深厚冲积层和深厚岩层冻结工程，分析结果接近工程实际，动态掌握了冻结壁形成特性（图 2-83～图 2-87、表 2-38），并对冻结和掘砌工程进行了科学调控，主、副井均实现安全快速施工，主井创造平均成井速度 101.8m/月新纪录。

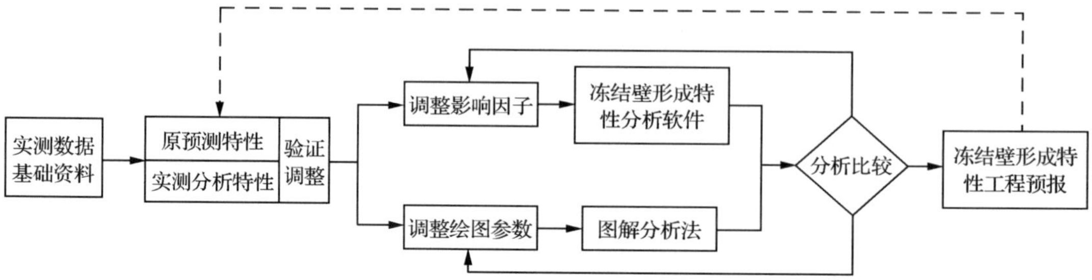

图 2-82　冻结壁形成特性综合分析方法

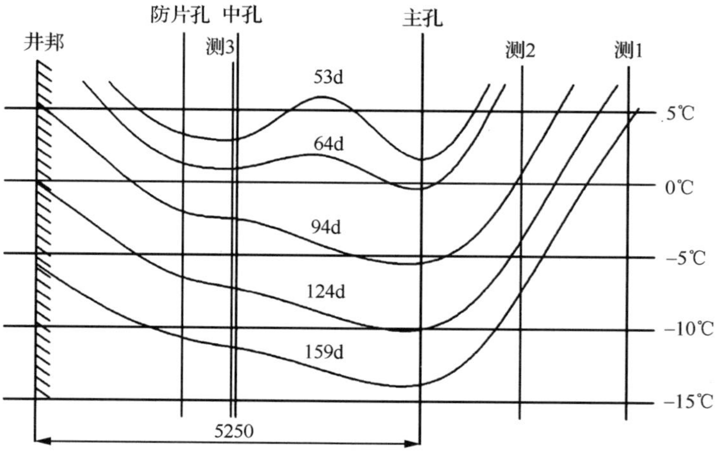

图 2-83　李粮店主井－385m 水平细砂层界面冻结壁形成特性

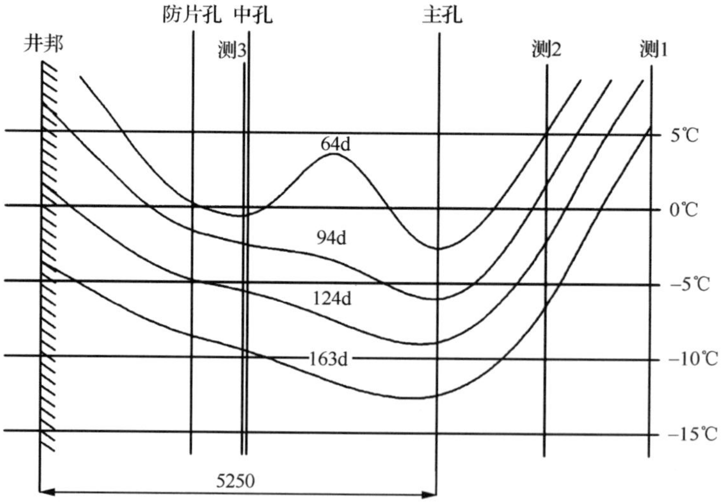

图 2-84　李粮店主井－397m 水平砂质黏土层冻结壁界面形成特性

表 2-38　李粮店矿副井黏性土层及泥岩的冻结壁形成特性主要指标工程预报与实测结果

李粮店矿副井冻结壁形成特性工程预报(2010 年)															实测结果			
工程预报编号	掘砌深度/m	预测掘砌时间(月.日)	冻结时间/d	土层性质	主圈回路盐水温度/℃	中内圈回路盐水温度/℃	主圈最大成孔间距/mm	掘进荒径/m	井帮温度/℃	主冻结孔 外侧扩展范围/mm	主冻结孔 外侧有效厚度/mm	主冻结孔 内侧有效厚度/mm	冻结壁 有效厚度/mm	冻结壁 平均温度/℃	实测时间(月.日)	井帮温度实测值/℃	预测误差/℃	分析说明
No. 2(2 月 20 日)	115	3.3	84	黏土	−25	−26	1599	8.5	1.5	1710	1560	7510	9070	−8.8	2.27	3.4	−1.9	提前开挖使冻结时间少于设计,掘砌又比预报提前约 10d 到达预报深度,需调整影响因子;冻掘矛盾明显
	213	3.23	104	黏土	−25	−26	1909	9.5	−6	1960	1680	6850	8530	−10.7	3.13	1.2	−7.2	
	222	3.25	106	砂质黏土	−25	−26	1909	9.5	−1	1980	1680	7350	9030	−10.2	3.16	2.9	−3.9	
No. 3(3 月 16 日)	292	3.27	108	砂质黏土	−26	−28	2065	9.5	2.4	1897	1502	6856	8358	−12.1	3.27	1.7	+0.7	
	342	4.5	117	砂质黏土	−26	−28	2120	9.5	0.7	1949	1487	7207	8694	−12.6	4.24	0	+0.7	
	400	4.15	127	黏土	−26	−28	2166	10.3	2.2	1899	1359	6503	7862	−12.1				提前套壁 未按原计划掘砌
No. 4(4 月 23 日)	400	5.6	148	黏土	−26	−28	2166	10.3	−0.5	2014	1500	6950	8450	−12.9				提前套壁 未按原计划掘砌
	460	5.18	160	黏土	−26	−28	2211	10.3	−2.6	2108	1550	6950	8500	−13.5				
No. 5(5 月 7 日)	390m 以下	6.21	194	黏土	−30	−30	2211	10.3	−6.5	2466	2066	6950	9016	−13.9	6.27	−5.5	−1.0	预测井帮温度较低 套壁期间控制冻结 随后分析调整影响因子
		7.1	204	黏土	−30	−30	2211	10.3	−8.3	2543	2143	6950	9093	−14.6	7.3	−6.3	−2.0	
No. 6(7 月 9 日)	470	7.25	228	砂质黏土	−30	−30	2250	10.3	−7.4	2650	2070	6950	9020	−14.9	7.27	−6.8	−0.8	
No. 8(10 月 26 日)	596	11.1	327	砂质泥岩	−27		4500	7.8	8.4	2950	2950	5740	8690	−6.9	10.31	7.0	+1.4	实测岩层性质有差异
	652	11.15	341	砂质泥岩	−27		4500	7.8	7.1	2960	2960	6040	9000	−6.9	11.11	5.5	+1.6	
	712	11.30	356	砂质泥岩	−27		4500	7.8	5.7	2970	2970	6360	9330	−6.6				
No. 9(12 月 1 日)	770	12.14	370	砂质泥岩	−27		4500	7.8	2.0	2980	2980	7360	10340	−7.1				

注：No. 1 报告重点分析和预报冻结壁交圈状况;No. 7 报告为掘至−529m 的冻结壁形成特性分析。

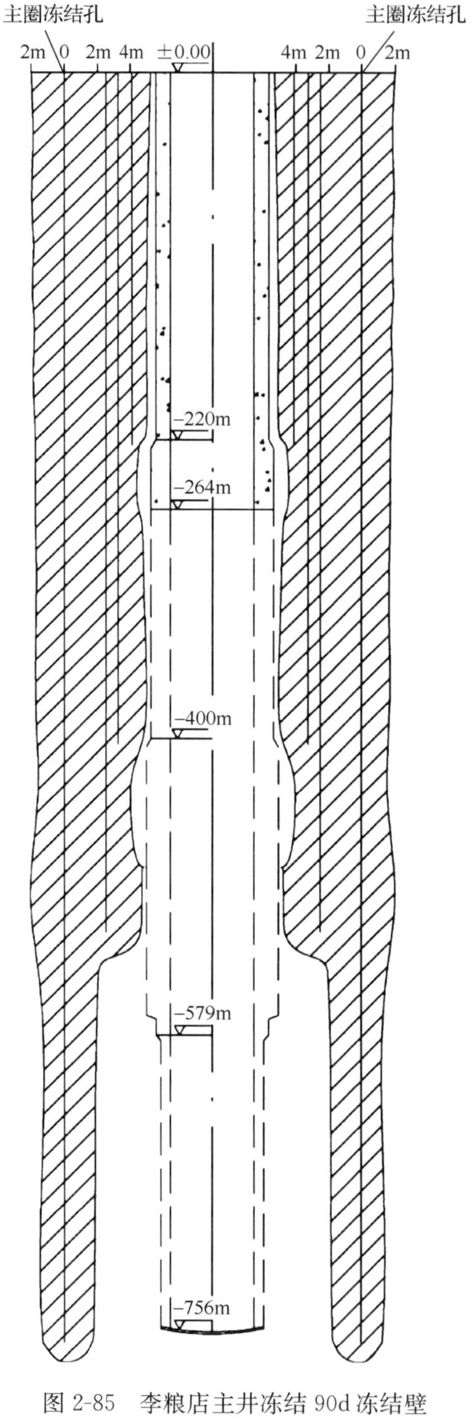

图 2-85　李粮店主井冻结 90d 冻结壁有效厚度变化总示意图

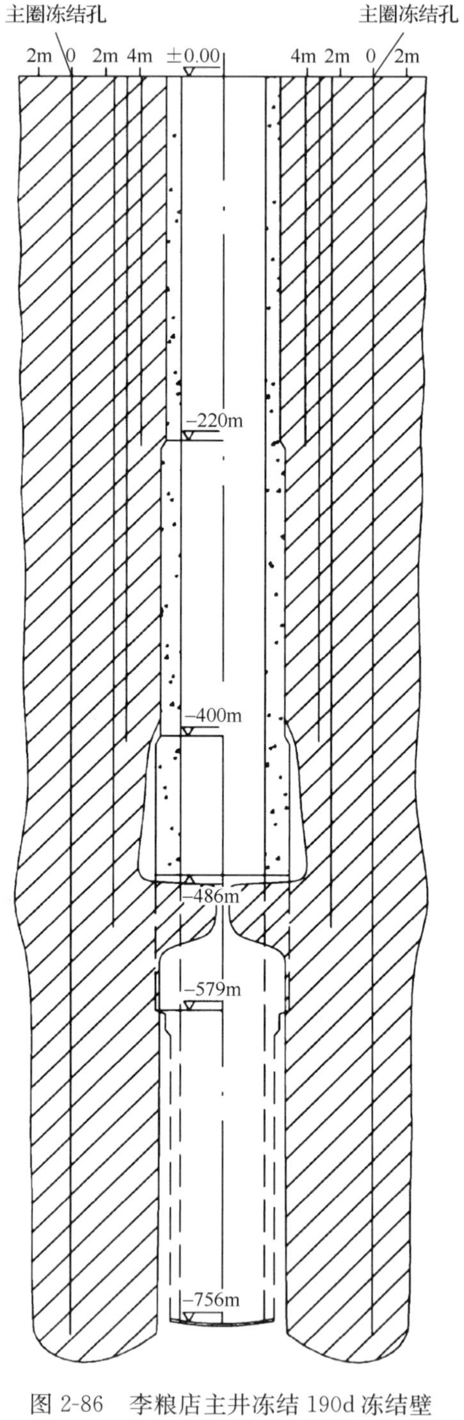

图 2-86　李粮店主井冻结 190d 冻结壁有效厚度变化总示意图

6）冻结壁形成特性综合分析方法的特点

（1）客观、有效地模拟、追踪、预报冻结壁形成和发展过程。

综合分析方法结合了以往冻结工程中实测、试验、分析、计算所采用的方法、规律、特性等成果，客观描述冻结壁形成、发展的过程，着重分析对冻结壁形成特性影响较为突出的因素，并根据冻结工程的特点和实测资料对影响因子加以调整，达到客观、有效地模拟、追踪、预报冻结壁形成和发展过程的目的。

（2）预测冻结壁形成特性参数，为完善冻结方案设计提供技术支撑。

冻结方案设计主要是根据地质、水文地质和冻土试验资料，以及井壁设计、国内冻结和掘砌水平等因素确定冻结深度、冻结壁厚度、冻结孔布置等冻结工艺及其主要技术指标，在确保冻结、掘砌工程安全的前提下，尽可能缓解冻掘矛盾，使冻结工程为掘砌工程创造良好的安全、快速施工条件。冻结壁形成特性综合分析方法可以根据冻结方案较为客观地模拟、预测冻结壁形成特性参数，为调整冻结设计工艺及其主要技术指标提供帮助，为完善冻结方案设计提供技术支撑。

（3）动态掌握实际工程的冻结壁形成特性，提出工程预报，科学指导冻结、掘砌工程。

综合分析方法在实际工程中客观、系统地分析冻结壁形成过程和定量计算冻结壁特性参数，动态掌握实际的冻结壁形成特性，并根据工程实测数据分析调整冻结壁形成特性影响因子，提出的工程预报能够较好地分析、预测冻结壁形成特性主要参数，为调控冻结盐水温度和冻结器流量提供依据，指导冻结和掘砌工程。

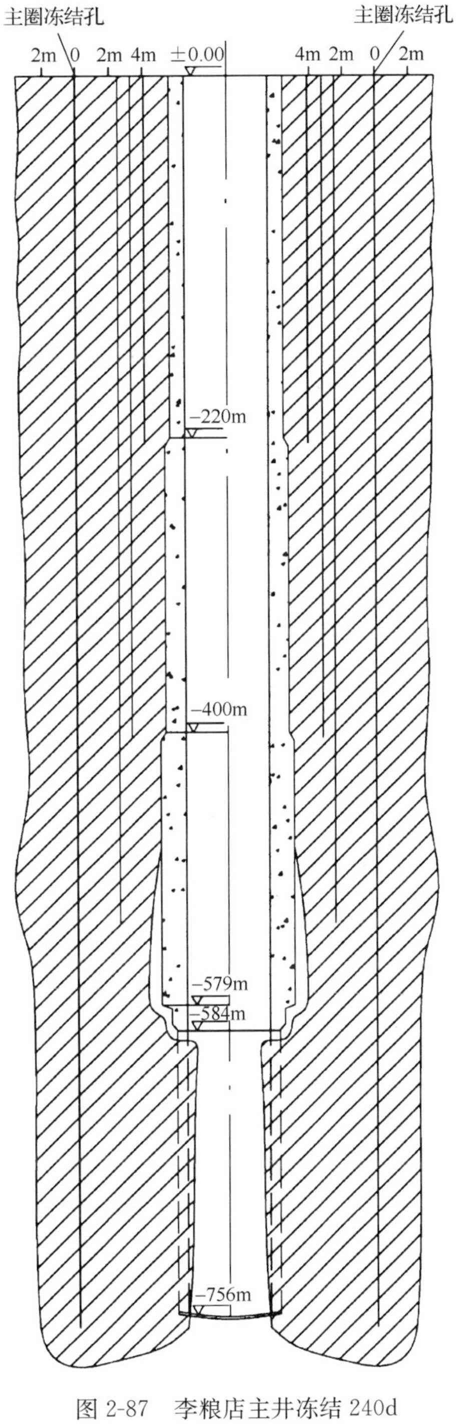

图 2-87　李粮店主井冻结 240d 冻结壁有效厚度变化总示意图

2.2 冻结井筒地压

2.2.1 水平地压

地压是指岩(土)作用于地下构筑物(如冻结壁、井壁)的外部荷载。立井井筒所受外部荷载包括水平地压、自重、竖直附加力及施工荷载。斜井井筒和水平巷道所受外部荷载包括水平地压、垂直顶压和底压。

立井冻结井筒地压研究的难点是立井水平地压的确定。立井水平地压是立井冻结井筒冻结壁设计、井壁设计的重要荷载。影响立井水平地压的主要因素有岩(土)层的性质、埋藏深度、构筑物的形状和大小、地质构造、支护体(井壁、冻结壁)的形式和刚度、岩(土)层裸露和变形得到有效控制的时间、施工方法等。由于影响立井水平地压的因素较多,很难用一种精确的计算模型和计算方法实现对水平地压的准确计算。现有的理论计算公式是基于对岩(土)层力学模型简化和许多假设,而立井冲积层水平地压理论大都是基于松散体极限平衡理论,并选定一定力学模型而推导得到,这些理论和计算公式只有在特定的条件下才是正确的。我国科技工作者在立井浅部冲积层水平地压计算和实测开展了大量工作,提出符合我国工程实践的经验公式。

1. 平面挡土墙地压理论

1) 普氏公式

基于1773年库仑提出的挡土墙主动土压力的理论,普罗托吉亚科诺夫于1908年推导出用挡土墙主动土压力计算公式来计算立井水平地压的公式,即普氏地压公式:

$$P=\gamma H\tan^2\left(45^\circ-\frac{\varphi'}{2}\right) \tag{2-28}$$

式中,γ、φ' 分别为立井穿过地层的加权平均容重和加权平均(似)内摩擦角,见表2-39;H 为地压计算的深度。

公式(2-28)的基本假设:墙是垂直的,墙面光滑无摩擦力,墙体是无限长的在纵向无位移,土体沿一个面滑动。

该计算公式得出地压与深度成正比增加,呈三角形分布的规律,且根本没有考虑地下水压力的影响,所以只能用于不含水或弱含水的浅冲积层作近似计算,不宜用于深部的含水冲积层。

2) 秦氏公式

1933年秦巴列维奇在普氏地压公式的基础上作了一些修改,提出了分层计算的挡土墙地压公式,即

$$P_n^{上}=\left(\sum_{i=1}^{n-1}\gamma_i h_i\right)\cdot A_n \tag{2-29a}$$

$$P_n^{下}=\left(\sum_{i=1}^{n}\gamma_i h_i\right)\cdot A_n \tag{2-29b}$$

式中，$P_n^{上}$、$P_n^{下}$ 为第 n 层顶、底板作用于井壁上的侧压力；γ_i 为各地层容重；h_i 为各地层厚度；A_n 为第 n 岩层的侧压力系数，$A_n = \tan^2\left(45° - \frac{\varphi_n'}{2}\right)$，$\varphi_n'$ 为第 n 层的（似）内摩擦角。

表 2-39　松散土及结构土平均容重及平均内摩擦角数值

土的名称			干土		润土		湿土	
			$\gamma/(t/m^3)$	$\varphi/(°)$	$\gamma/(t/m^3)$	$\varphi/(°)$	$\gamma/(t/m^3)$	$\varphi/(°)$
松散层	砂壤土	松	1.4～1.6	22	1.6～1.7	20	1.8～1.85	15
		中等密实	1.6～1.8	25	1.7～1.9	22	1.85～2.05	17
		密实	1.8～1.95	27	1.9～2.05	25	2.05～2.15	18
	粉砂、砂壤土	松	1.5～1.6	27	1.7～1.8	22	1.85～1.9	18
		中等密实	1.6～1.8	30	1.8～1.9	25	1.9～2.0	20
		密实	1.8～2.0	33	1.9～2.05	25	2.0～2.15	22
	细砂	松	1.5～1.6	27	1.68～1.75	25	1.85～1.9	22
		中等密实	1.6～1.75	30	1.75～1.9	27	1.9～2.0	25
		密实	1.75～1.9	33	1.9～2.0	30	2.0～2.1	28
	中粒砂	松	1.6～1.7	30	1.7～1.85	27	1.9～2.0	25
		中等密实	1.7～1.8	33	1.85～1.95	30	2.0～2.05	28
		密实	1.8～1.95	33	1.95～2.05	30	2.05～2.15	28
	粗砂、砾岩砂	松	1.85～1.9	30	1.95～2.0	30	2.05～2.1	30
		中等密实	1.9～2.0	33	2.0～2.1	33	2.1～2.2	33
		密实	2.0～2.1	35	2.1～2.15	35	2.2～2.25	35
	砾石卵石	中等密实	2.0～2.05	37	2.05～2.1	40	2.15～2.3	40
		密实	2.05～2.1	40	2.1～2.2	40	2.2～2.25	40
结构类土	粉状土	淤泥	1.5	30	1.6	18	1.8	10
		淤泥土	1.5	30	1.6	20	1.8	12
		黄土	1.5		1.6	30	1.8	25
		黄土状黏壤土	1.5		1.6	30	1.8	25
	有机土	泥炭土	1.0	30	1.3	30	1.6	15
		松种植土（泥土层）	1.5	40	1.3	33		
		密实凝结种植土	1.7	40	1.8	33		

秦氏公式(2-29)基本假定：在井筒周围每个岩层将破坏而形成滑动棱柱体，而将其上覆岩层视为均布荷重作用在其上，此滑动棱柱体施于井壁上的主动压力即为立井水平地压。

秦氏公式未直接考虑地层中水压力的作用，但其给定了相应加大的侧压力系数值，无形中等于间接考虑了水的影响。秦氏水平侧压系数 A_n 取值见表 2-40，流砂一般取 0.757，砂砾、砂性土层、黏性土层一般取 0.64～0.5。

表 2-40　秦氏水平侧压力系数 A_n 值

秦氏岩石分类	物理机械特征					水平侧压力系数	
	抗压强度/MPa	内摩擦角 φ		内阻力角 φ^*		最大～最小	平均
		最小～最大	平均	最小～最大	平均		
流砂		0°～18°	9°			1.0～0.64	0.757
松散岩石		18°～26°34′	22°15′			0.64～0.5	0.526
软地层		26°34′～50°	38°15′			0.5～0.3	0.387
弱岩层	2～10			50°～70°	60°	0.3～0.031	0.164
中硬	10～40			70°～80°	75°	0.031～0.008	0.017

* 围岩的内阻力角也可称为似内摩擦角。

3）悬浮体地压理论公式

在计算含水丰富的冲积层地压时，地压包括悬浮土体的土压力和静水压力两部分，悬浮体理论特点是对地下水位以上的地层取实际容重，而对地下水位以下各土层则取“悬浮容重”，然后按前面的秦氏公式进行计算，相应的地压计算公式为

$$P_n = \left(\sum \gamma_n h_n + \sum \gamma'_n h'_n\right) \cdot A_n + \gamma_w H_n \tag{2-30}$$

式中，P_n 为连续破坏层中第 n 层地层底板位置处的地压；γ'_n 为各土层的悬浮容重，即 $\gamma'_n=(\Delta-1)(1-\mu)$，$\Delta$ 为土层颗粒的相对密度，μ 为土层的孔隙度；$\sum \gamma_n h_n$ 为地下水位以上各土层容重 γ_n 与厚度 h_n 乘积之和；$\sum \gamma'_n h'_n$ 为地下水位以下各土层悬浮容重 r'_n 与厚度 h'_n 乘积之和；γ_w 为水的容重；H_n 为计算点的水位高度。

公式(2-30)从理论分析上较全面，但参数多，且很难获得原状土的土工试验参数，计算结果只能是近似的。

4）哈·林克公式

哈·林克公式[53]与悬浮体地压理论公式相似，他利用挡土墙理论同时把水、土压力分算，但哈·林克推荐的侧压力系数 λ_g 比一般计算的 A_n 值小 10%～30%。公式为

$$P = P_w + P_g \tag{2-31a}$$

$$P_w = \gamma_w \frac{h}{100} \tag{2-31b}$$

$$P_g = \lambda_g \cdot \left(\gamma_{gw} \frac{h}{100} + \gamma_g \frac{H-h}{100}\right) \tag{2-31c}$$

$$\gamma_{gw} = \gamma_g - (1-n_p)\gamma_w \tag{2-31d}$$

式中，P_w 为水压力；P_g 为土压力；γ_{gw} 为悬浮容重；γ_w 为水容重；γ_g 为土层干容重；H 为计算处高度；h 为水头高度；n_p 为土层孔隙比；λ_g 为林克侧压力系数。

此公式在西德冲积层中广泛应用，一般情况下：$\gamma_g=1.85$，$\gamma_w=1.0$，$n_p=0.3$，$\lambda_g=0.26$（称为标准值，相当于内摩擦角 $\varphi\approx30°$）；φ 不为标准值时，φ 与 λ_g 对应关系见表 2-41，中间值可以以此类推得出。

表 2-41　φ 不为标准值时，φ 与 λ_g 对应关系

φ/(°)	20	25	30	35	40	45
λ_g	0.43	0.33	0.25	0.18	0.13	0.09

5）重液地压公式

重液地压公式的特点是不分别考虑土或水的作用，而把土和水视为水土混合的相对密度超过 1 的重液体，则作用于井壁上的侧压力按重液压力公式计算。公式为

$$P=\gamma_e H \tag{2-32}$$

式中，P 为计算处地压；γ_e 为水土混合重液容重；H 为计算地压深度。

公式(2-32)早于 20 世纪 50 年代初已在西欧各国使用，60 年代传入我国与苏联，对于 γ_e 的取值各国不尽相同，法国取 2.0，德国取 1.3～1.8，美国取 1.4，苏联取 1.2～1.6，荷兰、波兰取 1.3，日本取 1.1～1.2，我国取 1.0～1.3。

重液地压公式得出压力随深度成正比增加，呈三角形分布的规律。而不论地层深浅都取固定不变的比例系数，这与实际是不符合的，且其计算值往往比实测结果大，尤其对于深厚的冲积层。

2. 圆筒形挡土墙地压理论

1952 年别列赞采夫提出圆筒形挡土墙地压计算公式，其假设土体与壁面无摩擦力；滑动曲面为轴对称的圆锥面。经推导得圆筒形挡土墙压力公式为

$$\begin{aligned}P=&\gamma R_0\frac{\tan\left(45°-\dfrac{\varphi}{2}\right)}{\lambda-1}\left[1-\left(\frac{R_0}{R_b}\right)^{\lambda-1}\right]+q\left(\frac{R_0}{R_b}\right)^{\lambda}\tan\left(45°-\frac{\varphi}{2}\right)\\&+C\cot\varphi\left[\left(\frac{R_0}{R_b}\right)^{\lambda}\tan^2\left(45°-\frac{\varphi}{2}\right)-1\right]\end{aligned} \tag{2-33}$$

式中，γ 为土层的容重；R_0 为井筒掘进半径；R_b 为土体滑动线与地面交点的横坐标值，其值为 $R_b=R_0+H_1\tan\left(45°-\dfrac{\varphi}{2}\right)$；$q$ 为地面上(或上一土层)的均布荷载，H_1 为计算土层的厚度；λ 为简化系数，$\lambda=2\tan\varphi\cdot\tan\left(45°+\dfrac{\varphi}{2}\right)$；$C$ 为土层的黏结力；φ 为各土层的内摩擦角加权平均值。

如果地面上无外荷作用 ($q=0$) 和忽略黏结力($C=0$)，则公式(2-33)变为

$$P=\gamma R_0\frac{\tan\left(45°-\dfrac{\varphi}{2}\right)}{\lambda-1}\left[1-\left(\frac{R_0}{R_b}\right)^{\lambda-1}\right] \tag{2-34}$$

公式(2-34)表明，地压随深度增加而增加，但其增长率随深度增加而下降，当达到某一深度后，地压趋于常数值，并非随深度成正比增加。

别氏假定围土移动时形成空心滑动圆锥体，且土体移动是向心的，故呈楔形而相互挤

压出现圆环效应，增加了土体的自身稳定性，并减少对井壁的压力，圆筒形挡土墙的理论比平面挡土墙进了一步，揭示了地压随深度不是直线增长的规律。

公式(2-34)不适用于 $\varphi=19°30'$，即 $\lambda=1$；当 $\varphi=19°30'$时，需用公式(2-35)求地压 P：

$$P=\gamma R_0\tan\left(45°-\frac{\varphi}{2}\right)\ln\frac{R_0}{R_b} \tag{2-35}$$

对于含水岩层公式(2-33)、公式(2-34)，均应考虑水压力。在 φ 为 19°～20°时，加静水压力后地压很大，别氏公式不适用。

3. 夹心墙地压理论

马英明[54]、朱松耆[55]等学者认为，井筒周围存在被扰动的松散土圈，该圈要向下滑移，它一侧与井壁产生摩擦，另一侧与未扰动土产生摩擦；这样，产生了松散体的成拱效应，造成上部散土作用于下面计算土层的竖向力小于 λH。该滑动土圈对井壁所产生的侧压力即为水平地压。经推导得到基于夹心墙理论的地压计算公式为

$$P=\frac{\gamma b-C}{\tan\varphi}\left[1-\exp\left(-\frac{AH\tan\varphi}{b}\right)\right] \tag{2-36a}$$

式中，γ 为土层的容重；b 为土扰动松散体滑动区宽度之半；C 为土的黏结力；A 为土体的侧压力系数，$A=\tan^2\left(45°-\frac{\varphi}{2}\right)$。

通过现场观测资料的研究和砂箱模型的试验，确定 $b=(0.5\sim1.0)R_0$，取 $b=1.0\,R_0$ 代入公式(2-36a)得

$$P=\frac{rR_0-C}{\tan\varphi}\left[1-\exp\left(-\frac{AH\tan\varphi}{R_0}\right)\right] \tag{2-36b}$$

式中，R_0 为井筒半径。

公式(2-36b)就是夹心墙地压公式。它表明压力随深度呈指数函数关系变化，而不是正比关系。

4. 工程实测

由于地压计算理论的众多假设和应用条件限制，国内外学者一直十分重视通过现场实测的方法研究地压变化规律。我国学者曾对红阳一号副井、兴隆庄主井等浅冻结井筒永久地压进行实测，得到宝贵的数据，见表 2-42 和表 2-43。

5. 对地压计算方法的选择

影响立井水平地压的因素除与土层性质、埋深等参数有关外，还与施工方法、施工过程有关。平面挡土墙理论计算公式(如普氏公式、秦氏公式、哈·林克公式、悬浮体地压理论公式、重液地压公式)的特征是地压随深度呈线性增加，但都未考虑井筒掘进半径的影响。

表 2-42　红阳一号副井冻结井筒永久地压实测数据

岩层	土层性质	垂深/m	实测地压/MPa	为 $P=1.3\gamma_0 H$ 的百分率/%
表土层	粗砂	61	0.53	67
	亚砂土	67	0.72	83
	黏土	74	0.71	74
	砂	80	0.77	74
	砂砾	88	0.81	71
	黏土	90	0.79	68
风化基岩	砂砾层	94	0.72	59
	砂砾层	100	0.68	52

表 2-43　兴隆庄主井冻结井筒永久地压实测数据

土层性质	垂深/m	实测地压/MPa	为 $P=1.3\gamma_0 H$ 的百分率/%
松土	88.5	1.06	92
砂砾	118	1.04	68
细砂	142.5	1.40	76
黏土	151	1.40	71
砂质黏土	168.5	1.23	56

圆筒形挡土墙地压理论、夹心墙地压理论的特征是考虑了井筒半径对地压的影响，且地压随深度达到一定值时，地压趋于一极限值。

立井冻结凿井实践，特别是近年来深井冻结法凿井实践表明，地压既不是随深度简单地呈无限线性增加，也不是到一定深度趋于定值，研究不同地层、不同施工工艺、不同深度地压变化规律和设计取值是立井冻结法凿井长期研究课题。

目前，在立井冻结法凿井冲积层段的冻结壁、井壁设计中，地压的计算公式用得较多的是重液地压公式。随着冻结法凿井深度加大，如何进行水土混合计算，重液容重 γ_c 的取值需要进一步研究和探讨。

2.2.2　水压

冻结井筒井壁承受水压力是井壁设计，特别是内层井壁设计的主要荷载，但是在含水地层中作用于井壁上的实际水压力有多大，显然不等于全水柱的理论压力，那么在地压值中水压和土压各占的比例又是多少，这些问题很难从理论上得到准确的解，在各个井筒不同的土层中进行实测是解决问题的有效途径之一。为此我国在红阳一井副井冻结井筒和兴隆庄主井冻结井筒等在实测地压的同时用水压测量计单独测量了水压力。实测表明，作用于井壁上的实际水压 P_w 小于全水柱的理论水压 P'_w，存在一个水压的折减系数 $k_z=P_w/P'_w$。

虽然水压被折减已是日益被证实的客观现象，但折减的物理本质还没有完全弄清楚，尤其在不同的条件下情况也不一样。目前有下列几种观点。

（1）在井壁单位面积上因土颗粒的影响而使水的有效作用面积减少，例如，若土颗粒的有效作用面积为 a，则水压力的有效作用面积将减少为 $1-a$。

（2）毛细管现象或结合水的影响。

（3）井壁的漏水渗水，造成井壁处的水压坡降等。

随着冻结井筒深度的增加，水压折减系数如何变化一直是国内学者关注和研究的课题。一般认为，随着井筒深度增加，水压折减系数趋小，但趋于一个什么极限值目前还没有定论。根据部分井筒的实测资料，作用于内层井壁上的实际水压值均比理论水压值小，冲积层中平均水压折减系数 k_z 取 0.85～0.89 较为安全。理论水压计算公式为

$$P_w = k_z P'_w = k_z \gamma_0 H \tag{2-37}$$

式中，P_w 为内、外层井壁间的水压，MPa；其他符号意义同前。

应该指出，双层井壁或塑料夹层井壁壁间接触面的光滑程度，以及内层井壁的强度、刚度都对内层井壁承受水压的折减系数 k_z 有较大影响，在冲积层冻结段的塑料夹层井壁进行壁间注浆，是封堵壁间窜水通道、充填外层井壁接茬缝和提高外层井壁及内外壁之间密实性的有效方法，可使水压折减系数 k_z 降低。

2.2.3 冻结压力

冻结压力是指冻结段掘砌过程中由冻结壁施加于井壁上的临时荷载或施工荷载，它是影响外层井壁稳定性、施工安全性的主要因素和外层井壁荷载计算的依据。它存在于筑壁后到冻结壁化冻前，是地压作用下的冻结壁变形（包括弹性、蠕变、塑性变形）、壁后（冻）土层融化及融土回冻时的冻胀变形等多因素对井壁产生的临时性作用力。影响冻结压力大小和变化特征的主要因素有井筒深度、冻结壁承受的地压、土层性质、井帮温度、冻结壁的整体强度及流变特性，冻结壁抗变形能力（刚度）、井壁结构形式和强度、井壁砌壁工艺、井筒掘进施工工艺、井筒断面形状及尺寸等。

在其他条件相同时，随着井筒深度的增大，冻结壁承受的地压增大，外层井壁承受的冻结压力也增大。冻结壁在地压作用下，有可能出现弹性变形、黏弹性变形、黏弹塑性变形等状态；出现不同变形状态的时间和持续时间与冻结壁的整体强度和变形特性有关。影响冻结壁整体强度特性的因素有冻结壁的温度状况、土层冻结强度特性、几何尺寸、冻结孔圈布置方式；影响冻结壁变形特性的因素有土层性质（包括冻土弹性模量、蠕变特性、冻胀特性）、土层埋深、冻结孔圈布置方式、冻结壁在掘进过程中暴露时间（取决于掘砌工艺、掘砌段高、掘砌速度）、井壁强度增长特性和井壁控制冻结壁变形的能力、井壁砌筑后壁后冻土融化和回冻特性。

1. 浅井冻结压力实测主要成果

1）浅井冻结压力实测典型曲线

定量计算这些影响冻结壁的整体强度和变形的因素对冻结压力的影响难度很大。多年来科技工作者通过实测掌握冻结压力变化的一般规律[12,13]。较为典型的有兖州矿区兴隆庄矿主井深 142.5m 的黏土质细砂层冻结压力实测结果，见图 2-88。根据该实测结

果分析，冻结压力的变化可分为四个阶段。

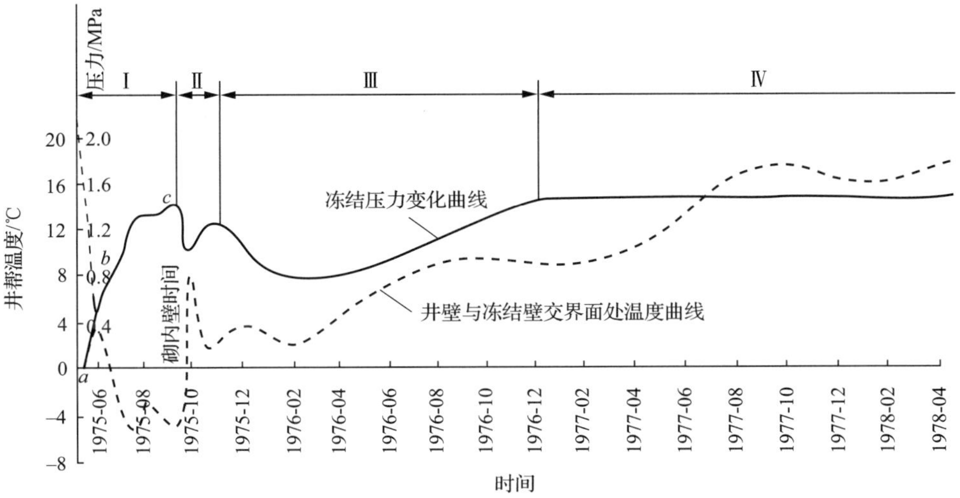

图 2-88　兖州矿区兴隆庄矿主井深 142.5m 黏土质细砂层冻结压力变化实测结果

第Ⅰ阶段为冻结压力增长阶段：井筒开挖后，冻结壁即发生蠕变变形和应力重新分布，砌筑外壁后，变形被阻，对井壁产生侧向压力，冻结壁变形及壁后融土回冻的冻胀力等冻结压力均作用于外层井壁上，冻结压力随时间延长及井帮温度的降低而增大，并呈现早期增长较快，随后增长缓慢的特点，至内层井壁套壁前，达到最大值。

第Ⅱ阶段为冻结压力的波动阶段：内层井壁套壁后，混凝土水化热使外层井壁后的冻土融化、湿陷，冻结压力迅速下降。由于冻结壁内集聚的冷量和冻结器继续传递冷量的影响，将使壁后融土再次回冻、井壁温度降至 0℃以下，冻结压力出现回升，形成凹形的压力波动阶段，但压力值不会达到第一阶段的峰值。

第Ⅲ阶段为冻结壁自然解冻时冻结压力渐变过渡阶段：冷冻站停止供冷后，冻结壁的温度不断升高，并开始自然解冻，冻结压力逐渐下降。与此同时，井壁外侧和内、外层井壁交界面出现土压和水压，作用到井壁上的地压越来越大，逐渐向永久地压过渡。

第Ⅳ阶段为冻结壁完全解冻并过渡至永久地压阶段：冻结壁解冻后，冻结压力逐渐消失，地层的水土压力共同作用于井壁上，进入长期稳定的永久地压阶段。

更多的实测结果表明，影响冻结压力变化的各种因素在不同井筒、不同深度的表现有所差异，实测的结果和规律在典型的四个阶段表现也有较大差异，特别是近年来对深井冻结的实测结果更是如此。

2）浅井冻结压力实测结果

国内工程科技工作者对冻结压力进行了大量实测研究，为这些冻结井筒安全施工和井壁设计提供了有用的数据。

表 2-44 列出兴隆庄、鲍店、临涣、海孜、潘集等矿井冻结压力结果与土层特性和土层埋深的实测结果。

表 2-44　实测冻结压力与土层特性、土层埋深的关系

井筒名称	冻结深度/m	土层名称	测点深度/m	井帮温度/℃	冻结压力/MPa	冻结压力与深度比值
兴隆庄煤矿主井	220	黏土	59.0	−5.8	1.2～1.39	2.03～2.36
		黏土	88.5	−6.5～−6.8	1.23～1.34	1.39～1.51
		黏土	151.0	−3.7	1.45～1.84	0.96～1.22
鲍店煤矿北风井	230	黏土	102.0	−2.6	1.04～1.55	1.02～1.52
		黏土	142.0	−5.3	1.15～1.98	0.81～1.39
		黏土	195.3	−4.0	1.38～1.98	0.71～1.01
临涣煤矿主井	275	黏土	131～136	−1.0	1.58～2.11	1.17～1.56
		黏土	142.8	−1.5	1.74～1.78	1.22～1.25
		黏土	216.9	−7.0	2.16～2.24	1.0～1.03
海孜煤矿副井	285	黏土	159～169	−4.0	1.56～1.85	0.96～1.14
海孜煤矿主井	285	黏土	166.0	−7.0	2.1～2.15	1.26～1.30
潘集一矿东风井	320	黏土	137.0	+5.0	1.8～2.42	1.31～1.77
潘集二矿西风井	327	黏土	163.0	−6.0	1.12～1.92	0.69～1.18
潘集二矿南风井	320	黏土	185.0		2.58～3.56	1.39～1.92
潘集三矿东风井	415	黏土	278.6	−8.2～−10.8	2.88～4.50	1.03～1.62
		黏土	328.5	−15.2～−18.0	3.40～4.27	1.04～1.30
潘集一矿东风井	320	砂质黏土	110.0		1.6～2.07	1.45～1.88
潘集三矿东风井	415	砂质黏土	263.9	−7.5～−9.0	2.62～3.30	0.99～1.25
邢台煤矿主井	260	砂质黏土	177.2		1.78～2.00	1.00～1.13
		砂质黏土	188.4		1.59～1.97	0.84～1.05
		砂质黏土	204.3		1.06～1.61	0.51～0.79
鲍店煤矿北风井	230	砂层	74.5	−2	0.49～1.07	0.66～1.44
兴隆庄煤矿主井	220	粗砂	74.0	−6.1～−6.6	1.08～1.17	1.46～1.58
潘集一矿东风井	320	砂层	40.0		0.20～0.23	0.50～0.58
		砂层	70.0		0.44～1.09	0.63～1.56
		粗中砂	220.0		0.73～2.49	0.33～1.13
潘集二矿南风井	320	砂层	105.0		1.40～1.82	1.33～1.73
东荣二矿副井	300	细砂	148	−3.0～−5.5	1.09～1.50	0.74～1.01
潘集三矿东风井	415	细砂层	192.5	−4.0～−4.5	0.90～2.15	0.47～1.12
		中砂层	250.0	−5.5	1.04～1.53	0.40～0.59
兴隆庄煤矿主井	220	砂砾	118.0	−3.3～−7.5	0.75～1.42	0.64～1.2
		砂砾	185.5	−4.1～−9.8	1.13～1.61	0.61～0.87
邢台煤矿主井	260	砂砾	231.7		0.30～0.35	0.13～0.15
东荣二矿副井	300	泥岩	175.5	−5.0～−8.5	1.68～4.40	0.96～2.51
东荣二矿副井	300	泥质砾岩	207	−1.5～−3.5	3.52～4.44	1.70～2.14

3）主要结论

从以往多个浅冻结井冻结压力实测结果分析得到如下结论：

（1）同一水平冻结压力普遍存在不均匀现象，在外层井壁结构设计时必须进行不均匀受力计算。

（2）冻结压力随着埋深的增加而增加，但并不是线性增加。

（3）黏性土层冻结压力明显大于砂性土层冻结压力。

（4）井壁砌筑后冻结压力初期增长速度较快，要求井壁支护强度增长率必须大于冻结压力的增长率。

（5）基于现场实测，国内相关研究单位和学者归纳总结提出浅部冲积层冻结压力经验计算公式，为井壁设计、数值模拟研究提供一定依据，具体如下：

① 根据 1981 年煤科总院北京建井研究所等单位在兖州等地区冻结井实测分析[12,56]，提出如下冻结压力计算方法。

（a）经验公式一。

$$P_d = K_t K_d (1.38\lg H - 1.26) \tag{2-38}$$

式中，P_d 为冻结压力；K_t 为井帮温度影响系数；K_d 为土性影响系数；H 为计算处深度。

（b）经验公式二。

当松散层厚度 $H \leqslant 100$m 时

$$P_d = 1.74(1 - e^{-0.02H}) \tag{2-39a}$$

当 $H > 100$m 时

$$P_d = 0.005H + 1.0 \tag{2-39b}$$

② 根据两淮等矿区的冻结压力实测数据（深度小于 330m）分析得出，冲积层的冻结压力与埋藏深度成正比（图 2-89）；黏性土层比砂性土层的冻结压力大；但冻结压力系数随深度的变化呈下降趋势。

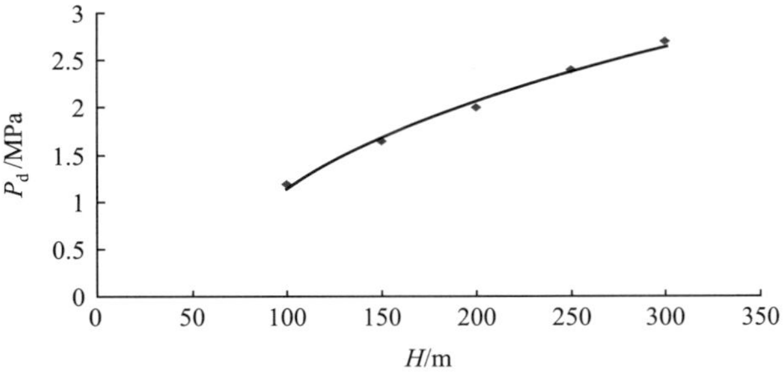

图 2-89　冻结压力随埋藏深度变化趋势

根据图 2-89 两淮矿区和永夏矿区冻结压力实测回归曲线，冻结压力可按表 2-45 选取，冻结压力计算公式为

$$P_d = 0.01\psi_d H \tag{2-40}$$

式中，P_d 为不同深度的冻结压力，MPa；H 为计算深度，m；ψ_d 为冻结压力随深度变化系数，见表 2-45。

表 2-45　不同深度黏性土层的冻结压力参考值

参数	深度/m					
	100	150	200	250	300	400
冻结压力/MPa	1.20	1.65	2.00	2.40	2.70	3.50
冻结压力随深度变化系数 ψ_d	1.200	1.100	1.000	0.960	0.900	0.885

应该指出，上述两个经验计算公式和一个回归计算公式都是基于浅冲积层冻结井筒实测结果的总结和分析结果，用于深厚冲积层（大于 400m）冻结压力计算不尽合理，有待进一步研究。

对于深井冻结温度较低，影响冻结压力因素的一般规律在较低温度下也会显现不一般的规律，以往浅井实测的结果在深井中应用有待进一步探讨。

2. 深井冻结压力实测主要成果

1）实测简况

2000 年之前，国内只有小于 330m 冲积层的冻结压力实测数据，而其中多数是单圈孔冻结的冻结压力实测数据。21 世纪以来，多对矿井的冻结井筒穿过 400m 以上的深厚冲积层，掌握 400m 以上深厚冲积层冻结井筒的冻结压力一直是参与这些矿井的建设、设计、施工、科研单位关注的课题。国内有关单位先后对涡北矿风井、副井，顾北副井，龙固副井，赵固一矿主井、副井、风井，郭屯主井、副井，郓城主井、副井，谢桥矿箕斗井，张集副井（巨野矿区）等十多个深厚冲积层冻结井筒冻结压力进行实测。对 400～600m 深厚冲积层冻结压力变化规律有了初步认识，对深厚冲积层外层井壁设计和施工具有重要指导意义。

2）部分深井冻结压力实测结果

（1）龙固矿副井、郭屯矿主副井、郓城矿主副井冻结压力实测结果。

中国矿业大学等有关单位对龙固副井、郭屯主副井、郓城主副井等深厚冲积层冻结井筒进行冻结压力实测[57,58]，分析实测冻结压力最大值 P_{max} 与重液地压公式计算的永久地压 P_0（γ_e 取 1.3）、测点深度 H 的比例系数的关系及外层井壁混凝土浇筑后不同龄期冻结压力 $P(t)$ 增长特征结果，见表 2-46。

实测结果表明，冻结压力的增长过程基本可分为早期急剧增长和随后增速减小保持缓慢增长（或趋于稳定，个别地层冻结压力达到峰值后下降）两个阶段，冻结压力早期的急剧增长要求外层井壁混凝土早期强度具有更高的增长率；冻结压力沿井筒周向具有显著的不均匀性；黏土层最大冻结压力与计算永久地压的比值为 0.686～1.593，平均值为 1.08；实测得到的唯一砂层最大冻结压力与计算永久地压的比值为 0.573；外层井壁混凝土浇筑后 7d、10d、14d、30d 的冻结压力分别达到最大冻结压力的 60%～80%、65%～90%、70%～95%、85%～98%，平均值分别达到 72%、77%、81%、92%。

表 2-46　龙固副井、郭屯主副井、郓城主副井冻结压力实测结果

井筒名称	测点深度/m	土层名称	P_0/MPa	P_{max}/MPa	$\frac{P_{max}}{P_0}$	P_{max}与H的比例系数	$P(t)$/MPa				$P(t)/P_{max}$			
							7d	10d	14d	30d	7d	10d	14d	30d
龙固副井	400	黏土	5.20	4.59	0.883	1.148	1.81	2.54	2.93	4.11	0.39	0.55	0.64	0.90
	430	黏土	5.59	4.90	0.877	1.140	2.56	3.38	3.90	4.48	0.52	0.69	0.80	0.91
	464	黏土	6.03	6.22	1.031	1.341	3.94	4.25	4.50	4.86	0.63	0.68	0.72	0.78
	494	黏土	6.42	9.48	1.476	1.919	4.40	5.62	6.57	7.24	0.46	0.59	0.69	0.76
郭屯主井	470	黏土	6.11	8.64	1.414	1.838	3.64	3.93	4.03	4.71	0.42	0.45	0.47	0.55
	487	黏土	6.33	8.14	1.286	1.671	2.35	3.15	3.68	6.08	0.29	0.39	0.45	0.75
	512	黏土	6.66	10.6	1.593	2.070	8.81	9.36	9.68	9.52	0.83	0.88	0.91	0.90
	535	黏土	6.96	7.91	1.137	1.479	6.60	7.08	7.50	7.50	0.83	0.90	0.95	0.95
郭屯副井	441	黏土	5.73	5.42	0.945	1.229	1.10	1.51	1.89	3.12	0.20	0.28	0.35	0.58
	473	黏土	6.15	4.22	0.686	0.892	0.93	2.06	3.20	4.06	0.22	0.49	0.76	0.96
	510	黏土	6.63	4.69	0.707	0.920	2.05	2.25	2.58	3.25	0.44	0.48	0.55	0.69
郓城主井	300	黏土	3.90	2.92	0.749	0.973	2.35	2.50	2.52		0.80	0.86	0.86	
	372	黏土	4.84	3.84	0.794	1.032	2.82	3.01	3.21	3.68	0.73	0.78	0.84	0.96
	426	黏土	5.54	5.63	1.017	1.321	3.50	3.75	4.01	4.83	0.62	0.67	0.71	0.86
	455	砂层	5.92	3.39	0.573	0.745	2.22	2.42	2.58	2.88	0.65	0.71	0.76	0.85
	502	黏土	6.53	6.51	0.998	1.297	5.30	5.49	5.73	6.34	0.81	0.84	0.88	0.97
郓城副井	379	黏土	4.93	6.86	1.392	1.810	5.10		5.49	6.43	0.74		0.80	0.94
	443	黏土	5.76	7.22	1.254	1.630	4.53	4.77	5.05	6.19	0.63	0.66	0.70	0.86
	498	黏土	6.47	7.73	1.194	1.552	5.65	6.19	6.69	7.60	0.73	0.80	0.87	0.98

(2) 涡北矿副风井、顾北矿副井冻结压力实测结果。

安徽理工大学等单位对涡北矿副井、涡北风井、顾北副井等深厚冲积层冻结井筒进行冻结压力实测[59-63]，实测结果见表 2-47，表中 $\bar{P}$ 为实测冻结压力的平均值。

表 2-47　涡北矿副井、涡北风井、顾北副井井筒冻结压力实测结果分析

井筒名称	测点深度/m	土层名称	井帮温度/℃	P_0/MPa	P_{max}/MPa	$\bar{P}$/MPa	$\frac{P_{max}}{P_0}$	$\frac{\bar{P}}{P_0}$	$\bar{P}$与H的比例系数
涡北副井	200	黏土	3.5～3	2.600	2.8	2.4	1.077	0.923	1.200
	275	黏土	−0.6～−1.3	3.575	3.9	3.5	1.091	0.979	1.272
	375	黏土	−7.0～−7.9	4.875	4.8	4.2	0.991	0.862	1.120
涡北风井	206	黏土	3.1～−0.2	2.678	2.8	2.6	1.045	0.971	1.262
	330	黏土	−3.9～−4.7	4.290	4.2	3.7	0.979	0.862	1.121
	378	黏土	−9.8～−10.5	4.914	5.2	4.3	1.058	0.875	1.138
	400	黏土		5.200	4.9	4.5	0.942	0.865	1.125
顾北副井	385	钙质黏土		5.005	6.1	4.00	1.219	0.799	1.039
	408	钙质黏土		5.304	5.45	3.85	1.028	0.726	0.943

实测结果表明，冻结压力随混凝土浇筑后时间的变化一般经历快速增长期、缓慢增长期、稳定期三个阶段。井筒浅部井帮温度高，冻结压力前期发展较为缓慢，井筒深部井帮温度低，冻结压力前期(一般为10d左右)发展很快，后期增长较为缓慢；冻结压力随着深度增加而增加；冻结压力沿井筒周向具有显著的不均匀性，不均匀率在0.67～0.82。

(3) 唐口矿副井冻结压力实测结果。

山东理工大学等单位曾对唐口矿副井井筒穿过的深厚冲积层冻结压力进行实测研究，实测结果见表2-48[64]。通过对深289.0～501.0m段黏性土层的5个水平冻结压力实测结果分析表明，冻结压力的变化经历快速增长期、缓慢增长期和稳定期三个阶段，混凝土浇筑10d左右能达到最大值，随后经过3个月左右达到稳定，稳定阶段冻结压力略有下降；冻结压力随着深度增加相应增加；冻结压力沿井筒周向有显著的不均匀性。

表2-48　唐口副井井筒冻结压力实测结果分析

测点深度/m	土层名称	冻结壁平均温度/℃	P_0 /MPa	P_{max} /MPa	$\bar{P}$ /MPa	$\frac{P_{max}}{P_0}$	$\frac{\bar{P}}{P_0}$	$\bar{P}$与H的比例系数
289.0	钙质黏土	−18.1	3.757	3.8	2.1	1.011	0.559	0.726
347.0	钙质黏土	−18.5	4.511	4.4	3.4	0.975	0.754	0.980
417.9	钙质黏土	−18.1	5.433	5.6	3.9	1.031	0.718	0.933
438.0	黏土	−18.6	5.694	5.5	4.3	0.966	0.755	0.981
501.0	钙质黏土	−18.1	6.513	9.1	6.0	1.397	0.921	1.197

(4) 赵固一矿主副风井、赵固二矿副井冻结压力实测结果。

煤科总院北京建井研究所的科技人员于2005～2008年先后对赵固一矿主井、副井、风井，赵固二矿副井4个500m以上冲积层深冻结井进行了冻结压力实测(表2-49)，初步掌握了该矿区深197～519m段半固结黏性土层冻结压力的显现特性，填补了国内深330～519m段深厚半固结黏性土层冻结压力的空白。

① 井壁与冻结壁之间增设聚苯乙烯泡沫板起到缓压减压作用。

从赵固一矿副井−507m水平半固结黏性土层中1号测点(与壁后冻土之间不加聚苯乙烯泡沫板)和2号测点(与壁后冻土之间增设50mm聚苯乙烯泡沫板)的冻结压力显现时间推迟2d(图2-90)，初期冻结压力的差值为1.1MPa，冻结压力的峰值差为1.5MPa，

表2-49　赵固一矿、赵固二矿井筒冻结压力实测结果汇总表

序号	井筒名称	检测深度/m	土层	本构特性	外层井壁		冻结时间/d	冻结壁有效厚度/mm	井帮温度/℃	冻结压力		
					厚度/mm	混凝土标号				测点编号	实测时间/d	最大值/MPa
1	赵固一矿主井	232.8	黏土	半固结	700	C50	191	7600	−7.4～−9.3	$Z_1$232-1	2.5	5.10
2		436.2	砂质黏土	半固结	850	C65	346	8270	−18.3～−20.4	$Z_1$436-1	33	7.10

续表

序号	井筒名称	检测深度/m	土层	本构特性	外层井壁		冻结时间/d	冻结壁有效厚度/mm	井帮温度/℃	冻结压力		
					厚度/mm	混凝土标号				测点编号	实测时间/d	最大值/MPa
3	赵固一矿副井	282.6	砂质黏土	半固结	800	C50	240	9920	−7.2～−9.3	$F_1$282-1	3.0	6.90
4										$F_1$282-2	5.5	4.70
5		307.0	黏土	半固结	800	C60	260	9980	−7.4～−10.5	$F_1$307-1	5.0	6.60
6										$F_1$307-2	5.0	5.70
7		384.0	黏土	半固结	1000	C65	315	9980	−12.3～−15.1	$F_1$384-1	190	7.40
8		507.0	黏土	半固结	1000	C70	422	9980	−18.0～−19.1	$F_1$507-1	50	11.7(压力盒直接与壁后冻土接触)
9										$F_1$507-2	50	9.7(压力盒与壁后冻土之间加泡沫板)
10	赵固一矿风井	197.0	黏土	半固结	600	C40	150	10620	−0.9～−3.1	$W_1$197-1	230	3.7
11	赵固二矿副井	487.4	黏土	局部受扰动	800	C80	210	9200	−3.0～−3.5	$F_2$487-1	29	15.3
12										$F_2$487-2	29	12.8
13										$F_2$487-3	29	9.0
14		519.0	黏土	半固结	800	C80	220	9200	−4.0～−7.0	$F_2$519-1	19	6.8
15										$F_2$519-2	19	5.3

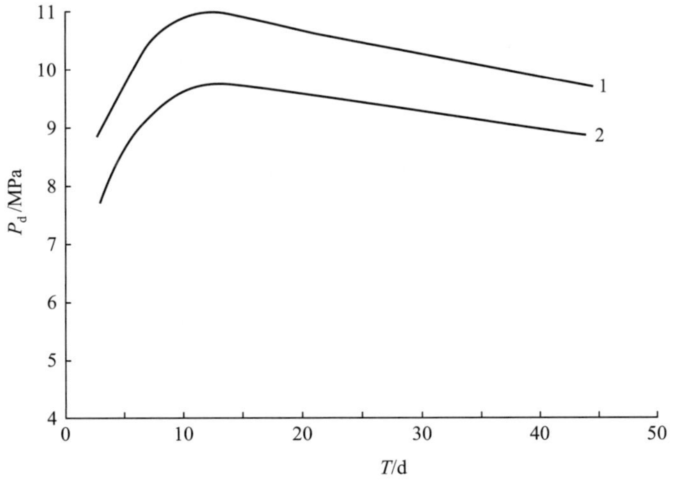

图 2-90　赵固一矿副井－507m 水平半固结黏性土层冻结压力(P_d)与筑壁龄期(T)的关系

1-压力盒与壁后冻土之间无泡沫板的压力显现；2-压力盒与壁后冻土之间有泡沫板的压力显现

44d 的冻结压力差为 0.8MPa，说明井壁与冻结壁之间增设泡沫板不仅能起到隔热的作用，还有显著的缓压、减压作用。

② 同一水平半固结黏性土层冻结压力均有较大的不均匀性。

赵固二矿副井－487.4m 水平半固结黏土层中的 3 个压力盒与壁后冻土之间增设 75mm 聚苯乙烯泡沫板。1 号、2 号、3 号压力盒冻结压力显现的共同特点(图 2-91)：一是来压快和压力大，筑壁 2d 后冻结压力分别达到 10MPa、7MPa、4MPa 以上；二是冻结压力峰值高，30d 的峰值分别达到 15.3MPa、12.8MPa、9.0MPa；三是不均匀性大，1 号和 2 号压力盒分别为 3 号压力盒冻结压力的 1.7 倍和 1.4 倍。该特点容易造成水位观测管压扁和外层井壁压坏，增加冻结施工的难度。

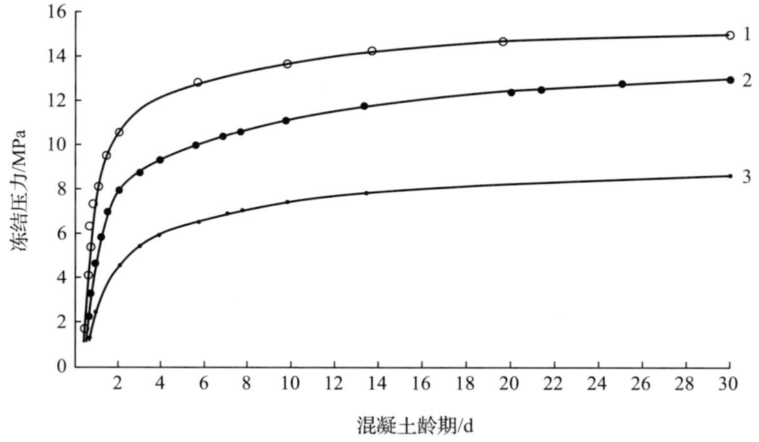

图 2-91　赵固二矿副井－487.4m 水平半固结黏土层冻结压力曲线

③ 赵固矿区深厚黏性土层冻结压力与测层深度的比例系数偏大。

根据赵固一矿主、副、风井和赵固二矿副井冻结压力曲线(图 2-92)和不同深度冻结压力实测(表 2-50)分析得出，赵固矿区不同深度半固结黏性土层冻结压力(平均值)与测层深度的比例系数(1.982)偏大，比《建井工程手册》[24]推荐的比例系数增大近 1 倍。

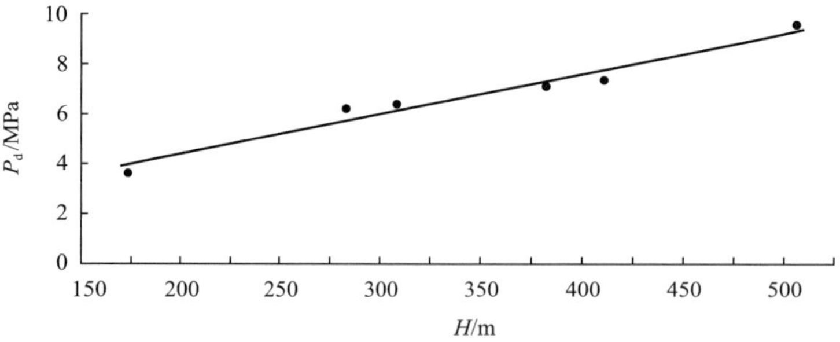

图 2-92　赵固矿区半固结黏性土层冻结压力(P_d)与深度(H)的关系

表 2-50　赵固矿区深厚半固结黏性土层冻结压力与测层深度的比例系数

序号	井筒名称	测量深度/m	土层名称	本构特性	井帮温度/℃	检测时间/d	冻结压力 $\overline{P}$/MPa	$\overline{P}$ 与 H 的比例系数
1	赵固一矿风井	197.0	黏土	半固结	−0.9～−3.1	28	3.7	1.878
2	赵固一矿副井	307.0	黏土	半固结	−7.4～−10.5	5	6.15	2.003
3		384.0	黏土	半固结	−12.3～−15.1	190	7.4	1.927
4		507.0	黏土	半固结	−18.0～−19.0	50	9.7	1.913
5	赵固一矿主井	436.2	砂质黏土	半固结	−18.3～−20.4	33	7.1	1.628
6	赵固二矿副井	487.4	黏土	局部受扰动	−3.0～−3.5	29	12.4	2.544

④ 三系地层深部半固结黏性土层的冻结压力不均匀系数大，容易引起外层井壁局部压坏，施工过程中应采取防范措施。

河南省 2000～2010 年施工的 350～530m 冲积层的 30 个深冻结井中，深部(大于 200m 段)三系黏性土层厚度占该段冲积层的厚度比例为 70%以上，多数呈不规则的半固结状态，含较多钙质结核及少数铁锰质结核，硬度较大，含水量小于 15%，易吸水膨胀，具可塑性，冻结强度低，蠕变特性显著。根据实测压力数据分析，该类地层的冻结压力与测层深度的比例系数为 1.2～2.0，且来压较快，一般筑壁后 10～20d 的冻结压力达到或接近最大值，加上冻结压力的不均匀性达 1.5 以上，容易引起外层井壁局部压坏(如赵固一矿主、副井，赵固二矿主、风井，李粮店主、副井)。在该类地层施工过程中适当提高外层井壁的混凝土标号，增加适量的配筋率和早期措施，可以有效地防止外层井壁局部压坏和确保冻结段安全快速施工。

3) 主要结论与建议

冻结压力实测是一项较为艰难的测试工作，从多家实测过程来看，普遍存在测点难以保护、数据离散性大、长期观测困难等问题，但是通过努力，还是获得了大量可贵的实测数据和成果，综合国内多家科研、高校单位对深厚冲积层冻结井筒冻结压力实测结果分析，深厚冲积层冻结压力具有以下一般特点。

(1) 冻结压力的增长变化过程基本可分为早期快速增长、随后呈缓慢增长、逐步趋于稳定三个阶段。冻结压力早期的快速增长大多要延续 10d 左右，10～20d 就有可能达到最大值，容易造成外层井壁压坏，因此要求外层井壁混凝土早期强度应具有更高的增长率，适应深厚冲积层冻结压力这一增长特性。建议深厚冲积层外层井壁混凝土不同龄期强度与设计强度等级的比值应符合如下要求：设计混凝土强度等级＜C50 时，1d＞30%，3d＞60%，7d＞80%，28d＞100%；设计混凝土强度等级≥C50 时，1d＞25%，3d＞50%，7d＞70%，28d＞100%。

(2) 黏性土层冻结压力值明显大于砂性土层冻结压力值。黏性土层最大冻结压力值普遍接近或超过重液地压公式(γ_e 取 1.3)计算的永久水平地压。实测各水平黏性土层冻结压力平均值与测点深度的比例系数普遍接近或大于 1，因此深厚黏性土层外层井壁设计和施工时要更加注意，不仅对混凝土采取早强措施，还应适当提高混凝土设计标号。

(3) 冻结压力随着深度增加而相应增加；冻结压力沿井筒周向具有显著的不均匀性，

不均匀性可达 1.5 倍以上，外层井壁结构设计必须进行不均匀受力计算。

(4) 现浇混凝土外层井壁壁后设置泡沫塑料垫层可延缓冻结压力作用于外层井壁的时间，还具有减少冻结压力数值的作用。

(5) 冻结压力主要由冻结壁变形引起的变形压力和地层冻胀引起的冻胀力组成，实测表明冻结压力最大值普遍大于重液地压公式计算的永久地压值，从力学理论分析冻结壁变形引起的变形压力应远小于永久地压，虽然目前还缺少实测数据证实深厚冲积层永久地压是否也超过重液地压公式计算的永久地压值，但还是能说明在深厚冲积层冻结凿井过程中地层冻胀引起的冻胀力是冻结压力的重要组成部分，在深厚冲积层冻结压力计算时应充分考虑冻胀力引起的冻结压力。地层冻胀力可以是地层冻结过程中积聚的冻胀力在井筒开挖后陆续释放引起的，也可以是混凝土井壁浇筑后的壁后冻土融化回冻引起的，该冻胀力与土层性质、冻结过程、筑壁材料水化温升特性、冻结壁平均温度和井帮温度等因素相关。壁后冻土融化回冻引起的冻胀力可以通过冻结孔布置、控制合理井帮温度、降低井壁混凝土水化热等措施得到减缓。

建议深厚冲积层(大于 400m)冻结压力计算公式为

$$P_{d} = 0.01(K_{b} + K_{dz})H \tag{2-41}$$

式中，K_b 为冻结壁变形和深度影响系数，砂性土层取 0.75～0.85，黏性土层取 0.96～1.14；K_{dz}为冻胀力影响系数，与土层冻胀特性、冻结壁形成过程、冻结壁平均温度、井帮温度、井壁筑壁材料水化温升特性等因素有关，取 0.20～0.45；H 为计算深度。

需要指出，目前冻结压力测量数据出现的离散性，甚至矛盾，如压应力检测出现拉应力值，一方面与井筒周边冻结压力的不均匀性和复杂性有关，另一方面与冻结压力测量技术水平和压力盒安装方法有密切关系。压力盒与冻结壁的相互作用容易造成应力集中和受力的扭曲，错误反映井壁与冻结壁的相互作用和冻结压力值，因此冻结压力检测技术和深厚冲积层冻结压力实测研究是个长期艰巨的课题。

2.2.4 竖向附加力

20 世纪 80 年代以来，淮北、大屯、兖州、永夏等多个矿区数十个冻结法凿井的井筒，在井筒建成后数年井壁发生严重破裂，影响生产安全。相关科研、院校、企业为此开展了一系列物理模拟试验、数值模拟试验、现场实测等研究工作。研究分析这些井壁破坏大都有以下特征：立井井筒均处于深厚冲积层中；破坏位置在冲积层与基岩的交界面附近；破坏状态呈竖向压力特征；底部含水层水位下降、地表下沉。多位学者对产生井壁破坏的机理进行了研究分析，至今为大家普遍接受的说法是：井筒建成后，在开拓开采过程中，伴随煤系含水的疏排，冲积层底部含水层的水下渗且无补给，底部含水层水位逐步下降，承压能力降低，其上覆地层将发生沉降，这样底层对于井筒做相对运动，使井筒承受到沿纵向向下的竖向附加力，该竖向附加力是导致井壁破坏的原因之一。

根据中国矿业大学所做的模拟试验，竖向附加力的大小与疏水含水层的埋深、压缩量、土层性质、井壁结构等有关。在其他条件相同时，黏土、黏土质砂、砂作用于井壁上的竖向附加力由小到大。大屯矿区张双楼矿井黏土层为 0.035MPa，砂层为 0.07MPa；淮北矿区祁南矿井黏土层为0.017MPa，砂层为0.113MPa。煤科总院北京建井研究所的学者提出淮北矿区为61.5kPa，大屯、徐州矿区为56.4kPa，其他矿区为62.1kPa。

当前部分矿井冻结凿井井壁结构设计时，为防止竖向附加力引起井壁破坏，利用多种形式"可缩装置"的"可缩"性能，来达到削弱在井壁上的竖向附加力，减小井壁竖向应力增长，从而保障井壁安全的目的，该种井壁结构实施效果还有待工程长期实践检验。

2.3 冻土物理力学性能

2.3.1 研究简况

人工冻土物理力学性能研究是冻结法凿井关键技术及基本理论研究内容之一。苏联学者（崔托维奇、特鲁巴克、维亚洛夫等）在人工冻土物理力学性质的试验研究方面有大量的研究成果[6,7,65]，其中崔托维奇所著《冻土力学》的出版标志着冻土力学理论的正式形成。

我国在冻结法凿井初期基本应用苏联学者在冻土力学性质的研究成果，1955～1977年进行的冻结壁设计，是按特鲁巴克著的《冻结凿井法》中查阅冻土力学数据进行的，与井筒实际冻土力学性能差别较大，不能适应我国冻结法凿井的需要。

我国从1978年开始人工冻土物理力学性能试验研究，系统研究了不同成分的冻土和未冻土的基本物理性质指标、热力学参数、力学性质指标数值及其确定方法，以及这些参数和指标数值的影响因素、变化规律和工程应用方法。

北京建井研究所从1978年开始进行人工冻土物理力学性能试验研究，于20世纪80年代研制成FSG-1型三轴冻土试验机及FP-1型冻胀仪，完成了常规土工、无侧限抗压、三轴剪切、蠕变冻胀及导热性能的综合研究，对我国冻结法凿井主要地区土层的冻土力学特性有了全面的认识；在重塑冻土和原状冻土基本力学性质的关系，人工冻土单轴抗压强度、人工冻土三轴剪切强度、人工冻土强度与承载时间的关系，人工冻土的本构关系，试验方法对冻土强度的影响，冻土力学室内试验标准化问题，深部黏土层冻土力学特性等方面开展了深入研究，并取得大量试验数据和成果；组织制定了《人工冻土物理力学性能试验》（MT/T 593）等7项人工冻土试验行业标准，为冻结工程设计提供了大量有用的数据。

我国1989年之前，采用苏联冻土试验规程规定的50mm×50mm×50mm立方体试件和按快速加载法（30s±5s）进行单轴抗压强度试验得出的数据，冻结壁设计时冻土计算强度是按该法试验的强度数据除以安全系数得到的。1989年之后，采用国际冻土协会和国际地层冻结协会试验规定的圆柱体试件（Φ61.8mm×150mm）和按恒应变速率轴向加载法获得无侧限瞬时抗压强度，该试验方法于1993年通过原煤炭工业部鉴定作为煤炭系统的冻土试验规程。1994年研制成功TYJ-200负温高压三轴试验机，围压可达12MPa，轴力达200kN，可满足冻深700m和−35℃低温冻土试验的需要。

中国科学院兰州冰川冻土研究所以我国20世纪70年代两淮矿区开发为契机，在冻土物理力学性质试验研究开展了大量的研究工作，最具代表性的研究成果体现在1988年吴紫汪等的论著《冻结凿井冻土壁的工程性质》[25]。淮南矿业学院、中国矿业大学从20

世纪 70 年代末也陆续开展冻结井筒的冻土物理力学性能试验。

2.3.2 冻土和未冻土的基本物理性质

冻土的形成过程实际上是土中水结冰将固体颗粒胶结成整体，并使土的物理力学性质发生重大变化的过程，也是消耗冷量的过程。一般将土中水的冻结过程划分为冷却、过冷、突变、冻结、冻土继续冷却五个阶段。冻土是复杂的多成分和多相体系，它的基本成分是固体矿物颗粒、黏弹性冰包裹体、液相水（未冻水和强结合水）和气态包裹体（水汽和空气），正是这些基本成分的差异，形成各自独特的冻土构造、物理力学性能、热力学性能，以及对其冻结和融化过程的影响。

冻土和未冻土的基本物理性质指标主要有冻土和未冻土的容重 γ、含水率 W、固体颗粒相对密度 G_g 等，冻土的未冻水含量 W_u 或含冰量。

冻土和未冻土的热物理参数主要有冻土和未冻土的比热容或容积热容量 c、导热系数 λ、导温系数 α 等。

冻土和未冻土的力学性质指标主要有冻土的抗压强度特性 σ（包括冻土的瞬时强度、冻土的持久抗压强度等）、冻土的抗剪强度特性 τ、冻土的流变特性、变形模量 E、泊松比 μ、未冻土的塑性指数 I_P 等。

1. 冻土和未冻土的容重

容重是冻土和未冻土最基本最重要的指标。未冻土容重定义为未冻土总重量与未冻土总体积之比，冻土的容重 γ_d 定义为冻土总重量与冻土总体积之比，即

$$\gamma_d = g_d/V_d$$

式中，g_d 为冻土试样的重量；V_d 为同一土样的体积。

2. 冻土和未冻土重量含水率

未冻土重量含水率定义为土样中总水量与干土重之比。冻土重量含水率定义为冻土中冰、未冻水总量与干土重之比，即

$$W_d = g_w/g_t$$

式中，W_d 为冻土重量含水率；g_w 为冻土中冰、未冻水的重量；g_t 为冻土干土重。

3. 固体颗粒相对密度

固体颗粒相对密度 G_g 定义为单位体积固体颗粒的重量。

4. 冻土的未冻水含量

冻土的未冻水含量 W_u 定义为冻土中未冻水重与土颗粒重量之比。

冻土试验除上述四个基本物理指标外，还应根据颗粒分析资料和塑性指数确定冻土的岩性成分（确定土的名称）。冻土的其他物理指标可通过计算确定。

2.3.3 冻土和未冻土的热物理参数

1. 冻土和未冻土的比热容或容积热容量

单位质量的土体温度改变 1℃所需要的热量称作土体的质量热容 c，又称比热容，简称比热，单位为 kJ/(kg · ℃)。单位体积的土体温度改变 1℃所需要的热量称作容积热容量，单位为 kJ/(m^3 · ℃)。它们是表示土体蓄热能力的指标。

未冻土和冻土的容积热容量可按下列公式计算：

$$c_{uv} = c_u \gamma_u$$
$$c_{dv} = c_d \gamma_d$$

式中，c_{uv}、c_{dv} 分别为未冻土和冻土的容积热容量；c_u、c_d 分别为未冻土和冻土的比热容；γ_u、γ_d 分别为未冻土和冻土的天然容重(湿容重)，kg/m^3。土的比热容具有按各物质成分的质量加权平均的性质。水的比热容为 4.18kJ/(kg · ℃)，冰的比热容为 2.09kJ/(kg · ℃)。未冻土的比热容一般在 0.79～1.0kJ/(kg · ℃)，冻土的比热容略小于未冻土的比热容，冻土的比热容一般在 0.71～0.84kJ/(kg · ℃)[66]。

2. 导热系数

每单位温度梯度下单位时间内通过单位面积土体的热量称作导热系数 λ，单位为 W/(m · K)，它是表示土体导热能力的指标。土的导热系数是干密度、含水(冰)量和温度的函数，并与土的矿物成分和结构有关，未冻土和冻土的导热系数随干密度增加而增大。干密度相同时，未冻土的导热系数随总含水量的增加而增大，但速率不等；冻土的导热系数随含冰量的增加而增大，随未冻水含量的增加而减小。密度和含水量相同时，粗颗粒土的导热系数要比细颗粒土大。同类土由于矿物成分和分散度的差异，也会造成导热系数的差异。冻土在其形成的不同阶段导热系数会发生变化，土中水处于过冷未冻阶段，导热系数变化速率较缓；土中冰晶的出现并逐渐增多阶段，导热系数迅速增大；土中冰起主导作用阶段，导热系数变化速率变缓；随着负温的降低，冻土的导热系数略有增大，但增率很小。在低含水率时，冻土与未冻土的导热系数大致相等，在高含水率时，冻土的导热系数比未冻土的值大得多，有时可达两倍。冻土和未冻土的导热系数与土的物质成分有密切关系。组成土的各类物质的导热系数见表 2-51[66]，部分矿井井筒土层常温或负温条件下导热系数和比热容见表 2-52。

表 2-51　组成土的各类物质的导热系数

名称	空气	水	冰	矿物	干泥炭
导热系数/(W/(m · K))	0.024	0.465～0.582	2.21～2.326	1.256～7.536	0.05～0.06

表 2-52 部分矿井土层导热系数

土层编号	土层性质	试验温度/℃	含水量/%	密度/(g/cm)	导热系数/(W/(m·K))	比热容/(kJ/(kg·℃))
潘集 258	黏土	20	28.9	2.05	0.674	
陈四楼 266	黏土	23	22.50	2.066	1.412	
陈四楼 304	黏土	23	22.03	2.008	1.324	
陈四楼 312	黏土	23	18.76	2.112	2.040	
陈四楼 360	粉质黏土	23	13.77	2.184	0.748	
顾桥 171	黏土	20	21.9	2.05	0.698	
顾桥 241	黏土	20	33.6	1.90	1.385	
赵固 341	粉质黏土	−10	15.10	2.75	1.832	0.970
赵固 518	砂质黏土	−10	11.14	2.73	1.832	0.929
赵固 342	粉质黏土	−10	15.07	2.23	1.841	0.962
赵固 542	砂质黏土	−10	9.47	2.29	1.488	0.911
花园 346	黏土	13	27.62	1,99	1.297	
花园 467	砂砾质泥岩	14	12.68	2.23	2.600	
花园 390	黏质粉土	4	21.94	1.97	1.371	
花园 479	粉质黏土	5	21.67	2.07	1.960	
城郊西 266	砂质黏土	−15	22.02	2.14	1.626	1.025
城郊西 392	黏土	−15	19.11	2.15	1.591	0.991
薛湖 157	黏土	1	21.48	2.10	1.474	
薛湖 216	砂质黏土	20	16.56	2.23		1.310
薛湖 336	黏土	1	17.72	2.17	1.632	
麻家梁 274	黏土	−10	19.60	2.08	1.571	1.016
麻家梁 248	粉质黏土	−10	17.52	2.08	1.529	0.993
方庄 196	砂质黏土	23	10.89	2.74	1.707	
方庄 293	砂质黏土	−10	10.56	2.29	1.685	
方庄 293	砂质黏土	25	10.56	2.29	1.462	
方庄 355	黏质细砂	23	10.50	2.76	2.010	

3. 导温系数

土中某一点在其相邻点温度变化时改变自身温度的能力称作导温系数 α，单位为 m^2/h。它表征介质温度场的变化速率，是研究不稳定热传导过程常用的基本指标。土的导温系数取决于土的物理化学成分、干密度、含水(冰)量和温度状态等因素，未冻土和冻土的导温系数随干密度增大几乎呈线性增大。干密度相同时，未冻土在塑限阶段导温系数随含水量增大而迅速增大，直到最大值；在塑限至液限阶段导温系数减小；在液限阶段后导温系数缓慢减小，基本趋于稳定。

冻土的导温系数随含水(冰)量增大而持续增大,但速率有差异;起初的增长速度与未冻土接近,以后随含水量的增大而迅速增大;当含水量增大到一定值以后,导温系数增大速率减缓,其中粗颗粒土比细颗粒土明显。干密度和含水(冰)量相同时,粗颗粒土的导温系数大于细颗粒土。组成土的各类物质的导温系数见表 2-53[66]。

表 2-53　组成土的各类物质的导温系数

名称	空气	水	冰	矿物	干泥炭
导温系数/($10^{-3}m^2/h$)	0.0675	0.4～0.5	4.46	2.16～12.96	0.08～0.12

2.3.4　冻土的力学性质

冻土强度特性是冻土力学领域研究最为深入的课题之一。冻土强度(包括抗压强度和抗剪强度)由冰和岩土颗粒胶结后形成的黏结力和内摩擦力组成,与冻土的温度、颗粒组成、含水率(含冰量)、冻结速度、外部荷载环境有关。流变是冻土的主要特性,在外部荷载作用下,冻土具有明显的流变性(蠕变),冻土的力学性质具有不稳定性。

1. 冻土的强度特性

1) 影响冻土强度的因素

(1) 冻土温度。

冻土强度是温度的函数,冻土温度是影响冻土强度的主要因素。由于冰的强度和胶结能力随着温度的降低而增大,冻土的强度也随冻土温度的降低而增大。国内外多位学者对无围压冻土单轴抗压强度试验研究表明,在一定温度范围内,冻土瞬时抗压强度与负温绝对值近似地呈线性关系;随温度继续下降,其强度增量减少,曲线趋于平缓;温度低于某一特定值以后强度不再发生明显变化,对于砂土,这个温度在－50℃左右,对于细颗粒土要更低一些。

(2) 含水量。

冻土的总含水量 W 对冻土的强度有明显的影响。土的含水量达到饱和前,冻土的强度随着含水量的增加而提高;当含水量达到饱和后,冻土的强度随着含水量的增加而降低。当含水量比饱和含水量大很多时,冻土的强度降低到和冰的强度差不多。

(3) 颗粒组成。

冻土的颗粒组成对冻土的强度有重要影响。在其他条件相同时,粗颗粒冻土抗压强度大于细颗粒抗压强度。这主要是岩土中所含结合水含量的差异造成的。例如,粗砂、砂砾和砾石等粗颗粒岩土的结合水含量很少,形成冻土后很少有未冻水,因而胶结强度大,冻土抗压强度高;反之,黏土类的颗粒细,总表面积大,含有大量吸附水和薄膜水,而吸附水一般不冻结,薄膜水在一定的负温条件下才部分冻结,使冻土的活动性和黏滞性增加,抗压强度降低。

(4) 外部荷载环境。

外部荷载大小和作用时间对冻土强度有明显的影响。冻土抗压强度随荷载作用时间的延长而减低。主要原因是冻土属于弹性-黏滞体,在外部荷载作用下,产生塑性变形引起应力松弛。冻土强度试验研究时，通常把荷载作用时间少于1h时的冻土强度称为瞬时强度，大于1h时的强度称为长期强度（也称持久强度）。冻土的矿物颗粒越细或冻结温度越高，长期强度与瞬时强度相差越大。试验研究表明，冻土的瞬时抗压强度可能是长期抗压强度的几倍至十几倍。冻结法凿井的工程设计时，冻土强度应取冻土的长期强度。从冻土的流变特性和强度降低规律研究分析，长期强度取荷载作用时间12～24h时的试验结果更为接近实际。

（5）冻结速度。

冻结速度对冻土强度也有明显的影响。冻结速度快，冻土中的细颗粒冰就多，冻土强度就高；冻结速度缓慢，冻土中的粗颗粒冰就多，冻土强度相对降低。

2）冻土物理力学试验研究成果

（1）瞬时抗压强度。

从20世纪90年代起，我国的相关规范就规定人工冻土物理力学试验为冻结法应用前的必做工作。大量的试验研究为冻结工程设计提供依据，也积累了我国人工冻土试验数据。北京建井研究所等单位对两淮、永夏、兖州、东荣等多个矿区的近百个深冻结井的主要土层进行了冻土物理力学性能试验[67-76]。汇总部分试验结果见表2-54和表2-55，其中1989年之前试件的试验方法是采用苏联冻土试验规程规定的50mm×50mm×50mm立方体试件和按快速加载法（30s±5s）进行单轴抗压强度试验得出的数据，冻结壁厚度设计时冻土计算强度是按该法试验的强度数据除以安全系数得到的；1989年之后，采用国际冻土协会和国际地层冻结协会试验规定的圆柱体试件（Φ61.8mm×150mm），并逐渐按恒应变速率轴向加载法获得无侧限瞬时抗压强度。

表2-54　部分矿区人工冻土瞬时单轴抗压强度试验结果（30s±5s破坏控制方式）

土样代号	土层名称	抗压强度/MPa				
		－5℃	－10℃	－15℃	－20℃	－25℃
位村90*	黏土	1.83	4.88	6.66	8.59	
潘集314*	黏土	4.02	5.59	7.52	9.64	10.99
潘集258*	黏土	2.22	3.87	5.17	7.29	
谢桥212	黏土	3.97	6.15	7.6	8.72	9.41
谢桥226	黏土	2.24	3.8	5.52	7.26	8.81
谢桥260	黏土	3.86	5.07	7.64	9.77	
龙东170*	粗砂	8.22	9.28	10.02	11.88	12.95
龙东175*	黏土	1.64	2.17	2.83	3.6	5.00
龙东199*	粗砂	8.12	9.38	10.41	11.54	12.22
童亭150*	细砂	14.05	19.23	19.17	21.24	

*为50mm×50mm×50mm立方体试样强度值乘以0.9（砂类冻土）～0.85（黏土类冻土）转换系数转换成Φ61.8mm×150mm圆柱体式样的强度值。

表 2-55　部分矿区人工冻土瞬时单轴抗压强度(应变速率 0.8%/min 加载方式)

土样代号	土层名称	抗压强度/MPa			
		−5℃	−10℃	−15℃	−20℃
城郊 180	黏质粉土	1.17	3.68	5.00	
城郊 213	细砂	5.24	6.3	7.11	8.56
城郊 248	黏质粉砂	5.25	6.5		7.75
城郊 256	黏土	1.55	2.84	3.65	4.74
城郊 260	粉质黏土	2.30	3.52	4.46	5.72
城郊 270	黏土	1.52	2.42	3.39	4.39
城郊 290	黏土	1.32	2.14	3.14	4.56
陈四楼 266	黏土	1.00	1.85	2.98	3.56
陈四楼 304	黏土	1.27	2.07	3.21	3.68
陈四楼 305	黏土	1.19	2.25	3.16	4.03
陈四楼 360	粉质黏土	2.11	3.23	4.06	4.59
陈四楼 368	粉质黏土	2.69	3.70	4.92	6.11
东荣 140	粉质黏土	1.62	3.69	5.29	5.89
东荣 205	粉质黏土	4.79	6.82	7.86	8.75
张集 178	黏土		2.13	2.97	
张集 235	黏土		2.22	2.66	
张集 290	黏土		2.13	2.79	
顾桥 171	黏土	1.37	2.28	3.52	
顾桥 241	黏土	1.09	1.94	3.09	
花园 290	黏质细砂		4.50	5.33	
花园 390	黏质粉土		2.45	3.36	
花园 249	黏土		2.28	3.35	
花园 346	黏土		1.86	2.69	
花园 428	粉质黏土		1.99	2.07	
花园 444	含砾粗砂		4.28	4.59	
赵固 342	粉质黏土	1.95	3.46	4.90	
赵固 471	黏质粉土	2.95	4.31	5.61	7.45
赵固 542	砂质黏土	2.55	3.69	4.73	7.54
城郊西 266	粉质黏土	1.20	2.69	4.07	
城郊西 339	黏土	1.05	2.14	3.34	
城郊西 379	黏土	1.07	2.33	3.77	5.40(−25℃)
城郊西 392	黏土	1.43	2.56	4.14	5.79(−25℃)
麻家梁 248	粉质黏土	3.17	4.04	4.63	
麻家梁 274	黏土	2.13	2.91	4.20	
薛湖 157	黏土	1.03	2.47	3.89	4.19
薛湖 336	黏土	1.42	2.67	3.81	4.22
薛湖 216	砂质黏土	1.37	2.95	3.62	5.10
方庄 293	砂质黏土	2.92	4.65	5.40	6.23
方庄 355	黏质细砂	2.34	4.86	5.66	6.60

试验得到多数冻土瞬时无侧限抗压强度 σ_u 与负温 T 的绝对值呈近似线性关系：

$$\sigma_u = a|T| + b \tag{2-42}$$

式中，a 为试验确定的温度系数，MPa/℃；b 为试验确定的常数，MPa。

部分人工冻土瞬时无侧限抗压强度公式中 a、b 见表 2-56 和表 2-57。

表 2-56　加载速率 30s±5s 破坏控制下公式(2-42)的部分冻土 a、b 值

土层代号	土层名称	a	b	土层代号	土层名称	a	b
潘集 314	黏土	0.373	2.4	龙东 170	粗砂	0.235	7
潘集 258	黏土	0.332	0.55	龙东 175	黏土	0.126	1.02
谢桥 226	黏土	0.332	0.55	龙东 199	粗砂	0.235	7
谢桥 260	黏土	0.406	1.51	童亭 150	细砂	0.485	11.6

表 2-57　恒应变速率(0.8%/min)控制下公式(2-42)的部分冻土 a、b 值

土层代号	土层名称	a	b	土层代号	土层名称	a	b
城郊 213	细砂	0.215	4.13	陈四楼 266	黏土	0.175	0.2
城郊 260	粉质黏土	0.25	1.23	陈四楼 305	黏土	0.192	0.24
城郊 290	黏土	0.204	0.24	陈四楼 368	粉质黏土	0.233	1.45
城郊 304	黏土	0.19	0.24	陈四楼 304	黏土	0.173	0.40
城郊 360	粉质黏土	0.2	1.1	陈四楼 360	粉质黏土	0.200	1.10
城郊 256	黏土	0.212	0.58	赵固 211	粉质黏土	0.3389	2.153
城郊 270	黏土	0.189	0.57	赵固 339	粉质黏土	0.2927	0.543
麻家梁 207	黏土	0.209	1.057	赵固 467	粉质黏土	0.3155	0.929
麻家梁 103	黏土	0.207	1.010	赵固 516	砂质黏土	0.3548	0.550
麻家梁 274	黏土	0.181	1.607	赵固 469	粉质黏土	0.2962	1.379
麻家梁 248	粉质黏土	0.146	2.487	赵固 540	砂质黏土	0.3203	0.623
赵固 340	粉质黏土	0.2946	0.490	赵固 235	粉质黏土	0.2748	1.360

试验得到部分人工冻土在加载速率(30s±5s 破坏)方式下及恒载应变速率($\dot{\varepsilon}$ = 0.8%/min)方式下的瞬时无侧限抗压强度与负温呈非线性关系：

$$\sigma_u = a_0(|T| + b_0)^d \tag{2-43}$$

式中，a_0 为试验确定的温度系数，MPa/℃；b_0 为试验常数，℃；d 为无量纲参数，一般小于 1。

部分人工冻土瞬时无侧限抗压强度公式中 a_0、b_0、d 见表 2-58 和表 2-59。

表 2-58　加载速率 30s±5s 破坏控制下公式(2-43)的部分冻土 a_0、b_0、d 值

土层代号	土层名称	a_0	b_0	d
位村 90	黏土	1.25	−3	0.68
谢桥 212	黏土	1.5	1	0.58

表 2-59　恒应变速率(0.8%/min)控制下公式(2-43)的部分冻土 a_0、b_0、d 值

土层代号	土层名称	a_0	b_0	d
东荣 140	粉质黏土	1.11	−3	0.59
东荣 156	黏土	3.30	0	0.40
东荣 200	黏土	3.00	−3	0.33
东荣 205	粉质黏土	3.30	−2	0.34

鉴于以往的冻结壁体系是建立在 30s±5s 破坏控制加载方式下的冻土瞬时抗压强度试验结果，北京建井研究所以永夏矿区陈四楼矿人工冻土和山东黄河北煤田邱集矿人工冻土试件，研究了两种不同加载方式下冻土瞬时抗压强度的关系，结果表明，恒应变速率下圆柱体试样瞬时无侧限抗压强度 σ_u 不大于采用的 30s±5s 破坏控制式加载方式下立方体试样瞬时无侧限抗压强度 σ_{uf}的 1/2。

北京建井研究所的研究人员[75]对黏性土层颗粒分布、塑性指数、自由膨胀率等指标与人工冻土瞬时无侧限抗压强度影响规律进行了深入研究[77]，部分结果见表 2-60。试验结果表明，黏粒(粒径不大于 0.005mm)含量多在 50%以上且黏粒和粉粒(粒径为0.005～0.05mm)总量在 90%以上、塑性指数大于 20、自由膨胀率大于 90%的人工冻结黏土，其瞬时无侧限抗压强度最低；黏粒含量在 35%左右、塑性指数为 9～17、自由膨胀率为 30%～50%的人工冻结黏土，其瞬时无侧限抗压强度为次低。

表 2-60　30s±5s 破坏控制加载方式下冻土瞬时抗压强度及土工参数对照表

土层代号	含水量/%	湿密度/(g/cm³)	液限/%	塑限/%	塑性指数	自由膨胀率/%	抗压强度/MPa	
							−5℃	−10℃
济宁 108	23.7	2.05	53.6	20.2	33.4	104	2.89	4.62
济宁 154	21.6	2.04	59.7	30.1	29.6	113	2.40	3.72
济宁 171	32.7	1.90	69.6	35.8	33.8	106	2.42	3.18
谢桥 226	21.2	2.05	65.9	36.2	29.7	99	2.22	3.80
潘集 258	28.9	2.05	77.7	38.8	38.9	121	2.22	3.87
陈四楼 304	20.9	2.17	59.0	31.0	28.0	99	3.11	4.60
龙东 175	23.5	1.85	73.5	38.9	34.6	111	1.64	2.17
位村 110	9.8	2.16	26.0	16.0	10.0	45	5.25	7.94
古汉山 170	21.4	2.00	33.7	21.3	12.4	48	3.8	7.06
济宁 150	20.0	2.07	31.5	8.2	23.3	59	4.24	5.98
济宁 176	28.0	1.87	38.5	20.4	18.1	63	3.91	5.28
车集 237	14.2	2.34	28.3	14.2	14.1	41	3.96	6.71
陈四楼 357	13.6	2.29	29	16.2	12.8	53	4.44	6.23
冷泉 150	16.7	2.27	33.7	22.7	11	34	5.72	7.71

(2) 瞬时三轴剪切强度。

瞬时三轴剪切强度是人工冻土的重要力学指标，它与冻土的类型(包括颗粒组成、含水量、界限含水量等)、温度及受力状态有关。

北京建井研究所对国内多个矿区的人工冻土进行了瞬时三轴剪切强度试验,试验结果见表 2-61 和表 2-62。结果表明,我国多数人工冻土瞬时三轴剪切强度 τ 在围压

表 2-61　−10℃部分人工冻土瞬时三轴剪切强度系数

土层代号	土层名称	C_0/MPa	φ/(°)	土层代号	土层名称	C_0/MPa	φ/(°)
位村 90	黏土	1.68	10.7	车集 180	黏土	1.07	2.6
车集 214	黏土	0.89	4.0	车集 245	砂质黏土	0.98	10.4
城郊 256	黏土	1.04	8.2	城郊 260	砂质黏土	0.85	13.1
城郊 290	黏土	1.13	5.4	陈四楼 266	黏土	0.85	5.1
陈四楼 285	细砂	0.78	19.1	陈四楼 360	粉质黏土	1.33	6.2
顾桥 171	黏土	1.27	2.55	顾桥 241	黏土	0.78	7.67
城郊西 379	黏土	0.82	4.73	城郊西 392	黏土	0.81	4.25
方庄 293	黏土	2.25	10.61	方庄 355	黏质细砂	1.90	8.86
麻家梁 248	粉质黏土	1.29	2.71	麻家梁 274	黏土	0.84	1.10
薛湖 216	黏土	1.06	13	薛湖 336	黏土	1.04	9

表 2-62　冻结黏土在不同负温下瞬时三轴剪切强度参数

土层代号	土层名称	含水量/%	−5℃		−10℃		−15℃		−20℃		−25℃	
			C_0/MPa	φ/(°)	C_0/MPa	φ/(°)	C_0/MPa	φ/(°)	C_0/MPa	φ/(°)	C_0/MPa	φ/(°)
陈四楼 309	黏土	22	0.6	3.5	1.2	4.4	1.6	4.4	2.2	4.5		
陈四楼 312	重黏土	17.3	0.9	3.1	1.1	7.0	1.8	6.9				
陈四楼 357	重黏土	13.8	0.8	2.6	1.2	6.4	1.8	6.2				
潘集 258	黏土	28.9	0.6	2.1	1.1	3.5	1.8	3.3	2.3	3.3	3	3.4
龙东 175	黏土	23.5	0.54	1.4	1.05	3.1	1.55	3.1	1.97	3.0	2.43	3.2
谢桥 226	黏土	15.0			1.14	10.2	1.72	10.0	2.26	9.6	2.57	9.8
谢桥 226	黏土	21.0	0.57	2.0	1.01	8.2	1.46	8.2	2.02	8.1	2.42	8.5
谢桥 226	黏土	26.0			0.85	8.5	1.37	8.1	1.64	8.5	1.95	8.3
程村 321	黏土	13.48			0.83	9.7	0.96	13.5				
程村 351	黏土	14.32			0.80	9.4	0.86	13.4				
程村 428	砂质黏土	10.24			0.61	11.1	0.48	21.9				
赵固 342	粉质黏土	15.07			1.66	10.2	2.00	9.10				
赵固 542	砂质黏土	9.47			1.97	10.7	2.80	10.6				
赵固 341	粉质黏土	15.10			1.75	10.7	2.45	10.9				
赵固 518	砂质黏土	11.14			1.90	12.3	2.56	12.4				
花园 278	砂土	27.60			0.64	15	1.49	15				
花园 479	黏土	21.67			1.12	12	1.38	10	1.67	11		

$\sigma_2=\sigma_3\leqslant 6$MPa 时可用直线型莫尔强度理论近似表达，即

$$\tau = C_0(T) + \sigma\tan\varphi(T)$$

式中，τ 为瞬时剪应力强度，MPa；σ 为破坏面上的正应力，MPa；$C_0(T)$ 为瞬时黏结力，与温度、土颗粒级配、含水量等有关，MPa；$\varphi(T)$ 为内摩擦角，它与土颗粒级配和温度有关，(°)。

试验表明，冻结黏性土的内摩擦角在更低温度下（除－5℃之外），受温度影响不太明显，即温度变化时内摩擦角 φ 变化很小，因而在－10～－25℃可以认为 $\varphi(T)=\varphi$。根据试验结果分析得到，人工冻土黏性土的黏结力 C_0 与负温 T 的绝对值呈近似线性关系，即

$$C_0(T) = n_1 + n_2|T|$$

式中，n_1 为试验确定的常数，MPa；n_2 为试验确定的温度常数，MPa/℃。

部分人工冻土的 n_1 和 n_2 试验值见表 2-63。

表 2-63　部分人工冻土的 n_1 和 n_2 试验值

土层代号	土层名称	含水率/%	n_1/MPa	n_2/(MPa/℃)	温度范围/℃
陈四楼 309	黏土	22	0.6	0.107	－5～－20
潘集 258	黏土	28.9	0	0.12	－5～－25
龙东 175	黏土	23.5	0.04	0.1	－5～－25
谢桥 226	黏土	15	0.28	0.093	－5～－25
谢桥 226	黏土	21.2	0.1	0.093	－5～－25
谢桥 226	黏土	28	0.07	0.082	－5～－25

试验表明，冻结黏土的黏结力随含水量的增加而降低；其内摩擦角也随含水量的增加呈降低的趋势；人工冻结黏土内摩擦角多数为 3°～8°，一般在 2°～10°；冻结砂质黏土、壤土及黏质粉砂的内摩擦角在 11°左右；人工冻结砂类土的内摩擦角为 15°～25°，即人工冻土颗粒越粗，其内摩擦角 φ 也较大。

2. 冻土的蠕变特性

所谓冻土的蠕变特征就是指在应力不变时，应变随时间变化的特性。人工冻土最显著的特点是具有明显的蠕变特征（也称流变特征）。在冻结凿井过程中，往往因为对冻土的蠕变特征重视不够、研究不透，引起工程事故，因此研究和掌握人工冻土蠕变特征具有重要的理论和现实意义。

1）蠕变模型

人工冻土蠕变的典型曲线见图 2-93，可分为衰减型蠕变和非衰减型蠕变两类[75]。研究人工冻土非衰减型蠕变特征对工程理论和实践更具意义。一般地，将冻土的非衰减型蠕变曲线分为三个阶段：第Ⅰ阶段为不稳定蠕变阶段，其变形速率逐渐衰减；第Ⅱ阶段为稳定蠕变阶段，其变形速率为常数；第Ⅲ阶段为蠕变强化阶段，其变形速率逐渐增大，直至冻土破坏。因此工程应用中必须避免冻土构筑物蠕变变形进入第Ⅲ阶段。

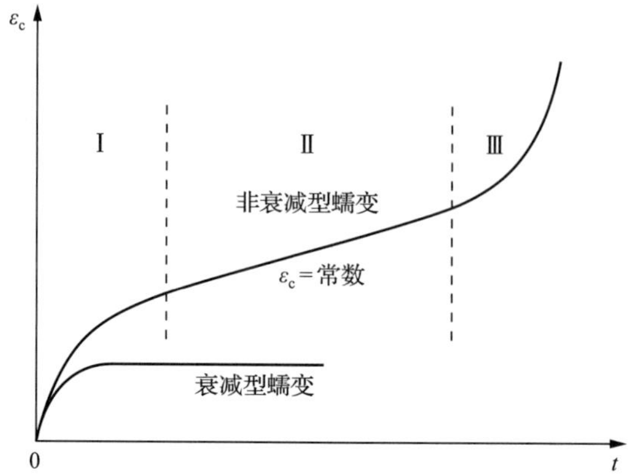

图 2-93　人工冻土典型蠕变曲线

国内外许多学者对人工冻土蠕变的本构关系开展了大量的试验研究工作。在试验研究基础上，国内学者较为接受的人工冻土单轴蠕变模型是用指数函数式表达的关系式，即

$$\varepsilon_c = A_T \cdot \sigma^B \cdot t^C$$

式中，ε_c 为蠕变应变；A_T 为与温度有关的蠕变参数，$(\mathrm{MPa})^{-B}\cdot \mathrm{h}^{-C}$；$B$、$C$ 为与应力、时间有关的无量纲蠕变参数；σ 为蠕变应力，MPa；t 为蠕变时间，h。

表 2-64 为部分矿井冻土单轴蠕变参数试验结果。

表 2-64　部分矿井冻土蠕变参数试验结果

土层代号	土层名称	温度/℃	$A_T/(10^{-3}(\mathrm{MPa})^{-B}\cdot \mathrm{h}^{-C})$	B	C
陈四楼 304	黏土	−13	6.028	2.42	0.24
陈四楼 360	粉质黏土	−13	2.303	2.63	0.24
陈四楼 266	黏土	−10	12.815	3.05	0.23
陈四楼 266	黏土	−13	6.972	2.92	0.24
陈四楼 305	黏土	−13	12.189	1.4	0.29
陈四楼 368	粉质黏土	−13	1.045	2.21	0.19
谢桥 212	黏土	−10	9.57	1.43	0.34
谢桥 216	亚黏土	−10	1.35	1.14	0.29
谢桥 226	黏土	−10	11.92	1.47	0.27
谢桥 260	黏土	−10	6.21	1.43	0.44
城郊 260	粉质黏土	−10	2.37	1.98	0.36
车集 214	黏土	−10	13.8	1.85	0.32
邱集 245	钙质黏土	−10	4.72	1.66	0.19
张集 290	黏土	−10	7.26	1.74	0.49
东荣 205	粉质黏土	−11	9.188	1.18	0.39
花园 249	黏土	−10	16.26	2.540	0.114
花园 249	黏土	−15	6.592	2.546	0.119

续表

土层代号	土层名称	温度/℃	$A_T/(10^{-3}(\mathrm{MPa})^{-B}\cdot \mathrm{h}^{-C})$	B	C
花园 346	黏土	−10	34.59	2.597	0.132
花园 346	黏土	−15	15.28	2.612	0.130
花园 278	黏质细砂	−10	1.633	2.843	0.223
花园 278	黏质细砂	−15	0.156	4.106	0.223
赵固 340	粉质黏土	−10	3.379	1.333	0.209
赵固 540	砂质黏土	−10	2.053	0.361	0.163
城郊西 379	黏土	−15	18.63	2.390	0.267
城郊西 392	黏土	−10	50.09	1.332	0.267
城郊西 392	黏土	−15	8.33	2.625	0.409
城郊西 392	黏土	−25	11.76	1.967	0.328
薛湖 336	黏质土	−10	2.249	2.344	0.415
麻家梁 274	黏土	−10	21.165	1.376	1.176
麻家梁 274	黏土	−15	13.014	1.336	0.168
麻家梁 248	粉质黏土	−10	21.287	0.836	0.170
麻家梁 248	粉质黏土	−15	6.429	1.843	0.098
顾桥 171	黏土	−10	2.44	1.40	0.26
顾桥 241	黏土	−10	3.14	0.96	0.36
方庄 355	黏质细砂	−10	2.937	1.611	0.256

2）冻土的持久强度（长期强度）

冻土属于弹性-黏滞体，其力学特性表现在外荷载作用下，产生塑性变形引起应力松弛。冻土的强度随着荷载作用时间的延长而降低，冻结法凿井的工程设计时，冻土强度应取冻土的长期强度，一般取荷载作用时间 12～24h 时的试验结果更为接近实际。

试验结果表明，在冻土温度为−4～−15℃范围内，冻土长期抗压强度为瞬时抗压强度的 1/2～1/2.5；长期抗剪强度为瞬时抗剪强度的 1/1.8～1/2.5；长期抗拉强度为瞬时抗拉强度的 1/12～1/16。

3. 弹性模量和泊松比

冻土的弹性模量是由单轴等应变速率压缩试验得到的应力-应变曲线确定的。人工冻土是一种黏弹性体，尤其是黏粒含量多的冻土或温度较高时这种特点更为突出，很难有明显的弹性极限点。人工冻土的弹性模量一般取其应力-应变关系曲线上“弹性”极限点处到坐标原点近似线性段的平均斜率值。多数人工冻土弹性模量随负温的降低而呈近似的线性增加，可用如下公式表示弹性模量与负温的关系：

$$E = C + DT$$

式中，E 为弹性模量，MPa；T 为负温，℃；C、D 是与土质有关的参数。

部分矿井土层的C、D值见表 2-65。

表 2-65　部分矿井土层的 C、D 值

土层代号	含水量/%	土性名称	C/MPa	D/(MPa/℃)	温度范围/℃
赵固 211	11.11	粉质黏土	30.0	−18.7	−5～−15
赵固 339	15.10	粉质黏土	42.0	−16.6	−5～−15
赵固 467	12.65	粉质黏土	60.5	−14.9	−5～−20
赵固 516	11.14	砂质黏土	30.5	−16.3	−5～−20
赵固 235	16.38	粉质黏土	49.0	−15.4	−5～−15
赵固 340	15.07	粉质黏土	33.0	−15.1	−5～−15
赵固 469	11.59	粉质黏土	38.5	−17.5	−5～−20
赵固 540	9.47	砂质黏土	41.5	−16.2	−5～−20

冻土的泊松比$\mu=\varepsilon_2/\varepsilon_1$，为冻土在弹性范围内横向与纵向应变的比值。人工冻土泊松比一般在 0.2～0.5。它随冻土密度的增加、负温的降低而变小。

4. 未冻土的塑性指数

塑性指数I_P是指液限和塑限的差值(省去%符号)，即土处在可塑状态的含水量变化，即

$$I_P=\omega_L-\omega_P$$

式中，塑限ω_P是指土由可塑状态过渡到半固结状态的界限含水量(率)；液限ω_L是指土由可塑状态过渡到流动状态的界限含水量(率)。

塑性指数是评价未冻土黏性特征的最基本物理指标之一，在一定程度上综合反映了影响黏性土特征的各种重要因素，如矿物组成、颗粒大小，因此工程中常用塑性指数或塑性指数加液限指标对黏性土层进行分类和状态评价。

2.3.5　部分矿井冻土物理力学性能试验结果及应用建议

1. 部分矿井冻土物理力学性能试验结果

冻土物理力学性能试验是开展冻结方案设计的重要依据，为此现行的《煤炭井巷工程施工规范》(GB 50511—2010)对需采用冻结法凿井井筒穿过的地层需进行的冻土物理力学性能试验项目和要求均作出明确规定，这些矿井冻土物理力学性能试验数据的积累为冻结法凿井技术的研究和发展起到重要作用，本书汇总了具有不同年代研究工作特点的部分矿井相关井筒开展人工冻土物理力学研究的试验数据，如潘三东风井、童亭风井、龙东副井、谢桥煤矿、陈四楼煤矿、东荣煤矿、程村煤矿、赵固一矿、赵固二矿、杨村煤矿[78]等，见本书附录：部分矿井井筒穿过的土层取样常规土工试验和冻土力学性能试验结果汇总表，附录中对不同年代试验方式的差异进行了标注。

2. 冻土物理力学性能试验结果应用建议

如何建立冻土物理力学性能相关指标在工程设计和施工中的应用体系是冻结凿井关

键技术之一，一直是科研、工程技术人员的研究课题。冻土瞬时无侧限抗压强度指标是冻结壁、冻结方案设计的重要参数之一。冻土瞬时无侧限抗压强度试验值与冻土试验时加载方式、试样尺寸、强度计算方式有关，不同加载方式、试样尺寸得到的数值有明显的差距。1989 年之前，国内在冻结壁厚度设计中一直沿用 50mm×50mm×50mm 立方体冻土试件按快速加载(30s±5s)方式获得的无侧限瞬时抗压强度数据。1989 年之后，人工冻土单轴无侧限抗压强度试验是采用 Φ61.8mm×150mm 圆柱体试件和按恒应变速率(0.8%/min)轴向加载法进行试验得出的数据，因此需要获得两种试件尺寸和加载方式试验数据之间的关系。北京建井研究所的研究人员通过试验对比分析提出，以采用 Φ61.8mm×150mm 圆柱体试件和按恒应变速率(0.8%/min)轴向加载法试验结果乘以 1.7～1.9 的系数进行换算。

现行的《煤炭井巷工程施工规范》要求采用冻结法凿井的井筒，开展冻土单轴抗压强度、三轴抗压强度、冻土三轴剪切、冻土单轴压缩蠕变性能、冻土三轴压缩蠕变性能等力学性能试验项目，目前只有冻土单轴抗压强度试验数据在冻结方案设计和掘砌段高设计中应用。单轴压缩蠕变试验结果通常只是通过工程类比定性指导外层井壁设计、冻结壁设计、冻结孔布置及掘砌段高、掘砌时间的确定，目前还缺少定量化分析体系，冻土三轴抗压强度、剪切试验数据在冻结工程中的应用也缺少定量化分析体系。许多工程中还进行了大量的三轴蠕变试验，目前也还没有形成利用这些试验数据指导设计和施工的应用体系。因此在工程实施过程中是否要进行过度的试验项目和内容，需要建设、设计、施工等单位充分斟酌。

早期的冻土试验比较重视在井筒掘进工作面取样进行试验，但是当前普遍采用井筒检查钻孔取样，应该说井筒检查钻孔土层取样难免受到较大的扰动，试验数据与井筒原始状态和掘砌工程中的实际状态差距较大。例如，砂性土层，特别是粗颗粒砂土层、砂砾土层检查钻孔取样，土层结构、含水量均发生较大变化，很难保持“原始状态”，人工制作较难配制出适宜的土样，试验时采用“原样”试验或采取饱和水状态重塑，均与工程地质实际情况出入较大，试验数据误差较大。因此，建议工程实践还应注重井筒掘进工作面取样试验研究，特别是砂性土层开展工作面取样试验研究非常必要。

由于砂性土层井筒检查钻孔取样试验数据的误差较大，目前针对砂性冻土抗压强度设计取值无法依靠井检孔取样试验资料，所以作者等通过国内深厚冲积层冻结壁设计的冻土计算强度的取值经验及统计分析，提出砂性冻土许用抗压强度或计算强度的选取方法，取得较好的应用效果，详见本书 4.2.3 节有关内容。

2.4　冻结器单位热流量

2.4.1　影响冻结器单位热流量的主要因素

冻结器是冻结法凿井用以传递冷量给井筒周围地层使之降温与冻结的装置，单位热流量是表示冻结器传热性能的综合性指标，是计算井筒冻结需冷量的基本参数，其重要性涉及冻结法凿井的工程造价、施工工期甚至工程成败[79]。

冻结法凿井的冻结器单位热流量 K_f 主要取决于冷冻液(盐水)的种类、冻结盐水温度、土层性质、冻结器周边温度梯度、冻结器的盐水循环量及其在环形空间内的流动状态或雷诺数 Re 等因素,其中冷冻液种类和冻结盐水温度(含密度、比热容、动力黏度)是根据冻结壁设计要求选取的,冻结器盐水流动状态或雷诺数主要取决于盐水温度、盐水循环量和环形空间的几何尺寸

$$K_f = \frac{q_b \cdot \rho_b \cdot c_b \cdot \Delta t}{\pi \cdot d_n \cdot H} \tag{2-44}$$

$$Re = \frac{V_b \cdot d_n \cdot \rho_b}{M_b \cdot g} \tag{2-45}$$

式中,K_f 为冻结器单位热流量,kcal/(m^2 · h),1cal=4.1868J;q_b 为单冻结器的盐水循环量,m^3/h;ρ_b 为盐水密度,kg/m^3;c_b 为盐水比热容,kcal/(kg · ℃);Δt 为去、回路盐水温差,℃;d_n 为冻结管内直径,m,当冻结管内有供液管时,公式(2-45)中 d_n 为冻结管内径与供液管外径之差;H 为冻结管深度,m;Re 为雷诺数,表示盐水在冻结器环形空间内流动状态的指标,见表 2-66;V_b 为盐水在冻结器环形空间内的流速,m/s;M_b 为盐水的动力黏度,见表 2-67 及图 2-94;g 为重力加速度,m/s^2。

表 2-66 盐水在冻结器环形空间内不同流动状态的雷诺数推荐值

冷冻液在冻结器环形空间内的流动状态	苏联纳索诺夫-苏普利克 1976 年著、陈文豹等 1981 年译的《立井冻结壁形成规律》对雷诺数的推荐值	2013 年《科技网》对雷诺数的推荐值
紊流状态	>10000	>4000
层流向紊流过渡状态	2300~10000	2000~4000
层流状态	<2300	≤2000

表 2-67 密度为 1260kg/m³ 条件下氯化钙溶液的热物理性质

浓度 ξ/%	凝固点/℃	15℃条件下的密度 ρ_{15}/(kg/m^3)	温度 t/℃	比热容 c/(kcal/(kg · ℃))	导热系数 λ/(kcal/(m · h · ℃))	动力黏度 M_b/(10^{-4} kg · s/m^2)	运动黏度 ν/(10^{-6} m^2/s)	导温系数 a_b/(10^{-4} m^2/h)	普朗特数 Pr
27.5	−38.6	1260	20	0.680	0.480	2.99	2.33	5.63	14.9
			15	0.678	0.475	3.34	2.60	5.57	16.9
			10	0.675	0.469	3.68	2.87	5.50	18.8
			5	0.673	0.463	4.29	3.34	5.46	22.1
			0	0.671	0.457	4.90	3.81	5.41	25.3
			−5	0.688	0.452	6.29	4.89	5.37	32.8
			−10	0.665	0.446	7.67	5.97	5.33	40.3
			−15	0.663	0.441	9.89	7.71	5.29	52.7
			−20	0.660	0.435	12.10	9.45	5.24	65.0
			−25	0.655	0.429	15.00	11.70	5.20	80.7
			−30	0.655	0.423	17.50	13.60	5.12	95.5
			−35	0.650	0.418	22.00	17.10	5.12	120.0

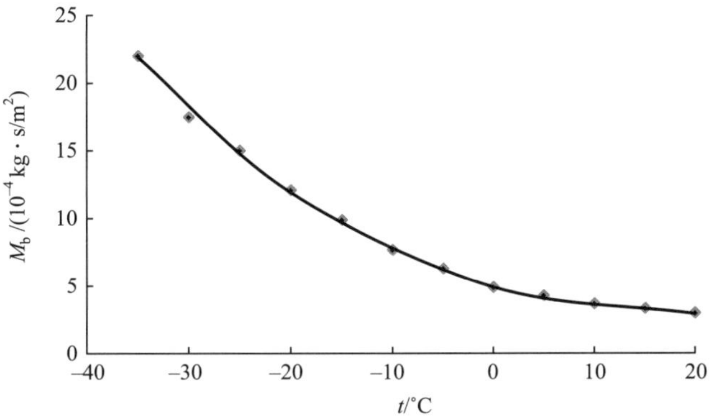

图 2-94　不同温度(t)条件下氯化钙溶液(密度为 1260kg/m^3)的动力黏度(M_b)

2.4.2　国外对冻结器单位热流量的研究简况

应用冻结法凿井的主要国家德国、苏联、波兰均对冻结器单位热流量进行了模拟试验研究。但由于影响冻结器单位热流量的因素较多,加上模拟试验条件的差异,试验结果差别较大,至今尚无准确的定论。各国在进行井筒冻结需冷量计算时,主要是根据冻结工程的具体条件和自身的实践经验对冻结器单位热流量进行选取。例如,德国专家、学者提出,冻结器单位热流量的变动范围为 65～300kcal/(m^2 · h),积极冻结期取 140kcal/(m^2 · h),维护冻结期取 84kcal/(m^2 · h);苏联专家、学者提出,冻结器环形空间盐水呈层流运动状态时的冻结器单位热流量取 200～250kcal/(m^2 · h);波兰专家、学者提出,冻结器单位热流量为 80～450kcal/(m^2 · h),积极冻结期取 260kcal/(m^2 · h),维护冻结期取 130kcal/(m^2 · h)。

2.4.3　中国对冻结器单位热流量的试验实测研究

煤科总院北京建井研究所为了合理选取冻结器的单位热流量,于 1974～2007 年先后对潘一东风井、潘二南风井、三河尖副井、潘三东风井、陈四楼副井、梁北东风井、赵固二矿副井等冻结井的冻结器单位热流量进行试验实测研究,取得良好的效果,为我国深厚冲积层冻结法凿井合理设计井筒冻结需冷量提供了科学依据。

1. 潘一东风井冻结器单位热流量的试验实测研究

1) 基本情况

井筒净直径为 6.5m,井深 383m,冲积层厚 292.5m,含水砂层最大埋深为 283.4m,冲积层底部原始地温为 26℃,冻结深度为 320m/310m;冻结段采用钢筋混凝土双层井壁,厚 1.2m;设计盐水温度为−30℃,冻结壁设计厚度为 5.36m,单圈孔冻结,冻结孔布置圈直径为 17.0m,冻结管为 Φ127～159mm×7mm(平均取 140.7mm),冻结器盐水循环量为 7.37m^3/h。

2）冻结器单位热流量的实测结果

该井于1975年9月15日开机冻结，1970年12月17日停止冻结。根据实测资料分析（表2-68及图2-95），该井冻结器环形空间内盐水温度在－15～－30℃的雷诺数为1750～1000，盐水呈层流状态，冻结器单位热流量的峰值和峰值期分别为240kcal/(m^2·h)和30d。

表2-68　潘一东风井不同冻结期的去、回路盐水温度及单位热流量

项目		冻结时间												
		15d	30d	45d	60d	75d	90d	120d	150d	180d	210d	240d	270d	300d
盐水温度/℃	去路	－13.0	－21.5	－25.0	－27.0	－28.5	－29.3	－29.6	－29.4	－29.2	－29.2	－29.0	－28.4	－28.0
	回路	－9.0	－16.0	－19.8	－22.0	－23.7	－25.0	－26.0	－26.1	－26.2	－26.4	－26.5	－26.2	－26.0
	差值	4.5	5.5	5.2	5.0	4.8	4.3	3.9	3.6	3.0	2.8	2.4	2.2	2.0
冻结器单位热流量/(kcal/(m^2·h))		196	240	227	218	209	187	170	157	131	122	105	96	87

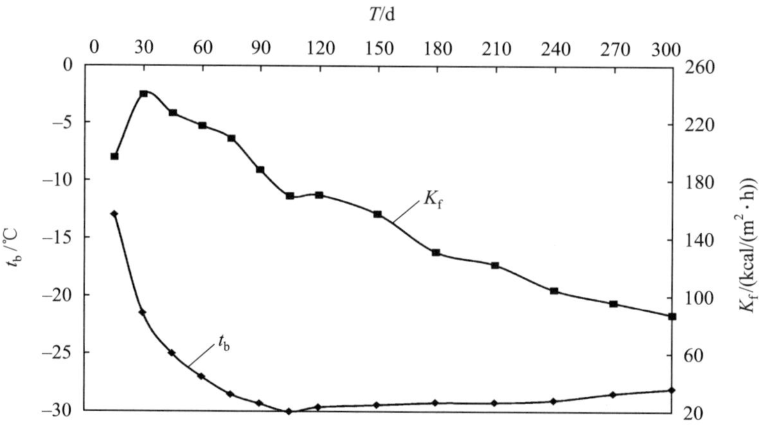

图2-95　潘一东风井不同冻结期（T）的去路盐水温度（t_b）、冻结器单位热流量（K_f）

2. 潘二南风井冻结器单位热流量的试验实测研究

1）基本情况

井筒净直径为6.5m，冲积层厚275.4m，冻结深度为320m；冻结段采用钢筋混凝土双层井壁，厚1.2m；设计盐水温度为－30℃，冻结壁设计厚度为5.14m，单圈孔冻结，冻结孔圈直径为16.0m，冻结孔数为28个，冻结管为Φ159mm×7.5mm。

2）冻结器单位热流量的实测结果

潘二南风井于1978年9月25日开机冻结，进行单、双供液管输送盐水。其中：5#～34#冻结管为单供液管输送盐水，盐水循环量为7.5m^3/h；1#～4#冻结管及35#～38#冻结管为双供液管输送盐水，盐水循环量为16.4m^3/h。

根据试验实测资料分析得出如下结论：

(1) 采用单供液管输送盐水的冻结器环形空间内盐水温度－15～－30℃的雷诺数为1650～960，盐水呈层流状态，冻结器单位热流量的峰值和峰值期分别为203.67kcal/(m² · h)和43d，见表2-69及图2-96。

(2) 采用双供液管输送盐水的冻结器环形空间内盐水温度－15～－30℃的雷诺数为3360～1960，盐水呈层流向紊流过渡状态，冻结器单位热流量的峰值和峰值期分别为318kcal/(m² · h)和45d，见表2-70及图2-97。

表 2-69　潘二南风井单供液管不同冻结期的去、回路盐水温度及单位热流量

项目		冻结时间												
		15d	30d	45d	60d	75d	90d	120d	150d	180d	210d	240d	270d	300d
盐水温度/℃	去路	－11.0	－21.6	－25.0	－26.7	－27.6	－28.2	－29.4	－30.5	－31.2	－31.4	－30.8	－30.3	－30.0
	回路	－6.8	－17.0	－20.2	－22.3	－23.5	－24.6	－26.4	－27.7	－28.6	－29.0	－28.7	－28.4	－28.2
	差值	4.2	4.6	4.8	4.4	4.0	3.6	3.0	2.8	2.6	2.4	2.1	1.9	1.8
冻结器单位热流量/(kcal/(m² · h))		164	195	204	187	170	153	127	119	110	102	89	81	76

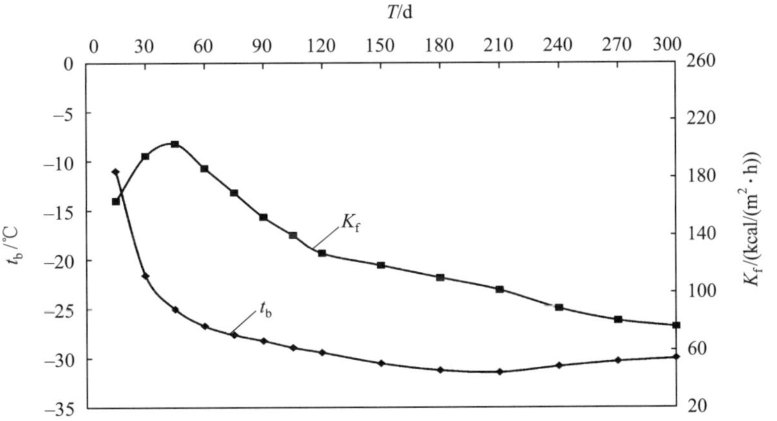

图 2-96　潘二南风井单供液管冻结不同冻结期(T)的去路盐水温度(t_b)、冻结器单位热流量(K_f)

表 2-70　潘二南风井双供液管不同冻结期的去、回路盐水温度及单位热流量

项目		冻结时间													
		15d	30d	45d	60d	75d	90d	105d	120d	150d	180d	210d	240d	270d	300d
盐水温度/℃	去路	－10.0	－21.7	－25.4	－27.0	－27.8	－28.5	－29.3	－29.6	－30.7	－31.4	－31.6	－31.0	－30.5	－30.2
	回路	－7.2	－18.4	－21.9	－23.65	－24.6	－25.5	－26.45	－26.9	－28.2	－29.1	－29.5	－29.1	－29.8	－28.7
	差值	2.8	3.3	3.5	3.35	3.2	3.0	2.85	2.7	2.5	2.3	2.1	1.9	1.7	1.5
冻结器单位热流量/(kcal/(m² · h))		255	300	318	305	291	273	259	245	227	209	191	173	155	136

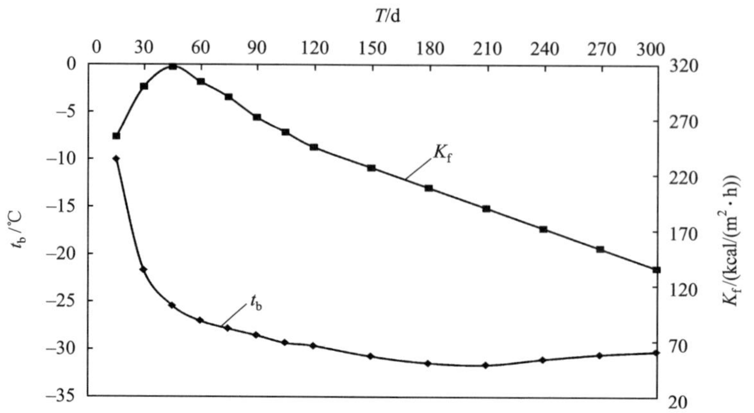

图 2-97　潘二南风井双供液管冻结不同冻结期(T)的去路盐水温度(t_b)、冻结器单位热流量(K_f)

3. 三河尖副井冻结器单位热流量的试验实测研究

1）基本情况

三河尖矿副井净直径 7.2m，冲积层厚 214.8m，冻结深度为 256m；冻结段采用钢筋混凝土双层井壁，厚 1.3m；冻结设计盐水温度为－25℃，冻结壁厚度为 4.69m，单圈孔冻结，冻结孔圈直径为 16.5m，42 个冻结孔，冻结管为 Φ168mm×7mm。

2）冻结器单位热流量的实测结果

三河尖副井于 1980 年 7 月 19 日开机冻结，1981 年 7 月 31 日停止冻结。根据试验实测资料分析，冻结器盐水的循环量初期大后期小，冻结第 1～149d 的冻结器盐水循环量为 13.1～14.1m^3/h(平均为 13.6m^3/h)，冻结器环形空间内盐水－15～－23℃的雷诺数为 2800～2000，盐水呈层流向紊流过渡状态，盐水温度－23～－26℃的雷诺数为 2000～1800，盐水呈层流状态；冻结第 150～300d 的冻结器盐水循环量为 6.0～6.9m^3/h(平均为 6.45m^3/h)，雷诺数小于 2000，盐水均呈层流状态；受冻结器环形空间内盐水运动状态和盐水温度降低较慢的影响，冻结器单位热流量的峰值和峰值期分别为 221.53 kcal/(m^2·h)和 45d，见表 2-71 及图 2-98)。

表 2-71　三河尖副井不同冻结期的去、回路盐水温度及单位热流量

项目		冻结时间												
		15d	30d	45d	60d	75d	90d	120d	150d	180d	210d	240d	270d	300d
盐水温度/℃	去路	−5.0	−15.0	−18.6	−20.0	−21.5	−22.7	−24.3	−25.5	−24.7	−20.5	−18.0	−19.0	−19.2
	回路	−10.0	−13.5	−15.5	−17.75	−19.45	−20.85	−21.85	−23.0	−22.4	−18.4	−16.1	−17.2	−17.6
	差值	2.0	2.3	2.5	2.25	2.05	1.95	1.45	2.5	2.3	2.1	1.9	1.8	1.60
冻结器单位热流量/(kcal/(m^2·h))		173	199	222	199	182	164	128	114	105	96	87	71	63
冻结器盐水循环量/(m^3/h)		13.1		13.4			13.4		6.9			6.0		

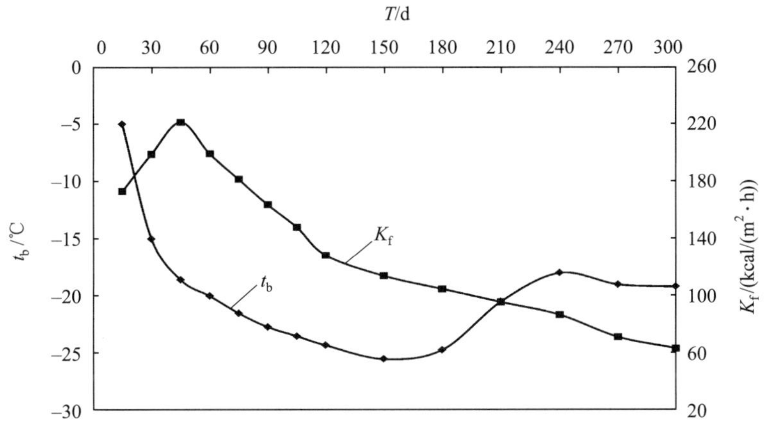

图 2-98　三河尖副井不同冻结期(T)的去路盐水温度(t_b)、冻结器单位热流量(K_f)

4. 潘三东风井冻结器单位热流量的试验实测研究

1）基本情况

井筒净直径为 6.5m，冲积层厚 358.5m，冻结深度为 415m；冻结段设计采用钢筋混凝土双层井壁，壁厚 1.3m；冻结设计盐水温度为－30℃，冻结壁设计厚度为 5.22m，选用主冻结孔圈内增设防片孔圈的布孔方式；主冻结孔圈直径为 17.0m，42 个冻结孔，冻结管为 Φ127～Φ159mm×7mm（平均取 Φ143mm×7mm）；防片孔圈直径为 12m，孔深 118m，10 个冻结孔，冻结管为 Φ127mm×5mm。

2）冻结器单位热流量的实测结果

潘三东风井于 1981 年 5 月 26 日开机冻结，1982 年 11 月下旬停止冻结。根据试验实测资料分析，冻结初期（0～58d）和冻结中期（59～196d）冻结器的平均盐水循环量分别为 8.86m^3/h 和 7.33m^3/h，冻结器环形空间内盐水温度低于－15℃后雷诺数均小于 2000，盐水呈层流状态，不同冻结期的冻结器单位热流量见表 2-72 及图 2-99，受冻结器

表 2-72　潘三东风井不同冻结期的去、回路盐水温度及单位热流量

项目		冻结时间												
		15d	30d	45d	60d	75d	90d	120d	150d	180d	210d	240d	270d	300d
盐水温度/℃	去路	－9.3	－17.4	－23.3	－25.8	－27.6	－28.5	－30.5	－31.5	－31.0	－31.0	－31.0	－31.0	－31.0
	回路	－6.05	－13.4	－17.7	－20.3	－22.7	－24.0	－26.6	－27.8	－27.6	－28.0	－28.2	－27.3	－28.5
	差值	3.25	4.0	4.6	5.5	4.9	4.5	3.9	3.7	3.4	3.0	2.85	2.7	2.55
冻结器单位热流量/(kcal/(m^2·h))		140	173	194	196	175	161	139	129	118	106	92	86	79
冻结器盐水循环量/(m^3/h)		8.86			7.33						7.0			

环形空间内盐水运动状态和盐水温度降低较慢的影响，冻结器单位热流量的峰值和峰值期分别为 196.3kcal/(m^2 · h)和 53d。

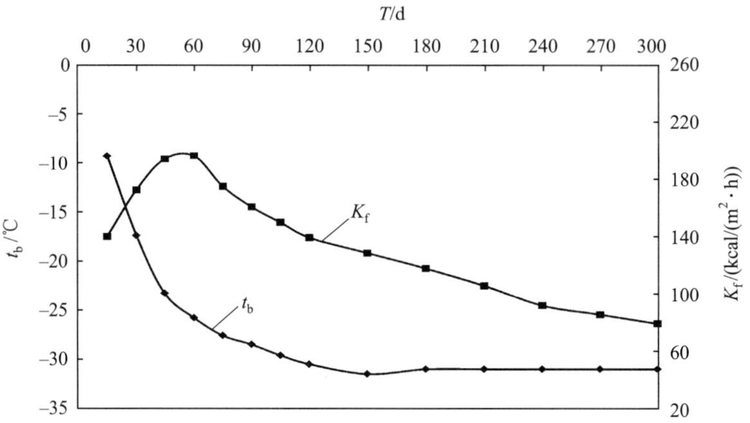

图 2-99　潘三东风井不同冻结期(T)的去路盐水温度(t_b)、冻结器单位热流量(K_f)

5. 陈四楼副井冻结器单位热流量的试验实测研究

1）基本情况

陈四楼矿副井井筒净直径为 6.5m，冲积层厚 374.5m，冻结深度为 435/423m；冻结段选用钢筋混凝土塑料夹层井壁结构，厚 1.8m；冻结设计盐水温度为−30℃，冻结壁设计厚度为 6.3m，选用主冻结孔圈内侧增设防片孔圈的布孔方式；主冻结孔圈直径为 18.2m，44 个主冻结孔，冻结管为 Φ139.7mm×7.72mm；防片孔圈直径为 11.6m，12 个防片冻结孔，孔深 130m，冻结管为 Φ127mm×5mm。

2）冻结器单位热流量的实测结果

陈四楼矿副井于 1990 年 7 月 18 日正式开机冻结，1991 年 12 月 24 日停止冻结，主冻结孔的平均盐水循环量为 8.4m^3/h。根据该井试验实测资料分析，冻结器环形空间内盐水温度低于−15℃后雷诺数均小于 2000，盐水呈层流状态，不同冻结期的冻结器单位热流量见表 2-73 和图 2-100，受冻结器环形空间内盐水运动状态和盐水温度降低较慢的影响，单位热流量的峰值和峰值期分别为 208.76kcal/(m^2 · h)和 58d。

表 2-73　陈四楼副井不同冻结期的去、回路盐水温度及单位热流量

项目		冻结时间												
		15d	30d	45d	60d	75d	90d	120d	150d	180d	210d	240d	270d	300d
盐水温度/℃	去路	−8.7	−14.7	−18.7	−21.4	−23.0	−24.5	−27.0	−27.6	−28.2	−29.4	−32.0	−30.9	−30.6
	回路	−5.4	−10.6	−13.8	−16.3	−18.4	−20.4	−23.4	−24.2	−25.0	−26.4	−29.2	−28.2	−28.0
	差值	3.3	4.1	4.7	5.1	4.6	4.1	3.6	3.4	3.2	3.0	2.8	2.7	2.6
冻结器单位热流量/(kcal/(m^2 · h))		135	167	192	208	188	167	147	139	131	123	114	110	106

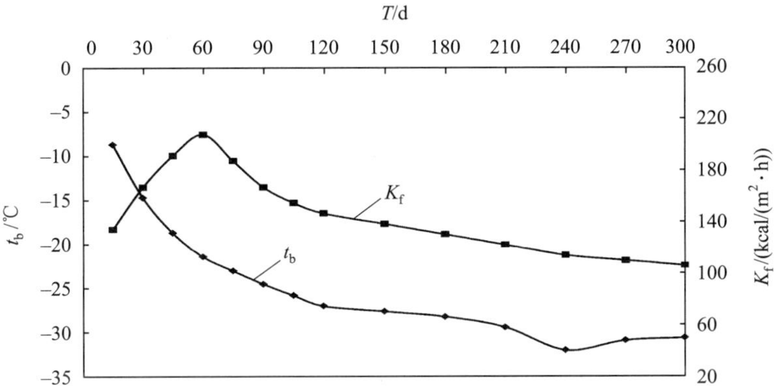

图 2-100　陈四楼副井不同冻结期(T)的去路盐水温度(t_b)、冻结器单位热流量(K_f)

6. 梁北东风井冻结器单位热流量的试验实测研究

1) 基本情况

梁北矿东风井净直径为 4.5m,井深 403m,冲积层厚 148.24m,冻结深度为 205m/170m;冻结段采用钢筋混凝土双层井壁,壁厚 0.7m;冻结设计盐水温度为−26℃,冻结壁设计厚度为 2.37m,单圈冻结孔,孔圈直径为 9.6m,冻结孔数为 13 个/13 个,冻结管为 Φ127mm×6mm。

2) 冻结器单位热流量的实测结果

梁北矿东风井于 2000 年 1 月 15 日开机冻结,2000 年 5 月 17 日停止冻结,每个冻结器盐水循环量为 8.7m³/h。根据实测资料分析得出,冻结器环形空间内盐水温度高于−17℃时雷诺数大于 2000,盐水呈层流向紊流过渡状态,盐水温度在−17℃以下雷诺数均小于 2000,盐水呈层流状态,不同冻结期的单位热流量见表 2-74 和图 2-101,受冻结器环形空间内盐水运动状态和盐水温度降低较快的影响,单位热流量的峰值和峰值期分别为 274.6kcal/(m² · h)和 20d。

表 2-74　梁北东风井不同冻结期的去、回路盐水温度及单位热流量

项目		冻结时间												
		5d	10d	20d	30d	40d	50d	60d	70d	80d	90d	100d	110d	120d
盐水温度/℃	去路	−10.0	−15.0	−22.5	−24.5	−25.4	−26.2	−26.8	−26.7	−25.0	−21.3	−21.3	−21.3	−21.3
	回路	−7.2	−12.0	−19.2	−21.8	−23.0	−24.1	−25.0	−25.2	−23.6	−19.95	−19.95	−19.95	−19.95
	差值	2.8	3.0	3.3	2.7	2.4	2.1	1.8	1.5	1.4	1.35	1.35	1.35	1.35
冻结器单位热流量/(kcal/(m² · h))		230	254	275	243	234	213	192	160	144	122	117	117	117

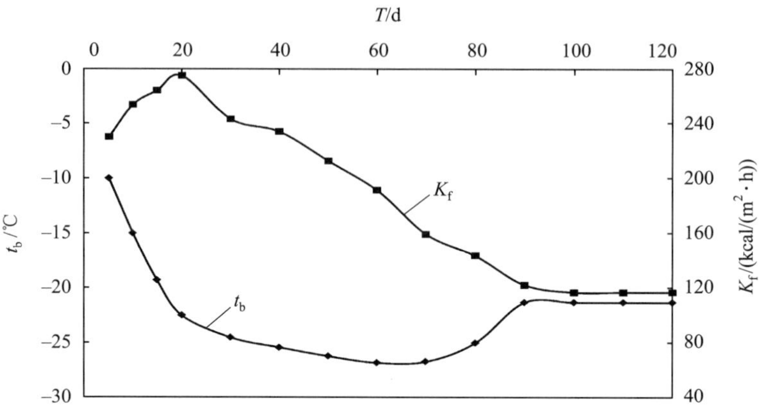

图 2-101　梁北东风井不同冻结期(T)的去路盐水温度(t_b)、冻结器单位热流量(K_f)

7. 赵固二矿副井冻结器单位热流量的试验实测研究

1) 基本情况

赵固二矿副井净直径为 6.9m，冲积层厚 527.5m，冻结深度为 628m；冻结段选用钢筋混凝土塑料夹层井壁结构，壁厚 2.0m；冻结设计盐水温度为－32℃，冻结壁设计厚度为 9.4m，选用三圈冻结孔布孔方式，外孔圈、中孔圈、内孔圈的圈径分别为 24.6m、17.8m、13.4m，孔数分别为 58 个、20 个、10 个/10 个，孔深分别为 555m、628m、469m/290m，外圈主冻结孔的冻结管为 Φ127mm×6mm(0～－320m 段)和 Φ159mm×7mm(－320～－555m段)。

2) 冻结器单位热流量的实测结果

赵固二矿副井三圈冻结孔均于 2006 年 12 月 6 日开机冻结，内圈冻结孔于 2007 年 4 月 18 日停止冻结，外圈和中圈冻结孔于 2007 年 9 月 23 日停止冻结，各孔圈冻结器的盐水循环量见表 2-75。根据实测资料分析，主冻结孔(大于 320m 深部)冻结器环形空间内盐水温度高于－20℃时雷诺数大于 2100，盐水呈层流向紊流过渡状态，盐水温度在－21℃以下时的雷诺数均小于 2000，盐水呈层流状态，主冻结孔不同冻结期的单位热流量见表 2-76 及图 2-102，受冻结器环形空间内盐水运动状态和黏性土层比例较大的影响，单位热流量的峰值和峰值期分别为 212kcal/(m^2·h)和 35d。

表 2-75　赵固二矿副井不同孔圈的冻结器盐水循环量

序号	冻结时间/d	冻结器的盐水循环量/(m^3/h)		
		外圈孔	中圈孔	内圈孔
1	1～62	12.5	13.5	13.5
2	63～75	12.5	13.5	13.5
3	76～134	12.5	13.5	13.5
4	135～237	14.5	7.3	
5	238～292	6.0	7.3	

表 2-76　赵固二矿副井不同冻结期的去、回路盐水温度及单位热流量

项目		冻结时间													
		15d	30d	45d	60d	75d	90d	105d	120d	150d	180d	210d	240d	270d	300d
盐水温度/℃	去路	−16.0	−26.4	−29.5	−31.5	−32.3	−32.5	−32.4	−32.2	−32.0	−31.8	−31.8	−29.6	−29.9	−29.9
	回路	−12.0	−21.2	−24.6	−27.5	−28.5	−29.2	−29.4	−29.4	−29.4	−29.3	−29.4	−27.6	−27.9	−27.9
	差值	4.0	5.2	4.9	4.0	3.7	3.3	3.0	2.8	2.6	2.5	2.4	2.0	2.0	2.0
冻结器单位热流量/(kcal/(m² · h))		163	212	200	163	150	135	122	114	123	118	114	39	39	39
冻结器盐水循环量/(m³/h)		12.5				12.5	12.5			14.5			6.0		

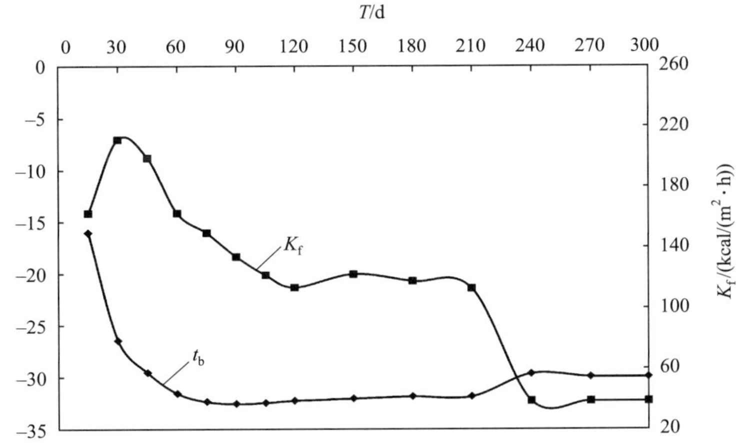

图 2-102　赵固二矿副井不同冻结期(T)的去路盐水温度(t_b)、冻结器单位热流量(K_f)

2.4.4　主要成果

冻结器单位热流量主要与冻结器的几何尺寸、冷冻剂的种类和温度、冻结器环形空间的盐水流动状态或雷诺数、土层性质、冻结时间及冻结壁形成状况等因素有关。根据 1974～2007 年对 7 个冻结井冻结器单位热流量实测资料(表 2-77)综合分析得出如下几个结论。

1. 冻结器环形空间内盐水流动状态的单位热流量变化系数

(1) 盐水呈层流状态时，受盐水温度和土层性质的影响，冻结器单位热流量的峰值和峰值期分别为 196～240kcal/(m² · h)和 30～60d。

(2) 盐水呈层流向紊流过渡状态时，同时受盐水温度和土层性质的影响，冻结器单位热流量的峰值和峰值期分别为 276～318kcal/(m² · h)和 20～45d；当黏性土层比例较大时，即使盐水呈层流向紊流过渡状态，其冻结器单位热流量的峰值也会降低一些。

(3) 层流向紊流过渡状态与层流状态的冻结器单位热流量峰值比例系数为(276～318)∶(196～240)，在 1.14∶1～1.33∶1 范围内。因此，可确定冻结器环形空间内盐水

表 2-77　冻结器单位热流量试验实测结果汇总表

序号	井筒名称	冻结基本情况						不同冻结时间下冻结器单位热流量/(kcal/(m² · h))													
		冲积层厚度/m	冻结深度/m	设计盐水温度/℃	冻结管直径/mm	冻结器盐水循环量	冻结初期冻结器环形空间盐水主要运动状态	15d	30d	45d	60d	75d	90d	105d	120d	150d	180d	210d	240d	270d	300d
1	潘一矿东风井	292.5	320/310	−30	140.7（平均）	7.37m³/h	层流	196	240	227	218	209	187	169	170	157	131	122	105	96	87
2	潘二矿南风井	275.4	320	−30	159	7.5m³/h	层流	164	195	204	187	170	153	140	127	119	110	102	89	81	76
						16.4m³/h	层流向紊流过渡	255	300	318	305	291	273	259	245	227	209	191	173	155	136
3	三河尖矿副井	214.8	256	−25	168	1～149d为13.6m³/h，150～300d为6.45m³/h	层流向紊流过渡/层流	173	199	222	199	182	164	148	128	114	105	96	87	71	63
4	潘三矿东风井	358.5	415	−30	143（平均）	0～58d为8.86m³/h，59～196d为7.33m³/h，>196d为7.0m³/h	层流	140	173	194	196	175	161	150	139	129	118	106	92	86	79
5	陈四楼矿副井	374.5	435/423	−30	139.7	8.7m³/h	层流	135	167	192	208	188	167	155	147	139	131	123	114	110	106
6	梁北矿东风井	148.2	205/170	−26	127	8.4m³/h	层流向紊流过渡/层流	264	275（20d）	243（30d）	224（45d）	192（60d）	122	117							
7	赵固二矿副井	527.5	628	−32	0～320m段为127，>320m段为159	0～134d为12.5m³/h，135～237d为14.5m³/h，>237d为6.0m³/h	层流向紊流过渡/层流	163	212	200	163	150	135	122	114	123	118	114	39	39	39

流动状态的单位热流量变化关系为

$$K_{fw} = m_f \cdot K_{fc} \tag{2-46}$$

式中：K_{fw}为层流向紊流过渡时单位热流量峰值，kcal/(m^2·h)；K_{fc}为层流时单位热流量峰值，kcal/(m^2·h)；m_f 为盐水在环形空间内流动状态对冻结器单位热流量的影响系数，紊流状态时大于 1.3；层流向紊流过渡状态时取 1.3（峰值期之前）～1.1（峰值期之后）；层流时取 1.0。

2. 冻结管单位热流量设计取值

盐水呈层流向紊流过渡状态时，冻结器单位热流量峰值为 276～318kcal/(m^2·h)，考虑到冻结设计时冻结管热传导按外径计算，以及单位热流量值受盐水温度、降温速度、冻结时间和土层性质等因素的影响，建议冲积层中冻结管单位热流量设计值按层流向紊流过渡状态情况处理，K_{fw}取 250kcal/(m^2·h)。

3. 冻结器环形空间内盐水流动状态的控制

目前立井冻结，一般盐水降至 0℃和－25℃的时间分别为 3～5d 和 25～40d，盐水（氯化钙溶液）0～－25℃的动力黏度范围为 4.9×10^{-4}～15×10^{-4}kg·s/m^2，随着盐水温度的继续下降，动力黏度将进一步增大；当冻结器盐水流量基本不变时，随着盐水温度的降低和动力黏度的增大，冻结器中的盐水雷诺数将会迅速降低，盐水运动状态的变化过程为：紊流→层流向紊流过渡→层流；要使冻结器环形空间内盐水在－25℃以下仍然呈层流向紊流过渡状态的难度较大；深厚冲积层冻结法凿井的盐水温度一般为－30～－34℃，要使冻结器环形空间内盐水始终呈紊流或层流向紊流过渡状态的难度较大，也是不经济的。

冻结器环形空间内盐水流动状态的合理控制，应根据冻结管和供液管直径，给予合理的盐水流量，并适当控制盐水降温速度，使冻结初期冻结管中盐水处于紊流或紊流向层流过渡状态。

4. 提高冻结管单位热流量的措施

(1) 冻结工程的冻结管单位热流量主要与土层性质、盐水与冻结管周边土层的温差、冻结管中盐水运动状态有关；提高盐水流量是提高雷诺系数、提升盐水运动状态的重要措施，应确保冻结管中盐水流量大于表 2-35 的要求。

(2) 冻结初期，盐水动力黏度小，冻结管中盐水易处于紊流和层流向紊流过渡状态，随着降温的持续，盐水与冻结管周边土层的温差逐渐变大，有利于冻结管单位热交换，因此当盐水温度快速降温至－20～－25℃后，可维持 10d 左右，对冻结器热交换较为有利。

根据冻结管直径、盐水流量、土层性质和冻结深度，一般冻结 5d 左右盐水温度降至 0℃，随后 15～20d 逐渐降至－20～－25℃较为合理。

(3) 随着冻结管周边冻土的扩展，盐水与冻结管周边冻土的温差逐渐减小，冻结管单位热流量交换难以维持原水平，需要继续降温，增大盐水与冻结管周边土层的温差，这就造成盐水动力黏度加大，冻结管中盐水由层流向紊流过渡状态逐渐变为层流状态，此时主要依靠盐水运动状态（保持一定的盐水流量）和加大温差来加强冻结管单位面积的热交换，因此冻结 30～35d 后需要加速盐水降温，尽快达到设计要求的盐水温度。

2.5 冻结壁径向位移与外层井壁位移特性

2.5.1 冻结壁径向位移实测研究

1. 实测简况

1）问题的提出

20世纪60年代我国开始在邢台主井、芦岭西风井、平顶山八矿东风井等大于200m冲积层冻结段的深部厚黏性土层中发生冻结管断裂现象，70年代初期至80年代中期在淮南矿区潘二矿主井、副井、西风井、南风井，潘三矿主井、副井、中央风井、东风井，谢桥矸石井、副井10个冻结井中发生140根冻结管断裂，井均断管14根，断管现象随着冲积层厚度的增大呈增长趋势，断管基本上发生在大于200m冲积层的深部厚黏性土层中及与其他地层的交界面附近，断管时间一般发生在冻结壁出现较大变形后或已砌井壁出现压坏变形之后[21]。

由于冻结管断裂与土层性质、埋深、掘砌段高、井帮裸露时间、冻结壁厚度、冻结壁强度、井壁混凝土早期强度等诸多因素有关，尤其是在缺少有效的冻结壁位移检测手段和实测数据情况下，对冻结管断裂的原因及防治措施很难取得共识，往往在发生断管后忙于采取应急措施，难以达到防治的目的，所以冻结管断裂问题较长时间得不到有效的抑制，并逐渐成为冻结法凿井向更深冲积层发展的重要障碍。直至1989年开工的全国最深的冻结井——陈四楼主副井，既按强度条件计算砂性土层的冻结壁厚度，又按变形条件计算黏性土层的安全掘进段高，并为了防止冻结管断裂，选用数显式收敛计检测冻结壁径向位移，掌握冻结壁位移变化规律，在冲积层深部厚黏性土层中建立冻结壁径向位移实测与掘砌段高调控的机制，有效防止了374.5m以黏性土层为主的冲积层冻结管断裂之后，才使人们对冻结壁径向位移实测与掘砌段高调控取得共识。

2）位移的检测方法

1989年之前冻结壁径向位移基本上采用挂锤球法、千分表法及钢卷尺直接测量法，1989年之后开始采用数显式收敛计法（表2-78）。根据实测效果分析，数显式收敛计法精度较高、使用方便、测时较长、数据可靠，检测结果可作为调控掘进段高的依据。

目前位移检测已经开始应用激光测距仪，经过特制的固定转化装置，可以将激光测距仪和反射镜安装在固定销上，避免了挖掘与测量的相互干扰。

3）位移测点布置

根据已有冻结壁位移实测资料分析，冻结壁径向位移随井帮裸露时间的变化特点是掘进段中上部比中下部的位移量大（图2-103(a)），距上段已砌井壁刃角400～600mm和掘进段中部的总位移量最大，因此可以将位移测点布置在距上段井壁刃角400～600mm处（简称Ⅰ类测点水平）和1/2掘进段高处（简称Ⅱ类测点水平），每个测点沿东西、南北方向对称布置，每次测量两个水平，如图2-103(b)所示。

表 2-78　冻结壁径向位移测量方法、步骤及优缺点

检测方法	挂锤球法	千分表法	钢卷尺直接测量法	收敛计法
图示	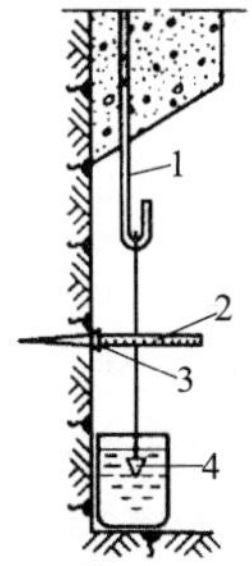 1-钢筋；2-尺子；3-钉子；4-锤球	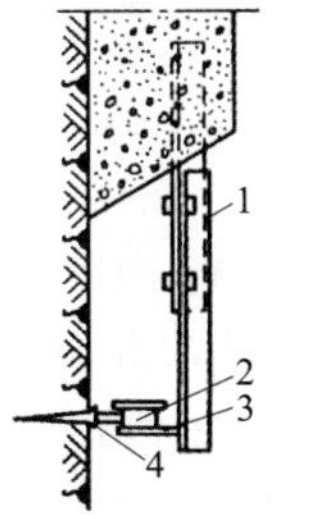 1-角钢支杆；2-千分表；3-卡盘；4-钉子	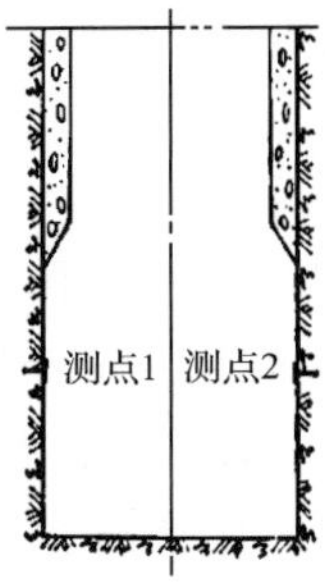	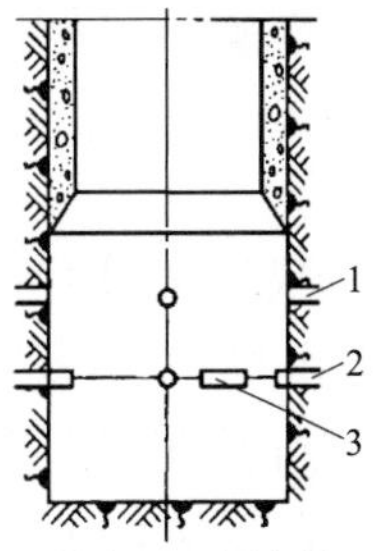 1-基点1；2-固定销 3-收敛计
检测步骤	(1)自刃角钢筋往下挂锤球 (2)设测量基点 (3)定期测量基点至垂线距离	(1)将支杆(角钢)固定在井壁刃角处 (2) 设测量基点 (3)将千分表固定在卡盘上 (4)定期观察千分表读数	(1)掘进开帮至荒径时，尽快设观测点，做好测量记录 (2)定期用钢卷尺进行测量	(1)当掘进至井壁刃角下方 500mm 荒径后，尽快设测量基点，埋入固定销 (2)定时用收敛计进行测量
优缺点	误差大，读数不方便	精度高，读数不方便	测量方便，精度不高，累计测量时间短	测量方便，累计测量时间长，精度高

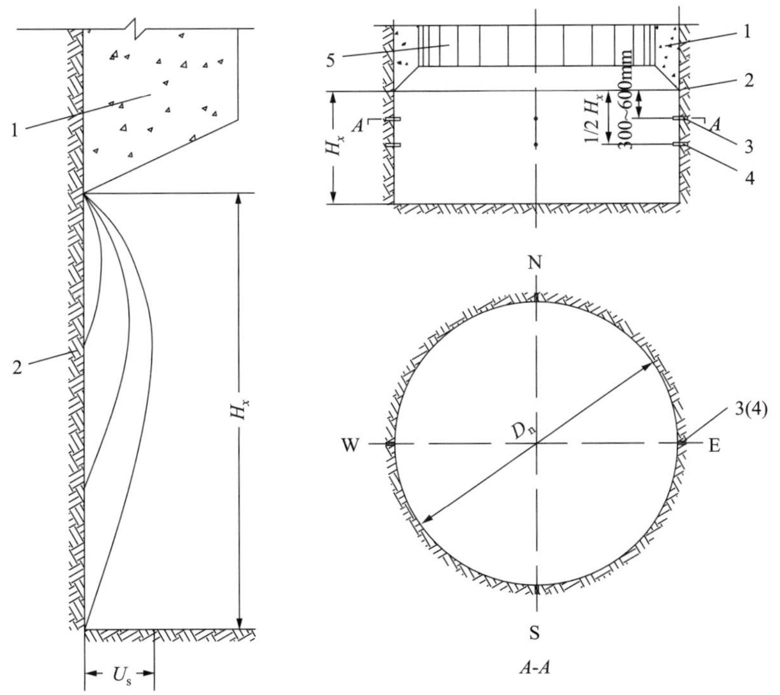

(a) 裸露段位移变化特性　　(b) 径向收敛位移测点布置

图 2-103　冻结壁径向位移实例示意图

1-已砌外层井壁；2-冻结壁；3-第Ⅰ类收敛位移测点；4-第Ⅱ类收敛位移测点；5-模板；

H_x-掘进段高；U_s-径向位移；D_n-掘进直径

收敛位移的测点在掘进段开帮过程中埋设，测点上距已砌井壁刃角 500mm（根据实测结果分析可以进一步调整），位移测点钻深为 250mm，钻孔垂直于帮面，打入固定销后，用木楔楔紧，测点的埋设应考虑到起落吊盘时不被损坏，不影响正常测试。

2. 冻结壁径向位移实测与掘砌段高调控的效果分析

从陈四楼主副井 1989 年采用数显式收敛计检测冻结壁径向位移与掘砌调控研究有效防止了 369～374.5m 冲积层冻结管断裂之后，北京建井研究所和北京煤科联应用技术研究所又在河南省程村主副井、泉店主副风井、赵固一矿和二矿主副风井、李粮店主副井 429.9～530.5m 冲积层冻结段进行冻结壁径向位移与掘砌段高的研究（表 2-79），获得大量的实测数据，进一步弄清冻结壁径向位移特性与井帮裸露时间、土层性质、埋深、掘砌工艺、冻结壁强度等因素的关系，为有效防止冻结管断裂提供了重要依据。

表 2-79　深厚冲积层冻结壁径向位移实测分析典型案例

序号	井筒名称		冲积层厚度/m	冻结深度/m	冻结壁设计厚度/m	掘砌段高/m	Ⅰ类测点		Ⅱ类测点	
							检测深度/m	层位数	检测深度/m	层位数
1	陈四楼	主井	369.0	423	5.3	3.1～2.2	271.0～304.0	4	271.6～304.6	4
2		副井	374.5	435	6.3	3.5～2.5	266.1～318.5	10	319.1～370.0	6
3	程村	主井	429.9	485	6.0	3.8	273.0～422.3	5	273.0～422.8	5
4		副井	429.9	485	6.9	3.3	223.0～423.3	7	223.0～423.3	7
5	泉店	主井	455.3	513	7.3	4.3	264.0～278.3	2		
6		副井	440.1	500	8.81	4.0	286.0～290	2		
7		风井	455.3	523	7.13	4.3	290～294	3		
8	赵固一矿	主井	518.0	575	8.0	2.8/4.3	136.5～513.0	7	371.6～513.0	3
9		副井	519.7	575	9.5	2.8/4.3	184.3～506.6	8	320.9～414.5	4
10	赵固二矿	主井	530.5	615	7.2	3.6	328.9～454.6	2		
11		副井	527.5	628	9.4	3.6/2.5	290.1～509.9	10		
12		风井	524.5	628	7.5	2.5/4.0/2.5	268.8～514.9	5		
13	李粮店	主井	479.2	772	7.0	4.0/2.5	287.5～460.0	6		
14		副井	481.5	800	9.0	4.0/2.5	296.0～470.0	7		
备注			Ⅰ类测点距上段井壁刃角 0.4～0.6m，在上段井壁架设刃角模板前埋设，Ⅱ类测点位于掘砌段高的中部							

1）陈四楼主副井冻结壁径向位移实测与掘砌段高调控

（1）冻结壁径向位移实测结果分析。

根据主、副井冻结壁径向位移实测资料（表 2-80）分析得出如下结论：

① 深部黏性土层冻结壁径向位移随着井帮裸露时间的变化特性概括为三个阶段

(图 2-104)[80]，即位移快速增长阶段、位移稳定增长阶段和位移急剧增长阶段。深部黏性土层冻结壁径向位移随着井帮裸露时间的变化特性与冻土蠕变的典型曲线(图 2-93)有类似特征。

表 2-80　陈四楼主副井冻结壁径向位移实测结果

序号	井筒名称	地层名称	掘砌段						冻结壁径向位移		
			测点类别	段高/m	测量深度/m	冻结壁有效厚度/m	有效平均温度/℃	井帮温度/℃	检测时间/h	累计值/mm	平均速度/(mm/h)
1	主井	铝质黏土	Ⅰ类	3.1	271.0	7.012	−12.2	−2.6～−3.9	26.50	33.19	1.25
2		铝质黏土		3.1	300.9	7.042	−12.9	−3.4～−5.0	40.00	58.75	1.47
3		铝质黏土		2.2	304.0	7.042	−12.9	−3.9～−6.1	32.67	42.43	1.30
4		铝质黏土	Ⅱ类	3.1	271.6	7.012	−12.2	−3.6～−4.6	3.50	7.00	2.00
5		铝质黏土		2.2	304.6	7.042	−12.9	−3.2～−5.7	3.75	6.14	1.64
6	副井	铝质黏土	Ⅰ类	3.5	262.6	7.714	−14.9	−1.4～−2.3	45.00	72.20	1.60
7		铝质黏土		3.5	266.1	7.714	−14.9	−1.6～−2.5	33.13	59.60	1.80
8		铝质黏土		2.5	273.6	7.714	−14.9	−2.0～−3.7	35.75	49.10	1.37
9		铝质黏土		2.5	308.0	7.880	−16.6	−2.6～−5.3	29.00	30.30	1.05
10		铝质黏土		2.5	316.0	7.880	−16.6	−3.4～−6.1	41.40	42.20	1.02
11		铝质黏土		2.5	318.5	7.880	−16.6	−3.9～−6.4	28.30	21.60	0.76
12		铝质黏土	Ⅱ类	2.5	319.1	7.880	−16.6	−3.7～−6.8	15.10	17.00	1.13
13		次生灰岩		2.5	329.5			−8.7	26.00	5.93	0.228
14		次生灰岩		2.5	370.0			−8.9～−15.4	65.50	18.18	0.278
备注		(1) Ⅰ类测点距上段井壁刃角 0.4～0.6m (2) Ⅱ类测点位于掘砌段高的中部									

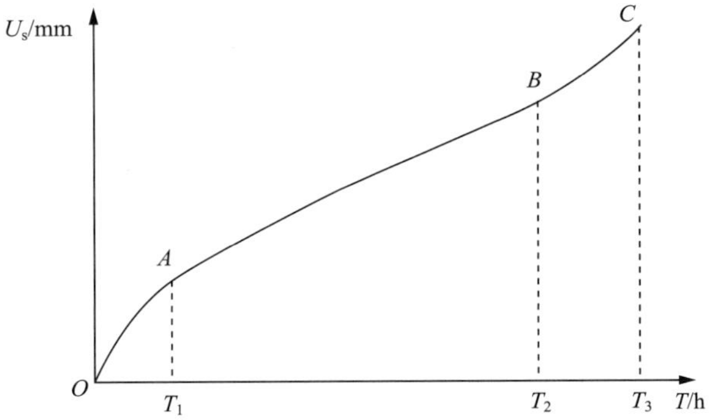

图 2-104　深部黏土层冻结壁收敛位移(U_s)与井帮暴露时间(T)关系的典型曲线

(a) 初期位移快速增长阶段：在 0～T_1 区间，用 OA 段曲线表示，该阶段特征是初期位移速度较大，但位移速度随时间的增加而减小，平均持续时间 T_1：铝质黏土为 12h，砂质黏土、次生灰岩为 24h。出现这一阶段的原因之一在于地层冻结时，冻结壁积聚一定的能量，在井筒掘进过程中井帮暴露后解除约束，原来积聚的能量就从冻结壁内表面不断向井心方向以位移的形式释放，另一方面在地压及冻土蠕变特性作用下，促使冻结壁位移增大，即表现为初期冻结壁位移快速增长。

(b) 位移稳定增长阶段：在 $T_1 \sim T_2$ 区间，用 AB 曲线表示，这一阶段特征是位移速度变化不大、近似为常量，即随着井帮暴露时间的延长，冻结壁内积聚的能量减少，冻结壁位移主要源于地压及冻土蠕变特性，故此冻结壁径向位移速度减慢并趋于稳定。

(c) 后期位移急剧增长阶段：井帮裸露时间大于 T_2，冻结壁位移速度和总位移量快速增加，即随着井帮裸露时间的延续，冻结壁蠕变特性的第Ⅲ阶段（蠕变强化阶段）显现，其变形速率逐渐增大，冻结壁位移急剧增长，铝质黏土出现这一阶段的时间约在 36h 或收敛位移大于 100mm 以后，这一阶段的出现，预示着冻结壁稳定性下降，需要尽快采取安全措施。

② 井帮裸露时间和冻结壁径向位移量、位移速度随着掘砌段高的加大而延长和增大。主井深 300.9m 掘砌段高为 3.1m 的铝质黏土层冻结壁径向位移平均速度 1.47mm/h，为深 304.0m 掘砌段高 2.2m 的铝质黏土层冻结壁径向位移平均速度(1.30mm/h)的 1.13 倍；副井深 266.1m 掘砌段高为 3.5m 的铝质黏土层冻结壁径向位移平均速度为 1.80mm/h，为深 273.6～318.6m 掘砌段高 2.5m 的铝质黏土层冻结壁径向位移平均速度(1.05mm/h)的 1.71 倍。

③ 副井深 319.1m 铝质黏土层 2.5m 掘砌段高Ⅱ类测点冻结壁径向位移平均速度为 1.13mm/h，为深 329.5m 次生灰岩径向位移速度(0.228mm/h)的 5.3 倍。

④ Ⅰ类测点比Ⅱ类测点的冻结壁径向位移速度小，但井帮裸露时间长，总体位移值相差有限。采用全断面掘进时选用Ⅰ类测点检测冻结壁径向位移较为安全，当采用小断面人工掘进后再用钻爆法扩帮工艺时选用Ⅱ类测点较为方便。

(2) 掘砌段高的调控效果。

① 主井深 300.9m 铝质黏土层掘砌段高 3.1m 时的井帮裸露时间为 40h，冻结壁径向位移量为 58.75mm，位移平均速度为 1.47mm/h(图 2-105)，超过径向最大位移限制量(50mm)；通过会议研讨，把掘砌段高改为 2.2m 后冻结壁的径向位移量降至 50mm 以下，369m 冲积层冻结段未发生冻结管断裂现象。

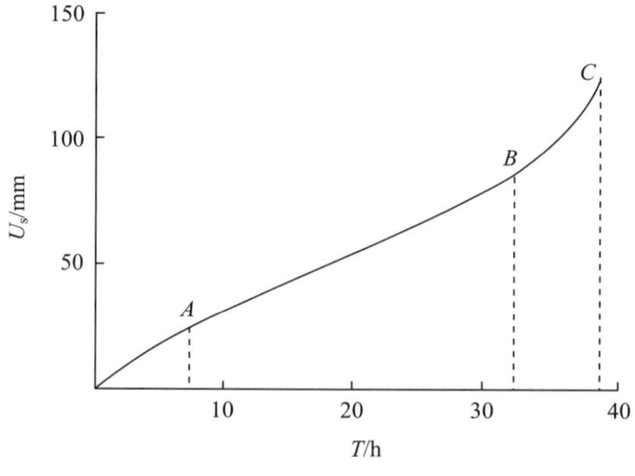

图 2-105　陈四楼主井 300.9m 深冻结壁收敛位移(U_s)与井帮暴露时间(T)的关系

② 副井深 266.1m 铝质黏土层，掘砌段高 3.5m 时的井帮裸露时间为 33h，冻结壁径向位移量为 59.6mm，位移平均速度为 1.80mm/h（图 2-106），已超过冻结壁径向最大位移限制量（50mm）；通过会议研讨，及时把掘砌段高调为 2.5m，冻结壁径向位移减至 49.1mm 以下，374.5m 冲积层冻结段未发生冻结管断裂。

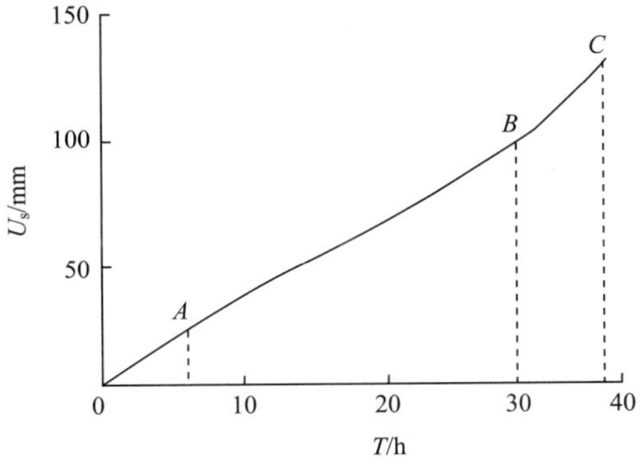

图 2-106　陈四楼副井 266.1m 深冻结壁收敛位移（U_s）与井帮暴露时间（T）的关系

2）程村主副井冻结壁径向位移实测与掘砌段高调控

（1）冻结壁径向位移实测结果分析。

根据程村主井和副井冻结壁径向位移实测结果[81]（表 2-81、表 2-82 及图 2-107、图 2-108）分析得出如下结论：

表 2-81　程村主井冻结壁Ⅰ、Ⅱ类测点径向收敛位移实测结果

序号	测点类别	岩层名称	掘砌段			冻结壁径向收敛位移		
			段高/(深度)/m	冻结天数/d	井帮温度/℃	检测时间(h:min)	累计值/mm	平均速度/(mm/h)
1	Ⅰ类	黏土	3.8(273～276.8)	176	−2.7～−5.3	42:10	53.04	1.25
2		黏土	3.8(323～326.8)	207	−6.8～−10.4	66:10	65.95	1.0
3		黏土	3.8(345～348.8)	224	−10.4～−11.7	48:40	54.22	1.11
4		黏土	3.8(385～388.8)	252	−11.4～−13.3	68:55	64.17	0.93
5		黏土	3.8(419～422.8)	276	−11.4～−12.7	79:00	114.13	1.44
1	Ⅱ类	黏土	3.8(273～276.8)	176	−3.3～−7.3	13:55	18.64	1.33
2		黏土	3.8(323～326.8)	207	−7.1～−10.4	11:50	17.3	1.46
3		黏土	3.8(345～348.8)	224	−9.8～−11.3	14:40	21.07	1.44
4		黏土	3.8(385～388.8)	252	−10.8～−12.8	30:20	23.97	0.79
5		黏土	3.8(419～422.8)	276	−10.8～−13.2	31:20	71.87	2.29

表 2-82　程村副井冻结壁Ⅰ、Ⅱ类测点径向收敛位移实测结果

序号	测点类别	岩层名称	掘砌段			冻结壁径向收敛位移		
			段高(深度)/m	冻结天数/d	井帮温度/℃	检测时间(h:min)	累计值/mm	平均速度/(mm/h)
1	Ⅰ类	黏土	3.3(223～226.3)	198	−2.0～−6.7	26:20	21.36	0.81
2		黏土	3.3(268～271.3)	221	−3.5～−8.5	34:10	30.78	0.9
3		黏土	3.3(290～293.3)	232	−2.8～−6.5	28:30	45.18	1.59
4		黏土	3.3(310～313.3)	243	−5.5～−10	35:10	32.21	0.92
5		黏土	3.3(348～351.3)	273	−7.5～−12	44:40	38.54	0.87
6		黏土	3.3(392～395.3)	310	−11～−15	28:50	29.43	1.02
7		黏土	3.3(420～423.3)	330	−15～−18	40:20	61.29	1.52
1	Ⅱ类	黏土	3.3(223～226.3)	198	−2.6～−5.2	23:40	24.98	1.06
2		黏土	3.3(268～271.3)	221	−2.5～−5.7	20:50	25.79	1.24
3		黏土	3.3(290～293.3)	232	−3.5～−8.1	9:10	18.66	2.03
4		黏土	3.3(310～313.3)	243	−5.5～−10	9:50	10.62	1.08
5		黏土	3.3(348～351.3)	273	−11～−12	14:45	13.81	0.94
6		黏土	3.3(392～395.3)	310	−11～−15	29:00	33.96	1.17
7		黏土	3.3(420～423.3)	330	−15～−18	39:40	66.13	1.67

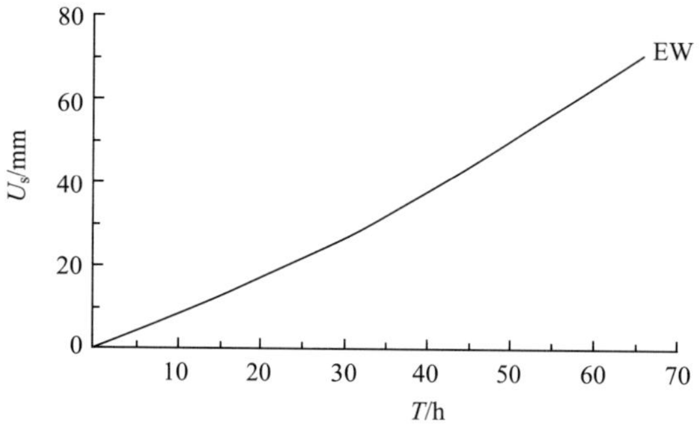

图 2-107　程村主井 323m 深黏土层冻结壁径向收敛位移(U_s)与井帮暴露时间(T)的关系

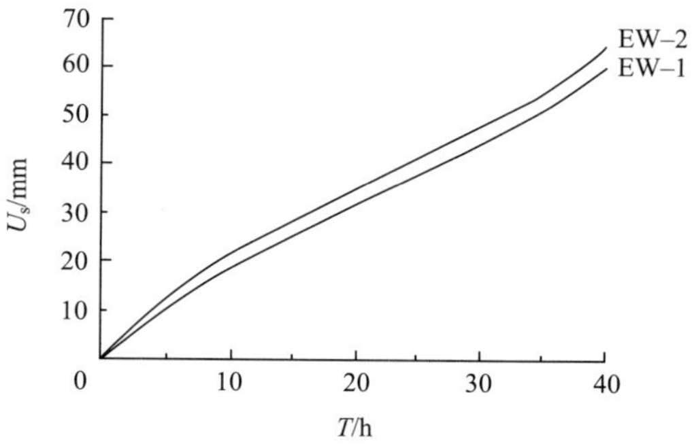

图 2-108　程村副井 420m 深黏土层冻结壁径向收敛位移(U_s)与井帮暴露时间(T)的关系

EW-1-Ⅰ类测点 EW 方向；EW-2-Ⅱ类测点 EW 方向

① Ⅰ类测点比Ⅱ类测点的冻结壁径向位移速度小，但采用全断面向下掘进时，Ⅰ类测点的井帮裸露时间长，累计位移大(表 2-81)，选用Ⅰ类测点位移作为冻结壁径向位移量测较为适宜；采用先小断面掘进后用钻爆法扩帮的掘进工艺时，Ⅰ类测点与Ⅱ类测点处井帮裸露时间相差不大，如井深 392m 和深 420m 的情况(表 2-82)，可能出现Ⅱ类测点的冻结壁径向位移累计值大，在这种情况下应当主要采用Ⅱ类测点量测冻结壁的径向位移，能够较准确地判断冻结壁的稳定性。

② 因冻结壁的实际强度超过设计强度，主、副井冻结壁径向位移值较小，确保了冻结

段安全施工。实测结果显示，除主井深 419m 黏土层Ⅱ类测点的冻结壁径向位移达 50mm 外，其他 23 个黏土层冻结壁径向平均位移值为 18.33mm。

(2) 掘砌段高的调控效果。

由于程村主副井冲积层段的卵石层厚度比例大，掘砌速度慢，深部冻结壁的有效厚度大，强度高，井帮温度低，掘砌段高为 3.3m(主井 3.8m，副井 3.3m)，冻结壁径向位移量小于 50mm，无需进行调控。

3) 泉店矿主、副、风井冻结壁径向位移实测与掘砌段高调控

根据泉店矿冲积层埋深条件，着重检测深部(大于 250m)厚黏土层的冻结壁径向收敛位移。针对外层井壁短段掘砌施工特点，在检测段高(h)内布置两组测点，分别埋设在距上段井壁刃角以下 $1/5h \sim 1/6h$ 处(简称Ⅰ类测点)和 $1/2h$ 处(简称Ⅱ类测点)。泉店主井(风井)和副井的设计掘砌段高分别为 3.0m 和 3.5m，为配合快速施工，实际采用主井 3.7m、副井 3.6m 和风井 4.2m 的段高。根据冻结壁收敛位移实测结果(表 2-83，图 2-109～图 2-111)分析，由于掘砌速度快、井帮裸露时间短，主、副、风井深 264～396m 厚黏土层测点的冻结壁最大径向收敛位移为 19.8mm(10h)和 34.4mm(14.3h)，即测点冻结壁最大

表 2-83　泉店主、副、风井冻结壁Ⅰ类测点径向收敛位移实测结果

井筒名称	序号	岩层名称	掘砌段				冻结壁径向收敛位移			
			段高/m	测量深度/m	冻结天数/d	井帮温度/℃	测点类别	检测时间/h	累计值/mm	平均速度/(mm/h)
主井	1	黏土	3.7	264.2	169	−8.0～−9.0	Ⅰ类	3.27	10.25	3.14
	2	黏土	3.7	268.0	171	−7.2～−9.5	Ⅱ类	14.27	34.35	2.41
副井	3	黏土	3.6	290.4	147	−4.9～−6.2	Ⅰ类	4.72	11.77	2.50
	4	黏土	3.6	291.4	147	−4.9～−6.2	Ⅱ类	4.55	10.13	2.23
风井	5	黏土	4.2	373.8	153	−7.5～−8.9	Ⅰ类	10.00	19.83	1.98
	6	黏土	4.2	395.0	157	−7.0～−8.0	Ⅰ类	11.23	20.28	1.90
	7	黏土	4.2	396.0	157	−7.0～−8.0	Ⅱ类	5.70	15.01	2.63

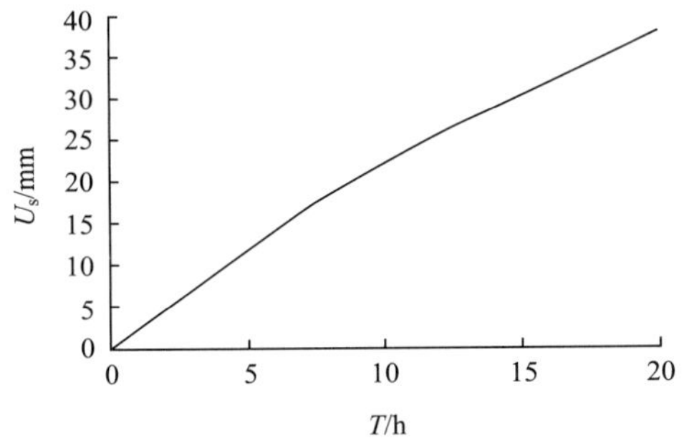

图 2-109　泉店矿主井 268m 深黏土层冻结壁径向收敛位移(U_s)与井帮暴露时间(T)的关系

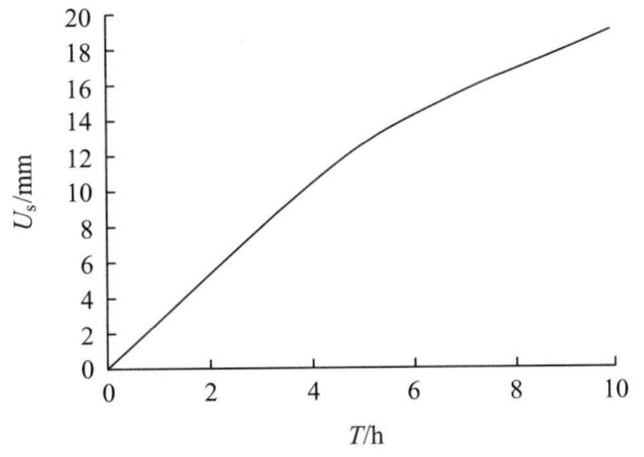

图 2-110　泉店矿副井 290.4m 深黏土层冻结壁径向收敛位移(U_s)与井帮暴露时间(T)的关系

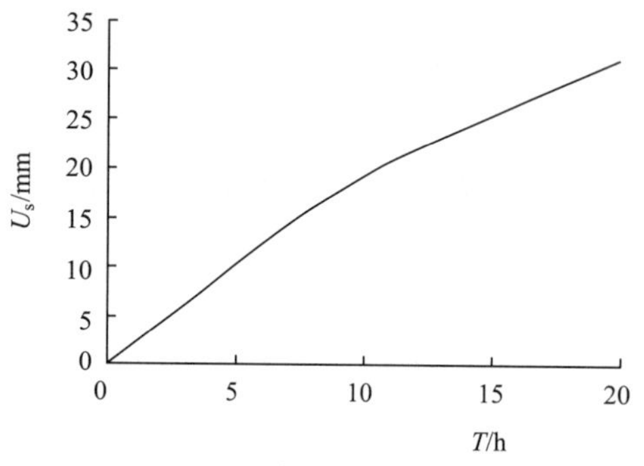

图 2-111　泉店矿风井 395m 深黏土层冻结壁径向收敛位移(U_s)与井帮暴露时间(T)的关系

径向位移为 9.9mm（10h）和 17.2mm（14.3h），测点最大径向位移速度为 0.99～1.3mm/h，井帮稳定性好，三个井筒均未发生冻结管断裂和外层井壁压坏现象，为安全快速施工创造有利条件。

4）赵固一矿主、副井冻结壁径向位移实测分析与掘砌段高调控

（1）根据赵固一矿主、副井冻结壁径向位移实测结果（表 2-84～表 2-86）分析，赵固一矿主、副井 136.5～513.4m 深厚黏土层的冻结壁径向位移三个阶段的时间为：井帮裸露时间 13～20h（Ⅰ类测点，距上段井壁刃角 0.5m 处）或 10～18h（Ⅱ类测点，掘进段高中部），为冻胀能量迅速释放阶段或初期位移快速增长阶段；井帮裸露时间 15～30h，为冻结壁线性变形阶段或位移稳定增长阶段；井帮裸露时间大于 30h，为冻结壁位移开始出现急剧增长阶段。

为了确保冻结段安全施工，需要把掘砌循环时间控制在冻结壁位移的第二阶段后期或第三阶段初期（30h 前后），同时要监测、控制冻结壁径向位移量不大于 50mm。

（2）冻结壁位移随土层的埋藏深度而增大。主井冻结壁径向位移较大速度发生在深 371m、479m 和 513m（图 2-112～图 2-114），副井径向位移较大速度发生在深 357m 和 386m（图 2-115 和图 2-116），这与土层冻结的物理力学性质和地压有关。

表 2-84　赵固一矿主井冻结壁径向收敛位移实测结果

序号	测点类别	地层名称	掘砌段				冻结壁径向收敛位移		
			段高/m	测量深度/m	冻结天数/d	井帮温度/℃	检测时间/h	累计值/mm	平均速度/(mm/h)
1	Ⅰ类	黏土	4.3	136.5	137	−2.3～−2.4	23.25	6.53	0.28
2		黏土	2.8	371.1	292	−15.1～−16.1	18.17	27.21	1.50
3		黏土	2.8	435.8	346	−18.3～−20.4	23.78	22.33	0.94
4		黏土	2.8	471.0	369	−18.4～−19.5	11.70	17.20	1.47
5		黏土	4.3	479.1	375	−18.2～−18.7	21.38	61.35	2.87
6		黏土	4.3	483.3	378	−17.8～−19.0	45.30	63.12	1.39
7		黏土	4.3	513.0	402	−18.3～−19.3	40.49	60.53	1.50
1	Ⅱ类	黏土	2.8	371.6	292	−15.1～−16.1	17.97	28.45	1.58
2		黏土	2.8	471.5	369	−18.4～−19.5	11.70	20.24	1.73
3		黏土	2.8	513.4	402	−18.3～−19.3	40.50	63.96	1.58

表 2-85　赵固一矿副井冻结壁径向收敛位移实测结果

序号	测点类别	地层名称	掘砌段				冻结壁径向收敛位移		
			段高/m	测量深度/m	冻结天数/d	井帮温度/℃	检测时间/h	累计值/mm	平均速度/(mm/h)
1	Ⅰ类	黏土	4.3	184.3	177	−1.5～−2.9	11.95	12.51	1.05
2		黏土	4.3	197.3	181	−2.3～−3.7	18.48	9.27	0.50
3		黏土	2.8	285.0	241	−5.7～−8.1	23.22	23.43	1.01
4		黏土	2.8	319.9	248	−8.7～−11.7	16.92	35.29	2.09
5		黏土	2.8	356.9	278	−10.8～−13.7	26.55	35.80	1.35
6		黏土	2.8	386.0	327	−12.0～−13.4	20.37	41.12	2.02
7		黏土	2.8	413.8	351		16.55	20.16	1.22
8		黏土	2.8	506.6	421	−18.0～−19.1	19.12	34.50	1.80
1	Ⅱ类	黏土	2.8	320.9	248	−8.7～−11.7	13.33	33.45	2.51
2		黏土	2.8	357.3	278	−10.8～−13.7	26.58	38.76	1.46
3		黏土	2.8	387.5	327	−12.0～−13.4	20.37	45.80	2.25
4		黏土	2.8	414.5	352		8.6	10.44	1.21

表 2-86　赵固一矿冻结壁Ⅰ、Ⅱ类测点的径向收敛位移实测结果

井筒	序号	冻结壁收敛位移实测							
		土层	深度(段高)/m	检测时间/h		累计位移/mm		平均位移速度/(mm/h)	
				Ⅰ类测点	Ⅱ类测点	Ⅰ类测点	Ⅱ类测点	Ⅰ类测点	Ⅱ类测点
主井	1	黏土	371.6(2.8)	18.17	17.97	27.21	28.45	1.50	1.58
	2	黏土	471.5(2.8)	11.70	11.70	17.20	20.24	1.47	1.73
	3	黏土	513.4(4.3)	40.50	40.49	60.53	63.96	1.50	1.58
副井	1	黏土	320.9(2.8)	16.92	13.33	35.29	33.45	2.09	2.51
	2	黏土	357.3(2.8)	26.55	26.58	35.80	38.76	1.35	1.46
	3	黏土	387.5(2.8)	20.37	20.37	41.12	45.80	2.02	2.25
	4	黏土	414.5(2.8)	16.55	8.6	20.16	10.44	1.22	1.21

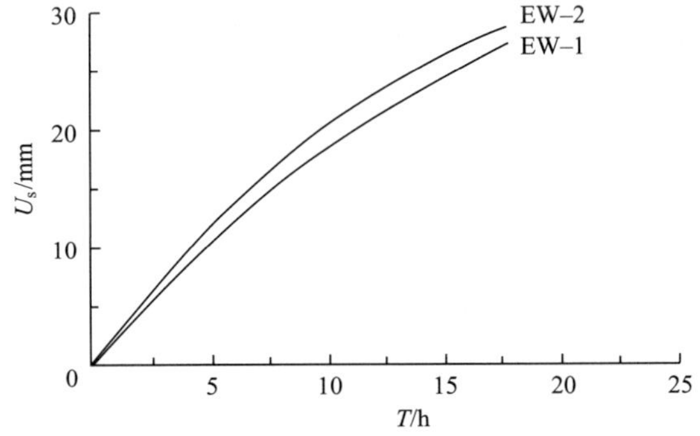

图 2-112　赵固一矿主井 371m 深黏土层冻结壁收敛位移(U_s)与井帮暴露时间(T)的关系

EW-1-Ⅰ类测点 EW 方向；EW-2-Ⅱ类测点 EW 方向

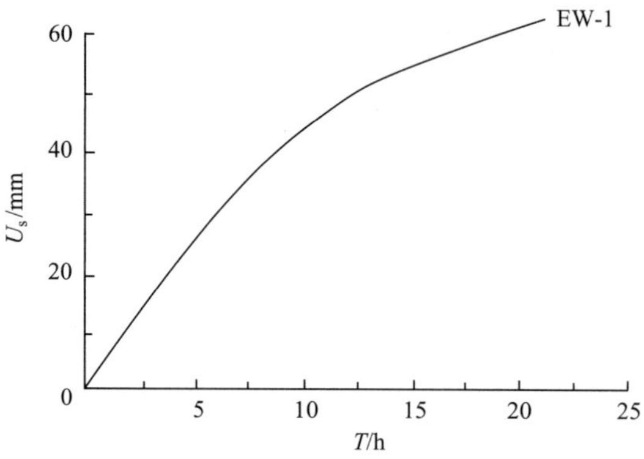

图 2-113　赵固一矿主井 479m 深黏土层冻结壁收敛位移(U_s)与井帮暴露时间(T)的关系

EW-1-Ⅰ类测点 EW 方向

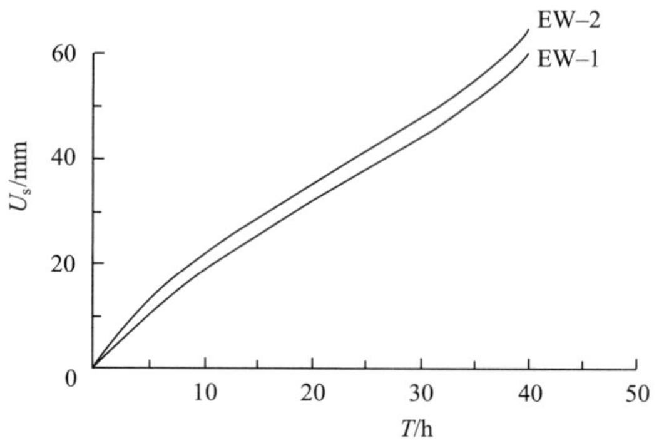

图 2-114　赵固一矿主井 513m 深黏土层冻结壁收敛位移(U_s)与井帮暴露时间(T)的关系

EW-1-Ⅰ类测点 EW 方向；EW-2-Ⅱ类测点 EW 方向

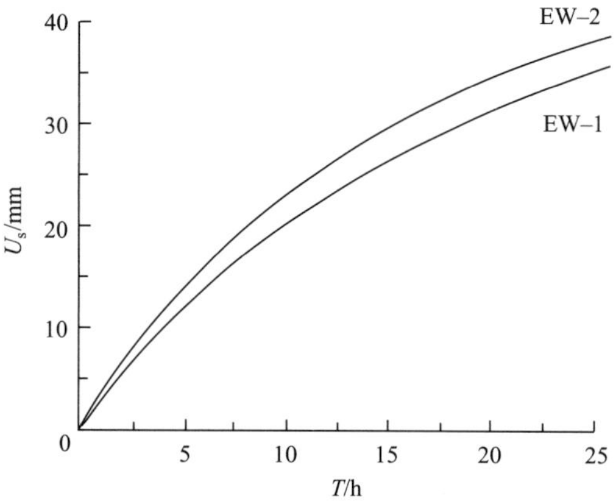

图 2-115　赵固一矿副井 357m 深黏土层冻结壁收敛位移(U_s)与井帮暴露时间(T)的关系

EW-1-Ⅰ类测点 EW 方向；EW-2-Ⅱ类测点 EW 方向

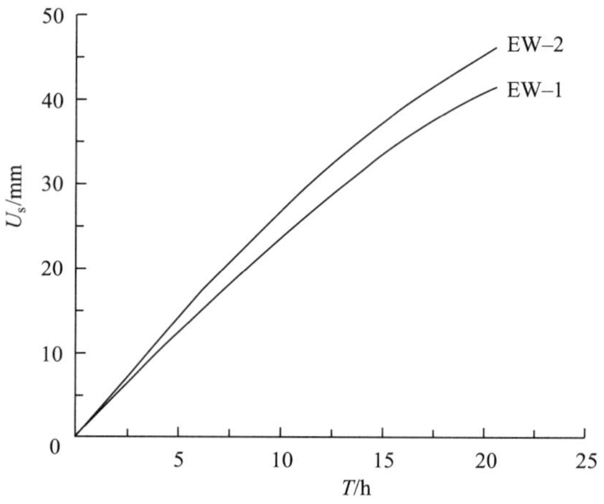

图 2-116　赵固一矿副井 386m 深黏土层冻结壁收敛位移(U_s)与井帮暴露时间(T)的关系

EW-1-Ⅰ类测点 EW 方向；EW-2-Ⅱ类测点 EW 方向

(3) 主、副井冻结壁径向位移值相对较小，除主井深 479～513m 黏土层第Ⅰ类、第Ⅱ类测点的冻结壁径向位移达 30mm 外，其他水平的黏土层冻结壁径向位移平均值为 11.9mm，这主要是冻结壁的实际强度远超过设计强度的结果，因此赵固一矿深部冻结段掘砌未进行段高调整。

5) 赵固二矿主、副、风井冻结壁径向位移实测与掘砌段高调控

(1) 冻结壁径向位移实测结果分析。

根据赵固二矿主、副、风井冻结壁径向位移实测结果(表 2-87)分析得出如下结论：

① 主、风井比副井黏土层冻结壁径向位移平均速度小得多，冻结壁稳定性好。例如，风井只有深 268.8m 和深 405.8m 的冻结壁径向位移略大一些，径向位移平均速度达到 1.06mm/h 和 1.26mm/h，掘砌段高 3.6m 循环作业最长时间按 32h 计算，径向位移最大

值分别达到 33.92mm 和 40.32mm，小于冻结壁径向位移的上限允许值(50mm)，说明主、风井稳定性可以满足 3.6m 段高和循环时间 30h 的要求。

② 副井深 463.2m 黏土层正接近内圈防片孔的末端，并开始遇到地层结构破碎带，井帮温度上升至−5.0～−5.8℃，掘砌段高 3.6m，井帮裸露时间的冻结壁径向收敛位移值为 32.3mm，平均径向位移速度为 2.66mm/h，按掘砌循环时间 30h 计算，冻结壁径向位移值将达到 79.8mm，为冻结壁径向位移上限值的 1.6 倍，经研究决定掘砌段高缩小至 2.5m。

③ 副井井帮温度大于−5℃、检测时间小于 4.5h 的 10 组中，冻结壁径向位移平均检测时间为 2.91h，径向收敛位移平均速度为 8.76mm/h，径向位移平均速度为 4.38mm/h，

表 2-87　赵固二矿不同水平的冻结壁径向收敛位移(Ⅰ类测点)实测结果

序号	井筒	岩层名称	冻结壁径向收敛位移							测点距上段井壁刃角/mm
			深度(段高)/m	冻结时间/d	方位	井帮温度/℃	检测时间/h	累计值/mm	平均速度/(mm/h)	
1	主井	黏土	328.9(3.6)	163	SN	−9.5～−13.1	5.53	8.51	1.47	1500
					EW	−7.5～−10.0	5.37	7.85	1.46	
2		黏土	454.6(3.6)	228	SN	−9.7～−10.6	36.86	29.09	0.79	1200
					EW	−11～−12.5	36.87	29.04	0.79	
3	副井	黏土	290.1(3.6)	149	SN	−3.2～−4.2	9.22	12.80	1.39	1200
					EW	−4.7～−5.0	9.07	24.03	2.65	
4		砂质黏土	344.1(3.6)	164	SN	−4.7				1200
					EW	−4.7～−5.0				
5		砂质黏土	430.8(3.6)	191	SN	−7.5～−10.2	9.70	19.54	2.01	1500
					EW	−7.7～−8.0	9.70	26.91	2.77	
6		黏土	463.2(3.6)	201	SN	−5.5～−5.8	6.10	32.00	5.25	1500
					EW	−4.9～−5.0	6.05	32.63	5.39	
7		黏土	477.4(2.5)	206	SN	0～−1.0	2.72	34.46	12.67	1000
					EW	0～−3.0	2.67	21.44	8.03	
8		黏土	482.8(2.5)	208	SN	−1.6～−1.7	4.05	19.97	4.93	1400
					EW	0.4～−1.4				
9		黏土	489.9(2.5)	210	SN	−3.0～−3.9	2.58	17.52	6.79	1000
					EW	−2.3～−2.6	2.53	27.01	10.68	
10		铝质黏土	492.4(2.5)	211	SN	−2.8～−3.0	2.10	17.64	8.40	1000
					EW	−2.8～−3.2	2.02	18.15	8.99	
11		砂质黏土	499.7(2.5)	213	SN	−2.7～−2.8	4.30	46.43	10.80	800
					EW	−3.4～−3.5				
12		铝质黏土	509.9(2.5)	216	SN	−4.3～−5.6	3.13	30.20	9.65	1000
					EW	−3.4～−5.7	3.03	20.26	6.69	

续表

序号	井筒	岩层名称	冻结壁径向收敛位移							测点距上段井壁刃角/mm
			深度(段高)/m	冻结时间/d	方位	井帮温度/℃	检测时间/h	累计值/mm	平均速度/(mm/h)	
13	风井	铝质黏土	268.8(3.6)	134	SN	−3.3～−5.0	5.72	12.12	2.12	1000
					EW	−2.7～−4.2	5.95	14.96	2.51	
14		铝质黏土	312.0(3.6)	145	SN	−4.8～−6.4	7.50	10.08	1.34	1000
					EW	−3.4～−5.5	7.52	10.54	1.40	
15		铝质黏土	405.8(4.0)	196	SN	−8.1～−11.0	10.85	34.82	3.20	1200
					EW	−7.5～−8.5	21.35	56.20	2.63	
16		铝质黏土	409.8(4.0)	198	SN	−7.7～−8.5	47.05	35.74	0.76	1200
					EW	−8.6～−9.0	69.47	46.81	0.67	
17		砂质黏土	514.9(2.5)	259	SN	−14.0～−14.8	5.53	5.41	0.99	800
					EW	−13.3～−14.5	6.16	5.42	0.88	

但平均累计径向位移值为12.65mm，掘砌过程中冻结壁仍然较为稳定，说明较短时间的径向位移测量会较多地反映第一阶段冻结壁位移特性，表现为径向位移速度较高，径向位移量较小，未能充分反映掘砌过程的冻结壁径向位移特性，只能作为冻结壁稳定性分析的参考值。

（2）掘砌段高的调控效果。

① 当副井施工至463.2m时，实测冻结壁径向位移平均速度达到2.66mm/h。为安全起见，掘砌段高由3.6m缩小至2.5m，井帮稳定性得到明显改善。

② 副井从深477.2m往下开始进入地层构造破碎带，井帮温度升至−1.0～−5.7℃，并出现局部片帮，冻结壁径向位移加大；477.2～499.7m破碎带段，井帮平均温度为−2.8℃，井帮裸露时间为4.3h的冻结壁径向收敛位移实测值为46.43mm，径向位移平均速度达5.4mm/h，按循环时间20h计算的径向位移值将达到108mm。为加强深部冻结壁强度和稳定性，经研究决定，从井深602.5m处提前进行套壁，套壁过程及深部冻结段掘砌均施工顺利，实现628m冻结段安全快速施工，冻结段成井速度达到81.4m/月。

6）李粮店主、副井冻结壁径向位移实测与掘砌段高调控

（1）冻结壁径向位移实测结果分析。

根据李粮店主、副井冻结壁径向位移实测结果（表2-88、表2-89）分析得出如下结论。

① 主井深287.5m、311.5m黏土层井帮温度为3.3℃，冻结壁径向位移平均速度分别为2.85mm/h和8.08mm/h，按掘砌段高4m和循环时间不少于16h计算的冻结壁径向位移值不小于45.64mm和129.3mm。经研究决定，为安全起见，将掘砌段高由4.0m缩小为2.5m。

② 副井深296m、305m、308m黏性土层的井帮温度为1.7～1.8℃，掘砌段高4m，冻结壁径向位移平均速度为4.25mm/h，掘砌循环时间16h计算的冻结壁径向位移值为

68mm,超过冻结壁径向位移的上限值(50mm)。经研究决定,将掘砌段高调整为2.5m。

表2-88　李粮店主井冻结壁径向位移实测、分析结果

深度/m	土性	井帮温度/℃	掘砌段高/m	检测		收敛位移/mm	径向位移速度/(mm/h)	掘砌循环时间16h的径向位移量/mm
				方向	时间(h:min)			
287.5	砂质黏土	3.3	4.0	EW	1:05	6.18	2.85	45.64
311.5	黏土	3.3	4.0	SN	2:43	43.9*	8.08	129.28
433.0	砂质黏土	−3.5	2.5	EW	3:35	38.79*	5.41	86.56
437.0	砂质黏土	−3.5	2.5	SN	2:35	11.56	2.24	35.84
				EW	2:35	0.17	0.03	0.48
447.5	砂质黏土	−3.5	2.5	SN	2:40	13.56	2.54	40.64
				EW	2:30	10.67	2.13	34.08
460.0	砂质黏土	−4.0	2.5	SN	2:35	5.76	1.11	17.76
				EW	2:30	3.65	0.73	11.68
备注	(1) 井筒试挖/正式开挖时间为60d/70d (2) 冻结段分两段套壁:第一段为深度8.0~375.2m,第二段为深度375.2~549.0m (3) *表示测点可能受局部片帮的影响而松动,导致数据不准确							

表2-89　李粮店副井冻结壁径向位移实测、分析结果

深度/m	土性	井帮温度/℃	掘砌段高/m	检测		收敛位移/mm	径向位移速度/(mm/h)	不同掘砌循环时间的径向位移量/mm		
				方向	时间(h:min)			16h	12h	46h
296.0	砂质黏土	1.8	4.0	SN	5:00	44.0	4.4	70.4		
305.0	黏土	1.7	4.0	SN	5:14	32.9	3.2	50.3		
				EW	5:14	67.5	6.5	103.3		
308.0	黏土	1.7	4.0	SE-WN	3:20	19.07	2.9	45.8		
327.5	砂质黏土	0.0	2.5	SN	3:09	13.63	2.2		25.9	
				EW	3:23	7.61	1.1		13.5	
337.5	砂质黏土	−0.2	2.5	SN	2:34	9.43	1.8		22.0	
				EW	2:52	6.48	1.1		13.6	
405.0	砂质黏土	−5.0	4.0	SN	4:50	15.71	1.63			74.98
				EW	4:40	7.23	0.77			35.42
备注	(1) 井筒试挖/正式开挖时间为60d/70d (2) 冻结段分两段套壁:第一段为深度8.0~393.0m,第二段为深度393.0~520.0m									

(2) 掘砌段高的调控效果。

① 主井深287.5m、311.5m黏土层掘砌段高为4m时,掘砌循环时间超过16h,冻结壁径向位移分别超过45.64mm和129.3mm,并出现局部片帮;结合冻结壁温度检测、冻

结壁形成特性分析及工程预报，将段高改为 2.5m 后掘砌循环时间少于 16h，冻结壁径向位移均小于 40.6mm，井帮稳定性好，施工顺利。

② 副井深 296m、305m、308m 黏性土层掘砌段高为 4m 和循环时间为 16h 时，冻结壁径向位移平均为 68mm；结合冻结壁温度检测、冻结壁形成特性分析及工程预报，将掘砌段高改为 2.5m，掘砌循环时间约 12h，径向位移速度和位移量均明显下降，满足了冻结壁稳定性条件，施工顺利。

3. 基于实测结果的冻结壁受力和变形理论分析

1) 黏弹性厚壁筒理论的位移反分析

国内外许多学者曾采用纯理论计算、现场实测、模拟试验和数值计算等多种方法来分析冻结壁的受力和变形。但由于以往实测数据少且不系统、许多参数不准确、计算模型过于简化，使计算公式和研究结果的应用受到很大限制。近些年来的研究表明，冻结壁位移反分析是一种可靠、实用的分析计算方法，其基本思路是根据现场实测规律建立冻结壁蠕变模型，导出冻结壁位移、冻结压力的计算公式，根据位移实测值试算确定冻结壁蠕变参数，并据此推算井帮不同暴露时间的冻结壁位移及筑壁后不同时期的冻结压力[82,83]。

(1) 冻结壁的蠕变分析。

冻结壁与井壁之间的作用力称为冻结压力，土层对冻结壁外侧的作用力称为地压。如图 2-117 所示，设井壁的内半径为 a，外半径为 b，冻结壁的外半径为 c，弹性模量为 E_d，泊松比为 ν，以冻结壁为研究对象，外侧受地压 P_c，内侧有冻结压力 P_b。按厚壁筒理论，在平面应变条件下，它的弹性应力 σ_r、σ_θ 和位移 U_d 为

$$\sigma_r=\frac{b^2c^2(P_c-P_b)}{(c^2-b^2)r^2}+\frac{b^2P_b-c^2P_c}{c^2-b^2} \tag{2-47}$$

$$\sigma_\theta=-\frac{b^2c^2(P_c-P_b)}{(c^2-b^2)r^2}+\frac{b^2P_b-c^2P_c}{c^2-b^2} \tag{2-48}$$

$$U_d=\frac{1+\nu}{E_d}\left[\frac{b^2P_b-c^2P_c}{c^2-b^2}(1-2\nu)r-\frac{b^2c^2(P_c-P_b)}{(c^2-b^2)r}\right] \tag{2-49}$$

式(2-47)～式(2-49)说明，冻结壁的位移与冻土材料的性质 E_d、ν 有关，而应力则与之无关。

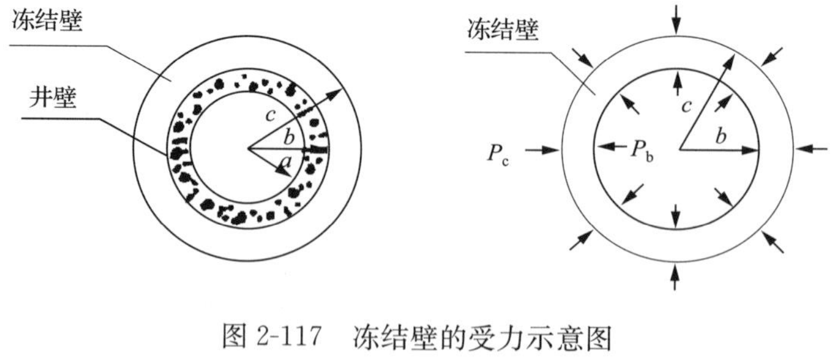

图 2-117　冻结壁的受力示意图

开挖井筒之初，冻结壁内侧是自由面，$P_b=0$，变形不受限制。浇筑混凝土时，在井壁与冻结壁间加上泡沫塑料垫层，可以延缓井壁受力，赢得混凝土强度增长需要的时间。在

忽略壁后泡沫软板抵抗冻结压力的微量影响而简化冻结壁受力过程时，泡沫塑料压实之后，井壁阻止冻结壁变形，它们之间才开始产生冻结压力；随着时间增长，冻结压力逐渐增大。可以看出，产生冻结压力前后，冻结壁的受力和变形是不同的。这里先研究冻结壁内侧为自由面时的变形。

根据实测结果(图 2-104)分析，冻结壁的位移随时间增长，说明冻结壁具有蠕变效应，但精确描述冻土的蠕变性质是困难的。如图 2-118 所示，三元件标准线性蠕变模型既能反映冻土的弹性变形 $\varepsilon_0=\sigma/E_d$，又能反映变形随时间增长、变形速度随时间减小等性质，适当调整有关的黏弹性参数，可以较好地描述各种冻土的性质。

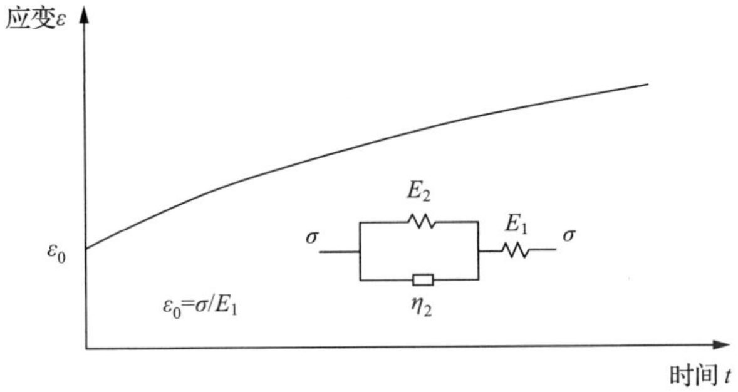

图 2-118　冻土蠕变的三元件标准线性模型

根据标准线性模型，冻土的本构方程可写为

$$\sigma+\rho_1\dot{\sigma}=q_0\varepsilon+q_1\dot{\varepsilon} \tag{2-50}$$

式中

$$\dot{\sigma}=\frac{\mathrm{d}\sigma}{\mathrm{d}t},\quad \dot{\varepsilon}=\frac{\mathrm{d}\varepsilon}{\mathrm{d}t}$$

$$\rho_1=\frac{\eta_2}{E_1+E_2},\quad q_0=\frac{E_1E_2}{E_1+E_2},\quad q_1=\frac{E_1\eta_2}{E_1+E_2} \tag{2-51}$$

其中，E_1 为弹性模量；E_2、η_2 为描述冻土蠕变性质的参数。

对于冻结壁，在弹性与黏弹性分析中，它们有相同的平衡方程、几何方程、边界条件，不同的是本构关系。因此，经过拉普拉斯变换后，在拉普拉斯空间中，除本构方程外其他都相同，比较弹性和黏弹性两组基本方程，建立弹性参数与黏弹性参数间的对应关系，可以将弹性解变为蠕变解，再经过拉普拉斯反演变换，得出真实的蠕变解，这就是求解黏弹性问题的对应性原理。

通过拉普拉斯变换和拉普拉斯反演变换(忽略体积变形)，导出冻结壁蠕变位移 $U(t)$ 的计算公式

$$U(t)=-\frac{b^2c^2(P_c-P_b)}{(c^2-b^2)r}\left[\frac{1}{E_1}+\frac{1}{E_2}-\frac{1}{E_2}\exp\left(-\frac{E_2t}{\eta_2}\right)\right] \tag{2-52}$$

式中，t 是时间；r 表示计算点位置。

混凝土井壁浇筑前，冻结壁内侧为自由面，即 $r=b, P_b=0$，由式(2-52)得内壁位移为

$$U(t)_{(r=b)}=-\frac{bc^2P_c}{c^2-b^2}\left[\frac{1}{E_1}+\frac{1}{E_2}-\frac{1}{E_2}\exp\left(-\frac{E_2t}{\eta_2}\right)\right] \tag{2-53}$$

当 $t=0$ 时，冻结壁内侧初始位移，即弹性位移为

$$U_{e(r=b)}=U_{t=0}^{r=b}=-\frac{bc^2P_c}{(c^2-b^2)E_1} \tag{2-54}$$

当 $t\to\infty$ 时，得出冻结壁内侧的极限位移为

$$U_{t\to\infty}^{r=b}=-\frac{bc^2P_c}{c^2-b^2}\left(\frac{1}{E_1}+\frac{1}{E_2}\right) \tag{2-55}$$

当然，只有在冻结壁内侧为自由面，且不出现坍塌的条件下式(2-55)才有意义。

(2) 冻结压力分析。

在忽略外层井壁后面泡沫塑料垫层抵抗冻结压力的微量影响，泡沫塑料垫层被压实之后，井壁阻止冻结壁变形，产生冻结压力。相对于冻土，混凝土井壁的强度和刚度很大，可以认为是不变的。因此，冻结壁的变形受井壁的阻碍后虽然外侧仍有地压 P_c 作用，但位移不增加，$U(t)=U^*$，而冻结壁与井壁间产生了随时间增长的冻结压力 $P_b=P_b(t)$。拉普拉斯变换后，$U=U^*/s, P_b=P_b(s), P_c=P_c(s)$，在这种情况下，忽略体积变形，可有

$$\frac{U^*}{s}=-\frac{1+\rho_1 s}{q_0+q_1 s}\cdot\frac{b^2c^2\left[\frac{P_c}{s}-\bar{P}_b(s)\right]}{(c^2-b^2)r}$$

在 $r=b$ 处，有

$$\bar{P}_b(s)=\frac{(c^2-b^2)u^*}{bc^2}\left[\frac{q_0}{\rho_1 s\left(\frac{1}{\rho_1}+s\right)}+\frac{q_1}{\rho_1\left(\frac{1}{\rho_1}+s\right)}\right]+\frac{P_c}{s}$$

由于开始出现 P_b 时，$t=T$ 而不是 $t=0$，对上述式子进行拉普拉斯反演变换后出现积分常数 D

$$P_b(t)=\frac{(c^2-b^2)U^*}{bc^2}\left[q_0(1-e^{-\frac{t}{\rho_1}})+\frac{q_1}{\rho_1}e^{-\frac{t}{\rho_1}}\right]+P_c+D \tag{2-56}$$

考虑 $t=T$ 时，$P_b=0$，得

$$D=-P_c-\frac{(c^2-b^2)U^*}{bc^2}\left[q_0(1-e^{-\frac{T}{\rho_1}})+\frac{q_1}{\rho_1}e^{-\frac{T}{\rho_1}}\right]$$

由式(2-53)求出

$$U^*=U(t=T)=-\frac{bc^2P_c}{c^2-b^2}\left[\frac{1}{E_1}+\frac{1}{E_2}-\frac{1}{E_2}\exp\left(-\frac{E_2}{\eta_2}T\right)\right]$$

将 D、U^* 及式(2-51)代入式(2-56)，得冻结压力

$$P_b(t)=\frac{E_1}{E_2}P_c\left[1-\frac{E_1}{E_1+E_2}\exp\left(-\frac{E_2}{\eta_2}T\right)\right]\cdot\left[\exp\left(-\frac{E_1+E_2}{\eta_2}T\right)-\exp\left(-\frac{E_1+E_2}{\eta_2}t\right)\right] \tag{2-57}$$

可以看出，当 $t=T$ 时，$P_b(T)=0$；而当 $t\to\infty$ 时，冻结压力趋于极限值

$$P_b^*=\frac{E_1}{E_2}P_c\left[1-\frac{E_1}{E_1+E_2}\exp\left(-\frac{E_2}{\eta_2}T\right)\right]\cdot\exp\left(-\frac{E_1+E_2}{\eta_2}T\right) \tag{2-58}$$

由实测结果得知，一般情况下混凝土井壁浇筑 10～15d 后，P_b 已接近极限值。位移反分析就是将多次实测的冻结壁位移代入式(2-53)，以及实测的冻结压力代入式(2-58)，得到一组相关方程，并经过反算和适当调整后确定公式中的相关参数，进而得到冻结壁内侧位移黏弹性公式(2-53)的 $U_b(t)$ 实际表达式，以及冻结压力公式(2-57) 的 $P_b(t)$ 实际表达式。

反之，若确定冻结压力 P_b^* 及参数 E_1、E_2、η_2，由式(2-58) 也可得到地压的表达式

$$P_c=\frac{E_2}{E_1}P_b^*\cdot\exp\left(\frac{E_1+E_2}{\eta}T\right)\Big/\left[1-\frac{E_1}{E_1+E_2}\exp\left(-\frac{E_2}{\eta_2}T\right)\right] \tag{2-59}$$

(3) 实例计算。

现以陈四楼矿副井冻结壁位移实测数据为例，说明冻结壁位移反分析方法及其应用。陈四楼矿副井－308m 水平铝质黏土冻结壁 29h 实测径向位移 $U(b)$ 为 30. 30mm，位移速度为 1. 05mm/h，井壁 160h 实测收敛位移 $\delta=2U(a)$：EW 方向为 3. 37mm，SN 方向为 6. 638mm；井帮温度：－2. 6～－5. 3℃；外层井壁内半径 $a=4.2$m，外半径 $b=5.1$m，冻结壁外半径 $c=12.2$m；掘砌段高 2. 0m，作业周期(掘砌循环时间)为 1. 5d；井壁与冻结壁间有 75mm 泡沫塑料垫层，可压缩量 63mm。按经验公式和实测，地压为 4MPa，现浇混凝土井壁 2. 5d 后开始出现井壁位移，$T=1.5+2.5=4\text{d}=96\text{h}$。

根据冻结壁的径向位移和井壁径向位移实测值，可得到不同时间的冻结壁内侧蠕变位移和冻结压力值，将其代入式(2-53)、式(2-57)，可反算出冻结壁黏弹性参数为 $E_1=260\text{MPa}$，$E_2=5\text{MPa}$，$\eta_2=975\text{d}\cdot\text{MPa}$。

再由式(2-53)可计算出冻结壁位移(表 2-90)，由式(2-57)可计算得到的冻结压力(表 2-91)。

表 2-90　计算得到的冻结壁位移

时间/d	冻结壁内侧位移/mm	位移速度/(mm/h)	备注
0	95. 0769		瞬时弹性位移
1	120. 3659	1. 0537	
1. 5	132. 9638	1. 0497	可观测位移 37. 8849mm
2	145. 5255	1. 0470	
3	170. 5564	1. 0430	
4	195. 4592	1. 0376	总蠕变位移 100. 3823mm

表 2-91　计算得到的冻结压力

自开挖计的时间/d	自出现冻结压力的时间/d	冻结压力/MPa	所占极限值百分数/%
1～4	0	0	0
5	1	0.6474	23.80
6	2	1.1407	41.93
7	3	1.5166	55.75
8	4	1.8031	66.28
9	5	2.0214	74.31
10	6	2.1877	80.42
11	7	2.3144	85.08
12	8	2.4110	88.63
14	10	2.5407	93.40
19	15	2.6741	98.98
∞		2.7203	100.00

从表 2-90 和表 2-91 的结果分析可以得到如下结论：

① 冻结壁弹性位移为 95.0769mm，实测时是无法观测到的。

② 计算得到 1.5d 内冻结壁的可观测位移为 37.8849mm，实际 29h 实测位移为 30.30mm，1.5d 应测得位移为 37.6138mm，计算结果与观测符合。

③ 计算得到的 1.5d 内的平均位移速度是 1.0524mm/h，实测的平均位移速度为 1.05mm/h，两者符合。

④ 计算得到浇筑混凝土井壁 2.5d 时，泡沫塑料垫层的压缩量是 62.4974mm，与开始观测到井壁位移时泡沫塑料应有 63mm 压缩量相符合。

⑤ 计算得到冻结壁的最大蠕变位移是 100.3823mm，与实际符合。

⑥ 算例中假定地压为 4MPa，算出最大冻结压力为 2.7203MPa，浇筑混凝土井壁后，检测 7d 井壁的平均收敛位移是 5.004mm，按非线性理论反分析算出的冻结压力 $P_b=2.3087$MPa(表 2-97)，将此 7d 冻结压力反算值，按表 2-91 变化规律算出冻结压力的极限值 $P_b^*=2.7161$MPa，再根据式(2-59)可求出地压 $P_c=3.9939$MPa。可见位移反分析得出的冻结壁位移和冻结压力变化规律的计算值与实测结果符合很好。

⑦ 本例给定地压为 4MPa，分析最大冻结压力为 2.7203MPa，只有地压的 68%，因此可以认为冻结壁除了隔绝地下水外，还支承了 1.2797MPa 的地压(32%)。

⑧ 外层井壁后泡沫板有缓压作用，希望冻结壁蠕变变形对井壁作用发生在混凝土井壁达到一定强度后。根据混凝土强度增长所需要的时间 t_H 及冻结壁位移速度 $\dot{U}$，考虑泡沫塑料的压缩量为 80%，则所需垫层的厚度为 $h_p=\dot{U}\cdot t_H/0.8$，本例中 $t_H=60$h，$\dot{U}=1.05$mm/h，求得 $h_p=78.75$mm，实际采用的垫层厚 75mm 基本是合理的。

上述分析说明，基于实测结果进行位移反分析得到冻结壁位移和冻结压力的计算公式，表述了冻结壁蠕变特性，其计算结果和现场观测相吻合，其蠕变特性反映出无法观测到的弹性位移、冻结壁最大蠕变位移、泡沫塑料压缩量、泡沫塑料合理设计厚度、最大冻结压力、冻结壁所支承的地压值、冻结压力随时间的变化规律，对设计和施工具有指导意义。随着位移反分析在工程中的不断应用和发展，反算参数的准确性将不断提高，位移反分析方法解决冻结工程问题的适用性和准确性也将不断提高和发展。

2）弹性基础梁及蠕变理论的位移反分析

在井筒掘砌工作面施工段附近，除暴露为自由面的冻结壁外，上部有混凝土井壁阻止冻结壁的变形，工作面下部未开挖的土层对冻结壁的变形也有一定的约束，在不太长的范围内（与冻结壁的直径相比）冻结壁的受力和变形发生了很大的变化，不符合按平面问题处理的厚壁筒理论要求。实践说明，冻结管的失效与弯曲变形有关，与施工段附近冻结壁的不均匀变形有关，这就需要对施工段附近的冻结壁的受力状况和变形条件进行局部分析[84,85]。

（1）弹性基础梁理论分析模型。

如图 2-119(a)所示，冻结壁是一个受力的圆筒，开挖前筒内外的压力平衡，不产生变形，开挖后内部压力解除，外部仍受力，产生径向位移；如图 2-119(c)所示，圆筒的环向应变与径向位移的关系为

$$\varepsilon = \frac{2\pi(R+U)-2\pi R}{2\pi R} = \frac{U}{R}$$

环向应力（切向应力）为

$$\sigma = E_d\varepsilon = E_dU/R$$

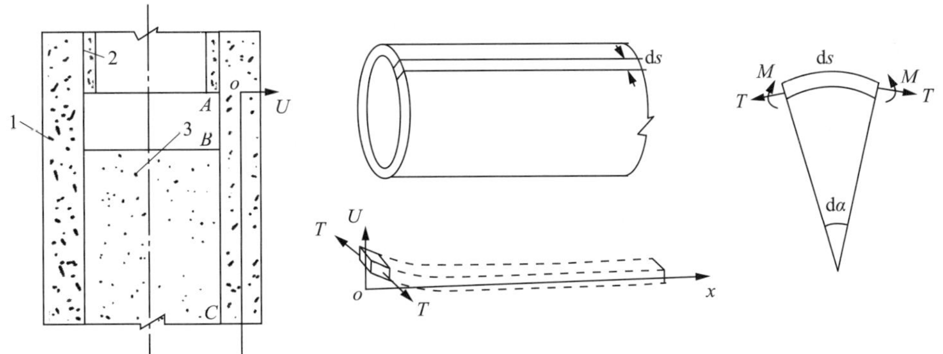

图 2-119　冻结壁的受力和变形

1-冻结壁；2-混凝土外壁；3-未开挖土层

为便于分析，如图 2-119(b)所示，将冻结壁旋转 90°，从冻结壁中取出弧长 ds 的纵向长条来研究。纵向截面单位长度上阻止冻结壁变形的力为

$$T = A\sigma = (h \cdot 1)\sigma = E_d hU/R$$

径向合力为

$$q = 2T\mathrm{d}\alpha/2 = T\mathrm{d}\alpha = T\mathrm{d}s/R$$

式中，q 为冻结壁单位长度所受的力，它与位移 U 成正比，但方向相反；h 为冻结壁的厚度；R 为冻结壁的平均半径；U 为平均半径处冻结壁的径向位移；E_d 为冻结壁的弹性模量。取弧长 ds 为单位长度，则

$$q = -E_\mathrm{d}hU/R^2 = -kU \tag{2-60}$$

$$k = E_\mathrm{d}h/R^2 \tag{2-61}$$

关系式(2-60)阻止变形的力与位移的关系与弹性基础梁(图 2-120)的形式相同，由弹性基础梁的理论可知

$$D\frac{\mathrm{d}^2U}{\mathrm{d}x^2} = M(x) \tag{2-62}$$

$$D\frac{\mathrm{d}^4U}{\mathrm{d}x^4} = q = -kU \tag{2-63}$$

因此

$$\frac{\mathrm{d}^4U}{\mathrm{d}x^4} = -\frac{k}{D}U = -4\beta^4U \tag{2-64}$$

式中

$$D = E^*h^3/12 = E_\mathrm{d}h^3/12(1-\nu_\mathrm{d}^2) \tag{2-65}$$

$$\beta = \sqrt[4]{k/4D} = \sqrt[4]{3(1-\nu_\mathrm{d}^2)/R^2h^2} \tag{2-66}$$

其中，ν_d 为冻结壁的泊松比，不考虑体积变形时 $\nu_\mathrm{d} = 0.5$。

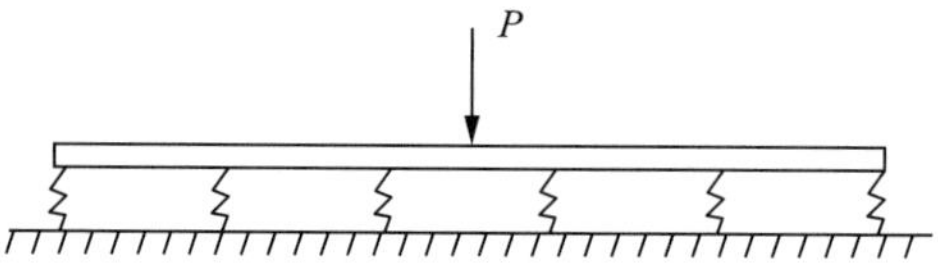

图 2-120　弹性基础梁

至此，建立了描述冻结壁径向弹性位移的弹性基础梁力学模型，其本构关系用微分方程(2-64)表示；据此可以分析掘砌施工面附近的冻结壁径向弹性位移。

(2) 施工段附近冻结壁的弹性位移。

施工段附近冻结壁的受力情况如图 2-121 所示，A 点向左是上端已衬砌部分，外压力与混凝土井壁的支承反力平衡。BC 段是尚未开挖的区域，内外压力基本平衡，AB 段是施工段，开挖后内侧暂不受力，在地压作用下产生位移 U，并对 AB 段外的部分产生影响。BC 段的 k_2、β_2 稍大于 AB 无支撑开挖段的 k_1、β_1，且仍受开挖段变形的影响。设未开挖冻土弹性模量为 E_0，则

$$k_2 = k_1 + \frac{E_0^*}{r_0} = k_1 + \frac{E_0}{r_0(1-\nu_\mathrm{d}^2)} \tag{2-67}$$

$$\beta_2 = \sqrt[4]{k_2/4D} \tag{2-68}$$

式中，r_0 为掘进荒半径。

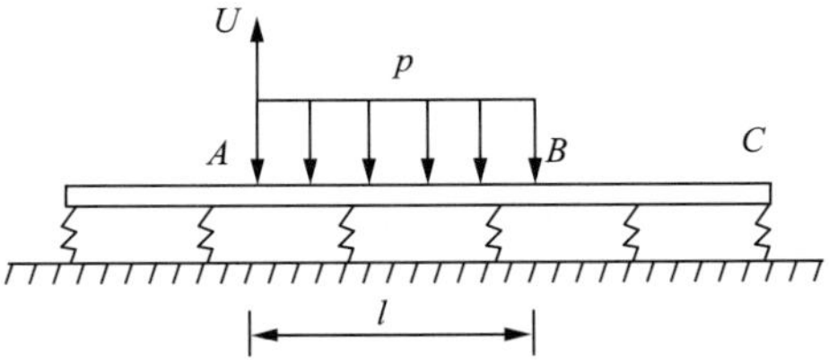

图 2-121　施工段附近冻结壁受力的弹性基础梁

考虑载荷 P(地压)的作用及两端无限远处不受开挖的影响，以无支承段上端 A 为坐标原点，AB 段的长度(段高)为 l，若已知 B 截面有剪力 V_B 及弯矩 M_B，可求解式(2-64)得到无支承段 AB 段位移表达式：

$$
\begin{aligned}
U_1 = & -\frac{P}{2k_1}[2-\mathrm{e}^{-\beta_1 x}\cos\beta_1 x-\mathrm{e}^{-\beta_1(l-x)}\cos\beta_1(l-x)] \\
& -\frac{\mathrm{e}^{-\beta_1(l-x)}}{2\beta_1^3 D}\{V_B\cos\beta_1(l-x)-M_B\beta_1[\cos\beta_1(l-x)-\sin\beta_1(l-x)]\}
\end{aligned} \tag{2-69}
$$

$$
\begin{aligned}
\frac{\mathrm{d}U_1}{\mathrm{d}x} = & -\frac{P\beta_1}{2k_1}\{\mathrm{e}^{-\beta_1 x}(\cos\beta_1 x+\sin\beta_1 x)-\mathrm{e}^{-\beta_1(l-x)}[\cos\beta_1(l-x)+\sin\beta_1(l-x)]\} \\
& -\frac{\mathrm{e}^{-\beta_1(l-x)}}{2\beta_1^2 D}\{V_B[\cos\beta_1(l-x)+\sin\beta_1(l-x)]-2M_B\beta_1\cos\beta_1(l-x)\}
\end{aligned} \tag{2-70}
$$

在已知 B 截面有剪力 V_B 及弯矩 M_B 的情况下，由式(2-64)也可得到 BC 段位移表达式：

$$
U_2 = \frac{\mathrm{e}^{-\beta_2(x-l)}}{2\beta_2^3 D}\{V_B\cos\beta_2(x-l)+M_B\beta_2[\cos\beta_2(x-l)-\sin\beta_2(x-l)]\} \tag{2-71}
$$

$$
\frac{\mathrm{d}U_2}{\mathrm{d}x} = -\frac{\mathrm{e}^{-\beta_2(x-l)}}{2\beta_2^2 D}\{V_B[\cos\beta_2(x-l)+\sin\beta_2(x-l)]+2M_B\beta_2\cos\beta_2(x-l)\} \tag{2-72}
$$

因为从上到下冻结壁是一个整体，所以图 2-121 中 B 截面处($x=l$)应满足连续条件：

$$
U_1 = U_2
$$

$$
\frac{\mathrm{d}U_1}{\mathrm{d}x} = \frac{\mathrm{d}U_2}{\mathrm{d}x}
$$

将式(2-69)～式(2-72)代入后得与 V_B、M_B 有关的两个方程：

$$
V_B\left[1+\left(\frac{\beta_1}{\beta_2}\right)^3\right]-M_B\left[\beta_1-\beta_2\left(\frac{\beta_1}{\beta_2}\right)^3\right]=\frac{\beta_1^3 DP}{k_1}(1-\mathrm{e}^{\beta_1 l}\cos\beta_1 l) \tag{2-73}
$$

$$
V_B\left[1-\left(\frac{\beta_1}{\beta_2}\right)^2\right]-2M_B\left[\beta_1+\beta_2\left(\frac{\beta_1}{\beta_2}\right)^2\right]=\frac{\beta_1^3 DP}{k_1}[1-\mathrm{e}^{\beta_1 l}(\cos\beta_1 l+\sin\beta_1 l)] \tag{2-74}
$$

对具体问题，可根据已知数据，由式(2-65)～式(2-68)确定 k_1、k_2、β_1、β_2 后即可求出 V_B 和 M_B。再用式(2-69)及式(2-71)计算无支承段 AB 及未开挖区 BC 冻结壁的弹性位移。

(3) 考虑蠕变的冻结壁位移。

考虑冻土变形位移随时间变化的这种蠕变特性，可建立标准线性模型(图 2-122(a))。根据掘砌施工面检测到的挖掘后冻结壁短期暴露时变形速度基本上为常量的特点，令$E_2=0$，将标准线性模型转变成 Maxwell 模型(图 2-122(b))，可得到冻结壁的本构方程：

$$\dot{\varepsilon}=\sigma/\eta+\dot{\sigma}/E_{\mathrm{d}} \tag{2-75}$$

当应力不随时间改变时，$\dot{\sigma}=\dfrac{\mathrm{d}\sigma}{\mathrm{d}t}=0$，则式(2-75)简化为

$$\dot{\varepsilon}=\sigma/\eta \tag{2-76}$$

式中，η 为梁(冻土)的黏性系数。变形速度不随时间改变，与观测结果是符合的。

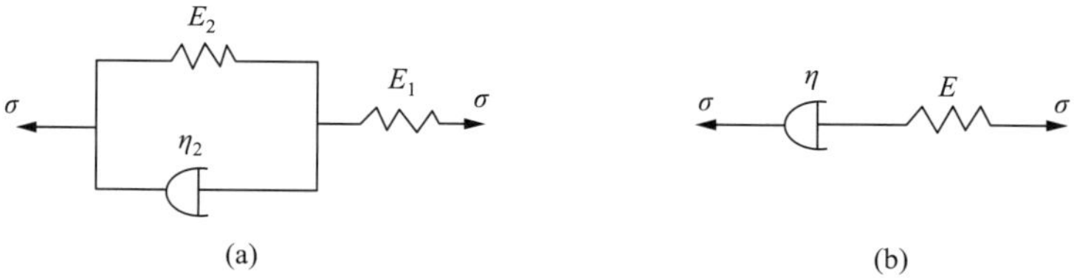

图 2-122　冻结壁蠕变模型

将式(2-76)引入梁的分析中，可以得出变形曲线曲率的变化速度 $\dot{K}$ 与弯矩的关系：

$$\dot{K}=\frac{M(x)}{I\eta}$$

在小变形理论中，$\dot{K}=\dfrac{\mathrm{d}^2\dot{U}}{\mathrm{d}x^2}$，其中 $\dot{U}=\mathrm{d}U/\mathrm{d}t$ 为梁的位移速度，η 为梁(即冻土)的黏性系数。上述式子改写为

$$\eta I\,\frac{\mathrm{d}^2\dot{U}}{\mathrm{d}x^2}=M(x)$$

而同一梁的弹性变形，也就是 $t=0$ 时，有

$$E^{*}I\,\frac{\mathrm{d}^2U}{\mathrm{d}x^2}\bigg|_{t=0}=M(x)$$

于是可写出

$$\frac{\mathrm{d}^2\dot{U}}{\mathrm{d}x^2}=\frac{E^{*}I}{\eta I}\,\frac{\mathrm{d}^2U}{\mathrm{d}x^2}\bigg|_{t=0}=\alpha\,\frac{\mathrm{d}^2U}{\mathrm{d}x^2}\bigg|_{t=0} \tag{2-77}$$

显然，$\dot{U}=\alpha U_{(t=0)}+C_1(t)x+C_2(t)$ 是微分方程的解，考虑冻结壁位移速度$\dot{U}=C$的情况，得出

$$U=\alpha U|_{t=0}t+C$$

考虑初始条件知 $C=U|_{t=0}$，故

$$U=U|_{t=0}+\alpha U|_{t=0}t \tag{2-78}$$

即冻结壁的变形位移由初始弹性变形和蠕变产生的时间变形两部分组成。式中，$\alpha=E^*/\eta$ 为常数。

据此可结合冻结井的掘砌工艺，计算不同时间不同部位冻结壁的表面位移 U_i^0。

(4) 冻结管变形与受力。

弹性模量 E 反映了材料刚性，钢的弹性模量比冻土的弹性模量大得多，相对来说，钢的刚度是很大的，不易产生变形。但是作为整体，物体抵抗变形的刚度还与尺寸有关，以弯曲而论，抗弯刚度与截面尺寸的四次方成比例。冻结壁的直径和厚度却比冻结管大得多，所以从整体来说，冻结壁的刚度比冻结管大得多，埋藏在冻土中的冻结管可假定为随冻结壁产生一致的变形，因此知道井筒的荒径 r_0 和冻结管布置圈的半径 r 后，仍可按式(2-79)计算出冻结管产生的位移。

考虑冻结壁径向有体积膨胀的表面位移 U_0 与冻结管位移 U 的关系式为

$$U=\left(\frac{r_0}{r}\right)^2 U_0 \tag{2-79}$$

由此可将冻结壁表面位移转化出冻结管位移，再计算冻结管位移的二阶差商，以二阶差商近似代替二阶微商，即以二阶差商近似表示冻结管弯曲的曲率，可以求出冻结管所受的弯矩为

$$M(x)=D\frac{\mathrm{d}^2U}{\mathrm{d}x^2}=D\frac{\Delta^2U}{\Delta x^2} \tag{2-80}$$

将计算得到的冻结管弯矩 M 与冻结管极限弯矩 M^* 比较，可以检验冻结管的强度。

(5) 实例计算。

① 原始数据及参数计算。

以陈四楼矿副井 308m 深铝质黏土层的冻结壁作为计算对象：地压按 $P=0.013H=$ 4MPa 考虑，冻结壁的平均半径 $R=9.1$m(取冻结管布置圈半径)；冻结壁厚 $h=6.2$m；井筒荒径 $r=5.1$m；冻结壁弹性模量 $E_d=1500$MPa，泊松比 $\nu=0.5$；冻结壁与井壁间有泡沫塑料垫层 75mm，可压缩量为 65mm；未开挖冻土的 $E_0=75$MPa，$\nu=0.5$；冻结管外径 $d=$ 139.7mm，壁厚 $\delta=7.72$mm；掘砌作业周期 $T=36$h，$\Delta t=9$h，掘砌段高 $L=2$m，参考无支承段高 $l=5$m。计算得：$k_1=0.14974$N/mm，$k_2=0.16935$N/mm，$D=3.9721\times10^{13}$N·mm^2，$\beta_1=0.1752\times10^{-3}$mm^{-1}，$\beta_2=0.1807\times10^{-3}$mm^{-1}，$\beta_1/\beta_2=0.9696$，$\beta_2 l=0.9035$。将这些数值代入式(2-73)和式(2-74)后得 $V_B=-2491.5083$N；$M_B=-4543049.99$N·mm。

② 冻结壁的弹性位移。

将 V_B、M_B 代入式(2-69)、式(2-71)，按 $\Delta x=0.5$m，分别计算出无支承段 AB 及未开挖段 BC 冻结壁各点平均半径处的弹性位移。计算结果说明，在$x=12.5$m处位移为 0，我们把这个位置定为 0 点，然后对各计算点顺次编号，图 2-123 及表 2-92 给出各区段的点号。

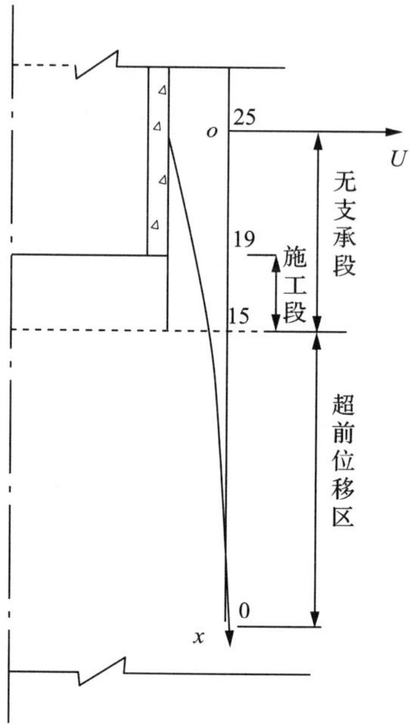

图 2-123　冻结壁变形示意图

表 2-92　施工段附近各区段的点号

区段划分	点号	坐标/m	区段长度/m
开挖施工段	15～19	5.0～3.0	2.0
无支承段	15～25	5.0～0.0	5.0
超前位移区	0～15	12.5～5.0	7.5

按式(2-79)，将求出的位移乘以$(r/r_0)^2$，即乘以 3.1837 后，得冻结壁的表面位移U_{ie}^0。

③ 冻结壁的位移。

为了较好地反映蠕变的结果，假定作业是连续进行的。把作业周期 $T=36\text{h}$ 分为四段，$\Delta t=9\text{h}$，对应于 Δt 的掘进深度，$\Delta x=0.5\text{m}$。即每经过 Δt 时间，工作面向前推进 0.5m，因此

$t=\Delta t$ 时，原 0 点占据 1 点的位置，$U_1^0=U_1^0|_{t=0}$；

$t=2\Delta t$ 时，原 0 点占据 2 点的位置，$U_2^0=U_2^0|_{t=0}+U_1^0|_{t=0}\alpha\Delta T$；

$t=3\Delta t$ 时，原 0 点占据 3 点的位置，$U_3^0=U_3^0|_{t=0}+[U_1^0|_{t=0}+U_2^0|_{t=0}]\alpha\Delta T$；

$t=i\Delta t$ 时，原 0 点占据 i 点的位置

$$U_i^0=U_i^0|_{t=0}+\sum_{1}^{i-1}U_j^0|_{t=0}\alpha\Delta T \tag{2-81}$$

式(2-81)是在式(2-78)的基础上得到的，它表示弹性位移 $U_{t=0}^0$ 确定于现实位置，而蠕变位移则与变形过程及时间有关，是逐渐积累的。

实测已得到施工段冻结壁的平均速度 $\dot{U}=1.05\text{mm/h}$，可以计算出 Δt 的平均位移 $\dot{U}\Delta t$。另一方面，根据计算结果，也可求出施工段在 Δt 时间的平均位移，二者应相等，即

$$\frac{1}{4}\sum_{15}^{18}U_j\big|_{t=0}\alpha\Delta t=\frac{1}{4}\alpha\Delta t(19.4409+21.5221+23.3868+24.9815)=\dot{U}\Delta t=1.05\Delta t$$

可求出相关参数：$\alpha=0.047016\text{h}^{-1}$ 或 $\alpha\Delta t=0.4231$。将参数代入式(2-81)后，可以计算出各点的累积蠕变位移和总位移。

④ 冻结管的位移及弯曲力矩。

求出冻结壁的表面位移 U_i^0 后，根据式(2-79)求出冻结管的位移

$$U_i=\left(\frac{r_0}{r}\right)^2U_i^0=\left(\frac{5.1}{9.1}\right)^2U_i^0=0.314U_i^0$$

再按如下公式计算位移的二阶差商：

$$\frac{\Delta^2U_i}{\Delta x^2}=\frac{U_{i+1}-2U_i+U_{i-1}}{\Delta x^2}$$

以二阶差商近似代替二阶微商，即以二阶差商近似表示冻结管弯曲的曲率，由式(2-80)可以求出冻结管所受的弯矩，其中冻结管的抗弯刚度为

$$D=EI=2\times10^5\times\frac{\pi\times139.7^4}{64}\left[1-\left(\frac{124.26}{139.7}\right)^4\right]=1398.6690\times10^9(\text{N}\cdot\text{mm}^2)$$

通过试验已得到冻结管在工作温度条件下的失效弯矩 $M^*=98\text{kN}\cdot\text{m}$，将计算得到的弯矩 M 与 M^* 比较，可以检验冻结管的强度。

⑤ 计算与实测的对比及讨论。

本例计算点的计算结果列入表2-93和表2-94中，将计算数据与实测结果进行对比讨论如下：

(a) 冻结壁的最大位移等于施工段上端位移加泡沫塑料垫层的最大压缩量，$U_*^0=U_{19}^0+65=172.2912\text{mm}$，达到 U_*^0 后位移不再增大。从表2-93中的数据看出，在接近25点处冻结壁与井壁接触，从代表工作面的15点到冻结壁与井壁接触处是无支承段高，与原设定的 $l=5\text{m}$ 基本符合，计算的结果是有意义的。若计算后得到的无支承段高与原定的相差较大，应按新的无支承段高重新计算。

(b) 19点是浇筑井壁的位置。25点处泡沫塑料垫层压实，冻结壁与井壁接触，它们之间的距离为3m，需要54h。实测浇筑混凝土井壁后约2.5d，在距施工段顶端3m左右首先测得井壁位移。计算与实测得到的结果符合。

(c) 整个掘进过程中，首先进入施工段的是15点。经 Δt 时间后向前推进 Δx，占据16点的位置，位移变化量 $\Delta U=U_{16}^0-U_{15}^0$ 是可以测出的。整个掘砌施工段高2m，有4个 Δx 冻结壁可测得的位移变化量为

$$\Delta U^0=U_{19}^0-U_{15}^0=107.2912-62.6704=44.6208(\text{mm})$$

表 2-93 计算结果(无支承段)

参数	点号										
	25	24	23	22	21	20	19	18	17	16	15
X/m	0.0	0.5	1.0	1.5	2.0	2.5	3.0	3.5	4.0	4.5	5.0
$\beta_1 x$	0	0.0876	0.1752	0.2628	0.3504	0.4380	0.5256	0.6132	0.7008	0.7884	0.8760
U_{ie}/mm	−8.3391	−8.5849	−8.7376	−8.7855	−8.7215	−8.5421	−8.2489	−7.8467	−7.3458	−6.701	−6.1064
U_{ie}^0/mm	−26.5492	−27.3317	−27.8179	−27.9704	−27.7666	−27.1955	−26.2620	−24.9815	−23.3868	−21.5221	−19.4409
$\sum_i^{i-1} U_{ie}^0$	−355.8390	−328.5073	−300.6894	−272.7190	−244.9524	−217.7569	−191.4949	−166.5134	−143.1266	−121.6045	−102.1636
$\sum_i^{i-1} U_{ie}^0 \alpha \Delta t$	−150.5697	−139.0046	−127.2337	−115.3983	−103.6492	−92.1417	−81.0292	−70.4583	−60.5626	−51.4557	−43.2295
U_i^0/mm	−177.1189	−166.3363	−155.0516	−143.3687	−131.4158	−119.3372	−107.2912	−95.4400	−83.9494	−72.9778	−62.6704
U_i/mm	−55.6316	−52.2446	−48.7002	−45.0307	−41.2764	−37.4826	−33.6991	−29.9767	−26.3677	−22.9216	−19.6841
$\frac{\Delta^2 U_i}{\Delta x^2} \Big/ 10^{-9}$	7483	6694	500	339	158	−41	−244	−454	−652	−834	−1076

表 2-94　计算结果(工作面超前位移区)

参数	点号															
	15	14	13	12	11	10	9	8	7	6	5	4	3	2	1	0
$(x-l)$/m	0	0.5	1.0	1.5	2.0	2.5	3.0	3.5	4.0	4.5	5.0	5.5	6.0	6.5	7.0	7.5
$\beta_2(x-l)$	0	0.0904	0.1807	0.2710	0.3614	0.4517	0.5421	0.6324	0.7228	0.8131	0.9035	0.9938	1.0841	1.1745	1.2648	1.3552
U_{ie}/mm	−6.1064	−5.4393	−4.8033	−4.2008	−3.6352	−3.1089	−2.6232	−2.1787	−1.7752	−1.4119	−1.0876	−0.8007	0.5493	−0.3312	−0.1443	0
U_{ie}^0/mm	−19.4409	−17.3171	−15.2923	−13.3741	−11.5734	−9.8978	−8.3515	−6.9363	−5.6517	−4.4951	−3.4626	−2.5492	−1.7487	−1.0545	−0.4593	0
$\sum_i^{i-1} U_{ie}^0$	−102.164	−84.8465	−69.5422	−56.1801	−44.6067	−34.7089	−26.3574	−19.4211	−13.7694	−9.2743	−5.8117	−3.4625	−2.5492	−1.7487	−1.0545	
$\sum_i^{i-1} U_{ie}^0 \alpha \Delta t$	−43.2295	−35.9019	−29.4312	−23.7720	−18.8749	−14.6867	−11.1529	−8.2178	−5.8264	−3.9243	−2.4592	−1.3805	−0.6405	−0.1943		
U_i^0/mm	−62.6704	−53.2190	−44.7235	−37.1461	−30.4483	−24.5848	−19,5044	−15.1541	−11.4781	−8.4194	−5.9218	−3.9297	−2.3892	−1.2488	0.4593	
U_i/mm	−19.6841	−16.7156	−14.0472	−11.6672	−9.5635	−7.7218	−6.1261	−4.7598	−3.6052	−2.6444	−1.8600	−1.2343	−0.7504	0.3922	−0.1443	
$\frac{\Delta^2 U_i}{\Delta x^2} \Big/ 10^{-9}$	−1076	−1200	−1154	−1105	−1048	−984	−918	−847	−775	−706	−635	−567	−503	−441	−414	

29h 测得到的位移为 30.3mm，一个掘砌作业周期为 36h，测得的结果应是 37.6mm，计算与实测结果是基本符合的。再者，实测数据稍小于计算结果也是安全合理的。

(d) 根据实测平均位移速度为 1.05mm/h，$6\Delta t=54$h 的位移为 56.7mm，不能达到压实泡沫塑料要求的 65mm。说明蠕变速度最大的地方在无支承段的上部，以 22 点为例，$U_{22}^{0}=1.3151$mm/h，解释了在 54h 内泡沫塑料垫层被压实的原因。

(e) 在无支承段高内，曲率由正变负，弯曲的方向发生了变化。工作面 B 点附近(图 2-121)，支承刚性系数由 K_1 变为 K_2；在无支承段上端的 A 点，井壁是认为不变形的，支承刚性由 K_1 变为无穷大。计算表明，支承刚性发生变化的地方出现较大的曲率，有较大的弯矩。

$$M_B=M_{15}=EI\frac{\Delta^2 U_{15}}{\Delta x^2}=1398.6690\times 10^9\times 1200\times 10^{-9}$$
$$=1678402.8(\text{N}\cdot\text{mm})=1.6784(\text{kN}\cdot\text{m})$$
$$M_A=M_{25}=EI\frac{\Delta^2 U_{25}}{\Delta x^2}=1398.6690\times 10^9\times 7483\times 10^{-9}$$
$$=10466240.2(\text{N}\cdot\text{mm})=10.4662(\text{kN}\cdot\text{m})$$

$M_B=1.6784$kN·m，$M_A=10.4662$kN·m，与失效时的极限弯矩 $M^*=98$kN·m 比较，说明冻结管是安全的。施工中未出现冻结管断裂和渗漏，与实际符合。

4. 冻结壁位移实测研究主要成果

(1) 较为系统地掌握了 530m 深冲积层冻结段黏性土层 2.5～4m 段高条件下的冻结壁径向位移与井帮裸露时间的关系，提出冻结壁径向位移的快速增长、稳定增长、急剧增长三大阶段，为了确保冻结壁径向位移小于 50mm，要求掘砌段高的循环时间控制在冻结壁径向位移的第二阶段后期或第三阶段初期。

(2) 采用收敛计检测冻结壁的径向位移的数据可靠，检测时间长，精度较高，可作为调控掘砌段高的依据。激光测距仪的应用为实现挖掘与测量同步进行开辟了新的途径。

(3) Ⅰ类测点比Ⅱ类测点的冻结壁平均位移速度小些，但Ⅰ类测点的井帮裸露时间长，累计位移也可能会大。采用全断面向下掘进时，选用Ⅰ类测点检测冻结壁径向位移的时间较长，可较全面地了解径向位移特性；先采用小断面掘进后采用钻爆法扩帮的掘进工艺时，Ⅰ类测点与Ⅱ类测点处井帮的裸露时间相差不大，可能会出现Ⅱ类测点的冻结壁径向位移累计值比Ⅰ类测点大，采用Ⅱ类测点能较准确地判断冻结壁的稳定性。

(4) 根据挖掘情况掌握冻结壁径向位移的检测时机，检测时间尽可能接近井帮裸露时间；较短的检测时间会造成冻结壁径向位移平均速度偏快，不能正确反映冻结壁径向位移值和冻结壁的稳定性。

(5) 收敛计检测冻结壁径向位移实测与掘砌段高调控的有机结合，为有效防止深厚冲积层冻结管断裂创出了一条新路。

(6) 凡是建立深部(大于 200m)厚黏性土层冻结壁径向位移实测与掘砌段高调控机制所施工的井筒，均有效地防止了冻结壁径向位移偏大而导致冻结管断裂。因此，冻结壁稳定性判断应根据冻结壁形成特性分析和段高验算、冻结壁径向位移检测的综合分析，并结合掘砌施工周期进行段高控制。

(7) 结合冻结壁位移实测结果，提出冻结壁蠕变计算模型，进行位移反分析的方法，建立了冻结壁位移、冻结压力随时间变化的计算公式。由位移反分析可求出冻结压力，并进一步反算地压，计算结果与观测结果符合，位移反分析表述冻结壁位移和冻结压力可供井壁设计、确定掘砌段高、循环作业周期、选定泡沫塑料层厚度等参考。

(8) 施工段附近冻结壁的弹性基础梁力学模型及冻结壁蠕变公式，较全面地考虑了冻结壁及中部未冻土的力学性质、冻结壁的几何尺寸、掘砌施工段高、无支承段高、泡沫塑料垫层、混凝土井壁的支承作用等因素，并考虑了掘砌施工过程的冻结壁蠕变量，弹性基础梁力学模型及冻结壁蠕变的位移反分析方法能较好地反映施工段附近冻结壁的变形情况。

蠕变的概念虽然早已引入冻结壁变形的讨论，但定量计算还只是少量地出现于冻结壁的计算机分析中，在理论分析方面却无实质性的应用，这里建立蠕变公式，并把实测的蠕变参数用于计算分析，使原来只能定性说明的问题得到了定量的解释。由冻结壁位移与冻结管变形关系，以及冻结管变形与弯矩的关系可分析冻结管变形和承受弯矩的性能，扩展了仅以位移作为安全指标的概念范围。

随着位移反分析在工程监测、分析中的不断应用，以及计算机在反分析过程中的应用，考虑蠕变特性的位移反分析的技术水平将进一步提高，由此法确定的参数和冻结壁位移、冻结压力和冻结管受力分析的准确性均会更接近工程实际，位移反分析法将更好地指导实际工程。

2.5.2　外层井壁位移实测研究

1. 实测简况

外层井壁在冻结段掘砌过程中起到临时支护的作用，筑壁后要承受冻结压力并阻止冻结壁径向位移。如果外层井壁抵抗不了冻结压力就会出现压坏现象，使冻结壁位移得不到有效的控制，很容易导致冻结管断裂。进行外层井壁位移实测研究，可以掌握外层井壁受力特性，对优化外层井壁结构及施工工艺和有效控制冻结壁位移，防止深厚冲积层外层井壁压坏、冻结管断裂和保障冻结段施工安全具有重要意义。因此国内外学者在重视冻结壁位移实测研究同时，也非常重视外层井壁位移实测工作。国内曾在潘三东风井、谢桥主井、东荣二矿风井、陈四楼主副井、邱集主井等的冻结法施工过程中进行了外层井壁位移的实测(表 2-95)。测试方法主要有挂线锤球钢尺法(Ⅰ)、托架位移计法(Ⅱ)、收敛计法(Ⅲ)。陈四楼主、副井和东荣二矿风井曾采用收敛计法较为系统地进行了冻结壁和外层井壁的位移实测。陈四楼主、副井外层井壁位移实测是中国和德国“深井冻结施工技术研究”合作项目的重点内容，该井还结合冻结壁位移实测、冻结壁温度场实测、外层井壁室内模型试验、外层井壁高强混凝土研究工作，采用位移反分析法进行冻结壁受压和变形分析确定井壁、冻结壁荷载参数及对井壁强度进行验算，取得良好的效果。对陈四楼主、副井安全、快速、优质地通过冻结段起重要作用，也对其他深井冻结施工、设计、科研具有指导作用。

表 2-95　国内冻结壁或外层井壁位移实测简况

井筒名称		位移类型	最大径向位移/时间	测量深度/m	土层名称	段高/m	方法	备注
潘三东风井		冻结壁	86mm/48h	323.2	固结黏土	5.4	Ⅰ	断管 22 根，井壁多处压坏
		外层井壁	125mm/96h	323.2	固结黏土	5.4	Ⅰ	
谢桥主井		冻结壁	20mm/29h	212	黏土	3.3	Ⅰ	
		外层井壁	36mm/61h	231	黏土	4.3(2.0～2.3)	Ⅰ	
东荣二矿风井		冻结壁	136mm/32h	180	第三纪泥岩	2.5	Ⅲ	
		外层井壁	1.67mm/49h，4.18mm/483h	210.7	第三纪泥岩	2.5	Ⅲ	
邱集主井		外层井壁	21.0mm/16.2h，47.0mm/126.0h	198	黏土	12.1(1.0～2.0)	Ⅰ	
陈四楼	主井	冻结壁	42.48mm/32.67h	304.0	铝质黏土	2.2	Ⅲ	
		外层井壁	SN：2.46mm/165.5h	304.0	铝质黏土	2.2	Ⅲ	
	副井	冻结壁	59.60mm/33.13h	266.1	铝质黏土	3.5	Ⅲ	
		外层井壁	SN：3.319mm/264.0h	308.0	铝质黏土	2.5	Ⅲ	

注：表头“位移类型”至“方法”各列同属“位移量测”。

2. 陈四楼主、副井外层井壁位移实测结果分析

陈四楼主、副井冻结段均采用钢筋混凝土塑料夹层井壁。混凝土设计标号为 C40～C55。外层井壁采用短段掘砌混合作业工艺，自上而下分段掘砌，待外层井壁施工至要求深度浇筑生根壁座后，自下而上连续浇筑内层井壁。冻结壁和外层井壁的位移实测结果列于表 2-96 中。实测主井 304.0m 深、副井 316.0m 深铝质黏土层段外层井壁收敛位移与现浇混凝土井壁龄期的关系见图 2-124 和图 2-125。

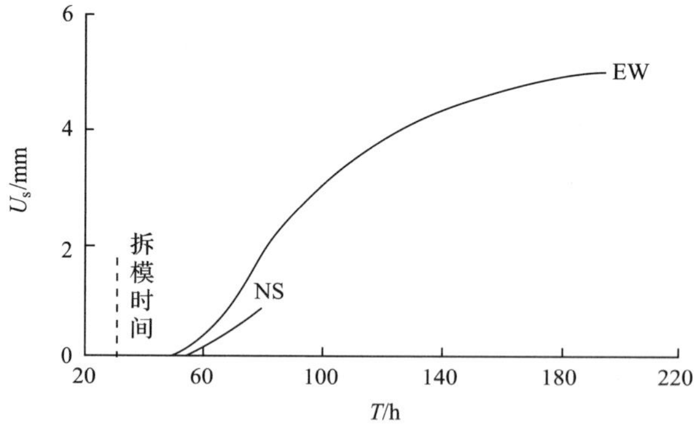

图 2-124　陈四楼主井 304m 深铝质黏土层段外层井壁收敛位移(U_s)与现浇混凝土凝期(T)的关系

表 2-96　深井冻结壁、外层井壁位移实测结果

井筒名称	土层名称	测量深度/m	冻结壁径向位移量测			外层井壁收敛位移量测			冻结壁		断管井壁压坏情况
			时间/h	位移累计值/mm	位移平均速度/(mm/h)	时间/h	位移累计值(EW/SN)/mm	井帮温度/℃	有效厚度/m	有效平均温度/℃	
陈四楼主井	铝质黏土	271.0	26.50	33.19	1.25			−2.6～−3.6	7.012	−12.16	无断管,井壁无压坏
	铝质黏土	304.0	32.67	42.48	1.30	165.5/70.5	4.92/0.63	−3.9～−6.1	7.042	−12.87	
陈四楼副井	铝质黏土	266.1	33.13	59.60	1.80	88.0/160.0	2.33/3.11	−1.6～−2.5	7.714	−14.90	无断管,井壁无压坏
	铝质黏土	273.6	35.75	49.10	1.37			−2.0～−3.7	7.714	−14.90	
	铝质黏土	308.0	29.00	30.30	1.05	264.0/264.0	3.37/6.638	−2.6～−5.3	7.880	−16.63	
	铝质黏土	316.0	41.40	42.20	1.02	216.0/216.0	2.17/4.70	−3.4～−6.1	7.880	−16.63	
	铝质黏土	318.5	28.30	21.60	0.76	224.0/224.0	0.06/2.37	−3.9～−6.4	7.880	−16.63	
	次生灰岩	329.5	26.00	5.93	0.228			−8.7			
	次生灰岩	348.0				/600.0	/3.84				
	砂质黏土	370.0	65.50	18.13	0.278			−8.7～−15.4			
潘三东风井	黏土	262.3	31.20	25.00	0.80	96	56	−8.0～−10.0	4.950	−12.20	井壁其断管 22 根,井壁多处压坏
	黏土	323.2	48.00	86.00	1.79	96	125	−10.0～14.0	5.340	−12.50	

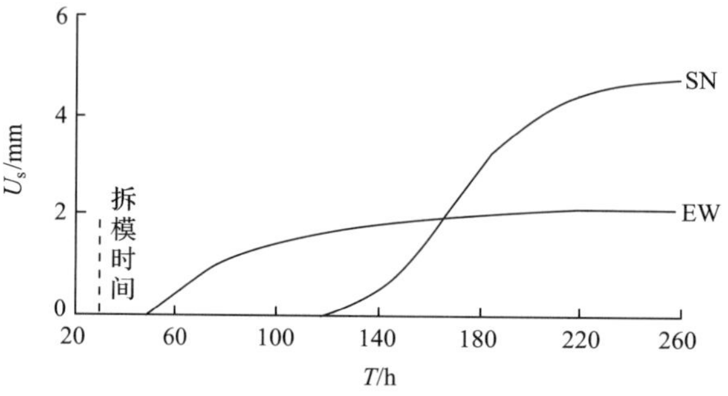

图 2-125 陈四楼副井 316m 深铝质黏土层段外层井壁收敛位移(U_s)与现浇混凝土凝期(T)的关系

分析陈四楼主、副井外层井壁位移实测结果得到[83,85,86]如下结论。

(1) 现浇混凝土外加可缩层外层井壁位移与混凝土龄期的关系可分为四个阶段(图 2-126)：Ⅰ为外层井壁浇筑阶段(AB)，这一阶段的时间在混凝土浇筑后 6～12h，井壁受力小于 0.1MPa；Ⅱ为泡沫塑料可缩层压缩阶段(BC)，这一阶段的时间在混凝浇筑后 0.5～5d，井帮受力为 0.1～0.2MPa；Ⅲ为外层井壁与冻结壁一致变形阶段(CD)，这一阶段时间在混凝土浇筑后 2～20d，井壁压力在逐渐增加；Ⅳ为外层井壁受力趋于稳定阶段(DE)，这一阶段的时间在混凝土浇筑 5～14d 之后，井壁受力趋于稳定，不同土层各个阶段发生的时间不一，同一水平、同一土层的不同方向位移速度、位移量也不同。铝质黏土比次生灰岩、砂质黏土来压快。

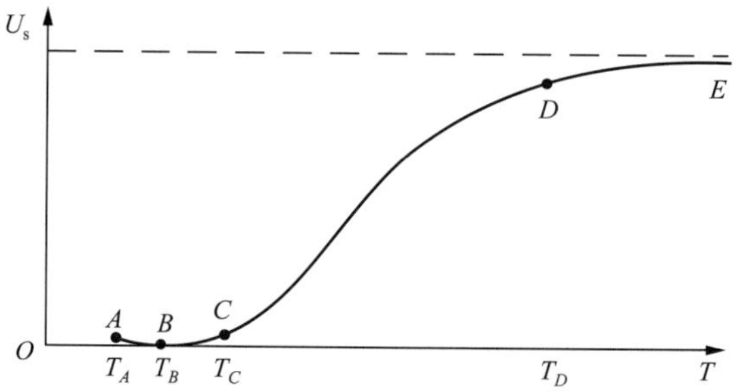

图 2-126 外层井壁典型收敛位移曲线

(2) 陈四楼主、副井外层井壁最大位移发生在 308.5m 深铝质黏土段，位移值为 6.628mm，与室内井壁整体模型试验结果比较，相对应的荷载大于 1.14MPa，这一荷载均超过砂浆砌筑的 47.5MPa 混凝土块井壁、可缩板和砂浆砌筑的 47.5MPa 混凝土块井壁、13.0～23.0MPa 混凝土井壁、13.0MPa 混凝土外加泡沫塑料可缩层井壁的实验破坏载荷值，且达到 26.6MPa 混凝土外加泡沫塑料可缩层井壁试验破坏荷载的 81.9%，说明如果用砂浆砌筑混凝土块井壁、可缩板及砂浆砌筑混凝土块井壁、低标号混凝土井壁安全性较差，同时也说明陈四楼主、副井采用现浇 50MPa 早强高强混凝土并外加 75mm 泡沫塑料可缩层外层井壁是适宜的，荷载值达到其实际破坏荷载的 48.5%。该井壁结构能延缓冻结压力作用于井壁上的时间 48h 以上。混凝土早期强度高，其强度增长率大大超过冻结压力的增长率,能有效地控制冻结壁位移,防止冻结管断裂。

3. 外层井壁位移反分析

1) 正交不等地压外层井壁位移反分析

由井壁位移实测结果可知,同一水平两正交方向测得的收敛位移通常都不相同,有时二者的数值相差较大,用厚壁筒理论不能解释这种现象,而必须考虑荷载不均匀分布的影响。根据工程实际,提出外层井壁的不等地压两向均布荷载受力模型(图 2-127),设井壁两正交方向的压力分别为 P_1 和 P_2,将它们分解为图 2-127(b)和(c)两种情况,前者两向受等压的均布荷载 P_1,后者单向受均布荷载 $\Delta P=P_2-P_1$。

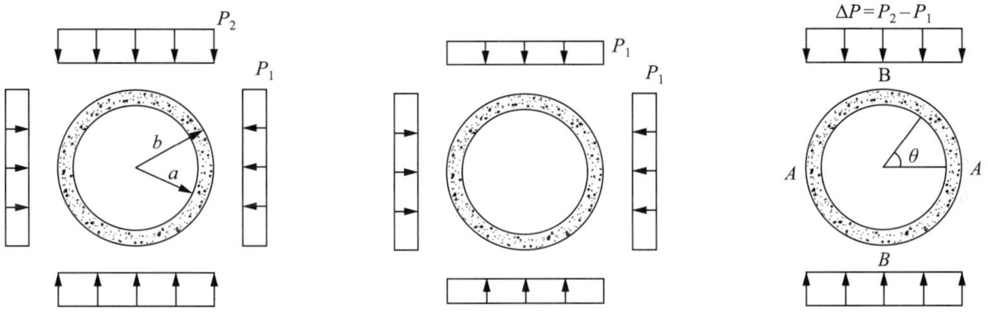

(a) 不等地压两向均布荷载　(b) 两向等压均布荷载　(c) 单向均布荷载

图 2-127　外层井壁的受力模型

(1) 两向等压均布荷载时井壁的内力和变形。

如图 2-127(b)两向等压的均布荷载 P_1,与厚壁筒受外压 P_1 的情况相同,因此,当井壁内半径为 a,外半径为 b 时,厚壁筒理论给出井壁应力 $\sigma_{\theta 1}$ 和位移 u_1 的计算公式:

$$\sigma_{\theta 1}=\frac{1+(a/r)^2}{1-(a/b)^2}P_1 \tag{2-82}$$

$$u_1=\frac{2b^2a(1-\nu^2)}{(b^2-a^2)E_J}P_1 \tag{2-83}$$

式中,E_J、ν 为井壁材料的弹性模量和泊松比。

当 $\nu=0.2$(《混凝土结构设计规范》(GB 50010—2012) 建议值),$r=a$ 时得二向等压均布荷载 P_1 与收敛位移 δ_1 的关系,即

$$\delta_1=2u_1(r=a)=3.84\frac{b^2a}{(b^2-a^2)E_J}P_1 \tag{2-84}$$

$$P_1=0.26\frac{b^2-a^2}{b^2a}E_J\delta_1 \tag{2-85}$$

(2) 单向均布荷载时井壁的内力和变形。

如图 2-127(c)中的 $\Delta P=P_2-P_1$ 不具备轴对称的条件,不能用厚壁筒理论求解,在这种情况下,圆环虽然被压扁,但它仍具有一定的对称性,A、B 截面不会发生转动,用 Mohr 法求解后(推导过程从略),可以求得与 P_1 成 θ 角截面的弯矩 M、轴力 N、剪力 Q 和

收敛位移 δ_2，即

$$M = -\frac{1}{4}\Delta PR^2(1-2\cos^2\theta) \tag{2-86}$$

$$N = \Delta PR\cos^2\theta \tag{2-87}$$

$$Q = -\frac{1}{2}\Delta PR\sin 2\theta \tag{2-88}$$

$$\delta_2 = \frac{\Delta PR^2}{E_J H_J}\left(-\frac{2R^2}{H_J^2}\cos 2\theta - \cos 2\theta + 2\sin^2\theta\right) \tag{2-89}$$

式中，R 为井壁的平均半径；H_J 为井壁厚度。

由于井壁半径 R 比它的厚度大得多，反映弯曲影响的第一项也比反映轴力和剪力影响的第二、三项大得多，所以忽略后两项，径向收敛位移的表达式为

$$\delta_2 = -\frac{2R^4}{E_J H_J^3}\Delta P\cos 2\theta \tag{2-90}$$

(3) 收敛位移计算公式。

同时考虑 P_1 及 ΔP 的作用，由前面分析得到收敛位移的表达式：

$$\delta = \delta_1 + \delta_2 = \delta_1 - \frac{2R^4}{E_J H_J^3}\Delta P\cos 2\theta \tag{2-91a}$$

$$\delta = \delta_1 + \delta_2 = \frac{4b^2 a(1-\nu^2)}{(b^2-a^2)E_J}P_1 - (P_2 - P_1)\frac{(a+b)^4}{8E_J(b-a)^3}\cos 2\theta \tag{2-91b}$$

公式(2-91b)中只有 P_1、P_2、θ 三个未知参数。测三个收敛位移，可建立确定 P_1、P_2、θ 三个方程。为分析计算方便，建议采用等角布置或直角布置测量方案。

① 等角布置测量方案。

如图 2-128(a)所示，设第一测量方向与 P_1 间的夹角为 θ，这样可以按 θ、$\theta+\pi/3$、$\theta+2\pi/3$ 布置三对测点，同时测得 δ_θ、$\delta_{\theta+\pi/3}$、$\delta_{\theta+2\pi/3}$，代入式(2-91a)后整理得

$$\delta_1 = \frac{1}{3}(\delta_\theta + \delta_{\theta+\frac{\pi}{3}} + \delta_{\theta+\frac{2\pi}{3}}) \tag{2-92}$$

$$\tan 2\theta = \frac{\sqrt{3}(\delta_{\theta+\frac{\pi}{3}} - \delta_{\theta+\frac{2\pi}{3}})}{\delta_{\theta+\frac{\pi}{3}} + \delta_{\theta+\frac{2\pi}{3}} - 2\delta_\theta} \tag{2-93}$$

$$\Delta P = \frac{E_J H_J^3}{6R^4\cos 2\theta}(\delta_{\theta+\frac{\pi}{3}} + \delta_{\theta+\frac{2\pi}{3}} - 2\delta_\theta) \tag{2-94}$$

式中，$H_J = b-a$，$R=(a+b)/2$，求出 δ_1、$\tan 2\theta$ 及 ΔP 后，可计算得到 P_1、P_2、θ。$-\theta$ 给出了 P_1 的方向，而 P_1 可由式(2-85)求解，P_2 的数值则为

$$P_2 = P_1 + \Delta P \tag{2-95}$$

② 直角布置测量方案。

如图 2-128(b)所示，设第一测量方向与 P_1 间的夹角为 θ，这样可以按 θ、$\theta+\pi/4$、$\theta+\pi/2$ 布置三对测点，同时测得 δ_θ、$\delta_{\theta+\pi/4}$、$\delta_{\theta+\pi/2}$，代入式(2-91a)后整理得

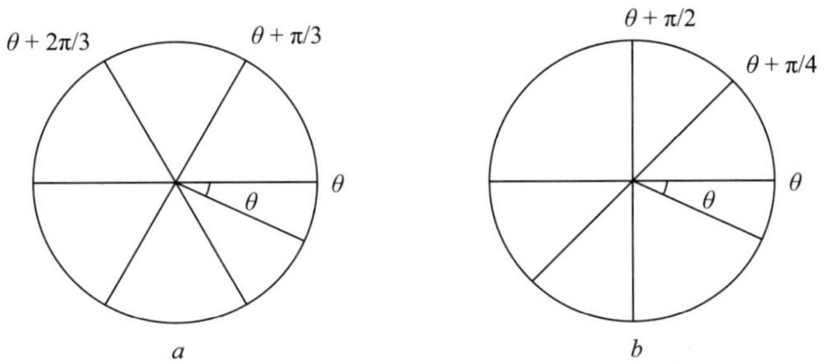

(a) 等角布置测点　　(b) 直角布置测点

图 2-128　收敛位移两种测量方案

$$\delta_1 = \frac{1}{2}(\delta_\theta + \delta_{\theta+\frac{\pi}{2}}) \tag{2-96}$$

$$\tan 2\theta = \frac{2\delta_{\theta+\frac{\pi}{4}} - \delta_\theta - \delta_{\theta+\frac{\pi}{2}}}{\delta_{\theta+\frac{\pi}{2}} - \delta_\theta} \tag{2-97}$$

$$\Delta P = \frac{E_J H_J^3}{4R^4 \cos 2\theta}(\delta_{\theta+\frac{\pi}{2}} - \delta_\theta) \tag{2-98}$$

将 δ_1 及 ΔP 代入式(2-85)、式(2-95) 可求出 P_1、P_2。

(4) 外层井壁应力计算。

根据式(2-86)～式(2-88)作出井壁的弯矩图、轴力图和剪力图，见图 2-129。可以看出，A 截面上，轴力 $N = N_{\max} = \Delta PR$，弯矩 $M = M_{\max} = \Delta PR^2/4$，内侧产生压应力；$B$ 截面上，轴力 $N = 0$，弯矩 $M = M_{\min} = -\Delta PR^2/4$，内侧产生拉应力。

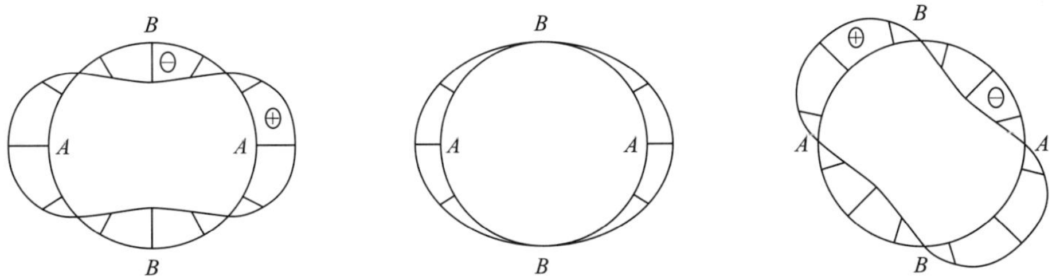

(a) 弯矩图$\left(\begin{matrix} M_A = \Delta PR^2/4 \\ M_B = -\Delta PR^2/4 \end{matrix}\right)$　(b) 轴力图$\left(\begin{matrix} N_A = \Delta PR \\ N_B = 0 \end{matrix}\right)$　(c) 剪力图$\left(Q_{\max} = \frac{1}{2}\Delta PR\right)$

图 2-129　内力图

同时考虑二向等压均布荷载 P_1 和单向均布荷载 ΔP 的作用，截面内侧的应力为

$$\sigma = \frac{2}{1 - \left(\frac{a}{b}\right)^2} P_1 + \frac{N}{A} + \frac{M}{I}\frac{H}{2}$$

取单位长度井壁时，$B = 1$，将平均半径 $R = (a + b)/2$，井壁厚 $H_J = b - a$，截面积 $A = BH_J = b - a$，惯性矩 $I = H_J^3/12 = (b-a)^3/12$ 及截面的内力代入后，得到计算 A、B 截面的最大应力公式：

$$\sigma_A = \frac{2}{1-(a/b)^2}P_1 + \frac{a+b}{2(b-a)}(P_2 - P_1) + \frac{3\,(a+b)^2}{8\,(b-a)^2}(P_2 - P_1) \tag{2-99}$$

$$\sigma_B = \frac{2}{1-(a/b)^2}P_1 - \frac{3\,(a+b)^2}{8\,(b-a)^2}(P_2 - P_1) \tag{2-100}$$

根据位移实测结果反分析可计算 P_1、P_2，再计算出 σ_A、σ_B，对井壁应力进行验算。这里假定混凝土应力应变关系符合胡克定律，式(2-99)和式(2-100)计算弯曲应力时采用了直梁的公式。由于井壁厚度通常小于(或接近)平均半径的 1/5，与曲梁公式比较，误差小于 10%。再者 $\Delta P = P_2 - P_1$ 的数值一般都不大，由此产生的误差对强度分析没有实质性的影响。

实例计算：以陈四楼副井 308.5m 深实测结果为例，井壁内半径 a=4.2m，外半径 b=5.1m，用 C50 混凝土，E=3.45×10^{4}MPa，ν=0.2，轴心抗压强度 f_{ck}=32MPa，实测得到井壁收敛位移 δ_{EW}=3.37mm，δ_{NS}=6.638mm。因为只测量了互相垂直两方向的收敛位移，假设它们分别与 P_1、P_2 的方向一致，经反分析计算得 P_1 = 3.4391MPa，P_2 = 3.4831MPa，σ_A=23.3632MPa，σ_B=19.6123MPa，σ_A、σ_B 均低于混凝土轴心抗压强度 f_{ck} 是安全的，与实际符合。

实例计算结果说明，两方向荷载 P_1、P_2 差别不大，但收敛位移却显著不同，这就是实测中各方向收敛位移经常都不相同的原因。同时说明两个方向荷载的数值相差不大，二向等压均布荷载产生的应力仍属主导地位。因此，求出 P_1 后按等压荷载厚壁筒计算得到的应力仍具有基本的意义。

2）非线性应力应变关系的位移反分析

（1）理论分析。

在平面应变及不可压缩条件下

$$\varepsilon_z = 0,\quad \varepsilon_r + \varepsilon_\theta + \varepsilon_z = 0$$

厚壁筒的基本方程如下：

平衡方程

$$r\frac{\mathrm{d}\sigma}{\mathrm{d}r} = \sigma_\theta - \sigma_r \tag{2-101}$$

变形方程

$$\varepsilon = \frac{\mathrm{d}u}{\mathrm{d}r},\quad \varepsilon = \frac{u}{r}$$

本构方程

$$\varepsilon_{ij} = \frac{3}{2}\frac{\varepsilon_i}{\sigma_i}S_{ij} \tag{2-102a}$$

混凝土属于脆性材料，变形不大，而厚壁筒又满足简单加载条件，因而采用了依留辛(ИЛБЮШИН)小变形弹塑性理论的本构方程(2-102a)。引用试验得到的应力-应变关系(见图 2-130)：

$$\sigma_i = \phi(\varepsilon_i) = A\varepsilon_i^m \tag{2-102b}$$

后，就可以得到井壁的真实应力和位移。式中，σ_i 及 ε_i 为有效应力和有效应变；m 为指数系数。

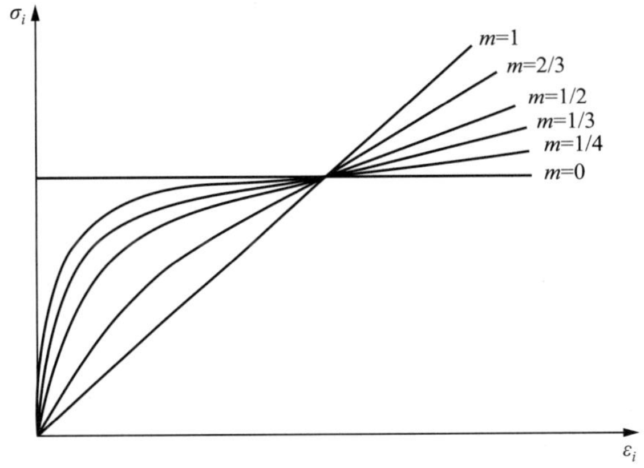

图 2-130　混凝土应力-应变硬化曲线（$\sigma_i = A\varepsilon_i^m$）

由非线性厚壁筒推导后得到井壁应力、收敛位移及荷载的计算公式

$$\sigma_r = \frac{r^{-2m} - a^{-2m}}{b^{-2m} - a^{-2m}} P_1 \tag{2-103}$$

$$\sigma_\theta = \frac{(1-2m) r^{-2m} - a^{-2m}}{b^{-2m} - a^{-2m}} P_1 \tag{2-104}$$

$$\sigma_z = \frac{(1-m) r^{-2m} - a^{-2m}}{b^{-2m} - a^{-2m}} P_1 \tag{2-105}$$

$$\delta_1 = \frac{2}{a}\left[\frac{2mP_1}{\left(\frac{2}{\sqrt{3}}\right)^{m+1} A(a^{-2m} - b^{-2m})}\right]^{\frac{1}{m}} \tag{2-106}$$

$$P_1 = \frac{1}{2m}\left(\frac{\delta_1 a}{2}\right)^m \left(\frac{2}{\sqrt{3}}\right)^{m+1} A(a^{-2m} - b^{-2m}) \tag{2-107}$$

分析中，习惯采用压应力为正，收敛位移为正，因此计算得到的应力为负时是拉应力。

（2）材料参数的确定。

前面已经选定混凝土应力-应变关系式(2-102b)，单向受力时，这个关系表示为

$$\sigma = A\varepsilon^m \tag{2-108}$$

图 2-130 给出了不同的曲线形状。可以看出，适当选定参数 A、m，式(2-108)能较好地描述混凝土的应力-应变关系。

确定参数的条件如下：

① 通常给定的是混凝土的原点弹性模量，由于应用这个数据不便计算，以 $\sigma=$

$0.01f_{ck}$割线模量近似代替它。

② 混凝土在$\sigma \to \sigma_{ck}$时的极限应变为 0.0033(见《混凝土结构设计规划》(GB 50010—2012))。由此：

$$\sigma = 0.1f_{ck} = A\left(\frac{0.1f_{ck}}{E_J}\right)^m$$

$$\sigma = f_{ck} = A \times 0.0033^m$$

得

$$m = \frac{1}{\lg 0.0033 - \lg(f_{ck}/10E_J)}$$

$$A = \frac{f_{ck}}{0.0033^m}$$

C50 混凝土的 $E_J = 3.45 \times 10^4$ MPa，$f_{ck} = 32$MPa。按上述公式求出 $m = 0.6447$，$A = 1273$MPa。

(3) 实例计算。

根据陈四楼副井实测数据及反分析确定：$a=4.2$m，$b=5.1$m，井壁用 C50 混凝土，$E_J=3.45\times10^4$MPa，$m=0.6447$，$A=1273$MPa。当 $r=a$ 时，根据式(2-104)、式(2-106)及式(2-82)、式(2-84)，按非线性和线弹性理论计算井壁内侧的收敛位移 δ_1 和 $\sigma_{\theta 1}$，结果见表 2-97。

表 2-97 陈四楼副井外层井壁应力及收敛位移计算结果

荷载 P_1/MPa	按非线性理论计算		按线弹性理论计算	
	$\sigma_{\theta 1}$/MPa	δ_1/mm	$\sigma_{\theta 1}$/MPa	δ_1/mm
1.0000	5.8221	1.3668	6.2150	1.4527
3.0000	11.6441	4.0053	12.4301	2.9054
2.3087	13.4414	5.0041	14.3487	3.3539
3.0000	17.4662	7.5123	18.6452	4.3581
3.4391	20.0227	9.2852	21.3742	5.0040
4.0000	23.2883	11.7372	24.8602	5.8108
5.0000	29.1103	16.5914	31.0753	7.4797
5.1488	29.9767	17.3635	32.0000	7.4797
5.4963	32.0000	19.2147	34.1598	7.9845

对于弹性材料，应力的分布和数值与材料性质无关，由于混凝土的应力-应变关系比较接近直线，所以根据已知荷载求应力时，非线性与线弹性计算得到的应力比较接近。但是应该指出，工程中知道的通常是收敛位移并不是井壁荷载，因此研究收敛位移与荷载及应力的关系更具有实际意义。

物体的变形随荷载增加，但它还与材料的刚性有关，与变形模量成反比。由于混凝土（特别是混凝土井壁固化的早期阶段）具有曲线型应力-应变关系，应力增大，实际的变形模量在减少。所以，实际变形总是大于弹性计算结果，荷载越大，这种差别也越显著。按实测的收敛位移反算井壁荷载及应力，应该说非线性理论计算结果比较接近实际，而弹性理论做出了偏高的估计。冻结法位移反分析的计算结果与非线性理论计算结果较为统一。

4. 外层井壁位移实测研究主要成果

(1) 采用收敛计法测量外层井壁的位移具有精度高、数据可靠、检测方法简单等优点。

(2) 采用收敛计测量井壁位移能有效地了解井壁的受力状况，比压力实测方法简便。通过井壁位移实测研究掌握了冻结井外加泡沫塑料可缩层外层井壁位移随混凝土浇筑时间的变化规律，现浇混凝土外加可缩层外层井壁位移与混凝土龄期的关系可分为外层井壁浇筑阶段、泡沫塑料可缩层压缩阶段、外层井壁与冻结壁一致变形阶段、外层井壁受力趋于稳定阶段四个阶段。根据实测结果，结合井壁整体模型试验，将实测数据分析结果及时反馈于设计与施工实践，为施工提供了第一手资料，为完善深冻结井外层井壁设计提供了科学依据。

(3) 结合外层井壁位移实测结果分析，提出的反映井壁受力情况而又便于分析计算的两向不等压外层井壁荷载计算模型，为位移反分析创造了条件。分析过程中，在抓住主要矛盾的同时，忽略了一些次要因素，因此既保证了理论分析的严谨性，又达到了简化计算，便于在工程中应用的目的。采用适宜的收敛位移测量方案，经过位移反分析可以简洁地得到井壁荷载及荷载方向，据此可检验井壁强度和确定井壁的极限荷载。

应该指出，对于混凝土，特别是混凝土井壁固化的早期阶段，应力-应变关系不严格服从胡克定律，应力较大时弹性模量减小，而且还可能出现塑性变形，因此按线弹性建立的收敛位移公式反算得到的荷载稍大一些。对于工程问题，偏于安全，而按非线性理论计算的结果比较接近实际。

(4) 应用不等地压井壁位移反分析，δ_1 是与两向等值均布 P_1 相对应的，也就是按厚壁筒理论分析的位移。相互垂直方向或成等角三方向的两种测量方案的平均位移就是 δ_1，因此根据平均收敛位移 δ_1 即可求得按厚壁筒理论分析时的荷载及井壁应力。厚壁筒理论是不考虑 ΔP 时的一个特例。

理论分析得到的应力计算公式中，第一项是按厚壁筒理论得到的，其余各项为 ΔP 使井壁产生不均匀变形的结果。在计算实例中，得到 ΔP 不到 P_1 的 1.5%，产生的应力却为 P_1 产生的 9%，而使最大和最小收敛位移的数值几乎差了近 1 倍。ΔP 对收敛位移及井壁中应力的影响很大，而应尽量使冻结壁各方向的厚度均匀，温度相同，不超挖，不欠挖，从而减小 P_1、P_2 的差异。当 ΔP 达到一定数值时，井壁内侧的某些区域会出现拉应力，而混凝土的抗拉能力很差，是极为不利的，工程施工中，应在井壁内侧增加一定数量的环向钢筋，提高井壁抵抗非均布荷载的能力。

2.6　井壁及壁后冻土温度变化特性

2000 年以来，我国穿过 300～400m、400～500m、大于 500m 冲积层的冻结井筒数量分别超过 51 个、48 个、29 个，钢筋混凝土塑料夹层井壁是我国深厚冲积层冻结段井壁的基本结构类型，主要采用外层井壁短段掘砌和内层井壁一次套壁的施工工艺，当外层井壁自上而下分段掘砌至要求深度后，浇筑筒形生根壁座并自下而上连续浇筑内层井壁至井口。随着冲积层厚度和冻结深度的增大，水压和地压相应增加，外层井壁压坏和内层井壁混凝土收缩开裂的可能性增大，而外壁压坏、内壁收缩开裂漏水与井壁温度及壁后冻土融化回冻特性密切相关。在冻结段掘砌过程中，检测内、外层井壁温度及壁后冻土融化回冻特性，分析判断内、外层井壁混凝土强度增长特性，是外层井壁能否下沉拉裂、内层井壁是否容易产生收缩裂缝和温度裂缝及制定防治措施的重要依据，对完善冻结段井壁设计和施工关系重大。

根据调查，2000 年之前曾对邢台主井，唐山新风井，桃园（夹河）主、副井的井壁温度及壁后冻土融化回冻特性进行实测研究，取得良好效果，见表 2-98。但因上述冻结井的冲积层厚度和井壁厚度较小，混凝土标号较低，已不能满足深厚冲积层冻结段井壁设计和施工的需要。为了适应深厚冲积层冻结段井壁设计和施工的需要，2004～2014 年又对赵固一矿主副井、赵固二矿主副风井、李粮店主副井、赵固一矿西风井等井筒的内外层井壁、筒形壁座及壁后冻土温度变化特性进行实测研究，对深厚冲积层冻结段井壁设计及施工具有重要的指导意义。

表 2-98　2000 年之前国内对井壁及壁后冻土温度检测的井筒主要技术特征

序号	井筒名称	冲积层厚度/m	冻结深度/m	井壁设计		混凝土设计标号	温度检测最大深度/m	开钻年限
				结构	内/外壁厚度/m			
1	邢台主井	248.3	260	双层	0.6/0.3	C25～C30	232.0	1963
2	桃园(夹河)副井	78.1	85	双层	0.38/0.3	C20～C25	78.0	1965
3	唐山新风井	135.2	165	单层	0.85	C20～C25	108.2	1966

2.6.1　实测简况

1. 检测方法及检测实例

1）测点布置与埋设

为了系统掌握冻结井外层井壁筑壁和内层井壁套壁过程中井壁及壁后冻土融化回冻特性，一般是在每个检测水平沿径向布置 10 个测点：冻结壁、外层井壁、内层井壁及井内分别布置 3 个、3 个、3 个和 1 个测点，如图 2-131 所示。原则上 3、4、6、7、9 测点均布置在距“三壁”界面 50mm 处，5、8 测点分别位于外、内层井壁的中间部位，1、2 测点和 2、3 测点的距离分别为 350mm 和 200mm；4、5 测点和 5、6 测点的距离相等，具体尺寸视外层井壁的实际厚度而定；7、8 测点和 8、9 测点的距离相等，具体尺寸视内层井壁的实际厚度而定。

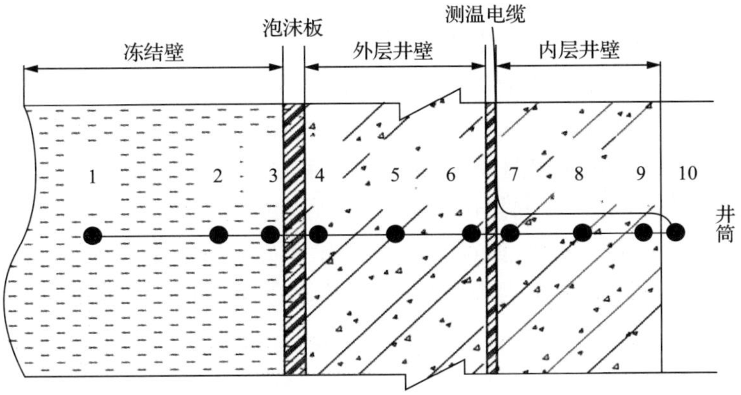

图 2-131　冻结壁、外层井壁、内层井壁、井筒内温度测点布置示意图

温度测点需结合井筒掘砌实际情况进行埋设，一般沿井帮表面向冻结壁内钻进深度为 600mm 的钻孔，在冻结壁钻孔内埋设三个温度测点后回填碎土；外层井壁三个测点导线绑扎在径向钢筋上；内层井壁三个测温点在套壁时布置，沿径向钢筋绑扎。所有测点埋设时都需要采取防护措施，防止绑扎钢筋和浇筑混凝土过程中被破坏，并注意测温电缆穿过冻结壁和外层井壁之间聚苯乙烯泡沫塑料软板时的保护工作。

2）温度检测方法

（1）铜-康铜热电偶检测。

冻结工程温度场检测初期，采用铜-康铜热电偶和 NB80000 型数字万用表与温度测点、零度参考点组成桥式连接线路(图 2-132)，通过检测得到各测点温度变化引起的桥式电路中电偶(万用表)的电压变化值，对比分析得到的各测点温度；铜-康铜热电偶的测温可靠度较高，现场测量稳定性好，不必使用一般的电源，可以在井下检测，但需要冰水混合的冰点，操作麻烦，效率低，线路繁杂。

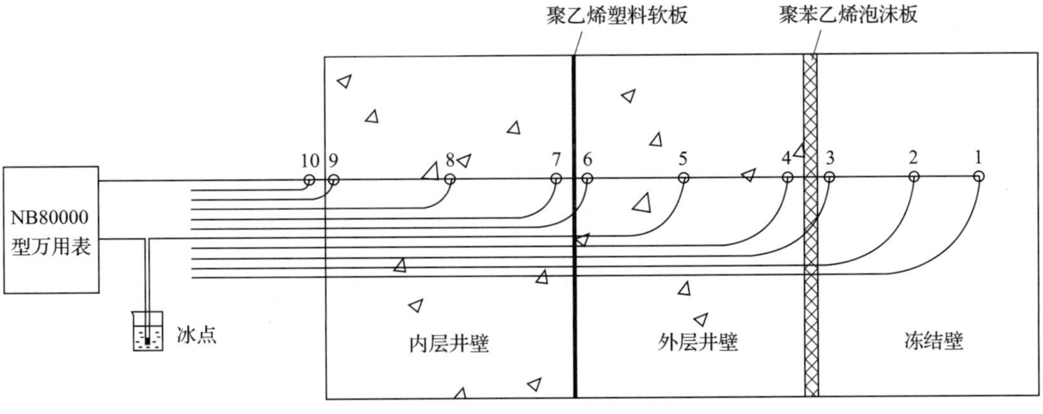

图 2-132　铜-康铜热电偶和二次仪表(数字万用表)测温系统示意图

(2) 热电阻温度检测仪。

随着温度检测技术的发展，热电阻等温度检测仪、点温计等逐渐应用到冻结壁、井帮、井壁及壁后冻土的温度检测，井壁及壁后冻土检测系统见图 2-133，测点温度的变化引起热电阻值发生变化，通过检测仪表可以捕捉到电阻值变化产生的电信号；热电阻温度检测仪测温系统比铜-康铜热电偶测温系统的线路简单，直接读出温度，利用巡检仪可将多个测点温度读出、记录，但是一般的热电阻温度检测仪或巡检仪需要外接电源，无法在井下使用，需将各测点电缆拉至地面，而深厚冲积层井壁及壁后测温的电缆拉至地面是个艰难的工作，受井筒内吊桶运行和掘砌施工的影响，众多的测温电缆极易损坏。

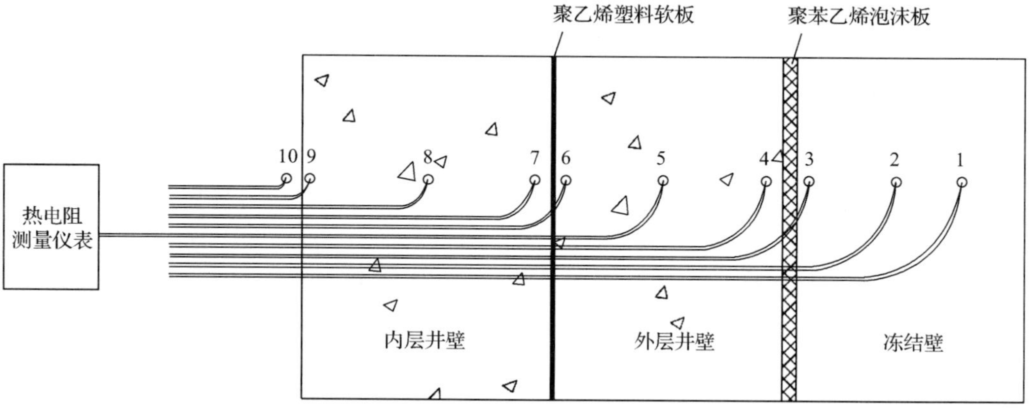

图 2-133 热电阻温度检测仪测温系统示意图

(3) 一总线在线检测。

近年来温度场主要采用 18B20 一总线式测温系统，由仪表发出脉冲信号，多个测点 18B20 热敏元件根据温度而反馈的电波信息不同，各热敏元件 18B20 的身份代码是唯一的，因此可通过一根总线传至智能采集模块，依靠仪表或计算机显示、记录测点温度(图 2-134)，并通过测温专用分析软件对数据集中采集、分类和分析，线路变得简化易行，但一总线在线测量仍要将测温电缆拉至地面，深部冻结井壁及壁后测量线路仍易被损坏。

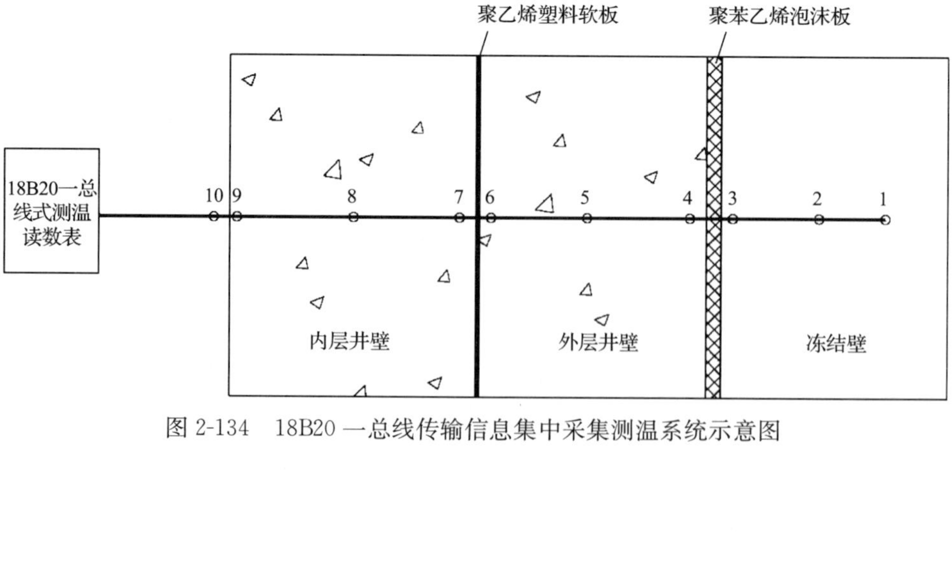

图 2-134 18B20 一总线传输信息集中采集测温系统示意图

井壁及壁后冻土温度检测工作从浇筑外层井壁之前开始，外层井壁温度及壁后冻土融化回冻特性的实测时间根据要求尽可能延长，内层井壁温度及壁后冻土融化回冻特性的实测时间尽可能延至套壁结束后一个月以上。而深厚冲积层井壁及壁后测温的电缆拉至地面是个艰难的工作，往往由于局部地层采用钻爆法破土和吊盘等井筒装备反复提升和下降，导致检测系统损坏甚至无法修复，造成某些水平部分或全部测点数据缺失，以及实测时间缩短。

现在已经成功开发了井下便携式一总线温度测量系统、一总线无线传输测温系统和长时无线采集功能，免除了井内拉电缆的艰苦工作，并延长了测量周期，提高了测量数据的可靠性，提高了提取测量数据的安全性、便捷性，使冻结法凿井的冻结壁温度场和井壁温度场的检测技术得到突破性发展。

2. 井壁及壁后冻土温度变化特性实测分析

1）深厚冲积层冻结井壁及壁后冻土温度检测实例

为探索深厚冲积层冻结段井壁及壁后冻土温度变化特性，2004～2010 年在赵固一矿主副井、赵固二矿主副风井、李粮店主副井进行了实测研究。赵固一矿主副井、赵固二矿主副风井及李粮店矿主副井的冲积层厚度分别为 518.0～527.5m、524.5～530.5m 及 479.2～481.5m，冻结深度分别为 575m、615～628m 及 772～800m，上述井筒的混凝土最高标号分别达到 C80、C90 及 C80，内层和外层井壁的最大厚度控制在 1.0m 和 1.05m 以内。

根据赵固一矿主副井、赵固二矿主副风井、李粮店矿主副井的冲积层埋藏条件、井壁结构、冻结壁设计、冻结段掘砌工艺分析，对赵固一矿、赵固二矿、李粮店矿 7 个井筒分别选取 13 个层位（表 2-99）、11 个层位（表 2-100）、10 个层位（表 2-101）进行井壁及壁后冻土温度变化特性实测，井壁温度及壁后冻土融化回冻特性的实测深度达 610m；较为系统地掌握了 530.5m 冲积层内不同土层、不同厚度的外层井壁（600～950mm）和内层井壁（550～1200mm）以及筒形壁座（厚(1.5～1.8)m×(15～16)m）温度变化的三大阶段及壁后冻土融化回冻特性，取得大量的实测数据，为进一步完善深厚冲积层冻结段井壁设计、掘砌工艺及分析解决冻结段施工过程遇到的技术难题提供了依据。

表 2-99　赵固一矿主、副井井壁及壁后冻土温度变化特性的实测层位

序号	井筒	埋设层位		外层井壁		内层井壁	
		深度/m	岩性	壁厚/mm	混凝土标号	壁厚/mm	混凝土标号
1	主井	79	黏土			600	C30
2		232.8	黏土	700	C50		
3		301	砂质黏土			800	C50
4		365	砂质黏土			800	C65
5		436.2	砂质黏土	850	C65		
6		480.5	黏土			950	C65
7	副井	196.7	黏土	700	C40	550	C50
8		225.5	黏土			850	C60

续表

序号	井筒	埋设层位		外层井壁		内层井壁	
		深度/m	岩性	壁厚/mm	混凝土标号	壁厚/mm	混凝土标号
9	副井	282.6	砂质黏土	800	C50		
10		307	黏土	800	C60	850	C65
11		384	黏土	1000	C65	1050	C70
12		497	砂质黏土			1050	C80
13		507	黏土	1000	C70		

表 2-100　赵固二矿主、副、风井井壁温度及壁后冻土融化回冻特性的实测层位

序号	井筒	埋设层位		井壁		
		深度/m	土性	部位	厚度/mm	混凝土标号
1	主井	384	含砾细砂	外层井壁	600	C70
2		387	含砾细砂	内层井壁	750	C70
3	副井	361.8	铝质黏土	外层井壁	650	C70
4		487.7	黏土		800	C80
5		522.4	黏土		800	C80
6		488.2	黏土	内层井壁	1200	C80
7	风井	419.4	铝质黏土	外层井壁	600	C70
8		504	铝质黏土		650	C80
9		420.9	铝质黏土	内层井壁	850	C80
10		507.0	铝质黏土		950	C90
11		594～610	泥岩、砂岩	壁座	1600	C90

表 2-101　李粮店矿主、副井井壁温度及壁后冻土融化回冻特性的实测层位

序号	井筒	埋设层位		井壁		
		深度/m	土性	部位	厚度/mm	混凝土标号
1	主井	190	细砂	外层井壁	400	C50
2		452	砂质黏土		800	C80
3		197	砂质黏土	内层井壁	500	C50
4		499	砂质泥岩		700	C80
5		374	细砂	壁座	1200	C70
6		541	砂质泥岩		1500	C80
7	副井	208	砂质黏土	外层井壁	500	C50
8		465	砂质黏土		950	C80
9		233	砂质黏土	内层井壁	750	C60
10		486	细粒砂岩		900	C80

2）冻结段掘砌过程井壁及壁后冻土温度变化的三大阶段

通过赵固一矿、赵固二矿、李粮店矿等冻结段井壁温度实测结果分析，外层井壁、内层井壁、筒形壁座施工过程中井壁温度及壁后冻土均出现三大变化阶段；由于外层井壁紧靠冻结壁，筑壁过程井壁温度变化的三大阶段尤为突出。

(1) 第一阶段——井壁温度急剧上升和壁后冻土升温融化。

在筑壁 1～2d 时间段，由于混凝土入模温度和筑壁初期水化作用强烈，筑壁几小时后井壁温度急剧上升，壁后冻土开始融化；井壁中间部位温度快速上升并达到峰值；井壁内侧温升次之，温度比中间稍低；外侧或邻近井帮部位入模初期受壁后冻土热交换的影响，温升较少，还可能出现降温状态，与井壁中、内侧温差加大；壁后冻土受混凝土升温的影响而呈现升温，但升温速度、幅度较小，持续时间较长，并引起部分冻土融化。

赵固一矿、赵固二矿、李粮店矿实测结果表明，第一阶段的井壁升温峰值和壁后冻土融化范围主要与井壁厚度、混凝土入模温度、单位体积混凝土中的水泥用量、井帮温度、冻结壁平均温度等因素有关，一般井壁升温峰值出现的时间为 1～2d，壁后冻土温升的持续时间和融化范围分别为 3～10d 和(1/4～1/2)E(E 为井壁厚度)。在壁后增设泡沫塑料板条件下，浅部井壁厚度小，出现温升峰值期早；深部井壁厚度大，出现温升峰值期晚、温度急剧上升期长、壁后冻土融化范围大。井帮温度和冻结壁平均温度低的壁后冻土融化范围小，反之壁后冻土融化范围大。

(2) 第二阶段——井壁快速降温阶段。

在筑壁 2～10d 时间段，外层井壁温升达到峰值后，随着水化速度减慢、水化热逐渐减少和壁后冻土温度的影响，外层井壁出现快速降温阶段：井壁中、内侧温度快速下降，而邻近井帮的外侧部位仍然缓慢升温或缓慢下降，使井壁中、内侧与临近井帮部位的温差缩小；筑壁 7～10d 时间段壁后冻土温升速度趋缓，壁后冻土融化范围趋于最大值。

(3) 第三阶段——井壁温度缓慢下降、壁后融土逐渐回冻阶段。

在筑壁 10d 后，由于井壁混凝土温度、水化热的逐渐消耗和外侧冻结壁冷源的影响，引起壁后融土逐渐回冻，井壁温度缓慢下降至 0℃以下；井壁与壁后温差缩小，一般筑壁 12d 前后壁后融土出现回冻现象，壁后融土回冻和井壁降至 0℃的时间主要取决于井壁厚度和壁后冻结壁冻结状况。

3) 外层井壁的温度变化特性

(1) 温升峰值与出现峰值的时间。

由于混凝土的水化作用，入模后便出现迅速升温(图 2-135～图 2-149)，筑壁 1～2d 为井壁温度急剧上升期，中间部位温升最高，靠近模板部位温升次之，靠近井帮部位温升较小。温升峰值与混凝土入模温度、井壁厚度、单方混凝土的水泥用量成正比，与井帮负温值成反比。当外层井壁厚度为 600～950mm、井壁与井帮增设 25～75mm 聚苯乙烯泡沫板、入模温度为 15～35℃、单方混凝土的水泥用量为 390～440kg 和井帮温度为−3～−11℃条件下，井壁温升峰值为 40～74.5℃，出现温升峰值的时间为 0.8～1.7d(表 2-102)，而壁后冻土呈现温度上升及部分融化。

(2) 井壁降温特性。

井壁迅速升温达到峰值后便转入迅速降温阶段，7～10d 后转入缓慢降温阶段直至降至 0℃以下，邻近井帮部位的混凝土一般降至 0℃的时间为 15～45d(表 2-102)，井帮降至 0℃前井壁横断面的平均温度为 12.0～18.6℃(表 2-103)，混凝土强度可达到设计强度的

70%以上，井壁随后仍需要几天时间才可降至0℃以下，因此井壁降至0℃以下已经对混凝土后期强度影响不大。

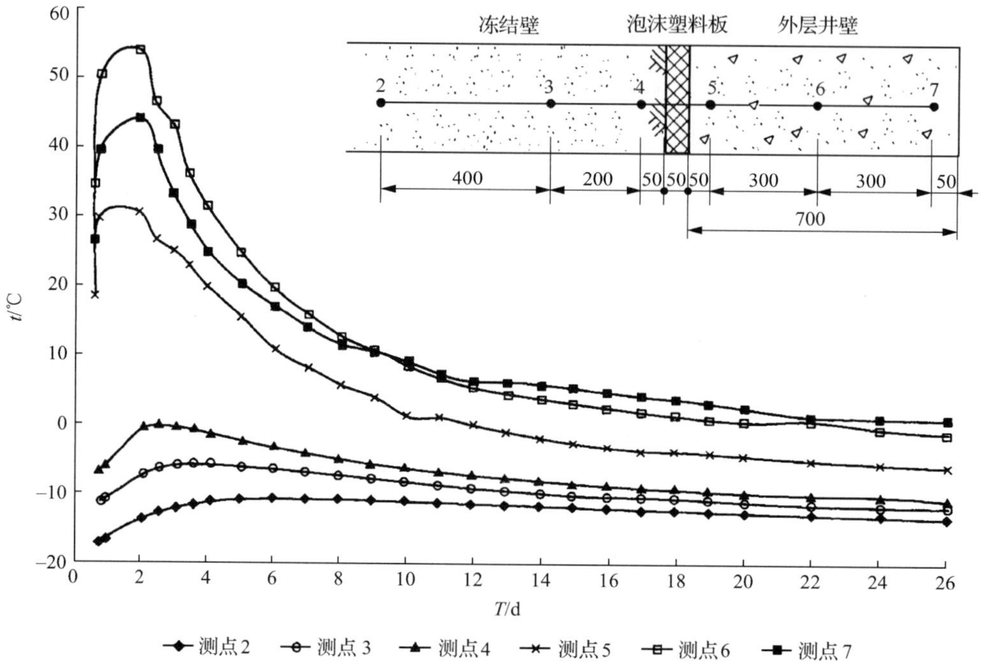

图2-135　赵固一矿主井232.8m深黏土外层井壁及壁后温度(t)与龄期(T)的关系

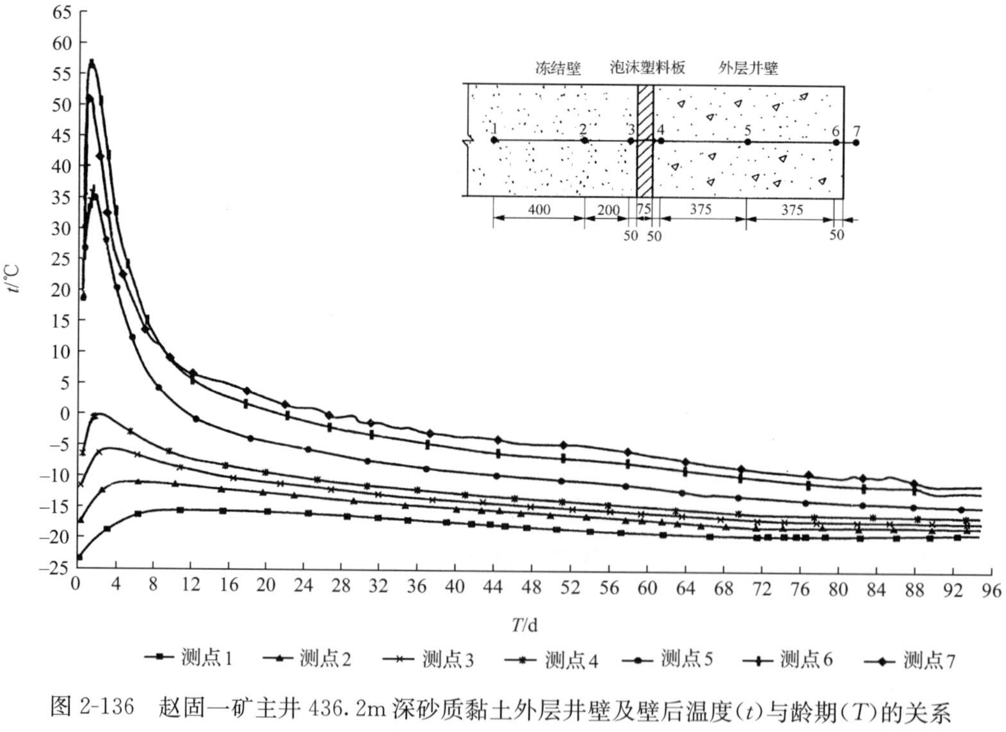

图2-136　赵固一矿主井436.2m深砂质黏土外层井壁及壁后温度(t)与龄期(T)的关系

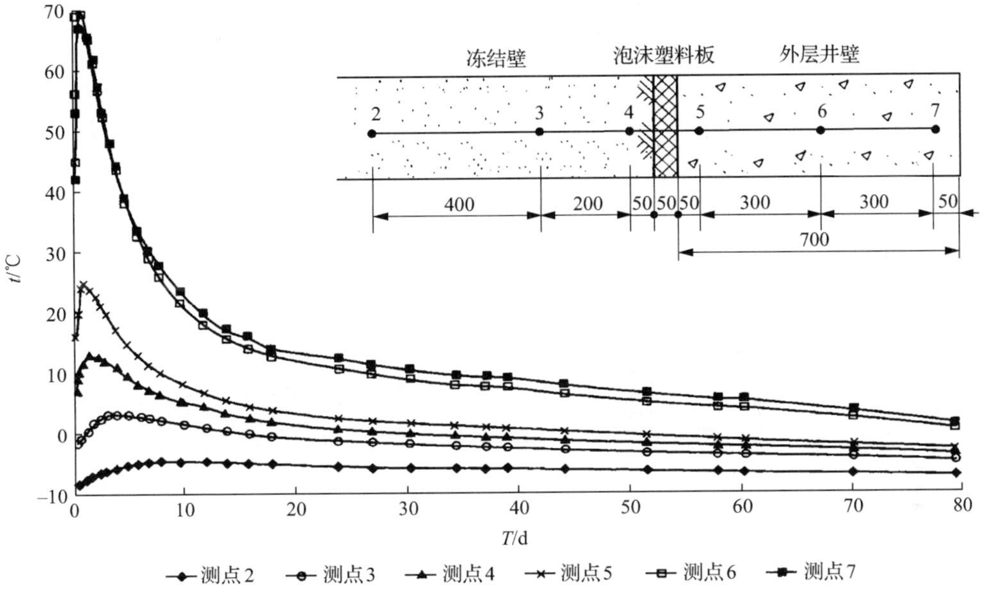

图 2-137　赵固一矿副井 196.7m 深黏土外层井壁及壁后温度(t)与龄期(T)的关系

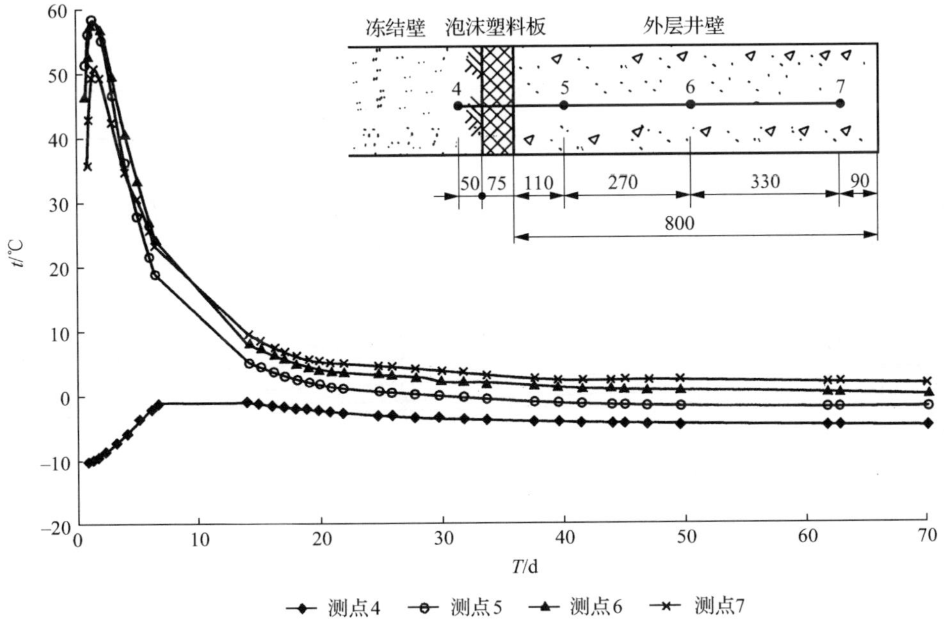

图 2-138　赵固一矿副井 307m 深黏土外层井壁及壁后温度(t)与龄期(T)的关系

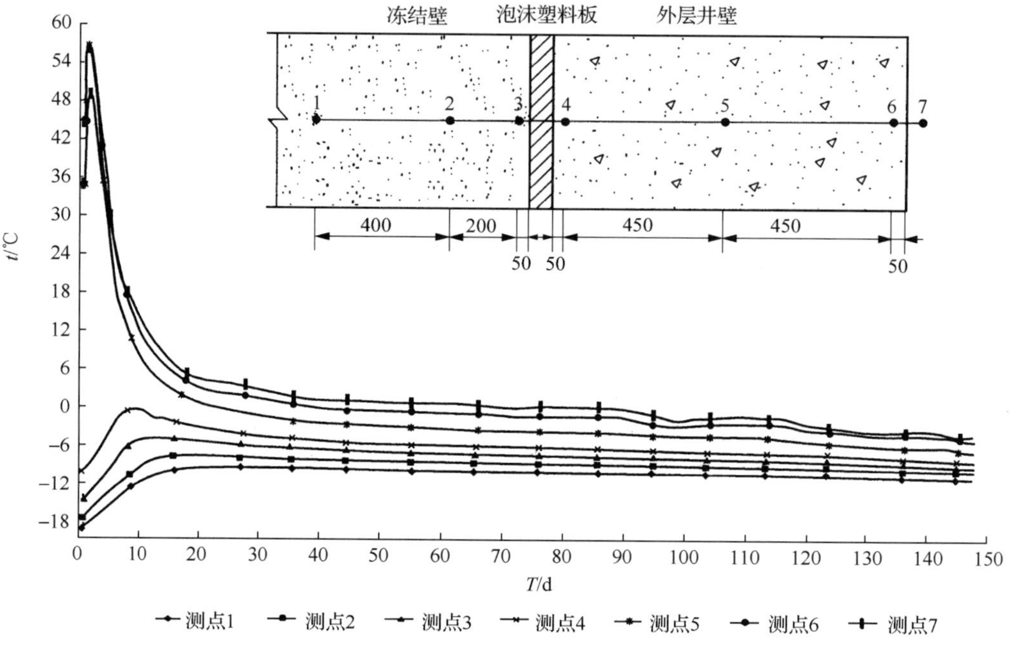

图 2-139　赵固一矿副井 384m 深黏土外层井壁及壁后温度(t)与龄期(T)的关系

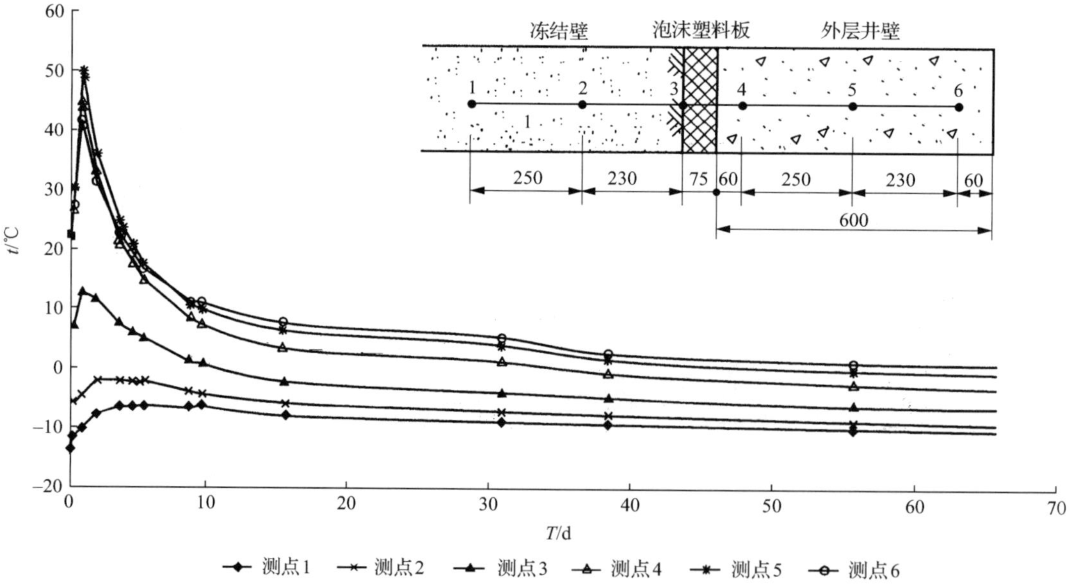

图 2-140　赵固二矿主井 384m 深含砾细砂外层井壁及壁后温度(t)与龄期(T)的关系

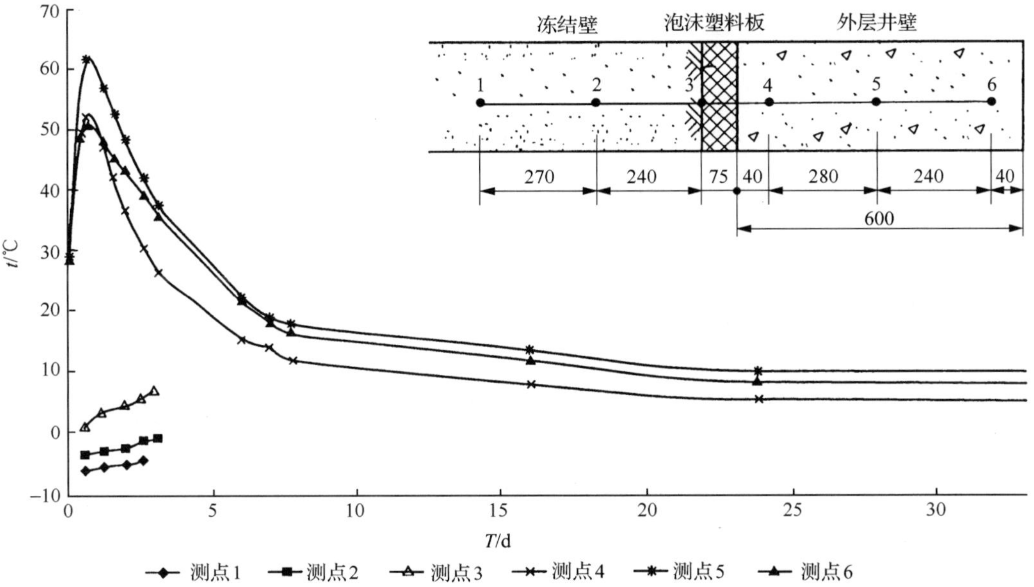

图 2-141　赵固二矿副井 361.8m 深铝质黏土外层井壁及壁后温度(t)与龄期(T)的关系

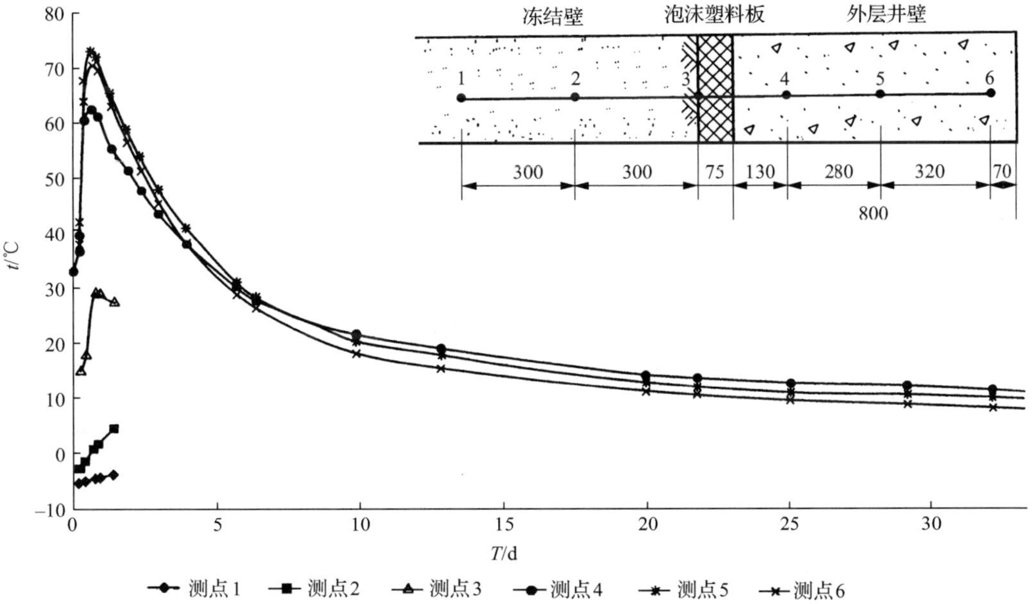

图 2-142　赵固二矿副井 487.7m 深黏土外层井壁及壁后温度(t)与龄期(T)的关系

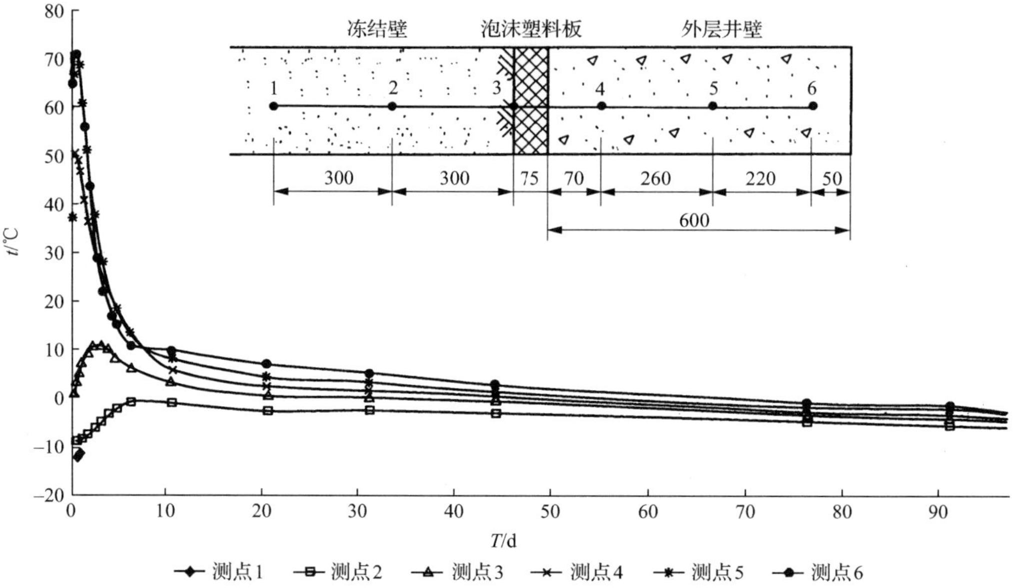

图 2-143　赵固二矿风井 419.4m 深铝质黏土外层井壁及壁后温度(t)与龄期(T)的关系

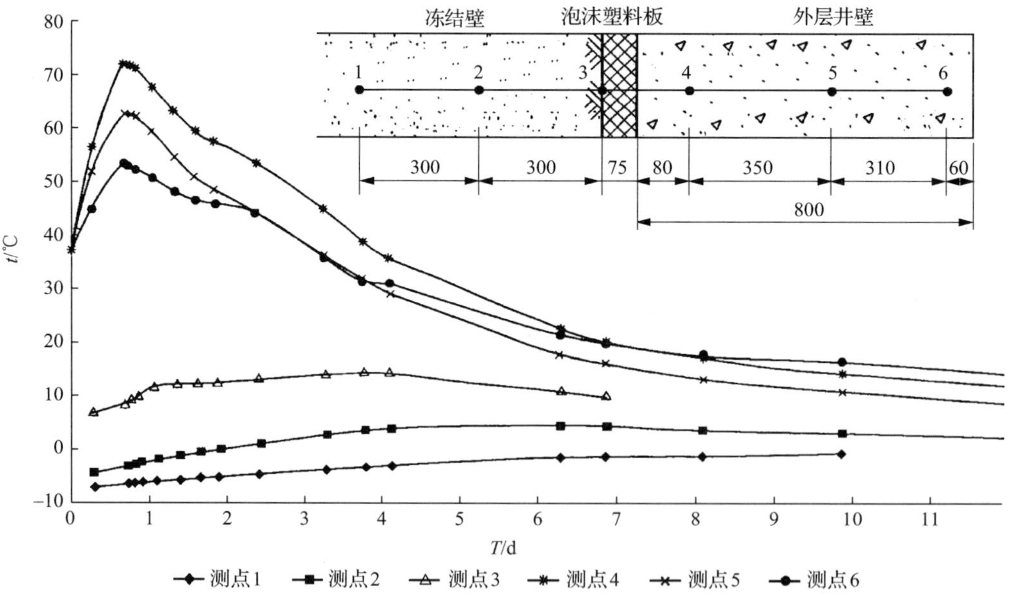

图 2-144　赵固二矿副井 522.4m 深黏土外层井壁及壁后温度(t)与龄期(T)的关系

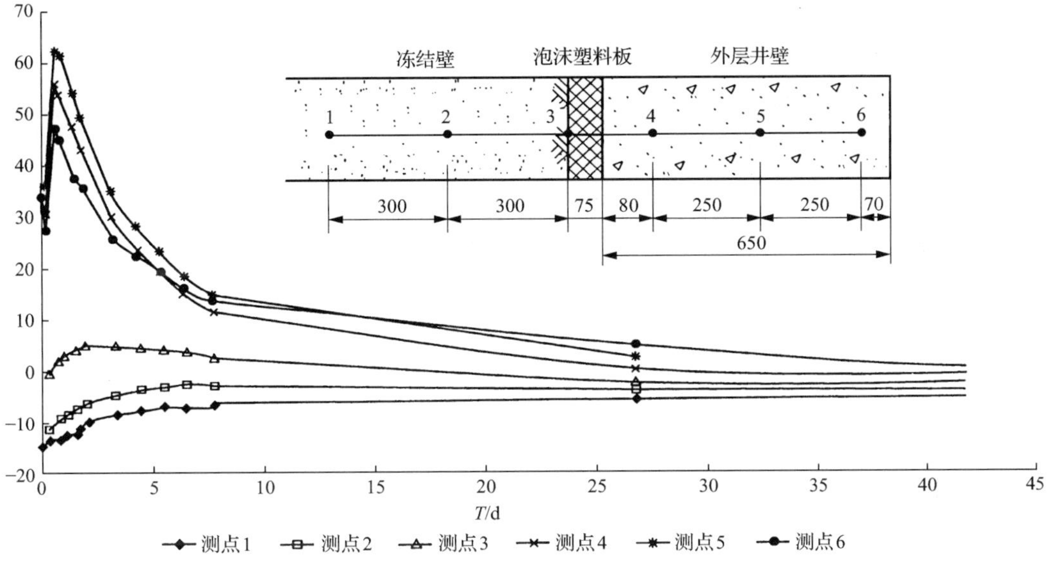

图 2-145　赵固二矿风井 504m 深铝质黏土外层井壁及壁后温度(t)与龄期(T)的关系

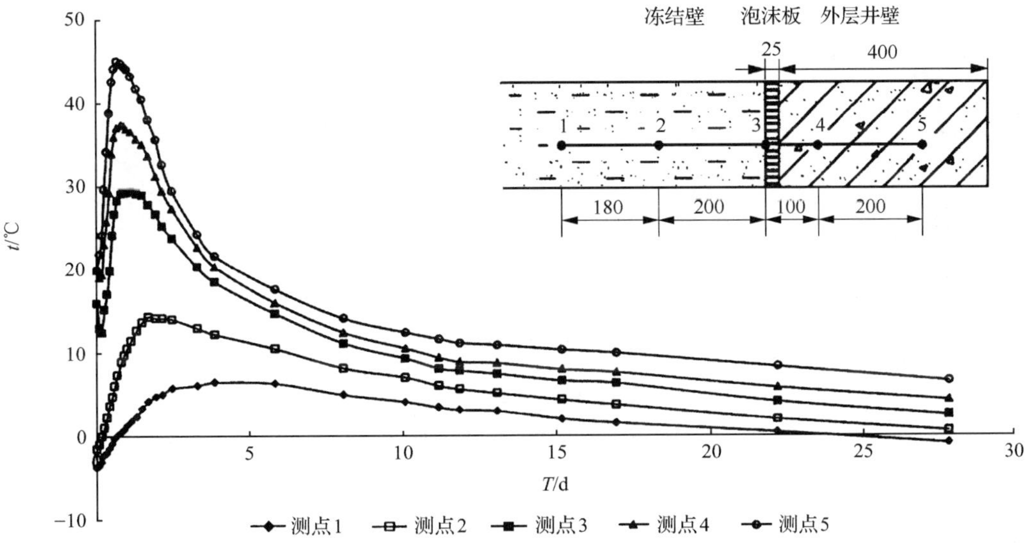

图 2-146　李粮店主井 190m 深细砂层外层井壁及壁后温度(t)与龄期(T)的关系

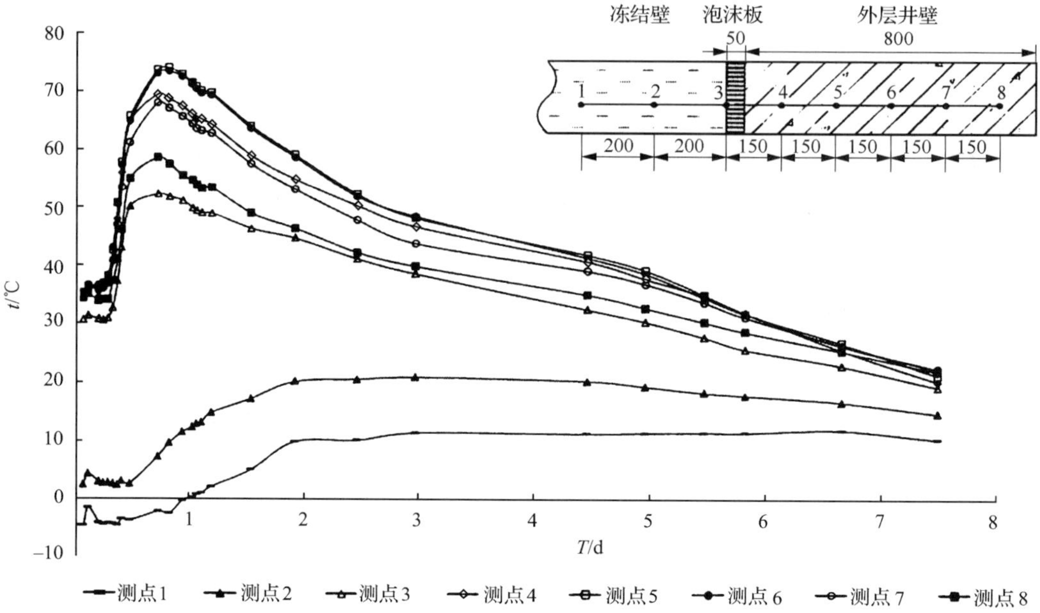

图 2-147　李粮店主井 452m 深砂质黏土层外层井壁及壁后温度(t)与龄期(T)的关系

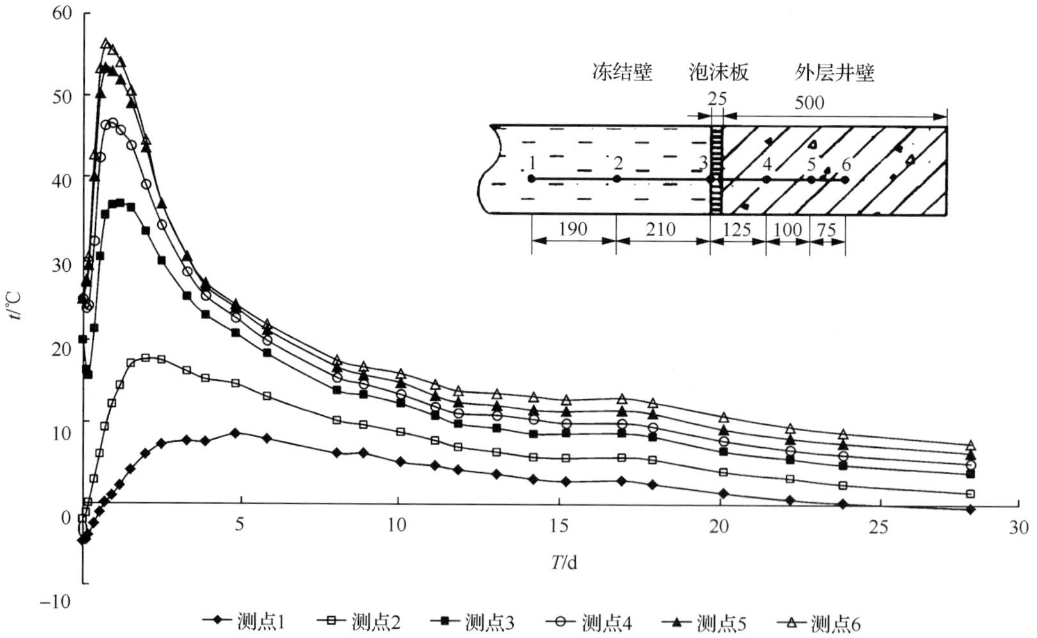

图 2-148　李粮店副井 208m 深砂质黏土层外层井壁及壁后温度(t)与龄期(T)的关系

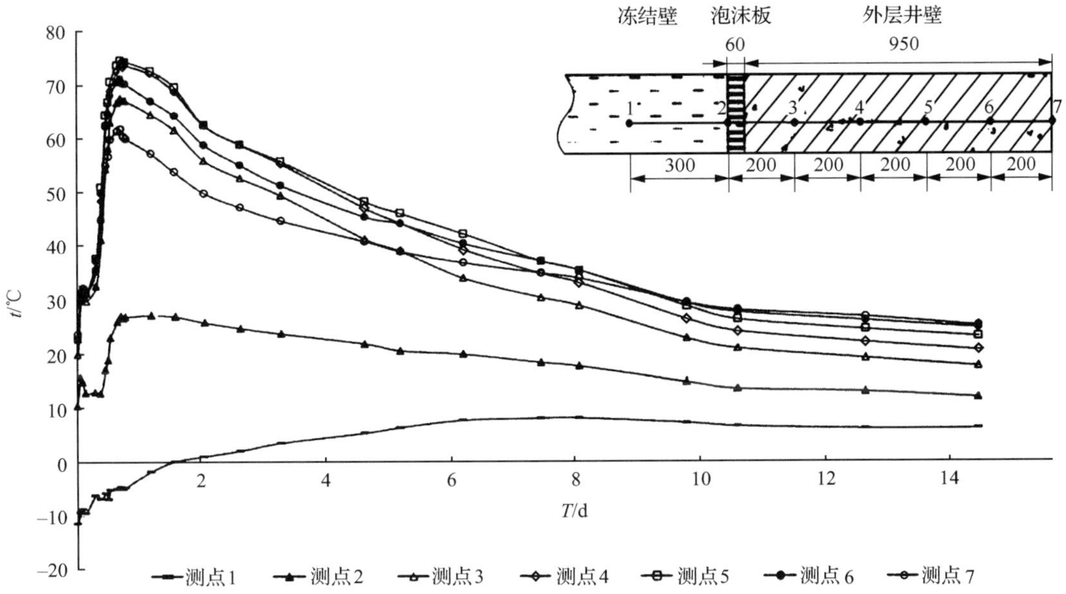

图 2-149 李粮店矿副井 465m 深砂质黏土层外层井壁及壁后温度(t)与龄期(T)的关系

4) 壁后冻土融化回冻特性

(1) 壁后冻土融化范围。

由于受混凝土入模温度和水化热的影响,尽管壁后增设 25～75mm 聚苯乙烯泡沫塑料隔热层,邻近井壁的冻土仍会出现融化现象,一般融化范围达 50～350mm;冻结壁平均温度和井帮温度偏高、混凝土入模温度和水化热较大时,冻土融化范围可达 500mm 以上(表 2-102)。

(2) 壁后冻土融化回冻时间。

随着混凝土水化热量的减少和井壁与冻结壁热交换的继续,当井壁由迅速降温转入缓慢降温后,壁后融土便会出现回冻现象,壁后融土完全回冻的时间一般为 15～45d(表 2-102)。

5) 内层井壁的温度变化特性

(1) 温升峰值与出现峰值的时间。

随着冲积层厚度的增大,内层井壁自下而上连续套壁的高度加大,混凝土体积增大,混凝土水化热量增多,内层井壁温升峰值提高(图 2-150～图 2-161),温升峰值与井壁厚度成正比。当单方混凝土水泥用量为 390～440kg、混凝土入模温度为 30～31℃时,内层井壁最高温度峰值达 83.5℃(图 2-157,赵固二矿风井－507mm 水平黏土层,内层井壁厚 950mm)～91.0℃(图 2-155,赵固二矿副井－488.2m 水平砂质黏土层,内层井壁厚 1200mm),出现温度峰值的时间为 0.7～1.2d(表 2-104～表 2-106),温升峰值位于井壁横断面的中间偏内侧;筑壁后 28d 的井壁横断面的平均温度为 10～30℃,上述温度对混凝土提高强度有利,但容易引起内层井壁混凝土出现收缩裂缝。若内层井壁厚度增长至 1500mm,井壁的最高温升可能会达到 100℃。

表 2-102 赵固一矿、二矿及李粮店矿冻结段掘砌过程外层井壁温度及壁后冻土融化回冻特性

序号	井筒名称		测量水平/m	地层	外层井壁										壁后冻土		
					掘砌段高/m	井帮温度/℃	设计厚度/mm	混凝土				温度出现峰值的时间/d	外侧表面出现负温值的时间/d	内侧表面出现负温值的时间/d	壁后增设泡沫板厚度/mm	融化范围/mm	融土开始回冻的时间/d
								标号	单位体积水泥用量/(kg/m³)	入模温度/℃	温度峰值/℃						
1	赵固一矿	主井	−232.8	黏土	4.3	−8.0	700	C50	410	24.2	56.4	1.70	16.8	22	75	50	12
2		副井	−196.7	黏土	4.3	−4.0	700	C40	400	21.1	71.0	1.10	39.5	82	50	320	45
3			−307.0	黏土	2.8	−10.7	800	C60	410	21.0	57.0	1.30	29.0	42	75	50	32
4	赵固二矿	主井	−384.0	含砾细砂	3.6	−10.7	600	C70	410	20.0	50.0	1.00	12.0	60	75	180	56
5		风井	−419.4	黏土	4.0	−11.0	600	C70	440	35.0	70.0	0.80	>45	>60	75	350	45
6			−504.0	黏土	2.5	−6.0	650	C80	440	34.0	63.0	1.00	>28	>60	75	>200	18
7	李粮店矿	主井	−190.0	细砂	4.0	0.1	400	C50		20.0	45.0	0.70	33	>60	25	600	6
8			−452.0	砂质黏土	2.5	−2.5	800	C80		35.0	74.0	0.83	20	30	50	>600	8
9		副井	−208.0	砂质黏土	4.0	1.4	500	C50		25.0	56.0	0.70	40	70	50	700	9
10			−465.0	砂质黏土	2.5	−5.5	950	C80		33.0	74.5	0.83	30	45	50	500	10

表 2-103　赵固一矿、二矿及李粮店矿冻结段掘砌过程外层井壁不同部位的温度变化特性

井筒名称	测量水平/m	井帮温度/℃	井壁厚度/mm	混凝土标号	入模温度/℃	测点位置	井壁横断面内不同测点的温度/℃										降至 0℃的时间/d	降至 0℃前的平均温度/℃
							0.5d	1d	1.5d	2d	3d	7d	10d	14d	21d	28d		
赵固一矿主井	−232.8	−8.0	700	C50	24.2	外侧	18.0	31.0	31.5	31.0	25.0	9.6	2.0	−1.2	−4.0	−6.0	20	13.5
						中间	48.0	52.5	54.0	54.0	43.5	17.0	8.0	3.5	1.0	0.0		
						内侧	37.0	42.0	43.5	44.0	33.0	14.0	9.0	5.5	2.0	1.5		
						平均	34.3	41.8	43.0	43.0	33.8	13.5	6.3	2.6	−0.3	−1.5		
赵固一矿副井	−196.7	−4.0	700	C40	21.1	外侧	20.0	26.0	22.5	20.0	18.0	9.0	7.5	5.0	3.5	1.5	>28	18.6
						中间	57.0	68.0	61.0	53.0	51.0	30.0	21.0	15.5	12.0	10.0		
						内侧	52.0	66.0	61.0	53.0	51.0	31.0	23.0	17.0	14.0	11.5		
						平均	43.0	53.3	48.2	42.0	40.0	23.3	17.2	12.5	9.3	7.7		
	−307.0	−10.7	800	C60	21.0	外侧	23.0	30.0	42.0	48.0	46.0	12.0	11.0	3.5	1.0	0.0	>28	15.0
						中间	45.0	50.0	54.0	57.0	55.0	22.0	15.5	7.0	2.8	2.0		
						内侧	37.0	46.0	44.0	50.0	52.0	22.0	15.5	8.5	4.0	3.0		
						平均	35.0	40.0	46.7	51.7	51.0	20.7	14.0	6.3	2.6	1.7		
赵固二矿主井	−384.0	−10.7	600	C70	20.0	外侧	22.0	40.0	38.0	31.0	20.0	12.0	7.0	5.0	3.5	3.0	>28	12.0
						中间	30.0	50.0	47.0	37.0	24.0	14.0	10.0	8.0	7.0	6.0		
						内侧	27.0	46.0	43.0	37.0	22.0	14.0	11.0	9.0	8.0	7.0		
						平均	26.3	45.3	42.7	35.0	22.0	13.3	9.3	7.3	6.2	5.3		
赵固二矿风井	−419.4	−11.0	600	C70	35.0	外侧	50.0	57.0	50.0	44.0	25.0	9.0	6.0	3.0	1.5	1.0	>28	13.3
						中间	60.0	63.0	56.0	50.0	28.0	10.0	8.0	6.0	3.0	2.0		
						内侧	58.0	60.0	54.0	48.0	28.0	11.0	10.0	8.5	4.5	3.5		
						平均	56.0	60.0	53.3	47.3	27.0	10.0	8.0	5.8	3.0	2.2		

续表

井筒名称	测量水平/m	井帮温度/℃	井壁厚度/mm	混凝土标号	入模温度/℃	测点位置	井壁横断面内不同测点的温度/℃										降至0℃的时间/d	降至0℃前的平均温度/℃
							0.5d	1d	1.5d	2d	3d	7d	10d	14d	21d	28d		
赵固二矿风井	−504.0	−6.0	650	C80	34.0	外侧	56.0	50.0	46.0	40.0	31.0	13.0	10.5	7.0	3.5	−1.5	>28	13.5
						中间	62.0	58.0	53.0	45.0	37.0	17.0	13.0	10.0	7.0	3.0		
						内侧	47.0	43.0	37.0	35.0	27.0	15.0	12.0	10.0	8.0	4.0		
						平均	55.0	50.3	45.3	40.0	31.7	15.0	11.8	9.0	6.2	1.8		
李粮店矿主井	−452	−2.7	800	C80	35.0	外侧	50.1	49.7	46.1	44.3	38.2	20.3					25	14.8
						中间	65.6	71.3	63.8	58.2	48.1	23.8						
						内侧	54.9	54.4	48.8	46.0	39.5	22.8						
						平均	56.8	58.5	52.9	49.5	41.9	22.3						
李粮店矿副井	−465	−5.5	950	C80	33.0	外侧	18.8	26.8	26.6	25.5	23.9	18.3	14.1	11.2			>28	14.7
						中间	66.8	73.9	69.5	62.3	57.1	36.9	28.6	23.8				
						内侧	54.5	57.0	51.5	44.3	43.4	35.3	26.9	23.9				
						平均	58.7	62.6	59.0	52.3	48.4	34.1	26.2	19.6				

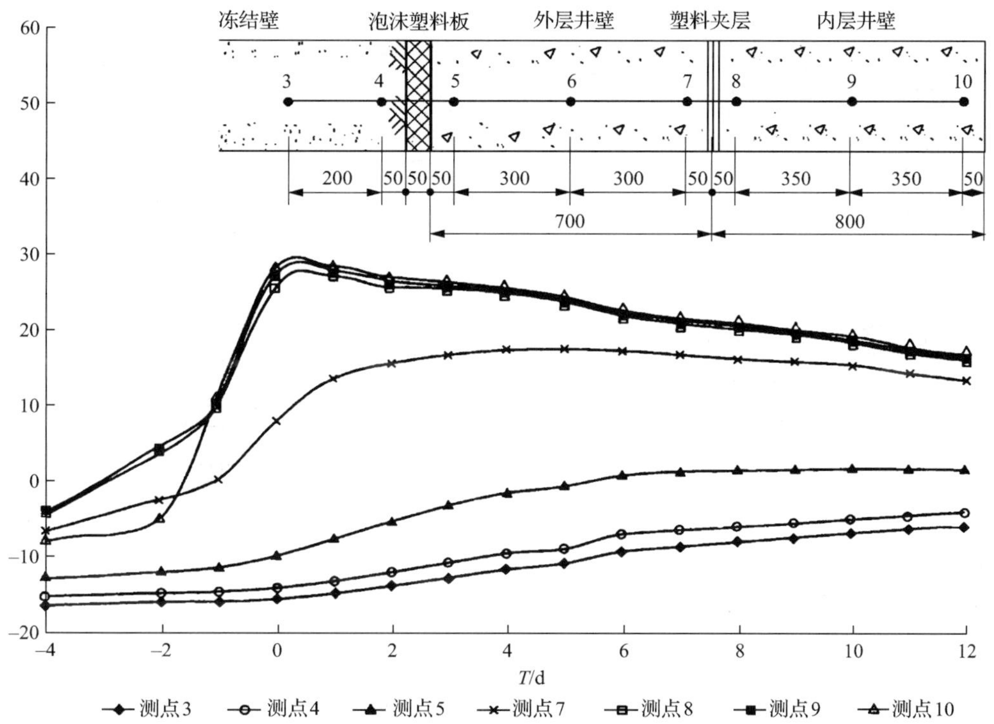

图 2-150　赵固一矿主井 232.8m 深内层井壁温度(t)与龄期(T)的关系

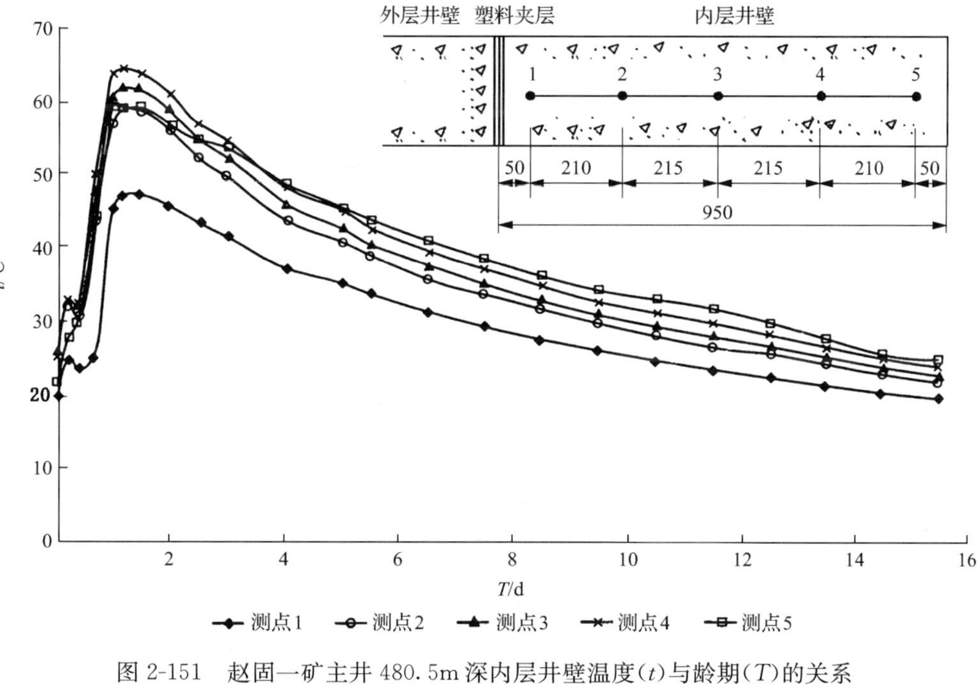

图 2-151　赵固一矿主井 480.5m 深内层井壁温度(t)与龄期(T)的关系

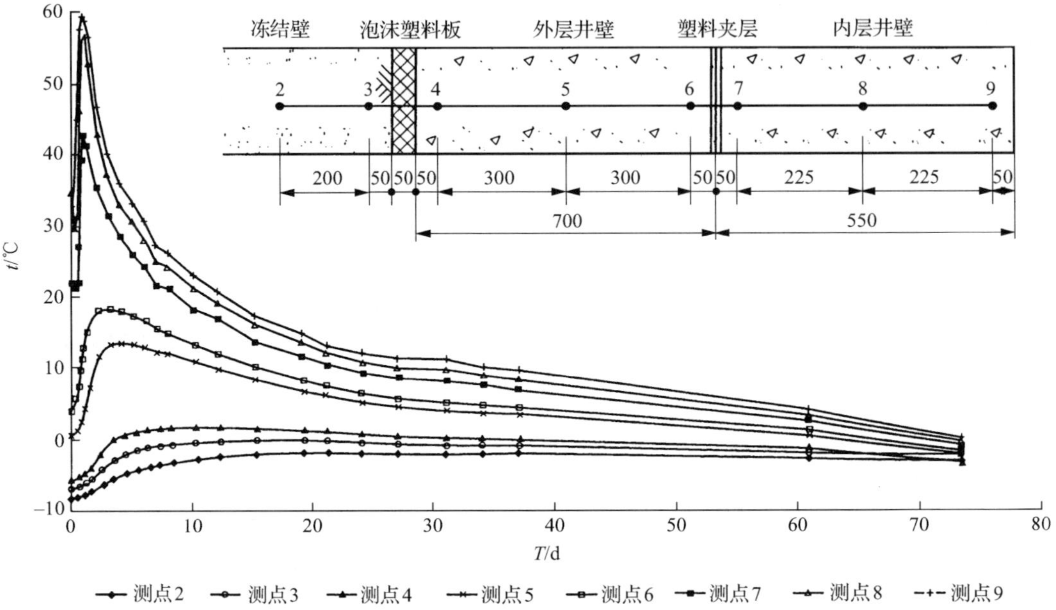

图 2-152　赵固一矿副井 196.7m 深套壁过程的内层井壁温度(t)与龄期(T)的关系

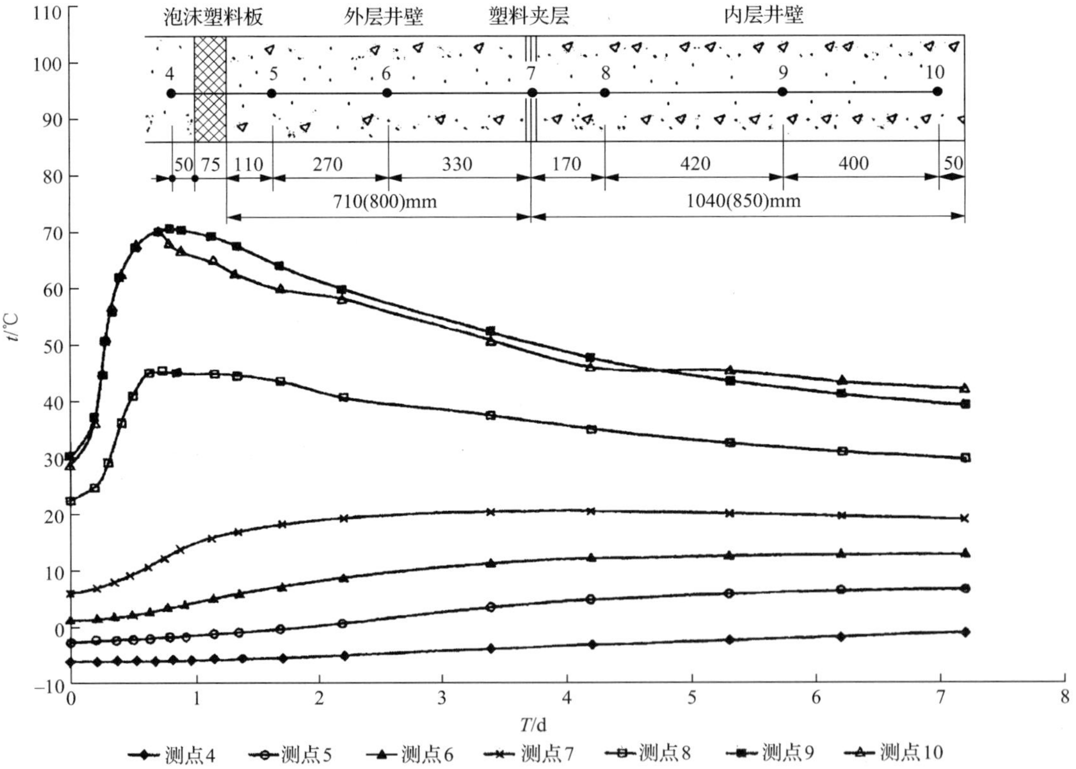

图 2-153　赵固一矿副井 307m 深内层井壁温度(t)与龄期(T)的关系

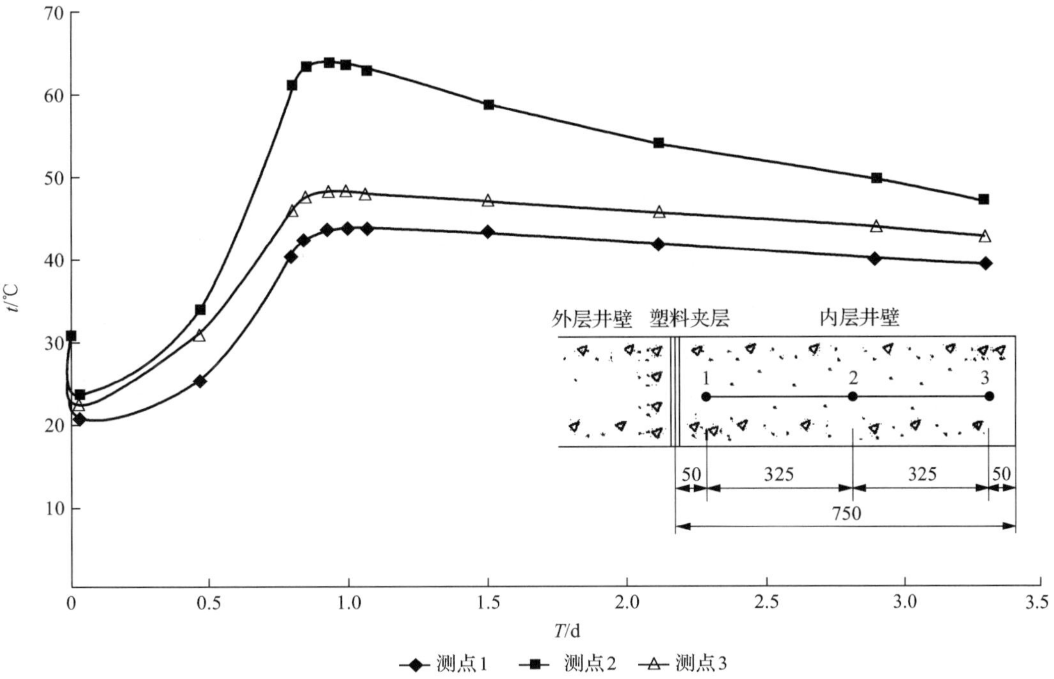

图 2-154　赵固二矿主井 387m 深含砾细砂内层井壁温度(t)与龄期(T)的关系

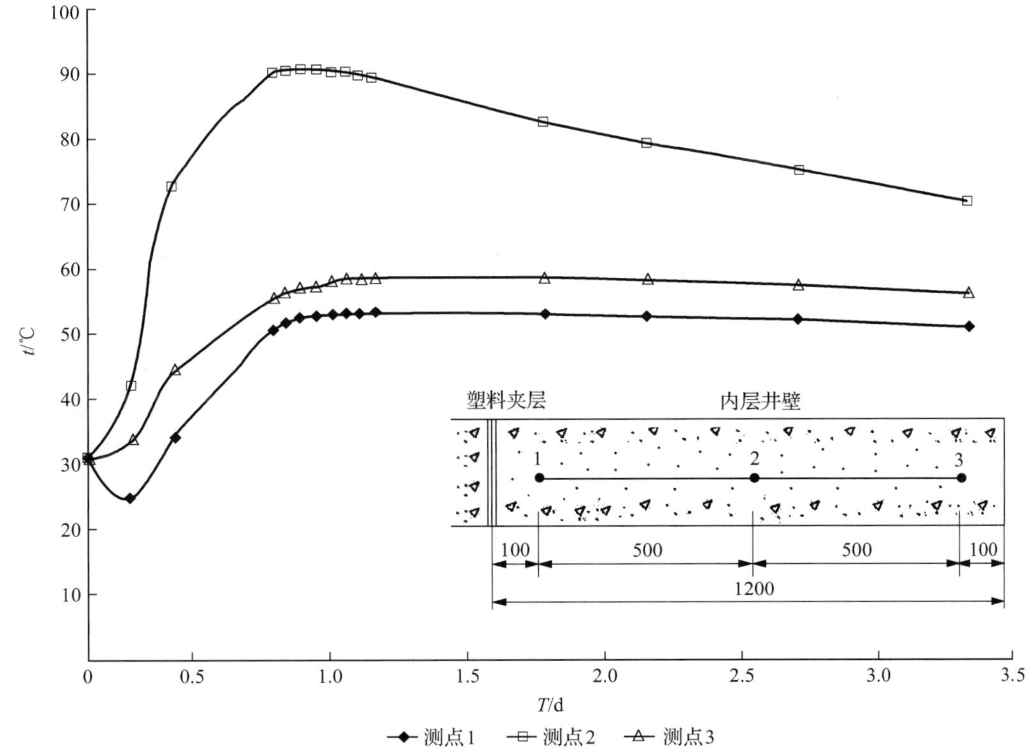

图 2-155　赵固二矿副井 488.2m 深砂质黏土内层井壁温度(t)与龄期(T)的关系

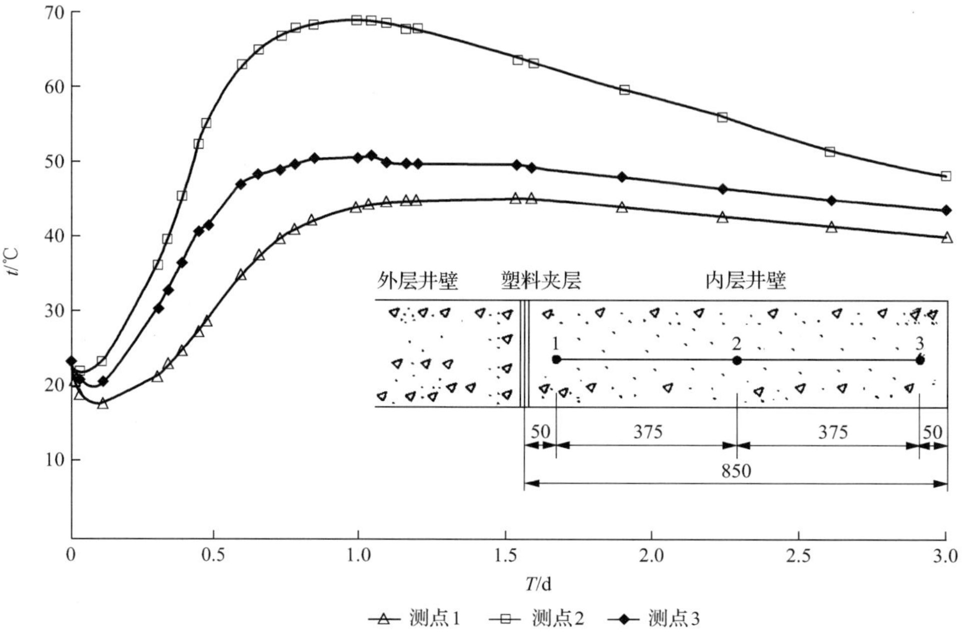

图 2-156　赵固二矿风井 420.9m 深内层井壁温度

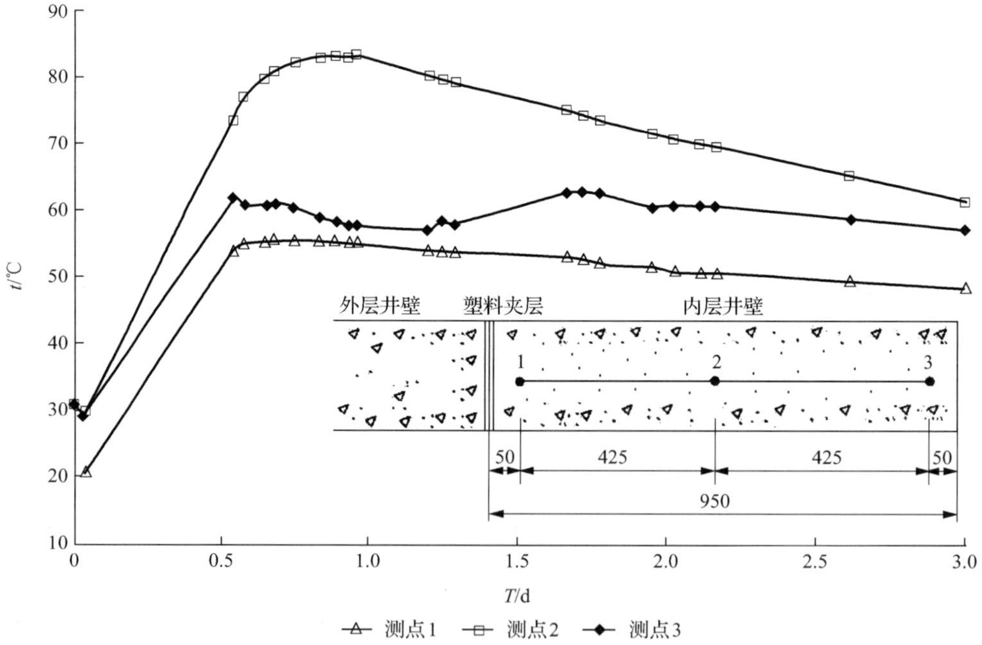

图 2-157　赵固二矿风井 507m 深黏土内层井壁温度(t)与龄期(T)的关系

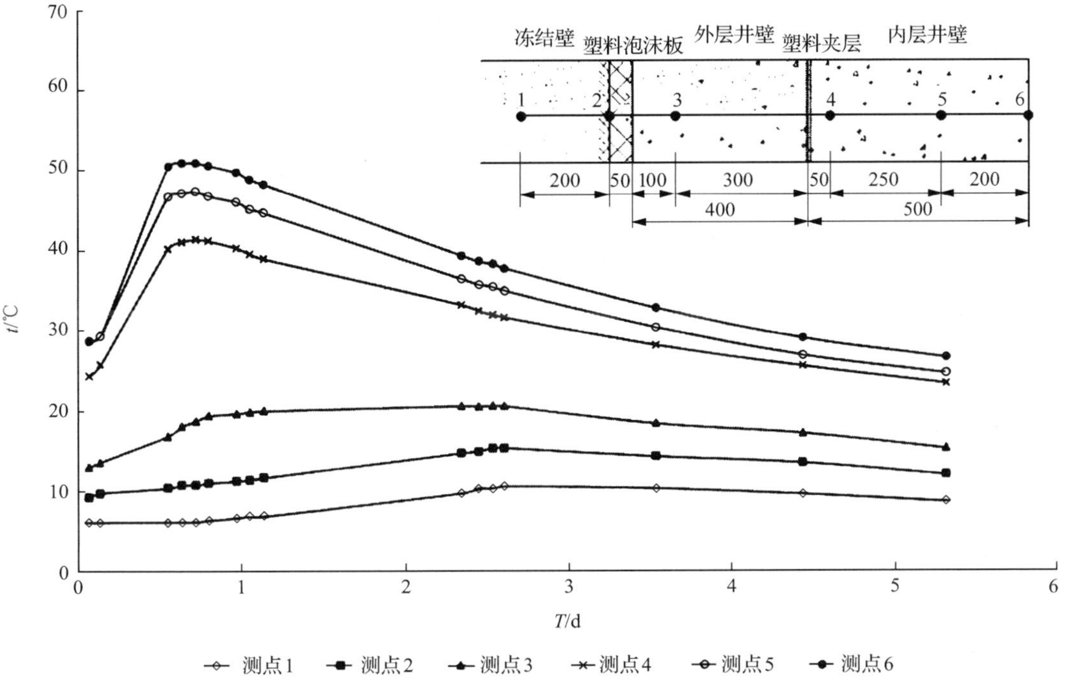

图 2-158　李粮店煤矿主井 197m 深内层井壁温度(t)与龄期(T)的关系

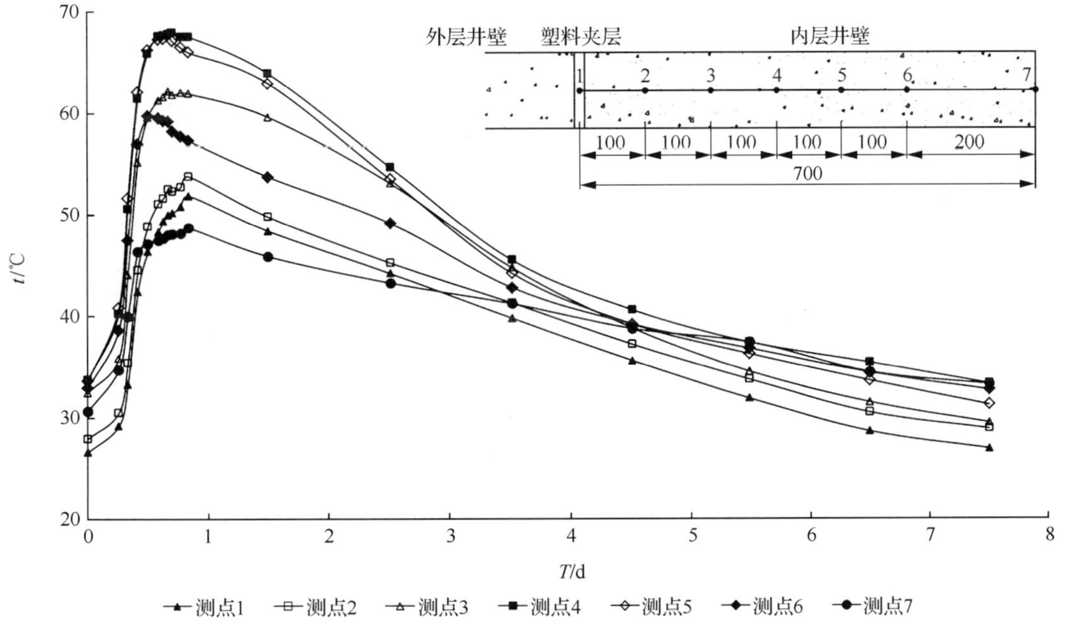

图 2-159　李粮店煤矿主井 499m 深内层井壁温度(t)与龄期(T)的关系

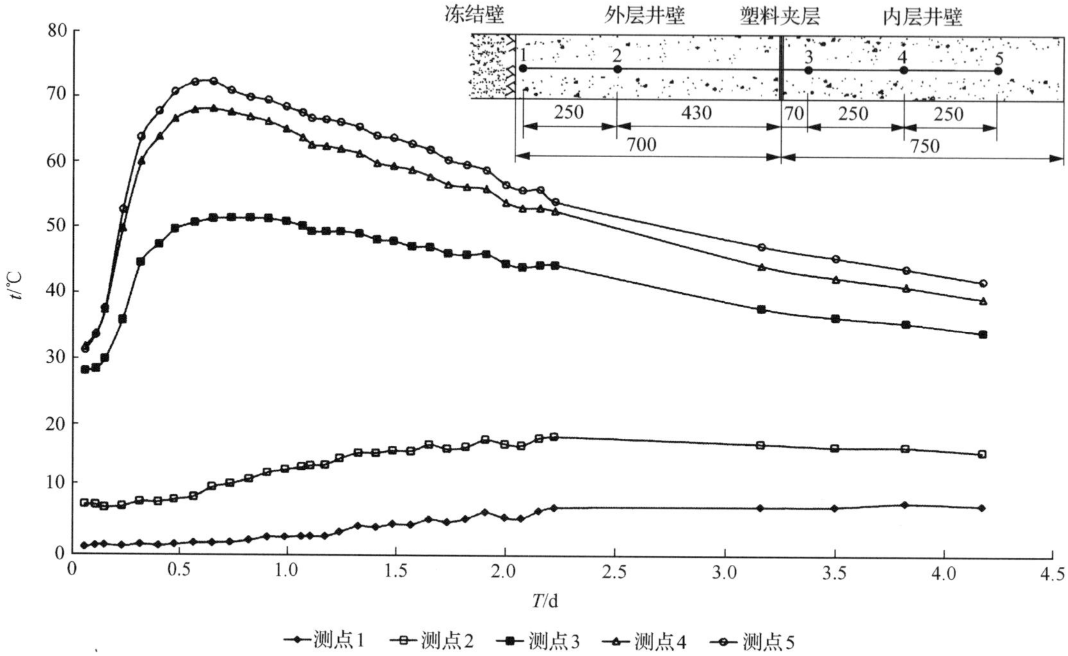

图 2-160　李粮店煤矿副井 233m 深内层井壁温度(t)与龄期(T)的关系

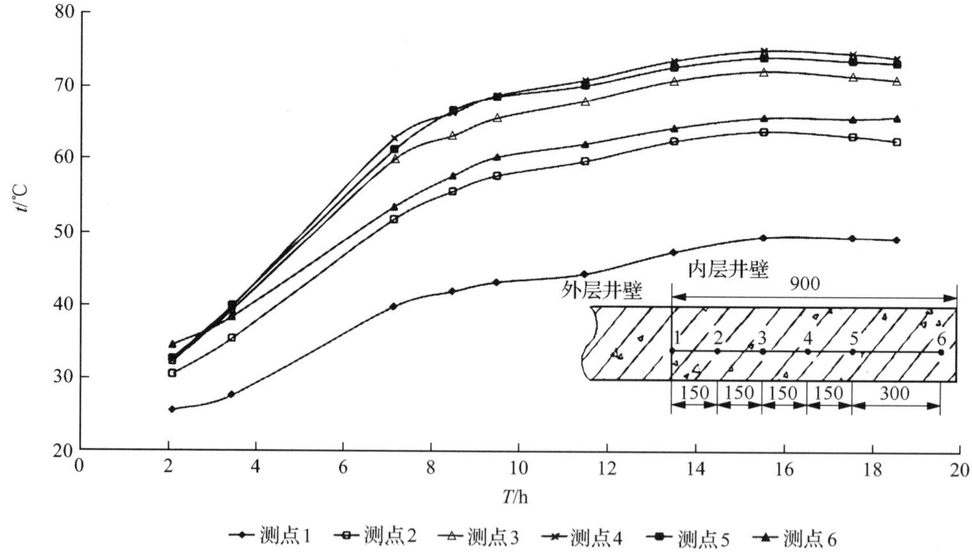

图 2-161　李粮店煤矿副井 486m 深内层井壁温度变化特性

表 2-104 赵固一矿主、副井套壁过程内层井壁温度变化特性

井筒名称	检测水平/m	地层名称	外层井壁		内层井壁																	
			厚度/mm	套壁时距内、外壁交界面50mm处的温度/℃	厚度/mm	混凝土					测点位置	横断面内不同测点温度/℃										
						设计标号	水泥用量/(kg/m³)	入模温度/℃	温度峰值/℃	出现温度峰值的时间/d		0.5d	1.0d	1.5d	2d	3d	5d	7d	10d	15d	20d	28d
主井	−480.5	黏土	850	−6.0	950	C70	380	25.5	47.5	1.5	外侧	23.0	47.0	47.0	46.0	41.5	35.0	31.5	26.0	21.0		
									59.5	1.0	中外之间	35.0	58.0	59.0	56.5	50.5	41.0	35.0	29.5	23.0		
									61.5	1.2	中间	36.0	61.0	61.0	59.0	52.5	42.5	36.0	31.0	23.5		
									64.5	1.2	中内之间	37.5	64.0	63.0	61.6	55.0	46.0	38.5	32.5	25.0		
									59.5	1.2	内侧	39.0	59.0	59.0	59.0	54.0	46.5	41.0	33.5	25.0		
									58.4	1.2	平均	34.1	57.8	57.8	56.3	50.7	42.2	36.4	30.5	23.5		
副井	−307.0	黏土	800	−6.0	850	C65	390	30.0	45.0	0.7	外侧	42.0	45.0	44.0	41.5	39.0	34.5	31.0				
									70.0	1.2	中间	67.0	70.0	66.0	61.5	55.5	45.0	41.0				
									70.5	0.8	内侧	67.0	70.0	60.0	58.5	53.5	47.0	45.0				
									61.8	0.9	平均	58.7	61.7	56.7	53.8	49.3	42.2	39.0				
	−196.7	黏土	700	−4.5	550	C50	350	31.0	43.5	0.9	外侧	29.0	43.0	38.5	36.0	32.0	26.0	21.0	18.0	15.0	12.0	10.5
									57.5	0.9	中间	56.0	57.0	51.0	43.0	37.0	31.0	24.0	21.0	16.5	13.5	11.5
									59.5	0.9	内侧	57.0	59.0	53.0	47.0	40.0	33.0	27.0	23.0	18.0	15.0	12.5
									53.5	0.9	平均	47.3	53.0	47.5	42.0	36.3	30.0	24.0	20.7	16.5	13.5	11.5

表 2-105　赵固二矿主、副、风井套壁过程内层井壁温度变化特性

井筒名称	检测水平/m	地层名称	外层井壁		内层井壁											
			厚度/mm	套壁时距内、外壁交界面 50mm 处的温度/℃	厚度/mm	混凝土					测点位置	横断面内不同测点温度/℃				
						设计标号	水泥用量/(kg/m³)	入模温度/℃	温度峰值/℃	出现温度峰值的时间/d		0.5d	1.0d	1.5d	2.0d	3.0d
主井	−387.0	含砾细砂	600	−4.0	750	C70	425	30	44.0	0.95	外侧	23.0	43.5	43.0	42.0	41.0
									62.5	0.95	中间	31.0	62.0	61.0	59.5	58.0
									48.5	0.75	内侧	33.5	47.5	47.0	46.0	45.0
									51.8	0.90	平均	29.2	51.0	50.3	49.2	48.0
副井	−488.2	砂质黏土	800	−2.0	1200	C80	450	30	51.5	1.00	外侧	37.0	53.0	52.0	51.0	50.0
									91.0	0.90	中间	77.0	90.0	85.0	81.0	71.5
									58.5	1.10	内侧	46.0	58.0	57.0	56.0	55.5
									67.0	1.03	平均	53.3	67.0	64.7	62.7	59.0
风井	−420.9	黏土	600	−4.0	850	C80	425	23	45.0	1.50	外侧	30.5	45.0	45.0	44.0	40.0
									69.5	1.00	中间	60.0	69.5	63.5	59.5	47.0
									51.5	1.00	内侧	47.0	51.5	50.0	47.5	45.0
									55.3	1.20	平均	45.8	55.3	52.8	50.3	44.0
	−507.0	黏土	650	−5.0	950	C90	490	30	56.0	0.90	外侧	51.5	55.5	53.0	52.5	51.0
									83.5	0.90	中间	70.0	82.5	77.5	71.5	62.5
									66.5	1.00	内侧	60.0	66.5	65.0	64.5	58.5
									68.7	0.90	平均	60.5	68.0	65.2	62.8	57.3

表 2-106　李粮店主、副井套壁过程内层井壁温度变化特性

井筒名称	检测水平/m	地层名称	外层井壁		内层井壁														
			厚度/mm	套壁时距内、外壁交界面 50mm 处的温度/℃	厚度/mm	混凝土					测点位置	横断面内不同测点温度/℃							
						设计标号	水泥用量/(kg/m³)	入模温度/℃	温度峰值/℃	出现温度峰值的时间/d		0.5d	1.0d	1.5d	2d	3d	4d	5d	6d
主井	−197.0	砂质黏土	400	23.0	500	C50	485	28.0	50.0	0.7	外侧	41.5	40.0	37.0	34.0	30.0	26.5	23.5	
											中间	47.0	46.0	42.0	37.5	32.5	29.0	24.5	
											内侧	51.0	49.0	46.0	42.5	35.0	32.0	26.5	
											平均	46.5	45.0	41.7	38.0	32.5	29.2	24.8	
	−499.0	砂质泥岩	800	26.5	700	C80	440	34.0	67.8	0.7	外侧	48.5	50.0	49.5	47.5	43.5	40.5	36.0	32.5
											中间	67.5	66.0	63.0	58.5	49.5	42.0	37.5	36.5
											内侧	67.5	66.5	64.0	59.5	51.0	43.0	38.0	36.0
											平均	61.2	61.0	58.3	55.2	48.0	41.3	37.2	35.0
副井	−233.0	砂质黏土	700	27.0	750	C60	401	30.0	72.0	0.7	外侧	50.5	50.5	47.0	45.0	38.0	35.0	33.0	
											中间	67.0	64.5	59.5	53.5	45.5	40.5	38.5	
											内侧	72.0	67.5	63.0	57.0	47.5	43.5	42.0	
											平均	63.2	60.8	56.5	51.8	43.7	39.7	37.8	

(2) 井壁温差。

冻结段井壁一次性套壁、内层井壁厚度大于 800mm 时，井壁出现温度峰值的时间为 0.9～1.2d(表 2-104 和表 2-105)，井壁横断面最大温差为 17～39℃，内层井壁厚度越大，最大温差也会更大。

6) 筒形壁座的温度变化特性

筒形壁座位于冻结段塑料夹层井壁的底部，厚度为内、外井壁厚度之和，一般达 2m 左右，高度一般为 10～15m，混凝土标号高，水化热较多。按内层井壁温度变化规律推算，壁座的温升峰值可能超过 100℃，但由于壁座是井壁套壁的起点，开始浇筑混凝土时，壁座底部、外侧冻土温度和井内气温较低，浇筑速度较慢，混凝土热量损失较大，因此浇筑初期混凝土升温较小，而壁座中间部位温升较大，见表 2-107。赵固二矿风井的筒形壁座底板深度为 610m，设计厚度为 1.6m(实际厚度为 1.8m，见图 2-162)，高度为 16m，C90 高性能混凝土，混凝土入模温度为 30.0℃，混凝土入模 2～3h 内各测点的温度均出现下降，随着水泥水化作用，温度上升，入模 1～1.5d 时间段壁座中间部位温升峰值为 73.0～79.5℃，而内侧温度为 50.0～52.5℃，外测温度为 47.5～49.5℃。之后各点温度均呈下降趋势，龄期 0.5d、1d、1.5d、2d、2.5d、3d、3.5d 的壁座平均温度分别为 60.2℃、66.3℃、64.6℃、62.4℃、60.7℃、59.0℃、56.1℃。李粮店矿主井壁座(宽 1.8m×高 16m)温升峰值为 80.0℃，出现温升峰值期为 1.1d，出现温升峰值的位置为壁座宽度的中间，筑壁后 7d 的横断面平均温度均为 50℃左右。

表 2-107　赵固二矿风井筒形壁座(厚 1.8m)、李粮店主井筒形壁座(厚 1.5m)混凝土温度变化特性

井筒	测点		混凝土				不同龄期的测点温度/℃										
	编号	至井帮的距离/m	入模前井帮温度/℃	入模温度/℃	温度峰值/℃	出现温度峰值的时间/d	0.5d	1.0d	1.5d	2.0d	2.5d	3.0d	4.0d (3.5d)	5.0d	6.0d	7.0d	8.0d
赵固二矿风井	1	0.02	−15.6	30.0	49.5	0.9	45.0	49.5	47.5	45.5	45.0	43.5	(42.0)				
	2	0.46			77.0	1.0	72.0	76.5	73.5	70.0	67.0	63.5	(60.0)				
	3	0.90			79.5	1.0	72.0	79.5	78.0	77.0	74.5	72.5	(69.0)				
	4	1.34			73.0	1.0	65.0	73.0	71.0	69.0	68.0	67.0	(63.5)				
	5	1.83			52.5	1.0	47.0	52.5	50.0	49.5	49.0	48.5	(46.0)				
	6	平均值			65.3	1.0	60.2	66.3	64.6	62.4	60.7	59.0	(56.1)				
李粮店主井	1	0.30		29.0	58.5	0.7	57.0	54.0	51.3	50.0	49.0	48.0	46.5	43.0	42.0	41.0	40.0
	2	0.60			73.0	0.5	73.0	71.5	70.0	67.5	64.0	62.0	58.5	53.0	51.5	49.0	46.0
	3	0.90			80.0	1.1	76.0	79.5	78.5	76.0	72.5	71.0	65.0	61.0	58.0	53.0	50.5
	4	1.20			79.5	1.1	75.5	79.5	78.5	76.0	72.5	71.5	66.5	61.5	58.5	56.5	51.6
	5	1.50			71.0	1.1	69.5	70.0	71.0	68.0	67.0	64.0	61.0	56.0	53.0	51.5	51.0
	6	平均值			72.4	0.9	70.2	70.9	69.9	67.5	65.0	63.3	59.5	54.9	52.6	50.2	47.5

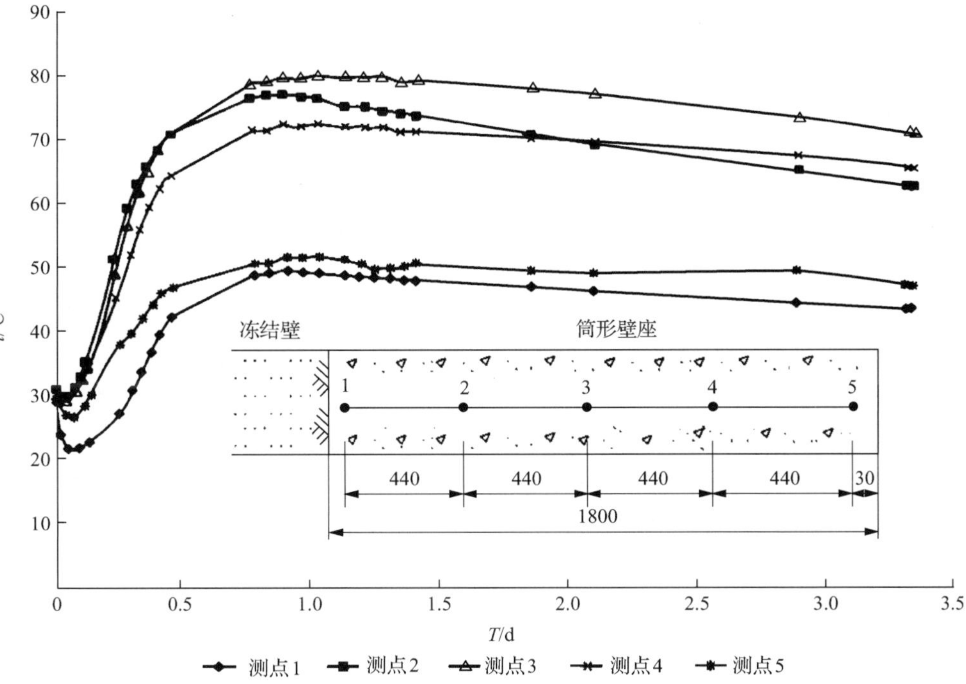

图 2-162　赵固二矿风井－594m 水平筒形壁座温度(t)与龄期(T)的关系

壁座浇筑结束后，紧接着自下而上连续浇筑内层井壁，壁座内部一直维持较高温度(图 2-162 和图 2-163)，而壁座外侧受壁后冻结壁低温冷源的影响引起温度下降。在全部内层井壁套壁过程中，井内温度一直较高，壁座降温速度较慢(1.5～0.1℃/d)，平均降温

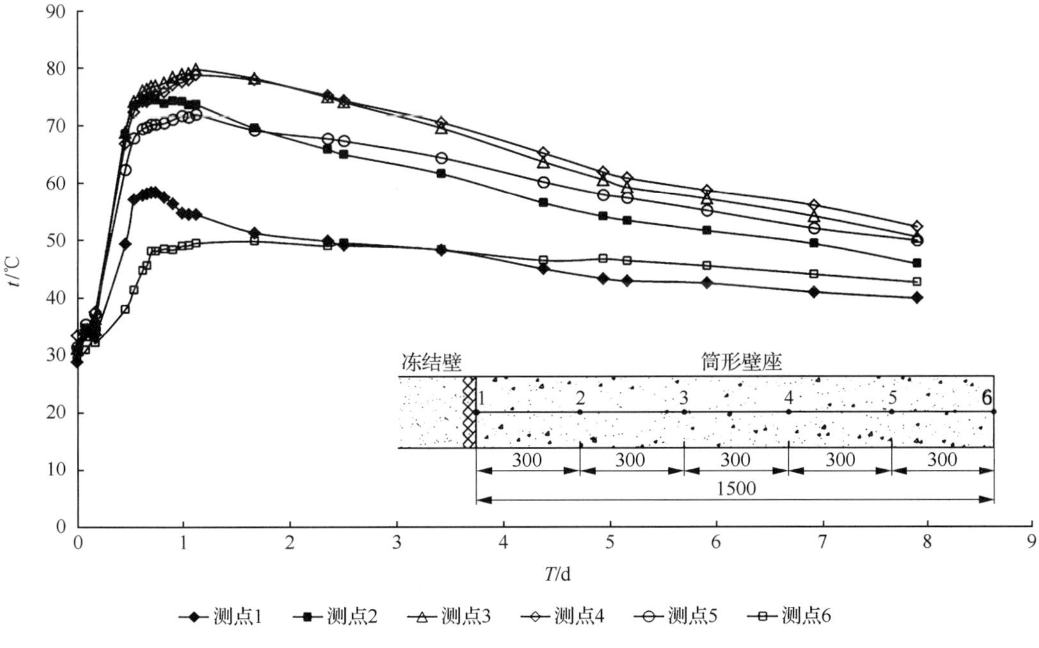

图 2-163　李粮店煤矿主井－541m 水平筒形壁座温度(t)与龄期(T)的关系

梯度为 0.5℃/d 左右，直至套壁结束时，壁座的平均温度仍有 10～15℃。因此壁座温度场变化对壁座混凝土整体质量影响不大。

7）内外层井壁壁间温度变化特性

（1）壁间温度变化三阶段。

根据实测资料，壁间温度在浇筑内层井壁混凝土后出现升温阶段，浇筑内壁几天后转为降温和逐渐冻结阶段，最后冻结壁解冻过程再次出现化冻、升温阶段。

（2）井壁及壁后温度场变化对壁间注浆的影响。

冻结井壁壁间注浆效果与壁间及外层井壁接茬缝的温度状态、含水层窜浆通道状况密切相关。壁间及外壁接茬缝处于冻结状态，浆液无法穿过和封堵壁间空隙，浆液也无法到达各外层井壁接茬缝，因此封堵、充填效果不好；如果冲积层中冻结壁大量融化、井壁透水严重，注浆的浆液易直接窜出井壁，并大量扩散至外围含水层中，甚至沿孔隙、空洞流到几公里之外；注浆压力小，浆液扩散不均匀、不深入，壁间及外层井壁接茬缝不能充分灌浆，其封堵、充填效果并不佳，随着外围含水层孔隙、空洞中注浆材料被水流带走，井壁透水现象仍会加剧，严重时仅依靠壁间注浆工艺都无法封住透水。

为提高壁间注浆效果，应在壁间处于化冻状态，外层井壁接茬缝大部分化冻，而冻结壁并未化冻或未大量化冻，尚能封冻主要含水层的孔隙、空洞的状态下，进行壁间注浆，可在相对封闭的空间内将注浆液充分注入壁间空隙及接茬缝。

（3）壁间温度变化特性及壁间注浆时机分析。

壁间正温是井壁夹层注浆的基本条件，即内外层井壁间隙处于化冻状态，一般要求壁间温度高于 5℃。但并不是井壁壁间温度越高越好，最初的升温阶段，井壁混凝土强度和施工工艺无法满足注浆要求；在最后冻结壁化冻阶段，井壁间隙温度提升与冻结壁化冻时间及程度相关联，随着井筒铺设辅助设施、建井一期工程人员的撤离，注浆施工难度加大，同时冻结壁融化较多会使井壁透水量增大，壁间注浆效果欠佳，一旦井壁存在局部薄弱，将给井壁带来安全危机。

根据实践经验，在壁间降温冻结和化冻升温阶段，井壁间随降温或升温过程均会出现正温 5℃以上的情况，此时期壁间化冻、外壁接茬缝基本不冻，再加未化冻或局部化冻的冻结壁对注浆液的外围限制作用，都是影响注浆效果的有利因素，此时为井壁夹层注浆封堵提供了较好条件。因此冻结井壁壁间注浆存在两个机会：第一是内层井壁套壁结束后，在井壁夹层温度降至 5℃之前，进行壁间注浆；第二是停止冻结后，在冻结壁化冻初期，井壁夹层温度回升至 5℃之后，马上进行壁间注浆。

① 套壁结束后壁间温度特点及注浆分析。

内层井壁温度降至 0℃的时间与井壁厚度、混凝土标号、入模温度成正比。深部比浅部的井壁厚度和混凝土标号高，一般深度每增加 100m，内层井壁的厚度和混凝土强度设计约分别增加 100mm 和 8MPa。例如，赵固一矿副井井深 0～201.5m 段、201.5～371.5m 段、371.5～574.5m 段内层井壁的厚度/混凝土标号分别为 550mm/C40～C50、850mm/C60～C65、1050mm/C70～C80。

从国内冻结井内层井壁实测温度资料综合分析可知，由于混凝土水化热的作用，一般冻结井筒深度每增加 100m，内层井壁浇筑混凝土后降至 0℃的时间会相应延长 7.6d 左右。而从内层井壁套壁速度分析，筒形壁座向上连续套壁的平均速度按 12m/d 计算，井筒深度每增加 100m，内层井壁套壁后的降温冻结时间增加了 8.3d。由此说明不同深度内层井壁各段降至 0℃的时间与该深度井壁开始套壁至套壁结束的时间之间的差值是基本一致的，不同深度井壁的壁间温度降至 0℃的时间点基本相同，即冻结井筒正常连续套壁情况下，井筒不同深度的壁间温度基本同时趋近于 0℃或 5℃。

冻结井套壁后内、外层井壁间可能出现几乎同时接近 0℃的降温过程，这给壁间注浆提供了极好的机会。以赵固一矿副井套壁情况为例，该井 2006 年 6 月 10 日从筒形壁座（深 547.5～562.5m，厚 2.05m）采用液压滑模套壁至 7 月 25 日套壁结束，历时 45d。由于滑模辅助盘基本上是密闭的，吊盘上、下间的热交换差，井壁混凝土水化热量主要通过壁后冻土交界面进行热交换，井壁降温速度较慢，仍有不少热量储存在井内。套壁过程对滑模辅助盘以下的井内气温进行实测的结果表明（表 2-108），已套井壁段内气温一直较高，当向上套壁高度接近井深 200m（套壁第 29d）时，井筒底部气温仍在 40℃以上，不同深度的气温为 35～50℃；当套壁结束时（套壁第 45d）井下气温仍在 19.2～48℃。根据赵固一矿副井深 196.7m 处内层井壁温度及井内气温情况分析，该处内壁厚 550mm，混凝土标号为 C55，入模温度为 22℃，井筒套壁第 29d 时浇筑该处井壁，当井筒套壁（第 45d）结束时深 196.7m 处内层井壁（已筑壁第 16d）横断面平均温度、井壁夹层部位温度、井内气温分别高于 15℃、12℃、25℃，该处井壁壁间温度由 12℃降至 5℃及 0℃的时间分别为该段筑壁后的 50d 和 75d，即内层井壁套壁结束后的 34d 和 59d。因为井筒各深度的壁间温度基本同时趋近于 5℃或 0℃，而井壁夹层注浆时间只需要 10～15d，说明利用井筒套壁结束后在内外层井壁交界面温度不低于 5℃条件下进行井壁夹层注浆是可行的，在内层井壁套壁结束就进行井壁夹层注浆的时间是绰绰有余的，加上套壁刚结束时，井内除凿井吊盘外，无其他悬吊管路和辅助设施，正是井壁夹层注浆的最方便时机。随着近年来冻结检测技术和调控技术的发展，掘砌过程中已经对中内圈冻结盐水流量和温度进行调控，套壁过程中也对主冻结孔的流量和温度进行调控，内层井壁回冻的冷量积蓄已经下降，因此壁间降温速度趋缓，为冻结段套壁后的壁间注浆提供了更长的施工时间段。

表 2-108　赵固一矿副井套壁过程滑模工作盘以下井内空气温度变化特点

序号	井深/m	开始套壁后不同时间实测不同深度的井内空气温度/℃								
		16d	19d	22d	24d	27d	31d	35d	39d	43d
1	20									48.2
2	40									50.0
3	60									45.0
4	80									38.0
5	100								40.5	35.3
6	120								44.0	35.2
7	140								44.7	28.0
8	160								38.0	26.8
9	180							41.2	34.8	26.0
10	200							44.9	34.2	26.0

续表

序号	井深/m	开始套壁后不同时间实测不同深度的井内空气温度/℃								
		16d	19d	22d	24d	27d	31d	35d	39d	43d
11	220							44.0	33.8	26.3
12	240						51.8	41.1	33.5	25.8
13	260						50.8	39.3	32.5	25.2
14	280					50.5	46.2	36.0	30.7	24.8
15	300					51.8	42.3	34.0	29.0	23.7
16	320				49.8	49.5	38.0	32.0	27.8	22.3
17	340			50.5	49.2	45.5	35.0	30.5	26.0	20.5
18	360			52.0	37.6	42.5	33.0	28.2	24.3	20.1
19	380		57.5	50.0	45.0	40.7	32.8	27.0	24.0	20.2
20	400	46.3	56.0	47.2	43.0	39.2	32.5	26.0	23.6	20.3
21	420	45.7	51.6	45.0	40.5	37.6	31.0	26.5	23.2	20.1
22	440	44.5	46.7	42.0	39.0	35.9	29.0	25.3	22.8	19.8
23	460	43.5	42.0	39.5	37.5	34.2	27.7	24.8	22.5	19.4
24	480	42.5	39.5	37.5	35.7	32.8	27.0	23.8	21.6	19.2
25	500	42.0	38.0	36.8	35.0	32.6	26.2	23.0	21.4	19.4
26	520	42.3	39.0	38.0	36.5	35.5	31.0	23.0	23.0	20.3
27	540	43.5	42.0	43.5	39.0	37.5	35.0	31.0	29.5	29.4
28	560	44.2	42.5	42.7	40.5	41.0	39.2	37.5	34.5	30.0

② 冻结壁化冻过程注浆分析。

冻结壁化冻期间内、外层井壁间的升温状况，与冻结壁及井壁设计、冻结时间、冻结调控、停冻时间、井筒通风、施工季节、含水层水流动状况等影响冻结壁化冻的因素有关，一般是在冻结壁即将透水或透水初期，壁间及外壁接茬缝的温度较适合壁间注浆，推迟注浆时间则冻结壁化冻和井壁透水越严重，注浆难度也越大，效果也越差，所以应在井壁夹层温度回升至5℃之后，应立即进行壁间注浆。冻结壁化冻过程中壁间注浆的最佳时机更是稍纵即逝，过早注浆无法进行，待发现井壁透水再开始准备壁间注浆，往往施工时浆液外窜，影响注浆效果，甚至仅依靠壁间注浆无法满足封水要求，井筒局部需要壁后注浆，给井筒安全、注浆封水施工及效果均带来较大的负面影响。

对比两个壁间注浆时机，冻结壁化冻过程中壁间注浆看似简单，实际上时机的掌握较为复杂和困难，注浆效果也并不理想，有时甚至给井筒带来安全隐患。而套壁结束后就进行壁间注浆的时机便于掌握，较适应壁间和外壁接茬缝的温度变化条件，也适应内层井壁混凝土的强度增长，利用未化冻的冻结壁保护，注浆浆液容易填充进入外壁接茬缝、井壁与冻结壁间隙、内外层井壁壁间缝隙，能较好地封堵、充填井壁薄弱处的间隙、空隙，提高井壁的封水性和承载能力。

8）冻结法凿井恢复被淹井筒的壁后冻土温度场监测

近年来，一些普通法凿井的井筒因地质资料及含水层资料不准确，在井筒掘砌过程中出现涌水、涌砂，无法通过断层破碎带和含水层，不得已改用冻结法恢复井筒建设，已砌井筒因此将面临两方面问题，一方面井筒被水浸泡后壁后的黏性土层吸水膨胀而压坏井壁；另一方面冻胀力压迫井筒造成井壁开裂。解决壁后黏性土层吸水膨胀的问题，需要建设和施工单位尽早确定施工方案和尽快施工，减少井筒被水浸泡的时间；解决冻胀力的问题，需要冻结孔圈适当布置大点，延长冻土扩至井筒的时间，同时需要冻结和掘砌期间监测井壁和壁后温度场变化，分析冻土向井筒发展的状况，据此调控冻结盐水温度和流量等，减缓冻胀力对原有井筒的威胁。以下列举平煤六矿北二回风井冻结法恢复井筒施工中壁后冻土温度场监测和调控的案例，了解壁后冻土温度场监测分析和冻结调控的效果。

平煤六矿北二回风井井筒净直径为7.5m，井深946.3m，以砂岩、泥岩地质为主，井筒西北方向存在一个构造裂隙带，倾角为81°，宽度1.4m左右，在井深450m位置距井筒4m，并向下逐渐向井筒内延伸。当井筒施工450m时，深448m井壁出现开裂出水现象，最大出水量达到490m^3/h，并伴有大量碎石涌入井筒，造成淹井。经地面注浆、工作面注浆，均没有达到预期效果，井筒无法继续施工，最终改为冻结法恢复井筒施工。

井筒恢复掘砌后便出现壁后泥岩吸水膨胀压坏局部井壁问题，壁后泥岩普遍吸水后，在冻土扩至井帮过程中井筒还将面临冻胀力造成更大的、持续的破坏威胁。为了更好地了解冻结壁向井壁扩展情况，保护原有井壁免遭冻胀破坏，在－135m水平中粒砂岩层、－235m砂质泥岩层、－381m中粒石英砂岩层、－405m泥岩层井筒壁后布置测点，用于监测壁后冻土扩展状态。各测点位置及温度见图2-164～图2-168。

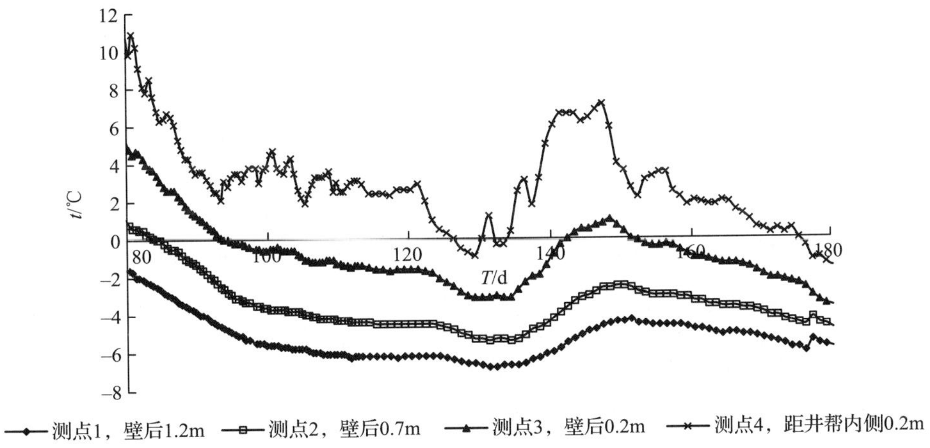

图2-164　平煤六矿北二回风井－135m水平西南方向原有井壁及壁后冻土温度测量曲线

－135m水平中粒砂岩测点于2013年7月17日(冻结80 d)开始测量，根据壁后温度下降趋势，冻结86d将冻结去路盐水温度由－27℃调至－20～－23℃，将冻结器盐水流量调至6～8m^3/h，冻结110d将盐水温度调至－18～－19℃，冻结122d将盐水温度提至－15～－16℃。由监测温度变化图2-164可知，未进行冻结调控之前和刚进行冻结调控期间，原有井筒壁后0.7m处降至0℃的时间比壁后0.2m处降至0℃的时间提前了10d，说明该层位冻土向内扩展速度为50mm/d，此期间监测点温度平均下降速度为0.34℃/d。盐水温度调控后监测点温度下降明显趋于缓和，冻结92～121d期间西南侧壁后0.2m处

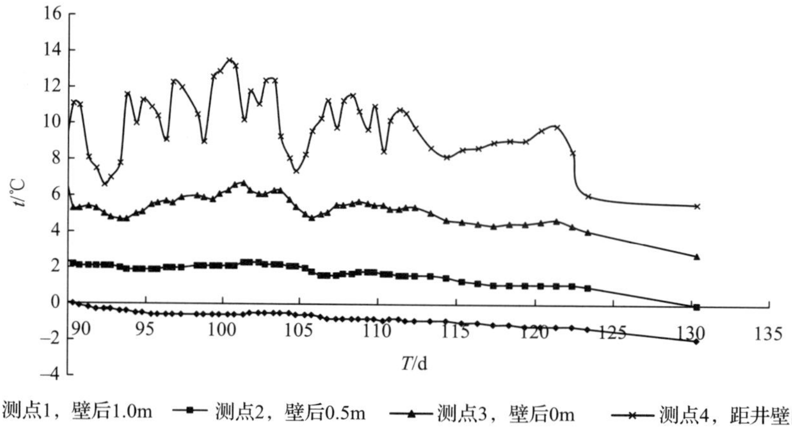

图 2-165　平煤六矿北二回风井－235m 水平砂质泥岩井筒西南方位原有井壁及壁后冻土测温曲线

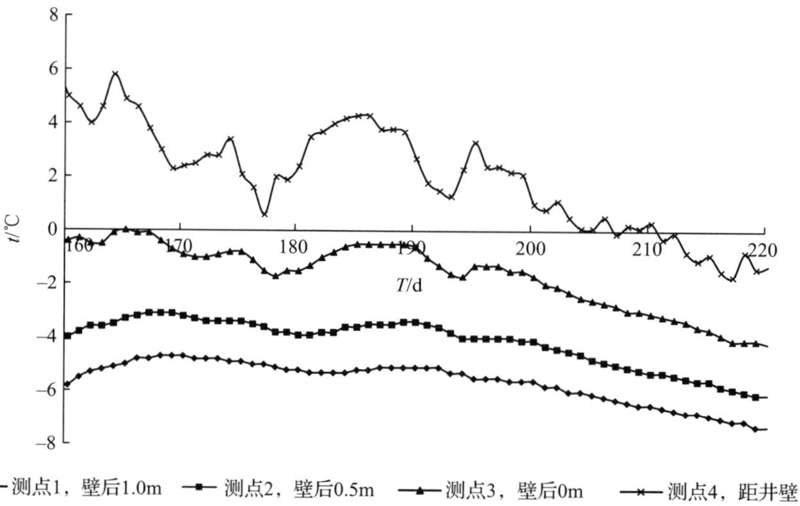

图 2-166　平煤六矿北二回风井－381m 水平西南方向原有井壁及壁后冻土温度测量曲线

温度下降 1.7℃，即下降速度为 0.059℃/d；调控后监测点温度下降速度为调控前的 0.17 倍，因此调控后中粒砂岩冻土向内扩展速度为 8.5mm/d。

－235m 水平砂质泥岩测点于冻结 90d 开始测量，由图 2-165 可知，壁后 0.5m 处降至 2.5℃的时间比井帮处降至 2.5℃的时间提前 40d 以上，说明该处冻土扩展速度低于 12.5mm/d。

－381m 水平中粒石英砂岩测点于冻结 159d 开始测量，由西南测点图 2-166 可知，经调控盐水温度和流量后，井帮土层一直处于 0℃以上的波动状态，冻土扩至井帮的速度很慢，直到为加强断层破碎带冻结而降温后，才使得壁后 0.5m 处降至－3.2℃的时间比井帮处提前 43d，说明壁后冻土缓慢扩展至井帮一段时间后才出现加速情况，冻土扩展开始加速时的速度约为 11.6mm/d。由东南测点图 2-167 可知，冻土扩至井帮的速度很慢，直到为加强断层破碎带冻结而降温后，才使得壁后 0.5m 处降至－3℃的时间比井帮处降至

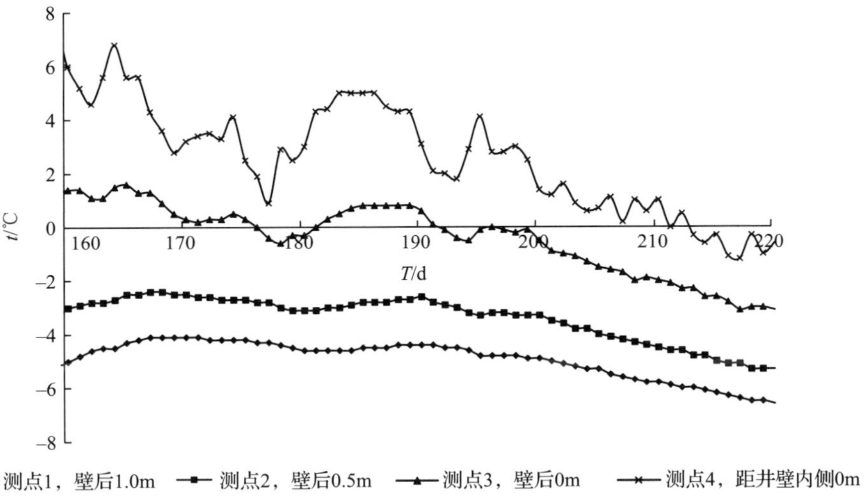

图 2-167　平煤六矿北二回风井－381m 水平东南方向原有井壁及壁后冻土温度测量曲线

－3℃的时间提前了 56d，冻土扩展开始加速时的速度约为 8.8mm/d。

－405m 水平泥岩测点于冻结 171d 开始测量，由西南测点图 2-168 可知，经调控盐水温度和流量后，壁后 0.3m 处土层一直处于 0℃附近的波动状态，冻土扩至井帮的速度非常缓慢，直到为加强断层破碎带冻结而降温后，才使得壁后 0.8m 处降至－2.5℃的时间比壁后 0.3m 处降至－2.5℃的时间提前了 46d，说明壁后泥岩冻土缓慢扩展至井帮一段时间后才出现加速情况，冻土扩展开始加速时的速度约为 10.9mm/d。

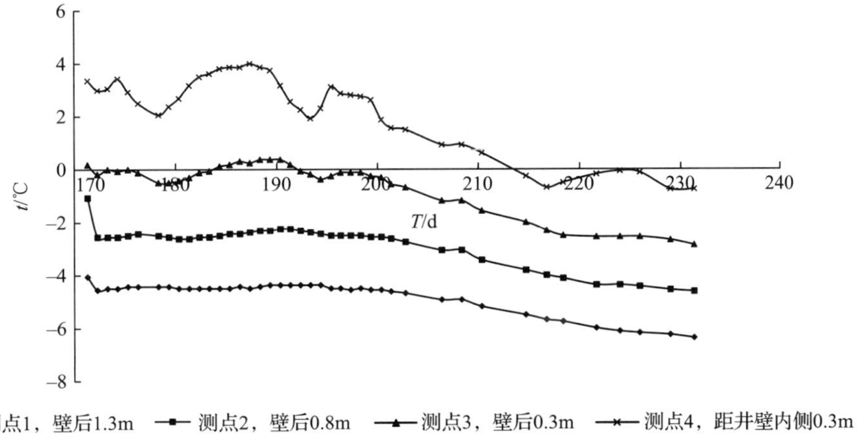

图 2-168　平煤六矿北二回风井－405m 水平泥岩井筒西南方向原有井壁及壁后冻土温度测量曲线

根据冻土的蠕变特性，泥岩冻胀力明显大于砂岩，控制或减缓冻土向井壁的扩展速度后，就会在一定时期内给泥岩一个较大的变形空间（厚度），从而减小泥岩冻胀力的增加，同时也给冻土、泥岩与井壁之间创造一个应力松弛、冻涨力衰减的时机。壁后温度场监测与冻结调控，其主要作用就是延缓冻结壁内侧冻土向原有井壁的扩展速度，其目的是造成壁后冻土、泥岩的应力松弛、冻胀力衰减，减小冻胀力对井壁的影响，从而避免冻胀力对井壁的破坏。根据原有井壁及壁后冻土温度场的检测分析，壁后每组测温曲线中各测点的降温速度基本一致，冻结调控后冻结壁内侧向井帮的扩展速度明显下降，由调控前的50mm/d下降至调控后的8.5mm/d以下，调控效果明显，原有井壁未出现因冻胀而引起的破坏。

2.6.2 井壁及壁后温度变化特性实测成果分析与应用

（1）通过外层井壁及壁后冻土融化回冻特性实测成果分析可以看出，虽然冻结段井帮温度较低，但浇筑混凝土后的井壁及壁后冻土很快处于升温阶段，随后的快速降温过程一般发生在筑壁后2～10d时间段，此过程中井壁均处于正温状态，因此不需要在混凝土中掺入防冻剂。

（2）由于受混凝土入模温度和水化热的影响，尽管壁后增设25～75mm聚苯乙烯泡沫塑料隔热层，邻近外层井壁的冻土仍会出现升温区及融化现象，一般融化范围达50～350mm，甚至达500mm以上，从而减弱冻结壁的强度和稳定性，促使冻结压力更快地作用于外层井壁，因此在冻结段外层井壁施工中应设法提高混凝土的早期强度。

（3）壁后冻土融化范围与冻结壁平均温度、井帮温度、井壁厚度、混凝土入模温度及单方混凝土水泥用量等因素有关。壁后冻土融化范围大，则冻土融化后的回冻时间延长，冻土对外壁初期的围抱力减小，井壁易处于竖向受拉状态，而且融土回冻至井壁时的冻胀力偏大，易造成井壁破坏；壁后冻土融化范围小，一般井帮温度低，井壁降温速度快，混凝土强度增长慢，井壁脱模时间长，影响施工，还降低井壁抵抗冻结压力增长的能力。因此筑壁混凝土选用低温早强及低水化热的高性能混凝土是十分必要的。

实测分析表明，冻结段的井帮温度应尽早处于负温状态，既有利于防止片帮，又有利于冻土对井壁的围抱作用，并可减小冻胀力对井壁的作用，但过低的井帮温度既不利于挖掘，又有碍混凝土井壁强度的增长；深厚冲积层冻结法凿井应通过冻结孔布置与多种冻结工艺的优化组合、冻结壁形成特性实测分析及冻结调控、冻结与掘砌的密切配合等措施营造合理的掘砌工作面井帮温度及冻结壁平均温度。表2-109的案例为赵固一矿西风井深厚冲积层掘砌过程中井帮温度和冻结壁平均温度的设计要求。

表2-109 赵固一矿西风井示范工程井壁及冻结设计要求

井筒深度/m	井壁厚度/mm	混凝土标号	井帮温度/℃		冻结壁平均温度/℃
			黏性土层	砂性土层	
50～210	1050	C40、C50	1.0～−3.0	−1.5～−5.0	−9～−13
210～390	1250	C70、C80	−2.0～−6.0	−3.0～−7.0	−11～−15
390～500	1600	C90、C100	−4.0～−8.0	−7.0～−10.0	−13～−17
黏性土层掘砌见冻土深度为70～100m					

（4）根据井壁及壁后温度变化特性实测的三个阶段特点和井壁检测资料分析，当冻结壁平均温度、井帮温度相对偏高时，会出现壁后冻土融化范围增大，回冻时间长或回冻乏力，在砂性土层与黏性土层交界处以及厚黏性土层段的外层井壁易出现压坏现象，有的外层井壁出现环形裂缝、潮湿、淋水现象。当井壁出现竖向、斜向裂缝或局部压坏时，需要

检测分析壁后冻土回冻状态，如果已经回冻至井帮，则裂缝及压坏状况不再严重扩大；如果回冻尚未到达井帮，则压坏状况可能仍将继续加重；环形裂缝说明混凝土硬化过程及硬化后，可能因壁后冻土融化范围大及回冻时间长，冻土对井壁的围抱力弱，造成井壁一段时间处于悬吊状态，应引起冻结及掘砌人员重视，改进施工工艺和措施，既要加强深部冻结，又要避免已筑井壁受冻胀力破坏。井壁及壁后温度变化特性实测分析对判断井壁出现裂缝、压坏的原因和发展趋势，以及制定施工工艺、措施是非常重要的技术手段；井壁及壁后温度检测分析对冻结调控、混凝土配合比及搅拌工艺、掘砌施工等均可提供重要的参考数据。

(5) 内层井壁自下而上连续浇筑混凝土，套壁高度和混凝土体积都较大，内层井壁温升高，温升峰值及井壁温差与井壁厚度成正比；井壁升温对混凝土提高强度有利，但容易引起内层井壁混凝土出现收缩裂缝。因此应采用低收缩率、低水化热、防裂密实的高性能混凝土，并采取降低内层井壁混凝土入模温度和保湿养护等措施，以防止内层井壁混凝土收缩开裂和出现温度裂纹，提高井壁的密实性、封水性。

(6) 钢筋混凝土塑料夹层井壁是我国深厚冲积层冻结段井壁的基本形式，要求套壁后在冻结壁解冻透水前进行夹层注浆，何时进行夹层注浆便是工程技术人员关注的焦点，根据液压滑模套壁辅助盘以下井内气温变化特性、井壁及壁后冻土融化回冻特性实测分析，内层井壁套壁结束后的时间是进行井壁夹层注浆的最佳时机，能够适应壁间和外壁接茬缝的温度变化条件，可利用未化冻的冻结壁保护，将注浆液填充至外壁接茬缝、井壁与冻结壁间隙、内外层井壁壁间缝隙，能较好地封堵、充填井壁薄弱处的间隙、空隙，提高井壁的封水性和承载能力。若需要提高内、外层井壁夹层部位的温度，在注浆期间还可采取向井筒通热风措施。

(7) 井壁及壁后温度变化特性实测分析还可作为普通法凿井转变为冻结法凿井时对原有井壁制定监测和保护措施的依据。普通法凿井转变为冻结法凿井时，在冻结壁向井壁扩展过程中，逐渐对井壁施加冻胀力，冻土扩至井帮前的冻胀力达到最大，因此有必要对井壁及壁后土层的温度场进行监测，并适时采取冻结调控措施，控制冻土向井壁的扩展距离或扩展速度，井筒内和井壁的温度对抑制壁后土层降温速度有着明显的影响，壁后土层的降温速度直接影响到井壁受冻胀力作用的程度和均匀性，也关系到壁后黏性冻土产生应力松弛、冻胀力衰减的程度，对井壁是否被冻胀力破坏影响很大。

2.7　高强高性能混凝土试验应用

2.7.1　混凝土技术的发展简况

1824年波特兰水泥的问世，开创了水硬性胶凝材料混凝土应用的历史。由四大组分(水泥、砂子、石子、水)组成的传统混凝土迄今已有190年的历史，并经历了三次重大的技术突破。

第一次重大技术突破是在19世纪中叶，法国首先出现了钢筋混凝土，提高了混凝土的抗拉性能，使混凝土作为建筑材料进入第一次飞跃时期。

第二次重大技术突破是1928年，法国首次设计了一种长拉钢筋模具，开创了预应力钢筋混凝土，使混凝土作为建筑材料进入了第二次飞跃时期。

第三次重大技术突破是20世纪60年代，日本、德国、美国等研制出减水率高达20%以上的高效减水剂，成功地配制出C80混凝土，使混凝土基本性能和施工性能得到了很大的改善和提高，大幅度提升混凝土的工程质量和使用价值，使混凝土作为建筑材料进入了第三次飞跃期。

2.7.2 高强高性能混凝土的原材料组成及基本性能

1. 高性能混凝土的原材料组成

高性能混凝土是20世纪80年代末90年代初出现的新型混凝土，它是以耐久性作为主要设计指标，针对不同工程用途和要求，采用化学外加剂和矿物外加剂双掺技术配制的低水胶比混凝土。

高性能混凝土由六大组分组成，除传统混凝土所用的水泥、砂子、石子、水四大组分外，还有化学外加剂(人们习惯称它为混凝土的第五组分)和矿物外加剂(人们习惯称它为混凝土的第六组分)。化学外加剂的作用是降低混凝土的水胶比，提高混凝土强度，增大坍落度和控制坍落度损失，赋予混凝土的密实性和良好的工作性；矿物外加剂的作用是参与水化，起到胶凝材料的作用，改善混凝土的微观结构，堵塞混凝土内部孔隙，提高混凝土的强度和耐久性。

2. 高性能混凝土的基本特性

(1) 工作性能好，坍落度易于调控，便于施工。

(2) 可以根据不同工程的需求配制各种等级的混凝土，混凝土的后期强度增长幅度大。

(3) 混凝土的抗渗、抗腐蚀、抗冻融、抗碳化性能好，耐久性好。

(4) 原材料来源广泛，费用较低，经济效益显著。

2.7.3 C60～C80高性能混凝土在冻结段井壁工程中的试验应用

1. 21世纪以来深厚冲积层冻结段井壁结构设计与施工遇到的技术难题

1) 冻结段井壁结构与施工工艺对筑壁混凝土的要求

我国自1982年以来，深厚冲积层冻结段基本上采用钢筋混凝土塑料夹层井壁结构。塑料夹层为聚乙烯软板，在内层井壁套壁过程中铺设，起滑动作用，以减少内层井壁收缩裂缝；外层井壁在冻结段施工过程中起临时支护的作用承受冻结压力，套壁后构成永久井壁的一部分承受土压或岩石压力；内层井壁是永久井壁的主体结构，起封水和承受水压的作用。

塑料夹层井壁的施工工艺为外层井壁自上而下分段掘砌至要求深度和浇筑筒形壁座后，自下而上连续浇筑内层井壁直至井口；若外层井壁掘砌过程中发现已砌井壁压坏或冻结管断裂严重危及安全施工，应停止掘砌、加强冻结或提前进行套壁。

外层井壁是自上而下短段掘砌，要保证井筒的施工速度，首先必须保证井壁混凝土能在 8～10h 内脱模，要求混凝土必须早强。存在的技术难点还有：一是外层井壁的外侧与冻结壁直接接触，井帮温度较低（接近－5～－20℃），靠近井帮部位的混凝土降温较快，强度增长较慢；在深厚黏土层中，冻土扩展速度较慢，冻结壁有效厚度较小，冻土强度较低，冻结压力较大，有可能因混凝土强度增长率低于冻结压力增长速度而遭受破坏，甚至导致冻结壁位移得不到控制，引起工程事故；二是由于井壁厚度大，混凝土硬化过程产生较多的水化热而引起井壁温度升高和壁后冻土的融化范围大、回冻时间长，前者容易导致井壁出现温度裂缝，后者容易导致井壁出现拉裂。因此，不仅要求混凝土具有较高的强度和合适的强度增长特性以抵抗地压，还必须有较低的水化热和低温早强性能：一要防止因高强度混凝土应用带来的高水化热引起井壁后冻土大量融化；二要使不同龄期的混凝土强度增长率大于冻结压力增长率，以防止外层井壁压坏，导致冻结壁径向位移过大产生冻结管断裂。

内层井壁是自下而上大段高连续浇筑混凝土，井壁混凝土应能满足滑模等施工工艺脱模强度要求，因此也要求混凝土必须具备早强性能，同时还存在下列技术难点：一是套壁过程连续浇筑的混凝土体积大和水化温升高，外侧受外层井壁的约束和低温的影响，容易产生收缩、温差裂缝和井壁漏水问题；二是在冻结壁解冻过程中，井壁出现漏水或壁后冻土融化不均匀沉陷而导致局部破坏（如东荣二矿风井）；三是在矿井生产过程中，由于疏排水引起冲积层段含水层水位下降或地层沉陷产生较大的竖向附加力而导致永久井壁破坏。

矿井的设计年限一般都超过 50 年，有些地区地下水中和土中有大量的 SO_4^{2-} 和 Cl^-，造成混凝土中钢筋锈蚀和开裂。混凝土井壁腐蚀的必要条件是环境因素，即含有 Cl^-、SO_4^{2-} 等离子的水能进入混凝土发生化学反应，就会引起混凝土井壁的腐蚀破坏，降低混凝土的强度，这一因素在井壁破坏中所起的作用不能忽视。井壁所受竖向附加力是井壁破裂的外因，井壁混凝土强度的降低是井壁破坏的内因。因此对于深冻结井筒井壁（尤其是内壁）的混凝土，除了高强、早强外，还必须具有高耐久性，从而满足井筒的使用要求。

根据冻结段井壁施工工艺不同，内外层井壁混凝土需要具备不同的环境温度适应性、坍落度、扩展度、强度增长率、密实度等特性。

2）井壁厚度大和施工难度增加，工程质量不易保证

冻结段内层井壁和外层井壁分别按承受水压和冻结压力进行计算。井壁厚度与冲积层厚度成正比，与混凝土设计标号成反比；冲积层厚度是根据井检孔的地层埋深条件确定的，而混凝土设计标号是根据国内的技术水平进行优选，实际情况往往是井壁厚度增长速度大于混凝土标号的提高速度，具体如下。

（1）进入 21 世纪之前，国内最深冻结井为陈四楼副井，井筒净直径为 6.5m，冲积层厚 374.5m，冻结深度为 435m，井壁混凝土设计最高标号为 C50，井壁设计最大厚度为 1.8m[27,87,88]。

（2）进入 21 世纪后，不少冻结立井穿过的冲积层厚度相继突破 400m 和 500m，冲积层最大厚度达 675.6m，以冻结冲积层为主的立井最大冻结深度为 800m（李粮店副井、杨

村风井)，以冻结含水基岩为主的立井最大冻结深度为950m(核桃峪副井)。郭屯主、副井冲积层厚度为587.4m、583.1m，净直径为5.0m、6.5m，混凝土设计最高标号为C70，内、外层井壁总厚度分别达到2.25m(主井)和2.50m(副井)；若冲积层厚度大于700m、井筒净直径大于6.5m继续采用C70混凝土，内、外层井壁总厚度将超过3m，这不仅掘砌和冻结费用将大幅度增长，工期大幅度延长，施工工艺和工程质量也将受到严重影响；有些待批建设项目的冲积层厚度已达到700～800m，则井壁结构设计和施工将遇到更大的困难。

2. 高强高性能混凝土对深厚冲积层冻结段井壁的适应性

根据上面介绍的高性能混凝土基本性能和深厚冲积层冻结段井壁结构设计施工遇到的技术难题综合分析认为，高性能混凝土能较全面地适应大于500m冲积层冻结段井壁的受力条件和施工环境；能根据工程要求配制出C100以内的各种等级的混凝土，把井壁厚度控制在较为合理的范围内；能有效提高混凝土早期强度，以适应外层井壁抵抗冻结压力和早脱模的需要；能有效降低内层井壁混凝土水化温升峰值15℃左右，结合配合比优化技术可减小混凝土固化过程的体积收缩率，以缓解内层井壁大体积混凝土施工的温度应力和收缩开裂问题；能较大幅度提高混凝土的密实性和抗渗性，提高永久井壁的工程质量。

但是，高强高性能混凝土对其配置的原材料有严格要求，并不是所有场合都能获得合适的水泥和集料，因此如何尽量利用当地原材料，并确定适宜的配合比和配制工艺，是煤矿冻结井筒应用高强高性能混凝土的难题之一。另外高强高性能混凝土生产施工的每一环节都要仔细规划和检查，否则会影响高强高性能混凝土的质量和应用效果；高强高性能混凝土的质量特别容易受到生产、运输(输送)、浇筑和养护过程中环境因素的影响，尤其是过高或过低的气温、远距离运输或多环节输送以及水化热等问题更应引起注意。

3. C60～C80高性能混凝土的试验应用简况

我国1996年把高性能混凝土的综合研究和应用课题列为国家“九五”科技攻关项目，由中国建筑材料科学研究总院牵头组织联合攻关，在提高混凝土强度、改善混凝土密实性和耐久性等方面取得重大突破，取得良好的技术经济效果，也为解决深厚冲积层冻结段井壁结构设计和施工难题提供机遇。2000年12月15日由国家科技部组织了验收，从而在我国揭开了试验应用高性能混凝土的序幕。

2000年以来，煤炭基本建设和冻结法凿井迎来了前所未有的大好形势，300～400m、400～500m、大于500m冲积层的冻结立井数分别超过51个、48个和29个，冻结段井壁设计厚度也随之大幅度增大，迫切需要采用高性能混凝土和提高混凝土标号，以减薄冻结段井壁厚度。为了解决400～500m、大于500m冲积层冻结段井壁结构设计和施工的需要，煤科总院北京建井研究所和中国建筑材料科学研究总院水泥科学与新型建材研究所于2001年合作开展高性能混凝土在深厚冲积层冻结段井壁工程中试验应用研究，并于2002年在河南省程村主副井430m冲积层冻结段外层井壁采用C40～C60低温早强混凝土和内层井壁采用C40～C60低水化热防裂密实高性能混凝土的试验应用研究，首次将冻结段井壁混凝土设计标号由C50提高至C60，为大于400m冲积层冻结段井壁推广应用高性能混凝土奠定了基础。

随后于 2004 年施工的安徽省丁集矿主副风井和山东省龙固副井冻结段井壁工程中试验应用了 C60～C70 高性能混凝土；2005 年施工的河南省泉店矿主副风井冻结段井壁工程中试验应用了 C60～C75 高性能混凝土；2005 年施工的赵固一矿副风井冻结段井壁工程中率先试验应用了 C80 高性能混凝土[89]，均取得良好的技术经济效果，从而在煤炭系统冻结段井壁工程中掀起推广应用高强高性能混凝土的热潮；至 2014 年由煤科总院北京建井研究所、中国建筑材料研究总院、北京煤科联应用技术研究所等单位试验研究应用 C60～C80 高性能混凝土的冻结立井就达到 37 个（表 2-110），取得多项技术创新，把大于 500m 冲积层冻结段内、外层井壁总厚度控制在 2.0m 左右，有效地缓解了外层井壁压坏、内层井壁收缩开裂和井壁漏水问题，实现安全快速施工，井壁质量大幅度提高，掘砌工程和冻结工程成本大幅度降低，为进一步完善深厚冲积层冻结段井壁结构设计和提高井壁质量创出了一条新路。

表 2-110　推广应用 C60～C80 高性能混凝土的冻结井简况

序号	井筒名称		冲积层厚度/m	冻结深度/m	混凝土最高标号	应用年限
1	程村	主井	429.9	485	C60	2002～2003
2		副井	429.9	485	C60	2002～2003
3	龙固主井		546.5	钻井预制井壁	C70	2003
4	吴桂桥	主井	379.0	423	C60	2004～2005
5		副井	388.2	420	C60	2004～2005
6	泉店	主井	455.3	513	C70	2004～2005
7		副井	440.1	500	C75	2004～2005
8		风井	455.3	523	C75	2004～2005
9	赵固一矿	主井	518.0	575	C70	2004～2005
10		副井	519.7	575	C80	2004～2005
11		风井	526.5	575	C80	2004～2005
12	方庄新主井		359.2	447	C65	2006
13	赵固二矿	主井	530.5	615	C80	2006～2007
14		副井	527.5	628	C80	2006～2007
15	九里山风井		173.0	268	C70	2007
16	张屯风井		220.0	263	C70	2008
17	新河	主井	214.1	290	C65	2007～2008
18		副井	218.1	290	C75	2007～2008
19		风井	211.7	288	C70	2007～2008
20	胡家河	主井	11.9	548	C70	2008～2009
21		副井	12.0	578	C70	2008～2009
22		风井	11.9	541	C70	2008～2009

续表

序号	井筒名称		冲积层厚度/m	冻结深度/m	混凝土最高标号	应用年限
23	红一	主井	361.2	412	C65	2010～2011
24		副井	359.1	423	C70	2010～2011
25		风井	363.9	450	C60	2010～2011
26	孟村	主井		610	C70	2010～2011
27		副井		640	C70	2010～2011
28		风井		600	C70	2010～2011
29	安里	主井	414.2	485	C80	2011～2012
30		副井	411.2	483	C80	2011～2012
31	园子沟	主井		528	C70	2012～2013
32		副井		577	C70	2012～2013
33		风井		612	C70	2012～2013
34	王行庄南风井	进风井	240.8	316	C70	2013
35		回风井	240.8	316	C70	2013
36	红二	主井	305.0	409	C65	2013
37		副井	299.5	414	C70	2013
38		风井	295.2	374	C65	2013

4. 程村副井应用C60高性能混凝土的工程案例

1）工程简况

程村副井净直径为5m，冲积层厚429.9m，冻结深度为485m，是进入21世纪初国内首个最深冻结井。冻结段采用钢筋混凝土塑料夹层井壁（表2-111），井壁最大厚度为1800mm，内外层井壁混凝土最高标号为C60，冻结段采用短段掘砌一次套壁施工工艺。

表2-111　程村副井冻结段内外层井壁结构

序号	井筒净直径/m	深度/m	井壁厚度（混凝土标号）/mm		内外层井壁厚度之和/mm	聚乙烯塑料夹层厚度/mm	井壁与井帮之间聚苯乙烯泡沫塑料板厚度/mm
			内层	外层			
1	5.0	0～150	650(C30)	550(C30)	1200	2×2	25
2		150～220	650(C40)	550(C40)	1200	2×2	25
3		220～280	950(C40)	850(C40)	1800	2×2	25
4		280～350	950(C50)	850(C50)	1800	2×2	25
5		350～390	950(C55)	850(C55)	1800	2×2	25
6		390～463.5	950(C60)	850(C60)	1800	2×2	25
7		463.5～478.5	筒形壁座(C60)		1800		

2）高性能混凝土室内试验

（1）混凝土原材料试验与优选。

① 水泥：两种水泥的胶砂强度试验结果见表 2-112。

表 2-112　水泥的胶砂强度

水泥强度等级	生产厂家	ISO 胶砂强度/MPa				国家标准/MPa			
		抗折		抗压		抗折		抗压	
		3d	28d	3d	28d	3d	28d	3d	28d
P. O 32.5	吴村煤矿水泥厂	3.9	9.5	15.9	33.7	2.5	5.5	11.0	32.5
P. O 42.5	新乡李固水泥厂	6.8	9.6	31.9	56.5	3.5	6.5	16.0	42.5

从试验结果看，两种水泥的抗折、抗压强度均能满足国家标准对相应强度等级水泥的要求，但吴村煤矿 P. O 32.5 等级的水泥 28d 抗压强度只有 33.7MPa，强度富余系数很小，用其配制 C40 混凝土时需要增加化学外加剂的用量。经与建设单位商定，配制 C40 以内的混凝土使用 P. O 32.5 水泥，C50～C70 混凝土使用 P. O 42.5 水泥。

② 砂：委托方先后送 3 个砂样以备选用，将 3 个砂样 5mm 以上的颗粒筛除掉，砂子冲洗后进行筛分试验和其他性能试验，结果见表 2-113。

试验结果分析：A 样中 2.5～5mm 的颗粒含量偏高，且含泥量大，不宜采用；B 样和 C 样的级配属于Ⅱ区中砂（细度模数为 2.3～3.0），可以用于配制 C40～C70 高性能混凝土，故在研究中选用了 B 样砂进行混凝土配合比试验。

表 2-113　砂的筛分析结果和性能

项目		累计筛余百分数/%					
		A 样		B 样		C 样	Ⅱ区砂
		第一次	第二次	第一次	第二次		
筛孔尺寸/mm	5	13.24	11.70	0	0	0	10～0
	2.5	26.16	24.44	14.6	14.9	19.6	25～0
	1.25	35.50	33.90	33.9	34.9	33.1	50～10
	0.63	55.22	54.00	58.9	51.3	59.1	70～41
	0.315	79.96	79.24	87.5	89.9	86.9	92～70
	0.160	95.26	95.36	97.3	97.9	97.1	100～90
细度模数 MX		2.60	2.59	2.92	2.99	2.96	
评价				Ⅱ区中砂		Ⅱ区中砂	
含泥量/%		3.4		1		1	

③ 石子：粗集料在混凝土中约占 3/4 体积，是混凝土的主要组成部分，集料的粒径和级配对混凝土强度和均质性有明显的影响。原送碎石样中小于 10mm 的颗粒较少，故对该石子进行了破碎处理，原石样和破碎处理过的石子的筛分析结果见表 2-114。

表 2-114　石子的筛分析结果和性能

项目		累计筛余百分数/%				
		原送样第一次	原送样第二次	破碎处理样第一次	破碎处理样第二次	连续粒级 5～20mm
公称粒径/mm	26.5	0	0	0	0	0
	19	31.25	28.5	16.8	17.0	0～10
	16	61.25	58.5	32.8	38	
	9.5	94.75	96.25	81.8	84.8	40～80
	4.75	99.85	99.25	99.3	98.9	90～100
	2.36	100	99.5	100	100	95～100
容重/(kg/m^3)		1400				
比重		2.65				
含泥量(按质量计)/%		0.2				
泥块含量(按质量)/%		0				

从表 2-114 中列出的石子样品在各公称粒径下的累计筛余百分数可见，经过破碎加工处理后，石子大于 19mm 和 16mm 的颗粒数量明显下降，其颗粒分布与 5～20mm 连续粒级石子的要求较为接近，故试验选用破碎处理后的石子进行混凝土的试配。

④ 水：拌和水的水质不纯会影响到混凝土的凝结时间和强度，水中有害物质可能会影响钢筋锈蚀，也会使混凝土表面出现污斑或影响混凝土的耐久性，故拌和水必须满足《混凝土拌和用水标准》(JGJ 63—89)的要求，选用工地饮用水配制混凝土。

⑤ 化学外加剂：根据国内冻结井壁配制高强混凝土的方法、效果、费用等情况分析，外层井壁 C40～C70 低水化热密实高性能混凝土选用 J851 型早强减水剂，内层井壁 C40～C70 低水化热防裂密实高性能混凝土选用 JQ 型防裂密实剂。

(a) J851 早强减水剂。它是由减水、早强、增黏等组分经改性而成的一种新型早强减水剂，早强和增强效果显著，可用于配制早强高强高性能混凝土，当掺量为 3.0%～3.5%时，减水率大于 15%，3d、7d 和 28d 的强度分别提高 60%～150%、40%～100%、15%～30%，配制 C40、C50～C55、C60、C70 早强混凝土可分别选用 J851-A 型、J851-B 型、J851-C 型、J851-D 型，已在几十个冻结井筒井壁混凝土中应用，取得良好的效果。

(b) JQ 防裂密实剂。它是由减水、膨胀、早强、调凝、增黏等组分经改性而成的一种多功能防裂密实剂，具有早强、增强、防裂、增密和等量取代 P.O 42.5 水泥的作用，并构成胶凝材料的一部分。当掺量为 10%时，减水率大于 15%，1～3d 的强度提高 30%～50%，28d 的强度提高 15%～30%。可用于配制高强高性能混凝土，配制 C40、C50～C55、C60、C70 混凝土可分别选用 JQ-A 型、JQ-B 型、JQ-C 型、JQ-D 型，已在几十个冻结井筒内层井壁中使用，取得良好的效果。

⑥ 矿物外加剂。

(a) 粉煤灰。采用新乡火电厂的Ⅱ级粉煤灰进行化验，其烧失量为 4.81%，SO_3 含量为 0.16%，需水量比为 100%。从粉煤灰的活性指数试验(表 2-115)看，该粉煤灰的 7d 和

28d 活性指数值较低，且该粉煤灰的烧失量较高，达不到国家标准对Ⅱ级粉煤灰的要求，改用Ⅰ级粉煤灰配制 C40～C70 混凝土。

表 2-115　粉煤灰的活性指数

活性指数	新乡粉煤灰检测值	标准值	
		Ⅰ级	Ⅱ级
7d 活性指数/%	67	>80	>75
28d 活性指数/%	74	>90	>85

(b) 磨细矿渣。试验选用武钢产比表面积为 600m^2/kg、密度为 2.89g/cm^3 的矿渣，其粒径分布和化学成分见表 2-116。

表 2-116　磨细矿渣的粒径分布和化学成分

粒径分布/%							
<2μm	<4μm	<8μm	<16μm	<32μm	<64μm	平均粒径/μm	
32.5	42.8	64.9	87.5	100.00	100.00	4.9	
化学成分/%							
SiO_2	Al_2O_3	Fe_2O_3	CaO	MgO	Na_2O	K_2O	烧失量
34.35	15.26	1.40	36.8	9.1	0.29	0.61	2.01

(2) 混凝土配合比与强度增长特性试验。

按照内、外层井壁混凝土设计标号分别对 C40、C50、C60、C70 进行空白混凝土与掺外加剂混凝土的配合比对比试验，并根据 22 组配合比和 3 种龄期(1d、3d、28d)的试验结果优选出内、外层井壁 8 种混凝土配合比，系统地进行不同龄期(1d、3d、7d、28d、60d、90d)的抗压强度试验，试验得出各种配合比的早期强度和后期强度(表 2-117、图 2-169)均能较好地满足设计要求，其特点如下：

① 混凝土中掺入一定数量的矿物外加剂(或称掺合料)——磨细矿渣、粉煤灰。这样可以降低水化温升，并改善混凝土的工作性，增进后期强度；可以有效地填充胶凝材料的空隙，改善混凝土的内部结构，参与胶凝材料的水化反应，提高抗腐蚀能力，并可以抑制混凝土中的碱-集料反应。

② 这里所使用的上述矿物外加剂与以前用于水泥中混合材的矿物掺合料在性能作用上有显著不同。例如，以往把矿渣掺加在水泥熟料中一起粉磨，由于矿渣比水泥熟料难磨，当熟料磨细到一定细度时，矿渣仍不够细，所以水化速度较慢，以致水泥的保水性差，早期强度低，混凝土的耐久性不好；而单独磨细后的矿渣颗粒较细，水化很快，并发挥了磨细矿渣的填充和改善集料界面的作用，所以混凝土不同龄期的强度均有提高。

从对比试验可以看出，该研究提出的 C40、C50、C60、C70 内层和外层混凝土相对于各空白组混凝土的水灰比有了大幅度下降。这正是由于化学外加剂的使用，才使混凝土在用水量下降的同时又能够保持良好的工作性，配制的混凝土结构更加致密，不易渗水，具有良好的耐久性。

表 2-117 程村副井内、外层井壁 C40～C70 高强高性能混凝土配合比及强度增长特性试验结果

序号	井壁	混凝土设计强度/MPa	原材料用量/(kg/m³)					水胶比	化学外加剂		坍落度/cm	混凝土抗压强度/MPa					
			水泥	磨细矿渣+粉煤灰	砂	石	水		品种	用量/(kg/m³)		1d	3d	7d	28d	60d	90d
1	外层井壁	40	400	80	708	1062	172.8	0.36	J851-A	14.4	8.5	13.9	26.9	35.0	50.3	57.5	77.5
2		50	400	100	660	1080	169.5	0.339	J851-B	15.0	9.0	21.8	47.2	59.6	67.3	76.9	83.6
3		60	400	140	610	1090	167.4	0.31	J851-C	18.9	8.5	16.4	53.3	65.4	76.2	79.5	
4		70	367	187	544	1090	145.0	0.262	J851-D	19.4	8.0		50.0	73.5	93.5		
5	内层井壁	40	340	92	708	1062	172.8	0.36	JQ-A	48	9.0	4.8	20.2	29.1	45.8	54.1	
6		50	340	110	660	1080	169.5	0.339	JQ-B	50	9.0	10.2	44.7	57.1	66.0	77.2	78.1
7		60	340	146	610	1090	167.4	0.31	JQ-C	54	9.0	9.7	49.7	61.1	77.2	80.2	82.8
8		70	301	197.6	544	1090	145.0	0.26	JQ-D	55.4	17.0		44.5	68.8	88.7		

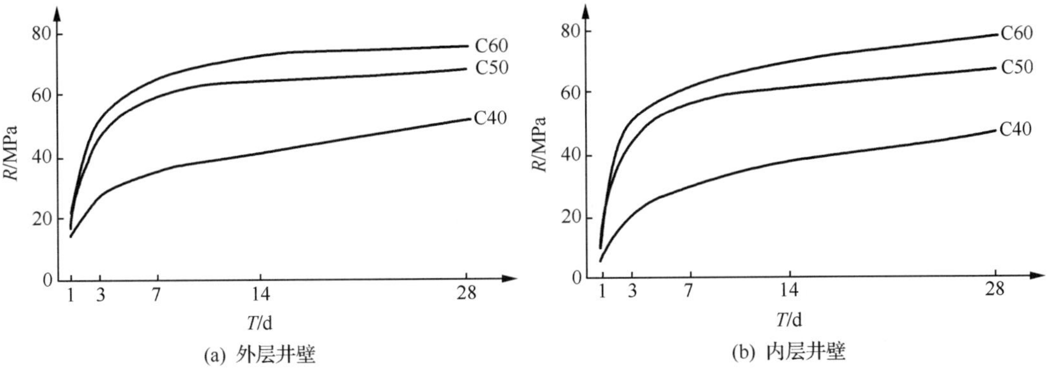

图 2-169　程村主、副井内、外层井壁 C40～C60 混凝土强度(R)与龄期(T)的关系

研究采用的混凝土配合比中大幅度降低了水泥的用量，外层井壁混凝土中水泥用量在 400kg/m^{3}以内，内层井壁混凝土的水泥用量在 340kg/m^{3}以内，从而大幅度降低混凝土的水化温升和收缩。同时为了保证混凝土有足够高的弹性模量和体积稳定性，混凝土中的胶凝材料总量较高(C40 混凝土为 480kg/m^3、C50 混凝土为 500kg/m^3、C60 混凝土为 540kg/m^3、C70 混凝土为 554kg/m^3)。

采用 J851 型早强减水剂、JQ 型防裂密实剂和矿物外加剂双掺的技术路线，提高了混凝土的早期强度，不同龄期的混凝土强度发展良好。

(3) C40～C60 高性能混凝土的耐久性试验。

混凝土在使用期间，会由于环境中的水、气体以及其中所含的侵蚀介质的侵入，产生物理和化学反应而逐渐遭受破坏。混凝土耐久性的实质是指抵抗物理和化学破坏作用的能力，保持其原来的形状、质量。混凝土耐久性与其所处的环境，如风化作用、温度变化、地下水中的有关成分的侵蚀等因素有关。

为了检验推荐的高性能混凝土的耐久性，主要进行了混凝土的收缩性能、抗渗透性能和抗冻融性能试验。

① 混凝土的收缩性能试验。

从混凝土收缩性能试验结果(表 2-118)可以看出，混凝土 28d 的收缩率在 4×10^{-4}～6×10^{-4}，可将高强混凝土的收缩控制在普通混凝土的收缩率水平。

表 2-118　井壁混凝土收缩试验结果

混凝土设计标号	井壁	28d 收缩率/10^{-4}	90d 收缩率/10^{-4}
C40	外层	4.44	5.69
	内层	3.99	5.40
C50	外层	4.38	5.66
	内层	4.76	5.99
C60	外层	4.66	5.47
	内层	4.59	5.49

② 混凝土的抗渗透性试验。

氯离子抗渗透性能反映了混凝土的密实程度以及抵抗外部介质向内部侵入的能力，是耐久性的重要性能指标之一。

钢筋混凝土结构物在长期使用过程中，往往会由于内部的钢筋腐蚀而引起结构物的破坏，降低结构物的耐久性。而混凝土内部钢筋的腐蚀与混凝土的密实度、抵抗侵蚀性介质渗透的能力密切相关。研究成果表明，引起钢筋腐蚀的主要原因之一是氯离子内部渗透，达到钢筋表面并积累到某一临界浓度时，钢筋就会发生腐蚀，造成结构物的耐久性破坏。所以，氯离子在混凝土中的渗透性及扩散速度与钢筋混凝土结构物的耐久性直接相关，越来越引起人们的重视。

目前测定氯离子在混凝土中渗透性的方法有美国的 ASTM C1202(电通量法)。该方法比较直观地反映混凝土中氯离子的渗透性，目前为止在世界范围内被普遍用于混凝土的氯离子渗透性试验。美国 ASTM C1202 标准按照通过试件的电量 Q 将混凝土抵抗氯离子渗透的能力划分成五个水平，见表 2-119。程村主副井 C40～C60 混凝土采用美国 ASTM C1202 方法进行混凝土的抗渗透性试验结果见表 2-120。

表 2-119　低水化热高性能混凝土氯离子渗透等级划分(ASTM C1202 标准)

通过电量 Q/C	氯离子渗透能力
>4000	渗透能力强
2000～4000	渗透能力中等
1000～2000	渗透能力低
100～1000	渗透能力很低
<100	不渗透

表 2-120　程村主副井 C40～C60 混凝土 28d ASTM C1202 抗渗透性能试验结果

混凝土设计标号	井壁	通过的电量/C	根据 ASTM C1202 标准判定的混凝土氯离子渗透性能
C40	外层井壁	1249	1000～2000C，渗透性能为“低”
C50		1066	1000～2000C，渗透性能为“低”
C60		991	100～1000C，渗透性能为“很低”
C40	内层井壁	937.1	100～1000C，渗透性能为“很低”
C50		921.3	100～1000C，渗透性能为“很低”
C60		791.7	100～1000C，渗透性能为“很低”

从表 2-120 看出，试验通过的电量 Q 值均在 1000C 左右，说明混凝土中掺入粉煤灰和磨细矿渣有利于提高氯离子渗透性能，内层井壁 C40～C60 混凝土试件的渗透性能都很低。

③ 混凝土抗冻融循环试验。

混凝土冻融破坏的机理一般认为是水泥浆体内部水分的迁移而产生的水压和渗透压

力造成的膨胀，这是水泥浆体冻结时发生膨胀和开裂需要高的饱和度的原因，多孔性和渗透性高的水泥浆体能很快重新达到饱和状态，很明显这种浆体更易因冻融而破坏。

混凝土的抗冻融性能是混凝土耐久性的重要指标之一，可以间接地反映混凝土抵抗环境水侵入和抵抗冰晶的能力。根据冻结段井壁混凝土所处环境，设计提出了 50 次冻融循环（慢冻慢融循环）的要求。试验结果见表 2-121。该项目试验应用的高性能混凝土的水胶比低，混凝土的水化程度高，因此减少了水泥浆体的细孔，对提高混凝土的抗冻性起着重要作用。

表 2-121　程村主副井低水化热高性能混凝土 50 次抗冻融循环试验结果

序号	井壁	混凝土设计标号	重量损失率/%	强度损失百分比/%	抗冻融能力评定
1	外层井壁	C40	0.2	−18.6	满足 50 次冻融循环要求
2		C50	0	−17.3	满足 50 次冻融循环要求
3		C60	0	−4.9	满足 50 次冻融循环要求
4	内层井壁	C40	0.06	−5.9	满足 50 次冻融循环要求
5		C50	0	−8.4	满足 50 次冻融循环要求
6		C60	0	−6.6	满足 50 次冻融循环要求

3) C40～C60 高性能混凝土在冻结段井壁工程中的应用

程村副井于 2002 年 12 月 2 日正式开挖，2003 年 9 月 5 日安全通过全部冻结段，11 月2 日完成内层井壁套壁工作。为了确保 C40～C60 高性能混凝土的应用效果，施工前由科技攻关小组组织现场施工人员和一线工人进行岗位培训与技术交底。

(1) C40～C60 高性能混凝土在外层井壁的应用。

① 混凝土配合比及坍落度(表 2-122)。

表 2-122　程村煤矿副井冻结段外层井壁混凝土配合比及坍落度

混凝土设计标号	混凝土配合比 胶凝材料(水泥＋磨细矿渣加粉煤灰)：砂子：碎石：水：早强减水剂	水泥品种	早强减水剂品种	坍落度/mm
C40	1.0(0.833＋0.167)：1.475：2.213：0.33：0.03	P.O 32.5	J851A	90
C50～C55	1.0(0.80＋0.20)：1.32：2.16：0.339：0.03	P.O 42.5	J851B	90～100
C60	1.0(0.741＋0.259)：1.13：2.019：0.31：0.035		J851C	110

② 使用效果。

(a) 从外层井壁取样试验的混凝土 28d 强度均达到和超过设计标号(表 2-123)，C40、C50、C55、C60 的混凝土 28d 平均强度值分别达到设计标号的 109.8%、109%、111%、113%，为进一步应用高性能混凝土和减薄外层井壁厚度提供了实践经验。

(b) C40～C60 混凝土的胶凝材料和水泥用量分别为 500～540kg/m^3 和 400kg/m^3，比一般方法配制的 C40～C60 混凝土的水泥用量减少 100～150kg/m^3，降低水化热 10～15℃，有效地减小了外层井壁筑壁过程引起的壁后冻土融化范围和回冻压力。

(c) 混凝土的水胶比小，早期强度高，能较好地满足早拆模和抵抗冻结压力的要求，

3d 和 7d 的混凝土强度分别为设计强度的 50%和 80%以上，超过冻结压力的最大增长率，有效防止外层井壁压坏。

表 2-123　程村副井冻结段外层井壁混凝土取样试验结果

序号	井深/m	混凝土				
		设计强度/MPa	试件			
			龄期/d	强度/MPa	增长率/%	平均增长率/%
1	215.5～216.5	40	28	42.2	106	109.8
2	240.5～241.5		28	40.2	101	
3	265.5～266.5		28	46.2	116	
4	290.5～291.5		28	45.9	115	
5	315.5～316.5		28	44.4	111	
6	340.5～341.5	50	28	54.7	109	109
7	365.0～366.0	55	28	60.9	111	111
8	391.5～392.0	60	28	67.0	112	113
9	416.5～417.5		28	67.1	112	
10	441.5～442.5		28	64.4	107	
11	461.5～462.5		28	72.5	121	

(d) 混凝土坍落度控制在 80～120mm，和易性好，浇筑和振捣均较方便，井壁质量优良。

每 $1m^3$ 混凝土中掺入 100～140kg 价格较低的粉煤灰、磨细矿渣和 15.0～18.9kg 的 J851-B 或 J851-C 早强减水剂，使 $1m^3$ 混凝土的附加费用降低至 34 元，仅为其他方法配制 C50～C60 混凝土附加费用的 1/3～1/4，有利于推广应用。

(2) C40～C60 低水化热防裂密实高性能混凝土在内层井壁中的应用。

① 混凝土的配合比及坍落度(表 2-124)。

表 2-124　程村煤矿主、副井冻结段内层井壁混凝土配合比及坍落度

混凝土设计标号	混凝土配合比 胶凝材料(水泥＋磨细矿渣加粉煤灰)：防裂密实剂：砂子：碎石：水	水泥品种	防裂密实剂品种	坍落度/mm
C40	1.0(0.708＋0.192)：0.10：1.475：2.213：0.33	P.O 32.5	JQ-A	80
C50～C55	1.0(0.68＋0.22)：0.10：1.32：2.16：0.339	P.O 42.5	JQ-B	90～100
C60	1.0(0.63＋0.27)：0.10：1.13：2.019：0.31		JQ-C	110

② 使用效果。

(a) 混凝土抽样试验的抗压强度，全部试验结果(表 2-125)表明，C40、C50、C55、C60 混凝土的全部试件抗压强度分别达到设计标号的 145%、125%、113%、108%。

套壁结束后，由建设单位、监理单位组织的质量检查验收结果：井壁表面光滑，除观察到模板部分接茬缝痕迹外，未发现明显的混凝土收缩裂缝。由河南省煤炭厅质量监督站组织质量验收结果：冻结段内层井壁表面平整光滑，无裂缝、无漏水、无损坏现象，质量优良。

表 2-125　程村副井内层井壁混凝土取样试验结果

序号	井深/m	混凝土				
		设计强度/MPa	试件			
			龄期/d	强度/MPa	增长率/%	平均增长率/%
1	150～180	40	28	48.8	122	145
2	180～205	40	28	56.1	140	
3	205～230	40	28	61.4	154	
4	230～255	40	28	58.2	146	
5	255～280	40	28	65.2	163	
6	280～300	50	28	68.1	136	125
7	300～325	50	28	62.1	124	
8	325～350	50	28	57.6	115	
9	350～370	55	28	60.8	111	113
10	370～390	55	28	63.0	115	
11	390～413.5	60	28	68.4	114	108
12	413.5～438.5	60	28	66.2	110	
13	438.5～463.5	60	28	64.0	107	
14	463.5～478.5	60	28	60.0	100	

(b) C40～C60 混凝土的胶凝材料为 480～540kg/m^3，其中水泥用量为 340kg/m^3，比普通方法配制的 C40～C60 混凝土水泥用量减少 150～200kg/m^3，降低水化热 15～20℃，使内层井壁混凝土的最高温升降至 65℃以下，有利于克服混凝土的温度裂缝；混凝土中掺入 140～200kg/m^3 的磨细矿渣、粉煤灰、防裂密实剂，大大提高了混凝土的密实性、防裂性、封水性，有效地克服了内层井壁大体积混凝土施工的收缩开裂。

(c) 混凝土的坍落度控制在 80～110mm，和易性好，浇筑和振捣均较方便。

(d) 混凝土中掺入 90～150kg/m^3 价格较低的粉煤灰、磨细矿渣和 340kg/m^3 P. O 42.5 水泥，使配制 C40～C60 内层井壁混凝土的附加费用降至 90 元/m^3 左右，为其他方法配制的内层井壁 C40～C60 混凝土的附加费用的 50%左右，有利于推广应用。

5. 泉店风井应用 C60～C75 高性能混凝土的工程案例

1) 工程简况

泉店风井净直径为 5m，冲积层厚 455.3m，冻结深度为 523m。冻结段采用钢筋混凝土塑料夹层井壁，原设计内、外层井壁厚度之和最大为 1700mm，混凝土最高标号为 C70，冻结段采用外层井壁短段掘砌内层井壁一次套壁的施工工艺；冻结段掘砌速度快，冲积层的稳定性比预想的好，不发生片帮现象，试验应用的高性能混凝土质量好，容易提高混凝土标号。经有关方面研讨分析决定，将内外层井壁的混凝土最高标号由 C70 提高至 C75，井壁最大厚度由 1700mm 减薄至 1300mm(表 2-126)。

表 2-126　泉店风井冻结段原设计与修改后的内外层井壁厚度与混凝土标号

序号	井壁原设计：深度/m	井壁原设计：井壁厚度(混凝土标号)/mm 内层	井壁原设计：井壁厚度(混凝土标号)/mm 外层	井壁原设计：内外层井壁厚度之和/mm	井壁修改设计：深度/m	井壁修改设计：井壁厚度(混凝土标号)/mm 内层	井壁修改设计：井壁厚度(混凝土标号)/mm 外层	井壁修改设计：内外层井壁厚度之和/mm
1	0～8.0	1200(C30)		1200	0～8.0	1200(C30)		1200
2	8.0～121.76	600(C30)	600(C30)	1200	8.0～121.76	600(C30)	600(C30)	1200
3	121.76～201.76	600(C40)	600(C30)	1200	121.76～201.76	600(C40)	600(C40)	1200
4	201.76～301.76	600(C50)	600(C30)	1200	201.76～301.76	600(C50)	600(C50)	1200
5	301.76～351.76	800(C60)	700(C50)	1500	301.76～351.76	600(C60)	600(C60)	1200
6	351.76～431.76	800(C65)	700(C50)	1500	351.76～431.76	600(C70)	700(C65)	1300
7	431.76～459.76	850(C70)	850(C65)	1700	431.76～459.76	600(C75)	700(C70)	1300
8	459.76～509.41	850(C70)	850(C70)	1700	459.76～504.60	600(C75)	700(C70)	1300
9	509.41～514.41	筒形壁座 1700(C70)		1700	504.60～510.60	筒形壁座 1300(C75)		1300
10	514.41～524.41	880(C60)		880	510.60～514.80	600(C60)		600

2）C40～C75 高性能混凝土的室内试验

（1）混凝土原材料性能试验与优选。

① 水泥：工程选用河南孟电集团水泥有限公司生产的 P.O 42.5 水泥，控制水泥强度不低于表 2-127 的要求。

表 2-127　水泥强度检验结果

水泥品种	3d 强度/MPa		7d 强度/MPa		28d 强度/MPa	
	抗折	抗压	抗折	抗压	抗折	抗压
P.O 42.5	5.9	32.0	8.5	46.1	9.9	60.1

注：国家标准规定 P.O 42.5 水泥的抗压强度要求 3d 不小于 16.0MPa，28d 不小于 42.5MPa；抗折强度 3d 不小于 3.5MPa，28d 不小于 6.5MPa。

② 砂子：砂子的性能符合《建筑用砂》(GB 14684—2001)标准要求。现场应测试砂子的含泥量，并通过筛分来控制砂子的颗粒级配。现场河砂的含泥量小于 1%，细度模数为 2.89，筛分结果见表 2-128。

表 2-128　砂子的颗粒级配

方孔筛	9.5mm	4.75mm	2.36mm	1.18mm	600μm	300μm	150μm	底
累计筛余/%	0	10	22.0	41	66	85	96	100

③ 碎石：石子选用石灰岩碎石，符合《建筑用石》(GB/T 14685—2001)标准要求。采用5～25mm 连续级配，不得混入风化颗粒。现场应通过筛分控制石子的粒径分布，结果见表 2-129。

表 2-129　石子的颗粒级配

方孔筛/mm	31.5	26.5	19.0	16.0	9.50	4.75	2.36
累计筛余/%	0	0	10	36	82	96	100

④ 水：采用现场饮用水，能满足《混凝土拌合用水标准》(JGJ 63—89)的要求。

⑤ 化学外加剂。

(a) J851 早强减水剂：外层井壁混凝土选用石家庄混凝土外加剂厂的 J851-A(C30、C40 混凝土用)、J851-B(C50 混凝土用)、J851-C(C60、C65 混凝土用)、J851-D(C70 混凝土用)。按《混凝土外加剂》(GB 8076—1997)对现场材料进行检验的结果见表 2-130。

表 2-130　J851 早强减水剂检验结果

型号	减水率/%	抗压强度比/%				28d 收缩率比/%
		1d	3d	7d	28d	
J851-A	18.9	175.3	147.9	136.4	135.0	120
J851-B	21.5	181.6	153.8	142.7	138.4	118
J851-C	22.8	187.9	155.5	147.2	138.6	124
J851-D	24.9	198.2	159.2	150.1	145.3	126

(b) JQ 防裂密实剂：内层井壁混凝土选用石家庄混凝土外加剂厂的 JQ-A(C30、C40 混凝土)、JQ-B(C50 混凝土用)、JQ-C(C60、C65 混凝土用)、JQ-D(C70、C75 混凝土用)防裂密实剂。按《JQ 防裂密实剂》(Q/02HW01—2004)对现场材料进行检验的结果见表 2-131。

表 2-131　JQ 混凝土防裂密实剂检验结果

型号	减水率/%	28d 抗压强度/MPa	水养 14d 纵向限制干缩率 /10^{-4}	28d 纵向限制干缩率 /10^{-4}
JQ-A	16.2	42.3	4.9	−0.011
JQ-B	20.1	47.2	4.5	−0.012
JQ-C	21.9	49.9	4.0	−0.014
JQ-D	23.9	53.5	3.8	−0.016

⑥ 矿物外加剂。

(a) 粉煤灰：选用焦作电厂粉煤灰。按《用于水泥和混凝土中的粉煤灰》(GB/T 1596—2005)对粉煤灰进行活性和需水量检验，现场材料检验结果见表 2-132。

表 2-132　粉煤灰的性能

活性指数/%			需水量比/%
3d	7d	28d	
52.3	64.3	72.8	100

(b) 矿渣:选用河南安阳海皇水泥厂生产的比表面积不小于 450m²/kg 的磨细矿渣和林州亿胜红旗渠水泥有限公司生产的比表面积为 650m²/kg 的磨细矿渣。按《高强高性能混凝土用矿物外加剂》(GB/T 18736—2002)对矿渣进行活性和需水量检验,现场材料的检验结果见表 2-133。

表 2-133 磨细矿渣的性能

矿渣	活性指数/%			需水量比/%
	3d	7d	28d	
海皇 450	58.6	82.7	90.0	100.0
林州 650	72.2	100.5	109.7	100.0

(c) 增强剂:选用北京同科建材公司生产的 TK-M 矿物掺合料增强剂。按《矿物掺合料增强剂》(Q/TXTKC 001—2005)对矿渣进行活性和需水量检验,现场材料的检验结果见表 2-134。

表 2-134 增强剂试验结果

增强率/%			需水量比/%
3d	7d	28d	
138.2	130.1	123.8	80.5

(2) 混凝土的配合比和强度增长特性试验。

① 混凝土配合比试验。

(a) 外层井壁 C40～C70 混凝土配合比试验结果见表 2-135。

表 2-135 泉店风井冻结壁外层井壁混凝土配合比

混凝土设计标号	混凝土配合比 胶凝材料(水泥+粉煤灰、磨细矿渣): 砂子:石子:水:TK-M:早强减水剂	水泥品种	早强减水剂品种
C40	1.0(0.848+0.152):1.583:2.359:0.38:0:0.0359	P.O 42.5	J851-A
C50	1.0(0.787+0.213):1.243:2.136:0.32:0.0136:0.045	P.O 42.5	J851-B
C60	1.0(0.7346+0.2654):1.08:1.947:0.283:0.0142:0.044	P.O 42.5	J851-C
C65	1.0(0.712+0.288):1.034:1.898:0.263:0.0144:0.044		
C70	1.0(0.691+0.309):0.976:1.821:0.247:0.0163:0.044	P.O 42.5	J851-D

(b) 内层井壁 C40～C75 混凝土配合比试验结果见表 2-136。

② 混凝土的坍落度和强度增长特性试验。

(a) 外层井壁 C40～C70 混凝土的坍落度和强度增长特性试验结果见表 2-137 和图 2-170。

表 2-136　泉店风井冻结壁内层井壁混凝土配合比

混凝土设计标号	混凝土配合比 胶凝材料(水泥＋粉煤灰、磨细矿渣＋密实剂＋TK-M)：砂子：石子：水	密实剂剂品种
C40	1.0(0.801＋0.108＋0.091＋0)：1.569：2.349：0.379	JQ-A
C50	1.0(0.716＋0.174＋0.0965＋0.0135)：1.238：2.128：0.319	JQ-B
C60	1.0(0.686＋0.215＋0.085＋0.0140)：1.093：2.007：0.287	JQ-C
C65	1.0(0.666＋0.231＋0.089＋0.0140)：1.042：1.913：0.265	JQ-D
C70	1.0(0.654＋0.245＋0.085＋0.0160)：0.980：1.830：0.245	
C75	1.0(0.706＋0.188＋0.089＋0.0170)：0.940：1.756：0.232	

表 2-137　泉店风井冻结段外层井壁混凝土坍落度和强度增长特性

强度等级	坍落度/mm	抗压强度/MPa		
		3d	7d	28d
C40	120	27.5	35.5	51.5
C50	135	41.3	52.5	59.5
C60	140	49.0	61.2	69.5
C65	145	51.2	66.8	74.3
C70	150	55.4	71.5	80.1

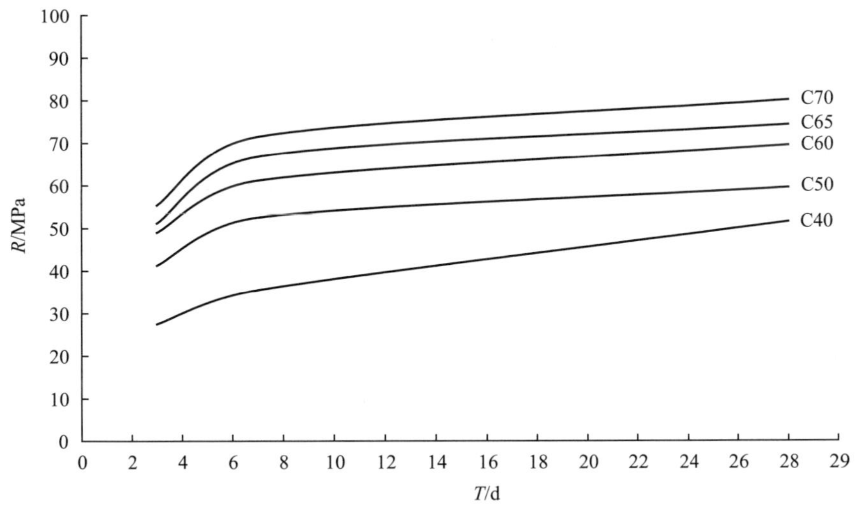

图 2-170　泉店风井外层井壁 C40～C70 高性能混凝土抗压强度(R)与龄期(T)的关系

(b) 内层井壁 C40～C75 混凝土的坍落度和强度增长特性试验结果见表 2-138 和图 2-171。

③ 混凝土耐久性试验。

(a) 混凝土的收缩性能试验。从混凝土收缩性能试验结果(表 2-139)可以看出，混凝土 28d 的收缩率在 $4\times10^{-4}\sim6\times10^{-4}$。

表 2-138　泉店风井冻结段内层井壁混凝土坍落度和强度增长特性

强度等级	坍落度/mm	抗压强度/MPa		
		3d	7d	28d
C40	130	30.5	41.3	51.5
C50	135	40.3	51.5	59.5
C60	140	48.0	60.2	69.9
C65	140	50.2	66.9	74.3
C70	145	53.4	71.8	80.1
C75	145	59.0	77.8	86.3

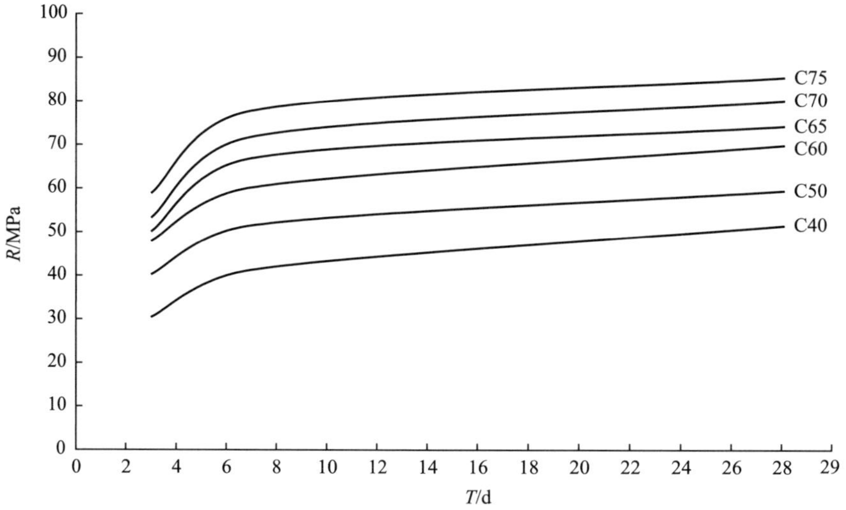

图 2-171　泉店风井内层井壁 C40～C75 高性能混凝土抗压强度(*R*)与龄期(*T*)的关系

表 2-139　泉店风井冻结壁 C40～C70 低水化热高性能混凝土收缩试验结果

混凝土设计标号	井壁	28d 收缩率/10^{-4}	90d 收缩率/10^{-4}
C40	外层	4.42	5.57
	内层	3.75	5.36
C50	外层	4.37	5.63
	内层	4.72	5.97
C60	外层	4.66	5.44
	内层	4.53	5.47
C70	外层	4.72	5.61
	内层	4.65	5.56

(b) 混凝土的抗渗透性能试验。

从表 2-140 可看出，试验通过的电量 *Q* 值均在 1000C 左右，说明混凝土中掺入粉煤灰和磨细矿渣，有利于提高抗氯离子渗透性能，特别是内层井壁试件的渗透性能都很低。

表 2-140　泉店风井 C40～C70 混凝土 28d ASTM C1202 抗渗透性能试验结果

混凝土设计标号	井壁	通过的电量/C	根据 ASTM C1202 标准判定的混凝土氯离子渗透性能
C40	外层井壁	1237	1000～2000C,渗透性能为“低”
C50		1076	1000～2000C,渗透性能为“低”
C60		998	100～1000C,渗透性能为“很低”
C70		863	100～1000C,渗透性能为“很低”
C40	内层井壁	938	100～1000C,渗透性能为“很低”
C50		925	100～1000C,渗透性能为“很低”
C60		807	100～1000C,渗透性能为“很低”
C70		689	100～1000C,渗透性能为“很低”

(c) 混凝土抗冻融循环试验。泉店风井高性能混凝土试验结果见表 2-141。

表 2-141　泉店风井低水化热高性能混凝土 50 次抗冻融循环试验结果

序号	井壁	混凝土设计标号	重量损失率/%	强度损失百分比/%	抗冻融能力评定
1	外层井壁	C40	0.2	−17.6	满足 50 次冻融循环要求
2		C50	0	−16.5	满足 50 次冻融循环要求
3		C60	0	−5.7	满足 50 次冻融循环要求
4	内层井壁	C40	0.06	−4.8	满足 50 次冻融循环要求
5		C50	0	−7.9	满足 50 次冻融循环要求
6		C60	0	−6.5	满足 50 次冻融循环要求

3) 高性能混凝土在冻结段井壁工程中的应用

泉店风井冻结段掘砌工程由河南煤炭建设集团有限公司施工。按照原设计，从井深 121.76m 开始应用 C40 混凝土，最高标号为 C70 混凝土。在冻结段施工过程中，冲积层的稳定性较好，冻土强度较高，提高高性能混凝土标号较易实现，经建设单位与设计单位商讨决定修改井壁设计，适当提高混凝土标号和减薄井壁。为了确保混凝土的使用效果，井筒正式开挖前由科技攻关小组组织现场施工人员和一线工人进行技术交底和岗位培训，取得良好效果。

(1) C40～C70 低温早强高性能混凝土在外层井壁的应用。

① 混凝土配合比及坍落度(表 2-142)。

② 应用效果。

(a) C40～C70 低温早强高性能混凝土的水泥用量为 390～425kg/m^3，胶凝土材料用量为 460～615kg/m^3，水胶比为 0.38～0.247，混凝土坍落度为 120～150mm，流动性好，输送、浇筑、振捣均较方便。

表 2-142　泉店风井冻结段外层井壁低温早强高性能混凝土配合比

混凝土标号	水泥/(kg/m³)	粉煤灰+磨细矿渣/(kg/m³)	砂/(kg/m³)	石/(kg/m³)	TK-M/(kg/m³)	J851/(kg/m³)	水/(kg/m³)	坍落度/mm
C40	390	70	725	1085	0	16.5(A)	175	120
C50	405	110	640	1100	7	23(B)	165	135
C60	415	150	610	1100	8	25(C)	160	140
C65	420	170	610	1120	8.5	26(C)	155	145
C70	425	190	600	1120	10	27(D)	152	150

(b) 不同龄期的混凝土强度均有较大幅度的提高，3d、7d 的混凝土强度分别达到设计标号的 60%、88%以上，超过冻结压力的最大增长率，有利于防止外层井壁压坏。

(c) 井壁取样试验强度均超过混凝土设计标号，不同标号的取样强度分别达到 121.9%(C40)、112.8%(C50)、114.4%(C60)、112.7%(C65)、107.0%(C70)(表 2-143)。

表 2-143　泉店风井冻结段外层井壁混凝土取样试验结果

序号	井深/m	井壁混凝土取样试验结果			
		混凝土设计强度/MPa	龄期/d	抗压强度/MPa	达到设计强度的比值/%
1	121.76～141.76	40	28	48.5	121.3
2	141.76～161.76		28	55.3	138.3
3	161.76～181.76		28	46.7	116.8
4	181.76～201.76		28	44.4	111.0
5	201.76～221.76	50	28	62.2	124.4
6	221.76～241.76		28	58.6	117.2
7	241.76～261.76		28	54.5	109.2
8	261.76～281.76		28	52.9	105.8
9	281.76～301.76		28	53.7	107.4
10	301.76～321.76	60	28	70.6	117.7
11	321.76～341.76		28	63.7	106.2
12	341.76～351.76		28	71.6	119.2
13	351.76～371.76	65	28	69.9	107.5
14	371.76～391.76		28	73.2	112.6
15	391.76～411.76		28	75.2	115.7
16	411.76～431.76		28	74.6	114.8
17	431.76～451.76	70	28	71.0	101.4
18	451.76～471.76		28	76.3	109.0
19	471.76～491.76		28	76.3	109.0
20	491.76～504.6		28	76.2	108.9
21	504.6～510.6		28	74.7	106.7

(d) 采用 P. O 42.5 水泥，混凝土中掺入 70～190kg/m³ 的磨细矿渣、粉煤灰和适量的早强减水剂，有效地降低混凝土配制成本，有利于推广应用。

(2) C40～C75 低水化热防裂密实混凝土在内层井壁的应用。

① 混凝土配合比及坍落度(表 2-144)。

表 2-144 泉店风井冻结段内层井壁低水化热防裂密实高性能混凝土配合比

混凝土标号	水泥/(kg/m³)	粉煤灰+磨细矿渣/(kg/m³)	砂/(kg/m³)	石/(kg/m³)	TK-M/(kg/m³)	JQ/(kg/m³)	水/(kg/m³)	坍落度/mm
C40	370	50	725	1085	0	42(A)	175	120
C50	370	90	640	1100	7.0	50(B)	165	135
C60	380	120	610	1100	8.0	50(C)	160	140
C65	390	135	610	1120	8.5	52(D)	155	145
C70	400	150	600	1120	10	52(D)	150	150
C75	450	120	600	1120	11	57(D)	148	160

② 应用效果。

(a) C40～C75 混凝土的水泥用量为 370～450kg/m³，胶凝材料用量为 462～638kg/m³，水胶比 0.379～0.232，塌落度为 130～160mm，和易性好，施工方便，有利于防止液压滑模套壁出模后井壁表面发生流淌坍塌现象。

(b) 混凝土凝结时间可根据套壁工艺需要进行调控，双掺技术有效提高了混凝土的密实性，比单掺化学外加剂配制的同标号混凝土的水化升温降低 10～15℃，有利于防止内层井壁出现温度收缩开裂，掺入防裂密实剂有助于克服内层井壁连续浇筑大体积混凝土的收缩开裂问题，未发现明显的收缩开裂现象，井壁质量优良。

(c) 井壁取样试验强度均超过混凝土设计标号(表 2-145)，不同标号的取样强度分别达到 128.3%(C40)、124.8%(C50)、108.6%(C60)、107.9%(C70)、106.5%(C75)。

表 2-145 泉店风井冻结段内层井壁混凝土取样试验结果

序号	井深/m	井壁混凝土取样试验结果			
		混凝土设计强度/MPa	龄期/d	抗压强度/MPa	达到设计强度的比值/%
1	141.76～121.76	40	28	58.1	145.3
2	161.76～141.76		28	45.0	112.5
3	181.76～161.76		28	50.8	127.0
4	201.76～181.76	50	28	63.2	126.4
5	221.76～201.76		28	60.4	120.8
6	241.76～221.76		28	66.7	133.4
7	261.76～241.76		28	57.5	115.0
8	281.76～261.76		28	66.3	132.6
9	301.76～281.76		28	60.2	120.4

续表

序号	井深/m	井壁混凝土取样试验结果			
		混凝土设计强度/MPa	龄期/d	抗压强度/MPa	达到设计强度的比值/%
10	311.76～301.76	60	28	63.6	106.0
11	331.76～311.76		28	66.7	111.2
12	351.76～331.76		28	73.0	121.7
13	371.76～351.76	70	28	72.5	103.6
14	391.76～371.76		28	76.7	109.6
15	411.76～391.76		28	77.0	110.0
16	431.76～411.76		28	78.3	111.9
17	444.6～431.76	75	28	80.1	106.8
18	464.6～444.6		28	80.7	107.6
19	484.6～464.6		28	80.0	106.7
20	504.6～484.6		28	78.5	104.7

6. 赵固一矿副井应用 C60～C80 高性能混凝土的工程案例

1）工程简况

赵固一矿副井冲积层厚 519.7m，冻结深度为 575m，冻结段采用钢筋混凝土塑料夹层井壁：原设计井筒净直径为 6.5m，内、外层井壁混凝土最高标号均为 C70，内、外层井壁最大厚度分别为 1200mm 和 1000mm；在外层井壁施工接近冲积层底部时，决定将井筒净直径由 6.5m 加大至 6.8m，内层井壁的最大厚度由 1200mm 减薄至 1050mm，混凝土最高标号由 C70 提高至 C80（表 2-146）。

表 2-146　赵固一矿副井冻结段内外层井壁厚度与混凝土标号

井壁原设计					井壁修改设计		
序号	深度/m	井壁厚度（混凝土标号）/mm		内外层井壁厚度之和/mm	井壁厚度（混凝土标号）/mm		内外层井壁厚度之和/mm
		内层	外层		内层	外层	
1	8.0～121.5	700(C30)	700(C30)	1400	550(C40)	700(C30)	1250
2	121.5～201.5	700(C40)	700(C40)	1400	550(C50)	700(C40)	1250
3	201.5～301.5	1000(C50)	800(C50)	1800	850(C60)	800(C50)	1650
4	301.5～371.5	1000(C60)	800(C50)	1800	850(C65)	800(C60)	1650
5	371.5～461.5	1200(C65)	1000(C65)	2200	1050(C70)	1000(C65)	2050
6	461.5～547.5	1200(C70)	1000(C70)	2200	1050(C80)	1000(C70)	2050
7	547.5～562.5	筒形壁座 2200(C70)		2200	筒形壁座 2050(C80)		2050
8	562.5～575.5	1230(C70)		1230	1080(C80)		1080
9	575.5～634.8	600(C40)		600	600(C50)		600

2）C40～C80 高性能混凝土的室内试验

（1）混凝土的原材料性能试验与优选。

① 水泥：根据试验结果（表 2-147）分析认为，河南孟电集团水泥有限公司生产的 P. O 42. 5 水泥和河南中晶水泥有限公司生产的 P. O 42. 5 水泥质量均符合配制 C40～C80 高性能混凝土的质量要求。

表 2-147　孟电集团、中晶公司的 P. O 42. 5 水泥强度试验结果

水泥厂家	3d 强度/MPa		7d 强度/MPa		28d 强度/MPa	
	抗折	抗压	抗折	抗压	抗折	抗压
河南孟电集团水泥有限公司	6. 4	33. 0	7. 3	39. 9	9. 3	52. 5
河南中晶水泥有限公司	6. 6	29. 6	7. 4	39. 0	9. 9	49. 5

② 砂子：赵固一矿位于新乡市辉县地区，只生产杂质较多、粒径较小的河砂，以及用河卵石破碎的机制中砂（表 2-148），若要使用质量较好的河砂必须从几百公里以外运进，采用从外地运进的河砂要比采用当地河砂或机制砂的费用高出 80 元/m^3。根据试验资料分析，当地河砂不宜用于配制 C50 以上的混凝土，当地机制砂和外地河砂配制的混凝土强度差值较小。经论证选用当地细度模数为 3. 1 的机制砂。

表 2-148　辉县机制砂的颗粒级配

方孔筛/mm	9. 5	4. 75	2. 36	1. 18	0. 6	0. 3	0. 15	底
累计筛余/%	0	1. 1	22. 0	40. 0	60. 9	82. 0	93. 6	100

③ 碎石：辉县地区盛产石灰岩，经试验选用符合国家标准 GB/T 14685—2001 中 5～25mm 连续级配要求的石灰岩碎石（表 2-149）。

表 2-149　辉县地区石灰岩碎石的颗粒级配

方孔筛/mm	31. 5	26. 5	19. 0	16. 0	9. 50	4. 75	2. 36
累计筛余/%	0	0	15. 7	55. 2	97. 0	99. 7	100

④ 水：选用矿区内饮用水，其水质符合《混凝土拌合用水标准》（JCJ 63—89）的要求。

⑤ 化学外加剂：根据高强高性能混凝土试验研究资料综合分析，C40～C70 高性能混凝土选用石家庄花园混凝土外加剂有限公司生产的 J851 早强减水剂（表 2-150）、JQ 防裂密实剂（表 2-151）以及北京同科建材有限公司生产的 TK-M 矿物增强剂（表 2-134）；C80 高性能混凝土选用北京同科建材有限公司生产的 TK-PC01 聚羧酸盐高效液体减水剂（表 2-152）。

表 2-150 石家庄花园混凝土外加剂有限公司生产的 J851 早强减水剂性能试验结果

型号	减水率/%	抗压强度比/%				28d 收缩率比/%
		1d	3d	7d	28d	
J851-A	18.1～18.9	171.3～175.3	147.9	136.4	132.0～135.0	120
J851-B	20.4～21.5	179.6～181.6	153.8	142.7	135.4～138.4	118
J851-C	22.1～22.8	187.9～188.9	155.5	147.2	138.6～139.6	124
J851-D	24.0～24.9	189.6～198.2	156.5～159.2	148.4～150.1	141.3～145.3	124.5～126

表 2-151 石家庄花园混凝土外加剂有限公司生产的 JQ 防裂密实剂性能试验结果

型号	减水率/%	含气量/%	水养 14d 纵向限制膨胀率/10^{-4}	水养 28d 纵向限制膨胀率/10^{-4}	28d 抗压强度/MPa
JQ-A	17.3	2.2	4.0	−0.014	40.8
JQ-B	21.4	2.4	3.7	−0.014	45.6
JQ-C	23.1	2.5	3.5	−0.016	48.3
JQ-D	24.8	2.7	3.3	−0.018	52.9

表 2-152 北京同科建材有限公司生产的 TK-PC01 聚羧酸盐高效液体减水剂性能试验结果

检验项目	减水率/%	含气量/%	收缩率比/%	抗压强度比/%			
				1d	3d	7d	28d
TK-PC01	34.4	2.9	116	171.3	147.9	136.4	132.0

⑥ 矿物外加剂。

(a) 磨细矿渣：选用安阳汾江水泥厂比表面积为 450m^2/kg 和林州水泥厂比表面积为 650m^2/kg 的磨细矿渣，分别用于配制 C40～C60 和 C65～C80 混凝土(表 2-153)。

表 2-153 安阳汾江水泥厂和林州水泥厂的磨细矿渣性能试验结果

矿渣	活性指数/%			需水量比/%
	3d	7d	28d	
汾江 450	59.5	70.2	94.6	100.0
林州 650	66	92	103	101.3

(b) 粉煤灰：选用焦作电厂Ⅱ级粉煤灰(表 2-154)。

表 2-154 焦作电厂Ⅱ级粉煤灰性能试验结果

活性指数/%			需水量比/%
3d	7d	28d	
52.3～77.0	61.3～78.0	72.8～82.0	97.0～100.0

(c) 矿物增强剂：选用北京同科建材有限公司生产的 TK-M 矿物增强剂(表 2-134)。

(2) 混凝土配合比和强度增长特性试验。

① 混凝土配合比试验。

(a)冻结段外层井壁 C40～C70 低温早强高性能混凝土配合比试验结果见表 2-155。

表 2-155　赵固一矿副井冻结段外层井壁 C40～C70 高性能混凝土配合比试验结果

水泥		混凝土设计标号	胶凝材料(水泥、粉煤灰、磨细矿渣)用量/(kg/m³)	混凝土配合比
品种	生产厂			胶凝材料∶砂子∶石子∶J851∶TK-M∶水
P. O 42. 5	河南孟电集团水泥有限公司、中晶水泥有限公司	C40	500	1. 0∶1. 270∶2. 180∶0. 0294∶0∶0. 360
		C50	510	1. 0∶1. 235∶2. 128∶0. 0392∶0. 0118∶0. 333
		C60	550	1. 0∶1. 082∶2. 000∶0. 0400∶0. 0138∶0. 293
		C65	555	1. 0∶1. 054∶1. 991∶0. 0360∶0. 0157∶0. 283
		C70	560	1. 0∶1. 036∶2. 000∶0. 0450∶0. 0157∶0. 273

(b) 冻结段内层井壁 C40～C80 低水化热防裂密实高性能混凝土配合比试验结果见表 2-156和表 2-157。

表 2-156　赵固一矿副井冻结段内层井壁 C40～C70 高性能混凝土配合比试验结果

水泥		混凝土设计标号	胶凝材料(水泥、粉煤灰、磨细矿渣、JQ、TK-M)用量/(kg/m³)	混凝土配合比
品种	生产厂			胶凝材料∶砂子∶石子∶水
P. O 42. 5	河南孟电集团水泥有限公司、中晶水泥有限公司	C40	470	1. 0∶1. 394∶2. 319∶0. 345
		C50	516	1. 0∶1. 221∶2. 103∶0. 310
		C60	557. 6	1. 0∶1. 067∶1. 973∶0. 282
		C65	563. 7	1. 0∶1. 038∶1. 960∶0. 273
		C70	568. 8	1. 0∶1. 020∶1. 969∶0. 268

表 2-157　赵固一矿副井冻结段内层井壁 C80 高性能混凝土配合比试验结果

水泥		混凝土设计标号	胶凝材料(水泥、粉煤灰、磨细矿渣)用量/(kg/m³)	混凝土配合比
品种	生产厂			胶凝材料∶砂子∶石子∶TK-PC01∶水
P. O 42. 5	河南孟电集团水泥有限公司、中晶水泥有限公司	C80	600	1∶1. 050∶1. 817∶0. 0183∶0. 2283

② 混凝土坍落度和强度增长特性试验。

(a)冻结段外层井壁 C40～C70 高性能混凝土的坍落度和强度增长特性试验结果见表 2-158 和图 2-172。

表 2-158　赵固一矿副井冻结段外层井壁 C40～C70 高性能混凝土的坍落度和强度增长特性试验结果

水泥品种	强度等级	试件编号	坍落度/mm	抗压强度/MPa		
				3d	7d	28d
河南孟电集团水泥有限公司 P. O 42. 5	C40	C40-1	120	39. 5	41. 3	57. 1
	C50	C50-1	140	48. 7	54. 6	62. 2
	C60	C60-1	150	52. 4	59. 9	71. 5
	C65	C65-1	160	57. 7	66. 1	81. 0
	C70	C70-1	180	60. 2	70. 0	87. 8

续表

水泥品种	强度等级	试件编号	坍落度/mm	抗压强度/MPa		
				3d	7d	28d
河南中晶水泥有限公司 P. O 42.5	C40	C40-2	120	40.7	48.5	65.5
	C50	C50-2	140	50.8	58.0	71.6
	C60	C60-2	160	54.3	62.1	68.9
	C65	C65-2	170	60.7	68.1	82.0
	C70	C70-2	180	63.4	73.1	87.4

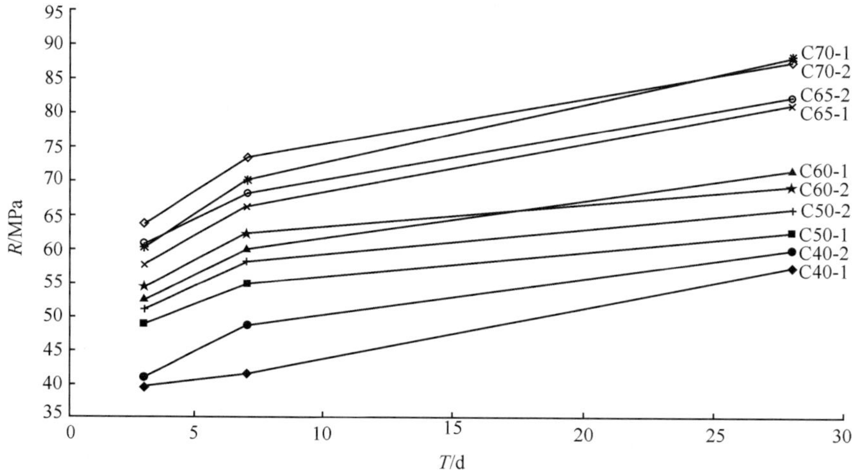

图 2-172 赵固一矿副井冻结段外层井壁 C40～C70 高性能混凝土强度(R)与龄期(T)的关系曲线

(b) 冻结段内层井壁 C40～C80 高性能混凝土的坍落度和强度增长特性试验结果见表 2-159、表 2-160 和图 2-173。

表 2-159 赵固一矿副井冻结段内层井壁 C40～C70 高性能混凝土的坍落度和强度增长特性试验结果

水泥品种	强度等级	试件编号	坍落度/mm	抗压强度/MPa		
				3d	7d	28d
河南孟电集团水泥有限公司 P. O 42.5	C40	C40-1	120	37.1	47.5	52.7
	C50	C50-1	140	48.4	53.1	68.5
	C60	C60-1	160	58.2	64.5	74.0
	C65	C65-1	170	63.2	67.1	76.9
	C70	C70-1	180	62.9	70.2	87.6
河南中晶水泥有限公司 P. O 42.5	C40	C40-2	120	39.4	49.9	57.9
	C50	C50-2	140	49.7	56.6	69.0
	C60	C60-2	160	55.0	60.2	73.7
	C65	C65-2	170	59.8	63.3	77.3
	C70	C70-2	180	59.7	69.2	84.0

表 2-160　赵固一矿副井冻结段内层井壁 C80 高性能混凝土的坍落度和强度增长特性试验结果

水泥品种	强度等级	试件编号	坍落度/mm	抗压强度/MPa		
				3d	7d	28d
河南孟电集团水泥有限公司 P. O 42. 5	C80	C80-1	180	60. 6	77. 6	93. 2
河南中晶水泥有限公司 P. O 42. 5	C80	C80-2	180	61. 0	75. 2	93. 0

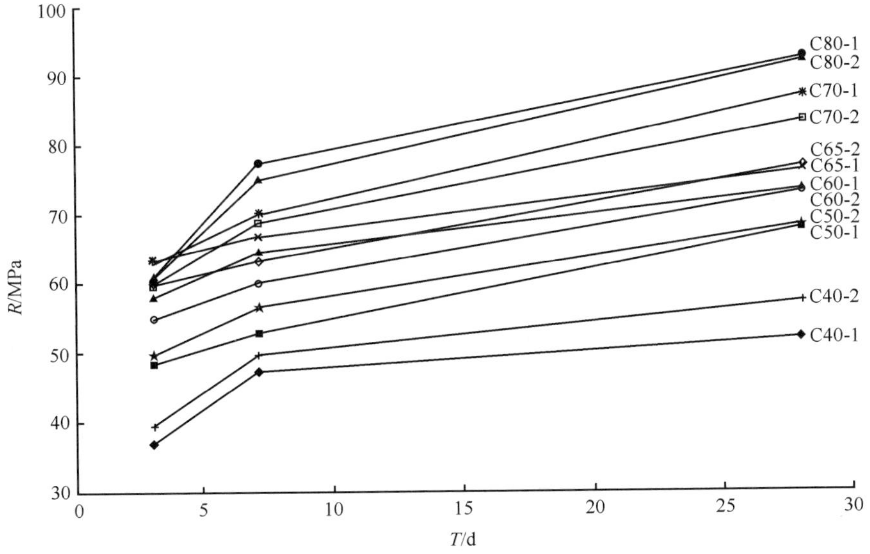

图 2-173　赵固一矿副井冻结段内层井壁 C40～C80 高性能混凝土强度(R)与龄期(T)的关系曲线

(3) 混凝土耐久性试验。

冻结段井筒内壁 C40～C80 高性能混凝土的耐久性试验结果见表 2-161。

表 2-161　赵固一矿副井冻结段井筒内壁 C40～C80 高性能混凝土的耐久试验结果

序号	强度等级	抗渗标号	冻融循环(快冻)100 次		干缩率/10^{-4}		氯离子扩散系数
			强度损失率/%	重量损失/%	28d	90d	
1	C40	>S20	−4. 3	0. 04	3. 39	5. 01	121. 1
2	C50	>S20	−3. 8	0	4. 27	4. 86	96. 5
3	C60	>S20	−5. 0	0	4. 29	5. 08	72. 3
4	C65	>S20	−5. 9	0	4. 57	5. 18	53. 3
5	C70	>S20	−6. 1	0	4. 82	5. 33	39. 2
6	C80	>S20	−8. 8	0	3. 16	4. 35	10. 9

3）高性能混凝土在冻结段井壁工程中的应用

赵固一矿副井于2005年2月28日开机冻结，6月19日井筒正式开挖，2006年5月6日和5月28日分别通过冲积层和冻结段，7月25日完成内层井壁套壁工作。为了确保C40～C80高性能混凝土的应用效果，井筒正式开挖前由科技攻关小组负责对施工人员和工人进行高性能混凝土施工的技术交底和岗位培训，取得良好效果，井壁质量优良。

（1）C40～C70高性能混凝土在外层井壁的应用。

① 混凝土配合比及坍落度（表2-162）。

表2-162 赵固一矿副井冻结段外壁混凝土C40～C70配合比及坍落度

水泥品种	混凝土强度等级	混凝土的原材料用量/(kg/m³)								坍落度/mm
		水泥	砂	石	磨细矿渣	粉煤灰	TK-M	J851	水	
河南孟电集团水泥有限公司 P.O 42.5	C40	400	635	1060	20	80		14.7(A)	180	100
	C50	410	630	1085	75	25	6	20(B)	170	140
	C60	410	595	1100	140		7.56	22(C)	161	140
	C65	395	595	1100	160		8.72	20(D)	157	150
	C70	380	580	1120	180		8.8	25(D)	153	160
河南中晶水泥有限公司 P.O 42.5	C40	400	635	1060	20	80		14.7(A)	180	100
	C50	410	630	1085	75	28	6	15(B)	170	160
	C60	410	595	1100	140		7.56	18.9(C)	161	160
	C65	395	585	1100	160		8.72	19.1(D)	157	170
	C70	380	580	1120	180		8.8	24(D)	153	180

② 应用效果。

(a) 混凝土取样试验强度均达到和超过设计强度（表2-163），为进一步应用高强高性能混凝土和减薄外层井壁设计厚度提供了实践经验。

表2-163 赵固一矿副井冻结段外层井壁混凝土取样试验结果

序号	混凝土设计标号	取样深度/m	28d抗压强度/MPa	达到设计强度的比值/%
1	C40	121.5～146.5	50.7	126.8
2		146.5～171.5	44.4	111.0
3		171.5～201.5	44.3	110.8
4	C50	201.5～226.5	55.2	110.4
5		226.5～251.5	58.8	117.6
6		251.5～276.5	62.0	124.0
7		276.5～301.5	69.4	138.8

续表

序号	混凝土设计标号	取样深度/m	28d 抗压强度/MPa	达到设计强度的比值/%
8	C60	301.5～326.5	64.4	107.3
9		326.5～351.5	62.4	104.0
10		351.5～371.5	60.7	101.2
11	C65	371.5～396.5	72.5	111.5
12		396.5～421.5	66.6	102.5
13		421.5～446.5	68.6	105.5
14		446.5～461.5	69.5	106.9
15	C70	461.5～486.5	75.5	109.9
16		486.5～511.5		

(b) C40、C50、C60、C65、C80 混凝土的 P. O 42.5 水泥用量分别为 400kg/m³、410kg/m³、410kg/m³、395kg/m³、380kg/m³，比单掺化学外加剂的同标号混凝土的水泥用量减少 150kg/m³左右，即水化热减少 15℃左右，有利于减小壁后冻土的融化范围和回冻压力。

(c) 混凝土的水胶比小，早期强度较高，3d 和 7d 强度分别达到设计强度的 60%左右和 85%左右，能较好地满足外层井壁快速施工早拆模和抵抗压力的要求，外层井壁未发生压坏现象。

(d) C40、C50、C60、C65、C70 混凝土的坍落度分别控制在 100mm、140mm、140mm、150mm、160mm 以内，和易性较好，不易离析，能较好地适应底卸式吊桶输送混凝土、方便振捣和冻结段快速施工的需要，井壁的密实性和整体性好，表面光滑、质量优良。

(e) C40～C70 混凝土全部采用 P. O 42.5 水泥、石灰岩碎石、当地机破砂和磨细矿渣、Ⅱ级粉煤灰矿物外掺料，既不用 P. O 52.5、P. O 52.5R 水泥和花岗岩碎石，也不掺硅灰，所以配制的高强高性能混凝土费用较低。

(2) C40～C80 高性能混凝土在内层井壁的应用。

① 混凝土配合比及坍落度(表 2-164 和表 2-165)。

② 应用效果。

(a) 混凝土取样试验强度均达到和超过设计强度(表 2-166)，为进一步应用高性能混凝土和减薄内层井壁厚度提供了实践经验。

(b) C40、C50、C60、C65、C70、C80 混凝土的 P. O 42.5 水泥用量分别为 350kg/m³、350kg/m³、350kg/m³、390kg/m³、380kg/m³、420kg/m³，比单掺化学外加剂的同标号混凝土的水泥用量减少 150～170kg/m³，混凝土的水化热降低 15～17℃，为克服内层井壁大体积混凝土施工的温度裂缝发挥了重要作用。

表 2-164　赵固一矿副井冻结段内壁混凝土 C40～C70 配合比及坍落度

水泥品种	混凝土强度等级	混凝土的原材料用量/(kg/m³)								坍落度/mm
		水泥	砂	石	磨细矿渣	粉煤灰	TK-M	J851	水	
河南孟电集团水泥有限公司 P. O 42.5	C40	350	655	1090		74		46(A)	162	120
	C50	350	630	1085	75	35	6	50(B)	160	140
	C60	350	595	1100	146		7.56	54(C)	157	160
	C65	390	585	1105	110.5		8.72	54.5(D)	154	170
	C70	380	580	1120	125		8.8	55(D)	152.5	180
河南中晶水泥有限公司 P. O 42.5	C40	350	635	1090		74		46(A)	162	120
	C50	350	630	1085	75	35	6	50(B)	160	140
	C60	350	595	1100	146		7.56	54(C)	157	160
	C65	390	585	1105	110.5		8.72	54.5(D)	154	170
	C70	380	580	1120	125		8.8	55(D)	152.5	180

表 2-165　赵固一矿副井冻结段内层井壁 C80 高性能混凝土配合比及坍落度

水泥样品	混凝土原材料用量/(kg/m³)							坍落度/mm
	水泥	砂子	碎石	磨细矿渣	粉煤灰	水	TK-PC01 高性能减水剂	
河南孟电集团水泥有限公司 P. O 42.5	420	630	1090	115	65	137	11	180～200
河南中晶水泥有限公司 P. O 42.5	420	630	1090	115	65	137	11	180～200

表 2-166　赵固一矿副井冻结段内层井壁混凝土取样试验结果

序号	混凝土设计标号	取样深度/m	28d 抗压强度/MPa	达到设计强度的比值/%
1	C40	21.5～46.5	52.4	139.0
2		46.5～71.5	49.5	123.8
3		71.5～96.5	46.9	117.3
4		96.5～121.5	41.2	103.0
5	C50	121.5～126.5	62.3	124.6
6		126.5～151.5	62.5	125.0
7		151.5～176.5	58.3	116.6
8		176.5～201.5	58.9	117.8
9	C60	201.5～226.5	65.0	108.3
10		226.5～251.5	61.5	102.5
11		251.5～276.5	64.2	107.0
12		276.5～301.5	65.3	108.8

续表

序号	混凝土设计标号	取样深度/m	28d 抗压强度/MPa	达到设计强度的比值/%
13	C65	301.5～321.5	70.4	108.3
14		321.5～346.5	69.0	106.2
15		346.5～371.5	68.0	104.6
16	C70	371.5～386.5	86.8	124.0
17		386.5～411.5	87.5	125.0
18		411.5～436.5	77.8	111.1
19		436.5～461.5	78.8	112.6
20	C80	461.5～472.5	83.6	104.5
21		472.5～497.5	88.2	110.3
22		497.5～522.7	87.4	109.3
23		522.7～547.5	87.2	109.0
24		547.5～562.5	84.6	105.8

(c) 混凝土的水胶比较小，早期强度较高，能较好地满足内层井壁采用液压滑模套壁或倒模法套壁工艺的需要，套壁最高速度达 23.0(风井)～23.3m/d(主井)，新出模混凝土未发生流淌坍塌现象。

(d) C40、C50、C60、C65、C70、C80 混凝土的坍落度分别控制在 120mm、140mm、160mm、170mm、180mm、160mm 左右，和易性较好，不易离析，能较好地适应底卸式吊桶输送混凝土和插入式振捣器振捣的需要，井壁的密实性和整体性好，表面光滑、质量优良。

(e) C40～C80 混凝土全部采用 P.O 42.5 水泥、石灰岩碎石、当地机破砂和磨细矿渣、粉煤灰矿物外加剂，既不用 P.O 52.5、P.O 52.5R 水泥和花岗岩碎石，也不掺硅灰，混凝土配制费用较低。

(f) 采用 TK-PC01 聚羧酸盐高性能液体减水剂与磨细矿渣、粉煤灰的双掺技术配制的 C80 高性能混凝土，首次在国内深冻结井中成功应用，技术上取得了重大突破。

2.7.4　C80～C100 高性能混凝土在冻结段井壁工程中的试验应用

经过“十五”“十一五”科技攻关，基本解决了 600m 深厚冲积层冻结法凿井关键技术，在井壁结构设计和新材料研究应用上取得多项创新，但 600m 深厚冲积层冻结凿井的井壁支护材料强度还较低，冻结法普遍采用的混凝土设计标号为 C60～C75，只在少数井筒设计应用过 C80～C90，例如，2007 年在河南省赵固二矿风井冲积层冻结段井壁工程中试验应用了 C90 高性能混凝土，因而冻结井筒设计的井壁厚度普遍较厚。井壁厚度增加，加大了冻结法凿井难度，同样掘进荒径不能实现较大的井筒有效净直径，增加了井筒建设成本，也制约大直径井筒的建设，甚至成为凿井成败的关键，影响特殊凿井技术的推广应用，制约开发更深冲积层所覆盖的煤炭资源。研究适用于煤矿冻结凿井井筒 C80～C100 高强高性能混凝土材料、设计方法及施工工艺具有重要的理论、实用价值和现实意义，能解决深冻结井混凝土井壁设计和施工应用难题，实现深井冻结的安全、优质、快速、经济建设，提升我国煤炭深井建设水平。为此，中国建筑材料科学研究总院、北京煤科联应用技术研究所、国投煤炭有限公司、北京中煤矿山工程有限公司等单位在赵固二矿风井、赵固一矿西风井深厚冲积层冻结段井壁中研究并试验应用 C80～C100 高性能混凝土，取得良好效果，并和相关建设、设计、施工单位共同完成了“十二五”国家科技支撑项目“深厚冲积层冻结千米深井高性能混凝土研究和应用”(2011BAE27B03)。

1. C80～C100 高性能混凝土原材料的选择

1) 水泥

适用于制备 C80～C100 高性能混凝土的水泥必须具有良好的流变学性能和较高的 28d 强度，其中包含水泥与外加剂具有良好的相容性，才能使外加剂的掺量适宜并发挥其功效，优良的水泥和科学的混凝土配合比可使混凝土在运输和浇筑过程中控制坍落度损失，确保混凝土维持良好的工作性，并且有适宜的凝结时间，以便早期强度的快速提升和较快脱模。

冻结法凿井井壁混凝土常用普通硅酸盐 P. O 水泥和硅酸盐 P. Ⅱ 水泥，P. O 与 P. Ⅱ 水泥的组成差异主要在于水泥熟料和石膏的含量，《通用硅酸盐水泥》(GB 175—1999)规定在硅酸盐水泥粉磨时掺加不超过水泥质量 5%的石灰石或粒化高炉矿渣混合材料的称为Ⅱ型硅酸盐水泥，代号 P. Ⅱ；凡由硅酸盐水泥熟料、6%～15%混合材、适量石膏磨细制成的水硬性胶凝材料称为普通硅酸盐水泥(简称普通水泥)，代号 P. O。2008 年 6 月以前的国家标准要求 P. O 的熟料和石膏的含量超过 85%，最大掺混合材为 15%。根据研究和试验应用，2007 年赵固二矿主副风井 C80～C90 高性能混凝土选用孟电水泥厂的 P. O 42. 5 水泥，能够满足配制及工程需要。

近年来新型水泥生产工艺不断发展，水泥熟料质量不断提高，粉磨技术不断进步，为水泥中多掺混合材创造了条件，因此《通用硅酸盐水泥》(GB 175—2007)对普通硅酸盐水泥的混合材掺量作出了调整，规定为“活性混合材料掺加量为‘＞5%且≤20%’，其中允许用不超过水泥质量 8%且符合标准的非活性混合材料或不超过水泥质量 5%且符合标准的窑灰代替”。因此我国 2008 年 6 月以后市场销售的普通硅酸盐水泥中含有“＞5%且≤20%”混合材料，由于掺入水泥中混合材有窑灰、粉煤灰、粒化高炉矿渣、火山灰质混合材料等，品种多，掺量不确定，特别是窑灰、劣质粉煤灰等混合材对高强混凝土的黏度、外加剂的适应性产生较大的影响，所以，在一些重点工程和配制高强度等级的混凝土时，选用普通硅酸盐水泥需特别注意水泥中的混合材品种、掺量等。2012 年开始进行的“十二五”国家科技支撑项目“深厚冲积层冻结千米深井高性能混凝土研究和应用”，再选用 P. O 水泥已经无法满足 C80～C100 高性能混凝土工程应用的要求了，P. Ⅱ 硅酸盐水泥成为制备高强混凝土的首选。

水泥的比表面积和水泥的细度有关，水泥磨得越细，它的比表面积就越大，反之就越小。如果水泥过细，早期水化会比较充分，需水量大，早期强度会高，混凝土开裂的概率就大。经过多年实践的验证，太细的水泥对混凝土后期强度不利。水泥太粗，混凝土的需水量小，早期强度会低。一些标准规范，如《铁路混凝土》(TB/T 3275—2011)，规定水泥的比表面积控制在 300～350m^2/kg。经过多年的实践，制备高强高性能混凝土的水泥的比表面积一般控制在 350m^2/kg 左右较为适宜。同时，对制备 C80 及以上强度等级的混凝土，水泥的 28d 胶砂强度不宜低于 45MPa。

2）粗集料

粗集料的选择也是关键之一，特别是当混凝土目标强度超过 100MPa，粗集料本身的强度对混凝土最终的强度高低影响较大。有的粗集料机械黏结力差，尤其是表面非常光滑的河卵石，在其界面上会产生有害的裂纹。最好的粗集料应具有较高的强度和相对粗糙的表面。试验表明，破碎的辉绿岩、玄武岩、白云质石灰岩和花岗岩，都适用于配制高性能混凝土。

集料在混凝土中约占 3/4，是混凝土的主要组成部分，正确选择集料的品种，符合有关技术标准的要求，是配制高性能混凝土的基础。高强高性能混凝土由于水胶比小，随水泥石强度的提高，集料的差异对混凝土的抗压强度影响很大。

关于集料粒径及级配对高强高性能混凝土强度的影响，已有许多试验研究结果，集料粒径超过 40mm 后，由于集料的比表面积的减小和混凝土不均匀性的增大，致使混凝土强度降低；混凝土集料粒径越大，混凝土强度越低。故 ACI 363 委员会报告指出，集料最大粒径应尽量小。我国许多工程的实践经验是，配制高强混凝土，集料最大粒径应为 20mm 左右。为了保证混凝土的耐久性，集料应是非碱活性的。

集料物理力学性能及矿物成分对高强高性能混凝土的影响是一个比较复杂的问题。一些试验资料表明，当采用质地较弱的石灰岩作集料时，随着混凝土水灰比的减小，混凝土强度的增幅会逐渐下降，集料强度成了制约混凝土强度增长的关键因素。在高强高性能低水灰比的混凝土中，采用致密的石灰石作集料的混凝土，其强度比卵碎石作集料的混凝土明显增大，即集料品种对高强高性能混凝土强度影响很大。

配制 C80 及以上强度等级混凝土，粗集料的母岩抗压强度应比混凝土强度等级标准值高 30%以上，最大公称粒径不宜大于 20mm，含泥量不应大于 0.5%，泥块含量不应大于 0.2%，针片状颗粒含量不应大于 5%。

3）细集料

砂按原料来源可分为河砂(包括湖砂)、海砂、山砂等天然砂和机制砂，按规格可分为碎石、粗砂、中砂、细砂等。据调查，我国经过十多年大规模的基础建设，天然河砂接近枯竭，砂石料供应不足，从而导致砂石价格高还不好买，将来河砂不可能满足市场的需求。在这巨大的供给缺口下，机制砂被业内普遍认为是河砂的替代品。所谓机制砂，是经除土处理，由机械破碎、筛分制成的公称粒径小于 5mm 的岩石或卵石颗粒。对于高强高性能混凝土，目前工程中普遍使用的是优质河砂，但对许多矿区，采用机制砂在高强高性能混凝土中应用是一种趋势，研究机制砂在高强度等级混凝土中的应用已迫在眉睫，更具有现实意义。

配制 C80 及以上强度等级混凝土尽可能用细度模数为 2.6～3.0 的优质河砂，砂的含泥量和泥块含量应分别不大于 1.0%和 0.5%。当采用机制砂时，石粉亚甲蓝(MB)值应小 1.4，石粉含量不应大于 5%，压碎指标值应小于 25%[90]。

4）矿物掺合料（矿物外加剂）

混凝土矿物掺合料也称矿物外加剂，是指在混凝土搅拌过程中加入的、具有一定细度和活性的、用于改善新拌混凝土和硬化混凝土性能（特别是混凝土耐久性）的某些矿物类产品。矿物掺合料能大幅度地改善新拌混凝土和硬化混凝土性能，当前在研究和生产高强高性能混凝土时，矿物掺合料已成为必不可少的组分和重要的技术措施之一。在配制高性能混凝土时掺入大量的矿物掺合料可降低温升，改善工作性，增进后期强度，并可以改善混凝土的内部结构，提高抗腐蚀能力。目前，我国常用的掺合料可分为非活性矿物掺合料和活性矿物掺合料。

非活性矿物掺合料一般与水泥组分不起化学作用或化学作用很小，如石灰石、石英砂和硬矿渣之类的产品。活性矿物掺合料虽然本身不水化或水化速度很慢，但能与水泥水化生成的氢氧化钙反应，生成具有水硬性的胶凝材料，如粒化高炉矿渣、火山灰质材料、粉煤灰、硅灰等。由于它能够改善混凝土拌和物的和易性，提高混凝土耐久性等，因此目前多数混凝土工程中均应用活性掺合料。

矿物细掺合料基本可以分为以下四类。

（1）有胶凝性（或称潜在活性）的，如粒化高炉矿渣、水硬性石灰。

（2）有火山灰性的，火山灰性是指本身没有或极少有胶凝性，但粉末状态下在有水存在时，能与 $Ca(OH)_2$ 在常温下发生化学反应，生成具有胶凝性的组分。例如，粉煤灰、偏高岭土、原状的或煅烧的酸性火山玻璃和硅藻土、某些烧页岩和黏土，以及某些工业废渣，如硅灰。

（3）同时具有胶凝性和火山灰性的，如高钙粉煤灰或增钙液态渣、沸腾炉（流化床）燃煤脱硫排放的废渣等。粒化高炉废渣实际上也同时具有火山灰性。

（4）其他未包括在上述三类中的本身具有一定化学反应的材料，如磨细的石灰石、石英砂，这类材料过去一直被看成惰性的物质。

目前在高强高性能混凝土中使用的矿物掺合料主要有粉煤灰、磨细矿粉、硅灰、沸石粉等，近年来偏高岭土、石灰石粉和钢渣粉等也逐渐推广使用。

粉煤灰是由燃烧煤粉的锅炉烟气中收集到的细粉末，其颗粒多呈球状，原状灰的细度和电厂制煤系统和收尘装置有关，含碳量与锅炉性质及燃烧技术有关。粉煤灰的需水量与其组成有关，用于高性能混凝土的粉煤灰需水量之比应小于100%，含碳量最好小于3%。由褐煤燃烧形成的粉煤灰，其氧化钙含量较高（一般大于10%），呈褐黄色，称为高钙粉煤灰，它具有一定的水硬性；由烟煤和无烟煤燃烧形成的粉煤灰，其氧化钙含量较低（一般小于10%），呈灰色或深灰色，称为低钙粉煤灰。粉煤灰来源比较广泛，是当前国内外用量最大、使用范围最广的混凝土掺合料。粉煤灰用于混凝土中可改善和易性、提高后期强度、降低水化热、提高混凝土的耐久性等。

在炼铁炉中浮于铁水表面的熔渣，排出时用水急冷，得到水淬矿渣，生产矿渣水泥和磨细矿渣都是用这种粒状渣。近年来由于高强高性能混凝土、高耐久性和高流动性混凝土的开发研究，磨细矿渣得到更加广泛的应用。磨细矿粉应用于混凝土中，可改善混凝土的和易性，提高混凝土的耐久性。《高强混凝土应用技术规程》(JGJ/T 281—2012)中规定：配制C80及以上强度等级的高强混凝土掺用粒化高炉矿渣粉时，粒化高炉矿渣粉不宜低于S95级。

硅灰(silica fume)又称硅粉，是铁合金厂在冶炼硅铁合金或金属硅时，从烟尘中收集的一种飞灰。随着有、无热回收系统装置的不同，收集的硅灰的含碳量及颜色也不一样。带热回收系统回收的硅灰，由于回收系统温度高(700～800℃)，使硅灰中所含的大部分碳都能燃烧掉，收集的硅灰含碳量很少，产品呈白色或灰白。无热回收装置的系统，由于气体温度低(200～300℃)，硅灰中含有一定的未完全燃烧的碳，产品呈暗灰色。用氮气吸附方法测定，硅灰的比表面积可达 20000m^2/kg 以上，平均粒径小于 0.1μm，比水泥颗粒细两个数量级，硅灰中 SiO_2 的含量依所生产的硅合金的类型的不同而不同，SiO_2 的含量变化较大，高的达 90%～98%，最低的只有 25%～54%。用于混凝土的硅灰，根据《高强高性能混凝土用矿物掺合料》(GB/T 18736—2002)的要求：SiO_2 应大于 85%，比表面积应大于 15000m^2/kg。混凝土中硅灰的掺量控制在 5%～10%，这是由于硅灰的比表面积大，掺入硅灰后，混凝土的用水量增大，需通过调整减水剂品种和用量来控制混凝土的用水量。硅灰掺入混凝土中，可提高混凝土的密实性、早期和后期强度，具有很好的增强作用，是配制高强度混凝土必备的掺合料。

目前偏高岭土作为一种高性能混凝土新的矿物掺合料广泛应用于实际生产当中，偏高岭土中 SiO_2 和 Al_2O_3 含量较高，偏高岭土微粉除了填充效应外，对硅酸盐水泥有明显的加速水化作用，主要是活性 SiO_2 和 Al_2O_3 与 $Ca(OH)_2$ 作用生成 C-S-H 凝胶、水化铝酸钙和水化硫铝酸钙，由于其极高的火山灰活性，所以有超级火山灰之称。用于配制高强混凝土的偏高岭土，Al_2O_3 的含量应大于 35%，SiO_2 和 Al_2O_3 含量之和应大于 85%。

5) 化学外加剂

混凝土外加剂是配制高性能、绿色混凝土所不可或缺的组分之一，起到关键性作用。众多混凝土外加剂中，减水剂是目前研究和使用最广泛的一种外加剂，它的技术水平可以代表外加剂行业的研究和应用水平。减水剂就其本质为一种表面活性剂，主要用于改善混凝土流动性、控制凝结或者硬化时间、降低混凝土用水量、提高混凝土强度等。一般认为，减水剂的发展经历三个阶段：木质素磺酸盐类普通减水剂阶段；萘系为代表的高效减水剂阶段；聚羧酸盐系为代表的高性能减水剂阶段。目前，配制高强混凝土，特别是配制 C80 及以上强度等级混凝土，聚羧酸盐高性能减水剂是首选，配制 C80 及以上等级混凝土时，高性能减水剂的减水率不宜小于 28%，同时，应具有良好的适应性。

聚羧酸系减水剂是配制高性能混凝土的理想外加剂。具体表现为：①聚羧酸系减水剂在低掺量下(折固掺量为 0.15%～0.25%)就能产生理想的减水和增强效果；②对混凝土的凝结时间影响较小；③混凝土坍落度保持性能较好；④与水泥和掺合料的适应性较好；⑤生产过程中不使用甲醛和不排出废液，环保问题得到了解决；⑥SO_4^{2-} 和 Cl^- 含量小，对混凝土的干缩影响较小。

聚羧酸系减水剂与萘系减水剂相比具有很多优势，具体的性能指标比较见表 2-167。

2010 年以后，国内市场上的聚羧酸系减水剂原料充足、市场价格下降、技术逐渐普及，应用得到空前的推广。随着聚羧酸系减水剂技术的发展，与聚羧酸系减水剂相关的标准和规程也随之制定和修订，主要的标准见表 2-168。

表 2-167 聚羧酸系减水剂和萘系减水剂的比较

性能指标	萘系	聚羧酸系
掺量	0.3%～1.0%	0.1%～0.4%
减水率	15%～25%	最高可达 60%
保坍性能	坍损大	90min 基本不坍损
增强效果	120%～135%	140%～250%
收缩率	120%～135%	80%～115%
分子结构可调性	不可调	结构可变性大
作用机理	静电斥力	空间位阻为主
钠、钾离子含量	5%～15%	0.2%～1.5%

表 2-168 与聚羧酸系减水剂相关的标准

标准名称及标准号	标准类别	主要内容
《聚羧酸系减水剂》(JG/T 223—2007)	建工行业标准	产品标准
《混凝土外加剂》(GB 8076—2008)	国家标准	产品标准
《混凝土外加剂用聚醚及其衍生物》(JC/T 2033—2010)	建材行业标准	原料标准
《混凝土外加剂应用技术规程》(GB 50119—2012)	国家标准	应用规程

除了减水剂外，外加剂其他品种众多，常用的有早强剂、缓凝剂和引气剂。近几年，发展出了可改善混凝土黏度的降黏剂、调黏剂，可减少混凝土收缩的减缩剂，可使长时间保持混凝土坍落度的保坍剂等，这些功能性外加剂的发展，为降低高强混凝土的黏度、提高工作性及减少收缩开裂提供了技术途径。

提高混凝土强度的方法有采用高强度等级水泥、增加单方水泥用量、增加胶凝材料总量、降低水灰比等，仅使用这些措施会导致混凝土黏度增加，流动性随之下降，造成混凝土工作性能下降，工程中可使用各种调节黏度的化学外加剂在一定范围内给予解决，如黏度改性剂、降黏型减水剂等，这两种产品可以单独使用，也可与其他品种的减水剂相匹配合使用。

6）复合型外加剂

由于化学外加剂种类多、掺量少，且使用的品种和掺量要根据工程使用的其他原材料成分、质量、相容性和施工条件等情况，并通过实验室配合比试验和工程现场复配试验确定，有些工程所在地的矿物外加剂品种和规格也匮乏，因此近年来出现复合型外加剂，外加剂工厂根据工程所在地矿物外加剂的货源情况和配合比试验要求，调整化学外加剂载体(矿物外加剂)的组分，并在高效和高性能减水剂的基础上添加所需微量的早强剂、黏度改性剂、降黏型减水剂、引气剂等，进一步满足了工程的特殊需要，还简化了配制混凝土的施工步骤，提高了混凝土配制等级和施工质量。

2. C80～C100 高性能混凝土试验研究

1）技术路线

(1）外层井壁。

针对深厚冲积层冻结井筒外壁的特殊养护环境和施工条件，要求外层井壁混凝土具有早强、高强和防冻性能，以防止因早期强度偏低而遭受破坏。

混凝土的早强可通过添加早强剂、早强型掺合料、提高水泥用量和细度等方法实现。添加无机盐类的早强剂、提高水泥细度会影响混凝土后期强度的发展，提高水泥用量会增加混凝土的水化热，大量的水化热会影响冻结壁的稳定性。使用新型的掺合料偏高岭土，可提高混凝土的早期强度，且不影响混凝土后期强度的发展。

低温早强保坍型聚羧酸高效减水剂可以克服以往早强型减水剂减水率不高、坍落度保持性不好的弊病，使混凝土具有良好的施工性能。同时，利用聚羧酸本身的结构特性，缩短凝结时间，达到低温下早强，而不是通过外加无机盐类的方法达到早强，具有在保证施工性能的前提下，缩短凝结时间，提高早期强度，后期强度增长不受影响的特性，适合于配制冻结法施工井筒外层井壁混凝土。

(2) 内层井壁。

针对深厚冲积层冻结井筒内壁的特殊养护环境和施工条件，要求内层井壁具有高耐久性、抗裂和防水性能，以防止冻结壁解冻后井壁出现较大漏水。同时由于深井冻结法施工混凝土内壁属于大体积混凝土施工，要求混凝土水化热低，以防止井壁出现温度裂缝等。

在普通混凝土中，可使用膨胀剂来降低混凝土收缩，改善混凝土抗开裂性能，避免混凝土出现裂缝。但膨胀剂是通过生成大量的 AFt 来填充混凝土，使混凝土降低收缩或出现微膨胀。随着混凝土强度的提高，混凝土的用水量降低，水胶比在 0.3 以下时，膨胀剂的功能逐渐失去，在 C80～C100 混凝土使用膨胀剂已失去效果。降低 C80～C100 混凝土收缩，提高混凝土的抗开裂性能，必须寻找新的途径，目前，使用减缩剂是一种有效的方法。减缩剂也是一种用来改善混凝土收缩的外加剂，主要是通过减少毛细孔的表面张力和改善混凝土孔结构来减少早期收缩。研究表明，聚醚类减缩剂控制高强混凝土的早期收缩和干缩，效果显著；可选用一种烷基聚氧乙烯醚类非离子表面活性剂 SRA-2，它是一种非离子型表面活性剂，稳定性高，不易受强电解质存在的影响，也不易受酸碱的影响，与其他类型的表面活性剂相容性好，在各种溶剂中均有良好的溶解性，在固体表面不发生强烈吸附。自由收缩试验表明，这种减缩剂在加入高强混凝土后可大幅度地降低混凝土的自由干燥收缩率，其早期(3d)和后期(28d)的减缩率分别降低 30%和 27%。

内外层井壁混凝土水化热控制，可通过减少混凝土中水泥的用量，增加粉煤灰和 S95 以上矿粉的用量，尽可能不用或少用硅灰来降低混凝土的早期水化热和总水化热。

2) 混凝土配合比、拌和物性能、混凝土耐久性、抗裂性等试验分析

(1) 外层井壁。

经过大量的配合比试验研究，研究人员经过优化分析，提出 C80～C100 外层井壁高性能混凝土配合比(表 2-169)。其混凝土拌和物性能试验结果见表 2-170，混凝土耐久性能试验结果见表 2-171。

分析表 2-170，C80～C100 混凝土的含气量均小于 1.0%，初始坍落度均大于 220mm，扩展度均大于 520mm，60min 后，混凝土的坍落度保留值也均大于 220mm，扩展度也不小于 500mm，工作性能能保证混凝土施工的需要。凝结时间试验表明，用了低温早强保坍型聚羧酸盐高性能减水剂 BZ 的配合比与早强型聚羧酸盐高性能减水剂 ZQ 相

表 2-169 外层井壁混凝土配合比设计 （单位：kg/m³）

序号	强度等级	水泥	砂	碎石		硅灰	偏高岭土	粉煤灰	矿粉	水	聚羧酸减水剂
				5～10mm	10～25mm						
A1	C80	395	659	331	769		20	50	100	140	7/BZ
A2		395	659	331	769		20	50	100	140	7/ZQ
A3		415	659	331	769		0	50	100	140	7/BZ
B1	C90	408	628	335	783		20	55	110	135	8/BZ
B2		408	628	335	783		20	55	110	135	8/ZQ
B3		428	628	335	783		0	55	110	135	8/BZ
C1	C100	413	613	342	798	30	20	45	90	125	9.5/BZ
C2		413	613	342	798	30	20	45	90	125	9.5/ZQ
C3		433	613	342	798	30	0	45	90	125	9.5/BZ

表 2-170 外层井壁混凝土拌和物性能

序号	含气量/%	坍落度/扩展度/mm		凝结时间/min	
		初始	60min	初凝	终凝
A1	0.9	225/520	220/500	7:15	9:29
A2	1.0	220/540	220/545	9:03	11:53
A3	0.9	230/530	225/520	7:48	9:56
B1	0.8	230/535	230/520	7:35	10:10
B2	0.8	235/550	240/550	9:43	12:24
B3	0.9	240/530	220/520	7:58	10:31
C1	0.7	235/530	230/515	8:21	11:13
C2	0.6	240/550	245/555	10:16	12:27
C3	0.8	245/535	230/525	8:45	11:55

表 2-171 外层井壁混凝土耐久性能

序号	28d 电通量/C	冻融 450 次		收缩率值/10^{-4}		P40 渗透高度/mm	耐硫酸盐的抗压强度耐蚀系数 K_f(150 次)/%	NEL 法 Cl^- 扩散系数/($10^{-14}m^2/s$)
		动弹性模量/%	质量损失/%	28d	90d			
A1	179	73.1	3.3	2.56	3.12	33	84	45
A2	186	77.0	2.8	2.48	2.98	32	82	43
A3	189	83.2	2.2	2.40	2.86	26	78	41
B1	176	84.7	2.1	2.60	3.32	23	86	37
B2	155	76.6	3.3	2.83	3.41	25	88	35
B3	120	79.9	3.0	2.55	3.23	21	83	32
C1	102	80.3	2.8	2.76	3.56	16	93	34
C2	86	85.6	1.9	2.86	3.77	18	91	27
C3	97	86.2	2.1	2.63	3.82	15	89	26

比，混凝土的凝结时间缩短 2h 左右，有利于混凝土的早期强度增长；用了偏高岭土的配合比与不用偏高岭土相比，混凝土的凝结时间也相应缩短。试验结果表明，使用低温早强保坍型聚羧酸盐高性能减水剂 BZ 能满足混凝土的工作性需要，可缩短凝结时间，提高早期强度；偏高岭土的应用也可缩短凝结时间，提高早期强度。

分析表 2-171，C80～C100 混凝土耐久性的试验结果，所有配合比的电通量均在 200C 以下，NEL 法的氯离子扩散系数均在 $50\times10^{-14}m^2/s$ 以下，说明混凝土具有很好的抵抗氯离子侵蚀的能力，随着强度等级的提高，混凝土的电通量和氯离子扩散系数均呈下降趋势。混凝土快速冻融 450 次后，动弹性模量均在 70％以上，大于 60％；质量损失均小于 5％，说明混凝土具有很好的抗冻融破坏的能力，总体而言，混凝土的强度等级越高，抗冻融的能力越强。抗渗试验也表明，混凝土达到 P40 以后，剖开混凝土，经测试，混凝土的渗透高度均较小，混凝土抗渗能满足 P40 的要求。耐硫酸盐试验表明，混凝土在硫酸钠溶液中经过 150 次干湿循环试验后，抗压强度耐蚀系数均大于 75％，抗硫酸盐侵蚀能力好。干燥收缩试验表明，混凝土 28d 的干燥收缩率均小于 3×10^{-4}，28d 的干燥收缩率均小于 4×10^{-4}，干燥收缩率较小，能降低混凝土的开裂风险。

根据研究结果，由于冻结法施工井筒混凝土的外层井壁较厚，一般在 600mm 以上，有的达到 1m 以上，混凝土浇筑后，只要在低温下能迅速凝结，内部水化反应产生的热量足以使外层混凝土井壁保持正温。同时，设在外层井壁和井帮之间的泡沫塑料板也大大降低了外层井壁和冻结壁传热速度，使外层混凝土井壁温度降到负温的时间延长。根据冻结井实测结果，C80～C100 外层井壁混凝土浇筑后 1d 内的温度保持在 10℃以上，混凝土冻结井外壁混凝土根据混凝土的壁厚和入模温度等因素不同，进入负温的时间均在 7d 以上。根据研究结果，将混凝土在 10℃的环境中养护 1d，1d 以后转入标准养护室养护，以观察混凝土在低温环境下早期强度发展的情况。不同养护条件下混凝土强度试验结果见表 2-172。

表 2-172　外层井壁混凝土抗压强度

编号	标养抗压强度/MPa				成型后在 10℃的环境中养护 1d，然后转标养室养护抗压强度/MPa			
	1d	3d	7d	28d	1d(10℃)	3d	7d	28d
A1	35.8	65.4	78.6	93.6	22.1	55.2	75.4	95.3
A2	26.8	59.0	80.3	97.8	6.5	39.1	72.5	98.4
A3	31.7	62.3	75.2	96.7	17.3	52.6	72.0	97.5
B1	38.1	73.6	87.2	105.6	24.4	53.4	84.1	108.2
B2	30.1	65.2	92.4	106.9	10.0	55.8	76.7	107.4
B3	36.6	70.3	85.2	107.4	18.3	50.5	81.6	108.8
C1	42.6	78.9	101.6	119.6	25.6	68.6	96.4	121.3
C2	34.9	69.3	99.8	121.1	14.2	49.0	83.4	122.2
C3	40.3	73.7	95.7	123.6	22.4	63.3	93.5	125.0

从表 2-172 分析，C80～C100 外层井壁混凝土成型后，标准养护条件下，混凝土的早

期强度均较高，但使用 BZ 的混凝土早期的 1d、3d 抗压强度均高于使用 ZQ 的混凝土，BZ 的早强性能要好于 ZQ。混凝土的后期强度发展良好，早期强度的发展不影响后期强度增长。

在 10℃环境中养护 1d，用了低温早强保坍型聚羧酸盐高性能减水剂 BZ 的配合比 1d 的抗压强度较高，早强型聚羧酸盐高性能减水剂 ZQ 的配合比在低温环境下早期强度发展较差。用了偏高岭土配合比，混凝土的早期强度要高于不用偏高岭土，偏高岭土能促进混凝土在低温下的早期强度发展。在 10℃低温环境养护 1d 后，7d 后混凝土的强度增长更大，28d 的抗压强度比标准养护条件均有小幅提高。

(2) 内层井壁。

研究提出的 C80～C100 内层井壁高性能混凝土配合比见表 2-173，混凝土拌和物性能试验结果见表 2-174，混凝土耐久性能试验结果见表 2-175。

表 2-173　内层井壁混凝土配合比设计　（单位：kg/m³）

序号	强度等级	水泥	砂	碎石		硅灰	粉煤灰	矿粉	水	减缩剂	聚羧酸减水剂
				5～10mm	10～25mm						
NA1	C80	386	647	335	777		55	110	135		7/标
NA2		386	647	335	777		55	110	135	11	7/标
NA3		408	647	335	777		48	95	135	11	7/标
NB1	C90	400	614	339	791		58	116	130		8/标
NB2		400	614	339	791		58	116	130	11	8/标
NB3		420	614	339	791		51	103	130	11	8/标
NC1	C100	410	600	346	804	30	52	103	120		9.5/标
NC2		410	600	346	804	30	52	103	120	11	9.5/标
NC3		430	600	346	804	30	45	90	120	11	9.5/标

表 2-174　内层井壁混凝土拌和物性能及强度

序号	含气量/%	坍落度/扩展度/mm		凝结时间/min		抗压强度/MPa			
		初始	60min	初凝	终凝				
NA1	1.1	230/520	225/505	10:15	12:36	29.5	59.2	77.7	95.2
NA2	1.1	230/545	230/550	10:33	13:02	25.6	57.1	80.1	97.7
NA3	0.9	230/530	225/530	10:18	12:55	27.0	58.0	78.6	96.5
NB1	1.0	235/530	230/525	10:26	12:51	32.2	65.1	89.0	106.8
NB2	0.9	240/555	240/540	10:43	13:08	30.1	62.9	91.1	109.2
NB3	1.0	245/550	230/530	10:26	12:55	31.0	63.4	90.0	106.9
NC1	0.8	230/530	220/525	11:02	13:03	35.3	73.5.	96.3	116.6
NC2	0.7	245/550	240/545	11:38	13:27	28.9	70.1	98.6	121.6
NC3	0.8	245/545	230/535	11:25	13:15	32.7	69.4	97.1	119.3

表 2-175　内层井壁混凝土耐久性能试验结果

序号	28d 电通量/C	冻融 450 次		收缩率值/10^4			P40，150 次	耐硫酸盐的抗压强度耐蚀系数 K_f/%	NEL 法 Cl^- 扩散系数/($10^{-14}m^2/s$)
		动弹性模量/%	质量损失/%	3d	28d	90d			
NA1	101	76.3	3.0	1.77	2.97	3.45	4.3	85	42
NA2	99	80.6	2.8	1.52	2.48	2.96	3.6	84	38
NA3	95	76.2	2.4	1.60	2.62	3.03	3.3	78	41
NB1	89	82.4	2.6	1.68	2.72	3.23	3.5	88	39
NB2	93	79.8	2.1	1.48	2.28	2.88	3.2	86	36
NB3	92	83.8	2.0	1.53	2.42	2.97	3.0	88	35
NC1	83	86.9	1.9	1.93	3.08	3.78	2.8	90	28
NC2	76	88.4	1.7	1.64	2.64	3.22	2.6	89	31
NC3	72	86.0	2.0	1.76	2.70	3.41	2.5	92	30

分析表 2-174，C80～C100 混凝土的含气量均小于 1.0%，初始坍落度均大于 220mm，扩展度均大于 520mm，60min 后，混凝土的坍落度保留值也均大于 200mm，扩展度也不小于 500mm，工作性能保证混凝土施工的需要。用了减缩剂的混凝土配合比，混凝土的坍落度和扩展度要稍大，凝结时间稍有增长，混凝土的早期 1d、3d 强度稍有下降，但 28d 的强度比不掺减缩剂的混凝土要稍高。试验结果表明，掺加减缩剂后，混凝土的坍落度和扩展度增加，混凝土工作性改善，同时凝结时间增加，早期稍有影响。

分析表 2-175，内层井壁 C80～C100 混凝土耐久性的试验结果表明，内层井壁 C80～C100 高性能混凝土均具有很好的耐久性，所有配合比的电通量均在 200C 以下，NEL 法的氯离子扩散系数均在 $50\times10^{-14}m^2/s$ 以下，说明混凝土具有很好的抵抗氯离子侵蚀的能力，随着强度等级的提高，混凝土的电通量和氯离子扩散系数均呈下降趋势。混凝土快速冻融 450 次后，动弹性模量均在 70%以上，大于 60%；质量损失均小于 5%，说明混凝土具有很好的抗冻融破坏的能力，总体而言，混凝土的强度等级越高，抗冻融的能力越强。抗渗试验也表明，混凝土达到 P40 以后，剖开混凝土，经测试，混凝土的渗透高度均较小，混凝土抗渗能满足 P40 的要求。耐硫酸盐试验表明，混凝土在硫酸钠溶液中经过 150 次干湿循环试验后，抗压强度耐蚀系数均大于 75%，抗硫酸盐侵蚀能力好。干燥收缩试验表明，掺了减缩剂后，混凝土的干燥收缩率下降，能降低混凝土的开裂风险。

分析表 2-176 和图 2-174，掺加减缩剂后，混凝土的初裂时间延长，裂缝最大宽度下降。试验结果表明，掺加减缩剂有利于提高混凝土的抗开裂能力。

表 2-176　C100 混凝土圆环开裂试验

编号	初裂时间/h	裂缝宽度/mm		
		7d	14d	28d
NC1	53	0.8	1.1	1.7
NC2	75	0.6	0.8	1.2
NC3	66	0.7	1.0	1.5

分析表 2-177 和图 2-175，用粉煤灰和矿粉替代水泥后，胶凝材料的水化热下降，用硅

灰替代部分水泥，胶凝材料的水化热增加；用少量硅灰复合粉煤灰和矿粉替代水泥，也有效地降低了胶凝材料的水化热。

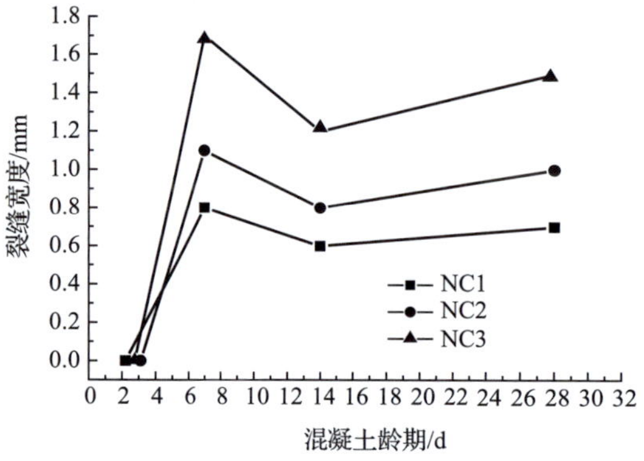

图 2-174 混凝土的开裂时间及裂缝宽度

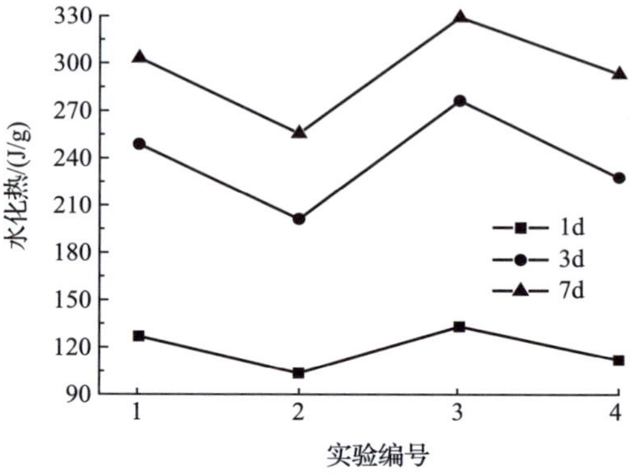

图 2-175 胶凝材料水化热试验

表 2-177 *W/B*=0.3 时水化热试验

编号	水泥	硅灰	矿粉	粉煤灰	水化热/(J/g)		
					1d	3d	7d
1	1	0	0	0	126.8	248.7	303.2
2	0.70	0	0.10	0.20	103.4	201.2	255.6
3	0.95	0.05	0	0	133.1	276.4	329.1
4	0.70	0.05	0.08	0.17	112.0	227.6	293.4

绝热温升试验表明(图 2-176～图 2-178)，混凝土具有较低的绝热温升，7d 的绝热温升值均不大于 55℃。通过大量掺加粉煤灰、矿粉，使 C80～C100 混凝土的水泥用量较低，混凝土的绝热温升较低，可减少内壁混凝土温差，提高混凝土抗开裂的能力。

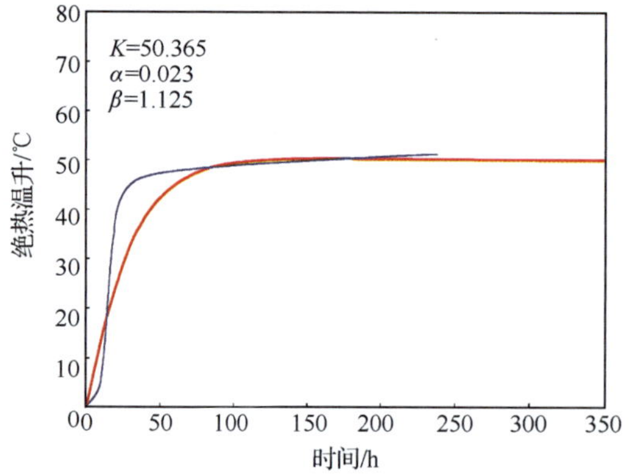

图 2-176 内壁 C80(NA2)绝热温升试验

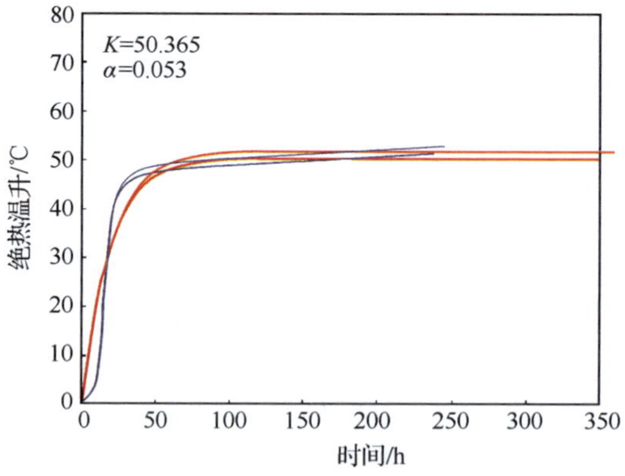

图 2-177 内壁 C90(NB2)绝热温升试验

3) 主要结论

研究试验的外层井壁 C80～C100 混凝土能满足低温早强和施工性能的要求；研制的

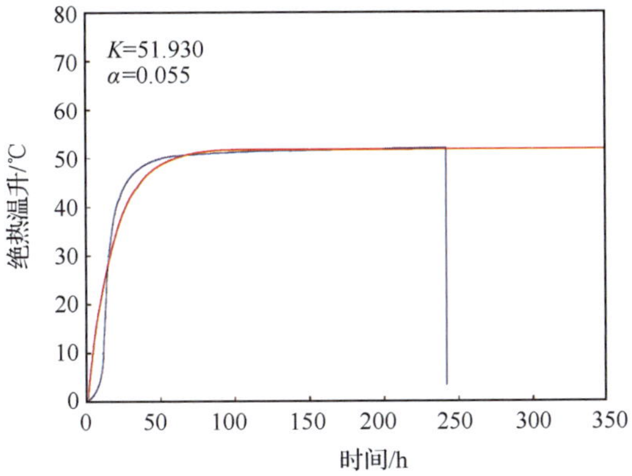

图 2-178　内壁 C100(NC2)绝热温升试验

低温早强保坍型聚羧酸盐高性能减水剂 BZ,具有保坍性能好、凝结时间短、低温早期强度高的特性,适合配制冻结法施工外层井壁混凝土;加入适量偏高岭土的混凝土能提高混凝土的早期强度,偏高岭土适合配制冻结法施工外层井壁混凝土。

使用减缩剂可提高 C80～C100 内层井壁混凝土抗开裂性能;C80～C100 内层井壁混凝土能满足施工和耐久性能的要求;通过大量掺加粉煤灰、矿粉,可降低混凝土的绝热温升,减少内壁混凝土温缩开始开裂的风险。

3. 关于大于 C80 混凝土轴心抗压强度设计值的取法

现行的《混凝土结构设计规范》(GB 50010—2010)中规定的最高混凝土强度等级为 C80,没有给出设计强度高于 C80 的混凝土所对应的设计值。为此,"十二五"国家科技支撑项目"深厚冲积层冻结千米深井高性能混凝土研究和应用"课题组开展了大于 C80 混凝土轴心抗压强度设计值取法的研究[91],为深层开发煤炭资源使用大于 C80 混凝土提供设计依据,有效保证井壁混凝土结构设计和安全施工,突破了我国设计规范中混凝土强度设计参数最高只达到 C80 的上限,为深厚冲积层冻结深井井壁结构设计应用大于 C80 混凝土奠定了基础。

根据《混凝土结构设计规范》(GB 50010—2010)有关规定,C80 以下混凝土,按式(2-109)计算混凝土轴心抗压强度设计值:

$$f_c = f_{ck}/1.40 = 0.88 \times \alpha_{c1} \times \alpha_{c2} \times f_{cu,k}/1.40 \tag{2-109}$$

式中,f_c为混凝土轴心抗压强度设计值;f_{ck}为混凝土轴心抗压强度的标准值;α_{c1}为棱柱强度与立方强度的比值,对于 C50 及以下混凝土取 0.76,对高强混凝土 C80 取 0.82,中间按线性插值;α_{c2}为脆性折减系数,对 C40 取 1.00,对高强混凝土 C80 取 0.87,中间按线性插值;考虑结构中的混凝土强度与试件混凝土强度之间的差异等因素取强度修正系数为 0.88;材料分项系数取为 1.40;$f_{cu,k}$为边长 150mm 立方体抗压强度标准值。

研究人员对比分析欧盟混凝土结构设计标准"Design of concrete structures"(EN 1992-1-1:2004)与我国《混凝土结构设计规范》的相关规定,在式(2-109)的基础上提出 C80 以上混凝土轴心抗压强度设计值的取值方法(表 2-178)。建议大于 C80 混凝土目前

暂采用固定 α_{c1} 值、α_{c2} 线性外推计算的混凝土轴心抗压强度设计值 f_c 进行设计；待多取得些实践经验后，采用 α_{c1}、α_{c2} 线性外推计算混凝土轴心抗压强度设计值 f_c。

表 2-178　混凝土轴心抗压强度设计值取值方法

混凝土强度等级	f_c/MPa	
	大于 C80，α_{c1} 固定，α_{c2} 按线性外推	α_{c1}、α_{c2} 按线性外推
C60	27.5	
C65	29.7	
C70	31.8	
C75	33.8	
C80	35.9	
C85	37.2	37.7
C90	38.6	39.6
C95	40.0	41.4
C100	41.2	43.2

4. 赵固二矿风井应用 C80～C90 高性能混凝土的工程案例

1）工程简况

赵固二矿风井冲积层厚 524.5m，冻结深度为 628m，冻结段采用混凝土塑料夹层（表 2-179）；井筒净直径为 5.2m。内、外层井壁最大厚度分别为 950mm 和 650mm，混凝土最高标号为 C90。

表 2-179　赵固二矿风井冻结段井壁结构

序号	深度/m	井壁厚度/m		混凝土标号		内外层井壁厚度之和/mm	聚乙烯塑料夹层厚度/mm	井壁与井帮之间泡沫板厚度/mm	外层井壁承受冻结压力/MPa
		内层井壁	外层井壁	内层井壁	外层井壁				
1	13～110	500	450	C40	C40	950	2		1.5
2	110～140	500	450	C50	C50	950	2		1.5
3	140～230	500	450	C60	C60	950	2		2.3
4	230～330	650	500	C70	C70	1150	2	75	2.9
5	330～452	850	600	C70	C70	1450	2	75	3.5
6	452～524.5	950	650	C80	C80	1600	2	75	4.0
7	524.5～594	950	650	C90	C90	1600	2		4.0
8	594～610	1600		C90					4.0

2）C40～C90 高性能混凝土室内试验

（1）混凝土的原材料性能试验与优选。

本着保证质量、降低工程成本和就近取材的原则，结合赵固一矿主副风井配制 C60～C80 高性能混凝土的经验，对赵固二矿配制 C80～C90 高性能混凝土的原材料进行分析，提出优化意见，见表 2-180。除 SM 改性三聚氰胺高效减水剂（表 2-181）外，其他原材料与赵固一矿副井相同（表 2-134、表 2-147～表 2-151 及表 2-153、表 2-154）。

表 2-180　赵固二矿风井冻结段内、外层井壁高性能混凝土原材料

序号	材料名称	品种、性能	生产单位	备注
1	水泥	P. O 42. 5	河南孟电集团水泥有限公司	配制 C40～C90 混凝土
2			河南中晶水泥有限公司	配制 C40～C90 混凝土
3	砂子	机制中砂、细度模数为，含泥量小于 1. 0%	辉县采砂场	配制 C40～C90 混凝土
4	石子	石灰岩碎石，5～25mm 连续级配，含泥量小于 0. 2%	辉县采石场	配制 C40～C90 混凝土
5	粉煤灰	Ⅱ级	焦作电厂	配制 C40～C80 混凝土
6	磨细矿渣	比表面积 4500cm²/g	安阳汾江水泥厂	配制 C40～C60 混凝土
7		比表面积 6500cm²/g	林州水泥厂	配制 C70～C90 混凝土
8	早强减水剂	J851-A、B、C、D 型	石家庄花园混凝土外加剂有限公司	A、B、C、D 型分别用于配制外层井壁 C40、C50、C60、C65～C70 混凝土
9	防裂密实剂	JQ-A、B、C、D 型		A、B、C、D 型分别用于配制外层井壁 C40、C50、C60、C65～C70 混凝土
10	矿物增强剂	TK-M	北京同科建材有限公司	配制内、外层井壁 C40～C70 混凝土
11	高效减水剂	SM 型改性三聚氰胺		配制内、外层井壁 C70～C90 混凝土

表 2-181　北京同科建材有限公司生产的 SM 改性三聚氰胺高效液体减水剂试验结果

型号	减水率/%	抗压强度比/%				28d 收缩率比/%
		1d	3d	7d	28d	
SM-1B	23. 0	180. 3	151. 2	146. 0	139. 5	121. 1
SM-2B	26. 0	189. 8	156. 9	148. 0	141. 2	123. 0
SM-1B	26. 0	189. 8	156. 9	148. 0	141. 2	124. 1

（2）混凝土配合比与强度增长特性试验。

根据赵固二矿风井内、外层井壁的混凝土设计标号和施工条件，采用孟电集团水泥有限公司的 P. O 42. 5 水泥与辉县产机制中砂、5～25mm 连续级配的石灰岩碎石、安阳汾江水泥厂的比表面积 450m^2/kg 和林州水泥厂的比表面积 650m^2/kg 的磨细矿渣、石家庄花园混凝土外加剂有限公司的 J851 型早强减水剂和 JQ 型防裂密实剂、北京同科建材有限公司 SM 型改性三聚氰胺高效减水剂和 TK-M 矿物增强剂等的优化组合，试验提出适用于冻结段内、外层井壁 C40～C90 高性能混凝土的配合比和强度增长特性。

① 外层井壁 C40～C90 低温早强高性能混凝土室内试验。

(a) 混凝土配合比试验结果(表 2-182 和表 2-183)。

表 2-182　赵固二矿冻结段外层井壁 C40～C70 高性能混凝土配合比试验结果

水泥		混凝土设计标号	胶凝材料(水泥、粉煤灰、磨细矿渣)用量/(kg/m^3)	混凝土配合比
品种	生产厂			胶凝材料：砂子：石子：J851：TK-M：水
P. O 42.5	河南孟电集团水泥有限公司	C40	450	1.0：1.489：2.422：0.0489：0：0.390
		C50	485	1.0：1.309：2.268：0.0515：0：0.342
		C60	535	1.0：1.121：2.075：0.0467：0.0149：0.305
		C70	590	1.0：0.991：1.915：0.0474：0.0135：0.263

表 2-183　赵固二矿冻结段外层井壁 C80～C90 高性能混凝土配合比试验结果

水泥		混凝土设计标号	胶凝材料(水泥、粉煤灰、磨细矿渣)用量/(kg/m^3)	混凝土配合比
品种	生产厂			胶凝材料：砂子：石子：SM：水
P. O 42.5	河南孟电集团水泥有限公司	C80	620	1.0：0.919：1.774：0.0677：0.185
		C90	660	1.0：0.848：1.667：0.0864：0.147

(b) 混凝土坍落度及强度增长特性试验结果(表 2-184 及图 2-179)。

表 2-184　赵固二矿风井冻结段外层井壁 C40～C90 高性能混凝土的坍落度和强度增长特性试验结果

水泥品种	强度等级	坍落度/mm	抗压强度/MPa		
			3d	7d	28d
河南孟电集团水泥有限公司 P. O 42.5	C40	150	35	40	49
	C50	160	39	47	60
	C60	170	42	55	70
	C70	180	48	63	81
	C80	190	49	72	93.5
	C90	190	59	79	101

② 内层井壁 C40～C90 低水化热防裂密实高性能混凝土室内试验。

(a) 混凝土配合比试验结果(表 2-185 和表 2-186)。

(b) 混凝土坍落度及强度增长特性试验结果(表 2-187 和图 2-180)。

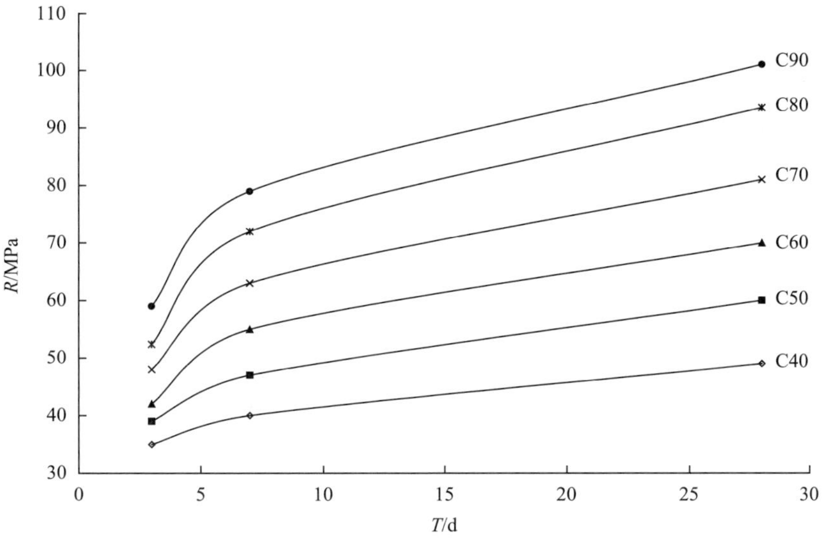

图 2-179　赵固二矿冻结段外层井壁 C40～C90 高性能混凝土强度(*R*)与龄期(*T*)的关系曲线

表 2-185　赵固二矿冻结段内层井壁 C40～C60 高性能混凝土配合比试验结果

水泥		混凝土设计标号	胶凝材料(水泥、粉煤灰、磨细矿渣、JQ、TK-M)用量/(kg/m³)	混凝土配合比
品种	生产厂			胶凝材料：砂子：石子：水
P. O 42.5	河南孟电集团水泥有限公司	C40	470	1.0：1.468：2.340：0.375
		C50	522	1.0：1.264：2.107：0.324
		C60	560	1.0：1.089：2.018：0.282

表 2-186　赵固二矿冻结段内层井壁 C70～C90 高性能混凝土配合比试验结果

水泥		混凝土设计标号	胶凝材料(水泥、粉煤灰、磨细矿渣)用量/(kg/m³)	混凝土配合比
品种	生产厂			胶凝材料：砂子：石子：SM：水
P. O 42.5	河南孟电集团水泥有限公司	C70	605	1.0：0.967：1.868：0.053：0.215
		C80	620	1.0：0.919：1.774：0.068：0.186
		C90	660	1.0：0.849：1.621：0.0864：0.147

表 2-187　赵固二矿内层井壁 C40～C90 高性能混凝土的坍落度和强度增长特性试验结果

水泥品种	强度等级	坍落度/mm	抗压强度/MPa		
			3d	7d	28d
河南孟电集团水泥有限公司 P. O 42.5	C40	150	36	42	51
	C50	160	41	53	62
	C60	170	45	62	69
	C70	190	48	65	81
	C80	180	49	72	92
	C90	190	59	79	101

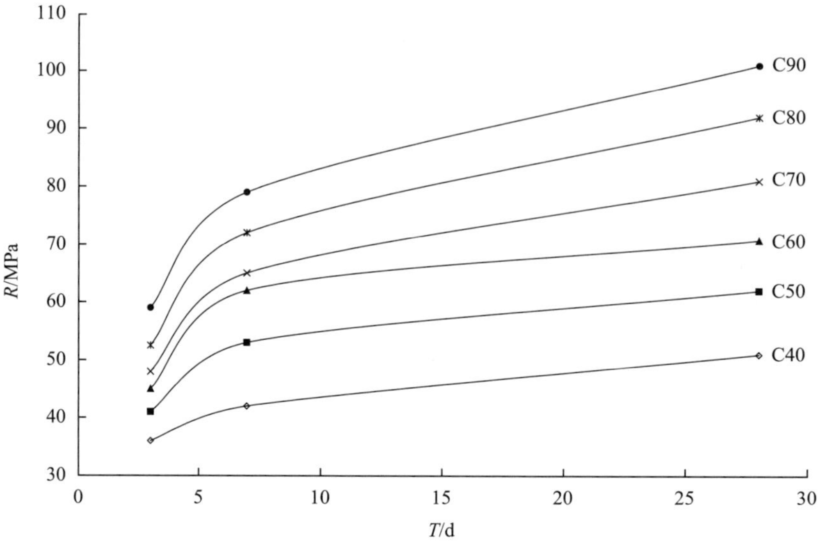

图 2-180　赵固二矿冻结段内层井壁 C40～C90 高性能混凝土强度(R)与龄期(T)的关系曲线

③ 混凝土耐久性试验。

冻结段内层井壁 C40～C90 高性能混凝土的耐久性试验结果见表 2-188。

表 2-188　赵固二矿冻结段井筒内壁 C40～C90 高性能混凝土的耐久性试验结果

序号	强度等级	抗渗标号	冻融循环(快冻)100 次		干缩率/10^{-4}		氯离子扩散系数
			强度损失率/%	重量损失/%	28d	90d	
1	C40	>S20	−4.3	0.04	3.39	5.01	121.1
2	C50	>S20	−3.8	0	4.27	4.86	96.5
3	C60	>S20	−5.0	0	4.29	5.08	72.3
4	C70	>S20	−6.1	0	4.82	5.33	39.2
5	C80	>S20	−8.8	0	3.16	4.35	10.9
6	C90	>S20	−9.5	0	3.10	4.25	8.6
备注	混凝土的抗渗标号、冻融循环和收缩实验按《普通混凝土长期性能和耐久性能实验方法》(GBJ 82—85)进行;混凝土的抗氯离子渗透性能按中国土木工程学会标准《混凝土氯离子扩散系数快速检测的 NEL 法》(CCES01—2004B2)进行						

3) C80～C90 高性能混凝土在冻结段井壁工程中的应用

赵固二矿风井于 2006 年 11 月 16 日开机冻结,2007 年 2 月 5 日井筒正式开挖,8 月 6 日和 9 月 18 日安全通过冲积层和冻结段,11 月 9 日完成内层井壁套壁工作,经检查验收井壁质量优良。

(1) C80～C90 低温早强高性能混凝土在外层井壁的应用。

① 混凝土配合比及坍落度(表 2-189)。

表 2-189　赵固二矿风井外层井壁 C40～C90 低温早强混凝土的配合比及坍落度

水泥品种	混凝土强度等级	混凝土原材料用量/(kg/m³)								坍落度/mm
		水泥	砂	石	磨细矿渣	粉煤灰	TK-M	J851	水	
河南孟电集团水泥有限公司 P. O 42.5	C40	380	670	1090	0	70	0	22(A)	175	150
	C50	385	635	1100	70	30	0	25(B)	166	160
	C60	395	600	1100	110	30	8	25(C)	163	170
	C70	410	585	1130	120	60	8	28(D)	155	180
	C80	440	570	1100	110	70	42/SM-2B		115	190
	C90	490	560	1070	100	70	57/SM-2A		97	195

② 应用效果。

(a) 外层井壁 C80～C90 高性能混凝土的水胶比较小，早期强度较高，3d 和 7d 的强度分别达到设计强度的 50%和 80%以上，超过冻结压力的最大增长率，能较好地适应外层井壁安全快速施工和早拆模的需要，有效防止外层井壁压坏。

(b) C80～C90 高性能混凝土外层井壁取样试验强度均达到和超过设计标号(表 2-190)，为外层井壁进一步应用低温早强高性能混凝土和减薄厚度提供实践经验。

表 2-190　赵固二矿风井冻结段外层井壁取样试验结果

序号	混凝土设计标号	取样深度/m	28d 抗压强度/MPa	达到设计强度的比值/%
1	C80	451.5～487.5	87.02	108.8
2		487.5～497.5	87.4	109.2
3		497.5～511.5	85.9	107.4
4	C90	511.5～530.0	97.32	108.1
5		530.0～550.0	95.58	106.2
6		550.0～580.5	99.18	110.2

(c) C60、C70、C80、C90 低温早强高性能混凝土的坍落度分别控制 160mm、170mm、180mm、195mm 左右，和易性较好，不易离析，能较好地适应底卸式吊桶输送混凝土，浇筑较为方便。

(d) 外层井壁 C80、C90 高性能混凝土全部采用 P. O 42.5 水泥和当地机破(机制)中砂、磨细矿渣、粉煤灰，有效降低外层井壁费用。

(2) C80～C90 低水化热防裂密实高性能混凝土在内层井壁的应用。

① 混凝土配合比及坍落度(表 2-191)。

② 应用效果。

(a) C80～C90 高性能混凝土内层井壁取样试验强度均达到和超过设计强度，见表 2-192，为冻结段内层井壁进一步采用低水化热防裂密实高性能混凝土和减薄度提供了实践经验。

表 2-191　赵固二矿风井内层井壁 C40～C90 低水化热防裂密实混凝土配合比及坍落度

水泥品种	混凝土强度等级	混凝土原材料用量/(kg/m³)									坍落度/mm
		水泥	砂	石	磨细矿渣	粉煤灰	TK-M	SM	JQ	水	
河南孟电集团水泥有限公司 P. O 42.5	C40	360	690	1100	0	60	0		50(A)	176	150
	C50	360	660	1100	70	30	7		55(B)	169	160
	C60	360	610	1130	110	30	8		52(D)	158	170
	C70	425	686	1130	120	60	0	32(1B)	0	130	180
	C80	450	570	1100	100	70	0	42(2B)	0	115	190
	C90	490	560	1070	100	70	0	57(2A)	0	97	195

表 2-192　赵固二矿风井冻结段内层井壁取样试验结果

序号	混凝土设计标号	取样深度/m	28d 抗压强度/MPa	达到设计强度的比值/%
1	C80	421.5～488.5	87.7	109.6
2		488.5～512.5	86.9	108.6
3		512.5～522.5	88.1	110.1
4	C90	522.5～525.0	97.32	108.1
5		525.0～545.5	95.58	106.2
6		545.5～565.0	99.18	110.2
7		565.0～585.0	98.65	109.6

(b) 内层井壁 C40～C90 低水化热防裂密实混凝土的水胶比小，密实度高，全部采用 P. O 42.5 水泥配制，C40、C50、C60、C70、C80、C90 混凝土的水泥用量分别为 360kg/m³、360kg/m³、360kg/m³、425kg/m³、450kg/m³、490kg/m³，比单掺化学外加剂的同标号混凝土的水泥用量减少 150～170kg/m³，混凝土的水化热降低 15～17℃，为防止内层井壁大体积混凝土施工的温度裂缝发挥了重要作用，该井 600m 内层井壁基本克服了温度缝隙。

(c) C60～C90 低水化热防裂密实高性能混凝土的坍落度控制在 150～195mm，和易性好，不易离析，能较好地适应底卸式吊桶输送混凝土和浇筑的需要，井壁整体性好，经检查验收井壁质量良好。

(d) C80～C90 混凝土内层井壁全部采用 P. O 42.5 水泥和当地机制中砂、石灰岩碎石及磨细矿渣、粉煤灰等原材料的优化组合，较大幅度地降低混凝土的配制费用，为进一步推广应用创造有利条件。

5. 赵固一矿西风井应用 C80～C100 高性能混凝土的工程案例

赵固一矿西风井位于河南省辉县市冀屯乡，井筒净直径为 6.0m，井深为 636.8m，冲积层厚 502.5m，冻结深度为 589m，冻结段井壁壁座底板深度为 570m，双层钢筋混凝土井壁结构。该井筒深厚黏土占整个地层 80%以上，黏土层的埋藏深度、单层厚度大，深部的蠕变特性显著，地压及冻结压力不均匀性突出。为解决该类复杂地质条件深厚冲积层冻结法凿井井壁破坏难题，保证建井安全，井壁设计首次采用 C100 混凝土，该井筒工程为国家“十二五”科技支撑项目的高性能混凝土示范工程之一，井壁混凝土强度设计等级包含 C40、C50、C70、C80、C90、C100 六个标号段。

赵固一矿西风井 2014 年 3 月 6 日开机冻结，5 月 4 日试挖，5 月 15 日正式开挖，至 2015 年 4 月套壁结束后，内外层井壁设计和施工全面应用了 C40、C50、C70、C80、C90、C100 六个标号段。

1）井壁结构设计情况

赵固一矿西风井井筒设计深度为 636.8m，穿过的冲积层厚度为 502.5m，冻结深度为 589m，井筒净直径为 6m，设计采用双层钢筋混凝土塑料夹层井壁结构。最初井壁结构设计混凝土强度等级分别按 C75、C80 进行设计，设计的主要参数见表 2-193 和表 2-194。

表 2-193　赵固一矿西风井井壁厚度表(C75 方案)

井壁分段垂深/m		井筒净直径/m	井筒掘进直径/m	井壁厚度/mm			泡沫板厚度/mm	混凝土强度等级	
				内壁	外壁	合计		内壁	外壁
第一区段	10～120	6.0	8.6	650	600	1250	50	C40	C40
	120～200							C40	C40
第二区段	200～300	6.0	9.55	900	800	1700	75	C50	C50
	300～380							C60	C60
第三区段	380～460	6.0	10.35	1100	1000	2100	75	C70	C70
	460～558							C75	C75
壁座	558～570	6.0	10.2	2100				C75	
过渡段	570～575	6.0	8.2	1100				C60	

表 2-194　赵固一矿西风井井壁厚度(C80 方案)

井壁分段垂深/m		井筒净直径/m	井筒掘进直径/m	井壁厚度/mm			泡沫板厚度/mm	混凝土强度等级	
				内壁	外壁	合计		内壁	外壁
第一区段	10～120	6.0	8.2	550	500	1050	50	C40	C40
	120～200							C50	C50
第二区段	200～300	6.0	9.15	800	700	1500	75	C60	C60
	300～380							C70	C70
第三区段	380～460	6.0	9.95	1000	900	1900	75	C70	C70
	460～558							C80	C80
壁座	558～570	6.0	9.8	1900				C80	
过渡段	570～575	6.0	8.0	1000				C60	

根据地质、水文地质条件，经研究讨论，设计单位根据“十二五”国家科技支撑项目“深厚冲积层冻结千米深井高性能混凝土研究和应用”课题“关于大于 C80 混凝土轴心抗压强度设计值的取法”的研究成果，调整了冻结段井筒深度，最终确定赵固一矿西风井冻结段井壁厚度与混凝土标号(表 2-195)。

赵固一矿西风井原井壁结构混凝土最高标号为 C75，井壁最大厚度为 2100mm，设计应用 C100 混凝土后井壁最大厚度为 1600mm，井壁最大厚度减薄 23.8%。

表 2-195　赵固一矿西风井冻结段井壁厚度与混凝土标号施工方案

序号	起止深度/m	段长/m	掘进直径/m	井壁厚度/mm		泡沫板厚度/mm	混凝土标号	
				内层	外层		内层	外层
1	0～10	10	8.20	1050		50	临时井壁	
2	10～120	110	8.20	550	500	50	C40	C40
3	120～200	80	8.20	550	500	50	C50	C50
4	200～210	10	8.20	550	500	50	C70	C70
5	210～300	90	8.65	650	600	75	C70	C70
6	300～380	80	8.65	650	600	75	C80	C80
7	380～390	10	8.65	650	600	75	C90	C90
8	390～460	70	9.35	850	750	75	C90	C90
9	460～503	43	9.35	850	750	75	C100	C100
10	503～558	55	9.20	850	750		C100	C100
11	558～570	12	9.20	1600			C100	
12	570～576	6	7.70	850			C70	
备注	(1)实际施工时，为提高井筒强度的安全系数储备，390～558m 水平内层井壁厚度 900mm，外层井壁厚度 800mm；壁座厚度 1700mm (2)实际施工时，为选用当地碎石，503～570m 井壁及壁座改用 C90 配合比							

2) 应用 C80～C100 高强高性能混凝土的冻结方案设计优化

根据赵固一矿西风井冲积层特点(表 2-196)，应用深厚冲积层冻结壁设计计算体系[92,93]对冻结方案主要参数进行设计，并应用冻结壁形成特性综合分析方法[94]分析预测安全掘砌段高、预测分析冻结壁交圈时间、预测分析冻结孔圈之间冻土交汇时间、预测分析冻土扩至井帮时间等参数。按照应用 C100 混凝土和 1600mm 厚度井壁结构设计参数，完成赵固一矿西风井冻结方案设计(表 2-197)，冻结深度为 589m，冻结孔为 82 个，冻结需冷量为 592.3×10^{4}kcal/h，冻结标准制冷量为 1600.7×10^{4}kcal/h。

按照同样设计原理，如果采用 C75 混凝土和 2100mm 厚度井壁结构设计参数，设计冻结深度为 589m，冻结壁厚度为 9.0m，冻结钻孔量为 57764m，冻结标准制冷量为 2148.1×10^{4}kcal/h。采用 C100 混凝土的井壁结构和冻结方案，与 C75 混凝土相比，井壁最大厚度减薄 23.8%，冻结壁厚度也相应减薄，节约冻结钻孔量 33.4%和冻结需冷量 34.2%。

表 2-196　赵固一矿西风井冲积层组成及埋藏特点

序号	项目名称		砂性土层						黏性土层			总计
			粉砂	细砂	中砂	粗砂	砾石	小计	砂质黏土	黏土	小计	
1	层数/层		3	7	6	1	17	34	29	14	43	77
2	厚度/m		6.00	22.20	13.03	0.70	59.12	101.05	304.36	97.10	401.46	502.51
3	比例/%		1.19	4.42	2.59	0.14	11.76	20.11	60.57	19.32	79.89	100.00
4	单层	最大厚度/m	3.00	9.70	5.20	0.70	10.85		26.38	18.26		
5		埋深/m	306.96	21.30	44.95	466.58	122.85		406.78	425.04		
6	大于 5m 的单层	最大埋深/m		29.60	44.95		433.54		502.51	425.04		

表 2-197　赵固一矿西风井冻结方案设计主要技术指标

序号	项目名称		取值		
1	净直径/m		6.0		
2	冲积层/m		502.51		
3	冻结深度/m		589		
4	井壁最大厚度/掘进最大直径/m		1.60/9.35		
5	盐水温度/℃		−32		
6	冻结壁厚度计算	控制土层	中砂(细砂)		
7		控制土层埋深/m	479.28		
8		冲积层段主冻结孔允许最大径向内侧偏值/m	0.7		
9		冲积层段主冻结孔允许最大孔间距/m	3.0		
10		有效平均温度/井帮温度/℃	−15.5/−6		
11		厚度/m	8.1		
12	冻结壁稳定性计算	控制土层	黏土	黏土	砂质黏土
13		控制土层埋深/m	213.51	425.04	502.51
14		安全掘进段高计算值/m	4.19	2.34	2.54
15		安全掘进段高建议值/m	3.0～4.0	2.5～3.0	2.5～3.0
16	冻结孔布置	主孔/辅助孔/防片孔的深度/m	589/570/(210/390)		
17		主孔/辅助孔/防片孔的圈径/m	21.6/14.7/(10.8/11.5)		
18		主孔/辅助孔/防片孔的孔数/个	46/20/(8/8)		
19		主孔/辅助孔/防片孔的开孔间距/m	1.475/2.309/$\frac{4.241}{4.516}$		
20		主孔/辅助孔/防片孔至井帮的距离/	6.125～6.70/2.675～3.25 /(1.30/(1.425～1.65))		
21	观测孔布置	水位观测孔的数量/深度	1 个/95m、1 个/287m、1 个/467m		
22		温度观测孔的数量/深度	2 个/589m、2 个/502m、1 个/100m		
23	冻结管规格	主冻结管	≤200m 为 Φ133mm×5mm >200m 为 Φ159mm×7mm		
24		辅助冻结管	≤200m 为 Φ159mm×5mm >200m 为 Φ159mm×7mm		
25		防片冻结管	≤210m 为 Φ133mm×5mm >210m 为 Φ159mm×6mm		
26	冻结孔工程量/m		43294		
27	正式开挖前冻结器盐水循环量/(m^3/h)		≥15		
28	冻结冷量计算	冻结器传热面积/m^2	20600		
29		总需冷量/(10^4kcal/h)	592.3		
30		冻结标准总需冷量/(10^4kcal/h)	1600.7		

续表

序号	项目名称		取值
31	冷却水	总需用量/(m^3/h)	2195.77
32		采用高效蒸发冷凝器新鲜水补给量/(m^3/h)	54.99
33	设计冻结时间	试挖前/正式开挖前/d	75/85
34		开冻至停冻/d	272

3）冻结壁形成特性分析及工程预报

利用“深厚冲积层冻结千米深井高性能混凝土研究和应用”课题组研制开发的便携式一线总线和内层、外层井壁无线测温等系统，对赵固一矿西风井冻结掘砌过程中井帮温度、冻结壁壁后冻土温度、外层井壁温度、内层井壁温度进行实测，并根据测温孔温度、水位观测孔水位及冻结壁温度场监测，采用研究开发的冻结壁形成特性综合分析方法[94]，对冻结壁形成特性进行工程预报，并结合冻结壁位移实测结果分析，提出盐水温度、流量调控、掘砌段高调控建议，成功实现对冻结壁形成特性分析及工程预报，科学指导了掘砌和冻结施工。

4）井壁与冻结壁温度场相互耦合作用效果

为检验C80～C100高强高性能混凝土井壁浇筑后是否会因筑壁初期受混凝土水化温升的影响对井壁后冻土的过度融化，导致初期外层井壁下沉拉裂和压坏，后期由于融土回冻产生较大冻胀力，引起井壁压坏，开展了井筒掘砌过程中对冻结壁井帮温度状况及冻结壁温度场与井壁温度场的耦合特性实测研究[95]。通过实测得到赵固一矿西风井应用C80、C90、C100高性能混凝土外层井壁及壁后冻土融化回冻温度分布曲线。分析得到赵固一矿西风井应用C80、C90、C100高性能混凝土外层井壁温度及壁后冻土融化回冻温度场耦合特性，见表2-198、表2-199和图2-181～图2-183。

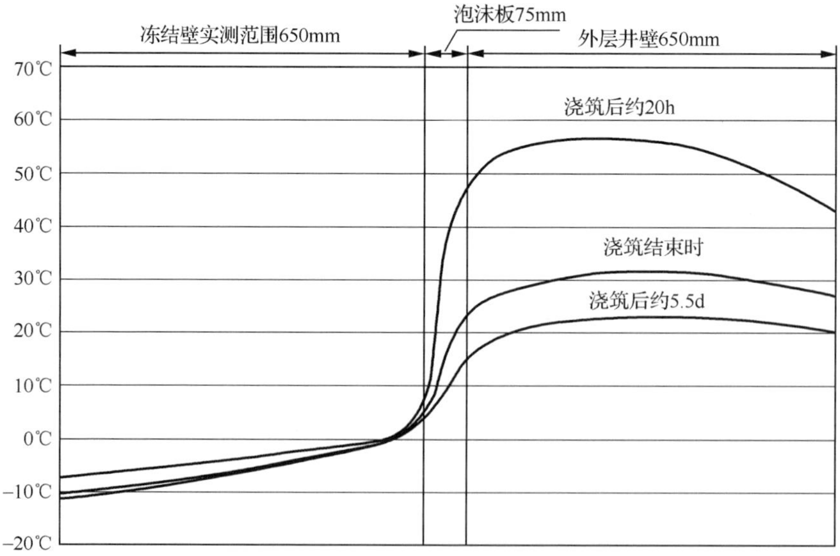

图2-181　−313m水平砂砾层C80混凝土井壁及壁后局部温度分布曲线

表 2-198　赵固一矿西风井冻结段掘砌过程外层井壁温度及壁后冻土融化回冻特性

序号	井筒名称	测量水平/m	地层	外层井壁										壁后冻土		
				掘砌段高/m	井帮温度/℃	厚度/mm	混凝土				温度出现峰值的时间/d	外侧表面出现负温值的时间/d	内侧表面出现负温值的时间/d	壁后增设泡沫板厚度/mm	融化范围/mm	井帮回冻的时间/d
							标号	单位体积水泥用量/(kg/m³)	入模温度/℃	温度峰值/℃						
1	西风井	−313.0	砂砾	3.9	−11	600	C80	405	30.5	56.6	0.79	>45	>60	75	120	22
2		−403.0	铝制黏土	2.9	−9.1	800	C90	420	25.0	59.3	1.04	34	55	75	260	25
3		−473.0	砂质黏土	2.9	−11.6	800	C100	425	17.0	37.3	2.46	21	35	75	130	15

表 2-199　赵固一矿西风井冻结段掘砌过程外层井壁不同部位的温度变化特性

序号	测量水平/m	井帮温度/℃	井壁厚度/mm	混凝土标号	入模温度/℃	测点位置	井壁横断面内不同测点的温度/℃										降至0℃的时间/d	7d内井壁平均温度/℃	14d内井壁平均温度/℃	井壁28d内或降至0℃前平均温度/℃
							0.5d	1d	1.5d	2d	3d	7d	10d	14d	21d	28d				
1	−313.0	−11.0	600	C80	30.5	外侧	43.7	47.0	41.0	32.4	23.8	13.0	9.2	7.5	6.5	6.1	>28	30.8	21.7	15.5
						中间	52.1	54.5	47.4	40.0	30.2	19.8	11.7	10.0	9.4	9.2				
						内侧	38.1	41.2	35.1	32.7	27.1	17.5	13.3	11.0	10.7	10.6				
						平均	48.2	50.7	43.8	37.3	28.7	18.6	11.5	9.8	9.2	9.0				
2	−403.0	−9.1	800	C90	25.0	外侧	29.5	45.4	39.3	30.1	21.4	10.5	6.5	3.5	2.0	1.0	>28	32.1	22.3	14.3
						中间	40.2	59.3	53.6	46.9	35.5	20.6	14.2	8.4	6.1	5.0				
						内侧	33.7	44.3	39.8	36.5	29.6	19.5	15.0	11.5	10.5	8.7				
						平均	37.0	53.4	47.4	41.2	31.9	19.7	11.8	8.2	5.9	4.8				
3	−473.0	−11.6	800	C100	17.0	外侧	8.0	9.1	18.8	23.6	20.0	8.0	3.8	1.8	0.0	−1.0	>28	23.8	16.9	9.9
						中间	14.8	20.4	34.0	37.8	35.0	17.6	11.5	5.5	2.6	1.5				
						内侧	12.8	14.3	25.0	27.7	25.8	15.3	11.5	7.8	5.4	4.2				
						平均	13.3	17.6	29.8	33.2	30.7	15.3	10.0	5.4	2.6	1.5				

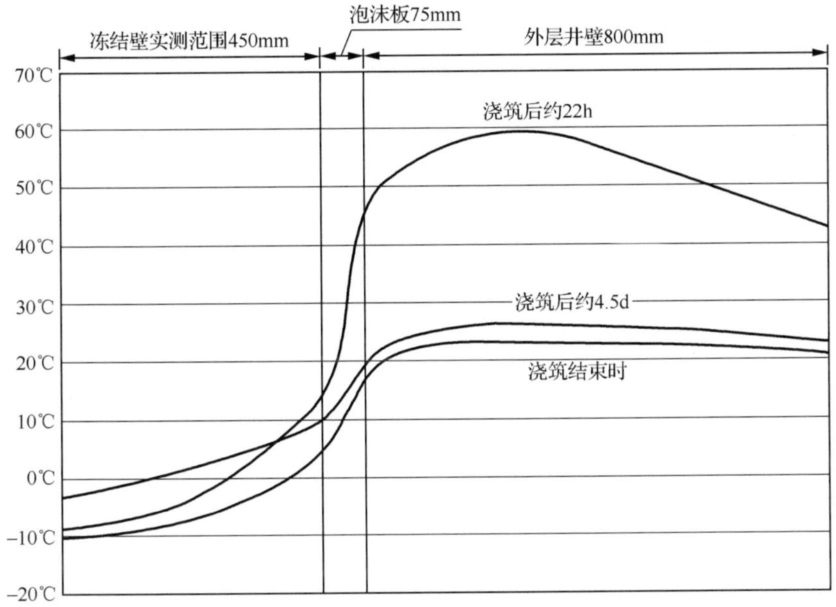

图 2-182　−403m 水平铝质黏土层 C90 混凝土井壁及壁后局部温度分布曲线

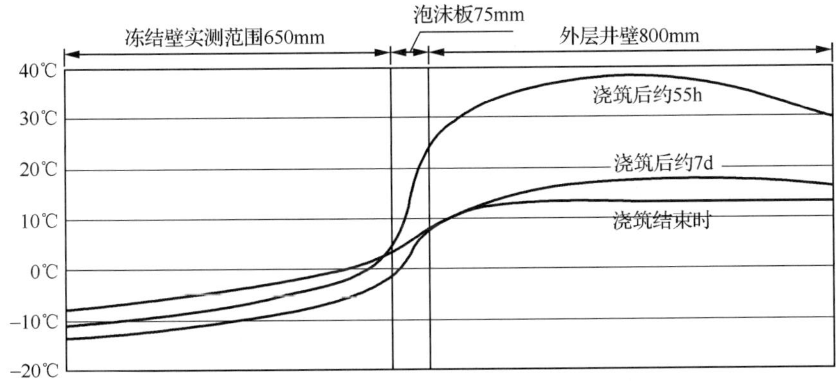

图 2-183　−474m 水平砂质黏土层 C100 混凝土井壁及壁后局部温度分布曲线

(1) C80 混凝土外层井壁温度及壁后冻土融化回冻温度场耦合特性。

−313m 水平砂砾层井帮温度在−11℃左右，浇筑 C80 混凝土最高升温至 59.3℃，混凝土井壁降温速度会在筑壁 14d 后趋于平缓。

由于−313m 层位井壁混凝土标号升为 C80，水泥用量及水化热多于浅部水平的 C70，从混凝土水化热角度分析，−313m 水平混凝土井壁的最高温度本应高于浅部水平，壁后冻土融化范围应加大；通过实际冻结壁形成特性、井壁与壁后冻土融化回冻检测与分析，−313m 水平冻结冷量积蓄较多，冻结壁平均温度较低，冻结壁强度大、稳定性强，并通过 C80 混凝土采用低水化热早强混凝土配合比设计，使 −313m 层位与浅部层位相比冻结壁井壁温度和混凝土最高温度均低 5℃左右，−313m 水平砂砾层壁后冻土融化范围约为 120mm，壁后冻土融化回冻时的冻胀力更小，冻结壁蠕变特性不显著，C80 混凝土井壁处于良好的受力状态。

(2) C90 混凝土外层井壁温度及壁后冻土融化回冻温度场耦合特性。

根据冻结壁形成特性、井壁与壁后冻土融化回冻检测分析以及冻结、掘砌工程的需要，−403m 铝质黏土层冻结盐水温度和流量经过一系列调控，井帮平均温度控制在−9.1℃，C90 混凝土采用独特的低水化热早强、高强混凝土配合比设计和施工工艺，壁后冻土融化范围控制在 260mm 左右，降低了冻结壁强度、稳定性损失，C90 混凝土井壁早期强度增长超过深部蠕变特性显著的铝质黏土层冻结压力的增长速度，使井壁处于良好的受力状态，确保了井壁和冻结壁的安全。

(3) C100 混凝土外层井壁温度及壁后冻土融化回冻温度场耦合特性。

根据冻结壁形成特性、井壁与壁后冻土融化回冻检测分析以及冻结、掘砌工程的需要，−473m 砂质黏土层冻结盐水温度和流量经过一系列调控，井帮平均温度控制在−11.6℃，C100 混凝土采用独特的低水化热早强、高强混凝土配合比设计和施工工艺，壁后冻土融化范围控制在 130mm 左右，降低了冻结壁强度、稳定性损失，C100 混凝土井壁早期强度增长超过深部(大于 470m)蠕变特性显著的 30m 以上连续黏性土层冻结压力的增长速度，使井壁处于良好的受力状态，确保了 C100 井壁和冻结壁的安全。

5) 赵固一矿西风井示范工程 C80～C100 高性能混凝土应用结果

(1) 现场实际原材料及质量检测。

① 水泥。采用河南孟电集团水泥有限公司生产的 P. Ⅱ 42.5 水泥，性能指标结果见表 2-200。

表 2-200　水泥强度试验

检验项目	密度/(g/cm³)	比表面积/(m²/kg)	3d 强度/MPa		7d 强度/MPa		28d 强度/MPa	
			抗折	抗压	抗折	抗压	抗折	抗压
结果	3.12	350	5.9	28.4	7.5	39.5	9.6	53.5

② 砂。采用辉县当地的机制中粗砂，细度模数为 2.9，砂子级配满足Ⅱ区连续级配的要求，机制砂在施工现场经第二次冲洗，含泥量小于 0.5%，泥块含量为 0，亚甲蓝(MB)值小于 1.4。机制砂筛分结果见表 2-201。

表 2-201　机制砂的颗粒级配

方孔筛/mm	9.5	4.75	2.36	1.18	0.6	0.3	0.15	底
累计筛余/%	0	1.1	22.0	40.2	60.9	82.0	93.6	100

③ 碎石。C80～C90 混凝土采用太行山山脉上石灰岩石子，石子连续级配(5～10mm 和 10～20mm 两种规格的碎石)，最大公称粒径为 20mm；碎石经现场冲洗，石子含泥量小于 0.2%，泥块含量为 0，压碎值小于 12%。

C100 混凝土选用安徽明光玄武岩碎石，岩石抗压强度为 148MPa，石子连续级配(5～10mm和 10～20mm 两种规格的碎石)，最大公称粒径不大于 20m；石子含泥量小于 0.2%，泥块含量为 0，压碎值不大于 10%。玄武岩碎石筛分结果如表 2-202。

表 2-202　碎石的颗粒级配

方孔筛/mm	26.5	19.0	16.0	9.50	4.75	2.36
累计筛余/%	0	3	56	75	98	100

④ 磨细矿粉。采用安阳鑫瑞水泥有限公司的汾江牌 S95 磨细矿粉，比表面积为 $440m^2/kg$；按 GB/T 18046—2008 对矿粉进行了活性试验和需水量试验。试验结果见表 2-203。

表 2-203　磨细矿粉性能指标

检验项目	活性指数/%		需水量比/%
	7d	28d	
结果	79	100	100

⑤ 粉煤灰。采用石家庄生产的Ⅰ级粉煤灰。按 GB/T 1596—2005 对粉煤灰进行了粉煤灰活性和需水量试验。试验结果见表 2-204。

表 2-204　粉煤灰性能指标

检验项目	活性指数/%		需水量比/%
	7d	28d	
结果	68.1	77.2	93

⑥ 外加剂。采用石家庄花联新型材料科技有限公司生产的井壁专用复合型外加剂 JW 型、JG 型和 JN 型，对于强度等级大于 C80 的混凝土，复合外加剂的减水率不小于 20%。

复合外加剂掺入了中国建筑材料科学研究总院研制的低温早强保坍型聚羧酸盐高性能减水剂(以下简称 BZ)，以及早强型聚羧酸盐高性能减水剂(以下简称 ZQ)。按 GB 8076—2008 进行性能检测，BZ、ZQ 检测指标见表 2-205。

表 2-205　聚羧酸盐高性能减水剂性能指标(掺量 0.5%，含固量 40%)

检验项目	减水率/%	氯离子/%	硫酸钠/%	含气量/%	凝结时间差/min		收缩率比/%	抗压强度比/%			
					初凝	终凝		1d	3d	7d	28d
BZ	33	0.01	0.2	3.7	−53	−43	99	223	186	172	150
ZQ	31	0.01	0.3	3.1	+23	+30	98	203	175	160	141

复合外加剂掺入了中国建筑材料科学研究总院研制的减缩剂 SRA-2，试验指标见表 2-206。

表 2-206　减缩剂试验结果(掺量为 2.0%)

样品	减水率/%	含气量差/%	抗压强度比/%			收缩率比/%			
			3d	7d	28d	1d	3d	7d	28d
SRA-2	6	1.2	111	120	115	88	70	65	73

复合外加剂掺入硅灰的材料物理化学指标见表 2-207。

表 2-207　硅灰物理化学指标

试验项目	SiO_2/%	Cl^-/%	比表面积/(m^2/g)
硅灰	94.48	0.013	19.32

复合外加剂掺入偏高岭土的细度 1250 目，物理化学指标见表 2-208。

表 2-208　偏高岭土材料物理化学指标

试验项目	SiO_2/%	Al_2O_3/%	Fe_2O_3/%	CaO/%	MgO/%	Cl^-/%	总碱量/%	比表面积/(m^2/g)
偏高岭土	54.66	40.19	0.84	0.12	0.084	0.0037	0.32	15.1

(2) 复合外加剂和配合比试验。

① 高强型井壁专用外加剂 JG 的研制。

冻结法凿井井壁混凝土标号一般均不大于 C80，赵固二矿风井曾试验应用过 C90 混凝土，赵固一矿西风井大范围应用 C90 和 C100 混凝土在矿井建设中尚属首次。

为便于现场施工，将掺合料、减水剂和其他化学外加剂按比例在工厂进行预先混合，形成高强混凝土不同强度等级专用外加剂 JG，并按施工现场混凝土搅拌机规格按罐搅拌用量分装复合型外加剂，这样简化了现场施工步骤，降低外加剂成本，保证了施工的质量。根据配合比要求生产出的复合外加剂，经现场试配，混凝土含气量适中、流动性好、和易性好、坍落度损失小，能满足施工的要求。

② 高性能混凝土现场复配。

C90～C100 混凝土配合比实验室研究已有多年，但配制适合冻结井筒内外层井壁受力特点、现场材料、施工条件、经济实用的 C90～C100 混凝土并非易事，特别是要配制出满足深厚冲积层冻结井壁筑壁条件、流动性好、坍落度损失小、低水化热、早期强度高、后期强度持续增长的 C90～C100 高性能混凝土就需要更高技术、严谨施工和全面质量管理，研究人员不仅开发了新的外加剂，进行了多种条件下的配合比试验，还在施工现场对工程使用的原材料进行配合比复验，调整和完善 C70～C100 高性能混凝土配合比，见表 2-209及图 2-184。

表 2-209　赵固一矿西风井混凝土现场复配 C70～C100 配合比及试验结果

混凝土标号	水泥/(kg/m^3)	机制砂/(kg/m^3)	碎石/(kg/m^3)		S95 矿粉/(kg/m^3)	Ⅰ级粉煤灰/(kg/m^3)	复合外加剂			水/(kg/m^3)	抗压强度/MPa		
			5～10mm	10～20mm			粉体/(kg/m^3)	液体/(kg/m^3)	型号		3d	7d	28d
C70	410	595	1100			26	59		JG-A	150	49.2	71.3	85.0
C80	405	660	212	848	115		84		JG-A	110	49.7	80.6	94.6
C90	420	625	220	880	100		87	10.8	JG-C	126	58.6	87.2	107.7
C100	425	620	223	892	95		90	11	JG-C	120	68.5	96.6	121.3

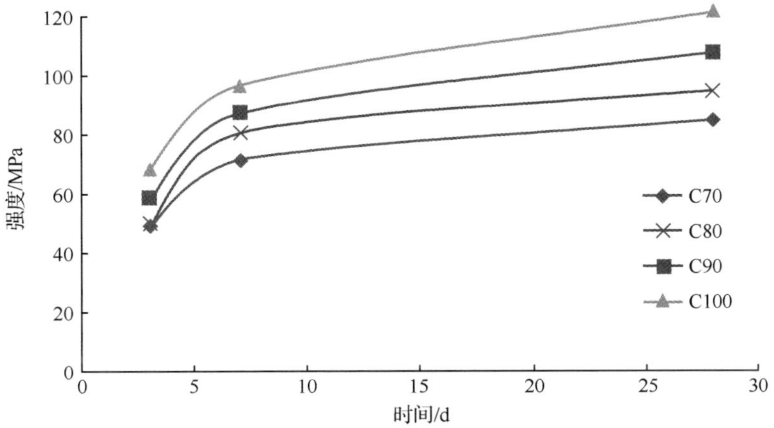

图 2-184　C70～C100 混凝土抗压强度曲线

(3) 井壁混凝土现场取样结果。

根据施工井壁浇筑混凝土取样检测(表 2-210),C80～C100 混凝土强度均超过设计要求,基本超过《煤矿井巷工程质量验收规范》(GB 50213—2010)对井巷工程混凝土强度的最低要求为设计强度的 1.15 倍的更高标准要求。

表 2-210　赵固一矿西风井 C80～C100 混凝土井壁检测结果

井壁	取样深度/m	强度等级	养护期龄/d	实测强度(平均)/MPa	达到设计强度的比值/%
外层井壁	300～325	C80	28	93.9	117.4
	325～355	C80	28	91.0	113.8
	355～380	C80	28	93.2	116.5
	380～410	C90	28	112.9	125.4
	410～435	C90	28	115.2	128.0
	435～460	C90	28	118.1	131.2
	460～480	C100	28	116.0	116.0
	480～503	C100	28	117.6	117.6
	503～530	C90	28	106.4	118.2
	530～570	C90	28	116.9	129.9
内层井壁	558～530	C90	28	106.4	118.2
	530～503	C90	28	107.6	119.6
	503～490	C100	28	116.9	116.9
	490～470	C100	28	116.2	116.2
	470～452	C100	28	117.1	117.1
	452～430	C90	28	107.6	119.6

续表

井壁	取样深度/m	强度等级	养护期龄/d	实测强度(平均)/MPa	达到设计强度的比值/%
内层井壁	430～405	C90	28	107.3	119.2
	405～380	C90	28	107.9	119.9
	380～353	C80	28	96.9	121.1
	353～326	C80	28	97.4	121.8
	326～300	C80	28	96.7	120.9

2.7.5 应用C100高性能混凝土技术经济分析

1. 赵固二矿中部风井冻结段基于C100高性能混凝土技术的井壁设计效果分析

随着赵固二矿开采接续的需要，急需建设新风井，根据地质勘测资料，初步选定的赵固二矿中部风井位置冲积层厚度为865m，井筒深度为980m，井筒净直径为6.0m，采用冻结法凿井，其冻结段井壁壁座深度为930m。根据项目设计单位计算分析，赵固二矿中部风井如果采用C75混凝土为最高标号，其井壁厚度达4.55m(表2-211)；如果采用C80混凝土为最高标号，井壁厚度为4.1m(表2-212)。根据目前的施工技术和经验，为降低工程造价和确保施工质量，井壁最大厚度应控制在2.7m左右，必须将井壁混凝土标号提高至C100以上(表2-213)。

表2-211 赵固二矿中部风井井壁结构特征简表(D=6.0m，最高混凝土强度等级为C75)

序号	井筒净半径 R/m	分段深度 H/m	混凝土强度等级	内壁厚度 $h_内$/m	外壁厚度 $h_外$/m	井壁总厚度 $h_内+h_外$/m	分段混凝土体积/m^3	土方挖掘量/m^3
1	3.00	210	C40	0.65	0.65	1.30	6260.88	12483.83
2	3.00	340	C50	0.85	0.85	1.70	5346.05	9214.68
3	3.00	460	C60	1.05	1.10	2.15	6605.83	10193.84
4	3.00	600	C70	1.25	1.35	2.60	9834.44	14164.77
5	3.00	700	C75	1.25	1.55	2.9	8108.45	11215.68
6	3.00	770	C75	1.50	2.05	3.55	7312.06	9506.91
7	3.00	865	C75	1.75	2.55	4.30	13218.41	16232.95
8	3.00	930	C75	2.00	2.55	4.55	9802.28	11640.11
小计							66488.39	94652.78

表2-212 赵固二矿中部风井井壁结构特征简表(D=6.0m，最高混凝土强度等级为C80)

序号	井筒净半径 R/m	分段深度 H/m	混凝土强度等级	内壁厚度 $h_内$/m	外壁厚度 $h_外$/m	井壁总厚度 $h_内+h_外$/m	分段混凝土体积/m^3
1	3.00	210	C40	0.65	0.65	1.30	6260.88
2	3.00	340	C50	0.85	0.85	1.70	5346.05

续表

序号	井筒净半径 R/m	分段深度 H/m	混凝土强度等级	内壁厚度 $h_{内}$/m	外壁厚度 $h_{外}$/m	井壁总厚度 $h_{内}+h_{外}$/m	分段混凝土体积/m^3
3	3.00	460	C60	1.05	1.10	2.15	6605.83
4	3.00	600	C70	1.25	1.45	2.70	10331.44
5	3.00	700	C80	1.25	1.45	2.70	7379.60
6	3.00	770	C80	1.25	1.80	3.05	6070.11
7	3.00	865	C80	1.55	2.30	3.85	11318.02
8	3.00	930	C80	1.80	2.30	4.10	8456.07
小计							61767.99

表 2-213　赵固二矿中部风井井壁结构特征简表（D=6.0m，最高混凝土强度等级为 C100）

序号	井筒净半径 R/m	分段深度 H/m	混凝土强度等级	内壁厚度 $h_{内}$/m	外壁厚度 $h_{外}$/m	井壁总厚度 $h_{内}+h_{外}$/m	分段混凝土体积/m^3	土方挖掘量/m^3
1	3.00	210	C40	0.65	0.65	1.30	6260.88	12483.83
2	3.00	340	C50	0.85	0.85	1.70	5346.05	9214.68
3	3.00	460	C70	0.85	0.85	1.70	4934.81	8505.86
4	3.00	600	C80	1.00	1.10	2.10	7481.39	11778.73
5	3.00	700	C95	1.00	1.10	2.10	5343.85	8413.38
6	3.00	770	C95	1.00	1.30	2.30	4198.11	6353.38
7	3.00	865	C100	1.20	1.50	2.70	7010.62	9953.54
8	3.00	930	C100	1.20	1.50	2.70	4796.74	6634.57
小计							45372.45	73337.98

赵固二矿中部风井应用 C100 高性能混凝土技术将会直接带来可观的经济效益，根据初步测算冻结段各技术参数和工期及费用对比（表 2-214、图 2-185～图 2-187）分析可知如下结论。

(1) 采用 C100 混凝土与 C75 混凝土相比，能使井壁最大厚度减薄 40.66%，冻结壁厚度减薄 22.16%，从而大大减少冻结孔数量，冻结钻孔总工程量减小 35.41%；冻结孔布置圈和冻结孔数量的减小，也使得冻结需冷量大幅度减少，从而大大节约能耗和工程量，使打钻、冻结和掘砌工程的有效总工期降低 27.29%，使得冻结工程和掘砌工程的费用分别降低 35.2%和 33.7%，降低冻结段工程建设总造价 1 亿 7 千万元，降低幅度达 34.7%。

(2) 采用 C100 混凝土与 C80 混凝土相比，能使井壁最大厚度减薄 34.15%，冻结壁厚度减薄 17.03%，冻结钻孔总工程量减小 32.58%，冻结需冷量减少 32.26%，使打钻、冻结和掘砌工程的有效总工期降低 26.39%，使得冻结工程和掘砌工程的费用分别降低 32.37%和 28.18%，降低冻结段工程建设总造价 31.13%。

(3) 赵固二矿中部风井需要不小于C95混凝土才能使井壁厚度不大于3.0m。

由此可见，C80～C100高性能混凝土研制，特别是赵固一矿西风井C100混凝土的成功应用和施工技术，为赵固二矿中部风井提供了重要的技术储备和井筒设计、施工保证[96]。

表 2-214　冲积层865m、壁座深930m立井混凝土最高等级为C75、C80与C100的效果对比

序号	项目名称		混凝土强度最高等级			对比结果	
			C75	C80	C100	C100与C75	C100与C80
1	井壁最大厚度/m		4.55	4.1	2.7	降40.66%	降34.15%
2	冻结壁厚度/m		19.4	18.2	15.1	降22.16%	降17.03%
3	冻结孔数量/个		265	255	175	降33.96%	降31.37%
4	冻结孔总工程量/m		234650	224830	151570	降35.41%	降32.58%
5	冻结需冷量/(kcal/h)		3149×10^4	3019×10^4	2045×10^4	降35.04%	降32.26%
6	冻结段掘进工程量/m^3		94652.8	88063.1	73338.0	降22.52%	降16.72%
7	筑壁工程量/m^3		66488.4	61768.0	45372.5	降31.76%	降26.54%
8	工期/d	打钻工程	320	307	227	降28.95%	降26.06%
9		冻结工程	699	699	518	降25.89%	降25.89%
10		掘砌工程	669	669	473	降29.30%	降29.30%
11		有效工期之和	1059	1046	770	降27.29%	降26.39%
12	费用/万元	冻结工程	34805.7	33363.2	22563.4	降35.2%	降32.37%
13		掘砌工程	15169.1	13999.8	10054.9	降33.7%	降28.18%
14		小计	49974.8	47363.0	32618.3	降34.7%	降31.13%

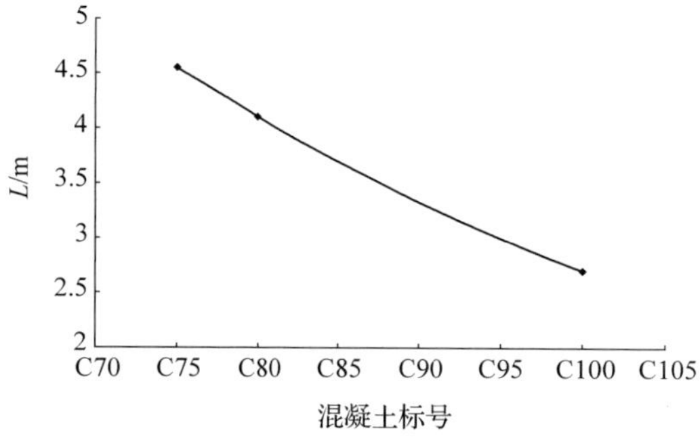

图2-185　不同混凝土标号对赵固二矿中部风井井壁最大厚度(L)的影响

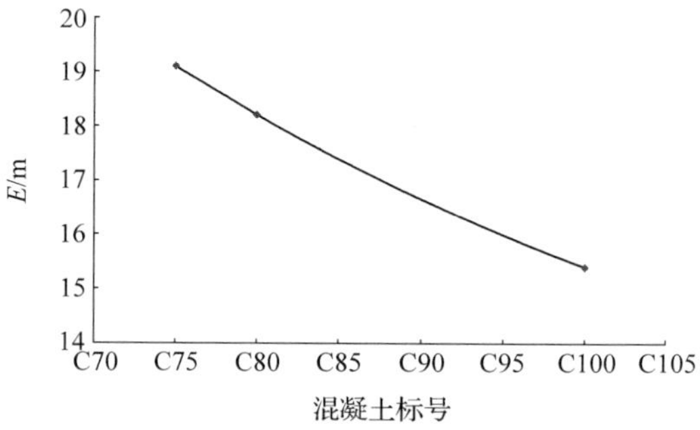

图2-186　不同混凝土标号对赵固二矿中部风井冻结壁厚度(E)的影响

2. 深厚冲积层应用C100高性能混凝土技术的技术经济分析

在深厚冲积层冻结法凿井中，随着冲积层厚度的增加，地压逐渐增大，内外层井壁受力和厚度也明显增大，当冲积层厚度超过一定值后，对应的井壁最大混凝土标号必须增大，否则井壁厚度、冻结壁厚度、冻结需冷量都会呈非线性快速增长(图2-187)；为使特深厚冲积层矿井建设具有合理的经济效益，冻结井筒的主副井净直径一般大于6m，随着井筒净直径的加大，同样厚度冲积层所对应的井壁强度要求更高，必须通过增加井壁厚度、提高混凝土标号等措施才能确保井壁的安全和稳定，当冲积层厚度超过一定值后，冻结井筒主副井一般要求的混凝土标号更高。

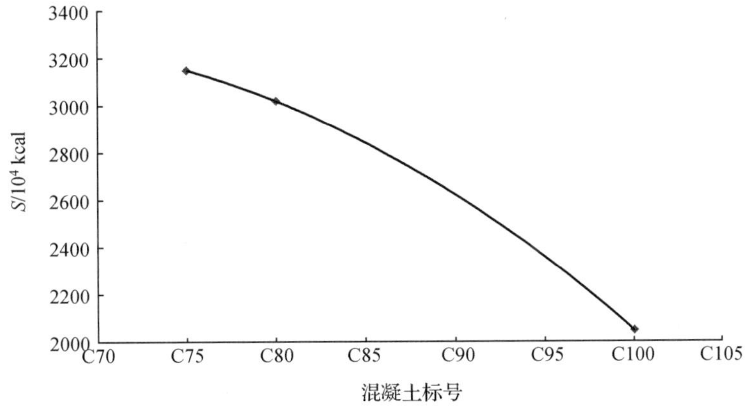

图 2-187　不同混凝土标号对赵固二矿中部风井冻结需冷量(*S*)的影响

假设某井筒净直径为 6m，冲积层厚 810m，壁座为 880m ，并结合赵固二矿中部风井冻结条件，分析混凝土强度等级最高标号分别采用 C75、C80、C100 时，设计井壁最大厚度、控制层冻结壁厚度、冻结需冷量、预测工程造价与冲积层厚度的关系见图 2-188～图 2-191，6m 净直径井筒冻结法凿井冲积层厚度与混凝土最高标号之间关系如下：

(1) 当冲积层超过 700m 后，C75 混凝土强度已经无法确保井壁厚度小于 3.0m，给掘砌施工带来极大的难度。

(2) 当冲积层超过 800m 后，C80 混凝土强度也已经无法确保井壁厚度小于 3.0m，井壁厚度接近 3.5m，现有的掘砌施工技术和施工工艺已经无法确保施工安全和井壁施工质量。

(3) 当冲积层超过 850m 后，C85 混凝土强度也已经无法确保可施工的井壁厚度，C90 混凝土强度也仅能使井壁厚度基本合理，给掘砌施工带来极大的难度；需要 C95、C100 混凝土强度才能确保合理的井壁厚度和冻结壁厚度，使现有的冻结技术和掘砌工艺满足工程需要，确保合理的冻结需冷量、施工工期和工程造价。

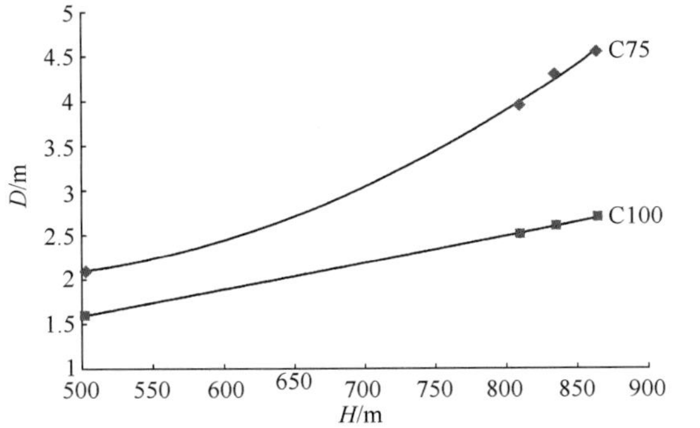

图 2-188　冻结井筒最大井壁厚度(*D*)与冲积层深度(*H*)的关系

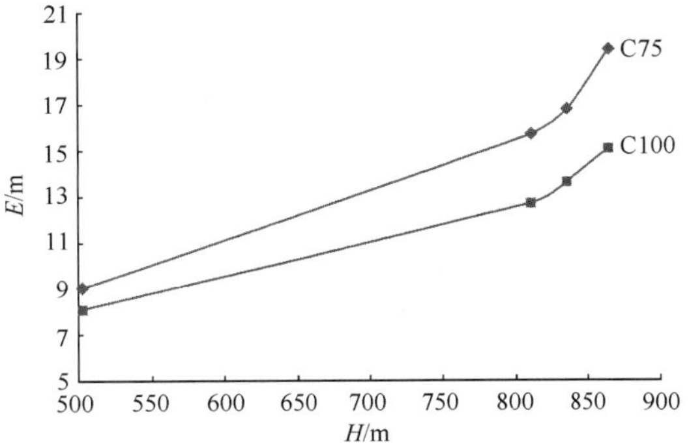

图 2-189　冻结凿井控制层位冻结壁厚度(*E*)与冲积层深度(*H*)的关系

因此，随着我国中东部煤田深部煤层资源的开发，C80～C100 高性能混凝土技术在其深厚冲积层冻结法凿井工程中推广应用不仅非常必要，而且迫切需要。

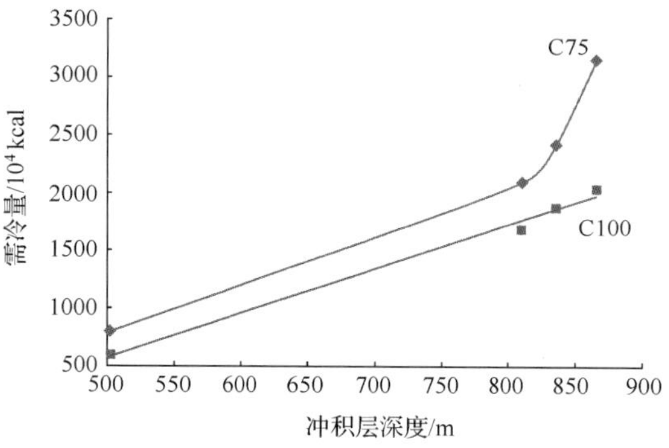

图 2-190　冻结需冷量与冲积层深度的关系

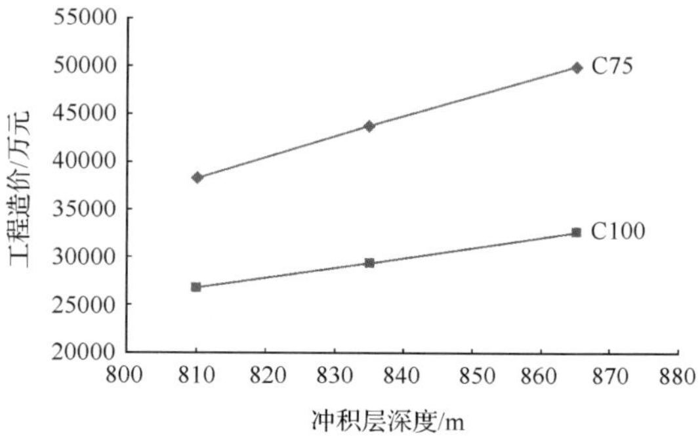

图 2-191　冻结段工程造价与冲积层深度的关系

2.7.6　高强高性能混凝土施工注意事项

1. 原材料质量要求

1）水泥的选择和质量要求

用于生产高性能混凝土一般宜选用强度不低于 P. O 42.5 的水泥。选择质量信得过的大厂生产的水泥，以保证水泥质量的稳定性。

根据近年来水泥生产工艺及产品组分、质量的变化特点，C70 以上混凝土应选用 P. Ⅱ 42.5 水泥。

2）外加剂的选择

因外加剂与水泥之间存在适应性问题，配制高性能混凝土时，必须通过试验选择与所用水泥适应性好的外加剂，并根据内、外层井壁对混凝土性能的不同要求选用外加剂品种。

对进场的粉煤灰进行需水量比检测，确保需水量比符合配合比要求；粉煤灰的各项指标应符合《用于水泥和混凝土中的粉煤灰》(GB/T 1596—2005) Ⅰ级或Ⅱ级灰的要求。

对进场的磨细矿渣(矿粉)进行需水量比、活性的检测，确保需水量比和活性符合配合比要求，高性能混凝土所需矿粉各项指标应符合《用于水泥和混凝土中的粒化高炉矿渣粉》(GB/T 18046—2008)中 S95 的质量要求。

3）砂子、石子和水的质量要求

(1) 砂子：选用细度模数大于 2.6 的中、粗砂，含泥量不大于 1.0%，其他性能应符合《普通混凝土用砂石质量及检验方法标准》(JGJ 52—2006)的规定，含泥量超过规定指标的砂子应在使用前进行清洗，以保证含泥量满足要求。

(2) 石子：C30～C40、C50～C70、C80～C100 混凝土分别选用粒径为 5～30mm、5～25mm、5～10mm 与 10～20mm 两种规格 2∶8 混合碎石连续级配的石灰岩或玄武岩碎石，含泥量分别小于 2.0%、1.0%、0.5%；颗粒中针片状颗粒含量不大于 5%，不得混入风化颗粒；压碎值不大于 12%。其他质量指标应符合《普通混凝土用砂石质量及检验方法标准》(JGJ 52—2006)的规定，含泥量超过规定的应在使用前冲洗好。

(3) 水：混凝土搅拌用水为厂区内饮用水，其水质应符合《混凝土用水标准》(JGJ 63—2006)的要求。

2. 原材料的采购、存放和抽检工作

(1) 施工中一般采用散装水泥，不同批号进场的第一罐车水泥必须提供 3 天强度实验报告和合格证，由专职材料员和监理共同进行检验和取样后，方可进行卸车装入水泥罐。现场抽检样品 3 天水泥实验强度合格后，此批号水泥方可继续供应和用于工程实体。

(2) 外加剂进场均须有出厂合格证，在使用前抽样试验，不合格的不准使用，采购人员和施工人员之间应有交接记录。

(3) 砂、石设专人按要求定点采购，设专人管理和固定地点堆放。采购人员和施工人员之间对原材料应有交接记录。

(4) 所购碎石的材质、颗粒级配、针片状含量和含泥量等技术指标必须符合其质量要求，经目测不合格者不准进场卸车，石子进场后采用洗石子机提前进行机械冲洗，严禁石子边洗边进入混凝土搅拌机进行搅拌施工。

(5) 所购河砂或机制砂，首先目测其粗细程度、含泥量和直径大于 5mm 的卵石含量，如果不符合要求不准进场卸车。

(6) 各种材料存放应设有明确的标志，标明材料的名称、品种、厂家、来料日期及使用部位。

(7) 装袋的不同粉状材料，堆放时应有堆放分界标志，以免错用，同时必须采取各种防护措施，防止雨淋和受潮变质。

(8) 各种原材料到场后首先进行自检，自检合格后通过监理进行现场验收卸车，随后按标准要求进行监理见证取样和送检，抽检结果合格后，向监理报送工程材料、构配件、设备报审表，经监理审核签字后方可用于工程实体的施工，对发现的不合格材料必须做出明确标志，并及时清理施工现场。

3. 施工人员培训

高性能混凝土的配制是一项技术性强的工作，配制前要组织工程技术人员和操作工人进行培训，使有关人员都了解内、外层井壁不同标号混凝土的配制方法和质量要求，提高施工人员的操作水平和质量意识，使操作人员熟悉各工序操作规程，做到精心操作和精心施工，以确保高性能混凝土的施工质量。

4. 混凝土的拌制

(1) 必须对砂、石堆放料场和通往搅拌站的砂石上料道路进行硬化处理，并经常用水清洗保持料场和道路干净卫生。

(2) 砂、石材料采用铲车上料，上料前铲车铲斗和轮胎必须用水冲洗干净。

(3) 原材料用量计算应准确无误，严格控制在其允许偏差范围内。

砂、石、水泥的计量采用搅拌机自动电子计量系统进行计量，并定期进行检查和调整。一般采用人工磅秤计量的袋装外加剂，需经常抽查袋装计量的准确性。

原材料的计量误差应符合下列规定：水泥±1%；化学外加剂±1%；矿物外加剂±1%；粗细集料±2%。

(4) 水的计量采用实测计量的方法，根据配合比和坍落度确定每机搅拌用水量，再据此实测继电器的抽水时间。

(5) 混凝土采用强制式搅拌机拌制，每机的混凝土搅拌时间不小于 180s。

(6) 拌和料的上料顺序为：石子—水泥—砂子—外加剂—水—搅拌—出料。

(7) 筑壁过程中每小班(6～8h)至少抽查混凝土坍落度两次，发现坍落度不符合要求应及时查清原因予以纠正。

(8) 砂、石、集料的水分对高强高性能混凝土的质量有重要影响，应准确测定因天气变化造成砂、石、集料水分变化后的含水率。

(9) 每班均应填写筑壁高度、各种拌和料用量、坍落度抽检情况等原始记录。

(10) 混凝土配制工作要实行专责制，按井壁的不同深度、不同部位、不同标号的混凝土每机搅拌的水泥、粉煤灰、磨细矿渣、砂子、碎石、水、早强减水剂、防裂密实剂、复合型外加剂的用量，要严格计量。

5. 混凝土的运输、浇筑、振捣和养护

(1) 混凝土的运输采用底卸式吊桶下料，用平板车把吊桶从搅拌站运至井口，再用提升机将吊桶下放到吊盘上方卸入受料槽，经分灰器对称流入模板内。

(2) 冬季施工时，采用水加热至 60～70℃的方法，控制混凝土的入模温度不低于15℃。用热水搅拌时，水泥不得与热水直接接触，避免出现水泥的快速水化凝结。

(3) 对于高温季节混凝土施工，混凝土的入模温度不得高于 30℃，当入模温度超过30℃时，应采取适当的降温措施。

(4) 混凝土采用高频振捣器振捣，混凝土较黏稠时，应加密振捣，混凝土振捣应分层、对称、连续进行，每层厚度不超过 300mm，且插入下层 100mm 为宜，井下振捣器不得少于4 台，实行分区振捣落实责任到人。混凝土振捣时，不得漏振，不得过振。

(5) 混凝土的养护：内层混凝土脱模后应进行喷水养护，每隔 30min 喷水养护一次，每次喷水不少于 20kg，保湿期不少于 7d。施工中可在水管上安一个水接头，以便喷水养护。

6. 试块制作与强度试验

(1) 制作高性能混凝土试件宜采用标准振动台，对于坍落度大于 10cm 的混凝土建议采用人工均匀振捣成型。

(2) 试件制作完成后应放平和编号，并用塑料薄膜覆盖表面，防止失水。

(3) 试件制作好后放置在标准条件下静置 1d，拆模后应立即放入 20℃标准养护室或20℃饱和石灰水槽内养护至规定龄期。不得将试件叠放，确保试件各面均能充分养护。

(4) 试件制作数量应比普通混凝土多一些，以便测定混凝土的早期及后期强度变化。

(5) 每周应检查成型铁模是否变形，对于不规整的铁模，应废弃不用，保证成型试件合格。铁试模尺寸要求：试模内部尺寸误差不应大于公称尺寸的 0.2%，且不大于 1mm；夹角应为直角，其误差不应大于 0.2°；组装试模连接面的缝隙、模隔板与侧板的缝隙不应大于 0.1mm。

7. 高性能混凝土冻结工程应用注意事项

1) 混凝土原材料选取

尽可能选取当地的高质量原材料，确保水泥质量、碎石材质及颗粒级配、砂子含泥量、矿物外加剂(粉煤灰、矿渣等)等级、化学外加剂性能满足施工中混凝土等级的需要。

近年来受生产成本的制约，有些厂家掺入水泥中的添加物的细度增高、活性成分减少，甚至掺入影响混凝土需水量、工作性能的不良材料，可能会造成高标号混凝土后期强度增长性减弱，因此配制 C60 以上混凝土应选用名牌企业的 P. O 42.5 水泥，配制 C80 以上混凝土宜选用 P. Ⅱ 42.5 水泥。

矿物外加剂是高性能混凝土的重要组成部分，配制 C70 以上混凝土，应尽可能同时掺入粉煤灰、矿渣等多种矿物外加剂，受矿物外加剂供应地的限制，当地有时只能提供满足质量要求的粉煤灰或矿渣的其中一种矿物外加剂，这就需要通过混凝土配合比试验，在化学外加剂的载体中补足欠缺的其他矿物外加剂，或选用调试后的复合外加剂。

配制 C60 以上混凝土时，对碎石的颗粒级配和砂子的含泥量要求较高。一般情况下，一个料仓供应的碎石颗粒范围较窄，因此工程中需要选取几种规格的碎石，按颗粒级配要求均匀混合后使用。例如，可采用 5～10mm 和 10～20mm 两种规格的碎石，进行二级级配，满足连续级配的要求。

选取质量稳定的低含泥量砂子非常必要，砂子含泥量高往往是影响化学外加剂用量(影响成本)、混凝土工作性能、混凝土施工质量的重要因素，必要时施工现场要增加洗砂工序。

外层井壁混凝土需要具备低温早强等特性，内层井壁混凝土需要具备低水化热、防裂密实和后期强度持续增长等特性，化学外加剂的选取应主要考虑满足冻结井内外层井壁不同混凝土特性要求，同时还要综合各标号混凝土外加剂掺量、价格、质量稳定性、售后服务等因素，选用工程应用效果好、综合成本低的产品。

目前，已经有外加剂生产厂制定了企业标准，分别生产内、外层井壁专用的复合型混凝土外加剂，具有化学外加剂和矿物外加剂双掺性能，满足冻结井内外层井壁不同混凝土特性要求，便于冻结井壁混凝土选材和施工。

2) 混凝土配合比试验

混凝土配合比试验是应用高性能混凝土重要的基础工作，由于各工程备选水泥、外加剂和砂石的组分、质量的差异，以及施工人员技术水平的不同，混凝土配合比试验对混凝土性能、质量稳定性和成本都将有直接的影响。

首先，需要明确由建设单位或施工单位，委托冻结工程中应用高性能混凝土经验丰富、具备配合比试验资质的专门研究机构，在工程准备期间对备选的水泥、化学外加剂、矿物外加剂、碎石、砂子进行原材料试验分析，提出原材料等级或级配、含泥量等质量要求，优化选取原材料，提出实验室混凝土配合比。

施工前，应在工程现场进行混凝土配合比复配，结合现场实际原材料情况调整配合比，提出原材料质量管理、混凝土搅拌和浇筑工艺的特殊要求。

3）现场施工管理

(1) 混凝土施工管理的首要问题是原材料的质量管理。原材料质量稳定性是重中之重，既要严把水泥和各种外加剂的进货质量关，通过检验和复配对比，保证质量稳定，又要严格控制碎石级配、砂子含泥量，确保混凝土在低用水量条件下具有良好的工作性能。

(2) 每次施工前，应提前检测砂和碎石的含水量，雨后施工时的材料含水量要加倍检测，将理论配合比换算成现场施工实际配合比，作为混凝土配料的依据。参考表 2-215 的方法换算。

表 2-215　C45 理论配合比和施工配合比换算实例

项目	水泥	粉煤灰	砂	碎石	外加剂	水
理论配合比/(kg/m^3)	387	52	800	1020	22	171
含水量/%			2.0	1.0		
施工配合比/(kg/m^3)	387	52	816	1030	22	144

备注：砂子(含水)施工实际用量＝800÷(1－0.02)＝816kg

碎石(含水)施工实际用量＝1020÷(1－0.01)＝1030kg

施工实际用水量＝171－816×0.02－1030×0.01＝144kg

(3) 生产前，应校核生产用衡器的零点和计量偏差，其计量偏差应满足表 2-216 的要求，特别水和外加剂的计量必须保证精确。

表 2-216　原材料计量允许偏差

序号	原材料	每盘计量允许偏差/%	累计计量允许偏差/%
1	水泥、矿物外加剂	±2	±1
2	粗、细集料	±3	±2
3	外加剂、拌和用水	±2	±1

(4) 混凝土必须按设计配合比进行施工。施工单位和监理单位需重点检查混凝土配合比的实际落实情况，确保混凝土搅拌施工记录单的真实性。

(5) 高强高性能混凝土的水胶比低，对水的敏感性高，必须严格控制混凝土搅拌的用水量，绝对不能超过配合比的用水量。应避免砂石边使用边冲洗。

(6) 由于液体外加剂的载体是水，所以液体外加剂用量不能像固体外加剂那样增加。增加液体外加剂用量，一般需要等量减少用水量，否则会造成混凝土强度减低。

(7) 冻结工程筑壁，有时会出现脱模时间长、滑模井壁流淌等问题。一则可通过配合比试验解决；二则需控制碎石级配、砂子含泥量，提高混凝土的工作性能和早期强度；再则可适当减少用水量或增加减水剂用量，在低坍落度下实现良好的和易性、流动性。配制 C70 以上混凝土，需要同时采用上述三条措施。

(8) 工地料场未打混凝土地面时，应注意避免上料铲车的轮子带入泥土，应防止上料时铲入泥土。

(9) 高标号混凝土具有黏度较大、扩展度大、流动速度小的特点，施工中需加大搅拌机至储存运输罐间溜灰槽和分灰器溜灰槽的倾斜角度，应注意彻底排干冲洗储存运输罐所遗留的水。

4) 特殊情况处理

(1) 混凝土和易性出现异常处理。

当砂子、碎石的级配和细度模数与理论配合比出现差异时，混凝土的和易性可能出现异常。例如，砂子颗粒偏粗导致细度模数变大或者碎石、砂子的级配不合理，可能出现混凝土离析泌水、包裹性变差等现象，这时应调整砂率，稍微增加砂率，减少碎石用量；相反，当砂子偏细导致细度模数变小时，可能出现混凝土坍落度变小、黏度增加等情况，这时应稍微降低砂率，增加碎石用量。调整过程应少量调整，直至调整到合适的状态。

(2) 混凝土坍落度和黏度出现异常处理。

当混凝土出现坍落度偏大的情况时，应适当减少用水量，使坍落度控制在最大允许值内；配合比中的用水量是最大限制指标，不能超越；坍落度值一般是个范围，有时也会是可能实现的最大指标，不是限制指标，可根据工程需要掌握。

当混凝土出现坍落度变小和黏度异常，调整砂率无效，同时砂子、碎石、外加剂的质量没有发现异常时，有可能是水泥、粉煤灰等需水量发生了变化，或水泥和外加剂的适应性发生了变化，此时应少量增加外加剂用量来调整坍落度和黏度；必要时微量增加用水量，同时按比例增加水泥和粉煤灰用量，确保水胶比不变的情况下调整坍落度和黏度；必要时请配合比试验研究人员到现场复配，查找原因，寻求对策；不能擅自增加用水量来提高混凝土的工作性。

(3) 预防溜灰管堵管措施及处理方法。

采用10in(1in=2.54cm)以上的铠装胶管作溜灰管，以使混凝土能够顺利流入模板内；并在吊盘上配备4m长的吹风管，当管内混凝土流动受阻或堵塞时，使用压风帮助混凝土输送；而吊盘与模板之间的距离应在10m左右为宜，防止铠装胶管弯曲造成堵管现象。

2.8　立井液压滑模筑壁技术

2.8.1　研究应用简况

液压滑模是建筑工程在20世纪60年代中开发的一种先进施工工艺，具有连续浇筑混凝土和滑升脱模、消灭接茬缝、工程质量好、机械化程度高、施工速度快、节省材料等优点。煤科总院北京建井研究所与淮南煤矿建设指挥部于1973年合作立井液压滑模筑壁的开发研究，把液压滑模技术引入立井冻结段的内层井壁筑壁工程[97,98]。1974年首先在潘集冻结试验井进行了中间试验，取得了初步成果。随后在潘一主井进行工业性试验，滑升183m，由煤炭部科技局召开立井液压滑模筑壁座谈会，与会者一致肯定立井液压滑模筑壁取得成功，建议定型推广，但当时研究人员认为还不够完善，应进一步试验，会议结论定为试验取得基本成功，待进一步试验完善后组织推广。为此，1975 年又在潘一副井进行扩大试验，进一步完善了滑模结构和施工工艺，滑升 193m，施工顺利，并实现了冻结段滑模筑壁与井底基岩段打钻注浆的平行作业，取得了良好的技术经济效果，煤炭工业部于同年召开技术鉴定会，对立井液压滑模筑壁的先进性、经济性、可靠性以及液压滑模结构和动力装置作了充分肯定，同意通过技术鉴定，组织推广。为了配合推广工作，研究人员于 1976 年编写出版了《立井滑升模板筑壁》[20]一书。至 1979 年，短短的 4 年内，在淮南、淮北、兖州、邯邢、徐丰、开滦等矿区的 30 多个立井中推广应用，取得了良好的技术经济效益，深受使用者的欢迎，并于 1978 年获全国科学大会奖。

通过几十个立井液压滑模筑壁的工程实践，研究者进一步体会到滑模自控和自调平装置的重要性，且工程的滑升高度越大，其重要性更为突出。煤科总院北京建井研究所、淮南煤矿建设指挥部科研所、中煤建设第 42 工程处的研究人员继续开展这方面的研究工作，并于 1979 年在潘二西风井进行液压滑模自控及自调平装置的试验应用，取得良好的效果。煤炭工业部于 1980 年召开技术鉴定会，认为该自动控制和自动调平装置的结构简单、性能稳定，操作方便可靠，能有效地实现滑模水平滑升，使滑模盘中心偏差控制在 50mm 以内，可以定型生产。该项目获 1981 年安徽省科学技术进步三等奖。

立井液压滑模筑壁技术于 1978 年编入《井巷工程施工手册》[21]，1981 年被煤炭工业部列为重点推广项目，液压滑升模板作为定型装备于 1986 年编入《凿井工程图册》，为进一步推广应用创造了有利条件。据不完全统计，迄今为止，立井冻结段内层井壁应用液压滑模筑壁的冻结井筒已超过 600 个。

立井液压滑模筑壁与传统的筑壁工艺相比，井壁无接缝错台，施工质量好，封水性好；机械化程度高，工人劳动强度低，工序简单，安全性好；施工速度快，技术经济效益显著。液压滑模筑壁应是冻结井筒内层井壁筑壁优先选用的筑壁工艺。

2.8.2 液压滑升模板筑壁的特点

立井液压滑模筑壁是用一套模板使现浇混凝土成型并沿着混凝土井壁表面自下向上滑升脱模的施工工艺，见图 2-192。它是由 1m 多高的模板、滑模盘、提升架、支承杆及滑升动力系统组成的液压滑模装置，自下而上地进行筑壁工作，连续浇筑，连续滑升，直至所需要的高度。模板在滑模施工中是一个连续向上滑升的模具，使混凝土按要求的建筑结构断面而成型；筑壁过程的绑扎钢筋、浇筑混凝土、振捣混凝土、预留梁窝、支承杆接长、调平以及测量等工序均可在滑模操作盘上进行；修整筑壁物表面、洒水养护和调整滑模垂直的高差等可在辅助盘上进行；混凝土分灰下料、外层井壁表面除霜、清理和铺设聚乙烯软板工作在吊盘上进行；提升架及支承杆为传递滑升动力的构件，滑升动力系统是提供模板滑升动力的设备。

立井液压滑模筑壁与地面建筑的烟囱、筒仓等工程的液压滑模施工相比，立井冻结井筒的液压滑模筑壁的特点有：①受力状况不同，烟囱、筒仓工程设内、外模板，立井工程只用内模板，因而，其滑模结构也不一样；②冻结井筒较深，其滑升高度较高。一般滑升高度为 200～400m，最高已超过 700m；③井筒中的允许偏差要求严格，不管井筒的深与浅，其偏值应小于 50mm；④要求施工速度快，三班连续操作的平均速度为 8m/d，最高可达

20m/d，而控制速度为 10m/d；⑤混凝土的设计标号高一般在 C40～C60，最高达 C100；⑥冻结井筒的环境条件差，通常滑模前井内空气温度为－2～－8℃，井帮（外层井壁）温度为－4～－12℃。

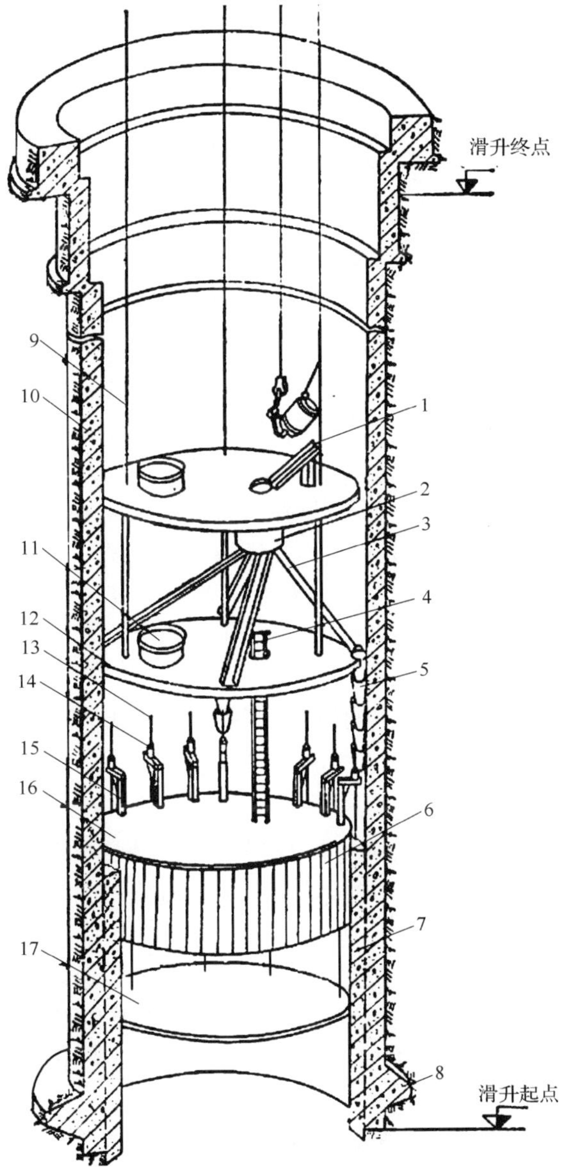

图 2-192　立井液压滑模筑壁示意图

1-灰槽；2-分灰器；3-溜槽；4-活节梯子；5-竹节溜子；6-模板；7-内壁；8-壁座；9-吊盘稳绳；10-外壁；11-喇叭口；12-吊盘；13-支承杆；14-千斤顶；15-提升架；16-操作盘；17-辅助盘

液压滑模筑壁相对于过去采用普通模板筑壁具有较多优点：实现了连续浇筑混凝土，连续滑升模板脱模，消灭了接茬缝；浇筑混凝土的作业始终在模板上口进行，便于捣固和检查，保证混凝土浇筑质量，省掉传统的倒模法施工的多次立模和拆模，减轻了笨重的体力劳动，节省钢材或木材；简化了筑壁工序，实现了多工序平行作业，加快了施工速度；筑壁作业基本上在滑模盘上进行，安全性好等。滑模套壁是提高立井现浇混凝土和钢筋混凝土井壁质量、机械化程度的有效方法之一。

2.8.3　立井液压滑升模板构件及液压动力系统

立井滑模筑壁装置主要由滑模结构和液压滑升动力系统组成，立井滑模结构包括模板、围圈及滑模盘的操作盘和辅助盘，以及提升架、支承杆等；液压滑升动力系统是为立井液压滑模提供液压动力和控制滑升的设备，它由液压千斤顶、液压控制箱和液压管路三部分组成。

在立井液压滑模筑壁技术的试验研究过程中，对滑模主体构件、滑升机具、动力装置、测量和调整以及施工方法等进行了施工改进，进一步完善了立井液压滑模筑壁技术。模板由装配式可调结构改为装配式固定结构，围圈由活动式改进为固定式。滑模盘由一个操作盘和两个辅助盘组成，简化为一个操作盘和一个辅助盘，并使操作盘盘面与模板的上口平齐。单行作业的操作盘由辐射梁式结构改进为辐射梁辐条式结构；平行作业的操作盘由吊盘桁架式结构改进为吊盘辐条式结构，改进后的结构更合理，受力性能好，重量轻。提升架也由“F”形槽钢结构改进为“7”形槽钢结构。提出了立井液压滑模筑壁的设计与计算方法，以及技术措施。继而研究出液压滑模的自动控制和自动调平装置，使这项新工艺进一步得到完善。

1. 立井液压滑升模板主要构件

立井滑模主体构件包括模板系统的模板、围圈和滑模盘系统的操作盘、辅助盘，以及提升系统的提升架、支承杆。

1）模板

滑模施工中模板是混凝土成型的模具，在提升动力装置的带动下连续向上滑升。它的作用是使混凝土按井筒断面成型，并承受新浇筑混凝土的冲击力和侧压力以及滑升过程模板和混凝土的摩擦阻力。

立井滑模筑壁的模板应当是一种多次周转使用的工具式模板，由若干块弧形板装配成圆筒形。形状尺寸要准确、表面要光滑，具有足够的强度和刚度，滑升过程不变形。在结构上还要考虑拆装、搬运和存放的方便，最好具有一定的通用性和互换性，以适应不同井径施工的需要。

模板的外直径等于井筒设计净直径加上井筒施工允许的中心偏离范围，所以模板的外直径一般要比井筒的设计净直径大 50mm。模板要加工成上口大下口小、具有一定锥度（一般取 0.7%）的杯形。使滑升过程中模板与混凝土形成一定间隙，以减少滑升摩擦阻力，易于脱模。模板上、下口的外直径可按如下公式确定：

$$模板上口外直径 = 井筒设计净直径 + 40 \sim 50\text{mm} + 模板高度 \times 模板锥度$$
$$模板下口净直径 = 井筒设计净直径 + 40 \sim 50\text{mm}$$

模板的高度主要取决于（液压滑模）筑壁速度和混凝土达到最低脱模强度的时间。用

Φ25mm 以圆钢作为爬杆时，模板高度取 1.4m，使用效果较好；随着使用较粗的钢管作为爬杆，模板的高度有进一步加大的可能。

图 2-193 为装配式固定模板，它由正常模板、连接模板和锥度模板组成，全部由螺栓连接。模板由角钢和钢板焊接成，为了形成拼装锥度，模板上口直径比其下口的大一些。例如，井筒净直径 8m 立井模板锥度为 0.7%时，1.4m 高的模板上、下口直径差 10mm 或周长差 32mm，为了解决模板加工的精度问题，设计将 32mm 的圆周差分摊到 8 块模板上，则每块模板的上、下口周长差 4mm，即上口宽 462mm，下口宽 458mm，这种模板称为锥度模板；模板总数为 48 块，其余 40 块模板都做成上下 540mm 等宽的，而正常模板(32 块)与连接模板(8 块)的区别只在于企口的方向不同。锥度模板的钢板企口与连接模板的相反，是凹进的，便于组装和拆除。

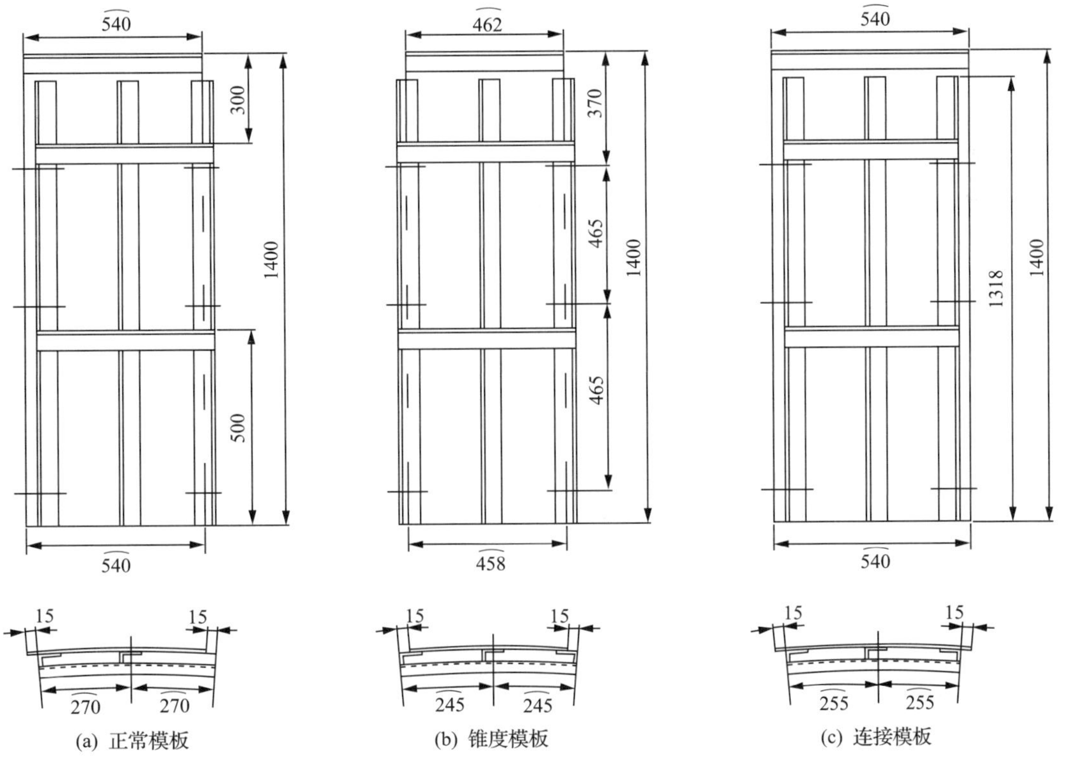

图 2-193　井径 8m 装配式固定模板(单位：mm)

装配式固定模板的优点是：①模板的整体性好，直径与锥度不易改变；②模板全部用螺栓连接，不滑出搭接缝，井壁平整美观；③利用增减模板块数和调整锥度模板上下口宽度的办法，可在一定的范围改变直径，以适应不同井径的需要。

2）围圈

围圈是使拼装成圆筒形的模板保持整体形状尺寸不变、增加其刚度的受力构件，对保持滑出井壁的尺寸和形状起重要作用。围圈主要承受模板传来的水平力——浇筑混凝土的侧压力、冲击力及滑升过程中模板倾斜时的附加水平力，沿模板横向布置上下两道圈。对高度为 1.4m 的模板，上下围圈的间距取 700～800mm，下围圈距模板下口

300～400mm。

围圈多用角钢或槽钢制作，设计时可将围圈看成支承在提升架上的连续梁来考虑，要求围圈承载时的变形不大于支点间距的 0.1%。

图 2-194 为固定式围圈，用 60mm×60mm×5mm 角钢或[8 槽钢制作。考虑安装方便，每根围圈的长度不超过 3.5m，接头用两个直径大于 12mm 的螺栓连接，接头螺栓孔不应加工成椭圆形长孔，以免受力时移动变形。而上、下围圈的长度和几何尺寸应与模板的锥度相适应。安装时上、下围圈接头不应布置在同一方位。由于固定围圈用螺栓连接，其刚度和整体性都比较好，施工中变形很小。在立井液压滑模套壁的应用效果较好。

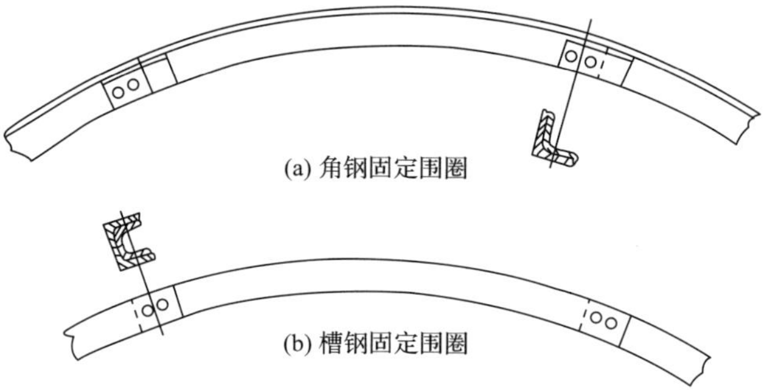

图 2-194　固定式围圈

3）滑模盘

滑模盘是供施工人员工作的场所，由上、下两个盘组成，上层盘称为操作盘，下层盘称为辅助盘。操作盘与模板上口平齐，通过提升架围圈与模板连成一体，在盘的中部和提升架的立柱用法兰螺栓与辅助盘相连。操作盘设计除计算盘的自重和施工活荷载外，还考虑下料时可能产生的冲击荷载以及辅助盘传递的荷载。滑模盘的结构根据实际负荷情况进行计算，在保证其具有足够的强度、刚度和稳定性的前提下，力求结构简单、重量轻，加工、安装和拆卸方便。

操作盘与提升架、千斤顶、模板、围圈组成整体，供绑扎钢筋、接长顶杆（支撑杆）、浇筑混凝土和振捣混凝土、测量模板中心、滑升等主要操作工序以及存放顶杆、钢筋、溜灰管等器材使用。

辅助盘在操作盘下，两盘间距一般为 2.8m。辅助盘由[12.6a 槽钢铺上厚 3mm 的花纹钢板、16 个 U 形螺栓与提升架连接在一起，辅助盘的直径比井筒直径小 200mm（周围离井壁 100mm 间距）。上下盘之间有人通过的梯子洞，辅助盘装有液压控制箱、连通管系统、洒水管等。该盘主要用途是控制滑升、测量盘面水平、观察混凝土的初凝时间、检查并对已滑出的井壁进行修饰和洒水养护等。

（1）单行作业的滑模盘。

当滑模筑壁为单行作业时，因吊桶及其他悬吊设施不需要通过滑模盘，滑模盘采用辐射梁辐条式结构，如图 2-195 所示。辐射梁辐条式操作盘由辐射状的通梁、半梁、短梁以及内外圈梁组成。每根辐射梁用两根槽钢靠背组成，其距离为 80mm，等于提升架立柱宽度。辐射梁用[8 槽钢制作，圈梁用[10 槽钢制成。在盘的中部下方设一直径 0.8m、高 1m

的框形撑架，撑架下部用 12 根辐条与盘的周边相连。辐条用 Φ20mm 圆钢加工，中间设有调整法兰螺栓连接以便调整。盘面铺 1.5～2mm 厚的钢板，在盘面中间焊有一块直径 80mm 的中心板，板上刻有间距 5mm 的同心圆线，作为检测模板中心的标志。

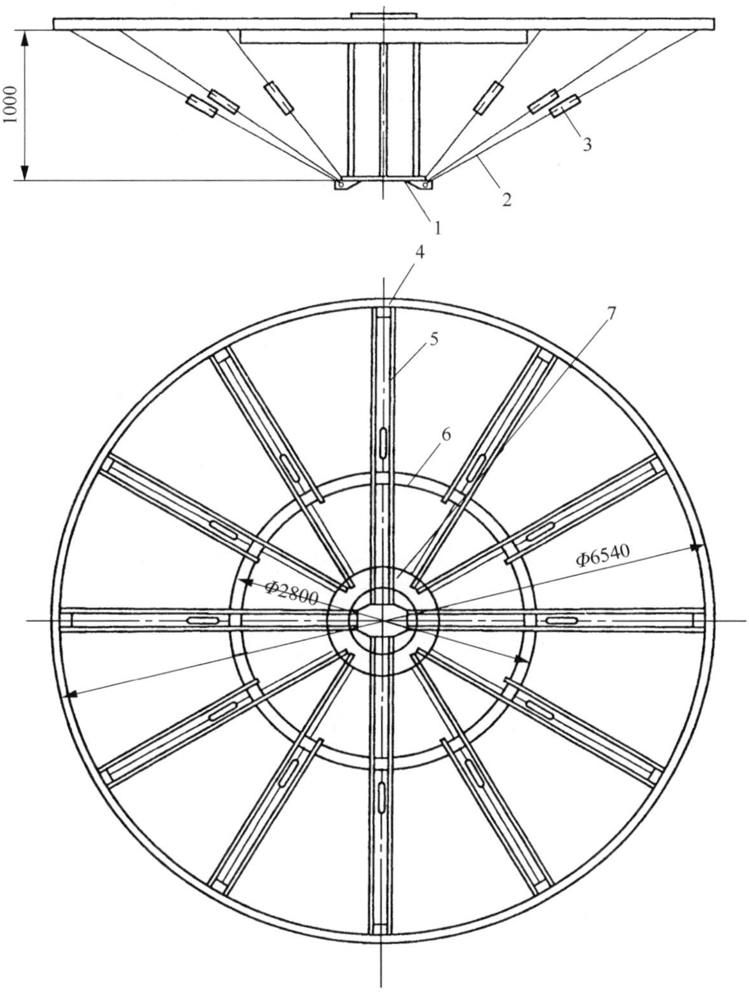

图 2-195　辐射梁辐条式操作盘结构示意图(井径 6.5m)(单位：mm)

1-框形撑架；2-辐条；3-调整法兰螺丝；4-外支承圈梁；5-辐射梁；6-内支承圈梁；7-连接板

辅助盘为平面式结构，其平面布置与操作盘相同。由于它受力小，所以使用梁的数量和钢材型号相应减小。又省去辐条，但它四周和中部设有与提升架、操作盘连接的悬吊点，供挂螺栓安设，其刚度及强度均能满足要求。

实践表明，辐射梁辐条式滑模盘的结构合理、受力性能好、自重轻，它是立井液压滑模筑壁单行作业滑模盘的较好结构形式。

(2) 平行作业的滑模盘。

平行作业时采用吊盘辐条式滑模盘，这种盘的平面布置与井内凿井吊盘相同，以利于井筒悬吊设施通过。

图 2-196 为吊盘辐条式操作盘结构图，其平面结构与凿井吊盘相同，由 4 块月牙形焊接件和一块中间连接件组成，全部用 12 号槽钢制作。并在盘中下方装设一个高 0.8m 的倒龙门架（50mm×50mm×5mm 角钢焊接），在不妨碍井底悬吊设施通过的情况下，倒龙门架下方与盘边之间对称设置六根 50mm×50mm×5mm 角钢制成的辐条，辐条中间带反、正扣螺栓，以便进行调整。

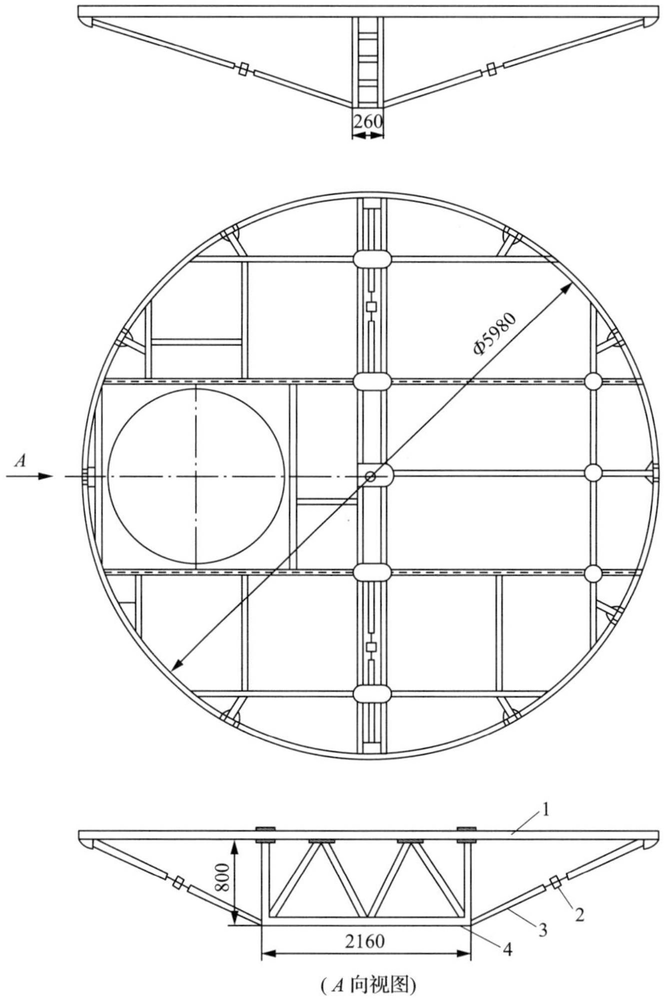

图 2-196　吊盘辐条式滑模操作盘结构示意图（井径 6.5m）（单位：mm）

1-吊盘形平面槽钢结构；2-调整法兰螺栓；3-辐条；4-倒龙门撑架

辅助盘是平面结构，其构件的布置形式与操作盘相同，但省去辐条，钢材型号也减小。

为了保证井底安全作业，悬吊设施通过滑模盘部位均设喇叭口，其高度比一般喇叭口高 0.2m，操作盘与辅助盘之间的吊桶喇叭口，用圆钢焊成圆筒形骨架，外面围上金属网或风筒布。辅助盘与井壁间隙（宽 60mm）用皮带机的旧皮带密封，防止往井底掉东西。

吊盘辐条式滑模盘的结构简单，加工量小，重量轻，安装、拆卸、调整方便，是立井滑模平行作业较好的滑模盘结构。

4) 提升架

提升架又称顶架。在滑升过程中把全部垂直荷载传递给提升动力装置(如千斤顶),同时起连接模板和滑模盘及防止模板侧向变形的作用。提升架在操作盘上均匀对称布置,间距一般为 1.2～1.8m,当梁窝影响提升架对称布置时,可适当调整其间距,并在间距相邻的两提升架上设置双千斤顶,以增加提升能力。

提升架是滑模装置的主要受力构件,要求具有足够的强度和刚度。立井滑模筑壁常用的提升架为"7"形槽钢提升架,主要由立柱、横梁和斜撑组成,立柱承受模板和滑模盘传递的荷载,横梁用以安装千斤顶。如图 2-197 所示,立柱由 8 号槽钢开口相对,中间以扁钢焊接而成,其横断面为 180mm×80mm 的矩形。立柱上设 4 根模板支托板和 2 根操作盘支承座,在横梁上加焊 1 块厚 15mm 钢板,板面钻 $\Phi26$～$\Phi50$mm 孔 3 个,供插入支承杆及安装千斤顶用,下设加强板。

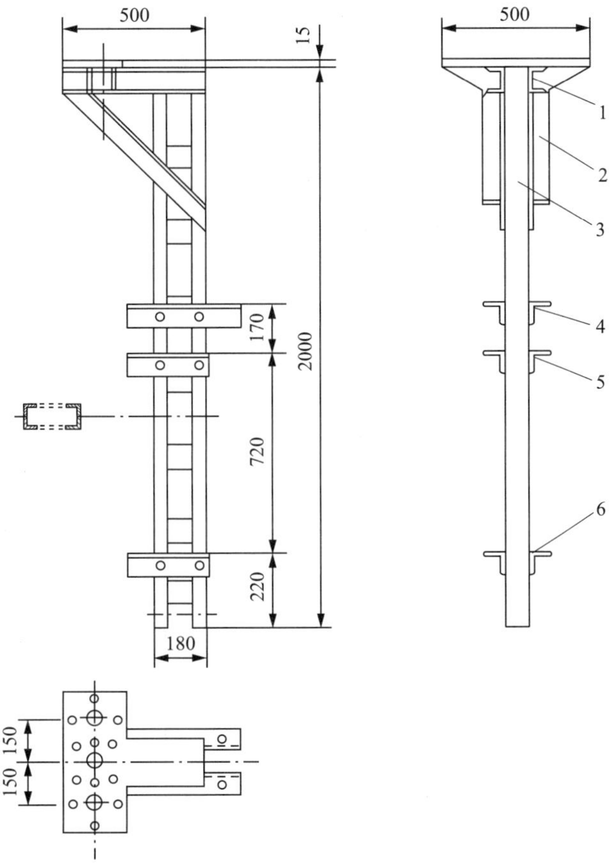

图 2-197　"7"型槽钢提升架(单位:mm)

1-横梁;2-斜撑;3-立柱;4-操作盘支座;5-上支托板;6-下支托板

5) 支承杆

支承杆又称顶杆或爬杆,它穿过专用 QYD-60 型或 HQ-30 型千斤顶的中心孔,供千斤顶沿着它向上爬升,它承受由千斤顶传递的施工荷载。支承杆采用 $\Phi48$mm×3.5mm 钢管或 $\Phi25$mm 圆钢,长度为 3～5m,爬杆的下端埋入混凝土井壁内,本身也就成了一根竖筋。第一批插入千斤顶的爬杆长度分别为2m、3m、4m、5m，4种长度的钢管交错布置；接头方式有榫接、对接或丝扣连接等，当采用榫接、对接时，千斤顶滑出接头部位后就应电焊补强；最好采用丝扣连接，施工方便，连接可靠。

支承杆应当满足下列要求：①支承杆长度为3～5m，太短则接头加工量大，太长井下接长不便；②要求同一水平的支承杆接头数量不超过总数的20%，所以安装第一批支承杆应有多种长度以满足上述要求。

2. 立井液压滑升模板液压动力系统

1）液压千斤顶

HQ-30型、GYD-60型滚珠式液压千斤顶是专供液压滑升模板施工的配套设备，其功能只上升不下降，具有结构简单、使用维护方便、体积小、性能良好、工作可靠等优点，它是一种通心单作用千斤顶，在高压油的驱动下可以沿着支承杆向上爬升，从而带动模板、滑模盘等并克服模板与混凝土之间的摩阻力向上滑升。

（1）结构。

GYD-60型滚珠式液压千斤顶的结构如图2-198所示，它由卡头（上、下）、油缸、活塞、排油弹簧四部分组成。油缸包括缸筒、缸盖、底座和行程调整帽。上卡头在排油弹簧的作用下，紧压在活塞的底部，下卡头、底座与缸筒之间用涨圈（即卡环）连在一起，活塞与缸筒之间以及活塞与缸盖之间各加两个橡胶密封圈，以防漏油。缸盖与缸筒之间采用螺

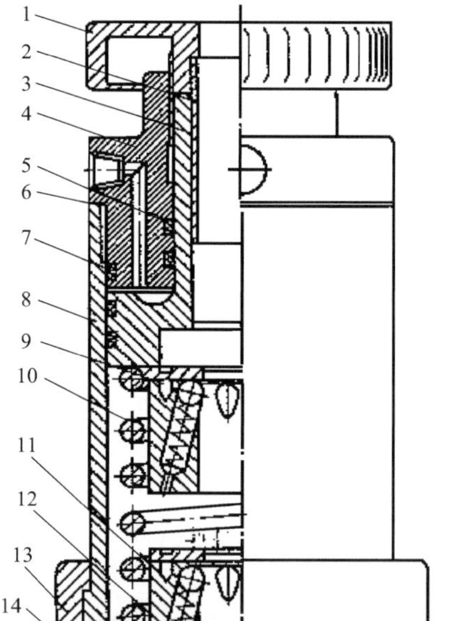

图2-198　GYD-60型滚珠式液压千斤顶构造图

1-行程调整帽；2-防尘套管；3-活塞；4-缸盖；5-活塞密封圈；6-缸盖密封垫；7-缸盖密封圈；8-缸筒；9-上卡头；10-排油弹簧；11-下卡头；12-小弹簧及钢珠；13-底座；14-卡环

纹连接。缸盖上带有两个油管接头，以便接通油路，千斤顶并联使用时只用一个油管接头，串联使用时需两个油管接头。

GYD-60 型滚珠式液压千斤顶技术特征：工作起重量为 30kN，最大起重量为 60kN，工作理论行程为 35mm，工作压力为 8MPa，外形尺寸为 160mm×160mm×380mm，质量为 28kg。

千斤顶钢珠式卡头是一种钢珠沿斜孔自锁的卡头，如图 2-199 所示，由钢质圆套的卡头体、卡头盖及钢珠、小弹簧组成，在卡头体内圆面表示均匀分布 7 个斜孔，斜孔与轴线夹角为 11.5°～12°，卡头体上部经淬火硬化处理，各斜孔中均装入一个小弹簧和一颗钢珠，卡头盖的作用是防止钢珠弹出。

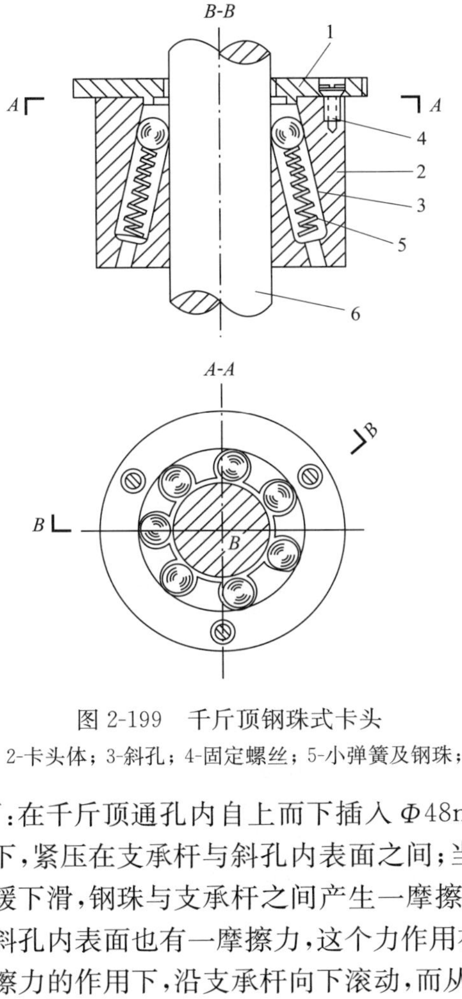

图 2-199　千斤顶钢珠式卡头

1-卡头盖；2-卡头体；3-斜孔；4-固定螺丝；5-小弹簧及钢珠；6-支承杆

卡头的工作原理如下：在千斤顶通孔内自上而下插入 Φ48mm×3.5mm 钢管的支承杆后，钢珠在小弹簧作用下，紧压在支承杆与斜孔内表面之间；当卡头受到一个向下力的作用时(即承载)，卡头缓缓下滑，钢珠与支承杆之间产生一摩擦力，这个力作用在钢珠上的方向向上；同时钢珠与斜孔内表面也有一摩擦力，这个力作用在钢珠上的方向是沿斜孔向下；钢珠在上述两个摩擦力的作用下，沿支承杆向下滚动，而从卡头体来看，钢珠沿斜孔向上滚动，结果使 7 颗钢珠组成的圆周缩小，抱紧支承杆，卡头下滑停止，紧锁在支承杆上。同样道理，当卡头受到一向上力作用时(即爬升)，钢珠与支承杆之间的摩擦力作用在钢珠上，方向向下；而斜孔内表面与钢珠之间的摩擦力作用在钢珠上，方向向上；钢珠在这两个摩擦力的作用下，克服小弹簧的弹力，沿支承杆向上滚动，即沿斜孔内表面向下滚动，结果使 7 颗钢珠组成的圆周扩大，卡头松脱而向上运动。总之，卡头受到向下力的作用紧锁在支承杆上，不能向下运动；卡头受到向上力的作用时松脱而向上爬升。

钢珠对支承杆的挤压力与外加荷载成正比。由于钢珠与支承杆是点接触，在挤压力的作用下，钢珠向上滚动的同时会压入支承杆内，增大其接触面积直至受力平衡，压痕一般呈水滴状。压痕的深度说明荷载的大小，压痕的长度就是千斤顶的下滑量。一般压痕的长度为 3～10mm，荷载达 3t 时压痕的长度为 15mm 左右，荷载增大到一定程度后，压痕长度达到 30mm，千斤顶便失去滑升能力。

钢珠式卡头具有体积小、结构紧凑，动作灵活等优点，所以得到广泛的应用。但这种卡头承载的下滑量较大，当千斤顶受力不均匀时，其同步性差，卡头内进入砂浆等杂物的斜孔容易失效。

(2) 爬升原理。

如图 2-200 所示，当高压油经进油口进入油缸，在缸盖与活塞间加压，下压活塞，上压缸盖。下压活塞时，活塞压紧上卡头，由于上卡头受向下力的作用，锁紧在支承杆上，不能向上运动，活塞也同样不能向下运动；上压缸盖时，缸盖通过缸体与下卡头连接，卡头受到向上力的作用便松脱爬升。所以在高压油的作用下，上卡头锁紧，缸盖、缸筒及下卡头一起爬升，直至上、下卡头顶住，同时排油弹簧被压缩。回油时，油压解除，在排油弹簧的作用下，下卡头向下紧锁，上卡头松脱和活塞一起向上爬升，同时把油缸内的油排回油箱，从而恢复到起始位置，千斤顶完成一个循环，爬升一个行程。如此加压爬升和回油复位交替进行，千斤顶便沿着支承杆不断爬升。

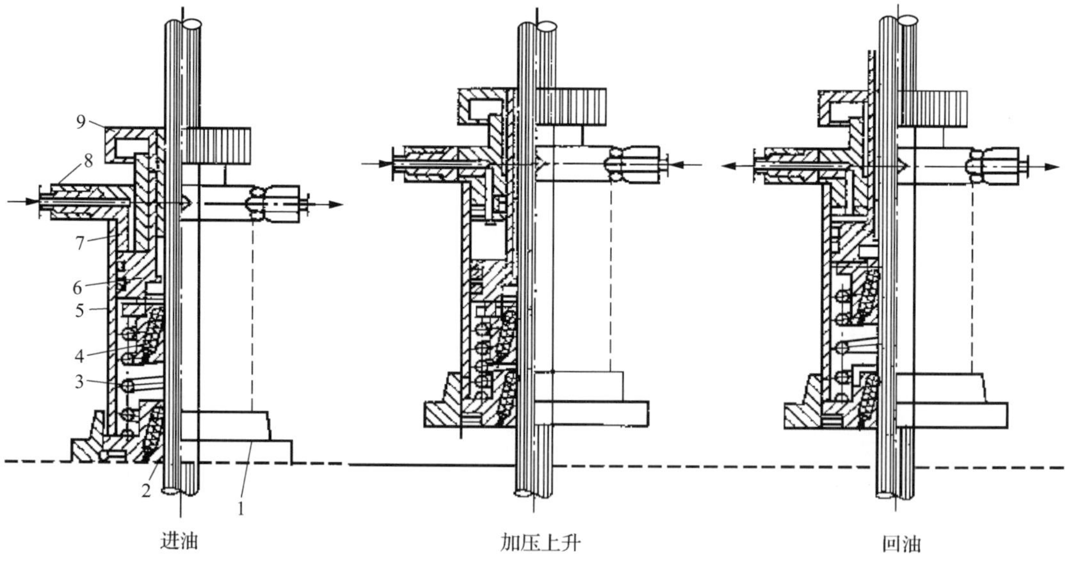

图 2-200　GYD-60 型钢珠式千斤顶爬升原理

1-底座；2-下卡头；3-排油弹簧；4-上卡头；5-缸筒；6-活塞；7-缸盖；8-油嘴；9-行程调整帽

2) 液压控制箱

液压控制箱又称液压操作箱，是产生和分配高压油液的装置，由电动机、油泵、电磁换向阀、安全阀、分油器、油箱、压力表和电气系统等组成。

YHJ-36 液压控制箱的技术特征：工作压力 8～10MPa，最高压力 12MPa，公称流量 36L/min，油箱容量 100L，电机功率 7.5kW，重量（不带油）280kg，外形尺寸 850mm×700mm×1090mm。

3）液压管路系统

液压管路系统工作顺序为：液压控制箱→总分油器→主油管→一级分油器→分支油器→分支油管→千斤顶。

（1）油管作用及要求材料。

液压控制箱和千斤顶之间用高压油管连接以输送液压油和传递能量，要求油管耐压 20MPa 以上。

（2）油路布置。

① 布置原则。

各组油路的长度、千斤顶的数量应基本相等以便供油均匀，千斤顶同时动作，升高一致；每台千斤顶都可以根据需要开启或关闭，以便于更换千斤顶和调整滑模盘偏差。

② 布置方式。

立井滑模筑壁所用的千斤顶数量不多，采用在圆周上均匀、对称布置，所以油路一般采用分组并联，见图 2-201。这种布置方式的优点是千斤顶供油均匀，减少同步差，缺点是油管用量较多。为使更换千斤顶时不要断开主油路和便于调整滑模盘的偏差，在通过每台千斤顶的分油管上安装 1 个针形阀。

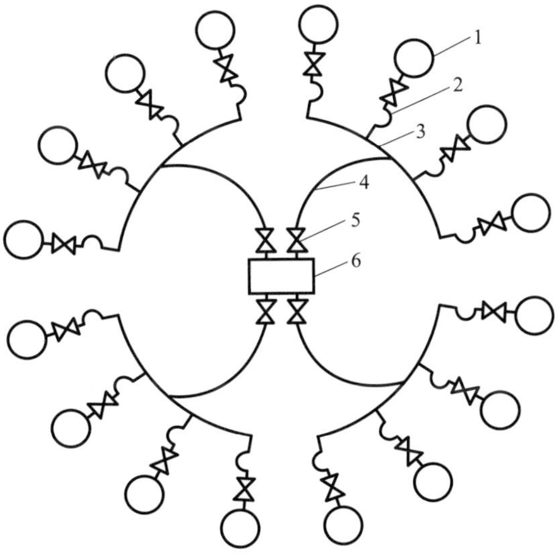

图 2-201　分组并联油路

1-千斤顶；2-分油管；3-主油管；4-干管；5-针形阀；6-控制箱的分油器

2.8.4　滑模套壁工艺

1. 施工前准备工作

1）外层井壁混凝土表面处理

冻结段井壁采用双层井壁施工时，外层井壁由浅入深短段掘砌利用凿井吊盘逐段浇筑；内层井壁是当掘砌到要求深度（生根壁座底部或其下的过渡段井壁底部）后自下而上进行套壁。套壁前，应对外层井壁表面的冰霜和井壁接茬部位进行处理。外壁表面冰霜的存在，轻则增大混凝土的水灰比，降低混凝土的温度，推迟脱模时间，重则会降低井壁强度和封水性，因此要重视消除冰霜工作；井壁接茬部位的凸台、灰土等杂物不处理，会影响内、外层井壁的紧密结合。

（1）表面除霜：加强通风减少冰霜，对霜层利用吊盘的上层盘自上而下采用钢刷、特制扁铲等方式除霜。

（2）外壁接茬处理：利用吊盘的下层盘采用风镐刷掉接茬部位的凸台、灰土等。

2）滑模组装

（1）地面组装调试。

为了检查滑模装置的系统是否完善，结构是否合理，加工是否合乎要求，并进行技术培训，使滑模装置在井下能顺利进行组装和应用，必须在地面进行整体组装和调试，达到表 2-217 所示的组装质量标准。

表 2-217　滑模组装质量标准表

内容	准许偏差/mm
模板半径	10
提升架在两个方向的垂直度	5
安装千斤顶衡量的水平度（全长）	5
模板上口半径	±5
模板下口半径	±5
提升架前后位置	±5
提升架左右位置	10
千斤顶中心垂直线	2
相邻模板拼合的平面	2
安装千斤顶横梁标高	±10
操作盘的平整度	±20

（2）井下组装调试。

平整组装工作面。用激光或重锤定出井筒中心点，在井帮上放置方向线，并画出模板下口及支承杆中心的圆周线，标出支承杆位置。

在工作面或吊盘上按中心线及方向线位置组装滑模辅助盘，调平找正后进行固定。

在辅助盘上垒木垛或支架，在木垛或支架上组装滑模操作盘，调平找正，对好中心线进行固定。

按编号组装提升架及千斤顶，调平后加以固定。

安装液压控制系统，进行千斤顶空载打压试漏。

插入支承杆，对准工作面上标出的支承杆中心点，底部垫上小铁板或短槽钢，找正后支承杆插到底进行固定。

绑扎钢筋、组装模板、围圈等，调整好模板直径和锥度。

按表 2-217 全面检查滑模装置组装质量，合格后进行初浇筑和初滑升，滑升 1～2 个行程，再进行检查调试合格后，便可拆除木垛或支架，转入滑模筑壁。

2. 混凝土配制

滑模筑壁的混凝土除了满足设计强度外，还应具有较好的和易性和较短的凝固时间，以适应模板滑升的需要。C30～C50 混凝土的塌落度控制在 12～15cm，C50 以上混凝土的塌落度控制在 15～18cm 较为适宜。

随着滑模施工工艺的不断发展，混凝土凝固时间的控制已引起普遍的重视。混凝土最优的脱模强度应当是滑升阻力小，表面平整，且不发生拉裂和流淌。实践表明，混凝土的出模强度在 0.1～0.3MPa 的工程质量良好。

为了适应滑模筑壁的需要，施工前应根据混凝土设计标号、工程材料(水泥、砂、石、化学外加剂、矿物外加剂)的品种和质量、气温条件以及计划滑升速度等进行混凝土配合比试验，找出在不同温度条件下的混凝土凝固时间和不同龄期的强度增长曲线，供施工选用。

由于滑模筑壁的速度快，要求在较短的时间内凝固并达到脱模强度的要求，混凝土的入模温度不应低于 15℃，并需在混凝土中加入适量的早强型减水剂。

3. 筑壁工艺

1) 铺设塑料板夹层

内层井壁套壁过程中，当混凝土表面处理好后，绑扎环筋前，应在外层井壁表面上铺设塑料软板夹层，段与段之间搭接 100mm。塑料软板采用混凝土钢钉固定在外层井壁上，铺设工作在吊盘上进行。

2) 绑扎钢筋、接长支承杆

(1) 绑扎钢筋。

滑模施工的特点是绑扎钢筋和混凝土浇筑与模板滑升交替作业。钢筋是随着模板滑升进行绑扎的，钢筋绑扎的速度应与混凝土浇筑速度相适应。

钢筋的加工长度除按照一般规定外，还应考虑滑模施工的条件。横向钢筋在提升架横梁以下进行绑扎，受提升架间距和外层井壁的约束，为了便于穿插，横向钢筋不宜过长，一般为 3.5～4.5m，并应尽量使用螺纹钢筋，避免接头带弯钩。例如，用圆钢加工时应使弯钩朝井帮或外层井壁，以防止阻碍模板滑升。竖筋也不宜过长，以免产生向一侧倾斜，影响保护层厚度和增加模板滑升阻力，引起支承杆倾斜而导致滑模板扭转。

钢筋在地面提前加工。竖筋、环筋均为 4.5m，均采用绑扎搭接，用特制的小筒放到下层吊盘上。绑扎钢筋时应注意竖向钢筋及横向钢筋的接头部位相互错开。第一批竖筋长度为 3.5m 和 4.5m，搭接头间隔一根错位 1m。在绑扎之前每 3m 打一根定位钢筋。用一层环筋控制竖筋的垂直度和保护层，外层钢筋的绑扎在下层吊盘完成，内层钢筋的绑扎在滑模操作盘上完成。各工序进行平行作业，超前进行。

由于滑模盘面积不大，堆放钢筋不应过多，一般以 300～500kg 为宜。

(2) 接长支承杆。

当千斤顶滑升距支承杆末端小于 350mm 时就应接长支承杆。榫接、对接时，千斤顶滑出接头部位后应点焊补强；丝扣连接时，应将公丝杆朝上，丝扣要上满，接头要拧紧、对齐，如果不平需要用锉找平。由于支承杆是作为钢筋混凝土的竖向钢筋用，支承杆与横向钢筋应绑扎牢固，有条件时可用电焊焊牢。

支承杆安装时，支承杆的接头应避免在同一水平上，因此第一组支承杆的长度应有多种规格，相邻支承杆采用不同的长度。

3) 混凝土浇筑与模板滑升

冻结井筒常采用筒形壁座，采用三层钢筋混凝土壁座，壁座掘喷到底后，首先绑扎外层钢筋，并在井下组装调平滑模装置，浇筑混凝土，进行试滑升，正常后才可转为壁座和内层井壁滑模套壁。

(1) 初浇筑与试滑升。

混凝土初浇筑和模板试滑升时，要求混凝土的和易性好些。初浇筑与试滑升的关系(图 2-202)：第一层浇筑厚度为 100mm 左右的砂浆或减半集料的混凝土；接着按分层厚度(200～300mm)浇筑 2～3 层混凝土，厚度达 700mm 左右，开始滑升 30～50mm(1～2 个行程)，检查脱模的混凝土凝固是否合适；第四层浇筑后再滑升 50mm；继续浇筑第五层又滑升 100～150mm；浇筑第六层后滑升 200mm，若无异常现象，便可进行正常浇筑与正常滑升。应当指出，模板的试滑升要缓慢均衡地进行，并在此过程中对液压装置、模板结构以及有关设施在负载条件下进行全面的检查，发现问题及时进行处理。待一切正常后方可进行正常滑升。

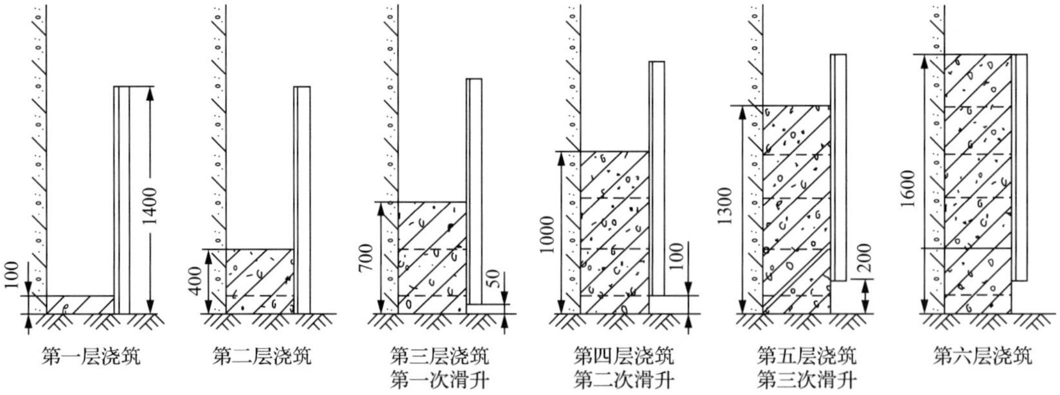

图 2-202　内层井壁混凝土初浇筑与模板试滑升示意图(单位：mm)

(2) 混凝土浇筑。

滑升模板套壁法施工和组装式模板倒模法施工的混凝土浇筑方法基本相同。但滑模筑壁必须严格遵守分层分片均匀浇筑混凝土，做到每片在同一时间内浇筑完同一层混凝土。滑模套壁每层浇筑厚度以 300mm 为宜，每次应将混凝土浇到与模板上口平（操作盘与模板之间密封）或距模板上口 100mm（模板与操作盘之间不密封）时便进行滑升，并留出最上一层水平钢筋以便继续绑扎钢筋。

浇筑时应经常变换混凝土的浇筑和振捣方向，以防止引起滑模盘的倾斜和扭转。采用插入式振捣器时应避免直接振动钢筋、支承杆及模板，振捣棒宜插入前层混凝土 100mm。在模板滑升过程中不要用振捣器振捣混凝土，以防刚脱模的混凝土被振塌。

混凝土每次浇筑厚度既要使混凝土自重能克服模板与混凝土之间的摩擦阻力，又要求模板下部的混凝土达到脱模强度。浇筑厚度太厚不易捣固好，模板与混凝土易黏结，摩擦阻力增大，滑升困难，会将混凝土拉裂，且脱模后混凝土易于塌落。同时由于混凝土侧压力过大易使模板产生变形。但浇筑厚度过小，支承杆自由长度太长，易出现弯曲现象。

(3) 模板滑升。

施工转入正常滑升时，应尽量保持连续施工，并根据每米井壁的混凝土量、劳动力配备、混凝土输送能力、混凝土凝固时间与混凝土标号、入模温度、外加剂种类和掺量以及井筒气温等，确定合理的滑升速度和分层浇筑厚度。

正常滑升时，每次滑升的间隔时间不得超过 1h。每次滑升高度以分层浇筑厚度相适应，也可以和横向钢筋间距一致。例如，横向钢筋间距为 330mm 时，每次滑升高度也可定位 330mm，这样便于控制钢筋绑扎的规格质量和滑升高度，并要及时清除模板内表面上硬结的混凝土。

正常滑升时，能否掌握好滑升速度与凝固时间的关系，直接影响到混凝土的施工质量以及工程进度，因此应有专人观察和分析混凝土的表面情况，并参照试件强度和各工序时间情况来调整滑升速度。滑升速度是否合适，一般现场施工按下述几点来鉴别：滑升过程能听到“沙、沙”声；出模的混凝土无流淌和拉裂现象；混凝土表面湿润，不变形，手按有硬的感觉，并能显现 1mm 左右深的指印，能用抹子抹平。

滑升过程中应有专人经常掌握千斤顶上升情况，观察支承杆上的刻痕和受力状态是否正常，检查滑模盘的水平度。

(4) 井壁表面修整和养护。

井壁表面修整是关系到结构外观和保护层质量的工序，当混凝土脱模后需立即进行修补。

混凝土的潮湿养护是保证井壁质量不可忽视的工作，滑模筑壁施工一般每日浇筑 100～200m^3混凝土，由于有两层滑模盘将已浇筑混凝土隔在下方，水化热不易散失，温度高、水分蒸发快，混凝土表面干燥。为使已浇筑的混凝土具有适宜的硬化条件，减少收缩缝，应对混凝土适时浇水养护，滑模筑壁可在辅助盘上设喷水装置。每班喷水养护 2 次，每次喷水 30min 以上。

(5) 停滑措施及施工缝处理。

滑模施工要求连续作业，在实际施工中，混凝土的浇筑可能发生意外停顿。在停止浇筑混凝土时应采取“停滑措施”。混凝土停止浇筑后，每隔 0.5h 或 1h 滑升 1～2 个行程，直至模板与混凝土不再黏结（一般在 4h 左右）。否则会使模板与混凝土黏结，造成下次滑升困难或拉裂井壁。土建滑模试验得出，当混凝土脱模强度大于 1MPa 时，模板与混凝土之间的摩擦阻力增大，并将导致混凝土表面拉裂。

对于停工造成的施工缝应认真处理，其方法是在复工前将混凝土表面残渣除掉，用水湿润后，先浇筑一层减半集料混凝土或水泥砂浆，然后再浇筑原配合比的混凝土。

4）滑模盘中心及水平的测量和调整

（1）滑模盘中心的测定。

采用滑模筑壁时，如何保证井筒的垂直度，是一个重要的问题，特别是提升井筒，垂直度要求更高，其井筒中心最大误差为 25mm，当井筒净半径比设计半径大时，误差不得超过 50mm；当井筒净半径比设计净半径小时，误差不得大于 10mm。

造成滑模盘中心偏差的因素很多，支撑杆弯曲滑模盘倾斜上升是重要原因。因此，在施工过程中应积极采取防止支撑杆弯曲的措施，使滑模盘保持水平上升。但由于滑模盘上的负荷不均匀、千斤顶爬升速度不一等因素，造成支撑杆弯曲，促使滑模盘倾斜上升和扭转，导致井筒中心偏离，影响井筒规格及质量。必须经常检查，及时纠正，其测定方法有铅锤法和激光指向法。①铅锤法：从井口固定盘的井筒中心位置放铅锤线至滑模盘的中心刻度上，测出滑模盘的中心（模板圆周中心）与锤球中心的差数。此外还可以在井筒十字线的交点放吊线或利用边线检查滑模盘是否扭转、中心是否偏离。②激光指向法：激光指向仪由氦氖激光器、激光电源、聚焦系统和外壳四部分组成。施工中将激光指向仪安装在固定盘上专用组合梁的框架上，操作调整人员可以在固定盘上工作。为了便于检验滑模中心偏离情况，在滑模操作盘的中心部位设一块刻有 5mm 间距的同心圆线的盖板。激光器发出的红色光束射在中心盖板上，根据中心盖板上的同心圆便可读出滑模盘中心的偏差值，及时掌握滑模盘的偏差情况，随时调整。

（2）滑模盘水平的测定。

滑模盘水平的测量用水准管法：利用连通管原理，在滑模辅助盘上模板下口均匀布置 4～8 个有刻度的玻璃管测点，各测点用透明塑料管连通，定出基准位置注入有色液体，便可随时观测每个测点的高差。每隔一个提升架布置一个测点。此法简单，操作方便，准确性高，并将千斤顶的控制阀门（针型阀）安装在模板下口，做到经常观测，及时调整，这样也解决了滑模盘调整工作与浇筑混凝土的矛盾。实践证明，用此法测定模板的高差，能及时掌握滑模操作盘的水平度，可使滑模操作盘高差控制在 30mm 以内，基本上做到滑模盘水平上升。

调整滑模操作盘的水平，是将部分偏高的千斤顶阀门关闭，而使其他千斤顶继续滑升。

4. 滑升的控制与调整

液压滑模的工作原理是通过操纵电磁换向阀，使全部千斤顶加压和回油而向上滑升。在模板滑升过程中往往由于千斤顶不同步等引起滑模盘倾斜、扭转和重心偏离等问题。通常用连通管找水平和激光对中心的方法来检查滑模盘盘面或模板高差及中心偏离情况，当发现高差或偏离超过规定限度时就要进行调整。

1)手控操纵

(1) 滑升的控制。

滑升的控制是凭操作者的经验来掌握千斤顶的加压和回油时间。但凭操作者的经验控制千斤顶的加压和回油时间是有一定误差的。从液压控制系统(图 2-203)可以看出,加压时,电动机 1 带动油泵 2 从油箱吸入油液,变成高压油输出,经电液换向阀 3、分油器 4、针形阀 8 到千斤顶 9,在高压油的作用下,千斤顶沿支承杆向上爬升;当电液换向阀由进油位置转换到回油位置时,千斤顶油缸内油在排油弹簧的作用下,经针形阀,电液换向阀回油箱。如此反复加压、回油,千斤顶带动滑模装置向上滑升。

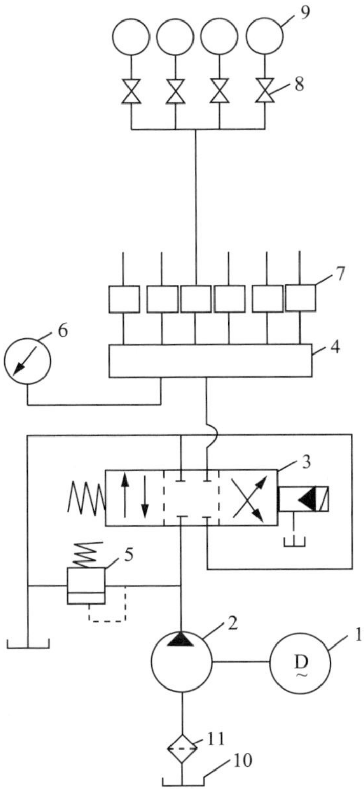

图 2-203　液压控制系统

1-电动机;2-油泵;3-电液换向阀;4-分油器;5-溢流阀;6-压力表;7-分路电磁阀;8-针型阀;9-千斤顶;10-油箱;11-滤油器

滑升时,通过操作控制箱面板上的开关来控制千斤顶的加压和回油时间,但凭操作者的经验控制千斤顶的加压和回油时间是有一定误差的。例如,加压时间不足会造成个别千斤顶未滑完行程而降低滑升高度,回油时间不足会使个别千斤顶因油缸中的油未回净而降低下一个行程的滑升高度等。因此,手控时容易发生滑模盘倾斜、扭转及中心偏离等问题,影响井壁质量和施工速度。

(2)滑模盘的调整。

滑模盘高差调整的主要方法是关闭偏高一侧部分千斤顶,减慢滑升速度,在滑升过程中逐步将滑模盘调平。应注意同时关闭的千斤顶不应超过总数的15%～20%，调整速度不宜过急，以防止产生模板的不均匀受力、变形和避免部分千斤顶负荷重而引起支承杆弯曲等故障。

滑模盘扭转是盘受到一个扭转力矩造成的，调整的方法是消除造成旋转的因素，在盘的对称方位的外层井壁与提升架之间打上顶撑，木撑朝着扭转相反方向顶着提升架，并使顶在外层井壁一端高于顶在提升立柱上的一端，这样在滑升过程中木撑对滑模盘产生与原扭转方向相反的旋转力矩将盘调正。这种纠扭方法操作简单，效果良好，但应逐渐调正，否则会引起支承杆反方向弯曲。

滑模盘中心偏差调正的主要方法是将中心偏离方向（即井壁较薄处）的一侧抬高，使滑模盘盘面保持一定高差条件下滑升，可逐步将滑模盘中心调至要求范围内，然后再恢复水平向上滑升。此外，还可在滑模盘中心偏离方向的一侧先浇筑混凝土，利用混凝土的侧压力进行辅助调正。当滑模盘中心偏离较大时，还可将模板滑空后，在偏离方向打顶撑进行纠偏，但应注意不要纠偏过急，以免井壁出现“死弯”或拉裂混凝土表面。

2）自控操纵

针对手控存在的主要问题，煤科总院北京建井研究所和淮南煤矿基建公司研制了液压自动控制系统，在潘二西风井成功地实现了对千斤顶加压和回油时间的自控、每次滑升高度或滑升次数的自控、滑模盘高差的自控，以及定时报警系统，该液压控制系统由江苏省江都县建筑工程机械厂定型生产。

（1）千斤顶加压和回油时间的自控。

千斤顶加压和回油时间自控的电气系统，其原理是确保千斤顶的加压和回油时间，使千斤顶滑完应有的行程和回净油缸中的油液，并保证在回油阶段停止滑升。

（2）滑升高度和次数的自控。

滑升高度或滑升次数的自控是通过调整时间继电器确定每次滑升时间，确保一定的分层高度，以利于实现正规分层浇筑作业和提高井壁质量。

$$\text{滑升次数} = \frac{\text{滑升高度}}{\text{每次滑升的工作行程}}$$

$$\text{滑升时间} = \text{滑升次数} \times (\text{加压时间} + \text{回油时间}) - \frac{1}{2}\text{回油时间}$$

式中，减去1/2回油时间的目的是使停滑动作发生在最后一次回油阶段的中间，各时间继电器计时误差在不大于1/2回油时间的情况下，不致影响滑升次数的准确性。

（3）滑模盘高差的自控。

滑模盘高差的控制是使滑模盘在限定高差条件下向上滑升，这样可以大大地减少滑模盘扭转和中心偏离。可采用滑模盘高差自控和手控转化的两用系统，它由浮子继电器（图2-204）、连通管路、水箱以及电气系统组成。

根据液压管路分组数量配备浮子继电器（4～8个），安装在相应千斤顶分组方位的滑模板内侧，各浮子继电器水路连通管与水箱连通。当滑模盘出现高差时，浮子继电器内的水位便发生变化，由此控制继电器触点开关，从而控制分组液压管路对千斤顶加压和回油，调整滑模盘高差。

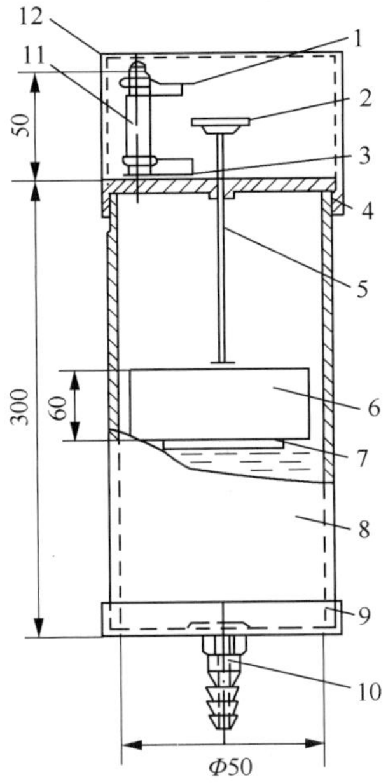

图 2-204　浮子继电器结构示意图

1-常闭接点；2-胶木圆盘；3-常开接点；4-上盖；5-连杆(铜)；6-浮子(泡沫塑料)；7-配重(铁)；8-水杯；9-下盖；10-连通管接头；11-接点支架；12-有机玻璃罩

采用手动调平时，可将转换开关转至偶数接点接通的位置。手动调整盘面水平时，应经常检查盘面水平情况，盘面高差应控制在 60mm 以内，以免高差过大造成模板变形。此外，滑模盘中心偏差达到需要调整时，亦可将“自动”暂时改为“手动”，利用盘面高差法调整中心，待中心调正后立即恢复自控。

实践表明，滑模盘高差的自动和手动两用系统，方法简单可靠，可将滑升 300m 以上的滑模盘高差始终控制在 30mm 以内，效果良好。但应指出，在使用浮子继电器控制滑模盘高度时要注意以下几点：

① 连通管路初次加水时，要将管路内的气泡放尽，否则水杯内将出现虚假水位。

② 滑模盘面处在水平状态时，浮子杆的动作圆盘应处于中部偏上位置，即圆盘距上接点与距下接点的距离之比取 2/3 为宜。水位过低会造成部分千斤顶处于不工作状态，水位过高会造成动作灵敏度降低。

③ 浮子接点处最好镀银。每天检查一次接点的通、断解除是否良好，发现问题及时处理。

2.8.5　液压滑模筑壁的优点及发展方向

(1) 液压滑模筑壁是立井筑壁工艺的重大改革，是提高混凝土和钢筋混凝土井壁质量和施工机械化程度的有效方法之一。

(2) 液压滑模筑壁无接缝错台，混凝土墙面平整光滑，工人劳动强度低，工序少、安全性好，井壁质量高。

（3）我国 1975 年在潘一主副井内层井壁试验应用液压滑模工艺取得成功后，已在六百多个冻结立井中推广应用，取得良好效果，平均套壁速度为 11m/d，与倒模法套壁速度基本相同。

从套壁特点分析，液压滑模比倒模法的优点是机械化程度高，且节省重复立模、拆模时间，减小劳动强度，提高施工安全性和筑壁质量，按理说液压滑模比倒模速度快得多，但由于液压滑模套壁的圆钢爬杆 Φ25mm 仅能承受模板高度 1.4m，混凝土分层浇筑的高度 0.3m，即混凝土模板的有效高度仅为 1.1m，平均套壁速度 11m/d 刚好能与 20℃入模的混凝土的初凝时间（2h20min 或 2.33h 左右）相匹配（$V=24\text{h/d}\times1.1\text{m}\div2.33\text{h}=11.3\text{m/d}$），模板高度限制了套壁速度，要想增加模板高度，就必须解决液压滑模系统的提升动力和爬杆系统的稳定性。

2009 年在麻家梁风井液压滑模套壁时，采用了 Φ48mm×3.5mm 钢管替代 Φ25mm 圆钢作为爬杆，增大了系统的提升动力和爬杆系统的稳定性，施工过程中未发生爬杆弯曲、滑模盘扭转、滑模中心偏离超标等现象，套壁工作顺利，为进一步完善滑模套壁装置和提高套壁速度提供了重要的启示，说明在解决爬杆稳定性的基础上，适当加强现有滑模装置和加大提升动力，就能增加筑壁混凝土凝结时间，提高滑模套壁速度。例如，采用 5t 千斤顶和 Φ48mm×3.5mm 钢管爬杆，适当增加爬杆和千斤顶数量，把模板高度加大至 2m，便可提高液压滑模套壁速度 50%，即套壁平均速度可达到 16.5m/d，使 500m 内层井壁的套壁时间缩短 15d。

第3章 深厚冲积层冻结段井壁结构设计

3.1 冻结段井壁结构、荷载计算、筑壁材料的演变简况

1955～2014年我国冻结法凿井已有60年的历史，累计建成冻结立井超过1108个，以冲积层为主的冻结井占90%以上，其中200～300m、300～400m、400～500m、大于500m冲积层的冻结立井数分别超过180个、68个、48个、29个。随着冲积层厚度的增大，对井壁结构的抗压、防水性能提出更高的要求。为了适应冻结段井壁的受力、防水要求和施工要求，井壁结构、荷载计算方法、筑壁材料性能也随之发生变化(表3-1)。

3.1.1 井壁结构的变化简况

1964年之前，除林西风井采用缸砖井壁及壁后充填200mm混凝土作牺牲层外，其余全部为钢筋混凝土单层井壁结构。

1963年在邢台主井试验应用内外层均为钢筋混凝土的双层井壁结构，外层井壁短段掘砌和内层井壁连续浇筑混凝土，试验取得良好效果，逐渐取代单层井壁，至1980年上半年累计施工131个冻结立井。由于内层井壁采取自下而上连续浇筑混凝土，整体性和封水性较好，比钢筋混凝土单层井壁的漏水量大幅降低，但也遇到外层井壁压坏(表1-23)，内层井壁收缩开裂问题(表3-2)。例如，1976～1988年在两淮矿区、兖州矿区、徐沛矿区大于200m冲积层冻结段试验应用小型混凝土块、小型混凝土块夹可缩板、现浇混凝土及现浇混凝土外侧增设聚苯乙烯泡沫板四种外层井壁结构，均发生不同程度的压坏现象。

1965年煤科总院北京建井研究所科研人员参加国际建井会议带回波兰在冻结段采用钢筋混凝土塑料夹层井壁的技术信息，经研讨确定先在淮北矿区朔里副井进行试验应用，取得初步效果。但由于该井的冲积层厚度(61m)、冻结深度(67m)、井壁厚度(外壁300mm/内壁400mm)较小，试验段还出现一定的漏水现象，加上对该类井壁结构内、外层井壁荷载的计算方法等问题尚未统一认识，须进一步试验。直到1978年潘一东风井钢筋混凝土双层井壁发生透水涌砂事故后，原煤炭部在淮南矿区召开现场会，经讨论在深厚冲积层冻结段进一步开展钢筋混凝土塑料夹层井壁的试验应用研究，1978～1980年在潘二西风井、海孜主井、潘三东风井试验应用取得良好效果后，逐渐取代钢筋混凝土双层井壁结构，至2014年已在大于200m冲积层的深冻结井中普遍推广应用，成为深厚冲积层冻结段井壁结构的基本形式。

表 3-1　以冲积层为主的冻结段井壁结构、基本性能、应用情况及存在问题

序号	井壁 结构		井壁 材料		基本性能	应用简况	存在问题
1	单层井壁		混凝土、钢筋混凝土		(1) 短段掘砌 (2) 1967 年在唐山新风井单层井壁接茬处增设塑料止水带,有效提高井壁接茬处的隔水性能	(1) 1964 年之前单层井壁是冻结段井壁结构的基本类型 (2) 1964 年之后单层井壁逐渐被双层井壁所取代	单层井壁接茬处漏水量大,有 3 个井筒冻结壁解冻后漏水量大和注浆封水效果差,被迫进行套壁(厚 0.2～0.25m)封水,井筒有效直径缩小 0.4～0.5m
2	双层井壁	外层井壁	小型混凝土块	不夹可缩木板	筑壁后能立即承受地压,但承受不均匀地压的性能差	该井壁结构在德国冻结井较为普遍应用,20 世纪 70 年代中期至 1989 年之前,我国在不少井筒大于 150m 冲积层冻结段外层井壁采用小型混凝土块及小型混凝土块夹可缩木板的结构类型	试验应用过程中,发现小型混凝土块(含夹可缩木板)的外层井壁整体性差,压坏现象较为严重
3				夹可缩木板	(1) 筑壁后能立即承受地压,整体受力性能比不夹可缩木板的小型混凝土块结构有些提高 (2) 抵抗不均匀地压的性能较差		
4			钢筋混凝土	壁后不设泡沫塑料板	(1) 抵抗冻结压力早期增长的能力较低 (2) 承压能力和整体性比小型混凝土块(含夹可缩木板)外层井壁好	(1) 1989 年之前,两种结构均在大于 150m 冲积层冻结段外层井壁中试验使用 (2) 1989 年之后,基本上在冲积层段采用壁后增设聚苯乙烯泡沫塑料板的外层井壁结构	在混凝土设计标号和混凝土早期强度低的条件下压坏现象较为突出,但整体性尚好
5				壁后增设泡沫塑料板	(1) 能使冻结压力作用于井壁上的时间延缓 2d 左右 (2) 混凝土早期(3d 左右)养护温度比壁后不设泡沫板时提高 2℃左右		在深厚黏性土层中出现过局部压坏现象,但整体性较好,未影响井筒正常施工
6		内层井壁	钢筋混凝土	普通混凝土	(1) 自下而上连续浇筑混凝土,可消除接茬缝 (2) 连续浇筑大体积混凝土温升高,容易产生收缩裂缝	(1) 内层井壁的整体性和封水性较好 (2) 无夹层的双层井壁局部漏水点较难找到,给注浆工作增加一定难度 (3) 1995 年在冷泉矿主井内层井壁试验应用防裂密实混凝土,取消内外层井壁之间的聚乙烯软板,井壁漏水量减小	(1) 内外层井壁之间不设聚乙烯软板,井壁局部漏水注浆点较难找准 (2) 20 世纪 70～80 年代施工的冻结井中有 7 个井筒的内层井壁收缩开裂现象较为严重,见表 1-24 和表 3-2
7				防裂密实混凝土	(1) 提高混凝土的密实性和封水性 (2) 有利于克服混凝土收缩裂缝		

续表

序号	井壁			基本性能	应用简况	存在问题
	结构		材料			
8	塑料夹层井壁	外层	可选用低温早强高性能混凝土	低温早强高性能混凝土 1d、3d、7d 的强度分别达到设计标号的 20%、50%、70%以上	(1) 钢筋混凝土塑料夹层井壁结构在潘二西风井(1978 年)、海孜主井(1979 年)、潘三东风井(1981 年)等深冻结井试验应用取得成功后，很快成为深厚冲积层冻结段井壁的基本结构形式，并陆续在小于 400m、400～500m、大于 500m 冲积层冻结段进一步推广应用，取得良好效果 (2) 内、外层井壁的混凝土最高标号由 C50 提高至 C60(2002 年)、C70(2004 年)、C75(2005 年)、C80(2005 年)、C90(2007 年)、C100(2014 年)	(1) 少数井筒外层井壁出现局部压坏现象，1989 年之后已基本解决 (2) 有些井筒内层井壁出现收缩裂缝，与筑壁材料、混凝土配合比、施工工艺、保湿养护等诸多因素有关，但对井壁质量并无大碍 (3) 壁间夹层部位应在冻结壁化冻透水之前的正温状态下注浆
9		内层	可选用低水化热防裂密实高性能混凝土	(1) 低水化热高性能混凝土比单掺化学外加剂同标号混凝土的水化热降低 15℃左右 (2) 防裂密实高性能混凝土能有效减少混凝土的收缩开裂 (3) 高性能混凝土能提高混凝土的密实性、抗渗性、抗腐蚀性、抗冻融性，耐久性或服务年限比普通混凝土提高 2～3 倍。混凝土后期强度比 28d 强度提高 10%以上		
10		夹层	聚乙烯塑料软板	在内层井壁套壁过程中起滑动作用		
11	滑动井壁	外层	小型混凝土块夹可压缩木板	(1) 抵抗不均匀地压的性能较差 (2) 整体承载能力低于现浇钢筋混凝土	(1) 孔集西风井冲积层厚 65.5m、冻深 112m，1985 年试验应用滑动井壁，取得初步成效 (2) 东欢坨副井冲积层厚 176.6m，冻深 195m，试验应用 AV 型滑动井壁，由德国台尔曼-哈尼尔公司施工，掘砌时间为 1987 年 9 月 12 日至 1989 年 2 月 15 日，平均掘砌速度为 10.7m/月 (3) 祁南副井冲积层厚 329.9m，冻深 372m，在深 0～343m 段内外层井壁之间试验增设 70～170mmPVC 滑动层；冻结段掘砌时间为 1993 年 8 月 12 日至 1995 年 7 月 21 日，平均掘砌速度为 15.8m/月	(1) 井壁结构较为复杂，施工速度慢 (2) 以东欢坨副井为例，掘砌工程造价高(5.7 万元/m)，相当于国内类似条件冻结井掘砌工程费用的 2 倍以上，在我国尚难推广应用
12		内层	钢筋混凝土或钢筋混凝土加钢板	井壁主体承压和防水结构		
13		滑动层	沥青	(1) 有利于内层井壁均匀受力 (2) 减小内层井壁的竖向负摩擦力 (3) 根据德国经验可允许回采保安煤柱		

表 3-2　20 世纪 70～80 年代钢筋混凝土双层井壁的内层井壁收缩裂缝案例

序号	井筒名称	冲积层厚度/m	冻结深度/m	冻结段		内层井壁混凝土收缩开裂简况
				厚度/mm	混凝土设计标号	
1	潘一东风井	292.5	320/310	700	C35	横向裂缝 30 多条
2	潘二主井	265.0	325/290	700	C30	横向裂缝 33 条，裂缝最大宽度 10mm
3	朱仙庄主井	257.0	284	700	C30	横向裂缝 31 条，裂缝最大宽度 5mm
4	朱仙庄副井	256.0	284	700	C30	横向裂缝 14 条，裂缝最大宽度 10～15mm
5	朱仙庄中央风井	254.0	297/265	650	C30	横向裂缝 54 条
6	临焕主井	238.0	275	650	C35	横向裂缝 30 条
7	东荣二矿主井	230.2	360/178		C40	横向裂缝 6 条

3.1.2　不同结构的井壁荷载计算原则

单层井壁结构：波兰、苏联按秦氏公式(2-29)，德国、英国按悬浮体公式(2-30)计算侧压力(地压)。

双层井壁结构：由内、外层井壁共同承受按重液公式(2-32)计算的地压，内、外层井壁承受的荷载比例系数为 0.55∶0.45。

塑料夹层井壁结构：按外层井壁承受冻结压力和内层井壁承受全部水压计算。

3.1.3　不同冻结阶段的筑壁混凝土类型及最高标号

我国不同冻结阶段的筑壁混凝土类型及最高标号见表 3-3。

表 3-3　我国不同冻结阶段的筑壁混凝土类型及最高标号

冻结阶段	年限	井壁混凝土	
		类型	最高标号
引进消化阶段	1955～1959	由水泥、砂子、石子、水四大组分组成的传统混凝土	C17
探索改进阶段	1960～1973	由传统混凝土的四大组分与化学外加剂(第五组分)配制的流动性混凝土	C30
	1974～1988		C45
提高完善阶段	1989～1999		C50(井壁)～C55(壁座)
创新攀高阶段	2000～2002	由传统混凝土的四大组分与化学外加剂(第五组分)、矿物外加剂(第六组分)配制的低水胶比高性能混凝土	C60
	2003～2004		C70
	2005		C75
	2006		C80
	2007～2013		C90
	2014		C100

3.2　不同井壁结构的试验应用

3.2.1　钢筋混凝土单层井壁的应用与改进

1955～1963 年施工的 41 个冻结井筒全部采用混凝土及钢筋混凝土单层井壁，除邢台副井的冲积层厚 241.2m 和冻结深度为 260m 外，其余 40 个冻结井筒的冲积层厚度和冻结深度均小于 155m 和 162m。实践表明如下几点：

（1）该结构施工工艺简单，施工速度快，一次成井，适宜在 100～150m 冲积层冻结段应用，井壁接茬最好设置在厚度较大的黏性土层中。

（2）单层井壁接茬处漏水量较大和井壁注浆堵水效果较差，有 3 个井筒被迫进行套壁封水，井筒有效直径缩小 0.4～0.5m。

（3）为了改善单层井壁接茬缝易于漏水的缺点，当接茬缝位于含水砂层中时，可采取下列措施。

① 在井壁接茬处设置塑料或橡胶止水带（图 3-1），取得较好的效果。

② 采用双斜面接茬（图 3-2），并在接茬面部位井壁加厚 100～150mm。

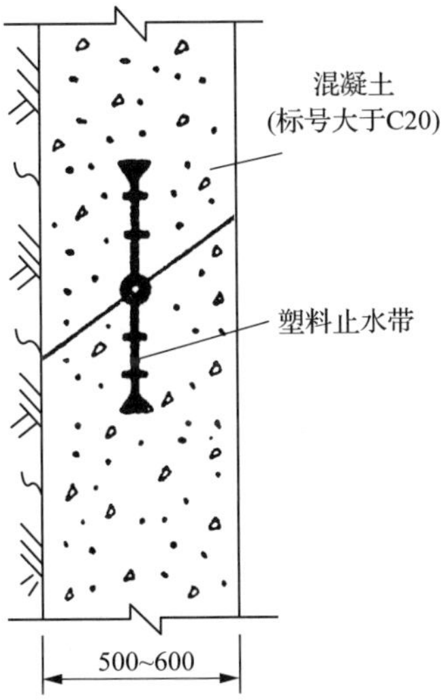

图 3-1　单层井壁接茬处增设止水带示意图

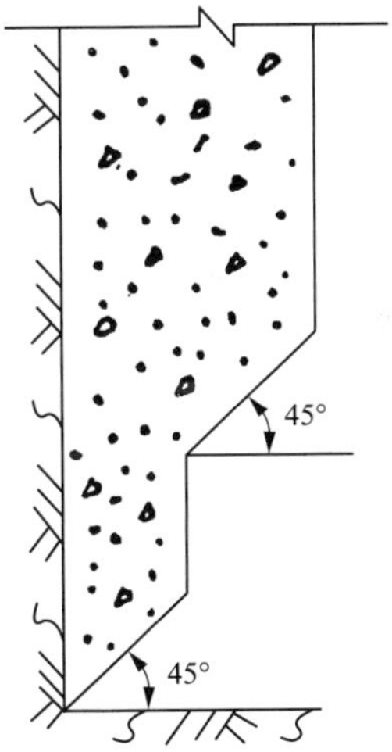

图 3-2　单层井壁双斜面接茬结构示意图

3.2.2　钢筋混凝土双层井壁的试验应用

实践表明，冻结段井壁漏水量随着冲积层厚度的增大而增加，单层井壁注浆封水的难度也相应增大。例如，1960 年开工的邢台副井（冲积层厚 241.2m，冻深 260m），采用钢筋混凝土单层井壁，井筒开挖前的冻结时间为 104d，冻土挖掘量大，平均掘砌速度为 18m/月，冻结壁解冻后井壁接茬缝漏水量大于 $30m^3/h$，井壁注浆时间达半年以上，封水效果差，注浆后井壁漏水量一直维持在 $10～20m^3/h$，被迫进行了套壁处理，使井筒有效直径缩小 0.5m。为了克服单层井壁接茬缝易于漏水的弊端，经申报原煤炭工业部批准，1963 年在邢台主井开展钢筋混凝土双层井壁试验应用。

1. 井壁结构及混凝土标号

邢台主井净直径为5.0m，冲积层厚248.3m，冻结深度为260m，是我国首次试验应用钢筋混凝土双层井壁结构的深冻结井（图3-3），井壁厚度为750～900mm（表3-4），混凝土设计标号为C25，深部试验应用混凝土标号为C30。内外层井壁共同承受地压（按重液公式计算）。

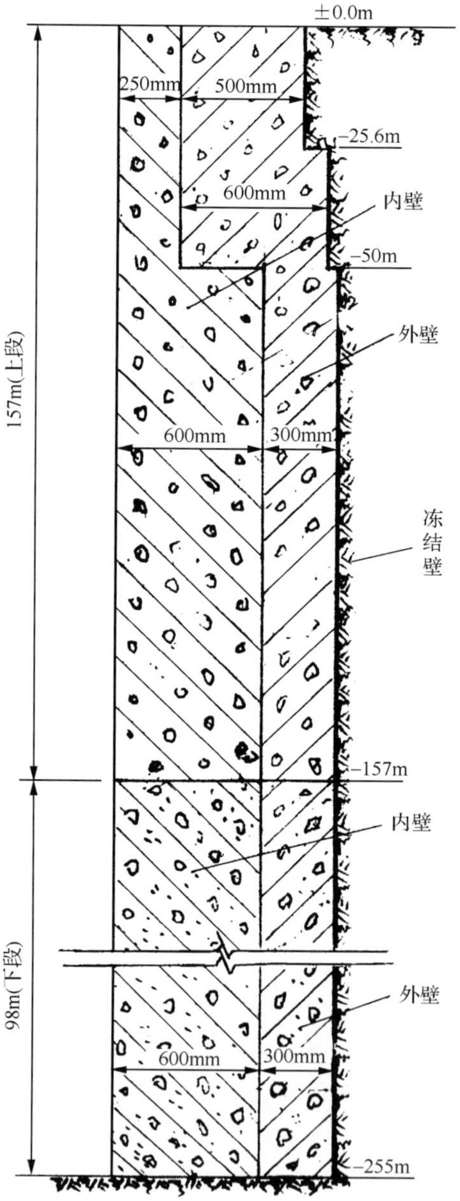

图3-3　邢台主井冻结段钢筋混凝土双层井壁分两段(次)套壁示意图

表 3-4　邢台主井冻结段井壁厚度及混凝土设计标号

序号	深度/m	井壁厚度/mm			混凝土设计标号	
		内层	外层	小计	设计	实际
1	0～25.6	250	500	750	C25	C25
2	25.6～50.0	250	600	850	C25	C25
3	50.0～255.0	600	300	900	C25	C30

2. 施工工艺

(1) 外层井壁：自上而下分段掘砌，掘砌段高 3～5m。

(2) 内层井壁：分两次(段)自下而上进行套壁。

① 第一次(段)套壁高度为－157～－8m：当外层井壁掘砌至－157m 时，先采用小型混凝土预制块砌筑 2000mm 高、900mm 厚的支撑圈，然后采用倒模法(高 1.2m 组装式金属模板)自下而上连续浇筑混凝土(内层井壁)，直至－8m 水平。

② 第二次(段)套壁高度为－255～－157m：当外层井壁掘砌至－255m 时，直接在稳定基岩上铺砂子整平后，采用倒模法连续向上浇筑混凝土，直接与上部内层井壁连接。

③ 每段套壁前，要用风镐将外层井壁表面凿毛，确保内、外层井壁紧密结合。

3. 钢筋混凝土双层井壁结构的试验应用效果

(1) 邢台主井试验应用钢筋混凝土双层井壁结构实施结果表明，冻结段内层井壁分两次(段)套壁，连续浇筑混凝土高度大，井壁整体性和封水性好，解冻后井壁总漏水量小于 $3m^3/h$(含非冻结段井壁)，质量优良，符合中国国情。

(2) 内层井壁第一次(段)套壁的底板深度(－157m)位于冲积层中，衬砌 2m 高小型混凝土预制块支承圈难以阻止内层井壁混凝土水化热融化壁后冻土(约 300mm)造成的上段井壁下沉，导致小型混凝土预制块支承圈局部压坏、不均匀下沉、内层井壁横向裂缝 27 条和竖向裂缝 14 条(表 3-5)。为了防止内层井壁进一步下沉开裂，经研究决定继续冻结、暂停向下掘砌冻结和进一步观测壁后冻土融化回冻状况，影响工期 70d。

(3) 内层井壁第二次(段)套壁底板位于稳定基岩中，直接在基岩上浇筑混凝土(内层井壁)，并进行内层井壁套壁过程的洒水保湿养护，基本上克服了内层井壁下沉的问题。

4. 对推广应用钢筋混凝土双层井壁结构的建议

根据内层井壁分段套壁过程遇到的套壁小型混凝土块支撑圈压坏、下沉和内层井壁收缩开裂问题分析，提出如下几点建议。

(1) 深厚冲积层冻结段应将内层井壁一次(段)套壁作为常规施工方案，而把分次(段)套壁作为工程应急预案。

(2) 内层井壁套壁前应在冻结段井壁底部浇筑一个生根壁座或筒形壁座，分段套壁时，可在井内先浇筑一个混凝土底垫，作为内层井壁自下而上施工的支承结构，以防止套壁过程引起内层井壁下沉拉裂。

表 3-5 邢台主井冻结段内层井壁裂缝实测结果

序号	裂缝	井深/m	岩层名称	井壁裂缝	
				长度	宽度
1	横向裂纹	15.9	黏土质砂	一圈	毛发状
2		24.6	卵石	一圈	毛发状
3		43.8	砂与黏土互层	一圈	毛发状
4		50.1	中砂	一圈	毛发状
5		52.1	黏土	约半圈	毛发状
6		53.2	砂质黏土	约半圈	毛发状
7		65.4	砂质黏土	一圈	0.5～0.1mm
8		69.1	细砂	一圈	毛发状
9		71.2	细砂	一圈	毛发状
10		75.6	黏质砂土	2.2m	毛发状
11		76.1	黏质砂土	6.0m	毛发状
12		78.3	中细砂	12.0m	毛发状
13		81.2	中细砂	7.0m	毛发状
14		82.5	黏土	12.0m	毛发状
15		94.2	细砂	一圈	毛发状
16		98.9	黏土	0.5m	毛发状
17		103.0	细中砂	10.0m	毛发状
18		108.9	砂质黏土	一圈	0.5～1.0mm
19		119.7	中砂	10.0m	毛发状
20		138.0	黏土	一圈	毛发状
21		145.0	中细砂	一圈	毛发状
22		151.2	砂质黏土	一圈	毛发状
23		153.0	砂质黏土	一圈	2.0～3.0mm
24		157.0	细砂	一圈	毛发状
25		162.5	细砂	一圈	3.0～3.5mm
26		167.5	砂质黏土	一圈	3.0
27		168.5	砂质黏土	一圈	1.0～2.0mm
28	竖向裂缝	28.0～36.8	砂层		一般裂缝宽度为1～2mm，最大裂缝宽度达10mm以上，个别裂缝为毛发状
29		65.0～89.5		ES-SW1条，N偏E1条，二者对称	
30		124～125，128～132.5		断开	
31		167～181		S、E方向各1条，对称	
32		187.0～206.8		E方向1条	
33		209～221.0		E方向两条，间距很少	
34		234.0～250.7		W方向1条	
35		232.3～250.8		E方向1条	
36		241.0～251.0		E偏W方向1条	
37		237.9～244.8		E方向1条	

(3) 提高外层井壁的早期强度和内层井壁的防裂密实性能，以防止外层井壁因早期强度偏低而遭受破坏，缓解内层井壁混凝土的收缩开裂问题。

(4) 加强内层井壁套壁过程的井壁温度及壁后冻土融化回冻特性实测分析。

3.2.3 不同结构的外层井壁整体受力性能试验

1. 问题的提出

在陈四楼矿主、副井施工(1989 年)之前，两淮等矿区特别是潘谢矿区深厚冲积层冻结段试验应用过小型混凝土块(含料石)、小型混凝土块夹可缩木板、现浇混凝土、现浇混凝土外加可缩层以及小型砌块加套混凝土加强层等多种外层井壁结构形式，对不同结构的外层井壁结构的优缺点有了直观的感性认识。但由于应用井筒的冲积层埋藏条件、冻结条件、井筒施工条件差异较大，得出的结论各异，其根本原因是缺乏不同结构的外层井壁整体受力性能试验资料，对外层井壁不同结构的适用性和可靠性难以给出全面和科学的结论，影响正确的应用与推广。为了对不同类型的外层井壁结构给以科学的评价，经申请，1988 年外层井壁整体受力性能试验被列为“七五”期间冻结法科技攻关内容之一[27]。

2. 不同结构的外层井壁整体受力性能试验内容、方法

1) 井壁结构类型与试验内容

经过分析，选取砂浆衬砌小型混凝土块、小型混凝土块夹可缩木板、现浇混凝土及现浇混凝土与冲积层冻结壁之间增设聚苯乙烯泡沫板 4 种结构、3 种混凝土标号的外层井壁。试验内容为测试侧向均匀荷载作用下的井壁位移、应变及破坏状况等整体力学性能与变形特征，为选择能较全面适应深厚冲积层冻结受力条件和施工条件的外层井壁结构提供依据。

2) 试验方法

试验采用与原型井壁相同的制作材料，几何尺寸按一定缩比和按量纲分析法设计的井壁模型。模型与原型的参数关系：①材料参数：强度 $R_m=R_p$，弹性模量 $E_m=E_p$，含筋率 $\mu_m=\mu_p$，钢筋直径 $d_m=d_p/C_1$，C_1 为原型尺寸与模型之比；②构件截面尺寸：直径 $D_m=D_p/C_1$，厚度 $B_m=B_p/C_1$，高度 $H_m=H_p/C_1$；③相关荷载参数：均布荷载 $P_m=P_p$，轴向力 $N_m=N_p/C_1^2$，剪力 $S_m=S_p/C_1^4$，弯矩 $M_m=M_p/C_1^3$。模型中测量到的数据与原型结构的换算关系为：应变 $\varepsilon_m=\varepsilon_p$，正应力 $\tau_m=\tau_p$，位移 $\delta_m=\delta_p/C_1$，截面转角 $\theta_m=\theta_p$。由上可知，采用几何相似模型，若其材料与原型的材料相同、含筋率相等、受力状态一致，则模型与原型的应变相等，模型的位移为原型的 $1/C_1$ 倍。其承载能力也相同。

3) 模型试件

(1) 模型试件尺寸。

原型尺寸用外层井壁的外直径 $D_p=7\sim11$m、厚度 $B_p=400\sim700$mm、径厚比 $D_p/B_p=15\sim20$、段高 $H_p=2\sim4$m、混凝土标号在 C35～C45 选取。

模型试件尺寸根据加载装置的条件、几何尺寸比 $C_1=5\sim7$ 确定如下：外直径 $D_m=B_p/C_1=(7\sim11)/(5\sim7)=1.4\sim1.57$m，取 1.48m；厚度 $B_m=B_p/C_1=(400\sim700)/(5\sim7)=80\sim100$mm，取 90mm；高度 $H_m=H_p/C_1=(2\sim4)/(5\sim7)=0.4\sim0.59$m，取 0.5m。

(2) 钢筋混凝土井壁模型采用构造配筋，含筋率 0.4%。

(3) 模型试件混凝土标号。

混凝土井壁模型试件的混凝土标号为 C10、C20、C30 三种，以模拟外层井壁的混凝土 C40～C50 在硬化中 1d、3d、7d 的强度情况。

小型混凝土块井壁模型试件的混凝土标号为 C40，其砌缝砂浆标号为 C10，砌缝可缩木板为松木。

(4) 模型试件数量。

井壁模型试件数量为 9 个。其中混凝土井壁为 3 个 C10、2 个 C20、1 个 C40；小型混凝土块井壁 3 个(预制块 1200 块)，其中有 1 个夹可缩木板、砂浆交替衬砌；混凝土井壁模型 6 个，其中 3 个为外加泡沫塑料板。

(5) 模型试件制作：混凝土、砂浆拌和料及其配比、试件、小型混凝土块列于表 3-6 中。

表 3-6 整体受力性能试验的井壁模型混凝土配合比及强度

模型试件编号	成型日期(年.月.日)	井壁结构	数量/个	配合比(水泥：砂：石)	水灰比	AF 减水剂掺量/%	混凝土试件强度/MPa	备注
A-1	1988.7.28	混凝土	1	1：2.256：5.12	0.71	0	15.34	(1) 使用 P.O 32.5 硅酸盐水泥 (2) 成型前 7d 在室外浇水养护 (3) 砌块分 12 次制完，其模型在试验台座砌，成型后进行试验，砂浆标号为 C10 (4) 在模型制作过程中，沿模型三个截面内预埋应变片
A-2	1988.7.29		1	1：2.256：5.12	0.62	0	13.34	
A-3	1988.7.26		1	1：2.03：4.2	0.59	0	23.08	
B-4	1988.8.3	混凝土外加泡沫塑料板	1	1：2.47：6.07	0.87	0	13.16	
B-5	1988.7.31		1	1：2.03：4.6	0.59	0	26.65	
B-6	1988.8.1		1	1：0.99：2.42	0.36	1	49.99	
C-7	1988.7.27～1988.8.7	砂浆衬砌小型混凝土块	1	1：0.99：2.42	0.36	1	47.52	
C-8			1	1：0.99：2.42	0.36	1	47.52	
C-9		可缩木与砂浆衬砌小型混凝土块	1	1：0.99：2.42	0.36	1	47.52	

4) 测量内容及元件布置

(1) 荷载测量。

通过在 24 个千斤顶上安装的 63t 轮辐式荷重传感器进行量测，以了解千斤顶的实际负荷大小。

(2) 位移测量。

通过在井壁模型试件的内(环)缘和外(环)缘对称地布置 6 个电阻式位移传感器(图 3-4)，以了解模型试件的径向位移变化情况。对于混凝土外加泡沫塑料板的井壁模型试件，在加载初期沿泡沫塑料板外缘的径向均等布置 3 个百分表来量测泡沫塑料板的压缩量(图 3-5)。

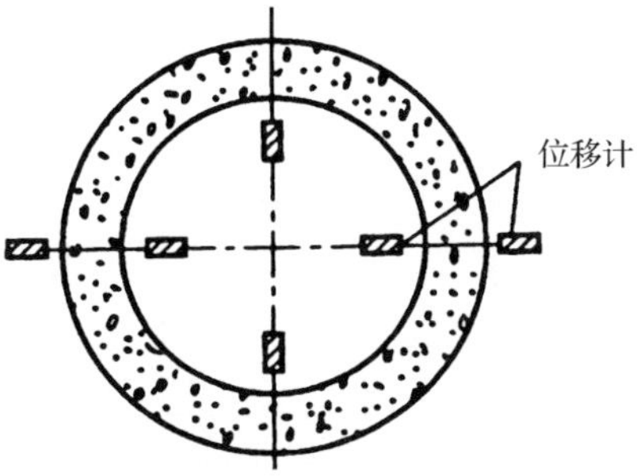

图 3-4　混凝土井壁或小型混凝土块井壁模型的位移计布置

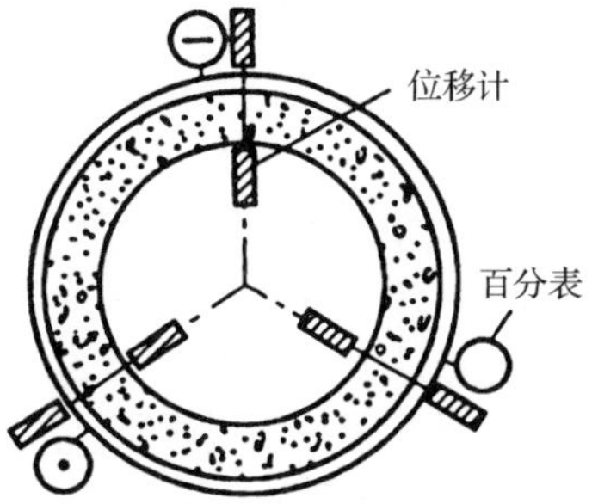

图 3-5　混凝土外加泡沫塑料板井壁模型的位移计布置

(3) 应变测量。

由于井壁模型试件为空间轴对称结构,荷载也是轴对称的,只在其内缘和外缘的切向和竖向,以及其内部的切向和竖向布置应变测点。

混凝土井壁及混凝土外加泡沫塑料板井壁的模型试件应变测点布置见图 3-6。

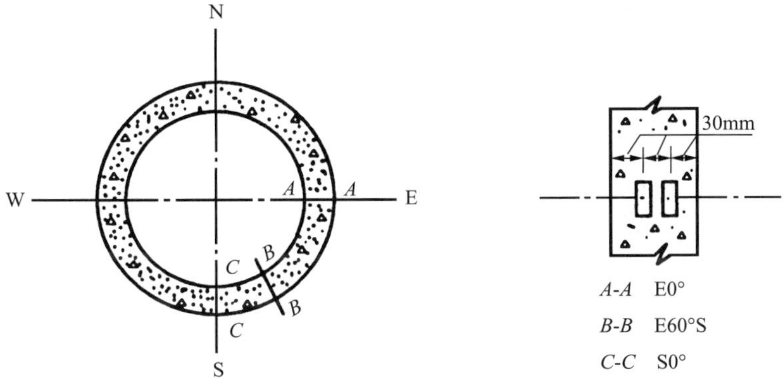

图 3-6　混凝土井壁(含外加泡沫塑料板)模型的内部应变片布置

砂浆砌小型混凝土块井壁及小型混凝土块夹可缩木板井壁的模型试件应变测点布置见图 3-7。

3. 不同结构的外层井壁整体受力性能试验结果分析

1) 井壁模型的荷载与应变关系

(1) 混凝土井壁试验。

混凝土井壁在受力过程中,其变形状态可分为弹性和弹塑性两个阶段。弹性变形阶段:当荷载为模型试件破坏荷载的 30%～50%时,井壁截面的应变与荷载的关系近似呈直线,且内、外缘应变相差不大。弹塑性变形阶段:当荷载超过模型试件破坏荷载的30%～50%时,其截面的应变与荷载的关系由直线变为曲线,而且混凝土强度越低,弯曲程度越大。随着荷载的增加，应变值的增加也在变大，内缘应变的增长比外缘应变快，其差值随荷载的增大而变大，如图 3-8 所示，井壁模型截面切向应变的最大值在内缘。

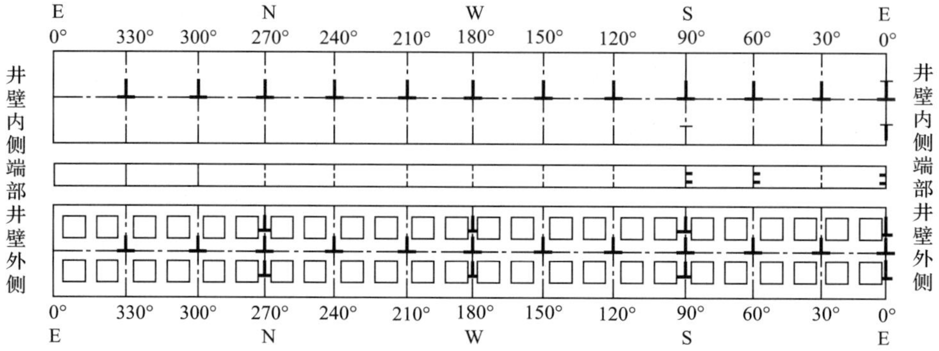

图 3-7 混凝土(含外加泡沫塑料板)、砂浆砌小型混凝土块(含夹可缩木板)井壁模型的应变测点布置

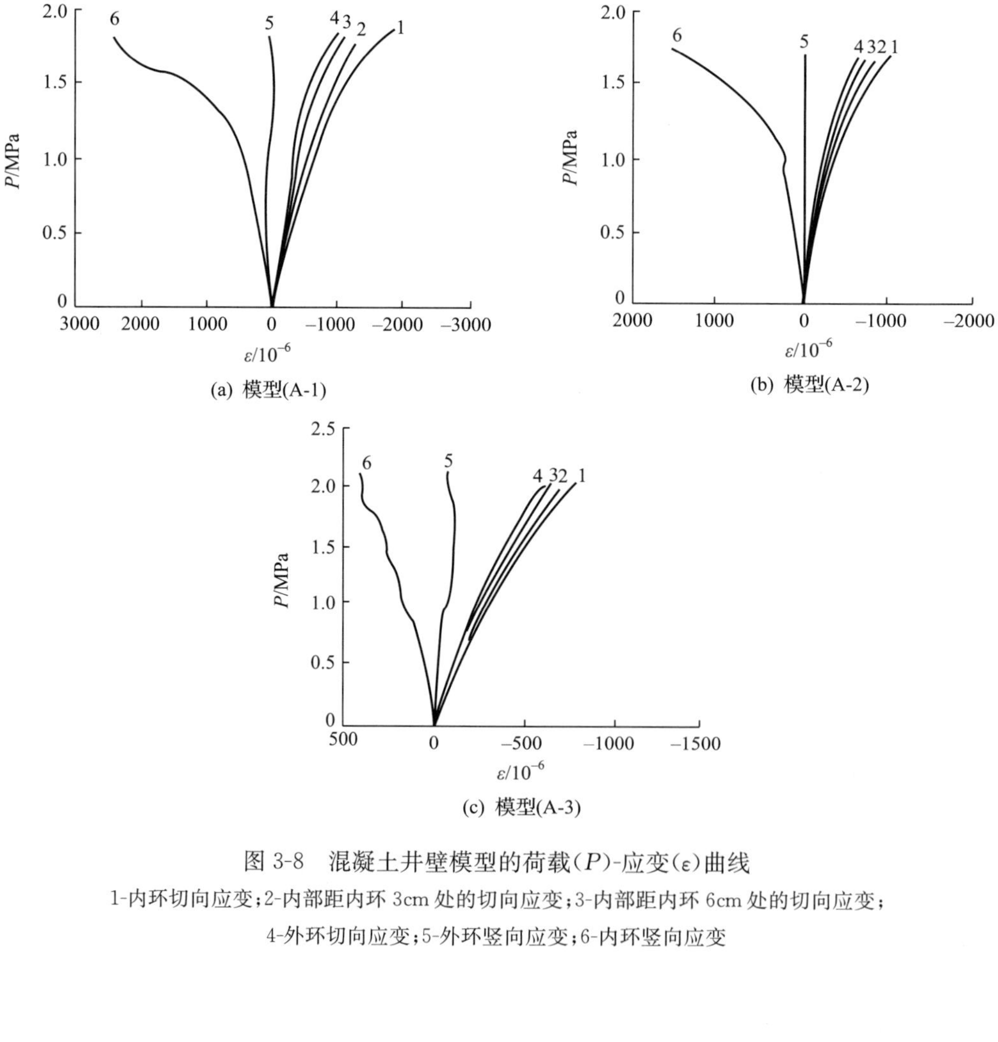

(a) 模型(A-1) (b) 模型(A-2) (c) 模型(A-3)

图 3-8 混凝土井壁模型的荷载(P)-应变(ε)曲线

1-内环切向应变；2-内部距内环 3cm 处的切向应变；3-内部距内环 6cm 处的切向应变；4-外环切向应变；5-外环竖向应变；6-内环竖向应变

（2）混凝土外加泡沫塑料板井壁试验。

塑料板的屈服应力0.15～0.2MPa，当压缩到其厚度的75%左右时，应力上升明显而变形量增加减慢；当应力大于0.17MPa，压缩到其厚度的90%左右时，变形趋于零，泡沫塑料板失去缓冲压力作用，此时模型试件的受力及变形情况与不加泡沫塑料板的混凝土井壁模型试件的基本相同(图3-9～图3-11)。当混凝土标号相同时，加泡沫塑料板井壁的极限应变与不加的相同。混凝土井壁的标号越低，其弹性越差，应变值也越小。

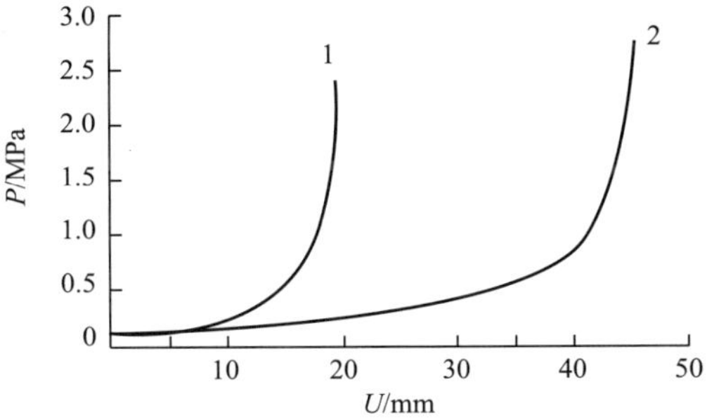

图3-9　泡沫塑料板的荷载(P)-位移(U)曲线

1-板厚20mm；2-板厚50mm

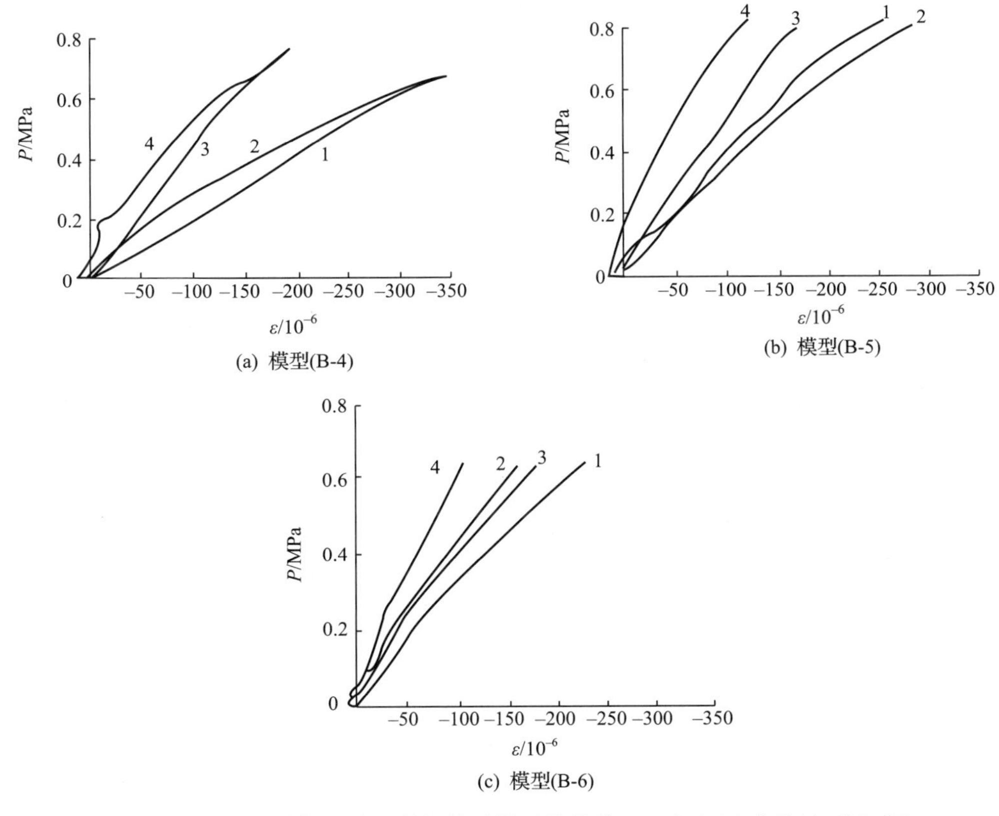

图3-10　混凝土外加泡沫塑料板井壁模型的荷载(P)-应变(ε)曲线(加载初期)

1-未加泡沫板井壁的内环切向应变；2-加泡沫塑料板井壁的内环切向应变；

3-未加泡沫板井壁的外环切向应变；4-加泡沫塑料板井壁的外环切向应变

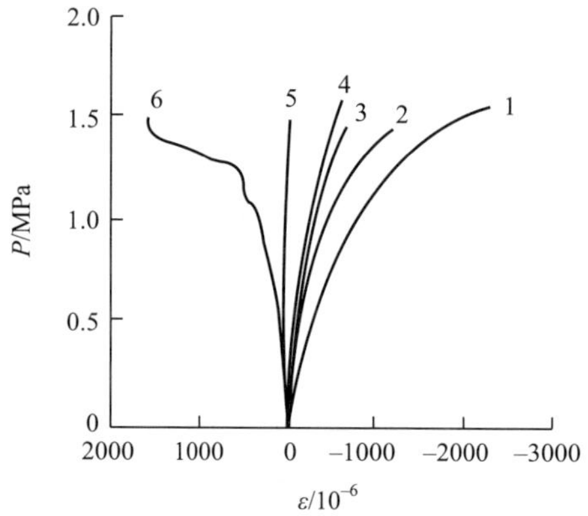

(a) 模型(B-4)

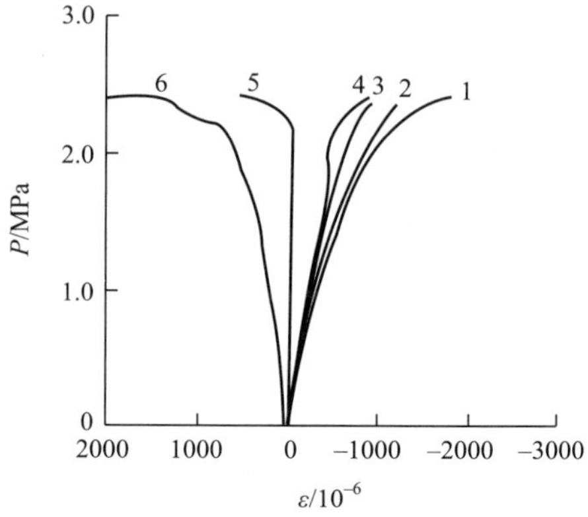

(b) 模型(B-5)

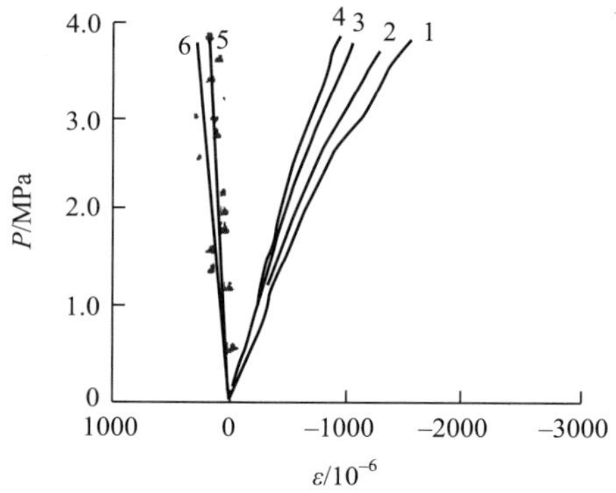

(c) 模型(B-6)

图 3-11　混凝土外加泡沫塑料板井壁模型的荷载(P)-应变(ε)曲线(加载后期)

1-内环切向应变;2-内部距内环 3cm 处切向应变;3-内部距内环 6cm 处切向应变;
4-外环切向应变;5-外环竖向应变;6-内环竖向应变

(3) 砂浆衬砌的混凝土块井壁试验。

这种结构从受力开始至试件破坏,其荷载-应变近似呈线性关系(图 3-12),以弹性变形状态为主,其模型试件表现为脆性破坏。试件结构的内缘切向应变增长比外缘切向应变快,而其内缘竖向应变和外缘竖向应变的增加很小。

(4) 小型混凝土砌块夹可缩木板井壁试验。

其受力特性与用砂浆衬砌的混凝土块井壁模型的荷载-应变曲线一致,见图 3-13。

从试验结果得出,无论用砂浆衬砌还是夹可缩木板的小型混凝土块井壁,尽管混凝土块的标号较高,但由于砂浆、可缩木板的强度低,黏结性能差,其结构的整体性较差,极限应变均小于-500×10^{-6}。

在混凝土标号相同时,混凝土(含其外加泡沫塑料板)井壁的极限应变比混凝土块井壁(含砂浆砌缝和小型砌块夹可缩木板井壁)的极限应变约大 3 倍,见图 3-14。

当混凝土标号相同时,加泡沫塑料板井壁的极限应变与不加的相同。混凝土井壁的标号越低,其弹性越差,应变值也越小,见图 3-14。

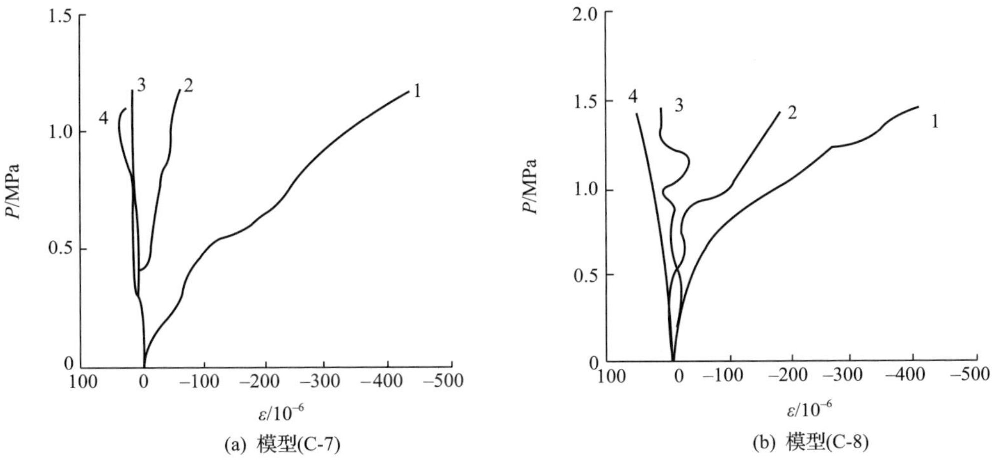

图 3-12　砂浆衬砌小型混凝土块井壁模型的荷载(P)-应变(ε)曲线

1-内环切向应变；2-外环切向应变；3-外环竖向应变；4-内环竖向应变

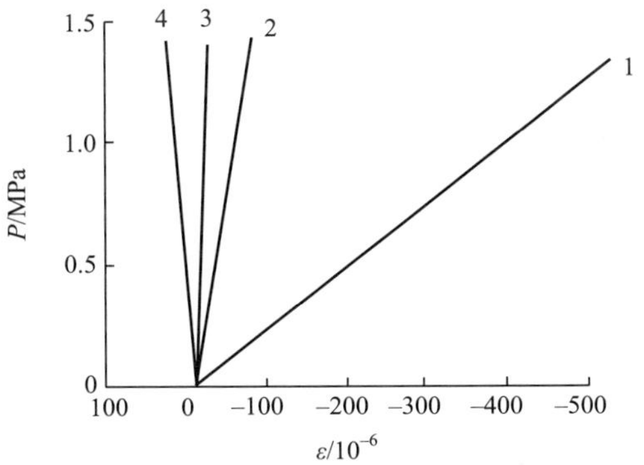

图 3-13　夹可缩木板与砂浆交替衬砌小型混凝土块井壁模型(C-9)的荷载(P)-应变(ε)曲线

1-内环切向应变；2-外环切向应变；3-外环竖向应变；4-内环竖向应变

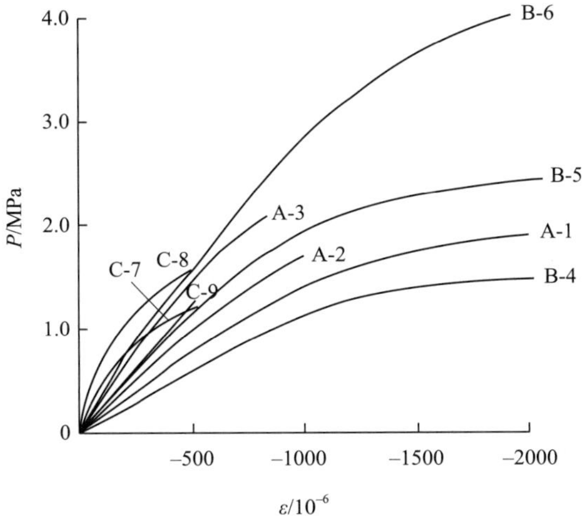

图 3-14　不同结构、不同强度的井壁模型荷载(P)-应变(ε)曲线

2）井壁模型的荷载与井壁径向位移关系

（1）混凝土井壁试验。

当荷载相同时，井壁内缘径向位移比外缘径向位移大 1～3 倍（图 3-15）。其内、外缘径向的平均位移与混凝土标号成反比，标号越高，位移越小。

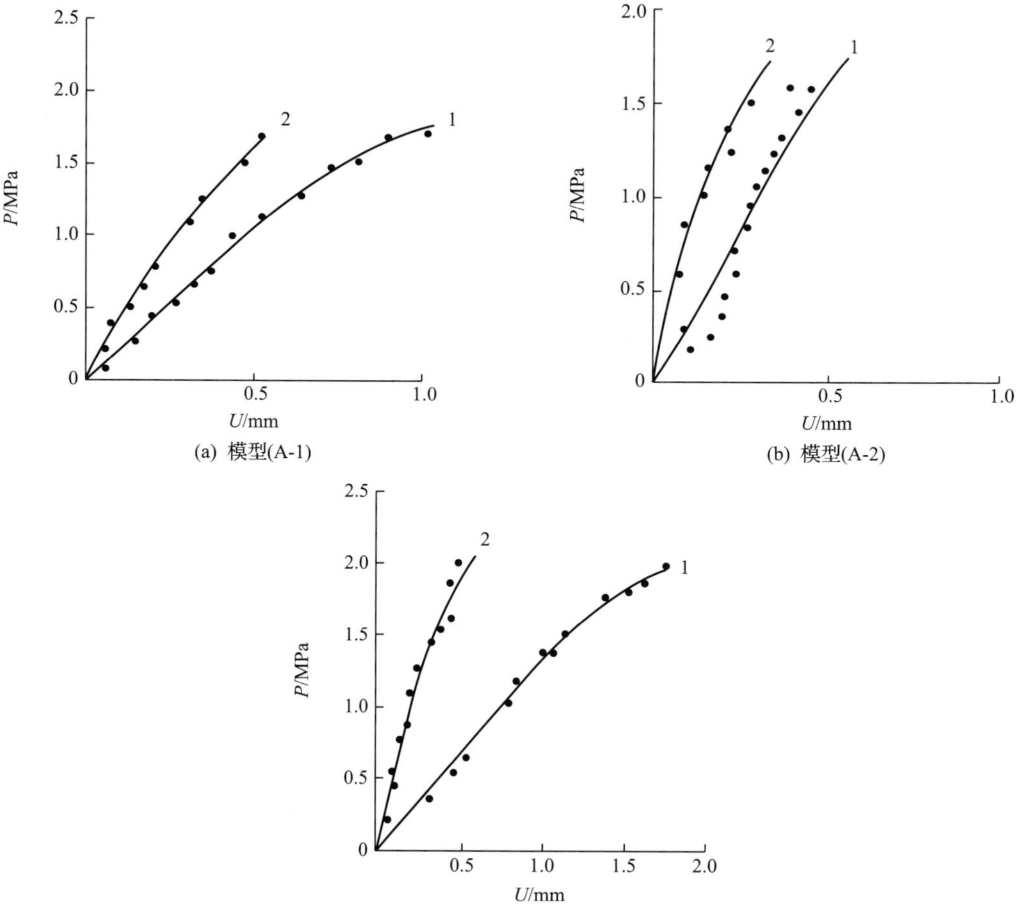

(a) 模型(A-1)　(b) 模型(A-2)　(c) 模型(A-3)

图 3-15　不同强度的混凝土井壁模型荷载(P)-径向位移(U)曲线

1-内侧径向位移；2-外侧径向位移

（2）混凝土外加泡沫板井壁试验。

从试验得出，在加载初期，试件的泡沫塑料板逐渐被压缩，此时荷载上升慢而位移增加快。当荷载增长到 0.5MPa 时，泡沫塑料就失去缓压作用，则荷载通过被压密的泡沫塑料传到混凝土井壁上，井壁的位移随荷载的增长而增大。此时外加泡沫塑料的混凝土井壁位移的变化特征与不加的相一致，见图 3-16 和图 3-17。

（3）砂浆衬砌小型混凝土块井壁试验。

从受力开始至临近破坏，其荷载与径向位移的关系基本上呈直线变化（图 3-18），这与其荷载与应变的关系相一致。其内缘径向位移比外缘径向位移大 1.5～2.0 倍，而位移

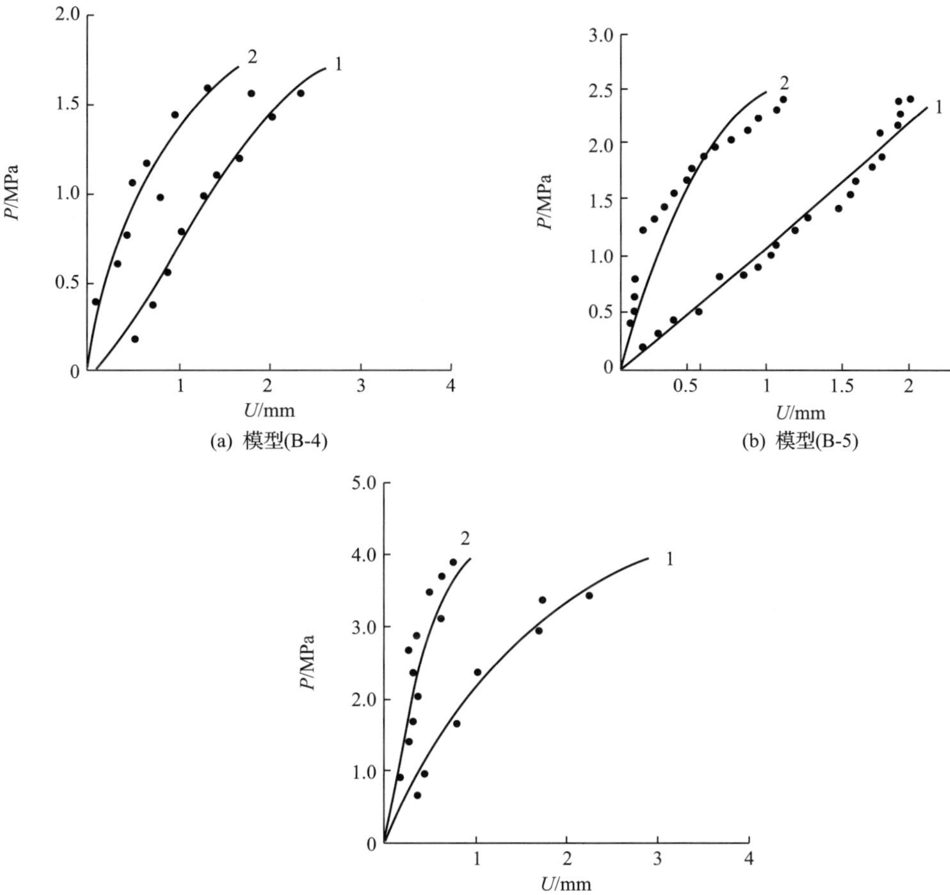

(a) 模型(B-4)　　(b) 模型(B-5)　　(c) 模型(B-6)

图 3-16　当荷载大于 0.5MPa 后混凝土外加泡沫塑料板井壁模型荷载(P)-径向位移(U)曲线

1-内侧径向位移；2-外侧径向位移

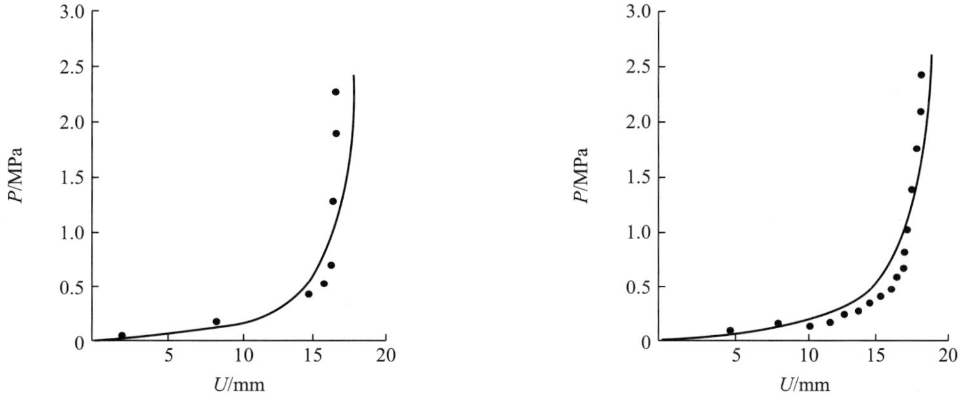

(a) 模型(B-4)　　(b) 模型(B-5)

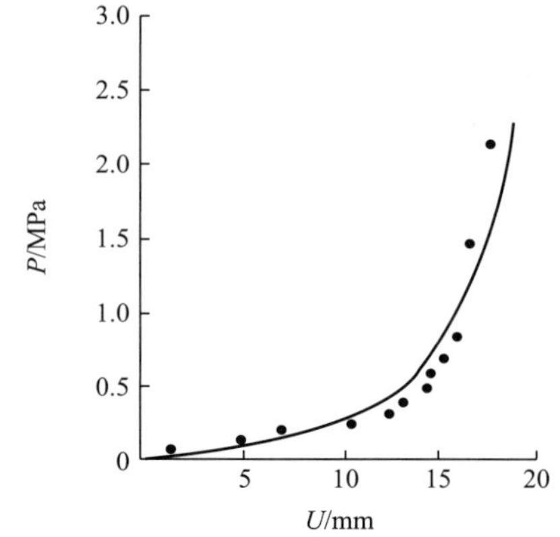

(c) 模型(B-6)

图 3-17　混凝土外加泡沫塑料板井壁模型的泡沫板压缩位移(U)-荷载(P)曲线

的增值随荷载的增加而增大,破坏荷载的径向平均位移值为 2.55mm。

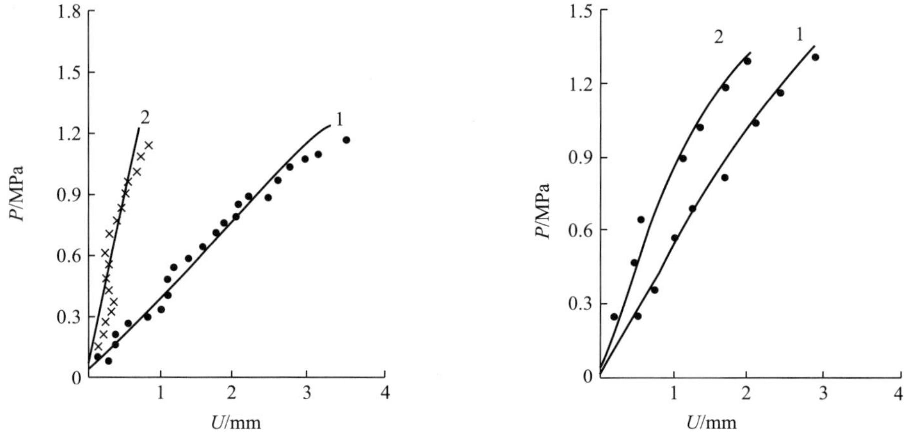

(a) 模型(C-7)　　(b) 模型(C-8)

图 3-18　砂浆衬砌小型混凝土井壁模型的荷载(P)-径向位移(U)曲线

1-内侧径向位移;2-外侧径向位移

(4) 小型混凝土砌块夹可缩木板井壁试验。

从受力开始至临近破坏,其荷载与径向位移的关系与用砂浆衬砌的混凝土块井壁模型相似,见图 3-19。其内缘径向位移比外缘径向位移约大 1.6 倍,而位移的增值也随荷载的增加而增大,破坏荷载的径向平均位移值为 9.75mm,它比砂浆衬砌的混凝土块井壁模型大 3.8 倍。主要原因是可缩木板的比重轻、强度低、孔隙多、易变形,比砂浆具有较大的压缩性。

综上所述,在井壁模型试件的尺寸和荷载相同的情况下,其径向位移的大小主要决定于井壁结构形式和井壁混凝土强度。如图 3-20 所示,混凝土井壁(A、B 型)的混凝土标号越高,其内缘径向位移越小。而混凝土块井壁(C 型),尽管其预制块强度较高,但砌缝多、砌缝材料强度低,易变形,其内缘径向位移较大,尤其是用可缩木板和砂浆交替衬砌的更为显著；这种结构的整体性差，位移量的变化快，难以掌握，不能有效地抵制冻结壁的变形。

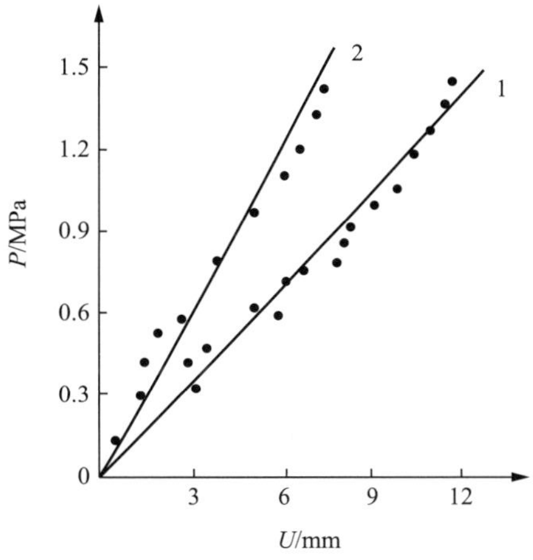

图 3-19　小型混凝土块夹可缩木板与砂浆交替衬砌井壁模型(C-9)的荷载(P)-径向位移(U)曲线

1-内侧径向位移；2-外侧径向位移

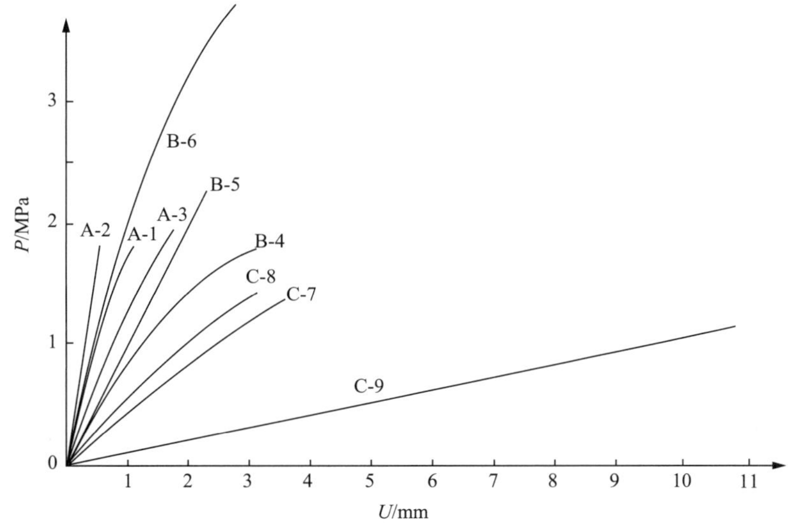

图 3-20　不同类型井壁模型的荷载(P)-内侧径向位移(U)曲线

A-1、A-2、A-3 为混凝土井壁；B-4、B-5、B-6 为混凝土外加泡沫塑料板井壁；C-7、C-8 为砂浆衬砌小型混凝土块井壁；C-9 为可缩木与砂浆衬砌小型混凝土块井壁

4．井壁模型切向应变与径向位移特性分析

1）混凝土井壁(含外加泡沫塑料板)切向应变和径向位移与荷载的关系

如图 3-21 所示，混凝土井壁模型试件处于弹性变形阶段(受力在破坏荷载的 30%～50%时)，其内缘的位移及应变成比例增加。当加载至弹塑性变形阶段时，内缘的位移及应变的增长加快，均呈曲线状；当加载至临近破坏时，达到极限值。

2）小型混凝土块井壁模型切向应变与径向位移的关系

小型混凝土块（含夹可缩木板）井壁模型试件在荷载作用下，由于砂浆或可缩木板与砂浆的收缩，其内缘的径向位移与应变也成比例增长，但内缘径向位移的增长比内缘切向应变的增长快。

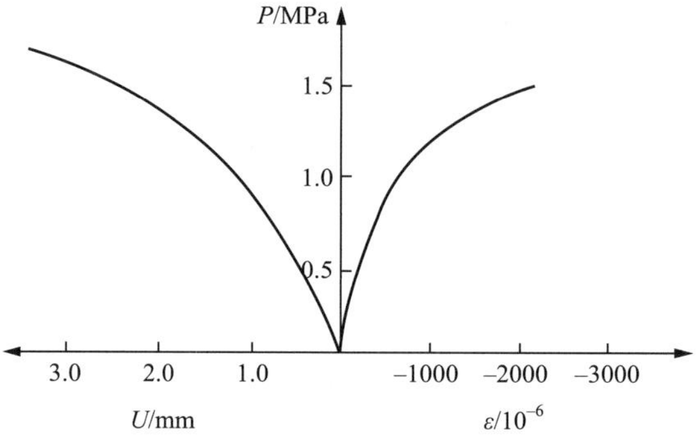

图 3-21　混凝土（含外加泡沫塑料板）井壁模型（B-4）的荷载（P）与内环径向位移（U）和内环切向应变（ε）曲线

3）井壁模型的破坏荷载与破坏特征

（1）井壁模型的破坏荷载。

混凝土井壁（含加泡沫塑料板）模型试件与砂浆砌（含夹可缩木板）小型混凝土块井壁模型试件的破坏试验结果分别列于表 3-7 及表 3-8 中。

表 3-7　混凝土井壁（含外加泡沫塑料板）模型的破坏荷载

编号	模型结构类型	试验日期（年.月.日）	混凝土强度/MPa	计算破坏荷载/MPa	试验破坏荷载/MPa	误差/%
A-1	混凝土井壁	1988.8.30	15.34	1.226	1.785	45.6
A-2	混凝土井壁	1988.9.1	13.34	1.067	1.595	49.5
A-3	混凝土井壁	1988.8.24	23.08	1.846	2.114	14.5
B-4	外加泡沫塑料板混凝土井壁	1988.10.19	13.16	1.053	1.512	43.6
B-5	外加泡沫塑料板混凝土井壁	1988.9.7	26.65	2.131	2.366	11.0
B-6	外加泡沫塑料板混凝土井壁	1988.12.24	49.99	3.997	3.092	−22.6

注：① 模型试件尺寸为外径 1480mm，厚度 90mm，高度 500mm。
② 泡沫塑料板厚度 20mm。

表 3-8　小型混凝土块井壁(含夹可缩木板)模型的破坏荷载

编号	模型结构类型	试验日期(年.月.日)	混凝土强度/MPa	计算破坏荷载/MPa	试验破坏荷载/MPa	误差/%
C-7	砂浆砌混凝土块井壁	1988.10.6	47.52	1.644	1.404	−14.6
C-8	砂浆砌混凝土块井壁	1988.11.7	47.52	1.644	1.684	2.4
C-9	可缩木板、砂浆砌混凝土块井壁	1988.12.15	47.52	1.644	1.652	0.5

注：① 模型试件尺寸为外径 1480mm，厚度 90mm，高度 500mm。
② 由 6 层，每层 60 块组成，横缝 5mm，竖缝 6mm。

由表 3-7 和表 3-8 可知，井壁模型试件的破坏荷载(承载能力)与井壁结构形式和井壁的混凝土标号有关。

混凝土井壁模型试件的破坏荷载与其混凝土标号成正比，即混凝土强度越高，破坏荷载越大。因试验模型的荷载与实际冻结壁变形而产生的冻结压力对井壁的施载过程有较大的差异，加泡沫板能延缓冻结压力施加于井壁的时间，不能根本减少井壁荷载，所以混凝土井壁外加的泡沫塑料层，对模型试件的破坏荷载没有影响。

在混凝土标号相近时，混凝土井壁模型试件的破坏荷载比砂浆砌(含夹可缩木板)小型混凝土块井壁模型试件的破坏荷载约大 2～3 倍。

小型混凝土块井壁模型试件，在混凝土标号相同时，无论是砂浆砌的或是可缩木板与砂浆交替砌的，其破坏荷载几乎相同。

(2) 井壁模型的破坏特征。

井壁模型试件的荷载-应变关系反映其混凝土内部裂缝的产生和发展的规律。其破坏主要是在继续加载时，试件内部应力集中处的裂缝迅速发展而造成的。

① 混凝土井壁(含外加泡沫塑料板)试验：从模型试件的荷载-应变曲线及裂缝观测结果的分析得知，在加载初期(荷载小于其破坏荷载的 30%～50%)时，模型试件的荷载与应变呈直线关系，属弹性变形阶段，其表面未出现裂缝；当荷载增加达到或超过破坏荷载的 30%～50%时，混凝土内产生一些微小裂缝(集料结合裂缝和砂浆裂缝)，此时应变增长速度随荷载的增加而加快，荷载-应变曲线明显变缓，呈平弯曲线，试件进入弹塑性阶段，试件内裂缝的数量、长度和宽度都不断增加；当荷载达到破坏荷载的 70%以上时，试件表面裂缝发展并连成连续裂缝，略呈水平分布，以内缘居多，此时的荷载-应变曲线近似与应变轴平行，试件进入弹塑性后期；随着荷载的增加，连续裂缝急速发展，试件内缘局部压裂，出现剥皮、掉块现象并伴有微弱声响，试件进入脆断时期，荷载继续加大时试件丧失承载能力，并伴随有震耳声响而宣告破坏，其局部内外缘的混凝土压碎形成斜向和环向的破裂面，构造钢筋弯曲凸起。

② 砂浆砌小型混凝土块(含夹可缩木板)井壁试验：砂浆砌小型混凝土块井壁模型试件从受载开始至破坏，其荷载-应变近似呈直线关系，属典型的脆性材料结构破坏，这区别于现浇混凝土井壁模型。其特点是在加载初期(荷载小于其破坏荷载的 15%～20%)，竖缝砂浆逐渐压密，混凝土块受力较小，试件被压收缩；当荷载继续增加时，局部砌缝的砂浆

压坏，出现环向和竖向裂缝痕，砌层间产生少许错动，砌体顶局部混凝土块鼓起，从而破坏结构受力的均匀性，造成试件局部承受较大压应力，使混凝土块挤裂和掉皮，裂缝沿砌缝的水平和竖直方向扩展，试件的变形加剧，直到整体结构失去承载能力而破坏。

③ 小型混凝土砌块夹可缩木板井壁试验：可缩木板与砂浆交替砌小型混凝土块井壁模型试件的破坏状况，其荷载-应变的关系与砂浆砌混凝土块井壁模型试件的基本相同。其特点是在加载过程中，随着荷载的增大，模型试件呈现微椭圆状；临近破坏时，模型试件发生整体的反复晃动，这是小型混凝土块与可缩木板形成良好的“拱效应”作用，说明其整体性比砂浆砌小型混凝土块井壁模型试件好些。这种“拱效应”一直持续到混凝土块本身出现横贯裂缝、压碎和井壁模型试件破坏。

5. *外层井壁整体模型受力性能试验的主要收获*

(1) 通过试验，系统掌握砂浆衬砌小型混凝土块、小型混凝土块夹可缩木板与砂浆交替衬砌砌体、现浇混凝土及现浇混凝土与冲积层冻结壁之间增设 25～75mm 聚苯乙烯泡沫板四种结构的外层井壁整体受力性能。

① 四种结构外层井壁荷载与变形的特性关系：砂浆衬砌小型混凝土块试件的变形较大；小型混凝土块夹可缩木板与砂浆交替衬砌试件的变形最大；现浇混凝土试件的变形小；现浇混凝土与冻结壁之间增设 25～75mm 聚苯乙烯泡沫板试件的变形小，且产生变形时间相对滞后。

② 四种结构外层井壁破坏载荷与径向位移特性的关系：砂浆衬砌小型混凝土块试件径向位移较大(试验模型 2.55mm)；小型混凝土块夹可缩木板与砂浆交替衬砌试件的径向位移最大(试验模型 9.75mm)；现浇混凝土试件的径向位移较小；现浇混凝土与冲积层冻结壁之间增设 25～75mm 聚苯乙烯泡沫板试件的径向位移最小，且产生变形时间相对滞后。

③ 四种结构外层井壁破坏载荷与混凝土强度(C45～C50)的特性关系：砂浆衬砌小型混凝土块试件的单位面积径向破坏载荷为混凝土强度的 3.2%左右；小型混凝土块夹可缩木板与砂浆交替衬砌试件的单位面积径向破坏载荷为混凝土强度的 3.5%左右；现浇混凝土试件的单位面积径向破坏载荷为混凝土强度的 8%左右；现浇混凝土与冲积层冻结壁之间增设 25～75mm 聚苯乙烯泡沫板试件的单位面积径向破坏载荷为混凝土强度的 8%左右。

(2) 外层井壁整体受力试验结果与工程应用情况相当吻合(表 3-9)，为正确选择井壁结构提供了科学依据。

① 工程中砂浆衬砌小型混凝土块(含料石)外层井壁的受力不均匀，一般砌壁 1～2d 后便出现局部挤裂掉块变形现象，径向位移量达 330～350mm。

② 小型混凝土块夹可缩木板与砂浆交替衬砌的外层井壁，一般砌壁 2～3d 后出现局部挤裂掉块变形现象，砌壁 5～7d 后可能出现井壁鼓出和径缩现象，但往往比砂浆衬砌小型混凝土块外层井壁的破坏程度轻一些。

表 3-9　不同结构的外层井壁整体受力性能试验及工程应用情况对照

序号	分项内容		外层井壁结构			
			砂浆衬砌小型混凝土块(含料石块)	小型混凝土块夹可缩木板与砂浆交替衬砌	现浇混凝土	现浇混凝土与冻结壁之间增设聚苯乙烯泡沫板
1	井壁整体受力性能试验	井壁荷载与变形的关系	混凝土砌块强度较高，但衬砌砂浆的强度较低，造成砌体易于变形、受力不均匀、抗压强度较低	混凝土砌块强度较高，但衬砌砂浆和可缩木板的抗压强度较低，造成砌体易于变形和抗压强度低	(1)混凝土密实度与强度成正比 (2)混凝土强度越高，井壁的变形量越小	(1)泡沫板能起缓压作用，井壁早期基本不变形 (2)混凝土强度越高，井壁的变形量越小
2	井壁整体受力性能试验	井壁破坏荷载与径向位移的关系	砌体破坏时的径向平均位移量为2.55mm	砌体破坏时的径向平均位移量达9.75mm，为砂浆衬砌小型混凝土砌体的3.8倍	井壁径向位移与混凝土强度成反比，即混凝土强度越高，井壁的径向位移量越小	井壁径向位移与混凝土强度成反比，混凝土强度越高，井壁的径向位移量越小，且产生径向位移的时间相对滞后
3	井壁整体受力性能试验	井壁破坏荷载与混凝土强度的关系	混凝土砌块强度为C45～C50时，砌体的破坏荷载为混凝土砌块强度的3.2%左右	混凝土砌块强度为C45～C50时，砌体的破坏荷载为混凝土砌块强度的3.5%左右	混凝土强度为C45～C50时，井壁的破坏荷载为混凝土强度的8%左右	混凝土砌块强度为C45～C50时，砌体的破坏荷载为混凝土砌块强度的8%左右
4	外层井壁整体受力性能试验之前不同结构的外层井壁工程应用情况		(1)砂浆衬砌小型料石砌体受力很不均匀，挤裂掉块现象最为严重 (2)砂浆衬砌小型混凝土块的砌体受力不均匀，一般成型1～2d后便出现局部挤裂掉块现象，径向最大位移量达到330mm (3)砂浆衬砌的小型混凝土块加套混凝土的结构形式，在深300m时加套混凝土前的径向最大位移量曾达到350mm	(1)砌体成型后2～3d后出现挤裂掉块现象 (2)砌体成型后5～7d后可能出现局部鼓出和缩径现象，但破坏程度比砂浆衬砌小型混凝土块砌体轻一些	(1)在厚黏性土层中一般是拆模1d前后井壁刃角处出现斜向裂缝 (2)一般在拆模2～3d内井壁可能出现局部挤裂剥皮现象，严重时会出现局部混凝土挤裂掉块和钢筋鼓出，但一般井筒缩径不大	(1)一般在深部厚黏性土层中拆模后井壁刃角处出现斜向裂缝 (2)拆模2～3d后井壁可能出现局部挤裂剥皮，但井筒基本上不发生缩径

续表

序号	分项内容	外层井壁结构			
		砂浆衬砌小型混凝土块(含料石块)	小型混凝土块夹可缩木板与砂浆交替衬砌	现浇混凝土	现浇混凝土与冻结壁之间增设聚苯乙烯泡沫板
5	外层井壁整体受力性能试验之后，选用现浇混凝土与冲积层冻结壁之间增设聚苯乙烯泡沫板井壁结构的推广应用效果	(1)1990 年在陈四楼 369～374.5m 冲积层冻结段外层井壁应用现浇混凝土(C30～C50)与冲积层冻结壁之间增设聚苯乙烯泡沫板的井壁结构，未发生外层井壁压坏现象 (2)2000～2014 年在 400～500m 及大于 500m 冲积层的几十个深冻结井全面推广应用现浇混凝土(C40～C100)与冻结壁之间增设 25～75mm 聚苯乙烯泡沫板的外层井壁结构，取得良好效果。虽有个别冻结井的井壁发生局部挤裂剥皮现象，经局部处理后情况良好，未影响井筒正常施工			
备注		(1)砂浆衬砌小型混凝土块及砌块之间夹可缩木板为德国冻结段常用的外层井壁结构之一 (2)1990 年煤科总院北京建井研究所派团去德国莱茵贝克Ⅸ号井考察冻结法施工过程中，与埃森煤炭研究中心共同研讨冻结段外层井壁结构时，克尼克迈尔所长明确表示德国在深冻结井(含三系地层)应用小型混凝土块及其可缩木板外层井壁也发生过局部压坏现象			

③ 现浇混凝土外层井壁一般在厚黏性土层中拆模 1d 前后井壁刃角处出现斜向裂缝，拆模 2～3d 内井壁可能出现局部挤裂剥皮现象，严重时在深部厚黏性土层中出现局部混凝土挤裂掉快和钢筋鼓出，但一般井筒缩径不大。

④ 现浇混凝土与冻结壁之间增设 25～75mm 聚苯乙烯泡沫板的外层井壁，一般在深部厚黏性土层中井壁刃角处拆模 1d 后出现斜向裂缝，拆模 2～3d 内井壁可能出现局部挤裂剥皮现象，但井筒一般不发生缩径。

(3) 井壁整体受力性能试验结果，为选用现浇混凝土与冻结壁之间增设 25～75mm 聚苯乙烯泡沫板结构作为深厚冲积层冻结段外层井壁的基本结构形式提供了科学依据，并在大量的工程实践中取得良好效果，说明该井壁结构能适应深厚冲积层冻结段外层井壁受力条件下施工工艺的需要。

① 20 世纪 90 年代初全国冻结最深的陈四楼主副井(369～374.5m 冲积层)冻结段，采用现浇混凝土与冻结壁之间增设 25～75mm 聚苯乙烯泡沫板的外层井壁结构形式，未发生井壁压坏现象。

② 2000～2014 年在 400～500m 及大于 500m 冲积层的几十个深冻结井全面推广应用现浇混凝土与冲积层冻结壁之间增设 25～75mm 聚苯乙烯泡沫板的外层井壁结构形式，取得良好效果。虽然有个别冻结井的外层井壁发生局部挤裂剥皮现象，但经局部处理后情况基本良好，未影响井筒正常施工。

3.2.4　钢筋混凝土塑料夹层井壁的试验应用

1. 塑料夹层井壁与双层井壁的异同性

从钢筋混凝土塑料夹层井壁与双层井壁的异同性(表 3-10)对比分析得出如下结论。

(1) 钢筋混凝土塑料夹层井壁与双层井壁的施工工艺基本相同，但塑料夹层井壁比双层井壁的计算荷载大，井壁设计总厚度特别是内层井壁的厚度大，封水性好。

(2) 塑料夹层井壁的夹层材料为聚乙烯软板，表面光滑，在正温条件下比较柔软，在内层井壁套壁过程中起滑动面作用，能有效缓解内层井壁混凝土的收缩开裂，提高内层井壁的封水性。

(3) 塑料夹层井壁的夹层能给壁间串水提供机会，但也为壁间注浆创造了条件。塑料夹层井壁必须进行壁间注浆，注浆时机及施工工艺处理得当，其封水效果及井壁整体承载能力均好于双层井壁。

2. 塑料夹层井壁的试验应用效果

从 1980 年以来，钢筋混凝土塑料夹层井壁已在 700 多个冻结立井中推广应用，绝大多数井筒的井壁漏水量较小。特别是该井壁结构已在 120 多个大于 300m 冲积层冻结段推广应用，取得良好效果，大多数井筒的井壁漏水量符合规范要求，少数漏水量超过要求的冻结段井筒，采取壁间补充注浆及壁后注浆堵水措施后，能满足质量验收要求。

表 3-10　钢筋混凝土双层井壁与塑料夹层井壁的异同点对比

井壁结构类型	相同点：施工工艺	差异点			
		结构特点	荷载计算及壁厚	应用效果	使用条件
钢筋混凝土双层井壁	(1) 外层井壁自上而下分段掘砌，一般掘砌段高为 2.0～3.5m (2) 内层井壁采取一次或分次自下而上连续浇筑混凝土 (3) 套壁前要在井壁底板先浇筑生根壁座或筒形壁座，以支撑上部井壁的竖向荷载	(1) 内、外层井壁直接结合，内层井壁容易引起收缩开裂 (2) 套壁前外层井壁表面应按要求进行凿毛除霜 (3) 套壁后内、外层井壁接触面较难注入水泥浆	(1) 内、外层井壁共同承受按重液公式计算的地压，内外层井壁的荷载比例系数约为 0.55∶0.45 (2) 双层井壁比塑料夹层井壁的设计厚度小	(1) 冻结壁解冻后，一般漏水量较小 (2) 井壁漏水通道很难找准，影响注浆效果	冲积层厚度 100～200m
钢筋混凝土塑料夹层井壁		(1) 内、外层井壁之间增设塑料软板，在内层井壁套壁过程中起滑动作用，有利于防止内层井壁收缩开裂 (2) 套壁前要对外层井壁表面化霜，但不需要进行凿毛 (3) 套壁后至冻结壁解冻透水之前，要对塑料夹层与外层井壁之间的间隙进行注浆封堵，防止沿塑料夹层上下串水	(1) 内层和外层井壁分别按水压和冻结压力计算厚度 (2) 塑料夹层井壁比双层井壁的设计厚度大	(1) 冻结壁解冻前要对塑料夹层与外层井壁的间隙进行注浆封堵，一般井壁漏水量较小 (2) 井壁漏水通道容易找到，注浆堵水效率较高，效果较好	冲积层厚度大于 200m

3.2.5　滑动井壁等的试验应用简况

1. 孔集西风井AV型滑动井壁的试验应用简况

(1) 基本条件：井筒净直径为4.5m，冲积层厚65.5m，冻结深度为112m，单圈孔冻结，孔圈直径为10.0m，冻结孔数为26个，开孔间距为1.208m。

(2) 冻结段井壁结构：是我国首个采用AV型井壁结构的井筒(图3-22)，井壁总厚度为1.37m，从井中向外分别由钢筋混凝土、钢板、沥青混合料、小型混凝土块夹水平木垫板外层井壁、壁后充填砂浆五个部分组成，滑动井壁与底部密封圈连接部位结构见图3-23。

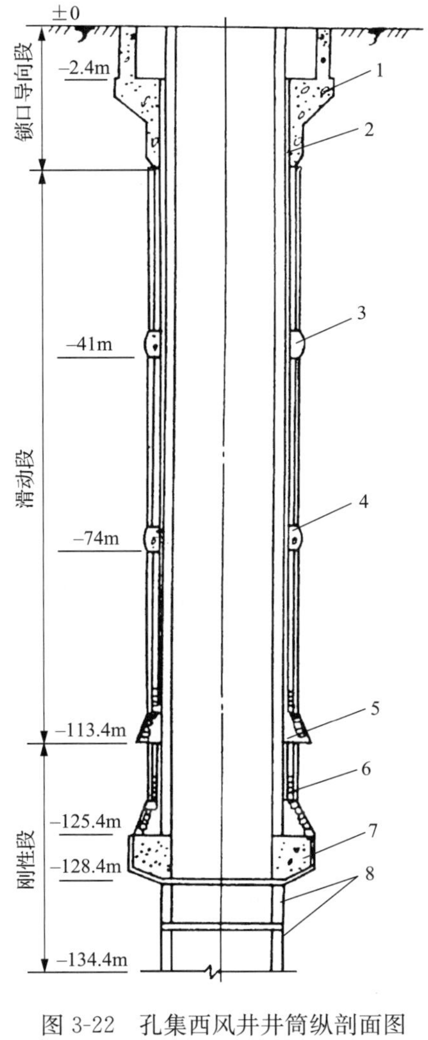

图3-22　孔集西风井井筒纵剖面图

1-锁口；2-导向装置；3、4-砌块壁座；5-密封圈；6-刚性井壁；7-大壁座；8-支撑圈

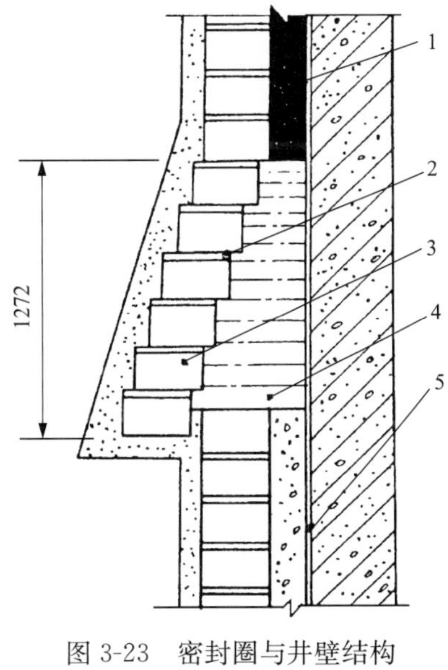

图3-23　密封圈与井壁结构

1-沥青混合料；2-水平木屑板；3-混凝土砌块；4-密封圈；5-钢板

(3) 实施效果：1983年初开工建设，1983年11月8日开机冻结，1985年7月正式开挖，试验应用取得初步成效。但由于井壁结构复杂，施工速度慢。

2. 东欢坨副井 AV 型滑动井壁的试验应用简况

(1) 基本条件：井筒净直径为 8.0m，冲积层厚 176.6m，风化带厚 30m，冻结深度为 195m，单圈孔冻结，孔圈布置直径为 15.5m，冻结孔数为 40 个，冻结孔开孔间距为 1.217m。

(2) 井壁结构：是我国试验应用 AV 型滑动井壁的第 2 个井筒。

① AV 型井壁全深 200.8m。深 0～13.2m 为井颈部分，包括锁口及导向环；深 4.5～200.8m 是 AV 型井壁的主体(图 3-24)；深 200.8～204.0m 为支撑圈，204.0～208.8m 为壁座。

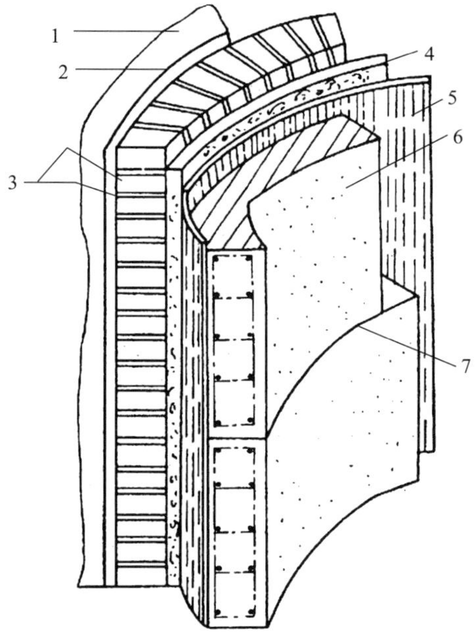

图 3-24　东欢坨副井 AV 型柔性复合井壁
1-围岩；2-灰浆；3-用可塑性木垫板接缝的混凝土砌块；4-沥青层；5-焊接密封的钢板套；6-钢筋混凝土；7-机油隔层

② 井壁主体部分总厚度为 1370mm，由 5 层组成，从井中向外分别为：钢筋混凝土内层井壁，厚 750mm，混凝土标号为 C35、C45；钢板，厚 8mm，与混凝土接触面均涂不小于 0.5mm 的沥青漆；沥青、石粉玛碲脂层，厚 250mm，用 200 号液体石油沥青和细度相当于 P.O 42.5 水泥的石灰石粉，加热至 185℃搅拌成密度为 1.3t/m^{3}的液态物灌入内外层井壁之间；楔形小型混凝土预制块(C35)夹 15mm 厚的水平木屑板形成砌体(外层井壁)；小型混凝土块砌体与冻结壁之间填充 1∶5 的水泥砂浆。

(3) 井壁受力分析。

钢筋混凝土内层井壁为重要承载结构。设计考虑永久地压直接作用在外层井壁上，外壁由于有沥青层存在，压力处于平衡状态，则内层井壁承受 0.013H(H 为深度，m)的全部沥青层压力。

钢板和被施工缝隔成一段一段的钢筋混凝土内层井壁和钢板与混凝土之间自由滑动面的设计，是针对回采井筒周围煤柱时，考虑地层不均匀沉降而引起井筒产生一定纵向弯曲而采取的措施。在这种情况下，延展度较好的钢板井壁仍能保证内层井壁不透水，而混凝土井壁分节断开的结构与钢板井壁的无约束性质使其具有一定的柔性。

中间沥青层呈黏滞状态，作用在井壁上的长时剪切力较小，因此围岩和外层井壁沉降时的轴向作用不会传至内层井壁上，能保证井筒的安全使用。类似液体的沥青近似地具有液体内部同一深度压强均等的性质，只要外层井壁及围岩与内层井壁的外表面没有直接接触，内层井壁将承受一直沿圆周均布分布的沥青荷载，这无疑使内层井壁处于一种良好的工作状态。另外，由于沥青的憎水性，沥青层还对保护钢板和整个井筒的防水起非常可靠的保障作用。

外层井壁由小型预制块夹水平木垫板的砌体井壁及其与冻结壁之间的砂浆充填层组成，一般只承受冻结施工临时荷载，沥青注入后，外层井壁就处于压力平衡状态。

(4) 实施效果。

东欢坨副井试验应用 AV 型滑动井壁，于 1986 年开工建设，由德国台尔曼-哈尼尔公司施工。由于井壁结构较为复杂，施工速度慢，该井的冻结段掘砌时间为 1987 年 9 月 12 日至 1989 年 2 月 15 日，平均掘砌速度为 10.7m/月，掘砌工程造价高达 5.7 万元/m，相当于同期我国类似条件的冻结井掘砌工程费用的 2 倍以上，影响在中国的推广应用。

3. 其他井壁结构的试验应用问题

(1) 1989 年潘一东风井冻结段钢筋混凝土双层井壁发生透水淹井事故时，正是原煤炭部组团去英国考察钢板井壁结构返回之际，淮南矿区正研讨试验应用钢板井壁结构问题，因此正式组成课题组去上海等地考察厚钢板圆筒加工事宜，终因未找到可靠的加工手段，而改用钢筋混凝土塑料夹层井壁。

(2) 2003 年在研讨龙固副井冻结段井壁结构问题时，济南煤矿设计院经过调研，提出深部冲积层采用钢筋混凝土丘宾筒等外层井壁结构和钢筋混凝土钢板内层井壁，后因钢筋混凝土丘宾筒的加工和井下吊装难题而放弃，但决定在深部冲积层试验应用厚钢板井壁，井壁最大厚度为 2.2m，但最后也因钢板圆筒在井下的施工难题而改用钢筋混凝土塑料夹层井壁，井壁厚度加大 0.3m。

4. 冲积层冻结段井壁结构发展趋势分析

根据 2012 年第三届国际建井大会报告和会议展示的建井材料分析，目前国外主要还是应用 AV 型滑动井壁结构，深井冻结中已经较少使用混凝土砌块和丘宾筒，井筒主结构也是现浇混凝土井壁，但是塑料夹层的研究发展很快，既有各类喷涂防水材料和工艺的研究，又有超强抗压塑料板的研究，其目的就是要用喷涂防水材料解决一般压力条件下的防水问题，用超强抗压塑料板替代钢板，解决高压条件下防水和防腐问题。

我国冲积层冻结段主要采用塑料夹层现浇混凝土井壁结构，所选用的夹层塑料基本上是薄型塑料软板，需要靠注浆工艺解决防水和井壁整体性问题，薄型塑料软板的防水性和强度均有待进一步提高；我国在深厚冲积层冻结段井壁结构上要与国际接轨，需要开发超强抗压塑料板及其防水充填材料和施工工艺，替代目前的软塑料夹层井壁和 AV 型滑动井壁结构。

3.3　钢筋混凝土塑料夹层井壁对含水基岩冻结段的适用性

3.3.1　内外层井壁受力计算

设计冻结段井壁时，计算内外层厚度时需要对钢筋混凝土塑料夹层井壁的内外层受力模型做些假设。一般冲积层冻结段井壁设计采用内、外层井壁分别受力的设计假设，即两层井壁分开受力，内层承受水压，外层承受土压或冻结压力；同时采用内、外层井壁共同受力的模型对冻结井壁进行验算。理论上内、外层井壁分层受力设计的井壁总厚度要比双层井壁整体受力计算的井壁薄一些；但由于外层井壁在冻结段掘砌过程中要承受冻结压力，这就使分层计算的井壁总厚度要比整体受力计算的井壁厚度稍厚些。

实践表明，钢筋混凝土塑料夹层井壁内、外层分层受力的设计假设对于深厚冲积层及风化基岩冻结段井壁较为安全可靠，也具有实用性、经济性，为我国深厚冲积层冻结段井壁发挥了巨大的科学潜力。

但是假设不能无条件地延伸使用，不应在含水基岩冻结段一味地照搬冲积层中的井壁结构及设计假设，更不应将假设作为真实的井壁受力状态。近年来施工的一些深厚含水软岩冻结段井壁计算，沿用了冲积层冻结段钢筋混凝土塑料夹层井壁结构或内、外层分层受力的设计假设，其井壁厚度远远超过了其他凿井方式的井壁厚度，有些甚至达到令人不解的程度。

3.3.2 含水基岩冻结段井壁结构的探讨

深厚冲积层冻结段掘砌过程，为抵抗冻结压力和施工安全，需要采用短段掘砌外层井壁的施工工艺，造成外层井壁接茬缝较多，井筒封水性差，为此增加了整体性较强、封水性较好的内层井壁，也由此产生了内外层井壁结合的问题，给内层井壁受力带来复杂的状况，也给内层井壁设计带来困扰，随着冻结井筒深度的增加，特别是深部基岩冻结，内层井壁受力的设计参数更难合理地选取。为使基岩冻结段井壁结构合理受力，减小水压对井壁产生的影响，在选用基岩冻结段井壁结构和施工工艺时，不应主动将水导入基岩段深部，再增加井壁厚度来承载水压。对于含水基岩冻结段的井壁结构、施工工艺及井壁受力状态，应进行深入、科学的探讨和实践，应探讨多种井壁结构形式，关键在于一方面不能将各含水层的水相互串通并引到深部，另一方面最后施工的井壁要有较好的完整性、附着性、密实性、隔水性，特别是可利用注浆等手段封堵串水。

(1) 基岩冻结孔布置圈一般距荒径大于 3m，基岩冻结壁的隔水性良好，含水岩层冻结壁稳定性较好、蠕变特性微弱，已经具有一定的临时支护功能，因此可取消现浇混凝土外壁，改为锚喷或锚网喷混凝土临时支护。例如，根据荒径和冻结管圈径位置，对含水破碎带、松散软岩采用 1.2～1.5m 长的锚杆进行加固，并喷射或网喷 150～200mm 的混凝土进行井筒临时支护，使增加的临时支护(外壁)厚度由 450～650mm 降至 150～200mm；含水岩层实际临时支护范围应超过含水层厚度。条件允许时可铺设部分外露网钩，增加临时支护与永久井壁间的黏结。

(2) 根据双层井壁的特点，应减小双层井壁间的光滑面接触，即减小外壁的表面光滑度，使外壁的内侧出现凹凸麻面。施工期间井筒的临时支护可以适当减薄，因此可改变现浇外层井壁结构和施工工艺，根据基岩稳定程度采用锚喷或锚网喷临时支护，使永久井壁自下而上浇筑时直接与喷射混凝土的临时支护接触，避免出现光滑面的壁间接触，提高井壁间的黏结度，从而减小永久井壁承受水压的折减系数 k_z。

(3) 可考虑在含水基岩段实施中长段高浇筑外层井壁，非含水基岩段网喷，基岩冻结段一次性套壁，不加塑料夹层。

(4) 在基岩风化带、高水头含水层、破碎带的下面层位，分段设置双锥形或复双锥形永久井壁壁座；如果保留双层井壁，也应分段套壁，利用多种形式的整体壁座隔断串水。

(5) 提高永久井壁的强度、刚度，增强与临时支护喷射混凝土的黏结性，封堵基岩孔隙、裂隙水的串水通道，减小水压对永久井壁的作用面，以实现减小永久井壁承受水压的折减系数 k_z 的目标。

(6) 隔断主要含水层在壁后上下串水的通道，避免永久井壁外出现高水压扩散区，减小井壁承受水压的面积。

(7) 对永久井壁出水部位的基岩进行注浆封水、加固。在冲积层冻结段的塑料夹层井壁进行壁间注浆是解决井壁漏水的有效方法，其作用就是封堵串水通道，充填外层井壁接茬缝，提高外层井壁及内外壁之间的密实性。含水基岩冻结井壁不宜单靠自身强度封水，应发挥基岩自身的功能，采用注浆法扩大封水范围，封堵基岩孔隙、裂隙等串水通道，减小永久井壁承受水压的折减系数 k_z，进一步提高井筒抵抗水压的能力。

第 4 章　深厚冲积层冻结设计

4.1　冻结法凿井不同阶段的冻结设计简况

4.1.1　引进消化阶段的冻结设计

1. 工程特点

1955～1959 年共计施工 18 个冻结立井、冲积层厚度为 14.3～154.8m，冻结深度为 22.5～162m。第一个井筒为林西风井，冲积层厚 65m，冻深 105m，由波兰承包冻结设计和施工，中国负责配合；第二个冻结井为唐家庄风井，冲积层厚 56.3m，冻深 60m，由苏联专家纳索诺夫指导冻结设计，中国负责制冷设计和施工；其他 16 个冻结井，均由中国自行设计和施工。

2. 冻结设计

该阶段施工的 18 个冻结井，均属于浅冲积层冻结。设计原则、地压计算和冻结壁厚度计算、参数选取、冻结孔布置、制冷冻结工艺等，基本上是参照波兰和苏联的浅冲积层冻结设计规程和经验进行的。我国通过林西风井、唐家庄风井的打钻、制冷冻结、掘砌工程实践和唐山风井等 16 个冻结井的设计、施工，基本上掌握了浅冲积层的冻结设计和施工技术，为进一步推广应用冻结法凿井技术奠定了基础。

(1) 冲积层地压：按秦巴列维奇地压公式(2-29)计算。

(2) 冻结深度：穿过冲积层进入不透水基岩 5m 以上。

(3) 冻结壁设计：只按强度条件计算冻结壁厚度，未按变形条件计算掘砌段高。

① 当冲积层厚度小于 100m 时，按第三强度理论(最大剪应力理论)推导的拉麦公式计算。

② 当冲积层厚度为 100～150m 时，按第四强度理论(形状改变比能理论)推导的古别拉公式计算。

(4) 设计参数选取。

① 盐水温度：冲积层厚度小于 100m 时，取－18℃；冲积层厚度大于 100m 时，取－22℃。

② 冻结孔终(成)孔允许间距：冲积层段取 3m。

③ 冻结壁平均温度：凭经验选取。当冲积层厚度小于 100m 时，取－7℃；当冲积层厚度大于 100m 时，取－10℃。

④ 冻土计算强度：当冻结壁平均温度为－7℃时，取 3MPa；当冻结壁平均温度为－10℃时，取 4MPa。

(5) 冻结孔布置。

① 单圈孔冻结，内/外侧冻结壁厚度比例取 60/40，冻结孔圈径按公式(2-1)计算。

② 冻结孔开孔间距为 1.1～1.2m。

3. 存在的问题

(1) 冻结钻孔偏斜大，终(成)孔间距易于超标，如吕家坨副井有一根冻结管在－68m 水平偏入井内。

(2) 对基岩段的涌水情况和施工措施未仔细分析，当施工至冻结段底部时，因基岩涌水量大造成淹井(如荆各庄主副井)。

4.1.2　探索改进阶段的冻结设计

1. 工程特点

1960～1988 年共计施工 283 个冻结立井，其中＜200、200～300m、＞300m 冲积层的冻结立井分别为 237 个、43 个、3 个，冲积层最大厚度达 358.5m，最大冻结深度达 415m。1963 年、1968 年、1979 年施工的邢台主井、平八东风井、潘三东风井的冲积层厚度分别达到 248.3m、324.4m、358.5m，说明我国从 20 世纪 60 年代初期便逐渐进入深厚冲积层冻结法凿井阶段，大于 200m 冲积层的冻结立井数(46 个，见表 4-1)是引进消化阶段全部冻结井数的 2.56 倍，冲积层的最大厚度(358.5m)达到引进消化阶段冲积层最大厚度(154.8m)的 2.32 倍，冲积层的最大厚度已超过德国、英国、波兰、加拿大，冻结设计和施工难度已进入国际攻关范畴。

表 4-1　1960～1988 年期间施工的 200～358.5m 冲积层冻结立井设计简况

序号	井筒名称	井筒净直径/m	冲积层厚度/m	冻结深度/m	开钻年限
1	邢台副井	5.5	241.2	260	1960
2	邢台主井	5.0	248.3	260	1963
3	芦岭西风井	5.0	235.2	240	1965
4	平八东风井	5.0	324.4	300/210	1968
5	潘一东风井	6.5	292.5	321/310	1974
6	朱仙庄主井	5.5	255.9	284	1975
7	朱仙庄副井	6.5	255.9	284	1975
8	朱仙庄中央风井	5.5	253.0	297/265	1975
9	潘集二矿副井	7.5	252.0	325/290	1975
10	潘集二矿主井	8.0	247.0	325/280	1976
11	潘集二矿西风井	6.5	284.0	327/310	1976
12	临涣主井	7.2	238.2	275	1976
13	临涣副井	7.2	238.2	275	1976
14	钱家营东风井	6.5	263.3	324/275	1976
15	潘集二矿南风井	6.5	275.4	320	1977
16	潘集三矿主井	7.5	210.4	280	1978
17	潘集三矿副井	8.0	210.4	280	1978
18	海孜主井	6.5	245.4	285/275	1978

续表

序号	井筒名称	井筒净直径/m	冲积层厚度/m	冻结深度/m	开钻年限	序号	井筒名称	井筒净直径/m	冲积层厚度/m	冻结深度/m	开钻年限
19	海孜副井	7.2	245.4	285/275	1978	32	钱家营副井	8.0	212.7	245(137)	1979
20	海孜中央风井	4.5	245.0	275/270	1978	33	毕各庄进风井	6.5	253.0	270(120)	1980
21	钱家营主井	6.5	212.7	242(105)	1978	34	童亭风井	5.0	221.4	257	1980
22	三河尖主井	5.6	214.8	245	1978	35	龙东主井	5.0	212.0	310/270	1980
23	邢台西风井	5.0 (5.5)	200.4	235	1978	36	龙东副井	6.5	214.6	326/270	1981
						37	谢桥矸石井	6.6	244.5	330/305	1982
24	张双楼主井	5.5	241.0	325/275	1978	38	桃园主井	5.0	288.4	340	1983
25	毕各庄回风井	6.5	265.1	270(120)	1978	39	桃园副井	6.5	291.7	340	1983
26	海孜西风井	6.0	239.4	280	1978	40	谢桥副井	8.0	298.7	360/346，360	1983
27	张双楼副井	6.5	241.0	345/285	1979	41	谢桥主井	7.2	291.4	363(130)	1983
28	三河尖副井	7.2	214.8	254	1979	42	任楼主井	5.0	277.4	353/318	1985
29	三河尖南风井	6.0	222.0	250	1979	43	任楼副井	7.2	277.2	350/318	1985
						44	朱仙庄南二风井		249.5	264	1987
30	潘集三矿东风井	6.5	358.5	415(118)	1979	45	东荣二矿风井	4.5	284.5	325	1988
31	潘三中央风井	6.6	210.4	300	1979	46	邱集主井	4.5	318.7	338/275	1989

注：冻结深度括号内数据为防片孔深度。

2. 冻结设计的基本状况

由于我国1955年才引进冻结法凿井技术，1963年和1968年冲积层厚度便猛增至248.3m和324.4m，跃居国际上深厚冲积冻结法、凿井的前列，加上国内在20世纪70年代初冻结法凿井的基础理论研究才处于萌芽阶段，同时国外对中国进行技术封锁，基本出路是依靠国内力量、自力更生、艰苦奋斗，对深厚冲积层的冻结技术难题进行探索和攻关。经过努力奋斗，取得一批有实用价值的成果，基本解决以砂性土层为主的小于300m冲积层的冻结设计技术难题。

1）冲积层地压

1970年开始采用重液公式(2-32)计算，取得较好效果，得到推广应用。

2）冻结壁设计

只按强度条件计算冻结壁厚度，未按变形条件计算掘砌段高。

(1) 1965年开始采用多姆克公式计算＞150m冲积层冻结壁厚度，取得良好效果。

(2) 1982年开始引入冻结壁有效厚度、有效厚度的平均温度新概念，提出按成冰公式计算单圈孔冻结壁有效厚度的平均温度，计算结果与实测结果基本吻合，得到推广应用；1987 年提出按成冰公式计算双圈孔冻结壁平均温度有效厚度的平均温度。

3）冻结设计参数选取

（1）盐水温度：1986 年之前浅井取－20～－25℃，深井取－25～－30℃；1986 年之后一般按冲积层厚度＜100m、100～200m、200～300m、＞300m 分别选取－18～－22℃、－20～－25℃、－25～－28℃、－28～－30℃。

（2）冻结孔成孔间距：1986 年之前钻进过程按钻孔偏斜率 0.3%（冲积层段）和 0.5%（基岩段）进行控制，成孔间距取 3m（冲积层段）和 5m（基岩段）；1986 年开始成孔间距按冲积层厚度＜100m、100～200m、200～300m、＞300m 分别取 1.8～2.0m、2.0～2.3m、2.3～2.6m、2.6～2.8m，基岩段取 4.0～5.0m。

（3）冻土计算强度：1978 年之前冻土极限抗压强度基本上按特鲁巴克 1954 年著《冻结法凿井》提供的冻土极限抗压强度试验资料选取，即冻土计算强度等于冻土极限抗压强度除以 2.0（砂性土层）～2.5（黏性土层）的安全系数；1978～1988 年逐步采用从国内冻结井掘进工作面采集立方体试件（50mm×50mm×50mm）按轴向快速加载（30s±5s）获得的无侧限抗压强度除以 2.2（砂性土层）或 2.5（黏性土层）的安全系数。

4）冻结孔布置

（1）布孔方式：1978 年之前为单圈冻结孔布置，1978 年开始在大于 200m 冲积层条件下试验应用主冻结孔圈内侧增设防片冻结孔圈的布孔方式。例如，在冲积层厚度为 212.7～358.5m 的钱家营主井、毕各庄风井、潘三东风井、谢桥主井距井帮 1.2m 左右处增设若干防片冻结孔，实现提早开挖和浅部不片帮、深部少挖冻土的效果，为冻结段安全快速施工创造有利条件。

（2）单圈孔圈径计算：根据 1976 年之前获得单圈孔冻结壁形成特性试验实测资料分析，提出按深 250m 作为单圈孔布置圈径计算的分界线：冲积层厚度小于 250m 时，布置圈径按公式（2-2）计算；冲积层厚度大于 250m 时，布置圈径按公式（2-3）计算。

（3）防片孔圈的圈径：按公式（2-4）计算。

5）冻结管直径

当冲积层厚度小于 250m 时，宜选用 Φ127～140mm 冻结管；当冲积层厚度大于 250m 时，宜选用 Φ140～159mm 冻结管。

3. 存在问题

（1）只按强度条件计算砂性土层冻结壁厚度，未进行黏性土层的掘砌段高计算，对冻结壁稳定性未提出要求，施工中掘砌段高一般偏大（5～7m），井帮裸露时间往往偏长（大于 36h），在大于 200m 的深部黏性土层中断管严重（表 1-22），经分析认为冻结管断裂与冻结壁设计忽视掘砌段高计算有关。

（2）对 200m 以上冲积层的冻结壁厚度计算公式不统一，冻结壁设计厚度相差较大。以安徽潘谢矿区为例，1972～1977 年开工的潘一矿主井、副井、中央风井、东风井和潘二主副井、西风井、南风井，冲积层厚度为 152～292.5m，冻结深度为 200～321m，采用多姆克于 1915 年按第三强度理论推导的无限长弹塑性厚壁筒公式计算冻结壁厚度(表 4-2)，与冻结壁实测厚度基本一致。

1977 年中国某专家运用多姆克的分析方法，采用第四强度理论，推导得出与多姆克公式相似的冻结壁厚度计算公式，1978～1983 年开工的潘三矿主井、副井、中央风井、东风井和谢桥主井、副井、矸石井，采用此公式计算的冻结壁厚度(表 4-3)比按多姆克公式计算的厚度减薄 35%左右，安全性较差，1983 年之后基本上不采用此公式计算冻结壁厚度。

表 4-2　潘谢矿区 1972～1977 年施工的立井冻结壁设计厚度

序号	开钻年限	井筒名称	井筒净直径/m	冲积层厚度/m	冻结深度/m	冻结壁厚度	
						计算公式	设计值/m
1	1972	潘一主井	7.5	160	200	按多姆克 1915 年根据第三强度理论推导的无限长弹塑性厚壁筒公式(4-5)计算	4.50
2	1973	潘一副井	8.0	152	200		4.47
3	1974	潘一东风井	6.5	292.5	321/310		5.36
4	1975	潘一中央风井	6.5	167.9	224/178		4.00
5	1975	潘二主井	7.5	252	325/290		5.10
6	1976	潘二副井	8.0	247	325/280		5.10
7	1976	潘二西风井	6.5	284	327/310		4.84
8	1977	潘二南风井	6.5	275.4	320		5.14

表 4-3　潘谢矿区 1978～1983 年施工的立井冻结壁设计厚度

序号	开钻年限	井筒名称	井筒净直径/m	冲积层厚度/m	冻结深度/m	冻结壁厚度	
						计算公式	设计值/m
1	1978	潘三主井	7.5	210.4	280	按国内某专家 1977 年第四强度理论推导的无限长弹塑性厚壁筒公式计算	2.67
2	1978	潘三副井	8.0	210.4	280		2.83
3	1979	潘三东风井	6.5	358.5	415(118)		5.22
4	1979	潘三中央风井	6.6	210.4	300		2.35
5	1982	谢桥矸石井	6.6	244.5	300/305		3.43
6	1983	谢桥主井	7.2	291.4	363(130)		4.76

注：冻结深度括号内数据为防片孔深度。

(3) 在芦岭西风井 235.2m 冲积层段试验应用分期(段)冻结工艺(第一段深 0～170m，第二段深 170～240m)。冻结段掘砌过程中，深 180m 以下冻结管断裂 15 根，经分析认为与深部冻结壁强度偏低有关。

(4) 在平八东风井 324.4m 冲积层中采用差异冻结工艺(330m/210m)，在深 210m 以下冻结管断裂 18 根，经分析认为与深部冻结壁强度偏低有关。

(5) 1983 年之前，冻结壁平均温度基本上按经验选取－7℃(≤200m 冲积层)和－

10℃(>200m 冲积层)，与工程实际出入较大。

4.1.3　提高完善阶段的冻结设计

1. 面临的难题及攻关方向

1) 难题

1960～1988 年探索改进阶段施工的 283 个冻结立井中，200～300m、大于 300m 冲积层的井筒数分别为 43 个、3 个，年均施工大于 200m 冲积层的井筒数 1.59 个，冲积层最大厚度为 358.5m，共有 13 个井筒发生 174 根冻结管断裂(表 1-22)，2 个井筒因冻结管断裂导致冻结壁透水涌砂淹井事故，且断管数量随着冲积层厚度的增大呈增长趋势，危及井筒施工安全，成为冻结法凿井向纵深发展的"拦路虎"。

1989～1999 年拟施工的 177 个冻结立井中，200～300m、大于 300m 冲积层的井筒数分别为 32 个、14 个(表 4-4)，大于 300m 冲积层的冻结立井数大幅增加，冻结管断裂问题将更加突出。

表 4-4　1989 年我国开始施工的大于 300m 冲积层冻结立井简况

序号	井筒名称	井筒净直径/m	冲积层厚度/m	冻结深度/m	开钻年限
1	邱集副井	4.5	317.0	330	1989
2	陈四楼主井	5.0	369.0	423	1989
3	陈四楼副井	6.5	374.5	435	1989
4	钱家营西风井	7.0	307.7	324	1990
5	元氏主井	5.0	321.2	375	1992
6	元氏副井	6.0	360.7	410	1992
7	祁南主井	5.5	329.2	378	1992
8	祁南副井	7.5	329.9	372	1992
9	祁南西进风井	5.0	326.6	366	1992
10	淮南张集主井	6.0	327.5	374/335	1996
11	淮南张集副井	8.8	324.2	373/335	1996
12	张集中央风井	7.8	327.2	376/355	1996
13	金桥主井	4.5	378.3	412	1997
14	金桥副井	5.0	383.0	416	1998

2) 冻结管断裂原因浅析

根据我国冻结法凿井探索改进阶段冻结管断裂情况(表 1-22)调查分析，初步得出冻结管断裂的主要原因如下。

(1) 冻结壁设计体系不完善：只按强度条件计算冻结壁厚度，不按变形条件计算冻结壁掘砌段高，忽视掘砌段高的重要性，留下安全隐患。

(2) 对冻结壁厚度计算公式的适应性认识不足，在缺乏实践经验的情况下，选用冻结壁计算厚度较小的公式(表 4-3)，容易发生冻结管断裂。

(3) 对冻结壁形成特性和黏性土层变形特性认识不足，在深部以黏性土层为主的冲积层中，采用分期(段)冻结(如芦岭西风井)、差异冻结(平八东风井)工艺，会削弱深部黏性土层的冻结壁厚度和强度，容易导致冻结管断裂。

(4) 在冻结段掘砌过程中发生外层井壁压坏变形，使外层井壁不能与冻结壁共同承受冻结压力，或因冻结壁局部变形偏大而导致冻结管断裂；有的矿井在掘砌过程中加大外层井壁厚度，也造成了内侧冻结壁有效厚度减薄，而导致冻结管断裂。

(5) 在冻结段施工过程中，一般掘砌段高(5～7m)偏大，容易造成冻结管断裂，因为当时认识不统一，纠正也较难。

(6) 冻结管的材质杂乱和焊接质量差，也是造成冻结管断裂的重要原因。

3) 防止冻结管断裂的主攻方向

根据探索改进阶段冻结管断裂原因和提高完善阶段冻结设计面临的问题综合分析，将解决好近 400m 冲积层冻结管断裂问题作为此阶段的主攻方向。

(1) 建立符合国情的冻结壁设计计算体系，以适应深厚冲积层冻结法凿井的需要。

(2) 制定冻结管材基本性能指标与新管材研制。

(3) 在已有小于 350m 冲积层冻结壁形成特性试验实测成果的基础上，科学选取冻结孔圈布置方式与冻结工艺，为形成设计要求的冻结壁提供技术支撑。

(4) 加强盐水流量检测与调控，为冻结段安全快速施工创造有利条件。

(5) 开展冻结壁径向位移实测研究，严防冻结壁径向位移偏大而导致冻结管断裂。

2. 完善冻结设计的措施及实施效果

1) 应对措施

(1) 建立冻结壁厚度、掘砌段高、平均温度的计算方法与设计参数优选“四位一体”的冻结壁设计计算体系。

① 将冻结壁有效厚度和有效厚度平均温度的概念应用于冻结设计中，使设计条件更符合工程实际。

② 根据冲积层埋藏特点优选砂性土层和黏性土层的设计控制层位。

③ 既按强度条件计算冻结壁厚度，又按变形条件计算掘砌段高，使冻结壁能更全面地满足受力条件和冻结工艺的要求。

④ 正确选用冻结壁厚度计算公式。

根据国内外常用的冻结壁计算公式在探索改进阶段应用情况和国内冻结壁形成特性试验实测综合分析结果，提出冻结壁厚度计算公式的优选意见。

(a) 拉麦公式和古别拉公式在引进消化阶段、探索改进阶段均分别用于小于 150m、150～200m 冲积层冻结壁厚度计算，已证实使用效果良好，故不再赘述。

(b) 多姆克公式较为简单适用，不可控因素少，计算结果与实测较为吻合，用于计算砂性土层的冻结壁厚度较为适宜，能较好满足深厚冲积层冻结壁厚度计算的需要。

(c) 里别尔曼公式较为简单适用，不可控因素少，用于计算黏性土层的冻结壁厚度较为适宜，但计算厚度薄些，如何用得更好需在应用过程中进一步探讨。

（d）维亚洛夫-扎列茨基公式中的掘砌段高两端固定程度系数 η 值取决于冻结与掘砌的配合，可用于计算黏性土层的冻结壁厚度，也可用于计算深部黏性土层的掘砌段高。

⑤ 正确选用掘砌段高计算公式。根据我国探索改进阶段发生冻结管断裂和井筒的冻结设计基本指标、断管情况（层位、井深、掘砌段高、断管数量等）、冻结壁形成特性实测资料等综合分析，对国外掘砌段高的计算公式（表 4-12）提出如下优选意见。

（a）里别尔曼掘砌段高公式和维亚洛夫-扎列茨基掘砌段高公式均较简单适用，影响因素基本可控，计算结果基本相近，均可用于深部黏性土层掘砌段高计算；但从掘砌段高两端固定程度系数与冻结掘砌的关系分析，认为维亚洛夫-扎列茨基公式（4-9）可作掘砌段高的首选计算公式。

（b）维亚洛夫-扎列茨基按最大变形能理论推导的掘砌段高公式，较为复杂，其中随时间和温度变化的冻土变形模量 $A(\tau,t)$ 要由试验确定，不可控因素较多，实际应用过程易于出现偏差。

⑥ 正确选用冻结壁有效厚度平均温度计算公式。

（a）冻结壁平均温度计算发展简况。

1955～1982 年，冻结壁平均温度基本上按波兰、苏联 20 世纪 50 年代的做法凭经验取－7℃（＜200m 冲积层）或－10℃（≥200m 冲积层），过于粗糙，误差较大；1981 年陈文豹等翻译出版的《立井冻结壁形成规律》中介绍了波兰学者斯捷潘诺娃于 1974 年采用有限差分方法分析提出的单圈孔冻结壁平均温度计算公式和苏联学者纳斯诺夫-苏普利克于 1976 年采用水力积分仪模拟试验提出的单圈孔冻结壁平均温度计算公式。1982 年成冰根据潘集试验井、潘一东风井、潘三东风井等冻结壁温度场试验实测结果综合分析提出的单圈孔冻结壁有效厚度平均温度计算公式。1987 年成冰根据谢桥副井双圈孔冻结试验资料分析，提出双圈孔冻结壁有效厚度平均温度简易计算公式。成冰等科研人员在 21 世纪初又根据多圈孔冻结壁温度场实测结果，提出多圈孔冻结壁有效厚度平均温度计算公式。

（b）对冻结壁平均温度公式应用体会。

第一，斯捷潘诺娃公式计算单圈孔冻结壁内外侧 0℃边界线计算的平均温度（t_{0c}）分别比按纳斯诺夫-苏普利克公式和成冰公式计算的平均温度（t_{0c}）高 1.4℃和 3.1℃。第二，斯捷潘诺娃公式和纳斯诺夫-苏普利克公式均未考虑井帮温度对冻结壁有效厚度平均温度的影响，而成冰公式根据冻结壁形成特性实测资料分析，得出井帮温度会使冻结壁有效厚度的平均温度（t_{c1}）降低 1.5～2.0℃。

根据以上分析结果，认为选用成冰公式计算单圈孔冻结壁有效厚度的平均温度（t_{c1}）符合冻结工程实际，较为科学。

⑦ 设计参数优选。

（a）根据国内制冷冻结技术水平分析，为了适应近 400m 冲积层制冷冻结的需要，把冻结盐水最低温度降至－30～－32℃。

（b）根据国内打钻技术水平分析，把主冻结孔的终（成）孔间距和开孔间距分别定为

2.8m 和 1.3m 左右。

(c) 根据 20 世纪 80 年代中期国内冻结段掘砌已有水平，结合 90 年代冻结段安全施工的需要，提出井筒正式开挖后第 1、2、3、4、5、6 个月的外层井壁的掘砌速度应分别达到 80m/月、70m/月、60m/月、50m/月、45m/月、40m/月；深 100m、200m、300m、400m 黏性土层的井帮温度分别为 0～－1℃、－2～－3℃、－5～－6℃、－7.5～－8.5℃。

(d) 冻土计算强度。我国 1989 年开始从井筒检查孔采集圆柱体试件(Φ61.8mm×150mm)进行冻土试验。根据分析，从井检孔采集黏性土试件过程中，含水量容易保持不变，试验结果可信度高，实验结果可直接提供冻结设计选用；从井检孔采集砂性土试件过程中，容易造成含水量漏失，试验结果的可信度差，不能直接供冻结设计选用。煤科总院北京建井研究所的技术人员提出从我国已建成 152～374.5m 冲积层的 41 个冻结井的冻结壁平均温度与冻土计算强度关系(表 4-5)中优选典型数据，拟合成砂性冻土计算强度与冻结壁平均温度关系曲线(图 4-1)，在拟合曲线上选取待设计井筒的冻土计算强度值。

表 4-5　2000 年之前我国砂性冻土计算强度取值与冻结壁平均温度的关系

序号	井筒名称	井筒净直径/m	冲积层厚度/m	冻结深度/m	井壁厚度/m	开钻年限	冻结盐水温度/℃	设计控制层位	冻结壁平均温度/℃	冻土计算强度/MPa	冻结壁计算厚度/m
1	邢台副井	5.5	241.2	260	0.75	1960	－20		－10.0	4.0	3.77
2	邢台主井	5.0	248.3	260	0.90	1963	－19		－10.0	4.0	3.07
3	芦岭西风井	5.0	235.2	240	0.75	1965	－20		－7.0	3.67	2.38
4	平八东风井	5.0	324.4	330/210	0.85	1968	－25		－8.0	4.0	4.05
5	姚桥主井	5.0	160.5	175	0.70	1971	－25		－7.0	3.67	3.20
6	姚桥副井	6.0	160.5	175	0.80	1971	－25		－7.0	3.67	3.80
7	林南仓主井	5.0	177.0	200	0.85	1971	－25		－7.0	4.0	3.2
8	大屯主井	5.0	152.0	170	0.80	1972	－30		－7.0	3.67	3.17
9	孔庄主井	5.0	156.6	173	0.80	1972	－29		－7.0	3.67	2.40
10	孔庄副井	6.0	156.6	173	0.90	1973	－29		－7.0	3.67	3.70
11	潘一主井	7.5	160.0	200	0.90	1972	－30		－7.0	3.67	4.5
12	潘二副井	8.0	152.0	200	0.90	1973	－30		－7.0	3.67	4.47
13	林南仓副井	6.5	177.0	210	0.95	1973	－28		－7.0	3.67	
14	兴隆庄主井	6.5	188.7	220	1.10	1973	－25		－7.0	4.4	3.11
15	兴隆庄副井	7.5	188.2	220	1.30	1975	－25		－7.0	4.4	3.59
16	潘一东风井	6.5	292.5	321	1.20	1974	－30		－7.5	5.35	5.36
17	潘一中央风井	6.5	167.9	224	0.90	1975	－30		－7.0	3.67	4.0
18	朱仙庄主井	5.5	255.9	284	1.20	1975	－30		－7.5	5.4	4.15
19	朱仙庄副井	6.5	255.9	284	1.20	1975	－30		－7.5	5.4	4.70

续表

序号	井筒名称	井筒净直径/m	冲积层厚度/m	冻结深度/m	井壁厚度/m	开钻年限	冻结盐水温度/℃	设计控制层位	冻结壁平均温度/℃	冻土计算强度/MPa	冻结壁计算厚度/m
20	朱仙庄中央风井	5.5	253.0	297	1.10	1975	−30		−7.5	5.4	4.08
21	潘二主井	7.5	252.0	325	1.20	1975	−30		−7.5	5.4	5.10
22	潘二副井	8.0	247.0	325	1.20	1975	−30		−7.5	5.4	5.10
23	潘二西风井	6.5	284.0	327	1.20	1976	−30		−7.5	5.4	4.84
24	潘二南风井	6.5	275.4	320	1.20	1977	−30		−7.5	5.04	5.14
25	毕各庄回风井	6.5	256.1	270	1.20	1978	−25		−10.0	4.8	3.52
26	三河尖主井	5.6	214.8	245	0.90	1978	−25		−7.5	4.8	4.27
27	三河尖副井	7.2	214.8	250	1.30	1979	−25		−8.0	4.8	4.69
28	三河尖风井	6.0	222.0	250	1.00	1979	−28		−7.5	4.6	4.10
29	张双楼主井	5.5	241.0	325	1.00	1978	−25		−7.0		4.00
30	张双楼副井	6.5	241.0	245	1.20	1979	−25		−7.0		4.50
31	桃园主井	5.0	288.4	340	1.35	1983	−30		−9.0	5.74	4.50
32	桃园副井	6.5	291.4	340	1.55	1983	−30		−9.0	5.74	5.50
33	陈四楼主井	5.0	369.0	423	1.60	1989	−32	粉砂	−10.0	5.68	5.30
34	陈四楼副井	6.5	374.5	435	1.80	1989	−32	粉砂	−10.6	5.75	6.30
35	古汉山主井	5.0	210.0	277	0.95	1991		细砂	−7.5	4.60	2.90
36	古汉山副井	6.5	214.6	271	1.25	1991		细砂	−8.0	4.70	3.20
37	古汉山风井	5.0	203.7	287	0.95	1991		细砂	−7.5	4.60	2.90
38	车集主井	5.0	244.9	300	1.15	1992	−30	粉砂	−8.5	4.55	4.00
39	车集副井	6.5	242.3	290	1.30	1992	−30	细砂	−8.8	5.20	4.15
40	城郊主井	5.0	292.5	390	1.35	1997	−30	粉砂	−9.2	4.70	5.43
41	城郊副井	6.5	293.1	404	1.60	1997	−30	粉砂	−9.7	4.70	5.44

(2) 冻结孔布置方式。

根据采用单圈孔、主孔圈＋防片孔圈、主孔圈＋辅助孔圈(双圈孔)三种布孔方式的实施效果分析，认为近 400m 冲积层采用主孔圈＋防片孔圈的布孔方式为较佳方式，其优点是能实现井筒提早开挖，防止浅部片帮和深部少挖冻土，有利于实现冻结段安全快速施工。

(3) 开展冻结器盐水“最佳”循环量和检测方法的研究。

① 根据探索改进阶段在潘二南风井等进行盐水循环量与冻结器散热效果的试验实测研究，得出能使冻结器环形空间内盐水呈层流向紊流状态过渡的循环量为“最佳”循环量或“最经济”循环量。对冻结工程应用而言，每个冻结器的盐水设计循环量比“最佳”或“最经济”循环量加大 $2m^3/h$ 即可。

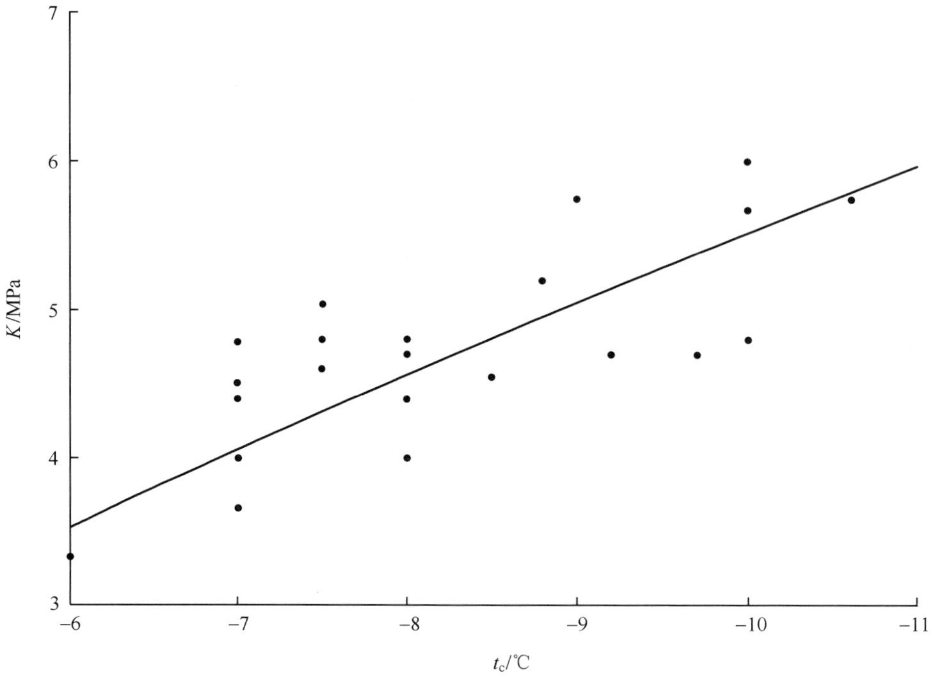

图 4-1　2000 年之前我国砂性冻土计算强度(K)与冻结壁平均温度(t_c)的拟合曲线
主要适用于单圈孔冻结及主冻结孔圈内侧增设防片孔冻结

② 冻结器盐水循环量的检测方法。冻结器盐水流量检测是项看似简单而实难做好的工作,总强调要做好,但冻结单位一直未做好的一项重要工作,究其原因有二:一是检测环境条件差(环形冷冻沟槽内);二是冻结器数量多,不宜大量安装流量计,检测代价高。为此确定在陈四楼副井开展此项研究工作,专门设计采用一台普通水表检测每个冻结器盐水流量的检测系统,取得良好效果。

(4) 在冻结段掘砌过程中建立深厚黏性土层冻结壁径向位移实测与掘砌段高调控的机制。

2) 实施效果

提高完善阶段冻结涉及的中心任务是防止冻结管断裂难题,主要做法是在 1989～1991 年施工的最深冻结井——陈四楼主、副井冻结设计中建立"四位一体"的冻结壁设计计算体系,采用主孔圈＋防片孔圈的布孔方式,制定冻结器"最佳"的盐水循环量和用一台普通水表检测每个冻结器盐水流量的检测系统,开展冻结壁形成特性的实测、工程预报与冻结器盐水流量、温度调控机制的研究,开展数显式收敛计检测深部黏性土层冻结壁径向位移与掘砌段高、井帮裸露时间调控机制的研究,安全顺利地通过 369m(主井)～374.5m(副井)冻结段,创下近 400m 冲积层冻结管未发生冻结管断裂的全国纪录,标志着我国深厚冲积层冻结法凿井技术达到国际先进水平。

4.1.4 创新攀高阶段的冻结设计

1. 冻结设计遇到的新难题

2000～2014 年我国共计施工 630 多个冻结立井，其中 300～400m、400～500m、大于 500m 冲积层的冻结井数分别达到 51 个、48 个（表 4-6）、29 个（表 4-7），冲积层最大厚度达 675.6m。该阶段大于 300m 冲积层冻结井数（128 个）为 1989～1999 年 300～400m 冲积层冻结立井数（14 个）的 9.14 倍，而大于 400m 冲积层的 77 个冻结井国内外尚无成熟的冻结设计实践经验可供借鉴，是我国创新攀高阶段冻结设计遇到的新难题。

表 4-6　2000～2014 年施工的 400～500m 冲积层冻结立井简况

序号	井筒名称	井筒净直径/m	冲积层厚度/m	冻结深度/m	开钻年限	序号	井筒名称	井筒净直径/m	冲积层厚度/m	冻结深度/m	开钻年限
1	程村主井	4.5	429.9	485	2001	25	朱集西主井	6.0	451	529	2008
2	程村副井	5.0	429.9	485	2002	26	朱集西副井	8.0	472	540	2008
3	济西主井	4.5	459.0	488	2002	27	朱集西风井	7.5	472	532	2008
4	济西副井	5.0	459.0	488	2002	28	祁东南区进风井	6.5	416	460	2008
5	涡北主井	5.0	413.9	477	2003	29	城郊西进风井	5.0	420.9	465	2009
6	涡北副井	6.5	410.9	483	2003	30	城郊西回风井	5.0	420.9	465	2009
7	涡北风井	5.0	415.5	477	2003	31	梁宝寺二矿主井	5.0	448.9	510	2009
8	赵楼主井	7.0	473.0	527	2004	32	梁宝寺二矿副井	6.5	464.4	536	2009
9	赵楼副井	7.2	475.0	530	2004	33	梁宝寺二矿风井	5.5	453.9	526	2009
10	赵楼风井	6.5	471.0	534	2004	34	顺和主井	4.5	437.0	473	2009
11	顾北主井	7.6	464.0	500	2004	35	顺和副井	6.5	437.7	500	2009
12	顾北副井	8.1	462.7	500	2004	36	顺和风井	4.5	437.0	473	2009
13	顾北风井	7.0	464.4	502	2004	37	（山东）张集主井	5.5	456.7	583	2009
14	花园主井	4.5	476.8	512	2005	38	（山东）张集副井	6.5	449.7	615	2009
15	花园副井	5.0	476.8	512	2005	39	李粮店主井	5.0	479.0	772	2009
16	泉店主井	5.0	455.3	513	2005	40	李粮店副井	6.5	481.5	800	2009
17	泉店副井	6.5	440.1	500	2005	41	李粮店风井	6.0	460.9	513	2009
18	泉店风井	5.0	455.3	523	2005	42	红四主井	5.5	466.1	565	2010
19	李堂主井	5.0	427.2	468	2006	43	红四副井	7.0	466.1	565	2010
20	李堂副井	5.0	430.0	475	2006	44	红四风井	6.0	470.3	642	2010
21	霄云主井	4.5	420.4	470	2007	45	潘三新西风井	8.0	441.2	508	2010
22	霄云副井	5.0	403.9	470	2007	46	安里主井	5.0	414.2	485	2011
23	杨营主井	5.0	496.1	540	2008	47	安里副井	5.5	411.2	483	2011
24	杨营副井	6.0	412.0	588	2008	48	平煤二矿进风井	7.0	415.5	450	2012

表 4-7　2000～2014 年施工的大于 500m 冲积层冻结立井简况

序号	井筒名称	井筒净直径/m	冲积层厚度/m	冻结深度/m	开钻年限	序号	井筒名称	井筒净直径/m	冲积层厚度/m	冻结深度/m	开钻年限
1	龙固副井	7.0	567.7	650	2003	16	赵固二矿风井	5.2	524.5	628	2006
2	丁集主井	7.5	530.45	565	2003	17	郓城主井	7.0	534.2	590	2006
3	丁集副井	8.0	525.25	565	2003	18	郓城副井	7.2	536.6	590	2006
4	丁集风井	7.5	528.65	558	2003	19	陈蛮庄主井	5.0	568.8	629	2008
5	赵固一矿主井	5.0	518.0	575	2004	20	陈蛮庄副井	6.5	556.9	640	2008
6	赵固一矿副井	6.8	519.7	575	2004	21	陈蛮庄风井	5.5	572.5	644	2008
7	赵固一矿风井	5.2	526.5	575	2004	22	杨村副井	7.5	536.65	725	2008
8	郭屯主井	5.0	587.4	702	2004	23	杨村主井	7.5	538.25	723	2009
9	郭屯副井	6.5	583.1	702	2004	24	杨村风井	7.8	538.9	800	2010
10	郭屯风井	5.5	577.1	702	2004	25	龙固北风井	6.0	675.6	730	2010
11	口孜东主井	7.5	568.4	740	2005	26	板集主井	7.9(外)	585.86	660	2010
12	口孜东副井	8.0	571.9	620	2005	27	板集副井	9.3(外)	581.30	673	2010
13	口孜东风井	7.0	573.2	626	2005	28	板集风井	8.3(外)	583.25	666	2010
14	赵固二矿主井	5.0	530.5	615	2006	29	赵固一矿西风井	6.0	502.51	589	2013
15	赵固二矿副井	6.9	527.5	628	2006						

2. *大于 500m 冲积层冻结设计的新举措*

在总结 1989～1999 年成功解决近 400m 冲积层冻结管断裂的经验基础上，提出大于 500m 冲积层冻结设计的新举措如下：

(1) 完善 1989 年建立的近 400m 冲积层“四位一体”的冻结壁设计计算体系，使其能更好满足大于 500m 冲积层冻结设计的需要。

① 在继续采用多姆克公式计算砂性土层冻结壁厚度的同时，参考 400m 以上冲积层冻结井(表 4-6、表 4-7)建设中多圈孔布置的冻土计算强度实际状况，完善图 4-1 所示砂性冻土计算强度与冻结壁平均温度关系曲线，并进一步补充了 300m 以上冲积层砂性土层冻土计算强度与冻结壁平均温度的拟合曲线(图 4-2)，以满足 500m 以上冲积层冻结设计的需要。部分多圈孔冻结设计的砂性冻土计算强度与冻结壁平均温度关系见表 4-8，取得良好效果。

② 根据多圈孔冻结壁温度场检测分析，提出计算多圈孔冻结壁有效厚度平均温度的成冰公式(4-15)，使计算结果更接近工程实际。

③ 根据国内制冷冻结技术水平，把冻结盐水最低温度降至－32～－36℃。

④ 根据多圈孔冻结壁温度场检测分析和冻结孔布置优化研究，提出深厚冲积层控制层位井帮温度变化分布优化值。

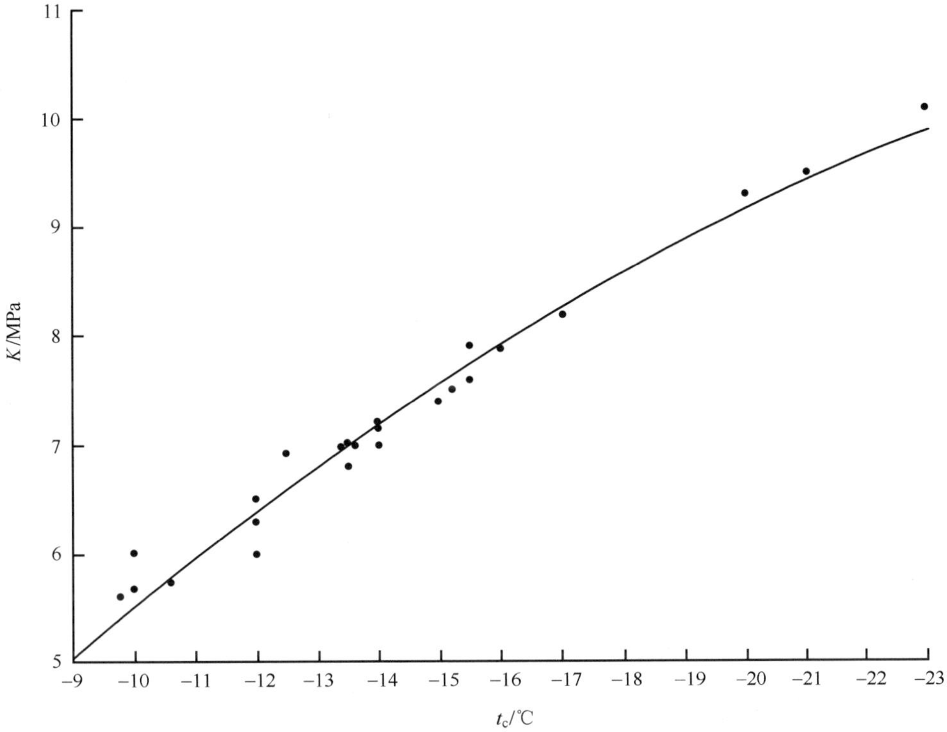

图 4-2　2000 年以来我国砂性冻土计算强度(K)与冻结壁平均温度(t_c)的拟合曲线

主要应用于多圈孔冻结及主冻结孔圈内侧增设辅助孔或防片孔冻结

表 4-8　2000 年以来我国部分冻结井砂性冻土计算强度与冻结壁平均温度的关系

序号	井筒名称	井筒净直径/m	冲积层厚度/m	冻结深度/m	井壁厚度/m	开钻年限	设计控制层位	冻结盐水温度/℃	冻结壁平均温度/℃	冻土计算强度/MPa	冻结壁计算厚度/m
1	程村主井	4.5	429.9	485	1.60	2002	砾石	−32	−13.5	7.0	6.0
2	程村副井	5.0	429.9	485	1.80	2002	砾石	−32	−14.0	7.2	6.9
3	赵固一矿主井	5.0	518.0	575	1.80	2004	细砂	−34	−15.2	7.5	7.8
4	赵固一矿副井	6.8	519.7	575	2.05	2004	细砂	−34	−15.5	7.9	9.5
5	赵固一矿风井	5.2	526.5	575	1.70	2004	细砂	−34	−15.2	7.5	7.8
6	泉店主井	5.0	455.3	513	1.70	2005	粉砂	−32	−13.5	6.8	7.4
7	泉店副井	6.5	440.1	500	2.00	2005	粉砂	−32	−13.5	6.8	7.4
8	泉店风井	5.0	455.3	523	1.70	2005	粉砂	−32	−14.0	7.0	8.9
9	赵固二矿主井	5.0	530.5	615	1.50	2006	细砂	−32	−16.0	7.9	7.2
10	赵固二矿副井	6.9	527.5	628	2.00	2006	细砂	−32	−17.0	8.2	9.4
11	赵固二矿风井	5.2	524.5	628	1.60	2006	细砂	−32	−16.0	7.9	7.5
12	城郊西进风井	5.0	420.9	465	1.70	2007	细砂	−32	−14.5	6.8	6.9

续表

序号	井筒名称	井筒净直径/m	冲积层厚度/m	冻结深度/m	井壁厚度/m	开钻年限	设计控制层位	冻结盐水温度/℃	冻结壁平均温度/℃	冻土计算强度/MPa	冻结壁计算厚度/m
13	方庄新主井	5.5	359.2	477	1.50	2007	粗砂砾石	−30	−10.0	6.8	5.7
14	红一矿风井	6.0	363.9	450	1.55	2009	粉土	−30	−12.0	6.5	5.7
15	红一矿副井	8.0	359.1	432	1.60	2009	细砂	−32	−12.5	6.9	7.2
16	红一矿主井	6.0	361.2	412	1.55	2009	粉土	−30	−12.0	6.0	5.8
17	顺和主井	4.5	437.0	473	1.40	2009	细砂	−32	−14.5	6.8	6.9
18	顺和副井	6.5	437.7	500	1.75	2009	细砂	−32	−14.0	7.5	8.0
19	李粮店主井	5.0	479.2	772	1.50	2009	细砂	−32	−15.0	7.4	7.0
20	李粮店副井	6.5	481.5	800	1.85	2009	粉砂细砂	−32	−15.5	7.6	9.0
21	安里主井	5.0	414.2	474.5	1.40	2009	砾石	−32	−13.4	6.98	6.3
22	安里副井	5.5	411.2	477.5	1.50	2009	砾石	−32	−13.6	7.0	6.8
23	红二矿副井	8.0	299.5	414	1.65	2013	细砂	−32	−12.0	6.3	5.2
24	赵固一矿西风井	6.0	502.5	589	1.70	2013	中砂	−32	−15.5	7.7	8.1

(2) 开展多圈冻结孔布置与冻结工艺优化组合的试验研究，为 500m 以上冲积层多圈孔冻结设计提供技术支撑。

(3) 应用冻结壁温度场数值计算方法和冻结壁形成特性综合分析方法，开展冻结设计预测与方案优化，取得良好效果。

3. 实施效果

2000～2014 年在深厚冲积层冻结设计方面主要完善 1989 年建立的“四位一体”的冻结壁设计计算体系、多圈冻结孔布置方式与不同孔圈冻结工艺的优化组合，采用冻结壁温度场的数值分析方法和冻结壁形成特性的综合分析方法进行冻结设计方案优化，并通过完善冻结壁形成特性工程预报与冻结盐水温度和流量调控的机制，健全冻结壁径向位移实测与掘砌段高、井帮裸露时间调控的机制等措施，有效解决 500m 以上冲积层冻结设计难题，为我国安全建成 300～500m 及大于 500m 冲积层的 120 多个冻结井筒奠定了坚实基础，也使我国深厚冲积层冻结设计跃居国际领先水平。

4.2　深厚冲积层冻结方案设计

4.2.1　设计要点

(1) 冻结设计是冻结措施工程的指导性文件和重要组成部分，直接影响冻结工程的实施效果。冻结方案设计应当充分体现其安全性、科学性、先进性、经济性，首先要树立冻结设计为冻结段施工服务的思想，要为冻结段安全快速施工和降低工程造价创造有利条件。

(2) 明确设计的冻结壁应能较好地满足强度条件和变形条件的要求，既要提出砂性土层的冻结壁厚度，又要提出黏性土层的安全掘砌段高，把二者有机地结合起来。

(3) 分别明确砂性土层和黏性土层的冻结设计控制层位，确保冲积层中最不利冻结地层的安全施工。

4.2.2　冻结深度

1. 冻结深度的计算方法

(1) 根据井检孔提供的冲积层厚度(H_c)、基岩风化带的厚度(H_f)和《煤矿井巷工程施工规范》第 5.2.2 条规定的单圈冻结孔、多圈主冻结孔深入不透水基岩的深度(H_{w1})(表 4-9)确定冻结的深度(H_{d1})。

$$H_{d1} = H_c + H_f + H_{w1} \tag{4-1}$$

(2) 根据设计院提供的冻结段壁座底板深度(H_{d0})和根据《煤矿井巷工程施工规范》第 5.2.26 条规定的冻结段掘砌深度应浅于单圈冻结孔、多圈主冻结孔的设计深度(H_{w2})(表 4-10)确定冻结的深度(H_{d2})。

$$H_{d2} = H_{d0} + H_{w2} \tag{4-2}$$

表 4-9　单圈冻结孔、多圈孔的主冻结孔深入不透水基岩的深度

冻结深度/m	≤300	300～400	400～500	>500
单圈孔、多圈孔的主冻结孔深入不透水基岩的深度/m	10	10～12	12～16	14～18

表 4-10　冻结段掘砌深度浅于单圈冻结孔、多圈主冻结孔的深度

冻结深度/m	≤200	200～300	300～400	400～500	>500
掘砌深度浅于单圈冻结孔、多圈主冻结孔设计深度/m	7.0	7～9	9～11	11～13	13～15

2. 冻结深度的确定

对比 H_{d1}、H_{d2} 计算值，取其最大值为冻结设计深度 H_d，即冻结时应满足表 4-9 和表 4-10 的要求。

4.2.3　冻结壁设计计算体系

1963 年、1968 年、1979 年施工的邢台主井、平八东风井、潘三东风井的冲积层厚度分别达到 248.3m、324.4m、358.5m，说明我国从 20 世纪 60 年代初期便逐渐进入深厚冲积层冻结法凿井阶段，当冲积层厚度超过 200m 后，便相继发生冻结管断裂现象；随着冲积层厚度继续增加，土压和水压也相应增大，冻结管断裂现象呈增长趋势；至 80 年代中期，冻结管断裂问题便逐渐成为冻结法凿井向纵深发展的“拦路虎”。应当指出，1989 年施工的陈四楼副井冲积层厚度(374.5m)和冻结深度(435m)分别超过冻结法凿井探索改进阶段已有冻结井冲积层厚度和冻结深度的16m和20m,如何正确计算冻结壁厚度、掘砌段高、冻结壁平均温度和优化设计参数,防止冻结管断裂,便成为深厚冲积层冻结设计亟待解决的技术难题;经研究分析认为,建立冻结壁厚度、掘砌段高、冻结壁平均温度和计算参数优选"四位一体"的冻结壁设计计算体系是解决深厚冲积层冻结管断裂问题的重要措施。"四位一体"的冻结壁设计计算体系在陈四楼主副井的具体应用,较好地解决了近400m冲积层冻结设计和防止冻结管断裂的技术难题。

进入21世纪后,我国冲积层厚度和深冻结井数大幅增长,2000～2014年施工的400～500m和500m以上冲积层的冻结井数分别达到48个和29个,冲积层最大厚度达到675.6m。应该指出,之前国内尚无大于400m冲积层冻结设计的成熟经验可供借鉴,我国冻结法凿井已遇到国际性冻结设计难题。实践表明,我国从2003年开始,采取完善1989年建立的"四位一体"的冻结壁设计计算体系,开展多圈冻结孔布置方式与多种冻结工艺优化组合的试验研究,应用冻结壁温度场数值分析方法和冻结壁形成特性综合分析方法开展冻结设计预测和方案优化,并通过完善冻结壁形成特性工程预报与冻结盐水温度和流量调控的机制,健全冻结壁径向位移实测与掘砌段高、井帮裸露时间调控的机制等措施,经过十年的努力,较好地解决了大于500m冲积层的冻结设计难题。

1. 冻结壁厚度计算公式

1) 经典的冻结壁厚度计算公式

冻结壁厚度分析计算,按冻结壁应力状态主要分为弹性、弹塑性、塑性和黏性,分析方式主要分为无限长厚壁筒和有限段高模型。在多年的冻结法凿井实践中,我国主要应用了5个经典的冻结壁厚度计算公式,并通过工程实测对这些冻结壁厚度计算公式进行了验证,提出了应用效果意见(表4-11)。

根据冻结法凿井的实践,我国深厚冲积层主要采用多姆克公式计算砂性土层控制层位的冻结壁厚度,采用维亚洛夫-扎列茨基公式计算黏性土层控制层位的冻结壁厚度,均取得良好效果。

2) 其他的冻结壁厚度计算公式

除上述5个经典的冻结壁计算方法之外,许多学者还根据细化分析模型、冻土蠕变特性、冻结壁非均匀性以及数理统计的方式对冻结壁厚度计算公式进行了有益的探讨,有些学者用模拟试验的方法,研究冻结壁与外载荷、冻结壁温度、掘砌段高及裸露时间等参数的关系,试图得到冻结壁的工程计算公式;这些研究均取得一些可喜的成果,得到了一些新的冻结壁厚度的计算方法及计算公式。但因冻结壁及冻结工程的复杂性,有些计算公式引入了许多新的物理力学参数、计算系数,这些新参数、系数需要大量的工程、地质资料统计分析和冻土物理力学试验分析,对此人们尚缺少系统的认识和掌握,致使工程应用中某些参数出现不确定性,造成复杂计算过程的结果波动、离散,也造成了这些分析计算公式较难在工程应用中推广;有些分析模型和模拟试验未能考虑深厚冲积层冻结凿井的主要特性,实践证明其计算公式无法应用到深厚冲积层冻结凿井工程中。迄今为止,在深厚

表 4-11　冻结壁厚度计算公式及应用效果分析

名称	无限长弹性厚壁筒		无限长弹塑性厚壁筒	有限长塑性厚壁筒	
公式名称	拉麦公式	古别拉公式	多姆克公式	里别尔曼公式	维亚洛夫-扎列茨基公式
理论依据	第三强度理论	第四强度理论	第三强度理论	第三强度理论	第四强度理论
提出时间	1852 年		1915 年	1960 年	1962 年
公式编号	(4-3)	(4-4)	(4-5)	(4-6)	(4-7)
表达式	$E=R_a\left[\sqrt{\dfrac{[\sigma]}{[\sigma]-2P}}-1\right]$	$E=R_a\left[\sqrt{\dfrac{[\sigma]}{[\sigma]-\sqrt{3}P}}-1\right]$	$E=R_a\left[0.29\left(\dfrac{P}{\sigma_s}\right)+2.3\left(\dfrac{P}{\sigma_s}\right)^2\right]$	$E=\dfrac{\gamma\cdot H}{\sigma_t}\cdot h\cdot m_1$	$E=\dfrac{P\cdot h}{\sigma_t}\cdot\eta\cdot m_2$
主要应用国家	中国等	中国等	德国	波兰	苏联
符号含义	E 为冻结壁厚度；R_a 为井筒掘进半径；P 为计算层位水平地压；$[\sigma]$ 为冻土许用抗压强度(一般工程上称为计算强度)，σ_c 为冻土极限抗压强度，$[\sigma]=\sigma_c/m_0$，m_0 为安全系数，立方形试件实验结果 m_0 取 2.2(砂性土层)～2.5(黏性土层)，圆柱形试件实验结果 m_0 取 1.2(砂性土层)～1.4(黏性土层)；σ_s 为冻土抗压屈服强度，从工程安全考虑一般设计中用$[\sigma]$替代无限长弹塑性厚壁筒公式中的 σ_s；σ_t 为根据荷载作用时间计算的冻土极限强度，m_1 为安全系数，一般取 1.1～1.2，m_2 为安全系数，一般取 1.5～1.75，工程设计中一般用$[\sigma]$替代有限长塑性厚壁筒公式中的 σ_t/m_1、σ_t/m_2；H 为计算层位的深度；γ 为土层的平均容重；h 为掘砌段高；η 为掘进段井帮上下两端的固定程度系数，当上端固定好(井壁发挥作用)而下端(掘进工作面)基本不冻结时取$\sqrt{3}$，当上下两端均固定好时取$\sqrt{3}/2$				
应用公式计算的体会	适用于不大于 150m 冲积层的冻结壁厚度计算	适用于 150～200m 冲积层的冻结壁厚度计算	(1) 公式简单，影响因素少，易于工程应用 (2) 适用于 200～500m 冲积层的冻结壁厚度计算，效果较好 (3) 用于大于 500m 冲积层的砂性土层冻结壁厚度计算，效果较好；也可直接应用 σ_s 分析黏性土层冻结壁厚度	(1) 公式简单，影响因素少，便于应用 (2) 计算的冻结壁厚度比公式(4-5)计算厚度薄 20%左右	(1) 能应用黏性土层冻土试验强度值，可用于深厚冲积层黏性土层冻结壁厚度计算 (2) 该公式中的掘砌段高两端固定程度系数 η 取决于冻结与掘砌配合，用于计算掘砌段高较为合适

冲积层冻结法凿井中，尚未得到优于计算砂性土层冻结壁厚度的多姆克公式和计算黏性土层冻结壁厚度的维亚洛夫-扎列茨基公式、普遍适用于深厚冲积层冻结工程实际需要而简单易用新的冻结壁厚度计算公式。

3）数值模拟分析方法

随着计算机技术和有限元方法的发展，许多学者和工程技术人员利用有限元等数值模拟分析方法计算分析冻结壁形成特性、应力状态、冻结壁厚度及掘砌段高，取得了较大的进展，对复杂情况下的冻结壁应力特性分析有较大帮助，对冻结壁温度场分析已部分接近工程实测结果，但受到大量工程及地层物理力学参数复杂性的影响，冻结壁厚度及掘砌段高的计算结果并不稳定，可控性差；目前有限元还较难客观解决冻结壁应力状态分析，仍然需要结合经典的冻结壁厚度计算公式的分析结果，单独作为定量分析和工程设计的效果还有待提高，尚需大量且复杂的工程、地质资料的统计分析和系统的试验研究。

4）深厚冲积层冻结壁分析计算方法

有学者提出深厚冲积层底部冻土压应力变大，冻土的力学性能将发生质变，不能用经典的冻结壁力学模型分析，只能用有限元法或细化分析模型这样的"新理念"研究冻结壁的应力-应变特性及冻土物理力学特性，即经典的冻结壁分析计算公式在深厚冲积层中已经不再适用。

应该指出，立井冻结壁在掘砌过程中的载荷、变形、应力、应变、边界条件、冻土特性、本构关系均是多样、多变、非均匀的，其复杂程度的确无法用几种或几十种力学模型完全准确精细地概括，众多复杂多变的关联因素和参数无法掌控，使得分析模型越精细，不确定因素越多，反过来加剧了实际工程中冻结壁厚度计算结果的波动、离散，甚至产生矛盾，增加了计算分析的不确定性；经典的冻结壁厚度分析计算的力学模型力求简明，主要特性清晰，计算公式简单易用，影响因素重点突出、概念清晰，参数确定相对简单和稳定，可控性强。

实际工程中虽然深部地压很大，但深厚冲积层冻结壁的应力仍然处在经典的弹塑性状态，并且绝大部分处在弹性应力状态，主要表现为黏弹性特征，冻结壁最低温度和平均温度尚不能改变其基本的冻土物理力学特性及应力-应变的本构关系，有限元法或细化分析模型研究仍然使用了经典理论和模型的基本弹塑性特性和蠕变特性，因此有限元法或细化分析模型研究并没有也不需要背离经典的冻结壁分析方法，在深厚冲积层中根本不存在替代经典力学理论和方法的冻结壁分析"新理念"，即使新的研究成果能够分析计算深厚冲积层冻结壁厚度，也不能否定经典的冻结壁厚度计算公式在深厚冲积层冻结工程实践中的应用成果，在深厚乃至特厚冲积层冻结工程中，目前仍然主要采用多姆克公式计算砂性土层控制层位的冻结壁厚度，采用维亚洛夫-扎列茨基公式计算黏性土层控制层位的冻结壁厚度。

2. 掘砌段高计算公式

冻结井筒掘砌段高是冻结壁设计计算和掘砌施工的重要指标，国外掘砌段高计算的常用公式主要有 3 个（表 4-12），其中公式（4-8）和公式（4-9）较为简单适用，影响因素基本可控，计算结果相差不大，公式（4-9）的段高两端固定程度系数与工程关系密切，属于冻结

表 4-12　有限长塑性厚壁筒分析的冻结段黏性土层掘砌段高计算公式

作者国别	波兰	苏联	
作者	里别尔曼	维亚洛夫-扎列茨基	
理论依据	第三强度理论	第四强度理论	最大变形理论
提出时间	1960 年	1962 年	
公式编号	(4-8)	(4-9)	(4-10)
掘砌段高表达式	$h=\dfrac{E\cdot\sigma_t}{r\cdot H\cdot m_1}$	$h=\dfrac{E\cdot\sigma_t}{\eta\cdot P\cdot m_2}\approx\dfrac{E\cdot[\sigma]}{\eta\cdot P}$	$h=R_a\cdot 3^{\frac{1+m}{2}}A(\tau,t)\dfrac{\left[f\cdot\left(1+\dfrac{R_b}{R_a}\right)\right]^m}{(1-\psi)(1-m)P}\cdot\left[\left(\dfrac{R_b}{R_a}\right)^{1-m}-1\right]$
符号含义	h 为掘砌段高；H 为计算层位的深度；γ 为土层的平均容重；P 为计算水平的地压；E 为冻结壁厚度；σ_t 为根据荷载作用时间计算的冻土极限强度；m_1 为安全系数，一般取 1.1～1.2；m_2 为安全系数，一般取 1.5～1.75，工程设计中一般用$[\sigma]$替代 σ_t/m_1、σ_t/m_2；$[\sigma]$为冻土许用抗压强度（一般工程上称为计算强度），σ_c为冻土极限抗压强度，$[\sigma]=\sigma_c/m_0$，m_0 为安全系数，立方形试件实验结果 m_0取 2.2(砂性土层)～2.5(黏性土层)，圆柱形试件实验结果 m_0取 1.2(砂性土层)～1.4(黏性土层)；η 为掘进工作面状态系数，取$\sqrt{3}$(工作面未冻结时)～$\sqrt{3}/2$(工作面冻实时)；R_a为井筒掘进半径；R_b为冻结壁外半径；ψ 为掘砌段高上下端约束差异系数，取 0(上端约束牢而下端不约束牢)～0.5(上下端均约束牢)；m 为冻土强化系数，根据试验取 0.27(砂土)、0.4(黏土)；$A(\tau,t)$ 为随时间和温度变化的冻土变形模量，一般由试验确定；f 为冻结管允许的相对变形，$f=\dfrac{u_t}{h}=0.01\sim0.02$；$u_t$ 为冻结管允许的最大径向位移		
应用公式体会	(1) 段高计算公式(4-8)和公式(4-9)较为简单适用，影响系数基本可控，计算结果相差不大，均可用于黏性土层掘砌段高计算 (2) 从掘砌段高两端固定程度系数 η 与冻结掘砌的关系分析，公式(4-9)可作为首选		(1) 按最大变形性能理论推导的掘砌段高计算公式，较为复杂，其中随时间和温度变化的冻土变形模量 $A(\tau,t)$ 要由试验确定 (2) 公式中不可控因素较多，应用过程易出现偏差，较难核准

表 4-13　冲积层冻结壁有效厚度的平均温度计算公式及应用体会

公式作者	冻结孔圈	平均温度表达式	公式编号	发表年限	式中符号含义	应用计算公式的体会
斯捷潘诺娃	单圈	$t_{c1}=t_w\left(0.42+0.09\dfrac{L}{2R_0}-0.2\dfrac{L}{E_w}+0.37\dfrac{d_w}{L}+0.01\dfrac{E_n}{E_w}\right)$	(4-11)	1974	t_{c1}、t_{c2}、t_{c3}为单圈孔、双圈孔、多圈孔冻结壁有效厚度的平均温度，℃ t_{0c}为按冻结壁内侧、外侧 0℃边界线计算的冻结壁平均温度，℃ E_n为内圈孔内侧冻结壁有效厚度，m E_w为外圈孔外侧冻结壁厚度，m E 为单孔圈内、外侧之和的冻结壁有效厚度，或多圈孔内侧 E_n和外侧 E_w之和，m t_n为井帮冻土温度，℃ Δ 为井帮冻土温度每升降 1℃对单圈孔冻结壁有效厚度平均温度的影响系数，一般取 0.25～0.3 t_b为盐水温度，℃ t_w为冻结管外表面冻土温度，℃ d_w为冻结管外径，m d_n为冻结管内径，m R_0为单圈冻结孔布置圈半径，m L 为计算水平的冻结孔最大间距，m S 为双圈孔及多圈孔冻结内、外圈之间的距离，m γ 为双圈孔冻结内、外孔圈之间部位对冻结壁平均温度的影响系数，一般取 0.8～1.0℃/m t_s为多孔圈冻结内、外孔圈之间部位的冻结壁平均温度，℃	(1) 采用有限差方法分析结果提出的公式 (2) 未考虑井帮温度对冻结壁平均温度的影响 (3) 计算平均温度比实际温度高
纳斯诺夫-苏普利克	单圈	$t_{c1}=t_b\left(0.32+0.8\dfrac{d_n}{L}-0.2\dfrac{L}{E}\right)$	(4-12)	1976		(1) 采用水力积分仪模拟试验结果分析提出的公式 (2) 未考虑井帮温度对冻结壁平均温度的影响 (3) 计算平均温度比实测温度高
成冰	单圈	$t_{0c}=t_b\left(1.135-0.352\sqrt{L}-0.785\dfrac{1}{\sqrt[3]{E}}+0.266\sqrt{\dfrac{L}{E}}\right)-0.466$ $t_{c1}=t_{0c}+\Delta\cdot t_n$	(4-13)	1982		(1) 根据潘集冻结试验不同管径的试验结果，以及潘一东风井、潘二南风井、潘三东风井等深厚冲积层冻结壁实测资料综合分析提出的公式 (2) 陈四楼矿、程村矿 369～430m 冲积层冻结壁实测数据与公式(4-13)计算结果基本吻合
	双圈	$t_{c2}=t_{c1}+\gamma\cdot S$	(4-14)	1987		根据谢桥副井双圈孔冻结壁实测资料分析提出的简易公式
	多圈	$t_{c3}=\dfrac{t_{c1}(E_w+E_n)+t_s\cdot S}{E_w+E_n+S}$ 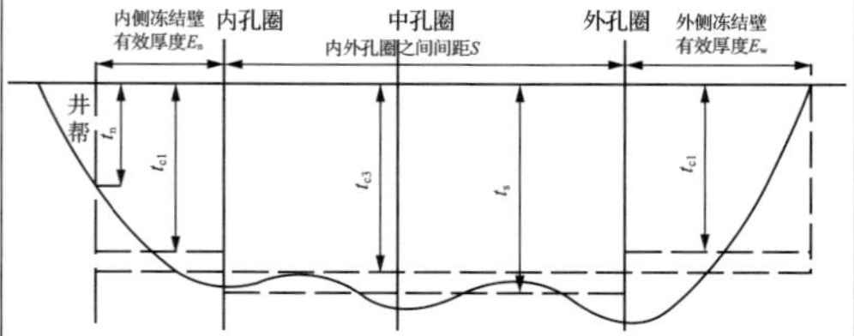 	(4-15)	2003		(1) 根据陈四楼主副井、程村矿 369～430m 冲积层冻结壁实测资料综合分析提出的公式 (2) 泉店矿、赵固一矿、赵固二矿、李粮店矿等多个矿井 450～530m 冲积层冻结壁形成特性实测数据与公式(4-15)计算结果基本吻合

调控的重要影响因素，故将维亚洛夫-扎列茨基公式(4-9)作为掘砌段高计算的首选公式；公式(4-10)较为复杂，不可控因素较多，冻土变形模量 $A(\tau,t)$ 要由试验确定，应用过程易出现偏差，较难核准。

3. 冻结壁平均温度计算公式

冻结壁有效厚度的平均温度是确定冻土强度的重要指标，国内外冻结法凿井所采用的冻结壁平均温度计算公式见表 4-13。

(1) 公式(4-11)和公式(4-12)分别是由波兰学者斯捷潘诺娃采用有限差方法和苏联学者纳斯诺夫-苏普利克采用水力积分仪模拟试验得出的单圈孔冻结壁平均温度公式，计算结果一般比工程实测温度高 3℃(式(4-11))和 1.5℃(式(4-12))；二者均未考虑井帮对冻结壁有效厚度平均温度的影响。

(2) 式(4-13)～式(4-15)均由中国科技人员成冰等通过工程试验和实测分析得出的单圈孔、双圈孔和多圈孔冻结壁有效厚度平均温度计算公式，计算结果与工程实测温度较为接近，已经成为我国冻结壁平均温度计算的基本公式。

4. 设计参数优选

1) 设计控制层位

(1) 砂性土层的设计控制层位。

原则上应选取埋深大和冻土抗压强度低、厚度较大的层位。考虑到砂性土层的冻土抗压强度与颗粒直径成正比，一般选取接近冲积层底部、砂子颗粒直径较小、冻土抗压强度较低、较难冻结的砂性土层作为冻结壁厚度设计的控制层位较为适宜，为了安全起见，一般选取 2～3 个层位进行计算分析，综合选取。

(2) 黏性土层的设计控制层位。

原则上应选取埋深大、冻土抗压强度低、蠕变特性显著的黏性土层。考虑到黏性土层的力学性质差异较大，选取埋深大、持久强度低、蠕变大、综合指标差、层厚大的黏性土层(如铝质黏土、钙质黏土等)作为冻结壁稳定性计算的控制层位较为适宜，为了安全起见，一般选取 2～3 个层位进行计算对比。

2) 冻结盐水温度

根据国内制冷技术水平，要制取－36℃以下的冷冻液(盐水)是不成问题的。但从冻结法凿井制冷工程的需要和效益综合分析，按冲积层厚度选取冻结盐水温度较为合理(表 4-14)。

表 4-14　冻结盐水温度与冲积层厚度的关系

冲积层厚度/m	<200	200～300	300～400	400～500	500～600	>600
适宜的盐水温度/℃	－22～－25	－26～－28	－28～－30	－30～－32	－32～－34	－34～－36

3) 冻结孔的成孔间距

根据国内打钻装备及纠偏技术水平分析，主冻结孔在冲积层段的成孔间距和向井心的径向偏值可按表 4-15 选取。

表 4-15　主冻结孔在冲积层段的成孔间距及向井心径向偏值

主冻结孔	冲积层厚度/m				
	<200	200～300	300～400	400～500	>500
成孔间距/m	2.0～2.2	2.2～2.4	2.4～2.6	2.6～2.8	2.8～3.0
向井心径向偏值/mm	0.5	0.6	0.6	0.7	0.7

4）控制层位井帮温度

根据2000～2014年国内深厚冲积层冻结段安全快速施工经验和井帮温度调控效果分析，当采取以外圈为主冻结孔及中内圈增设适量辅助、防片冻结孔时，冲积层段设计控制层位的井帮温度根据冲积层厚度及掘砌深度按表4-16选取较为适宜。

表 4-16　按冲积层厚度与设计控制层位土性选取井帮温度

冲积层厚度/m	土性	不同深度的井帮温度/℃						
		<100m	100～200m	200～300m	300～400m	400～500m	500～600m	>600m
<200	砂性土层	0～−2.0	−2.0～−4.0					
	黏性土层	1.0～−1.0	−1.0～−3.0					
200～300	砂性土层	0～−1.5	−1.5～−3.5	−3.0～−5.0				
	黏性土层	1.0～−1.0	−0.5～−2.0	−2.0～−4.0				
300～400	砂性土层	0～−1.5	−1.5～−3.0	−3.0～−5.0	−4.5～−7.5			
	黏性土层	1.0～0	0～−2.0	−2.0～−3.5	−3.5～−6.0			
400～500	砂性土层	0～−1.0	−0.5～−3.0	−2.5～−5.0	−4.5～−8.0	−7.0～−10.0		
	黏性土层	1.5～0	0～−2.0	−1.0～−3.5	−3.5～−6.0	−6.0～−8.0		
500～600	砂性土层	0～−1.0	−0.5～−3.0	−2.5～−5.0	−4.5～−8.5	−7.5～−11.0	−10.0～−13.0	
	黏性土层	1.5～0	0～−2.0	−1.5～−4.0	−4.0～−6.0	−6.0～−8.0	−8.0～−10.0	
>600	砂性土层	0～−1.0	−0.5～−3.0	−2.5～−5.0	−4.5～−8.5	−7.5～−11.0	−10.0～−13.0	−12.0～−14.0
	黏性土层	1.5～0	0～−2.0	−1.5～−4.5	−4.0～−6.0	−6.0～−8.0	−8.0～−10.0	−9.0～−11.0

5）冻土计算强度

（1）影响冻土抗压强度的主要因素。

① 温度：冻土抗压强度随着负温值的降低而增大。在一定负温条件下，冻土抗压强度与负温值接近线性关系。

② 含水量：砂性土层的中砂饱和含水量一般为16%左右，土颗粒粒径越粗，土层的饱和含水量越小；黏性土层的饱和含水量为20%以上，土颗粒粒径越细，土层的饱和含水量越大。当土层的含水量达到饱和度之前，冻土的抗压强度一般随着含水量的增加而提高；当土层的含水量达到饱和度之后，冻土的抗压强度随着含水量的增加而降低。

③ 土颗粒:土颗粒的成分和大小是影响冻土抗压强度的重要因素,一般粗颗粒的粒径越大和饱和度之内的含水量越多,冻土的抗压强度越高。

④ 土的颗粒组成:由于不同的颗粒成分造成土中含结合水存在差异,在其他条件相同时,土颗粒越粗,冻土强度越高,反之就低。例如,粗砂、砂砾和砾石等粗颗粒土壤,几乎不含结合水,土壤一经冻结就不存在未冻水,所以强度高;而黏土类的颗粒细,总表面积大,含有较多的吸附水和薄膜水,而吸附水一般是不冻结的,薄膜水在一定的负温条件下才部分冻结,使冻土的活动性和黏滞性增加,强度降低。

⑤ 冻结速度:冻结速度与盐水负温值成正比,冻结速度快时冻土中的细颗粒冰就多,冻土强度就高;冻结速度缓慢时冻土中的粗颗粒冰就多,冻土强度相对降低。多圈孔冻结的冻土冻结速度快,冻土中细颗粒冰的含量多,比单圈孔冻结的冻土强度高。

(2) 冻土强度松弛。

冻土的破坏应力具有随着荷载作用时间延长而降低的特性,称为冻土强度松弛,黏性土层的冻土强度松弛现象较为突出。

(3) 冻土抗压强度与试验方法的关系。

如表 4-17 所示,1989 年之前,我国基本上是采用立方体(50mm×50mm×50mm)试件并按苏联的轴向快速(加载时间为 30s±5s)加载方法,获取无侧限抗压强度;1989 年之后,改用圆柱体(Φ61.8mm×150mm)试件和每分钟 1%恒应变速率轴向加载方法获取单轴抗压强度;受加载方法、试件端头效应等因素影响,前者试验方法平均值约为后者试验方法平均值的 1.8 倍。

表 4-17　我国冻土抗压强度的两种试验方法对照表

年限	试件尺寸	取样地点	试验方法	备注
1989 年之前	50mm×50mm×50mm 立方体	掘进工作面	轴向快速加载,加载时间为 30s±5s	立方体试件快速加载试验的冻土抗压强度平均值为圆柱体恒应变速率轴向加载试验冻土抗压强度平均值的 1.7~1.9 倍
1989 年之后	Φ61.8mm×150mm 圆柱体	井检孔	每分钟 1%恒应变速率轴向加载	

(4) 冻土许用抗压强度或计算强度的选取。

① 1989 年之前,国内主要从井筒掘进工作面采集原状土试件进行冻土试验。其优点:一是能较真实地反映土层的原始结构状况;二是土层的原始含水量基本不变,试验结果的可信度高。问题:一是试验时间滞后于编制井筒冻结设计,试验结果只对冻结段施工过程分析问题有用;二是从掘进工作面随机采集试件的延续时间长,试件的保管、运输较麻烦;三是实验室重塑试件的试验结果与实际有所差异。

② 1989 年之后,国内改从井检孔采集试件进行冻土试验。其优点是黏性土的采集试件较为简单,土样的含水量易于保持,试验结果可直接提供编制冻结设计应用。问题是砂性土样的含水量漏失大,试验强度偏低,甚至出现反常现象。例如,宁夏红墩子矿区的红一和红二矿均出现砂性冻土试验的抗压强度比黏性冻土低的反常现象,究其原因是颗粒越粗的砂性土样含水量漏失越大,其试验强度越低。

③ 综合分析方法选取砂性冻土计算强度。煤科总院北京建井研究所 1989 年在大量

试验分析的基础上提出以下几点：

第一，试件含水量是影响冻土强度的重要因素，为了确保试验的可信度，试件的含水量与实际必须相符。

第二，从井检孔采集黏性土样的含水量可以保持基本不变，试验结果可信度高，可供编制冻结设计应用。

第三，实验室采用重塑试件与原状土结构有所差别，试验结果可能出现一些误差，该问题可通过改进试验方法加以解决。

第四，从井检孔采集砂性土样存在含水量漏失、影响冻土强度及失真等问题，该方法不可取。

为解决砂性土层冻土计算强度，本书作者等根据国内以冲积层为主的冻结立井设计技术状况分析，提出采用综合分析方法选取砂性冻土计算强度较为切实可行，即借鉴国内已建成立井冻结设计主要技术指标拟合得出冻土计算强度与冻结壁平均温度的经验曲线（图 4-1 和图 4-2），结合拟施工的井检孔地层埋藏条件和冻结设计控制层位的深度、土性等情况进行综合分析，选取冻结壁设计控制层位的砂性冻土计算强度。

(a) 1989～1999 年煤科总院北京建井研究所在 7 个 203.7～374.5m 厚冲积层冻结立井中采用综合分析法，利用图 4-1 的经验曲线选用砂性冻土计算强度设计冻结壁厚度，实现安全施工，效果良好，为进一步完善单圈孔冻结的砂性冻土计算强度（K）与冻结壁平均温度（t_c）的经验曲线提供了实践经验。

(b) 2000～2014 年煤科总院北京建井研究所、北京煤科联应用技术研究所在 20 多个 263～530.5m 厚冲积层冻结立井（表 4-8）中采取综合分析法，利用图 4-2 的经验曲线选用砂性冻土计算强度计算冻结壁厚度，实现安全顺利通过冻结段，效果良好。应当指出，表 4-8 中的 24 个冻结立井均是采用多圈孔冻结的，说明在单圈孔冻结基础上建立砂性冻土计算强度（K）与冻结壁平均温度（t_c）的经验曲线（图 4-1）的方法也适用于建立多圈孔冻结的砂性冻土计算强度（K）与冻结壁平均温度（t_c）经验曲线（图 4-2）。

4.2.4 冻结制冷设计

冻结制冷设计内容主要包括冻结孔布置、冻结工艺和冻结需冷量、冷却水需用量、盐水循环量，它是实现冻结壁厚度、掘砌段高设计指标和冻结段安全快速施工的技术保证，应当引起足够重视。针对深厚冲积层冻结制冷设计与安全快速施工的关系着重探索以下三个问题。

1. 冻结孔布置方式的演变过程

冻结段开挖时间主要取决于冻结壁的交圈时间和冻结壁内侧冻土扩至井帮的时间。《煤矿井巷工程施工规范》(GB 50511—2010)第 5.2.22 条明确规定，井筒开挖应具备以下条件：一是水位观测孔的水位有规律上升并溢出管口不少于 7d；二是井筒浅部不应发生较大片帮，且不同深度、不同土层的冻结壁厚度和强度应符合设计规定和满足连续挖掘要求；三是地面提升、混凝土配制、运输等辅助设施均应适应井筒施工要求。

一般在冻结壁交圈 7d 后就进行井筒试挖和三盘安装，试挖深度为 20～30m，试挖时间为 15d 左右，即在冻结壁交圈 22d 之后转入正式开挖。正式开挖时砂性冻土距井帮 0.3m（井帮温度为 1.5℃）及掘深 100m 左右井帮见冻土较为适宜。根据冻结壁形成特性和工程实践分析，单圈孔冻结壁交圈时间和内侧冻土扩至井帮的时间随着冲积层厚度或冻结壁厚度的增大而延长（表 4-18）：当冲积层厚度为 150～200m 时，以冻结壁交圈估算的井筒正式开挖时间与内侧冻土扩至井帮的时间差异在 1 个月以内，冻结与掘砌矛盾不算突出；冲积层厚度超过 200m 后，二者的时间差异明显增大，单圈孔冻结与掘砌的矛盾逐渐加剧。

表 4-18　单圈孔冻结壁的交圈时间与内侧冻土扩至井帮的时间预测

序号	项目名称		冻结壁形成特性主要指标				
1	冲积层厚度/m		<200	200～300	300～400	400～500	500～600
2	冻结盐水温度/℃		−25	−25～−30	−30～−32	−32～−33	−33～−35
3	冻结孔成孔间距/m		<2.0	2.0～2.4	2.4～2.6	2.6～2.8	2.8～3.0
4	冻结壁	设计厚度/m	<2.5	2.3～5.0	4.5～7.0	6.5～9.5	9.0～12.0
5		孔圈至井帮的距离/m	<2.0	2.0～3.5	3.5～5.5	5.5～7.5	7.5～10.0
6		交圈时间/d	<35	35～42	42～51	51～62	62～70
7	内侧冻土（砂性土层）扩至井帮的预测时间/d		<80	80～140	140～220	220～290	290～400
8	冻土扩至井帮时外侧冻土（黏性土层）的预测扩展范围/m		1.5	1.5～2.0	2.0～2.5	2.5～2.9	2.9～3.1
备注	（1）单圈孔冻结壁交圈时间等于最大成孔间距之半除以交圈前冻土平均扩展速度 （2）一般情况下，（主孔圈＋防片孔圈）比单孔圈冻结壁交圈时间提前 3～5d，（主孔圈＋辅助孔圈）比单孔圈冻结壁交圈时间提前 10～15d，多孔圈比单孔圈冻结壁交圈时间提前 5～10d						

根据我国深厚冲积层冻结调查资料分析得出，随着冲积层厚度或冻结壁设计厚度的不断增大，冻结孔圈由单圈孔逐渐向主圈孔＋防片圈孔、主圈孔＋辅助圈孔、双圈孔、多圈孔演变。

（1）1955～1977 年国内共施工 159 个冻结立井，全部采用单圈孔冻结，冲积层的最大厚度为 324.4m（平八东风井），冻结最大深度为 330m。

（2）1978 年开始在钱家营主井试验应用主冻结孔内侧增设防片孔冻结，至 2014 年共施工超过 33 个主冻结孔内侧增设防片孔的冻结立井（表 4-19）。冲积层的平均/最大厚度为 295.5m/388.2m（吴桂桥副井），冻结最大深度为 461m（梁宝寺副井、风井）；冻结壁设计平均/最大厚度为 4.86m/6.70m（梁宝寺副井），主冻结孔至井帮的平均/最大距离为 3.29m/4.25m。

（3）1983 年开始在谢桥副井试验应用主冻结孔加辅助孔的双圈孔冻结，至 2014 年共施工 30 多个主冻结孔加辅助孔冻结立井（表 4-20）。冲积层的平均/最大厚度为 301.8m/459m（济西主副井），冻结最大深度为 602m（新桥副井）；冻结壁设计平均/最大厚度为 5.28m/7.5m（新桥副井）；主冻结孔至井帮的平均/最大距离为 3.64m/5.55m（新桥副井）。

（4）自 2003 年开始在龙固副井，丁集主副风井试验应用多圈孔冻结至 2014 年共计施工 300～400m 冲积层冻结立井 51 个（表 4-21）、400～500m 冲积层冻结立井 48 个（表 4-22）、大于 500m 冲积层冻结立井 29 个（表 4-23）。冲积层最大厚度和以冲积层为主

表 4-19　1978 年以来国内深厚冲积层冻结采用(主冻结孔十防片冻结孔)的布置案例

序号	井筒名称		井筒净直径/m	冲积层厚度/m	井壁厚度/m	冻结壁厚度/m	主冻结孔			防片冻结孔		冻结孔小计		开钻年限
							深度/m	圈径/m	至井帮距离/m	深度/m	圈径/m	总数/个	总工程量/m	
1	钱家营主井		6.5	212.7	1.10		242	15.0	3.25	105	10.4	54	10602	1978
2	毕各庄回风井		6.5	256.1	1.20	3.52	270	17.0	4.05	120	12.0	66	14520	1978
3	潘三东风井		6.5	358.5	1.30	5.22	415	17.0	3.95	118	12.0	52	18610	1979
4	钱家营副井		8.0	212.7	1.10		245	17.0	3.40	137	13.0	69	14421	1979
5	毕各庄进风井		6.5	253.0	1.20	3.52	270	16.5	3.80	120	10.4	69	13860	1980
6	谢桥主井		7.2	291.4	1.75	4.76	363	17.0	3.15	135	13.5	54	16866	1983
7	潘一东风井		7.0	291.8	1.70	5.36	325	17.0	3.30	240	13.5	58	17860	1988
8	陈四楼主井		5.0	369.0	1.60	5.30	423	15.3	3.55	120	9.6	47	16437	1989
9	陈四楼副井		6.5	374.5	1.80	6.30	435	18.2	4.05	130	11.6	56	20040	1989
10	元氏主井		5.0	321.2	1.10	4.30	375	13.9	3.35	140	9.1	46	14430	1992
11	元氏副井		6.0	360.7	1.40	5.80	410	17.2	4.20	140	10.7	56	19180	1992
12	城郊主井		5.0	292.5	1.35	4.20	398	14.4	3.35	220	9.5	47	15560	1997
13	城郊副井		6.5	293.1	1.60	4.90	404	17.0	3.65	220	11.5	55	17728	1997
14	金桥主井		4.5	378.3	1.25	6.06	415/385	14.5	3.75	250	10.7	46	16665	1997
15	金桥副井		5.0	383.1	1.35	6.66	412/385	15.5	3.90	250	11.5	47	17758	1998
16	泗河	主井	4.5	162.4	0.65	2.34	180/166	10.0	2.10	58	8.0	42	5656	2000
17		副井	5.0	165.8	0.80	2.53	185/168	11.0	2.20	55	8.5	45	6120	2000

续表

序号	井筒名称		井筒净直径/m	冲积层厚度/m	井壁厚度/m	冻结壁厚度/m	主冻结孔			防片冻结孔		冻结孔小计		开钻年限
							深度/m	圈径/m	至井帮距离/m	深度/m	圈径/m	总数/个	总工程量/m	
18	新源	主井	5.0	120.3	0.80	2.82	408/150	11.1	2.25	90	8.1	35	8442	2000
19		副井	6.5	120.5	0.90	3.61	381/145	12.8	2.25	90	9.8	41	9226	2000
20	阳城	主井	5.0	223.8	1.00	3.60	288/250	11.8	2.40	170	9.1	40	9770	2001
21		副井	6.5	232.6	1.15	4.80	293/250	14.9	3.05	176	10.9	50	12429	2001
22		风井	5.0	221.9	1.00	3.60	293/250	11.8	2.40	161	9.1	40	9755	2001
23	梁宝寺	主井	5.0	370.9	1.60	5.70	461/380	15.0	3.40	356/310	11.0	48	19134	2001
24		副井	6.5	371.6	1.90	6.70	461/380	17.2	3.45	356/310	13.2	55	21943	2001
25		风井	5.0	387.0	1.55	5.70	461/380	15.0	3.40	350/310	11.0	48	19134	2001
26	祁南西风井		5.0	326.6	1.50	5.52	372/334	16.0	4.00	120	12.0	52	15560	2003
27	顾桥	主井	7.5	304.0	1.40	5.60	325	17.6	3.65	278	14.4	59	18470	2003
28		风井	7.5	310.0	1.70	5.90	355	18.5	3.80	322	15.0	62	21482	2003
29	吴桂桥主井		5.0	379.0	1.65	5.70	420	16.0	3.85	312	12.2	54	21060	2004
30	吴桂桥副井		5.2	388.2	1.75	5.70	420	16.5	3.90	298	12.5	56	21568	2004
31	城郊东风井		5.0	354.8	1.50	5.20	423/365	15.3	3.65	362	11.2	52	20040	2004
32	力庄新主井		5.5	359.2	1.50	5.70	447	17.0	4.25	200	12.0	50	18018	2006
33	红二主井		5.5	305.0	1.45	4.50	409/342	14.6	3.10	250/187	10.7/9.6	47	15798	2010

表 4-20　1983 年以来国内深厚冲积层冻结采用(主冻结孔＋辅助冻结孔)的布置案例

序号	井筒名称		井筒净直径/m	冲积层厚度/m	井壁厚度/m	冻结壁厚度/m	主冻结孔			辅助冻结孔		冻结孔小计		开钻年限
							深度/m	圈径/m	至井帮距离/m	深度/m	圈径/m	总数/个	总工程量/m	
1	谢桥副井		8.0	298.7	1.80	6.10	360/346	20.0	4.80	360/346	17.0	52	18356	1983
2	程村	主井	4.5	429.9	1.60	6.00	485	17.3	4.80	430	11.3	54	25005	2001
3		副井	5.0	429.9	1.80	6.90	485	18.4	4.80	430	12.4	57	26006	2002
4	济西	主井	4.5	459	1.60	6.10	488	16.5	4.40	458	11.0	50	23700	2002
5		风井	5.0	459	1.80	6.10	488	17.0	4.25	458	12.0	53	25094	2002
6	济阳	主井	5.0	280.3	1.15	5.90	355/331	15.1	3.90	290	10.5	54	17568	2002
7		副井	6.0	277.7	1.30	6.50	360/338	17.0	4.20	287	12.0	60	19700	2002
8	新河二矿（济宁）	主井	5.5	233.8	1.05	4.26	278/251	13.6	3.00	234	9.7	52	13388	2002
9		副井	6.0	233.0	1.15	4.65	278/250	14.8	3.25	233	10.4	57	14647	2002
10	张北	主井	5.5	315.0	1.25	6.00	363/330	16.0	4.00	316	11.8	57	19293	2002
11		风井	6.0	323.3	1.35	6.20	479/330	17.0	4.15	324	13.0	61	23306	2002
12	涡北	主井	5.0	413.9	1.60	6.80	477	17.2	4.50	414	11.8	55	24593	2003
13		副井	6.5	410.9	2.00	7.00	483	19.2	4.35	411	14.0	62	27575	2003
14		风井	5.0	415.5	1.60	6.80	477	17.2	4.50	414	11.8	55	24593	2003
15	彭城	主井	5.0	299.1	1.20	5.30	378/316	14.0	3.30	305	10.5	46	15458	2003
16		副井	6.0	299.7	1.35	6.00	378/318	15.5	3.40	305	11.8	52	17494	2003

续表

序号	井筒名称		井筒净直径/m	冲积层厚度/m	井壁厚度/m	冻结壁厚度/m	主冻结孔			辅助冻结孔		冻结孔小计		开钻年限
							深度/m	圈径/m	至井帮距离/m	深度/m	圈径/m	总数/个	总工程量/m	
17	卧龙湖	主井	5.0	226.5	0.90	4.30	270	13.2	3.20	230	9.8	51	13130	2003
18		副井	6.2	227.5	1.10	4.50	270	15.0	3.30	230	10.2	57	14710	2003
19		风井	5.2	228.5	0.90	4.50	275	13.2	3.20	230	9.8	51	13305	2003
20	新桥	主井	5.0	392.0	1.55	6.50	602/425	18.0	4.95	400	12.0	70	32540	2005
21		副井	6.5	390.0	1.70	7.50	555/425	21.0	5.55	400	12.0	81	36494	2005
22	钱营孜	主井	5.0	219.8	0.90	3.5	286/264	12.0	2.60	221	9.4	46	11851	2006
23		副井	6.5	218.2	1.10	4.2	296/284	14.6	2.95	220	11.0	55	14760	2006
24		风井	6.0	221.5	1.10	4.0	325/311	13.8	2.80	223	10.5	52	15016	2007
25	新庄北进风井		6.5	187.6	0.90	2.9	225/209	12.4	2.05	188	10.8	46	9634	2007
26	麻家梁	主井	9.0	275.9	1.80	4.7	386	18.0	2.70	279	15.2	51	20055	2008
27		副井	9.3	276.5	1.80	5.45	348	19.6	3.35	288	15.8	66	20616	2008
28		风井	8.0	250.4	1.60	3.80	350	15.7	2.25	254	13.8	53	15875	2008
29	高河进风井		7.5	180.8	1.30	3.25	230/295	14.4	2.15	181	12.5	54	10971	2011
30	小庄回风井		7.5	180.8	1.30	3.25	230	15.0	2.45	195	13.5	36	7825	2011

表 4-21　2000～2014 年我国 300～400m 冲积层采用多圈冻结孔的布置实例

序号	井筒名称	井筒净直径/m	冲积层厚度/m	井壁厚度/m	冻结壁厚度/m	冻结孔布置方式	外圈冻结孔				中圈冻结孔			防止冻结孔			至井邦距离/m	冻结孔总数/个	冻结钻孔工程量/m	开钻年限
							深度/m	圈径/m	孔数/个	至井帮距离/m	深度/m	圈径/m	孔数/个	深度/m	圈径/m	孔数/个				
1	薛湖主井	5.0	391.0	1.70	6.6	以外圈为主孔圈，中、内圈分别为辅助、防片孔圈	460/415	17.3	22/22	4.45	391	13.0	12	215	10.5	12	4.45	68	26522	2004
2	薛湖副井	6.5	398.3	1.90	8.4		460/415	21.3	22/27	5.50	398	15.1	15	215	12.6	15	5.50	84	32760	2004
3	薛湖东风井	5.5	362.3	1.70	6.8		430/415	18.1	22/22	4.55	363	12.1	13	215	11.2	13	4.55	70	26104	2004
4	薛湖中央风井	5.5	395.0	1.70	6.8		460/415	18.1	22/22	4.55	395	12.1	13	215	11.2	13	4.55	70	26104	2004
5	潘集北回风井	7.0	317.0	1.50	6.3		395/380	18.4	24/23	4.20	350	18.4	18	185	13.4	9	4.20	74	26185	2004
6	朱集主井	7.6	323.4	1.60	6.0		387/337	19.1	24/24	4.45	337	14.0	18	180	12.5	18	4.45	84	26682	2004
7	朱集副井	8.2	328.1	1.70	6.4		375/344	20.4	26/26	4.40	344	15.2	19	180	13.3	19	4.40	90	28650	2004
8	朱集风井	7.5	330.9	1.75	6.33		375/334	19.1	24/24	4.05	342	14.1	17	190	12.4	17	4.05	82	26756	2004
9	朱集矸石井	8.3	327.7	1.95	6.89		375/356	20.9	26/26	4.35	340	15.3	18	190	13.4	18	4.35	88	28546	2004
10	顾桥南区进风井	7.2	305.0	1.50	6.0		350/334	18.1	23/23	3.70	334	13.3	16	180	11.8	16	3.70	78	23958	2004
11	陈四楼北风井	5.0	376.3	1.60	6.2		410/377	16.3	19/19	4.05	377	11.4	12	203	10.5	12	4.05	62	21913	2007
12	红一矿主井	6.0	361.2	1.55	5.8		412/402	18.1	38	4.50	375	13.7	18	224	9.8	10	4.50	66	24456	2009
13	红一矿副井	8.0	359.1	1.60	7.2		432/412	22.1	45	5.45	370	16.0	27	220	12.6	12	5.45	84	31520	2009
14	红一矿风井	6.0	363.0	1.55	5.7		450/407	7.7	41	4.30	369	13.1	12	235	10.0	12	4.30	65	24838	2009

表 4-22　2000～2014 年我国 400～500m 冲积层采用多圈孔冻结的布孔实例

序号	井筒名称	井筒净直径/m	冲积层厚度/m	井壁厚度/m	冻结壁厚度/m	主孔圈位置	外圈冻结孔			中圈冻结孔			内圈冻结孔			防片冻结孔			主孔圈至井帮距离/m	冻结孔总数/个	冻结钻孔工程量/m	开钻年限
							深度/m	圈径/m	孔数/个	深度/m	圈径/m	孔数/个	深度/m	圈径/m	孔数/个	深度/m	圈径/m	孔数/个				
1	顾北主井	7.6	464.0	2.20	9.6	中圈	470	25.5	46	500/400	20.0	23/23	470	15.0	16	165	13.0	16	4.0	124	54090	2004
2	顾北副井	8.1	462.7	2.25	10.1		467	27.6	52	500	21.4	54	467	16.0	12	280	14.2	12	4.4	130	60248	2004
3	顾北风井	7.0	465.4	2.00	9.2		465	25.0	46	502/470	18.8	24/24	465	13.6	18				3.9	112	53088	2004
4	赵楼主井	7.0	473	2.10	9.0		487	24.5	42	527/487	19.0	42	487	15.5	21				3.9	105	51975	2004
5	赵楼副井	7.2	475	2.15	9.5		530	24.5	44	530/484	19.5	44	484	15.3/14.5	11/11				4.0	110	56276	2004
6	赵楼风井	6.5	471	1.95	9.0		481	22.5	46	534/481	16.5	23	481	14.5	23				3.0	92	44888	2004
7	花园主井	4.5	476.8	1.80	8.2		483	21.3	41	512	13.15	32				210	9.8	13	2.45	86	38917	2005
8	花园副井	5.0	476.8	1.80	8.2		483	22.3	44	512	13.95	34				210	10.5	14	2.45	92	41600	2005
9	泉店副井	6.5	440.1	1.80	8.81		442	22.5	44	500/460	17.2	21/21				422	13.6	18	3.55	104	49230	2005
10	顺和副井	6.0	437.7	1.75	8.0		500	22.4	42	500/452	17.5	20/20	446	12.6	13	275	11.3	13	4.50	108	49413	2009
11	泉店主井	5.0	455.3	1.70	7.13	外圈	513/475	19.0	23/22	460/452	11.8	14				352	11.2	14	5.30	73	33617	2005
12	泉店风井	5.2	455.3	1.70	7.13		523/475	19.0	23/22	462	11.8	14				352	11.2	14	5.20	73	33617	2005
13	李堂主井	5.0	427.4	1.60	6.6		468/450	17.8	22/22	450	12.6	20				170	10.0	10	5.30	74		2006
14	李堂副井	5.0	427.4	1.60	6.6		468/450	17.8	22/22	450	12.6	20				170	10.0	10	5.30	74		2006
15	城郊西进风井	5.0	420.9	1.70	6.9		465/440	18.2	42				430	12.8	13	250	10.8	13	4.9	68	27885	2009
16	城郊西回风井	5.0	420.9	1.70	6.9		465/440	18.2	42				430	12.8	13	250	10.8	13	4.9	68	27885	2009

续表

序号	井筒名称	井筒净直径/m	冲积层厚度/m	井壁厚度/m	冻结壁厚度/m	主孔圈位置	外圈冻结孔			中圈冻结孔			内圈冻结孔			防片冻结孔			主孔圈至井帮距离/m	冻结孔总数/个	冻结钻孔工程量/m	开钻年限
							深度/m	圈径/m	孔数/个	深度/m	圈径/m	孔数/个	深度/m	圈径/m	孔数/个	深度/m	圈径/m	孔数/个				
17	顺和主井	4.5	437	1.40	6.9		473/450	17.25	40	445	11.85	12				272	9.85	12	4.95	64	27064	2009
18	顺和风井	4.5	437	1.40	6.9		473	17.25	40	445	11.85	12				272	9.85	12	4.95	64	27064	2009
19	山东张集主井	5.5	456.7	2.0	8.1	外圈	462	20.4	38	583/462	14.6	18/17				290	10.3	14	5.45	120	39964	2009
20	山东张集副井	6.5	449.7	2.0	8.5		615/454	23.5	58	454	17.5	33				447/132	13.9/10.9	16/16	6.5	123	55247	2009
21	朱集西主井	6.0	451	1.90	8.3		480	22.6	42	529/510	17.8	21/21	480	13.0	12	160	11.0	12	4.0	96	48859	2008
22	朱集西副井	8.0	472	2.5	10.0		500	29.0	54	540/510	22.8	27/27	500	16.4	16	210	14.2	16	4.9	140	66710	2008
23	朱集西风井	7.5	472	2.30	9.5	中圈	505	27.2	50	532/510	21.0	25/25	505	15.4	15	210	13.2	15	4.45	130	62025	2008
24	红四矿主井	5.5	466.1	1.65	7.5		473	20.0	37	565	16.0	37	473	12.5	9	210	10.2	9	3.6	92	44553	2010
25	红四矿副井	7.0	466.1	2.10	8.5		473	24.3	45	565	19.5	45	473	14.9	13	210	12.1	13	4.15	116	55589	2010
26	红四矿风井	6.0	470.3	1.80	8.0		480	21.7	40	642	17.5	40	480	13.3	10	210	10.9	10	3.85	100	51780	2010
27	李粮店主井	5.0	479.2	1.50	7.0		772/526	18.0	21/21	518	13.0	14				405/225	11.5/9.8	14	5.0	70	39270	2009
28	李粮店副井	6.5	481.5	1.85	9.0		800/526	24.2	28/28	520	17.8	16	495	15.3	16	395/215	13.5/11.5	16	7.0	104	48248	2009
29	李粮店风井	6.0	460.9	1.70	6.3	外圈	513/470	18.4	22/22	470	14.0	22				249	10.8	10	4.5	76	34456	2009
30	安里主井	5.0	414.2	1.30	6.2		485/450	16.1	34	430	11.8	12				250	10.0	12	4.25	58	24055	2010
31	安里副井	5.5	411.2	1.40	6.5		483/443	17.1	36	435	12.6	14				250	10.8	14	4.4	64	26258	2010

表 4-23 2000～2014 年我国大于 500m 冲积层采用多圈孔冻结的布置实例

序号	井筒名称	井筒净直径/m	冲积层厚度/m	井壁厚度/m	冻结壁厚度/m	主孔圈位置	外圈冻结孔			中圈冻结孔			内圈冻结孔			防片冻结孔			主孔圈至井帮距离/m	冻结孔总数/个	冻结钻孔工程量/m	开钻年限
							深度/m	圈径/m	孔数/个	深度/m	圈径/m	孔数/个	深度/m	圈径/m	孔数/个	深度/m	圈径/m	孔数/个				
1	龙固副井	7.0	567.7	2.2	11.4 (13.0)*		573	27.0	46	650/573	21.0	22/22	573	15.5	18				4.80	108	63963	2003
2	丁集主井	7.5	530.45	2.1	10.8		535	28.2	54	565	21.2	49	530	14.8	11	441	14.8	11	4.70	125	67256	2003
3	丁集副井	8.0	525.25	2.2	11.4		530	31.0	58	565	23.3	53	530	16.0	12	443	16.0	12	5.40	135	72361	2003
4	丁集风井	7.5	528.65	2.1	10.5	中圈	534	28.0	52	558/540	21.0	26/26	534	14.1	9	450	14.1	9	4.60	122	65172	2003
5	赵固一矿副井	6.8	519.7	2.05	9.5		520	25.0	46	575/550	19.4	46	520	14.7	23				4.20	115	61755	2004
6	郭屯副井	6.5	583.1	2.5	11.0		605	27.5	50	702/605	21.5	25/25	702/590	16.0	13/12	235	13.0	16	4.95	141	82891	2004
7	郭屯主井	5.0	587.4	2.25	10.0	内圈	610	27.0	50	610	19.6	26	702/614	14.8	16/17	610/425	12.0/11.2	6/6	2.60	121	74240	2004
8	郭屯风井	5.5	577.1	2.3	10.5		597	27.5	51	597	21.3	35	702/597	15.2	18/17	425	12.0/11.6	12	2.50	133	79227	2004
9	赵固一矿主井	5.0	518.0	1.7	8.0	外圈	550	19.0	48	575	14.4	18	520	12.4	18				5.35	84	46110	2004
10	赵固一矿风井	5.2	526.5	1.7	8.0		550	19.0	46	575	14.4	18	520	12.4	18				5.15	82	45010	2004
11	口孜东主井	7.5	568.4	2.1	11.5		578	30.5	58	740/608	24.5	54	568	18.2	26	470/229	14.8/12.7	9/9	6.40	156	90978	2005
12	口孜东副井	8.0	571.9	2.4	12.3	中圈	581	33.5	63	620	28.3	59	572	19.0	28	470/220	15.6/13.4	9/9	7.70	168	95409	2005
13	口孜东风井	7.0	573.2	2.3	11.5		578	31.4	60	626	23.6	53	575	17.4	25	470/220	15.0/12.65	10/10	6.00	158	89043	2005
14	赵固二矿主井	5.0	530.5	1.50	7.2		615/575	17.5	20/20	538	11.2	13				160	9.9	13	4.75	66	32874	2006
15	赵固二矿副井	6.9	527.5	2.00	9.4	外圈	555	24.5	58	628	17.8	20				469/290	13.4	10/10	6.78	98	52340	2006
16	赵固二矿风井	5.2	524.5	1.60	7.5		628/595	18.5	22/21	545	11.6	14				170	10.1	14	5.05	71	36321	2006

续表

序号	井筒名称	井筒净直径/m	冲积层厚度/m	井壁厚度/m	冻结壁厚度/m	主孔圈位置	外圈冻结孔			中圈冻结孔			内圈冻结孔			防片冻结孔			主孔圈至井帮距离/m	冻结孔总数/个	冻结钻孔工程量/m	开钻年限
							深度/m	圈径/m	孔数/个	深度/m	圈径/m	孔数/个	深度/m	圈径/m	孔数/个	深度/m	圈径/m	孔数/个				
17	郓城副井	7.2	536.6	2.25	11.0	内圈	540	28.7	51	590	21.6	31	570	16.7	35	410	13.0	14	2.50	131	71520	2006
18	郓城主井	7.0	534.2	2.15	10.5		553	27.2	48	590	21.0	48	553	14.4	18	160	11.4	14	4.85	128	66200	2006
19	陈蛮庄主井	5.0	568.8	2.00	9.80		571	23.8	44	629	18.0	24	592/571	13.3	15/15	440/260	11.4/9.6	10/10	2.40	118	67808	2008
20	陈蛮庄副井	6.5	556.9	2.45	11.0		601	29.6	54	640	22.0	35	601	15.0	35	275/170	12.6/11.4	11/11	1.80	146	84141	2008
21	陈蛮庄风井	5.5	572.45	2.20	10.2		585		48	585		30	644/600	14.9	17/17	295/170	13.0	9/9	2.50	130	73949	2008
22	杨村主井	7.5	538.3	2.30	10.7	中圈	619	29.7	55	723/619	23.3	26/26	619	18.3	26	420/210	14.6/12.6	9/9	5.60	151	90701	2009
23	杨村副井	7.5	536.7	2.30	10.6		643	29.1	56	725	22.4	26/26	660	17.4	25	420/210	14.5/12.9	10/10	5.15	153	95520	2009
24	杨村风井	7.8	538.9	2.30	11.0		667	30.9	57	800/667	24.1	27/27	667	18.7	27	420/216	14.9/12.9	10/10	5.85	158	101973	2010
25	龙固北风井	6.0	675.6	2.20	11.5		678	28.4	49	695/730	22.5/21.0	27/27	730/690	15.5/14.5	11/11	332	11.3	13	5.3～5.6	130	85801	2012

* 表示原设计冻结壁厚度为 13.0m。

的最大冻结深度分别为 675.6m(龙固北风井)和 800m(李粮店副井、杨村风井),冻结壁设计厚度达 7.7～12.3m,外孔圈至井帮的距离为 5.0～10.3m。采用多圈孔冻结后,冻结壁内侧冻土扩至井帮的时间和井筒正式开挖时间大幅缩短,冻结壁稳定性提高,冻结法凿井的安全性、可靠性提高。

(5) 当多圈孔的主冻结孔布置恰当、冻结工艺优化较好时,冻掘矛盾可以得到缓解,为深厚冲积层冻结段安全快速施工创造了有利条件。

2. 不同孔圈的冻结工艺

1) 单圈孔冻结工艺的发展过程、特点及应用效果

我国于 1955～1958 年施工的冻结井全部采用不变管径一次冻全深的工艺,并于 1959 年、1960 年、1965 年和 1992 年分别试验应用差异(长短腿)冻结、局部冻结、分期(段)冻结和异径冻结工艺,应用效果见表 4-24。

表 4-24　我国 1955～2014 年立井单圈孔冻结工艺的发展过程、特点及应用效果

序号	冻结工艺	首次应用年限/井筒名称	特点	应用效果	备注
1	不变管径一次冻全深	1955/林西风井	(1) 适用于各类地层,安全可靠 (2) 冻结孔工程量和冻结需冷量较大,费用较高	在复杂地质条件下广泛应用,效果较好	可作为多孔圈冻结的基本工艺之一
2	局部冻结	1960/张大庄副井	(1) 增大局部冻结段的盐水循环量,达到加大冻结器单位热流量的目的 (2) 减少非冻结段的冷量损失	用于处理井筒工程事故或解决井筒中、深部局部地段施工困难,效果良好	如何在多圈孔冻结中应用,有待进一步探讨
3	差异(长短腿)冻结	1968/平八东风井	差异(长短腿)冻结管间隔布置,能有效减少冻结孔工程量和冻结需冷量	在深厚冲积层中应用,深部容易发生冻结管断裂	在多圈孔冻结的中、内侧辅助、防片冻结管中应用,便于优化组合
4	分期(段)冻结	1965/芦岭西风井	将井筒需要冻结的深度分为两段或两段以上,按顺序进行冻结	在四系冲积层中应用,深部容易发生冻结管断裂	如何在多圈孔冻结中应用,有待进一步探讨
5	异径管一次冻全深	1992/车集主副井	在异径冻结管分界面的上部和下部分别采用较粗或较细的冻结管,以缩短冻结壁的交圈时间和冻土扩至井帮的时间	在冻结壁设计厚度为 4.0～4.5m,孔圈至井帮的距离为 2.5～3.0m 条件下,采用单圈孔异径冻结管冻结的效果良好	在多圈孔冻结中,每圈冻结管均可考虑应用异径管冻结工艺

2）多圈孔冻结工艺的特点

不同孔圈的布孔方式应与单圈孔的各种冻结工艺进行优化组合，可充分发挥各孔圈的作用，优势互补，科学地利用冷源，达到有效减少冻结孔数量、冻结孔总工程量、冻结需冷量的目的，适时调控冻结供冷量，为冻结段安全快速施工创造有利条件。

3. 大于500m冲积层多圈冻结孔布置方式与冻结工艺的优化组合

1）问题的提出

2002年之前，国内没有大于400m冲积层冻结立井的实践经验，对大于500m冲积层冻结更无思想准备，无论是井壁设计、冻结壁设计、冻结制冷设计和打钻、冻结、掘砌工艺，以及监测监控技术等方面均处于探索阶段，尚无成熟的经验可供借鉴。为此，中国煤炭学会建井专业委员会于2002年组织召开了"特厚表土立井工程施工技术与理论"高级论坛会，与会代表普遍认为，大于500m冲积层冻结法凿井问题来得突然，难度较大，应当精心设计、精心施工；对于地质、水文地质条件复杂的深冻结井，应组织技术攻关；遇到技术难题要及时组织研讨，确保安全顺利施工。在交流讨论中也反映出工程技术界与学术界对冻结壁厚度、安全掘进段高、冻结壁平均温度的计算方法和冻结设计强度、冻结孔布置方式、冻结盐水温度、井帮温度及掘砌工艺等问题的认识存在一定的差异：工程技术界强调在已有实践经验的基础上边探索边完善，并在安全前提下实现快速施工；学术界强调冲积层厚度超过500m后，土层冻结特性发生了"质"的变化，已有的设计理念已不适用，应当引用新理论、新方法，以确保施工安全。在龙固副井、丁集主副风井以及赵固一矿、二矿主副风井的冻结设计方案研讨中均充分反映出上述两种观点。但应指出，对大于500m冲积层冻结设计的认识，2006年之前差距较大，之后经过实践的检验，认识差距逐渐缩小。至2014年，我国在300～400m、400～500m、大于500m冲积层中分别施工超过51个、48个、29个冻结立井，基本解决了大于500m冲积层立井冻结设计和施工难题。

2）不同组合方式的指导思想

（1）以中圈或内圈为主冻结孔圈与冻结工艺组合的指导思想。

① 强化冻结壁的中、内侧冻结力度和外侧的适度冻结，减少主冻结孔而增加辅助冻结孔数量。

② 减小含水层各冻结孔圈之间的冻胀力。

③ 缩短冻结壁的交圈时间和内侧冻土扩至井帮的时间，实现井筒早日开挖和防止浅部片帮。

④ 降低井帮温度和冻结壁有效厚度的平均温度，提高中、内侧的冻结壁强度和井帮稳定性，减少冻结壁的径向位移，防止深部冻结管断裂。

（2）以外圈为主冻结孔圈与冻结工艺组合的指导思想。

① 强调以外侧冻结壁为基础，适度保持中、内侧的冻结力度，提高冻结壁的整体强度，确保井帮稳定性。

② 缩短冻结壁交圈时间和内侧冻土扩至井帮的时间，实现井筒早日开挖和防止浅部片帮。

③ 充分发挥各孔圈的协同作用，增强中、内圈冻结供冷量的可调性和调控效果。

④ 距掘砌荒径最远的外侧形成强度较高的冻结壁，减小外侧主冻结管的径向位移量，提高主冻结孔的安全性。

⑤ 科学地利用冷源和合理布置冻结孔，把冻结孔数、冻结孔工程量和冻结需冷量控制在较为合理的范围内。

⑥ 建立冻结壁形成特性的实测、工程预报与盐水温度、流量调控的机制，可适时调控各孔圈的盐水流量、温度以缓解冻结与掘砌的矛盾，为冻结段安全快速施工创造了有利条件。

⑦ 建立深部黏性土层的冻结壁径向位移实测与掘砌段高调控的机制，根据冻结壁径向位移实测数据适时调整掘砌段高，为防止冻结管断裂提供技术保证。

3）主冻结孔圈不同位置与冻结工艺组合案例的实施效果对比

为了弄清多圈孔冻结中主冻结孔圈位置对制冷冻结的影响，在大于 500m 冲积层多圈孔冻结中，选择了山东省的龙固副井、郓城副井、郭屯副井，安徽省的丁集风井，河南省赵固一矿副井和赵固二矿副井等井型、冲积层厚度、冻结壁厚度、外孔圈距井帮距离等基本相近并安全通过冻结段的 6 个冻结井作为主冻结孔圈位置与冻结工艺组合的工程案例，进行分析比较，为进一步改进和完善大于 500m 冲积层多圈孔冻结制冷设计供同行商榷。

（1）单井冻结设计主要技术指标及实施效果对比分析（表 4-25）。

① 以中圈为主孔圈的赵固一矿副井与以外圈为主孔圈的赵固二矿副井的主要技术指标对比。

(a) 赵固一矿副井比赵固二矿副井的井筒净直径小 0.1m(1.45%)，冲积层厚度小 7.8m(1.48%)，冻结深度小 53m(8.44%)。

(b) 赵固一矿副井比赵固二矿副井的冻结孔数多 17 个(17.35%)，冻结孔工程量多 9415m(17.99%)，冻结需冷量多 127.5×10^4kcal/h(19.29%)。

(c) 赵固一矿副井比赵固二矿副井每米井筒的冻结孔工程量多 24.06m(28.87%)，每米冻结深度的冻结需冷量多 0.3188×10^4kcal/h(30.28%)。

(d) 赵固一矿副井和赵固二矿副井的冻结段平均掘砌速度分别为 46.3m/日和 108.8m/月，冻结段成井速度分别为 38.7m/日和 81.4m/月，赵固一矿副井比赵固二矿副井的冻结段平均掘砌速度下降 62.5m/月(57.46%)，冻结段成井速度下降 42.7m/月(52.46%)。

以上分析对比结果得出以下几点：

第一，赵固一矿副井的净直径、冲积层厚度、冻结深度均比二矿副井小些，按理赵固一矿副井的冻结孔数、冻结孔工程量、冻结需冷量等指标应小一些，但由于赵固一矿副井冻结施工方案采取了以中圈为主冻结孔圈及外圈、内圈均为辅助冻结孔，强调强化中部与内侧冻结，冻结力度过猛，冻结孔数、冻结孔工程量、冻结需冷量偏大。

第二，赵固二矿副井冻结方案设计是在赵固一矿副井冻结设计推荐方案、冻结工程招标方案（表 4-26）基础上进行优化的，赵固二矿副井安全顺利通过冻结段，说明赵固一矿副井冻结设计原推荐方案和冻结工程招标方案是安全可靠的。

表 4-25　大于 500m 冲积层多圈孔冻结的以中内圈为主孔圈与以外圈为主孔圈的单井冻结设计主要技术指标及实施效果对比

序号	井筒名称	井筒净直径/m	冲积层厚度/m	冻结深度/m	冻结壁厚度/m	冻结孔布置														优化组合结果	
						外孔圈		中孔圈		内孔圈		防片孔圈		主孔圈		合计				每冻结 1m 井筒的冻结钻孔工程量/m	每冻结 1m 井筒的冻结需冷量/(10^4 kcal/h)
						直径/m	孔数/个	直径/m	孔数/个	直径/m	孔数/个	直径/m	孔数/个	位置	距井帮/m	孔圈数/圈	冻结孔数/个	冻结钻孔工程量/m	冻结需冷量/(10^4 kcal/h)		
1	龙固副井	7.0	567.7	650	11.4	27.0	46	21.0	22/22	15.5	18			中圈	4.80	3	108	63963	783.5	98.41	1.2054
2	丁集风井	7.5	528.65	558	10.5	28.0	52	21.0	26/26	14.1	9	14.1	9	中圈	4.65	3	122	65172	851.5	116.80	1.5260
3	赵固一矿副井	6.8	519.7	575	9.5	25.0	46	19.0	23/23			14.7	23	中圈	3.95	3	115	61755	788.6	107.40	1.3715
4	郭屯副井	6.5	583.1	702	11.0	27.5	50	21.5	25/25	16.0	13/12	13.0	16	中圈	5.00	4	141	82891	1012.0	118.08	1.4416
5	郓城副井	7.2	536.6	590	11.0	28.7	51	21.6	31	16.7	35	13.0	14	内圈	2.50	4	131	71520	883.9	121.22	1.4981
6	赵固二矿副井	6.9	527.5	628	9.4	24.6	58	17.8	20			13.4	10/10	外圈	6.78	3	98	52340	661.1	83.34	1.0527
中内圈主冻结孔与外圈主冻结孔应用单井对比	龙固副井与赵固二矿副井的差值	0.1	40.2	22.0	2.0	2.40	−12	3.2	24		18		−20	中圈/外圈	−1.98		10	11623	122.4	15.07	0.1527
	丁集风井与赵固二矿副井的差值	0.6	1.15	−70	1.1	3.40	−6	3.2	28		9	0.6	−11	中圈/外圈	−2.1		24	12832	190.4	33.46	0.4733
	赵固一矿副井与赵固二矿副井的差值	−0.1	−7.8	−91	0.1	0.40	−12	1.2	26			1.3	3	中圈/外圈	−2.83		17	9415	127.5	24.06	0.3188
	郭屯副井与赵固二矿副井的差值	−0.4	55.6	74	1.6	2.9	−8	3.7	30		25	−0.4	−4	中圈/外圈	−1.75	1	43	30551	350.9	34.74	0.3889
	郓城副井与赵固二矿副井的差值	0.3	9.1	−38	1.6	4.1	−7	3.8	11		35	−0.4	−6	内圈/外圈	−4.28	1	33	19180	222.8	37.88	0.4454

表 4-26　赵固一矿副井冻结设计的推荐、招标方案主要技术指标

序号	项目名称		冻结设计主要技术指标	
			推荐方案	招标方案
1	井筒净直径/m		6.5(实际施工 6.8m)	6.5(实际施工 6.8m)
2	冲积层厚度/m		519.7	519.7
3	冻结深度/m		575	575
4	井壁最大厚度/m		2.20(实际施工 2.05m)	2.20(实际施工 2.05m)
5	井筒掘进最大直径/m		10.7	10.7
6	冻结盐水温度/℃		−33	−34
7	冲积层段主冻结孔成孔间距/m		3.0	3.0
8	井帮温度/℃		−10	−14.0
9	冻结壁平均温度/℃		−14.0	−16.0
10	冻结壁设计厚度/m		9.0	9.5
11	冻结孔布置特点		外圈为主冻结孔，中/内圈分别为辅助/防片冻结孔	外圈为主冻结孔，中/内圈分别为辅助/防片冻结孔
12	外/中/内孔圈布置圈径/m		23.4/17.4/15.4	25.0/18.2/15.6
13	外/中/内孔圈冻结深度/m		$\frac{575}{550}$/546/385	$\frac{575}{550}$/546/385
14	外/中/内孔圈冻结孔数/个		$\frac{28}{28}$/19/19	60/21/21
15	外/中/内孔圈冻结孔开孔间距/m		1.313/2.877/2.546	1.310/2.723/2.334
16	外/中/内孔圈至井帮的最小距离/m		6.25/3.25/2.25	7.05/3.65/2.35
17	冻结管外径/mm	外圈	0～225m 为 Φ127 225～385m 为 Φ140 >385m 为 Φ159	0～385m 为 Φ140 >385m 为 Φ159
18		中圈	0～385m 为 Φ127 >385m 为 Φ159	0～385m 为 Φ127 >385m 为 Φ159
19		内圈	0～225m 为 Φ159 >225m 为 Φ127	0～225m 为 Φ159 >225m 为 Φ127
20	水位观测孔的深度/数量		523m/1 个，343m/1 个，500m/1 个	523m/1 个，343m/1 个，500m/1 个
21	温度观测孔的深度/数量		574m/1 个，560m/1 个，518m/1 个，115m/1 个	574m/1 个，560m/1 个，518m/1 个，115m/1 个
22	冻结孔工程量/m		48410	52440
23	冻结器单位热流量/(kcal/(m^2·h))		250	250
24	冻结需冷量/(10^4kcal/h)		625.12	692.74
25	冻结每米井筒	冻结孔工程量/m	84.19	91.20
26		冻结需冷量/(10^4kcal/h)	1.0872	1.2048

第三，与赵固二矿副井相比，赵固一矿副井冻结工程费约增加 3000 万元，加上中、内圈盐水温度流量调控难度大，导致井帮温度偏低，中深部冻土挖掘量偏多，冻结段掘砌速度大幅下降。

仅从技术角度进行工程案例分析是不够的，人们不禁要问赵固一矿、二矿副井均由煤科总院建井研究分院负责设计的，但赵固一矿副井的冻结孔数、冻结孔工程量、冻结需冷量均比赵固二矿副井增大近 20%，平均冻结每米井筒的冻结孔工程量、冻结需冷量均比赵固二矿副井增大 30%左右，乍看起来有些不可思议，其实这种情况与 2006 年国内对深厚冲积层冻结法凿井技术的认知水平、掌控程度、市场情况、舆论导向、工程管理等因素有关。例如，部分参与论证的专家和冻结工程承包单位提出，在不改变中标价的基础上，用以中圈为主冻结孔圈及外、内圈为辅助冻结孔圈的施工方案，替代以外圈为主冻结孔圈的冻结设计推荐方案和招标方案：既说明了当时市场行情对施工方相当有利，经济效益较高；也说明施工方对不同冻结方案的安全性缺乏全面认识，片面强调加大冻结力度才能确保施工安全，而忽略了冻结力度偏大可能造成的不利后果。

② 以中圈为主孔圈的龙固副井与以外圈为主孔圈的赵固二矿副井的主要技术指标对比。

(a) 龙固副井比赵固二矿副井的井筒净直径大 0.1m(1.45%)，冲积层厚度大 40.2m(7.62%)，冻结深度大 22m(3.5%)。

(b) 龙固副井比赵固二矿副井的冻结孔数多 10 个(10.2%)，冻结孔工程量多 11623m(22.21%)，冻结需冷量多 122.4×10^4kcal/h(18.52%)。

(c) 龙固副井比赵固二矿副井冻结每米井筒的冻结孔工程量增加 15.07m(18.08%)，每米冻结深度的冻结需冷量多 0.1527×10^4kcal/h(14.51%)。

(d) 龙固副井的冻结段平均掘砌速度和成井速度分别为 58.5m/月和 46.5m/月，比赵固二矿副井的冻结段平均掘砌速度下降 50.3m/月(46.23%)，冻结段成井速度下降 34.9m/月(42.88%)。

③ 以中圈为主孔圈的丁集风井与以外圈为主孔圈的赵固二矿副井的主要技术指标对比。

(a) 丁集风井比赵固二矿副井的井筒净直径大 0.6m(8.70%)，冲积层厚度大 1.15m(2.18%)，冻结深度小 70m(11.15%)，总体条件基本相似。

(b) 丁集风井比赵固二矿副井的冻结孔数多 24 个(24.49%)，冻结孔工程量多 12832m(24.52%)，冻结需冷量多 190.4×10^4kcal/h(28.8%)。

(c) 丁集风井比赵固二矿副井冻结每米井筒的冻结孔工程量多 33.46m(40.15%)，冻结每米井筒的冻结需冷量增加 0.4733×10^4kcal/h(44.96 %)。

(d) 丁集风井的冻结段平均掘砌速度和成井速度分别为 78.7m/月和 60.6m/月，比赵固二矿副井的冻结段平均掘砌速度下降 30.1m/月(27.67%)，冻结段成井速度下降 20.8m/月(25.55%)。

④ 以中、内圈为主孔圈的郭屯副井与以外圈为主孔圈的赵固二矿副井的主要技术指标对比。

(a) 郭屯副井比赵固二矿副井的井筒净直径小 0.4m(5.80%)，冲积层厚度大 55.6m(10.54%)，冻结深度大 74m(11.78%)，总体条件基本相近。

(b) 郭屯副井比赵固二矿副井的冻结孔数多 43 个(43.88%)，冻结孔工程量多 30551m(58.37%)，冻结需冷量多 350.9×10^4kcal/h(53.08%)。

(c) 郭屯副井比赵固二矿副井冻结每米井筒的冻结孔工程量多 34.0m(40.8%)，冻结每米井筒的冻结需冷量增加 0.3889×10^4kcal/h(36.94 %)。

(d) 郭屯副井的冻结段平均掘砌速度和成井速度分别为 97.0m/月和 67.0m/月，比赵固二矿副井的冻结段平均掘砌速度下降 11.8m/月(10.85%)，冻结段成井速度下降 14.4m/月(17.69%)。

⑤ 以内、中圈为主孔圈的郓城副井与以外圈为主孔圈的赵固二矿副井的主要技术指标对比。

(a) 郓城副井比赵固二矿副井的井筒净直径大 0.3m(4.35%)，冲积层厚度大 9.1m(1.73%)，冻结深度小 38m(6.05%)，总体条件基本相近。

(b) 郓城副井比赵固二矿副井的冻结孔数多 33 个(33.67%)，冻结孔工程量多 19180m(36.65%)，冻结需冷量多 222.8×10^4kcal/h(33.7%)。

(c) 郓城副井比赵固二矿副井冻结每米井筒的冻结孔工程量增加 37.88m(45.45%)，每米冻结深度的冻结需冷量多 0.4454×10^4kcal/h(42.31%)。

(d) 郓城副井的冻结段平均掘砌速度和成井速度分别为 63.0m/月和 48.3m/月，比赵固二矿副井的冻结段平均掘砌速度下降 45.8m/月(42.10%)，冻结段成井速度下降 33.1m/月(40.66%)。

(2) 多井冻结设计综合技术指标及实施效果对比分析。

龙固副井、丁集风井、赵固一矿副井、郭屯副井、郓城副井以中内圈为主冻结孔圈的综合主要技术指标与赵固二矿副井以外圈为主冻结孔圈的主要技术指标及实施效果对比(表 4-27)得出如下结论。

① 中内圈为主冻结孔圈的井均孔圈数增加 0.4 圈。

② 中内圈为主冻结孔圈的井均冻结孔数增加 25.4 个(25.92%)。

③ 中内圈为主冻结孔圈的井均主冻结孔圈径减小 4.76m，距井帮距离减小 2.6m。

④ 中内圈为主冻结孔圈的井均冻结孔钻孔工程量增加 16720m(31.94%)，平均每冻结 1m 井筒的冻结钻孔工程量增加 29.04m(34.85%)。

⑤ 中内圈为主冻结孔圈的井均冻结需冷量增加 202.8×10^4 kcal/h(30.68%)，平均每冻结 1m 井筒的冻结需冷量增加 0.3558×10^4 kcal/h(33.80%)。

⑥ 中内圈为主冻结孔圈的外层井壁平均掘砌速度降低 40.1m/月(36.86%)。

⑦ 中内圈为主冻结孔圈的冻结段成井速度降低 29.2 m/月(35.87%)。

表 4-27　大于 500m 冲积层以中内圈为主孔圈与以外圈为主孔圈的多圈孔冻结制冷优化组合设计的主要技术指标及实施效果综合对比

序号	井筒名称	井筒净直径/m	冲积层厚度/m	冻结深度/m	冻结壁厚度/m	冻结孔布置												优化组合结果		外层井壁的掘砌平均速度/(m/月)	冻结段成井速度/(m/月)
						外孔圈		中孔圈		内孔圈		防片孔圈		主孔圈		合计					
						直径/m	孔数/个	直径/m	孔数/个	直径/m	孔数/个	直径/m	孔数	位置	距井帮/m	孔圈数/圈	冻结孔数/个	每冻结 1m 井筒的冻结钻孔工程量/m	每冻结 1m 井筒的冻结需冷量/(10^4 kcal/h)		
1	龙固副井	7.0	567.7	650	11.4	27.0	46	21.0	22/22	15.5	18			中圈	4.80	3	108	98.41	1.2054	58.5	46.5
2	丁集风井	7.5	528.65	558	10.5	28.0	52	21.0	26/26	14.1	9	14.1	9	中圈	4.65	3	122	116.80	1.5260	78.7	60.6
3	赵固一矿副井	6.8	519.7	575	9.5	25.0	46	19.0	23/23			14.7	23	中圈	3.95	3	115	107.40	1.3715	46.3	38.7
4	郭屯副井	6.5	583.1	702	11.0	27.5	50	21.5	25/25	16.0	13/12	13.0	16	中圈	5.00	4	141	118.08	1.4416	97.0	67.0
5	郓城副井	7.2	536.6	590	11.0	28.7	51	21.6	31	16.7	35	13.0	14	内圈	2.50	4	131	121.22	1.4981	63.0	48.3
6	赵固二矿副井	6.9	527.5	628	9.4	24.6	58	17.8	20			13.4	10/10	外圈	6.78	3	98	83.34	1.0527	108.8	81.4
中内圈主冻结孔与外圈主冻结孔应用综合对比	中内圈为主孔圈的 5 个井筒综合指标	7.0	547.2	615	10.68	27.24	49	20.82	44.6	15.58	21.75	13.7	15.5	中内圈	4.18	3.4	123.4	112.38	1.4085	68.7	52.2
	中内圈为主孔圈的 5 井综合指标与外圈为主孔圈井筒的差值	0.1	19.7	−13.0	1.28	2.64	−9	3.02	24.6			0.3	−4.5	中内圈/外圈	−2.6	0.4	25.4	29.04	0.3558	−40.1	−29.2
	中内圈为主孔圈的 5 井综合指标与外圈为主孔圈井筒相差比例/%	1.45	3.74	−2.07	13.62	10.73	−15.52	16.97	123.0			2.25	−22.5		−38.35	13.3	25.92	34.85	33.80	−36.86	−35.87

4. 不同孔圈冻结的适用条件

实践表明，冻结孔由单孔圈向双孔圈、多孔圈过渡后，有效缓解了由于冲积层厚度或冻结壁设计厚度增大而引起冻结与掘砌的矛盾，为井筒提早开挖和冻结段安全快速施工创造有利条件。现根据已有各类孔圈的冻结工程案例和应用效果分析，提出不同孔圈冻结的适用条件，供同行商榷。

1）单孔圈冻结

当冲积层厚度小于 200m，冻结壁设计厚度小于 3m，或孔圈距井帮小于 2.2m 时，采用单孔圈不变径冻结管一次冻全深较为适宜；当冲积层厚度为 200～250m，冻结壁设计厚度为 3～4m，或孔圈距井帮 2.2～3.0m 时，采用单孔圈异径冻结管冻结，有利于井筒提早开挖和减少冻结孔数。

2）双孔圈冻结

当冲积层厚度为 250～350m，冻结壁设计厚度为 4.0～6.0m，或外孔圈距井帮 3～3.5m 时，采用主孔圈内侧增设防片孔圈冻结，有利于井筒提早开挖和防止浅部片帮；当冲积层厚度为 350～400m，冻结壁设计厚度为 5.5～7.0m，或主孔圈距井帮 3.5～4.5m 时，采用主孔圈内侧增设辅助孔圈冻结或双孔圈冻结，有利于提高深部冻结壁强度和井帮稳定性，但应注意内孔圈深部距井帮不宜过近，以防止冻结管断裂。

3）多孔圈冻结

当冲积层厚度大于 400m，冻结壁设计厚度大于 7.0m，或外孔圈距井帮大于 4.5m 时，采用多孔圈（主孔圈＋辅助孔圈＋防片孔圈）冻结，有利于井筒提早开挖，防止浅部片帮和深部冻结管断裂。

4）不同孔圈的冻结深度

单圈冻结孔、多圈主冻结孔的深度不应小于井筒冻结深度，深入不透水基岩深度宜按表 4-9 选取；辅助冻结孔深度应穿过冲积层并深入基岩风化带 5m 以上；防片冻结孔深度取冲积层厚度的 1/2～4/5 为宜。

4.2.5　冻结需冷量、冷却水需用量、盐水循环量的计算与调控

1. 冻结需冷量

1）计算公式

冻结需冷量、冻结标准需冷量、冷冻站装机标准需冷量计算公式见表 4-28。

2）冻结需冷量及标准需冷量的计算参数优选

冻结需冷量及冷冻站装机标准需冷量计算参数选取见表 4-29。

2. 冷却水的需用量与补给量

1）计算公式

冻结用冷却水量、补给量的计算公式见表 4-30。

表 4-28　冻结需冷量、冻结标准需冷量、冷冻站装机标准需冷量计算公式

序号	名称	计算公式	符号含义
1	冻结需冷量	$Q=(Q_z+Q_f+Q_p)m_c$ $Q_z=\pi d_z H_z N_z K_z$ $Q_f=\pi d_f H_f N_f K_f$ $Q_p=\pi d_p H_p N_p K_p$	Q 为冻结总需冷量，kcal/h；Q_z、Q_f、Q_p 分别为主、辅助、防片冻结管的散热能力，kcal/h；d_z、d_f、d_p 分别为主、辅助、防片冻结管的外直径，m；H_z、H_f、H_p 分别为主、辅助、防片冻结管的平均深度，m；N_z、N_f、N_p 分别为主、辅助、防片冻结管的数量，个；K_z、K_f、K_p 分别为主、辅助、防片冻结管的单位热流量，主要取决于盐水温度和冻结器环形空间内的盐水运动状态，kcal/(m² · h)；m_c 为低温管路及设备的冷量损失系数；Q_b 为冻结总标准需冷量，kcal/h；A 为冷冻机实际工况制冷量与标准制冷量之间的换算系数，主要取决于冷冻机的类型、新旧程度、制冷方式、制冷剂的蒸发温度或盐水温度、冷却水的进水温度，A 值随着盐水温度或制冷剂蒸发温度的降低而递减，采用螺杆式压缩机制冷时，可根据选用的冷冻机组性能曲线查得实际工况下冷冻机的制冷量和标准条件下冷冻机的制冷量，并求得换算系数值，也可根据工况条件参考表 4-29 选取；Q_J 为冷冻站装机总标准制冷能力，kcal/h；m_b 为冷冻站装机备用系数
2	冻结标准需冷量	$Q_b=\dfrac{Q}{A}$	
3	冷冻站装机标准需冷量	$Q_J=Q_b m_b$	

表 4-29　冻结需冷量及冷冻站装机标准需冷量计算参数选取

序号	系统	基本参数	优选值
1	(氨或氟利昂)制冷系统	冻结管的单位热流量 K/(kcal/(m² · h))	250
2		地面低温设备、管路的冷量损失系数 m_c	1.15
3		冷冻机实际制冷量与标准制冷量的换算系数 A	0.35～0.39
4		冷冻站装机备用系数 m_b	1.08
备注	冻结器单位热流量主要取决于冻结器环形空间内盐水流动状态和温度。根据煤科总院北京建井研究所多年试验研究结果提出：冻结盐水呈层流向紊流状态过渡时的单位热流量峰值取 250kcal/(m² · h)，冻结盐水呈层流状态时的单位热流量峰值取 210kcal/(m² · h)		

表 4-30　冻结用冷却水量、补给量的计算公式

序号	名称	计算公式	符号含义
1	冷却水需用量	$W_Z=W_C+W_e$ $W_C=\dfrac{Q_C}{1000\Delta t}$ $W_e=X_C Q_J$	W_Z为冷却水总需水量，m³/h；W_C为冷凝器的冷却水总需用量，m³/h；W_e为冷冻机缸套的冷却水需用量，m³/h，根据经验该需水量约为冷凝器冷却水总需水量的 8%；W_O为冷冻站冷却水总补给量，m³/h；Q_C为冷凝器的总热负荷，kcal/h，考虑冻结初期盐水温度较高时冷冻机的实际制冷量较大，可近似地按冻结需冷量(Q)的 1.3 倍计算；Δt 为冷凝器进水温度与回水温度的差值，3～4℃；Q_J 为冷冻站装机总标准制冷能力，kcal/h；X_C为冷冻机标准单位制冷量的冷却水需用量，m³/kcal；μ 为新鲜冷却水的补给系数，主要取决于冷凝器的结构形式和冷却水的补给方式
2	冷却水补给量	$W_O=\mu W_Z$	

2）冷却水的需用量、补给量计算参数优选

冻结用冷却水需用量、补给量计算参数优选见表 4-31。

表 4-31　冻结设计冷却水需用量与补给量计算参数优选

<table>
<tr><th>序号</th><th colspan="2">基本参数</th><th>优选值</th></tr>
<tr><td>1</td><td colspan="2">冷凝器进水与回水温差 Δt/℃</td><td>3.5</td></tr>
<tr><td>2</td><td colspan="2">冷冻机标准单位制冷量的冷却水需用量 X_C/(m^3/kcal)</td><td>0.8×10^{-5}</td></tr>
<tr><td>3</td><td rowspan="3">新鲜冷却水量
补给系数 μ</td><td>立式冷凝器的冷却水直接补给法</td><td>0.5</td></tr>
<tr><td>4</td><td>立式冷凝器配玻璃钢冷却塔</td><td>0.25</td></tr>
<tr><td>5</td><td>高效蒸发式冷凝器</td><td>0.025</td></tr>
<tr><td>备注</td><td colspan="3">根据制冷工程实践经验，采用高效蒸发式冷凝器的新鲜冷却水补给量小，已普遍推广应用，所以新鲜冷却水补给系数推荐值为 0.025</td></tr>
</table>

3. 冻结器盐水循环量与调控

1）冻结初期盐水循环量

根据冻结器单位热流量与冻结器环形空间内盐水流动状态、盐水温度、流速及冻结时间、冻土性质等关系的实测、研究，为经济有效地提高和维持冻结器单位热流量峰值，建议冻结初期的冻结器盐水循环流量满足表 2-35 的要求值，即冻结管外径为 127mm、133mm、140mm、159mm 的盐水流量应分别超过 10m^3/h、10.7m^3/h、11.2m^3/h、13m^3/h；考虑到工程中各冻结器盐水流量的不均匀性，一般要求 Φ127mm、Φ133mm、Φ140mm、Φ159mm 管径的冻结器盐水平均流量分别达到 11m^3/h、12m^3/h、13m^3/h、14m^3/h 以上，各冻结器流量与平均值偏差在±0.5m^3/h 以内。

2）冻结器盐水循环量的调控

随着冻结时间延长和井筒掘砌的延伸，冻结壁平均温度和井帮温度均将下降，冻土逐渐扩入挖掘荒径内，因此应根据冻结温度场的测量和分析，结合掘砌进展状况，对待挖段的冻结壁形成状态的特性参数进行工程预测、预报，并及时对冻结盐水循环量、温度进行调控。

首先应分析防片孔和中圈辅助孔共同作用对冻土向内扩展的影响，同时考虑防片孔深度和井帮温度状况，决定防片孔盐水流量的调控时间和力度。一般情况下黏性土层井帮温度下降至－1～－3℃、待挖段防片孔长度大于 30m，防片孔盐水循环量应减小至 6～8m^3/h；当黏性土层井帮温度下降至－3～－5℃、待挖段防片孔长度大于 30m 时，可停止防片孔盐水循环，只保留防止冻结管堵塞的阶段性盐水循环量即可。

掘砌超过防片孔深度后，应根据井帮温度变化情况、外孔圈与中孔圈冻结壁交汇及发展状况、冲积层深部待挖段土层性质、冻结壁径向位移、掘砌速度等决定中圈辅助冻结孔盐水循环量、温度的调控。当冲积层深部砂性土层控制层位的冻结壁厚度及平均温度已经满足设计要求，深厚黏性土层中控制层位的冻结壁平均温度及厚度已满足现行掘砌段高下的冻结壁稳定性要求时，可对中圈辅助冻结孔进行调控，适当减小冻结器流量，如果有必要可分阶段将流量减至 8～10m³/h 和 3～6m³/h。

4.2.6 冻结法凿井工期分析

1. 冻结法凿井主要矛盾线工期组成与确定方法

我国从 1955 年引进冻结法凿井以来，已有 60 年的历史，累计冻结超过 1108 个立井，累计冻结深度超过 295.56km，居世界首位。实践表明，冻结法在不稳定冲积层、风化含水岩层、松软岩层、大流速地层以及含盐地层中应用，均取得良好效果；既可作为地质条件复杂立井和斜井的正规施工方法，又可作为处理工程事故和工程抢险的重要手段，成为我国不稳定冲积层最主要的施工方法，其最大特点是安全可靠和质量、工期、费用基本可控，下面着重对冻结法凿井工期进行分析。

冻结法凿井属多工种、多工序平行交叉作业的特殊方法，要从工程主要矛盾的工期组成进行分析，才能实现对工期的有效控制。按工程承包合同规定，从施工队伍进场筹备就开始计算工期，至完成冻结段施工工作和井壁夹层注浆，主要矛盾线共由九个阶段组成见表 4-32。

表 4-32 冻结法凿井主要矛盾线的工期组成与确定方法

序号	阶段名称	工期确定方法
1	施工队伍进场至正式开钻的准备工期	凭实践经验选取
2	冻结孔、水位观测孔、测温孔的施工工期	根据制定的专项措施确定
3	确保钻孔的质量验收至正式开冻的过渡工期	凭实践经验选取
4	正式开冻至井筒试挖前的冻结工期	根据制定的专项措施确定
5	井筒试挖段掘砌和三盘安装工期	凭实践经验选取
6	试挖段往下外层井壁掘砌和筒形壁座掘进工期	根据制定的专项措施确定
7	筒形壁座掘进结束至内层井壁开始套壁的过渡工期	凭实践经验选取
8	内层井壁套壁工期	根据制定的专项措施确定
9	冻结段井壁夹层注浆工期	根据制定的专项措施确定

2. 我国以冲积层为主的不同冻结深度的施工工期分析

按确定工期的难易度可概括为两类：一类属于影响因素较少和工期变化幅度较小的，可凭实践经验选取；另一类属于影响因素较多和工期变化幅度较大的，应根据制定的专项措施确定的工期进行计算。

按照目前国内冻结凿井水平，分析不同冲积层和冻结深度的冻结法凿井工期，见表 4-33。

表 4-33　我国以冲积层为主的不同冻结深度的施工工期分析结果

序号	冻结凿井的各个施工阶段	主要工程内容	不同冲积层厚度/冻结深度的施工工期/d					备注
			200m/260m	300m/380m	400m/500m	500m/620m	600m/740m	
1	施工队伍进场至正式打钻的准备工期	(1) 钻场基础施工及钻架、钻机底座、钻机安装 (2) 泥浆池、泥浆沟槽施工及泥浆泵、搅拌机安装 (3) 生活设施及施工广场道路、水源井等施工	12	14	16	18	20	凭实践经验进行选取
2	冻结孔、水位观测孔、测温孔的施工工期	(1) 冻结钻孔、水位观测孔、测温孔施工 (2) 冻结厂房及冻结设备基础施工	60	75	100	130	160	TSJ-1500 型、2000 型水井钻机，多台同时钻进的平均台月效率取 2000m
3	全部钻孔的质量验收，至正式开冻的过渡工期	(1) 钻孔质量验收 (2) 打钻设备及钻场基础拆除 (3) 盐水干管、冷冻沟槽、井架基础施工 (4) 冻结器、盐水干管安装及隔热 (5) 灌盐水及冻结器试运转 (6) 冻结站三大循环系统安装调试、充氨、试运转	10	11	12	13	14	凭实践经验进行选取
4	正式开冻至井筒试挖前的冻结工期	(1) 冻结站正常运转与调控 (2) 提升机房施工及提升机安装调试 (3) 井架、天轮平台、卸矸槽的安装调试 (4) 稳车安装调试 (5) 混凝土原材料场地施工 (6) 混凝土搅拌系统、计量设备、原材料清洗设备的安装调试 (7) 地面轨道及排矸系统施工	42	50	58	69	77	根据多圈孔冻结壁形成特性实测结果
5	井筒试挖段掘砌和三盘安装工期	(1) 冻结站正常运转与调控 (2)冻结壁形成状况分析 (3)20～30m 试挖段掘砌 (4)三盘安装	18	18	18	18	18	凭实践经验进行选取

续表

序号	冻结凿井的各个施工阶段	主要工程内容	不同冲积层厚度/冻结深度的施工工期/d					备注
			200m/260m	300m/380m	400m/500m	500m/620m	600m/740m	
6	试挖段往下外层井壁掘砌和筒形壁座掘进的工期	(1) 冻结站正常运转与冻结调控 (2)根据冻结壁形成特性分析、判断冻结壁能否满足连续快速施工的要求 (3)根据施工装备水平和凿井队伍的实践经验制定外层井壁掘砌速度及施工措施	82	125	160	210	250	外层井壁掘砌平均速度取85m/月
7	筒形壁座掘进结束至内层井壁开始套壁的过渡工期	(1) 冻结站正常运转与调控 (2) 做好外层井壁表面清除冰霜工作 (3) 采用滑模套壁时,要选用实际行程基本相同的千斤顶,以防止千斤顶支撑杆弯曲或滑模盘扭转	7	7	7	7	7	凭实践经验进行选取
8	内层井壁套壁工期	应尽可能采用一次套壁工艺,减少辅助作业时间	21	32	43	54	65	内层井壁套壁平均速度取11m/d
9	冻结段井壁夹层注浆工期	在套壁一结束,就进行注浆。理由:一是冻结壁未解冻,但夹层部位温度在4℃以上,可使浆液流动顺畅;二是可在冻结壁保护下将浆液压入外层井壁接茬缝、内外层井壁与塑料软板夹层缝隙、井壁与冻结壁之间的空隙;三是井内管路已拆除,注浆方便,时间短,质量好	7	9	11	13	15	凭实践经验进行选取
合计工期			259	341	425	532	623	

第 5 章　深厚冲积层冻结钻孔施工技术

5.1　不同发展阶段的冻结钻孔施工简况

我国自 1955 年从波兰引进冻结法凿井技术以来，冻结深度由浅而深，以冲积层为主的冻结最大深度已达到 800m，以含水基岩为主的冻结最大深度已达到 950m。为了适应冻结深度增大的需要，钻孔机具、测斜仪器、纠偏工艺以及钻孔偏斜率、成孔间距、钻进效率、钻孔工期等各项技术指标均发生重大变化(表 5-1)，真实反映出我国冻结钻孔技术的发展历程，现按冻结法凿井的引进消化、探索改进、提高完善、创新攀高四个阶段介绍如下。

表 5-1　我国冻结法凿井不同阶段的冻结钻孔施工技术简况

序号	冻结法凿井不同阶段 / 起止年限	项目名称	技术指标
1	引进消化阶段 1955～1959	冲积层最大厚度/m	154.8
2		冻结最大深度/m	162
3		井均冻结深度/m	90.4
4		红旗 650 型立轴旋转钻机单机钻进效率/(m/(台·月))	700
5		测斜/纠偏	浅部经纬仪，深部电测仪/扫、扩、铲孔
6		钻孔偏斜率控制范围(冲积层/基岩)/%	0.40/0.50
7		成孔间距(冲积层/基岩)/m	2.5/3.0
8		打钻工期(冻深 100m)/月	2.0～2.5
9	探索改进阶段 1960～1988	冲积层最大厚度/m	358.5
10		冻结最大深度/m	415.0
11		井均冻结深度/m	162.3
12		DZJ-500/1000 型冻结/注浆转盘钻机单机钻进效率/(m/(台·月))	2100
13		测斜仪/纠偏措施	JDT-Ⅲ//扫孔、扩孔、铲孔
14		钻孔偏斜率控制范围(冲积层/基岩)/%	0.3/0.4
15		成孔间距(冲积层/基岩)/m	3.0/4.0
16		打钻工期(冻深 200m/300m)/月	2.5～3.0/3.5～4.5

续表

序号	冻结法凿井不同阶段 / 起止年限	项目名称	技术指标
17	提高完善阶段 1989～1999	冲积层最大厚度/m	383.1
18		冻结最大深度/m	435
19		井均冻结深度/m	225.9
20		DZJ-500/1000 型/TSJ-1000 型单机钻进效率/(m/(台·月))	2100/2200
21		测斜仪/纠偏机具(手段)	JDT-5 型不提钻测斜/螺杆定向钻具纠偏
22		钻孔偏斜率控制范围(冲积层/基岩)/%	0.25/0.35
23		成孔间距(冲积层/基岩)/m	2.6/3.6
24		打钻工期(冻深 300m/400m)/月	3～4/5～6.5
25	创新攀高阶段 2000～2014	冲积层最大厚度/m	675.6
26		冻结最大深度(冲积层(基岩))/m	800(950)
27		井均冻结深度/m	>330
28		TSJ-1000 型、1500 型/2000 型、2600 型单机钻进效率/(m/(台·月))	2100～2200/2400～2600
29		测斜/纠偏机具(手段)	JDT-5A 型不提钻测斜/螺杆定向钻具纠偏
30		钻孔靶域钻进半径(冲积层/基岩)/m	0.6～0.8/0.7～1.0
31		成孔间距(冲积层/基岩)/m	2.8/4.0
32		打钻工期(冻深 500m/600m)/月	4.0～5.0/5.0～6.0

5.1.1 引进消化阶段钻孔施工

1. 钻孔工程特点

该阶段共冻结 18 个立井，冲积层最大厚度为 154.8m，冻结最大深度为 162m，井均冻结深度为 90.4m。第一个冻结井为 1955 年施工的林西风井，由波兰负责设计和施工；第二个冻结井为 1956 年施工的唐家庄风井，由苏联专家纳索诺夫指导设计，由中国负责施工；其他 16 个冻结井均由中国自己设计和施工。

2. 钻孔设备

(1) 钻机：林西风井采用波兰的 SmSu 型冲击式钻机，其余 17 个冻结井均采用红旗 650 型立轴旋转式钻机。

(2) 泥浆泵：采用 250/40 型泥浆泵。

3. 钻场基础

采用“三七”灰土盘结构，厚 250mm，夯实整平。

4. 钻孔施工

（1）钻孔工艺。

① 要求天轮中心、立轴中心、钻孔中心在一条铅垂线上，带加重管钻进。

② 不同土层选用不同钻头钻进，砂层、砂质黏土、黏土层采用三翼刮刀硬质合金镶焊钻头，砾石层、基岩等坚硬岩层采用牙轮钻头。

③ 泥浆护壁防止塌孔。

（2）测斜：浅部采用经纬仪灯光测斜；灯光测不到的深部采用电测仪测斜。

（3）纠偏：一般采用扫孔、扩孔、铲孔等纠偏措施。

5. 钻孔垂直度

采用冲击式钻机钻深为 100m 时的钻孔偏斜率一般为 0.4%；采用立轴旋转钻机钻深为 100m 时的钻孔偏斜率一般为 0.5%。

6. 钻进效率

采用 S mSu 型冲击钻机钻深 100m 时的平均钻进效率为 500m/(台·月)；采用红旗 650 型立轴旋转钻机钻深 150m 时的平均钻进效率为 700m/(台·月)。

7. 打钻工期

采用立轴旋转钻机的打钻工期为 2.0～2.5 个月。

5.1.2　探索改进阶段钻孔施工

1. 钻孔工程特点

（1）该阶段共冻结 283 个立井，年均施工 9.76 个冻结井。

（2）冲积层最大厚度为 358.5m，其中小于 200m、200～300m、大于 300m 冲积层的井筒数量分别为 237 个、43 个、3 个。

（3）冻结最大深度为 415m，井均冻结深度为 162.3m。

2. 钻孔设备

（1）钻机：1983 年之前基本采用 XB-1000A 型、红旗 1000 型和 SPJ-300 型立轴钻机，1983 年开始采用 DZJ-500/1000 型冻/注转盘钻机，转盘扭矩为 12kN·m。

（2）注浆泵：1983 年之前基本采用 TBW250/40 型泥浆泵，之后逐步推广 NBH350/80 型、WB600/30 型等泥浆泵。

3. 钻场基础

在“三七”灰土盘上铺设方枕木及钢轨4(单圈冻结孔)～5道(双圈冻结孔),供钻机和钻架的滑动底盘在轨道上移动。

4. 钻孔施工

(1) 钻孔工艺:采用以防偏为主、纠偏为辅的钻、测、纠相结合的钻孔工艺。

(2) 测斜:1983年之前浅部采用经纬仪灯光测斜,深部采用电测仪测斜;1983年开始采用国产JDT-Ⅲ型陀螺测斜仪(表5-2)实现不提钻测斜和自动记录。

表5-2 国产陀螺测斜仪的主要技术特征

特性项目	JDT-Ⅱ型	JDT-Ⅲ型
仪器精度	±5′	±3′～±5′
投点误差	<0.15%	<0.3%
静止漂移	每小时小于6°	每小时小于15°
动态漂移		
测量范围	±10°	±6°
测量深度	700m	700m
适用冻结管内径	106～200mm	65～160mm
井下仪器封闭性	经受100atm密封试验	经受100atm密封试验
使用环境温度	−10～+45℃	−10～+45℃
井下仪器尺寸重量	外径90mm,管接头处直径96mm 总长1.9m,重量30kg	外径60mm,总长1.9m,重量15kg
测量方法	点测	连续测量、自动记录、计算打印
特性项目	JDT-5A型	JDT-6型
仪器精度	±1′	±1′
静止漂移	每小时小于12°	每小时小于12°
动态漂移	每小时小于15°	每小时小于15°
测量范围	±7°	±10°
测量深度	1500m	1500m
适用冻结管内径	106～200mm	106～200mm
井下仪器封闭性	经受100atm密封试验	经受40 MPa密封试验
使用环境温度	−10～+45℃	−10～+45℃
井下仪器尺寸重量	外径54mm,总长1.4m	外径48mm,总长1.4m
测量方法	加密点测(3点/m)	连续测量、自动记录、计算打印

(3) 纠偏:1983年开始试验应用迪纳钻具或液动钻具(图5-1)纠偏,取得良好效果。

5. 钻孔垂直度

采用红旗1000型和XB-1000A型回转式立轴钻机钻深200m时的钻孔偏斜率可控

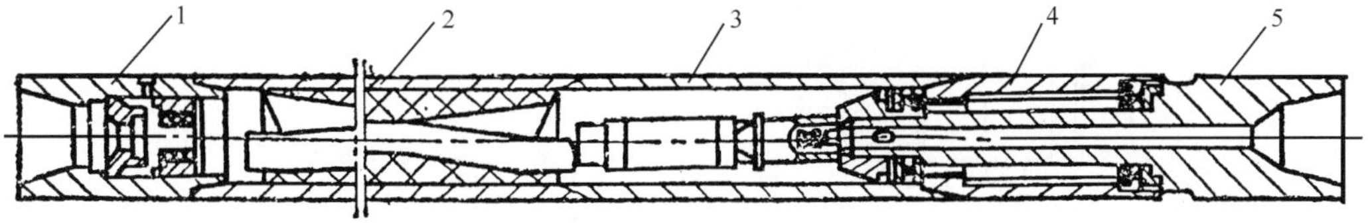

图 5-1　迪纳螺杆钻具组成示意图

1-旁通阀；2-液压马达；3-万向节连杆装置；4-轴承和驱动轴；5-旋转钻头连接器

制在 0.4%以内；采用 DZJ-500/1000 型冻/注钻机后，钻深 400m 时的钻孔偏斜率可控制在 0.3%以内。

6. 钻进效率

1983 年之前采用红旗 650 型和 XB-1000A 型、SPJ-300 型钻机钻进 300m 冲积层时的钻机平均钻进效率为 700m/(台・月)和 1000m/(台・月)左右；1983 年开始采用 DZJ-500/1000 型冻/注转盘钻机钻深 300m 冲积层的平均钻进效率大于 2100m/(台・月)，钻深 400m 冲积层的平均钻进效率大于 1700m/(台・月)。

7. 打钻工期

(1) 采用 XB-1000 型、红旗 1000 型钻机冻深 200m 的打钻工期为 2.5～3.0 个月。

(2) 采用 DZJ-500/1000 型冻/注钻机后，冻深 300m 的打钻工期为 3.5～4.5 个月，冻深 400m 的打钻工期为 4.5～5.5 个月。

5.1.3　提高完善阶段钻孔施工

1. 钻孔工程特点

(1) 该阶段共冻结 177 个立井，年均冻结 16.1 个立井。

(2) 冲积层最大厚度为 383.1m，其中小于 200m、200～300m、大于 300m 冲积层的冻结井筒数分别为 131 个、32 个、14 个。

(3) 冻结最大深度为 435m，井均冻结深度为 225.9m。

2. 钻孔设备

(1) 钻机：1995 年之前采用 DZJ-500/1000 型冻/注转盘钻机；1995 年之后开始推广 TSJ-1000 型、TSJ-1500 型水井转盘钻机。

(2) 泥浆泵：1995 年之前基本采用 NBH350/80 型、WB-600/30 型泥浆泵；1995 年之后开始逐步采用 TBW-850/5A 型泥浆泵。

3. 钻场基础

1995 年开始在“三七”灰土盘之上浇筑混凝土(厚 0.3～0.5m)钻场基础，取消方枕木和环形轨道，取得良好效果。其优点是结构简单，基础牢固，钻孔设备底盘移动方便，且有利于防止钻孔坍塌。

4. 钻孔施工

(1) 钻孔工艺:采取以防偏为主、纠偏为辅的钻、测、纠相结合的钻孔工艺。

(2) 测斜:浅部采用蔡斯 010B 型经纬仪灯光测斜;深部采用 JDT-5A 型小直径陀螺测斜仪不提钻连续测斜并自动记录。

(3) 纠偏:推广应用迪纳螺杆定向钻具纠偏,选用国产 5LI-165×7、5LI-120×7 等型号定向钻具和 0.5°、1°、1.5°、2.0°造斜角度,配 JDT-Ⅲ型陀螺测斜仪。

5. 钻孔垂直度

1995 年之前采用 DZJ-500/1000 型冻/注钻机,钻深 400m 冲积层的钻孔偏斜率可控制在 0.3%以内;1995 年之后采用 TSJ-1000 型、1500 型水井转盘钻机,钻深 400m 冲积层的钻孔偏斜率可控制在 0.25%以内。

6. 钻进效率

采用 TSJ-1000 型、1500 型转盘钻机,钻深 400m 冲积层的平均钻进效率大于 2300m/(台·月),比 DZJ-500/1000 型冻/注钻机的平均钻进效率可提高 15%左右。

7. 打钻工期

采用 DZJ-500/1000 型冻/注钻机,冻深 400m 时的打钻工期为 5.0～6.5 个月;采用 TSJ-1000 型、1500 型水井转盘钻机,冻深 400m 时的打钻工期可缩短 1/4～1/5。

5.1.4 创新攀高阶段钻孔施工

1. 钻孔工程特点

(1) 该阶段共施工超过 630 个冻结井,年均冻结超过 42 个立井。

(2) 冲积层最大厚度为 675.6m,其中小于 200m、200～300m、300～400m、400～500m、大于 500m 冲积层的立井数分别超过 397 个、105 个、51 个、48 个、29 个。

(3) 井均冻结深度为 330.2m,以冻结冲积层为主的立井最大冻结深度为 800m(李粮店副井、杨村风井)。

2. 钻孔设备

(1) 钻机:根据钻孔深度和石家庄煤矿机械厂、张家口探矿机械厂生产的钻机性能(表 5-3)进行选择:当钻孔深度小于 400m 时,一般选用 TSJ-600 型水井钻机;当钻孔深度为 400～600m 时,一般选用 TSJ-1000 型、TSJ-1500 型水井钻机;当钻孔深度为 600～800m 时,一般选用 TSJ-2000 型(图 5-2)或 SPS-2000 型水井钻机;当钻孔深度大于 800m 时,应选用 TSJ-2600 型(图 5-3)或 SPS-2600 型水井钻机。

表 5-3　石家庄煤矿机械厂生产的 TSJ 型与张家口探矿机械厂生产的 SPS 型转盘钻机

型号	转盘通径/mm	转盘转速/(r/min)	提升能力/kN	转盘扭矩/(kN·m)	配备动力/kW
TSJ-600	520	39、57、84(正)、47(反)	40	11	45
TSJ-1000	435	48、69、110、190	70		110
TSJ-1500	600	37、52、84、145	80	18	110
TSJ-2000	435	48、69、110、190	80	18	110
SPS-2000	520	25、37、55、87、130、193	85	25	
TSJ-2600	445	45、65、103、178	100	25	160
SPS-2600	445	43、63、93、156	105	30	

图 5-2　TSJ-2000/435 型钻机外形

图 5-3　TSJ-2600/445 型钻机外形

(2) 泥浆泵:冻结钻孔施工常用石家庄煤矿机械厂生产的 TBW 系列泥浆泵(表 5-4)。

表 5-4　石家庄煤矿机械厂生产的泥浆泵

型号	公称流量/(L/min)	公称压力/MPa	吸水管径/mm	排水管内径/mm	配备动力	三角带规格
TBW-850/5A	850	5	152	64	90kW 电机或 110kW 柴油机	C 型 6300-7 根
TBW-1200/7B	1200	7	203	75	185kW 电机或 206kW 柴油机	GB11544-89，SPBT100-9 根
TBW-1000/8B	1000	8	203	75		
TBW-880/9	880	9	203	75		

一般钻孔深度小于 800m 时，多数采用 TBW-850/5A 型、TBW-1200/7B 型；当钻孔深度大于 800m 时，宜选用 TBW-1000/8B 型、TBW-880/9 型。

3. 钻场基础

推广应用在“三七”灰土盘上浇筑厚度大于 300mm 的混凝土基础，使钻机、钻架的滑动底盘直接在混凝土面滑移，效果良好。

4. 钻孔施工

(1) 钻孔工艺：采取以防偏为主、纠偏为辅的钻、测、纠相结合的钻孔工艺；小于 300m 冲积层段主要控制偏斜率（不大于 0.25%），大于 300m 冲积层段及基岩段主要控制在钻孔靶域半径（冲积层段为 0.6～0.8m，基岩段为 0.7～1.0m）范围内。

(2) 测斜：推广完善在浅部采用经纬仪灯光测斜，在深部采用 JDT-5A 型陀螺测斜仪不提钻连续测斜，并自动记录的测斜技术。

(3) 纠偏：推广完善迪纳螺杆定向钻具纠偏技术。

5. 钻孔偏斜率与成孔间距

根据赵固一、二矿采用 TSJ 型水井钻机施工深冻结孔的偏斜率和成孔间距的实际情况分析得出以下结论。

(1) 赵固一矿主、副、风井冲积层厚 518.0～526.5m，冻结深度为 575m，采用 TSJ-1000 型、1500 型水井钻机的钻孔结果（表 5-5）：冲积层段的钻孔偏斜率可控制在 0.25% 范围内；冲积层段主冻结孔的成孔最大间距为 2.3～2.6m，基岩段的成孔最大间距为 3.2～3.5m。

表 5-5　赵固一矿主、副、风井不同深度的冻结孔最大间距汇总表

孔圈位置	主井			副井			风井		
	孔号	层位/m	最大间距/mm	孔号	层位/m	最大间距/mm	孔号	层位/m	最大间距/mm
外圈孔	外 34—35	50	1357	外 38—39	50	2111	外 40—41	50	1411
	外 26—27	100	1595	外 21—22	100	2289	外 11—12	100	1500
	外 26—27	150	1632	外 27—28	150	2329	外 11—12	150	1576
	外 23—24	200	1767	外 27—28	200	2523	外 11—12	200	1651
	外 36—37	250	1881	外 27—28	250	2757	外 27—28	250	1584
	外 18—19	300	1940	外 27—28	300	3003	外 27—28	300	1864
	外 18—19	350	2194	外 27—28	350	2630	外 27—28	350	2010
	外 18—19	400	2483	外 22—23	400	2980	外 27—28	400	2086
	外 18—19	450	2416	外 22—23	450	3023	外 11—12	450	2204
	外 23	500	2067	外 36—37	500	2611	外 46—1	500	2054
	外 40—41	545	2566	外 44—45	525	2661	外 29—30	550	2257

续表

孔圈位置	主井			副井			风井		
	孔号	层位/m	最大间距/mm	孔号	层位/m	最大间距/mm	孔号	层位/m	最大间距/mm
中圈孔	中17—18	50	2588	中20—21	50	1560	中1—2	50	2975
	中17—18	100	2706	中1—2	100	1616	中1—2	100	2957
	中6—7	150	2729	中37—38	150	1575	中1—2	150	2922
	中14—15	200	2778	中4—5	200	1655	中1—2	200	3081
	中6—7	250	2820	中19—20	250	1744	中1—2	250	3226
	中14—15	300	2853	中4—5	300	1687	中1—2	300	3335
	中4—5	350	2879	中19—20	350	2027	中1—2	350	3489
	中2—3	400	2851	中19—20	400	2225	中1—2	400	3533
	中6—7	450	3131	中19—20	450	2057	中14—15	450	3630
	中6—7	500	3196	中22—23	500	2005	中1—2	500	3633
	中6—7	550	3277	中20—21	550	2483	中8—9	550	3700
	中17—18	570	3512				中8—9	575	3777
内圈孔	内2—3	50	2328	内18—19	50	2228	内16—17	50	2278
	内2—3	100	2373	内18—19	100	2195	内16—17	100	2329
	内2—3	150	2418	内8—9	150	2290	内16—17	150	2592
	内2—3	200	2510	内20—21	200	2426	内16—17	200	2738
	内2—3	250	2487	内20—21	250	2564	内16—17	250	2736
	内6—7	300	2613	内20—21	300	2644	内17—18	300	2665
	内6—7	350	2840	内20—21	350	2522	内17—18	350	2622
	内6—7	400	2896	内13—14	400	2501	内17—18	400	2890
	内11—12	450	2977	内13—14	450	2709	内13—14	450	3018
	内11—12	500	3278	内13—14	500	2910	内13—14	500	3149
	内16—17	515	3518	内13—14	525	2982	内13—14	525	3245

(2) 赵固二矿主、副、风井冲积层厚524.5～530.5m，冻结深度为615(主井)～628m(副、风井)，采用TSJ-2000型水井钻机的钻孔结果(表5-6～表5-8)：冲积层段的钻孔偏斜率可控制在0.25%范围内；冲积层段主冻结孔的成孔最大间距为2.1～2.4m，基岩段的成孔最大间距为3.5～3.8m。

表 5-6　赵固二矿主井不同孔圈的冻结孔最大间距汇总表

外圈(主)冻结孔			中圈冻结孔		
深度/m	最大间距/m	孔号	深度/m	最大间距/m	孔号
40	1.33	$W_{15}-W_{16}$	140	2.60	$Z_{11}-Z_{12}$
80	1.36	$W_{6}-W_{7}$	200	2.80	$Z_{3}-Z_{4}$
120	1.46	$W_{18}-W_{19}$	280	3.00	$Z_{8}-Z_{9}$
140	1.33	$W_{31}-W_{32}$	300	2.76	$Z_{5}-Z_{6}$
200	1.54	$W_{2}-W_{3}$	380	3.38	$Z_{12}-Z_{13}$
260	1.84	$W_{9}-W_{10}$	460	3.69	$Z_{4}-Z_{5}$
280	1.65	$W_{33}-W_{34}$	500	2.59	$Z_{1}-Z_{2}$
300	1.83	$W_{37}-W_{38}$	520	3.55	$Z_{10}-Z_{11}$
320	1.55	$W_{22}-W_{23}$	538	3.55	$Z_{2}-Z_{3}$
340	1.94	$W_{30}-W_{31}$			
360	1.98	$W_{7}-W_{8}$			
420	1.74	$W_{39}-W_{40}$			
460	1.96	$W_{20}-W_{21}$			
480	1.88	$W_{17}-W_{18}$			
520	2.40	$W_{25}-W_{26}$			
540	3.56	$W_{25}-W_{27}$			
560	2.71	$W_{17}-W_{19}$			
615	3.60	$W_{27}-W_{29}$			

表 5-7　赵固二矿风井不同孔圈的冻结孔最大间距汇总表

外圈冻结孔			中圈冻结孔		
深度/m	最大间距/m	孔号	深度/m	最大间距/m	孔号
100	1.30	$W_{9}-W_{10}$	280	3.51	$Z_{19}-Z_{20}$
180	1.43	$W_{55}-W_{56}$	300	3.18	$Z_{4}-Z_{5}$
200	1.82	$W_{33}-W_{34}$	320	3.13	$Z_{10}-Z_{11}$
220	1.67	$W_{8}-W_{9}$	360	3.74	$Z_{2}-Z_{3}$
240	1.40	$W_{57}-W_{58}$	420	2.78	$Z_{14}-Z_{15}$
260	1.42	$W_{48}-W_{49}$	440	3.16	$Z_{15}-Z_{16}$
280	2.00	$W_{20}-W_{21}$	520	3.25	$Z_{5}-Z_{6}$
300	1.68	$W_{44}-W_{45}$	540	3.14	$Z_{9}-Z_{10}$

续表

外圈冻结孔			中圈冻结孔		
深度/m	最大间距/m	孔号	深度/m	最大间距/m	孔号
320	1.73	$W_{12}-W_{13}$	560	2.91	$Z_{18}-Z_{19}$
380	1.97	$W_{51}-W_{52}$	600	2.89	Z_2-Z_3
400	2.17	$W_{53}-W_{54}$	628	3.78	$Z_{18}-Z_{19}$
420	1.91	$W_{21}-W_{22}$			
440	2.50	$W_{34}-W_{35}$			
460	1.60	$W_{58}-W_1$			
480	2.00	$W_{37}-W_{38}$			
520	2.37	$W_{50}-W_{51}$			

表 5-8　赵固二矿副井不同孔圈的冻结孔最大间距汇总表

外圈冻结孔			中圈冻结孔		
深度/m	最大间距/m	孔号	深度/m	最大间距/m	孔号
100	1.30	W_9-W_{10}	280	3.51	$Z_{19}-Z_{20}$
180	1.43	$W_{55}-W_{56}$	300	3.18	Z_4-Z_5
200	1.82	$W_{33}-W_{34}$	320	3.13	$Z_{10}-Z_{11}$
220	1.67	W_8-W_9	360	3.74	Z_2-Z_3
240	1.40	$W_{57}-W_{58}$	420	2.78	$Z_{14}-Z_{15}$
260	1.42	$W_{48}-W_{49}$	440	3.16	$Z_{15}-Z_{16}$
280	2.00	$W_{20}-W_{21}$	520	3.25	Z_5-Z_6
300	1.68	$W_{44}-W_{45}$	540	3.14	Z_9-Z_{10}
320	1.73	$W_{12}-W_{13}$	560	2.91	$Z_{18}-Z_{19}$
380	1.97	$W_{51}-W_{52}$	600	2.89	Z_2-Z_3
400	2.17	$W_{53}-W_{54}$	628	3.78	$Z_{18}-Z_{19}$
420	1.91	$W_{21}-W_{22}$			
440	2.50	$W_{34}-W_{35}$			
460	1.60	$W_{58}-W_1$			
480	2.00	$W_{37}-W_{38}$			
520	2.37	$W_{50}-W_{51}$			

6. 钻进效率

以冲积层为主的深冻结井平均钻进效率为2000～2250m/(台·月)。例如,赵固一矿主、副、风井冲积层厚518～526.5m,冻结深度为575m,采用多台DZJ-500/1000型冻/注转盘钻机及TSJ-1000型、TSJ-1500型水源钻机同时钻进,平均钻进效率为2000m/(台·月);赵固二矿主、副、风井冲积层厚524.5～530.5m,冻结深度为615～628m,采用多台TSJ-2000型水源钻机同时钻进,平均钻进效率为2250m/(台·月)。

7. 打钻工期

500m以上冲积层的深冻结井的平均打钻工期可控制在4.0～5.5个月。例如,赵固一矿主、副、风井的打钻工期平均为169.3d,赵固二矿主、副、风井的打钻工期平均为120.7d。

5.2　提高钻孔垂直度和缩短打钻工期的主要措施

根据我国以冻结冲积层为主的120个大于300m冲积层冻结立井钻孔施工情况综合分析,提高钻孔垂直度和缩短打钻工期的主要措施如下。

1. 按冲积层厚度和冻结深度选用适宜的钻机

冲积层厚度和冻结深度是影响钻孔垂直度和钻进速度的重要因素。《煤矿井巷工程施工规范》(GB 50511—2011)明确规定,冲积层段和基岩段的冻结孔成孔最大间距分别小于3.0m和5.0m。

根据我国不同冻结阶段冻结立井的冲积层厚度普遍增长的特点(见图1-6),以及不同规格型号钻机对钻孔深度的应用效果(表5-9)分析,为了确保钻孔质量并提高钻进速度,按冲积层厚度选用钻机型号(表5-10)较为合理。

2. "三七"灰土盘上浇筑混凝土钻场基础

混凝土钻场基础的主要优点是结构简单,便于钻孔设备底盘在混凝土面上顺利滑移,有利于钻孔设备底盘滑移并防止钻孔坍塌。采用混凝土钻场基础的厚度、标号与冲积层厚度的关系见表5-11。

3. 采用以防偏为主纠偏为辅和按靶域半径控制偏值的钻孔工艺

目前基本采用以防偏为主、纠偏为辅的钻孔工艺,控制钻孔偏斜率应与深度相匹配(表5-12);2003年开始对大于300m冲积层段采取靶域钻进工艺,冲积层段的靶域半径为600～800mm,基岩段的靶域半径为700～1000mm,确保冻结孔成孔最大间距小于3m(冲积层段)或5m(基岩段)。

表 5-9 不同冲积层厚度、不同冻结深度采用不同钻机的钻孔偏斜率、钻进效率、打钻工期参考表

序号	冲积层厚度/m	冻结深度/m	项目名称	回转式立轴钻机			回转式转盘钻机				
				红旗650型	红旗1000型	XB-1000型	DZJ-500/1000型冻/注	TSJ-1000型	TSJ-1500型	TSJ-2000型	TSJ-2600型
1	100	120	钻孔允许偏率/%	0.5	0.4	0.4					
			钻机平均钻孔效率/(m/月)	700	1200	1200					
			打钻工期/月	2.0～2.5	1.8～2.2	1.8～2.2					
2	200	230	钻孔允许偏率/%		0.4	0.4					
			钻机平均钻孔效率/(m/月)		1000	1000					
			打钻工期/月		2.5～2.5	2.5～3.0					
3	300	340	钻孔允许偏率/%				0.25				
			钻机平均钻孔效率/(m/月)				2100				
			打钻工期/月				2.5～3.0				
4	400	450	钻孔允许偏率/%				0.3	0.25	0.25	0.20	0.20
			钻机平均钻孔效率/(m/月)				1800	2200	2250	2450	2600
			打钻工期/月				4.0～5.0	3.5～4.5	3.0～4.0	3.0～3.5	3.0～3.5
5	500	560	钻孔允许偏率/%				0.35	0.28	0.28	0.25	0.25
			钻机平均钻孔效率/(m/月)				1600	1950	2000	2300	2600
			打钻工期/月				5.5～6.0	4.5～5.5	4.0～5.0	3.5～4.5	3.0～4.0
6	>500	>560	钻孔允许偏率/%							0.25	0.25
			钻机平均钻孔效率/(m/月)							2250	2500
			打钻工期/月							4.0～4.5	3.5～4.0

表 5-10 根据冲积层厚度选用钻机型号的参考值

冲积层厚度/m	<300	300～400	400～500	500～600	600～700	700～800	>800
钻机型号	TSJ-1000	TSJ-1000	TSJ-1500	TSJ-1500	TSJ-2000	TSJ-2000	TSJ-2600

表 5-11 根据冲积层厚度选取混凝土钻场基础厚度和标号参考值

冲积层厚度/m	"三七"灰土盘厚度/mm	混凝土钻场基础厚度/mm	混凝土标号
<400	300	300	C30
400～500	400	400	C40
500～600	450	450	C40
>600	500	500	C50

表 5-12 冲积层厚度与钻孔控制偏斜率的关系

冲积层厚度/m	100	200	300	400	500	>500
钻孔控制偏率/%	0.40	0.30	0.25	0.20	0.20	0.20

4. 提高连续测斜和定向纠偏技术

近年来不断完善和应用小直径陀螺仪不提钻连续测斜自动记录和迪纳螺杆定向钻具纠偏技术，减少测量误差，提高钻孔纠偏和靶域半径控制的水平。

5. 增加平行作业的钻机台数，缩短打钻工期

例如，赵固一矿、二矿主副风井的冲积层厚度基本一样，二矿比一矿的冻结深度大40m(主井)～53m(副井、风井)，实施结果是二矿比一矿的打钻工期平均缩短 1.5 个月以上(表 5-13)，其原因除了二矿配备的钻机能力比一矿大一些外，二矿比一矿平行作业的钻机台数多也是重要因素。

表 5-13 赵固一、二矿主副风井冻结钻孔布置及施工主要技术指标对照

项目名称			主井		副井		风井	
			赵固一矿	赵固二矿	赵固一矿	赵固二矿	赵固一矿	赵固二矿
冻结钻孔布置主要技术指标	井筒净直径/m		5.0	5.0	6.8	6.9	5.0	5.2
	冲积层厚度/m		518.0	530.5	519.7	527.5	526.5	524.5
	冻结深度/m		575	615	575	628	575	628
	井壁厚度/m		1.80	1.50	2.05	2.00	1.70	1.60
	冻结孔布置圈直径/m	外圈	19.0	17.5	25.0	24.5	19.0	18.5
		中圈	14.4	11.2	19.0	17.8	14.4	11.6
		内圈	12.4	9.9	14.7	13.4	12.1	10.1
	冻结孔数量/个	外圈	48	20/20	46	58	46	22/21
		中圈	18	13	46	20	18	14
		内圈	18	13	23	10/10	18	14
		小计	84	66	115	98	84	71

续表

项目名称			主井		副井		风井	
			赵固一矿	赵固二矿	赵固一矿	赵固二矿	赵固一矿	赵固二矿
冻结钻孔布置主要技术指标	冻结孔深度/m	外圈	520	615/575	520	555	556	628/595
		中圈	575	538	575/550	628	575	545
		内圈	520	160	520	469/290	520	170
		小计	46110	32874	61755	52340	45376	36321
	测温孔	数量之和/个	5	5	5	5	5	5
		深度之和/m		2177		2287	1767	2209
	水位孔	数量之和/个	4	3	3	3	3	3
		深度之和/m	1106	891	832.8	927		926
	冻结钻孔总深度/m		49696	35942	64766	55554	49700	39456
冻结钻孔施工主要技术指标	钻机型号		DZJ-500/1000	TSJ-2000	TSJ-2000、DZJ-500/1000	TSJ-2000	DZJ-500/1000	TSJ-2000
	钻机数量/台		5	5	4	7	5	5
	钻场基础		混凝土					
	钻进工艺		0～300m 按控制偏率钻进，大于 300m 按控制靶域半径钻进					
	测斜方法		采用 JDT-Ⅲ型陀螺测斜仪不提钻测斜，自动记录					
	纠偏方法		采用迪纳螺杆定向钻具纠偏					
	打钻起止时间（年.月.日）		2004.09.21～2005.03.17	2006.06.13～2006.10.05	2004.08.21～2005.02.23	2006.06.20～2006.10.16	2005.01.29～2006.06.19	2006.06.17～2006.10.22
	打钻工期/d		178	115	186	119	144	128
	钻机平均钻进效率/(m/月)		2106	2274	1809	2238	2100	2272
	成孔最大间距/m 冲积层段	外圈	2.483	2.400	3.023	2.497	2.209	2.325
		中圈	3.196	3.687	2.98	3.741	3.633	3.562
	成孔最大间距/m 基岩段		3.512	外圈 3.08 中圈 3.554	2.483	3.781	3.777	4.037

6. 特殊地层钻孔应编制专项工程施工组织设计

在透水涌砂空洞地层或冻结地层、断层破碎带、深厚卵石层中施工冻结孔，应编制专项工程钻孔施工组织设计，认真分析涌砂数量、空洞大小及部位、冻结土层温度、断层破碎带和深厚卵石层的埋藏条件以及钻孔过程可能遇到的问题，制定切实可行的措施，确保顺利完成钻孔任务。

5.3 特殊地层的冻结钻孔施工技术

冻结法凿井具有适应性强、成功率高、质量可靠、工期和费用基本可控等优点，成为我国最主要的特殊凿井方法。至2014年，我国总计冻结超过1108个立井，以冻结冲积层为主的立井最大冻结深度为800m，以冻结含水基岩为主的立井最大冻结深度为950m，均居国际领先水平。但应指出，在冻结法凿井实践过程中，也有少数井筒由于某些原因导致冻结段井壁透水涌砂造成淹井事故（表5-14）和冻结壁透水涌砂造成淹井事故（表5-15），以及普通法施工出现淹井事故后，又选用冻结法进行恢复，冻结钻孔施工必将面临在透水涌砂空洞地段、冻结地层以及断层破碎带、深厚卵石层中钻孔施工的技术难题。下面着重介绍四个工程案例供商榷。

表5-14 冻结段井壁透水涌砂淹井及事故处理的典型案例

井筒名称	井壁透水涌砂	事故年限	事故简况	事故原因	事故处理
红阳一矿副井	井深90.8～95.3m段井壁压坏透水涌砂淹井	1972	(1) 冲积层厚93m，冻结深度为112m，钢筋混凝土双层井壁，混凝土设计标号为C17～C20 (2) 掘砌至89.1m深后，把深89.1～117m段改为单层素混凝土井壁，厚700mm (3) 1972年1月20日施工至深193m时发现89.1～95.3m深处冲积层与风化带交界处的井壁压坏掉块，2月13日发生透水涌砂淹井事故，井内积砂高148m(含淹井过程向井内充填砂土高42m)	冲积层与风化带交界处采用素混凝土井壁，导致井壁局部压坏透水涌砂淹井	(1) 采用在原井筒位置重新打钻冻结的恢复方案 (2) 在深90.8～95.3m井壁透水段(涌砂约3000m^3)打钻过程出现泥浆不循环和塌孔埋钻现象，两台钻机施工半年未钻成一个钻孔而宣告失败
潘一矿东风井	在井深242.5m井壁上方施工注浆孔过程中井壁透水涌砂淹井	1978	(1) 冲积层厚292.5m，冻结深度为320m/310m，采用钢筋混凝土双层井壁，厚0.9～1.2m，混凝土设计标号为C25～C40 (2) 外层井壁采用混凝土薄壳模板筑壁，深部黏土层中外层井壁压坏较为严重 (3) 1977年2月上旬内层井壁套壁结束，4月9日井筒到底(383m)，4月19日转入马头门及巷道施工；1978年1月25日检查发现284m深处井壁漏水，深207.5～282m段井壁有二百多个出水点，3月3日242.5m深处有一出水眼的漏水量达138m^3/h，4月9日在井壁打眼准备注浆堵水过程中发生井壁透水涌砂淹井事故，透水前已施工巷道700多米，估算涌砂量约7000m^3	(1) 外层井壁采用混凝土薄壳模板，用钢丝连接，变形大，造成内外层井壁厚度偏差大 (2) 根据井壁取样检查，部分井壁混凝土实际强度只达设计标号(C40)的65%左右	(1) 井壁设计厚度(1.2m)偏薄 (2) 在原井筒位置重新打钻冻结恢复方案 (3) 当3个试探钻孔施工至深236.8～237.2m井壁透水涌砂(约7000m^3)部位上方时，漏浆埋钻严重，虽注入1870m^{3}的砂土浆液，3台钻机工作1个多月仍未钻成一个冻结孔 (4) 经进一步研讨认为，注入沙土量(约1500m^3)只有涌砂量的1/5，必须继续注入砂土将空洞填满，才能正常钻进；之后3个试探孔又注入砂土浆液5400m^3，当注浆压力上升至0.6～0.7MPa后，转入正式钻进，钻孔顺利，垂直度好，历时6个月，完成全部的40个钻孔的施工任务

表 5-15　冻结段掘砌过程发生冻结壁透水涌砂淹井及事故处理的典型案例

井筒名称	冻结壁透水涌砂	事故年限	事故简况	事故原因	事故处理
吕家坨副井	在井深62～68m段未及时砌壁，沿一根露出井帮的冻结管向下流水涌砂，导致淹井	1960	(1) 冲积层厚 60.4m，冻深 77m，钢筋混凝土单层井壁，厚 600mm (2) 1960 年 2 月 28 日掘砌至 62m 深后停止冻结，剩下 15m 冻结段未浇筑井壁就改用挂圈背板法大段高向下施工，掘至 68m 深时发现一根冻结管露出井帮 2m 多 (3) 3 月 17 日掘至 123m 深向上砌壁，砌壁至 68.6m 深时发现沿裸露的冻结管向下淌水，4 月 1 日向上砌壁至 63.3m 深发生透水涌砂淹井事故	(1) 冻结段未全部完成掘砌就停止冻结 (2) 发现冻结管偏入井内未及时处理和砌筑井壁就转入非冻结段大段高施工（图 1-11），导致冻结壁融化透水	(1) 发生淹井事故时冲积层段已砌好井壁并及时向井内灌水，涌砂量转少，冻结管未遭受破坏 (2) 利用原冻结管重新冻结恢复井筒，施工较为顺利
芦岭副井	当掘进至深 126.1m 时发生冻结管断裂，冻结壁透水涌砂约 600m^3，导致淹井	1961	(1) 冲积层厚 128.7m，冻结深度为 135m，冻结段采用钢筋混凝土单层井壁，厚 600mm，混凝土设计标号为 C20 (2) 1960 年 6 月 1 日开始冻结，1961 年元旦正式开挖，掘砌段高大，7 根冻结管断裂漏盐水，掘深 126.1m 时发生冻结壁透水涌砂淹井事故	(1) 冻结运转不正常，未达设计指标 (2) 掘砌段高大（断管地段的掘砌段高为 6.8～9.4m），井帮裸露时间长，7 根冻结管断裂漏盐水，引起冻结壁融化透水	(1) 在冻结壁透水淹井过程中及时向井内灌水和回填土，涌砂量不大，井口未发生下沉，井壁破坏不严重 (2) 采用在原井位重新打钻冻结的恢复方案，冻深 137m (3) 当打钻接近透水涌砂地段时，漏浆塌孔严重，未能正常钻进，采取提高泥浆稠度和填入泥球等措施的作用不大，改用先注入普通砂土浆填满空洞后再转入正常钻进，完成钻孔任务
（徐州）张集主井	掘深至深 103.3m 时工作面出水涌砂淹井	1971	(1) 冲积层厚 96.2m（实际为 105m），冻结深度为 106m，冻结段采用钢筋混凝土双层井壁，总厚度为 700mm，混凝土标号为 C25 (2) 1971 年 8 月 16 日开始冻结，10 月 1 日正式开挖，12 月 27 日掘深 103.3m 局部见砂岩地层，向下探眼时发生冒水涌砂，12 月 30 日浇筑的混凝土止水垫被鼓破，造成透水涌砂淹井，涌水量达 432m^3/h，工作面积砂高度达 10m	(1) 冲积层实际厚度比井检孔资料大8.8m，风化带底板深度为 112.8m，冻结深度为 106m，不符合规范要求 (2) 冻结管下管平均深度（101.2m）比设计深度（106m）浅 4.8m	(1) 采用原井位重新打钻局部冻结恢复方案，主井冻深 128m（0～85m 为非冻结段），副井冻深 130m（0～90m 为非冻结段） (2) 当钻孔施工至透水涌砂地段上方时，跑浆塌孔严重，无法正常钻进，两台钻机施工一个月未钻成一个冻结孔，经研究改用先注入砂土浆填满空洞后再转入正常钻进，施工顺利
（徐州）张集副井	掘深至深 106.0m 时工作面出水涌砂淹井	1972	(1) 冲积层厚 96.2m（实际为 105.3m），冻结深度为 106m（个别冻结管深度为 102m），冻结段采用钢筋混凝土双层井壁，总厚度为 700mm (2) 当掘深 106m 时，发生工作面透水涌砂淹井事故，最大涌水量达 788m^3/h，工作面涌砂高度为 12m		

续表

井筒名称	冻结壁透水涌砂	事故年限	事故简况	事故原因	事故处理
谢桥副井	当掘进至深239.6m时发生冻结管断裂，冻结壁透水涌砂淹井	1984	(1)冲积层厚298.7m，冻结深度为360m，双圈冻结孔，冻结段采用钢筋混凝土双层井壁，混凝土设计最高标号为C45 (2)1984年2月24日开始冻结，8月1日(冻结第158d)正式开挖，当掘深239.6m时发生冻结管断裂(15根)漏盐水，导致冻结壁融化透水涌砂淹井，井内涌砂高度为57m	冻结管断裂漏盐水，导致冻结壁融化透水涌砂淹井	(1)井筒在透水涌砂淹井过程中及时向井内灌水并充填砂土，鉴于外层井壁的破坏程度不大，决定采取在原井位重新打钻冻结的恢复方案 (2)采用低温泥浆钻进，有效解决钻孔周围冻土融化范围过大导致塌孔埋钻等难题 (3)当钻深接近透水涌砂地段遇到跑浆塌孔严重时，改用先注入砂土填满空洞后再转入正常钻进的钻孔工艺，顺利完成钻孔任务

1. 潘一东风井在井壁透水涌砂空洞地段的钻孔施工技术

1) 冻结钻孔工程简况

潘一东风井原设计井筒净直径为6.5m，井深383m，穿过292.5m冲积层，采用冻结法施工，冻结深度为310m/321m，冻结孔布置圈直径为17m，42个冻结孔，开孔间距为1.27m，冻结盐水温度为−30℃，冷冻站装机标准制冷能力为1792×10^4kJ/h。冻结段采用钢筋混凝土双层井壁结构，外层井壁厚0.4～0.7m，内层井壁厚0.5m。井筒于1975年9月13日开始冻结，12月26日(冻结94d)正式开挖，1976年12月6日掘深326m，然后自下而上采用液压滑模套壁，1977年2月上旬完成套壁工作。1977年4月9日井筒施工到底，4月19日转入马头门及巷道施工，至1978年4月初共掘进巷道700多米，4月9日在井深236.8～237.2m段发生井壁破裂透水淹井事故，涌出砂子约7000m^3，地表塌陷，井口南侧地表裂开，井架产生不均匀下沉，井口普遍下沉184mm，西北侧地表出现直径3m、深2m的塌陷坑。

事故发生后，经研究决定在原井筒位置重新打钻冻结进行恢复。如图5-4所示，井筒净直径改为5.5m，冻结深度为310m，采用单圈孔局部冻结工艺，0～190m为非冻结段，190～310m为局部冻结段，冻结孔布置圈径为15m，布置38个冻结孔。

2) 透水涌砂空洞地段钻孔遇到的主要困难

在严重扰动地层中钻冻结孔的主要困难是该地段存在一定的空洞，钻进过程中泥浆的漏失比供给快，无法维持泥浆的正常循环，甚至造成塌孔和埋钻而无法钻进。

考虑到潘一东风井在井壁透水淹井过程中涌出砂子约7000m^3，势必引起地层严重扰动，形成较大的空洞。为了探明井壁透水涌砂地段的地层破坏情况和钻孔过程中可能遇到的问题，决定先在圈径19m的圆周上均匀布置3个(相隔120°)试探钻孔，Ⅰ号试探钻孔于1979年3月12日开钻，Ⅱ号、Ⅲ号试探钻孔于4月3日及4日开钻。当Ⅰ号试探钻

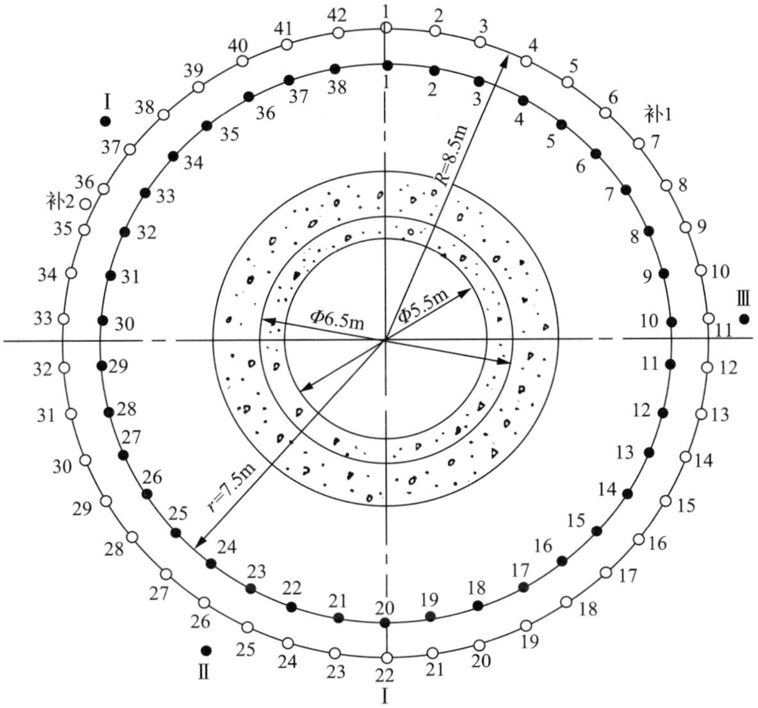

图 5-4　潘一东风井二次冻结的冻结孔布置图

外圈孔为老冻结孔(Φ17m)1～42；内圈孔为新冻结孔(Φ15m)1～38；Ⅰ～Ⅲ为试探钻孔

孔钻至 215.2m 时下套管护孔，3 月 22 日继续向下钻进时便出现严重漏浆塌孔埋钻，孔口周围塌陷，4 月 1 日注入砂土浆达 1870m^3，仍未能正常钻进；Ⅱ号、Ⅲ号试探钻孔钻至 220m 时同样遇到严重漏浆无法正常钻进的问题。三台钻机工作了一个多月未钻成一个冻结孔，使不少人对在严重扰动空洞地层中钻成冻结孔表示怀疑，使井筒恢复方案面临被否定的危险。

3）在透水涌砂空洞地段成功钻孔的主要措施

淮南煤矿建设指挥部组成了以总工程师为首的事故处理小组，发动有关业务处和施工、科研单位的工程技术人员反复分析了红阳一矿副井和张集主、副井在透水涌砂引起扰动地段钻冻结孔的失败教训和成功经验(表 5-14 和表 5-15)，具体剖析了潘一东风井在透水涌砂引起扰动地段无法正常钻进的关键是：扰动地层井壁透水淹井过程涌出大量砂子(约 7000m^3)存在着较大的空洞，若不把空洞填实，必然会产生漏浆现象。

当问题的症结找出之后，决定采用先注浆充填空洞，再转入正常钻进的钻孔工艺。经试验确定选用密度为 1.2t/m^3 易于沉淀的普通砂土泥浆，开始灌注时注浆泵压为零，Ⅰ号试探钻孔分两次共注入砂土泥浆 3500m^3，Ⅱ号、Ⅲ号试探钻孔共注入砂土泥浆 1900m^3。当注浆压力升至 0.6～0.7 MPa 时停止注浆，然后转入冻结孔正常钻进，三台千米立轴钻机用 6 个月时间完成 40 个深 310m 的冻结孔施工任务，钻孔垂直度符合要求。

4）经验体会

(1) 在井筒透水涌砂扰动地层中，钻冻结孔普遍发生泥浆大量漏失、塌孔埋钻、无法正常钻进等问题。潘一东风井和(徐州)张集主、副井的实践证明,克服钻孔严重漏浆的有效方法是沿冻结孔布置圈外侧 1.0～1.5m 等距离布置几个试探孔,先向扰动地层中注入密度为 1.2t/m³ 易于沉淀的砂土泥浆,将空洞和孔隙基本填实后转入冻结孔施工。在开始向涌砂扰动地段注入砂土泥浆时,泥浆泵的压力为零,有时可能在钻孔上部发生注浆软管因负压作用而产生吸扁现象。随着注入泥浆量的增多,泵压逐渐升高,并在一定时间内泵压维持在 0.4 MPa 左右。当泵压突然上升至 0.6～0.7 MPa 时,说明空洞已被基本充填好,便可转入冻结孔正常施工。

(2) 在向严重扰动地段灌浆充填时,为了防止钻孔向井内窜浆,应对已施工井筒进行部分回填,回填材料有砂子(徐州张集副井)、耕土(大屯副井)和矸石(潘一东风井)。实践表明,回填砂子时,易于下一步排出井内积水,施工人员可直接进入工作面作业,挖掘方便,砂子挖出后可以继续使用;回填耕土时,因耕土被水浸没而变成黏泥,使井内积水不便用泵直接排出,施工人员只能在吊盘下吊挂的活动脚手板上进行清理或挖掘工作,速度慢,安全性差;回填矸石时,因矸石的孔隙大,窜浆严重,而挖掘矸石也较困难。

2. 谢桥副井在冻结壁透水涌砂空洞地段的钻孔施工技术

1) 冻结钻孔工程简况

谢桥副井净直径为 8m,冲积层厚 298.7m,冻结深度为 360m,双圈孔冻结,内、外圈直径分别为 17m 和 20m,分别布置 32 个和 20 个冻结孔,见图 5-5。1984 年 2 月 24 日开始冻结,井筒于 8 月 1 日正式掘进,掘进 200m 往下井帮温度为－5～－6℃,当掘深 239.6m 时发生冻结管断裂漏盐水,导致冻结壁透水淹井事故,静水位距井口 1m,井下涌砂高度达

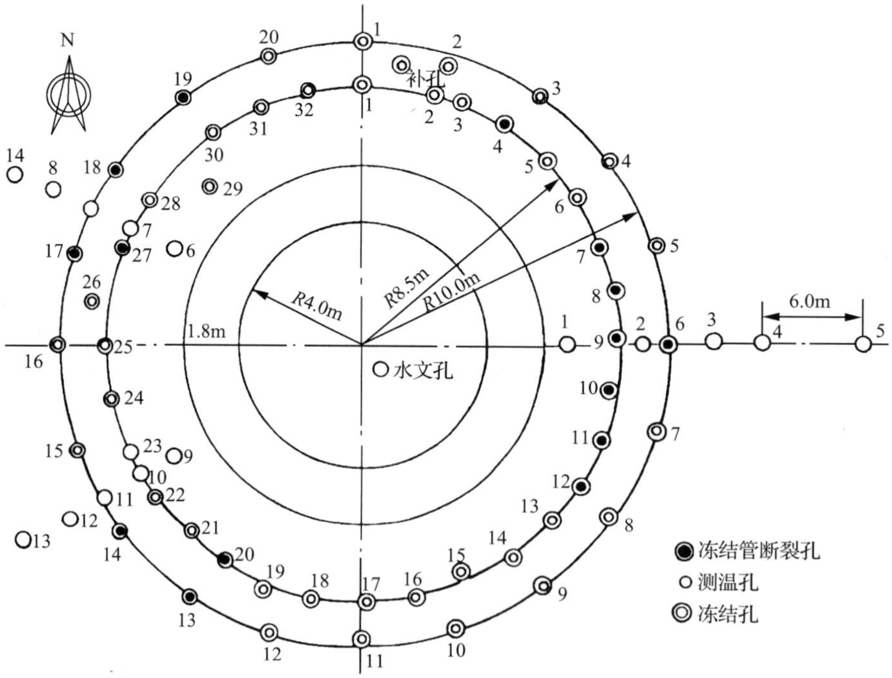

图 5-5　谢桥副井原冻结孔布置图

57m，井内水温为 0.6℃。检查证实，内圈 4、7、8、9、10、11、12、20、27 号和外圈 6、13、14、17、18、19 号冻结管发生断裂。经有关方面多次研究决定在原井筒位置打钻冻结进行恢复。

2）在冻结地层中钻孔的主要困难

(1) 钻孔过程中，除透水涌砂部位外，冻结壁尚未融化，平均温度为－15℃左右，若采用的泥浆温度偏低，容易造成循环困难，泥浆温度偏高又会过多地融化冻结壁造成塌孔埋钻和偏斜超标。

(2) 当钻孔通过透水涌砂地段时，由于该段存在较大空洞，引起泥浆大量漏失，造成塌孔，并往井内窜浆，增加打钻和井筒挖掘困难。

(3) 钻孔中温度偏低，会影响陀螺仪测斜精度。

3）在冻结地层中成功钻孔的主要措施

谢桥副井在冻结壁透水涌砂淹井 50d 后，用 150d 在原冻结壁部位顺利完成 37 个深 322～360m 的冻结钻孔施工任务(图 5-6)，采取的主要措施如下：

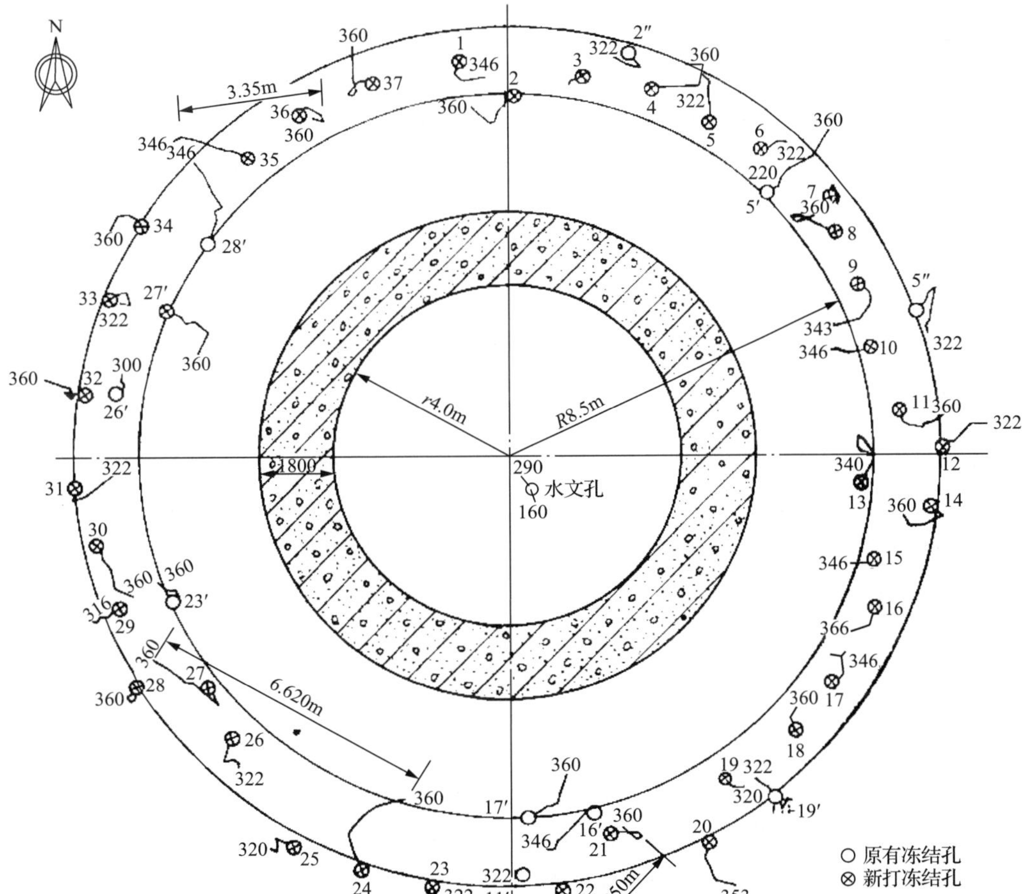

图 5-6　谢桥副井二次冻结的冻结孔偏斜投影图

(1) 严格控制进入钻孔的泥浆温度不高于5℃,从钻孔中流出的泥浆温度不低于2℃,既保证了钻孔过程中泥浆的正常循环,又不因泥浆温度偏高过多地融解冻结壁而造成钻孔坍塌。由于打钻期间正值寒冬季节,在泥浆池中设置台式热水循环加热器对泥浆进行适当的加热,效果良好。当钻孔施工至设计深度后,要求尽快提出钻杆并下完冻结管,防止孔内泥浆冻结。

(2) 严格控制泥浆质量。在不易漏浆塌孔地段(0～225m)采用普通泥浆,在易漏浆塌孔地段,采用低比重(1.1)、高黏度(74s)的泥浆钻进,做到钻孔内的泥浆压力与井筒内的静压基本平衡,防止串浆。当钻深266m及337m附近时,发现泥浆漏失严重,随即起钻,并向钻孔内注入适量的砂土,充填涌砂造成的空洞,避免了钻孔坍塌,而后继续钻孔,效果良好。

(3) 为了确保JDT-Ⅲ型陀螺测斜仪在低温钻进中的测量精度,先将测斜仪放在低温室内把仪器的测量精度调至允许公差范围的上限以弥补低温带来的精度损失。根据37个冻结孔的测斜资料分析,经纬仪灯光测斜结果与JDT-Ⅲ型陀螺仪测斜结果基本上是一致的,证明JDT-Ⅲ型陀螺仪经过低温调整后在低温钻孔中的测斜是成功的。

4) 几点体会

(1) 在人工冻结地层中钻孔采取控制泥浆温度、提高泥浆质量、在易漏浆地段采取先注普通砂土泥浆充填空洞后转正常钻进工艺以及陀螺仪低温补偿办法等措施是成功的,既保证了泥浆在钻孔中的正常循环,防止塌孔,提高了钻孔速度和垂直度,又确保了低温钻孔的测斜精度。

(2) 随着冻结壁解冻的继续,原冻结管断裂的数量会相应增加,应以新钻冻结孔为主体进行合理布置,并先在断管集中部位进行钻孔,确保二次打钻施工的正常进行。

(3) 当冻结壁透水涌砂淹井后,应尽快进行重新打钻冻结,减少冻结壁融化,争取在冻结壁解冻前完成全部钻孔任务,既防止在融土中打钻引起塌孔,又缩短二次打钻、冻结的时间,降低工程造价。

(4) 在人工冻结地层中钻冻结孔,由于泥浆的不断循环和洗刷,势必引起钻孔周围冻土融化,因此护孔管的防塌保直作用十分必要。谢桥副井在原冻结壁范围内钻孔过程中未使用护孔管,钻孔上部的融化直径达600mm,有2个冻结孔由于融化范围大、排砂量多、偏斜大、塌孔严重,未能钻到设计深度。

3. 平煤六矿北二回风井淹井事故原井位冻结的钻孔施工技术

1) 淹井事故简况及处理方案选择

(1) 淹井事故简况。

平煤六矿北二回风井于2008年12月16日采用普通法施工,截至2011年7月8日已施工井深450m,处于平顶山砂岩含水层深部,进行壁后注浆加固堵水过程中,在井深448m西北方位的混凝土井壁发生开裂透水现象,最大涌水量达490m^3/h,造成淹井,涌入井内的泥砂、碎石高10m。

随后采取地面预注浆加固破碎带和从井深440m向上浇筑8m混凝土止水垫(−432m),抽水后加厚止浆垫3.5m,从井深428.5m进行工作面注浆和壁后注浆堵水,但均未达到预期效果。

(2) 处理方案选择。

针对平煤六矿北二回风井淹井事故情况，平煤集团公司召开多次论证会研讨对策，普遍认为继续采用注浆法难以有效解决破碎带的施工难题，建议改用冻结法进行处理。

① 改变井位进行冻结法施工。

(a) 优点是稳妥可靠，风险小。

(b) 难点是改变井位涉及改变井下开拓方案和地面工业广场布置，需重新打井检孔、购地、审批等，被淹井筒无法利用，还需善后处理，需要延长工期和增加投资。

② 原井位进行冻结法施工。

(a) 优点是工期短、投资省，据初步估算比改变井位进行冻结法施工方案的工期约缩短1.5年，直接投资约节省1亿元。

(b) 难题之一是打钻过程中可能漏浆、塌孔严重或不能正常钻进；难题之二是原有井壁局部可能遭受破坏。为了提高可靠性，最好选用有过破碎带经验的单位承担打钻任务，并委托对防止已有井壁冻害有经验的单位承担冻结方案设计和技术咨询服务。

经多次会议论证，最后选用原井位进行冻结法施工方案，并委托北京煤科联应用技术研究所编制冻结方案设计和承担技术咨询任务，中煤建设五公司三处承担打钻任务，平煤建工集团特凿公司承担制冷冻结任务，平煤建工集团第一工程处承担井筒掘砌任务。

该井冻结方案设计的主要技术指标和冻结钻孔开孔位置及偏斜情况见表5-16和图5-7。

表5-16　平煤六矿北二回风井异径冻结方案设计主要技术指标

序号	项目名称	取值
1	井筒净直径/m	7.5
2	冻结深度/m	580
3	井壁最大厚度/m	1.0
4	掘进最大直径/m	9.5
5	冻结壁厚度/m	5.0
6	冻结孔允许最大径向内侧偏值/m	0.8
7	冻结孔圈径/m	16.5
8	冻结孔孔数/个	37
9	冻结孔至井帮的距离/m	4.0～3.5(450m以下)
10	温度观测孔的数量/深度	2个/580m、1个/500m
12	冻结管规格	≤404m为Φ127mm×6mm >404m为Φ159mm×6mm
13	冻结孔工程量/m	20880
20	试排水前/450m正式开挖前的冻结时间/d	65/80

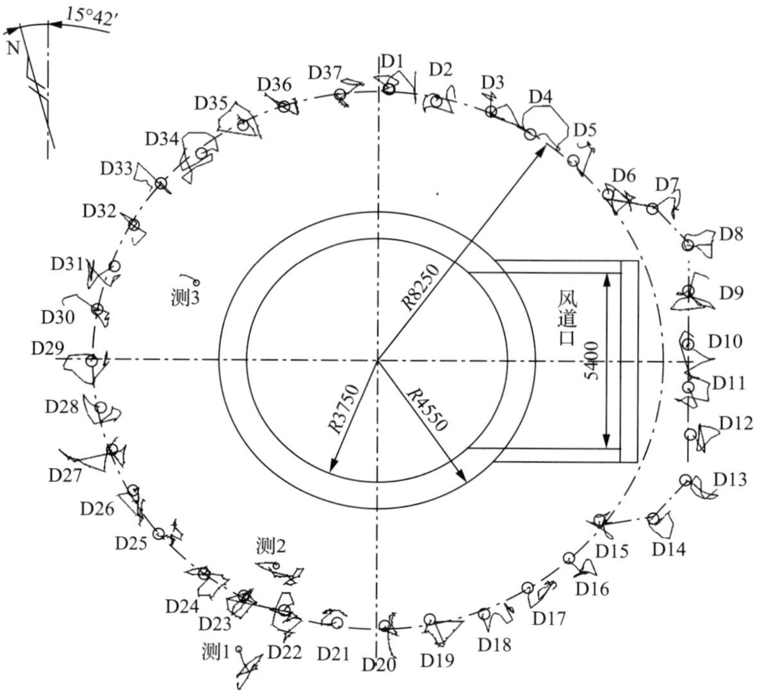

图 5-7　平煤六矿北二回风井冻结孔开孔位置与偏斜图

2) 原井位钻孔过断层破碎带遇到的难题及处理效果

(1) 钻孔过断层破碎带遇到的难题。

平煤六矿北二回风井原采用普通法施工至井深 450m 后，在井深 448m 发生井壁破裂透水淹井事故，涌出碎石、泥砂高 10m(约 442m^3)。之后在井下浇筑止浆垫和进行地面注浆堵水，井筒排水后加厚原止浆垫，采用壁后注浆加固和工作面注浆堵水等措施，均未取得预期效果，反而造成井壁破坏(深 310～330m、360～375m、380～405m)，使破碎带与井筒的水流渠道更加畅通，增大冻结孔钻进的难度。

冻结钻孔工程自 2012 年 8 月 8 日开始，在井筒西北方位绝大多数冻结孔钻进过程存在漏浆、卡钻、塌孔等问题，一般均需采取投泥球、碎石、编织袋、注浆、添加快速堵漏剂等措施方能钻孔(如 D26、D29～D32、D35～D37、D1、D2)；但个别钻孔(如 D34、D3)与井内透水渠道特别畅通，仅采取上述堵漏措施均无效果，开钻 3.5 个月仍停留在－305m 水平未能向下正常钻进，直至 11 月 2 日发现井内水面有浪花翻滚和实测井筒沉积物水平已上升至－402.6m 水平(比开钻前的－428 .5m 水平上升 25.9m)，才彻底弄清钻孔堵漏材料大部分通过断层破碎带流入井内，是影响钻孔正常钻进的根本原因。

(2) 采取切断钻孔漏浆通道和防塌孔综合措施，顺利完成钻孔任务。

经分析查证，井筒施工至深 450m 发生井壁开裂透水淹井，使壁后泥质岩层受水浸泡膨胀，对已砌井壁产生局部挤压破坏。之后进行的地面注浆、壁后注浆、工作面注浆加压，导致破碎带与井筒压坏部位沟通，使钻孔泥浆和堵漏物能较顺利地流入井内，是影响钻孔正常钻进的关键所在。要从根本上解决钻孔泥浆的漏失塌孔问题，必须先将井筒回填面提高至泥浆漏失源头水平(－305m)以上，再对钻孔实施堵漏措施，才能有效封堵钻孔与井筒之间的串水通道。经研究确定：井筒回填水平由－402.6m 提高至－280m；－360～－402m 段回填碎石，－280～－360m 段回填砂子。

2012 年 11 月 30 日至 12 月 11 日进行井筒回填后，再根据钻孔漏浆情况采取必要的堵漏措施，顺利解决了西北方位 13 个漏浆严重的冻结孔造孔难题，至 2013 年 4 月 9 日完成全部冻结孔造孔任务和下冻结管工作，4 月 28 日开机冻结，2014 年 3 月完成断层破碎带冻结段井筒套壁施工。

4. 方庄新主井深厚卵石层冻结孔快速施工技术

1) 地层特点和冻结设计主要技术指标

(1)冲积层组成与卵石层埋藏特点见表 5-17 和表 5-18。

表 5-17　方庄新主井冲积层组成特点

冲积层组成				土层性质
土层名称	层数	厚度/m	占冲积层厚度比例%	
粗砂	3	8.55	2.38	(1) 孔隙大、透水性强 (2) 以石英和石灰岩为主 (3) 半固结状
卵石	35	183.03	50.96	(1) 成分以石灰岩为主 (2) 局部被黏土或钙质黏土充填，呈钙质固结、半固结状
黏土夹卵石	12	62.05	17.27	
黏性土	30	105.55	29.39	(1) 砂质黏土：强度低，遇水膨胀(5.7%～7.95%) (2) 纯黏土：天然条件下呈固结状态，遇水泥化，产生膨胀 (3) 固结程度高，冻结强度低

表 5-18　方庄新主井卵石层与黏土夹卵石层的埋藏特点

卵石层			黏土夹卵石层		
序号	单层厚度/m	底板深度/m	序号	单层厚度/m	底板深度/m
1	3.60	13.10	1	7.80	9.50
2	15.21	31.00	2	2.80	42.80
3	6.10	40.00	3	4.50	61.05
4	8.60	53.50	4	4.90	132.90
5	5.00	66.05	5	4.80	146.05

续表

卵石层			黏土夹卵石层		
序号	单层厚度/m	底板深度/m	序号	单层厚度/m	底板深度/m
6	13.65	82.90	6	10.35	186.25
7	6.90	91.75	7	5.80	244.80
8	4.25	97.50	8	3.45	260.10
9	9.25	109.75	9	2.60	320.00
10	8.30	128.00	10	9.20	336.10
11	8.35	141.25	11	2.35	345.65
12	7.15	153.20	12	3.50	352.80
13	1.10	155.80			
14	3.75	166.95			
15	2.20	170.80			
16	4.00	190.25			
17	4.00	199.60			
18	3.90	211.20			
19	2.65	220.65			
20	2.05	224.45			
21	4.50	232.85			
22	4.15	239.00			
23	6.65	251.45			
24	2.40	256.65			
25	14.90	275.00			
26	1.95	281.20			
27	6.55	289.00			
28	4.20	298.00			
29	3.00	307.10			
30	1.95	311.00			
31	2.70	338.80			
32	2.15	343.30			
33	3.65	349.30			
34	1.55	354.35			
35	2.18	359.18			

(2) 冻结设计主要技术指标见表 5-19。

表 5-19　方庄新主井冻结设计主要技术指标

序号	项目名称		技术指标	备注
1	井筒净直径/m		5.5	(1) 卵石层和黏土夹卵石层的累计厚度分别为 183.03m 和 62.05m，分别占冲积层厚度的比例为 50.96%和 17.27% (2) 冻结孔的偏斜率、成孔间距和打钻工期为该井冻结孔施工的三大控制指标
2	冲积层厚度/m		359.18	
3	井壁最大厚度/m		1.50	
4	风化带厚度/m		64.17	
5	冻结深度/m		447	
6	冻结壁厚度/m		5.70	
7	主冻结孔	圈径/m	17.0	
8		深度/m	447/375	
9		数量/个	19/19	
10		开孔间距/m	1.406	
11		冻结管外径	0～200m 段为 Φ140mm >200m 段为 Φ159mm	
12	防片冻结孔	圈径/m	12.0	
13		深度/m	200	
14		数量/个	12	
15		开孔间距/m	3.1416	
16		冻结管外径/mm	Φ140	
17	水位观测孔		200m/1 个 355m/1 个	
18	温度观测孔		200m/1 个，360m/2 个，455m/1 个	

2) 深厚卵石层施工冻结孔的难题、措施及实施效果

方庄新主井深厚卵石层、黏土夹卵石层中施工冻结孔的难题、措施及实施效果见表 5-20，方庄新主井主冻结孔不同水平的偏向、偏值、偏率实测值见表 5-21。实现安全快速钻进，钻孔垂直度符合设计要求。

表 5-20　方庄新主井深厚卵石层、黏土夹卵石层中施工冻结孔的难题、措施及实施效果

地层特征	钻孔难题	施工措施	实施效果
(1) 上部卵石层及黏土夹卵石层距地表分别为 8.96m 及 1.7m (2) 深 0～141.3m 范围内含 11 层厚 3.60～15.21m 卵石层和 4 层厚 2.80～7.8m 的黏土夹卵石层，总厚度 109.75m，平均厚度为 7.32m (3) 井筒静水位为−60m	(1) 开孔定位难 (2) 开孔时配重钻铤加不上，钻机振动大，钻进难，易偏斜，易造成钻场基础开裂、下沉	(1) 在 300mm 厚“三七”灰土盘上浇筑 300mm 厚 C30 混凝土钻场基础，防止在钻孔施工过程中引起震裂下沉 (2) 确保钻塔天轮中心、钻机转盘中心、钻孔中心三点一线 (3) 采用 YG-100 型潜孔锤、英格索兰 CW-200 型潜孔锤跟孔钻进 (4) 减压慢速钻进，向钻孔内投泥球等堵漏措施	有效解决了开孔定位难、钻孔偏斜、钻场基础开裂下沉问题

续表

地层特征	钻孔难题	施工措施	实施效果
(1) 卵石的硬度大,粒径大,胶结不均匀,潜水位低 (2) 卵石层 35 层,总厚度 183.03m,平均层厚 5.23m,最大埋深为 359.18m (3) 黏土夹卵石层 12 层,总厚度为 62.05m,平均层厚 5.17m,最大埋深为 252.8m (4) 冲积层段井筒涌水量为 1158.8m³/h	(1) 钻头磨损和钻杆损坏严重,进度慢,成孔难 (2) 漏浆严重:主 20 号孔单孔漏浆量就达 700m³,主 21 号孔在 −172～−220m 段的漏浆量就达到 150m³;堵漏用黏土 4000m³ (3) 在 0～−100m 范围内,卵石层基本上不胶结,造孔钻进难	(1) 采用扭矩较大的 TSJ-2000A、SPS-2000 转盘钻机,泵压较大的 TBW-850/5 泥浆泵、5LZ165×7.0 大扭矩螺杆钻 (2) 采用无细扣石油钻杆及高强度勺型镶齿牙轮钻头 (3) 采用低固相、大比重、高黏度泥浆:正常钻进中用流变性好的低失水、低黏度泥浆;钻孔漏浆时采用低密度、高黏度泥浆;终孔前将泥浆性能调整至下管要求的指标 (4) 钻孔遇到泥浆漏失时,可向钻孔内投入泥球、碎石、编织袋等堵漏措施;当漏浆严重影响泥浆正常循环时,采用先向孔内注入易于沉淀的普通砂土浆充填空洞,待泵压上升至 0.5MPa 后转入正常钻进	有效解决了钻头磨损严重和钻具损坏严重、钻孔泥浆漏失严重影响正常钻进、钻进速度慢以及偏斜超标等技术难题,大幅度提高了钻进速度
卵石层及黏土夹卵石层的总厚度大,层数多,分布广	(1) 为防塌孔,需要采用稠泥浆护孔,但高黏度泥浆易造成泵压过高或螺杆钻堵塞,给纠偏增加困难 (2) 适用于导斜纠偏的黏性土层和匀质地层少,导斜钻头在卵石层中钻出新孔	(1) 在螺杆上部加配扶正器 (2) 采用高强度镶齿牙轮钻头 (3) 加长纠偏段距 (4) 及时测斜,严格控制钻孔偏斜情况	有效解决了深厚卵石层及黏土夹卵石层的纠偏难题,确保钻孔偏斜在要求范围内(表 5-21)

表 5-21　方庄新主井主冻结孔不同水平的偏向、偏值、偏率实测值

钻孔测斜		冻结孔号																		
深度/m	实测值	1	2	3	4	5	6	7	8	9	10	11	12	13	14	15	16	17	18	19
35	偏向/(°)	291	71	263	132	111	73	82	74	265	197	56	186	178	147	267	159	212	266	310
	偏值/mm	99	80	96	11	70	95	82	89	49	35	82	68	69	47	59	80	64	58	74
	偏率/‰	2.48	2.01	2.40	0.29	1.75	2.37	2.05	2.23	1.23	0.88	2.06	1.71	1.72	1.19	1.48	2.01	1.60	1.45	1.86

续表

钻孔测斜		冻结孔号																		
深度/m	实测值	1	2	3	4	5	6	7	8	9	10	11	12	13	14	15	16	17	18	19
120	偏向/(°)	258	74	185	121	93	74	350	68	84	1.67	4.6	192	184	188	226	226	175	187	309
	偏值/mm	142	246	240	136	240	275	92	165	24	263	311	220	238	88	121	133	270	138	283
	偏率/‰	1.18	2.05	2.00	1.13	2.00	2.29	0.76	1.37	0.2	2.19	2.59	1.83	1.90	0.73	1.00	1.11	2.25	1.15	2.36
200	偏向/(°)	203	183	173	108	96	50	320	309	157	171	38	186	184	233	186	244	171	142	155
	偏值/mm	199	166	462	220	335	233	251	12	161	413	268	310	306	244	266	158	279	381	84
	偏率/‰	0.99	0.89	2.31	1.10	1.67	1.16	1.25	0.06	0.80	2.06	1.34	1.55	1.53	1.22	1.33	0.79	1.39	1.90	0.42
280	偏向/(°)	191	210	173	104	85	17	316	248	189	178	32	223	196	239	177	261	172	116	158
	偏值/mm	407	386	377	91	415	209	419	196	518	527	199	169	397	263	481	324	287	405	470
	偏率/‰	1.45	1.73	1.34	0.32	1.48	0.74	1.49	0.70	1.85	1.88	0.71	0.60	1.41	0.93	1.72	1.15	1.02	1.44	1.67
360	偏向/(°)	202	270	215	151	70	302	304	248	216	141	17	302	207	200	170	268	182	86	201
	偏值/mm	621	212	104	427	554	358	452	445	422	408	163	411	509	670	637	402	355	433	401
	偏率/‰	1.72	0.58	0.29	1.32	1.54	0.99	1.25	1.23	1.17	1.13	0.45	1.14	1.41	1.86	1.76	1.11	0.89	1.20	1.11
440	偏向/(°)	202		344		54		291		254		302		218		168		200		240
	偏值/mm	947		308		822		437		433		223		748		737		454		584
	偏率/‰	2.15		0.70		1.86		0.99		0.98		0.50		1.70		1.67		1.03		1.32

续表

钻孔测斜		冻结孔号																		
深度/m	实测值	20	21	22	23	24	25	26	27	28	29	30	31	32	33	34	35	36	37	38
35	偏向/(°)	9	61	94	265	208	284	214	356	195	322	225	275	199	271	210	178	195	126	225
	偏值/mm	78	104	84	71	108	74	68	77	107	37	68	95	70	65	67	100	82	56	39
	偏率/‰	1.95	2.60	2.11	1.78	2.71	1.86	1.71	1.92	2.67	0.93	1.71	2.38	1.76	1.63	1.69	2.51	2.06	1.41	0.98
120	偏向/(°)	51	61	110	300	205	245	211	28	189	288	229	267	187	240	199	178	189	92	181
	偏值/mm	151	140	158	273	246	252	194	286	303	123	225	258	261	111	237	315	272	220	275
	偏率/‰	1.26	1.16	1.31	2.27	2.05	2.10	1.61	2.38	2.52	1.02	1.87	2.15	2.17	0.92	1.97	2.63	2.27	1.83	2.29
200	偏向/(°)	151	154	167	315	187	212	150	69	179	205	223	240	171	175	141	163	196	111	179
	偏值/mm	287	89	156	382	190	384	348	190	282	205	336	200	239	137	386	369	241	115	415
	偏率/‰	1.41	0.44	0.78	1.91	0.95	1.92	1.74	0.95	1.41	1.02	1.68	1.00	1.19	0.68	1.93	1.84	1.20	0.57	2.07
280	偏向/(°)	167	175	209	315	120	187	161	159	119	188	208	160	125	147	149	127	197	266	169
	偏值/mm	607	326	460	314	176	365	561	611	273	427	390	28	321	235	230	265	281	82	409
	偏率/‰	2.16	1.16	1.64	1.12	0.62	1.30	2.00	2.18	0.97	1.52	1.39	0.1.	1.14	0.84	0.82	0.94	1.00	0.29	1.46
360	偏向/(°)	158	189	220	312	100	205	186	170	73	169	157	42	94	130	160	109	192	307	126
	偏值/mm	844	651	757	226	459	183	955	569	442	601	403	173	538	288	203	249	510	117	269
	偏率/‰	2.34	1.80	2.10	0.62	1.27	0.51	2.65	1.58	1.22	1.67	1.12	0.48	1.49	0.80	0.56	0.69	1.41	0.32	0.74
440	偏向/(°)		206		132		231		209		151		42		119		60		58	
	偏值/mm		1048		306		191		129		743		416		514		439		140	
	偏率/‰		2.38		0.69		0.43		0.29		1.68		0.94		1.16		0.99		0.31	

3）经验体会

方庄新主井深厚卵石层及黏土夹卵石层的冻结钻孔工程，地层的厚度、埋藏条件、技术要求、施工难度均居国内冻结钻孔首位。在建设、监理、科研和施工等单位共同努力下，在钻孔的开孔定位、钻孔机具和测斜纠偏仪器的选用、钻孔堵漏措施等取得良好的效果：钻孔总工期3个月10天，冲积层段的主冻结孔成孔最大间距为2.1m，基岩段的成孔最大间距为3.7m，不打补孔，该经验对今后在深厚卵石层及黏土夹卵石层的施工冻结钻孔具有重要的指导作用。

（1）方庄新主井卵石层距地表实际不到1m，开孔时钻具的重量小，钻头压力加不上去，对粒径大的卵石难以破碎，钻头打下去就容易出现塌孔现象，开孔定位遇到了难题。经实践探索，采取以下综合措施有效解决了开孔钻进定位的难题。①选用扭矩较大的TSJ-2000A和SPS-2000转盘钻机；②把泥浆黏度和比重分别提高至45s和1.25以上；③采用YG-100型潜孔锤、英格索兰潜孔锤跟管钻进；④采用高强度勺型镶齿牙轮钻头；⑤保持天轮中心、转盘中心、钻孔中心三点在一铅垂线上减压慢速钻进工艺。

（2）方庄新主井的水位低（－60m），－100m水平之上的卵石层基本上未胶结或呈不均匀胶结状态，空隙大，多数钻孔出现严重漏浆，难以正常钻进，泥浆的消耗量比一般冲积层增加好几倍。结合潘一东风井在大量涌砂空洞地段的钻孔成功经验，在严重漏浆的卵石层地段，采用投泥球、编织袋、碎石等传统堵漏措施效果不明显时，采用先注入易于沉淀的砂土浆充填孔隙或空洞，待泵压由零升至0.5MPa后，转入正常钻进，有效解决了钻孔漏浆难题。

（3）在卵石层中钻孔，采用一般钻杆和加重管易于损坏；采用一般钻头磨损严重，钻进效率低，进尺慢。经实践摸索得出如下几点。①采用Φ89mm石油无细扣钻杆和Φ178mm石油钻铤不易损坏；② 采用从美国引进的石油钻进专用的金刚石复合片钻头、高强度镶齿牙轮钻头、国内新研制的石油钻井高强度钻头均取得良好的效果，在卵石层中实现快速钻进，钻孔偏斜较小，取得宝贵的经验。

（4）方庄新主井卵石层及黏土夹卵石层自上而下分布广泛，层数多，钻头在孔底的工作状态不稳定，钻压小不进尺，钻压大就容易偏斜，必须采取与减压慢速钻进、钻测纠相结合的钻孔工艺，发现偏斜超标要及时进行纠偏。但由于0～－300m范围内适宜作为纠偏层位的较厚黏性土层较少，而直接在卵石层中进行纠偏很难开出新孔，且钻进方位难以控制；采取移钻塔或垫钻塔的传统纠偏措施均不理想；提高泥浆黏度、比重对防止泥浆漏失和塌孔的效果较好，但容易造成泵压过高和螺杆钻具堵塞，影响纠偏工作的正常进行。经过实践探索得出如下几点。①在深厚卵石层及黏土夹卵石层中采取以防偏为主纠偏为辅与钻测纠相结合的钻孔工艺，适当加大纠偏段距有利于选择层厚较大的黏性土层作为纠偏导斜地层，便于纠偏开出新孔；②在采用螺杆钻定向钻进纠偏过程中，选用黏度和比重较小的化学泥浆防止泵压偏高和螺杆钻堵塞方面取得良好效果，把冻结孔成孔间距控制在设计要求范围内（表5-22、图5-8和图5-9）。

表 5-22　方庄新主井冲积层段主冻结孔成孔最大间距

冻结孔号	深度/m	最大孔间距/m	冻结孔号	深度/m	最大孔间距/m
1～2	350	1.50	20～21	350	1.95
2～3	200	1.50	21～22	350	1.85
3～4	350	1.00	22～23	100	1.80
4～5	180	1.30	23～24	100	1.35
5～6	350	2.10	24～25	100	1.55
6～7	300	1.60	25～26	100	1.70
7～8	100	1.20	26～27	300	1.50
8～9	100	1.75	27～28	180	1.65
9～10	200	1.50	28～29	200	1.55
10～11	350	1.70	29～30	200	1.65
11～12	300	1.75	30～31	350	1.50
12～13	350	1.50	31～32	100	1.20
13～14	200	1.60	32～33	80	1.50
14～15	100	1.60	33～34	100	1.50
15～16	350	1.95	34～35	200	1.65
16～17	100	1.20	35～36	350	1.80
17～18	80	1.60	36～37	350	1.55
18～19	350	2.10	37～38	100	1.60
19～20	300	1.50	38～1	350	2.00

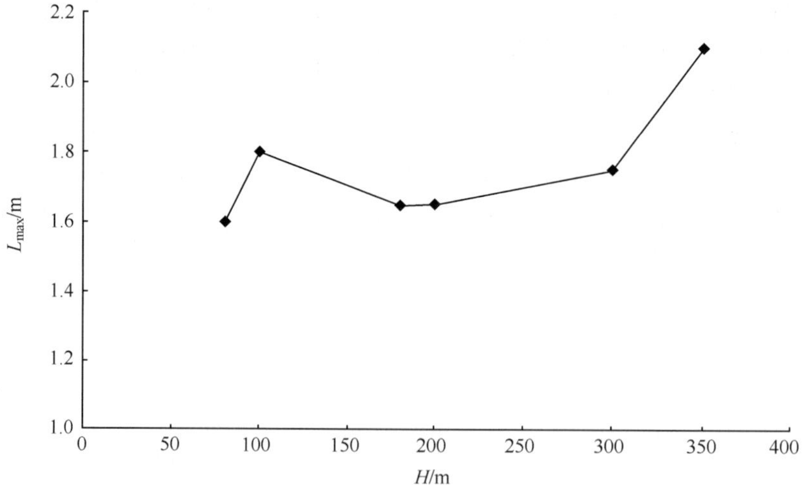

图 5-8　方庄新主井冲积层段主冻结孔最大间距(L_{max})与深度(H)的关系

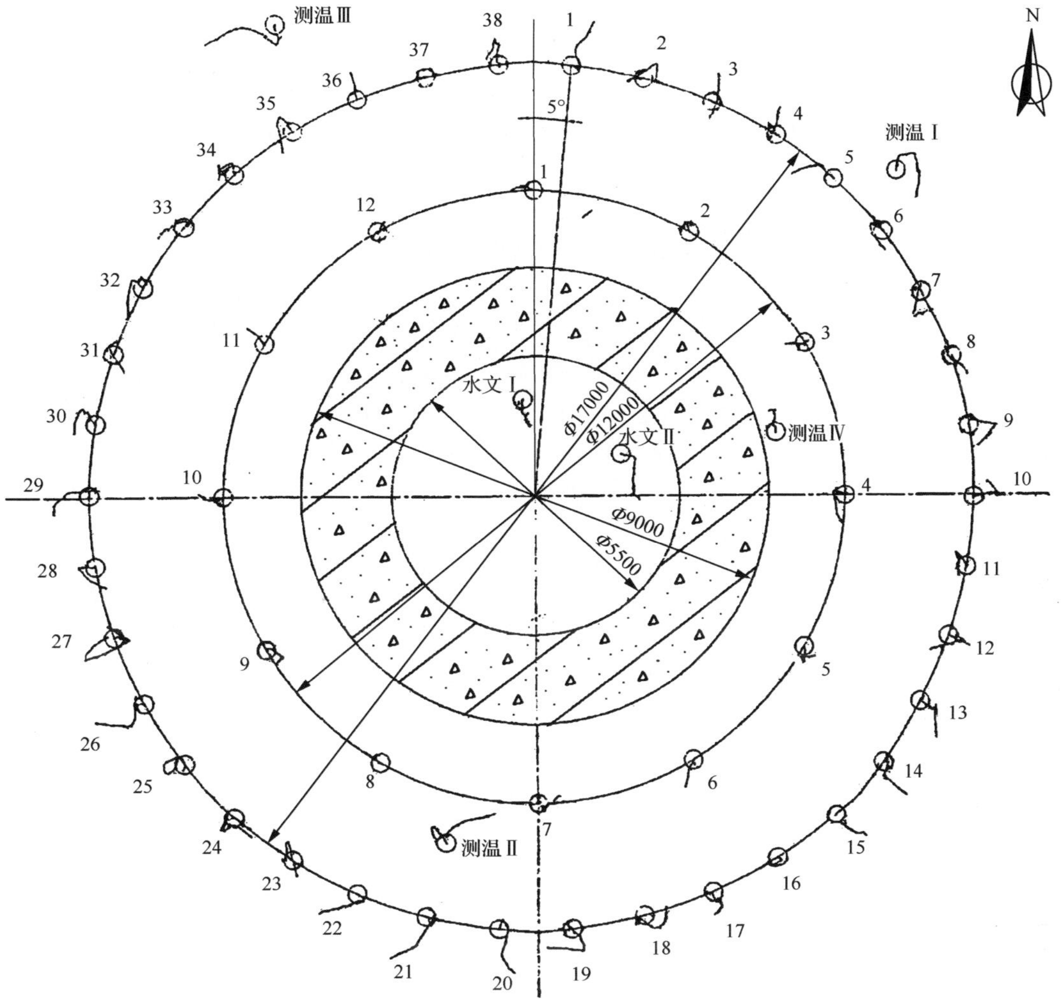

图 5-9　方庄新主井冻结钻孔偏斜总平面投影图

第 6 章　深厚冲积层制冷冻结技术

6.1　不同发展阶段的制冷冻结技术简况

1955～2014 年我国累计建成 1108 多个冻结立井，冻结总深度超过 29.5×10^4 m，冲积层最大厚度达 675.6m。其中小于 200m、200～300m、300～400m、400～500m、大于 500m 冲积层的冻结立井数分别超过 783 个、180 个、68 个、48 个、29 个，以冲积层为主的最大冻结深度为 800m（李粮店副井、杨村风井），以含水基岩为主的最大冻结深度为 950m（核桃峪副井）。不同阶段的制冷冻结主要技术指标见表 6-1。

表 6-1　各冻结凿井阶段的主要制冷冻结技术指标简况

序号	项目名称		引进消化阶段（1955～1959 年）	探索改进阶段（1960～1988 年）	提高完善阶段（1989～1999 年）	创新攀高阶段（2000～2014 年）
1	冲积层	最大厚度/m	154.8	358.5	383.1	675.6
2		井均厚度/m	77.6	124.8	168.2	
3	冻结	最大深度/m	162	415	435	800/950*
4		井均深度/m	90.4	162.3	225.9	>330.2
5	冷却水补给量占冷却水总量的百分比/%		80（采用淋水式冷凝器）	50～25（采用立式冷凝器加玻璃钢冷却塔）	25～2.5（采用高效蒸发式冷凝器）	≤2.5（以高效蒸发式冷凝器为主）
6	低温管路损失系数/%		25	20	15	<15
7	冷冻机	型　号	L-14、4AY-15	6AW-12.5、6AW-17/8AS-12.5、8AS-17	以 6AW-17、8AS-17、8AS-25 为主	KA20C、25CF、LG25、LG31.5
8		标准制冷量/(10^4 kcal/h)	15	15、33（1980 年之前）/20、44（1980 年之后）	33、44、100	50、90、105、201
9	冻结盐水设计最低温度/℃		−25	−30	−32	−35

* 800/950 表示以冲积层为主的冻结最大深度为 800m，以含水基岩为主的冻结深度为 950m。

6.1.1　引进消化阶段制冷冻结技术

1. 冻结工程特点

该阶段共冻结 18 个立井，冲积层最大厚度为 154.8m（1958 年），冻结最大深度为 162m（荆各庄主井），井均冲积层厚度为 77.6m，井均冻结深度为 90.4m。林西风井为第一个冻结井，冲积层厚度为 65m，冻结深度为 105m，从波兰引进冻结法凿井技术；第二个冻结井为唐家庄风井，由苏联专家纳索诺夫进行指导；其他 16 个冻结井均由中国自行设计和施工。

2. 制冷设备及有关技术指标

(1) 冷冻机：林西风井采用波兰造 L-14 型活塞式氨压缩机，标准制冷量为 19×10^4 kcal/h；其他 17 个冻结井均采用国产 4AY-15 型氨压缩机，标准制冷量为 15×10^4 kcal/h。采用单级压缩制冷，冻结盐水温度为－18～－25℃。

(2) 冷凝器：采用淋水式冷凝器，冷却水补给量约占冷却水总量的 80%。

(3) 低温管路隔热：采用锯末、石棉等作隔热材料，冷量损失为 20%～25%。

3. 检测技术

(1) 温度检测：氨、冷却水、盐水三大系统及冻结壁的温度均采用酒精、水银棒式玻璃温度计检测。

(2) 盐水流量检测：干管采用螺翼式流量计检测盐水流量，冻结器在开冻前采用普通水表检测流量，开冻后不再检测盐水流量。

(3) 冻结壁交圈时间检测：把水位观测孔的水位溢出孔(管)口的时间作为冻结壁正式交圈时间；测温孔的温度检测数据只作为判断冻结壁交圈时间的参考。

6.1.2 探索改进阶段制冷冻结技术

1. 冻结工程特点

该阶段共冻结 283 个立井，冲积层最大厚度为 358.5m，其中小于 200m、200m～300m、大于 300m 冲积层的冻结立井数分别为 237 个、43 个、3 个，冻结最大深度为 415m(潘三东风井)，井均冲积层厚度为 124.8m，井均冻结深度为 162.3m。

2. 制冷设备及有关技术指标

(1) 冷冻机：主要采用 6AW 型和 8AS 型活塞式氨压缩机。浅井一般采用 6AW-12.5 型、6AW-17 型，标准制冷量分别为 15×10^4 kcal/h、33×10^4 kcal/h；深井一般采用 8AS-12.5 型、8AS-17 型，标准制冷量分别为 21×10^4 kcal/h、44×10^4 kcal/h，单级压缩制冷。从 1963 年之后采用串联双级压缩制冷方式。采用活塞式氨压缩机制冷冻结的三大循环(氨循环、盐水循环、冷却水循环)系统示意图见 6-1。

螺杆式冷冻机具有体积小、制冷效率高、无级调整压缩比、排气温度低、不易发生故障等优点，我国从 20 世纪 80 年代初开始试制应用 KA20C 型、25CF 型螺杆式冷冻机，标准制冷能力为 50×10^4 kcal/h、90×10^4 kcal/h；冻结盐水温度由－25℃降至－30℃。

(2) 冷凝器：采用立式冷凝器，冷却水补给量约为冷却水总量的 50%；若增设玻璃钢冷却塔配套使用，冷却水补给量约为冷却水总量的 25%。

(3) 低温管路隔热：采用聚苯乙烯泡沫板作隔热材料，管路的冷量损失为 15%～20%。

3. 检测技术

(1) 温度检测：氨、冷却水、盐水三大系统及测温孔试验应用简易铜-康铜热电偶，取得较好的效果。

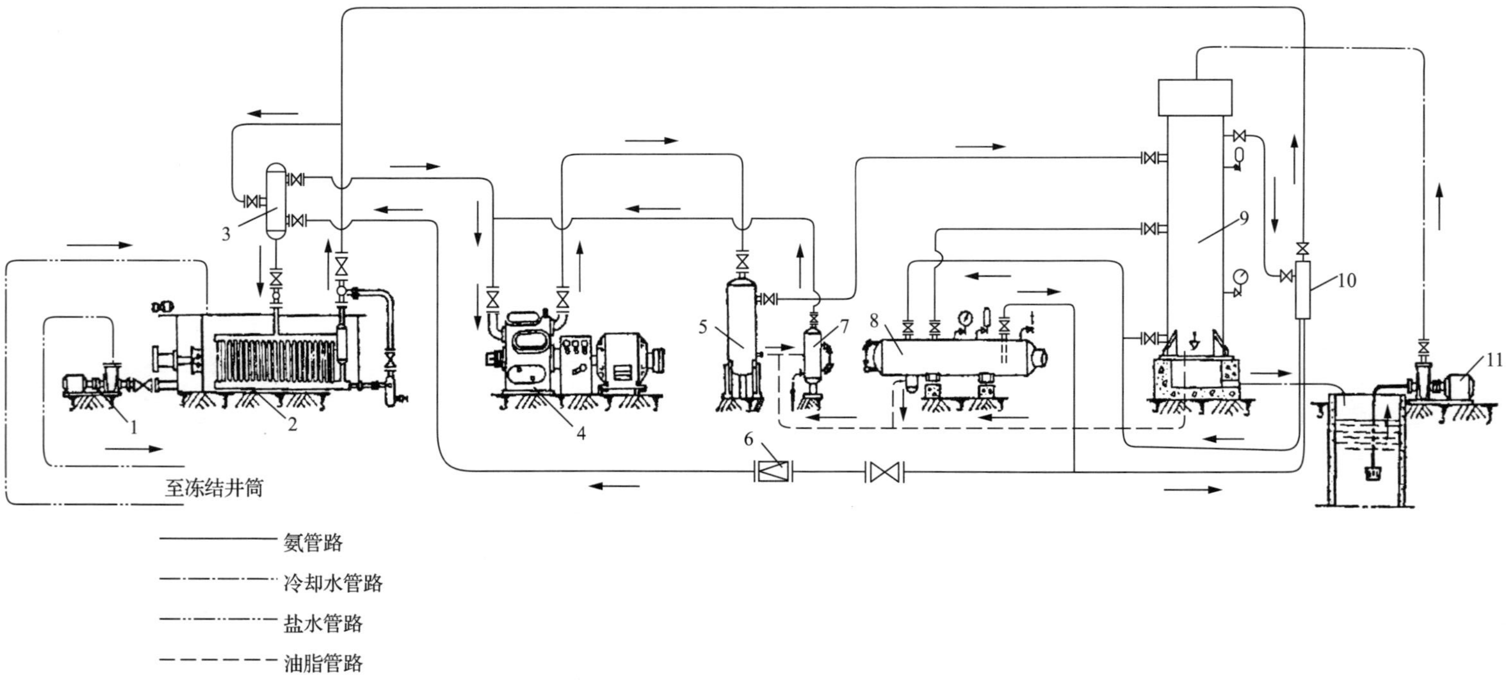

图 6-1　活塞式氨压缩机制冷冻结三大循环系统示意图

1-盐水泵;2-蒸发器;3-氨液分离器;4-氨压缩机;5-氨油分离器;6-节流阀;7-集油器;8-氨储液器;9-冷凝器;10-空气分离器;11-冷却水泵

(2) 盐水流量检测：盐水干管采用螺翼式流量计检测；冻结器试验应用电磁流量计检测，取得初步成效。

(3) 冻结壁交圈时间检测：把水位观测孔(管)内水位溢出孔口的时间作为冻结壁交圈时间；当地下水位高于地表时，将水位管的出口标高引至地下水位标高以上进行观测。

6.1.3　提高完善阶段制冷冻结技术

1. 冻结工程特点

该阶段共冻结 177 个立井，冲积层最大厚度为 383.1m，其中小于 200m、200～300m、大于 300m 冲积层的冻结立井数分别为 131 个、32 个、14 个，冻结最大深度为 435m(陈四楼副井)，井均冲积层厚度为 168.2m，井均冻结深度为 225.9m。

2. 制冷设备及有关技术指标

(1) 冷冻机：主要采用 6AW-17 及 8AS-17、8AS-25 氨压缩机，串联双级压缩制冷，盐水最低温度为－32℃；推广 KA20 型等螺杆氨压缩机组，取得良好效果。

(2) 冷凝器：1992 年开始在元氏主副井试验应用高效蒸发式冷凝器，取得良好效果，把冷却水补给量降至冷却水总量的 2.5%。

(3) 低温管路隔热：推广应用聚苯乙烯泡沫板隔热，使低温管路的冷量损失降至 15%。

3. 检测技术

(1) 温度检测：氨、冷却水、盐水三大系统及冻结壁测温孔推广应用简易铜-康铜热电偶测温，并实现集中检测。

(2) 盐水流量检测：盐水干管采用螺翼式流量计、涡街式流量计检测盐水流量；试验应用一个水表和一圈辅助回液管检测每个冻结器的盐水流量，取得良好效果。

(3) 冻结壁交圈时间检测：把水位观测孔(管)内水位溢出管口的时间和水位变化特点作为判定冻结壁交圈时间的依据。

6.1.4　创新攀高阶段制冷冻结技术

1. 冻结工程特点

该阶段共冻结超过 630 个立井，冲积层最大厚度为 675.6m，其中小于 200m、200～300m、300～400m、400～500m、大于 500m 冲积层的冻结立井数分别超过 397 个、105 个、51 个、48 个、29 个，以冻结冲积层为主的冻结最大深度为 800m(李粮店副井、杨村风井)。

2. 冷冻设备及有关技术指标

(1) 冷冻机：推广应用标准制冷量大于 100×10^4kcal/h 的双级撬块式螺杆制冷机组和开启式螺杆盐水机组，制冷效率高，安全性好，运转维护人员少，盐水温度可达到－35℃以下，占地面积小。采用螺杆式氨压缩机制冷冻结的三大循环(氨循环、盐水循环、冷却水循环)系统示意图见图 6-2。

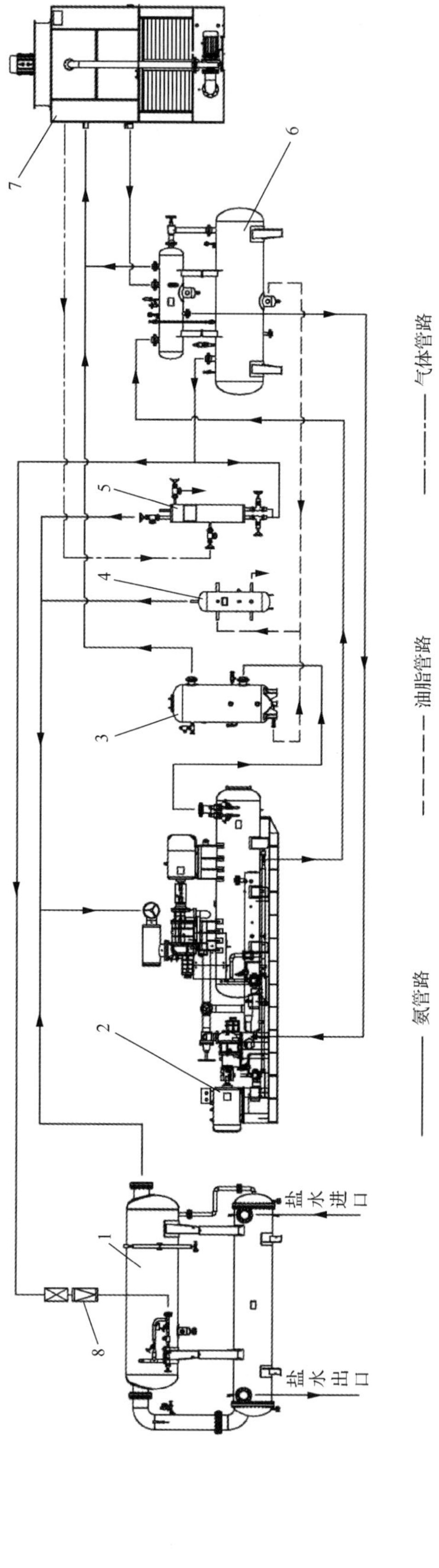

图 6-2 双机双级螺杆氨压缩机制冷冻结三大循环系统示意图

1-氨虹吸蒸发器;2-螺杆氨压缩机;3-氨油分离器;4-集油器;5-空气分离器;6-热虹吸氨储液器;7-蒸发式冷凝器;8-节流阀

(2) 冷凝器:全面推广应用高效蒸发式冷凝器,冷却水补给量降至冷却水总量的2.5%以内。采用高效蒸发式冷凝器的冷却水系统示意图见图 6-3。

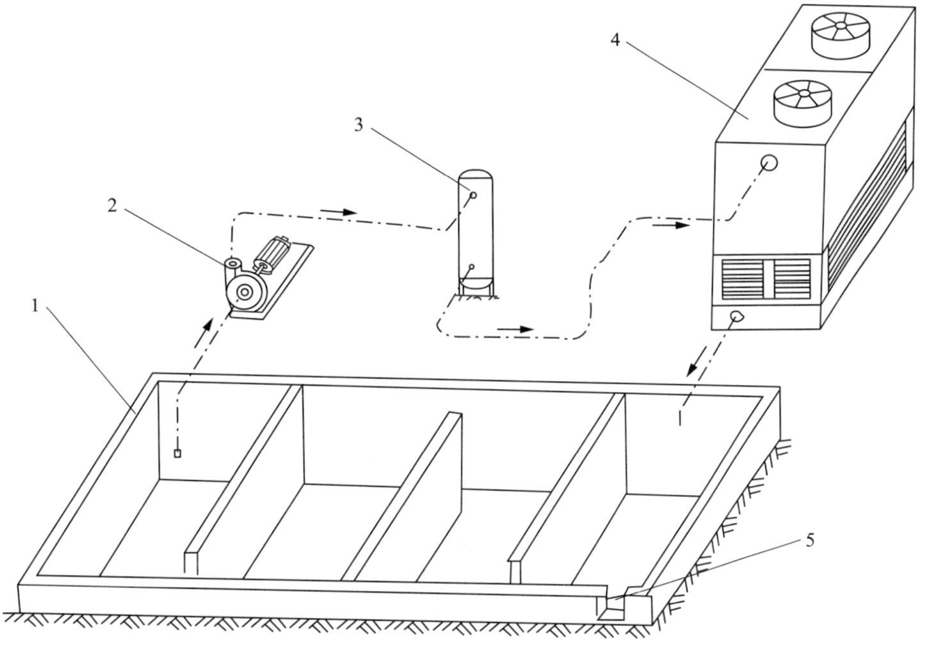

图 6-3　采用高效蒸发式冷凝器的冷却水系统示意图

1-冷却水池;2-冷却水泵;3-净水装置;4-高效蒸发式冷凝器;5-溢水口

(3) 低温管路隔热:在采用聚苯乙烯泡沫板隔热材料的基础上,冷冻沟槽内集配液圈及其与冻结器的连接管采用软质聚氨酯材料隔热,使低温管路的冷量损失降到 15%以内。采用聚氨酯隔热材料的盐水干管沟槽、集配液圈环形沟槽示意图见图 6-4 和图 6-5。

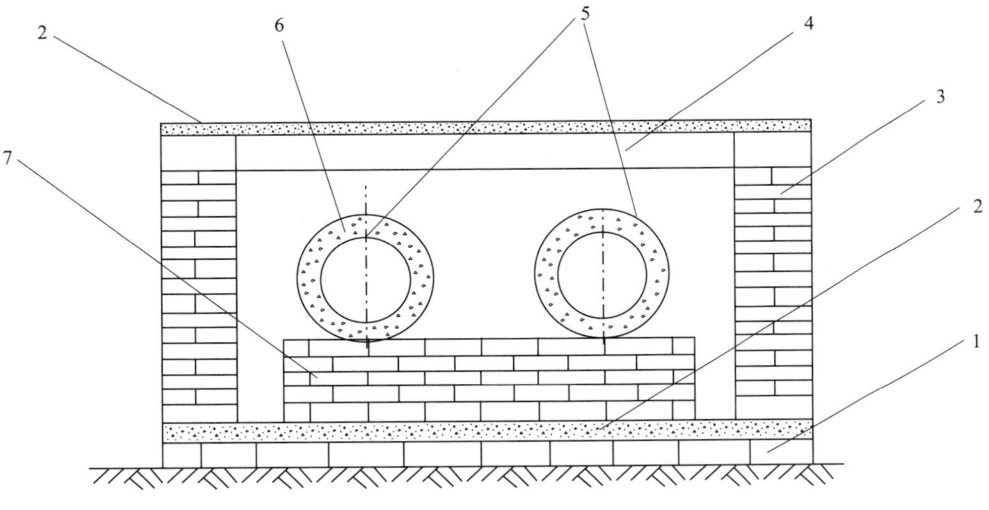

图 6-4　盐水干管沟槽示意图

1-砖垫层;2-砂浆;3-砖墙;4-檩盖板;5-去回路干管;6-隔热层;7-砖跺

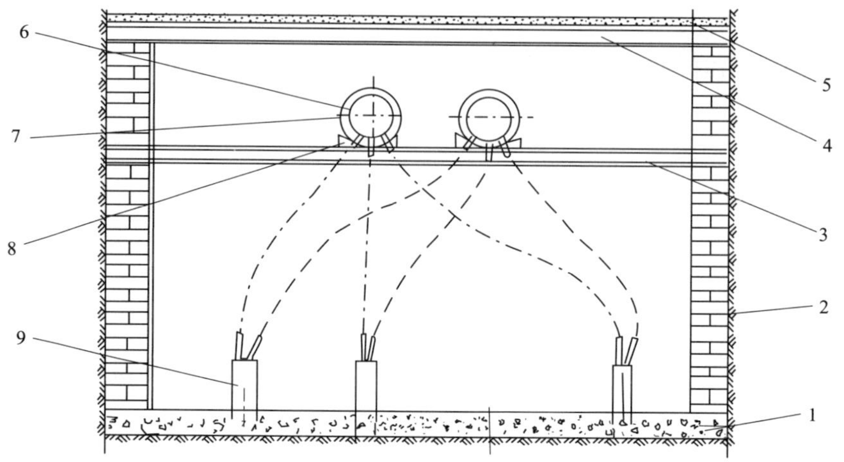

图 6-5　环形冻结沟槽剖面示意图

1-混凝土底板；2-砖墙；3-钢管梁；4-檩(次梁)；5-砂浆；6-集、配液圈；7-隔热层；8-木楔子；9-冻结器

3．检测技术

(1) 温度检测：初期应用 PT100 热电阻或热敏电阻等元件及巡检仪，检测氨、冷却水、盐水三大系统及冻结壁测温孔温度；随后逐渐推广应用 18B20 的一总线检测技术及无线传输技术，取得良好效果。应当指出，采用电阻元件检测温度时，测温管内不应灌水或盐水，否则测温元件易浸水失效。

(2) 盐水流量检测：推广应用一台流量计(与回路盐水干管、冻结器回液管相连接)与一圈辅助回液管检测每个冻结器的盐水流量。采用辅助回液管检测盐水流量的盐水循环系统示意图见图 6-6。

(3) 冻结壁交圈时间检测：根据水位观测孔(管)内的水位检测资料综合分析冻结壁的交圈时间。

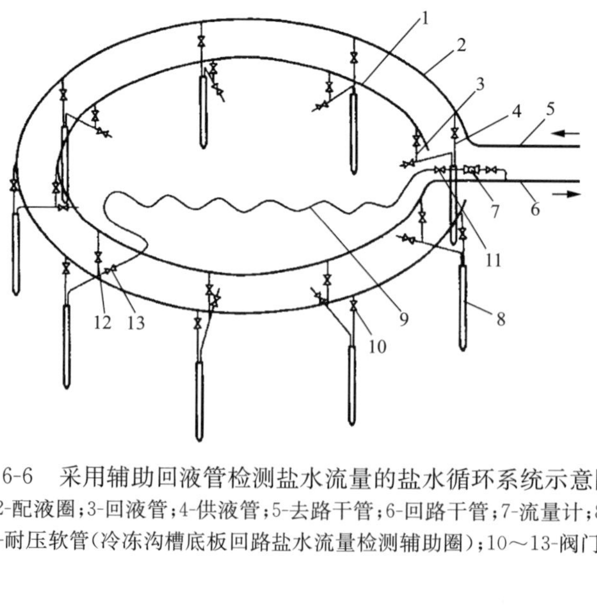

图 6-6　采用辅助回液管检测盐水流量的盐水循环系统示意图

1-集液圈；2-配液圈；3-回液管；4-供液管；5-去路干管；6-回路干管；7-流量计；8-冻结器；9-耐压软管(冷冻沟槽底板回路盐水流量检测辅助圈)；10～13-阀门

6.2　创新攀高阶段制冷冻结技术特点

1. 冲积层厚度、冻结深度及单井冻结需冷量均居世界首位

该阶段共冻结 630 多个立井，冲积层厚度和冻结深度大幅度增加(见图 6-7、图 6-8)，

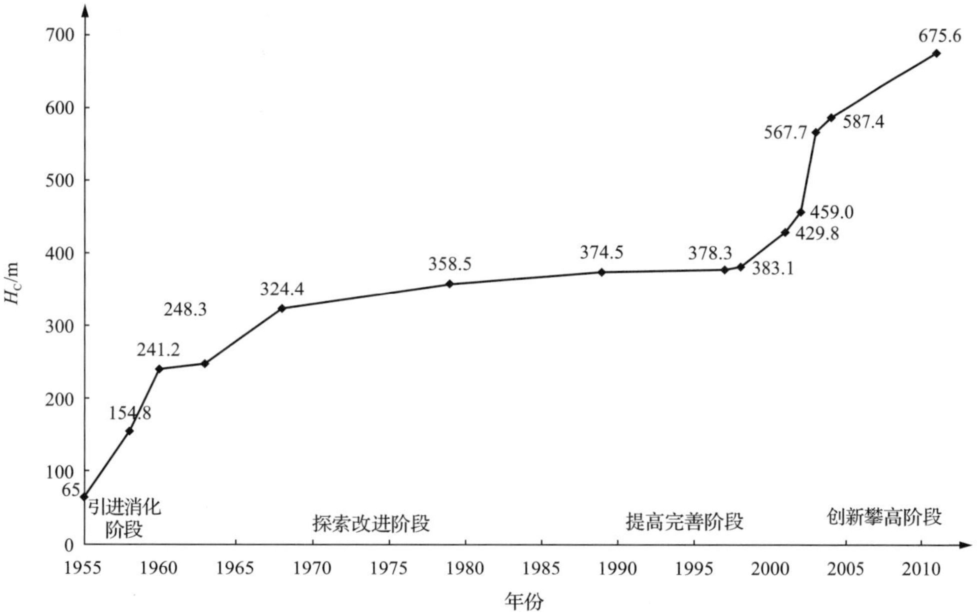

图 6-7　我国冻结法凿井不同阶段的冲积层最大厚度(H_c)发展趋势示意图

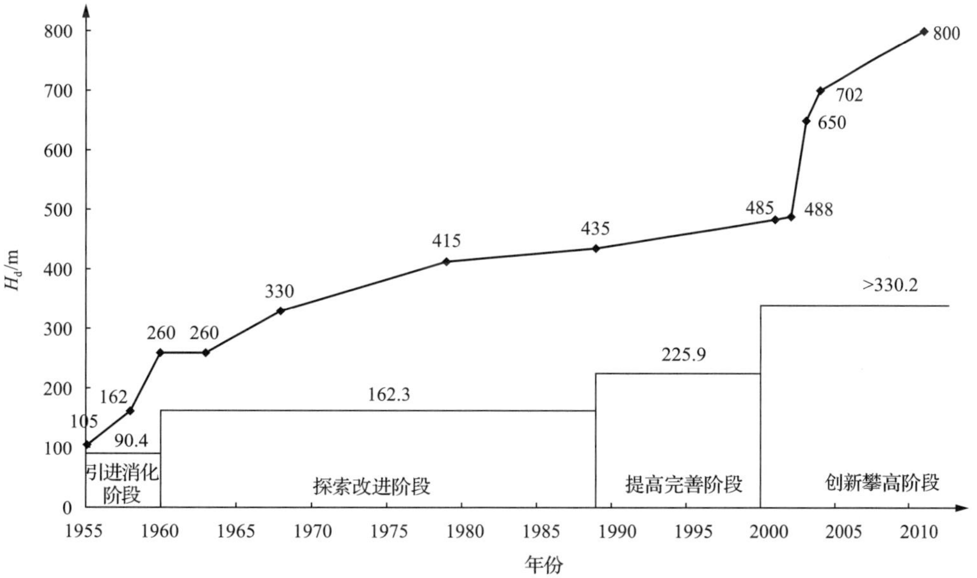

图 6-8　我国冻结法凿井不同阶段的以冻结冲积层为主的立井冻结最大深度(H_{d1})
及平均深度(H_{d2})示意图

冲积层最大厚度为 675.6m，井均冻结深度超过 330m，以冻结冲积层为主的最大冻结深度为 800m；不少冻结井的冻结需冷量和装机标准制冷量分别超过 $660\times10^4\sim1240\times10^4$ kcal/h 和 $2000\times10^4\sim4000\times10^4$ kcal/h（表 6-2），适宜采用单机标准制冷量大于 100×10^4 kcal/h 的大型制冷机组。

表 6-2　2000～2014 年我国大于 500m 冲积层冻结需冷量设计简况

序号	井筒名称	井筒净直径/m	冲积层厚度/m	冻结深度/m	井壁最大厚度/m	冻结壁设计厚度/m	冻结孔		冻结孔总工程量/m	冻结需冷量/(10^4kcal/h)	开钻年限
							圈数/圈	孔数/个			
1	龙固副井	7.0	567.7	650	2.2	11.4 (13.0)*	3	108	63963	783.5	2003
2	丁集主井	7.0	530.45	565	2.1	10.8	4	125	67256	759.5	2003
3	丁集副井	7.5	525.25	565	2.2	11.4	4	135	72361		2003
4	丁集风井	8.0	528.65	558	2.1	10.5	4	122	65172	851.5	2003
5	赵固一矿副井	6.8	519.0	575	2.05	9.5	3	115	61755	788.6	2004
6	郭屯副井	6.5	583.1	702	2.5	11.0	4	141	82891	1012.0	2004
7	郭屯主井	5.0	587.4	702	2.25	10.0	4	121	74240	741.05	2004
8	郭屯风井	5.5	577.1	702	2.30	10.5	4	133	79227		2004
9	赵固一矿主井	5.0	518.0	575	1.70	8.0	3	84	46110	637.5	2004
10	赵固一矿风井	5.2	526.5	575	1.70	8.0	3	82	45010	622.7	2004
11	口孜东主井	7.5	568.4	740	2.10	11.5	4	156	90978	1078.0	2005
12	口孜东副井	8.0	571.9	620	2.40	12.3	4	168	95409	1122.0	2005
13	口孜东风井	7.0	573.2	626	2.30	11.5	4	158	89043		2005
14	赵固二矿主井	5.0	530.5	615	1.50	7.7	3	66	32874	374.1	2006
15	赵固二矿副井	6.9	527.5	628	2.00	9.4	3	98	52340	661.1	2006
16	赵固二矿风井	5.2	524.5	628	1.60	8.0	3	71	36321	414.0	2006
17	郓城副井	7.2	536.6	590	2.25	11.0	4	131	71520	883.9	2006
18	郓城主井	7.0	534.2	590	2.15	10.5	4	128	66200	839.8	2006
19	陈蛮庄主井	5.0	568.8	629	2.00	9.8	4	118	67808	776.67	2008
20	陈蛮庄副井	6.5	556.85	640	2.45	11.0	4	146	84141	977.34	2008
21	陈蛮庄风井	5.5	572.45	644	2.20	10.2	4	130	73949	834.40	2008
22	杨村副井	7.5	536.7	725	2.30	10.6	4	153	95520	1214.18	2008
23	杨村主井	7.5	538.3	723	2.30	10.7	4	151	90701	1054.98	2009
24	杨村风井	7.8	538.9	800	2.30	11.0	4	158	101973	1246.97	2010
25	龙固北风井	6.0	675.6	730	2.20	11.5	4	130	85801	1219.10	2011
26	赵固一矿西风井	6.0	502.5	589	1.6	8.1	3	82	43294	555.8	2013

* 表示原冻结壁设计厚度为 13m。

2. 多圈冻结孔布置与多种冻结工艺优化组合的冻结方案，属国际首创

1）国外大于 200m 冲积层的冻结管断裂与冻结工艺

1946～1988 年是国外冻结法凿井的提高完善阶段，冻结立井数量多，冲积层厚度和冻结深度分别达到 571.2m（雅可夫列夫铁矿Ⅱ号罐笼井）和 930m（博尔比钾盐矿Ⅰ号井）或 960m（Boulby 钾盐矿），德国、英国、波兰、苏联等冻结法凿井主要国家的打钻、制冷冻结、掘砌装备已较为先进，检测监控技术也较为完善，对“两壁”设计计算方法和井壁结构均有独特之处，为冻结法凿井的应用和发展作出重要的贡献。但随着冲积层厚度和冻结深度的不断增大，也逐渐遇到大于 200m 冲积层的冻结管断裂问题（表 1-10）。例如：

比利时的侯泰灵 2 号井，冲积层厚 377m，冻结深度为 638m，采用单圈孔一次冻全深的冻结工艺，当掘深 359m 时，因冻结管断裂导致冻结壁透水淹井。

苏联扎波罗热铁矿于 20 世纪 60 年代施工的 6 个冻结立井，第四系冲积层厚 265.1～269.2m，冻结深度为 425m，采用单圈孔分段冻结工艺（0～140m 段及 140～425m 段），累计断管 61 根，占冻结管总数的 20%。

波兰留宾铜矿于 20 世纪 60 年代施工的 11 个冻结立井，第四系冲积层厚度小于 70m，冻结深度为 365m，采用单圈孔分期（段）冻结工艺，冻结管断裂现象较为严重，有 3 个井筒因冻结管断裂导致冻结壁透水淹井。

苏联 1976 年开工的雅可夫列夫铁矿列别金矿罐笼井（副井），冲积层厚 571.2m，冻结深度为 620m，采用双圈孔分段冻结工艺，冻结管断裂 15 根。

2）国内大于 200m 冲积层的冻结管断裂与冻结工艺

1960～1988 年探索改进阶段施工的 200～300m、大于 300m 冲积层冻结立井数分别为 43 个和 3 个，冲积层最大厚度为 358.5m，采用单圈孔冻结工艺时，冻结管断裂现象较为严重（表 1-22）。

1989～1999 年提高完善阶段施工的 200～300m、大于 300m 冲积层冻结立井数分别为 32 个和 14 个，冲积层最大厚度为 383.1m，经过技术攻关，既按强度条件计算冻结壁厚度，又按变形条件计算掘砌段高，并在主冻结孔圈内侧增设防片冻结孔圈等措施，较好地解决了近 400m 冲积层的冻结管断裂问题。

进入 21 世纪后，冲积层厚度为 200～300m、300～400m、400～500m 和大于 500m 的冻结立井数分别达到 105 个、51 个、48 个和 29 个。经过技术攻关，大于 450m 冲积层绝大多数采用多圈孔冻结与多种冻结工艺优化组合的冻结方案。基本采用两种布孔方式，其特点如下：

一是以中、内圈为主冻结孔和外圈为辅助冻结孔，强化中、内侧冻结，加快内侧冻土扩展速度和冻结壁强度，缩短冻结壁的交圈时间和冻土扩至井帮的时间，达到早日开挖的目的，有效防止浅部片帮。

二是以外圈为主冻结孔和中、内圈分别为辅助、防片冻结孔，有效缩短主孔圈冻结壁的交圈时间和内侧冻土扩至井帮的时间，既达到提早开挖的目的，又能加强内侧防片孔和中侧辅助孔冻结盐水温度、流量的调控，减少了深部冻土挖掘量，为冻结段安全快速掘砌创造有利条件，大幅度缩短冻结段掘砌工期和冻结工期。

三是实施效果表明(见表 4-27)：以外圈为主冻结孔比以中、内圈为主冻结孔的优点是能更好地发挥各孔圈的优势互补和盐水温度、流量调控，较大幅度地减少冻结孔数、冻结孔工程量、冻结需冷量，为冻结段安全快速施工创造有利条件，缩短工期和降低工程造价。

3. 深厚冲积层冻结段的开挖时间控制在 70d 前后，为安全快速施工创造有利条件

深厚冲积层冻结的主要特点是冻结壁厚度大、外孔圈距井帮远、冻结壁内侧冻土扩至井帮的时间较长，井筒开挖时间和施工速度直接受冻结壁交圈时间、内侧冻土扩至井帮的时间、浅部片帮、冻结壁强度和稳定性、冻土挖掘量等因素的制约；开挖时间偏早，容易引起片帮；开挖时间偏晚，容易造成深部冻土挖掘量偏大，降低掘进速度。

进入 21 世纪之前，我国基本上采用单圈孔或主孔圈内侧增设防片孔圈冻结：当冲积层厚度小于 150m 时，井筒开挖时间一般为 34～57d，平均为 42d；当冲积层厚度为 150～200m 时，井筒开挖时间为 50～100d，平均为 75d；当冲积层厚度为 200～250m 时，井筒开挖时间为 83～138d，平均为 110d。此外，有十几个井筒在水位观测孔未正式冒水前就进行开挖，而在试挖过程出现工作面冒水，被迫向井筒灌水，平均停掘冻结 1 个月以上，再重新进行开挖工作。

进入 21 世纪后，为了解决大于 400m 冲积层井筒开挖时间偏晚的问题，选用多圈冻结孔和多种冻结工艺优化组合的冻结方案后，冻结壁交圈时间一般控制在 55～65d，井筒开挖时间控制在 70d 左右(表 6-3)，基本实现了早开挖和防止浅部片帮问题，内侧冻土扩至井帮的时间一般控制在 100(砂性土层)～110d(黏性土层)，为井筒早日开挖和深部少挖冻土提供了实践经验。

表 6-3　深厚冲积层多圈孔冻结典型矿井的冻结壁交圈时间、井筒试挖时间

序号	井筒名称		净直径/m	冲积层厚度/m	冻结深度/m	井壁厚度/m	冻结壁厚度/m	冻结孔圈数/圈	冲积层段主冻结孔最大成孔间距/m	冻结壁交圈时间/d	井筒试挖时间/d	正式开挖时间/d	开钻年限
1	顾北副井		8.1	462.7	500	2.20	10.0	3		98	105	115	2004
2	郭屯主井		5.0	587.4	702	2.25	10.0	4	2.646	67	(81),121	166	2004
3	赵固一矿	主井	5.0	518.0	575	1.70	8.0	3	2.416	54	78*	94	2004
4		副井	6.8	519.7	575	2.05	9.5	3	2.204	62	88*	113	2004
5		风井	5.0	526.5	575	1.70	8.0	3	2.230	58	74*	89	2004
6	泉店	主井	5.0	455.3	513	1.70	7.13	3	2.600	52～58	64	84	2005
7		副井	6.5	440.1	500	2.00	8.81	3	2.400	55～62	66	84	2005
8		风井	5.0	455.3	523	1.70	7.13	3	2.550	57～67	69	80	2005
9	花园	主井	4.5	479.5	512	1.50	8.3	3		54	62	77	2005
10		副井	5.0	479.5	512	1.70	8.7	3		58	64	79	2005
11	赵固二矿	主井	5.0	530.5	615	1.50	7.2	3	2.400	61	70	83	2006
12		副井	6.9	527.5	628	2.00	9.4	3	2.450	63	73	95	2006
13		风井	5.2	524.5	628	1.60	7.5	3	2.325	62	70	81	2006

续表

序号	井筒名称		净直径/m	冲积层厚度/m	冻结深度/m	井壁厚度/m	冻结壁厚度/m	冻结孔圈数/圈	冲积层段主冻结孔最大成孔间距/m	冻结壁交圈时间/d	井筒试挖时间/d	正式开挖时间/d	开钻年限
14	城郊	西进风井	5.0	420.9	465	1.70	6.8	3	2.60	46～60	52	61	2007
15		西回风井	5.0	420.9	468	1.70	6.8	3	2.35	36～80	65	75	2007
16	顺和	主井	5.0	437.0	473	1.40	6.9	3	2.295	32～55	50	55	2009
17		副井	6.5	437.7	500	1.75	8.0	4	2.543	46～67	52	62	2009
18		风井	5.0	437.0	473	1.40	6.9	3	1.953	52～62	50	60	2009
19	李粮店	主井	5.0	479.2	772	1.50	7.0	3	2.290	51～64	55	63	2009
20		副井	6.5	481.5	800	1.85	9.0	4	2.250	50～60	55	65	2009

* 表示赵固一矿主副风井由于井筒施工准备工作推迟，未能按要求时间进行试挖。

注：括号内数据表示按规定可以进行井筒开挖工作，但由于施工准备工作不到位，井筒实际试挖时间推迟40d。

6.3　提高制冷冻结技术水平的主要措施

1. 选用与冻结需冷量相适应的较大型制冷机组

选用制冷量大于 100×10^4 kcal/h 的双级撬块式螺杆制冷机组、开启式螺杆盐水机组，其特点是冷冻站装机台数少，制冷效率和自动化程度高，安装、运转、维护、拆运均较方便，并具有故障少、维护人员少、运转费用低、占地面积小等优点。

2. 选用高效蒸发式冷凝器

选用与冷冻机组制冷能力相适应的高效蒸发式冷凝器，能使冷却水补给量降至2.5%以下，对减少冷却水费用和防止冷却水源井抽水对冻结壁交圈时间的影响具有重要意义。

3. 选用氨虹吸蒸发器和热虹吸氨储液器，使二者的结构更加紧凑实用

4. 选用防潮、导热系数小的材料作为低温管路和盐水箱的隔热材料

采用聚氨酯软质保温材料和聚苯乙烯泡沫板对低温盐水管路和盐水箱进行隔热，能使冷冻站的无功冷量损失系数降至0.15以下。

5. 编制合理的制冷冻结施工组织设计

根据冻结设计主要技术参数及各孔圈之间冻土交汇时间（表6-4和表2-17）、内侧冻土扩至井帮时间（表2-22和表6-5）、外侧冻结壁的扩展范围（图2-61和图6-9）、掘砌速度等预测数据，编制制冷冻结施工组织设计，为井筒掘砌提供制冷冻结总体计划。

表 6-4　赵固二矿主井各孔圈之间冻土交汇的时间预测

序号	井深/m	代表性土层	布置圈径/m		开孔间距/mm		冻结管外径/mm		中、外孔圈		中、内孔圈	
			外圈孔	中、内圈孔	外圈孔	中、内圈孔	外圈孔	中、内圈孔	圈距/m	冻土交汇时间/d	圈距/m	冻土交汇时间/d
1	0～160	黏土	17.5	10.55（平均）	1374	1275（平均）	133	130（平均）	3.15	103	0.65	34
2		细砂								93		30
3	160～190	黏土		11.2		2707		133		127		
4		细砂								115		
5	190～320	黏土						159		120		
6		细砂								108		
7	320～530.5	黏土					159			107		
8		细砂								96		

表 6-5　赵固二矿副井不同土层冻土扩至井帮的时间预测

序号	井深/m	井壁厚度/mm	井筒掘进直径/mm	冻结深度/m			内圈冻结孔			代表性土层	冻土扩至井帮的时间/d
				外圈孔	中圈孔	内圈孔	距井帮/m	开孔间距/m	冻结管外径/mm		
1	0～253	1250	9300	555	628	469/290	2.05	2.105	127	黏土	153
2										细砂	138
3	253～290	1450	9700				1.85			黏土	144
4										细砂	129
5	290～332	1450	9700				1.85	4.210		黏土	207
6										细砂	186
7	332～473	1700	10350				1.50			黏土	186
8										细砂	167
9	>473	2000	10950				1.20			黏土	239
10										细砂	215

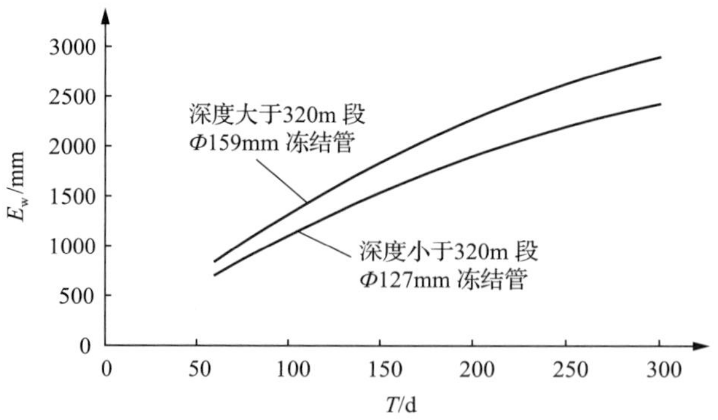

图 6-9　赵固二矿副井黏土层不同冻结期（T）的冻结壁外侧扩展范围（E_w）

外圈孔布置圈直径 Φ24.6m，冻结孔开孔间距 1.332m

6. 加强盐水温度与流量检测，确保每个冻结器安全正常运转

（1）采用涡街式流量计检测去路干管的盐水流量，应满足冻结设计对盐水总流量的要求。

（2）采用一台流量计与回路盐水干管引出端、冻结器回液管相连接构成盐水专用检测装置，并利用冷冻沟槽中回路盐水流量检测辅助圈逐个连接冻结器回液管，按图6-6所示检测每个冻结器的盐水流量取得良好效果。

（3）采用一总线测温系统，对干管去、回路和各冻结器盐水温度变化进行监测，分析冻结盐水系统运转状况。

7. 加强冻结壁交圈时间的检测分析工作，为正确制定开挖时间提供依据

（1）深入分析井检孔地质报告，优选判断冻结壁交圈时间的代表性检测层位及地段。

（2）含水量、地下水流速较大地层，尽可能采用单层独立报导水位。

（3）在不了解含水层静止水位的前提下，应避免采用综合报导水位的方法。

（4）对含水量较小的层位可考虑采用单孔分层报导水位。

（5）在未弄清水位管不冒水原因的前提下，不应盲目进行开挖。

8. 加强冻结壁形成特性实测分析、工程预报与调控，为安全快速施工创造有利条件

（1）树立冻结为井筒掘砌服务的观念，及时向掘砌、监理、建设等单位提供井筒冻结信息。

① 开冻后，每周向掘砌、监理、建设等单位提供盐水温度、流量、测温孔和水位孔的实测数据，以及不同深度的冻结壁交圈时间的预测值。

② 冻结壁交圈后，每隔15～30d向掘砌、监理、建设等单位提供待施工段冻结壁形成状况工程预报的主要技术指标——各孔圈之间冻土的交汇时间及状况、内外侧冻土扩展范围、不同土层和不同深度冻土扩至井帮的时间、井帮温度、冻结壁的有效厚度和平均温度等。

③ 根据掘砌施工状况和冻结工程预报分析，对各孔圈各冻结器的盐水温度和流量及时提出调控意见。

（2）积极配合冻结段施工需要，做好盐水温度、流量调控工作，为冻结段安全快速施工创造有利条件。

6.4　冻结壁交圈时间异常工程案例

冻结壁交圈时间与含水层性质、冻结孔成孔间距、冻结管直径、冻结器环形空间内盐水温度及流动状态、地下水流速冷冻站运转状况等因素有关。这些因素中除地下水流速较难掌控外，其他因素基本上可按冻结设计要求进行控制。项目实施过程中，要消除地下水流速大的不利影响，确保冻结壁的正常交圈。据调查，我国有几十个冻结井因地下水流

速大及不同承压水层通过水位观测孔串水，严重影响冻结壁正常交圈，下面重点介绍因地下水流速大及不同承压含水层通过水位观测孔串水等而延长冻结壁交圈时间的若干典型案例，以便引起重视和提前采取措施。

1. 孔庄主井延长冻结壁交圈时间的工程案例

孔庄主井冲积层厚156.6m，冻结深度为173m，单圈冻结孔布置圈径为11.0m，开孔间距为1.08m，冻结管直径为159mm，1个水位观测孔混合报导水位。冻结壁设计控制层位深125m的冻结孔成孔最大间距为2.9m。在距井筒208m的地下水流下方设置一个水源井，深100m，抽取深67.9～72.0m及深86.9～92.7m含水砂层的水，抽水量为240m^3/h。

井筒1973年8月1日开冻，深0～70m段冻结壁交圈时间为26d，预计深125m水平冻结壁的交圈时间为56d，于9月30日进行井筒试挖，至10月24日(冻结84d)掘深30m时，工作面出水2m^3/h。向水位观测孔进行灌水试验，水位一直维持在－7.5m水平，分析认为－86.9～－92.7m含水层的冻结壁未完全闭合，研究决定从11月5日(冻结96d)停用水源井，改用河水作冷却水，至12月1日(冻结122d)水位观测孔水位溢出管口(地面)，说明冻结壁已全部闭合，恢复掘进，顺利通过冻结段。实践表明，在距井筒208m的地下水流下方抽水和抽水量较大(240m^3/h)是延长冻结壁交圈时间的根本原因。

2. 潘一主副井延长冻结壁交圈时间的工程案例

潘一主副井分别穿过160m、152m冲积层，冻结深度为200m，主井单圈冻结孔布置圈直径为16.3m，开孔间距为1.16m，冲积层段冻结孔成孔最大间距为2.2m；副井单圈冻结孔布置圈直径为17.0m，开孔间距为1.16m，冲积层段冻结孔成孔最大间距为2.6m；主副井各设1个水位观测孔，深148m，混合报导水位；主副井共设2个水源井，1号水源井距主井和副井分别为420m和370m，2号水源井距主井和副井分别为530m和500m，均抽取50～80m含水砂层的水，抽水量共400m^3/h。

主井于1973年8月9日开冻，冻结83d后水位孔水位溢出孔口，冻结壁交圈时间比预计延长33d。

副井于1974年9月5日开冻，冻结110d后水位孔水位未溢出孔口，说明冻结壁尚未交圈。经分析认为，延长冻结壁交圈时间的主要原因是1号、2号水源井抽水，因此于1974年12月25日和1975年1月3日分别停止使用2号水源井和1号水源井，1975年1月13日(冻结130d)水位孔水位溢出孔口，说明冻结壁已全部交圈。在冻结段掘砌过程中，还发现深22m砂层中抽水方向的井帮上有一个Φ300mm的软弱孔位，说明冻结壁未能正常交圈除与水流下方抽水、水源井抽水量大(400m^3/h)有关外，还与水位观测孔采用混合报导水位造成深22m与深80m砂层之间曾存在“串水”或“暗流”有密切关系。

3. 位村副井延长冻结壁交圈时间的工程案例

该井穿过110m冲积层，冻结深度为140m，单圈孔冻结，布置圈直径为9.8m，开孔间距为1.71m，冻结管直径为127mm。设1个水位观测孔，混合报导深40.4～48.2m及

77.9～85.7m 的卵（砾）石含水层的冻结壁交圈情况，上部卵（砾）石层静止水位为 −26.05m，下部卵（砾）石层静止水位超过地面。

井筒于 1986 年 7 月 5 日开始冻结，设计冻结器的盐水循环量为 $10m^3/h$，经实测冻结器盐水循环量差别较大，个别冻结器盐水循环量小于 $3m^3/h$，如 6 号冻结器的盐水循环量为 $2.3m^3/h$。根据冻结壁设计控制层位 −96m 的冻结孔成孔间距 2.44m 分析，原预计冻结壁交圈时间为 59d，但直至 11 月 5 日（冻结 122d）水位孔仍未冒水，11 月 6 日进行掘进，11 月 22 日掘深 31.7m 时水位孔向外冒水，涌水量达 $7m^3/h$，11 月 30 日（冻结 148d）水位孔涌水量达 $11m^3/h$，井筒被淹。

淹井后进行检查分析得出冻结壁未交圈的主要原因如下：

(1) 个别冻结器的盐水循环量偏小（小于 $2.6m^3/h$），大幅度降低了冻结器冷量传递效率。

(2) 冻结初期盐水温度偏高，冻结效果差。

(3) 在 −40.4～−48.2m 及 −77.9～−85.7m 卵（砾）石层的静止水位高差大于 26m 的条件下采取水位孔混合报导水位的方式，势必形成两含水层纵向“串水”，见图 6-10。

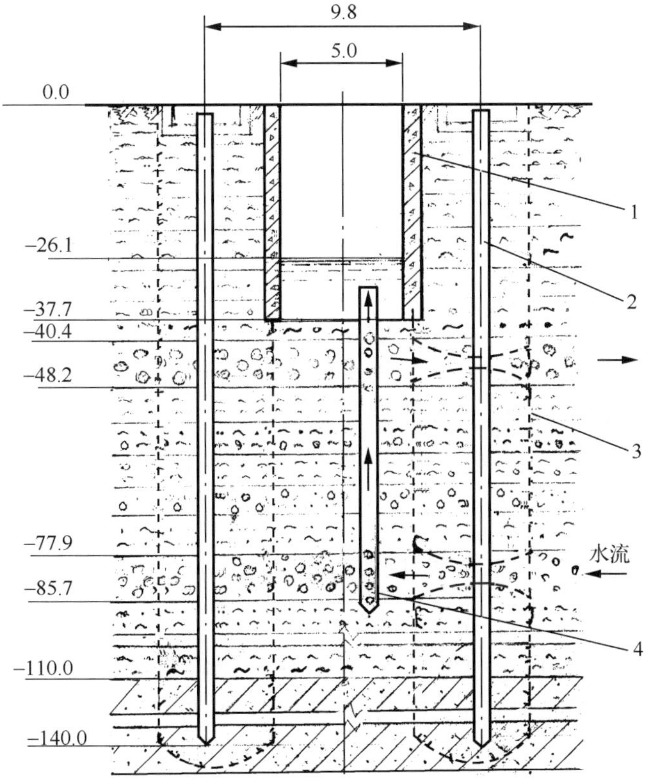

图 6-10　位村副井不同含水层通过水位观测管串水示意图（单位：m）

1-井壁；2-冻结管；3-冻结壁；4-水位管

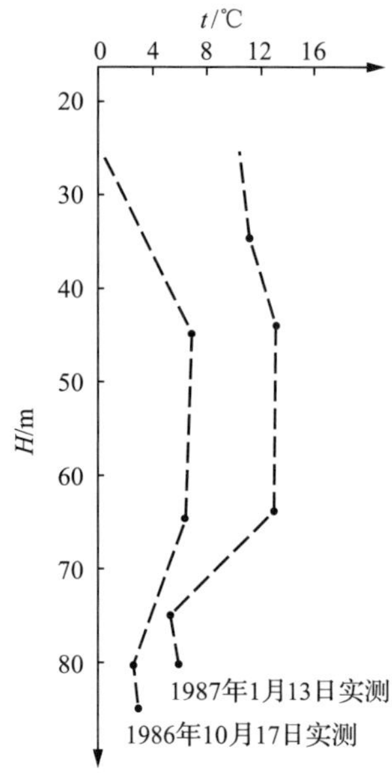

图 6-11　位村副井水位观测管纵向温度分布曲线

(4) 在水位孔尚未冒水的情况下对检测数据未认真进行分析，未能正确判断未冒水原因，盲目施工，错过采取防治措施的有利时机而导致透水淹井。

淹井后对流量偏小的冻结器纵向盐水温度和水位孔的纵向温度进行了检测，并与淹井前的水位孔纵向温度进行了比较。根据水位孔的纵向温度分布状况(图 6-11)对比分析，淹井前水位管在深 40.4～48.2m 与 77.9～85.7m 两层卵(砾)石层间的水温高于其他部位，已经反映出两个含水层位通过水位管串水现象；淹井后深 77.9～85.7m 卵(砾)石层以上部位的水位管内温度全面提高，进一步说明淹井水源部分来自深 77.9～85.7m 卵(砾)石层。6 号冻结器的纵向盐水温度分布状况(表 6-6)表现出深 40.4～48.2m 与 77.9～85.7m 两层卵(砾)石层的冻结管内盐水温度明显高于其他层位温度，进一步说明深 40.4～48.2m 与 77.9～85.7m 卵(砾)石层之间存在串水现象，造成这两个层位的冻结壁未能交圈。

表 6-6　位村副井 6 号冻结器纵向盐水温度实测值(1987 年 1 月 8 日)

深度/m	0	37	45	52	60	70	75	80	85	90	95	115	135
温度/℃	−18.9	−16.6	−15.7	−20.8	−20.4	−20.4	−17.8	−13.3	−22.1	−23.7	−23.7	−24.4	−24.4

查出影响冻结壁未能及时交圈的原因之后，于 1987 年 1 月 16 日采用水泥砂浆对水位观测管进行封堵，切断上、下含水层的“串水”通道。从 6 号冻结器 1 月 8 日与 2 月 6 日实测的盐水纵向温度分布状况(图 6-12)对比得出，水位观测管注浆填堵后，纵向温度分布已恢复正常，2 月 6 日实测的冻结器纵向盐水温度曲线说明 6 号冻结管方位的冻结壁“窗口”已闭合。于 2 月 14 日开始清除井内淤泥，18 日恢复掘进，顺利通过深 40.4～48.2m 及 77.9～85.7m 砾石层，6 月 1 日通过全部冻结段。

4. 东欢坨副井延长冻结壁交圈时间的原因与措施

开滦东欢坨副井井筒直径 8m，冻结深度 195m，穿过 167.6m 冲积层及 5.2m 基岩风化带(泥岩、细砂岩)，冲积层由中细砂层、卵砾石层、黏性土层及其互层组成。中、细砂层厚度计 75.6m，占冲积层总厚度的 45.1%，主要分布在浅部 50m 及深 100m 上下；黏土层、砂质黏土层的厚度计 55.6m，占冲积层总厚度的 33.2%，主要分布在深 80～92m 段和深 115～152m 段；卵砾石层厚度计 36.37m，占冲积层总厚度的 21.7%，主要分布在中、深部，深 152.6～167.6m 的卵砾石层厚 15m，含水丰富，水压高。

该井由德国多特蒙德、台尔曼、哈尼尔三个公司联合承包冻结设计、制冷冻结和冻结段掘砌工程。井筒净直径为 8m，冻结深度为 195m，冻结段采用德国的 AV 型井壁结构，冻结孔布置圈径为 15.5m，40 个冻结孔，开孔间距为 1.217m，布置 5 个测温孔(外侧 3

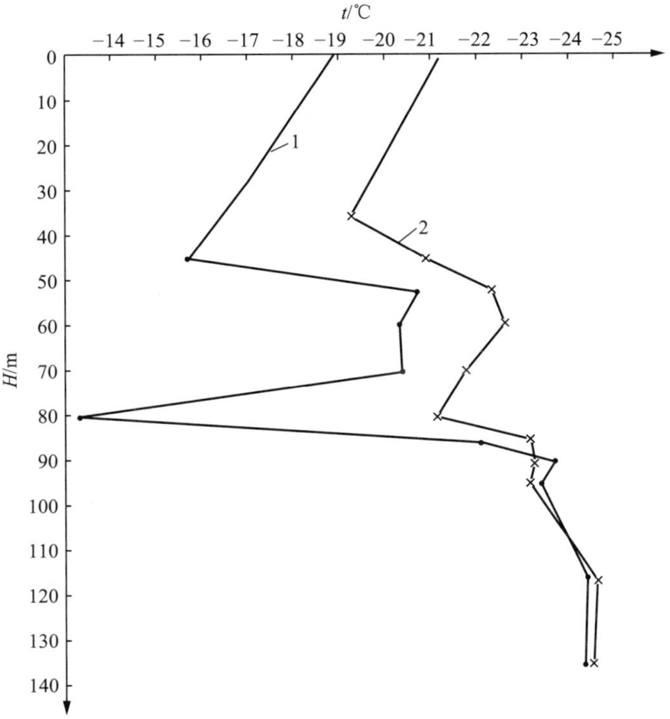

图 6-12　位村副井 6 号冻结器盐水纵向温度分布

1-1987 年 1 月 8 日实测温度;2-1987 年 2 月 6 日实测温度

个,内侧 2 个,孔深 171.5m)、1 个水位观测孔(深 173.2m,综合报导水位),冻结盐水温度为－25℃,冻结器平均盐水循环量为 10.7m³/h。地下水流向为北东向南西,分别在井筒西侧 290m 处、北侧 580m 处、南侧 440m 处布置水源井,抽水量分别为 30m³/h、60～70m³/h、60～70m³/h,预计冻结壁交圈时间为 70～77d。

冻结器于 1987 年 9 月 21 日分四组逐步投入运转,9 月 30 日正式开始计算冻结时间,并于 12 月 18 日(冻结第 79d)进行井筒试挖(水位管尚未冒水)。至 12 月 22 日(冻结第 83d)掘砌至 13.2m,割断水位管时水从管口冒出,水量较大,随即将水位管焊接并引至井口,水仍从水位管周围流出,经分析认为冻结壁尚未交圈,决定向井内灌水继续冻结;至 1988 年 1 月 18 日(冻结第 107d)水位管仍未冒水,德方认为冻结壁未能及时交圈与水源井抽水有直接关系,提出停用 1 号水源井和 2 号、3 号水源井交替抽水措施,但效果不明显。为此,煤炭部于 2 月 4 日在施工现场召开专家论证会,讨论冻结壁未能正常交圈的原因及应对措施。德方认为可能是冻结管局部渗漏和水源井抽水所致,但未提出有力论据。中方专家根据水位观测孔纵向温度实测数据(表 6-7 和图 6-13)分析,认为冻结壁未能正常交圈是水位观测管采用综合报导水位的结构造成底部卵砾层与上部中细砂层之间产生“串水”或“暗流”所致。从图 6-13 温度曲线 1 看出,全部冻结器投入运转第 1d 实测的水位管纵向温度分布特点为随着深度缓慢上升,与地层原始温度变化规律相符;从温度曲线 2 看出,全部冻结器投入运转第 46d 实测的水位观测管温度分布特点为,0～154m 段温度随深度缓慢上升,与地层原始温度变化规律相符,当深度大于 154m 后温度迅猛上升至接近开始冻结时的温度,说明冻结壁“窗口”的所在层位在深160～170m段(图6-14),该层位水量丰富,水压高,承压水通过过滤孔进入水位管后流向上部水压较低的中细砂层中,形成“串水”或“暗流”,导致冻结壁较长时间不能交圈;提出消除“暗流”隐患的措施:一是先将水位观测管深160～171.5m的滤水孔用稠水泥砂浆进行封堵;二是在水位管内下钻杆至深117m安设卡瓦式止浆塞,隔断其上、下含水层的水力联系;三是停止掘进,加强冻结和检测工作。经过中、德专家深入交换意见后,德国专家认为中方专家的分析意见有说服力,并于2月23日正式答复,按中方的意见进行处理,2月26日(冻结第149d)水位管处理完毕,继续冻结至3月15日水位管正式冒水,说明冻结壁“窗口”已封闭,并于4月3日恢复向下掘砌,顺利通过冻结段。

表6-7　东欢坨矿副井水位管纵向温度实测值

测试深度/m	水位管温度/℃		测试深度/m	水位管温度/℃	
	冻结1d	冻结46d		冻结1d	冻结46d
18	12.4	7.0	156	13.6	8.6
28	12.1	4.7	157	13.7	9.6
48	12.6	6.1	158	13.7	10.5
70	12.8	7.1	160	13.9	11.9
90	13.0	7.2	162	13.8	12.8
110	13.1	7.4	164	13.9	12.9
130	12.9	7.4	168	13.9	13.2
150	13.3	7.5	170	13.9	13.3
154	13.5	7.6			

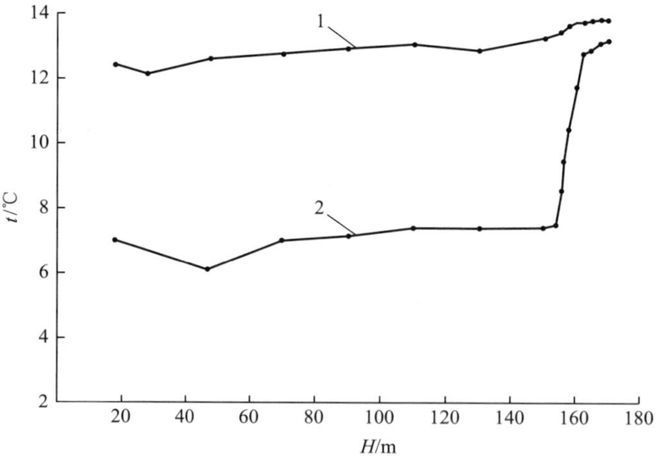

图6-13　东欢坨矿副井水位观测管内不同深度的水温实测曲线

1-正式冻结第1d的温度实测值;2-正式冻结第46d的温度实测值

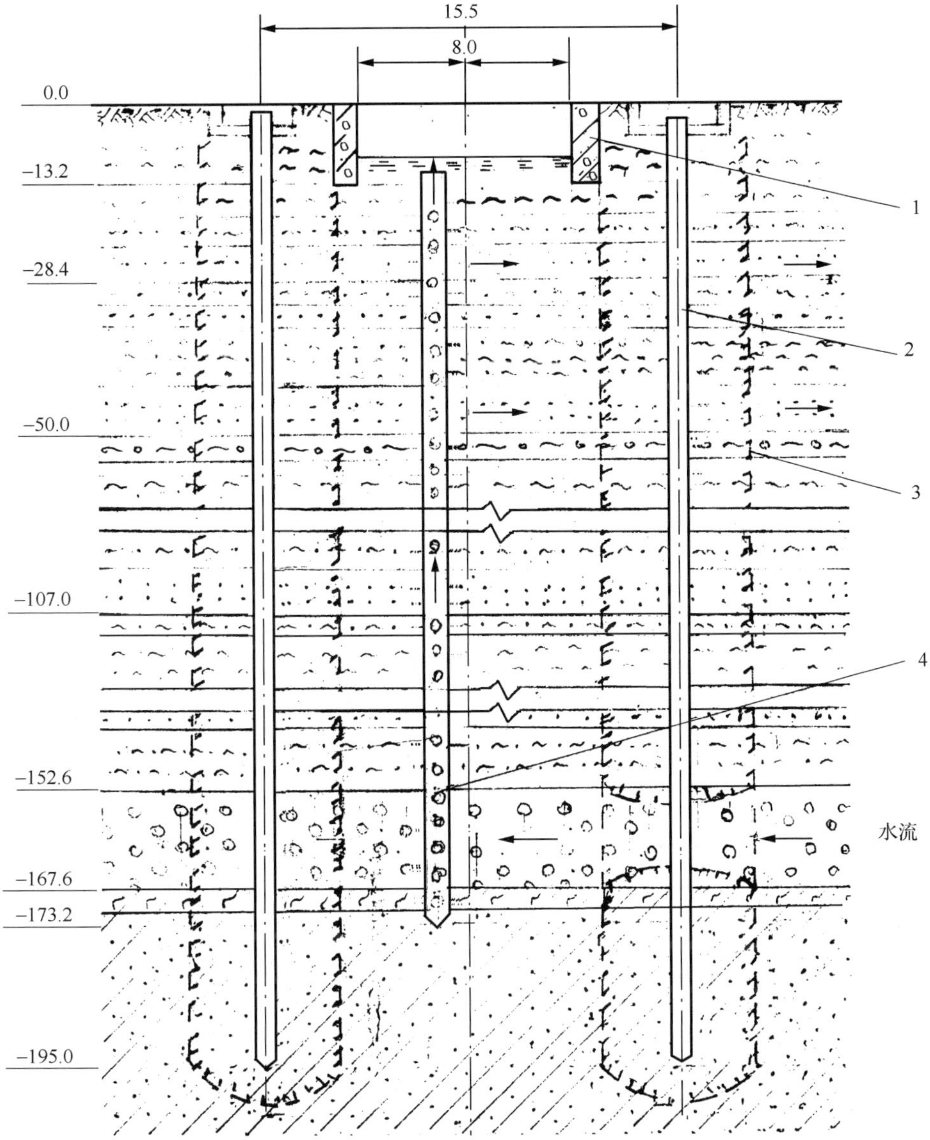

图 6-14　东欢坨副井冻结壁交圈前地下水通过水位观测管“串流”示意图(单位:m)
1-井壁;2-冻结管;3-冻结壁;4-水位管

5. 陈四楼主副井延长冻结壁交圈时间的工程案例

陈四楼主、副井分别穿过 369m 及 374.5m 冲积层,冻结深度为 400m/423m 和 405m/435m,冻结孔布置圈直径为 15.3m 和 18.2m,主冻结孔开孔间距为 1.29m 和 1.30m,冻结管为 Φ139.7mm×7.72mm 无缝钢管。主、副井各布置 1 个水位观测孔,深度分别为 295m 及 290m,水位观测管采用隔板套管式结构,主井水位孔分别报导深 83～89m、130～258m、282～295m 段含水砂层的水位变化情况。主、副井共设置 6 个水源井

(图 6-15),深 240m,抽取深 150～240m 含水砂层的水,总抽水量达 620～700m³/h。

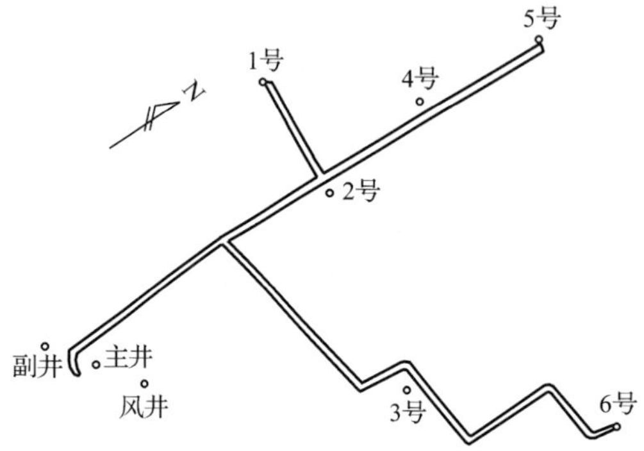

井筒与水源井距离　(单位:m)

井筒	水源井					
	1号	2号	3号	4号	5号	6号
主井	610	560	630	810	1040	1050
副井	620	600	700	860	1110	1130

图 6-15　陈四楼主、副井与水源井布置图

主、副井分别于 1990 年 2 月 19 日及 7 月 16 日开机冻结,每个冻结器的盐水平均循环量为 8.3m³/h,去路盐水最低温度达－33℃(图 2-10)。主井冻结初期,水源井白天使用,晚上停用;副井冻结 90d 后,1 号、2 号水源井陆续停止使用,但 3～6 号水源井仍继续使用。主副井水位观测孔的水位变化状况见图 6-16 和图 6-17。

从图 6-16、图 6-17 及表 6-8 可以看出,主井上部冻结壁交圈时间正常,中、下部的冻结壁交圈时间约推迟 70d 和 6d,副井上、中、下部的冻结壁交圈时间约推迟 51d、107d、106d。分析认为有以下原因。

(1) 主井和副井冲积层中部(深 175～258m)冻结壁交圈时间分别推迟 70d 和 107d 与水源井抽水深度(150～240m)基本吻合,说明水源井抽水是延长冻结壁交圈时间的主要原因。

(2) 副井冻结 135d 之前,水位观测孔的中、深部水位相同,说明中、深部含水层之间存在"串水"或"暗流"现象,是中、下部冻结壁交圈时间延长 107d 和 106d 的另一重要因素。

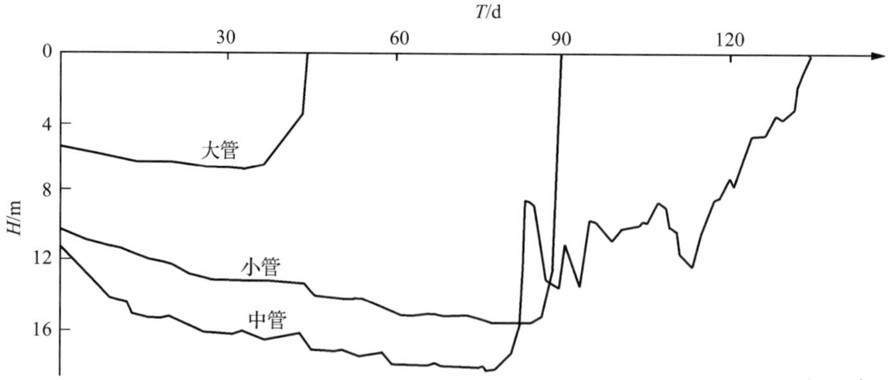

图 6-16　陈四楼主井水位观测管的水位变化曲线

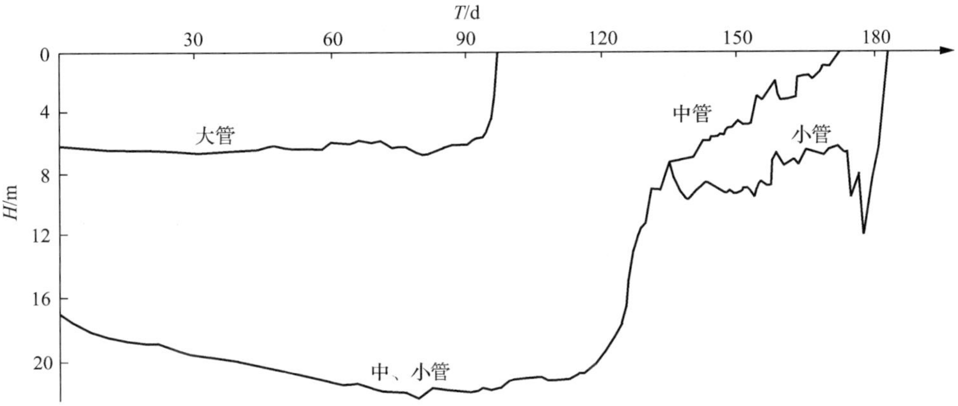

图 6-17　陈四楼副井水位观测管的水位变化曲线

表 6-8　陈四楼主、副井冻结壁交圈时间分析

井筒	水位观测管大小	水位报导深度/m	含水层名称	冻结孔间距/m	冻结壁交圈时间/d			备注
					按测温资料计算值	按水位管冒水计算值	差值	
主井	大	83～89	粉砂	1.66	46	45	−1	正常
	中	180～258	粉砂、粉细砂	1.95～2.14	65	135	70	水源井抽水影响
	小	282～295	粉砂	2.4～2.5	84	90	6	水源井抽水影响
副井	大	83～89	细砂	1.44	46	97	51	水源井抽水影响
	中	150～155 175～258	细砂、粉细砂	1.80～2.03	65	172	107	(1) 水源井抽水影响 (2) 冻结 135d 前中、小水位观测管串水
	小	285～290	粉砂	2.32	77	183	106	

(3) 副井中、下部水位观测管内水位一直比主井低 5～6m，这种现象与副井积极冻结期的水源井抽水量比主井大有密切关系。

(4) 1 号、2 号、3 号水源井抽水时引起主、副井水位观测孔的水位大幅度下降，而 4 号、5 号、6 号水源井抽水时未引起主、副井水位孔内水位变化，说明 1 号、2 号、3 号水源井抽水距主副井筒近是延长主、副井冻结壁交圈时间的主要原因。

为使主井中部含水层冻结壁尽快交圈，暂停 2 号、3 号水源井抽水后，水位孔内水位明显上升，并逐渐溢出管口，效果良好；为使副井中、下部含水层冻结壁尽快交圈，暂停 1 号、2 号水源井抽水后，水位孔内水位明显上升；而后又对水位孔中、下部“串水”问题进行分隔处理，中、下部水位管内便分别上升，水位分别于冻结 172d、183d 溢出管口，效果良好。

6. 古城主副井防止地下水流速大影响冻结壁正常交圈的措施与效果

古城矿井位于汶河洪积平原，地下水丰富，水力坡度为4%，补给条件好，矿井周围有12个水井，大部分距主副井250～500m，抽水深度为50～110m，总抽水量为28000m^3/d(折合1167m^3/h)，供兖州市生活生产用水，深40m以内为农田灌溉排水段。

经中国煤炭地质总局物探研究所采用扩散法和山东省鲁南地质工程勘察院采用同位素示踪法，对古城矿井等深38～110m段地下水的检测结果(表6-9)，得出古城主、副井深67m的地下水最大流速为40.08m/d(折合为1.67m/h)。

表6-9 古城主、副井等矿井地下水流速测定表

井筒名称	地下水流向	测井深度/m	平均流速		最大流速/深度	测法
杨村南风井	SW6.5°	70.05	12.1m/d		13.918m/d/70m	扩散法
许厂风井	SW12°	70.12	9.6m/d		17.258m/d/57m	
古城主井	东北→西南	132.25	0～40m	3.281m/d	5.21m/d/42m	
			50～110m	8.05m/d	14.93m/d/82.25m	
古城副井	东北→西南	110.5	0～40m	4.38m/d	5.592m/d/41.4m	
			50～110m	10.17m/d	23.666m/d/66.4m	
古城主、副井	210°～260°	38～110	38～65m	8.5m/d	40.08m/d/67m	同位素法
			69～103m	10.74m/d		

古城主副井冲积层厚105m，风化带最大埋深185m。为了防止地下水特大流速对冻结壁交圈时间产生不利影响，设计采用双圈孔冻结(外圈冻深250m/185m，内圈冻深105m)及小圈距(0.4m)、小开孔间距(内、外圈均为0.6m)、大冻结管径(Φ168mm×6mm)、加大冻结器盐水循环量、低温(−30℃)盐水温度等强化冻结措施，确保地下水高流速段(深50～90m)的冻结壁正常交圈，深105～185m地下水正常流速段的封水靠外圈长短腿冻结管共同完成，深185～250m段的基岩封水只靠外圈长腿冻结管去完成。

实践表明，采取上述冻结方案，使地下水最大流速段(深50～90m)冻结壁提前交圈，顺利完成古城主副井冻结段的掘砌任务，取得良好效果。

第7章　深厚冲积层冻结段掘砌技术

7.1　不同发展阶段掘砌技术简况

根据我国冻结法凿井各阶段的冻结工程特点及掘砌技术简况(见表7-1)，总结各阶段冻结段施工的主要收获如下：

1. 引进消化阶段掘砌技术简况

(1) 消化和掌握波兰、苏联浅井冻结法凿井的“两壁”设计方法和施工基本经验。

(2) 自行设计和施工了小于150m冲积层的16个冻结立井，取得初步成效。

2. 探索改进阶段掘砌技术简况

(1) 坚持走自力更生道路，依靠国内力量设计施工了283个冻结立井，冲积层最大厚度和冻结最大深度分别达到了358.5m和415m，其中200～300m、大于300m冲积层的冻结立井数分别达到43个和3个。

(2) 针对大于200m冲积层冻结设计和施工面临的技术难题，进行了大量的冻结壁温度、冻结压力和打钻机具、冻结制冷工艺、井壁结构、筑壁材料、筑壁工艺等的试验研究和工程实测，取得一批国外没有的工程实测资料和实践经验，为冻结法在我国的应用和发展奠定了基础。

(3) 从1974年开始进行低温早强混凝土试验应用研究，最高标号达C45，使混凝土的1d、3d强度分别达到设计标号的20%、50%以上，有效缓解外层井壁早期强度偏低而遭受破坏。

(4) 试验应用小型混凝土块砂浆衬砌、小型混凝土块夹可缩木、现浇混凝土及其壁后增设泡沫塑料板等多种外层井壁结构，均发生不同程度的压坏现象，但由于压坏原因未达成共识，影响外层井壁定型和推广应用。

(5) 初步解决了以砂性土层为主的近300m冲积层的“两壁”设计和施工难题。

(6) 内层井壁试验应用液压滑升模板筑壁工艺，提高机械化施工水平，有效消除了井壁接茬缝，提高了内层井壁质量。

3. 提高完善阶段掘砌技术简况

(1) 1989～1999年共施工177个冻结井，其中小于200m、200～300m、大于300m冲积层的冻结井筒数分别为131个、32个、14个，冲积层最大厚度和冻结最大深度分别为383.1m和435m，要求尽快解决外层井壁压坏、冻结管断裂、内层井壁收缩开裂三大技术难题。

表 7-1 我国冻结法凿井不同阶段的工程特点及掘砌技术简况

阶段	冻结工程特点	井壁结构	掘砌技术简况
1955～1959 年 引进消化阶段	(1) 冲积层最大/平均厚度为 154.8m/77.6m (2) 冻结最大/平均深度为 162m/90.4m	(1) 钢筋混凝土单层井壁 (2) 混凝土标号为 C15～C17 (3) 井壁厚度为 500～600mm	(1) 井筒试挖时间为 34～57d,平均为 45d (2) 排矸吊桶容积为 1.0～1.5m^3 (3) 人工挖掘装桶,风镐开帮 (4) 绳捆木模板或组装式金属模板筑壁 (5) 掘砌段高一般为 5～10m 或更大
1960～1988 年 探索改进阶段	(1) 冲积层最大/平均厚度 358.5/124.8m (2) 冻结最大/平均深度为 415m/162.3m (3) 200～300m、大于 300m 冲积层的冻结立井为 43 个和 3 个	(1) 1964 年之前为钢筋混凝土单层井壁,1964～1980 年推广钢筋混凝土双层井壁及小型混凝土块等外层井壁,1980 年之后推广钢筋混凝土塑料夹层井壁 (2) 混凝土标号为 C20～C45 (3) 井壁最大厚度为 2m	(1) 200～300m 冲积层井筒试挖时间为 100～138d,平均为 120d (2) 排矸吊桶容积为 1.5～2.0m^3 (3) 人工挖掘装桶,风镐开帮或放震动炮破碎冻土 (4) 1975 年试验推广液压滑升模板筑壁工艺,内层井壁一次套壁 (5) 外层井壁掘砌段高为 5～7m
1989～1999 年 提高完善阶段	(1) 冲积层最大/平均厚度为 383.1m/168.2m (2) 冻结最大/平均深度为 435m/225.9m (3) 200～300m、大于 300m 冲积层的冻结立井为 32 个和 14 个	(1) 继续推广钢筋混凝土塑料夹层井壁 (2) 井壁混凝土标号为 C30～C55 (3) 井壁最大厚度为 1.8m	(1) 200～374.5m 冲积层井筒试挖时间为 90～172d,平均为 130d (2) 排矸吊桶容积为 2.0～3.0m^3 (3) 人工挖掘装桶,在冻土或冻结基岩段试验应用中深孔(1.8～2.2m)全断面一次爆破,掘进速度达 1.2～1.5m/d (4) 外层井壁采用 MJY 型整体下移式金属模板,掘砌段高为 2.0～3.5m (5) 液压滑模套壁为主,倒模法套壁工艺为辅
2000～2014 年 创新攀高阶段	(1) 冲积层最大厚度为 657.6m (2) 冻结最大/平均深度为 800m(950m)/330.2m (3) 300～400m、400～500m、大于 500m 冲积层的冻结立井为 51 个、48 个、29 个	(1) 继续推广钢筋混凝土塑料夹层井壁 (2) 井壁混凝土标号为 C40～C100 混凝土 (3) 井壁最大厚度为 2.5m	(1) 大于 300m 冲积层的井筒开挖时间一般控制在 70～80d,平均 75d (2) 排矸吊桶容积为 3～5m^3 (3) 以挖掘机为主,人工为辅的挖掘装载和风镐开帮工艺,深部冻土和冻结基岩段试验应用中深孔(2.5m 左右)安全爆破技术,掘进速度为 2.0～2.3m/d (4) 外层井壁继续应用 MJY 型整体下移式金属模板,掘砌段高 2～3.5m,推广 DX 型底卸式吊桶输送混凝土 (5) 内层井壁采用液压滑模套壁或组装式金属模板倒模法套壁 (6) 试验应用 C60～C100 高性能混凝土,有效解决外层井壁压坏问题和内层井壁收缩开裂、永久井壁压坏问题 (7) 推广应用适应外层井壁掘砌速度大于 150m/月的凿井机械化装备

(2) 在369～374.5m冲积层的陈四楼主副井组织技术攻关，取得重大技术突破，有效解决了近400m冲积层冻结法凿井遇到的技术难题，总体技术水平达到国际先进水平。

①1989年完成小型混凝土块砂浆衬砌、小型混凝土块夹可缩板、现浇混凝土、现浇混凝土壁后增设泡沫塑料板等四种外层井壁结构整体受力性能试验，为陈四楼主副井选用整体受力性能好、具有缓压(2d)早强作用(早期养护温度提高2℃)的混凝土壁后增设聚苯乙烯泡沫板的外层井壁提供依据，进一步开展低温早强混凝土试验应用研究，混凝土最高标号达到C55，混凝土1d、3d、7d强度分别达到设计标号的20％、50％、70％以上，超过不同龄期的冻结压力最大增长率，有效解决了外层井壁的压坏问题。

②开展深部黏性土层冻结壁径向位移实测与掘砌段高调控的研究，把掘砌段高控制在2.0～3.5m，有效防止了冻结管断裂问题。

③在液压滑模套壁过程中加强内层井壁的喷水养护，有效缓解内层井壁大体积混凝土的收缩开裂问题；并要求在冻结壁解冻透水前进行塑料软板夹层注浆封水，有效提高井壁的封水性能。

(3) 在深部冻土及冻结基岩中试验应用中深孔爆破工艺，使冻结岩层的掘进速度提高到1.2～1.5m/d。

(4) 研究开发出JQ型混凝土防裂密实剂，1996年在冷泉矿副井内层井壁试验应用掺JQ型防裂密实剂的防裂密实混凝土，取消塑料软板夹层，取得良好效果，为防止冻结段内层井壁收缩开裂增添新的手段。

4. 创新攀高阶段掘砌技术简况

(1) 在小于200m、200～300m、300～400m、400～500m、大于500m冲积层中顺利施工397个、105个、51个、48个、29个冻结井，冲积层最大厚度和冻结最大深度分别达到657.6m和800m(以冲积层为主)/950m(以冻结含水基岩为主)。

(2) 外层井壁试验应用C60～C100低温早强高性能混凝土，有效解决外层井壁压坏问题。

(3) 内层井壁试验应用低水化热防裂密实C60～C100高性能混凝土，有效缓解内层井壁收缩开裂和永久井壁压坏问题。

(4) 把掘砌段高调控在2.0～3.5m范围内，有效防止冻结壁径向位移偏大而导致冻结管断裂。

(5) 用多圈孔冻结，把井筒开挖前的冻结时间控制在70～80d范围内，有效解决浅部片帮和深部挖冻土的冻掘矛盾，使冲积层冻结段掘砌速度大幅度提高。

(6) 在深部冻土和基岩冻结段试验应用中深孔(2.5～3.0m)安全爆破技术，掘砌速度提高到2.0～2.3m/d。

7.2 不同发展阶段的施工速度分析

由于冲积层的土压和水压与其厚度或埋深成正比，而冻结深度、井壁厚度和冻结壁厚度均随着冲积层厚度的增加而增大，冻结壁和井壁的设计和施工难度加大，冻结与掘砌的矛盾加剧，冻结管断裂、外层井壁压坏、内层井壁收缩开裂漏水等现象及工程质量事故增多，充分说明冲积层厚度在一定程度上标志着冻结法凿井的技术难度。因此，应对不同阶段的施工速度进行具体分析。

1. 引进消化阶段的冻结段施工速度

该阶段共施工 18 个冻结立井（表 7-2），虽然冲积层最大厚度和冻结最大深度只有 154.8m 和 162m，但由于冻结法凿井从无到有，缺乏经验，加上各个井筒的冲积层厚度、地质条件、施工队伍素质不同，施工速度的差异较大，不便对比。为此，取地质条件近似、施工较为正规的 5 个井筒（表 7-3）进行分析，冻结段掘砌平均速度水平为 24m/月。

表 7-2　1955～1959 年我国自行设计和施工的冻结井主要技术指标

开钻年限	井筒名称		净直径/m	冲积层厚度/m	冻结深度/m	井壁厚度/mm	冻结壁厚度/m	冻结孔圈直径/m	孔数/个	开孔间距/m	冻结管直径/mm	水位观测孔数/个	冻结标准需冷量/(10^4 kcal/h)	盐水温度/℃
1955	林西风井		5.0	65	105	870		9.0	26	1.086	141	1	52	−25
1956	唐家庄风井		5.0	56.3	60	500		8.4	26	1.015	146	1	40	−25
1957	唐山风井		5.0	148	153	600		11.0	31	1.115	146	1	56	−25
1957	河溪沟	主井	5.0	45	47.5	500		8.0	21	1.196	146	1	30	−27
1957	河溪沟	副井	5.0	45	47.5	500		8.0	21	1.196	146	1	30	−27
1957	台吉一坑东风井		3.0	14.3	22.5	400		5.5	14	1.25	141	1	10	−25
1958	范各庄	主井	5.5	81.6	85	500		8.9	22	1.27	146	1	52	−20
1958	范各庄	副井	6.5	78.7	85	600	1.53	10.4	28	1.17	146	1	52	−20
1958	荆各庄	主井	5.5	154.8	162	500～600	3.35	12.0	32	1.178	146	1	102	−25
1958	荆各庄	副井	6.5	152.3	162	600	3.31	13.3	38	1.10	146	1	102	−25
1958	徐家楼	主井	5.0	116.4	125	600	1.70	9.4	25	1.167	146	1	40	−20
1959	徐家楼	副井	5.0	115.4	125.5	700	1.77	9.3	25	1.181	146	1	70	−20
1959	吕家坨	主井	5.5	61.7	75	650		9.5	25	1.193	146	1	46	−20
1959	吕家坨	副井	6.2	58.9	77	650		10.0	27	1.163	146	1	46	−20
1959	吕家坨	风井	4.6	48.7	90/70	500		8.0	22	1.140	141	1	46	−20
1959	孔集	主井	5.5	20.9	26	500		8.0	21	1.195	141	1	27	−20
1959	孔集	副井	6.5	20.9	25.5	500～600		9.0	24	1.185	141	1		−28
1959	范各庄风井		4.6	92.5	154/93	500～600	1.85	8.5	25	1.180	140	1	70	−20

表 7-3　我国冻结法凿井引进消化阶段的冻结段施工速度

序号	冻结掘砌工程特点	代表性井筒	冲积层厚度/m	冻结深度/m	开钻年限	单井冻结段施工速度水平(掘砌)/(m/月)	冻结段施工速度综合水平(掘砌(成井))/(m/月)
1	共施工 18 个冻结立井，冲积层最大厚度为 154.38m，冻结最大深度为 162m，井均冻结深度为 90.4m	林西风井	65.0	105	1955	16.3	24
2		唐家庄风井	56.3	60	1956	17.2	
3		唐山风井	148.0	153	1957	28.3	
4		荆各庄主井	154.8	162	1958	28.2	
5		荆各庄副井	152.3	162	1958	27.5	

2. 探索改进阶段的冻结段施工速度

该阶段在 200～300m、大于 300m 冲积层的冻结立井数分别为 43 个、3 个，冲积层最大厚度为 358.5m，冻结最大深度为 415m。1960 年的冲积层厚度便达到 241.2m，1968 年和 1979 年的冲积层厚度分别达到 324.4m 和 358.5m。当冲积层厚度超过 200m 后，普遍存在冻结管断裂、外层井壁压坏、内层井壁收缩开裂漏水等现象，工程质量事故增多，成功经验与教训并存，不同地区、不同地质条件的施工速度差距较大，根据调查获得 200.6～358.5m 冲积层 40 个冻结立井的冻结段施工速度（表 7-4）分析，冻结段外层井壁掘砌平均速度水平为 33m/月，成井平均速度水平为 25m/月。

表 7-4　1960～1988 年我国深厚冲积层冻结段施工速度

序号	代表性井筒		冲积层厚度/m	冻结深度/m	开钻年限	单井冻结段施工速度水平/(m/月)			冻结段施工速度综合水平/(m/月)	
						掘砌		成井	掘砌	成井
						最高	平均			
1	邢台副井		241.2	260	1960		(15.0)	11.5	33.0	25.0
2	邢台主井		248.3	260	1963		(20.1)	15.4		
3	芦岭西风井		235.2	240	1965		33.1	(25.5)		
4	平八东风井		324.4	330/210	1968		20.7	18.8		
5	潘一东风井		292.5	321/310	1974		25.7	(19.8)		
6	朱仙庄	主井	257.0	284	1975		(44.9)	34.5		
7		副井	256.0	284	1975	121.0	(63.3)	50.2		
8		中央风井	253.0	297/265	1975		(39.5)	30.4		
9	潘二	主井	252.0	325/290	1975		(19.5)	15.0		
10		副井	247.0	325/280	1976		(23.4)	18.0		
11		西风井	284.0	327/310	1976		(20.2)	15.5		
12		南风井	275.4	320/300	1977		(22.6)	17.4		

续表

序号	代表性井筒		冲积层厚度/m	冻结深度/m	开钻年限	单井冻结段施工速度水平/(m/月)			冻结段施工速度综合水平/(m/月)	
						掘砌		成井	掘砌	成井
						最高	平均			
13	临焕	主井	238.0	275	1976		(23.5)	18.1	33.0	25.0
14		副井	235.1	282/255	1977		54.5	45.8		
15	钱家营东风井		261.2	324/275	1977		(48.9)	37.6		
16	海孜	主井	240.0	255	1978		(29.8)	22.9		
17		副井	240.0	255	1978		(30.3)	23.3		
18		中央风井	245.0	275	1978		(44.2)	34.0		
19		西风井	239.4	286	1979		(32.0)	24.6		
20	钱家营	主井	212.7	242/105	1978		(39.8)	30.6		
21		副井	226.9	245/137	1979	122.1	(67.9)	52.2		
22	潘三	主井	210.4	280/267	1978		(23.4)	18.0		
23		副井	200.6	280/267	1978		(25.7)	19.8		
24		中央风井	216.2	300	1979		(31.5)	24.2		
25		东风井	358.5	415	1979		(25.7)	19.8		
26	三河尖	主井	214.8	245	1979		(41.2)	31.7		
27		副井	214.8	250	1979		(32.5)	25.0		
28		风井	210.0	250	1979		(17.9)	13.8		
29	毕各庄	回风井	247.3	270	1978		(28.9)	22.2		
30		进风井	253.0	270	1980		(30.9)	23.8		
31	童亭风井		225.3	286	1980		(22.2)	17.1		
32	龙东	主井	224.0	315	1980		(51.7)	39.8		
33		副井	224.0	325	1980		(42.4)	32.6		
34	谢桥矸石井		246.0	330/205	1982		(24.3)	18.7		
35	桃园	主井	288.4	340	1984	57.0	28.6	22.0		
36		副井	291.7	340	1984		43.6	26.5		
37	谢桥主井		291.7	357	1985		(17.6)	13.5		
38	任楼	主井	278.4	353/318	1985	60.0	36.8	30.5		
39		副井	277.2	350/318	1985	49.0	31.7	23.4		
40	邱集主井		318.7	338/275	1988		(33.0)	25.4		

注：括号内数据是工程资料分析得出。

3. 提高完善阶段的冻结段施工速度

该阶段在200～300m、大于300m冲积层的冻结立井数分别为32个、14个，冲积层最大厚度为 383.1m，冻结最大深度为 435m(陈四楼副井)。

为了尽快解决探索改进阶段在深厚(大于 200m)冲积层中发生的冻结管断裂、外层井壁压坏、内层井壁收缩开裂漏水等问题及提高完善阶段遇到的近 400m 冲积层“两壁”设计和施工难题，采取的主要对策如下：

(1) 认真总结探索改进阶段“两壁”设计与施工的经验和教训。

(2) 建立按多姆克公式计算砂性土层控制层位的冻结壁厚度，按维亚洛夫-扎列茨基公式计算黏性土层控制层位的掘砌段高，按成冰公式计算冻结壁有效厚度的平均温度，并根据国内打钻、冻结、掘砌技术水平优选主要设计参数“四位一体”的设计计算体系。

(3) 建立冻结壁形成特性实测、工程预报与供冷量调控的机制。

(4) 建立深黏土层冻结壁径向位移实测与掘砌段高、井帮裸露时间调控的机制。

(5) 组织技术攻关，解决设计和施工难题。

1990 年，陈四楼主副井(369m/374.5m 冲积层、423m/435m 冻结深度)通过技术攻关，创下冻结管无断裂、外层井壁无压坏、内层井壁基本无收缩开裂漏水的全国纪录，有效解决了近 400m 冲积层的“两壁”设计和施工难题。之后，200～300m、大于 300m 冲积层的冻结段施工速度稳步上升，外层井壁掘砌平均速度水平达到 49m/月，冻结段成井平均速度水平达到 39m/月(表 7-5)，使我国深厚冲积层冻结法凿井综合技术水平达到国际先进水平。

表 7-5　1989～1999 年我国 200～300m 冲积层冻结段施工速度

序号	代表性井筒		冲积层厚度/m	冻结深度/m	开钻年限	单井冻结段施工速度水平/(m/月)			冻结段施工速度综合水平/(m/月)	
						掘砌		成井	掘砌	成井
						最高	平均			
1	陈四楼	主井	369.0	423	1989		43.2	35.5		
2		副井	374.5	435	1989	101.2	44.2	35.9		
3	邱集副井		317.0	340	1989		(28.1)	22.4		
4	潘一东回风井		291.8	325/240	1990		(34.5)	27.5		
5	东荣二矿	主井	230.2	360/178	1990	102	53.3	39.3		
6		副井	250.1	300/180	1990		54.7	41.7		
7		风井	284.5	325	1989		35.9	28.2		
8	古汉山	主井	210.0	277	1991		42.3	35.7	49	39
9		副井	214.0	271	1991		26.1	23.3		
10		风井	203.7	287	1992		34.2	29.5		
11	祁南	主井	329.2	380/347	1992		(34.7)	27.6		
12		副井	329.9	372/339	1992		(19.9)	15.8		
13	车集	主井	244.9	300/270	1992	111.7	(49.7)	39.6		
14		副井	242.3	290	1992		(46.7)	37.2		
15	元氏副井		360.7	410	1992		36.8	(29.3)		

续表

序号	代表性井筒		冲积层厚度/m	冻结深度/m	开钻年限	单井冻结段施工速度水平/(m/月)			冻结段施工速度综合水平/(m/月)	
						掘砌		成井	掘砌	成井
						最高	平均			
16	冷泉	主井	215.7	275	1994		(48.0)	38.2		
17		副井	217.0	250	1994		(41.5)	33.0		
18	张集（淮南）	主井	327.5	374	1996		54.3	(43.2)		
19		副井	324.2	371	1996		55.0	(43.9)		
20		中央风井	327.2	376.5	1996		48.0	(37.2)		
21	城郊	主井	292.5	398	1997		(61.9)	49.3	49	39
22		副井	293.1	404	1997		(72.6)	57.8		
23	唐阳	主井	249.0	322	1997		85.0	65.0		
24		副井	245.1	310	1997		105.0	78.0		
25	金桥	主井	378.3	412	1997		(58.8)	46.8		
26		副井	383.1	412	1998		(57.0)	45.4		

注：括号内数据是根据工程资料分析得出。

4. 创新攀高阶段的冻结段施工速度

该阶段已建成 630 多个冻结立井，冲积层最大厚度为 675.6m，其中 200～300m、300～400m、400～500m、大于 500m 冲积层的立井数分别超过 105 个、51 个、48 个、29 个，以冻结冲积层为主的最大冻结深度为 800m（李粮店副井、杨村风井），以冻结基岩为主的最大冻结深度为 950m（核桃峪副井）。

为了尽快解决冲积层厚度大幅增加给“两壁”设计和施工带来的难题，采取的主要对策如下：

（1）进一步完善按多姆克公式计算砂性土层控制层位的冻结壁厚度，按维亚洛夫-扎列茨基公式计算黏性土层控制层位的冻结壁厚度和掘砌段高，按成冰公式计算冻结壁有效厚度的平均温度，并根据国内打钻、冻结、掘砌技术水平优选主要设计参数而形成“四位一体”的设计计算体系。

（2）从 2002 年起，在冻结段外层井壁试验应用 C60～C100 低温早强高性能混凝土，在冻结段内层井壁试验应用 C60～C100 低水化热防裂密实高性能混凝土。

（3）组织技术攻关解决施工难题，基本缓解了 600m 冲积层的冻结管断裂、外层井壁压坏、内层井壁收缩开裂漏水等问题。采用多圈冻结孔，有效解决了 600m 冲积层冻结壁设计和施工难题，工程事故大幅减少，施工速度大幅加快，根据 300～400m、400～500m、大于 500m 冲积层施工速度（表 7-6～表 7-8）综合分析，我国 2000～2014 年深厚冲积层冻结段掘砌和成井的平均速度水平分别达到 85.0m/月和 65.0m/月，冻结段施工综合技术居国际领先水平。

表 7-6　2000～2014 年我国 300～400m 冲积层冻结段施工速度

序号	代表性井筒		冲积层厚度/m	冻结深度/m	开钻年限	单井冻结段施工速度水平/(m/月)			冻结段施工速度综合水平/(m/月)	
						掘砌		成井	掘砌	成井
						最高	平均			
1	梁宝寺一矿	主井	370.9	461	2001		(57.2)	48.3		
2		副井	370.9	461	2001		(89.4)	72.3		
3		风井	371.6	461	2001		(45.7)	35.0		
4	张北	主井	315.0	360/330	2002			47.1		
5		副井	315.0	363/329	2002			69.1		
6		风井	323.3	479/330	2002	116.6	94.7	70.1		
7	顾桥	主井	304.0	319	2003	150.8	(113.2)	86.7		
8		副井	304.0	319	2003		36.8	(28.2)		
9	吴桂桥	主井	379.0	420	2004		50.0	42.0		
10		副井	388.2	420	2004		50.0	45.0		
11	城郊东风井		355.0	423	2004		89.6	59.0		
12	薛湖	主井	391.0	460	2004	140.0	108.0	75.0	87.0	65.0
13		副井	398.3	460	2004	122.0	90.0	70.0		
14		东风井	395.0	450	2005	140.0	115.0	78.0		
15	新桥	主井	392.2	602	2005	118.0	90.0	73.0		
16		副井	390.2	553	2005	103.0	73.6	56.5		
17	方庄新主井		359.2	447	2006		76.6	66.3		
18	朱集	主井	325.9	375	2007		(102.4)	85.0		
19		副井	330.1	375	2007		(108.4)	90.0		
20		风井	330.3	375	2007		(102.4)	85.0		
21		矸石井	329.9	375	2007		(102.4)	85.0		
22	陈四楼北风井		376.3	410	2007	166.0	134.0	87.0		
23	薛湖中央风井		362.3	430	2007	148.0	120.0	53.8		
24	谢桥深部箕斗井		331.0		2008		(58.7)	48.7		

注：括号内数据是根据工程资料分析得出。

表 7-7 2000～2014 年我国 400～500m 冲积层冻结段施工速度

序号	代表性井筒		冲积层厚度/m	冻结深度/m	开钻年限	单井冻结段施工速度水平/(m/月)			冻结段施工速度综合水平/(m/月)	
						掘砌		成井	掘砌	成井
						最高	平均			
1	程村	主井	429.9	485	2001		66.9	53.8		
2		副井	429.9	485	2002		54.3	43.5		
3	济西	主井	459.0	488	2002		66.9	52.9		
4		副井	459.0	488	2002		(83.6)	63.9		
5	涡北风井		415.5	485	2003	108.0	82.7			
6	赵楼	主井	473.0	527	2004		93.2	68.7		
7		副井	475.0	530	2004			65.0		
8		风井	471.0	534	2004			66.7		
9	顾北	主井	464.0	500	2004			89.2		
10		副井	462.7	500	2004		74.1	57.7		
11		风井	464.4	502	2004			83.0		
12	泉店	主井	455.3	513	2005		63.9	55.3		
13		副井	440.1	500	2005	144.4	91.2	80.4	91.7	71.3
14		风井	455.3	523	2005	223.2	132.3	100.74		
15	城郊	西进风井	420.9	465	2007	156.0	81.6	65.5		
16		西回风井	420.9	468	2007	186.0	82.0	66.0		
17	顺和	主井	437.0	473	2009	160.0	97.8	73.8		
18		副井	437.7	500	2009	244.0	136.0	98.0		
19		风井	437.0	473	2009	206.0	122.0	86.0		
20	梁宝寺二矿	主井	448.9	510	2009			49.9		
21		副井	464.4	536	2009			62.4		
22		风井	453.9	526	2009			72.3		
23	李粮店	主井	479.0	772	2009	205.5	123.9	101.8		
24		副井	481.5	800	2009	187.7	99.7	76.8		
25		风井	460.9	513	2009	141.2	98.4	77.9		

注：括号内数据是根据工程资料分析得出。

表 7-8　2000～2014 年我国大于 500m 冲积层冻结段施工速度

序号	代表性井筒		冲积层厚度/m	冻结深度/m	开钻年限	单井冻结段施工速度水平/(m/月)			冻结段施工速度综合水平/(m/月)	
						掘砌		成井	掘砌	成井
						最高	平均			
1	龙固副井		567.7	650	2003		57.2	41.2		
2	丁集	主井	530.5	557	2003	128.1	88.4	70.5		
3	丁集	副井	525.3	549	2003		76.9 (71.1)	61.9 (60.5)		
4	丁集	风井	528.9	555	2003	111.0	79.4 (77.8)	61.1 (58.8)		
5	赵固一矿	主井	518.0	575	2004		48.1	41.2		
6	赵固一矿	副井	519.7	575	2004		46.3	38.7		
7	赵固一矿	风井	526.5	575	2004		64.0	51.6		
8	郭屯	主井	587.4	702	2004	193.0	(76.3)	58.3		
9	郭屯	副井	583.1	702	2004	172.8	85.6	65.5		
10	郭屯	风井	577.1	702	2004		(87.1)	66.7		
11	口孜东	主井	568.4	737	2005		68.5	58.2	78.0	60.0
12	口孜东	风井	568.6	737	2006		71.0	(55.9)		
13	赵固二矿	主井	530.5	615	2006	146.1	81.2	66.7		
14	赵固二矿	副井	527.5	628	2006	165.5	108.8	81.4		
15	赵固二矿	风井	524.5	628	2006	151.4	77.3	71.4		
16	郓城	主井	534.0	590	2006	124.0	102.0	81.0		
17	郓城	副井	536.6	590	2006	180.0	63.0	(48.3)		
18	陈蛮庄	主井	556.9	640	2008	124.0	72.5	56.0		
19	陈蛮庄	风井	572.5	644	2008	241.0	107.0	82.3		
20	龙固北风井		675.6	730	2011		85.8	65.8		
21	杨村副井		536.7	725	2012			40.1 (29.3)		

注：括号内数据是根据工程资料推算得出。

7.3　创新攀高阶段的技术创新

7.3.1　安全快速施工的主要技术创新

1. 大力试验应用 C60～C100 高强高性能混凝土

(1) 从 2002 年率先在程村主副井试验应用 C40～C60 高性能混凝土取得成功后，很快在丁集主副风井、龙固副井、郭屯矿主副风井试验应用了 C40～C70 高性能混凝土，在泉店主副风井试验应用了 C40～C75 高性能混凝土，在赵固一矿主副风井试验应用了 C40～C80 高性能混凝土，在赵固二矿主副风井试验应用了 C40～C90 高性能混凝土，在赵固一矿西风井试验应用 C60～C100 高性能混凝土，均取得良好的效果(表 7-9)。

表 7-9 我国冻结段井壁试验应用不同标号的高性能混凝土简况

序号	井筒名称	冲积层厚度/m	冻结深度/m	开钻年限	冻结段井壁	
					最大厚度/m	混凝土标号
1	程村矿主副井	429.9	485	2001～2002	1.80	C40～C60
2	丁集矿主副风井	525.3～530.5	558～565	2003～2004	2.10～2.20	C40～C70
3	龙固副井	567.7	650	2003～2004	2.20	C40～C70
4	郭屯矿主副风井	577.1～587.4	702	2004～2005	2.25～2.50	C40～C70
5	赵固一矿主副风井	518.0～526.5	575	2004～2005	1.70～2.05	C40～C80
6	泉店矿主副风井	440.1～455.3	500～523	2004～2005	1.30～1.80	C40～C75
7	赵固二矿主副风井	524.5～530.5	615～628	2006	1.50～2.00	C40～C90
8	赵固一矿西风井	502.5	589	2013	1.60	C60～C100

(2) 由于设计混凝土最高标号逐步从 C55、C60、C70 提升至 C75、C80、C90 和 C100，有效减薄了冻结段井壁厚度，井壁最大厚度由 2.50m(郭屯副井)减薄至 2.00m 左右(赵固二矿副井)。

(3) 由于外层井壁采用了 C60～C100 低温早强高性能混凝土，1d、3d、7d 的强度分别达到设计标号的 20%、50%、70%以上，有效解决了以往外层井壁混凝土早期强度偏低而遭受破坏的问题。

(4) 由于内层井壁采用了 C60～C100 低水化热防裂密实高性能混凝土，有效缓解了内层井壁大体积混凝土连续浇筑的收缩开裂问题，后期(1 年后)的混凝土强度超过设计标号的 10%以上，提高了井壁后期抵抗破坏的能力。

2. 建立冻结设计、制冷冻结、冻结段施工互为一体和互相制约的机制

(1) 冻结方案设计主要技术参数是影响冻结段安全快速施工的主要因素之一。深厚冲积层特别是大于 500m 冲积层的冻结方案设计单位及主要负责人，应具有较丰富的冻结法凿井理论知识和实践经验；提出的冻结设计主要技术指标要具有科学性、适用性和透明度；要便于对各孔圈的冻结盐水温度、流量进行科学调控，为冻结段安全快速施工创造有利条件；要参与冻结施工过程的技术咨询和跟踪服务。

(2) 冻结单位及主要负责人要对井检孔地质报告和冻结设计主要技术指标进行全面了解；要做好冻结孔和测温孔的偏斜状况、冻结孔成孔间距、冻结管打压试漏情况、水位观测孔(管)的结构、原始水位等资料的验收和复查工作；要确保冷冻站三大循环系统的安全运转和正常检测，特别是每个冻结器的盐水温度、流量的检测与调控；要做好水位观测孔的水位观测和分析工作，为准确判断不同深度的冻结壁交圈时间提供依据；冻结工程是为井筒掘砌服务的，因此要提供不同冻结期冻结壁形成特性的分析、工程预报和调控计划，

为合理制定井筒开挖时间提供依据，及时进行冻结调控以适应冻结段掘砌需要，为安全快速施工创造良好条件。

（3）掘砌单位要根据冻结设计提供的井筒开挖时间和冻结单位提供的水位孔水位与测温孔温度实测资料，提前做好井筒试挖和三盘安装等准备工作；提前编制好外层井壁短段掘砌、内层井壁一次套壁的正规施工方案和分段套壁工程应急预案等冻结段施工组织设计；制定合理的安全快速施工计划和措施；在冻结段掘砌过程中，要与冻结单位相互配合，适时调整掘砌段高，确保施工安全。

3. 提高冻结段安全快速施工的凿井机械化装备水平

进入 21 世纪以来，我国冻结段安全快速施工的凿井机械化装备水平有了较大的提高。一般均配备了双滚筒绞车、3～5m^3 吊桶、YC60C 型（国产）挖掘机（图 7-1）或 CX55B 型（美国产）挖掘机（图 7-2）、FJD6G 型伞钻、HZ-6 型中心回转式抓岩机（图 7-3）、JS-1000

图 7-1　YC60 型挖掘机（国产）

图 7-2　凯斯 CX55B 型挖掘机（美国产）

型或 JW-1000 型强力式混凝土搅拌机，外层井壁筑壁用 MJY 型带刃角整体下移式金属模板(图 7-4)，内层井壁筑壁用高 1.4m 液压滑升模板(图 2-193)、DX 型 2～3m^3底卸式混凝土吊桶(图 7-5)，大大提高了冻结段掘砌机械化水平，为安全快速施工创造了有利条件。近十几年冻结段安全快速施工典型的装备与实施效果见表 7-10～表 7-15。

图 7-3　HZ-6 中心回转式抓岩机

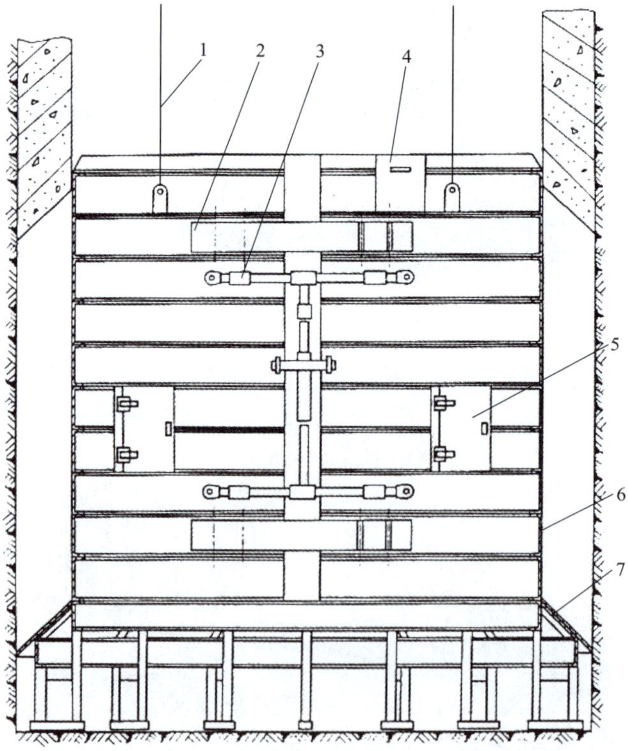

图 7-4　MJY 型整体下移式组合金属模板结构图

1-悬吊钢丝绳；2-导向装置；3-脱模装置；4-浇筑口；5-观察门；6-模板；7-刃脚

图 7-5　DX 型 3.0m³ 底卸式混凝土吊桶

表 7-10 的凿井机械化装备水平，在郭屯矿副井(净直径 6.5m)702m 冻结段实现掘砌的最高速度为 193m/月。

表 7-10　郭屯副井凿井机械化配套的主要设备

序号	设备名称			郭屯副井	
				型号规格	数量
1	提升	井架		永久井架	1 座
2		绞车		JK-2.8/15.5A	1
3				2JK-3.5/18E	1
4		吊桶		$4m^3/3m^3$	3/2
5	掘进装岩	伞钻		FJD-6A	1
6		破岩机具		CX55B	1
7		抓岩机具		HZ-6 型中心回转式	2
8		装载机具		ZL-50	1
9		压风机		5L-40/8/WL-40/10/SA120A	1/1/2
10	支护	混凝土配料机		PLD2400	1 套
11		混凝土搅拌机		JS-1000	2
12		底卸式吊桶		DX-2	3
13		模板	外层井壁	Φ7.8m/8.1m/8.4m/8.9mMJY 型整体下移式模板	1 套/1 套/1 套/1 套
14			内层井壁	Φ6.5m，高 1.1m 组装式钢模板	15
15	排矸			10t 自卸式吊桶	3
16	通风			TFJ-9-25	1
17	吊盘			Φ6.2m 层距 4m 三层吊盘	1 套
备注				(1) 井筒净直径 6.5m (2) 2004 年施工 (3) 凿井单位为中煤建设五公司三处 (4)冻结段掘砌最高速度为 193m/月	

表 7-11 的凿井机械化装备水平，在泉店矿风井（净直径 5.0m）523m 冻结段实现掘砌的最高速度为 223.2m/月，在泉店副井（净直径 6.5m）500m 冻结段实现掘砌的最高速度为 144.4m/月；表 7-12 的凿井机械化装备水平，在赵固二矿副井（净直径 6.9m）628m 冻结段实现掘砌的最高速度为 165.5m/月，在赵固二矿风井（净直径 5.2m）628m 冻结段实现掘砌的最高速度为 151.4m/月。

表 7-13 的凿井机械化装备水平，在顺和矿副井（净直径 6.0m）500m 冻结段实现掘砌的最高速度为 244m/月；在顺和矿风井（净直径 5.0m）473m 冻结段实现掘砌的最高速度为 206m/月。

表 7-14 的凿井机械化装备水平，在李粮店矿主井（净直径 5.0m）772m 冻结段实现掘砌的最高速度为 205.5m/月，在李粮店副井（净直径 6.5m）800m 冻结段实现掘砌的最高速度为 187.7m/月。

表 7-11　泉店副井、风井凿井机械化配套的主要设备

序号	设备名称		泉店副井		泉店风井	
			型号规格	数量	型号规格	数量
1	提升	井架				
2	提升	绞车	2JK-3.5/15.5 型双滚筒	1	2JK-3.5/15.5 型双滚筒	1
3	提升	绞车	JK-2.5/11.5 型单滚筒	1	2JK-2.5/11.5 型单滚筒	1
4	提升	吊桶	$4m^3/3m^3$	1/1	$4m^3/3m^3$	1/1
5	掘进装岩	伞钻	FJD-6G	1	FJD-6G	1
6	掘进装岩	破岩机具	B87C 型强力破碎机	1	B87C 型强力破碎机	1
7	掘进装岩	抓岩机具	HZ-6 型中心回转式	1	HZ-6 型中心回转式	1
8	掘进装岩	装载机具	ZL-50	1	LG850	1
9	掘进装岩	压风机	4L-40/8、4L-20/8	2、1	5L-40/8	2
10	支护	混凝土配料机	PLD-2400	1	PLD-1600	1
11	支护	混凝土搅拌机	JQ-1000	2	JW-1000	1
12	支护	底卸式吊桶	$3m^3$	1	$3m^3$	1
13	支护	模板 外层井壁	MJY 型整体下移式模板	1 套	MJY 型整体下移式模板	1 套
14	支护	模板 内层井壁	高 1.4m 液压滑升模板	1	高 1.4m 液压滑升模板	1
15	排矸		8t 自卸式汽车	3	8t 自卸式汽车	3
16	通风		FBDNO.6.3/60 型 压入式风机	1	对旋压入式风机	1
17	吊盘		三层吊盘	1	三层吊盘	1
备注			（1）井筒净直径 6.5m （2）2005 年施工 （3）凿井单位为中煤建设五公司三处 （4）冻结段掘砌最高速度为 144.4m/月		（1）井筒净直径 5.0m （2）2005 年施工 （3）凿井单位为河南煤炭建设集团公司 （4）冻结段掘砌最高速度为 223.2m/月	

表 7-12　赵固二矿副井、风井凿井机械化配套的主要设备

序号	设备名称		赵固二矿副井		赵固二矿风井	
			型号规格	数量	型号规格	数量
1	提升	井架			IV_G 型	1
2	提升	绞车	JKZ-2.8/15.5	1	2JK-3.5/18	1
3	提升	绞车	ASEA-2.75/30.88	1	JK-2.5/11.5	1
4	提升	吊桶	$4m^3/3m^3$	3/2	$4m^3/3m^3/2m^3$	2/2/2
5	掘进装岩	伞钻	FJD-6A 配 YGZ-70	1	SJZ5.5 配 YGZ-70	1
6	掘进装岩	破岩机具	CXB55 型挖掘机	1	CX55B 型挖掘机	1
7	掘进装岩	抓岩机具	HZ-6 型中心回转式	2（1 台备用）	HZ-6 型中心回转式	2（1 台备用）
8	掘进装岩	装载机具	ZL-50	1	ZL-50	1
9	掘进装岩	压风机	5L-40/8、4L-20/8	2、1	5L-40/8、4L-20/8	2、1
10	支护	混凝土配料机	PLD2400	1	PLD-1600	1
11	支护	混凝土搅拌机	JS-1000	2	JS-1000	2
12	支护	底卸式吊桶	DX-2	2	DX-2	2
13	支护	模板　外层井壁	MJY-2.5/7.9(8.5)	1	MJY 整体下移式钢模板	1
14	支护	模板　内层井壁	高 1.0～1.1m 组装式金属模板	15 套	高 1.0～1.1m 组装式金属模板	15 套
15	排矸		10t 自卸式汽车	2	10t 自卸式汽车	2
16	通风		FBDNO.6.3/60 型压入式风机	1	压入式风机	1
17	吊盘		Φ6.6m 三层吊盘，层距 4m/4.5m(下层)	1	Φ4.9m 三层吊盘，层距 4m/4.5m(下层)	1
备注			(1) 井筒净直径 6.9m (2) 2006 年施工 (3) 凿井单位为中煤建设五公司三处 (4) 冻结段掘砌最高速度为 165.5m/月		(1) 井筒净直径 5.2m (2) 2006 年施工 (3) 凿井单位为中煤建设五公司三处 (4) 冻结段掘砌最高速度为 151.4m/月	

表 7-13　顺和副井和顺和风井凿井机械化配套主要设备

序号	设备名称		顺和副井		顺和风井	
			型号规格	数量	型号规格	数量
1	提升	井架	永久井架		IV 型	1
2	提升	绞车	JKZ-2.8/15.5	2	2JKZ-3.6/13.4 型	1
3	提升	吊桶				
4	提升	吊桶	$5m^3/4m^3$	3/2	$4m^3$ 座钩式吊桶	2
5	掘进装岩	伞钻	FJD-6A	1	SJZ-5.5	1
6	掘进装岩	破岩机具	CX55B	2		1
7	掘进装岩	抓岩机具	HZ-6 型中心回转式	1	HZ-4 型中心回转式	1
8	掘进装岩	装载机具	ZL-50	1	ZL-50	1
9	掘进装岩	压风机	5L-40/8/4L-20/8	2/1	LGDF-185/LGDF-110	1/1

续表

<table>
<tr><th rowspan="2">序号</th><th rowspan="2" colspan="3">设备名称</th><th colspan="2">顺和副井</th><th colspan="2">顺和风井</th></tr>
<tr><th>型号规格</th><th>数量</th><th>型号规格</th><th>数量</th></tr>
<tr><td>10</td><td rowspan="5">支护</td><td colspan="2">混凝土配料机</td><td>PLD-2400</td><td>1</td><td>PLD-1600</td><td>1</td></tr>
<tr><td>11</td><td colspan="2">混凝土搅拌机</td><td>JS-1000</td><td>2</td><td>HZS-750</td><td>1</td></tr>
<tr><td>12</td><td colspan="2">底卸式吊桶</td><td>DX-3</td><td>4</td><td>DX-2</td><td>2</td></tr>
<tr><td>13</td><td rowspan="2">模板</td><td>外层井壁</td><td>Φ7.3m/Φ7.8mMJY 整体下移式钢模板</td><td>1/1</td><td>MJY 型整体下行式钢模板</td><td>1</td></tr>
<tr><td>14</td><td>内层井壁</td><td>Φ6.0,高 1.0～1.1m 装配式钢模板</td><td>15 套</td><td>高 1.4m 液压滑升模板</td><td>1</td></tr>
<tr><td>15</td><td colspan="3">排矸</td><td>10t 自卸式汽车</td><td>4</td><td>8t 自卸式汽车</td><td>2</td></tr>
<tr><td>16</td><td colspan="3">通风</td><td>FBDNO.7.1</td><td>2</td><td>2×15kW 风机</td><td>2</td></tr>
<tr><td>17</td><td colspan="3">吊盘</td><td>Φ5.7m,层距 4m 三层吊盘</td><td>1</td><td>三层吊盘</td><td>1</td></tr>
<tr><td colspan="4">备注</td><td colspan="2">(1) 井筒净直径 6.0m
(2) 2009 年施工
(3) 凿井单位为中煤建设五公司三处
(4) 冻结段掘砌最高速度为 244m/月</td><td colspan="2">(1) 井筒净直径 5.0m
(2) 2009 年施工
(3) 凿井单位为河南国龙建设公司
(4) 冻结段掘砌最高速度为 206m/月</td></tr>
</table>

表 7-14　李粮店主、副井凿井机械化配套主要设备

<table>
<tr><th rowspan="2">序号</th><th rowspan="2" colspan="3">设备名称</th><th colspan="2">李粮店主井</th><th colspan="2">李粮店副井</th></tr>
<tr><th>型号规格</th><th>数量</th><th>型号规格</th><th>数量</th></tr>
<tr><td>1</td><td rowspan="4">提升</td><td colspan="2">井架</td><td>IV 型</td><td>1</td><td>永久井架</td><td>1</td></tr>
<tr><td>2</td><td colspan="2">绞车</td><td>2JK-4.0/18</td><td>1</td><td>JK-3.0/20E</td><td>1</td></tr>
<tr><td>3</td><td colspan="2" rowspan="2">吊桶</td><td>2JK-2.5/18E</td><td>1</td><td>JKZ-2.8/15.5</td><td>1</td></tr>
<tr><td>4</td><td>$5m^3/4m^3/2.75m^3$ 座钩式吊桶</td><td>2/2/2</td><td>$5m^3$ 座钩式吊桶</td><td>2</td></tr>
<tr><td>5</td><td rowspan="5">掘进装岩</td><td colspan="2">伞钻</td><td>FJD-6A 配 YGZ-70</td><td>1</td><td>XFJD6.10</td><td>1</td></tr>
<tr><td>6</td><td colspan="2">破岩机具</td><td>CX55B 型挖掘机</td><td>1</td><td>YC-60 型挖掘机</td><td>2</td></tr>
<tr><td>7</td><td colspan="2">抓岩机具</td><td>HZ-6 型中心回转式</td><td>2
(1 台备用)</td><td>HZ-6/HZ-4</td><td>1/1</td></tr>
<tr><td>8</td><td colspan="2">装载机具</td><td>ZL-50</td><td>1</td><td>LG850</td><td>1</td></tr>
<tr><td>9</td><td colspan="2">压风机</td><td>5L-40/8、4L-20/8</td><td>2/1</td><td>5L-40/8</td><td>3</td></tr>
<tr><td>10</td><td rowspan="5">支护</td><td colspan="2">混凝土配料机</td><td>PLD-1600</td><td>1</td><td>PLD-1600</td><td>1</td></tr>
<tr><td>11</td><td colspan="2">混凝土搅拌机</td><td>JS-1000</td><td>2</td><td>JS-1000</td><td>2</td></tr>
<tr><td>12</td><td colspan="2">底卸式吊桶</td><td>DX-3/DX-2/DX-1.6</td><td>1/1/1</td><td>DX-3</td><td>1</td></tr>
<tr><td>13</td><td rowspan="2">模板</td><td>外层井壁</td><td>Φ5mMJY 整体下行式钢模板</td><td>1</td><td>MJYΦ7.5/8.0/8.3m</td><td>1</td></tr>
<tr><td>14</td><td>内层井壁</td><td>高 1.0～1.1m 组装式金属模板</td><td>15 套</td><td>高 1.4m 液压滑升模板</td><td>1</td></tr>
<tr><td>15</td><td colspan="3">排矸</td><td>10t 自卸式汽车</td><td>2</td><td>8t 自卸式汽车</td><td>3</td></tr>
</table>

续表

序号	设备名称	李粮店主井		李粮店副井	
		型号规格	数量	型号规格	数量
16	通风	压入式风机	1	FBDNO. 7. 1	2
17	吊盘	Φ5m 三层吊盘，层距 4. 0m/4. 5m(下层)	1	三层吊盘	1
备注		(1) 井筒净直径 5m (2) 2009 年施工 (3) 凿井单位为中煤建设五公司三处 (4) 冻结段掘砌最高速度为 205. 5m/月		(1) 井筒净直径 6. 5m (2) 2009 年施工 (3) 凿井单位为河南煤炭建设集团公司 (4) 冻结段掘砌最高速度为 187. 7m/月	

表 7-15 的凿井机械化装备水平，在郓城主井(净直径 7. 0m)590m 冻结段实现掘砌的最高速度为 124m/月和城郊矿西回风井(净直径 5. 0m)468m 冻结段实现掘砌的最高速度为 180m/月。

表 7-15　郓城主井、城郊西回风井凿井机械化配套主要设备

序号	设备名称			郓城主井		城郊西回风井	
				型号规格	数量	型号规格	数量
1	提升	井架		IV 型	1	IV 型	1
2		绞车		JK-2. 8/15. 5	1	2JK-3. 5/15. 5	1
3		吊桶		2JK-3. 5/20	1		
4				$4m^3/3m^3$	2/2	$4m^3$	2
5	掘进装岩	伞钻		FJD-6A	1	SJZ5. 5 型配 YGZ-70	1
6		破岩机具		CX55B	1		
7		抓岩机具		HZ-6C 型中心回转式	2	HZ-6C 型中心回转式	2 (1 台备用)
8		装载机具		ZL-50	1	ZL-50	1
9		压风机		5L-40/8，4L-20/8	2/2	LF4-3/LF20	3/1
10	支护	混凝土搅拌机		JS-1000	2	JS-750	1
11		混凝土配料机		PLD-2400	1	PLD-1600	1
12		吊桶		DX-2	3	DX-2	1 个
13		模板	外层井壁	Φ8. 0m/8. 4m/8. 8m/9. 2m MJY	1	Φ5. 0mMJY	1
14			内层井壁	高 1. 0～1. 1m 组装式钢模板		高 1. 0～1. 1m 组装式钢模板	15 套
15	排矸			10t 自卸式汽车		8t 自卸式汽车	2
16	通风			TFJ-9-25		2BKN06/30	2
17	吊盘			Φ6. 7m 层距 4m 三层吊盘		三层吊盘，层距 4. 0m/4. 5m(下层)	1
备注				(1) 井筒净直径 7. 0m (2) 2006 年施工 (3) 凿井单位为中煤建设五公司三处 (4) 冻结段掘砌最高速度为 124m/月		(1) 井筒净直径 4. 5m (2) 2009 年施工 (3) 凿井单位为河南国龙建设公司 (4) 冻结段掘砌最高速度为 180m/月	

4. 提前做好开挖前的准备工作

做好施工人员培训及各项施工准备工作，争取正式开挖的第一、二、三、四个月安全通过 180m、300m、400m、500m 冲积层冻结段。

(1) 煤矿井巷工程施工规范第 2.22 条规定井筒开挖应具备下列条件。

① 水位观测孔内的水位有规律地上升并溢出管口不应少于 7d，当水位观测孔失效或无水位观测孔时，井筒内的水位应有规律地上升。

② 井筒浅部不应发生较大片帮，且不同深度、不同土层的冻结壁厚度和强度应符合设计规定，同时应满足连续掘砌施工要求。

③ 地面的提升、搅拌、运输、供热等辅助设施均应适应井筒施工的要求。

(2) 制定合理的井筒开挖时间，为实现安全快速施工创造条件。

① 科学判定冻结壁交圈时间。

根据水位观测孔(管)内水位溢出管口时间，分析判定冻结壁交圈时间是最直观的方法，实际上水位管内水位呈现规律性上升便说明冻结壁已正式交圈，水位溢出管口的时间一般要比冻结壁实际交圈时间滞后 2(含水丰富的粗中砂层、卵砾石层)～5d(含水不丰富的粉细砂、砂土层)；根据冻结地层埋藏条件和水位孔内水位变化特点具体分析冻结壁的交圈时间更接近于工程实际。进入 21 世纪以来，深厚冲积层冻结井已普遍推广靶域钻进技术，主孔圈的冻结孔在冲积层段的成孔间距基本上控制在 2.5～2.8m，水位孔内水位溢出管口的时间一般为 60～66d，如果成孔最大间距小于 2.6m，冻结壁交圈时间可能小于 60d，所以掘砌单位应在冻结 60d 之前做好井筒试挖的一切准备工作。

② 根据冻结实际情况和水位观测孔水位变化特点，正确制定井筒开挖时间。

根据冻结壁形成特性实测资料分析，多圈孔冻结每提前 10d 可减少井筒的冻土挖掘宽度 200～300mm，并随着冲积层厚度的增大和开挖时间的提前而产生叠加效应，大大加快井筒的掘进速度。例如，泉店风井、泉店副井、赵固二矿副井及顺和副井等根据冻结地层埋藏特点、冻结工艺条件、冻结壁交圈时间、冻结壁温度实测资料及试挖段揭露的地层稳定性情况、施工速度等综合分析结果，确定井筒正式开挖时间为冻结第 80d、84d、95d、75d，正式开挖的第一、二、三、四个月分别穿过 180m、300m、400m、500m 冲积层冻结段(表 7-16)。

但应注意到，若提前开挖的时间过早，可能在掘砌初期冻结壁局部透水而被迫灌水停掘冻结，打乱正常施工程序；或在掘进至中、深部厚黏土层时出现冻土未扩至井帮而发生较大片帮和井壁下沉拉裂或压坏的现象，影响井壁质量，重则危及施工安全而被迫停掘冻结或提前套壁，出现欲速则不达的被动局面。因此，冻结段正式开挖前的合理冻结时间应根据冻结地层特点、冻结设计的控制层位、冻结壁厚度、安全掘进段高、冻结孔布置方式、冻结孔的成孔间距、冻结工艺、冻结盐水温度、盐水流量、各孔圈冻土交汇的时间、冻土扩至井帮的时间、掘砌速度等因素综合考虑，既要满足少挖冻土的目的，又要防止上部片帮严重而影响井壁质量，中深部厚黏性土层冻结壁径向位移偏大会导致冻结管断裂，井壁压坏而停掘冻结或提前套壁等现象的发生。

表 7-16　泉店风井、赵固二矿副井等冲积层冻结段施工简况

序号	井筒名称	正式掘砌月份	掘砌技术指标		
			起止时间(年.月.日)	起止深度/m	速度/(m/月)
1	泉店风井	第一月	2006.01.25～2006.02.24	39.6～262.8	233.2
2		第二月	2006.02.25～2006.03.24	262.8～359.4	96.6
3		第三月	2006.03.25～2006.04.24	359.4～464.4	105.0
4		第四月	2006.04.25～2006.05.17	464.4～510.6	46.2(23d,基岩)
5	泉店副井	第一月	2005.12.16～2006.01.15	22.5～166.9	144.4
6		第二月	2006.01.16～2006.02.15	166.9～285.8	118.9
7		第三月	2006.02.16～2006.03.15	285.5～361.4	75.9
8		第四月	2006.03.16～2006.04.15	361.4～436.8	75.4
9	赵固二矿副井	第一月	2006.01.23～2006.02.22	26.2～191.7	165.5
10		第二月	2006.02.23～2006.03.22	191.7～317.7	126.0
11		第三月	2006.03.23～2006.04.22	317.7～414.9	97.2
12		第四月	2006.04.23～2006.05.22	414.9～513.9	99.0
13	顺河副井	第一月	2009.10.20～2009.11.19	37.5～281.5	244
14		第二月	2009.11.20～2009.12.20	281.5～387	105.5
15		第三月	2009.12.21～2009.12.31	387～440	53(11d)

5. 建立冻结壁形成特性实测、工程预报与盐水温度和流量调控的机制

实践表明，利用第 2 章介绍的冻结壁形成特性综合分析方法，可以对冻结壁形成特性进行预测、工程预报，并对冻结盐水温度、流量进行调控。

掘砌过程中，每隔 15～30d 对未施工段冻结壁形成特性的主要技术指标——冻土扩至井帮的时间及范围、井帮温度、各孔圈之间冻土交汇的时间、外侧冻结壁扩展范围、内外侧冻结壁有效厚度和平均温度等进行工程预报，并提出施工中应注意的问题和调控意见，对于正确判断冻结壁强度、稳定性和有效解决冻结与掘进的矛盾非常必要，及时正确地进行冻结调控可为安全快速施工创造有利条件。

1) 程村主副井

程村主副井冲积层厚 429.9m，卵(砾)石层累计厚度占冲积层总厚度的 39.3%(主井)～40.0%(副井)，冻结深度为 485m，地质、水文地质条件复杂，于 2001 年 12 月开工建设，是进入 21 世纪后我国最早施工的大于 400m 冲积层的一对冻结井，深部(大于 280m)黏性土层厚度占该段厚度比例的 76.5%(主井)～69.6%(副井)，冻掘矛盾突出，施工难度大。为了确保冻结段安全快速施工，开展冻结壁形成特性实测、工程预报与盐水温度流量调控工作，较为系统地掌握了卵(砾)石层和黏性土层的冻结壁交圈时间、交圈前的冻土平均扩展速度、孔圈之间的冻土交汇时间、外孔圈外侧冻土扩展范围等特性指标和不同深度、不同土层、不同冻结期的冻结壁形成特性(图 7-6 和图 7-7、表 7-17 和表 7-18)，并根据

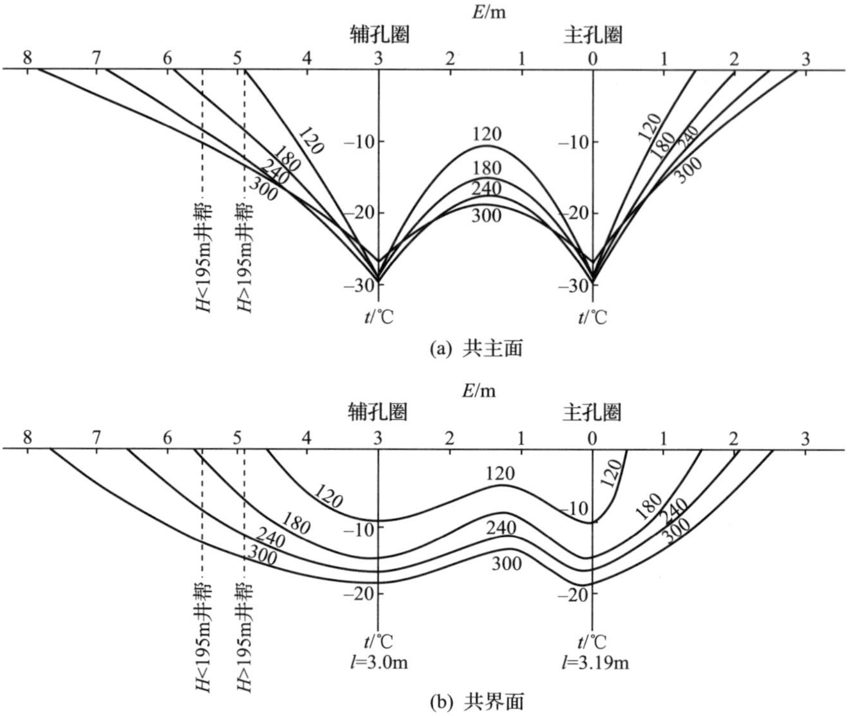

(a) 共主面

(b) 共界面

图 7-6　程村副井－320m 水平黏性土层不同冻结期冻结壁形成特性

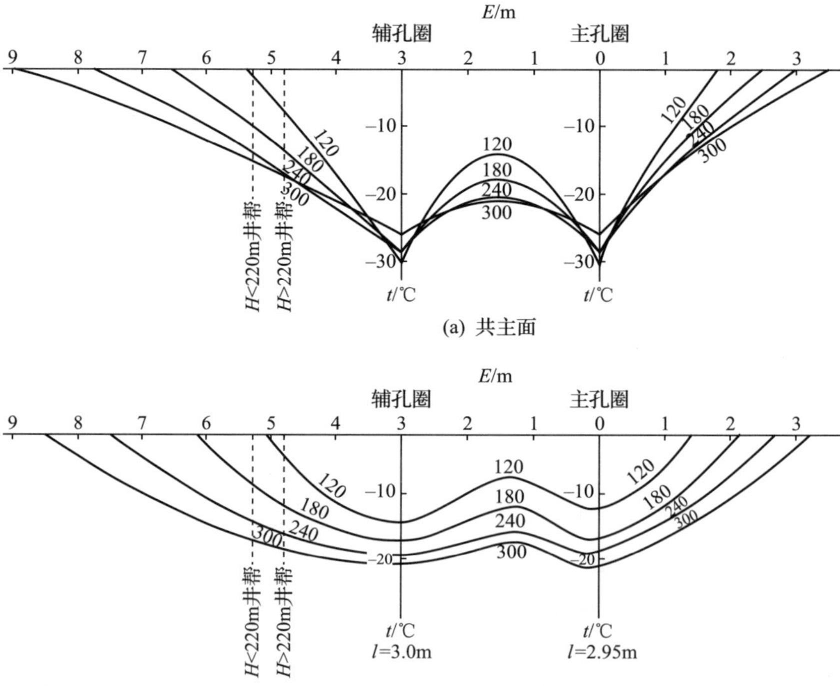

(a) 共主面

(b) 共界面

图 7-7　程村主井－410m 水平卵(砾)石层不同冻结期冻结壁形成特性

表 7-17　程村主井掘砌过程不同深度不同土层的共界面冻结壁形成特性

井筒掘砌				冻结		主孔成孔最大间距/m	主孔外侧、辅孔内侧冻结壁					主、辅孔圈之间冻结壁		冻结壁整体	
深度/m	代表性土层	日期（年.月.日）	井帮温度/℃	冻结时间/d	盐水温度/℃		外侧厚度/m	内侧厚度/m		有效厚度之和/m	平均温度/℃	厚度/m	平均温度/℃	有效厚度/m	平均温度/℃
								实际	有效						
120	卵石	2002.10.14	1.6	118	−29.4	2.79	1.56	2.05	2.05	3.61	−9.3	3.00	−11.8	6.61	−10.7
134	黏土	2002.10.20	4.5	124	−30.5	2.77	0.88	1.68	1.68	2.56	−8.0	3.00	−10.3	5.56	−9.4
175	黏土	2002.11.01	3.5	136	−30.5	2.65	1.05	1.87	1.87	2.92	−8.6	3.00	−11.3	5.92	−10.4
215	黏土	2002.11.16	−1.1	151	−30.0	2.72	1.25	2.12	2.12	3.37	−10.3	3.00	−12.7	6.37	−11.5
240	砂质黏土	2002.11.28	−5.8	163	−30.5	2.70	1.43	2.32	1.80	3.23	−11.1	3.00	−14.5	6.23	−12.4
270	黏土	2002.12.11	−6.8	176	−30.0	2.62	1.60	2.60	1.80	3.40	−11.3	3.00	−14.6	6.40	−12.7
294	黏土	2002.12.21	−9.4	186	−31.0	2.63	1.72	2.80	1.80	3.52	−11.8	3.00	−15.3	6.52	−13.4
320	黏土	2003.01.11	−10.0	207	−30.5	2.70	1.93	3.20	1.80	3.73	−12.5	3.00	−16.5	6.73	−14.4
348	黏土	2003.01.28	−11.7	224	−29.0	2.85	2.10	3.52	1.80	3.90	−13.2	3.00	−17.4	6.90	−15.1
366	黏土	2003.02.14	−12.6	241	−29.0	2.93	2.20	3.77	1.80	4.00	−13.7	3.00	−18.0	7.00	−15.7
385	黏土	2003.02.25	−13.5	252	−29.0	3.00	2.22	3.97	1.80	4.02	−14.0	3.00	−18.4	7.02	−16.1
410	卵石	2003.03.14	−16.8	269	−27.5	2.98	3.13	5.30	1.80	4.92	−15.3	3.00	−21.8	7.92	−18.1

注：井壁厚度：深 0～220m 为 1.1m，深 220～461.5m 为 1.6m。

表 7-18　程村副井掘砌过程不同深度不同土层的共界面冻结壁形成特性

井筒掘砌				冻结		主孔成孔最大间距/m	主孔外侧、辅孔内侧冻结壁					主、辅孔圈之间冻结壁		冻结壁整体	
深度/m	代表性土层	日期（年.月.日）	井帮温度/℃	冻结时间/d	盐水温度/℃		外侧厚度/m	内侧厚度/m 实际	内侧厚度/m 有效	有效厚度之和/m	有效平均温度/℃	厚度/m	平均温度/℃	有效厚度/m	平均温度/℃
120	卵石	2003.01.27	−1.2	144	−29.0	2.67	1.84	2.55	2.50	4.34	−10.5	3.00	−14.6	7.34	−12.7
134	黏土	2003.02.03	2.0	151	−29.0	2.61	1.30	2.38	2.38	3.68	−10.2	3.00	−13.3	6.68	−11.3
150	砾石	2003.02.16	−4.7	164	−30.0	2.45	1.58	2.58	2.50	4.08	−11.3	3.00	−16.4	7.08	−14.1
175	黏土	2003.02.23	−1.3	171	−28.3	2.30	1.63	2.78	2.50	4.13	−11.1	3.00	−14.9	7.13	−12.5
215	黏土	2003.03.18	−5.7	194	−28.5	3.00	1.73	3.15	1.9	3.63	−12.0	3.00	−16.4	6.63	−13.9
230	黏土	2003.03.27	−8.7	203	−28.0	3.15	1.75	3.28	1.9	3.65	−12.3	3.00	−17.0	6.65	−14.3
245	黏土	2003.04.03	−9.4	210	−28.0	3.30	1.82	3.43	1.9	3.72	−12.6	3.00	−17.4	6.72	−14.6
270	黏土	2003.04.16	−10.6	223	−29.8	3.13	1.92	3.61	1.9	3.82	−13.2	3.00	−17.9	6.82	−15.1
281	卵石夹黏土	2003.04.20	−12.7	227	−30.0	3.11	2.00	4.32	1.9	3.90	−13.5	3.00	−19.3	6.90	−15.8
290	黏土	2003.04.26	−11.5	233	−29.8	3.14	2.06	3.76	1.9	3.96	−13.3	3.00	−18.2	6.96	−15.5
320	黏土	2003.05.15	−12.8	252	−29.0	3.19	2.18	4.06	1.9	4.08	−14.0	3.00	−18.6	7.08	−16.1
330	黏土夹卵石	2003.05.20	−13.5	257	−29.2	3.18	2.21	4.17	1.9	4.11	−14.5	3.00	−18.8	7.11	−16.9
350	砂质黏土	2003.06.09	−14.6	277	−27.0	3.10	2.34	4.64	1.9	4.24	−14.4	3.00	−19.7	7.24	−17.0
365	黏土夹卵石	2003.06.20	−15.6	288	−28.0	3.10	2.60	5.15	1.9	4.50	−15.0	3.00	−20.2	7.50	−17.4
396	黏土	2003.07.22	−15.4	320	−27.0	3.10	2.76	5.10	1.9	4.60	−14.8	3.00	−19.8	7.60	−17.2
415	卵石	2003.08.02	−17.7	331	−26.0	3.25	3.55	6.00	1.9	5.45	−15.9	3.00	−22.5	8.45	−18.7

注：井壁厚度：深 0～195m 为 1.2m，深 195～463.5m 为 1.8m。

冻结设计要求和冻结段施工情况对冻结盐水温度、流量进行调控(表 7-19),安全顺利地通过冻结段,主井冻结段最高和平均掘砌速度分别达到 114m/月和 66.9m/月,副井冻结段最高和平均掘砌速度分别达到 65.8m/月和 54.2m/月。

表 7-19　程村主副井冻结盐水温度的设计值、实际值及调控指标

序号	不同冻结施工阶段			主井	副井
1	冻结盐水温度/℃	积极冻结期至黏性土层井帮见冻土时	设计值	−32	−32
2			实际值	−31	−30.5
3		井帮见冻土后至掘至冲积层底部	调控值	−28～−30.5	−27～−30
4		基岩冻结段掘砌过程		−25～−28	−24～−27
5		浇筑筒形壁座至停冻前		−23	−24

2) 泉店风井

该井冲积层厚 455.3m,冻结深度为 523m,冻结壁设计厚度为 7.4m;采用外圈为主冻结孔和中、内圈分别为辅助、防片冻结孔的布孔方式,并与差异、异径冻结工艺优化组合。2005 年 11 月 6 日开始冻结,冻结第 30d、40d、50d、60d 和 70～90d 的盐水温度分别降至−20.5℃、−27.3℃、−29.2℃、−32.4℃和−33.0℃,并在冲积层冻结段掘砌过程中盐水温度维持在−30～−32℃。

根据冻结壁温度场实测资料和理论计算的综合分析,得出泉店风井黏性土层共主面和共界面冻结壁的形成特性(图 7-8～图 7-10 和图 2-54),深入分析冻结壁的形成特性和井帮稳定性状况之后提出工程预报,并对各孔圈的盐水流量进行了及时调整(表 7-20、表 7-21),使井帮温度得到有效的控制(表 7-22 和图 7-11)。

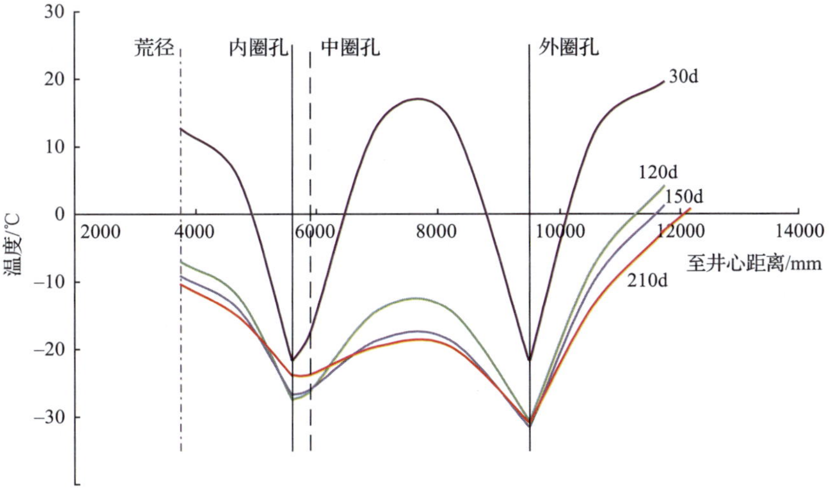

图 7-8　泉店风井−205m 水平黏土层共主面冻结壁形成特性

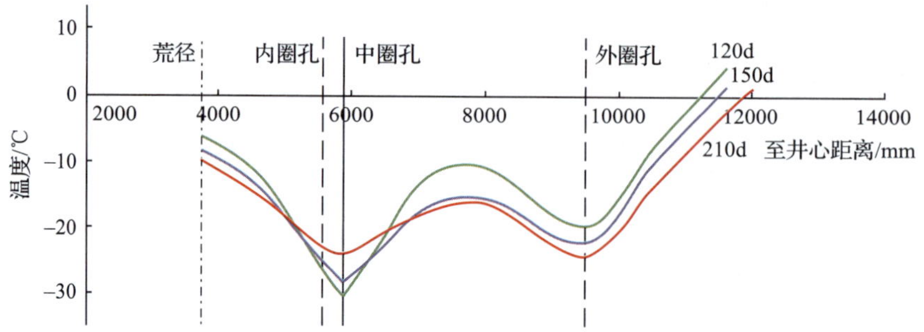

图 7-9　泉店风井一205m 水平黏土层界主面冻结壁形成特性

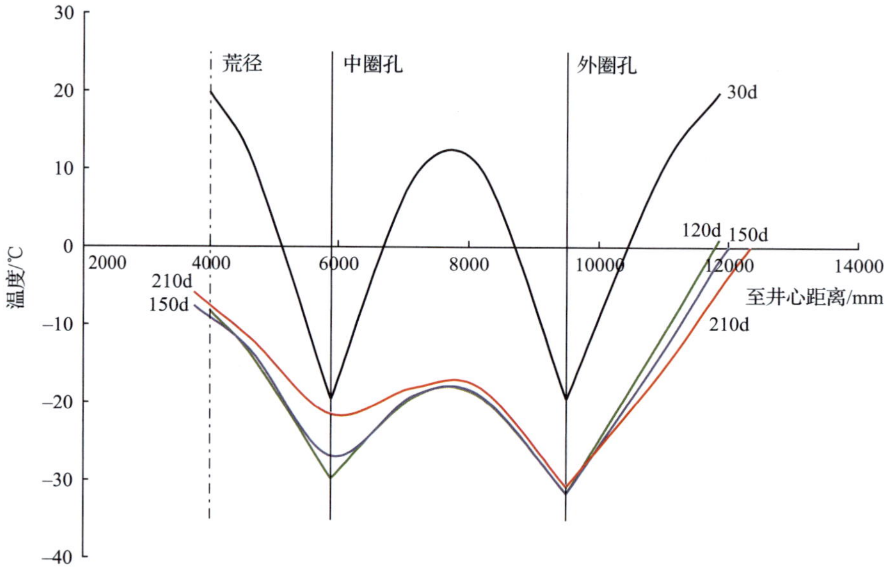

图 7-10　泉店风井一398m 水平黏土层共主面冻结壁形成特性

表 7-20　泉店风井冻结器盐水循环量调控

序号	冻结时间（年.月.日）	盐水循环量/(m^3/h)		
		外圈	中圈	内圈
1	2005.11.6～2005.12.8	10.0	10.0	10.0
2	2005.12.9～2006.1.23	15.7	15.7	15.7
3	2006.1.24～2006.2.4	15.7	15.7	0
4	2006.2.5～2006.3.1	14.0	10	0
5	2006.3.2～2006.3.16	11.0	6	0
6	2006.3.17～2006.6.12	11.0	0	0
7	2006.6.13	0	0	0

表 7-21　泉店风井不同冻结期黏土层的冻结壁形成特性工程预报

工程预报日期（年.月.日）	冻结时间/d	冻结运转状况			掘砌深度/m	冻结壁										
		外圈冻结器	中圈冻结器	内圈冻结器		井段深度/m	土层	外侧		内侧		内、外侧之和				
								扩展范围/mm	有效厚度/mm	有效厚度/mm	井帮温度/℃	有效厚度/mm	盐水温度/℃	平均温度/℃	安全掘进段高/m
2006.02.24	110	盐水循环量为 11.0m³/h	盐水循环量为 6.0m³/h	2006 年 1 月 24 日停止冻结	211	201.8～351.8	黏土	1500	1030	5800	−2.8	6830	−32	−13.8	4.5
							粉砂	1620	1150	5800	−3.6	6950	−32	−14.1	4.5
						351.8～455.3	黏土	1520	1050	5700	−3.0	6750	−32	−12.6	
							粉砂	1650	1180	5700	−3.8	6880	−32	−13	
2006.03.25	140	盐水循环量为 11.0m³/h	2006 年 3 月 1 日停止冻结	停止冻结	330	201.8～351.8	黏土	1850	1380	5800	−5.2	7180	−32	−14.7	3.8
							粉砂	1990	1520	5800	−6.0	7300	−32	−15.1	4.0
						351.8～455.3	黏土	1880	1410	5700	−5.4	7110	−32	−13.6	
							粉砂	2030	1560	5700	−6.2	7260	−32	−13.9	
2006.04.10	155	盐水循环量为 11.0m³/h	停止冻结	停止冻结	397	351.8～455.3	黏土	2020	1550	5700	−6.4	7250	−32	−14.0	3.3
							粉砂	2180	1710	5700	−7.2	7410	−32	−14.3	3.5

表 7-22　泉店风井黏性土层井帮温度实测结果

序号	项目内容		土层性质												
			黏土	黏土	砂质黏土	黏土	黏土	黏土	砂质黏土	黏土	砂质黏土	黏土	砂质黏土	黏土	砂质黏土
1	掘进	深度/m	45	85	135	150	200	250	262	270	300	311	358	380	415
2		半径/m	3.73	3.73	3.75	3.75	3.75	3.75	3.75	3.75	3.75	3.75	3.80	3.80	3.80
3	冻结时间/d		80	88	96	97	105	115	118	120	125	128	142	153	162
4	井帮温度/℃		1.5	1	−1.6	−0.8	−2.7	−3.5	−5	−4.1	−5.5	−5	−6.5	−6	−6.6

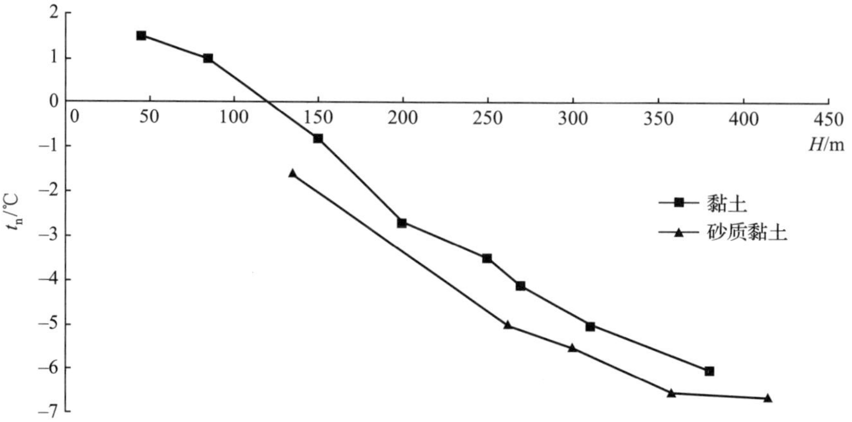

图 7-11 泉店风井黏性土层井帮温度(t_n)与深度(H)的关系

冻结第 80d 井筒正式开挖，头 3 个月就顺利穿过 455.3m 冲积层(表 7-16)，掘砌第 4 个月中旬就施工至筒形壁座底部 510.6m 水平，至第 5 个月 25 日完成套壁工作，滑模套壁最高速度为 18.0m/d、平均速度为 13.61m/d，创下冻结段最高掘砌速度 223.2m/月、平均掘砌速度 132.28m/月和冻结段成井速度 100.74m/月的全国新纪录，为我国深厚冲积层冻结孔布置方式和安全快速施工提供了实践经验。

3) 赵固二矿副井

赵固二矿副井净直径为 6.9m，冲积层厚 527.5m，冻结深度为 628m，采取以外圈为主冻结孔和中、内圈分别为辅助、防片冻结孔的布孔方式，并与差异、异径冻结工艺优化组合，于 2006 年 12 月 6 日开机冻结，冻结第 45d 外孔圈盐水温度降至－30℃，冻结第 60～149d 盐水温度为－32～－33℃，冻结第 150～230d 盐水温度维持在－32.0～－32.3℃(图 7-12)；深 0～93m 段、93～317m 段、317～517m 段含水层的冻结壁交圈时间分别为 52d、63d、38d，于 2 月 16 日(冻结第 73d)进行井筒试挖，至 3 月 9 日完成 26.2m 外层井壁掘砌任务和凿井三盘安装，于 3 月 10 日(冻结第 95d)转入正式开挖。

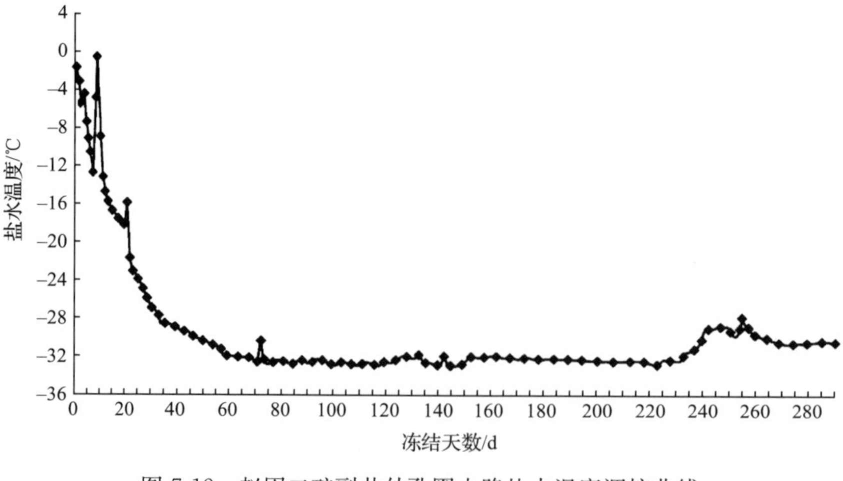

图 7-12 赵固二矿副井外孔圈去路盐水温度调控曲线

掘砌过程中定期对冻结壁形成特性的主要技术指标进行工程预报(表 7-23),提出施工过程中应注意的问题,根据冻结壁形成特性的主要技术指标和冻结段施工的具体情况,对盐水温度、流量及时进行了调控(表 7-24),有效地控制了井帮温度(表 7-25),较好地解决了冻结与掘进的矛盾,把 527.5m 冲积层底部黏性土层的井帮温度和冻土扩入井帮的宽度分别掌握在−7.5℃和 1.3m 范围内,冲积层底部砂性土层的井帮温度和冻土扩入井帮的宽度分别控制在−9℃和 1.9m 范围内,实现浅部不片帮和深部只挖少量冻土的目标。

表 7-23　赵固二矿副井冻结壁形成特性工程预报主要技术指标

日期(年.月.日)	冻结时间/d	盐水温度/℃	控制层位				冻结壁特性指标					掘砌段高/m
			预计掘进深度/m	土层名称	成孔最大间距/mm	井帮温度/℃	外侧冻结壁扩展范围/mm	外侧冻结壁有效厚度/mm	内侧冻结壁有效厚度/mm	冻结壁有效总厚度/mm	冻结壁平均温度/℃	
2007.3.11	95	−32	30	砂质黏土	1377	5.4	1630	1330	7000	8330	−7.4	3.6
2007.3.21	105	−32	75	细砂	1443	2.0	1900	1600	7300	8900	−12.7	3.6
2007.3.26	110	−32	98	黏土	1485	1.2	1840	1540	7400	8940	−10.0	3.6
2007.4.7	122	−32	148	粉砂	1628	0.8	1980	1580	7450	9030	−14.6	3.6
2007.4.21	136	−32	210	砂质黏土	1828	−2.2	1940	1640	7600	9240	−15.5	3.6
2007.5.13	158	−32	295	粉砂	2126	−3.8	2000	1700	7375	9075	−15.2	3.6
2007.5.22	167	−32	332	黏土	2026	−3.8	1970	1.67	7150	8820	−16.1	3.6
2007.5.30	176	−32	360	砂质黏土	2311	−4.9	2250	1950	7150	9100	−17.1	3.6
2007.6.14	190	−32	408	粉砂	2408	−6.4	2300	2000	7150	9150	−16.3	3.6
2007.7.1	207	−32	465	粉砂	2367	−6.7	2450	2150	7150	9300	−16.2	2.5
2007.7.17	223	−32	518	黏土	2372	−5.7	2430	2130	6850	8980	−15.0	2.5
2007.8.13	250	−32	585	断层角砾岩	3300	−12.0	4030	3730	3450	7180	−13.8	2.5

表 7-24　赵固二矿副井各孔圈冻结盐水温度、流量的调控简况

日期(年.月.日)	盐水温度/℃			每个冻结器盐水流量/(m^3/h)		
	外圈	中圈	内圈	外圈	中圈	内圈
2006.12.6～2007.2.6	−32	−29	−29	12.5	13.5	13.5
2007.2.7～2007.2.18	−32	−30	−30	12.5	13.5	13.5
2007.2.19～2007.4.18	−32	−32	−32	12.5	13.5	13.5
2007.4.19～2007.7.30	−32	−32		14.5	7.3	
2007.7.31～2007.9.23	−30	−30		6.0	7.3	
冻结器开始供冷时间	2006.12.6	2006.12.6	2006.12.6			
冻结器停止供冷时间	2007.9.23	2007.9.23	2007.4.18			

表 7-25　赵固二矿副井冲积层段井帮温度及冻土扩入井帮范围的实测结果

序号	深度/m	井帮温度/℃		冻土扩入井帮范围/mm	
		黏土	细砂	黏土	细砂
1	50	2.0	1.3	0	0
2	100	0.8	0	0	0
3	150	0	−1.0	0	200
4	200	−2.0	−3.2	200	650
5	253	−4.0	−5.4	600	1100
6	300	−3.4	−4.4	700	900
7	336	−4.9	−6.4	800	1300
8	400	−6.0	−7.5	1000	1550
9	473	−6.5	−8.0	1100	1700
10	477	−7.5	−9.0	1300	1900
11	500	−3.0	−4.0	400	850

挖掘的砂性土层/黏性土层开始见冻土的深度为 120m/180m，在深 0～150m 砂性土层和深 0～220m 黏性土层基本上不挖冻土，由于头 4 个月掘砌速度快，深 200m 至冲积层底部的黏性土层平均冻土挖掘宽度为 700mm 左右，创下安全快速施工的优异成绩(表 7-26)，527.5m 冲积层冻结段平均掘砌速度为 121.93m/月，冲积层底部至筒形壁座底部的冻结基岩段平均掘砌速度为 60m/月以上，外层井壁的最高和平均掘砌速度为 165.5m/月和 108.8m/月，628m 冻结段实现一次套壁，冻结段成井速度为 81.4m/月，有效地解决了冻结管断裂、外层井壁压坏和内层井壁混凝土收缩开裂等技术难题，实现安全、快速施工，井壁质量优良。

表 7-26　赵固二矿副井冻结段的掘砌速度与成井速度

序号	井筒		副井
	正式开挖前的冻结时间/挖掘深度		95d/26.2m
1	冻结段外层井壁掘砌速度/累计掘砌深度	第 1 月	165.5m/月/191.7m
2		第 2 月	126.0m/月/317.7m
3		第 3 月	97.2m/月/414.9m
4		第 4 月	99.0m/月/513.9m
5		第 5 月	60.0m/月/573.9m
6		第 6 月	25.4m/月(8d)/599.3m
7	外层井壁头 2 个月平均掘砌速度/(m/月)		145.75
8	外层井壁头 3 个月平均掘砌速度/(m/月)		129.57
9	冲积层冻结段平均掘砌速度/(m/月)		121.93
10	筒形壁座以上冻结基岩段平均掘砌速度/(m/月)		67.4
11	外层井壁最高掘砌速度/平均掘砌速度/(m/月)		165.5/108.8
12	冻结段成井速度(m/月)		81.4

6. 建立深部黏性土层冻结壁径向位移实测与掘砌段高调控的机制

加大段高对方便施工和提高掘砌速度有利，但应防止因冻结壁径向位移偏大而导致冻结管断裂。1989 年开工的陈四楼主副井，把砂性土层冻结壁厚度和黏性土层掘砌段高作为深厚冲积层冻结壁设计计算体系的两大主体内容，并创下近 400m 冲积层 435m 冻结段冻结管无断裂、外层井壁无压坏、内层井壁无开裂漏水的全国纪录。之后，在本书作者参与的 20 多个 400～530m 冲积层冻结方案设计和技术攻关的深冻结井中，建立了深部厚黏性土层冻结壁径向位移实测与掘砌段高调控的机制，并根据多圈孔冻结壁形成特性实测成果，基本上把冲积层深度小于 150m、150～300m、大于 300m 冻结段的掘砌段高分别控制在 2～2.5m、3.5m、2.5m 范围内，每种段高的循环作业时间分别控制在 12h、24h、16h 范围内，均取得冻结管无断裂、外层井壁无压坏和安全快速施工的良好效果。

7. 在深部冻土和基岩冻结段试验应用深孔安全爆破技术

在冻结法凿井向纵深度发展过程中，基岩厚度所占比例呈增长趋势，加上冲积层深部黏性土层多为固结、半固结状态，二者厚度之和占冻结深度的 30%以上，这些地层若不采取爆破措施，则掘进效率太低。因此，开展深部冻结段固结或半固结黏土层、砾石层、黏土夹砾石层，以及冻结风化基岩的中深孔爆破试验意义重大，是提高冻结段成井速度的重要措施。根据多次探讨摸索，在上述地层冻结段采用的中深孔安全爆破炮眼布置图(图 7-13)、炮药装配图(图 7-14)、电爆网络图(图 7-15)、冻结基岩段爆破原始条件和冻结

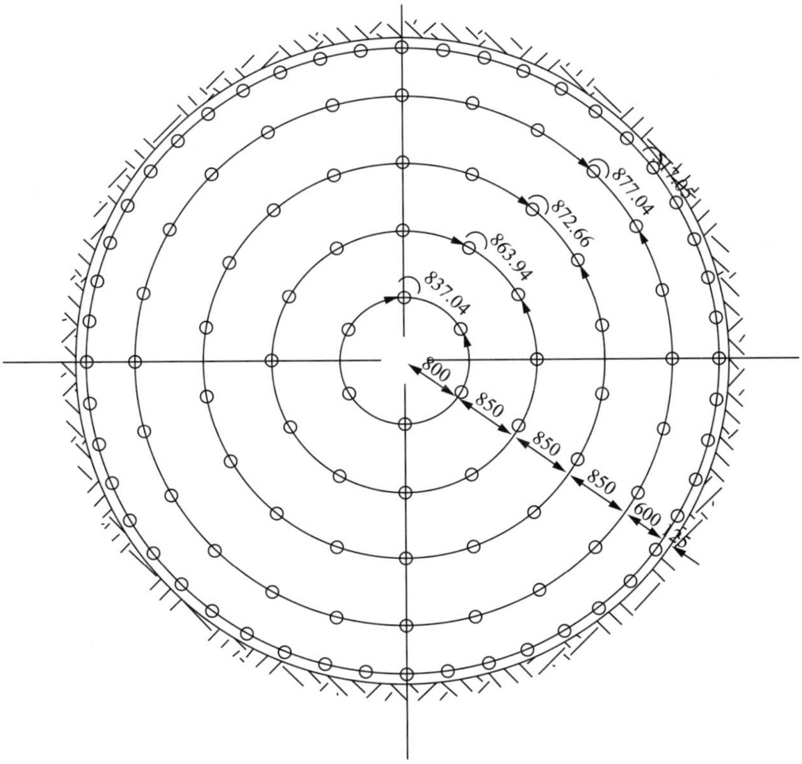

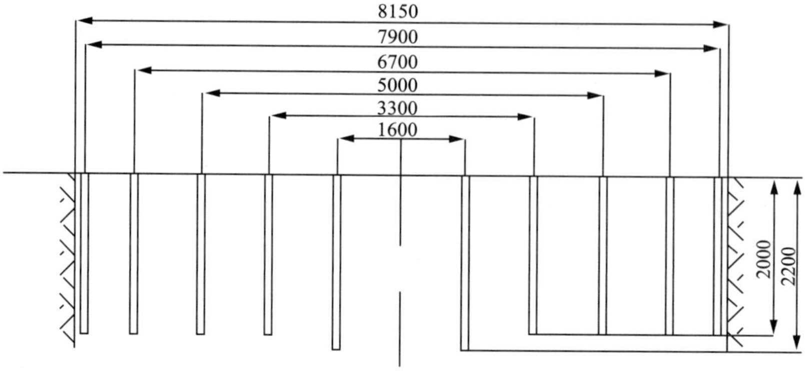

图 7-13　赵固二矿主、风井冻结段固结黏土层、砾石层炮眼布置图

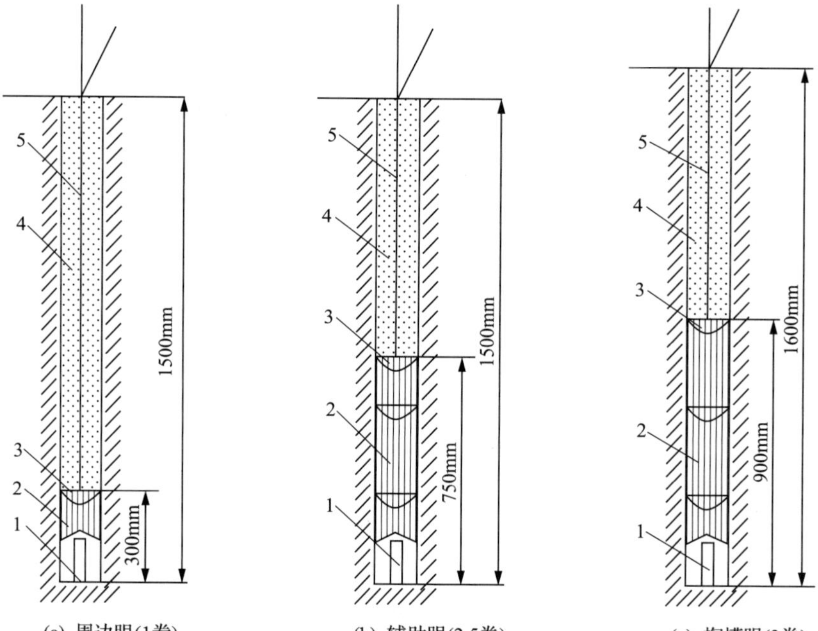

图 7-14　赵固二矿主井冻结基岩炮药装配图

1-雷管；2-药卷；3-聚能穴；4-炮泥；5-脚线

固结黏土层、砾石层爆破主要参数(表 7-27、表 7-28)，使爆破达到预期效果(表 7-29)，井帮表面较为平整，未引发冻结管断裂，掘砌平均速度由 45m/月提高到 60m/月左右。

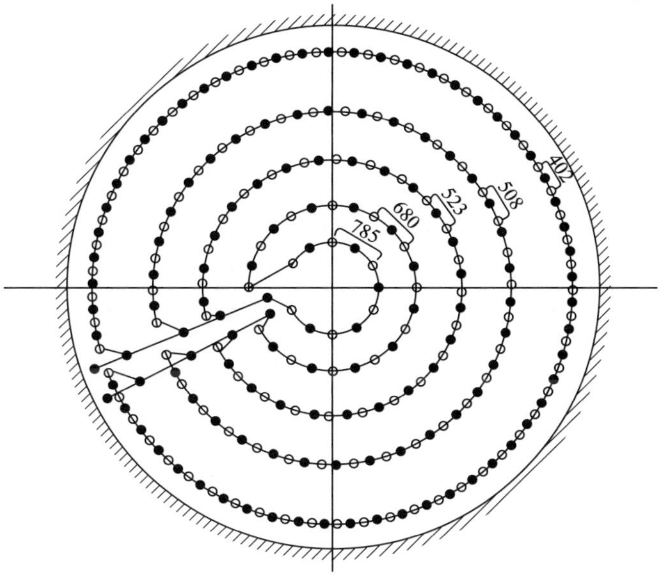

图 7-15　赵固二矿主井冻结基岩电爆网络图

表 7-27　赵固二矿主井冻结基岩段爆破原始条件

序号	名称	单位	主井	备注
1	井筒净直径	m	5.0	
2	井筒掘进荒径	m	8.0	
3	井筒掘进断面	m^2	50.3	
4	岩石条件 f		3～6	
5	雷管			抗杂散秒延期电雷管
6	炸药(Φ45mm)	m/卷	0.4	周边孔用 Φ35mm 的药卷
		kg/卷	0.7	

表 7-28　赵固二矿主井冻结固结黏土层、砾石层爆破主要参数表

圈别	每圈眼数/个	眼深/mm	每孔装药量/(kg/眼)	炮眼角度/(°)	圈径/mm	总装药量/kg	眼间距/mm	起爆顺序	连线方式
1	6	2200	2.8	90	1600	16.8	800	Ⅰ	并联
2	12	2000	2.1	90	3300	25.2	854	Ⅱ	并联
3	18	2000	2.1	90	5000	37.8	868	Ⅲ	并联
4	24	2000	2.1	90	6700	50.4	875	Ⅳ	并联
5	48	2000	1.4	88	7900	67.2	523	Ⅴ	并联
合计	108					197.4			

表 7-29　赵固二矿主井冻结固结黏土层、砾石层爆破预期效果

序号	爆破指标	单位	数量
1	炮眼利用率	%	90
2	每循环爆破进尺	m	1.8
3	每循环爆破实体矸石量	m^3	90.54
4	每循环炸药消耗量	kg	197.4
5	单位原岩炸药消耗量	kg/m^3	2.18
6	每米井筒炸药消耗量	kg	109.6
7	每循环雷管消耗量	个	108
8	单位原岩雷管消耗量	个/m^3	1.19
9	每米井筒雷管消耗量	个	60

7.3.2　技术创新效果

1. 已施工冲积层厚度居世界首位

(1) 2001 年、2002 年、2003 年、2004 年和 2011 年冲积层最大厚度分别达到 429.9m(程村主井)、457m(济西主井)、567.7m(龙固副井)、587.4m(郭屯主井)和 675.6m(龙固北风井);冲积层最大厚度(675.6m)分别为前三个阶段冲积层最大厚度(1955～1959 年 154.8m、1960～1988 年 358.5m、1989～1999 年 383.1m)的 4.364 倍、1.885 倍、1.764 倍(表 7-30)。

(2) 以冻结冲积层为主的冻结最大深度为 800m,分别为前三个阶段冻结最大深度(1955～1959 年 162m、1960～1988 年 415m、1989～1999 年 435m)的 4.938 倍、1.928 倍、1.839 倍(表 7-30)。

表 7-30　我国不同阶段的冻结法凿井主要技术指标对照

序号	项目名称		技术指标	引进消化阶段(1955～1959 年)	探索改进阶段(1960～1988 年)	提高完善阶段(1989～1999 年)	创新攀高阶段(2000～2014 年)
1	冲积层厚度		最大值/m	154.8	358.5	383.1	675.6
2			比例系数	1.000	2.316	2.475	4.364
3	冻结深度		最大值/m	162	415	435	800
4			比例系数	1.000	2.562	2.685	4.938
5	冻结段井壁厚度		最大值/mm	600	1300	1800	2500
6			比例系数	1.000	2.167	3.000	4.167
7	混凝土设计标号		最大值	C17	C45	C55	C100
8			比例系数	1.000	2.647	3.235	5.882
9	施工速度	外层井壁掘砌	平均水平/(m/月)	24.0	33.0	49.0	85.0
10			比例系数	1.000	1.375	2.042	3.542
11		冻结段成井	平均水平/(m/月)	24.0	25.0	39.0	65.0
12			比例系数	1.000	1.042	1.625	2.708

2. 井壁的混凝土最高标号居世界首位

由于新技术、新材料的应用，混凝土标号快速增长，其结果是混凝土标号增长幅度比冻结段井壁厚度增长幅度大，使多数井筒的井壁最大厚度被控制在较为合理的范围内。

(1) 井壁最大厚度 2500mm，分别为前三个阶段(1955～1959 年 600mm、1960～1988 年 1300mm、1989～1999 年 1800mm)的 4.167 倍、1.923 倍、1.389 倍(表 7-30)。

(2) 混凝土最高标号 C100，分别为前三个阶段(1955～1959 年 C17、1960～1988 年 C45、1989～1999 年 C55)的 5.882 倍、2.222 倍、1.818 倍(表 7-30)。

(3) 赵固一矿西风井 2014 年浇筑的外层井壁和 2015 年浇筑的内层井壁，混凝土最高设计和施工标号为 C100。

3. 冻结段施工速度居世界领先水平

(1) 冻结段外层井壁掘砌平均速度水平为 85.0m/月，分别为前三个阶段(1955～1959 年 24m/月、1960～1988 年 33m/月、1989～1999 年 49m/月)的 3.542 倍、2.576 倍、1.735 倍(表 7-30)。

(2) 冻结段成井平均速度水平 65m/月，分别为前三个阶段(1955～1959 年 24m/月、1960～1988 年 25m/月、1989～1999 年 39m/月)的 2.708 倍、2.600 倍、1.667 倍(表 7-30)。

(3) 冻结段超高施工速度的井筒不断涌现，说明安全快速施工的潜力较大。

① 冻结段外层井壁最高掘砌速度大于 150m/月的井筒数量达到 16 个(表 7-31)。

② 冻结段外层井壁平均掘砌速度大于 100m/月的井筒数量达到 14 个(表 7-32)。

③ 冻结段成井速度大于 100m/月的井筒 2 个(表 7-33)。

表 7-31　2000～2014 年以冻结冲积层为主的冻结段最高掘砌速度大于 150m/月的井筒

序号	井筒名称	冲积层厚度/m	冻结深度/m	开钻年限	冻结段掘砌速度/(m/月)	
					最高	平均
1	顾桥主井	304.0	325	2003	150.8	(113.2)
2	陈四楼北风井	376.3	410	2007	166.0	134.0
3	郭屯主井	587.4	702	2004	193.0	(76.3)
4	郭屯副井	583.1	702	2004	176.4	97.0
5	顾北副井	462.7	500	2004	152.0	110.0
6	泉店风井	455.3	523	2005	223.2	132.3
7	赵固二矿副井	527.5	628	2006	168.5	108.8
8	赵固二矿风井	524.5	628	2006	151.4	78.4
9	城郊西进风井	420.9	465	2007	156.0	81.6
10	城郊西回风井	420.9	468	2007	180.0	82.0
11	陈蛮庄风井	572.5	644	2008	241.0	124.0
12	顺和主井	437.0	473	2009	160.0	97.0
13	顺和副井	437.7	500	2009	244.0	136.0
14	顺和风井	437.0	473	2009	206.0	122.0
15	李粮店主井	479.2	772	2009	205.5	123.9
16	李粮店副井	481.5	800	2009	187.7	99.7

表 7-32 2000～2014 年以冻结冲积层为主的冻结段平均掘砌速度大于 100m/月的井筒

序号	井筒名称	冲积层厚度/m	冻结深度/m	开钻年限	冻结段施工速度/(m/月)	
					掘砌(平均)	成井
1	顾桥主井	304.0	325	2003	113.2	86.7
2	薛湖主井	391.0	460	2004	108.0	75.0
3	薛湖东风井	395.0	450	2005	115.0	78.0
4	陈四楼北风井	376.3	410	2007	134.0	87.0
5	薛湖中央风景	362.3	430	2007	120.0	81.0
6	涡北副井	410.9	420/410.9	2003	108.0	(82.7)
7	顾北副井	462.7	500	2004	110.0	83.0
8	泉店风井	455.3	523	2005	132.3	100.7
9	赵固二矿副井	527.5	628	2006	108.8	81.4
10	郓城主井	534.0	590	2006	102.0	76.0
11	陈蛮庄风井	572.5	644	2008	124.0	82.3
12	顺和副井	437.7	500	2009	136.0	98.0
13	顺和风井	437.0	473	2009	122.0	86.0
14	李粮店主井	479.0	772	2009	123.9	101.8

表 7-33 2000～2014 年以冻结冲积层为主的冻结段成井速度大于 100m/月的井筒

序号	井筒名称	冲积层厚度/m	冻结深度/m	开钻年限	冻结段施工速度/(m/月)		
					掘砌		成井
					最高	平均	
1	泉店矿风井	455.3	523	2005	223.2	132.3	100.7
2	李粮店主井	479.0	772	2009	205.5	123.9	101.8

4. 大于 500m 冲积层冻结法凿井总工期指标居国际领先水平

冻结法凿井是一种多工序、多工种平行交叉作业的特殊凿井方法，其总工期主要由打钻的时间(T_1)、打钻完至开冻前的过渡时间(T_2)、开机冻结至井筒试挖前的时间(T_3)、井筒开始试挖至冻结段施工结束的时间(T_4)等组成，总工期(T)的长短也是反映冻结法凿井技术水平的综合指标。2000 年以来，我国累计建成大于 500m 冲积层的冻结立井 29 个，为冻结法凿井向更深冲积层发展积累了宝贵经验。但在国外只有苏联雅可夫列夫铁矿(简称苏联铁矿)在 20 世纪 70 年代施工过几个大于 500m 冲积层的冻结立井。下面列举我国 6 个与苏联铁矿冲积层厚度和冻结深度相近的深冻结井总工期对比(表 7-34)分析如下。

1) 打钻工期(T_1)

我国 6 个冻结井的打钻平均工期 T_1(4.5 月)为苏联铁矿打钻工期 T_1(26 月)的 17.3%。其原因之一是我国每个冻结井平均采用 6 台钻机，为苏联铁矿钻机台数的 3 倍；原因之二是中国已采用新型水井钻机(TSJ-2000A 型)，台月效率(2300m)为苏联铁矿钻机(УБЗШ-z 型)的 1 倍多；原因之三是苏联铁矿冻结深部岩层较坚硬，钻进速度慢。

表 7-34　国内外大于 500m 冲积层冻结法凿井主要矛盾线工期对比分析

国别	井筒名称	井筒净直径/m	冲积层厚度/m	冻结深度/m	冻结壁设计厚度/m	冻结孔布置		冻结孔施工		钻孔竣工至开冻前的转换期/d	开冻时间（年.月.日）	井筒开挖前冻结时间/d		冻结段施工				从开始钻孔至冻结段施工结束的总工期/月
						圈数/圈	数量/个	起止时间（年.月.日）	工期/月			井筒试挖	正式开挖	速度/(m/月) 掘砌平均速度	速度/(m/月) 成井速度	起止时间（年.月.日）	工期/月	
苏联	苏联铁矿Ⅱ号罐笼井	7.5	571.2	620	6.2	2	66	1974.06～1976.08	26 *(8.7)	253	1977.05.11	水位较低提前施工锁口	143		24.8	1977.10.01～1979.09.30	24.0	63.0
中国	丁集主井	7.5	530.45	565	10.8	3	125	2003.09.14～2004.02.20	5.18	19	2004.03.10	131	149	89.1	71.0	2004.08.04～2005.03.24	7.79	18.48
	丁集副井	8.0	525.25	565	11.4	3	135	2003.08.08～2004.01.30	5.74	20	2004.02.19	105	131	76.9	61.9	2004.06.28～2005.03.27	8.90	19.59
	丁集风井	7.5	528.65	558	10.5	3	122	2003.09.13～2004.02.19	4.18	18	2004.03.09	91	109	78.3	58.9	2004.06.27～2005.04.01	9.16	17.50
	赵固二矿主井	5.0	530.5	615	7.2	3	66	2006.06.13～2006.10.05	3.77	14	2006.10.19	70	83	80.2	66.7	2007.01.10～2007.10.10	9.0	15.95
	赵固二矿副井	6.9	527.5	628	9.4	3	98	2006.06.20～2006.10.16	3.90	51	2006.12.06	73	95	108.8	81.4	2007.03.11～2007.10.23	7.41	16.10
	赵固二矿风井	5.2	524.5	628	7.5	3	71	2006.06.17～2006.10.22	4.17	25	2006.11.16	71	81	77.3	71.2	2007.02.05～2007.11.09	9.05	16.70

* 表示若用 6 台钻机同时钻进的工期约为 8.7 个月。

综上所述，我国打钻工期(T_1)只有苏联铁矿打钻工期(T_1)的 17.3%是不难理解的。但为了较真实地反映苏联铁矿打钻技术水平，应排除原因一、二、三中的不合理因素，建议取苏联铁矿打钻实际工期的 1/3(26×1/3=8.7 月)与中国 6 个井筒打钻平均工期(4.5 个月)进行对比较为合理，即中国打钻平均工期(4.5 个月)比苏联铁矿打钻工期(8.7 个月)缩短 4.2 个月。

2) 打钻完至开冻前的时间(T_2)

钻孔竣工至开冻前的时间主要受冷冻沟槽结构、盐水管路布置和施工的影响。我国 6 个冻结井 T_2 的平均值为 24.5d(或 0.8 个月)。根据调查：苏联铁矿冷冻沟槽的结构较为复杂，T_2 一般要超过 2.5 个月，苏联雅可夫列夫铁矿的冷冻沟槽结构更为复杂，以往对该结构也未施工过，所以工期(253d)偏长。分析认为 T_2 取中国 6 个井筒的平均时间(0.8 个月)与苏联的平均时间(2.5 个月)进行对比较为合理，即中国从打钻完至开冻前的过渡工期(0.8 个月)比苏联铁矿的 T_2 工期(2.5 个月)缩短 1.7 月。

3) 井筒试挖前的冻结时间(T_3)

井筒试挖前的冻结时间主要取决于冻结孔布置、主孔圈的最大孔间距、冻结初期盐水温度及其运动状态等因素。我国对大于 500m 冲积层均采用多圈冻结孔与多种冻结工艺的优化组合和冻结早期加大盐水流量等措施，井筒试挖前的冻结时间控制在 75d 前后，一般 T_3 取 2.5 个月，6 个井的实际平均值为 68.33d(或 2.3 个月)。而苏联铁矿采取双圈冻结孔分期(分段)冻结工艺，T_3 取 131d(或 4.3 个月)，即中国正式开冻至井筒试挖的时间缩短 2 个月。

4) 冻结段掘砌工期(T_4)

井筒试挖至冻结段掘砌结束的时间主要取决于冻结孔布置、冻结工艺、井壁结构、施工装备、施工队伍素质等因素。

(1) 我国对大于 500m 冲积层冻结段快速施工的有利条件有三点：6 个冻结井均采用多圈冻结孔与多种冻结工艺优化组合及调控措施，达到井筒早日开挖和深部少挖冻土，为安全快速施工创造有利条件；采用钢筋混凝土塑料夹层井壁，结构简单，施工方便，有利于实现快速施工；总结出一套能适应冻结段掘砌速度和成井速度分别超过 150m/月和 100m/月的凿井机械化装备。根据 70 个深厚冲积层冻结井统计结果(表 7-6～表 7-8)：按总平均值的掘砌平均速度和成井平均速度分别达到 85m/月和 65m/月，而按表 7-8 大于 500m 冲积层的 21 个井筒掘砌平均速度和成井平均速度分别达到 78m/月和 60m/月。

(2) 苏联雅可夫列夫铁矿Ⅱ号罐笼井采用双圈孔分期(分段)冻结工艺和丘宾筒钢筋混凝土复合井壁。该井冻结工艺的特点是井筒开挖的冻土挖掘量大，加上铸铁丘宾筒复合井壁的结构复杂，短段掘砌，成井平均速度只有 24.8m/月。

(3) 对比方法。为了便于说明问题，认为采取下列方式进行对比较为合理：①冻结深度取 620m；②中国大于 500m 冲积层的 6 个井筒冻结段成井平均速度取 60m/月，苏联铁矿的成井平均速度取 24.8m/月；③中国 6 个井筒的冻结段掘砌工期取 10.3 个月，苏联铁矿的冻结段掘砌工期取 25 个月，即中国冻结段掘砌工期比苏联铁矿冻结段掘砌工期缩短 14.7 个月。

5）从开始打钻至冻结段掘砌结束的总工期

（1）中国从开始打钻至冻结段掘砌结束的总工期为 17.9 个月。

（2）苏联从开始打钻至冻结段掘砌结束的总工期为 40.5 个月。

（3）中国比苏联从开始打钻至冻结段掘砌结束的总工期缩短 22.6 个月。

第8章　我国深厚冲积层冻结法凿井理论和技术的重要成就

8.1　重要成就

中国冻结法凿井已有60年的历史，经历了1955～1959年的引进消化、1960～1988年的探索改进、1989～1999年的提高完善、2000～2014年的创新攀高四大阶段。在我国广大工程技术人员的努力下，冻结法凿井特别是在深厚冲积层冻结凿井的理论、技术和应用等方面取得辉煌的成绩和卓越的创见，形成具有中国特色的深厚冲积层冻结法凿井理论和技术体系，1989～1999年基本解决了近400m冲积层的"两壁"设计和施工难题；2000年以来，在400～600m、大于600m深厚冲积层的钢筋混凝土塑料夹层井壁结构类型、C60～C100高强高性能混凝土技术、深厚冲积层冻结壁"四位一体"设计计算体系、多圈孔冻结技术及其应用、冻结壁形成特性的预测预报与供冷量调控技术、冻结壁径向位移实测与掘砌段高调控技术、冻结段安全快速施工技术等方面取得重大突破，跃居国际领先水平。

8.1.1　冲积层冻结段井壁结构类型的确立与应用

井筒是矿井提升运输和通风的要道，而井壁是井筒承受地压和防水的结构物，采用什么样的井壁结构是国内外从事矿井建设人员共同关注的重要议题。20世纪60年代初，德国、英国、波兰、苏联先后根据本国冻结法凿井穿过的地层特点分别提出适合本国国情的冻结段井壁结构类型(表1-2)，并通过实践加以修正完善。

我国自1955年采用冻结法凿井，随着冲积层厚度和冻结深度的增大，冻结段井壁结构也经历了由钢筋混凝土单层井壁向钢筋混凝土双层井壁、钢筋混凝土塑料软板夹层井壁的演变过程。实践表明，这种演变既适应冲积层厚度和冻结深度不断增大的需要，也基本符合中国国情。钢筋混凝土塑料软板夹层井壁成为深厚冲积层冻结段井壁的主要结构形式。

1. 钢筋混凝土单层井壁

1965年之前，我国施工的44个冻结立井中，除林西风井缸砖井壁和壁后充填混凝土作牺牲层外，均采用钢筋混凝土单层井壁。实践表明，钢筋混凝土单层井壁的主要优点是能就地取材，施工方便，整体性好，井壁遭受一般破坏时的径向位移小；主要缺点是井壁接茬缝漏水量大(表1-13)，注浆堵水占用时间长，注浆效果不理想，例如，1955～1959年施工的18个冻结立井中，就有3个井筒注浆后的井壁漏水量仍不达标，被迫进行套壁处理，使井筒的净直径缩小0.4～0.5m。从发展看，钢筋混凝土单层井壁的厚度将随着冲积层厚度和冻结深度的增大而增加，套壁处理的井筒比例也会增多，甚至会导致井壁透水淹井,也就是说钢筋混凝土单层井壁很难满足较厚冲积层冻结段井筒的支护需要。

2. 钢筋混凝土双层井壁

该井壁结构是把井壁设计总厚度分为内、外两层,外层井壁自上而下短段掘砌;为了防止分段(次)套壁可能引起已砌井壁下沉拉裂和减少多次套壁的附加工期,一般当外层井壁掘砌至要求深度后,先施工筒形壁座或生根壁座,而后自下而上连续浇筑内层井壁,直至井口。1963～1964年在邢台主井冻结段试验应用钢筋混凝土双层井壁,至1980年在100多个冻结井中成功应用。实践表明,其优点是内层井壁自下而上连续浇筑混凝土,消灭了单层井壁短段掘砌自上而下形成的接茬缝,内层井壁的整体性和封水性好,井壁漏水量大幅度减少;其缺点之一是内层井壁属于连续浇筑的大体积混凝土工程,温升高,容易引起井壁收缩开裂(表1-24);缺点之二是由于内、外层井壁直接接触,紧靠结合面的内层井壁容易因彼此约束而产生收缩裂缝,冻结壁解冻后,容易出现井壁漏水现象,且不易找到漏水的通道位置,给井壁注浆增加难度。

3. 钢筋混凝土塑料夹层井壁

1978年潘一东风井深部井壁(－236.2～－243.6m)发生透水淹井事故后,经检测分析认为事故的主要原因:一是内、外层井壁按共同承受永久地压(水压＋土压)设计的井壁强度偏低和厚度偏薄(井筒净直径为6.5m,冲积层厚292.5m,冻深321m,混凝土标号为C40,外层井壁厚0.7m,内层井壁厚0.5m);二是采用弧形细筋混凝土模板,强度低,细筋连接的稳定性差,变形大,造成内、外层井壁厚薄不均匀,如事故段内层井壁最小厚度只有240mm(井深264m);三是施工质量差,混凝土标号只达设计标号的56％～60％,外层井壁有几处压坏较为严重,对内层井壁受力产生不利的影响。检查分析最后提出建议:一是内、外层井壁按分别承受水压、冻结压力进行设计;二是对波兰的"钢筋混凝土塑料夹层井壁"进一步开展试验研究。

1978～1979年在潘二西风井、海孜副井、潘三东风井等试验应用钢筋混凝土塑料夹层井壁结构取得成功后,把它作为我国冻结段井壁的基本结构形式进行推广应用。为了确保"塑料夹层"井壁的封水性能,于1990年提出必须在冻结壁解冻前,在井壁"塑料夹层"部位温度不低于＋5℃条件下进行井壁夹层注浆,充填密实,防止冻结壁解冻后沿"塑料夹层"上下串水,取得良好的效果。2000年以来,"塑料夹层"井壁已在绝大多数深冻结井中推广应用,大于200m冲积层的200多个冻结立井全部采用该井壁结构,其中大多数井筒的井壁漏水量均能达标,少数井壁漏水量未达标的井筒,采取壁间补充注浆及壁后注浆堵水措施后通过质量验收。

实践表明,钢筋混凝土塑料夹层井壁具有较强的"生命力",能较好地适应冻结段井壁受力和防水要求,因此成为深厚冲积层冻结段井壁的主要结构形式。钢筋混凝土塑料夹层井壁具有以下优点:比钢筋混凝土钢板夹层井壁、AV型滑动井壁的结构简单,施工方便,造价低,较适合中国的国情;外层井壁钢筋混凝土采用低温早强措施,并在冲积层段的壁后增设25～75mm聚苯乙烯泡沫板,可以有效地防止外层井壁压坏;内层井壁采取一次套壁工艺、低水化热防裂密实混凝土及采取保湿养护措施后，能有效缓解内层井壁的收缩开裂问题，提高井壁的整体性；两层井壁之间的塑料夹层部位经过注浆充填后，可以防止上下串水；施工速度快，外层井壁掘砌平均速度已达 80～100m/月，冻结段成井平均速度已达 60～70m/月。特别是 2002 年以来试验应用 C60～C90(100)高强高性能混凝土后，把大于 500m 冲积层冻结段井壁最大厚度控制在 2m 左右，有效解决外层井壁压坏和缓解内层井壁收缩开裂，给钢筋混凝土塑料软板夹层井壁结构注入了新的"活力"，优点得到进一步发挥，井壁质量和施工速度进一步提高，应用前景更加广阔。

8.1.2 C60～C100 高强高性能混凝土技术

1. 2000 年之前冻结段井壁低温早强混凝土技术

我国自 1955 年应用冻结法凿井以来，除林西风井外，冻结段井筒支护均以混凝土为筑壁的基本材料。由于起点低，加上井下施工条件较差，1974 年之前的混凝土标号一直停留在 C30 的技术水平线以内。

随着冻结法凿井技术的发展，新建冻结井的数量和井筒穿过冲积层的厚度呈快速增长趋势，至 2000 年之前冻结井总数和冲积层最大厚度分别达到 478 个和 383.1m，其中大于 200m 冲积层的冻结井数量达到 92 个，若继续采用 C30 混凝土，冻结井壁最大厚度将增至 2～3m 以上，即冻结段的掘砌费用和冻结费用将大幅增长，施工难度也相应加大，不能适应冻结法凿井向纵深发展的需要。1973 年煤科总院北京建井研究所和中国建筑材料科学研究总院针对冻结段井筒支护问题，共同开展提高混凝土标号和早期强度的试验研究，利用萘系高效减水剂、早强减水剂等与传统混凝土的四大组分(水泥、砂子、碎石、水)进行优化组合，于 1974 年、1979 年、1989 年把混凝土标号分别提高至 C40、C45、C55，取得良好的应用效果，把 374.5m 冲积层冻结段井壁最大厚度控制在 1.8m 范围内，1d、3d、7d 的混凝土强度分别超过标号的 25%、50%、75%，解决了近 400m 冲积层冻结段井壁设计和施工难题(表 8-1)。

2. 2000 年以来冻结段井壁高强高性能混凝土技术

1) 高强高性能混凝土试验应用简况

进入 21 世纪后，我国煤炭新建矿井数量大幅增加，待冻结井筒穿过冲积层厚度均相继突破 400m、500m，冻结法凿井迎来新的发展机遇和挑战，如何提高筑壁混凝土标号和井壁质量成为亟待解决的难题。

煤科总院北京建井研究所和中国建筑材料科学研究总院水泥科学与新型建材研究所合作，于 2001 年率先在河南省程村主副井开展 C40～C70 高性能混凝土试验应用研究，采用化学外加剂(J851 早强减水剂、JQ 防裂密实剂)和矿物外加剂(磨细矿渣、粉煤灰等)双掺技术与传统混凝土的四大基本组分(水泥、砂子、石子、水)进行优化组合，首次成功地配制出适用于冻结段外/内层井壁 C40～C70 低温早强/低水化热防裂密实高性能混凝土，并根据设计需要，将 C40～C60 高性能混凝土在程村主副井冻结段外/内层井壁进行工业

表 8-1　2000 年之前我国不同冻结阶段的冲积层的最大厚度、井壁最大厚度、混凝土最高标号

序号	冻结法凿井不同阶段	工程特点				工程案例							
		冲积层最大厚度/m	冻结最大深度/m	井壁最大厚度/mm	混凝土最高标号	井筒名称	开钻年限	井筒净直径/m	冲积层厚度/m	冻结深度/m	井壁结构	井壁厚度/mm	混凝土标号
1	引进消化阶段（1955～1959）	154.8	162	600	C20	林西风井	1955	5.0	65.0	105	缸砖井壁	870	C15
2						唐家庄风井	1956	5.0	56.3	60	钢筋混凝土单层井壁	500	C15
3						荆各庄主井	1958	5.5	154.8	162		620	C17
4	探索改进阶段（1960～1988）	358.5	415	1800	C45	邢台主井	1963	5.0	248.3	260	钢筋混凝土双层井壁	900	C25
5						平八东风井	1968	5.0	324.4	330		850	C30
6						潘一东风井	1974	6.5	292.5	321		1200	C40
7						潘三东风井	1979	6.5	358.5	415		1300	C45
8						谢桥副井	1983	8.0	298.7	360	钢筋混凝土塑料夹层井壁	1800	C45
9						任楼副井	1985	7.2	277.2	350		1500	C40
10	提高完善阶段（1989～1999）	383.1	435	1800	C55	陈四楼副井	1989	6.5	374.5	435		1800	C55
11						元氏副井	1992	6.0	360.7	410		1400	C50
12						城郊副井	1997	6.5	293.1	400		1600	C45
13						金桥副井	1998	5.0	383.1	412			C50

性应用,安全顺利通过 429.9m 冲积层和 485m 冻结段,各项技术指标均能满足设计要求,井壁质量优良,为进一步试验应用高强高性能混凝土提供了宝贵经验。实践表明,采用双掺技术配制的低温早强和低水化热防裂密实高强高性能混凝土,早、后期强度和抗渗、抗冻融、耐久性等各项指标均能较好地适应冻结段内、外层井壁和施工要求,浇筑方便,质量易于保证,为安全快速施工创造有利条件,且工程造价较低,便于推广,得到建设单位、施工单位、监理单位的赞扬,认为应大力组织推广应用。

根据大于 500m 冲积层冻结段井壁设计和施工的需要,2004 年、2005 年、2007 年、2014 年在龙固副井和丁集主副风井、泉店主副风井、赵固一矿主副风井、赵固二矿主副风井、赵固一矿西风井分别进行 C60～C70、C60～C75、C60～C80、C60～C90、C90～C100 高性能混凝土试验应用(图 8-1),均取得新的技术突破,技术经济效益十分显著,为解决我国大于 500m 冲积层冻结井壁设计和施工难题创出了一条新路,使我国深厚冲积层冻结段井壁推广应用高强高性能混凝土的技术跃居国际领先水平(表 8-2)。

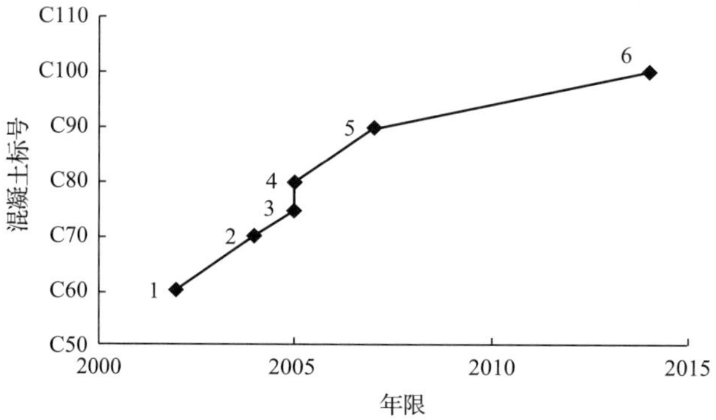

图 8-1　2000 年以来冻结段井壁最早试验应用最高标号高性能混凝土的井筒编号及年限

1-程村主、副井；2-龙固副井,丁集主、副、风井；3-泉店副、风井；4-赵固一矿副、风井；5-赵固二矿风井；6-赵固一矿西风井

表 8-2　冻结法凿井创新攀高阶段试验应用 C60～C100 高性能混凝土简况

井壁结构类型	混凝土设计标号		井壁厚度、混凝土最大标号案例					
	一般	最高	井名	净直径/m	冲积层厚度/m	井壁最大厚度/m	混凝土最高标号	开钻年限
钢筋混凝土塑料夹层井壁(深厚冲积层冻结段)	C60～C70	C100	程村副井	5.0	429.9	1.80	C60	2002
			龙固副井	7.0	567.7	2.50	C70	2003
			丁集风井	7.5	528.7	2.50	C70	2003
			泉店风井	5.0	455.3	1.30	C75	2004
			赵固一矿副井	6.8	519.7	2.05	C80	2004
			赵固二矿风井	5.2	524.5	1.6	C90	2006
			赵固一矿西风井	6.0	502.5	1.6	C100	2013

2）高强高性能混凝土应用效果

(1) 使 400～500m、大于 500m 冲积层冻结段井壁厚度控制在较合理的范围内。

冻结段钢筋混凝土塑料夹层井壁的水平荷载，是按外层井壁承受冻结压力和内层井壁承受水压计算的，二者均与冲积层埋藏深度成正比，即井壁总厚度与冲积层厚度成正比，而与混凝土标号成反比，说明提高混凝土标号是调控井壁厚度的重要手段。

如前所述，2000 年之前施工的最深冻结井——陈四楼副井，井筒净直径为 6.5m，冲积层厚度为 374.5m，冻结深度为 435m，成功地配制出 C55 混凝土，井壁最大厚度为 1.8m，井壁施工质量优良。

进入 21 世纪以来，我国冻结 400～500m、大于 500m 冲积层的立井数分别达到 48 个、29 个，以冻结冲积层为主的立井最大净直径不小于 8m，若继续采用 C55 混凝土，则冻结段井壁最大厚度将分别超过 3m、4m，这样不仅会大幅度增加冻结钻孔工程量、冻结需冷量、掘砌工程量和施工难度，并相应降低掘砌速度、延长工期和增大工程造价，成为冻结法向纵深推广应用的“拦路虎”，说明提高井壁混凝土标号成为 21 世纪深厚度冲积层冻结法凿井亟待解决的技术难题。煤科总院北京建井研究所、北京煤科联应用技术研究所与中国建筑材料科学研究总院水泥与新型建材研究所合作，开展深厚冲积层冻结段井壁 C60～C100 高性能混凝土研究，于 2002 年～2007 年在程村主副井、泉店主副风井、赵固一矿主副风井、赵固二矿主副风井等深冻结井率先试验应用 C40～C60、C60～C75、C60～C80、C60～C90 外层井壁低水化热早强高强高性能混凝土和内层井壁低水化热防裂密实高强高性能混凝土（表 8-3），取得减薄井壁厚度、防止外层压坏、缓解内层井壁自下而上连续套壁大体积混凝土收缩开裂和漏水等多项重要成果，井壁质量优良，经济效益显著，

表 8-3　2000 年以来深厚冲积层冻结段井壁最大厚度和混凝土最高标号的工程实例

序号	井筒名称	井筒净直径/m	冲积层厚度/m	冻结深度/m	混凝土设计最高标号		冻结段井壁最大厚度/m	开钻/掘砌年限
					外壁	内壁		
1	程村副井	5.0	429.9	485	C60	C60	1.80	2002/(2002～2003)
2	龙固副井	7.0	567.7	650	C70	C70	2.50	2003/(2004～2005)
3	丁集风井	7.5	528.7	555	C70	C70	2.50	2003/(2004～2005)
4	泉店副井	6.5	440.0	500	C70	C70	2.00	2005/(2005～2006)
5	泉店风井	5.0	455.3	513	C70	C75	1.70	2005/(2005～2006)
6	赵固一矿副井	6.8	519.7	575	C70	C80	2.05	2004/(2005～2006)
7	郭屯副井	6.5	583.1	702	C70	C70	2.50	2004/(2005～2006)
8	口孜东副井	8.0	571.9	617	C75	C75	2.40	2005/(2006～2007)
9	赵固二矿副井	6.9	527.5	628	C80	C80	2.00	2006/(2007～2007)
10	赵固二矿风井	5.2	524.5	628	C90	C90	1.60	2006/(2007～2007)
11	陈蛮庄副井	6.5	556.9	640	C75	C75	2.45	2009
12	赵固一矿西风井	6.0	502.5	589	C100	C100	1.60	2012/(2013～2015)

深受施工单位、建设单位、监理单位的赞扬。特别是 2014 年在赵固一矿西风井作为国家"十二·五"科技支撑计划项目"深厚冲积层千米深井高性能混凝土研究与应用"C100 混凝土的示范工程中成功地进行了工业性应用，取得新的重大技术突破，混凝土 28d 强度达到 130MPa 以上。该混凝土应用 PⅡ 42.5 水泥、石灰岩碎石、机制中砂、矿物外加剂(偏高岭土、Ⅰ级粉煤灰、S95 矿粉、硅灰)、新型聚羧酸高性能减水剂的优化组合，混凝土 1d、3d、7d、90d、180d 的强度分别达到 28d 强度的 25%、50%、75%、108%、110%以上，为深厚冲积层冻结段钢筋混凝土塑料夹层井壁结构注入新的活力，使 500m、600m、700m 冲积层冻结段井壁厚度分别控制 1.5～1.8m、1.8～2.2m、2.2～2.5m 范围内成为现实，较好地解决了 500～700m 冲积层冻结段井壁结构设计和施工难题，大幅度提高施工速度和降低工程造价，使高性能钢筋混凝土塑料夹层井壁发展成为具有中国特色的结构简单、强度高、耐久性好、封水性好、施工速度快、工程造价低的新型井壁。解决了700～800m 冲积层冻结段井壁设计厚度偏大的瓶颈，为冻结法凿井用于更深冲积层提供技术支撑。

(2) 为深厚冲积层冻结段井壁减少截面变化次数提供技术保障，已使小于 300m 冲积层应用不变截面井壁结构成为现实。

以往冻结段井壁结构设计时，因井壁强度要求，要多次改变外层井壁设计内径，在冻结段掘砌过程中就要多次改变外层井壁筑壁模板半径和凿井吊盘外缘直径，给掘砌工作增添诸多不便，降低掘砌速度，且容易在变截面部位发生井壁压坏现象。分析认为，在已掌握大于 C80 混凝土筑壁技术的基础上，完全有条件利用不同标号的混凝土减少深厚冲积层冻结段井壁变截面次数和在中深厚(<300m)冲积层冻结段采用不变截面的井壁结构，以改善井壁受力条件和加快掘砌速度。例如，2007 年开钻的焦作矿区新河主、副、风井，冲积层厚度分别为 214.1m、215.4m、199.6m，冻结深度分别为 292m、292m、288m。根据以往习惯采用的冻结段井壁结构设计均有 2 次变截面，主、副、风井均采用 C30～C50 混凝土，井壁厚度分别为 800～1000mm、1000～1300m、800～1050mm，经科研、设计、施工、监理等单位协商确定在新河主、副、风井冻结段开展不变截面的井壁结构工业性试验应用。井壁设计经过第二次优化后，把主、副、风井的混凝土最高标号分别提高至 C65、C75、C70，井壁总厚度分别减薄至 750mm、900mm、750mm(表 8-4)，取得良好实施效果。项目实施后，冻结段施工顺利，井壁质量优良，说明二次优化后的不变截面井壁结构设计是合理的；主、副、风井冻结段的外层井壁掘砌平均速度和成井速度分别达到 92.6m/月、96.7m/月、97.2m/月和 79.0m/月、81.3m/月、79.1m/月(表 8-5)，比同时期施工的中深厚冲积层冻结段成井速度(60m/月)提高 30%左右；主、副、风井的掘砌工程量分别减少 5182.4m^3、11847.5m^3、6728.8m^3，掘砌费用大幅度降低，效益十分显著；钢筋便于布置，井壁质量好，减少井壁竖向负摩擦力，有利于防止永久井壁破坏。

表 8-4　新河主、副、风井不变截面的冻结段井壁结构的主要技术指标

井筒	第一次设计优化后的冻结段井壁					第二次设计优化后的冻结段井壁				
	分段设计计算长度/m	井壁厚度/mm		混凝土标号		分段设计计算长度/m	井壁厚度/mm		混凝土标号	
		内层	外层	内层	内层		内层	外层	内层	外层
主井(4.0m)	0～100	500	500	C30	C30	0～100	400	350	C30	C40
	100～180	500	500	C30	C30	100～150	400	350	C30	C40
	180～270	500	500	C50	C50	150～274	400	350	C60	C65
	270～282	1000(壁座)		C50		274～284	750(壁座)		C60	
	282～290	800		C40		284～292	600		C50	
副井(6.0m)	8～100	650	650	C30	C30	0～100	450	450	C30	C40
	100～180	650	650	C40	C40	100～150	450	450	C40	C50
	180～270	650	650	C50	C50	150～274	450	450	C75	C75
	270～282	1300(壁座)		C50		274～284	900(壁座)		C75	
	282～290	1000		C40		284～292	700		C50	
风井(4.5m)	8～100	550	500	C30	C30	0～100	400	350	C30	C40
	100～180	550	500	C40	C40	100～150	400	350	C40	C50
	180～266	550	500	C50	C50	150～270	400	350	C70	C70
	266～278	1050(壁座)		C50		270～280	750(壁座)		C70	
	278～288	800		C40		280～288	600		C50	

表 8-5　新河主、副、风井冻结段不变截面的井壁结构实施效果

井筒		冲积层厚度/m	冻结深度/m	井壁掘砌工程量/m^3		外层井壁掘砌速度/(m/月)		冻结段成井速度/(m/月)
名称	净直径/m			优化前	优化后	最高	平均	
主井	4.0	214.1	292	18104.6	12922.2	115.0	92.6	79.0
副井	6.0	215.4	292	34363.7	22516.2	115.2	96.7	81.3
风井	4.5	199.6	288	20890.9	14162.1	114.8	97.2	79.1

8.1.3　深厚冲积层冻结壁“四位一体”设计计算体系的建立与应用

1960 年之前，我国冻结壁设计基本上套用苏联、波兰的浅井冻结设计规程的公式和参数，按强度条件计算冻结壁厚度，而对掘砌段高一般是凭经验选取 7～10m 或更大。由于我国当时冻结井筒穿过的冲积层厚度均小于 155m，未发生冻结管断裂。从而给人们留下冻结管断裂与掘砌段高关系不大的印象；加上 1991 年版《矿山井巷工程施工及验收规范》(GBJ213—90)，只强调按强度条件计算砂性土层的冻结壁厚度，只是抽象地提出井帮稳定和不发生底鼓要求，对掘砌段高如何计算和冻结壁径向位移实测均无明确的规定，施工实际采用的掘砌段高一般为 5～7m 或更大，从而给冻结壁径向位移偏大而导致冻结管断裂埋下隐患；一旦发生冻结管断裂，对断管原因和防治措施也较难达成共识，贻误处理时机，导致断管问题进一步恶化。例如淮南潘谢矿区于 1975～1988 年施工的 11 个冻结井中，有 10 个井筒（占 90.9%）计发生 140 根冻结管断裂，井均断管 14 根。在讨论断管原因和防治措施时，施工人员就较难接受断管与掘砌段高偏大的看法，但也不能不承认当掘砌段高缩小至 3m 以下后冻结管断裂现象基本上得到控制的现实。

1986 年版《建井工程手册》第四卷第十六篇《冻结法施工》明确指出：冻结壁属于弹性-黏滞体，在外荷载作用下呈现弹性变形区和塑性变形区，当塑性变形超过允许值时，冻结管（或冻结壁）便会发生断裂（或破坏），冻结壁既要满足强度条件又要满足变形条件的要求，在设计冻结壁厚度的同时，就应对掘砌段高作出规定，这对防止掘砌段高偏大而导致冻结管断裂具有重要意义，也说明探索改进阶段冻结管断裂问题与冻结壁设计计算体系不健全有密切关系。

1. 陈四楼主副井单圈孔冻结壁"四位一体"的设计计算体系的建立与应用

根据 1960～1988 年探索改进阶段大于 200m 冲积层冻结壁设计计算存在的问题和冻结管断裂原因的调查研究，给从事冻结法凿井设计、施工、科研等技术人员敲起警钟。为了确保深厚冲积层冻结法凿井的安全快速施工，必须尽快建立能满足深厚冲积层受力特点的冻结壁设计计算体系和根据国内打钻、冻结、掘砌、冻土试验等技术水平和有关规程制度优选设计参数。为此，把 1989 年开工建设的陈四楼主副井作为试验应用"四位一体"的冻结壁设计计算体系的实施井筒。

1）设计原则与基本内容

（1）冻结壁设计必须满足强度条件和变形条件的要求，在设计中既要提出砂性土控制层位的冻结壁厚度值，也应提出黏性土控制层位的掘砌段高值。

（2）根据冲积层埋藏条件选择深部较难冻结的粉砂层（301.6m/主井，298.2m/副井）和蠕变特性较为显著的黏土层（369m/主井，374m/副井）分别作为冻结壁厚度和掘砌段高计算的控制层位。

（3）根据深厚冲积层冻结设计和施工的实践经验，选用多姆克公式、维亚洛夫-扎列茨基公式和成冰公式分别计算砂性土层的冻结壁厚度、黏性土层的冻结壁掘砌段高和冻结壁有效厚度的平均温度。

（4）根据冲积层厚度、冻结深度和国内打钻、制冷冻结、冻结段掘砌、冻土试验等技术水平，合理确定冻结盐水温度、井帮温度、冻土计算强度等设计参数，以及冻结孔的布孔方式，并与差异、异径等冻结工艺优化组合。

（5）砂性土层冻土计算强度按国内已建成冻结井筒冻结壁设计平均温度与冻土计算强度的关系曲线（图 4-1）选取，黏性土层的冻土计算强度按从井检孔采集黏性土试件（Φ61.8mm×150mm 圆柱体）采取每分钟 1%恒应变速率轴向加载试验获得的冻土抗压强度除以 1.4 系数选取。

2）实施效果

实践表明，陈四楼主副井采用"四位一体"的冻结壁计算体系后，把冻结壁的厚度、平均温度、掘砌段高计算和参数选取控制在较为合理的范围内，有效解决了 400m 冲积层冻结壁设计难题，安全顺利地通过冻结段，在我国冲积层最厚(369.0～374.5m)和冻结最深(423～435m)的一对深冻结井创下冻结管无断裂、井壁无压坏和无漏水的全国纪录，主井的冻结段平均掘砌速度和成井速度分别达到 43.2m/月和 35.5m/月，副井的冻结段平均掘砌速度和成井速度分别达到 44.2m/月和 35.9m/月，建立和形成具有中国特色的深厚冲积层冻结壁设计计算体系，使我国深厚冲积层的冻结法凿井技术水平进入国际先进行列。

2. 双圈孔、多圈孔冻结壁"四位一体"设计计算体系的建立与应用

2000 年以来，随着我国经济发展的需要，急需开发一大批大于 400m 冲积层所覆盖的煤炭资源。冻结法凿井能否安全通过，首先要解决的就是冻结壁设计难题。由于冻结壁厚度与地压、冲积层厚度成正比，大于 400m 冲积层需要采用双圈、多圈孔冻结。已取得的基于小于 400m 深厚冲积层的单圈孔冻结的冻结壁设计计算体系不能直接应用，否则设计的冻结壁厚度偏大，无法实施。之前，国内外只有苏联于 20 世纪 70 年代中后期在雅可夫列夫铁矿施工过 3 个大于 400m 冲积层的冻结井，冲积层最大厚度和冻结最大深度分别达到 571.2m 和 620m，采用双圈孔分期冻结工艺(表 1-10)：副井和排水井分别发生 15 根和 28 根冻结管断裂，3 个井筒均在冲积层深部发生铸铁丘宾筒钢筋混凝土复合井壁压坏现象，每个井筒的打钻冻结掘砌总工期均达 5 年以上，因此可以说国内外对大于 400m 冲积层的冻结壁设计尚无成熟的经验可供借鉴，是世界工程界的重大技术难题。

经过科技攻关，在充分研究我国冻结凿井已取得的成果和经验的基础上，我国研究人员提出基于双圈孔、多圈孔冻结的"四位一体"冻结壁设计计算体系[10,92,99]，创新和发展了深厚冲积层冻结壁设计理论体系，有效解决大于 400m 深厚冲积层冻结壁设计难题。双圈孔、多圈孔冻结的"四位一体"冻结壁设计计算体系是在 1989 年建立的"四位一体"冻结壁设计计算体系基础上，提出了深厚冲积层冻结壁及掘砌段高计算方法，基于双圈、多圈孔冻结的冻结壁平均温度计算公式，双圈、多圈孔冻结条件下冻结壁平均温度的砂性冻土计算强度取值方法，结合多圈孔冻结壁形成特性和打钻、冻结、掘砌技术水平优选设计参数，以及冻结壁设计应用过程中监测监控要求和方法。按此双圈孔、多圈孔冻结壁"四位一体"设计计算体系提出的冻结方案施工的 400～500m 及大于 500m 冲积层冻结井均安全顺利通过冻结段，已在数十个冻结立井中成功应用，计算公式和设计参数的优选是科学的，经得起实践检验，可以满足 400～500m、大于 500m 冲积层和双圈孔、多圈孔冻结壁"四位一体"设计计算体系的需要。

1) 双圈、多圈孔冻结壁厚度及掘砌段高计算

在深厚冲积层冻结壁厚度及掘砌段高分析、计算方面，有学者在细化模型分析及有限元法等研究与应用取得了可喜的进展，但因工程实际的地质特性参数、冻土物理力学参数非常复杂，许多参数需要大量的工程、地质资料统计分析和冻土物理力学试验分析，对此人们尚缺少系统的认识和掌握，致使分析计算结果波动、离散，影响了这些方法在实际冻结工程设计中的推广应用。

工程实践表明，深厚或特厚冲积层应用无限长弹塑性厚壁筒模型的多姆克公式(4-5)计算砂性土层冻结壁厚度，应用有限长塑性厚壁筒模型的维亚洛夫-扎列茨基公式(4-7)计算黏性土层冻结壁厚度，计算公式简单易用，影响因素和参数明确、可控性强，工程应用的计算结果稳定，其计算结果满足深厚或特厚冲积层冻结工程应用的需要。采用维亚洛夫-扎列茨基公式(4-9)计算深厚冲积层黏性土层冻结掘砌段高，该公式影响因素少，计算参数易确定，便于工程应用，实际应用效果较好。

2) 双圈、多圈孔冻结壁平均温度成冰公式

双圈孔和多圈孔冻结壁有效厚度的平均温度应分别采用成冰双圈孔公式(4-14)和成冰多圈孔公式(4-15)进行计算。

3) 双圈、多圈孔冻结壁平均温度与砂性冻土计算强度关系的经验曲线

根据已建成的多圈孔冻结和主冻结孔圈内侧增设辅助孔或防片孔的冻结井筒冻结壁设计平均温度与冻土计算强度的关系，建立冻结壁平均温度(t_c)与砂性冻土计算强度(K)的经验曲线(图 4-2)，并采取综合分析法选用砂性土层冻土计算强度计算冻结壁厚度。

4) 结合多圈孔冻结壁形成特性的研究和国内打钻、冻结、掘砌技术水平优选设计参数

21 世纪以来，研究人员对冻结壁温度场的实测分析和冻结壁形成特性的研究有了较大进展，逐渐形成了冻结壁形成特性综合分析方法，并在冻结方案设计中预测冻结孔布置、冻结运转和掘砌速度等对冻结壁形成特性参数的影响，在冻结凿井工程中分析、预报冻结壁形成特性，并指导冻结供冷量调控；因此在冻结壁设计计算中，可结合冻结壁形成特性和打钻、冻结、掘砌技术水平优选冻结设计参数。

深厚冲积层多圈孔冻结设计优化主要使砂性土层和黏性土层控制层位、冻结孔圈布置、冻结孔间距(表 4-15)和数量、冻结孔深度和管径、冻结盐水流量及变化、冻结盐水温度(表 4-14)、控制层位井帮温度分布(表 4-16)等参数更加合理。

实践表明，研究形成的多圈孔冻结“四位一体”冻结壁设计计算体系，用于 400～600m、大于 600m 冲积层冻结壁设计，使冻结壁设计厚度和掘砌段高控制在更为合理的范围内，冻结壁形成和扩展状况更加合理，也便于调控，有效解决了大于 600m 冲积层冻结壁设计计算难题，并为冲积层为主的冻结段安全快速施工创造有利条件，使我国深厚冲积层的冻结法凿井技术水平进入国际领先水平。

8.1.4 多圈孔的冻结技术及其应用

1. 我国冻结孔圈演变过程

随着冲积层厚度或冻结壁设计厚度的不断增大，我国以冲积层为主的冻结孔圈布置从 1978 年开始由单孔圈逐渐向主孔圈＋防片孔圈、主孔圈＋辅助孔圈(简称双圈孔)、多孔圈演变。根据本书作者对冻结孔圈演变过程进行综合分析，得出不同孔圈冻结的基本应用条件(表 8-6)。大于 400m 的深厚冲积层冻结趋向于采用多圈孔冻结。实践表明，将主冻结孔圈布置在外侧的多圈孔布置方式具有冷源分配合理，冻结壁安全稳定，冻土扩展与掘砌工程相匹配，冻结过程易调控，冻结运转高效经济，易于缓解冻掘矛盾等优点，能够较好地满足安全快速施工的需要。

表 8-6 不同孔圈冻结的基本应用条件

序号	不同孔圈冻结	基本应用条件		
		冲积层厚度/m	冻结壁设计厚度/m	外孔圈距井帮/m
1	单孔圈不变管径	<200	≤3.0	<2.2
2	单孔圈异径(上粗下细)冻结管	200～250	3.0～4.0	2.2～3.0
3	主孔圈+防片孔圈	250～350	4.0～6.0	3.0～3.5
4	主孔圈+辅助孔圈	350～400	5.5～7.0	3.5～4.5
5	多孔圈(主孔圈+辅助孔圈+防片孔圈)	>400	>7.0	>4.5

2. 主孔圈位置与冻结工艺的优化组合技术

2000年以来,多圈孔冻结已成为300～400m、400～500m、大于500m冲积层冻结的基本布孔方式,主要采取以中圈为主冻结孔和外圈为主冻结孔的两种布孔方式与不变径一次冻全深、长短腿差异冻结、异径冻结管一次冻全深等冻结工艺进行优化组合(表4-23～表4-25),取得不少宝贵经验。经分析得出以下结论:

(1) 当冲积层厚度小于500m时,主冻结孔圈位置对冻结孔数量、冻结钻孔工程量和冻结需冷量的影响较小;当冲积层厚度超过500m后,主冻结孔圈位置的影响程度明显增大。

(2) 当冻结壁设计厚度小于7.5m和外孔圈至井帮的距离小于5.5m时,主冻结孔圈位置对冻结孔数量、冻结钻孔工程量、冻结需冷量的影响较小;当冻结壁设计厚度超过8m和外孔圈至井帮的距离超过6m后,主冻结孔圈位置对冻结孔数量、冻结钻孔工程量、冻结需冷量的影响明显加大;当冻结壁设计厚度达到9m和外孔圈至井帮距离达到7m后,主冻结孔圈位置对冻结孔数量、冻结钻孔工程量、冻结需冷量的影响已相当突出。

(3) 实践表明,大于500m深厚冲积层冻结,采用外圈为主孔圈的多圈孔冻结与冻结工艺优化组合的单井设计指标及实施结果具有明显的优势,其单位延米冻结孔数量、冻结钻孔工程量、冻结需冷量显著减少,冻结过程便于调控,能较好地适应组织安全快速施工所需的工程环境,实现安全快速施工。分析类似工程条件已应用的以中内圈为主孔圈和以外圈为主孔圈的多圈孔冻结与冻结工艺的工程实施结果,得到以外圈为主孔圈的多圈孔与冻结工艺和以中内圈为主孔圈的多圈孔与冻结工艺相比:每冻结1m井筒的冻结钻孔工程量平均减少25.84%,冻结需冷量平均减少25.26%;外层井壁掘砌速度平均提高58.37%,冻结段成井速度平均提高55.94%。

8.1.5 冻结壁形成特性的预测预报技术与供冷量调控的机制

1. 完善冻结壁形成特性的预测、工程预报与供冷量调控机制

如何掌握冻结壁形成特性,判断是否达到预期设计效果是冻结法凿井工程实施必须解决的关键技术,而对于深厚冲积层冻结法凿井不仅要实时掌握冻结壁发展状况,还要能预测未掘进井筒的冻结状态,并能通过制冷系统调控实现所需的工况条件,又是深厚冲积层冻结法凿井必须解决的难题。

1）应用综合分析法进行冻结壁形成特性的预测分析，为动态掌握形成特性和科学调控提供技术支撑

煤科总院北京建井研究所在20世纪60～90年代对不同孔距、不同管径的冻结壁形成特性进行模拟试验和大量的工程实测分析，较为系统地掌握了近400m冲积层的单圈孔冻结壁形成特性，以及主孔圈＋防片孔圈、主孔圈＋辅助孔圈冻结壁的形成规律，并在陈四楼主副井进行工程应用，取得了良好效果。2000年以来，又对400～500m、大于500m冲积层多圈孔冻结壁形成特性进行了大量的工程试验、实测研究，提出各孔圈之间的冻土交汇时间的计算方法和交汇后内侧冻土扩展特点，以及冻土扩至井帮时间的计算方法和图解分析方法，为动态分析冻结壁形成特性提供信息资源，并在赵固二矿主、副、风井进行了预测和实测研究，取得良好效果。北京煤科联应用技术研究所等单位的研究人员在李粮店主副井双深厚地层多圈孔冻结壁形成特性研究中，归纳总结了以往研究冻结壁形成特性的技术成果，系统提出了单圈孔冻土扩展速度、单孔圈冻结壁扩展规律、各孔圈之间冻土交汇成整体冻结壁的内、外侧冻土扩展规律的基本关系式，在此基础上编制了冻结工程专用的“冻结壁形成特性分析软件”，并提出冻结壁形成特性综合分析方法，为冻结方案设计的预测和冻结壁形成特性的工程预报进行定量计算，为工程实践中动态掌握冻结壁形成特性和进行科学调控提供了技术支撑。

2）对未施工段的冻结壁形成特性进行工程预报，为正确判断冻结壁强度、稳定性和制定供冷量调控措施提供科学依据

2000年以来，煤科总院北京建井研究所和北京煤科联应用技术研究所在陈四楼主副井（主孔圈＋防片孔圈）冻结壁形成特性的工程预报和冻结盐水温度、流量调控的基础上，对程村主副井、泉店主副风井、赵固一矿和赵固二矿主副风井、李粮店主副井等30多个深冻结井多圈孔冻结壁形成特性进行实测研究，每隔15～30d对未施工段的冻结壁形成特性进行工程预报（表8-7～表8-10），为正确判断冻结壁强度、稳定性和制定供冷量调控措施提供科学依据，取得良好效果，进一步完善400～500m、大于500m冲积层冻结壁形成特性工程预报与供冷量调控的机制。

表8-7 泉店副、风井黏性土层冻结壁形成特性工程预报主要技术指标

井筒	工程预报		冻结时间/d	盐水温度/℃	预计掘砌深度/m	冻结壁形成特性					计算掘砌段高/m
	次序	日期（年.月.日）				外侧有效厚度/mm	内侧有效厚度/mm	内外侧有效厚度之和/mm	井帮温度/℃	平均温度/℃	
副井	1	2006.01.15	114	−32	167	1040	6600	7640	−2.6	−14.9	4.5
	2	2006.02.15	145	−32	284	1300	6200	7500	−5.6	−15.1	4.2
	3	2006.03.15	175	−32	363	1580	6200	7780	−9.5	−15.9	4.2
	4	2006.04.15	205	−32	437	2000	6200	8200	−11.0	−16.6	4.2
风井	1	2006.02.24	110	−32	211	1030	5800	6830	−2.8	−13.8	4.5
	2	2006.03.25	140	−32	330	1380	5800	7180	−5.2	−14.7	3.8
	3	2006.04.10	155	−32	397	1550	5700	7250	−6.4	−14.0	3.3

表 8-8　泉店副、风井冻结器盐水温度、流量调控简况

序号	井筒	冻结时间(年.月.日)	冻结器盐水温度/℃			冻结器盐水循环量/(m^3/h)		
			外圈	中圈	内圈	外圈	中圈	内圈
1	副井	2005.09.23～2005.12.14	0～−26	0～−32	0～−32	10.9	13.9	13.9
2		2005.12.15～2006.02.16	−26～−32	−32		14.0	12.5	0
3		2006.02.17～2006.03.03	−32	−32		14.0	9.0	0
4		2006.03.04～2006.04.03	−32	−32～−29		14.0	6.0	0
5		2006.04.04～2006.04.15	−32～−33	−29		6.0	8.6	0
6		2006.04.16～2006.06.01	−32	−32		0	8.6	0
7		2006.06.02				0	0	0
8	风井	2005.11.06～2005.12.08	0～−22	0～−22	0～−22	10.0	10.0	10.0
9		2005.12.09～2006.01.23	−22～−32	−22～−32	−22～−32	15.7	15.7	15.0
10		2006.01.24～2006.02.04	−32～−32.5	−32～−32.5		15.7	15.7	0
11		2006.02.05～2006.03.01	−32.5	−32.5		14.0	10.0	0
12		2006.03.02～2006.03.06	−32	−32		11.0	6.0	0
13		2006.03.17～2006.06.12	−32	−32		11.0	0	0
14		2006.06.13				0	0	0

表 8-9　赵固二矿主副井黏性土层冻结壁形成特性工程预报主要技术指标简况

井筒	工程预报		冻结时间/d	盐水温度/℃	预计掘砌深度/m	冻结壁形成特性					计算掘砌段高/m
	次序	日期(年.月.日)				外侧有效厚度/mm	内侧有效厚度/mm	内外侧有效厚度之和/mm	井帮温度/℃	平均温度/℃	
主井	1	2007.01.20	93	−32	68	1250	5300	6550	−3.0	−15.5	3.6
		2007.02.09	112	−32	142	1770	5300	7050	−3.5	−15.9	3.6
		2007.02.28	131	−32	220	1580	5300	6888	−1.0	−14.1	3.6
	2	2007.04.11	173	−32	344	1950	5075	7025	−10.0	−16.3	3.6
		2007.04.19	181	−32	365	2100	5075	7175	−8.0	−15.7	3.6
	3	2007.05.18	210	−32	440	2270	4825	7095	−13.0	−17.4	3.6
	4	2007.06.02	225	−32	475	2400	4675	7075	−11.0	−16.6	3.6
		2007.06.23	246	−32	523	2520	4675	7195	−17.0	−18.6	3.6
副井	1	2007.03.11	95	−32	30	1330	7000	8330	5.4	−7.4	3.6
		2007.03.26	110	−32	98	1540	7400	8940	1.2	−10.0	3.6
	2	2007.04.21	136	−32	210	1640	7600	9240	−2.2	−15.5	3.6
	3	2007.05.22	167	−32	332	1700	7150	8850	−3.8	−16.1	3.6
	4	2007.06.14	190	−32	408	2000	7150	9150	−6.4	−16.3	2.5
		2007. 07.17	223	−32	518	2130	6850	8980	−5.7	−15.0	2.5

表 8-10 赵固二矿主副井井冻结器盐水温度、流量调控简况

序号	井筒	冻结时间(年.月.日)	冻结器盐水温度/℃			冻结器盐水循环量/(m^3/h)		
			外圈	中圈	内圈	外圈	中圈	内圈
1	主井	2006.10.19～2006.11.30	−28	−26	−26	12.25	10.0	10.0
2		2006.12.1～2006.12.8	−28	−26	−26	13.50	11.0	11.0
3		22006.12.9～2007.2.7	−32	−30	−30	14.5	13.5	13.5
4		2007.2.8～2007.3.18	−32	−30		14.5	14.8	
5		2007.3.19～2007.5. 8	−30	−30		14.5	7	
6		2007.5.9～2007.5.22	−30			12		
7		2007.5.23～2007.8.3	−30			10		
8		2007.8.4～2007.8.26	−26			6		
9		冻结器开始供冷时间	2006.10.19	2006.10.19	2006.10.19			
10		冻结器停止供冷时间	2007.8.26	2007.3.27	2007.1.29			
11	副井	2006.12.6～2007.2.6	−32	−29	−29	12. 5	13.5	13.5
12		2007.2.7～2007.2.18	−32	−30	−30	12. 5	13.5	13.5
13		2007.2.19～2007.4.18	−32	−32	−32	12. 5	13.5	13.5
14		2007.4.19～2007.7.30	−32	−32		14.5	7.3	
15		2007.7.31～2007.9.23	−30	−30		6	7.3	
16		冻结器开始供冷时间	2006.12.6	2006.12.6	2006.12.6			
17		冻结器停止供冷时间	2007.9.23	2007.9.23	2007.4.18			

2. 实施效果

实践表明，凡按冻结壁形成特性工程预报与供冷量调控机制认真施工的深厚冲积层冻结井，如泉店矿主副风井、赵固二矿主副风井、李粮店矿主副井等，均安全顺利地通过冻结段，外层井壁掘砌平均速度居全国前列。

8.1.6 冻结壁径向位移实测与掘砌段高调控技术

1. 陈四楼主副井首次建立冻结壁径向位移实测与掘砌段高调控机制

1989 年之前，国内对冻结壁变形的危害认识不足，在矿山井巷工程施工规范中未对掘砌段高做出明确的规定，而在施工中采用的实际段高一般为 5～7m 或更大，造成深部黏土层的冻结壁径向位移偏大，给冻结管断裂埋下隐患。

1989 年煤科总院北京建井研究所承接永夏矿区陈四楼主副井的冻结方案设计任务后，对两淮矿区等冻结管断裂进行调查研究(表 1-22)结果得出，冲积层冻结管断裂主要与土层性质、埋深、冻结壁强度、掘砌段高、冻结管材质结构、冻结管距井帮远近等因素有关。断管的基本特点：断管深度一般发生在大于 200m 的厚黏性土层中，断管部位的掘砌段高一般为 5～7m 或更大，断管时间一般在冻结壁发生较大径向位移之后，距井帮较近的冻结管先发生断裂，部分冻结管断裂后发生水平错动，下套管困难。

经分析研究，在冻结方案设计中明确规定以下几点。

(1) 冻结壁设计既要满足强度条件的要求，又要满足变形条件的要求。

(2) 施工过程应建立冻结壁径向位移与掘砌段高的调控机制，以防止冻结壁径向位移偏大而导致冻结管断裂。

(3) 选用多姆克公式计算砂性土层控制层位的冻结壁厚度和按维亚洛夫-扎列茨基公式计算黏性土层控制层位的掘砌段高。

(4) 选用成冰公式(4-13)计算冻结壁有效厚度的平均温度。

陈四楼主副井选用数显式收敛计检测深厚黏性土层冻结壁径向位移特性(图2-104)概括为三个阶段：第一阶段为初期位移快速增长或冻胀能量快速释放阶段，其特点是初期位移速度较大，但位移速度随时间的延长而减少；第二阶段为位移稳定增长阶段，其特点是位移速度变化不大，近似为常数；第三阶段为位移急剧增长阶段，其特点是随着井帮裸露时间的延续，冻结壁蠕变特性显现。为了确保冻结段的安全施工，应把掘砌循环时间控制在冻结壁径向位移的第二阶段后期或第三阶段初期，要把冻结壁径向位移量控制在50mm以内。

在陈四楼主副井冻结壁径向位移实测过程中发现以下几点。

(1) 主井－300.9m水平铝质黏土层中，掘砌段高为3.1m和循环作业时间为40h条件下，冻结壁径向位移量达到58.8mm。

(2) 副井－262.6m水平铝质黏土层中，掘砌段高为3.5m和循环作业时间为45h条件下，冻结壁径向位移量达到72.2mm。

(3) 将主井和副井铝质黏土层的掘砌段高分别缩小至2.2m和2.5m，并把循环作业时间缩短至24～30h时，冻结壁径向位移量基本控制在50mm以内，有效地防止了冻结管断裂。

2. 在400～500m、大于500m冲积层推行冻结壁径向位移实测与掘砌段高调控机制，有效防止冻结壁径向位移偏大而导致冻结管断裂

2000年以来，对400～500m、大于500m冲积层多圈孔冻结的程村主副井(表2-81、表2-82)、泉店主副风井(表2-83)、赵固一矿主副井(表2-84～表2-86)、赵固二矿主副风井(表2-87)、李粮店主副井(表2-88、表2-89)冻结段掘砌过程中继续推行冻结壁径向位移实测与掘砌段高调控机制，有效控制了掘砌段高、掘砌循环时间和冻结壁径向位移值，取得良好效果，有效防止了因冻结壁径向位移值偏大而导致冻结管断裂，确保冻结段安全快速施工。

8.1.7 冻结段安全快速施工技术

1. 提高冻结段快速施工的凿井机械化装备水平，满足外层井壁平均掘砌速度超100m/月的需要

2000年以来，我国400～500m、大于500m冲积层冻结井的凿井机械化装备水平有了长足提高。以井筒净直径大于6.5m的深冻结井为例：装备IV型或IV_G型井架、双卷筒绞车和3～5m^{3}吊桶，以满足提升、出矸的需要；装备YC60型、CX55-B型

挖掘机和 HZ-6 型中心回转式抓岩机，以满足挖掘装载的需要；装备 FJD-6 型伞钻以满足深部固结黏土层、冻结卵(砾)石层和基岩钻爆法施工的需要；装备 TS-1000 型或 JW-1500 型强力式混凝土搅拌机、PLD1600～2400 型混凝土配料机和 DX-2、3 型底卸式吊桶，以提高混凝土配制和输送的需要；装备 MJY 型带刃脚整体下移式金属模板和高 1.4m 液压滑升模板，以分别满足外层井壁筑壁和内层井壁套壁的需要；装备三层凿井吊盘，以满足井筒安全掘砌施工的需要；装备 10t 自卸式汽车，以满足地面排矸的需要。

十几年来，施工 400～500m、大于 500m 冲积层的 48 个、29 个冻结立井中：有 16 个井筒外层井壁最高掘砌速度超过 150m/月(表 7-31)，有 5 个井筒外层井壁最高掘砌速度超过 200m/月(表 7-31)，有 14 个井筒外层井壁平均掘砌速度超过 100m/月(表 7-32)，为深厚冲积层冻结段安全快速施工积累了丰富的宝贵经验。

根据 400～500m、大于 500m 冲积层冻结段安全快速施工经验分析，认为按表 8-11 的凿井机械化装备水平，可以满足150～200m/月掘砌速度的需要。

表 8-11　适用于深厚冲积层冻结段掘砌速度大于 150m/月的凿井主要配套设备

序号	装备名称			型号规格	数量	备注
1	提升	井架		IV 型或 IV_G 型	任选一个	
2		绞车		JKZ-2.8/15.5 型、ASEA-2.75/30.88 型	各 1 台	
3				2JK-2.8/15.5 型、JK-2.5/11.5 型	各 1 台	
4		吊桶		$5m^3$ 或 $3m^3$	2 个或 3 个	
5	掘进装岩	伞钻		FJD-6A 型配 YGZ-70 型 或 SJZ-5.5 型配 YCZ-70 型	任选 1 台	
6		装载机具		ZL-50 型	1 台	
7		破岩机具		CX55B 型或 YC-60 型	任选 1 台	
8		抓岩机具		HZ-6 中心回转式	2 台 (1 台备用)	
9		压风机		5L-40/8 型、4L-20/8 型	2 台/1 台	
10	支护	混凝土搅拌机		JW-1500 型或 JS-1000 型	1～2 套	
11		混凝土配料机		PLZ2400 型或 PLD1600 型	1～2 套	井筒净直径≥6.5m，选 2400 型 井筒净直径<6.5m，选 1600 型
12		吊桶		DX-2.0 型或 DX-2.4 型底卸式吊桶	任选 2 个	
13		模板	外层井壁	MJY 型整体下移式钢模板	1 套	模板直径根据井筒直径选用
14			内层井壁	高 1.4m 液压滑升模板 或高 1.1m 组装式钢模板	1 套 或>15 套	
15	井下通风			FBDNO.6.3/60 型或对旋压入式风机	任选 1 台	
16	吊盘			三层吊盘，层距 4.0m/4.5m(下层)	1 套	吊盘直径根据井筒净径确定
17	地面排矸			10t 自卸式汽车	≥2 辆	

2. 抓住冻土扩至井帮前后不挖、少挖冻土的有利时机，组织快速施工

1) 根据冻结壁形成特性，在冻结第60d前做好井筒开挖准备

根据深厚冲积层多圈孔冻结壁形成特性及施工效果综合分析结果(表8-12)得出，粉细砂层的冻结壁交圈时间一般为55～65d；上部中、外孔圈之间和中、内孔圈之间的冻土交汇时间一般控制在85～100d和65～85d及浅部内侧冻土扩至井帮的时间被控制在95～105d(砂性土层)和105～120d(黏性土层)较为合适，之后内侧冻土朝井帮的扩展速度和降温速度加快。井筒试挖时间和正式开挖时间分别控制在62～72d和82～92d较为适宜。其理由：一是冻结壁厚度和强度可以满足试挖要求，冻土逐步交汇，采取短段(2.0～2.5m)掘砌，可以防止浅部基本不片帮；二是当井筒掘进至－100m左右时中、外孔圈之间的冻土也已基本交汇，冻结壁的强度和稳定性均可满足施工要求；三是井帮见冻土的位置为掘深－100(粉细砂)～－120m(黏性土层)，有利于组织快速施工；四是当掘深至－150～－250m时，井帮温度为－1.5～－4℃，适当加大掘进段高(3.0～3.5m)以利于加快掘进速度。为了实现上述目标，做好井筒开挖前施工准备和技术培训工作缺一不可，否则将延误试挖时间(如程村副井和赵固一矿副井等)，给整个冻结段施工造成被动。具体做法是开工前组织一线技术员和工人进行快速施工技术培训，由工程项目领导、技术总管和技术攻关人员讲解该井地质条件、冻结方案设计特点、主要技术指标与实施情况、井壁结构特点与质量要求、深厚冲积层冻结段掘砌可能遇到的问题与对策。

表8-12 400～500m多圈孔冻结壁形成特性与井筒施工相关时间的优化组合

<table>
<tr><th>序号</th><th colspan="3">多圈孔冻结壁形成特性与井筒施工相关时间的优化组合</th><th>优化组合的依据</th></tr>
<tr><td>1</td><td colspan="2">冻结壁交圈时间/d</td><td>55～65</td><td rowspan="8">(1) 井筒正式开挖过程：浅部(≤100m)主孔圈冻结壁厚度和强度能满足短段(2.0～2.5m)掘砌的要求
(2) 井帮见冻土的深度一般可控制在－100(粉细砂层)～－120m(黏土层)
(3) 当掘深为－100～－250m时，中、外圈之间的冻土已基本交汇，井帮温度为－1～－4℃，冻结壁厚度已超过施工段的设计值，掘砌段高适当增大至3.0～3.5m，有利于加快施工速度
(4) 掘深超过250m后，冻结壁厚度和强度将逐渐增大至设计控制层位的设计值，但由于地压和水压也相应增大，深部黏性土层冻结壁径向位移量大，应加强对冻结壁径向位移检测和掘砌段高调控工作</td></tr>
<tr><td>2</td><td rowspan="2">孔圈之间冻土交汇时间/d</td><td>上部中、内孔圈之间</td><td>65～85</td></tr>
<tr><td>3</td><td>上部中外孔圈之间</td><td>85～100</td></tr>
<tr><td>4</td><td rowspan="2">浅部冻土扩至井帮的时间/d</td><td>砂性土层</td><td>95～105</td></tr>
<tr><td>5</td><td>黏性土层</td><td>105～120</td></tr>
<tr><td>6</td><td rowspan="2">井筒开挖的时间/d</td><td>试挖</td><td>62～72</td></tr>
<tr><td>7</td><td>正式开挖</td><td>82～92</td></tr>
<tr><td>8</td><td colspan="2">做好井筒开挖前准备工作的时间/d</td><td>60</td></tr>
</table>

2）根据凿井队伍自身条件和井筒冻结状况，制定安全快速施工目标，力争 3～5 个月通过 400～500m 冲积层

深厚冲积层井筒正式开挖头 3 个月是冻结段安全快速施工的黄金期，井帮温度一般为－7～2℃，冻土挖掘量小，掘进速度快，对安全快速施工十分有利，掘砌与冻结配合得当，掘砌深度可达到 350～450m，基本上解决冲积层段的施工难题，表 8-13 列举的泉店副风井、赵固二矿主副风井、顺河副井实际施工指标值得借鉴和推行。

表 8-13　400～500m、大于 500m 冲积层冻结段外层井壁掘砌速度简况

序号	井筒名称		正式掘砌月份	掘砌起止时间（年.月.日）	掘砌起止深度/m	逐月掘砌速度/(m/月)	平均掘砌速度/(m/月)	
							冲积层段	含基岩段
1	泉店矿	副井	第 1 月	2005.12.16～2006.1.15	22.5～166.9	144.4	103.2	91.2
2			第 2 月	2006.1.16～2.15	166.9～285.8	118.9		
3			第 3 月	2006.2.16～3.15	285.8～361.4	75.6		
4			第 4 月	2006.3.16～4.15	361.4～436.8	75.4		
5		风井	第 1 月	2006.1.25～2.24	39.6～262.8	223.2	144.8	132.2
6			第 2 月	2006.2.25～3.24	262.8～359.6	96.6		
7			第 3 月	2006.3.25～4.24	359.6～464.4	105.0		
8			第 4 月	2006.4.25～5.18	464.4～510.4	46.2(23d)		
9	赵固二矿	主井	第 1 月	2007.1.10～2.9	30.2～176.2	146.2	82.1	80.2
10			第 2 月	2007.2.10～3.9	176.2～277.0	100.8		
11			第 3 月	2007.3.10～4.9	277.0～356.2	79.2		
12			第 4 月	2007.4.10～5.9	356.2～413.8	57.6		
13			第 5 月	2007.5.10～6.9	413.8～467.8	54.0		
14			第 6 月	2007.6.10～7.9	467.8～521.8	54.0		
15			第 7 月	2007.7.10～8.9	521.8～591.7	69.9		
16		副井	第 1 月	2007.3.11～4.10	26.2～191.7	165.5	121.4	108.8
17			第 2 月	2007.4.11～5.10	191.7～317.7	126.0		
18			第 2 月	2007.5.11～6.10	317.7～414.9	97.2		
19			第 4 月	2007.6.11～7.10	414.9～513.9	99.0		
20			第 5 月	2007.7.11～8.10	513.9～573.9	60.0		
21			第 6 月	2007.8.11～8.19	573.9～599.3	25.4(8d)		
22	顺和副井		第 1 月	2009.10.22～11.19	37.5～281.5	244.0	170.1	
23			第 2 月	2009.11.20～12.19	281.5～387.0	105.5		
24			第 3 月	2009.12.20～12.31	387.0～440	53.0(11d)		

8.2　国内外技术水平对比分析

冻结法凿井是井巷工程应用人工制冷技术暂时冻结地下水加固井筒周围不稳定冲积层、松软含水岩层的特殊施工方法。主要内容包括井壁和冻结壁的设计以及打钻、制冷冻结、冻结段掘砌三大工程的实施，是一种综合性特殊施工技术，要对其技术水平给予全面评价的难度非常大。因此，本书作者企盼通过对冲积层厚度和冻结深度、“两壁”设计及以打钻、制冷冻结、冻结段掘砌等方面的主要技术指标进行分析对比，对国内外深厚冲积层冻结法凿井技术水平提出一点粗浅的认识，谈点经验体会，供同行商榷。

8.2.1　国外冻结法凿井技术水平

国外冻结法凿井的主要国家为德国、英国、加拿大、波兰、苏联等，用该法施工的矿业为煤矿、金属矿和盐矿；德国、英国、加拿大主要用于煤矿和钾盐矿，波兰主要用于煤矿和铜矿，苏联主要用于煤矿和铁矿的井筒建设工程。

1. 地质特点、冲积层最大厚度与冻结最大深度

中国的冻结法凿井主要用于煤矿和铁矿的井筒建设工程，穿过的地层主要以冲积层为主，近年来广泛推广于松软含水基岩层。

国外冻结法凿井穿过的地层主要以含水基岩为主，以冲积层为次；以冲积层为主的最深冻结井为苏联铁矿Ⅱ号罐笼井，冲积层厚571.2m，冻结深度620m；以含水基岩为主的最深冻结井为德国顿长建井公司施工的克利夫兰钾盐矿Boulby矿井，冻结深度为960m。

2. 井壁结构

20世纪60年代，德国、英国、苏联、波兰就相继提出具有本国特色的AV型滑动井壁、钢筋混凝土钢板夹层井壁、铸铁丘宾筒与钢筋混凝土复合井壁、小型混凝土与钢筋混凝土复合井壁或钢筋混凝土塑料软板夹层井壁等井壁结构，其中前三种类型的井壁结构较为复杂，施工速度较慢，工程造价较高。

3. 冻结设计

1965年之前，基本上只按强度条件计算冻结壁；1965年之后，随着冲积层厚度的增大和冻结管断裂现象的增多，才逐渐提出冻结壁设计应能同时满足强度条件和变形条件的要求。但冻结壁设计理论基本上是以单圈孔冻结壁为基础的设计计算体系。

(1) 冻结壁厚度：德国、英国按多姆克公式(4-5)计算，波兰按里别尔曼公式(4-6)计算，苏联按维亚洛夫-扎列茨基公式(4-7)计算；根据我国20世纪70～80年代在淮南潘谢矿区深厚冲积层中进行冻结壁形成特性工程实测资料分析，公式(4-5)计算厚度与实际较为符合，公式(4-6)和公式(4-7)计算厚度比实际薄一些。

(2) 掘砌段高：波兰采用里别尔曼公式(4-8)计算，苏联采用维亚洛夫-扎列茨基公式(4-9)计算。根据我国1990～2014年在河南永夏矿区、焦作矿区、禹州矿区等冻结壁径向

位移实测资料分析，公式(4-9)较为简单，计算掘砌段高较为接近实际。

(3) 冻结工艺：德国、英国、波兰、苏联等冻结法凿井主要国家基本上采用单圈孔一次冻全深、单圈孔分期(段)冻结、单圈孔局部冻结，个别井筒(如苏联铁矿Ⅱ号罐笼井)采用双圈孔分期(段)冻结。实施结果均在大于200m冲积层或大于300m松软岩层中发生较为严重的冻结管断裂(表1-10)，其合理性有待进一步探讨。

4. 打钻技术

(1) 钻机：当冻结深度大于300m时，基本采用转盘扭矩大于100kN·m的钻机，汽车拖动；英国在博尔比钾盐矿采用SS-35型转盘钻机，钻深500m时的台月效率高达3000m；德国采用B_3A型、B_4型钻机，钻深500m时台月效率高达2500～3000m；苏联铁矿采用УТ3-3型带水冲击钻头的转盘钻机，钻深620m时的台月平均效率达1200m。

(2) 钻孔工艺：英国、德国、波兰、苏联采用陀螺仪不提钻测斜，涡轮钻具纠偏，实现靶域钻进，靶域半径为0.6～0.8m，使冻结孔成孔间距控制在2.0～2.5m。

5. 制冷冻结技术

(1) 制冷机：德国、英国在20世纪80年代已广泛采用标准制冷量为$80\times10^4\sim150\times10^4$kcal/h的螺杆冷冻机组和采用高效蒸发式冷凝器，冷冻站的新鲜冷却水的补给量为2.5%左右。

(2) 检测手段：温度检测基本采用电阻测温元件和18B20一总线式测温系统，实现地面集中检测；盐水干管流量采用电磁流量计，德国和波兰还采用每个冻结器单独回液至检测站集中检测盐水流量(图1-5)，德国在莱茵贝克Ⅸ号井冻结站内应用特制的小型流量计分组检测冻结器的盐水流量，确保按设计要求形成均匀的冻结壁。

6. 冻结段施工技术

(1) 施工机具：德国、波兰、苏联针对未冻土、冻土、冻结基岩的特点，分别采用挖掘机和悬吊式重型风镐、钻爆法进行挖掘和破碎，机械化配备程度高，但由于采用单圈孔冻结和要求冻土基本扩至井帮后才进行开挖，冻土挖掘量随着深度的增大而增多，造成掘进效率较低。

(2) 施工速度：总体水平不高：波兰、加拿大、德国、苏联的外层井壁掘砌平均速度分别为40～45m/月、35～40m/月、30～35m/月、30～35m/月，冻结段成井平均速度分别为35m/月、33m/月、25m/月、25m/月。

8.2.2 中国冻结法凿井技术水平

1. 冲积层最大厚度与冻结最大深度

穿过的冲积层最厚的冻结井为龙固北风井(2011年)，冲积层厚675.6m，以冻结冲积层为主的李粮店副井(2010年)、杨村风井(2012年)冻结最大深度为800m；以冻结含水基岩为主的最深冻结井为核桃峪副井(2011年)，冻结深度950m。

2. 井壁结构

1964 年之前，冻结段一直采用钢筋混凝土单层井壁；由于单层井壁接茬缝漏水量大，注浆堵水效果不佳，1964～1980 年重点试验应用钢筋混凝土双层井壁，应用井筒数量达 131 个（含 20 多个小型钢筋混凝土块等不同结构的外层井壁）；1978 年潘一东风井钢筋混凝土双层井壁透水淹井事故后，要求对波兰的“塑料夹层”井壁进行进一步试验研究，1978 年在潘二西风井和 1979 年在海孜主井、潘三东风井应用钢筋混凝土塑料夹层取得成功后，很快得到推广应用，逐渐成为我国深厚冲积层冻结段井壁结构的基本形式，实施效果良好。

20 世纪 70～80 年代，不少冻结井外层井壁试验应用过砂浆衬砌的小型混凝土块、砂浆衬砌与夹水平可压缩木板交替的小型混凝土块、现浇混凝土、现浇混凝土与冻结壁之间增设聚苯乙烯泡沫板、小型混凝土块加套混凝土加强层五种结构，前四种结构均发生不同程度的压坏现象，而小型混凝土块加套混凝土加强层增大了井壁厚度、挖掘荒径、冻结壁厚度和工程成本，降低了掘砌速度。由于地质条件、冻结情况和每种结构的试验应用条件不同，较长时间未取得共识，影响正常推广应用，直至 1989 年通过不同结构的井壁整体受力性能试验结果证实现浇混凝土与冻结壁之间增设聚苯乙烯泡沫板的外层井壁结构整体受力性能好、具有缓压、径向位移小等优点，能较好适应冻结段外层井壁施工需要，决定优先推广。随着混凝土标号和早期强度的提高，有效缓解了外层井壁的压坏问题，特别是 2002 年试验应用 C60～C100 高强高性能混凝土后，现浇混凝土与冻结壁之间增设泡沫塑料板的外层井壁结构得到广泛认可。

2002 年在程村主副井试验应用 C60 高性能混凝土取得成功后，2003 年、2004 年、2005 年、2007 年相继在丁集主副风井和龙固副井、泉店主副风井和赵固一矿主副风井、赵固二矿主副风井试验 C60～C70、C60～C75 和 C60～C80、C60～C90 高性能混凝土，均取得良好效果，2014 年又在赵固一矿西风井成功应用 C60～C100 高性能混凝土，取得新的技术突破，为我国深厚冲积层冻结段推广应用高性能钢筋混凝土塑料夹层井壁结构注入新的活力，可把 500～600m 和大于 600m 冲积层冻结段井壁总厚度控制在 2m 和 2.5m 以内，有效解决 500～600m 和大于 600m 冲积层冻结段井壁设计和施工难题，施工速度快，成为具有中国特色的深厚冲积层冻结段井壁结构基本类型。

3. 冻结设计

1）冻结壁厚度和掘砌段高

我国于 1989 年提出分别按砂性土层、黏性土层冻结壁设计控制层位和有效厚度新概念，既按强度条件计算砂性土层的冻结壁厚度，又按变形条件计算黏性土层冻结壁的掘砌段高，研究建立冻结壁厚度、掘砌段高、冻结壁平均温度和计算参数优选“四位一体”的冻结壁设计计算体系，并在当时冲积层最厚和冻结最深的陈四楼副井成功应用，较好地解决了近 400m 冲积层冻结设计和防止冻结管断裂的技术难题，建立和形成具有中国特色的深厚冲积层冻结方案设计计算体系，使我国深厚冲积层的冻结法凿井技术水平进入国际先进行列。

从2002年开始，在1989年建立的“四位一体”的冻结壁设计计算体系基础上，我国工程技术人员研究提出多圈孔冻结壁“四位一体”的设计计算体系，创新和发展了深厚冲积层冻结壁设计理论体系，有效解决大于600m深厚冲积层冻结壁设计难题，研究成果已为400～500m、大于500m冲积层的冻结立井中广泛应用，使我国深厚冲积层冻结设计跃居国际领先水平[99]。

2）冻结工艺

2000～2014年开展了多圈冻结孔布置方式与多种冻结工艺优化组合的试验研究，开展了以外圈为主孔圈、中圈为主孔圈、中内圈为主孔圈等不同布孔方式的多圈孔冻结研究和试验应用；2004年研究提出以外圈为主孔圈和主孔圈内侧增设辅助、防片孔圈的多圈孔冻结与供冷量调控相结合，有效减少冻结孔数、冻结钻孔工程量、冻结需冷量，取得良好效果。

目前冻结设计均应用冻结壁温度场数值分析方法和冻结壁形成特性综合分析方法开展冻结设计预测和方案优化，为深厚冲积层冻结调控和冻结段安全、快速、经济施工提供技术支撑。

4. 打钻技术

(1) 钻机：2003年之前，主要采用DZJ-500/1000型、TSJ-1000型、TSJ-1500型水井转盘钻机；2003年开始采用的TSJ-2000A、TSJ-2600型转盘钻机，钻深600m时的台月平均效率达2250m。

(2) 钻孔工艺：采用以防偏为主纠偏为辅的钻进工艺，采用陀螺仪不提钻测斜、国产涡轮钻具定向钻进纠偏，实现靶域钻进，使冲积层中钻孔偏斜率控制在0.2%以内，成孔间距控制在2.4～2.8m范围内。

(3) 打钻工期：冻结深度600m时，采用5～7台钻机，打钻工期为4.0～5.5个月。

5. 制冷冻结技术

(1) 制冷设备：推广应用标准制冷量为50×10^4～200×10^4 kcal/h的LG20型、LG25型、LG31.5型的单、双级螺杆冷冻机组。

(2) 盐水温度：大于300m冲积层的冻结盐水温度已降至－30℃以下，最低为－36℃。

(3) 制冷冻结过程的温度、流量检测。①2000年开始采用PT100型热电阻或热敏电阻元件和巡检仪检测氨、冷却水、盐水三大循环系统及冻结壁的温度，2010年开始推广应用18B20一总线式检测技术和无线传输技术检测温度；②采用涡街式流量计检测盐水干管流量和用一台普通流量计与一圈盐水回液辅助管检测每一个冻结器的盐水流量。

6. 冻结段施工技术

1）施工机具及挖掘工艺

冲积层段采用以挖掘机为主、人工为辅、风镐刷帮的挖掘装矸工艺，装矸吊桶容积3～5m^3，掘砌段高2.0～3.5m；在深部冻结固结黏土和冻结基岩段试验应用中深孔（2.5～

3.0m)安全爆破技术，掘砌速度提高至 2.0～2.3m/d；内、外层井壁分别推广液压滑升模板套壁、MJY 型整体下移式金属模板筑壁，以及 DX2.0～3.0 型底卸式吊桶运送混凝土；推广应用能满足外层井壁掘砌速度不小于 150m/月的凿井机械化装备。

完善冻结壁形成特性工程预报与冻结盐水温度和流量调控的机制，健全冻结壁径向位移实测与掘砌段高、井帮裸露时间的调控机制等措施，为深厚冲积层冻结段安全、快速施工提供技术支撑。

2) 开挖时间

在采用多圈孔冻结的基础上，深厚冲积层冻结壁的交圈时间一般为 50～65d，井筒开挖前的冻结时间控制在 75d 左右，浅部冻土扩至井帮的时间基本控制在 90(砂性土层)～110d(黏性土层)范围内。

3) 施工速度

根据 304～398m 冲积层/319～602m 冻结深度的 24 个冻结井、420.9～481.9m 冲积层/465～800m 冻结深度的 25 个冻结井、518～675.6m 冲积层/549～737m 冻结深度的 21 个冻结井的冻结段施工速度平均值综合分析得出，我国深厚冲积层冻结法凿井外层井壁掘砌平均速度为 85m/月，成井平均速度为 65m/月。

参考文献

[1] Afred R. Geschichtliche und technische Entwicklung des Gefrierfahrens im Schachtbau. Glückauf, 1982，118(2)：65-75.

[2] 煤炭科学研究院情报资料室. 国外冻结凿井(二). 煤炭科研参考资料，1974，10(35)：1-11.

[3] 煤炭部赴英考察小组. 英国冻结法凿井技术. 煤炭科学技术，1979,(3)：57-62.

[4] 煤炭科学研究院情报资料室. 国外特殊凿井专辑. 煤炭科研参考资料，1981，(6)：1-8.

[5] 王可敏，胡德铨. 波兰深井冻结与普通凿井施工. 建井技术，1987,(3)：58-59.

[6] 崔托维奇 H A. 冻土力学. 张长庆，朱元林，译. 北京：科学出版社，1985.

[7] 特鲁巴克 H Г. 冻结凿井法. 北京矿业学院井巷工程教研组，译. 北京：煤炭工业出版社，1958.

[8] 李功洲. 地层冻结技术的发展现状与展望//21 世纪中国煤炭工业——第五届全国会员代表大会暨学术研讨会论文集. 北京：中国煤炭学会,2001：87-92.

[9] 李功洲，楼根达，王长生. 我国地层冻结技术发展现状与展望//矿井建设现代技术理论与实践. 北京：煤炭工业出版社，2005：3-8.

[10] 李功洲，陈文豹. 深厚冲积层冻结凿井技术问题的探讨//全国矿山建设学术会议论文选集(上册). 徐州：中国矿业大学出版社，2004：284-292.

[11] 陈文豹，汤志斌. 冻结法施工. 北京：煤炭工业出版社，1993：288-291.

[12] 北京建井研究所,兖州煤炭建设指挥部,中国矿业学院,等. 煤矿冻结井筒地压及井壁内外力实测研究报告，1981.

[13] 北京建井研究所,淮南煤矿建设指挥部科研所,淮南煤矿建设指挥部第三十九工程处,等. 潘三东风井厚表土冻结段复合井壁内外力综合观测研究总结报告，1986.

[14] 陈文豹，汤志斌. 潘集矿区冻结壁平均温度及冻结孔布置圈径的探讨. 煤炭学报，1982，(1)：46-52.

[15] 陈文豹，汤志斌，李功洲. 深井冻结壁温度场的探讨//全国第二届冻结法施工经验交流会论文集. 北京：煤炭工业部建井工程科技情报中心站，1988：126-145.

[16] 北京建井研究所,两淮煤矿建设特殊凿井公司. 双圈孔冻结壁形成的研究报告，1988.

[17] 汤志斌，陈文豹，李功洲. 冻结壁温度场的实测研究及在工程中的应用//地层冻结工程技术和应用——中国地层冻结 40 年论文集. 北京：煤炭工业出版社，1995：192-198.

[18] 煤炭科学研究院北京研究所建井室. 煤矿冻结法凿井. 北京：煤炭工业出版社，1975.

[19] 北京煤炭研究所建井室,等. 煤矿冻结法凿井经验. 北京：煤炭工业出版社，1976.

[20] 任荣昌，徐光济，陈文豹,等. 立井滑升模板筑壁. 北京：煤炭工业出版社，1978.

[21] 徐光济，陈文豹，汤志斌,等. 井巷工程施工手册. 北京：煤炭工业出版社，1980.

[22] 张维廉，马英明. 特殊凿井. 北京：煤炭工业出版社，1981.

[23] 纳斯诺夫 И Л，苏普利克 М Н. 立井冻结壁形成规律. 陈文豹，伍期建，梁惠生，译. 北京：煤炭工业出版社，1981.

[24] 陈文豹，徐光济. 建井工程手册(第十六篇“冻结法施工”). 北京：煤炭工业出版社，1986.

[25] 吴紫汪，丁德文，张长庆,等. 冻结凿井冻土壁的工程性质. 兰州：兰州大学出版社，1988.

[26] 陈文豹，汤志斌，李功洲. 陈四楼主、副井深厚冲积层冻结凿井技术//矿井建设现代技术理论与实践. 北京：煤炭工业出版社，2005：84-92.

[27] 张世芳，李功洲，陈文豹，等. 永夏矿区深厚冲积层特殊凿井技术. 北京：煤炭工业出版社，2003.
[28] 孙勇. 深冻结井外层井壁整体模型试验. 煤炭科学技术，1995，9：15-18.
[29] 陈文豹，戴仪燮. 煤矿建设安全手册. 北京：煤炭工业出版社，1992.
[30] 彭井凉，胡德铨. 兖州矿区建井施工技术. 北京：煤炭工业出版社，1992.
[31] 陈文豹，汤志斌. 冻结法施工. 北京：煤炭工业出版社，1993.
[32] 翁家傑，张文，熊声誉. 中国煤矿建井技术. 北京：煤炭工业出版社，1995.
[33] 王长生，苏立凡，张文. 地层冻结工程技术和应用——中国地层冻结 40 年论文集. 北京：煤炭工业出版社，1995.
[34] 陈文豹，田培，李功洲，等. 混凝土外加剂及其在工程中的应用. 北京：煤炭工业出版社，1998.
[35] 崔广心，杨维好，吕恒林. 深厚表土层中的冻结壁和井壁. 徐州：中国矿业大学出版社，1998.
[36] 陈文豹，李功洲. 龙固矿副井 576.3m 冲积层冻结凿井技术的探讨//矿井建设现代技术理论与实践. 北京：煤炭工业出版社，2005：44-49.
[37] 范铁锤，陈文豹，王景余，等. 梁北矿立井快速施工与管理. 北京：煤炭工业出版社，2001.
[38] 张荣立，何国纬，李铎. 采矿工程设计手册(中册). 北京：煤炭工业出版社，2003.
[39] 崔云龙. 简明建井工程手册(下册). 北京：煤炭工业出版社，2004.
[40] 周兴旺，李功洲，陈朝晖，等. 矿井建设现代技术理论与实践. 北京：煤炭工业出版社，2005.
[41] 陈文豹，吴里扬，李功洲，等. 程村主副井深厚冲积层冻结法凿井技术. 北京：煤炭工业出版社，2008.
[42] 黄德发，赵社邦，刘兴彦，等. 冻结法凿井施工技术应用与管理. 北京：煤炭工业出版社，2010.
[43] 陈文豹，李功洲. 煤矿井巷工程质量验收规范(GB 50213—2010). 北京：中国计划出版社，2010.
[44] 陈文豹，李功洲. 煤矿井巷工程施工规范(GB 50511—2010). 北京：中国计划出版社，2011：18-25.
[45] 盛天宝，陈文豹，贾明魁，等. 赵固矿区 500m 以上冲积层冻结法凿井技术. 北京：煤炭工业出版社，2011.
[46] 淮南矿业(集团)有限责任公司. 淮南煤矿科学技术研究成果史料汇编(第一卷"淮南煤矿深厚表土层建井技术研究成果). 北京：煤炭工业出版社，2013.
[47] 郭兰波. 竖井表土冻结壁温度场的有限元分析. 煤炭科技资料，1974，(3)：30-54.
[48] 张燕. 预报冻结壁形成及其温度分布的有限元方法. 煤炭学报，1979，(2)：29-38.
[49] 北京建井研究所，等. 邢台主井、唐山新风井、潘集试验井、潘一东风井、潘二南风井、三河尖副井、潘三东风井等冻结壁温度场实测研究报告，北京，1964.6～1983.8.
[50] 北京建井研究所，等. 谢桥主井、谢桥副井、东荣二矿副井、陈四楼主井、陈四楼副井、梁北东风井、程村主井、程村副井、泉店主井、泉店副井、泉店风井、赵固一矿主井、副井、风井、赵固二矿主井、副井、风井、李粮店主井、副井等冻结壁温度场实测研究报告，北京，1984.2～2010.12.
[51] 陈文豹，李功洲，汤志斌. 深厚冲积层冻结壁形成规律与工程预报//矿井建设现代技术理论与实践. 北京：煤炭工业出版社，2005：63-70.
[52] 高伟. 赵固矿区冻结法温度场及壁后冻土冻融规律研究. 北京：煤炭科学研究总院硕士学位论文，2008.
[53] 林克 H，吕特根多尔夫 H O，施托斯 K. 不稳定岩层的井壁计算原则. 赵国华，译. 北京：煤炭工业出版社，1979.
[54] 马英明. 立井厚表土层地压的理论与实践. 中国矿业学院学报，1979，(1)：45-68.
[55] 朱松耆. 论深表土层竖井地压的计算——兼与"立井厚表土层地压的理论与实践" 一文商榷. 中国矿业学院学报，1981，(1)：47-56.

[56] 苏立凡. 冻结井壁外力的实测研究. 煤炭学报，1981，(1)：30-38.
[57] 王衍森，薛利兵，程建平，等. 特厚冲积层竖井井壁冻结压力的实测与分析. 岩土工程学报，2009，31(2)：207-212.
[58] 李金华，和锋刚，张弛. 郓城矿副井井筒外壁冻结压力监测结果分析. 山东煤炭科技，2008，(6)：115-116.
[59] 陈远坤. 深厚冲积层井筒冻结压力实测及分析. 建井技术，2006，27(2)：19-21.
[60] 李运来，汪仁和，姚兆明. 深厚表土层冻结法凿井井壁冻结压力特征分析. 煤炭工程，2006，(10)：35-37.
[61] 姚直书，程桦，张国勇，等. 特厚冲积层冻结法凿井外层井壁受力实测研究. 煤炭科学技术，2004，32(6)：49-52.
[62] 汪仁和，亢延民，林斌，等. 深厚黏土层冻结压力的实测分析. 煤炭科学技术，2008，36(2)：30-32，38.
[63] 亢延民. 深厚钙质黏土地层冻结压力的实测研究. 中国煤炭，2007，33(7)：44-47.
[64] 王军. 千米立井深厚冲积层冻结压力实测分析. 煤炭技术，2009，28(11)：102-104.
[65] 维亚洛夫 C C，扎列茨基 Ю K，果罗捷茨基 C B. 人工冻土强度与蠕变计算. 沈忠言，译. 兰州：中国科学院兰州冰川冻土研究所，1983.
[66] 徐学祖，王家澄，张立新. 冻土物理学. 北京：科学出版社，2001.
[67] 北京建井研究所. 潘三东风井、童亭风井、龙东副井冻土力学性能的试验研究，北京，1983.
[68] 北京建井研究所，等. 冻土物理力学性质的主要研究方法及在济宁二号井的应用，北京，1986.
[69] 北京建井研究所. 谢桥主、副井冻结黏土试验报告，北京，1989.
[70] 北京建井研究所. 陈四楼矿冻土试验研究报告，北京，1987.
[71] 北京建井研究所. 黏土冻结特性的研究，北京，1989.
[72] 北京建井研究所. 东荣二矿冻土力学性能的研究，北京，1992.
[73] 北京建井研究所. 陈四楼矿冻土物理力学性能试验报告(井筒取土)，北京，1992.
[74] 北京建井研究所. 冻结凿井中冻结壁应力场及承载性能的研究，北京，1990.
[75] 北京建井研究所，等. 人工冻土基本力学性能研究与应用，北京，1996.
[76] 北京建井研究所. 程村矿、赵固一矿、赵固二矿等矿井检查孔冻土物理力学性能试验报告，2001.10～2006.02.
[77] 陈湘生，等. 地层冻结工法理论研究与实践. 北京：煤炭工业出版社，2007.
[78] 安徽理工大学冻土实验室. 杨村矿井筒检查孔常规土、冻土物理力学性能试验报告，淮南，2008.
[79] 高伟，李功洲. 冻结器单位热流量分析. 煤炭工程，2014，46(S2)：103-105，108.
[80] 李功洲. 深井冻结壁位移实测研究. 煤炭学报，1995，20(1)：99-104.
[81] 北京建井研究所. 程村矿井主、副井筒 430m 深厚冲积层冻结凿井技术攻关研究报告，北京，2004.
[82] 李功洲，陈文豹，熊翼翔. 冻结壁受力与变形分析——位移反分析法//第一届全国寒区环境与工程青年学术会议论文集. 兰州：兰州大学出版社，1994：112-117.
[83] 李功洲，陈文豹，熊翼翔. 冻结壁和外层井壁位移实测研究//地层冻结工程技术和应用——中国地层冻结 40 年论文集. 北京：煤炭工业出版社，1995：111-116.
[84] 李功洲. 基于弹性基础梁理论的冻结壁和冻结管变形与受力分析. 煤炭学报，2001，26(3)：258-264.
[85] 李功洲，陈文豹. 深井冻结壁和外层井壁位移实测与理论研究若干成果//矿井建设现代技术理论与实践. 北京：煤炭工业出版社，2005：71-79.

[86] 李功洲，陈文豹. 陈四楼主、副井冻结段外层井壁位移实测研究. 煤炭学报，1995，20(4)：403-407.
[87] 李功洲，陈文豹. JP-1 型高效减水剂. 煤炭科学技术，1994，22(5)：43-47.
[88] 陈文豹. 冲积层冻结采用高强混凝土井壁的探讨//全国矿山建设学术会议论文选集(上册). 沈阳：东北大学出版社，2003：1-7.
[89] 李功洲，陈文豹，王玲. 深厚冲积层特殊凿井井壁高性能混凝土的研究与应用//矿山建设工程新进展——2006 全国矿山建设学术会议文集. 徐州：中国矿业大学出版社，2006：67-74.
[90] 姚燕，高春勇，李功洲，等. C100 机制砂高性能混凝土的试验研究. 煤炭工程，2014，46(S2)：67-69.
[91] 姚燕，李功洲，高春勇，等. 大于 C80 混凝土轴心抗压强度设计取值的探讨. 煤炭工程，2015，47(1)：110-111，114.
[92] 李功洲，陈章庆. 深厚冲积层冻结壁设计计算体系. 煤炭工程，2015，47(1)：1-4.
[93] 李功洲，陈道翀. 深厚冲积层冻结孔布置方式的探讨. 煤炭工程，2015，47(2)：5-7.
[94] 李功洲，陈道翀. 冻结壁形成特性综合分析方法. 煤炭工程，2014，46(S2)：1-5.
[95] 张云利，李功洲，陈道翀. 井壁与冻结壁温度场耦合性分析. 煤炭工程，2014，46(S2)：89-92，95.
[96] 刘民东，李功洲. 高性能混凝土在赵固矿区建设中的应用. 煤炭工程，2014，46(S2)：16-19.
[97] 汤志斌. 井筒液压滑模. 煤炭科学技术，1975，(4)：23-28.
[98] 汤志斌，陈文豹，李功洲. 立井液压滑模筑壁技术的开发应用//矿井建设现代技术理论与实践. 北京：煤炭工业出版社，2005：107-116.
[99] 李功洲. 600m 特厚冲积层冻结法凿井关键技术研究与应用//煤炭科学与技术研究论文集. 北京：煤炭工业出版社，2010：3-11.